国家出版基金资助项目

现代数学中的著名定理纵横谈丛书

丛书主编 王梓坤

VON NEUMANN MIN-MAX THEOREM

Von Neumann min−max 定理

刘培杰数学工作室 编

哈尔滨工业大学出版社

HARBIN INSTITUTE OF TECHNOLOGY PRESS

内 容 提 要

本书主要介绍了 Von Neumann min-max 定理及其相关内容,并从国内外经典博弈论名著中,萃取精华片断,汇集而成。本书注重权威性、通俗性、趣味性,使读者对 Von Neumann min-max 定理的内容及应用有一个全面了解。

本书可供大、中学师生及广大数学爱好者学习参考。

图书在版编目(CIP)数据

Von Neumann min-max 定理/刘培杰数学工作室编. —哈尔滨:哈尔滨工业大学出版社,2018.12
(现代数学中的著名定理纵横谈丛书)
ISBN 978−7−5603−7655−4

Ⅰ.V… Ⅱ.刘… Ⅲ.①W∗代数 Ⅳ.O151

中国版本图书馆 CIP 数据核字(2018)第 206900 号

策划编辑	刘培杰　　张永芹	
责任编辑	张永芹　　杜莹雪	
封面设计	孙茵艾	
出版发行	哈尔滨工业大学出版社	
社　　址	哈尔滨市南岗区复华四道街 10 号　邮编 150006	
传　　真	0451 - 86414749	
网　　址	http://hitpress.hit.edu.cn	
印　　刷	哈尔滨市石桥印务有限公司	
开　　本	787mm×1092mm　1/16　印张 80.5　字数 832 千字	
版　　次	2018 年 12 月第 1 版　2018 年 12 月第 1 次印刷	
书　　号	ISBN 978−7−5603−7655−4	
定　　价	298.00 元	

读书的乐趣

你最喜爱什么——书籍.

你经常去哪里——书店.

你最大的乐趣是什么——读书.

这是友人提出的问题和我的回答. 真的, 我这一辈子算是和书籍, 特别是好书结下了不解之缘. 有人说, 读书要费那么大的劲, 又发不了财, 读它做什么? 我却至今不悔, 不仅不悔, 反而情趣越来越浓. 想当年, 我也曾爱打球, 也曾爱下棋, 对操琴也有兴趣, 还登台伴奏过. 但后来却都一一断交, "终身不复鼓琴". 那原因便是怕花费时间, 玩物丧志, 误了我的大事——求学. 这当然过激了一些. 剩下来唯有读书一事, 自幼至今, 无日少废, 谓之书痴也可, 谓之书橱也可, 管它呢, 人各有志, 不可相强. 我的一生大志, 便是教书, 而当教师, 不多读书是不行的.

读好书是一种乐趣, 一种情操; 一种向全世界古往今来的伟人和名人求

1

教的方法,一种和他们展开讨论的方式;一封出席各种活动、体验各种生活、结识各种人物的邀请信;一张迈进科学宫殿和未知世界的入场券;一股改造自己、丰富自己的强大力量.书籍是全人类有史以来共同创造的财富,是永不枯竭的智慧的源泉.失意时读书,可以使人重整旗鼓;得意时读书,可以使人头脑清醒;疑难时读书,可以得到解答或启示;年轻人读书,可明奋进之道;年老人读书,能知健神之理.浩浩乎! 洋洋乎! 如临大海,或波涛汹涌,或清风微拂,取之不尽,用之不竭.吾于读书,无疑义矣,三日不读,则头脑麻木,心摇摇无主.

潜能需要激发

我和书籍结缘,开始于一次非常偶然的机会.大概是八九岁吧,家里穷得揭不开锅,我每天从早到晚都要去田园里帮工.一天,偶然从旧木柜阴湿的角落里,找到一本蜡光纸的小书,自然很破了.屋内光线暗淡,又是黄昏时分,只好拿到大门外去看.封面已经脱落,扉页上写的是《薛仁贵征东》.管它呢,且往下看.第一回的标题已忘记,只是那首开卷诗不知为什么至今仍记忆犹新:

日出遥遥一点红,飘飘四海影无踪.

三岁孩童千两价,保主跨海去征东.

第一句指山东,二、三两句分别点出薛仁贵(雪、人贵).那时识字很少,半看半猜,居然引起了我极大的兴趣,同时也教我认识了许多生字.这是我有生以来独立看的第一本书.尝到甜头以后,我便千方百计去找书,向小朋友借,到亲友家找,居然断断续续看了《薛丁山征西》《彭公案》《二度梅》等,樊梨花便成了我心中的女英雄.我真入迷了.从此,放牛也罢,车水也罢,我总要带一本书,还练出了边走田间小路边读书的本领,读得津津有味,不知人间别有他事.

当我们安静下来回想往事时,往往会发现一些偶然的小事却影响了自己的一生.如果不是找到那本《薛仁贵征东》,我的好学心也许激发不起来.我这一生,也许会走另一条路.人的潜能,好比一座汽油库,星星之火,可以使它雷声隆隆、光照天地;但若少了这粒火星,它便会成为一潭死水,永归沉寂.

抄,总抄得起

好不容易上了中学,做完功课还有点时间,便常光顾图书馆.好书借了实在舍不得还,但买不到也买不起,便下决心动手抄书.抄,总抄得起.我抄过林语堂写的《高级英文法》,抄过英文的《英文典大全》,还抄过《孙子兵法》,这本书实在爱得狠了,竟一口气抄了两份.人们虽知抄书之苦,未知抄书之益,抄完毫末俱见,一览无余,胜读十遍.

始于精于一,返于精于博

关于康有为的教学法,他的弟子梁启超说:"康先生之教,专标专精、涉猎二条,无专精则不能成,无涉猎则不能通也."可见康有为强烈要求学生把专精和广博(即"涉猎")相结合.

在先后次序上,我认为要从精于一开始.首先应集中精力学好专业,并在专业的科研中做出成绩,然后逐步扩大领域,力求多方面的精.年轻时,我曾精读杜布(J. L. Doob)的《随机过程论》,哈尔莫斯(P. R. Halmos)的《测度论》等世界数学名著,使我终身受益.简言之,即"始于精于一,返于精于博".正如中国革命一样,必须先有一块根据地,站稳后再开创几块,最后连成一片.

丰富我文采,澡雪我精神

辛苦了一周,人相当疲劳了,每到星期六,我便到旧书店走走,这已成为生活中的一部分,多年如此.一次,偶然看到一套《纲鉴易知录》,编者之一便是选编《古文观止》的吴楚材.这部书提纲挈领地讲中国历史,上自盘古氏,直到明末,记事简明,文字古雅,又富于故事性,便把这部书从头到尾读了一遍.从此启发了我读史书的兴趣.

我爱读中国的古典小说,例如《三国演义》和《东周列国志》.我常对人说,这两部书简直是世界上政治阴谋诡计大全.即以近年来极时髦的人质问题(伊朗人质、劫机人质等),这些书中早就有了,秦始皇的父亲便是受害者,堪称"人质之父".

《庄子》超尘绝俗,不屑于名利.其中"秋水""解牛"诸篇,诚绝唱也.《论语》束身严谨,勇于面世,"己所不欲,勿施于人",有长者之风.司马迁的《报任少卿书》,读之我心两伤,既伤少卿,又伤司马;我不知道少卿是否收到这封信,希望有人做点研究.我也爱读鲁迅的杂文,果戈理、梅里美的小说.我非常敬重文天祥、秋瑾的人品,常记他们的诗句:"人生自古谁无死,留取丹心照汗青""休言女子非英物,夜夜龙泉壁上鸣".唐诗、宋词、《西厢记》《牡丹亭》,丰富我文采,澡雪我精神,其中精粹,实是人间神品.

读了邓拓的《燕山夜话》,既叹服其广博,也使我动了写《科学发现纵横谈》的心.不料这本小册子竟给我招来了上千封鼓励信.以后人们便写出了许许多多的"纵横谈".

从学生时代起,我就喜读方法论方面的论著.我想,做什么事情都要讲究方法,追求效率、效果和效益,方法好能事半而功倍.我很留心一些著名科学家、文学家写的心得体会和经验.我曾惊讶为什么巴尔扎克在51年短短的一生中能写出上百本书,并从他的传记中去寻找答案.文史哲和科学的海洋无边无际,先哲们的明智之光沐浴着人们的心灵,我衷心感谢他们的恩惠.

读书的另一面

以上我谈了读书的好处,现在要回过头来说说事情的另一面.

读书要选择.世上有各种各样的书:有的不值一看,有的只值看20分钟,有的可看5年,有的可保存一辈子,有的将永远不朽.即使是不朽的超级名著,由于我们的精力与时间有限,也必须加以选择.决不要看坏书,对一般书,要学会速读.

读书要多思考.应该想想,作者说得对吗? 完全吗? 适合今天的情况吗? 从书本中迅速获得效果的好办法是有的放矢地读书,带着问题去读,或偏重某一方面去读.这时我们的思维处于主动寻找的地位,就像猎人追找猎物一样主动,很快就能找到答案,或者发现书中的问题.

有的书浏览即止,有的要读出声来,有的要心头记住,有的要笔头记录.对重要的专业书或名著,要勤做笔记,"不动笔墨不读书".动脑加动手,手脑并用,既可加深理解,又可避忘备查,特别是自己的灵感,更要及时抓住.清代章学诚在《文史通义》中说:"札记之功必不可少,如不札记,则无穷妙绪如雨珠落大海矣."

许多大事业、大作品,都是长期积累和短期突击相结合的产物.涓涓不息,将成江河;无此涓涓,何来江河?

爱好读书是许多伟人的共同特性,不仅学者专家如此,一些大政治家、大军事家也如此.曹操、康熙、拿破仑、毛泽东都是手不释卷,嗜书如命的人.他们的巨大成就与毕生刻苦自学密切相关.

王梓坤

第 一 编
基 本 理 论

引　言

第零章

　　博弈论虽然是经济学的范畴，但它本质上是一个数学问题。

　　据苏步青先生的长外孙冉晓华（他的母亲苏德晶是原复旦大学校长苏步青教授之长女）回忆说：

> 　　外公（苏步青）的脑力惊人，我和舅舅们都自叹不如，他在古稀之年时，仍思维敏捷、精力充沛，与常人五十多岁差不多。记得1970年春节，我们全家回沪过年时，我爸爸和四舅舅玩一种趣味数学扑克牌游戏，四舅舅苏德昌是复旦大学数学系毕业的，但怎么玩都输给我爸爸。他不服气，琢磨了一夜，第二天一早又找我爸爸开战，结果还是输。

当时外公在一旁观战,看了一会儿就一语道破其中的玄机:"这个游戏取胜的关键是你拿过牌后,台面余牌张数的二进制之和必须是偶数。"四舅听后,顿时恍然大悟,我爸爸笑道:"爸爸不愧是数学大师,太厉害了!"后来,我的表弟、表妹们在读中学时,一遇到解不出来的数学题就去问外公,每次都是迎刃而解,中学数学对他而言就是小儿科,易如反掌。不过那时他已是八旬老人了,真的是不佩服不行啊!

真正的博弈论是无法在中国古代传统社会中产生的。因为博弈首先要有规则,要公平、公正、公开,即要"费厄泼赖",而我们的传统讲的是义。

中国古语道:博弈之交不终日,饮食之交不终月,势力之交不终年,惟道义之交,可以终身。

这种貌似占据制高点的所谓规律,在人性面前不堪一击,所以以利益、规则、平等为代表元素的现代社会几千年都没能从中国传统社会中自发地进化出来。以"父父子子,君君臣臣"为代表的不平等,带有强烈的以无条件附从的人身依附式关系是没有土壤产生出博弈论的,所以博弈二字虽然源自中文,但它却是一门地道的西方科学。

为了便于广大青少年读者对博弈论产生兴趣,我们还是以在中国最受青少年喜爱,也最受全社会非议的奥数试题来作为引子:

2012 年在阿根廷马德普拉塔(Mardel Plata)举行的第 53 届 IMO 上有一道试题:

题目 1 "欺诈猜数游戏"在两个玩家甲和乙之间进行,游戏依赖于甲和乙都知道的两个正整数 k 和 n。

游戏开始时甲先选定两个整数 x 和 N,$1 \leqslant x \leqslant N$,甲如实告诉乙 N 的值,但对 x 守口如瓶。乙现在试图通过如下方式的提问来获得关于 x 的信息:每次提问,乙任选一个由若干正整数组成的集合 S(可以重复使用之前提问中使用过的集合),问甲:"x 是否属于 S?"乙可以提任意数量的问题。在乙每次提问之后,甲必须对乙的提问立刻回答"是"或"否",甲可以说谎话,并且说谎的次数没有限制,唯一的限制是甲在任意连续 $k+1$ 次回答中至少有一次回答是真话。

在乙问完所有想问的问题之后,乙必须指出一个至多包含 n 个正整数的集合 X,若 x 属于 X,则乙获胜,否则甲获胜。证明:

(1)若 $n \geqslant 2^k$,则乙可保证获胜;

(2)对所有充分大的整数 k,存在整数 $n \geqslant 1.99^k$,使得乙无法保证获胜。

证 (1)我们将问题改述如下:甲选定一个有限集 T 和其中一个元素 x,将 T 告诉乙,但乙不知道 x。乙每次任选一个 T 的子集 S,问甲:"是否 $x \in S$?"甲回答"是"或"否",甲至多连续说 k 次谎话。如果在有限次提问后,乙可指定 T 的一个 n 元子集,使得 $x \in T$,则乙获胜。

我们只需说明当 $|T| > 2^k$ 时,乙总可确定某个 $y \in T$,使得 $y \neq x$,这样乙总可以将 x 的范围缩小到 2^k 个数中。乙采取如下策略,不妨将 T 中 $2^k + 1$ 个元素记为 $\{0, 1, \cdots, 2^k - 1, 2^k\}$。乙先反复问:"是否 $x \in \{2^k\}$?",若甲连续 $k+1$ 次回答"否",则可确定 $x \neq$

2^k。

如果甲有一次回答"是",从这次回答之后,乙依次对 $i=1,2,\cdots,k$,问:"是否 $x \in \{t \in \mathbf{Z} \mid 0 \leqslant t < 2^k$,且 x 的二进制表示中 2^{i-1} 的系数为 $0\}$?"

不论甲对这 k 个问题的回答如何,恰存在一个 $y \in \{0,1,\cdots,2^k-1\}$,使得若 $x=y$,则这 k 个回答皆为谎言,连同之前的一次回答,甲便连续说谎 $k+1$ 次,故 $y \neq x$。

(2)我们证明对任意 $1 < \lambda < 2$,若
$$n = [(2-\lambda)\lambda^{k+1}] - 1$$
则乙无法保证获胜。特别地,取定一个 λ 满足 $1.99 < \lambda < 2$,对充分大的整数 k,有
$$n = [(2-\lambda)\lambda^{k+1}] - 1 > 1.99^k$$
即得所要结论。

甲选取 $T = \{1,2,\cdots,n+1\}$,以及任选 $x \in T$。对甲的一组回答,记 m_i 为假设 $x=i$ 时,甲的回答中包含最后一个回答的连续说谎次数的最大值。甲的策略如下:每次在两种回答中选择使得
$$\phi = \sum_{i=1}^{n+1} \lambda^{m_i}$$
较小的那个答案。我们说明甲按此方式回答,任何时候总有 $\phi < \lambda^{k+1}$,从而每个 $m_i \leqslant k$,特别有 $m_x \leqslant k$,即甲至多说谎 k 次,并且乙在假设 $x=i$ 时,甲的回答仍是合法的,即乙在任意有限次提问后无法确定任何一个 $i \in T$ 是否不等于 x,从而乙不能保证获胜。

下面证明 $\phi < \lambda^{k+1}$。一开始,有 $m_i=0$,$\phi=n+1<\lambda^{k+1}$。假设若干次回答后 $\phi < \lambda^{k+1}$,现乙问:"是否 $x \in S$?",回答"是"或者"否"分别产生的两个 ϕ 值为

$$\phi_1 = \sum_{i \in S} 1 + \sum_{i \notin S} \lambda^{m_i+1}$$

和

$$\phi_2 = \sum_{i \notin S} 1 + \sum_{i \in S} \lambda^{m_i+1}$$

由定义

$$\phi = \min(\phi_1, \phi_2) \leqslant$$
$$\frac{1}{2}(\phi_1 + \phi_2) =$$
$$\frac{1}{2}(\lambda\phi + n + 1) <$$
$$\frac{1}{2}[\lambda^{k+2} + (2-\lambda)\lambda^{k+1}] = \lambda^{k+1}$$

结论证毕。

2012 年韩国首次超过中国取得了 IMO 的冠军（2016 年是第二名又超过了中国），所以有必要研究一下当年这道试题。有关博弈论的题目不仅出现在 IMO 中，更多的出现在大学生参加的数学竞赛中，比如 PTN，它是美国大学生数学竞赛的简称，全称是威廉·洛厄尔·普特南数学竞赛，是美国及整个北美地区大学低年级学生参加的一项高水平赛事。我们在 2015 年的试题中也发现了有关的试题。

题目 2　在第 75 届一年一次的 Putnam 游戏中，参加者做数学游戏。Patniss 和 Keeta 玩一个游戏：对于一个固定的正整数 n 和一个固定的素数 p，Patniss 和 Keeta 从整数集模 p 的域 $\mathbf{Z}/p\mathbf{Z}$ 中的可逆 $n \times n$ 矩阵组成的群中轮流选取一个元素，游戏规则如下：

1. 游戏者不能选取已被任一游戏者选取过的元素；

2. 游戏者只能选取与已选取过的元素可交换的元

素；

3. 游戏者在轮到他（她）选时不能选取任一元素者为输。

Patniss 先选,谁有必胜策略?（你的答案也许依赖于 n 和 p。）

这一竞赛的组委会成员是三位著名数学家：Pólya,Radó,Kaplanski。在该赛事的历届获奖者中,日后获菲尔兹奖的有:Milnor,Mumford,Quillen,Cohen,Thompson, 获诺贝尔奖的有:Kenneth G. wilso,Richard Feynman,Steven Weinberg,Murray Gell Mann。所以这是一个在数学界声誉颇高,试题质量也是举世瞩目,且背景深刻的赛事。下面是一份简答:

解 我们将证明,当 p 是奇数时 Keeta 有必胜策略,而当 $p=2$ 时 Patniss 有必胜策略。在任一群 G 中,可交换元素的任何子集将生成一个交换子群,因而,在游戏终结时,已被选过的元素的集合将形成一个子群。Patniss 希望迫使这个子群的阶是奇数的,而 Keeta 希望迫使它是偶数的。

假设有限群 G 包含一个元素,其中心化子有奇数阶,那么 Patniss 可以选取这样一个元素,从而保证获胜。否则,Patniss 必定选取一个元素 g,其中心化子 $Z_G(g)$ 有偶数阶,而 Keeta 可以选取一个二阶的元素 $h \in Z_G(g)$（除非唯一一个这样的元素是 g 本身,在此情形 Keeta 可以取 e）。既然任何包含一个二阶元素的群必定有偶数阶,那么此时 Keeta 就必定获胜。因而这个问题就归结为:对于哪些 n 和 p,G 包含一个其中心化子有奇数阶的元素?

8

若 p 是奇数,则 $GL_n(\mathbf{Z}/p\mathbf{Z})$ 在其中心包含阶为二的元素 I,这样,每个元素的中心化子有偶数阶,因而 Keeta 将赢。

另一方面,如果 $p=2$,我们断言,$GL_n(\mathbf{Z}/p\mathbf{Z})$ 总是包含一个元素,其中心化子有奇数阶,以致 Patniss 将赢。这里是这样一个元素的一种构造法,令 F_{2^n} 是 $F_2=\mathbf{Z}/2\mathbf{Z}r$ 的一个 n 次扩张,并选取 $\alpha \in F_{2^n}$ 到其自身的映射(关于基 $1,\alpha,\cdots,\alpha^{n-1}$)的矩阵。事实上,假设 h 与 g 可变换,并令 T 是对应于 h 的 F_{2^n} 的 F-线性变换。如果 $T(1)=x$,那么从 T 与乘以 α 的乘法可交换这一假设容易知道,对任意 $i \geqslant 0$,有 $T(\alpha^i)=x\alpha^i$。那么 F_2-线性性就蕴涵着 T 是由乘以 x 给出的从 F_{2^n} 到其自身的映射。所有这样的映射都与 g 可交换,因而 T 必须是可逆的这一条件显然意味着 $x \neq 0$。这样,g 的中心化子的阶为 2^n-1,是奇数。

东南数学奥林匹克组委会曾提出过一个博弈论模型的赛题:

题目 3 Jack 船长与他的海盗们掠夺到 6 个珍宝箱 A_1,A_2,A_3,A_4,A_5,A_6,其中 A_i 内有金币 a_i 枚,$i=1,2,3,4,5,6$,诸 a_i 互不相等。海盗们设计了一种箱子的布局图(图 1),并推派一人和船长轮流拿珍宝箱。每次可任意拿走不和两个或两个以上的箱子相连的整个箱子。如果船长最后所取得的金币不少于海盗们所取得的金币,那么船长获胜。问:若船长先拿,他是否有适当的取法保证获胜?

9

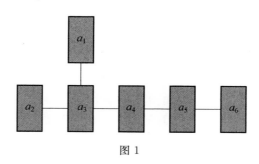

图 1

解答如下：

1. 当箱子数为 2 时，船长有必胜的策略。

2. **引理 1** 当箱子数为 4 时，船长有必胜的策略。

当箱子数为 4 时，共有两种不同的联结在一起的方式（图 2）。

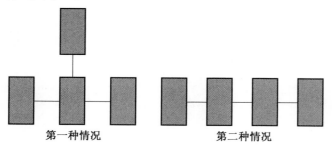

第一种情况　　　　　第二种情况

图 2

第一种情况时，在开始的第一轮船长有在外部的三个箱子可挑选，船长当然挑选这三个箱子中最多金币的箱子，海盗只能拿剩下来的两个箱子之一，无法取得中央的箱子。经过新一轮后，船长拿到的金币不少于海盗，此时剩下两个箱子，船长可以拿金币较多的箱子，因此船长必胜。

第二种情况时,将 4 个箱子黑白相间涂色,如图 3 所示。

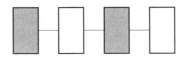

图 3

若在两个涂黑色箱子内金币的数量总和不少于两个涂白色箱子内金币的数量总和,则开始时船长取所能拿到的黑色箱子,迫使海盗接下来只能取白色箱子,当海盗拿完后又露出一个黑色箱子让船长拿,从而船长可拿光所有黑色箱子而获胜,否则船长可以拿光所有白色箱子而获胜。

回到原题。假设 a_6 内金币的数量不少于 a_5,则船长先取能拿到的箱子中金币最多的一个箱子,海盗拿后,还剩四个箱子,问题转化为四个箱子的情形。假设 a_5 内金币的数量多于 a_6,且不妨假设 a_1 内金币的数量比 a_2 多,则船长将 a_1,a_3 与 a_5 涂白色,其他的箱子涂黑色,如图 4 所示。

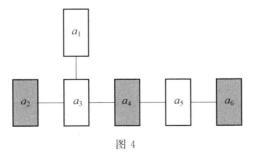

图 4

现在检验涂白色箱子内金币的数量总和是否不少于涂黑色箱子内金币的数量总和。若是,则船长能拿光所有白色箱子并参照涂色法而获胜；若否，则船长先拿 a_6，接下来：

(1) 若海盗拿 a_1，则船长再依次拿 a_2，a_4 而获胜；

(2) 若海盗拿 a_2，已知 a_1 内金币的数量比 a_2 多，则船长接着拿 a_1，虽然船长不能拿光所有黑色箱子，但因为 a_1 内金币的数量比 a_2 多，二者替换之后船长一点都不吃亏，最终仍然可获胜；

(3) 若海盗拿 a_5，则船长接着拿 a_4，接着：

(i) 若海盗拿 a_1，则船长拿 a_2 而获胜；

(ii) 若海盗拿 a_2，已知 a_1 内金币的数量比 a_2 多，则船长接着拿 a_1，可获胜。

故不论原先箱子内的金币数为多少，船长均有取法保证获胜。

我们断言这是可以的。

(a) 船长可以拿到 A_1，A_3，A_5 三个箱子。实际上，船长先取走 a_1，接下来剩余箱子排在一条直线上，海盗们取哪一侧的箱子，就从该侧再取一个，则可取到。同理，船长可以拿到 A_2，A_3，A_5 三个箱子。

(b) 船长可以拿到 A_1，A_2 之一与 A_4，A_6 三个箱子。实际上，船长先拿 A_6，若海盗取 A_5，则取 A_4，明显可以取到 A_1，A_2 之一。若海盗取 A_1，A_2 之一，则取 A_1，A_2 中的另一个，也明显可以取到 A_4。

记 $a_1 + a_2 + a_3 + a_4 + a_5 + a_6 = S$，很明显若船长得到不少于 $S/2$，则胜利。

① 若按 (a) 中的两种方法之一可以胜利，则已得证。

② 若不然，表明 $a_1 + a_3 + a_5 < S/2$，$a_2 + a_3 + a_5 < S/2$，则 $a_1 + a_4 + a_6 > S/2$，$a_2 + a_4 + a_6 > S/2$，从而

按(b)方法必可取胜。

综上,船长有必胜策略。

备注:本题的最大难点在于无法知道 $a_1, a_2, a_3,$ a_4, a_5, a_6 的大小关系,该解法比标准答案更具洞察力,巧妙地回避了对宝箱中金币的讨论,逆向思维能力强。

本题最早出现在莫斯科数学奥林匹克中,现在俄罗斯甚至有了博弈论奥林匹克,已经成功的举行了一届。

题目 4 Alice 与 Bob 玩游戏,他们轮流从起初 n 块石头中取石头,每次取出的石头数小于 1 个素数,胜者是取到最后 1 块石头的人。Alice 取第 1 块。证明:有无限多个 n 使 Bob 有取胜的策略。(例如,若 $n=17$,则 Alice 取 6 块剩下 11 块,则 Bob 取 1 块剩下 10 块,则 Alice 可以取剩下的石头,得胜了。)

(2006 年第 67 届普特南数学竞赛)

解 因这是有有限个可能性的游戏,故对两个游戏者总有得胜的策略。用反证法讨论,设只有有限个 n,例如 $n_1, n_2, \cdots, n_m$,使 Bob 有得胜策略,则对每个其他非负整数 n,Alice 一定有一堆 n 块石头中某次移动到达了 Bob 得胜的位置。这表示对某一素数 p 与某一 $k(1 \leqslant k \leqslant m)$,任何其他整数 n 有形式 $p-1+n_k$。

我们将证明情况不是如此。选择数 N 大于所有 n_k,令 $p_1, p_2, \cdots, p_N$ 是前 N 个素数。由中国剩余定理,存在正整数 x,使

$$x \equiv -1 \pmod{p_1^2}$$
$$x \equiv -2 \pmod{p_2^2}$$
$$\vdots$$

13

$$x \equiv -N(\bmod p_r^2)$$

于是数 $x+N+1$ 没有形式 $p-1+n_k$，因为数 $x+N+1-n_k+1$ 中每个数是合数，是素数平方的倍数。我们得出矛盾，这就证明了要求的结论。

题目 5 考虑至少有 5 个面的多面体，使恰有 3 条棱从每个顶点出发。两个人玩以下游戏：他们轮流写名字，恰好写在一个面上，这个面以前未写过名字。成功地把名字写在有一公共顶点的 3 个面上的人是胜利者。设游戏是最理想的，证明：开始游戏者总得胜。（2003 年第 64 届普特南数学竞赛，由 T. Andreescu 提供）

证 用标准记号，已知 $F \geqslant 5, E = \dfrac{3V}{2}$。我们将证明，多面体不是所有的面都是三角形。否则，$E = \dfrac{3F}{2}$ 与 Euler 公式得出 $F - \dfrac{3F}{2} + F = 2$，即 $F=4$，与假设矛盾。

现在指出两个游戏者的游戏策略。第 1 个人在不是三角形的面上写出他（她）的名字，称这个面为 $A_1 A_2 \cdots A_n, n \geqslant 4$。第 2 个人试图阻碍第 1 个人，给 1 个面加上符号，使它与第 1 个人选出的面有尽可能多的共同顶点，于是要求的面与第 1 个人选出的面有 1 个共同顶点。设第 2 人给含边 $A_1 A_2$ 的面加上符号。不考虑第 2 个人的游戏，第 1 个人可以给包含 A_3 或 A_4 的面加上符号，则获胜了！

题目 6 桌上有数目分别为 $100, 101, 102$ 的三堆石头。Ilya 和 Kostya 两人轮流进行如下操作：Ilya 先开始，每一步的规则为：其中一人从某一堆中取出一块

14

石头,但不能从此人上轮游戏中取过石头的那一堆中取(每个人第一步可以从任意一堆中取石头),不能再进行下一步者为输。问:无论对手如何操作,谁有必胜策略? （2017 年俄罗斯数学奥林匹克十年级）

解 Ilya 有必胜策略,理由如下:

记开始时含 $100,101,102$ 块石头的石块堆分别为 A,B,C。Ilya 先从 B 堆中取一块石头,三堆块数变为 $100,100,102$,均为偶数块。

（1）若 Kostya 不从 B 堆中取,则 Ilya 每次与 Kostya 取同一堆的石头。由于 Ilya 取后每堆石头个数均为偶数,且只要 Kostya 不从他上轮游戏中取过的那堆中取,Ilya 必不从自己上轮游戏中取过的那堆中取,故 Ilya 在 Kostya 操作后必能操作。由于该游戏总能结束,故 Ilya 获胜。

（2）若 Kostya 从 B 堆中取,则 Ilya 遵循如下规则操作:

若 Kostya 从 B 堆中取,则 Ilya 从 A 堆中取;

若 Kostya 从 A 堆中取,则 Ilya 从 B 堆中取;

若 Kostya 从 C 堆中取,则 Ilya 从 C 堆中取。

则 Ilya 取完后,C 堆总有偶数块石头,且 A,B 两堆的个数总相等。只要 Kostya 不从他上轮取过的石块堆中取,Ilya 必也不从上轮取过的石块堆中取,因此 Ilya 在 Kostya 操作后必能操作。由于该游戏总能结束,故 Ilya 获胜。

综合上述两种情形可知:Ilya 有必胜策略。

题目 7 给定整数 $n,k(n \geqslant k \geqslant 2)$。甲、乙两人在一张每个小方格均为白色的 $n \times n$ 方格纸上玩游戏:两人轮流选择一个白格并将其染为黑色,甲先进行。若某人染色后，每个 $k \times k$ 的正方形中均至少有一个黑格，则游戏结束，此人获胜。问：谁有必胜策略？

（2017 年中国西部数学邀请赛）

解 将方格纸按从上到下标记行，从左到右标记列。

若 $n \leqslant 2k-1$，则甲将第 k 行第 k 列的格染为黑色后，每个 $k \times k$ 正方形中至少有一个黑格。因此，甲获胜。

首先假设 $n \geqslant 2k$。

接下来证明：当 n 为奇数时，甲有获胜策略；当 n 为偶数时，乙有获胜策略。

对于一个已经有若干个格染为黑色的局面：若有两个不相交的 $k \times k$ 正方形所含的全为白格，且方格纸内白格总数为奇数，称其为"好局面"；若有两个不相交的 $k \times k$ 正方形所含的全为白格，且方格纸内白格总数为偶数，称其为"坏局面"。

再证明当某人面对好局面时，此人有获胜策略。

假设甲面对好局面，他先取定两个不相交的 $k \times k$ 正方形 A,B，且均为白格。由于白格总数为奇数，可选取不在 A,B 中的另一个白格，将其染为黑色，此时，白格总数为偶数，且 A,B 中仍然均为白格。因此，变为一个坏局面。

轮到乙面对坏局面，若其染色后，仍有两个不相交的 $k \times k$ 正方形中均为白格，此时，白格总数为奇数，又回到好局面；若其染色后，不存在两个不相交的 $k \times k$ 正方形，此时注意到，至少有一个全白格的 $k \times k$ 正方形，可设 $A_1, A_2, \cdots, A_m$ 为所有全白格的 $k \times k$ 正方形，则它们两两相交，故必包含于某个 $(2k-1) \times (2k-1)$

的正方形 S。于是，S 的中心方格 P 为 $A_1, A_2, \cdots, A_m$ 的公共格。因此，甲将 P 染为黑色后，所有 $k \times k$ 正方形中均含有黑格，从而，甲获胜。

总之，当某人面对好局面时，他可以在自己的下一回合获胜或是仍面对好局面，而游戏必在有限步内结束，因此，他有获胜策略；当某人面对坏局面时，他要么让对方在下一回合即可获胜，要么留给对方好局面，因此，对方有获胜策略。

在 $n \geqslant 2k$ 时，由于四个角上的 $k \times k$ 正方形互不相交，且一开始均为白格，于是，当 n 为奇数时，一开始是好局面，甲有获胜策略；当 n 为偶数时，一开始是坏局面，乙有获胜策略。

在近年的许多竞赛中都有类似试题，如 2017 年捷克－波兰－斯洛伐克联合数学竞赛试题：

Let k be a fixed positive integer. A finite sequence of integers $x_1, x_2, \cdots, x_n$ is written on a blackboard. Pepa and Geoff are playing a game that proceeds in rounds as follows：

i)In each round, Pepa first partitions the sequence that is currently on the blackboard into two or more contiguous subsequences(that is, consisting of numbers appearing consecutively). However, if the number of these subsequences is larger than 2, then the sum of numbers in each of them has to be divisible by k.

ii)Then Geoff selects one of the subsequences that Pepa has formed and wipes all the other subsequences from the blackboard.

17

The game finishes once there is only one number left on the board. Prove that Pepa may choose his moves so that independently of the moves of Geoff, the game finishes after at most $3k$ rounds.

徐州赵力老师将其译为:

题目 8 设 k 为一固定正整数,黑板上写有一有限整数序列 $x_1, x_2, \cdots, x_n$. Pepa 和 Geoff 遵循以下规则按轮次玩游戏:

(1)在每一轮,Pepa 首先把目前在黑板上的序列划分为至少 2 个连续亚序列(即每个亚序列由位置连续的整数构成)。但是,如果亚序列的个数大于 2,则每一个亚序列里的数之和必须能够被 k 整除;

(2)接下来,Geoff 从 Pepa 所划分出的亚序列中选取并保留一个,并把其他的亚序列擦掉。

一旦黑板上只剩下一个数,则游戏结束。

证明:Pepa 可以有策略,使得无论 Geoff 如何选择,他都可以使游戏在最多 $3k$ 轮后结束。

再比如 2017 年泛非数学奥林匹克(PAMO)试题:

The numbers from 1 to 2 017 are written on a board. Deka and Farid play the following game: each of them, on his turn, erases one of the numbers. Anyone who erases a multiple of 2, 3 or 5 loses and the game is over. Is there a winning strategy for Deka?

徐州赵力老师将其译为:

题目 9 在黑板上写有整数 $1, 2, \cdots, 2\ 017$。Deka 和 Farid 做以下游戏:两人轮流每次从黑板上擦去一

个数。如果某人擦去的数能被 2,3 或 5 整除,那么游戏结束,并判此人输。问:Deka 是否有取胜策略?

在美国卡内基梅隆大学的竞赛中也有类似试题。

说起卡内基梅隆大学,可能许多人对它的熟悉程度不如哈佛大学、麻省理工学院及普林斯顿大学。但是要是提起一个人,大家对他可就耳熟能详了,他就是美国 IMO 领队罗博深(Po-Shen Loh),卡内基梅隆大学的数学教授。在他的影响下,卡内基梅隆大学自 2016 年开始举办针对中学生的数学竞赛,试题也按代数、组合、几何、数论分卷,并设有个人决赛及团体赛。虽然此项竞赛的历史不长,但题目的质量一点也不输给 HMMT 及 PUMaC。而且,经过他的调教,卡内基梅隆大学在 2016 年 Putnam 数学竞赛中,力压普林斯顿大学、哈佛大学、麻省理工学院及斯坦福大学,获团体第一,可见其实力不逊。

下面我们举两道 2017 年的试题为例:

Suppose Pat and Rick are playing a game in which they take turns writing numbers from $\{1,2,\cdots,97\}$ on a blackboard. In each round, Pat writes a number, then Rick writes a number. Rick wins if the sum of all the numbers written on the blackboard after n rounds is divisible by 100. Find the minimum positive value of n for which Rick has a winning strategy.

徐州赵力老师将其译为:

题目 10　Pat 和 Pick 一起玩游戏,他们轮流在黑板上写集合 $\{1,2,\cdots,97\}$ 中的数(可以重复)。在每一轮中,Pat 先写一个数,接着 Rick 再写一个数。如果 n

轮之后,黑板上所写的所有数之和能被 100 整除,那么 Rick 获胜。求最小的正整数 n,使得 Rick 具有获胜策略。

第二个例子为:

Alice and Bob have a fair coin with sides labeled C and M, and they flip the coin repeatedly while recording the outcomes; for example, if they flip two C then an M, they have CCM recorded. They play the following game. Alice chooses a four-character string A, then Bob chooses two distinct three-character strings B_1 and B_2 such that neither is a substring of A. Bob wins if A shows up in the running record before either B_1 or B_2 do, and otherwise Alice wins. Given that Alice chooses $A = CMMC$ and Bob plays optimally, compute the probability that Bob wins.

徐州赵力老师将其译为:

题目 11 Alice 和 Bob 有一个均匀的硬币,硬币两面分别标记有 C 和 M,他们重复抛掷硬币并记录哪一面朝上。例如,如果他们先掷出 2 个"C",接着掷出 1 个"M",则记录为 CCM。他们玩以下游戏:Alice 选择 1 个由 C 和 M 组成的四字母字符串 A;然后 Bob 选择 2 个由 C 和 M 组成的不同的三字母字符串 B_1 和 B_2,且 B_1 和 B_2 均不是 A 的子字符串。如果在抛掷硬币的记录单上,A 先于 B_1 或 B_2 出现,那么 Bob 获胜;否则 Alice 获胜。假设 Alice 所选的字符串是 $A = CMMC$。在 Bob 最优选择的情况下,问:Bob 获胜的概率是多少?

题目 12 在三维空间中有 $m \geqslant 2$ 个蓝点和 $n \geqslant 2$

个红点,且无四点共面。Geoff 和 Nazar 轮流用线段联结一个蓝点与一个红点。假设由 Geoff 开始,能首先连成一个环路者获胜。问:谁有获胜策略?

解　结论:如果 m,n 都是奇数,则 Geoff 有必胜策略,否则 Nazar 有必胜策略。

我们记 $R_1,R_2,\cdots$ 为红色顶点,记 $B_1,B_2,\cdots$ 为蓝色顶点,如果一个顶点还没有任何边和它相连,我们称它为"干净的",否则称它为"脏的"。

观察到,如果已经有一条路径 $R_1B_1R_2B_2$,那么下一位选手通过联结 B_2R_1 将立即获胜,因此如果有人在完成行动后留下了一条长度为 3 的路径,他将会输,而只要行动完成后没有留下长度为 3 的路径,该选手就不会输。

现在,假设 m,n 都是奇数,Geoff 联结了一个红点和蓝点后,Nazar 有下面 3 种选择:

(1)Nazar 联结的 (b,r),b 和 r 都是"脏的",这样连完后会出现一点长度为 3 的路径,Geoff 获胜。

(2)Nazar 连接的 (b,r),b 和 r 中恰好有一个是"干净的",假设 r 是干净的,则 Geoff 连接 (b,r),r' 是另外一个干净的红色顶点。

(3)Nazar 连接的 (b,r),b 和 r 都是"干净的",则 Geoff 连接 (b',r'),其中 b' 和 r' 也都是干净的。

由于在 Geoff 第一步连完后,剩余的干净的红色顶点和蓝色顶点都是偶数,所以在 Nazar 只要按照(2)或(3)那样连接,Geoff 都还能找到别的干净的顶点,Geoff 按照(2)或(3)那样连完后永远不会出现长度为 3 的路径,因此最后的结果必然是 Nazar 被迫要采取(1)的连法,从而让 Geoff 获胜。

21

现在假设 m 和 n 中至少有一个偶数,不失一般性,假设 n 是偶数,Nazar 将采取如下的策略:

每次 Geoff 连完一个 (b, r),Nazar 在图中若找到一条长度为 3 的路径则获胜,否则他连接 (b, r'),r' 是一个红色的干净的顶点。

这个是 Nazar 的必胜策略,因为每次 Nazar 行动完,图中"脏的"蓝色顶点至少连向两个红色顶点,所以每次 Geoff 行动时,若他选择一个"脏的"红色顶点,则必然会出现一条长度为 3 的路径,导致 Nazar 获胜,这迫使 Geoff 每次行动都只能选择一个干净的红色顶点,而只要行动时联结的顶点里至少有一个是干净的,连完后就不可能在图中出现圈,因此,由于所有的红色顶点是偶数,从而 Nazar 获胜。

题目 13 在圆周上标记出 99 个点,将该圆周等分为 99 段弧。Petya 和 Vasya 轮流玩以下的染色游戏:由 Petya 首先开始,在第一步,他可以任选一个标记的点,将其染为红色或蓝色;此后,每轮的玩家可以选择任意一个与已染色点相邻但还未被染色的标记点,将其染为红色或蓝色。如果在所有标记点都染过色后,存在一个三顶点同色的等边三角形,则判 Vasya 胜。问:Petya 是否能够阻止 Vasya 获胜?

解法 1 答案是 Petya 不能阻止 Vasya 获胜。

通过题目的条件,可以获得以下一些信息及规则:

(1)确定性:在此圆周上的 99 个点中,能构成正三角形的点,相互间距离是固定的,均为每隔 33 个点选一个点。

(2)灵活性:染色的过程是从最初点开始,逐渐沿两侧伸展,最终完成对所有点的染色。但是向两侧中

的哪一侧伸展,染什么色,则可以由玩家自己决定。

首先,前 33 个点的染色可以随意染。

对第 34 个点的染色成为至关重要的一步,因为从这一步开始,就开始处理可以和前 33 个点之一构成正三角形一条边的点了。

幸运的是,这一步正好轮到 Vasya 染色,这就给了他机会进行布局。为了能获得同色正三角形,他的策略当然是将该点(设为 A)染为与之间隔 33 位的点(设为 B)同色(不妨设为红色),从而抢先建立正三角形一条同色的边(图 5)。

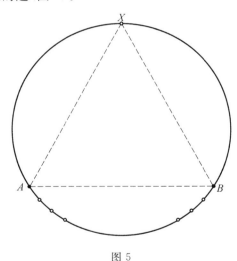

图 5

经过这一步后,能够与点 A,B 构成正三角形的第三个点 X 的位置也就随之确定,恰好与点 A,B 等距离。Vasya 的目标当然是利用(2),尽可能地使点 X 与 A,B 之间的未染色点数目(为简单叙述,称之为点 X 到 A,B 的"距离")接近,并且争取自己能够支配点 X

染色,从而达到目的。

但是,接下来第 35 步轮到 Petya,他完全可能破坏 Vasya 的计划。Petya 可以通过选择在圆周的不同方向上选点,破坏点 X 与 A,B 等"距离"的要求,但是这一点还不算太致命,Vasya 可以采用关于点 X 对称选点染色的策略,尽可能减少点 X 到 A,B "距离"的差别。而最致命的是,总共有 99 个点,最后一步是 Petya 走,最终染什么颜色的"核心技术"支配权不在 Vasya 那儿,怎么办呢?

看来,必须要有点 X 的备胎,建立自己的"芯"!这就需要 Vasya 展示自己的聪明才智了。

Vasya 需要针对 Petya 的第 35 步,选择相应的第 36 步,获得一个与点 X 有相同作用的点 Y。这个点 Y 需要和 X 相邻,这样的话,倒数第二步时,至少点 X,Y 之一还在,并且轮到 Vasya 走,完全可以"我的地盘我做主",不被釜底抽薪,从而完成目标。

下面就来针对 Petya 的第 35 步染色,看看 Vasya 如何选择相应的第 36 步。

Petya 接下来第 35 步的选点(设为 C)无非就是两种选择:

① 点 C 与 A 相邻。

为了使点 X 与 A,B 接近于等"距离",Vasya 必然需要在与 B 相邻的位置选点(设为 D),所选的颜色应该是和与 A 相邻但与 C 不同侧的点(设为 E)同色(为了醒目,这里用蓝色表示)。这时候由点 D,E 所确定的正三角形的第三个顶点 Y 也唯一确定了(图 6)。而且,令人兴奋的是,点 Y 确实与 X 相邻!

② 点 C 与 B 相邻。

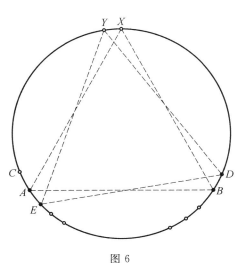

图 6

　　类似地，Vasya 需要在与点 A 相邻的位置选点 D，所选的颜色应该是和与点 B 相邻但与 C 不同侧的点 E 同色。这时候也唯一确定了与点 X 相邻的 Y，只不过这一回，点 Y 处于 X 的另一侧（图 7）。

　　其实，情况 ① 和 ② 没有本质区别。在情况 ② 下，可以认为是 Vasya 第 34 步选的点是 B，与之间隔 33 位的点为 A，就化归为情况 ① 了。

　　这样，Vasya 就牢牢地把握住了自己的命运。接下来的策略仅仅就是"对称"。在 XY 的两侧，与 Petya 对称地选点及染色，染什么颜色无所谓。

　　这样，咬牙坚持，最坏的情况就是熬到倒数第二步 Petya 还没犯错，但这时点 X，Y 中至少还有一个没被染色，这就是 Vasya 的 Game Point！

　　抓住机会，搞定！

　　解法 2　将双方整个染色过程分为三个阶段：

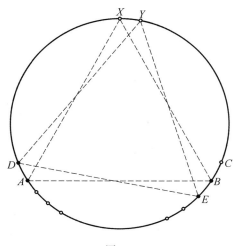

图 7

第一阶段：第 1 步 ～ 第 33 步。

在这一阶段，离目标实在太远，变数太大，看不见未来，你来我往，凑数而已。染够 33 个连续的点就行了。

第二阶段：第 34 步 ～ 第 66 步。

第一阶段，Vasya 不再像原来那样，根据 Petya 的脸色行事了，工作的重心是做好自己，尽量积累正三角形的同色边的数目即可。

设第一阶段结束时，已染色的连续点的两端点分别为 A,B(图 8)。

注意到这时候，无论是从点 A 顺时针延伸染色，还是从点 B 逆时针延伸染色，在劣弧 AB 内，与其构成正三角形边的另一个顶点的位置都会对应地从点 B 沿顺时针方向移动，或者从点 A 沿逆时针方向移动。直至第二阶段结束，将劣弧 $\overset{\frown}{AB}$ 内部的 33 个点（含 A,B）

26

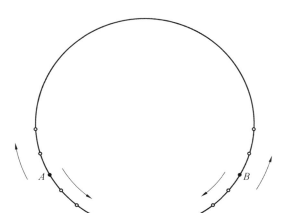

图 8

既不重复又不遗漏地对应完。

Vasya 此阶段的策略是将可构成正三角形一条边的两个端点染成同色,而不管对手怎么染,只管积累自己的力量。这阶段共有 33 个点要染,由 Vasya 先开始,到结束时,Vasya 就积累了至少 17 条两端点同色的正三角形的边,至少比 Petya 多 1 个!(这里说"至少",是因为可能 Petya 在此过程中犯错误,帮 Vasya 完成一部分工作。)

第三阶段:第 67 步 ～ 第 99 步。

在剩下的 33 个未染色点中,至少有 17 个点是属于 Vasya 的"获胜态"的,即如果 Vasya 掌控了这个点的染色权,则 Vasya 获胜,游戏结束。这时候 Peyta 就很被动了,只能不断地在处于"获胜态"的可染色点位置打补丁。共有 33 个未染色点,其中有至少 17 个点是 Vasya 的"获胜态",会有以下两种情况:

(a)这 33 个点最外侧的两个点均是 Vasya 的"获

27

胜态",而 Petya 一步只能在一处打补丁,在接下来的一步,Vasya 即可获胜。

(b) 否则,这 33 个点中一定有两个相邻的点均属于 Vasya 的"获胜态"(抽屉原理)。Petya 和 Vasya 的轮流染色过程早晚会经过它们,无论谁先接触它们,其中至少有一个点是属于 Vasya 的,这时 Vasya 就能获胜。

至此,原问题得到解决。

接下来,再考虑进一步的问题,Vasya 能否更早一些确定胜局呢?

从上面证明过程看,只要 Vasya 到达两个相邻的"获胜态"点,胜利就只是在 2 步之内的事情了。

这时候,前面 66 个点的作用已经浓缩为"获胜态"点的位置状态了。我们只要集中精力讨论最后这 33 个点。不妨按顺时针方向将它们编号为 $P_1, P_2, \cdots, P_{33}$,并把处于对称位置的(P_i, P_{34-i})称为第 i 层,$i=1, 2, \cdots, 17$,其中第 17 层只有一个点 P_{17}。染色过程就是从第 0 层(未染色前)开始,逐步增加层数,就像爬楼梯一样。

按照点位置的轴对称性,将这 33 个点分成 A, B 两个半区,最上面的点 P_{17} 可以认为同时属于这两个半区(图 9)。

在第三阶段,Vasya 有 17 个"获胜态"点,剩余的 16 个点为非"获胜态",在两个半区中必有一个区的非"获胜态"点不超过 8 个,Vasya 就选择只在这个半区操作(当两个区的非"获胜态"点均为 8 个时,尽量选有相邻"获胜态"点的区),所采用的策略为:坚定不移地径直从第 0 层开始向顶层爬楼梯,直到取到"获胜态"

28

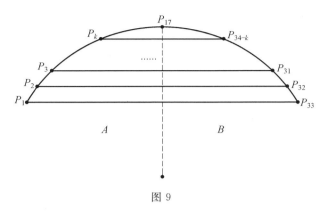

图 9

点为止。

作为对手的 Petya,他一定要尽可能地让 Vasya 每步都只能取在非"获胜态"点上,而不能取在"获胜态"点上,不然的话,自己马上就会输。这样:

(1) 若该区的非"获胜态"点不超过 7 个。

则该区共 17 个点中必存在相邻的"获胜态"点,最多在第 14 步(每人 7 步)耗尽非"获胜态"点后,再有 2 步 Vasya 就获胜了,总步数不超过 16 步。

(2) 在 A 区和 B 区的非"获胜态"点均恰有 8 个。

① 若两区均不出现相邻的"获胜态"点,则这 8 个非"获胜态"点只能是与"获胜态"点相间排列,且 P_{17} 共用,推出第一层的两个点 P_1,P_{33} 都是"获胜态",从而直接导致 Vasya 在第 68 步就可提前获胜。

② 若某区出现相邻的"获胜态"点,则 Vasya 的选择就是这一区,最多在第 16 步(每人 8 步)时耗尽该区的非"获胜态"点,再有 2 步 Vasya 就可获胜,总步数不超过 18 步。

因此,在第三阶段,Vasya 最多需要 18 步就可以

29

获得胜利。

需要 18 步才能获胜的情况是存在的,例如,在每一层都只有一个"获胜态"点,但是交替分布在 A,B 两区,且第 17 层也有"获胜态"点,即"获胜态"的点是:P_1,P_3,$\cdots$,P_{15},P_{17},P_{18},P_{20},$\cdots$,P_{32}。两人依次取点的顺序(Petya 先,Vasya 后)就是:P_1,P_{33},P_{32},P_{31},$\cdots$,P_{18},P_{17};或者 P_1,P_2,P_3,P_4,$\cdots$,P_{16},P_{17},P_{18},均为 18 步。

加上前两个阶段的 66 步,共 84 步。

所以,Vasya 可以确保在第 84 步就愉快地宣称胜利了!

解法 3 通过前两种解法,我们已经知道了一些 Vasya 获胜的经验,简要列举如下:

(1)将染色分为三个阶段:第一阶段 1 ~ 33 步,第二阶段 34 ~ 66 步,第三阶段 67 ~ 99 步。

(2)在第二阶段,Vasya 每一次染色都需将该点染为与第一阶段内的对应点同色,从而抢先建立正三角形一条同色的边,不妨称之为"抢点"。这一思想将贯穿第二阶段始终。

(3)在第二阶段 Vasya 一定可以抢到至少 17 个符合上述要求的点,从而胜利是一定的。

(4)经过"抢点"这一步后,在第三阶段 Vasya 对应的"获胜态"点也随之确定。

(5)在第三阶段,Vasya 要么在遇到相邻的"获胜态"点时获胜(最多需 84 步),要么在 33 个点中最外侧的两个点均是"获胜态"点时获胜(需 68 步)。显然,后者的效率最高。

Vasya 是否有办法在第二阶段布局时再具有攻击

性一些,逼迫 Petya 不得不面对最坏的局面呢? 再回过头看一下第二阶段的染色过程,竟然是从 Vasya 开始,又到 Vasya 结束,Vasya 始终控制着第 $34,36$,$38,\cdots,66$ 步的染色,太美妙了,完全可以靠此实现梦想。

这时候,Vasya 所采取的策略就是"贴身紧逼"。每一次都尽量使可延续染色的端点被自己抢到。下面来具体说明。

首先,第 34 步,由 Vasya 选点染色,按(2)的要求选择一个点(用 V 表示 Vasya 抢到的点),与另一端的点 M 染色相同,并可构成正三角形的一条同色边。

这里对点 M 多说几句,点 M 和对应的点 V 作用其实是一样的:染的色相同,对应的"获胜态"点也是同一个。所以第 34 步选点时,既可以认为是由点 M 选 V,也可以认为是由点 V 选 M。两种方式所得的选点结果一样,所以下面不再区分点 M 和 V。

接下来,无论 Petya 在圆周的哪一侧选择点(用 P 表示 Petya 选择的点),Vasya 都是紧贴 P 按(2)的要求抢一个点 V。继续保持两端点均为 V(图 10 表示异侧选点,图 11 表示同侧选点)。

这样不断下去,Vasya 就始终控制着两个端点为 V,直至第 66 步结束,进入第三阶段。

这时候,Vasya 所期盼的局面自然而然就呈现了(图 12)。第三阶段 33 个点组成弧的两个端点均与 Vasya 控制的两个点 V 相邻,而这两个点 V 对应的"获胜态"点均位于这段弧的两端点处。这就是我们前面所说的效率最高的情况!

这时候的 Petya 毫无办法,只好含泪任意走第 67

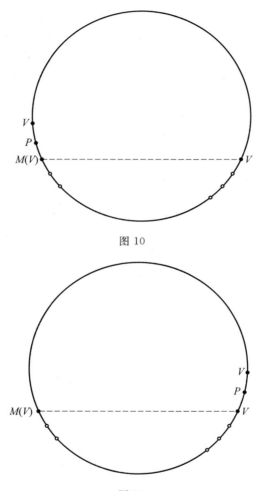

图 10

图 11

步，眼睁睁地看着 Vasya 在第 68 步获胜。然后默默地去计算自己的心理阴影面积了。

注意到整个过程中，前 66 步都是在打基础，形成

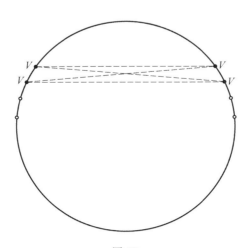

图 12

不了正三角形,而第 67 步为 Petya 走,所以 68 步取胜是 Vasya 所能得到的最佳结果了。

它们之前的背景是博弈论。关于这一理论的背景,诺贝尔经济学奖得主肯·宾默尔(Ken Binmore)在数学家纳什的论文集中有一个序言讲得很好,引文如下:

纳什(John Nash)将与哈萨尼(John Harsanyi)、泽尔滕(Reinhard Selten)分享 1994 年度诺贝尔经济学奖的消息受到了双重欢迎,这不仅意味着他年轻时取得的卓越成就得到了与其重要性相配的认可,而且意味着那长期困扰着他生活的疾病已经得到了缓解。我希望这本他青年时期的论文集能提醒大家:纳什又回到他做出过卓越贡献的学术界来了。

在这篇有关纳什工作的简短的序言中,

我将集中介绍他对合作博弈和非合作博弈的
重要贡献。他的这些贡献主要体现在 1950
年,1951 年,1953 年发表在《计量经济
学》(*The Econometrics Journal*）和《数学年
刊》(*Annals of Mathematics*) 的三篇重要
论文中。

非合作博弈理论

冯·诺依曼(Von Neumann)[13] 在 1928
年创立了二人零和博弈理论。事实上,他的
一些思想波雷尔(Emile Borel)① 早就预见到
了。但是正如冯·诺伊曼后来意识到的:没
有他的最小最大定理(该定理说明每一个二
人零和博弈均有一个解),博弈论便无从谈
起。直到摩根斯坦(Morgenstern) 说服冯·
诺伊曼并与之合著《博弈论与经济行为》[14]
一书,冯·诺伊曼在经济学上取得成就的意
义才引起人们的重视。该书出版于 1944 年,
并且在当时引起了强烈的反响,使得人们对
通过博弈理论把经济学变成像物理学一样可
预测的科学寄予很大的希望。现在看来,这
种希望显然是很天真的,就像在 20 世纪 70
年代,当隐含在纳什发现中的东西首次被充
分发掘而引发博弈论的复兴时,人们对之寄
予了同样的希望一样。现在人们不再期望博

---

① 波雷尔已经归纳出了纯策略和混合策略的概念,用这些概
念分析简单扑克牌游戏。他也考察过最小最大定理正确的可能性,但
是认为不大可能成立。

弈论会使经济学在一夜之间发生根本的变化，但是随着我们殚精竭虑地逐渐学会把博弈论的预测结果与从心理学实验中得出的互动学识的数据联系起来，任何理论家都不会怀疑博弈论最终将会取得这一成就。

冯·诺伊曼和摩根斯坦在《博弈论与经济行为》一书中，第一部分的分析与第二部分的分析存在着明显的风格不一致的地方。这种不一致性还保留在现代博弈论里面，那就是合作博弈与非合作博弈的区分。

《博弈论与经济行为》一书的非合作博弈部分主要处理一类特殊的博弈——二人零和博弈。对于这类博弈，其结果双方的支付之和均为零。冯·诺伊曼和摩根斯坦认为，这类博弈的解通常要求双方采取混合策略，即为了使对方猜不透自己究竟采取何种策略①，各参与人随机地选择自己的纯策略。至于以什么样的概率选择各纯策略，他们在《博弈论与经济行为》一书的非合作部分中指出：不管对方采用何种策略，他应该选择混合策略以保证期望支付不少于他的保障支付的水平，他的保障支付水平是指能够得

_____

① 如果觉得理性博弈可能会出现随机化选择看起来有些奇怪，那么让我们来考虑一下扑克牌博弈。显然，在扑克牌博弈中有时候参与人必定会使用欺骗手段。如果一方仅仅在高牌时下注，那么他的对手很快会知道，除非自己拿了更高的牌，否则他应该选择退出。同样，一方显然也不应该以一种可预测的方式去讹诈对方。只要一方仔细地分析他讹诈的频率，那么他随机选择哪一次讹诈就很有意义。

到如此保证的最大支付。（把编号为"奇数"的参与人称为"他"，把编号为"偶数"的参与人称为"她"。对于没有编号的参与人，为简便起见，常用代词"它"来表示。）

一个参与人在计算他的保障支付水平时，首先计算他运用每一个混合策略将得到的最小支付，所有这些最小支付的最大值即为保障支付水平。冯·诺伊曼和摩根斯坦用于分析二人零和博弈的方法因而被称为"最大最小准则"。由于冯·诺伊曼[13]著名的最小最大定理①断言博弈双方的保障支付水平之和为零，所以在二人零和博弈中应用最大最小准则是合理的。除非对手得到低于保障水平的支付，否则谁也别想得到多于他的保障支付的水平。另一方面，因为任一参与人均可以自由地应用最大最小准则且保证他至少能够得到他的保障支付的水平，所以他们不会满足于获得少于保障支付的水平。因此，二人零和博弈的合理结果，应该是每一方正好得到他的保障支付的水平。

然而，在经济学中二人零和博弈并不会引起人们太大的兴趣。如何把它推广到支付

---

① 为什么是最小最大而不是最大最小呢？该定理常常用以下形式描述：$\max\limits_{p} \min\limits_{q} \Phi(p,q) = \min\limits_{q} \max\limits_{p} \Phi(p,q)$，其中，$\Phi(p,q)$ 为如果参与人 I 使用混合策略 p 而参与人 II 使用混合策略 q 时参与人 I 的期望支付。这个等式的左边是参与人 I 的保障支付水平，等式的右边是参与人 II 的保障支付水平的相反数。

之和非零的博弈中去呢？直到今日，仍然存在着这样一种学派思想，即简单地把最大最小准则看成是一个理性决策问题中普遍适应的原则，并且不加区别地运用。但是，这样做过于轻率。如果参与人Ⅰ知道参与人Ⅱ是理性的，并且知道理性人会运用最大最小准则，那么他自己就不会使用最大最小准则，而是采用作为相对于对方最大最小策略的最优反应的策略。除非像在二人零和博弈那样，这个最优反应恰好就是最大最小策略，否则当参与人Ⅱ知道参与人Ⅰ是理性的，并且知道理性的参与人Ⅰ知道参与人Ⅱ是理性的时，我们就会得出一种不相容的结果。

纳什[6]把这种最优反应的分析作为对冯·诺伊曼最小最大定理推广的基础。一个策略对要成为二人博弈的解的起码要求是：其中每一个策略必须是另一策略的最优反应。这样的策略对，现在称之为纳什均衡，它是非合作博弈理论的基础。任何权威的博弈论著作都不可能再提出一个策略对作为博弈的解，除非这个策略对就是一个纳什均衡。如果某本书建议参与人Ⅰ采用一个策略，而这个策略并不是他对该书建议参与人Ⅱ采用的策略的最优反应，那么如果参与人Ⅰ相信参与人Ⅱ会选取书中所推荐的策略，他就不会选择与之对应的策略。因此，对冯·诺伊曼和摩根斯坦的二人零和博弈理论适当的推广，并不是没有头脑地把最大最小准则用于所有的决策问题。适当的推广只是简单地指出，如果一个非合作博弈有一个解，那么该解必是博弈的纳什均衡。

　　为什么冯·诺伊曼和摩根斯坦没有得出这种推广呢？他们当然知道，只有在一方参与人的最大最小策略正好是另一方的最大最小策略的最优反应时，对二人零和博弈而言最小最大定理才成立。我猜想是因为他们认为，知道"博弈的解必是纳什均衡"这一点并不总是那么有用。经济学里许多有趣的博弈通常有很多不同的纳什均衡——纳什[5] 要价博弈就是一个代表性的例子。然而，当一个博弈有许多纳什均衡时，选择哪一个作为博弈的解呢？

　　就二人零和博弈而言，不存在解的选择问题，因为在这样的博弈中所有的纳什均衡都同样地令人满意。我想，冯·诺伊曼和摩根斯坦可能已经发现这一点在一般情况下并不总是成立的，他们之所以什么也没有说，是因为还说不出让自己满意的东西来。正如他们可能感觉到的那样，上面对纳什均衡概念的论证，完全是消极的。该论证除了说明纳什均衡会是博弈的解以外，什么也没有说。然而，参与人选择这一策略而非另一策略时必须有积极的理由。事实上，在二人零和博弈中，一个理性的参与人的确有积极的理由选择其最大最小策略，这个策略保证了他获得保障水平的支付。

　　然而，正如纳什的论文所记载的那样，他提出均衡的概念，除了作为博弈的理性解的一种表示方法以外，还有其他的理由；并且他认识到存在一个互动的调整过程，在该过程中，有限理性的当事人通过不断地观察他的可能的对手的策略选择，不断地学习调整自己的策略以获得更大的支付。如果这个策略调整过程收敛的话，就一定会收敛于纳什均衡。

　　最近的实验工作已经确认，这是一条在实验室中达到纳什均衡的路径 —— 它不是经过一个复杂的推理过程，而是根据实验对象所做的选择得出的。例如，在平滑化的纳什要价模型中，实验对象经过仅 30 次尝试就成功地收敛于纳什均衡，且在此过程中没有迹象表明他们经过任何认真的思考，即使在博弈前他们曾因配对与一个预先编好程序的机器人博弈而被锁定在偏离均衡点的焦点上（Binmore et al.[3]）。在这个实验和许多其他实验中，纳什均衡成功地预测了对象的长期行为，所有的实验证据都表明，他们是通过非大脑皮层的"试验 — 失误"的学习过程来找到引向均衡的道路的。也没有证据说明实验对象在二人零和博弈中随机选择的策略与冯·诺伊曼的下述观点一致：理性人在博弈中按照确保能得到保障水平的支付选择策略。相反，当实验对象在二人零和博弈中收敛于一个混合策略时①,他们也以同样的理由在其他的博弈中收敛于混合策略。

具有讽刺意味的是,有关纳什均衡的纳什论文[6]带来巨大反响的部分原因,在于没有多少人知道纳什关于其均衡思想值得研究的理由的观点。然而,大家都知道,古诺(Cournot)在1830年已经从研究双头垄断行业这一特殊的例子中归纳出了纳什均衡的思想,只是由于他用以证明其思想的调整机制(近视的古诺调整)的非现实性而一直受到批评。不过,纳什并不知道古诺,他过去和现在都是一个数学家,且习惯于用抽象而简洁的方式描述事物,而这种方式仅仅考虑与待证定理直接相关的东西。因此,他的论文不仅使经济学家们见识到纳什均衡思想的广泛应用,而且也使得他们在讨论最终将收敛的均衡时,不必再像过去那样受相关均衡过程的动态机制的束缚。回顾过去,当20世纪80年代的博弈论理论家通过对超理性的参与人更精确的定义,来寻求解决均衡选择问题而毫无结果时,这种自由度几乎变成了精炼纳什均衡的一种必备的知识。但是,我们现在又回到了对古诺调整过程的研究,这样一种事实不应使我们忘记如下事实的伟大历史意

① 对于这一情况的可能性还存在争论。然而,如果实验条件合适的话,在二人零和博弈中实验对象确实趋向于混合策略纳什均衡,肯·宾默尔等人[4]由此得到了强有力的支持。

义,即在均衡的选择不是太重要的情况下,纳什方法使这些研究所涉及的艰巨而又复杂的讨论变得更加简化。

我们并不清楚纳什自己是否如此看待他对非合作博弈所做的贡献,他更看重他在证明"所有有限博弈至少有一个纳什均衡"时所涉及的数学方面的成就(值得注意的是,在数学界纳什被公认为一流的数学家。即使他根本没有研究过博弈论,他对现代几何所做的贡献也足以使他在史册上占有一席之地)。然而当我还是一个初出茅庐的数学家时,有机会与世界级的数学大师进行讨论,我注意到了一些仍然使我感到迷惑的东西。我可以说出简单问题与复杂问题的区别,但在伟大的数学家面前,求一个标准积分的值,并不比发明一套对现实世界全新的思想方法更容易。简言之,虽然我认为对经济学家来说,重要的是有人告诉他们如何应用像角谷静夫(Kakutani)不动点定理①这样的工具,但我仍然认为纳什对非合作博弈理论真正重大的贡献在于他为这一学科提供了一个概念性的框架。对他来说,这个创造可能看起来并不费力,但是这一步对他的前人来说却是不可逾越的鸿沟。

---

①　当角谷静夫问我为什么他刚刚的演讲有如此多的人参加,我解释说,许多经济学家是来看作如此重要的角谷静夫不动点定理的作者的。他回答说:"什么是角谷静夫不动点定理?"

合作博弈理论

合作博弈理论是一门比非合作博弈理论更加灵活的学科,它主要研究博弈各方在博弈开始前可以对在博弈过程中做什么进行谈判的情形。假定最终可以达成一个具有约束力的协议,是非合作博弈的标准做法。在这样的条件下,人们认为博弈中具体可以采取何种精确策略并不重要,重要的是博弈的偏好结构,因为正是这个结构决定了什么合同是可行的。

有关合作博弈的文献始于冯·诺伊曼和摩根斯坦《博弈论与经济行为》[14] 一书的第二部分,在这一部分他们主要研究多人博弈中联盟的形成。在开始这个难题的研究时,他们放弃去寻找唯一解的目标,转而去描述稳定的潜在结果集的特征。

在经典的分钱问题中,即两人就如何分配一笔钱进行讨价还价,如果不能达成协议,他们什么也得不到。冯·诺伊曼和摩根斯坦的处理方法对此没有过多的交代,他们只是赞同一个至少从埃奇沃思(Edgeworth)时代以来经济学家就一直沿用的方法,即除了简单地认为最终的结果将是帕累托有效且必须至少分配给每个讨价还价者与他们拒绝达成协议一样多的支付外,对两个理性人将如何解决

他们的问题,经济学家们能够说的很少[①]。他们把所有这些结果的集合称为问题的"讨价还价集",并且认为,为了使预测的结果更加接近,需要对讨价还价者的"讨价还价技巧"进行更为详细的了解。纳什[5]首先接受了"讨价还价技巧"这个概念,但在他后来的论文(Nash[7])中明显地做出修正。在该论文中,他非常合理地观察到:由于每一参与方只采取在自己所处情形下最优的讨价还价技巧,所以一定存在比另一方更有谈判技巧的真正理性参与人。

这种推理使纳什对讨价还价问题的解无法确定的传统观点产生了怀疑,他因此提出了有关讨价还价问题的解应该满足的一系列公理,并且证明了他提出的这些公理只容许博弈有唯一的解,现在我们称这个解为纳什讨价还价解。如今经济学家们已经习惯于用他所应用的这种公理化方法来表达像纳什讨价还价解这样的合作解概念,但在当时他提出这种类型的公理是史无前例的。特别是,他提出应该把讨价还价解定义为讨价还价问题的整个集合到所有可能的结果组成的集合的一个函数,这种思想更是空前的。

---

① 在20世纪70年代,即纳什发现讨价还价解20年后,这种观点仍然盛行。当我开始研究讨价还价理论时,我还能记得不止一次有人公开对我说,讨论还价问题是不确定的,因而"讨价还价不是经济学的一部分"。

我怀疑是否曾经有过其他成果，像纳什对讨价还价问题给出的出色解决那样被误解这么多年。通过在其论文中运用大量篇幅解释他只是用简洁的语言运用冯·诺伊曼和摩根斯坦的效用理论，纳什预料到了由于对他们的效用理论的不当理解而造成的误解。尽管纳什做了很大努力，但是人们不是努力去刻画两个仅关心获得尽可能多的交易利益的理性人之间无情的讨价还价结果，而总是借他的名义认为讨价还价解是一种公平裁定的方案。然而，就纳什讨价还价解而言，纳什提出的其中一个公理明显地排除了各参与人所获得的效用的可比性 —— 当不能比较各参与人在交易中所得的效用时，谈论公平问题又有什么意义呢？

纳什[5]认为，用一个简单的非合作讨价还价博弈（该博弈的唯一纳什均衡与由他的公理体系得出的讨价还价解非常接近）来支持他的公理体系是很合适的。这一事实显然足以说明他是如何解释他的公理体系的问题的。特别地，如要理解这一点，只要你考虑一下纳什的均衡论文[6]中特别简洁的说明就足够了。在这篇文章中，他概括了后来被称为纳什方法的思想。当时纳什很可能觉得这种思想与纳什均衡概念同样明显，如果我冒昧地对他的这种极具启发性的思想进行详述的话，我希望能得到他的谅解。

合作博弈包含一个博弈前的谈判时期。

在该时期,博弈各方就如何博弈达成一个不可变更且具有约束性的协议。当提到这样一个博弈的前谈判时期时,人们有时会想到博弈前一天晚上在酒吧中的闲谈。纳什[6]认为,任何谈判过程实际上本身是一种博弈。在讨价还价时,各方提出的建议或申明是博弈的行动,他们最后可能达成的协议是博弈的结果。如果在博弈前谈判时所有可能的行动被正式地指明的话,那么结果将会得到一个扩大了的博弈。这种扩大了的博弈需要在没有预先假定谈判的条件下进行研究,因为这种博弈前的谈判已经被列入到博弈规则之中。在这种假定下对博弈的研究,就是试图进行一种非合作的分析,这种分析自然是从分析博弈中所有的纳什均衡开始的。如果我们知道如何解决均衡选择问题,那么,对一个非合作谈判博弈进行这样一种非合作的分析将会解决所有合作博弈理论的问题。这样,有关合作博弈解的概念,就变为在原博弈前加上一个正式的谈判时期而得到的谈判博弈的"解"。

　　然而,试图对这个问题进行如前的抨击是一个十分荒唐的想法。在真正进行讨价还价时,人们知道所能借助的讨价还价手段是非常多的。那么,如何构造一个能够充分地抓住谈判过程所有细节的非合作博弈呢?纳什认为,对讨价还价问题进行那样的攻击是不切实际的。因此尽管一些作者的确这样认为,但是纳什方法并非可以缩略到只有用非合作讨价还价模型才能预测讨价还价结果。在对讨价还价问题进行分析时,纳什[5,6,7]并不把合作博弈与非合作博弈理论看作是对立的方法。相反,他把它们看作是相互补充的方法,即一个方法的优点可以弥补另一个方法的缺点。特别是在试图预测讨价还价结果时,纳什的一套方法使得合作解的概念得到了很好的应用。

我们是为了预测的目的而使用合作解的概念,而不是为了分析实际讨价还价过程的非合作模型。这是因为后者必然包含模型设计者不大可能完全了解的各种细节,而这些细节很可能与最终结果无关。例如,在古老的板球比赛中,传统的规则要求双方运动员穿白色的服装。但是,现在普遍是一队穿红色的服装而另一队穿蓝色的服装,没有人提出有关两队所穿服装的颜色会影响比赛结果的建议。由于合作解的概念仅依赖于联盟成功的条件而与讨价还价过程的细节无关,所以在寻求预测讨价还价结果时,合作解的概念可以忽略许多的细节。

有时,人们会听到基于上述最后一点的对非合作讨价还价模型的特别愚蠢的批评。由合作解的概念得出的预测结果,据说会优于通过分析非合作讨价还价模型均衡而得出的预测结果,因为前者并不依赖于讨价还价过程的细节。当然这只有在讨价还价的任何

细节与最终结果无关时才正确。例如,在板球比赛中,就是否允许投球手把球的一侧不断地弄粗而言,门外汉认为这是无关紧要的。然而事实是,投球手投出的球却会因此而发生很大的变化。所以,相关规则在允许投球手打磨或刮擦球的程度上发生微小的变化,就会对比赛如何进行产生很大的影响。如果忽略这种特定规则的细节问题而坚持进行预测的话,那么结果将是很荒唐的。

同样,存在一些对讨价还价结果非常敏感的问题,其重要性对未经训练者而言并不明显。例如,在鲁宾斯坦(Rubinstein)[10]的讨价还价模型中,谁得多少支付是由讨价还价双方的相对无耐性决定的。不考虑这些细节问题的合作解的概念,不可能预测到由鲁宾斯坦方法而达成的协议。用合作解概念能成功预测一类讨价还价过程,就一定不能用鲁宾斯坦方法以及其他许多方法来进行预测。但是,我们怎样知道一个给定的合作解的概念在何种情况下能加以正确地应用呢?对这样一个问题我们不能给出一个简单或者模棱两可的回答。不过,纳什为我们提供了一个方法,该方法可以帮助简化我们的回答。

合作解概念的优点是忽略了与讨价还价结果无关的许多细节,但其缺点是把少量重要的细节也省略掉了。当然,如果你对重要的细节给予了正确预测的话,那么应用合作解概念也就不存在不足之处了。但你如何知道你正好应用了正确的合作解概念呢？

对于这个问题，纳什隐含地提出的建议是很难实施的，但是它却包含了纳什方法的大致特点。纳什并不是不假思索地应用合作解概念，他提出：构造一个非合作讨价还价模型，该模型不仅具有讨价还价过程的本质特征，而且其结果要能够由讨价还价解的概念进行预测，然后再由该模型来对合作解概念进行检验。无论何时，当实验对象提出应用一个特殊的合作解的概念来预测讨价还价结果时，纳什方法要求我们弄清实验对象对有关的讨价还价规则知道些什么，然后我们通过构造一个满足这些规则要求的非合作讨价还价博弈来进行一个理论上的实验。下一步就是计算这个讨价还价博弈的纳什均衡。如果我们能够解决均衡选择问题，那么，我们就知道在所研究的非合作讨价还价博弈的约束条件下，理性的参与人所能达成的协议。这个协议与应用合作解的概念预测到的结论可能一致，也可能不一致。如果两者确实不一致，那么说明实验对象没有自始至终把握住非合作解的概念。这个思想实验因而将会驳倒他的理论。

应用未经检验的合作解概念来预测讨价还价结果，就像在你的背部装上一个翅膀，然后从高层建筑上跳起并希望飞起来一样。对于纳什方法来说这是一个恰当的比喻，因为

用于检验合作解概念的非合作博弈与风洞研究的模型飞机之间存在着非常相似之处。在构建风洞研究模型时,工程师们只要对实际飞机有大致的了解,而不必生产出一个与实际飞机完全一样的复制品。不过,他必须要确保模型的动力学特性尽可能与所设计的实际飞机的动力学特性一样。一旦实现了这个目标,那么,所设计模型的其他特性越简单,风洞数据也就越容易解释。

正如航空工程师对将设计的飞机仅掌握有限的信息一样,为寻求预测讨价还价结果的实验对象,也同样不可能完全了解讨价还价过程的详细结构,甚至就连讨价还价者本人也很难弄清谈判本身所具有的迂回曲折之处。然而,正如航空工程师在构造风洞模型时,只要求对将设计的飞机的座位有大致的了解一样,我们用纳什方法构建非合作的讨价还价博弈时,也只需对许多细节有非常模糊的了解。事实上,我们对所用的讨价还价过程知道得越少,就越容易驳倒"一个给定的合作解概念一定可以预测到它的结果"的观点。

为了达到目标,我们常常从构造一个最简单且与既定事实一致的非合作讨价还价博弈开始——我们分析的博弈越简单,分析的任务也就变得越轻松。当然,如果我们完全忽视对讨价还价结果有显著影响的细节,我们将会把时间浪费在寻找应用纳什方法之

上 —— 正如你对所设计飞机的空气动力学特性不甚了解时,你就会把时间浪费在风洞的运行上。

要列出理性参与人讨价还价时的部分关键性因素并不是很困难。讨价还价结果取决于讨价还价的对象以及参与人对将达成的协议的偏好,它也取决于各参与人如何对待不能达成协议的后果的态度。综合这两方面的因素,一个参与人对承担风险的态度或对延期的态度是相联系的,注意不能达成协议可能出现的方式也具有重要的策略意义。例如,由于一方离开转而寻找外部最好的选择,从而导致谈判的破裂;或者由于一些参与人无法控制外部因素的干预而不得不放弃谈判,每一种可能都会以不同的方式影响最终的结果。

然而,至少还有两个甚至多个方面我们需要考虑。纳什明显地认识到了其中一个方面,这从他区分争论议价(haggling)和讨价还价(bargaining)时看得很清楚。争论议价者是指对各参与人的偏好存在信息不对称的情形,讨价还价是指各参与人的偏好是共同知识的情形。尽管经过了许多聪明人的努力,正如肯·宾默尔等人[2]所指出的原因,直到今日人们仍然难以处理不完全信息的讨价还价问题。然而,如今在纳什[5]没有明显认识到的假设的第二个方面,却取得了很大的进展。

作为纳什公理体系基础的风洞议价模型,现在称之为纳什要价博弈。在这个博弈中,博弈双方同时宣布了一个要价,如果两个要价相容,那么每人得到他所要求的要价。否则,他们都得到不能达成协议的支付。然而,在博弈的讨价还价集中,每一对要价都是一个纳什均衡,因而纳什面临的是一个非常精确形式的均衡选择问题。在处理这个问题时,他假定博弈各方对所能得到的要价存在某种小的不确定性,因而他应用了泽尔滕[12]的颤抖手理论。如果把这种不确定性加进模型里,我们就得到一个恰有唯一纳什均衡的光滑了的纳什要价博弈。当这种不确定性足够小时,该博弈的结果接近纳什讨价还价解(和在许多别的地方一样,纳什[5]认为许多必须讨论的细节问题是很显然的。要知道详细的论证,请参阅肯·宾默尔的有关文献[1])。

纳什在构造他的要价博弈时,隐含地做出了牵涉各博弈方可用的承诺的可能性的假定。对于当今的博弈论理论家来说,承诺即为不可变更的威胁或保证 —— 如果后来事情的发展使他后悔自己草率行事,他也不可能改变自己的承诺。有时,如果给予理性人自由选择权的话,那么他现在就能够保证自己在将来某个时间 t 不选择某些不可能选择的行动。在讨价还价时,承诺能力对你的行动可能是非常有效的工具。例如,在分 1 美

51

元的博弈中，如果参与人Ⅱ在谈判以前做出承诺，他不会接受少于 99 美分的任何支付，那么参与人Ⅰ不得不把自己的支付限制在1美分之内。然而，斯格林（Schelling）[11] 的工作已经告诉博弈论理论家，要谨慎地处理承诺问题。在没有强制机制时博弈各方能够做出进一步的承诺，人们对这种说法非常怀疑。当承诺能力归属于各参与人时，每一个承诺机会正式地模型化为博弈的一个行动，从而在分析博弈时，进一步承诺的假定就不必要纳入到分析中来了。

然而，在纳什要价博弈中，把无限的承诺能力归属于参与人的选择，即假定存在一个中介人，在他们讨价还价时确保他们不违背纳什所提出的规则。但是在现实中，人们进行正式的讨价还价的情况下，这并不是一个非常现实的假定。人们可能会问，如果我们不能够把承诺能力归属于各参与人，或者不存在一个确保他们在讨价还价时遵守博弈规则的外在强制机制，那么我们如何继续我们的理论呢？鲁宾斯坦[10] 在对讨价还价的子博弈完美均衡进行研究时，回答了这个问题的第一点，即讨价还价博弈的纳什均衡也是每一个子博弈上的均衡 —— 不管是否真正到达该子博弈（泽尔滕[12]）。他用一个轮流出价博弈代替纳什要价博弈，从而对第二点做出了回答。在轮流出价博弈中，当连续出价区间允许变得任意小时，偏离博弈规则的

52

任何参与人只能获得非常小的支付。从这种意义上说，鲁宾斯坦[10]的轮流出价博弈的规则是自我约束的。各参与人必会遵守规则，因为他们发现这样做是有益的。

这是纳什对讨价还价问题的洞察力的明证：当两个参与人对时间的贴现率相同，并且连续出价区间可以任意小时，鲁宾斯坦的风洞模型的唯一子博弈完美均衡十分接近纳什讨价还价解。简言之，虽然现代的博弈论理论家已经用鲁宾斯坦的讨价还价模型代替了纳什本人的非合作讨价还价模型，但是他们仍然应用纳什的整套方法，并且仍然应用这套方法来支持由纳什公理得出的讨价还价解。

参考资料

[1] Binmore K. Fun and Games. Lexington, Mass. ：D. C. Health,1991.

[2] Binmore K. ,M. Osborne and A. Rubinstein. Non-cooperative models of bargaining in R. Aumann and S. Hart(eds),Handbook of Game Theory I,Amsterdam:North Holland, 1992.

[3] Binmore K. ,J. Swierzsbinski,S. Hsu and C. Proulx. Focal points and bargaining. International Journal of Game Theory,22：381-409,1993.

[4] Binmore K. ,J. Swierzsbinski and C. Proulx. Does minimax work? An experimental study. (in preparation)

［5］Nash J. The bargaining problem. Econometrica,18：155-162,1950.

［6］Nash J. Non-cooperative games. Annals of Mathematics,54：286-295,1951.

［7］Nash J. Two-person cooperative games. Econometrica,21：128-140,1953.

［8］Osborne M. and A. Rubinstein. Bargaining and Markets. San Diego：Academic Press, 1990.

［9］Osborne M. and A. Rubinstein. A Course in Game Theory. Cambridge Mass：MIT Press, 1994.

［10］Rubinstein A. Perfect equilibrium in a bargaining model. Econometrica,50： 97-109,1982.

［11］Schelling T. The Strategy of Conflict. Cambridge,Mass. ：Harvard University Press, 1960.

［12］Selten R. Reexamination of the perfectness concept for equilibrium points in extensive-game. International Journal of Game Theory, 4：25-55,1975.

［13］Von Neumann J. Zur Theorie der Gesellschaftsspiele. Mathematische Annalen, 100：295-320,1928.

［14］Von Neumann J. and O. Morgenstern. The Theory of Games and Economic Behavior. Princeton：Princeton University Press,1994.

博弈的构造

第一章

从一道德国数学竞赛试题谈起

题目 1　在 $a \times b$（a, b 均为正偶数）的方格表中，安雅和贝恩德按照如下规则玩游戏：每一步对一个正方形染色，而该正方形是由一个或多个未染色的格组成。两人轮流染色，由安雅先开始。第一个不能继续染色的玩家输掉游戏。求所有的数对（a，b），使得安雅有必胜策略。

（2015 年德国数学竞赛（第二轮））

解　对每组数对（a, b），当 a, b 均为正偶数时，安雅有必胜策略。

假设 $a \leqslant b$（若 $a > b$，则在下述证明中交换 a, b）。如图 1，建立直角坐标系，使得 x 轴是边长为 a 的两条边的中垂线，y 轴是边长为 b 的两条边的中垂线,则方格表关于两坐标轴对称,方格表的顶点坐标为 $\left(\pm\dfrac{b}{2},\pm\dfrac{a}{2}\right)$。由于 a,b 均为正偶数,故顶点坐标为整数。

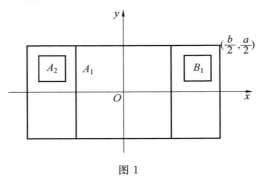

图 1

安雅的必胜策略是:第一步将顶点坐标为 $\left(\pm\dfrac{a}{2},\pm\dfrac{a}{2}\right)$ 的正方形染色,而对于每个由贝恩德染色的正方形,安雅将其关于 y 轴对称的正方形染色。

接下来证明:按照此策略染色一定是可行的,并且最终安雅会获胜。

因为 $a\leqslant b$,$\dfrac{b}{2}$ 为整数,所以,顶点坐标为 $\left(\pm\dfrac{a}{2},\pm\dfrac{a}{2}\right)$ 的正方形完全位于矩形内部。由于这是第一步染色,故所有的格均未被染色。因此,第一步是一定可行的。

若 $a=b$,则第一步就会结束游戏,安雅获胜。

若 $a<b$,安雅留给贝恩德的图形是关于 y 轴对称的两个分开的区域。对称性不仅依赖于形状,而且也依赖于染色。此时,贝恩德只能在其中一个区域的内

部对正方形染色。而对于任何一个由贝恩德染色的格,均在对称轴的另一侧存在未被染色的格。因此,按照此策略,安雅总能继续染色,并再次按照上述过程进行。

由于每步至少有一个格被染色,故未被染色的格的数目在减少,该游戏最终会结束,贝恩德将成为第一个不能继续染色的玩家。

注 对于数对(a,b),当a,b为奇偶性相同的正整数时,安雅有必胜策略:第一步安雅将一个关于矩形中心对称的正方形染色。若a,b奇偶性相同,这一步一定是可行的。事实上,若安雅选择最大的正方形染色,按照上述策略,安雅获胜;若安雅选择较小的正方形染色,在上述步骤中用"关于矩形中心对称"来代替"关于y轴对称"即可,如图2。

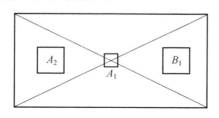

图 2

若$a=1$,当且仅当b为奇数时,安雅获胜(安雅一定不会输);b为偶数时,贝恩德一定不会输。

对于数对(a,b),当$1<a<b,a$为奇数且b为偶数时,图3所示为安雅的获胜策略。

"对于数对(a,b),当$a<b,a$为偶数且b为奇数时,谁有必胜策略?"留给读者思考。

转自《科学时报》,11－07－2002,应用数学家林

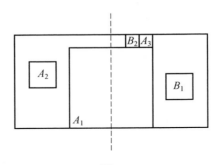

图 3

家翘访谈之三"启蒙凯迪 30 万人类:数学思维比数学运算更重要 "说到:

数学的证明依靠严密的逻辑推理,一经证明就永远正确,所以,数学证明是绝对的。相对而言,科学的证明则依赖于观察、实验数据和理解力,科学理论的证明难以达到数学定理证明所具有的绝对程度,只能提出近似于真理的概念。因此,在思维缜密的数学家眼里,物理学、化学、生物学、天文学等自然科学都是经验科学。林家翘先生说,应用数学家要将数学的严密和精确引入经验科学,将这些科学中的实验问题归结或表示为能够用运算手段处理的数学问题,从而促进经验科学的发展。

林家翘向记者介绍:

过去的经验告诉我们,所有的科学问题在本质上都是简单而有序的。物理学所有的定理都可以用数学公式在一张纸上表示出来,而与此同时,人类的智慧又坚持用简单的

概念阐明科学的基本问题,这样做,数学就是一个基本的方法。

应用数学是利用数学的方法来发展经验科学的学科。应用数学始于经验性事实,止于对经验性事实进行规律性预测,这些规律还必须被其他的实验数据所证实。同时,用数学理论来发展经验科学往往又会向数学提出深刻的挑战,并对纯数学的研究启示新的方向。

近代应用数学发端于英国,牛顿是应用数学的鼻祖。为了解释观察到的大量天体运行的资料,解释天体运行的基本规律(开普勒三大定律),牛顿建立起天体运行的数学模型,提出了划时代的三大力学定律和万有引力定律。但是,力学定律的内涵超越了那个时代传统数学的范围,牛顿不得不开拓新的领域,发明了微积分,然后再用微积分、力学定律和万有引力,求得了行星运行的规律。在 19 世纪末的英国,所有的理论物理被称为应用数学。我在加州理工学院的博士生导师冯·卡门也是一位应用数学的实践者和倡导者,他坚信自然界具有数学的本质,并用他毕生的经历从那些光凭经验无法澄清的混沌领域中寻求数学解答。冯·卡门的导师是德国格丁根大学应用物理系主任,有"空气动力学之父"称号的普朗特尔教授,他最大的贡献是阐明了飞机为什么会飞。他的一个科学准则是"概括法",即从一个复杂的物理过程中

（无论是机器运行还是河水流动）概括出关键的物理因素，然后再用数学进行分析。

　　冯·诺伊曼是 20 世纪最伟大的纯粹数学家和应用数学家，在他发表的 150 篇论文中，60 篇研究的是纯粹数学，60 篇研究的是应用数学，包括统计学和博弈论，那篇著名的会客室博弈论文就是他在 20 岁那年完成的。他和摩根斯坦合作的《博弈论与经济行为》于 1944 年出版，在这部著作中他们将数学科学的逻辑语言，尤其是集合论与组合数学方法，应用到社会理论的改革过程中，将经济学置于严谨的数学基础上。评论员赫维茨认为："只要再有 10 部这样的著作，经济学的未来就有保障了。"学生们将这本书称为"那部《圣经》"。冯·诺伊曼勇敢无畏地走出数学领域，他应用相似的方法解决不同问题的成功经历，激励着年轻的天才竞相仿效，约翰·福布斯·纳什就是其中一位。纳什证明的均衡定理推广了冯·诺伊曼的定理，成功地打开了将博弈论应用到经济学、政治学、社会学乃至进化生物学的大门。纳什也因博弈论定理的证明获得了 1994 年的诺贝尔经济学奖。这是应用数学发展经济科学的最新例证。

　　第二次世界大战极大地推动了应用数学的独立发展，取得了蔚为壮观的成就。这场战争引起了一系列科学和技术的竞争，并在战后的年代里，在航空航天、通讯、控制、管

理、设计和试验等方面,让人们感受到数学崭
新的力量。20 世纪数学的成就,可归入数学
史上最深刻的成就之列,应用数学和计算机
科学成为科学技术取得重大进步的重要因
素,它奠定了现代科学和工业技术时代发展
的基础。

　　上帝造物都很简单,所有的问题都可以
用数学公式来表达,这是应用数学家们的一
个信仰。

博弈的规则

　　考虑由几个行动主体参加的竞争,各主体都希望
根据自己选定的方式来决定使自己能收到最大效果的
行动方针。所谓竞争,其意义就是各主体行动的结果
不仅取决于自己的行动,而且还取决于其他主体的行
动。同时,各主体的目的必须是互不相容或相互对抗
的。在这种情况下,各主体的最好行动是什么,以及当
各主体采取了在某种意义下最好的行动时,事态通过
怎样的形式才能稳定,所有这些问题用数学方法来
加以阐明,这就是 Von Neumann 和 Morgenstern 所
创始的博弈理论。为此,有必要将支配竞争的因素加
以抽象化,并将这些因素的相互关系表示为数学模
型。由于室内游戏可看作是竞争的最简单例子,在此
把它博弈模型化。

　　博弈是以几组规则作为特征的。它的规则中首先
是指出参加博弈的主体(称为局中人)的数目,同时要

61

指出步法（move）的序列。步法有两种：（1）某特定局中人在允许的选择事项（alternatives）中决定选择其中一个而得的步法（如在弈棋中走一步棋子）；（2）不由局中人而由某一特定的机遇装置机械地从选择事项中选定一项的步法（如在桥牌游戏中分给各局中人一定的牌数）。前者称为人的步法（personal move），后者称为机遇步法（chance move）。在人的步法时，选出的选择事项称为着（choice），在机遇步法中出现的选择事项称为运（outcome）。

博弈的规则构成如下：对于步法，要求（1）指出是人的步法还是机遇步法；（2）若是人的步法，指出哪个局中人所选择的步法以及当时允许选择事项的集合是什么；（3）若是机遇步法，指明可能出现的运的集合以及各运能出现的概率。像这样，若直到第$(k-1)(k>1)$步法以前的所有步法都已经指明时，下一步对于作为前$(k-1)$个步法的着和运的函数的第 k 步法，要指出：（1）第 k 步法是人的步法还是机遇步法；（2）若为机遇步法，可能出现的运的集合和运出现的概率如何；（3）若为人的步法，可选择事项的集合如何，是哪个局中人的步法，另外还要指出局中人选择这一着时，一切能够获得的关于前$(k-1)$个步法中所实现的着和运的信息。

最后，博弈的规则还要指出每个步法作为着与运的函数，博弈在何时终了，博弈在终了时，其成果是什么，这里总假定博弈经过有限次的步法终了。根据以上的博弈规则，博弈到终了的某一次具体实现称为局（play）。

博 弈 的 树

博弈可用图形表示。设局中人 i 的某个步法允许在三个选择事项中进行选取，将各选择事项用由同一点出发，方向向上而端点在同一水平上的线段表示，此时这个步法的状态如图 1。但是各步法用图 1

图 1

的图形表现时，博弈步法的意义是不明显的。博弈各个步法的意义主要在于它和其他步法的结合关系，因此各步法除用图 1 表示外，还必须表示各步法的着或者运与其他步法的结合关系。这样，博弈可用图 2 所示依次向上的线段的连接体表示。在此，各支点只由一个分支与低一级的一个支点连接，最低的支点只有一个，它表示第一步法，这样的图形称为博弈的树（game tree）。各等高排列的支点表示各个步法，由下而上顺次称为第一步法，第二步法，等等。各支点所标的数字 $1, 2, \cdots, n$ 表示其步法是人的步法，且分别为局中人 $1, 2, \cdots, n$ 的步法。支点所标的数字若是 0，则表示其为机遇步法。这样，在这个树上，分支终点的各点（即由此不再有分支的点称为树的顶点）表示博弈的终结。

我们根据博弈的树来看一下图 2 所表示的博弈。第一步法是机遇步法，在此处假定由指定的机遇装置得出的运是 b。第二步法是局中人 1 的步法，若局中人选取 f'，则局终结。若局中人 1 选取 e'，则第三步法是局中人 3 的步法，在此，局中人 3 选取 l 或 m 而局终

63

结。

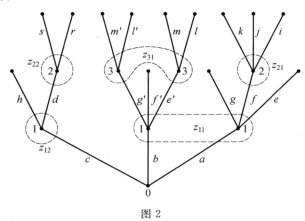

图 2

　　这样,博弈的各局在博弈树上就表现为由最低的唯一的支点出发,经一些路线而到达各分支的顶点,而且这样的路线和博弈树的顶点是一一对应的。因此,博弈的可能的局的数目,就等于博弈树的顶点的数目。例如图 2 的树所表示的博弈,其局的总数是 13。

　　其次,各局中人在选择他的步法时,根据博弈的规则,对于以前局中的过程持有一定的信息,这信息也希望能在图上表示。我们看一下图 2,把相当于人的步法的支点全体的集合分成用点线围成的子集合 z_{11},z_{12},z_{21},z_{22} 和 z_{31},这些子集合 z_{ij} 的全体用 Z 表示。例如,支点集合 z_{11} 的意义是:局中人 1 知道第一步法取 a 或 b 时,第二步法是局中人 1 的步法,但是他所知道的也仅限于此,因为他不能知道第一步法到底取 a 还是取 b,所以也不知道自己现在位于第二步法的哪一点上,也就是说,他还不能判断自己位于集合 z_{11} 所含两个支点中的哪一个上。但这时局中人 1 知道在此步法

64

上自己可选取的事项是 e,f 和 g 三个。在集合 z_{11} 的另一支点，有用 e',f',g' 表示的可选取的分支，作为选择事项来说，规定 $e=e',f=f',g=g'$。这里对另一个选择事项标以"'"，只是为了表示它是由不同的支点生出的。z_{11} 含有两个支点，如前所述，在第二步法，局中人 1 仅知道第一步法取 a 或 b，但究竟取其中的哪一个是不知道的，从而局中人 1 不能判断 e 和 e'，f 和 f'，g 和 g'。也就是说，他只知道现在或是位于分支 a 的终止支点，要在 e,f,g 中进行选择，或是位于分支 b 的终止支点，要在 e,f,g（即图中的 e',f',g'）中进行选择。支点集合 z_{12} 仅有一个支点，这就是说局中人 1 完全知道第一步法取 c，第二步法是局中人 1 的步法，并且同时表示位于这个步法的局中人 1 的可选择事项是 d 或 h。其他集合 z_{ij} 所表示的意义也相同。

这样，对应于人的步法的支点全体的集合所分成的子集合 z_{ij}，可以表示博弈规则所给出的信息，这种集合 z_{ij} 称为信息集合（information set）。信息集合中所含的支点越多，信息越少；支点越少，信息越多。例如，信息集合 z_{21} 仅含有一个支点，所以这时，在此步法的局中人 2 完全知道第一步法取 a，第二步法取 f，现在自己是处于第三步法上，且将从 i,j,k 中进行选择，也就是信息集合 z_{21} 表示了局中人 2 知道自己位于这个步法，以及关于局的以前过程的完全信息。若某个博弈的所有信息集合都只有一个支点，这种博弈特别地称为完全信息博弈（perfect-information game）（如象棋、围棋等）。

博弈树中对应于人的步法支点全体的集合的任一分割 $Z=\{z_{ij}\}$，要使其具有信息集合的性质，必须满足一定的条件。我们要求的条件是：(1) 信息集合 z_{ij} 所含的各支点属于同一局中人 i 的步法；(2) 同一集合中各支点分出的分支数目相等；(3) 任何信息集合 z_{ij} 不能含有一个局的两个不同步法的支点，也就是，设 v_1 含于 z_{ij} 中，若支点 v_2 可由 v_1 沿着博弈树的一条路线到达，则 v_2 不含于 z_{ij} 中。（另外必须注意，将博弈规则表现在树上的方法可以不止一种。）

最后考虑作为博弈构成的另一要素，即各局结果所带来的局的成果。随着博弈规则的不同，可能有各种不同的成果。例如，财物的输赢，或单纯决定胜负，等等。博弈树的各顶点是局的可能终局点，这些点指出了相应的博弈的局。一般地，以 t 表示这些博弈树的顶点。博弈规则还要求指出顶点集合 $\{t\}$ 与可能的成果集合 $\Omega = \{\omega\}$ 之间的一一对应关系，用 $\omega(t)$ 表示。

这样，我们可列出局中人数为 n 的博弈（称为 n 人博弈）的规则如下：

（1）表示出各步法到其他步法的连接关系的树；

（2）相当于机遇集合的支点和相当于人的步法的支点，以及后一集合的信息集合分割；

（3）相当于机遇步法的支点 0 的所有可能运（即分支）的集合（表现在博弈树上），以及其上的概率分布；

（4）给出含于信息集合中各支点上的可能着（即分支）的集合（表现在博弈树上）；

（5）给出成果集合 Ω，以及各局（即博弈树的各顶点 t）与 Ω 中元素对应的函数 $\omega(t)$。

优　序

我们在前面叙述了博弈的规则可用博弈树来表示,可是并未谈到博弈中局中人的作用。当然,在提到人的步法是哪个局中人的步法时必须提出局中人来,但没有涉及作为能使局进行的原动力,即局中人的行动意图。只有明确了这个问题,博弈才可以进行。事实上,对于同一规则的博弈,如果参加博弈的局中人的行动方针不同,则竞争结果将有很大的差异,因此必须讨论各局中人对于局的成果的择优形式的问题。

设 Ω 是成果 ω 的集合,机遇装置使其中有限个元素 $\omega_1, \omega_2, \cdots, \omega_n$ 出现的概率为 $p_1, p_2, \cdots, p_n$(在此 $p_i \geqslant 0$, $\sum p_i = 1$),或者将概率分布称为赌(gamble),用 F 或 $F = \sum p_i \omega_i$ 表示。特别地,给元素 ω 出现的概率为1的赌,用 ω 表示。令 Ψ 为赌的全体的集合,同时假定某个特定的主体对于 Ψ 的各元素的赌,有满足下面条件的优序关系 $\geqslant$:

条件(1):(i)对任意的 $F_1, F_2 \in \Psi, F_1 \geqslant F_2$ 或者 $F_2 \geqslant F_1$(两者也可同时成立);

(ii)$F_1 \geqslant F_2$ 且 $F_2 \geqslant F_3$,则 $F_1 \geqslant F_3$。

此处关系 $F_1 \geqslant F_2$(或者写作 $F_2 \leqslant F_1$)或者表示选取的 F_1 比 F_2 好,或者表示 F_1 和 F_2 没有差别。若 $F_1 \geqslant F_2$ 而不是 $F_2 \geqslant F_1$,则选取的 F_1 比 F_2 好,用 $F_1 \succ F_2$ 表示。若 $F_1 \geqslant F_2$ 且 $F_2 \geqslant F_1$,则 F_1 和 F_2 没有差别,用 $F_1 \sim F_2$ 表示。

很明显下面的各关系(a)至(c)是成立的:

(a) 关系"～"是等价关系;

(b) 对任意的 $F_1, F_2 \in \Psi$,关系 $F_1 > F_2, F_2 > F_1$ 或 $F_1 \sim F_2$ 中必有一个成立;

(c) 若 $F_1 > F_2$ 且 $F_2 \geqq F_3$,则 $F_1 > F_3$。

有限个赌 $F_j (j = 1, 2, \cdots, k)$,可以按下面的意义组合起来:设

$$F_j = \sum_i p_{ij} \omega_{ij}, j = 1, 2, \cdots, k$$

$\sigma_j (j = 1, \cdots, k)$ 是满足 $\sigma_j \geqslant 0, \sum \sigma_j = 1$ 的任意实数。$F_j (j = 1, \cdots, k)$ 的组合用 $\sum \sigma_j F_j$ 表示,用下式(1)定义所给的赌

$$\sum_j \sigma_j F_j = \sum_i \sum_j (\sigma_j p_{ij}) \omega_{ij} \tag{1}$$

由 $\omega_{ij} \in \Omega, \sigma_j p_{ij} \geqslant 0, \sum_i \sum_j (\sigma_j p_{ij}) = 1$,容易看出它是赌。

联系着赌的组合,假定下面条件:

条件(2):设 $F, G, H \in \Psi, 0 < \rho \leqslant 1$,若 $F \leqq G$,则

$$\rho F + (1 - \rho) H \leqq \rho G + (1 - \rho) H \tag{2}$$

(在此 $\leqq$ 表示,若 $F < G$,则(2)也是 $<$,若 $F \sim G$,则(2)也是 $\sim$)。

条件(3):对于 $F_1, F_2, F_3 \in \Psi$,若 $F_1 < F_2 < F_3$,则存在 $0 < \lambda < 1, 0 < \mu < 1$ 的实数 λ, μ,满足下面条件

$$\lambda F_1 + (1 - \lambda) F_3 < F_2 \tag{3}$$

$$\mu F_1 + (1 - \mu) F_3 > F_2 \tag{4}$$

关于赌的优序关系在以上条件(1)至(3)的假定下,得出下面的各结果。

定理 1 若 $F \sim F', G \sim G'$,则对于任意实数 ρ, $0 \leqslant \rho \leqslant 1$,下面关系成立

$$\rho F + (1-\rho)G \sim \rho F' + (1-\rho)G' \qquad (5)$$

证 由条件(2)

$$\rho F + (1-\rho)G \sim \rho F' + (1-\rho)G$$

且

$$\rho F' + (1-\rho)G \sim \rho F' + (1-\rho)G'$$

所以由关系(a)推知(5)成立。 证毕

定理 2 若 $F \prec G$ 且 $0 \leqslant \sigma < \rho \leqslant 1$,则

$$\rho F + (1-\rho)G \prec \sigma F + (1-\sigma)G \qquad (6)$$

证 如果 $\sigma \neq 0, \rho \neq 1$,则可作如下的变换

$$\rho F + (1-\rho)G =$$

$$(\rho-\sigma)F + \{1-(\rho-\sigma)\}\left\{\frac{\sigma}{1-(\rho-\sigma)}F + \frac{1-\rho}{1-(\rho-\sigma)}G\right\}$$

$$\sigma F + (1-\sigma)G =$$

$$(\rho-\sigma)G + \{1-(\rho-\sigma)\}\left\{\frac{\sigma}{1-(\rho-\sigma)}F + \frac{1-\rho}{1-(\rho-\sigma)}G\right\}$$

因此由条件(2)推知(6)成立。而当 $\sigma=0$ 且 $\rho=1$ 时,(6)显然成立。

定理 3 若 $F_1 \prec F_2$ 且 $F_1 \prec G \prec F_2$,则存在唯一的实数 $\rho, 0 < \rho < 1$,使

$$\rho F_1 + (1-\rho)F_2 \sim G \qquad (7)$$

证 由定理 2 和实数的性质,存在唯一的实数 ρ_0,满足下面条件

$$\lambda F_1 + (1-\lambda)F_2 \prec G,当 1 \geqslant \lambda > \rho_0 \text{ 时} \qquad (8)$$

$$\mu F_1 + (1-\mu)F_2 \succ G,当 0 \leqslant \mu < \rho_0 \text{ 时} \qquad (9)$$

所以若存在使(7)成立的实数 ρ,那么这个数非是 ρ_0 不可。现在证明

$$H \equiv \rho_0 F_1 + (1-\rho_0)F_2 \sim G \qquad (10)$$

若(10)不成立,则 $H < G$ 或 $H > G$。现设 $H < G$,那么取 $0 < \mu < \rho_0$ 的任意实数 μ,由(9)

$$K \equiv \mu F_1 + (1 - \mu) F_2 > G \qquad (11)$$

所以 $H < G < K$,由条件(3),存在实数 λ,$0 < \lambda < 1$,使

$$\lambda H + (1 - \lambda) K < G$$

即

$$[\lambda \rho_0 + \mu(1 - \lambda)] F_1 + \{1 - [\lambda \rho_0 + \mu(1 - \lambda)]\} F_2 < G \qquad (12)$$

但 $0 < \lambda \rho_0 + \mu(1 - \lambda) < \rho_0$,因而(12)的成立和 ρ_0 的性质(9)相矛盾,故不可能是 $H < G$。同样也可证明不可能是 $H > G$,从而(10)成立。　　　　证毕

效 用 函 数

定义 1　所谓某主体的效用(utility)(或效用函数)U,是定义在成果集合 $\Omega = \{\omega\}$ 上的有界实函数,对于任意的两个赌 $F_1 = \sum p_{1i}\omega_{1i}$ 和 $F_2 = \sum p_{2j}\omega_{2j}$,关系 $F_1 \leqq F_2$ 与

$$\sum_i p_{1i} U(\omega_{1i}) \leqslant \sum_j p_{2j} U(\omega_{2j}) \qquad (13)$$

等价。

对于任意的赌 $F = \sum p_i \omega_i$,数值 $\sum p_i U(\omega_i)$ 称为 F 的期望效用(expected utility),或者简称为赌 F 的效用,用 $U(F)$ 表示。所以(13)的条件可写为 $U(F_1) \leqslant U(F_2)$。

问题在于这样性质的效用函数 U 是否存在,如果

存在的话又有多少个，以及它们之间成立怎样的关系。为了证明存在定理的方便，按照下面的顺序进行思考。首先，明显地成立着下面的定理：

定理 4　设 Ω 上的效用函数 U 存在，并设 α,β 为任意实数。对于 $\alpha > 0$，函数

$$U' = \alpha U + \beta \tag{14}$$

也是效用函数（这个效用函数 U' 称为效用函数 U 用正一次变换所得的效用函数）。

由定理 4 可直接推出下面的推论：

推论 1　当效用函数存在时，若 F,G 是两个赌，且 $F < G$，则对于任意两个实数 $a,b(a < b)$，存在效用函数 U，使得

$$U(F) = a, U(G) = b$$

定理 4 是说效用的任意增线性函数仍是效用。下面定理 5 是说它的逆定理也成立，即任意的两个效用函数，互为增线性函数，亦即一个是另一个的正一次变换。

定理 5　设 U 和 U' 是 Ω 上的两个效用函数，则存在两个实数 α,β，且 $\alpha > 0$，使

$$U' = \alpha U + \beta \tag{15}$$

证　首先证明对于任意的三个成果 $\omega_1,\omega_2,\omega_3 \in \Omega$，下面的恒等式（16）成立

$$\begin{vmatrix} 1 & 1 & 1 \\ U(\omega_1) & U(\omega_2) & U(\omega_3) \\ U'(\omega_1) & U'(\omega_2) & U'(\omega_3) \end{vmatrix} = 0 \tag{16}$$

若成果 $\omega_1,\omega_2,\omega_3$ 中有任意两个相等，则（16）左边的行列式有两列相等，从而（16）成立。如果不是这样，不失一般性，假定 $\omega_1 < \omega_2 < \omega_3$，则由定理 3 可知，存

71

在着实数 $\rho, 0 < \rho < 1$，使
$$\rho\omega_1 + (1-\rho)\omega_3 \sim \omega_2$$
由此，根据效用函数的定义
$$1 = \rho \cdot 1 + (1-\rho) \cdot 1$$
$$U(\omega_2) = \rho U(\omega_1) + (1-\rho)U(\omega_3)$$
$$U'(\omega_2) = \rho U'(\omega_1) + (1-\rho)U'(\omega_3) \qquad (17)$$
从而(16)左边行列式的第 2 列是第 1 列与第 3 列的线性组合，所以(16)成立。

现在将 ω_1, ω_2 看作是任意固定的 $\omega_1 < \omega_2$ 的成果，对任意的成果 $\omega_3 \in \Omega$，展开等式(16)，可得下面的等式
$$[U(\omega_1)U'(\omega_2) - U'(\omega_1)U(\omega_2)] -$$
$$U(\omega_3)[U'(\omega_2) - U'(\omega_1)] +$$
$$U'(\omega_3)[U(\omega_2) - U(\omega_1)] = 0$$
因此关系式
$$U'(\omega_3) = \frac{U'(\omega_2) - U'(\omega_1)}{U(\omega_2) - U(\omega_1)} U(\omega_3) -$$
$$\frac{U(\omega_1)U'(\omega_2) - U'(\omega_1)U(\omega_2)}{U(\omega_2) - U(\omega_1)}$$

$$(18)$$

对任意的 $\omega_3 \in \Omega$ 都成立，同时(18)右边 $U(\omega_3)$ 的系数的分子分母都是正的，所以定理得证。

由定理 5 可直接得出下面的推论。

推论 2　若 Ω 上的两个效用函数 U 及 U'，对 ω_1，$\omega_2, \omega_1 < \omega_2$，有
$$U(\omega_1) = U'(\omega_1) \text{ 且 } U(\omega_2) = U'(\omega_2)$$
则 U 和 U' 一致，即对任意的 $\omega \in \Omega, U(\omega) = U'(\omega)$。

下面给出几个定义：

在赌的集合 Ψ^* 上，对于任意的 $F, G \in \Psi^*$ 和任

意的实数 $\rho,0 \leqslant \rho \leqslant 1$，如果有 $\rho F + (1-\rho)G \in \Psi^*$，则称集合 Ψ^* 为凸集。

对两个固定赌 $G,H,G \leqslant H$，满足 $G \leqslant F \leqslant H$ 的 F 全体的集合，称为有端点 G,H 的赌的区间。

赌的凸集 Ψ^* 上的超效用函数（hyper-utility function）V 是定义在 Ψ^* 上的有界实函数，并满足下列条件：

（1）$F,G \in \Psi^*$ 时，$F \leqslant G$ 和 $V(F) \leqslant V(G)$ 等价；

（2）$F,G \in \Psi^*$，$0 \leqslant \rho \leqslant 1$ 时

$$V[\rho F + (1-\rho)G] = \rho V(F) + (1-\rho)V(G) \quad (19)$$

根据这些定义，下列各命题是显然的。

（1）所有赌的集合 Ψ 都是凸的。

（2）赌的两个凸集的交是凸的。

（3）赌的区间是凸的，另外存在着含有有限个任意的赌的区间。

与推论 1，推论 2 一样，下面命题成立：

（4）若赌的凸集 Ψ^* 上的超效用函数存在，当 $F,G \in \Psi^*$，$F < G$ 时，只存在唯一的一个超效用函数 V，使得 $V(F) = 0,V(G) = 1$。

辅助定理 1　在由任意两个赌 $F_1,F_2,F_1 < F_2$ 所确定的区间 I 上，存在着超效用函数 V。

证　对任意的 $F \in I$，由定理 3，只存在一个实数（用 $V(F)$ 表示），使

$$F \sim (1-V(F))F_1 + V(F)F_2 \quad (20)$$

现在证明 I 上这样定义的函数 V 是区间 I 上的超效用函数。

当 $G,H \in I,G \leqslant H$ 时，由定理 3.2，3.3 和函数 V 的定义，很明显 $V(G) \leqslant V(H)$。再有

$$G \sim (1-V(G))F_1 + V(G)F_2$$
$$H \sim (1-V(H))F_1 + V(H)F_2$$

所以对任意的 $0 \leqslant \rho \leqslant 1$，由定理 1，下面等式成立

$$\rho G + (1-\rho)H \sim \rho[(1-V(G))F_1 + V(G)F_2] +$$
$$(1-\rho)[(1-V(H))F_1 + V(H)F_2] =$$
$$\{1-[\rho V(G) + (1-\rho)V(H)]\}F_1 +$$
$$[\rho V(G) + (1-\rho)V(H)]F_2$$

因而，由函数 V 的定义

$$V(\rho G + (1-\rho)H) = \rho V(G) + (1-\rho)V(H)$$

从而 V 是区间 I 上的超效用函数。　　　　　证毕

定理 6　成果 ω 的集合 Ω 上，存在着效用函数。

证　将任意的两个成果 $\omega_1, \omega_2, \omega_1 < \omega_2$，固定为 1 组。这时由辅助定理 1 及超效用函数的性质（4），在含有 ω_1 及 ω_2 的任意的赌的区间 I 上，只存在一个使 ω_1 及 ω_2 对应的数值分别为 0 和 1 的超效用函数。对于这样的赌所定义的任意两个区间 I_1 和 I_2，设使 ω_1 和 ω_2 对应的数值同时为 0 和 1 的两个超效用函数为 V_1 和 V_2，由于 $I_1 \bigcap I_2$ 是含有 ω_1, ω_2 的凸集，从而 V_1 和 V_2 是 $I_1 \bigcap I_2$ 上的两个超效用函数，而且 $V_1(\omega_1) = V_2(\omega_1) = 0, V_1(\omega_2) = V_2(\omega_2) = 1$。因而由超效用函数的性质（4），在 $I_1 \bigcap I_2$ 上两个超效用函数 V_1 和 V_2 是一致的。现在以 F 为任意的赌，这时含有 ω_1, ω_2 及 F 的赌的区间至少存在一个，在这些区间上使 ω_1, ω_2 对应的数值分别为 0,1 的超效用函数，如上面所证明，使 F 对应于同一的数值，这数值用 $V(F)$ 表示。这样得出了定义在所有赌的集合 Ψ 上的函数 V。现在证明这个函数 V 就是 Ψ 上的超效用函数。

为此，设 F_1, F_2 为任意的两个赌，ρ 为 $0 \leqslant \rho \leqslant 1$ 的

任意实数。此时,存在着含有 ω_1,ω_2,F_1,F_2 及$\rho F_1+(1-\rho)F_2$ 的赌的区间。由函数 V 的定义,显然 V 是这个区间上的超效用函数。因而,$V[\rho F_1+(1-\rho)F_2]=\rho V(F_1)+(1-\rho)V(F_2)$ 是成立的。另外 $F_1\leqslant F_2$ 和 $V(F_1)\leqslant V(F_2)$ 是等价的,所以函数 V 是 Ψ 上的超效用函数,即 Ψ 上超效用函数 V 的存在得到证明。然后用这个函数 V,定义 Ω 上的函数 U 如下

$$U(\omega)=V(\omega),\text{对所有的 }\omega\in\Omega \qquad (21)$$

那么由超效用函数的定义条件(1)(2)可知,用(21)定义的函数 U 的确是 U 上的效用函数。这样,效用函数的存在得到证明。

博弈的展开型及正规型

我们再回来讨论博弈的问题。对于博弈的各局成果 ω 全体的集合 Ω 上的赌,假定各局中人 i 满足优序关系,从而下面事项成立:

(1^*)对于各局中人 $i(i=1,2,\cdots,n)$,存在定义在成果集合 Ω 上的效用函数 U_i。

另外我们对局中人假定下面事项:

(2^*)各局中人,在博弈的规则外,完全知道所有局中人的效用函数。

这个假定在将博弈理论应用到现实的竞争上时,约束过苛。因为每个人对他人的效用函数是不能完全知道的。

最后,作为局中人的行动原则,假定如下:

(3^*)各局中人是为了获得最大的效用而行动

的。

　　各局中人的行动符合这个假定的说法，实际上可以考虑为希望在现实的行动上能实现由于效用的导入而确定的优序关系，这个假定常称为局中人行动合理性的假定。

　　由之前所述的博弈规则(1)～(5)及本节的假定(1*)～(3*)所成的体系称为博弈的展开型(extensive form)。这个展开型是表现博弈的本来面貌的最基本的体系，但是通过展开型规定各局中人的最好局的方法，一般是非常困难的。因为即使是简单的室内游戏，也有极复杂的展开型，可以想象在处理上是不容易的。博弈的理论比较重要的作用之一，就是不管具有如何复杂的展开型的博弈，通过策略(strategy)概念的引入，可以将其化为形式极为单纯的所谓正规型(normal form)。下面就来考虑将展开型化为正规型的问题。

　　当要进行某个博弈时，各局中人对于自己可能出现的所有步法，以及应该选取哪一个选择事项为着，若预先告诉自己的代理人或者公正人后（当然不能被其他局中人知道），即使局中人不在，他的代理人或者公正人，可以按照所给的指示，根据各局中人的意图将各局进行完了。这样，对于上述，把所有可能的步法和着都给指出的对策计划称为策略。

　　现在形式地来描述一下策略的定义。

　　在博弈的树上，考虑人的步法上的一个支点 v。在这个支点 v，可能的分支（选择事项）有 r 个，这些选择事项用数字 $1,2,\cdots,r$ 表示，其集合为 $S(v)$。当某个信息集合 z 中有两个以上的支点 $v_i(i=1,2,\cdots,k)$ 时，

76

根据信息集合的条件(2)，各支点 v_i 对应的集合 $S(v_i)$ $(i=1,\cdots,k)$ 认为是同一个，从而将这些集合看作是对应于信息集合 z 的选择事项集合，用 $S(z)$ 表示。现在对局中人 i 给出 q 个不同的信息集合，用 $z_{i1},\cdots,z_{iq}$ 表示。我们引入下面的定义：

定义 2　博弈局中人 i 的纯策略（pure strategy）[①] 是定义在局中人 i 的信息集合的集合 $\{z_{ij}\}$（$j=1,\cdots,q$）上的函数 f_i，且

$$f_i(z_{ij}) \in S(z_{ij}),\, j=1,\cdots,q$$

若 $f_i(z_{ij})=b_{ij} \in S(z_{ij})$（在此 b_{ij} 是含于 $S(z_{ij})$ 的一个选择事项的编号），策略 f_i 表示为具有 q 个编号的组 $f_i=(b_{i1},b_{i2},\cdots,b_{iq})$。

例 1　考虑图 3 的博弈树。第一步法是局中人 1 的步法，局中人 1 在此选择数 1 或者 $2(S(z_{11})=\{1,2\})$。第二步法是机遇步法，在此掷一钱币$(S(v_2)=S(v_3)=\{正,反\})$，即钱币的正或反出现的概率各为 $1/2$。第三步法是局中人 2 的步法，若第二步法出现正，公正人应该将以前的局的过程完全告诉局中人 2。这样，信息集合 z_{21} 及 z_{22} 都只有一个支点 v_4 或 v_5。在每个步法上局中人 2 允许在数 $2,3,4$ 间进行选择。若在第二步法出现反，公正人只告诉局中人 2 出现了反，而不告诉他出现反的过程。从而这时局中人 2 的信息集合 z_{23} 是由两个支点 v_6 及 v_7 构成的。局中人 2 可在数 5 或 6 中进行选择，所以 $S(z_{23})=\{5,6\}$。第四步法又是机遇步法，数 $1,2$ 出现的概率分别为

---

①　引入纯策略是为了区别于以后的混合策略。由于我们现在只考虑纯策略，为了简单起见，将它简称为策略。

$0.4,0.6$，到此局告终止。作为终局的成果规定如下：计算第一、第三及第四步法所取数的和 m，若 m 为奇数，则局中人 2 支付给局中人 1 以 m 元，若 m 为偶数，则局中人 1 支付给局中人 2 以 m 元。现在研究一下这个博弈中各局中人的策略。

局中人 1 的策略 局中人 1 的信息集合仅有一个 z_{11}，从而局中人 1 所能取的策略，只有函数 $f_{11}(f_{11}(z_{11})=1)$ 及函数 $f_{12}(f_{12}(z_{11})=2)$ 两个，或者也可将其表示为 $f_{11}=(1)$，$f_{12}=(2)$。

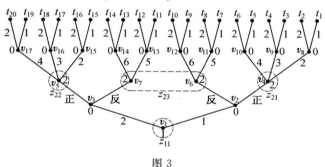

图 3

局中人 2 的策略 局中人 2 的信息集合是 z_{21}，z_{22} 及 z_{23} 三个，从而在其上定义的函数，例如，下面的函数 f_{21} 是局中人 2 的一个策略，$f_{21}(z_{21})=2 \in S(z_{21})$，$f_{21}(z_{22})=4 \in S(z_{22})$，$f_{21}(z_{23})=5 \in S(z_{23})$。这个策略 f_{21} 也可用 $f_{21}=(2,4,5)$ 表示，因此局中人 2 的策略全部是 $3 \times 3 \times 2 = 18$ 个。

于是在一局博弈中，设局中人 1,2 分别采取策略 $f_{11}=(1)$，$f_{21}=(2,4,5)$。这时即使局中人不在现场，由公正人代理也能一样地进行。首先在第一步法局中人 1 取数 1，第二步法投掷钱币出现正，第三步法局中人取数 2，机遇步法的第四步法出现数 1（概率为 0.4），

78

到此一局终止。这个局中第一、第三、第四步法所取的
数字之和 $1+2+1=4$ 是偶数，所以此局的成果是局中
人 1 支付给局中人 2 四元。

　　若博弈不含有机遇步法，当各局中人分别选定一
个策略时，它所对应的局的成果，显然是唯一确定的。
但是如例1，若有机遇步法时，各局中人虽然分别选定
了策略，可是博弈的局完全依赖于机遇步法出现的结
果，从而博弈的局的成果就不能唯一确定。例如上例
的局，实现的概率是 $0.5\times0.4=0.2$，换句话说，就是
在这场博弈中，局中人 1,2 分别采取策略 $f_{11}=(1)$ 及
$f_{21}=(2,4,5)$ 时，这局到达终点 t_1 的概率是 0.2。同
样可确定到达任意顶点 t_i 的局的概率，例如，到达顶点
t_2,t_3 的概率分别是 $0.5\times0.6=0.3,0.5\times0=0$，等
等。

　　这样，对一般的博弈，局中人 $1,2,\cdots,n$ 分别取一
个策略 $f_1,f_2,\cdots,f_n$ 时，可以确定对应于策略组 $f=$
$(f_1,f_2,\cdots,f_n)$ 到达博弈的树的任意顶点 t 的局的概
率，用 $p(f;t)$ 表示。换句话说，可确定对应于各局中
人取的策略组 $f=(f_1,\cdots,f_n)$ 在博弈的树的顶点集合
$T=\{t\}$ 上的概率分布 p_f。可是博弈的局在顶点 t 终
止时，得出局的成果 $\omega(t)\in\Omega$。从而 T 上的概率分布
p_f，诱导出局的成果集合 $\Omega=\{\omega\}$ 上的概率分布 π_f。
也就是说，各局中人取的策略组 $f=(f_1,\cdots,f_n)$ 对应
于 Ω 上的概率分布 π_f。由博弈的条件(1)可确定 π_f 对
于局中人 i 的期望效用 $U_i(\pi_f)$，以后期望效用 $U_i(\pi_f)$
可写为 $M_i(f)$ 或 $M_i(f_1,\cdots,f_n)$，即

$$M_i(f_1,\cdots,f_n)=\sum_\omega U_i(\omega)\pi_f(\omega),i=1,2,\cdots,n$$

$$(22)$$

如此,当局中人 $1,2,\cdots,n$ 分别取策略 $f_1,f_2,\cdots,f_n$ 时,根据博弈的规则,可确定对于局中人 i(成果上的概率分布)的效用 $M_i(f_1,\cdots,f_n)$,$i=1,2,\cdots,n$。此效用 $M_i(f)$ 称为局中人 $1,2,\cdots,n$ 取策略 $f_1,f_2,\cdots,f_n$ 时的局中人 i 的赢得(payoff)。作为策略 f_i,$i=1,\cdots,n$ 的函数 M_i 称为赢得函数(payoff function)。

从以上的考察,具有任何展开型的博弈,由于策略概念的引入,可以表示成下面整理后的形式:

(1)给出局中人 i 可取得的策略 f_i 的集合 F_i($i=1,2,\cdots,n$);

(2)给出博弈的局的成果 ω 的集合 Ω;

(3)确定对应于各局中人所取的策略的任意组 $f=(f_1,\cdots,f_n)$,$f_i\in F_i$,在 Ω 上的概率分布 π_f;

(4)博弈的局可按下面所述进行,即各局中人可在不知道其他局中人所取的策略的情况下,同时选取一个策略 $f_i\in F_i$($i=1,\cdots,n$);

(5)局中人 i 可获得(22)定义的赢得 $M_i(f)$,这时局告终止。

上面的表示形式称为博弈的正规型,可表示成 $G=(F_1,\cdots,F_n;M_1,\cdots,M_n)$。今后主要是研究正规型的博弈。

2人零和博弈 I (纯策略范围)

第

二

章

2人零和博弈

　　在局中人的数目 n 超过 2 的一般 n 人博弈中,有局中人相互间完全不许可合作的情况(非合作博弈)和局中人为了获得共同利益许可相互合作的情况(合作博弈)。对于前者,可以用 2 人博弈中的平衡概念,使其一般化。后者可以将 n 个局中人分为两群,由于每群局中人的相互结合,问题就归结为 2 人博弈的对抗状态。因此,为了研究一般的 n 人博弈,必须首先研究 2 人博弈。同时在实际问题中,两个主体间相互对抗的情况也非常多,所以 2 人博弈就其本身来说,也有重要的研究价值。本章是以 2 人博弈为研究对象。

现讨论 2 人博弈的正规型。局中人 1 有 m 个策略，记为 $\alpha_1,\cdots,\alpha_m$，局中人 2 有 n 个策略，记为 $\beta_1,\cdots,\beta_n$，它们的集合分别用 $F_1 \equiv A = \{\alpha_1,\cdots,\alpha_m\}$，$F_2 \equiv B = \{\beta_1,\cdots,\beta_n\}$ 表示。局中人 1，2 分别取策略 α_i,β_j 时，局的成果 ω 的集合 Ω 上的概率分布记为 π_{ij}。这种各局中人策略的数目是有限的 2 人博弈，可用表 1 的矩阵表示。

表 1

$$
\begin{array}{c}
& \beta_1 & \beta_2 & \cdots & \beta_n \\
\alpha_1 & \begin{bmatrix} \pi_{11} & \pi_{12} & \cdots & \pi_{1n} \\ \alpha_2 & \pi_{21} & \pi_{22} & \cdots & \pi_{2n} \\ \vdots & \vdots & \vdots & & \vdots \\ \alpha_m & \pi_{m1} & \pi_{m2} & \cdots & \pi_{mn} \end{bmatrix}
\end{array}
$$

对各概率分布 π_{ij}，局中人 1，2 分别有它的优序。如果两局中人的优序一样，问题就没有研究的必要了。因为这时 π_{ij} 中对局中人 1 与局中人 2 来说最有利的（或者最优的）是同一个东西，记为 $\pi_{i_0 j_0}$。从而这时局中人 1，2 分别取策略 α_{i_0},β_{j_0} 是最优的，这时他们之间没有对抗。另外一种情况是两个局中人的优序完全相反，也就是局中人 μ 选取 π_{ij} 比选取 π_{hk} 好时，局中人 v 选取 π_{hk} 比选取 π_{ij} 好，若对于局中人 μ 来说 π_{ij} 和 π_{hk} 没有差别，则对于局中人 v 来说也是一样，这里 $\mu,v = 1,2$。这种情况的博弈称为严格的对抗（strictly competitive）。在本章就是研究严格对抗的 2 人博弈。

在严格对抗的 2 人博弈中，若 $M_1(\alpha_i,\beta_j) > M_1(\alpha_h,\beta_k)$，则 $M_2(\alpha_i,\beta_j) < M_2(\alpha_h,\beta_k)$，反之也成立。从而在这样的博弈中，局中人 1 希望的局势是得到大的 $M_1(\alpha_i,\beta_j)$，也就是小的 $M_2(\alpha_i,\beta_j)$，局中人 2 希

望的局势是大的 $M_2(\alpha_i,\beta_j)$ ，也就是小的 $M_1(\alpha_i,\beta_j)$ 。局中人根据上述的愿望来考虑决定他的策略。从而，在研究局中人 1，2 取什么样的策略为最优的问题时，首先假定

$$M_2(\alpha_i,\beta_j)=-M_1(\alpha_i,\beta_j),i=1,\cdots,m;j=1,\cdots,n$$

$$(1)$$

而且局中人 1 努力使 $M_1(\alpha_i,\beta_j)$ 大，局中人 2 努力使 $M_1(\alpha_i,\beta_j)$ 小来进行讨论。由于（1）成立，也就是

$$M_1(\alpha_i,\beta_j)+M_2(\alpha_i,\beta_j)=0,i=1,\cdots,m;j=1,\cdots,n$$

$$(2)$$

成立，因此，称这种博弈为 2 人零和博弈（zero-sum two-person game）。很明显，2 人零和博弈是严格对抗的 2 人博弈。以后我们将严格的对抗博弈和零和博弈看作同义词使用。在本章仅考察 2 人零和博弈。

在 2 人零和博弈中，局中人 2 的赢得函数 M_2，由（1）知，可用局中人 1 的赢得函数 M_1（可写为 M）完全确定。因此，2 人零和博弈的正规型，可由指定的 A,B 及 M 完全规定下来。这样，博弈可以表示成 $G=(A,B,M)$。或者设

$$M_1(\alpha_i,\beta_j)=a_{ij},M_2(\alpha_i,\beta_j)=b_{ij}$$
$$i=1,\cdots,m;j=1,\cdots,n \qquad (3)$$

在 2 人零和博弈中

$$a_{ij}+b_{ij}=0,i=1,\cdots,m;j=1,\cdots,n \qquad (4)$$

博弈也可以用以局中人 1 的赢得 a_{ij} 为元素的矩阵

$$(a_{ij}),i=1,\cdots,m;j=1,\cdots,n \qquad (5)$$

完全规定下来。这个矩阵 (a_{ij}) 称为 2 人零和博弈的赢得矩阵。在这个意义下，各局中人的策略数是有限的 2 人零和博弈（称为有限 2 人零和博弈），也称为矩阵博

弈(rectangular game)。

矩阵博弈的解

由博弈的条件(3),在矩阵博弈(a_{ij})中,指导局中人 1 的行动方针是尽量得到大的 a_{ij},而指导局中人 2 的行动方针是尽量得到小的 a_{ij}。但是局中人的行动(策略的选定)所产生的成果必依赖于其他局中人的行动,而且各局中人是在不知道其他局中人的策略的情况下选定自己的策略的。在这种博弈中,各局中人的最优策略就是本节所要研究的课题。

现在考察由表 2 的赢得矩阵所给定的矩阵博弈。

表 2

	β_1	β_2	β_3
α_1	10	0	-3
α_2	-2	1	2
α_3	3	2	4
α_4	5	-3	6

例 1 (1)局中人 1 的观点:若局中人 1 知道局中人 2 的策略时,他的最优策略由赢得矩阵,可以按表 3 直接得出。

表 3

若局中人 2 的着是:	β_1	β_2	β_3
对此,局中人 1 的最优策略为:	α_1	α_3	α_4
局中人 1 的赢得为:	10	2	6

上面局中人 1 的最好的着是依局中人 2 的着而确定的。但在实际中,局中人 1 并不知道局中人 2 的策略。若局中人 1 对局中人 2 进行分析,根据某种理由

能够推出局中人 2 的某个特定策略,这时局中人 1 可以根据分析的结果采取最优策略。和表 3 一样可以做出表 4。

表 4

若局中人 1 的着是:	α_1	α_2	α_3	α_4
对此,局中人 2 的最优策略为:	β_3	β_1	β_2	β_2
此时局中人 1 的赢得为:	-3	-2	2	-3

对于这样的分析,可以看出,局中人 2 的最优策略,反过来也依赖于局中人 1 的着,当然局中人 2 是不能知道这些依赖关系的。从而局中人 1(至少是这个分析方法)不能猜出局中人 2 所要取的策略。反之,从局中人 2 的观点来进行讨论,结果也同样,即局中人 2 不能猜出局中人 1 所要取的策略。现在改变考察的方法,引出下面的量。

定义 1 在矩阵博弈 (a_{ij}) 上,称

$$\min_j a_{ij}$$

为局中人 1 取策略 $\alpha_i(i=1,\cdots,m)$ 时的安全水准(security level),称

$$\min_i[-a_{ij}] = -\max_i a_{ij}$$

为局中人 2 取策略 $\beta_j(j=1,\cdots,n)$ 时的安全水准。

据此,表 4 表示局中人 1 取策略 $\alpha_1,\alpha_2,\alpha_3$ 或 α_4 时的安全水准分别为 $-3,-2,2$ 或 -3。从而由表 4,可知策略 α_3 使局中人 1 的安全水准最大,这时的安全水准是 2,也就是局中人 1 取策略 α_3,至少能保证赢得 2,其他策略不能保证 2 以上的赢得。

(2)局中人 2 的观点:表 3 表示局中人 2 取策略 β_1,β_2 或 β_3 时的安全水准分别是 $-10,-2$ 或 -6。其中策略 β_2 使局中人 2 的安全水准最大,即局中人 2 取策

略 β_2，能使局中人 1 的赢得降到 2 以下，而其他的策略将不可能使局中人 1 的赢得降到 2 以下。

由以上的考察，得出下面的结论：

(a) α_3 使局中人 1 的安全水准最大；

(b) β_2 使局中人 2 的安全水准最大；

(c) 若局中人 2 取 β_2，对局中人 1 来说 α_3 是最优策略；

(d) 若局中人 1 取 α_3，对局中人 2 来说，β_2 是最优策略。

在此，我们可以认为，这个博弈中局中人 1 取策略 α_3，同时局中人 2 取策略 β_2 是两个局中人的最优着。

再看一下局中人 1，2 的策略组（α_3，β_2）的性质 (c)(d)，它具有下面的意义，即当局中人 2 保持 β_2 时，局中人 1 没有改变策略 α_3 的理由，同时，当局中人 1 保持 α_3 时，局中人 2 也没有改变策略 β_2 的任何理由。从这个意义来说，策略组（α_3，β_2）是稳定的。这种策略组称为博弈的平衡点。

定义 2 在博弈 $G=(A,B,M)$ 中，局中人 1，2 的策略组（α_{i_0}，β_{j_0}），满足下列条件（1）和（2）时，称为博弈 G 的平衡点：

(1) $M(\alpha_{i_0},\beta_{j_0}) = \max\limits_{\alpha_i} M(\alpha_i,\beta_{j_0})$；

(2) $M(\alpha_{i_0},\beta_{j_0}) = \min\limits_{\beta_j} M(\alpha_{i_0},\beta_j)$；

易见条件（1）（2）和下面的条件（3）等价：

(3) $M(\alpha_i,\beta_{j_0}) \leqslant M(\alpha_{i_0},\beta_{j_0}) \leqslant M(\alpha_{i_0},\beta_j)$，$i = 1,\cdots,m$；$j=1,\cdots,n$。

博弈 $G=(A,B,M)$ 的平衡点（α_{i_0}，β_{j_0}），在博弈的赢得矩阵（a_{ij}）中对应的元素 $a_{i_0j_0}$ 是第 i_0 行的最小值，

同时是第 j_0 列的最大值,即 $a_{i_0 j_0}$ 是赢得矩阵(a_{ij})的鞍点(saddle point)。

由以上的说明可知,用平衡点来定义博弈的解是妥当的。

定义 3　若博弈 $G = (A, B, M)$ 的平衡点为$(\alpha_{i_0},$ $\beta_{j_0})$,则:

(1)局中人 1,2 的策略组$(\alpha_{i_0}, \beta_{j_0})$称为博弈的解(solution);

(2)α_{i_0} 称为局中人 1 的最优策略(optimal strategy),β_{j_0} 称为局中人 2 的最优策略;

(3)值 $M(\alpha_{i_0}, \beta_{j_0})$称为博弈 G 的值(value)。

其次要研究是否对任意的矩阵博弈都存在平衡点(即解),若存在几个平衡点,那么它们之间的关系又如何。

现在讨论关于博弈 $G = (A, B, M)$ 的平衡点的性质。

(i)矩阵博弈的平衡点未必存在。

例 2　赢得矩阵表 5 给定的博弈,很明显没有平衡点。因此,这个博弈不存在我们定义的解,也就是说,不存在各局中人的最优策略。

表 5

$$\begin{array}{cc} & \beta_1 \quad \beta_2 \\ \begin{array}{c} \alpha_1 \\ \alpha_2 \end{array} & \begin{bmatrix} 5 & 2 \\ 3 & 6 \end{bmatrix} \end{array}$$

关于不具有平衡点的矩阵博弈,是否在任何意义下都没有称为解的策略组呢?现在对这个问题略加说明。在例 2 的博弈中,局中人 1 取 α_2 可以确保最大的安全水准 3,局中人 2 取 β_1 可确保最大的安全水准

—5。局中人 2 对于局中人 1 的策略 α_2 来说,取 β_1 比取 β_2 好,因而局中人 1 有充分的理由可以认为局中人 2 取 β_1。经过这样的分析,局中人 1 就要考虑取 α_1 而不取 α_2 了。另一方面,局中人 2 从自己的角度出发,推得局中人 1 应该有上述的想法,这时,针对局中人 1 的策略 α_1,他就要取 β_2 而不取 β_1。假若局中人 1 也能猜出局中人 2 的这种想法的话,这时他就又要取 α_2 了。这样两人互相推测,只能是循环不已,两个局中人的稳定策略组是不存在的。这种情况在不存在平衡点的博弈中是常有的,从而我们可认为不存在平衡点的博弈(至少在目前阶段)不存在解,各局中人的最优策略也不存在。

(ii) 存在具有两个以上平衡点的矩阵博弈。

例 3 在由表 6 给定的博弈中,策略组 (α_1,β_1) 和 (α_1,β_3) 都是平衡点。

表 6

$$
\begin{array}{cccc}
 & \beta_1 & \beta_2 & \beta_3 \\
\alpha_1 & \left[\begin{array}{ccc} 6 & 7 & 6 \\ 5 & 2 & 3 \end{array}\right] \\
\alpha_2 &
\end{array}
$$

(iii) 矩阵博弈 $G=(A,B,M)$ 的策略组 $(\alpha_{i_0},\beta_{j_0})$ 和 $(\alpha_{i_1},\beta_{j_1})$ 都是平衡点时,下列关系成立:

(a)$(\alpha_{i_0},\beta_{j_1})$ 和 $(\alpha_{i_1},\beta_{j_0})$ 也都是平衡点,这个性质称为平衡点的可换性;

(b) 在所有的平衡点上,局中人 1 的赢得相等(这个定值即博弈的值)

$$M(\alpha_{i_0},\beta_{j_0})=M(\alpha_{i_1},\beta_{j_1})=M(\alpha_{i_0},\beta_{j_1})=M(\alpha_{i_1},\beta_{j_0})$$

(6)

证 $(\alpha_{i_0},\beta_{j_0})$ 是平衡点,所以

$$a_{ij_0} \leqslant a_{i_0 j_0} \leqslant a_{i_0 j}, \text{对所有的 } i,j \qquad (7)$$

在此，$M(\alpha_i, \beta_j) = a_{ij}$。同样，$(\alpha_{i_1}, \beta_{j_1})$ 是平衡点，所以

$$a_{ij_1} \leqslant a_{i_1 j_1} \leqslant a_{i_1 j}, \text{对所有的 } i,j \qquad (8)$$

由（7）（8）得

$$a_{i_0 j_0} \leqslant a_{i_0 j_1} \leqslant a_{i_1 j_1} \leqslant a_{i_1 j_0} \leqslant a_{i_0 j_0}$$

所以（6）成立，即（2）得证。

再由（6）和不等式

$$a_{ij_1} \leqslant a_{i_1 j_1} = a_{i_0 j_1} = a_{i_0 j_0} \leqslant a_{i_0 j}, \text{对所有的 } i,j$$

立刻能看出 $(\alpha_{i_0}, \beta_{j_1})$ 是平衡点，所以（1）得证。　证毕

（iv）构成平衡点的各策略，使各自的局中人的安全水准为最大。

证　$(\alpha_{i_0}, \beta_{j_0})$ 为任意的平衡点，由定义

$$\alpha_{i_0} \text{ 的安全水准} = \min_j a_{i_0 j} = a_{i_0 j_0} = \max_i a_{ij_0} \geqslant$$
$$a_{ij_0} \geqslant \min_j a_{ij} = \alpha_i \text{ 的安全水准}$$

$$\qquad\qquad (9)$$

$$\beta_{j_0} \text{ 的安全水准} = -\max_i a_{ij_0} = -a_{i_0 j_0} = -\min_j a_{i_0 j} \geqslant$$
$$-a_{i_0 j} \geqslant -\max_i a_{ij} = \beta_j \text{ 的安全水准}$$

$$\qquad\qquad (10)$$

所以得证。　　　　　　　　　　　　　　　　　证毕

（v）矩阵博弈 $G = (A, B, M)$ 存在平衡点的充要条件是下面等式成立

$$\max_i \min_j M(\alpha_i, \beta_j) = \min_j \max_i M(\alpha_i, \beta_j) \quad (11)$$

若另有 $(\alpha_{i_0}, \beta_{j_0})$ 也为任意的平衡点，则（11）的共同值等于 $M(\alpha_{i_0}, \beta_{j_0})$。

证　必要性：设 $(\alpha_{i_0}, \beta_{j_0})$ 为博弈 G 的任意平衡点，由（9）（10），知

$$a_{i_0 j_0} = \max_i \min_j a_{ij} \qquad (12)$$

89

$$-a_{i_0 j_0} = \max_j(-\max_i a_{ij}) = -\min_j \max_i a_{ij} \quad (13)$$

成立。因而由(12)(13)可知(11)成立,同时它的共同值等于 $M(\alpha_{i_0}, \beta_{j_0}) = a_{i_0 j_0}$。

充分性:设 i_0 和 j_0 使

$$\max_i \min_j a_{ij} = \min_j a_{i_0 j}, \quad \min_j \max_i a_{ij} = \max_i a_{i j_0}$$

$$(14)$$

(这样的 i_0, j_0 确实存在),所以若(11)成立,则

$$\min_j a_{i_0 j} = \max_i a_{i j_0} \qquad (15)$$

另一方面,很明显

$$\min_j a_{i_0 j} \leqslant a_{i_0 j_0} \leqslant \max_i a_{i j_0} \qquad (16)$$

由(15),所以(16)中等式成立,即 $(\alpha_{i_0}, \beta_{j_0})$ 是博弈的平衡点。   证毕

使(14)成立的策略 α_{i_0} 和 β_{j_0},分别称为 maximin 策略和 minimax 策略。根据(v)的证明,直接可得出下面结果。

(vi)若博弈 $G = (A, B, M)$ 存在平衡点,则由局中人 1 的 maximin 策略和局中人 2 的 minimax 策略组成的策略组是平衡点。

由上面我们可以看到,有的矩阵博弈有解,有的矩阵博弈没有解。同时也证明了矩阵博弈有解(有平衡点)的充要条件。但是条件(11)是就博弈的正规型的赢得矩阵来说的。从博弈的展开型的特征来看,还不能知道解的存在与否,但可以知道,至少当博弈是完全信息博弈时,解总是存在的,下面就来证明这个事实。

完全信息博弈

完全信息博弈就是博弈树的各信息集合都只有一个支点的博弈,这也就意味着将任意支点的各分支连起来,就分别成为某个完全信息博弈,从这个事实能使用归纳法来定义这种博弈。根据下面的定义,完全信息博弈的次数是指含在博弈中步法的最大数。

定义 4 在博弈 $G = (A, B, M)$ 中,若 $M(\alpha, \beta)$ 对所有的 $\alpha \in A, \beta \in B$ 都是常数,则此博弈称为次数 0 的完全信息博弈,简记为 P. I. G。再有,在博弈 $G = (A, B, M)$ 中,存在集合(有限)Z,对各个 $z \in Z$,对应着次数 n 的 P. I. G, $G_z = (A_z, B_z, M_z)$,记其全体为 $\mathbb{C}$。当 $\mathbb{C}$ 满足下列条件时,称博弈 G 为次数 $n+1$ 的 P. I. G。

情况 1:博弈 G 的第一步法对应于局中人 1 的步法。A 是所有由 $z \in Z, a \in A_z$ 组成的组 (z, a) 的全体,B 的各元素 β 是定义在 Z 上的函数,对所有的 $z \in Z$,有 $\beta(z) \in B_z$;反之,对任意的 $b_z \in B_z, z \in Z$,存在 B 的某个元素 β,对所有的 $z \in Z$,有

$$\beta(z) = b_z$$

且

$$M((z, a), \beta) = M_z(a, \beta(z)) \tag{17}$$

情况 2:博弈 G 的第一步法对应于局中人 2 的步法。B 是所有由 $z \in Z, b \in B_z$ 组成的组 (z, b) 的全体,A 的各元素 α 是定义在 Z 上的函数,对所有的 $z \in Z$,有 $\alpha(z) \in A_z$;反之,对任意的 $a_z \in A_z, z \in Z$,存在 A 的某个元素 α,对所有的 $z \in Z$,有

$$\alpha(z) = a_z$$

且

$$M(\alpha, (z, b)) = M_z(\alpha(z), b) \qquad (18)$$

情况 3：博弈 G 的第一步法对应于概率分布 p 中的机遇步法。A 与 B 的各元素 α, β 都是定义在 Z 上的函数，对所有的 $z \in Z$，分别有 $\alpha(z) \in A_z, \beta(z) \in B_z$；反之，对于 A_z 与 B_z 的任意元素 $a_z, b_z, z \in Z$，有 A 与 B 的各元素 α, β，使

$$\alpha(z) = a_z, \beta(z) = b_z, \text{对所有的 } z \in Z$$

且

$$M(\alpha, \beta) = \sum_z p(z) M_z(\alpha(z), \beta(z)) \qquad (19)$$

此处 p 是 Z 上的某概率分布。

这样，当博弈 G 对某个 n 是次数 n 的 P.I.G 时，称 G 为完全信息博弈。

定理 1　完全信息博弈 $G = (A, B, M)$，总存在平衡点（即解）。当博弈 G 为次数 $n+1$ 的完全信息博弈时，相应于定义 3 中博弈组 $\mathfrak{C}$ 的三个情况，博弈 G 的值 v_G 分别由下式给出：

情况 1

$$v_G = \max_z v_G(z) \qquad (20)$$

情况 2

$$v_G = \min_z v_G(z) \qquad (21)$$

情况 3

$$v_G = \sum_z p(z) v_G(z) \qquad (22)$$

此处 $v_G(z)$ 是完全信息博弈 G_z 的值。

证　$n = 0$ 时定理显然成立。设问题中的博弈为 $(n+1)$ 次 P.I.G，假定对次数比 $(n+1)$ 低的 P.I.G 定

理成立，因而存在 $v_G(z), z \in Z$。

情况 1 的证明：现在设 $z^* \in Z$ 是使

$$v \equiv \max_z v_G(z) = v_G(z^*) \tag{23}$$

的元素。由假定，博弈 G_{z*} 存在平衡点，设为 (a_{z*}^*, b_{z*}^*)，则

$$v_G(z^*) = M_{z*}(a_{z*}^*, b_{z*}^*) \tag{24}$$

现在取 A 的元素 $\alpha^* = (z^*, a_{z*}^*)$，再对任意的 $z \in Z$，设博弈的平衡点为 (a_z^*, b_z^*)，则对 B 的元素 β^*，有

$$\beta^*(z) = b_z^*, \text{对所有的 } z \in Z$$

（由上述假定可知是存在的）。但

$$v_G(z^*) = M(\alpha^*, \beta^*) \tag{25}$$

因而对任意的 $\beta \in B$，有

$$M(\alpha^*, \beta) = M_{z*}(a_{z*}^*, \beta(z^*)) \geqslant$$
$$v_G(z^*) = M(\alpha^*, \beta^*) \tag{26}$$

此外，对任意的 $\alpha = (z, a) \in A$，有

$$M(\alpha, \beta^*) = M_z(a, \beta^*(z)) = M_z(a, b_z^*) \leqslant$$
$$v_G(z) \leqslant \max_z v_G(z) =$$
$$v = v_G(z^*) = M(\alpha^*, \beta^*) \tag{27}$$

所以由（26）（27）知，对任意的 $\alpha \in A$ 与 $\beta \in B$，有

$$M(\alpha, \beta^*) \leqslant M(\alpha^*, \beta^*) \leqslant M(\alpha^*, \beta) \tag{28}$$

也就是 (α^*, β^*) 是博弈 G 的平衡点。同时博弈 G 的值 $v_G = M(\alpha^*, \beta^*)$，由（27）可知等于 v，所以在情况 1 时定理成立。在情况 2 时同样可得到证明。

情况 3 的证明：此时设

$$v = \sum_z p(z) v_G(z) \tag{29}$$

再设对应于任意 $z \in Z$ 的博弈 G_z 的平衡点为 $(a_z^*, b_z^*), a_z^* \in A_z, b_z^* \in B_z$。则将 z 固定时，对任意的

$a_z \in A_z$ 和 $b_z \in B_z$，下面不等式成立

$$M_z(a_z, b_z^*) \leqslant M_z(a_z^*, b_z^*) = v_G(z) \leqslant M_z(a_z^*, b_z)$$
（30）

并且，$\alpha^* \in A$ 和 $\beta^* \in B$ 使

$$\alpha^*(z) = a_z^*, \beta^*(z) = b_z^*, 对所有的 z \in Z$$

（由上述假定可知是存在的）。因而对任意的 $\alpha \in A$，有

$$M(\alpha, \beta^*) = \sum p(z) M_z(\alpha(z), \beta^*(z)) \leqslant$$
$$\sum p(z) M_z(\alpha^*(z), \beta^*(z)) =$$
$$\sum p(z) M_z(a_z^*, b_z^*) =$$
$$\sum p(z) v_G(z) = v$$
（31）

另一方面

$$\sum p(z) M_z(\alpha^*(z), \beta^*(z)) = M(\alpha^*, \beta^*)$$
（32）

所以由（31）（32），得

$$M(\alpha, \beta^*) \leqslant M(\alpha^*, \beta^*) = v, 对所有的 \alpha \in A$$
（33）

同样可证明下面不等式是成立的

$$M(\alpha^*, \beta^*) \leqslant M(\alpha^*, \beta), 对所有的 \beta \in B$$ （34）

由（33）（34）可知 (α^*, β^*) 是博弈 G 的平衡点，博弈的值 v_G 等于（29）定义的值 v。　　　　　证毕

2 人零和博弈 II（混合策略的引入）

第

三

章

混 合 策 略

　　对于有平衡点的博弈，我们讨论了它的解，同时能够求出局中人的最优策略。但是对于没有平衡点的博弈，如上一章例 2 所述，到目前为止，还不可能做同样的处理。现在我们希望对这样的博弈，尽可能将策略的概念加以扩张，从而也能决定它的解。为此，我们再就没有平衡点的博弈即上一章的例 2，重新进行考察。对局中人 1 来说，若局中人 2 取 β_2，则他取 α_2 比取 α_1 好，若局中人 2 取 β_1，则他取 α_1 比取 α_2 好。可是局中人 1 并不知道局中人 2 所取的策略，因而他也没办法来判定 α_1 和 α_2 之间的优劣。现在局中人 1 投掷钱币，若

95

出现正面取 α_1,出现反面取 α_2,也就是分别以概率 $1/2$ 来取 α_1 与 α_2。同时这个方法,不仅进行一次,而是多次反复地使用。从局中人 1 的角度来看,这样做似乎是避免对手摸清自己路子的有效办法,从而也可认为是他的策略,于是纯策略的概念得到了扩张,这样的策略称为混合策略。

定义 1 当局中人 k 的纯策略集合为 $A = \{\alpha_1, \alpha_2, \cdots, \alpha_n\}$ 时,以概率 x_i 取的纯策略 α_i(用一定的机遇装置选定 α_i)也是一个策略,这种策略称为混合策略(mixed strategy)。在此

$$x_i \geqslant 0, i = 1, \cdots, n; \sum_{i=1}^{n} x_i = 1 \qquad (1)$$

混合策略用 $x = (x_1, x_2, \cdots, x_n)$ 或 $x = \sum_i x_i \alpha_i$ 表示。

纯策略 α_i 可以看作是以概率 1 取 α_i 的特殊混合策略。看作是混合策略的纯策略 α_i,仍用 α_i 表示,当然也可表示为 $x = (0, \cdots, 1, \cdots, 0)$。其中第 i 个分量为 1,其他分量皆为 0。

这样,局中人 k 的混合策略 x 全体的集合和 n 维空间中以 $(1, 0, \cdots, 0), (0, 1, 0, \cdots, 0), \cdots, (0, \cdots, 0, 1)$ 为顶点的 $(n-1)$ 维单纯形 S_n 的点是一一对应的。因此,局中人 k 的混合策略全体的集合用 $S_n^{(k)}$,S_n 或 $S^{(k)}$ 表示。今后所说的策略,除非特别声明,都约定为混合策略。

这样,在上一章例 2 的博弈中,局中人 1,2 可以分别取任意的策略 $x = (x_1, x_2), y = (y_1, y_2)$。局中人 1,2 分别取策略 x, y 时,局的结果对局中人 1 的效用期望值用 $M(x, y)$ 表示。$M(x, y)$ 的值称为局中人 1,2 取策略 x, y 时局中人 1 的赢得。在这个博弈中很明显,

$M(x,y)$ 由下式给出

$$M(x,y) = 5x_1y_1 + 2x_1y_2 + 3x_2y_1 + 6x_2y_2$$

局中人 2 的赢得是 $-M(x,y)$。

局中人 1 取策略 x 时的安全水准是

$$\min_y M(x,y) = \begin{cases} 3 + 2x_1, 0 \leqslant x_1 < \dfrac{1}{2} \text{ 时} \\[2mm] 4, x_1 = \dfrac{1}{2} \text{ 时} \\[2mm] 6 - 4x_1, \dfrac{1}{2} < x_1 \leqslant 1 \text{ 时} \end{cases}$$

从而局中人 1 的安全水准最大值是 4，当局中人 1 取策略 $x^0 = (1/2, 1/2)$ 时就可以得到保证。

局中人 2 取策略 y 时的安全水准是

$$\min_x [-M(x,y)] = -\max_x M(x,y) =$$

$$\begin{cases} -(6 - 3y_1), 0 \leqslant y_1 < \dfrac{2}{3} \text{ 时} \\[2mm] -4, y_1 = \dfrac{2}{3} \text{ 时} \\[2mm] -(2 + 3y_1), \dfrac{2}{3} < y_1 \leqslant 1 \text{ 时} \end{cases}$$

从而局中人 2 的安全水准最大值是 -4，当局中人 2 取策略 $y^0 = (\dfrac{2}{3}, \dfrac{1}{3})$ 时就可以得到保证。

另外局中人 1，2 分别取策略 x^0, y^0 时，局中人 1 的赢得如下

$$M(x^0, y^0) = 5 \cdot \frac{1}{2} \cdot \frac{2}{3} + 2 \cdot \frac{1}{2} \cdot \frac{1}{3} +$$

$$3 \cdot \frac{1}{2} \cdot \frac{2}{3} + 6 \cdot \frac{1}{2} \cdot \frac{1}{3} = 4$$

这样在上一章例 2 的博弈中，可知存在具有下面

性质的局中人 1 的策略 $x^0 = \left(\dfrac{1}{2}, \dfrac{1}{2}\right)$ 和局中人 2 的策

略 $y^0 = \left(\dfrac{2}{3}, \dfrac{1}{3}\right)$ 以及值 4：

（a）策略 $x^0 = \left(\dfrac{1}{2}, \dfrac{1}{2}\right)$ 对局中人 1 可确保安全水

准 4，x^0 以外的策略只能保证比 4 小的安全水准；

（b）策略 $y^0 = \left(\dfrac{2}{3}, \dfrac{1}{3}\right)$ 对局中人 2 可确保安全水

准 -4，y^0 以外的策略只能保证比 -4 小的安全水准；

（c）若局中人 2 的策略 y^0 不变，则局中人 1 变更策略 x^0 时对自己不利；

（d）若局中人 1 的策略 x^0 不变，则局中人 2 变更策略 y^0 时对自己不利。

上面的性质（a）～（d），正是相当于博弈在纯策略的范围内平衡点所具有的性质。因此，在用混合策略的上一章例 2 的博弈中，策略组 (x^0, y^0) 应认为是博弈的平衡点，或者认为是博弈的解，值 4 可认为是博弈的值。这样在纯策略的范围内没有平衡点的上一章的博弈例 2，由于引用了混合策略的概念，也可认为存在平衡点。那么在一般的矩阵博弈中，对两个局中人许可使用混合策略时，是否也总存在平衡点呢？这个问题将由所谓 2 人零和博弈的基本定理或者 minimax 定理得到肯定的回答。本章的目的就是要证明这个定理。首先引入下面的定义。

定义 2　矩阵博弈 $G = (A, B, M)$，$A = \{\alpha_1, \cdots, \alpha_m\}$，$B = \{\beta_1, \cdots, \beta_n\}$ 中，对各局中人许可取混合策略的博弈，称为博弈 G 的混合扩充（mixed extension），用 $\Gamma = (A, B, M)^*$ 表示。

博弈 Γ 中,局中人 1,2 分别取策略 $x \in S_m , y \in S_n$ 时,局的结果对局中人 1 的期望效用 $M(x,y)$ 由下式给出

$$M(x,y) = \sum_{i=1}^{m} \sum_{j=1}^{n} x_i M(\alpha_i , \beta_j) y_j = \sum_{i,j} a_{ij} x_i y_j \quad (2)$$

在此 $a_{ij} = M(\alpha_i , \beta_j)$ 。$M(x,y)$ 称为局中人 1,2 取策略 x,y 时,局中人 1 的赢得。

这里要注意的是,从(2)可以看出,函数 $M(x,y)$ 总是关于 x 或 y 的线性函数。

下面关系式的意义是很显然的

$$M(x,\beta_j) = \sum_{i} a_{ij} x_i , M(\alpha_i , y) = \sum_{j} a_{ij} y_j \quad (3)$$

和博弈 $G = (A,B,M)$ 的平衡点一样,对于混合扩充博弈 $\Gamma = (A,B,M)^*$,平衡点可定义如下:

定义 3　在博弈 $\Gamma = (A,B,M)^*$ 中,局中人 1,2 的策略组 (x^0 , y^0) 满足下面条件(i)与(ii)时,策略组 (x^0 , y^0) 称为博弈 Γ 的平衡点:

(i)$M(x^0 , y^0) = \max\limits_{x \in S_m} M(x , y^0)$;

(ii)$M(x^0 , y^0) = \min\limits_{y \in S_n} M(x^0 , y)$。

在此,S_r 是有界闭集合,所以定义的连续函数能在 S_r 上取最大值与最小值,从而(i)(ii)的 $\max\limits_{x}, \min\limits_{y}$ 都存在。

两个条件(i)(ii)和下面条件(iii)是等价的:

(iii)$M(x , y^0) \leqslant M(x^0 , y^0) \leqslant M(x^0 , y)$,对所有的 $x \in S_m , y \in S_n$ 。

问题的焦点是博弈 $\Gamma = (A,B,M)^*$ 是否存在平衡点。这个问题将在下节得到解决,下面是问题的准备知识。

辅助定理 1 下列不等式成立

$$\max_{x} \min_{y} M(x,y) \leqslant \min_{y} \max_{x} M(x,y) \qquad (4)$$

证 很明显,对于任意的 $x \in S_m, y \in S_n$,有

$$M(x,y) \leqslant \max_{x} M(x,y)$$

所以

$$\min_{y} M(x,y) \leqslant \min_{y} \max_{x} M(x,y) \qquad (5)$$

(5) 对于任意的 $x \in S_m$ 都成立,所以(4)成立。

证毕

定理 1 对于博弈 $\Gamma = (A,B,M)^*$,下面的条件 (1)(2)(3) 相互等价。

条件(1):博弈 Γ 存在平衡点 (x^*, y^*);

条件(2):在博弈 Γ 中,下面的等式成立

$$v_1 \equiv \max_{x} \min_{y} M(x,y) = \min_{y} \max_{x} M(x,y) \equiv v_2$$

$$(6)$$

条件(3):存在使下面关系式成立的实数 v 和局中人 1,2 的策略 x^0, y^0

$$M(\alpha_i, y^0) \leqslant v, i = 1, \cdots, m \qquad (7)$$

且

$$M(x^0, \beta_j) \geqslant v, j = 1, \cdots, n \qquad (8)$$

证 (1)→(2):从 v_1, v_2 的定义和由条件(1),假定存在的平衡点 (x^*, y^*) 的定义可知,下面不等式成立

$$v_2 \equiv \min_{y} \max_{x} M(x,y) \leqslant$$
$$\max_{x} M(x, y^*) =$$
$$M(x^*, y^*) =$$
$$\min_{y} M(x^*, y) \leqslant$$

100

$$\max_{x} \min_{y} M(x,y) \equiv v_1 \qquad (9)$$

即

$$v_2 \leqslant v_1 \qquad (10)$$

另一方面,由辅助定理 1,有

$$v_1 \leqslant v_2 \qquad (11)$$

所以由(10)(11)知 $v_1 = v_2$,即条件(2)成立。

(2)→(3):设 $v = v_1 = v_2$,则取满足

$$v_1 = \max_{x} \min_{y} M(x,y) = \min_{y} M(x^0,y) \qquad (12)$$

$$v_2 = \min_{y} \max_{x} M(x,y) = \max_{x} M(x,y^0) \qquad (13)$$

的策略 $x^0 \in S_m, y^0 \in S_n$(它是确实存在的)时,对所有的 $j = 1, \cdots, n$ 及所有的 $i = 1, \cdots, m$,下面关系式成立

$$\begin{aligned}
M(x^0, \beta_j) &\geqslant \min_{y} M(x^0, y) = \\
&\max_{x} \min_{y} M(x,y) = v = \\
&\min_{y} \max_{x} M(x,y) = \\
&\max_{x} M(x, y^0) \geqslant \\
&M(\alpha_i, y^0) \qquad (14)
\end{aligned}$$

即条件(3)成立。

(3)→(1):当局中人 1 的任意策略为 $x = (x_1, \cdots, x_m) \in S_m$ 时,对(7)的两边分别乘以 x_i,且对 i 由 1 到 m 相加,则得

$$M(x, y^0) \leqslant v \qquad (15)$$

同样由(8),对于局中人 2 的任意策略 $y = (y_1, \cdots, y_n) \in S_n$,有

$$M(x^0, y) \geqslant v \qquad (16)$$

所以由(15)(16),对任意的 $x \in S_m, y \in S_n$,得

$$M(x, y^0) \leqslant v \leqslant M(x^0, y) \qquad (17)$$

在(17)中,取 $x = x^0, y = y^0$,可知

$$v = M(x^0, y^0) \qquad (18)$$

所以从(17)(18)可知(x^0, y^0)是平衡点。　　　证毕

定义 4　使(12)成立的策略 x^0 称为局中人 1 的 maximin 策略,使(13)成立的策略 y^0,称为局中人 2 的 minimax 策略。

由定理 1 的证明过程,直接可知下面的推论成立。

推论 1　若博弈 $\Gamma = (A, B, M)^*$ 有平衡点,则下列命题成立:

(a)若(x^*, y^*)为任意的平衡点,则

$$v = M(x^*, y^*) \qquad (19)$$

此处 v 是(6)两边的共同值。所以 x^*, y^* 分别是局中人 1 的 maximin 策略和局中人 2 的 minimax 策略。

(b)若局中人 1 的任意的 maximin 策略为 x^0,局中人 2 的任意的 minimax 策略为 y^0,则(x^0, y^0)是博弈 Γ 的平衡点。

矩阵博弈的基本定理

首先提出几个辅助定理。

辅助定理 2　对于局中人 1, 2 的任意策略 $x \in S_m, y \in S_n$,下面等式成立

$$\min_y M(x, y) = \min_j M(x, \beta_j) \qquad (20)$$

$$\max_x M(x, y) = \max_i M(\alpha_i, y) \qquad (21)$$

证　特别取 $y^{(j)} = (0, \cdots, 1, \cdots, 0)$(第 j 个元素为 1,其他元素为 0)为局中人 2 的策略时

$$\min_y M(x, y) \leqslant M(x, y^{(j)}) = M(x, \beta_j), j = 1, \cdots, n$$

所以

$$\min_y M(x,y) \leqslant \min_j M(x,\beta_j) \qquad (22)$$

此外,对所有的 j,有

$$M(x,\beta_j) \geqslant \min_j M(x,\beta_j), j=1,2,\cdots,n \qquad (23)$$

现在若局中人 2 取任意策略 $y=(y_1,\cdots,y_n) \in S_n$,对 (23) 的两边分别乘以 y_j,再对 j 由 1 到 n 相加,则得

$$M(x,y) \geqslant \min_j M(x,\beta_j)$$

所以

$$\min_y M(x,y) \geqslant \min_j M(x,\beta_j) \qquad (24)$$

从而由(22)(24)可知(20)成立。同样可证明(21)成立。　　　　　　　　　　　　　　　　　证毕

辅助定理 3　设 $\Gamma=(A,B,M)^*$ 是矩阵博弈 $G=(A,B,M)$ 的混合扩充博弈,只存在唯一的一个实数 $v=v^*$,和至少一个局中人 1 的混合策略 $x=x^* \in S_m$,以及局中人 2 的混合策略 $y=y^* \in S_n$ 的组(x^*, y^*),使下面不等式(25)和(26)成立

$$v \geqslant M(\alpha_i,y), i=1,\cdots,m \qquad (25)$$

$$v \leqslant M(x,\beta_j), j=1,\cdots,n \qquad (26)$$

证　代替不等式(26),看下面的不等式

$$w \leqslant M(x,\beta_j), j=1,\cdots,n \qquad (27)$$

很明显,使不等式(25)和(26)成立的实数 v,w 和 $x=(x_1,\cdots,x_m) \in S_m, y=(y_1,\cdots,y_n) \in S_n$ 是存在的。现对(25)[(27)]的两边分别乘以 $x_i[y_j]$,并对所有的 $i[j]$ 相加,则有

$$w \leqslant M(x,y) \leqslant v \qquad (28)$$

因而

$$w \leqslant v \qquad (29)$$

所以使(25)成立的 v 有下界，由于 S_n 是有界闭集合，因此 v 有下限 v^*，它对某个 $y^* \in S_n$ 能使(25)成立。同理 w 有上限 w^*，它对某个 $x^* \in S_m$ 能使(27)成立。而且由(29)得

$$w^* \leqslant v^* \tag{30}$$

若我们能证明

$$w^* = v^* \tag{31}$$

则辅助定理将得到证明。现在对于一般的 $m+n$，用数学归纳法证明(31)。

若 $m+n=2$，显然(31)成立。现在假定对于局中人 1，2 的纯策略总数分别为正整数 m' 及 n' 的博弈，(31)是成立的，此处 $m'+n' < m+n$。

于是，若 $v=v^*$，$w=w^*$，如果取 x^*，y^*，能对所有的 i 和所有的 j 分别使(25)及(27)的等号成立，则用推导(28)的同样方法就可得到

$$w^* = M(x^*, y^*) = v^*$$

所以(31)是成立的。此外，如果这时(25)[(27)]对于所有的 $i[j]$ 成立严格的不等号，则与 $v^*[w^*]$ 的下限[上限]性质矛盾。因此，当 $v=v^*[w=w^*]$ 时，必有 $y^*[x^*]$，使(25)[(27)]对某些 $i[j]$ 成立不等号，同时对另一些 $i[j]$，成立等号。因而，不失一般性，对于 v^* 和 y^*，可假定不等式(25)成立的形式为

$$v^* = M(\alpha_i, y^*), i=1, \cdots, m_1 \tag{32}$$
$$v^* > M(\alpha_i, y^*), i=m_1+1, \cdots, m \tag{33}$$

这时局中人 1 的纯策略缩小为 $\alpha_1, \cdots, \alpha_{m_1}$，局中人 2 的纯策略仍然是 $\beta_1, \cdots, \beta_n$。考察缩小的博弈 G^*，设这个博弈的混合扩充博弈为 Γ^*，并设使不等式(25)和(27)成立的 v 的下限和 w 的上限分别为 v_1 和 w_1。

由于使(25)对 $i=1,\cdots,m$ 成立的 v 的值和 y 当然也能使(25)对 $i=1,\cdots,m_1$ 成立,所以

$$v_1 \leqslant v^* \tag{34}$$

此外,对于缩小的博弈 Γ^*,取使(27)成立的 w 与 $x'=(x_1,\cdots,x_{m_1})$,随后将 x' 扩大,作 $x=(x_1,\cdots,x_{m_1},0,\cdots,0)\in S_m$。这样的 w 和 x,在原来的博弈 Γ 上能使(27)成立。所以

$$w_1 \leqslant w^* \tag{35}$$

现在来证明

$$v_1 = v^* \tag{36}$$

为此,设(36)不成立,由(34)有

$$v_1 < v^* \tag{37}$$

因此,v_1 就是在缩小的博弈 Γ^* 上,对于 $y'=(y'_1,\cdots,y'_n)\in S_n$,使对应于(25)的不等式成立的 v,也就是

$$v_1 \geqslant M(\alpha_i,y'), i=1,\cdots,m_1 \tag{38}$$

此时,取实数 $v,0<v<1$,作向量 $y=vy^*+(1-v)y'\in S_n$,由函数 M 的线性性质,得到

$$M(\alpha_i,y)=vM(\alpha_i,y^*)+(1-v)M(\alpha_i,y') \tag{39}$$

但对于 $i=1,\cdots,m_1$,由(32)(38)和假定(37)得知

$$v^* > vM(\alpha_i,y^*)+(1-v)M(\alpha_i,y') \tag{40}$$

所以由(39)(40)有

$$v^* > M(\alpha_i,y), i=1,\cdots,m_1 \tag{41}$$

由于对 $i=m_1+1,\cdots,m$,(33)成立,所以若 v 充分接近于1时,(40)即(41),对于 $i=m_1+1,\cdots,m$ 也成立。从而 v^* 不是使(25)成立的 v 的下限,得到矛盾。所以(37)不成立,因而(36)成立。

此外,由归纳法的假定

$$w_1 = v_1 \tag{42}$$

所以由（36）（42）和（35）得

$$v^* \leqslant w^* \tag{43}$$

从而，由（30）（43）可知（31）成立。所以本辅助定理得证。　　　　　　　　　　　　　　　　　证毕

定理 2（基本定理或 minimax 定理）　任意矩阵博弈 $G=(A,B,M)$ 的混合扩充博弈 $\Gamma=(A,B,M)^*$，恒存在平衡点。

证　辅助定理 3 实质上是说在混合扩充博弈 Γ 中，定理 1 的条件（3）是成立的。从而定理 1 的三个命题（1）（2）（3）并不是假定的条件，而是在博弈 Γ 中实际成立的命题。　　　　　　　　　　证毕

注 1　由于定理 2 的成立，故推论 1 的命题（a）（b）在博弈 Γ 上成立。

定义 5　设矩阵博弈 $G=(A,B,M)$ 的混合扩充博弈 Γ 中，已知存在的平衡点为 (x^0,y^0)，则：

（a）局中人 1，2 的策略组 (x^0,y^0) 称为博弈 Γ 的解；

（b）x^0 称为局中人 1 的最优策略，y^0 称为局中人 2 的最优策略；

（c）$M(x^0,y^0)$ 称为博弈 Γ 的值，用 v_Γ 表示。

因此，定理 2 可改述如下：

定理 2′　任意矩阵博弈的混合扩充矩阵恒存在解。

此外，根据注 1，应注意下面事项。

注 2　在博弈 Γ 中，下面三个策略是等价的：（1）局中人 1 的 maximin 策略，（2）局中人 1 的最优策略，（3）使 $v_\Gamma = \min\limits_{y} M(x^0,y)$ 的策略 x_0；（1′）局中人 2 的 minimax 策略，（2′）局中人 2 的最优策略，（3′）使 $v_\Gamma =$

$\max\limits_{x} M(x,y^0)$ 的策略 y^0。

再者,在上一章中所说的关于矩阵博弈平衡点的性质(iii),很明显对于混合扩充博弈也同样成立,且可以用同样的方法得到证明。也就是说下面的定理成立。

定理3 设 (x^0,y^0) 与 (x^*,y^*) 为博弈 Γ 的任意两个平衡点,下面关系成立:

(a) (x^0,y^*),(x^*,y^0) 也是平衡点(可换性);

(b) $M(x^0,y^0)=M(x^0,y^*)=M(x^*,y^0)=M(x^*,y^*)$。

最后叙述最优策略的一个性质。

定理4 设在博弈 Γ 中,局中人 $1,2$ 的任意最优策略分别为 $x^*=(x_1^*,\cdots,x_m^*)$, $y^*=(y_1^*,\cdots,y_n^*)$,博弈的值为 v_Γ,则对于

$$M(\alpha_i,y^*)<v_\Gamma \tag{44}$$

的 α_i,有 $x_i^*=0$,对于

$$M(x^*,\beta_j)<v_\Gamma \tag{45}$$

的 β_j,有 $y_j^*=0$。

证 对于使(44)成立的 α_i,设 $x_i^*>0$,则

$$M(\alpha_i,y^*)x_i^*<v_\Gamma x_i^* \tag{46}$$

此外很明显

$$M(\alpha_h,y^*)x_h^*\leqslant v_\Gamma x_h^*,h=1,\cdots,i-1,i+1,\cdots,m \tag{47}$$

所以由(46)(47),得

$$\sum_{h=1}^{m}M(\alpha_h,y^*)x_h^*=M(x^*,y^*)<v_\Gamma\sum_{h=1}^{m}x_h^*=v_\Gamma$$

这和 (x^*,y^*) 是博弈 Γ 的平衡点相矛盾。同样,当

$x_i^* < 0$ 时也能得出矛盾。所以 $x_i^* = 0$。 证毕

矩阵博弈的基本解

设矩阵博弈 $G = (A, B, M)$ 的混合扩充博弈为 Γ。本节研究在 Γ 中,局中人 1,2 的策略全体的集合 S_m, S_n 内他们的最优策略集合的结构问题。

局中人 1,2 的一般混合策略分别用 $\xi = (\xi_1, \cdots, \xi_m) \in S_m, \eta = (\eta_1, \cdots, \eta_n) \in S_n$ 表示,局中人 1 的最优策略记作 $x = (x_1, \cdots, x_m)$,它的全体的集合记作 $X(X \subset S_m)$,局中人 2 的最优策略记作 $y = (y_1, \cdots, y_n)$,它的全体的集合记作 $Y(Y \subset S_n)$。由上一节可知,取任意的 $x \in X$ 和任意的 $y \in Y$ 时,它们的策略组 (x, y) 是 Γ 的解,且博弈 Γ 的解完全是这样的组。我们的目的是要了解 X, Y 的构造形式。首先有下面的定理。

定理 5 局中人 1,2 的最优策略集合 X 和 Y,都是非空、有界、凸的闭集合。

证 由定理 2 可知 X, Y 不是空集合,本定理只就集合 X 来证明。由于 S_m 是有界的,故显然 X 是有界的。

(a) X 是凸的:设 X 的元素的任意凸线性组合为 ξ_0,也就是对于任意的 $x^{(h)} \in X, h = 1, \cdots, r$ 和任意的实数 $a_h \geqslant 0, h = 1, \cdots, r, \sum_h a_h = 1$,设

$$\xi_0 = \sum_h a_h x^{(h)} \tag{48}$$

因为 S_m 是凸的,所以 $\xi_0 \in S_m$。

108

设博弈 Γ 的值为 v_Γ,则

$$\min_\eta M(\xi_0,\eta) \leqslant \max_\xi \min_\eta M(\xi,\eta) = v_\Gamma \quad （49）$$

此外,根据 $M(\xi,\eta)$ 的线性性质

$$\min_\eta M(\xi_0,\eta) = \min_\eta \sum_h a_h M(x^{(h)},\eta) \geqslant$$
$$\sum_h a_h \min_\eta M(x^{(h)},\eta) =$$
$$\sum_h a_h v_\Gamma = v_\Gamma \quad （50）$$

所以由（49）（50）可知

$$\min_\eta M(\xi_0,\eta) = v_\Gamma \quad （51）$$

即 ξ_0 是局中人 1 的最优策略,且 $\xi_0 \in X$,所以 X 是凸的。

（b）X 是闭集合:设 $\xi_0 = \lim_{h \to \infty} x^{(h)}$,在此 $x^{(h)} \in X$,$h = 1,2,\cdots$。由于 S_m 是闭集合,所以 $\xi_0 \in S_m$。对于 ξ_0,显然（49）是成立的。又由 $M(\xi,\eta)$ 的线性性质,得

$$\min_\eta M(\xi_0,\eta) = \min_\eta \lim_{h \to \infty} M(x^{(h)},\eta) \quad （52）$$

但 $x^{(h)} \in X$,所以对于所有的 $\eta \in S_n$,有

$$M(x^{(h)},\eta) \geqslant v_\Gamma, h = 1,2,\cdots$$

因此,对于所有的 $\eta \in S_n$,有

$$\lim_{h \to \infty} M(x^{(h)},\eta) \geqslant v_\Gamma \quad （53）$$

从而由（52）（53）可知

$$\min_\eta M(\xi_0,\eta) \geqslant v_\Gamma \quad （54）$$

所以由（49）（54）知

$$\min_\eta M(\xi_0,\eta) = v_\Gamma$$

成立,$\xi_0 \in X$。所以 X 是闭集合。　　　　　证毕

设 Z 是 r 维向量空间的集合,z^* 为 Z 中的点。若任取 Z 中两个相异的点 $z^{(1)},z^{(2)}$,都不能使

$$z^* = \frac{1}{2}(z^{(1)} + z^{(2)})$$

成立,则称这样的 z^* 为 Z 的端点(extreme point)。Z 的全体端点的集合称为 Z 的端点集合,用 Z^* 表示。

辅助定理 4 设 Z 是 r 维向量空间的非空、有界、凸的闭集合,则 Z 的端点集合 Z^* 是非空的,且 Z 是含有 Z^* 的最小的凸集合。

在博弈 Γ 中,若局中人 $1,2$ 的最优策略全体的集合分别为 X,Y,由定理 5 和辅助定理 4,可知 X,Y 的端点集合 X^*,Y^* 都不是空集合。因此,引入下面的定义。

定义 6 X^* 的元素 x^* 和 Y^* 的元素 y^*,分别称为局中人 $1,2$ 的基本最优策略,它们的组 (x^*,y^*) 称为博弈 Γ 的基本解(basic solution)。

由辅助定理 4,可得下面的定理。

定理 6 博弈 Γ 的解全体的集合,可由局中人 $1,2$ 的基本最优策略集合 X^* 和 Y^* 完全确定。也就是局中人 $1,2$ 的策略组 (x,y),只有当 x,y 分别是 X^*,Y^* 的元素的凸线性组合时,才是博弈的解。

因此,我们为了知道博弈 Γ 的解的全体集合,只要知道 X^* 和 Y^* 的构造即可。

博弈 $G=(A,B,M)$ 的赢得矩阵也用 M 表示,即
$$\bm{M} = (M(\alpha_i, \beta_j)) = (a_{ij})$$
矩阵 $\bm{M}$ 的第 i 行用 $\bm{A}_i$ 表示,第 j 列用 $\bm{B}_j$ 表示,也就是
$$\bm{A}_i = (a_{i1}, \cdots, a_{in}), \bm{B}_j = (a_{1j}, \cdots, a_{mj})^{\mathrm{T}}[1]$$
$$i = 1, \cdots, m; j = 1, \cdots, n$$

---

[1] 一般地,以 $\bm{A}^{\mathrm{T}}$ 表示矩阵 $\bm{A}$ 的转置矩阵。

此外还使用下面的记号

$$\boldsymbol{J}_r=(1,1,\cdots,1),\quad \boldsymbol{O}_r=(0,0,\cdots,0)$$

此处 $,\boldsymbol{J}_r,\boldsymbol{O}_r$ 的分量数目是 r 个。

今后要根据需要,使用从赢得矩阵 $\boldsymbol{M}=(a_{ij})$ 中去掉某行(列)所得的子矩阵。从策略 $x=(x_1,\cdots,x_m)$ ($y=(y_1,\cdots,y_n)$)中去掉与矩阵中去掉的行(列)相对应的元素所得的向量用 $\dot{\boldsymbol{x}}(\dot{\boldsymbol{y}})$ 表示。

定理 7 设博弈 $\Gamma=(A,B,M)^*$ 的值 v_Γ 异于 0,则局中人 $1,2$ 的最优策略 x,y 是基本最优策略的充要条件为,存在赢得矩阵 $\boldsymbol{M}$ 的满秩子矩阵(non-singular submatrix) $\dot{\boldsymbol{M}}(r\times r$ 矩阵),使得

$$\dot{\boldsymbol{x}}=\frac{\boldsymbol{J}_r\dot{\boldsymbol{M}}^{-1}}{\boldsymbol{J}_r\dot{\boldsymbol{M}}^{-1}\boldsymbol{J}_r^{\mathrm{T}}} \tag{55}$$

$$\dot{\boldsymbol{y}}=\frac{\boldsymbol{J}_r(\dot{\boldsymbol{M}}^{-1})^{\mathrm{T}}}{\boldsymbol{J}_r\dot{\boldsymbol{M}}^{-1}\boldsymbol{J}_r^{\mathrm{T}}} \tag{56}$$

$$v_\Gamma=\frac{1}{\boldsymbol{J}_r\dot{\boldsymbol{M}}^{-1}\boldsymbol{J}_r^{\mathrm{T}}} \tag{57}$$

证 预备:设在赢得矩阵 $\boldsymbol{M}$ 中,去掉了和局中人 $1,2$ 的最优策略 $x=(x_1,\cdots,x_m),y=(y_1,\cdots,y_n)$ 的零分量对应的行和列后,所得的子矩阵为 $\boldsymbol{M}_1$。为了不失一般性,可假定

$$x_i\neq 0,y_j\neq 0,i=1,\cdots,m';j=1,\cdots,n'$$
$$x_i=0,y_j=0$$
$$i=m'+1,\cdots,m;j=n'+1,\cdots,n$$
$$1\leqslant m'\leqslant m,1\leqslant n'\leqslant n$$

$$\tag{58}$$

则 $\boldsymbol{M}_1$ 是 $m' \times n'$ 矩阵。现在设存在使(55)~(57)成立的 $r \times r$ 满秩子矩阵 $\dot{\boldsymbol{M}}$,则

$$\sum_{i=1}^{r} x_i = \dot{\boldsymbol{x}} \boldsymbol{J}_r^{\mathrm{T}} = \frac{\boldsymbol{J}_r \dot{\boldsymbol{M}}^{-1} \boldsymbol{J}_r^{\mathrm{T}}}{\boldsymbol{J}_r \dot{\boldsymbol{M}}^{-1} \boldsymbol{J}_r^{\mathrm{T}}} = 1$$

$$\sum_{j=1}^{r} y_j = \dot{\boldsymbol{y}} \boldsymbol{J}_r^{\mathrm{T}} = \frac{\boldsymbol{J}_r (\dot{\boldsymbol{M}}^{-1})^{\mathrm{T}} \boldsymbol{J}_r^{\mathrm{T}}}{\boldsymbol{J}_r \dot{\boldsymbol{M}}^{-1} \boldsymbol{J}_r^{\mathrm{T}}} = 1$$

而 $r \geqslant m', r \geqslant n'$,所以 $\boldsymbol{M}_1$ 是 $\dot{\boldsymbol{M}}$ 的子矩阵(用记号 $\dot{\boldsymbol{M}} \supset \boldsymbol{M}_1$ 表示)。

其次,在矩阵 $\boldsymbol{M} \boldsymbol{y}^{\mathrm{T}}$ 和 $\boldsymbol{x} \boldsymbol{M}$ 中有其值异于 v_Γ 的分量,设在 $\boldsymbol{M}$ 中去掉与这些分量相当的行与列,记所得的子矩阵为 $\boldsymbol{M}_2$,$\boldsymbol{M}_2$ 是 $m'' \times n''$ 矩阵,则由(55)~(57)得

$$\dot{\boldsymbol{M}} \dot{\boldsymbol{y}}^{\mathrm{T}} = v_\Gamma \boldsymbol{J}_r^{\mathrm{T}}, \quad \dot{\boldsymbol{x}} \dot{\boldsymbol{M}} = v_\Gamma \boldsymbol{J}_r \qquad (59)$$

所以 $m'' \geqslant r, n'' \geqslant r$,即 $\dot{\boldsymbol{M}}$ 是 $\boldsymbol{M}_2$ 的子矩阵。注意,由于矩阵 $\dot{\boldsymbol{M}}$ 满足(55)~(57),所以

$$\boldsymbol{M}_1 \subset \dot{\boldsymbol{M}} \subset \boldsymbol{M}_2 \qquad (60)$$

充分性:设对于局中人 1,2 的最优策略 x, y,条件(55)~(57)成立,但 $x \notin X^*, y \notin Y^*$。我们将证明,假设 $x \notin X^*$ 将导出矛盾的结论(对于假设 $y \notin Y^*$,同样可得出矛盾的结论)。由于 $x \notin X^*$,所以存在两个不同的最优策略 $x^{(1)}, x^{(2)} \in X$,使得 $x = \frac{1}{2}(x^{(1)} + x^{(2)})$,因而

$$\dot{\boldsymbol{x}} = \frac{1}{2}(\dot{\boldsymbol{x}}^{(1)} + \dot{\boldsymbol{x}}^{(2)}) \qquad (61)$$

112

很明显,为了作 $\dot{\boldsymbol{x}}^{(1)},\dot{\boldsymbol{x}}^{(2)}$,所去掉的 $x^{(1)},x^{(2)}$ 的分量全部是 0。设 $\dot{\boldsymbol{B}}_j$ 是 $\dot{\boldsymbol{M}}$ 的第 j 列的列向量,则

$$\dot{\boldsymbol{x}}^{(1)}\dot{\boldsymbol{B}}_j = x^{(1)}\boldsymbol{B}_j \geqslant v_\Gamma,\text{且 } \dot{\boldsymbol{x}}^{(2)}\dot{\boldsymbol{B}}_j = x^{(2)}\boldsymbol{B}_j \geqslant v_\Gamma$$

$$(62)$$

此外由(59)(61)得

$$\frac{1}{2}(\dot{\boldsymbol{x}}^{(1)} + \dot{\boldsymbol{x}}^{(2)})\dot{\boldsymbol{B}}_j = v_\Gamma \qquad (63)$$

所以从(62)(63)得

$$\dot{\boldsymbol{x}}^{(1)}\dot{\boldsymbol{M}} = v_\Gamma \boldsymbol{J}_r = \dot{\boldsymbol{x}}^{(2)}\dot{\boldsymbol{M}}$$

即下式成立

$$(\dot{\boldsymbol{x}}^{(1)} - \dot{\boldsymbol{x}}^{(2)})\dot{\boldsymbol{M}} = \boldsymbol{0}_r \qquad (64)$$

但 $\dot{\boldsymbol{x}}^{(1)} \neq \dot{\boldsymbol{x}}^{(2)}$,因此(64)与矩阵 $\dot{\boldsymbol{M}}$ 是满秩的假设矛盾。

必要性:设 $x \in X^*$,$y \in Y^*$,我们要构造 $\boldsymbol{M}$ 的一个满足(55)～(57)的子矩阵 $\dot{\boldsymbol{M}}$。为此,从矩阵 $\boldsymbol{M}_1$ 出发,像下面那样,顺次地添加行和列。

首先,对于 $\boldsymbol{M}_1$ 添上属于 $\boldsymbol{M}_2$ 而不属于 $\boldsymbol{M}_1$ 的行,这行应与 $\boldsymbol{M}_1$ 的行同长。添加的时候按下面的规则进行:如果所考察的行与 $\boldsymbol{M}_1$ 的行线性无关,则将此行添上,否则就将此行舍弃,再取第二行,如此顺次进行,所取的行与 $\boldsymbol{M}_1$ 及已添入的行都线性无关时即作为新行添入,否则舍弃。为了不失一般性,设添加行的番号为 $m'+1,\cdots,s(s \leqslant m'')$。

此外,对于 $\boldsymbol{M}_1$ 的列,也和上面同样进行添加属于 $\boldsymbol{M}_2$ 而不属于 $\boldsymbol{M}_1$ 的列,这些列应与 $\boldsymbol{M}_1$ 的列同长。为了不失一般性,设添入的列的番号为 $n'+1,\cdots,t(\leqslant$

n''）。

设用 M 的第 $1,2,\cdots,s$ 行和第 $1,2,\cdots,t$ 列所构成的 $s\times t$ 矩阵为 $\dot{M}_0$，此矩阵称为基本解 (x,y) 的核（kernel）。核是依赖于添加在 M_1 上的行和列的次序而确定的，但它并不是唯一的。现在将矩阵 $\dot{M}_0$ 的第 i 行，第 j 列分别记为

$$H_i=(a_{i1},\cdots,a_{it}),\quad i=1,\cdots,s$$

$$D_j=(a_{1j},\cdots,a_{sj})^{\mathrm{T}},\quad j=1,\cdots,t$$

设矩阵 $\dot{M}_0$ 是降秩的，假设 $\dot{M}_0$ 的行线性相关（由于 $\dot{M}_0$ 的构成方法对于行和列完全一样，所以若列是线性相关，下面的讨论同样有效），则存在不完全是 0 的实数 $c_1,\cdots,c_s$，使下式成立

$$\sum_{i=1}^{s}c_iH_i=O_t \tag{65}$$

现在设 $c_{m'+1},\cdots,c_s$ 中 c_h 不为零，则由（65）知 H_h 和其余的 $H_1,\cdots,H_{h-1},H_{h+1},\cdots,H_s$ 线性相关。这和 $\dot{M}_0$ 的构作方法矛盾（当然，构成 $\dot{M}_0$ 时，我们决定添加与否的向量是向量 H_i 的部分向量，但是这些向量如果线性无关，则扩充的向量组 H_i 当然也线性无关）。从而（65）中

$$c_h=0,\quad h=m'+1,\cdots,s \tag{66}$$

设对于使（65）成立的 $c_i(i=1,\cdots,s)$，添加上

$$c_{s+1}=\cdots=c_m=0 \tag{67}$$

所得的 m 维向量为 c，即

$$c=(c_1,\cdots,c_m)=(c_1,\cdots,c_{m'},0,\cdots,0) \tag{68}$$

那么，$H_i=(a_{i1},\cdots,a_{it})$ 是含于 M_2 中的 $\dot{M}_0$ 的行，所以

由 $\boldsymbol{M}_2$ 的定义

$$\boldsymbol{H}_i \dot{\boldsymbol{y}}^{\mathrm{T}} = \boldsymbol{A}_i \boldsymbol{y}^{\mathrm{T}} = v_\Gamma, \quad i=1,\cdots,s \qquad (69)$$

因而由（65）（69）得

$$\sum_{i=1}^{s} c_i v_\Gamma = \sum_{i=1}^{s} c_i \boldsymbol{H}_i \dot{\boldsymbol{y}}^{\mathrm{T}} = \left(\sum_{i=1}^{s} c_i \boldsymbol{H}_i\right) \dot{\boldsymbol{y}}^{\mathrm{T}} = \boldsymbol{O}_i \dot{\boldsymbol{y}}^{\mathrm{T}} = 0$$

$$(70)$$

可是由假定 $v_\Gamma \neq 0$，因此由（70），可知

$$\sum_{i=1}^{s} c_i = 0 \qquad (71)$$

所以由（71）和向量 $\boldsymbol{c}$ 的构造（68），得

$$\sum_{i=1}^{m} c_i = 0 \qquad (72)$$

其次，取充分小的正数 ε，构造向量 $x \pm \varepsilon\boldsymbol{c}$，使得它的分量，适合条件

$$x_i \pm \varepsilon c_i \geqslant 0, i=1,\cdots,m' \qquad (73)$$

又由（58）（66）和（67）可知，不论正数 ε 的值如何，总有

$$x_i \pm \varepsilon c_i = 0, \quad i=m'+1,\cdots,m \qquad (74)$$

又由（72）

$$\sum_{i=1}^{m} (x_i \pm \varepsilon c_i) = \sum_{i=1}^{m} x_i = 1 \qquad (75)$$

所以由（73）～（75）得到

$$x \pm \varepsilon\boldsymbol{c} \in \boldsymbol{s}_m \qquad (76)$$

另一方面，对于 $\dot{\boldsymbol{M}}_0$ 的第 j 列 $\boldsymbol{D}_j = (a_{1j},\cdots,a_{sj})^{\mathrm{T}}$，从（65）得到

$$(c_1,\cdots,c_s)\boldsymbol{D}_j = 0, \quad j=1,\cdots,t \qquad (77)$$

从而根据向量 $\boldsymbol{c}$ 的定义（68）和（77），对于矩阵 $\boldsymbol{M}$ 的第 j 列 $\boldsymbol{B}_j$，下面的关系成立

$$\boldsymbol{c}\boldsymbol{B}_j = 0, \quad j=1,\cdots,t \qquad (78)$$

那么根据矩阵 $\dot{M}_0$ 的构成方法，对于 $t < k \leqslant n''$ 的任意的 k，向量 $\dot{D}_k = (a_{1k}, \cdots, a_{m'k})^{\mathrm{T}}$ 和向量 $\dot{D}_1, \cdots, \dot{D}_t$ 线性相关。因而存在实数 $d_1, \cdots, d_t$，使得

$$\dot{D}_k = d_1 \dot{D}_1 + \cdots + d_t \dot{D}_t \tag{79}$$

所以由(68)(78)和(79)，下面等式成立

$$c B_k = c \dot{D}_k = c \big(\sum_{j=1}^{t} d_j \dot{D}_j \big) =$$

$$c \big(\sum_{j=1}^{t} d_j B_j \big) = \sum_{j=1}^{t} d_j (c B_j) = 0 \tag{80}$$

$$t < k \leqslant n''$$

用(78)(80)得

$$(x \pm \varepsilon c) B_j = x B_j = v_\Gamma, \quad j = 1, \cdots, n'' \tag{81}$$

另一方面，当 $j > n''$ 时，由 n'' 的定义

$$x B_j > v_\Gamma, \quad n'' < j \leqslant n \tag{82}$$

所以根据(81)(82)，当正数 ε 充分小时，下式成立

$$\min_{j=1,\cdots,n} (x \pm \varepsilon c) B_j = v_\Gamma \tag{83}$$

由(76)(83)可知 $x \pm \varepsilon c$ 是局中人 1 的最优策略，即 $x \pm \varepsilon c \in X$。这与 $x \in X^*$ 相矛盾。

因而矩阵 $\dot{M}_0$ 的各行是线性无关的，同样 $\dot{M}_0$ 的各列也是线性无关的，从而 $\dot{M}_0$ 是满秩矩阵，且 $s = t (= r)$，故矩阵

$$\dot{M}_0 = (a_{ij}), \quad i, j = 1, \cdots, r \tag{84}$$

是满秩的。可以证明这个矩阵 $\dot{M}_0$ 满足条件(55)～(57)。由 $\dot{M}_0$ 的构成方法，很明显，设 $x = (x_1, \cdots, x_r)$，$y = (y_1, \cdots, y_r)$ 时，则

116

$$\dot{x}\dot{M}_0 = v_\Gamma J_r, \quad \dot{M}_0 \dot{y}^{\mathrm{T}} = v_\Gamma J_r^{\mathrm{T}} \qquad (85)$$

但矩阵 $\dot{M}_0$ 是满秩的，所以由（85）

$$\dot{x} = v_\Gamma J_r \dot{M}_0^{-1}, \quad \dot{y}^{\mathrm{T}} = v_\Gamma \dot{M}_0^{-1} J_r^{\mathrm{T}} \qquad (86)$$

又

$$1 = \dot{x} J_r^{\mathrm{T}} = v_\Gamma J_r \dot{M}_0^{-1} J_r^{\mathrm{T}} \qquad (87)$$

因此，由（86）（87），用满秩矩阵 $\dot{M}_0$，可得（55）～（57）的表示式。

定理 8　博弈 $\Gamma = (A, B, M)^*$ 的解 $x = (x_1, \cdots, x_m), y = (y_1, \cdots, y_n)$ 为基本解的充要条件是，存在矩阵 M 的满秩子矩阵 $\dot{M}(r \times r$ 矩阵$)$，$J_r(\mathrm{adj}\,\dot{M})J_r^{\mathrm{T}} \neq 0$，且下面条件成立

$$\dot{x} = \frac{J_r \mathrm{adj}\,\dot{M}}{J_r(\mathrm{adj}\,\dot{M})J_r^{\mathrm{T}}} \qquad (88)$$

$$\dot{y} = \frac{J_r(\mathrm{adj}\,\dot{M})^{\mathrm{T}}}{J_r(\mathrm{adj}\,\dot{M})J_r^{\mathrm{T}}} \qquad (89)$$

$$v_\Gamma = \frac{|\dot{M}|}{J_r(\mathrm{adj}\,\dot{M})J_r^{\mathrm{T}}} \qquad (90)$$

此处 $\dot{x}[\dot{y}]$ 是从 $x[y]$ 中去掉与构成 $\dot{M}$ 时，从 M 中去掉的行［列］相对应的分量所得的向量。

证　(i)$v_\Gamma \neq 0$ 时：这时只在 $\dot{M}$ 是满秩矩阵时，（90）才成立。因为可以看出，若 $\dot{M}$ 满秩，则

$$\mathrm{adj}\,\dot{M} = |\dot{M}| \dot{M}^{-1}$$

117

由定理 7 直接可知本定理成立。

(ii)$v_\Gamma = 0$ 时:这时任意取一个常数 $b \neq 0$,用下面的赢得构成新博弈 $\Gamma' = (A, B, M)^*$

$$M'(\alpha_i, \beta_j) = M(\alpha_i, \beta_j) + b = a_{ij} + b$$
$$i = 1, \cdots, m, j = 1, \cdots, n \qquad (91)$$

即这个博弈 Γ' 的赢得矩阵 $\boldsymbol{M}'$ 是 $\boldsymbol{M}' = (a_{ij} + b)$。因而博弈 Γ' 的值是

$$v_{\Gamma'} = v_\Gamma + b \neq 0 \qquad (92)$$

博弈 Γ' 中的局中人 $1, 2$ 的最优策略集合分别用 X', Y' 表示,很明显

$$X', Y', X'^*, Y'^* = X, Y, X^*, Y^* \qquad (93)$$

从而根据(92),由(i)的证明可得出,x, y 是博弈 Γ' 的基本解(根据(93),x, y 为博弈 Γ 的基本解),其充要条件是存在矩阵 $\boldsymbol{M}'$ 的满秩子矩阵 $\dot{\boldsymbol{M}}'$($r \times r$ 矩阵),$\boldsymbol{J}_r(\operatorname{adj} \dot{\boldsymbol{M}}') \boldsymbol{J}_r^T \neq 0$ 且使得

$$\dot{x} = \frac{\boldsymbol{J}_r \operatorname{adj} \dot{\boldsymbol{M}}'}{\boldsymbol{J}_r(\operatorname{adj} \dot{\boldsymbol{M}}') \boldsymbol{J}_r^T}, \quad \dot{y} = \frac{\boldsymbol{J}_r(\operatorname{adj} \dot{\boldsymbol{M}}')^T}{\boldsymbol{J}_r(\operatorname{adj} \dot{\boldsymbol{M}}') \boldsymbol{J}_r^T}$$

$$v_{\Gamma'} = v_\Gamma + b = \frac{|\dot{\boldsymbol{M}}'|}{\boldsymbol{J}_r(\operatorname{adj} \dot{\boldsymbol{M}}') \boldsymbol{J}_r^T} \qquad (94)$$

由矩阵计算,容易知道下面关系成立

$$\boldsymbol{J}_r \operatorname{adj} \dot{\boldsymbol{M}}' = \boldsymbol{J}_r \operatorname{adj} \dot{\boldsymbol{M}}$$

$$|\dot{\boldsymbol{M}}'| = |\dot{\boldsymbol{M}}| + b \boldsymbol{J}_r(\operatorname{adj} \dot{\boldsymbol{M}}) \boldsymbol{J}_r^T \qquad (95)$$

因而将(95)代入(94),得(88) $\sim$ (90),所以定理得证。   证毕

定理 9 博弈 $\Gamma = (A, B, M)$ 有有限个基本解,且局中人 $1, 2$ 的最优策略集合 X, Y 都构成多面体。

　　证　根据定理 8,博弈 Γ 的赢得矩阵 M 的子方阵一定是博弈 Γ 的某一个基本解的核。反之,任意的基本解的核都和某一个 M 的子方阵相对应。因而基本解的数不能超过矩阵 M 的子方阵的数目,所以 X^*,Y^* 都是由有限个元素所组成。又因为集合 X,Y 分别是 X^*,Y^* 的凸集合,所以 X,Y 每一个都是以 X^*,Y^* 为顶点的多面体。　　　　　　　　　　　证毕

　　注 3　矩阵博弈所有解的确定法:根据定理 8,我们能够系统地求出任意矩阵博弈 $G=(A,B,M)$ 的混合扩充博弈 Γ 的所有解,即按下面次序进行。

　　(1) 取赢得矩阵 M 的 r 阶子方阵 $\dot{M}$,$r=1,2,\cdots$,$\min(m,n)$。

　　(2) 根据公式(88)～(90)计算向量 $\dot{x},\dot{y}$ 和值 v_r,然后检验 $\dot{x},\dot{y}$ 是否属于 S_r。

　　(3) 若 $\dot{x},\dot{y}$ 不同时属于 S_r,将这个子矩阵舍去。

　　(4) 若 $\dot{x},\dot{y}$ 同时属于 S_r,在 $\dot{x},\dot{y}$ 的对应于由 M 作矩阵 $\dot{M}$ 时去掉的行和列的位置上,都添加分量 0,分别扩大为 m 维,n 维的向量 x,y。然后检验下面条件是否成立

$$M(\alpha_i,y) \leqslant v_r \leqslant M(x,\beta_j),\quad i=1,\cdots,m;j=1,\cdots,n$$
$$(96)$$

　　(5) 若 x,y 不满足条件(96),将这个 x,y 舍去。

　　(6) 若 x,y 满足条件(96),则 (x,y) 就是博弈 Γ 的基本解。

　　按照这样作法,从矩阵 M 的所有子方阵得到的所有基本解 (x,y),就是博弈 Γ 的全部基本解。若博弈 Γ

的所有基本解已能求出,依照定理 6 就能得出博弈 $\varGamma$ 的所有解。

注 4　作为矩阵博弈的解法,注意 3 所述的方法并不是最有效的方法。有时也可用线性规划的计算法,和几何学上的图像来解更为便利。关于这些计算法,在此不另作介绍了。

2 人无限零和博弈

到现在为止我们只是在局中人的纯策略数目为有限(有限博弈)的前提下进行了讨论,下面将考虑这个前提不存在时的 2 人零和博弈(2 人无限零和博弈)。

设局中人 1,2 的纯策略 α,β 全体的集合分别为 A 与 B(无限集合),局中人 1,2 分别取纯策略 α,β 时,局的结果对局中人 1 的期望效用(赢得)为 $M(\alpha,\beta)$,对局中人 2 的赢得为 $-M(\alpha,\beta)$。设由集合 A,B 的子集合所构成的某 Borel 集合体分别为 $\mathfrak{A}$ 和 $\mathfrak{B}$,其上的概率测度 ξ 及 η 分别称为局中人 1,2 的混合策略,局中人 1,2 的混合策略全体的集合分别记为 $\varXi$ 与 H。局中人 1 取混合策略 ξ 的意义是:使用纯策略 $\alpha \in A$,按照某一机遇装置在 $\mathfrak{A}$ 的含有 α 的任意元素 a 中,出现 α 的概率为 $\xi(\alpha)$。对于局中人 2 使用混合策略 η,其意义也作同样理解。在博弈 $G = (A,B,M)$ 中,对各局中人可以用混合策略 $\xi \in \varXi,\eta \in H$ 的博弈,称为博弈 G 的混合扩充博弈,用 $\varGamma = (A,B,M)^*$ 表示。局中人 1,2 分别用混合策略(以后简称策略)ξ,η 时,局中人 1 的赢得 $M(x,y)$ 由下式给出

$$M(\xi,\eta)=\int_A\int_B M(\alpha,\beta)\mathrm{d}\xi\mathrm{d}\eta \qquad (97)$$

本节将研究对于纯策略的集合 A,B 或赢得函数 $M(\alpha,\beta)$，在什么条件下，博弈 Γ 中 minimax 定理成立，也就是怎样使下面等式成立的问题

$$\sup_{\xi}\inf_{\eta}M(\xi,\eta)=\inf_{\eta}\sup_{\xi}M(\xi,\eta) \qquad (98)$$

在博弈 $\Gamma=(A,B,M)^*$ 中，若等式（98）成立，则称此博弈为完全确定的（strictly determined）。两边公共的值称为博弈 $\Gamma=(A,B,M)^*$ 的值，用 v_r 或 $v(A,B)$ 表示。如果 A,B 都是有限集合，像定理2中所指出，博弈 $\Gamma=(A,B,M)^*$ 是完全确定的。但是若 A,B 是无限集合，则由下面的例子可以看出，等式（98）并不一定完全成立。

例 1　A,B 都是正整数全体的集合，考察用下面式子定义赢得函数 $M(\alpha,\beta)$ 的博弈 $\Gamma=(A,B,M)^*$

$$M(\alpha,\beta)=\begin{cases}1,\alpha>\beta\\0,\alpha=\beta\\-1,\alpha<\beta\end{cases}$$

很明显，在这个博弈中

$$\inf_{\eta}\sup_{\xi}M(\xi,\eta)=+1,\sup_{\xi}\inf_{\eta}M(\xi,\eta)=-1$$

所以它不是完全确定的。

我们再来研究博弈 $\Gamma=(A,B,M)^*$ 是完全确定的意义。和有限博弈的情况一样，使

$$\inf_{\eta}M(\xi^0,\eta)\geqslant\inf_{\eta}M(\xi,\eta)，对所有的 \xi\in\Xi\quad(99)$$

成立的策略 $\xi^0\in\Xi$，称为局中人1的 maximin 策略。使

$$\sup_{\xi}M(\xi,\eta^0)\leqslant\sup_{\xi}M(\xi,\eta)，对所有的 \eta\in H$$

$$(100)$$

121

成立的策略 $\eta^0 \in H$，称为局中人 2 的 minimax 策略。
若博弈 Γ 为完全确定的，当局中人 1 的 maximin 策略
ξ^0 和局中人 2 的 minimax 策略 η^0 存在时，它们就是博
弈的平衡点，于是和有限博弈的情形一样，可以证明，
对所有的 $\xi \in \Xi, \eta \in H$，下面不等式成立

$$M(\xi, \eta^0) \leqslant M(\xi^0, \eta^0) = v_\Gamma \leqslant M(\xi^0, \eta) \quad (101)$$

从而，若博弈 Γ 为完全确定的，可以将局中人 1 的
maximin 策略 ξ^0 和局中人 2 的 minimax 策略 η^0 的组
(ξ^0, η^0) 定义为博弈 Γ 的解，将 v_Γ 定义为博弈 Γ 的值。
相反，若博弈 Γ 不是完全确定的，这时和有限博弈的情
况一样，不存在博弈的平衡点，因而也谈不到博弈的
解。

又若博弈 Γ 是完全确定的，虽然有时不存在
maximin 策略或者 minimax 策略，但对于任意的正
数 ε，很明显地，总存在有满足下面条件的局中人 1, 2
的策略 ξ^*, η^*

$$\inf_\eta M(\xi^*, \eta) \geqslant v_\Gamma - \varepsilon, \sup_\xi M(\xi, \eta^*) \leqslant v + \varepsilon$$

$$(102)$$

这样，策略 ξ^*, η^* 分别称为局中人 1, 2 的 $\varepsilon -$ 最优策
略。

和辅助定理 1 一样，在无限博弈的情况，下面辅助
定理成立。

辅助定理 5　　下面不等式成立

$$\sup_\xi \inf_\eta M(\xi, \eta) \leqslant \inf_\eta \sup_\xi M(\xi, \eta) \quad (103)$$

在局中人 1, 2 的纯策略集合 A 和 B 上，用下列式
子定义距离 δ_B 及 δ_A

$$\delta_B(\alpha_1, \alpha_2) = \sup_{\beta \in B} \mid M(\alpha_1, \beta) - M(\alpha_2, \beta) \mid, \alpha_1, \alpha_2 \in A$$

$$(104)$$

$$\delta_A(\beta_1,\beta_2)=\sup_{\alpha\in A}\mid M(\alpha,\beta_1)-M(\alpha,\beta_2)\mid,\beta_1,\beta_2\in B$$

$$(105)$$

显然，函数 δ_B,δ_A 满足距离的条件。但是 A 或 B 的两个不同元素间的距离，可能为零。现在用 a_α 表示到 A 的任意元素 α 距离为零的所有元素集合，则对于 A 的任意两个元素 α',α''，显然，只有两种可能性：或者 $a_{\alpha'}\bigcap a_{\alpha''}=0$，或者 $a_{\alpha'}=a_{\alpha''}$。记这种子集全体的集为 A^*，则对于 A^* 的任意两个不同的元素 α_1^*,α_2^*，存在有 A 的元素 α_1,α_2，使得 $\alpha_1^*=a_{\alpha_1},\alpha_2^*=a_{\alpha_2}$。这时可用下式定义 A^* 中的距离 δ_B^*

$$\delta_B^*(\alpha_1^*,\alpha_2^*)=\delta_B(\alpha_1,\alpha_2) \qquad (106)$$

这个值（106）对于 α_1^*,α_2^* 中 A 的任意元素 α_1,α_2 其值不变。

对于空间 B，也可用同样的方法构成距离空间 B^*。在空间 $A^*[B^*]$ 中，不同的两元素间的距离恒为正。从局中人 1 的行动方针来看，使 $\delta_B(\alpha_1,\alpha_2)=0$ 的两个策略 α_1,α_2，对于局中人 1 并没有区别，对局中人 2 也是一样。现在，局中人 1,2 的可取纯策略分别是 A^*,B^* 的元素，对于各元素 $\alpha^*(=a_\alpha),\beta^*(=b_\beta)$ 的赢得函数 $M^*(\alpha^*,\beta^*)$，有

$$M^*(\alpha^*,\beta^*)=M(\alpha,\beta) \qquad (107)$$

考虑用此定义的博弈 $\Gamma^*=(A^*,B^*,M^*)$，也在本质上和博弈 $\Gamma=(A,B,M)^*$ 是没有区别的（用（107）定义的函数 M^*，显然是确定的，而与从 α^*,β^* 中 A,B 的元素 α,β 的取法无关）。因而不失一般性，在博弈 $G=(A,B,M)$ 中，从开始就允许假定 $A[B]$ 的两个不同元素间距离 $\delta_B[\delta_A]$ 是正的来进行讨论，以后我们就总是这样规定。

设含有这样的距离空间 $A[B]$ 的所有开集的最小 Borel 集合体为 $\mathfrak{A}[\mathfrak{B}]$，局中人 1[2] 的混合策略 $\xi[\eta]$ 是 $\mathfrak{A}[\mathfrak{B}]$ 上的任意概率测度，A,B 的乘积为 $C=A\times B$. 在 C 的子集合所构成的 Borel 集合体上，含有 $\mathfrak{A},\mathfrak{B}$ 的任意元素乘积的最小 Borel 集合体为 $\mathfrak{C}$。赢得函数 $M(\alpha,\beta)$ 是 α,β 的有界可测($\mathfrak{C}$)函数。

辅助定理 6　对于博弈 $\Gamma=(A,B,M)^*$，如果距离空间 A,B 有一个全有界，则另外一个空间也全有界。

证　现在设空间 A 对于距离 δ_B 全有界，也就是对于任意的正数 ε_1，存在 A 的元素的有限集合 $a=\{\alpha_1,\cdots,\alpha_m\}$，在 A 中是 ε_1 — 稠密，即存在有限集合 $a=\{\alpha_1,\cdots,\alpha_m\}$ 使得对于任意的元素 $\alpha\in A$，有 $\min\limits_{1\leqslant i\leqslant m}\delta_B(\alpha,\alpha_i)\leqslant\varepsilon_1$。现在用集合 a，并用下面的式子定义集合 B 上的距离 δ_a

$$\delta_a(\beta_1,\beta_2)=\max_{1\leqslant i\leqslant m}|M(\alpha_i,\beta_1)-M(\alpha_i,\beta_2)|,\beta_1,\beta_2\in B$$

$$(108)$$

分几步来进行证明。

（i）对于任意的正数 ε_2，存在 B 的有限集合 $b=\{\beta_1,\cdots,\beta_n\}$，在距离 δ_a 的意义下，于 B 中是 ε_2 — 稠密的：现在假设这个命题（i）不成立，则存在 B 的元素的无限列 $\{\beta_k\}(k=1,2,\cdots)$，使

$$\delta_a(\beta_i,\beta_j)>\varepsilon_2,i\neq j \qquad (109)$$

但由假定，函数 $M(\alpha,\beta)$ 是有界的，所以固定任意 $i(i=1,2,\cdots,m)$，实数列 $M(\alpha_i,\beta_k)(k=1,2,\cdots)$ 有极限点。所以存在无限列 $\{\beta_k\}$ 的子列 $\{\beta_{k_j}\}$，使

$$\lim_{j\to\infty}M(\alpha_i,\beta_{k_j})=l_i,i=1,2,\cdots,m \qquad (110)$$

此处 l_i 为极限值。因此，若正整数 N 充分大，当 j_1，

$j_2 > N$ 时

$$| M(\alpha_i,\beta_{k_{j_1}}) - M(\alpha_i,\beta_{k_{j_2}}) | < \varepsilon_2, j = 1,\cdots,m$$

$$\text{(111)}$$

成立，所以

$$\delta_a(\beta_{k_{j_1}},\beta_{k_{j_2}}) < \varepsilon_2 \qquad\text{(112)}$$

这和（109）矛盾，所以（i）得证。

（ii）对任意的 $\beta_1,\beta_2 \in B$，下面不等式成立

$$| \delta_A(\beta_1,\beta_2) - \delta_a(\beta_1,\beta_2) | \leqslant 2\varepsilon_1 \qquad\text{(113)}$$

由集合 a 的构成可知，对于任意的 $\alpha \in A$，存在 $i(1 \leqslant i \leqslant m)$，使得

$$\delta_B(\alpha,\alpha_i) = \sup_{\beta \in B} | M(\alpha,\beta) - M(\alpha_i,\beta) | < \varepsilon_1$$

$$\text{(114)}$$

所以，对于任意的 $\alpha \in A$

$$| M(\alpha_1,\beta_1) - M(\alpha,\beta_2) | \leqslant$$
$$| M(\alpha,\beta_1) - M(\alpha_i,\beta_1) | + | M(\alpha_i,\beta_1) - M(\alpha_i,\beta_2) | +$$
$$| M(\alpha_i,\beta_2) - M(\alpha,\beta_2) | \leqslant$$
$$\varepsilon_1 + \delta_a(\beta_1,\beta_2) + \varepsilon_1 = \delta_a(\beta_1,\beta_2) + 2\varepsilon_1$$

从而

$$\delta_A(\beta_1,\beta_2) \leqslant \delta_a(\beta_1,\beta_2) + 2\varepsilon_1$$

亦即命题（ii）得证。

由（i）（ii）可知，在集合 B 中，B 的元素的有限集合 b，在距离 δ_A 的意义下是 $\varepsilon_2 + 2\varepsilon_1$ — 稠密。因为 $\varepsilon_1,\varepsilon_2$ 是任意的正数，所以空间 B 对于任意的正数 ε，具有在距离 δ_A 的意义下是 ε — 稠密的有限子集合。亦即，若空间 A 全有界，则空间 B 也全有界。　　　证毕

定理 10　在博弈 $\Gamma = (A,B,M)^*$ 中，若空间 A,B 有一个全有界，则博弈 Γ 是完全确定的。也就是说下面等式成立

$$\sup_{\xi} \inf_{\eta} M(\xi, \eta) = \inf_{\eta} \sup_{\xi} M(\xi, \eta) \qquad (115)$$

证 根据辅助定理 6，在这个定理的条件下，空间 A, B 都是全有界的。因此，对于任意的正数 ε，存在有 $A[B]$ 的有限子集 $A_1, \cdots, A_m [B_1, \cdots, B_n]$，使得

$$A = \sum_{i=1}^{m} A_i, A_i \bigcap A_j = 0, \quad i \neq j$$

$$\left[B = \sum_{j=1}^{n} B_j, B_i \bigcap B_j = 0, \quad i \neq j \right]$$

且各子集合 $A_i[B_j]$ 的直径不超过 ε。 这时从各 $A_i[B_j]$ 中任意取一个元素 $\alpha_i[\beta_j]$，使其固定不变。定义

$$a = \{\alpha_1, \cdots, \alpha_m\} \quad [b = \{\beta_1, \cdots, \beta_n\}]$$

然后，构成用下面式子定义的混合策略 $\xi_a[\eta_b]$，这个式子是对应于局中人 1[2] 的任意混合策略 $\xi[\eta]$ 在 $a[b]$ 上的概率分布，即

$$\xi_a(\alpha_i) = \xi(A_i), i = 1, \cdots, m$$

$$[\eta_b(\beta_j) = \eta(B_j), j = 1, \cdots, n] \qquad (116)$$

则对任意的 $\eta \in H$

$$| M(\xi, \eta) - M(\xi_a, \eta) | =$$

$$\left| \sum_i \int_{A_i} M(\alpha, \eta) \mathrm{d}\xi - \sum_i \int_{A_i} M(\alpha_i, \eta) \mathrm{d}\xi \right| \leqslant$$

$$\sum_i \int_{A_i} | M(\alpha, \eta) - M(\alpha_i, \eta) | \mathrm{d}\xi \leqslant$$

$$\sum_i \int_{A_i} \delta_B(\alpha, \alpha_i) \mathrm{d}\xi \leqslant$$

$$\sum_i \int_{A_i} \varepsilon \mathrm{d}\xi = \varepsilon$$

即

$$| M(\xi, \eta) - M(\xi_a, \eta) | \leqslant \varepsilon, 对于所有的 \eta \in H$$

$$(117)$$

126

同样,下面不等式也成立

$$| M(\xi,\eta) - M(\xi,\eta_b) | \leqslant \varepsilon, \text{对于所有的 } \xi \in \Xi$$

$$(118)$$

现在将本定理分为几步进行证明。

(i) 下面不等式成立

$$\sup_{\xi}\inf_{\eta} M(\xi,\eta) - \varepsilon \leqslant \sup_{\xi_a}\inf_{\eta} M(\xi_a,\eta_b) \quad (119)$$

事实上,由(117)可知,对于任意的 $\xi \in \Xi$,下面不等式成立

$$M(\xi,\eta) - \varepsilon \leqslant M(\xi_a,\eta), \text{对于所有的 } \eta \in H$$

因此

$$\inf_{\eta} M(\xi,\eta) - \varepsilon \leqslant \inf_{\eta} M(\xi_a,\eta) \quad (120)$$

现在假定不等式

$$\sup_{\xi}\inf_{\eta} M(\xi,\eta) - \varepsilon > \sup_{\xi_a}\inf_{\eta} M(\xi_a,\eta) \quad (121)$$

成立,则存在 A 上的概率测度 ξ^*,使

$$\inf_{\eta} M(\xi^*,\eta) - \varepsilon > \sup_{\xi_a}\inf_{\eta} M(\xi_a,\eta)$$

因此,取对应于这个概率测度 ξ^* 的概率测度 ξ_a^*,则

$$\inf_{\eta} M(\xi^*,\eta) - \varepsilon > \inf_{\eta} M(\xi_a^*,\eta)$$

这与(120)矛盾,所以不等式(121)不能成立,因而下面不等式成立

$$\sup_{\xi}\inf_{\eta} M(\xi,\eta) - \varepsilon \leqslant \sup_{\xi_a}\inf_{\eta} M(\xi_a,\eta) \quad (122)$$

此外,显然有

$$\sup_{\xi_a}\inf_{\eta} M(\xi_a,\eta) \leqslant \sup_{\xi_a}\inf_{\eta_b} M(\xi_a,\eta_b) \quad (123)$$

所以,由(122)(123)可知(119)成立。

(ii) 同理,下面不等式成立

$$\sup_{\xi_a}\inf_{\eta_b} M(\xi_a,\eta_b) \leqslant \sup_{\xi}\inf_{\eta} M(\xi,\eta) + \varepsilon \quad (124)$$

(iii) 由(119)(124)得

$$\sup_{\xi}\inf_{\eta}M(\xi,\eta)-\varepsilon \leqslant \sup_{\xi_a}\inf_{\eta_b}M(\xi_a,\eta_b) \leqslant$$
$$\sup_{\xi}\inf_{\eta}M(\xi,\eta)+\varepsilon$$

$$(125)$$

（iv）和推导不等式（125）一样，可得下面不等式

$$\inf_{\eta}\sup_{\xi}M(\xi,\eta)-\varepsilon \leqslant \inf_{\eta_b}\sup_{\xi_a}M(\xi_a,\eta_b) \leqslant$$
$$\inf_{\eta}\sup_{\xi}M(\xi,\eta)+\varepsilon$$

$$(126)$$

（v）由于可将 ξ_a 和 η_b 看作是有限博弈 $G^*=(a,b,M)$ 中局中人 1 和 2 的混合策略，所以根据对有限博弈已经证明的定理 2，下面等式成立

$$\sup_{\xi_a}\inf_{\eta_b}M(\xi_a,\eta_b)=\inf_{\eta_b}\sup_{\xi_a}M(\xi_a,\eta_b) \quad (127)$$

因而，由（125）～（127），不等式

$$\mid \sup_{\xi}\inf_{\eta}M(\xi,\eta)-\inf_{\eta}\sup_{\xi}M(\xi,\eta) \mid \leqslant 2\varepsilon$$

$$(128)$$

对于任意的正数 ε 成立，从而等式（115）成立。 证毕

设在一局博弈中，局中人 1[2] 所取纯策略集合为 $C[D]$，如果这个博弈是完全确定的，并存在博弈的值，且将这个值表示为 $v(C,D)$，则由定理 10 可直接推出下面定理。

定理 11 博弈 $\Gamma=(A,B,M)^*$ 中，如果空间 A,B 有一个是全有界，则对于任意的正数 ε，存在 A 的有限子集合 a 和 B 的有限子集合 b，使得

$$\mid v(A,B)-v(a,B) \mid \leqslant \varepsilon, \mid v(A,B)-v(A,b) \mid \leqslant \varepsilon$$

$$(129)$$

$$\mid v(A,B)-v(a,b) \mid \leqslant \varepsilon \quad (130)$$

证 现在可指出在定理 10 的证明中构成的 A,B

128

的有限子集合 a,b,具有本定理提出的性质。由(122)知

$$\sup_{\xi}\inf_{\eta} M(\xi,\eta) - \varepsilon \leqslant \sup_{\xi_a}\inf_{\eta} M(\xi_a,\eta) \leqslant$$
$$\sup_{\xi}\inf_{\eta} M(\xi,\eta) \qquad (131)$$

所以如用定理 10,不等式(130)可写为

$$v(A,B) - \varepsilon \leqslant v(a,B) \leqslant v(A,B) \qquad (132)$$

这个不等式(132)指出(129)的前半部是成立的。对于(129)的后半部也可以同样证明。此外用定理 10 时,不等式(125)的意义正说明了不等式(130)是成立的。　　　　　　　　　　　　　　　证毕

非零和博弈

第四章

非合作 n 人博弈

到现在为止我们所考察的博弈都是 2 人零和博弈，也就是两个局中人之间存在真正对抗关系的博弈，因而在这样的博弈中，两个局中人之间进行协商是没有意义的，因为对第一个局中人有利的东西，一定对另一个局中人是不利的，所以这是一个非合作博弈。本节所要考察的是保留非合作性质，去掉零和与局中人数目为 2 的条件的一般非合作 n 人博弈。

有 n 个局中人 $1,2,\cdots,n$，局中人 i 可任意选取的有限个纯策略为 $\alpha_1^{(i)},\cdots,\alpha_{m_i}^{(i)}$，这些全体的集合记为 $A_i(i=1,2,\cdots,n)$。A_i 上的概率分布，

亦即局中人 i 的混合策略用 $x^{(i)}=(x_1^{(i)},\cdots,x_{m_i}^{(i)})$ 或 $x^{(i)}=\sum_j x_j^{(i)}\alpha_j^{(i)}$ 表示（在此 $x_j^{(i)}\geqslant 0,\sum_j x_j^{(i)}=1$）。$x^{(i)}$ 全体的集合，构成 (m_i-1) 维单纯形 $S^{(i)}$。各局中人在不知道其他局中人的策略的情况下，各自独立地分别选定策略 $x^{(1)},\cdots,x^{(n)}$，这些策略的组用 $x=(x^{(1)},\cdots,x^{(n)})$ 表示。当取这些策略时，根据每局的结果给出局中人 i 的期望效用（称为局中人 i 的赢得），用 $M_i(x)(i=1,\cdots,n)$ 表示。另外，各局中人 i 都希望决定策略使自己得到大的赢得 $M_i(x)$。这样的博弈，称为非合作 n 人博弈（non-cooperative n-person game）。我们所要解决的问题是在这样的博弈中，各局中人的最优策略是什么，或者博弈的解是什么，如何来确定等。

　　各局中人的策略组 $x=(x^{(1)},\cdots,x^{(n)})$ 全体的集合 Δ，是单纯形 $S^{(i)}(i=1,\cdots,n)$ 的直乘积集合，构成有界闭凸集合。策略组 $x=(x^{(1)},\cdots,x^{(n)})$ 中，只有局中人 i 将策略 $x^{(i)}$ 改变为 $y^{(i)}$ 时的策略组用 $(x;y^{(i)})$ 表示。

　　定义 1　非合作 n 人博弈 Γ_n 中，策略组 x 满足下面条件时，称 x 为博弈 Γ_n 的平衡点。

　　条件(i)

$$M_i(x)=\max_{y^{(i)}\in S^{(i)}} M_i(x;y^{(i)}),i=1,\cdots,n \qquad (1)$$

即在策略组 $x=(x^{(1)},\cdots,x^{(n)})$ 中，局中人 i 以外的局中人，保持策略 $x^{(1)},\cdots,x^{(i-1)},x^{(i+1)},\cdots,x^{(n)}$ 不变，仅局中人 i 将策略 $x^{(i)}$ 改为其他策略时，对于他并不有利。这是因为，x 称为平衡点是对所有局中人 $i=1,\cdots,n$ 来说的。在 2 人零和博弈中所定义的平衡点

（上一章定义 3），显然是定义 1 的特殊情况。

在策略 $x^{(i)} = \sum x_j^{(i)} \alpha_j^{(i)}$ 中，当 $x_j^{(i)} > 0$ 时，就说策略 $x^{(i)}$ 使用纯策略 $\alpha_j^{(i)}$。在策略组 $x = (x^{(1)}, \cdots, x^{(n)})$ 中，如果 $x^{(i)}$ 使用 $\alpha_j^{(i)}$，则说 x 使用 $\alpha_j^{(i)}$。

若策略组为 $x = (x^{(1)}, \cdots, x^{(n)})$，当 $x^{(i)} = \sum x_j^{(i)} \alpha_j^{(i)}$ 时，$M_i(x)$ 关于各分量 $x^{(i)}$ 是线性的，即 $M_i(x)$ 为

$$M_i(x) = \sum_j x_j^{(i)} M_i(x; \alpha_j^{(i)}) \tag{2}$$

从而下面等式成立

$$\max_{y^{(i)} \in S^{(i)}} M_i(x; y^{(i)}) = \max_j M_i(x; \alpha_j^{(i)}) \tag{3}$$

所以 x 为平衡点的充要条件是下面的条件(ii)成立。

条件(ii)

$$M_i(x) = \max_j M_i(x; \alpha_j^{(i)}), i = 1, \cdots, n \tag{4}$$

再根据(2)的关系式，(4)的成立与下列事实等价，即使

$$M_i(x; \alpha_j^{(i)}) < \max_k M_i(x; \alpha_k^{(i)})$$

成立的策略 $\alpha_j^{(i)}$ 为 $x_j^{(i)} = 0$，所以 x 是平衡点的充要条件也就是下面的条件(iii)。

条件(iii)：若在 x 中使用纯策略 $\alpha_j^{(i)}$，则恒有

$$M_i(x; \alpha_j^{(i)}) = \max_k M_i(x; \alpha_k^{(i)}), i = 1, \cdots, n \tag{5}$$

但在非合作 n 人博弈中，是否总存在有平衡点呢？为了证明存在定理，引用下面的不动点定理。

辅助定理 1[①]（Brouwer 不动点定理）　设 S 为 Euclid 空间的有界闭凸集合，如果从 S 到 S 的点对点

---

① 证明可参考 Hurewicz, Witold and Wallman, Dimension Theory, Princeton University Press, 1948。

映照 T 连续,则至少存在一个不动点,即至少存在一个点 $x_0 \in S$,使 $x_0 = T(x_0)$。

为了以后的需要,这里也将 Brouwer 定理的扩张定理(角谷不动点定理)提出。设集合 S 的闭凸子集合全体的集为 $\mathcal{R}(S)$,这时从 S 到 $\mathcal{R}(S)$ 的点对集合映照 $\Phi:S \ni x \to \Phi(x) \in \mathcal{R}(S)$ 中,若当 $x_n \to x_0, y_n \in \Phi(x_n)$ 且 $y_n \to y_0$ 时,有 $y_0 \in \Phi(x_0)$,则称映照 Φ 为上半连续(upper semicontinuous)。

辅助定理 2[①](角谷不动点定理)　设 S 是 Euclid 空间的有界闭凸集合,这时若从 S 到 $\mathcal{R}(S)$ 的点对集合映照 Φ 上半连续,则至少存在一个点 $x_0 \in S$,使 $x_0 \in \Phi(x_0)$。

用上面的辅助定理来证明下面非合作 n 人博弈的基本定理。

定理 1　非合作 n 人(有限)博弈,至少存在一个平衡点。

证　用下式定义局中人 $1,2,\cdots,n$ 的策略组 $x = (x^{(1)}, x^{(2)}, \cdots, x^{(n)})$ 的连续函数 φ_{ij}

$$\varphi_{ij}(x) = \max[0, M_i(x;\alpha_j^{(i)}) - M_i(x)] \qquad (6)$$

然后用这个函数,将 x 分量的局中人 i 的策略 $x^{(i)} = \sum_j x_j^{(i)}\alpha_j^{(i)}$ 变换成下面式子定义的局中人 i 的策略 $y^{(i)}$

$$y^{(i)} = \sum_j \frac{x_j^{(i)} + \varphi_{ij}(x)}{1 + \sum_k \varphi_{ij}(x)}\alpha_j^{(i)}, i = 1, \cdots, n \qquad (7)$$

---

①　参考 Kakutani, A generalization of Brouwer's fixed point theorem, Duke Mathematical Journal, 8(1941)。

显然 $y^{(i)}$ 是局中人 i 的混合策略,这样变换后的策略组用 $y=(y^{(1)},\cdots,y^{(n)})$ 表示。设 T 为 x 对应于 y 的映照(从 Δ 到 Δ 的点对点映照),即 $T:\Delta\ni x\rightarrow y\in\Delta$。由于集合 Δ 是有界闭凸集合,且映照 T 是连续的,所以根据辅助定理 1,映照 T 中至少存在一个不动点。如果能够证明这个不动点就是平衡点,则定理就得到了证明。现在设存在的不动点为 $x=(x^{(1)},\cdots,x^{(n)})$,$x^{(i)}=\sum_j x_j^{(i)}\alpha_j^{(i)}$ $(i=1,2,\cdots,n)$。可是策略 $x^{(i)}$ 仅使用纯策略 $\alpha_1^{(i)},\cdots,\alpha_{m_i}^{(i)}$ 中的某几个,并设被使用的几个纯策略中,对于局中人 i 最不利的一个为 $\alpha_j^{(i)}$。当然有

$$M_i(x;\alpha_j^{(i)})\leqslant M_i(x) \tag{8}$$

因而根据函数 φ_{ij} 的定义(6),这时

$$\varphi_{ij}(x)=0 \tag{9}$$

可是 x 是映照 T 的不动点,所以 $x=T(x)=y$,即 $x^{(i)}=y^{(i)}$ $(i=1,\cdots,n)$。因此,根据(7)

$$x_j^{(i)}=\frac{x_j^{(i)}+\varphi_{ij}(x)}{1+\sum_k\varphi_{ik}(x)}$$
$$j=1,\cdots,m_i;i=1,\cdots,n \tag{10}$$

可是由(9)和 $\varphi_{ik}(x)\geqslant 0$,可知(10)和

$$\varphi_{ik}(x)=0,k=1,\cdots,m_i;i=1,\cdots,n \tag{11}$$

是等价的,所以根据函数 φ_{ik} 的定义(6)

$$M_i(x)\geqslant M_i(x;\alpha_k^{(i)}),k=1,\cdots,m_i;i=1,\cdots,n \tag{12}$$

从而

$$M_i(x)=\max_k M_i(x;\alpha_k^{(i)}),i=1,\cdots,n$$

也就是对于不动点 x,成立着为平衡点的充要条件(ii),所以不动点 x 是平衡点,于是博弈中的平衡点存

在。　　　　　　　　　　　　　　　　　证毕

　　2 人零和（有限）博弈恒存在平衡点是这个定理 1 的特殊情况。因而,定理 1 包含了上一章定理 2。需注意的是定理 1 的证明引用了不动点定理,而上一章定理 2 的证明没有引用此定理。

　　现在我们看一下对非合作 n 人博弈,试用已经保证存在的平衡点直接定义为博弈 Γ_n 的解是否合理。事实上,在 2 人零和博弈的情况,以平衡点定义为博弈的解是我们所同意的,之所以被同意,是因为它具有上一章定理 3 中所说的平衡点的特性。可是对一般的非合作 n 人博弈的平衡点是否也具有类似的性质呢? 由下面的说明可以看到,如果去掉了零和的条件,即使是在 2 人博弈的情况下,也会出现许多困难的问题。

　　同 2 人零和博弈时一样,设局中人 1,2 的纯策略全体的集合分别为 $A = \{\alpha_1,\cdots,\alpha_m\}$, $B = \{\beta_1,\cdots,\beta_n\}$,局中人 1,2 取纯策略 α_i,β_j 时,局的结果 ω 的集合 Ω 上的概率分布为 π_{ij},相应于这个概率分布的局中人 1,2 的赢得分别为 $M_1(\alpha_i,\beta_j) = a_{ij}$, $M_2(\alpha_i,\beta_j) = b_{ij}$。可是本章所考察的博弈中,两个局中人不是严格对抗的,所以就不能像零和博弈那样来处理。

　　在 2 人博弈中,若是至少存在一组概率分布 π_{ij} 和 π_{hk},第一个局中人取 π_{ij} 比取 π_{hk} 好,可是另外一个局中人取 π_{hk} 不比取 π_{ij} 好,这样的 2 人博弈称为非严格对抗的(non-strictly competitive)。这时,各局中人效用的原点和单位,不论如何取,都不能使等式

$$M_1(\alpha_i,\beta_j) + M_2(\alpha_i,\beta_j) = 0, i = 1,\cdots,m; j = 1,\cdots,n$$

成立。严格对抗的博弈可以作为零和博弈来处理,但对非严格对抗的博弈,这是不可能的。以后我们将非

严格对抗的博弈和非零和博弈(non-zero-sum game)作为同义词使用。本节就是研究非合作 2 人非零和博弈,这样的博弈可用表 1 表示。

表 1

$$
\begin{array}{cccccc}
 & \beta_1 & & \beta_j & & \beta_n \\
\alpha_1 & \left[\begin{array}{ccccc} (a_{11}, b_{11}) & \cdots & (a_{1j}, b_{1j}) & \cdots & (a_{1n}, b_{1n}) \\ \vdots & & \vdots & & \vdots \\ (a_{i1}, b_{i1}) & \cdots & (a_{ij}, b_{ij}) & \cdots & (a_{in}, b_{in}) \\ \vdots & & \vdots & & \vdots \\ (a_{m1}, b_{m1}) & \cdots & (a_{mj}, b_{mj}) & \cdots & (a_{mn}, b_{mn}) \end{array}\right]
\end{array}
$$

当局中人 1,2 分别取混合策略 $x = (x_1, \cdots, x_m) \in S_m^{(1)}$, $y = (y_1, \cdots, y_n) \in S_n^{(2)}$ 时,局中人 1,2 的赢得 $M_1(x, y), M_2(x, y)$ 分别由下面式子给出

$$
M_1(x, y) = \sum_i \sum_j a_{ij} x_i y_j, \quad M_2(x, y) = \sum_i \sum_j b_{ij} x_i y_j
$$

$$(13)$$

现在在以 u_1 轴为水平轴,u_2 轴为铅直轴的坐标平面(称为 U 平面)上,取坐标为 $u_1 = M_1(x, y)$,$u_2 = M_2(x, y)$ 的点 P,称为对应策略组 (x, y) 的效用点。当 x, y 分别在 $S_m^{(1)}, S_n^{(2)}$ 内独立移动时,效用点全体所成的集合为 V。V 是 U 平面上的一个有界闭集合,称为非合作博弈的效用集合。局中人 1,2 的任意策略组 (x, y) 都对应着 V 的一点,反之,V 的点至少有一组策略组 (x, y) 和它对应。要评价非合作 2 人博弈中局中人 1,2 取策略 x, y 时,它在整个博弈中的作用,可以从对应于策略 (x, y) 的效用点 P 在效用集合 V 上的位置关系来判断。

我们的问题是要研究在非合作 2 人非零和博弈中,各局中人的最优策略。

136

例 1 考察由表 2 给定的非合作 2 人非零和博弈。当局中人 1,2 分别取混合策略 $x\alpha_1 + (1-x)\alpha_2$,$y\beta_1 + (1-y)\beta_2 (0 \leqslant x \leqslant 1, 0 \leqslant y \leqslant 1)$ 时,各局中人的赢得 $u_1(x,y), u_2(x,y)$ 分别为

$$u_1(x,y) = 5xy - 2(x+y) + 1$$
$$u_2(x,y) = 5xy - 3(x+y) + 2$$

这博弈的平衡点是 $(\alpha_1, \beta_1), (\alpha_2, \beta_2)$ 和 $(\frac{3}{5}\alpha_1 + \frac{2}{5}\alpha_2, \frac{2}{5}\beta_1 + \frac{3}{5}\beta_2)$(记为 x_0, y_0),容易知道,除此以外再不存在其他的平衡点。而在这些平衡点上各局中人的赢得如下

$$M_1(\alpha_1, \beta_1) = 2, \quad M_1(\alpha_2, \beta_2) = 1, \quad M_1(x^0, y^0) = \frac{1}{5}$$

$$M_2(\alpha_1, \beta_1) = 1, \quad M_2(\alpha_2, \beta_2) = 2, \quad M_2(x^0, y^0) = \frac{1}{5}$$

但是在这个博弈的平衡点上,局中人 1(或局中人 2)所获的赢得是不相等的(2 人零和博弈时恒相等)。此外,$(\alpha_1, \beta_1), (\alpha_2, \beta_2)$ 虽然是平衡点,但 (α_1, β_2) 或 (α_2, β_1) 并不是平衡点,即这个博弈的平衡点是不可换的(在 2 人零和博弈时恒可换)。因而这个博弈虽存在平衡点,但是不容易判断应该用哪一个平衡点来定义博弈的解。

表 2

	β_1	β_2
α_1	$(2,1)$	$(-1,-1)$
α_2	$(-1,-1)$	$(1,2)$

这博弈的效用集合 V,如图 1,是由连接 $a(2,1)$,$c(-1,-1)$ 两点的线段 ac,以及连接 $b(1,2)$,$c(-1,$

137

—1) 两点的线段 bc，和通过 a,b 两点的抛物线

$$5u_1^2 - 10u_1u_2 + 5u_2^2 - 2u_1 - 2u_2 + 1 = 0$$

围成的区域。就效用集合 V 来考虑，局中人 1 期望 u_1 坐标大的效用点，局中人 2 期望 u_2 坐标大的效用点。从图 1 直观来看，在 V 中使两个局中人都满足的效用点是不存在的。

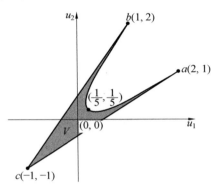

图 1

例 2　考察由表 3 给定的非合作 2 人非零和博弈。由局中人 1 的立场来看，不论局中人 2 取 β_1 或取 β_2，α_2 总比 α_1 有利。由局中人 2 的立场来看，不论局中人 1 取 α_1 或 α_2，β_2 总比 β_1 有利。因而在这局博弈中，局中人 1,2 分别取 α_2,β_2，应该是合理的。同时（α_2，β_2）是这个博弈唯一的平衡点，并且 α_2,β_2 分别是局中人 1,2 的唯一 maximin 策略。因此，把（α_2,β_2）解释为博弈的解应该是合适的。当然，若允许局中人事先相互协商，则博弈也可能不终止在（α_2,β_2），而终止在对两个局中人都有利的（α_1,β_1），但我们现在所考虑的是非合作博弈。此外，虽然是非合作博弈，若博弈不限定进行一局，而可以反复进行，则由于局中人完全知道表

138

3，所以在反复进行过程中，可以想象两个局中人完全有可能默然同意不取（α_2，β_2），而终局于（α_1，β_1）。

表 3

$$\begin{array}{cc} & \beta_1 \qquad\qquad \beta_2 \\ \begin{array}{c} \alpha_1 \\ \alpha_2 \end{array} & \left[\begin{array}{cc} (0.9,0.9) & (0,1) \\ (1,0) & (0.1,0.1) \end{array}\right] \end{array}$$

如上所述，在非零和博弈中会出现各种各样的问题，可是关于非合作 n 人博弈的解，Nash 采取了下面的定义：

定义 2　设非合作 n 人博弈的平衡点全体的集合为 Q，若（y；z_j）$\in Q$，且 $x \in Q$ 时，（x；z_i）$\in Q$ 对于所有的 $i = 1, 2, \cdots, n$ 都成立（即平衡点可交换），则称博弈 Γ_n 为可解，可解博弈 Γ_n 的解是平衡点的集合 Q。

在例 1 中所看到的，两个不同的平衡点对各局中人给出的赢得不一定相同，所以关于可解博弈的解定义如下

$$v_i^+ = \max_{x \in Q} M_i(x), \quad v_i^- = \min_{x \in Q} M_i(x), i = 1, \cdots, n$$

v_i^+ 称为博弈 Γ_n 给局中人 i 的上方值（upper value），v_i^- 称为博弈 Γ_n 给局中人 i 的下方值（lower value）。特别当 $v_i^+ = v_i^-(= v_i)$ 时，v_i 称为博弈 Γ_n 给局中人 i 的值。

根据定义 2，因为例 1 的博弈的平衡点不可换，所以这个博弈不可解。例 2 的博弈，仅有一个平衡点，所以博弈可解。而（α_2，β_2）是这个博弈的解，它给局中人 1 的值是 0.1，给局中人 2 的值也是 0.1。此外，2 人零和博弈在定义 2 的意义下是可解的，而且存在着分别给各局中人 1，2 的值。

139

合作 2 人博弈

再来考虑例 1 的博弈。但现在不作为非合作博弈，而在局开始前，两个局中人为了求得相互的利益，允许进行协商（即所谓合作博弈）。两人协商的结果，商妥用同等的机会采用 (α_1,β_1) 和 (α_2,β_2)，并且商定用投掷钱币的办法作为解决这个博弈的一种方案，商定出现正面时局中人 1,2 分别取 α_1,β_1，出现反面时分别取 α_2,β_2。这时局中人 1,2 的赢得是 $3/2,3/2$。而这个效用点 $(3/2,3/2)$ 不包含在非合作博弈的效用集合 V 内，也就是合作博弈可以达到对两人都有利的效用点，但这个点在各局中人独立选定策略的非合作博弈中是不能达到的。很明显，在这个合作博弈的效用集合 R 的内部包含 V 的 $\triangle abc$，而效用点 $m(3/2,3/2)$ 是边 ab 的中点（图 2）。

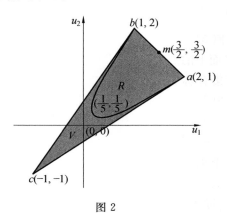

图 2

140

一般,若局中人 $1,2$ 的纯策略全体的集合分别为 $A=\{\alpha_1,\cdots,\alpha_m\}, B=\{\beta_1,\cdots,\beta_n\}$,允许在局开始前根据两人的协商用概率 z_{ij}(在此 $z_{ij}\geqslant 0, i=1,\cdots,m; j=1,\cdots,n, \sum_i\sum_j z_{ij}=1$),取策略组 $(\alpha_i,\beta_j)(i=1,\cdots,m; j=1,\cdots,n)$ 的博弈称为合作 2 人博弈(cooperative two-person game)。而这样的方案,也就是用概率 z_{ij} 取纯策略组 (α_i,β_j) 的方案,换言之,纯策略组 $(\alpha_i, \beta_j)(i=1,\cdots,m; j=1,\cdots,n)$ 上的概率分布 $z=\{z_{ij}\}$, $z_{ij}\geqslant 0, \sum\sum z_{ij}=1$,称为局中人 $1,2$ 的结合混合策略(joint-mixed strategy),因而允许结合混合策略的博弈是合作博弈。结合混合策略 $z=\{z_{ij}\}$ 全体的集合和 $[(m\times n)-1]$ 维单纯形 $S_{m\times n}$ 的点是一一对应的。

使用结合混合策略 $z=\{z_{ij}\}$ 时,局中人 $1,2$ 的赢得 $M_1(z), M_2(z)$,分别由下式给出

$$M_1(z)=\sum_i\sum_j M_1(\alpha_i,\beta_j)z_{ij}=\sum_i\sum_j a_{ij}z_{ij}$$

$$M_2(z)=\sum_i\sum_j M_2(\alpha_i,\beta_j)z_{ij}=\sum_i\sum_j b_{ij}z_{ij} \quad (14)$$

使这些值 $M_1(z), M_2(z)$ 对应于具有 u_1 坐标, u_2 坐标的 U 平面上的点(对应结合混合策略 z 的效用点),这些点的集合称为合作 2 人博弈的效用集合,用 R 表示。局中人 $1,2$ 各自独立地取混合策略 $x=(x_1,\cdots, x_m), y=(y_1,\cdots,y_n)$ 和用 $z_{ij}=x_iy_j$ 的特别的结合混合策略 $z=\{z_{ij}\}$ 是等价的,因而 $R\supset V$。而效用集合 R 是 U 平面上的 $m\times n$ 个点 $(M_1(\alpha_i,\beta_j), M_2(\alpha_i,\beta_j)), i=1,\cdots,m; j=1,\cdots,n$ 组成的集合,从而很明显地是 V 的凸集,因而合作 2 人博弈的效用集合 R 构成如图 3 的(闭)凸多边形。我们的问题是研究效用集合 R 中的

哪一个点是合作 2 人博弈的解点。

　　对于 R 中的不同两点 (u'_1, u'_2)，(u''_1, u''_2)，若 $u'_1 \geqslant u''_1$，且 $u'_2 \geqslant u''_2$，则称效用点 (u'_1, u'_2) 优越于（dominate）效用点 (u''_1, u''_2)。若 R 的其他点 (u_1, u_2) 都优越于 R 的点 (u'_1, u'_2)，则效用点 (u'_1, u'_2) 成为两个局中人都不值得考虑的点（因为这时可实现比 (u'_1, u'_2) 对两人更有利的效用点 (u_1, u_2)），从而在合作 2 人博弈时，两局中人所关心的是 R 中不被其他点优越的点。这种效用点全体的集合称为效用集合 R 的（或者合作 2 人博弈的）结合最大效用集合（joint maximal set）。图 3 中折线 $abcd$ 构成结合最大效用集合。

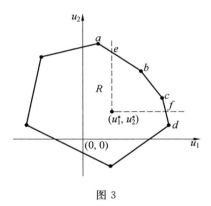

图 3

　　就在这个结合最大效用集合的点中，局中人 1 最希望的是 u_1 坐标最大的点 d，局中人 2 最希望的是 u_2 坐标最大的点 a。然而在这个结合最大效用集合上，两个局中人的利害是完全相反的，也就是在这个结合最大效用集合上的点，要增加 u_1 坐标，就要减小 u_2 坐标，要增加 u_2 坐标，就要减小 u_1 坐标。这样，在结合最

大效用集合中,到底哪些点能为两人都同意呢?

　　现在考虑各局中人在没有合作下单独进行的情况。局中人 1[2] 取 maximin 策略所得的安全水准(因而是局中人 1[2] 的最大安全水准)设为 $u_1^*[u_2^*]$,这样,局中人 1[2] 用 maximin 策略,至少可以确保效用 $u_1^*[u_2^*]$。 因而, 局中人 1[2] 在 效 用 点 $u_1 < u_1^*[u_2 < u_2^*]$ 终局,这是不需要合作的。所以通过效用点 (u_1^*, u_2^*) 的水平线和垂直线之间的结合最大效用集合的部分称为协调效用集合(negotiation set),这部分是两局中人关心的对象。 图 3 中折线 $ebcf$ 构成协调效用集合。

　　现在的问题是,协调效用集合中的哪些点,可以看作是合作博弈的解点。

　　将例 1 的博弈考虑为合作博弈时,$u_1^* = 1/5, u_2^* = 1/5$,所以线段 ab 是这个博弈的协调效用集合。直观上我们可以将线段 ab 的中点 $(3/2, 3/2)$ 认为是这个合作博弈的解点(参看图2)。

　　一般的所谓合作 2 人博弈,便是给定了效用集合 R 和有两局中人的最大安全水准的效用点 (u_1^*, u_2^*),所以可将合作 2 人博弈表示为 $[R, (u_1^*, u_2^*)]$。将局中人 1,2 的效用 u_1, u_2 作线性变换,变换为效用 u_1', u_2' 时,取水平轴为 u_1' 轴,垂直轴为 u_2' 轴的坐标平面叫作 U' 平面。U 平面的效用集合 R 和点 (u_1^*, u_2^*) 在 U' 平面上分别为集合 R' 和点 (v_1^*, v_2^*) 时,在 U' 平面上的合作博弈 $[R', (v_1^*, v_2^*)]$ 叫作将各局中人的效用实行正一次变换后的表现。此外,假定效用集合中存在使 $u_1 > u_1^*$,且 $u_2 > u_2^*$ 的点 (u_1, u_2),我们希望在协调效用集合中确定出合作 2 人博弈解点的位置。为此,

143

必须通过要求满足的条件,定义合作 2 人博弈的解。现在对合作 2 人博弈 $[R,(u_1^*,u_2^*)]$,使它和 R 的点对应的规则用 F 表示,并记对应的点为 $F[R,(u_1^*,u_2^*)]$。

定义 3 满足下面条件(i) $\sim$ (iv) 的 R 的点 $(u_1^0,u_2^0)=F[R,(u_1^*,u_2^*)]$,称为在 Nash 意义下合作2人博弈 $[R,(u_1^*,u_2^*)]$ 的解点。

条件(i):设在合作 2 人博弈 $[R,(u_1^*,u_2^*)]$ 中,将各局中人的效用作正一次变换后的博弈表现为 $[R',(v_1^*,v_2^*)]$,则 $F[R,(u_1^*,u_2^*)]$ 和 $F[R',(v_1^*,v_2^*)]$ 也由同样的正一次变换联系着。

条件(ii): $F[R,(u_1^*,u_2^*)]=(u_1^0,u_2^0)$,则:

(1) $u_1^0 \geqslant u_1^*,u_2^0 \geqslant u_2^*$,

(2) R 中不存在优越于 (u_1^0,u_2^0) 的点。

条件(iii):两个合作 2 人博弈 $[R,(u_1^*,u_2^*)]$ 和 $[R',(u_1^*,u_2^*)]$,若:

(1) $R \subset R'$,

(2) $F[R',(u_1^*,u_2^*)] \in R$,则

$$F[R,(u_1^*,u_2^*)]=F[R',(u_1^*,u_2^*)]$$

条件(iv):如果合作 2 人博弈 $[R,(u_1^*,u_2^*)]$ 满足下面条件:

(1) $u_1^*=u_2^*$,

(2) 若 $(u,v) \in R$,则 $(v,u) \in R$,

(3) $F[R,(u_1^*,u_2^*)]=(u_1^0,u_2^0)$,则

$$u_1^0=u_2^0$$

条件(iii) 的意义如下。在两个合作博弈中,若各局中人的最大安全水准是相同的,且一个博弈的效用集合包含另一个博弈的效用集合,这时若具有较大效

144

用集合的博弈解点,在有较小效用集合的博弈中也是可能达到的效用点时,则有较小效用集合的博弈解点和这点是一致的。

条件(iv)的意义如下。若合作 2 人博弈中,由效用的适当正一次变换,使各局中人的位置成为对称,则在效用的测度上,解所给出的两个局中人的期望效用是相等的。

当我们在定义 3 的意义下,讨论合作 2 人博弈$[R,(u_1^*,u_2^*)]$的解点存在和构成时,可以变换各局中人的效用,使 u_1^*,u_2^* 成为 0,因而不失一般性,可以合作 2 人博弈$[R,(0,0)]$为讨论对象。

定理 2　合作 2 人博弈$[R,(0,0)]$的解点是 U 平面第一象限上效用集合 R 中,使积 u_1u_2 为最大的点 (u_1^0,u_2^0)(我们假定存在使 $u_1>0$,$u_2>0$ 的 R 的点(u_1,u_2),于是 R 是有界闭凸集合,所以满足本定理条件的点(u_1^0,u_2^0)只存在一个)。

证　变换各局中人的效用,使得满足定理条件的唯一点(u_1^0,u_2^0)变换为点$(1,1)$。根据这个变换,集合 R 变换为坐标平面 U' 上的集合 R'。因为在这个效用的变换里各局中人的效用都乘上了正数,所以 R' 仍然是有界闭凸集合。于是 U' 平面上的点$(1,1)$是 U' 平面的第一象限上 R' 的点(u_1,u_2)中,使积 u_1u_2 为最大的点。我们要证明这个点就是合作 2 人博弈$[R',(0,0)]$的解点,为此先证明对于 R' 的任意点(u_1,u_2),必有

$$u_1+u_2\leqslant 2 \qquad (15)$$

现在设存在 R' 的点 $b=(u_1,u_2)$,使 $u_1+u_2>2$,于是点 b 在直线 $u_1+u_2=2$ 的右上方,因而在连接点

$a =(1,1)$ 和点 b 的线段 ab 上，存在包含于双曲线 $u_1 u_2 =1$ 的第一象限分支 $\alpha\beta$ 内部的点 $c =(u'_1, u'_2)$。就这一点 $c(u'_1, u'_2)$ 来看，$u'_1 u'_2 > 1$。另一方面，a，$b \in R'$，R' 是凸集合，所以 $c \in R'$，这和点 $a =(1,1)$ 的上述性质矛盾，所以(15)成立。换言之，直线 $u_1 + u_2 = 2$(是双曲线 $\alpha\beta$ 在点 $a(1,1)$ 处的切线)即为有界闭凸集合 R' 的支持线(supporting line)。因而，存在有半平面 $u_1 + u_2 \leqslant 2$ 上的正方形 Q，其一边落在直线 $u_1 + u_2 = 2$ 上，关于直线 $u_1 = u_2$ 对称，且其内部完全包含 R'。于是考虑以正方形 Q 为效用集合的合作 2 人博弈 $[Q, (0,0)]$。 根据条件 (iv) 和条件 (ii)，博弈 $[Q, (0,0)]$ 的解点由点 $a =(1,1)$ 给出。而且 $a \in R'$，所以由条件(iii)，点 $a =(1,1)$ 又是博弈 $[R', (0,0)]$ 的解点。从而根据条件(i)知道，原来合作博弈 $[R, (0,0)]$ 的解点是满足定理条件的唯一点(参看图 4)。

证毕

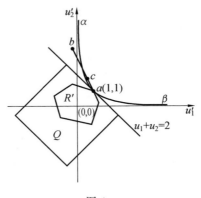

图 4

将这个定理 2 用于作为合作博弈的例 1 上，Nash

146

意义的解不外是我们以前由直观得出的解（3/2，3/2）。

交涉 2 人博弈

现在我们考虑对两个行动主体，相互间进行着讨价还价的对抗如何构造为博弈模型的问题。在所要构成的博弈中，两个局中人 1,2 可选取的纯策略集合分别为 $A = \{\alpha_1, \cdots, \alpha_m\}$，$B = \{\beta_1, \cdots, \beta_n\}$，并把局中人 1,2 取纯策略 α_i, β_j 时的期望效用，和以前一样记作 $M_1(\alpha_i, \beta_j)$，$M_2(\alpha_i, \beta_j)$。在博弈 Γ 中，允许在一局开始前，经过磋商，然后结合着使用任意的结合混合策略 $z = \{z_{ij}\}(z_{ij} \geqslant 0, \sum \sum z_{ij} = 1)$ 对应于所有结合混合策略 $z \in S_{m \times n}$ 的 U 平面上效用点的全体（效用集合），和以前同样，用 R 表示。这里所考虑的博弈 Γ，与上节合作 2 人博弈不同之处是各局中人可以相互威胁（threaten）对方。这里所谓局中人 1[2] 威胁局中人 2[1]，是指局中人 1[2] 作如下的声明：即当自己提出的某要求，若（或因为局中人 2[1] 不合作，也或者因为博弈的条件）得不到满足时，自己将使用某一混合策略 $x = (x_1, \cdots, x_n) \in S^{(1)}[y = (y_1, \cdots, y_n)] \in S^{(2)}$。这个作为威胁的策略 $x[y]$，一般对于局中人 1[2] 不一定是所希望的，因而像"威胁"的涵义那样，假定在局中人 j 不答应局中人 i 的要求时，局中人 i 才被迫使用自己作为"威胁"的策略。

如果作了威胁以后并不付之实行，那就失去了威胁的意义。

147

另外,将局中人 i 的要求(demand)定义为他至少必须获得的效用 d_i。

例如局中人 1 要求局中人 2 和自己合作采取结合混合策略 $z = \{z_{ij}\}$,局中人 1 的要求 d_1 表示为 $d_1 = \sum \sum M_1(\alpha_i, \beta_j) z_{ij}$。

设博弈 Γ 经过下面四个阶段终止。

第 1 阶段:局中人 1[2] 选定特定的策略 $x[y]$。这是局中人 1[2] 对局中人 2[1] 表示"威胁"的策略,当局中人 1[2] 在自己的要求达不到时,才使用这个策略 $x[y]$。

第 2 阶段:各局中人将自己取的"威胁"策略告诉对方。

第 3 阶段:局中人 1,2 各自独立决定的要求分别为 d_1, d_2。

第 4 阶段:(1) 若效用集合 R 中,存在 $u_1 \geqslant d_1$ 且 $u_2 \geqslant d_2$ 的点 (u_1, u_2),使博弈的局终止,这时局中人 1,2 的赢得分别是 d_1, d_2。

(2) 若效用集合 R 中,不存在(1) 中的效用点 (u_1, u_2),各局中人使用自己选定的"威胁"策略 x, y,使局告终止,这时局中人 1,2 的赢得分别是 $M_1(x, y)$,$M_2(x, y)$。

这样规定的博弈称为交涉 2 人博弈(negotiation game)。本节的目的是要说明在交涉 2 人博弈中,各局中人的最优"威胁"策略是什么,最优要求是什么。

在这个交涉博弈 Γ 的四个阶段中,只有第 1,3 阶段必需由局中人决定,而第 2,4 阶段是不需要由局中人决定的。因而这个博弈可认为是由下面两个步法组成的,即第一步法局中人 1,2 分别选定"威胁"的策略

x,y,第二步法是局中人 1,2 在完全知道第一步法时对方取的策略基础上,各自独立选定要求 d_1,d_2,然后局告终止。

现在设 $u_{1N}=M_1(x,y),u_{2N}=M_2(x,y)$,将 d_1,d_2 的函数 g 定义如下

$$g(d_1,d_2)=\begin{cases}1,\text{两人的要求 }d_1,d_2\text{ 同时达到}\\0,\text{其他情况}\end{cases} \quad (16)$$

这样,经过以上的步法,一局终止时,局中人 i 的赢得 $p_i(x,y;d_1,d_2)$ 由下式给出

$$p_i(x,y;d_1,d_2)=d_ig+u_{iN}(1-g),i=1,2 \quad (17)$$

现在在交涉博弈 Γ 中,将第一步法各局中人所取的"威胁"策略 x,y 固定。因而,u_{1N},u_{2N} 的值固定。于是在这个条件下,博弈 Γ 的进行和局中人 1,2 各自独立选定要求 d_1,d_2 的一个非合作博弈是相同的,这样考虑的非合作博弈称为要求博弈(demand game),记为 $DG(N)$。这个 N 是 U 平面上具有坐标 $u_1=u_{1N}$,$u_2=u_{2N}$ 的点,称为"威胁"的点(threat point)。在要求博弈 $DG(N)$ 中,局中人 1,2 取要求 d_1,d_2 时,局中人 i 的赢得 $q_i(d_1,d_2\mid N)$ 由下式给出

$$q_i(d_1,d_2\mid N)=d_ig+u_{iN}(1-g),i=1,2 \quad (18)$$

于是,为了求交涉博弈 Γ 的解,可按下述进行:首先将一个"威胁"点 N 固定,在由此导出的要求博弈 $DG(N)$ 中,决定各局中人的最优要求 $d_1^0(N)$,$d_2^0(N)$。其次,根据"威胁"点 N 的变动,$d_1^0(N)$,$d_2^0(N)$ 随着变动的情况,推导出原来交涉博弈 Γ 的解。

现在,从决定要求博弈 $DG(N)$ 中各局中人的最优要求开始。和合作博弈的情况一样,将效用集合 R

的结合最大效用集合的子集合,通过点 N 的水平线和
垂直线之间的部分,称为对应点 N 的协调效用集合,
表示为 $L(N)$。再在 $L(N)$ 内任意点(d_1,d_2)中,固定
$d_2[d_1]$而变动 $d_1[d_2]$. 很明显,此时博弈 $DG(N)$ 的局
中人 1[2] 的赢得减少。这是因为这个赢得函数是由
(18) 给出的,因而协调效用集合 $L(N)$ 的点都是要求
博弈 $DG(N)$ 的平衡点。我们从这些存在着的无限多
的平衡点中,用某种合理的方法,确定一个点,认为是
要求博弈 $DG(N)$ 的最优要求点。 为此,试将博弈
$DG(N)$ 平滑化,它的意义是博弈 $DG(N)$ 变为由(18)
给出的赢得函数 $q_i(d_1,d_2 \mid N)(i=1,2)$用某个近似的
连续函数置换后的博弈。为此,将函数 $g(d_1,d_2)$ 置换
为下述那样的连续函数 $h(d_1,d_2)$,即函数 $h(d_1,d_2)$ 是
定义在 U 的全平面上,在 R 上取 1,随着点 (d_1,d_2) 离
开 R,它的值愈接近 0(但不能为 0)的连续函数。然
后,考虑局中人 1,2 各自独立采取要求 d_1,d_2 时,各局
中人 i 的赢得由

$$q_i(d_1,d_2 \mid N,h)=d_ih(d_1,d_2)+u_{iN}(1-h(d_1,d_2))$$
$$i=1,2 \qquad (19)$$

给出的博弈。这个博弈用 $DG(N,h)$ 表示,称为要求
博弈 $DG(N)$ 经平滑化后的要求博弈。现在从确定这
个博弈 $DG(N,h)$ 的最优要求开始。为此,变换各局
中人的效用,使 u_{1N},u_{2N} 成为 0,0。变换后的效用平面
为U',R 变为 R'。这样,要求博弈 $DG(N,h)$ 成为在 U'
平面上局中人 1,2 采取要求 d_1,d_2 时,各局中人 i 的赢
得由

$$q_i(d_1,d_2 \mid 0,h')=d_ih'(d_1,d_2),i=1,2 \qquad (20)$$

给出的要求博弈 $DG(0,h')$。当然这时的函数 h' 是定

义在 U' 平面上的,在 R' 上取 1,随着点 (d_1,d_2) 离开 R',它是愈接近 0(但不能为 0)的连续函数。

设在 U' 平面的第一象限中,使积 $d_1 d_2 h'(d_1,d_2)$ 最大的点为 $P_h = (d_1(h'),d_2(h'))$。这样,当局中人 2[1] 将要求 $d_2[d_1]$ 保持为 $d_2 = d_2(h')[d_1 = d_1(h')]$ 时,局中人 1[2] 的赢得 $q_1(d_1,d_2(h') \mid 0,h')[q_2(d_1(h'), d_2 \mid 0,h')]$ 在 $d_1 = d(h')[d_2 = d_2(h')]$ 时为最大,即为 P_n 是要求博弈 $DG(0,h')$ 的平衡点,因而点 P_h 也是要求博弈 $DG(N,h)$ 的平衡点。其次,设在 U' 平面的第一象限内,R' 中使积 $u_1 u_2$ 为最大的点(这样的点确实只存在一点)为 $Q_N = (u'_1,u'_2)$,其最大值为 ρ'。于是,点 Q_N 是 U' 平面上的双曲线 $u_1 u_2 = \rho'$ 在第一象限内的分支 $\alpha\beta$ 和有界闭凸集合 R' 的切点。另一方面,由点 P_h 的定义

$$d_1(h') d_2(h') h'(d_1(h'),d_2(h')) \geqslant$$
$$u'_1 u'_2 h'(u'_1,u'_2) = u'_1 u'_2 = \rho'$$

而且

$$0 \leqslant h'(d_1(h'),d_2(h')) \leqslant 1$$

所以

$$d_1(h') d_2(h') \geqslant \rho'$$

因此,点 P_h 在双曲线 $\alpha\beta$ 的内部。而且随着函数 h 愈接近于函数 g,点 P_h 无限接近于点 Q_N。换言之,不论连续函数 h 如何取法,点 Q_N 是平滑化的博弈 $DG(N,h)$ 的平衡点 P_h 的极限点。根据这种情况,Nash 将点 Q_N 定义为要求博弈 $DG(N)$ 的解点,将要求 $d_1 = d_1^0(N)$,$d_2 = d_2^0(N)$ 定义为要求博弈 $DG(N)$ 的最优要求。在此,$d_1^0(N),d_2^0(N)$ 是点 Q_N 在 U 平面上的坐标(参看图 5)。

151

在以上的讨论中，假定了 U' 平面上存在使 $u_1 > 0, u_2 > 0$ 的 R' 的点 (u_1, u_2)，但是即使不作这样的假定，也可同样地讨论。

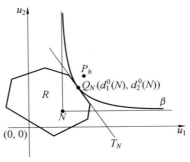

图 5

其次，说明要求博弈 $DG(N)$ 的解点 Q_N 的几何性质。U' 平面的双曲线 $\alpha\beta$ 是等轴双曲线，所以通过点 Q_N 的双曲线的切线 $Q_N T_N$ 的斜率等于直线 NQ_N 的斜率（正值）变号后的值。而且切线 $Q_N T_N$ 是效用集合 R' 的支持线。由此，我们得出下面的结论：

点 Q_N 为 U' 平面第一象限内 R' 的点，若通过此点的 R' 的支持线的斜率与直线 NQ_N 的斜率具有相反的符号，则点 Q_N 就是要求博弈 $DG(N)$ 的解点。

现在根据任意要求博弈 $DG(N)$ 的解点 Q_N 的定义和它的唯一存在性，将原来求交涉博弈 Γ 的解的问题归结为求下面规定的博弈 Γ^* 的解的问题。博弈 Γ^* 只由一个步法构成，设在这个步法上局中人 $1, 2$ 选取策略 x, y，而这时局中人 i 的赢得为 $q_i^*(x, y)(i = 1, 2)$，可按下面规则确定：局中人 $1, 2$ 取策略 x, y 时，与此相对应地，在 R 中定出"威胁"的点 $N = (u_{1N}, u_{2N})$（在此 $u_{1N} = M_1(x, y), u_{2N} = M_2(x, y)$），由此导出

152

要求博弈 $DG(N)$。设此要求博弈 $DG(N)$ 的解点为 $Q_N = (u_1^0(N), u_2^0(N))$，这样

$$q_i^*(x, y) = u_i^0(N), i = 1, 2 \qquad (21)$$

此博弈 Γ^* 称为"威胁"博弈。

在求"威胁"博弈 Γ^* 的解之前，要注意下面事项。通过 R 的结合最大效用集合的任意点 Q 的 R 支持线，唯一定出一条直线，它也通过点 Q，其斜率和支持线斜率（负值）符号相反。这条直线在 R 中的部分（线段）称为通过 Q 的 R 径线。这样，以通过 Q 的径线上任意点 N 为"威胁"点的要求博弈 $DG(N)$，都以点 Q 为解点。因而在 R 径线上的"威胁"点 N 愈位于上方［下方］时，则要求博弈 $DG(N)$ 愈对局中人 2［1］有利，而对局中人 1［2］不利（这是因为结合最大效用集合折线有负的斜率）。

现在将"威胁"博弈 Γ^* 中局中人 1 的"威胁"策略 $x \in S^{(1)}$ 固定，这时，再作一个使局中人 2 的策略集合 $S^{(2)}$ 中的点 y，对应于 R 的点 N 的映照 T_x，定义如下

$$T_x : S^{(2)} \ni y \to N = (M_1(x, y), M_2(x, y)) \in R$$

由于函数 $M_1(x, y), M_2(x, y)$ 都是 $y = (y_1, \cdots, y_n)$ 的线性函数，所以映照 T_x 是由 $S^{(2)}$ 到 R 的线性变换。根据这个变换 x，设在 $S^{(2)}$ 的 R 中的象上，对于局中人 2 最希望的属于 R 径线的部分为 $R(x)$，这样，以 $R(x)$ 的任意点 N 为"威胁"点的要求博弈 $DG(N)$ 是（只限于局中人 1 固定"威胁"策略 x）给出局中人 2 最有利解点的要求博弈。因而设 $S^{(2)}(x) = T_x^{-1}[R(x)]$，则 $S^{(2)}(x)$ 的任意元素 y 是在"威胁"博弈 Γ^* 上，对应于局中人 1 的"威胁"策略 x，是局中人 2 的最优"威胁"策略。由于映照 T_x 是线性变换，所以 $S^{(2)}(x)$ 是 $S^{(2)}$

的闭凸子集。完全同样地,在"威胁"博弈 $\varGamma^*$ 中,当局中人 2 固定"威胁"策略 y 时,可定出与此相对应的,局中人 1 的最优"威胁"策略 x 的集合 $S^{(1)}(y)$,它是 $S^{(1)}$ 的闭凸子集。

因此,设由 $S^{(1)} \times S^{(2)}$ 的点 (x, y) 到 $S^{(1)} \times S^{(2)}$ 的有界闭凸子集 $S^{(1)}(y) \times S^{(2)}(x)$ 的点对集合映照为 φ,可见映照 φ 是上半连续的。因此,根据辅助定理 2,至少存在 $S^{(1)} \times S^{(2)}$ 的点 (x^0, y^0),使

$$(x^0, y^0) \in S^{(1)}(y^0) \times S^{(2)}(x^0) \qquad (22)$$

这一结果的意义是:在"威胁"博弈 $\varGamma^*$ 中,存在局中人 1,2 的"威胁"策略组 (x^0, y^0),当局中人 1 用"威胁"策略 x^0 时,局中人 2 的最优"威胁"策略是 y^0,而局中人 2 用"威胁"策略 y^0 时,局中人 1 的最优"威胁"策略是 x^0。也就是说,博弈 $\varGamma^*$ 有局中人 1,2 的策略组 (x^0, y^0),具有下面的性质

$$q_1^*(x^0, y^0) = \max_x q_1^*(x, y^0) \qquad (23)$$

$$q_2^*(x^0, y^0) = \max_y q_2^*(x^0, y) \qquad (24)$$

因而策略组 (x^0, y^0) 是博弈 $\varGamma^*$ 的平衡点。

此外,要说明一下在博弈 $\varGamma^*$ 中,策略组 (x^0, y^0) 具有 2 人零和博弈的解所具有的鞍点性质。为此,考虑博弈 $\varGamma^*$ 中局中人 1,2 取 x^0, y^0 时的赢得 $q_1^*(x^0, y^0), q_2^*(x^0, y^0)$。它们是由"威胁"点 $N^0 = (M_1(x^0, y^0), M_2(x^0, y^0))$ 导出的要求博弈 $DG(N^0)$ 的解点 Q_{N^0} 的坐标,而且点 Q_{N^0} 属于效用集合 R 的结合最大效用集合。于是结合最大效用集合的折线有负的斜率,因而其上的点的坐标 u_1, u_2 互为减函数。所以在博弈 $\varGamma^*$ 中,当局中人 1 取策略 x^0 时,局中人 2 变更策略 y^0 是为了使得局中人 1 的赢得减少,自己的赢得增

154

加。但是因为 (x^0, y^0) 是平衡点,(24) 成立,而局中人 1 已采用了策略 x^0,所以这是不可能的。因此,得到下面的结果

$$u_1^0(N^0) \equiv q_1^*(x^0, y^0) = \min_y q_1^*(x^0, y) \quad (25)$$

同样

$$u_2^0(N^0) \equiv q_2^*(x^0, y^0) = \min_x q_2^*(x, y^0) \quad (26)$$

所以根据 (23) ～ (26),策略组 (x^0, y^0) 有下面的性质

$$\max_x q_1^*(x, y^0) = q_1^*(x^0, y^0) = u_1^0(N^0) = \min_y q_1^*(x^0, y)$$

$$\max_y q_2^*(x^0, y) = q_2^*(x^0, y^0) = u_2^0(N^0) = \min_x q_2^*(x, y^0)$$

$$(27)$$

现在设满足条件 (22) 的点,除 (x^0, y^0) 外还有 $S^{(1)} \times S^{(2)}$ 的点 (x^*, y^*)。这时设

$$q_i^*(x^*, y^*) = u_i^0(N^*), i = 1, 2$$

则和 (27) 同样,下面等式成立

$$\max_x q_1^*(x, y^*) = q_1^*(x^*, y^*) = u_1^0(N^*) = \min_y q_1^*(x^*, y)$$

$$\max_y q_2^*(x^*, y) = q_2^*(x^*, y^*) = u_2^0(N^*) = \min_x q_2^*(x, y^*)$$

$$(28)$$

这时,由 (27)(28),得到

$$u_1^0(N^0) = \min_y q_1^*(x^0, y) \leqslant$$
$$q_1^*(x^0, y^*) \leqslant$$
$$\max_x q_1^*(x, y^*) = u_1^0(N^*)$$

即

$$u_1^0(N^0) \leqslant u_1^0(N^*) \quad (29)$$

同样可得

$$u_1^0(N^*) \leqslant u_1^0(N^0) \quad (30)$$

因而,由 (29)(30) 得

$$u_1^0(N^0) = u_1^0(N^*) \qquad (31)$$

此外，和上面同样有

$$u_2^0(N^0) = u_2^0(N^*) \qquad (32)$$

这就是说，博弈 Γ^* 即使有多于两个以上的平衡点，而在这些点上各局中人的赢得是相同的。

根据以上的考察，可知在交涉博弈 Γ 中，存在具有下面性质的局中人 1,2 的"威胁"策略 x^0, y^0 和要求 $d_1 = u_1^0, d_2 = u_2^0$：

（1）局中人 1 使用"威胁"策略 x^0，至少可以确保要求 u_1^0。

（2）局中人 2 使用"威胁"策略 y^0，至少可以确保要求 u_2^0。

（3）局中人 1,2 的"威胁"组 (x^0, y^0) 是对于另外"威胁"的最优"威胁"，也就是 (x^0, y^0) 是博弈 Γ^* 的平衡点。

（4）若 (x^*, y^*) 是博弈 Γ^* 的另一个平衡点，则 x^* 对于局中人 1，和 x^0 一样，可至少确保要求 u_1^0, y^* 对于局中人 2，和 y^0 一样，可至少确保要求 u_1^0, y^* 对于局中人 2，和 y^0 一样，可至少确保要求 u_2^0。

根据这种情况，Nash 将 (u_1^0, u_2^0) 定义为交涉博弈 Γ 的值，将 x^0, y^0 分别定义为博弈 Γ 中局中人 1,2 的最优"威胁"。至于它们的存在性，由以上的说明已经得到证明了。

156

广义对称对策的核仁

第五章

引　言

Schmeidler 于 1969 年提出了核仁的概念,并把它作为合作对策的一种解,同时证明了核仁对每个对策存在唯一,且连续地依赖于对策的特征函数。1977 年,Justman 运用点到集映射讨论了一般 n 人合作对策的核仁求解问题。1981 年,Dragan 从平衡集入手,在理论上给出了通过解一系列线性规划而求出 n 人合作对策的核仁的一种算法。但是,实际上有效而可行的求解一般合作对策的核仁的算法还没有。然而,也有许多人对某类特殊的对策进行研究,给出核仁的表达式或求核仁的一种容易进行计算的方法。到目前为止,这方面

157

的文献已有不少。

　　n 人合作对策的核仁是用 $R^p(p=2^n-2$ 或 $2^n)$ 空间中的字典序来定义的。重庆建筑工程学院的张建高教授 1990 年从研究字典序入手，把字典序与一类矩阵联系起来，从而给出了一类特殊的合作对策（广义对称对策）的核仁的表达式。

基 本 概 念

　　设 $N=\{1,\cdots,n\}$ 为 n 个局中人所成之集，$S\subset N$ 称为一个联盟（coalition）。记 $2^N=\{S\mid S\subset N\}$，v 是定义在 2^N 上的实值函数，$v:2^N\rightarrow R^r$，$v(\phi)=0$。

　　定义 1　$\Gamma\equiv(N;v)$ 称为 n 人合作对策，v 称为对策的特征函数。

　　记号：

　　$p(N)=\{S\subset N\mid,S\neq\phi,\mathbf{N}\}$；

　　$v(i)=v(\{i\})$，$\forall i\in\mathbf{N}$；

　　$I_n=(1,\cdots,1)^T\in R^n$；

　　$X(\Gamma)=\{x\in R^n\mid x_i\geqslant v(i),i=1,\cdots,n;I_n^Tx=v(N)\}$；

　　$x\in X(\Gamma)$ 是列向量，称 x 为一个分配（imputation）；

　　$x(S)=\sum\limits_{i\in S}x_i$，　$\forall S\in 2^N$，　$x(\phi)=0$；

　　$e(S,x)=v(S)-x(S)$ 称为超出值；

　　$E(x)=\max\limits_{S\in P(N)}e(S,x)$ 称为 Γ 关于 x 的最大超出值；

$|Z|$ 表示有限集 Z 所包含的元素之个数；

$p = |P(N)|$；

$X^*(\Gamma) = \{x \in R^n \mid I_n^T x = v(N)\}$。

定义 2 集合 $C(\Gamma) = \{x \in x(\Gamma) \mid E(x) \leqslant 0\}$ 称为 n 人合作对策 Γ 的核心（core）。

设 $\Gamma \equiv (N, v)$，θ 是 $R^n \mapsto R^p$ 的实值映射，满足下面条件：

(i) $x \in R^n$，$\theta(x) = \{e(S, x)\}_{s \in P(N)}$，

(ii) $\theta(x) = (\theta_1(x), \cdots, \theta_p(x))^T$，则 $\forall i \leqslant l$，$\theta_i(x) \geqslant \theta_l(x)$。

我们用"$\leqslant_L$"或"$\geqslant_L$"表示 R^p 中的字典序。

定义 3 n 人合作对策 $\Gamma \equiv (N, v)$ 的核仁（nucleolus）定义为集合

$N_u(\Gamma) = \{x \in X(\Gamma) \mid \theta(x) \leqslant_L \theta(y), \forall y \in X(\Gamma)\}$

而集合

$N_u^*(\Gamma) = \{x \in X^*(\Gamma) \mid \theta(x) \leqslant_L \theta(y), \forall y \in X^*(\Gamma)\}$

称为 n 人合作对策的预核仁（pre-nucleolus）。

关于合作对策的核（kernel）、预核（pre-kernel）以及弱超可加性，策略等价、0—单调等概念参见[1]，[4]，[6]。

我们用 $K(\Gamma)$ 表示核，$K^*(\Gamma)$ 表示预核。

在 Γ 是弱超可加的条件下，核仁 $N_u(\Gamma)$ 非空，只包含唯一的一个分配，且 $N_u(\Gamma) \subset K(\Gamma)$。

引理 1 若 $\Gamma \equiv (N, v)$ 是 0—单调的，则 $K(\Gamma) = K^*(\Gamma)$（见[7]）。

引理 2 在引理 1 的条件下，$N_u(\Gamma) = N_u^*(\Gamma)$。

以上介绍的合作对策的几种解在策略等价下是不变的（见[6]），因此，下面如无特殊声明，总是假设 $\Gamma \equiv$

159

(N,v) 的特征函数 v 满足下列条件：

    (i)$v(i)=0, \forall\, i \in N$；

    (ii)$v(S) \geqslant 0, \forall\, S \in 2^N$；

    (iii)$v(\phi)=0$。

广义对称对策的核仁

设 $P(N)=\{S_1,\cdots,S_p\}$

$$W(S_i)=(w_1(S_i),\cdots,w_n(S_i))^{\mathrm{T}} \in R^n$$

其中

$$w_i(S_i)=\begin{cases}0,\text{当}\ j \notin S_i\\1,\text{当}\ j \in S_i\end{cases}$$

$W=(W(S_1),\cdots,W(S_p))^{\mathrm{T}} \in R^{p \times n}$ 为 $p \times n$ 矩阵，称为 n 人合作对策类的联盟特征矩阵。

若 $\varGamma \equiv (N,v)$，记 $\boldsymbol{V}=(v(S_1),\cdots,v(S_p))^{\mathrm{T}} \in R^p$，称 $\boldsymbol{V}$ 为合作对策 $\varGamma$（相应于 W）的特征向量。

定义 4　设 $B \subset P(N)$，B 中包含 $i(i \in N)$ 的 S 的个数记为 $k_B(i)$，则说 B 是对称的，如果 $\forall\, i \in N$，恒有 $k_B(i)=k(B)$，且 $k(B)$ 与 i 无关。

定义 5　$\mathscr{B}=\{B_1,\cdots,B_m\}$ 称为 $P(N)$ 的一个划分（partition），如果 $B_1,\cdots,B_m \subset P(N)$，且满足条件：

(i) $\forall\, i \neq j, B_i \bigcap B_j=\varnothing$；(ii) $\forall\, i, B_i \neq \varnothing$；(iii) $\bigcup\limits_{i=1}^{m} B_i=P(N)$。一个划分 $\mathscr{B}=\{B_1,\cdots,B_m\}$ 称为是对称的，如果每一个 B_t 是对称的。

设 $\varGamma \equiv (N,v)$，$\mathscr{B}=\{B_1,\cdots,B_m\}$ 是 $P(N)$ 的一个对称划分。

160

作 $v_{\mathcal{B}}$ 如下

$$
\begin{cases}
v_{\mathcal{B}}(N) = v(N) \\
v_{\mathcal{B}}(\phi) = 0 \\
\text{对 } t = 1, \cdots, m \text{ 及 } s \in B_t \\
v_{\mathcal{B}}(S) = v(S) - \dfrac{\displaystyle\sum_{D \in B_t} v(D) - k(B_t)v(N)}{|B_t|}
\end{cases}
$$

定义 $\Gamma_{\mathcal{B}} \equiv (N; v_{\mathcal{B}})$，称 $\Gamma_{\mathcal{B}}$ 是 Γ 的由划分导出的对策，简称为 Γ 的划分导出对策。

定义 6　设 $\Gamma \equiv (N; v)$，若存在 $P(N)$ 的对称划分 $\mathcal{B}$，使 Γ 的划分导出对策 $\Gamma_{\mathcal{B}} \equiv (N; v_{\mathcal{B}})$ 满足条件 (i) $v_{\mathcal{B}} \geqslant 0$；(ii) $C(\Gamma_{\mathcal{B}}) \neq \varnothing$，则称 Γ 是广义对称对策，$\mathcal{B}$ 称为 Γ 的特征划分。

定理 1　若 $\Gamma \equiv (N, v)$ 是广义对称对策，$\mathcal{B}$ 是 Γ 的特征划分，则

$$
x = (W^{\mathrm{T}}W)^{-1} W^{\mathrm{T}} V_{\mathcal{B}} \in N_u(\Gamma)
$$

推论 1　若 $\Gamma \equiv (N, v)$ 是 0— 单调的，且存在对称划分 $\mathcal{B}$，使 $\Gamma_{\mathcal{B}}$ 的核心 $C(\Gamma_{\mathcal{B}})$ 非空，则 Γ 是广义对称的，且

$$
x = (W^{\mathrm{T}}W)^{-1} W^{\mathrm{T}} V_{\mathcal{B}} \in N_u(\Gamma)
$$

为了证明定理 1 和推论 1，我们需要下面已知的概念、定理及引理。

定义 7

$$
\begin{cases}
Ax > a, & A \in R^{m \times n}, & a \in R^m \\
Bx \geqslant b, & B \in R^{l \times n}, & b \in R^l, & x \in R^n \quad (1) \\
Cx = c, & C \in R^{q \times n}, & c \in R^q
\end{cases}
$$

(1) 称为线性不等式组。(1) 称为相容的，如果它有解。

如果存在 $u \geqslant 0, v \geqslant 0, \boldsymbol{\omega}$,但它们不全是零矢量,使

$$u^{\mathrm{T}} A + v^{\mathrm{T}} B + \boldsymbol{\omega}^{\mathrm{T}} C = 0$$

称(1)为线性相关,否则称(1)非线性相关。

Kuhn-Fourier 定理(见[9]):

(1)若(1)是线性相关的,则

(1)为相容的 $\Leftrightarrow \forall \, u \geqslant 0, \forall \, v \geqslant 0$

$\forall \, \boldsymbol{\omega}$ 满足:$u^{\mathrm{T}} A + v^{\mathrm{T}} B + \boldsymbol{\omega}^{\mathrm{T}} C = 0$,则一定使零组合 $0^{\mathrm{T}} x \rho (u^{\mathrm{T}} a + v^{\mathrm{T}} b + \boldsymbol{\omega}^{\mathrm{T}} c)$ 成立,其中

$$\rho \text{ 表示} \begin{cases} >, \text{当 } u \neq 0 \\ \geqslant, \text{当 } u = 0, v \neq 0 \\ =, \text{当 } u = 0, v = 0 \end{cases}$$

(2)(1)非线性相关,则(1)是相容的。

设 $R_{\geqslant}^{m} = \{z \in R^{m} \mid z = (z_1, \cdots, z_m)^{\mathrm{T}}, z_1 \geqslant \cdots \geqslant z_m\}$,$\Pi$ 是 $M = \{1, \cdots, m\}$ 的置换群。 设 $\pi \in \Pi$,若 $z = (z_1, \cdots, z_m)^{\mathrm{T}}$,定义 $z_\pi = (z_{\pi 1}, \cdots, z_{\pi m})$,若 $A = (a^{(1)}, \cdots, a^{(m)}) = (a_1^{\mathrm{T}}, \cdots, a_m^{\mathrm{T}})^{\mathrm{T}}$,定义 $A^\pi = (a^{(\pi 1)}, \cdots, a^{(\pi m)})$,$A_\pi = (a_{\pi 1}^{\mathrm{T}}, \cdots, a_{\pi m}^{\mathrm{T}})^{\mathrm{T}}$。 显然,$(A^\pi)_\sigma = (A_\sigma)^\pi, \pi, \sigma \in \Pi$,记 $A_\sigma^\pi = (A^\pi)_\sigma$。

引理 3 设 $z, u \in R^m, A \in R^{m \times m}$ 为双随机矩阵,且使 $Az = u$。若 $\pi, \sigma \in \Pi$,使 $z_\pi, u_\sigma \in R_{\geqslant}^m$,则 $u_\sigma \leqslant_L z_\pi$。

引理 4 设 $\Gamma \equiv (N, v), x \in X(\Gamma)$。若对每个 $y \in X(\Gamma)$,存在双随机矩阵 $A \in R^{p \times p}$,使得

$$A(V - Wy) = V - Wx$$

则 $x \in N_u(\Gamma)$。

引理 5 设 $A \in R^{m \times m}$ 为双随机矩阵,$z, u \in R^m$,且 $I_m^{\mathrm{T}} z = I_m^{\mathrm{T}} u$,则 $Az = u \Leftrightarrow Az \geqslant u$。

引理 6 设 $\mathscr{B} = \{B_1, \cdots, B_m\}$ 是 $P(N)$ 的对称划

162

分，$p = |P(N)|$，则

$$\sum_{i=1}^{m} k(B_i) = \frac{p}{2}$$

定理 1 的证明

由 $C(\Gamma_{\mathscr{A}}) \neq \varnothing$ 可证 $\boldsymbol{x} = (\boldsymbol{W}^{\mathrm{T}}\boldsymbol{W})^{-1}\boldsymbol{W}^{\mathrm{T}}\boldsymbol{V}_{\mathscr{B}} \in X(\Gamma)$。

根据引理 4 和引理 5，只须证明对每一个 $\boldsymbol{y} \in X(\Gamma)$，存在双随机矩阵 $\boldsymbol{A}$，使

$$\boldsymbol{A}(\boldsymbol{V} - \boldsymbol{W}\boldsymbol{y}) \geqslant \boldsymbol{V} - \boldsymbol{W}\boldsymbol{x}$$

即下列线性不等式组（2）有解

$$\begin{cases} \boldsymbol{A}(\boldsymbol{V} - \boldsymbol{W}\boldsymbol{y}) \geqslant \boldsymbol{V} - \boldsymbol{W}\boldsymbol{x} \\ \boldsymbol{A}^{\mathrm{T}}\boldsymbol{I}_p \geqslant \boldsymbol{I}_p \\ \boldsymbol{A}\boldsymbol{I}_p = \boldsymbol{I}_p, \quad \boldsymbol{A} \geqslant 0, \quad \boldsymbol{A} \in R^{p \times p} \text{ 为变量} \end{cases} \tag{2}$$

记 $\boldsymbol{V}(\boldsymbol{y}) = \boldsymbol{V} - \boldsymbol{W}\boldsymbol{y}$，$\boldsymbol{V}(\boldsymbol{x}) = \boldsymbol{V} - \boldsymbol{W}\boldsymbol{x}$。

显然（2）线性相关，将它写成定义 7 中的形式，由 Kuhn-Fourier 定理的（1）知，（2）有解的充要条件是

$\forall \boldsymbol{u} \geqslant 0, \forall \boldsymbol{\alpha} \geqslant 0, \forall \boldsymbol{\lambda} \geqslant 0, \forall \boldsymbol{\omega}$，且使

$$\begin{bmatrix} \boldsymbol{V}(\boldsymbol{y}) & & \\ & \ddots & \\ & & \boldsymbol{V}(\boldsymbol{y}) \end{bmatrix} \boldsymbol{u} + \begin{bmatrix} \boldsymbol{E}_p \\ \vdots \\ \boldsymbol{E}_p \end{bmatrix} \boldsymbol{\alpha} + \boldsymbol{\lambda} +$$

$$\begin{bmatrix} \boldsymbol{I}_p & & \\ & \ddots & \\ & & \boldsymbol{I}_p \end{bmatrix} \boldsymbol{\omega} = 0 \tag{3}$$

则一定使零组合

$$\boldsymbol{0}_\rho \boldsymbol{V}(\boldsymbol{x})^{\mathrm{T}}\boldsymbol{u} + \boldsymbol{I}_p^{\mathrm{T}}\boldsymbol{\alpha} + \boldsymbol{I}_p^{\mathrm{T}}\boldsymbol{\omega} \tag{4}$$

成立，其中

$$\rho \text{ 表示} \begin{cases} \geqslant, \text{当}(\boldsymbol{u}, \boldsymbol{\alpha}, \boldsymbol{\lambda}) \neq \boldsymbol{0} \\ =, \text{当}(\boldsymbol{u}, \boldsymbol{\alpha}, \boldsymbol{\lambda}) = \boldsymbol{0} \end{cases}$$

$u, \alpha, \omega \in R^p, \lambda \in R^{p \times p}, E_p$ 是 p 阶单位矩阵。

我们能证明 $Wx = V_{\mathscr{B}}$，再利用定义 5 与 $v_{\mathscr{B}}$ 的定义，就可以证明，若 $(u, \alpha, \lambda) \geqslant 0$ 及 ω 使 (3) 成立，则一定使 (4) 成立。证毕。

定理 2 设 $\Gamma \equiv (N; v)$ 是对称对策，即 $v(S) = c_r$，$\forall \mid S \mid = r, r = 0, 1, \cdots, n$；其中 $c_0 = c_1 = 0, c_r \geqslant 0, r = 2, \cdots, n$，则 Γ 是广义对称对策，且

$$N_u(\Gamma) = \left\{ \frac{v(N)}{n} I_n \right\}$$

本文是在王建华教授指导下完成的，对他的关心和指导谨致谢意！

参 考 资 料

[1] Davis, M., and M. Maschler, The Kernel of a Cooperative Game, *Naval Res. Logist. Quart.*, 12(1965):223-260.

[2] Maschler, M., and B. Peleg, A Characterization, Existence Proof and Dimension Bounds for the Kernel of a Game, *Pacific J. Math.*, 18(1966): 289-328.

[3] Schmeidler, David. The Nucleolus of a Characteristic Function Game, *SIAM J. Appl. Math.*, 17(1969), 1163-1170.

[4] Maschler, M., B. Peleg, and L. S. Shapley, Geometric Properties of the Kernel, Nucleolus, and Related Solution Concepts, *Math. Op. Res.*, 4(1979):303-338.

［5］Dragan，I．，A Procedure for Finding the Nucleolus of a Coopertive n-Person Game，*ZOR*，25:5(1981):119-132.

［6］Rosenmüller，J．，The Theory of Games and Markets，1981.

［7］Maschler，M．，B. Peleg，and L. S. Shapley，The Kernel and Bargaining Set for Convex Games，Internat. J. Game Theory，1(1972):73-93.

［8］越民义．凸分析讲义(上)．中国科学院应用数学研究所印，1981.

［9］Stoer，J．，and C. Witzgall，Convexity and Optimization in Finite Dimensions I，Springer-Verlag，New York，1970.

(m,n) 一人主从对策的 SP 一解

第 六 章

引　言

　　20 世纪 70 年代初期,Chen C. I. ,Simann M. 和 Cruz J. B. ,Jr. [3],[2] 首次把 Stackelberg 策略[1] 概念,引入到对策中来,建立了二人主从对策模型[2]。由于这类对策有广泛的实际背景,因此,主从对策便成为 20 世纪 80 年代对策论中的一个热门方向。我们在[5] 和[6] 中提出了有多个"主人"和多个"从人"的(m,n)一人主从对策,并给出了 SN 一解,$S\sum$ 一解和 SQ 一解的概念及其存在条件。

　　中国矿业大学经贸学院的宋学锋教授 1992 年考虑了 M 与 N 这两

166

组局中人内部间在 Pareto 最优意义下合作的主从问题,给出了这类 (m,n) — 人主从对策的 SP — 解的概念,并研究了它的简单的性质,最后给出了 SP — 解存在的条件。

SP — 解的概念

我们引入下列记号:$M = \{1,2,\cdots,m\}$,$N = \{1,2,\cdots,n\}$,表示两组局中人的集合;$U = \prod\limits_{i \in M} U_i$,$V = \prod\limits_{i \in N} V_i$,分别表示这两组局中人可行策略空间的并集,其中,$U_i$,$i \in M$ 和 V_i,$i \in N$ 均为希尔伯特空间 H 的子集。

f_i,$i \in M$,g_i,$i \in N:U \times V \rightarrow R^1$ 分别是 M 和 N 中第 i 个局中人的支付泛函。

定义 1　系统 $\Gamma_{(m,n)} = \{M,N,U \times V,\{f_i\}_{i \in M},\{g_i\}_{i \in N}$ 称为 (m,n) — 人主从对策,如果所有在 M 中的局中人,首先选取他们的策略,然后,N 中人再选取他们的策略,以使其支付函数 f_i,$i \in M$ 与 g_i,$i \in N$ 达到某种意义下的最小。沿用[2]中的术语,分别称 M 和 N 中的局中人为"主"和"从",分别记为 $\mathscr{L}$ 和 $\mathscr{F}$。这里假定每个 $\mathscr{L}$ 和 $\mathscr{F}$ 拥有完全信息。

定义 2　若存在映射 $T_i:U \rightarrow V_i$,$i \in N$,使得对任何固定的 $u \in U$,没有 $v \in V$,满足

$$g_i(u,v) < g_i(u,Tu),\forall\, i \in N \qquad (1)$$

且若存在 u^*,使得没有 $u \in U$ 满足

$$f_i(u,Tu) < f_i(u^*,Tu^*),\forall\, i \in M$$

167

则(u^*,v^*)称为(m,n)一人主从对策 $\Gamma_{(m,n)}$ 的一个 SP 一解。其中:$v^*=Tu^*$,$Tu^* \equiv (T_1u^*,T_2u^*,\cdots,T_nu^*)$,并称集合

$$R_f^p = \{(u,v) \in U \times V \mid v=Tu\}$$

为 $\mathcal{F}$ 的合理反应集,其中:映射 T 满足式(1)。

SP 一解的性质

令:$f=(f_1,f_2,\cdots,f_m):U \times V \to R^m$,
$\qquad g=(g_1,g_2,\cdots,g_n):U \times V \to R^n$。

记:$f_+(U \times V)=\{f(u,v)+c \mid (u,v) \in U \times V,$
$\qquad c \in R^m,c>0\}$,
$\qquad g_+(U \times V)=\{g(u,v)+c \mid (u,v) \in U \times V,$
$\qquad c \in R^n,c>0\}$。

命题 1 $\mathcal{F}$ 的合理反应集可表示为

$$R_f^p=\{(u,v) \in U \times V \mid g(u,v) \in g_+(\{u\} \times V)\}$$

证 设$(u,v) \in R_f^p$,并反设 $g(u,v) \in g_+(\{u\} \times V)$,则由$(u,v) \in R_f^p$,有:$v=Tu$,根据定义2,对上述的 u,没有 $v' \in V$,满足

$$g_i(u,v') < g_i(u,v),\forall i \in N$$

而由 $g(u,v) \in g_+(\{u\} \times V)$ 得

$$\exists v' \in V,c \in R^n,c>0$$
$$\exists:g(u,v)=g(u,v')+c>g(u,v')$$

亦即:$\exists v' \in V$,满足:$g_i(u,v') < g_i(u,v),\forall i \in N$,矛盾。所以,若$(u,v) \in R_f^p$,则 $g(u,v) \in g_+(\{u\} \times V)$。

另一方面,设 $g(u,v) \in g_+(\{u\} \times V)$,而反设$(u,v) \in R_f^p$,则

$$\exists v' \in V, c \in R^n, c > 0$$

$$\exists : g(u,v) = g(u,v') + c$$

由$(u,v) \in R_f^p$,知

$$\exists v' \in V, \exists : g_i(u,v') < g_i(u,v), \quad \forall i \in N$$

故 $\exists c \in R^n, c > 0, \exists : g(u,v') + c = g(u,v)$,矛盾。

所以,若 $g(u,v) \in g_+ (\{u\} \times V)$,则$(u,v) \in R_f^p$。从而命题得证。

命题 2　$(u^*, v^*) \in U \times V$ 是$\Gamma_{(m,n)}$ 的一个$SP-$解当且仅当$(u^*, v^*) \in R_f^p$,且 $f(u^*, v^*) \in f_+ (R_f^p)$。

证　设(u^*, v^*)是$\Gamma_{(m,n)}$ 的一个$SP-$解,并反设$(u^*, v^*) \overline{\in} R_f^p$,则

$$(u^*, v^*) \in (R_f^p)^c =$$

$$\{(u,v) \in U \times V \mid g(u,v) \in g_+ (\{u\} \times V)\}$$

故

$$\exists (u^*, v) \in \{u^*\} \times V, c \in R^n, c > 0$$

$$\exists : g(u^*, v) + c = g(u^*, v^*)$$

即$: g(u^*, v) < g(u^*, v^*)$矛盾,从而知$:(u^*, v^*) \in R_f^p$。类似地,若设 $f(u^*, v^*) \in f_+ (R_f^p)$,则存在$(u,v) \in R_f^p, c \in R^m$。$c > 0$

$$\exists : f(u,v) + c = f(u^*, v^*)$$

从而$: f(u,v) < f(u^*, v^*)$,矛盾,故 $f(u^*, v^*) \overline{\in} f_+ (R_f^p)$。

反过来,设 $(u^*, v^*) \in R_f^p, f(u^*, v^*) \in f_+ (R_f^p)$,则有

$$g(u^*, v^*) \overline{\in} g_+ (\{u^*\} \times V)$$

即没有$(u^*, v) \in \{u^*\} \times V$

$$\exists : g_i(u^*, v) < g_i(u^*, v^*), \forall i \in N$$

169

且没有 $(u,v) \in R_f^p$
$$\ni : f_i(u,v) < f_i(u^*,v^*), i \in M$$
所以，(u^*,v^*) 为 $\Gamma_{(m,n)}$ 的一个 $SP-$解。

命题 3 $\Gamma_{(m,n)}$ 的 $SP-$解集 SP 可表示为
$$SP = R_f^p \bigcap f^{-1}[(f_+(R_f^p))^c]$$

证 由命题 2 直接推得。

命题 4 若 $f_i, i \in M$ 在 $U \times V$ 上连续，且 R_f^p 为闭集，则 SP 亦为闭集。

证 先证 $f_+(R_f^p)$ 为开集：任取 $f(u^0,v^0)+c \in f_+(R_f^p)$，令 $N_\delta(c^0)=\{c \in R^m \mid c>0, \parallel c-c^0 \parallel <\delta\}$，则 $N_\delta(c^0)$ 为开集，故 $f(u^0,v^0)+N_\delta(c^0) \subset f_+(R_f^p)$ 为开集，所以，$f_+(R_f^p)$ 为开集，从而 $(f_+(R_f^p))^c$ 为闭集。又因为：R_f^p 为闭集，f 在 $U \times V$ 上连续，故闭集 $R_f^p \bigcap (f_+(R_f^p))^c$ 的逆像 SP 仍为闭集。

$SP-$解的存在条件

我们引入泛函 $H_r(u,v) = \sum_{i \in M} r^i f_i(u,v)$，其中：$r \in E^m, E^m$ 为 R^{m^*} 中的 m 维单纯形。

引理 1 设 $(u^*,v^*) \in U \times V$ 是泛函 $H_r(u,v)$ 在 R_f^p 上的一个极小点，则 (u^*,v^*) 为 $\Gamma_{(m,n)}$ 的一个 $SP-$解。

证 反设 $(u^*,v^*) \in R_f^p$ 不是 $SP-$解，则 $\exists : (u,v) \in R_f^p \ni : f_i(u,v) < f_i(u^*,v^*)$，$i \in M$，由于 $r \in E^m$，故 $\sum_{i \in M} r_i f_i(u,v) < \sum_{i \in M} r_i f_i(u^*,v^*)$. 即 $H_r(u,v) < H_r(u^*,v^*)$，矛盾。故引理得证。

170

引理 2 设(i)R_f^p 为凸子集；

(ii)$f_i, i \in M$ 在 $U \times V$ 上凸，
则 $\Gamma_{(m,n)}$ 的任一个 $SP-$ 解(u,v)，都是相应于某个$r \in E^m$ 的泛函 $H_r(u,v)$ 在 R_f^p 上的一个极小点。

证 先证 $f_+(R_f^p) \equiv f(R_f^p) + R_+^m$ 是 R^m 中的一个凸子集，其中：$R_+^m = \{c \in R^m \mid c > 0\}$。

令 $y = \sum_{k \in M} \alpha_k(f(x^k) + b^k)$ 为 $f(R_f^p) + R_+^m$ 中任意 m 个元的凸组合，其中 $x^k \in R_f^p, k \in M, b^k \in R_+^m, \alpha_k \in (0,1)$ 且 $\sum_{k \in M} \alpha_k = 1$。由于 R_f^p 凸，故

$$x = \sum_{k \in M} \alpha_k x^k \in R_f^p$$

令

$$d = \sum_{k \in M} \alpha_k b^k + \sum_{k \in M} \alpha_k f(x^k) - f(x)$$

则 $y = f(x) + d$。因为 $f_j, j \in M$ 为凸函数，$b^k \in R_+^m$，$k \in M$，所以

$$d_j = \sum_{k \in M} \alpha_k b_j^k + \sum_{k \in M} \alpha_k f_j(x^k) - f_j\left(\sum_{k \in M} \alpha_k x^k\right) \geqslant$$
$$\sum_{k \in M} \alpha_k b_j^k > 0$$

故 $d \in R_+^m$，从而 $y = f(x) + d \in f_+(R_f^p)$，即 $f_+(R_f^p)$ 为凸集。

下面完成引理的证明。

令 $x^* = (u^*, v^*)$ 为 $\Gamma_{(m,n)}$ 的一个 $SP-$ 解，则由命题 2 知：$f(x^*) \in f_+(R_f^p)$，由命题 4 的证明知 $f_+(R_f^p)$ 为开集，故由分离定理知 $\exists r \in R^{m^*}, r \neq 0$，
$\exists : \langle r, f(x^*)\rangle \leqslant \inf_{y \in f_+(R_f^p)} \langle r, y\rangle \leqslant \inf_{f(x) \in f(R_f^p)} \langle r, f(x)\rangle +$
$\inf_{d \in R_+^m} \langle r, d\rangle$，式中 $f(x) \in f(R_f^p)$。

上式说明 $\inf\limits_{d \in R_+^m}\langle r,d\rangle$ 有下界，故 $r \in R_+^{m^*}$，且

$$\inf_{d \in R_+^m}\langle r,d\rangle = 0, 取 \, r_0 = \frac{r}{\sum\limits_{i \in M} r_i} > 0, 则 \, r_0 \in E^m, 且$$

$$\langle r_0, f(x^*)\rangle = \inf_{f(x) \in f(R_f^p)}\langle r_0, f(x)\rangle$$

即

$$H_{r_0}(x^*) \leqslant H_{r_0}(x), \forall \, x \in R_f^p$$

证毕

以下，我们把满足

$$H_r(x^*) = \inf_{x \in R_f^p} H_r(x)$$

的 $r \in E^m$ 称为 x^* 的一个 Pareto 乘子。

令 $w(r) = \inf\limits_{x \in R_f^p}\langle r, f(x)\rangle$ 为 $f_+(R_f^p)$ 的支撑函数，其在 r_0 处的次微分 $\partial w(r_0)$ 定义为

$$\partial w(r_0) = \{p \in E^{m^*} \mid w(r_0) - w(r) \geqslant \langle r_0 - r, p\rangle,$$
$$\forall \, r \in E^m\}$$

定理 1　设 (i) R_f^p 为凸集；

(ii) $f_i, i \in M$ 在 $U \times V$ 上凸，

则 $x^* \in R_f^p$ 是 $\Gamma_{(m,n)}$ 相应于 Pareto 乘子 r_0 的一个 SP — 解的充要条件是

$$f(x^*) \in \partial w(r_0)$$

证　假设 $f(x^*) \in \partial w(r_0)$，则

$$w(r_0) - w(r) \geqslant \langle r_0 - r, f(x^*)\rangle, \forall \, r \in E^m$$

取 $r = 0$，得

$$w(r_0) \geqslant \langle r_0, f(x^*)\rangle$$

即

$$H_r(x^*) \leqslant \inf_{x \in R_f^p}\langle r_0, f(x)\rangle$$

172

故由引理 1 ，x^* 是相应于 r_0 的一个 $SP-$解。

反过来，设 x^* 为 $\Gamma_{(m,n)}$ 的一个 $SP-$解，则由引理 2 ，$\exists : r_0 \in E^m$ ，$\exists : x^*$ 为 $H_{r_0}(x)$ 的一个极小点，因此，$\langle r_0, f(x^*) \rangle = w(r_0)$ ，而 $\forall r \in E^m$ ，$\langle r, f(x^*) \rangle \geqslant w(r)$ 。所以，$\langle r_0 - r, f(x^*) \rangle \leqslant w(r_0) - w(r)$ ，即 $f(x^*) \in \partial w(r_0)$ 。证毕。

参 考 资 料

[1] H. Von Stackelberg, The Theory of the Market Economy, Oxford University Press, Oxford, 1952.

[2] C. I. Chen, J. B. Cruz, Jr. , Stackelberg Solution for two person games with basiaed information pattern, *IEEE Trans. Automatic Control Ac* , 17(1972) : 791-798.

[3] M. Simann, J. B. Cruz, Jr. , On the Stackelberg strategy in nonzero-sum games, *Journal of Optimization Theory and Applications* , 11(1973) : 1201-1209.

[4] J. P. Aubin, Mathematical Methods of Game and Economic Theory, North Holland Publishing Company, 1979.

[5] 宋学锋, 郑权. $(m,n)-$人主从对策, 高校应用数学学报, 4 : 4(1989) : 506-515.

[6] 宋学锋, 郑权. $(m,n)-$人主从线性二次微分对策及其 $SN-$解, 运筹学杂志, 7 : 2(1988) : 67-68.

超级模数博弈的存在性

第七章

贵州民族学院数学与计算机科学学院索洪敏教授 2006 年定义了一类在有序 Banach 空间上的超模博弈,并利用著名的 Birkhoff 不动点定理证明了有序 Banach 空间上超模博弈 Nash 均衡的存在性。

引　言

超模博弈由 Topkis[1] 于 1979 年发展, 首先被 Vives[2] , Milgram, Robert[3] 于 1990 年应用于经济学问题。超模博弈具有很好的性质,它具有纯策略意义下的 Nash 均衡,更重要的是它去掉了支付函数的凸性假设,并且也仅需很弱的连续性。超模博弈体现每个参与人增加其策略所引起的边际效用随着其他对手的

174

策略递增而增加。在这种博弈里最优反应的对应是递增的,所以参与人的策略是"策略互补的"。在[4]和[5]著中都给出超模博弈在 n 维欧氏空间中解的存在性及一些性质,并同时指出超模博弈的解集及应用等还有待进一步的研究。索洪敏教授建立了有序 Banach 空间上的超模博弈,给出并证明著名的 Birkhoff 不动点定理在 Banach 空间上的形式,用以证明超模博弈 Nash 均衡的存在性。

预 备

定义 1 设 E 为有序 Banach 空间,P 为其正锥,我们称 E 为一个格子,如果对于任何 $x,y \in E,E$ 存在 x,y 的上确界 $x \vee y$ 及下确界 $x \wedge y$,我们称格子 E 为完全的,如果 E 中任何序上有界的集合必有上确界。

有例子表明并非所有的有序 Banach 空间都是格子。

设 S_i 是有序 Banach 空间 E_i 的一个子集,则 $S = \prod_{i=1}^{n} S_i$ 是 $E = \prod_{i=1}^{n} E_i$ 的一个子集。

定义 2 设 E_i 是有序 Banach 空间完全格,定义 $u_i : E = \prod_{i=1}^{n} E_i \to R$,记

$$s = (s_1, \cdots, s_{i-1}, s_i, s_{i+1}, \cdots, s_n) = (s_i, s_{-i}) \in E$$

如果 $\forall (s_i, s'_i) \in S_i \times S_i$ 和 $(s_{-i}, s'_{-i}) \in S_{-i} \times S_{-i}$,其中 $s_i \geqslant s'_i, s_{-i} \geqslant s'_{-i}$,有

$$u_i(s_i, s_{-i}) - u_i(s'_i, s_{-i}) \geqslant u_i(s_i, s'_{-i}) - u_i(s'_i, s'_{-i})$$

则称 $u(s_i,s_{-i})$ 在 (s_i,s_{-i}) 上具有递增的差异。

如果 $s_i > s'_i,s_{-i} > s'_{-i}$,有

$$u_i(s_i,s_{-i}) - u_i(s'_i,s_{-i}) > u_i(s_i,s'_{-i}) - u_i(s'_i,s'_{-i})$$

则称 $u(s_i,s_{-i})$ 在 (s_i,s_{-i}) 上具有严格递增的差异。

递增的差异说的是局中人 i 的对手策略的增加会提高局中人 i 选择一个高策略的愿望。

定义 3　$u(s_i,s_{-i})$ 对于 s_i 是超模的,如果对于每一个 s_{-i},有

$$u_i(s_i,s_{-i}) + u_i(s'_i,s_{-i}) \leqslant u_i(s_i \wedge s'_i,s_{-i}) + u_i(s_i \vee s'_i,s_{-i})$$

对于所有的 $(s_i,s'_i) \in S_i \times S_i$ 都成立。$u_i(s_i,s_{-i})$ 对于 s_i 是严格超模的,如果满足:只要 s_i 和 s'_i 不可以用 $\geqslant$ 来作比较时,前面的不等式就是严格的。

定义 4　一个超模博弈(或一个严格超模博弈)是指,设对于每个 i 来说,S_i 都是 E_i 的一个子格,u_i 在 (s_i,s_{-i}) 上具有递增的差异,而且 $u_i(s_i,s_{-i})$ 在 s_i 上是超模的。

为了证明主要结果,先给出一个引理。

引理　假设 S 是序 Banach 空间 E 中的紧完全子格,则 $\sup S$ 及 $\inf S$ 存在且属于 S。

证　对任何 $x \in S$,记 $[x,\infty) = \{y \in X,x \leqslant y\}$,令 $Fx = S \cap [x,\infty)$,则 $\{Fx \mid x \in S\}$ 为 S 中的紧子集族,利用 S 是完全的,当 $x_1,x_2 \in S$ 时易知 $x_1 \vee x_2 \in Fx_1 \cap Fx_2$,$\{Fx \mid x \in S\}$ 具有有限交性质,因而由 S 的紧性可知 $F = \bigcap_{x \in S} Fx \neq \Phi$。取 $x_0 \in F \subset S$,显然 $x_0 = \sup S$。同理可证 $\inf S$ 存在且属于 S。证毕。

下面给出并证明 Birkhoff 不动点定理的在序 Banach 空间上的形式。

定理 1　设 H 为 Banach 空间 E 的紧完全格子,

176

$S:H \to H$ 保序。如果在 H 中存在 $\underline{u} \leqslant \overline{u}$，使得

$$\underline{u} \leqslant S(\underline{u}), S(\overline{u}) \leqslant \overline{u}$$

则 S 在 $[\underline{u}, \overline{u}]$ 中存在最大和最小不动点。

证　考察集合

$$\sum = \{u \in H \mid \underline{u} \leqslant u \leqslant \overline{u}, u \leqslant S(u)\}$$

因 $\underline{u} \leqslant S(\underline{u})$ 且 $\underline{u} = \underline{u} \leqslant \overline{u}$ 知 $\underline{u} \in \sum \neq \varnothing$。同时因 $\sum \subset [\underline{u}, \overline{u}]$ 知 $\sum$ 序上有界于 $\overline{u}$。考虑到 H 为完全格子，则知存在 $z = \mathrm{Sup} \sum \in H$。

下面证明这个 z 就是 S 在 $[\underline{u}, \overline{u}]$ 上的最大不动点。首先我们证 $z \leqslant S(z)$，为此我们仅须证 $S(z)$ 为 $\sum$ 上的一个上界。事实上任取 $u \in \sum$，则 $u \leqslant z$ 且 $u \leqslant S(u)$，但因 S 保序，知有 $S(u) \leqslant S(z)$，于是 $u \leqslant S(u) \leqslant S(z)$，从而 $S(z)$ 确为 $\sum$ 的上界。其次我们来证 $z \geqslant S(z)$，为此我们仅须证 $S(z) \in \sum$ 即可。事实上因 $\overline{u}$ 为 $\sum$ 的一个上界，我们自然有 $\underline{u} \leqslant z \leqslant \overline{u}$。利用 S 保序及所设条件

$$\underline{u} \leqslant S(\underline{u}) \leqslant S(z) \leqslant S(\overline{u}) \leqslant \overline{u}$$

再从前一步所证 $z \leqslant S(z)$，知 $S(z) \leqslant S(S(z))$，于是由 $\sum$ 的定义知 $S(z) \in \sum$。

这样一来，我们断定 $z = S(z)$，即 z 确为 S 的不动点且知道 $z \in [\underline{u}, \overline{u}]$。下面我们来证 z 是最大的。

假设还有 $u = [\underline{u}, \overline{u}]$ 使得 $u = S(u)$，则 $\underline{u} \leqslant u \leqslant \overline{u}$，$u = S(u) \leqslant S(\overline{u})$，即 $u \in \sum$。由 $z = S(z)$，因此 $u \leqslant z$，即 z 为最大不动点。

177

注意到由于 H 为完全格子，我们容易证明 H 中任一序下有界的集合必有下确界，通过考察

$$\sum = \{u \in H \mid \underline{u} \leqslant u \leqslant \overline{u}, S(u) \leqslant u\}$$

并取 $\inf \sum$，我们可以完全类似地证明 S 在 $[\underline{u}, \overline{u}]$ 上存在最小不动点。

主要结果

我们现在可以给出了序 Banach 空间上的超模博弈 Nash 均衡的存在性。

定理 2　设 E 是以 P 为正锥的序 Banach 空间，如果对每一个 i 而言，$S_i \subset E$ 都是紧完全子格，且 u_i 对每一个 s'_{-i} 都是 s_i 上半连续的，如果博弈是超模的，则其纯策略 Nash 均衡集就是非空的，并且有最大和最小的 Nash 均衡。

证　$\forall s_{-i} \in S_{-i}$，令 $r_i^*(s_{-i}) = \{s_i \mid s_i \in S_i, u_i(s_i, s_{-i}) = \max\limits_{s'_i \in S_i} u_i(s'_i, s_{-i})\}$。因为 S_i 紧，而且对每一个 s_{-i}，$u_i(\bullet, s_{-i})$ 对 s_i 是上半连续的，所以 $r_i^*(s_{-i})$ 是非空且紧的。假设 s_i, s'_i 都是 $r_i^*(s_{-i})$ 中的元素，而且 $u_i(s_i \wedge s'_i, s_{-i}) < u_i(s_i, s_{-i}) = u_i(s'_i, s_{-i})$，则由 $u_i(\bullet, s_{-i})$ 对 s_i 的超模性推出 $u_i(s_i \vee s'_i, s_{-i}) > u_i(s_i, s_{-i}) = u_i(s'_i, s_{-i})$，这与 s_i 及 s'_i 是 $r_i^*(s_{-i})$ 中的元素矛盾。所以 $u_i(s_i \wedge s'_i, s_{-i}) = u_i(s_i, s_{-i}) = u_i(s'_i, s_{-i})$，即 $s_i \wedge s'_i \in r_i^*(s_{-i})$。同理可证 $s_i \vee s'_i \in r_i^*(s_{-i})$，从而 $r_i^*(s_{-i})$ 是 S_i 中的一个紧完全子格，因而由引理它有最大元素 $\overline{s_i}(s_{-i})$ 和最小元素 $\underline{s_i}(s_{-i})$。

因为博弈是超模的，所以对每一个 u_i，$u_i(s_i,s_{-i})$ 在 (s_i,s_{-i}) 上具有递增的差异。

若 $s_{-i} \geqslant s'_{-i}$，则

$$0 \leqslant u_i(\bar{s}_i(s_{-i}),s_{-i}) - u_i(\bar{s}_i(s_{-i}) \vee \bar{s}_i(s'_{-i}),s_{-i}) \leqslant$$
$$u_i(\bar{s}_i(s_{-i}),s'_{-i}) - u_i(\bar{s}_i(s_{-i}) \vee \bar{s}_i(s'_{-i}),s'_{-i}) \leqslant$$
$$u_i(\bar{s}_i(s_{-i}) \wedge \bar{s}_i(s'_{-i}),s'_{-i}) - u_i(\bar{s}_i(s'_{-i}),s'_{-i}) \leqslant$$
$$0$$

故必有

$$u_i(\bar{s}_i(s_{-i}),s_{-i}) = u_i(\bar{s}_i(s_{-i}) \vee \bar{s}_i(s'_{-i}),s_{-i})$$

所以 $\bar{s}_i(s_{-i}) \vee \bar{s}_i(s'_{-i}) \in r_i^*(s_{-i})$。故 $\bar{s}_i(s_{-i}) \vee \bar{s}_i(s'_{-i}) \leqslant \bar{s}_i(s_{-i})$，所以 $\bar{s}_i(s_{-i}) \leqslant \bar{s}_i(s_{-i})$，故 $\bar{s}_i(\cdot)$ 是递增的。作映射 $f:S \rightarrow S = \prod\limits_{i=1}^{n} S_i$ 如下

$$f(s) = (\bar{s}_1(s_{-1}),\cdots,\bar{s}_n(s_{-n}))$$

其中 $s = (s_1,\cdots,s_n)$。

定义

$$(s_1,\cdots,s_n) \leqslant (s'_1,\cdots,s'_n) \Leftrightarrow s_i \leqslant s'_i, i = 1,\cdots,n$$

于是由前面的证明可知 f 是递增保序的，且由 f 的性质知 f 满足定理1的条件，所以 f 有不动点 $\bar{s}$，这个不动点就是超模对策的一个纯策略 Nash 均衡。

同理可作映射 $g:S \rightarrow S = \prod\limits_{i=1}^{n} S_i$ 如下

$$g(s) = (\underline{s}_1(s_{-1}),\cdots,\underline{s}_n(s_{-n}))$$

其中 $s = (s_1,\cdots,s_n)$.

定义

$$(s_1,\cdots,s_n) \leqslant (s'_1,\cdots,s'_n) \Leftrightarrow s_i \leqslant s'_i, i = 1,\cdots,n$$

于是由前面的证明可知是 g 递增保序的，且由 g

的性质知 g 满足定理 1 的条件,所以 g 有不动点 s,这个不动点也是超模对策的一个纯策略 Nash 均衡。由证明过程知,$\bar{s}$ 和 $\underline{s}$ 分别是超模博弈的最大和最小纯策略 Nash 均衡。

参 考 资 料

[1] Topkis D. Equilibrium Points in Nonzero-sum n-person Submodular Games. *SIAM Journal on Control and Optimization*,1979,17:773-787.

[2] Vives X. Nash Equilibrium with Strategic Complementarities. *Journal of Mathematical Economics*,1990,19: 305-321.

[3] Milgrom P,Robert J. Rationalizability,Learning and Equilibrium in Games with Strategic Complementarities. *Economica*,1990,58:1255-1278.

[4] Fudenberg D,Tirole J. Game Theory,MIT Press, 1991.

[5] Cooper W. Forward Induction in Coordination Games. Economics Letters,1992,40:167-720.

第二编
应用精粹

斗鸡与猎鹿

第

一

章

公共物品与斗鸡博弈

然而,斗鸡博弈情境的危险在于:两个超级大国都可能会如此行事,实施支持它那种意识形态的集团的策略,承担维护其强硬主儿声誉的责任,结果,双方都将不退让。因而,S 国的内战会促成这两个超级大国的对抗。

——丹尼斯·C.缪勒[1][2]

---

①　丹尼斯·C.缪勒,维也纳大学经济学教授。

②　丹尼斯·C.缪勒,《国外经济学名著译丛:公共选择理论(第3版)》,中国社会科学出版社,北京,2010 年。

　　囚徒的困境是被用于分析存在公共物品的情况之特征最多的博弈。但是,公共物品的供给技术却通常会产生其他类型的策略互动。让我们考察下述例子。

　　两个人的地产有一个共同的边界。G 有一只山羊,它偶尔会走进 D 的园子里,吃蔬菜和花草。D 有一只狗,它有时会闯入 G 的地产,戏弄和吓唬山羊,致使山羊不产奶。修建一道篱笆,把这两块地产隔离开来,就可以防止这类事情的发生。

　　图 1 中矩阵描述了这种情形。如果没有篱笆,D 和 G 享有的是某一效用水平。修建篱笆,需要 1 000 美元的成本。如果必须获得篱笆所带来的利益,每个人都会情愿支付所有的成本。每个人的效用水平在有篱笆时都比无篱笆时更高,即便 他们必须一个人独自支付所有的成本时,也是如此(如方格 2 所示)。这一假设保证:如果每个人必须支付修筑篱笆的一半成本,那么,这两个人的效用水平仍然都比无篱笆时更高(方格 1)。最后,一旦建起篱笆,即便其中有一人没有支付成本,每个人的处境当然都会变好(G 和 D 分别在方格 2 和 4 中获得 3。5 的支付)。矩阵描述的是"斗鸡"的博弈。这种博弈不同于囚徒困境。在斗鸡博弈中,无人捐款修篱笆的结果(方格 3)并不是一种均衡,而且,以帕累托标准来衡量,它也劣于两个人都捐款的结果(方格 1)。由于即便一人必须独自承担修筑篱笆的成本时每个人的处境都会更好,每个人都会想得到方格 2 或方格 4 的结果,而不愿意看到方格 3 所示的那种结果。在这种博弈中,方格 2 和 4 都是均衡结果,且只有这两个均衡。在斗鸡博弈中,纵列博弈者的支付序列是,方格 2＞1＞4＞3,而在囚徒困境中,支付排列却

184

是方格2＞1＞3＞4。双方最后两个方格的交换导致均衡的改变。

矩阵　修筑篱笆：一种斗鸡博弈

G＼D	为修筑篱笆捐款	不捐款
为修筑篱笆捐款	1 （3,3）	4 （2,3。5）
不捐款	2 （3。5,2）	3 （1,1）

图1

　　方格4,1和2所表示的都是修筑篱笆的情形。它们的差别仅仅在于谁支付篱笆的成本和随之而来的效用支付。在方格4中,G承担全部的成本1 000美元,获得2个单位的效用水平。在方格1中,G支出500美元的成本,获得3个单位的效用水平。而在方格2中,G不支出成本,却获得3。5个单位的效用。比之从收入减少1 000美元到收入减少500美元所获得的效用量而言,从收入减少500美元到收入未变所获得的效用增量较少,这反映的是收入的边际效用递减假设。正如矩阵的数字所表示的那样,如果G和D面对的是收入的边际效用递减,那么,他们共同承担修筑篱笆的成本,这一种解决办法既公平,也能使福利最大化。在其他假设条件下,共同承担成本,修筑起一道更高、更坚实的篱笆,其结果可能是从方格1的成本共担解中得到一个有效率的收益。但是,方格1的结果并不构成一个均衡。如果他们能够说服对方承担篱笆的全部成本,G或D的处境将会更好。说服对方的一种方式是：事先表态自己不会修筑篱笆,或者至少使邻居确信你已经做出这样一种诺言,从而使邻居坚信,他的选择余地就在方格2和3之中,因此自然地选定方格2。

185

斗鸡博弈常常被用来描述国家之间的策略互动（舍林，1966，第 2 章）。设 D 是一个超级大国，喜欢让其他国家建立民主制度；C 是一个偏爱共产主义制度的国家。在小国 S 中，出现一场汹涌的内战，一个集团寻求要建立一个共产主义体制，另一个集团却想建立一个民主制度。这种情形显然具有斗鸡博弈的特征。每一个超级大国都想支持 S 国中偏爱其意识形态的那个集团，并想让另一个超级大国改变其原来的打算。但是，如果另一个超级大国（譬如说 C）正在支持 S 国中其所偏爱的集团。那么，D 国最好是退让，而不是支持 S 国中其偏爱的集团，并使自己卷入与另一个超级大国的直接对抗之中。很显然，两个超级大国的处境在双方都退让时要比发生对抗时更好。

假若上述内容是这种斗鸡博弈的支付结构，那么，每个超级大国都会事先宣布，无论在世界上的何处，只要其意识形态 —— 民主或共产主义 —— 受到威胁，它都要亲自保护之，力图以此种方式让对方让步。当每一次一个小国中发生共产主义力量与非共产主义力量之间的冲突时，这种事先的声明与"强硬主儿"的声誉结合起来，就可能迫使另一个超级大国退让。

然而，斗鸡博弈情境的危险在于：两个超级大国都可能会如此行事，实施支持它那种意识形态的集团的策略，承担维护其强硬主儿声誉的责任，结果，双方都将不退让。因而，S 国的内战会促成这两个超级大国的对抗。

正如像囚徒的困境中那样，如果每个博弈者都认识到合作的长期利益，并采取针锋相对的超级博弈策略或类似的策略，那么，从一种斗鸡的超级博弈中，也会产生出斗鸡博弈的合作解（泰勒和沃德，1982；沃德，

186

1987）。换言之,这两个超级大国(或前述的邻居)也许会认识到不合作的、事先承诺的策略所固有的危险,因而,可能直接相互协商,同意一致遵循合作策略。因此,虽然斗鸡博弈的结构不同于囚徒困境,但博弈的最优解是类似的,都要求某种类型的正式合作协定或君子协定。随着博弈者人数的增加,要求一种正式协定的可能性也在提高(泰勒和沃德,1982;沃德,1987)。无论是对斗鸡博弈还是囚徒困境博弈来说,随着博弈者数的上升,需要民主制度以达成有效率的合作解的迫切性都会增强。

猎鹿博弈

在猎鹿博弈中,合作行为是捕一只鹿。除非亚当和夏娃在猎鹿活动中都尽了自己一份力,否则就一定抓不到鹿。如果亚当和夏娃各自分头执行捕鹿计划,他们都有可能放弃这个计划而热衷于去挖陷阱抓兔子,利用陷阱抓兔子的活动不需要别人协助。相反,如果两个参与人都想抓兔子,彼此都会成为对方的妨碍。

——肯·宾默尔[1][2]

---

① 肯·宾默尔,英国经济学家,毕业于伦敦皇家学院,曾任伦敦经济学院数学系主任,密歇根大学经济系教授。

② 肯·宾默尔,《博弈论与社会契约(第一卷)公平博弈》,上海财经大学出版社,上海,2003 年。

一、猎鹿博弈

一提到社会契约,人们心中出现的第一个名字肯定是让·雅克·卢梭,康德称他是:"道德世界的牛顿!"卢梭在他的《社会契约》中写道:"我要探讨的是在社会秩序之中,从人类的实际情况与法律的可能情况着眼,能不能有某种合法而又确切的政权规则。在这一研究中,我将努力把权利所许可的和利益所要求的结合在一起,以便使正义与功利二者不致有所分歧。"如果能说服一位博弈论专家,这是有可行性的,他一定会坚持这样的目标,而博弈论专家常常把自己对卢梭的视野停留在他在《论人类不平等的起源》中提供的一个关于猎鹿的寓言故事上。图 1(a) 是一个一般用于解释卢梭的观点的两个参与人的猎鹿博弈。①

与前面一样,鸽代表合作战略而鹰代表背叛合作计划的决策。在猎鹿博弈中,合作行为是捕一只鹿。除非亚当和夏娃在猎鹿活动中都尽了自己一份力,否则就一定抓不到鹿。如果亚当和夏娃各自分头执行捕鹿计划,他们都有可能放弃这个计划而热衷于去挖陷阱抓兔子,利用陷阱抓兔子的活动不需要别人协助。相反,如果两个参与人都想抓兔子,彼此都会成为对方的妨碍。

猎鹿博弈有两个纯战略对称的纳什均衡,如果

---

① 猎鹿博弈在国际关系中的一个版本是安全困境。杰维斯、卡森和冯·丹米等对有关的讨论引起了博弈论专家对这一问题的兴趣。

NN

	鸽	鹰
鸽	5, 5	4, 0
鹰	0, 4	2, 2

NY

	鸽	鹰
鸽	5, 5	8, 0
鹰	0, 4	2, 4

	鸽	鹰
鸽	5, 5	4, 0
鹰	0, 4	2, 2

(a) 猎鹿博弈

YN

	鸽	鹰
鸽	5, 5	4, 0
鹰	0, 8	2, 4

YY

	鸽	鹰
鸽	5, 5	8, 0
鹰	0, 8	4, 4

(b) 谁发现了兔子

图 1　猎鹿博弈

（鹰，鹰）均衡代表一种自然状态[①]，参与人选择鸽战略的约定就可以看作是建立了（鸽，鸽）均衡的社会契约，这是亚当和夏娃都欢迎的另一种自然状态。这一节的主要问题是，为什么履行这样一个约定并没有当初达成约定那样容易。

图 1(a) 中的（鸽，鸽）均衡是（鹰，鹰）均衡的帕累托改进，因为相比之下亚当和夏娃更喜欢前一种结果。有时这种关系也被表达成（鸽，鸽）是（鹰，鹰）的帕累托占优。由于一旦协作失败，那么选择鸽战略的参与人在博弈结束时会一无所获，因此（鸽，鸽）与（鹰，鹰）相比是稳定性的均衡。另一方面，选择鹰战略的参与人至少会得到支付 2，而不论他的对手作何选择。

哈萨尼和泽尔腾试图用风险占优概率来解决这一

---

①　人们可能更愿意努力去思考霍布斯式的自然状态问题而不想尝试去弄清楚卢梭所说的高尚的野蛮人的问题。

问题。要给出这一思想的严格定义会使我们偏离主题太远,但还是有必要注意到(鹰,鹰)风险占优,(鸽,鸽)意味着博弈调整过程更有可能收敛于(鹰,鹰),而不是(鸽,鸽)[1]。当然,理性人不会采用笨拙的试错过程来达到均衡,他只需动动脑筋就可以迅速做出决定。实验证据表明,在一些变形的猎鹿博弈中人通过学习就可以很成功地做到这一点[2]。有人可能认为实验中的人之所以能在猎鹿博弈中成功地进行协调实现互利的均衡,是因为他学会了信任他人。

对邻居的信任是理性的吗 理性人要学会信任他人会遇到多大的困难? 奥蒙强调在猎鹿博弈中亚当和夏娃都选择了鸽战略的承诺未必能保证一个自我执行的协议生效。如果参与人彼此不信任,则每个人都会考虑对方会从假承诺中得到什么,例如夏娃发现准备选择鹰战略的亚当在她选择鸽战略时的支付是 3,而在她选择鸽战略的条件下亚当的支付只有 2。

因此,即使在亚当自己选择鹰战略时他也会劝说夏娃选择鸽战略,这是符合他的利益的。当然,在他计划选择鸽战略时,这样做也符合他的利益。这样,如果承诺能有效地影响对方的行为,亚当就会对夏娃承诺他将选择鸽战略而不论他的意愿会做何选择。夏娃因此认为这个承诺并没有带来有关亚当真实意愿的任何

---

[1] 这时是指前者的吸引域的面积比后者大。

[2] 克劳福特就此结果也发表了一个评论。在其他的猎鹿博弈的变形的版本中,实验对象在学习进行协调方面并没有这么成功。多个参与人的情形中问题变得更为困难。

信息。①

　　对猎鹿博弈中夏娃自己在选择鸽战略之前，她对亚当选择鸽战略的承诺的信任度可以进行量化处理。给定夏娃认为亚当信守承诺的概率是 p，她对自己选择鸽战略的预期支付是 $5p$，选择鹰战略的预期支付是 $4p+2(1-p)$，当且仅当 $5p>4p+2(1-p)$ 时她选择鸽战略才有利。这个不等式成立的条件是 $p>2/3$。夏娃因此对亚当兑现他选择鸽战略的承诺，从而她履行承诺选择鸽战略之前，她需要对亚当的承诺给予一定的信任。

　　据说如果人与人彼此不信任，社会就会瓦解。但为什么博弈论专家宣称对他人的信任是不理智的呢？难道亚当和夏娃没有认识到如果能对彼此的诚实有更高的信任，那么两人的状况都会变得更好吗？

　　亚当和夏娃当然明白这一点。类似的是，如果在囚徒困境中能彼此都能更多地关心对方的福利，或者都经历过背信弃义的痛苦，那么他们的状况都会变得更好。但是只知道在那样情况下结果就会变好，但如果无法改变现有的事实，那么它对参与人还是没有用的。任何条件下，博弈论都不会宣称理性人彼此不能信任，他们只是认为不能无条件地信任。当理性人对某人表示信任时，他已有了适当的理由来这样做。

　　事实上，如果我们返回到卢梭最初提出的猎鹿故事去，提出的表示怀疑的理由会远比表示信任的要多。而卢梭本人的真实意思是要比这个已经进入博弈

①　如果亚当对夏娃承诺他会选择鸽战略，而他实际准备选择鹰战略，那么由于他没有劝说夏娃选择鹰战略，因此夏娃自己肯定会选择鹰战略。在性别战中一个相互承诺就可以建立(鸽，鹰)纳什均衡。

论领域的寓言故事要稍复杂一些。卢梭最初的故事中假定亚当和夏娃相互承诺了合作猎鹿之后他们分道扬镳,结果是每人只有可能得到一只兔子[1],而在附近可以抓到兔子的消息会促使他们放弃打鹿而热衷于去设陷阱捉兔子。

要把这种新的情况模型化,可以假定参与人认为他的对手捕到兔子的概率是 1/2(而不论他自己是否捕到兔子)。图 1(a) 仍然表示亚当和夏娃谁也没有抓到兔子的支付。现在我们还需要扩展支付表来表示在有一个参与人发现兔子后所发生的变化。这些支付表由图 1(b) 给出,例如,表 YN 表示在亚当发现了一只兔子(Y)而夏娃没有发现兔子(N)之后他们的支付。这个表是通过对图 1(a) 中亚当在鹰战略这一行的支付乘以 2 得到的,它表示他知道附近有兔子可抓的这条消息强化了他抓兔子的期望。

图 1(b)YY 作为经过变化的囚徒困境的支付表也不是出于偶然的因素。卢梭的寓言故事的真实含义是,为什么为了结成社会以至于要人们选择强劣战略。因此没有人沿着卢梭的这条铺满鲜花的道路走下去,相反却假定理性人永远不会选择强劣战略。

图 1(b) 的支付表表示发现了兔子的理性参与人一定会背叛合作捕鹿而去追赶兔子,因为一旦能抓到兔子,鹰就是鸽的强占优战略。也就是说,无论对手是否看到一只兔子,也不论对手是否计划选择鸽战略,选择鹰战略的支付都会增加。 对此可以通过对图 1(b)

---

① 为了使问题简化,可以假定鹿被注定要捕获之前它从未被发现。

中下方的两个图中亚当的支付的比较来进行验证。

　　现在回到亚当和夏娃谁都没有抓住兔子的情况，而且谁也不知道对方发现了什么。因此，双方都以 1/2 的概率认为对方发现了兔子并且会去追捕这只兔子。但是和前面已提到的一样，一个没有发现兔子的参与人不会选择鸽战略，除非他或她认为对方至少以 2/3 的概率选择鸽战略。由此得出，除非卢梭的断言是相反的，在卢梭自己的版本的猎鹿博弈中就不存在理性人选择鸽战略的可能。

　　这里涉及的主要是两个理性参与人之间的信任问题，这不是一个想当然的问题。特别是，社会契约论者不能简单地假定，因为每个人都认为一个均衡优于另一个均衡，因此从较差的均衡向更好的均衡的变迁中不再会出现任何问题。

智猪博弈

　　将此模型用智猪博弈描述为：猪圈里有一大一小两头猪。猪圈一头有一个食槽，另一头有一个踏板，控制着猪食的供应。踏一下踏板，有 q 个单位的猪食进槽，但需要支付 c 个单位的成本。如果小猪踏踏板，那么大猪等到小猪跑到食槽处时开始与小猪一起吃，大猪吃到 s 个单位的猪食，小猪吃到 $q-s$ 个单位的猪食。如果大猪踏踏板，那么小猪等到大猪跑到食槽处时开始与大猪一起吃，

大猪吃到 b 个单位的猪食,小猪吃到 $q-b$ 个
单位的猪食。如果两头猪都去踏踏板,那么
两者互不等待,各自跑到食槽处就吃,则大猪
吃到 t 个单位,小猪吃到 $q-t$ 个单位。如果
两头猪都等待,则谁也吃不到猪食。

———— 姜殿玉 [1][2]

这里研究与"Rasmusen 公理系统"所不同的另一
种公理系统。在这个新的公理系统中,假定了当一头
猪踏踏板时,另一头猪等待对方跑回猪食槽处时与踏
者一起吃猪食,这个模型适合于通常的技术创新模
型 ——"搭便车"的企业不跑订单的情形。

一、一般技术创新模型与和平－强成本公理下的智猪博弈模型的公理化描述

自从 Rasmusen 原始模型问世以来,有很多文献
讨论 Rasmusen 原始模型在技术创新方面的应用。然
而我们发现,通常的技术创新模型并不属于
Rasmusen 公理系统。

我们给出一般技术创新博弈模型的概念如下。设
某地区有大小两个同类工厂,现有一项非专利技术。
每个工厂都有如下两个策略:其一是自主开发项目,待
开发成功后立即投产并销售,其二等待对方开发,一旦
对方开发成功就立即仿造和销售。该项技术产品的市

---

① 姜殿玉,教授,中国运筹学会对策论专业委员会副主任委员。
主攻对策论,兼攻代数、图论、可拓概率论等。
② 姜殿玉,《带熵博弈的局势分析学与计策理论(下册)》,科学出
版社,北京,2012 年。

194

场需求量为 q 货币单位。开发项目需 d 工作量单位，需开发成本 c 货币单位。大厂和小厂的开发进度分别为单位时间 u_b 和 u_s 工作量单位，其中 $u_b \geqslant u_s$。两厂销售的进度分别为单位时间 v_b 和 v_s 货币单位，其中 $v_b > v_s$。将此模型用智猪博弈描述为：猪圈里有一大一小两头猪。猪圈一头有一个食槽，另一头有一个踏板，控制着猪食的供应。踏一下踏板，有 q 个单位的猪食进槽，但需要支付 c 个单位的成本。如果小猪踏踏板，那么大猪等到小猪跑到食槽处时开始与小猪一起吃，大猪吃到 s 个单位的猪食，小猪吃到 $q-s$ 个单位的猪食。如果大猪踏踏板，那么小猪等到大猪跑到食槽处时开始与大猪一起吃，大猪吃到 b 个单位的猪食，小猪吃到 $q-b$ 个单位的猪食。如果两头猪都去踏踏板，那么两者互不等待，各自跑到食槽处就吃，则大猪吃到 t 个单位，小猪吃到 $q-t$ 个单位。如果两头猪都等待，则谁也吃不到猪食。

于是，这个智猪博弈表示为

小猪

$$\begin{array}{cc} & \quad\text{踏} \qquad\qquad\qquad \text{等} \\ \text{大猪} \begin{array}{c} \text{踏} \\ \text{等} \end{array} & \left[\begin{array}{cc} (t-c, q-t-c) & (b-c, q-b) \\ (s, q-s-c) & (0,0) \end{array} \right] \end{array}$$

现在将此类智猪博弈模型的假设提炼为和平-强成本智猪博弈公理系统：

（1）即踏即喷公理：一旦踏板被踏，猪食立即喷出。

（2）和平公理：若有猪等待，则等待者等待踏者到达食槽处时一起吃；若两猪同踏，则各自跑到食槽处就吃。

195

（3）强成本公理：小猪独踏时吃到的猪食大于付出的成本，即 $c < q - b$。

（4）小猪肯同踏公理：小猪与大猪同踏时可吃到猪食，即 $q - t > 0$。

（5）跑速公理：大猪跑速不小于小猪跑速，即 $u_b \geqslant u_s > 0$。

（6）吃速公理：大猪吃速大于小猪吃速，即 $v_b > v_s > 0$。

注 可以这样理解和平公理。食槽上面再加上一个盖板。一头猪拱不开该盖板，只有两头猪合力才能立即把盖板拱开。当两头猪踏踏板且猪食入槽的同时，盖板被自动打开。

二、大猪食量定理与基本不等式

定理 1（大猪食量定理） 大猪独踏，两猪合踏和小猪独踏时，大猪吃到的猪食量依次为

$$b = \frac{v_b}{v_b + v_s}q , t = \frac{v_b}{v_b + v_s}q + \frac{v_b v_s(u_b - u_s)}{u_b u_s(v_b + v_s)}d , s = \frac{v_b}{v_b + v_s}q$$

或等价地，大猪的吃食向量为

$$(b \quad t \quad s) = \frac{v_b}{v_b + v_s}(q \quad v_s d) \cdot$$

$$\begin{pmatrix} 1 & 1 & 1 \\ 0 & \dfrac{1}{u_s} - \dfrac{1}{u_b} & 0 \end{pmatrix} \left(0 \leqslant d < \dfrac{\dfrac{q}{v_b}}{\dfrac{1}{u_s} - \dfrac{1}{u_b}} \right)$$

证 （1）当大猪踏，小猪等时，根据即踏即喷公理和和平公理，当大猪跑到猪食槽处时，小猪才和大猪一起吃。食槽内有猪食 q 单位。设大猪到达食槽处时，两头猪共同吃完食槽内所有猪食所用的时间为 T_b，则有等式 $T_b = q/(v_b + v_s)$。从而大猪踏踏板时它吃到的

猪食量为 $b = v_b T_b = qv_b / (v_b + v_s)$。

（2）两头猪同时踏踏板然后同时向食槽处奔跑，大猪和小猪跑到猪食槽所用的时间分别为 d/u_b 和 d/u_s。由于 $u_b \geqslant u_s$，所以 $d/u_b \leqslant d/u_s$。当大猪跑到食槽处时，小猪还需要 $d/u_s - d/u_b$ 的时间才能跑到食槽处。根据即踏即喷公理和和平公理，当小猪跑到食槽处时，大猪已经吃到了 $v_b(d/u_s - d/u_b)$ 个单位的猪食，食槽内还剩下 $q - v_b(d/u_s - d/u_b)$ 个单位猪食。设需时间 T_t 两头猪才能将槽内猪食吃完，则 $(v_b + v_s)T_t = q - v_b(d/u_s - d/u_b)$。从而得到 $T_t = \dfrac{q - v_b(d/u_s - d/u_b)}{v_b + v_s}$。为了便于推导，令 $D = d/u_s - d/u_b$，则大猪一共吃到

$$
\begin{aligned}
t &= v_b\left(\frac{d}{u_s} - \frac{d}{u_b}\right) + v_b\frac{q - v_b\left(\dfrac{d}{u_s} - \dfrac{d}{u_b}\right)}{v_b + v_s} = \\
&\quad v_b\left(D + \frac{q - v_b D}{v_b + v_s}\right) = \\
&\quad v_b\frac{v_b D + v_s D + q - v_b D}{v_b + v_s} = \\
&\quad v_b\frac{v_s D + q}{v_b + v_s} = v_b\frac{v_s\left(\dfrac{d}{u_s} - \dfrac{d}{u_b}\right) + q}{v_b + v_s} = \\
&\quad \frac{qv_b}{v_b + v_s} + \frac{v_b v_s(u_b - u_s)}{u_b u_s(v_b + v_s)}d
\end{aligned}
$$

（3）当小猪踏踏板大猪等待时，根据即踏即喷公理与和平公理，当小猪跑到猪食槽处时，大猪一直等待小猪到达后一起吃。故槽内有 q 个单位猪食。设小猪到达食槽处时，两头猪共同吃完食槽内所有猪食所用的时间为 T_s，则有等式 $T_s = q/(v_b + v_s)$。从而小猪踏

踏板大猪吃到的猪食量为 $s = v_b T_s = v_b q / (v_b + v_s) = b$。

（4）根据小猪肯同踏公理，有

$$0 < q - t = \frac{q v_s}{v_b + v_s} - \frac{v_b v_s (u_b - u_s)}{u_b u_s (v_b + v_s)} d \Leftrightarrow 0 \leqslant$$

$$d < \frac{u_b u_s q}{(u_b - u_s) v_b} = \frac{q / v_b}{1 / u_s - 1 / u_b}$$

证毕。

定理 2（基本不等式）

$$0 < c < \frac{b(q-b)}{2q} < (q-b)/2 < b = s \leqslant t < q < 2b$$

其中 $t = b$ 等价于 $u_b = u_s$。

证　由定理 1，有 $t - b = \frac{v_b v_s (u_b - u_s)}{u_b u_s (v_b + v_s)} d \geqslant 0$，即

$t \geqslant b$，其中 $t = b$ 当且仅当 $u_b = u_s$。由小猪肯同踏公理，

有 $t < q$，且 $q - 2b = \frac{(v_s - v_b) q}{v_b + v_s} < 0 \Leftrightarrow q < 2b$。由强成

本公理，有

$$b - \frac{1}{2}(q-s) = \frac{1}{2}(3b-q) > 0$$

$$\frac{b(q-b)}{2q} - \frac{q-b}{2} = \frac{q-b}{2}\left(\frac{b}{q} - 1\right) < 0$$

证毕。

定理 3　记

$$\gamma_1 = \frac{(q-b)b}{q}, \gamma_2 = \frac{2b(q-b)}{b+q}, \gamma_3 = q - b$$

$$\lambda_0 = 0, \lambda = \frac{u_b u_s (v_b + v_s)}{v_b v_s (u_b - u_s)} c, \lambda_3 = \frac{u_b u_s q}{(u_b - u_s) v_b}$$

那么：(1) $0 < \gamma_1 < \gamma_2 < \gamma_3$；(2) $\lambda_0 < \lambda < \lambda_3$。

证　(1) 显然有

198

$$\frac{2b(q-b)}{b+q}-\frac{b(q-b)}{q}=\frac{b(q-b)^2}{q(b+q)}>0$$

$$(q-b)-\frac{2b(q-b)}{b+q}=\frac{(q-b)^2}{b+q}>0$$

（2）由于 $c<q-b=\dfrac{v_s q}{v_b+v_s}$，所以

$$\frac{u_b u_s q}{(u_b-u_s)v_b}-\frac{u_b u_s(v_b+v_s)}{v_b v_s(u_b-u_s)}c=u_b u_s\frac{v_s q-(v_b+v_s)c}{v_b v_s(u_b-u_s)}>0$$

证毕。

定义 1　当 $c<\gamma_1$ 时，称为成本 c 较低（小）；当 $\gamma_1<c<\gamma_2$ 时，称成本中等；当 $\gamma_2<c<\gamma_3$ 时，称成本较高（大）。

三、小猪踏踏板可能性的调整

定理 4（纯 Nash 均衡表示定理）　和平－强成本公理系统的纯 Nash 均衡集为

$$\text{PNE}(\Gamma)\begin{cases}\{(\text{等},\text{踏}),(\text{踏},\text{等})\},&t-s\leqslant c<b\\\{(\text{踏},\text{等})\},&c<t-s\end{cases}=$$

$$\begin{cases}\{(\text{等},\text{踏}),(\text{踏},\text{等})\},&d\leqslant\lambda\\\{\text{踏},\text{等}\},&d>\lambda\end{cases}$$

证　我们有

$$q-t-c-(q-b)=b-t-c<0\Leftrightarrow q-t-c<q-b$$

由强成本公理，有 $c<q-s\Rightarrow q-s-c>0$，$c<b\Rightarrow b-c>0$。由于 $s<t<s+b\Rightarrow 0<t-s<b$，所以讨论如下三种情况。

（1）当 $c<t-s$ 时，有 $t-c>s$，于是

$$\begin{array}{ccc}&\text{踏}&\text{等}\\\begin{array}{c}\text{踏}\\\text{等}\end{array}&\left[\begin{array}{cc}(t-c,q-t-c)&(b-c,q-b)\\(s,q-s-c)&(0,0)\end{array}\right.&\end{array}$$

此时有 $\mathrm{PNE}(\Gamma) = \{(踏,等)\}$。

（2）当 $c = t - s$ 时，有 $t - c = s$，于是

$$
\begin{array}{cc}
 & \quad 踏 \qquad\qquad 等 \\
\begin{array}{c} 踏 \\ 等 \end{array} & \left[\begin{array}{cc} \underline{(t-c,q-t-c)} & \underline{(b-c,q-b)} \\ \underline{(s,q-s-c)} & (0,0) \end{array}\right]
\end{array}
$$

此时有 $\mathrm{PNE}(\Gamma) = \{(踏,等),(等,踏)\}$。

（3）当 $t - s < c < b$ 时，有 $t - c < s$，于是

$$
\begin{array}{cc}
 & \quad 踏 \qquad\qquad 等 \\
\begin{array}{c} 踏 \\ 等 \end{array} & \left[\begin{array}{cc} (t-c,q-t-c) & \underline{(b-c,q-b)} \\ \underline{(s,q-s-c)} & (0,0) \end{array}\right]
\end{array}
$$

此时有 $\mathrm{PNE}(\Gamma) = \{(踏,等),(等,踏)\}$。

由于 $t - s \leqslant c$ 等价于 $d \leqslant \dfrac{u_b u_s (v_b + v_s)c}{v_b v_s (u_b - u_s)} = \lambda$，所以

$$
\mathrm{PNE}(\Gamma) = \begin{cases} \{(等,踏),(踏,等)\}, & t-s \leqslant c < b \\ \{(踏,等)\}, & c < t-s \end{cases}
$$

$$
= \begin{cases} \{(等,踏),(踏,等)\}, & d \leqslant \lambda \\ \{(踏,等)\}, & d > \lambda \end{cases}
$$

证毕。

定理 4 说明，在和平—强成本公理的条件下，不会出现两猪都踏和两猪都等的情形。当槽板距较大时，必大猪独踏。当槽板距较小时，两猪中一踏一等都皆可发生。

注 定理 4 说明，当大猪独踏时，可以通过调短槽板距而让两猪一踏一等都成为可能。

例 1 政府掌握多项开发工作量不等、生产同种产品的非专利项目且政府有权定产品的税后单价。该地区的大小两厂每月平均可各完成 2 和 1 单位开发工作量，开发成本为 20 万元，销后月平均盈利各为 20 和

10 万元。产品总需求量为 100 万单位。已知只有大厂才有积极性自主开发。要使得小厂有积极性自主开发,问:(1) 对于 8 单位工作量开发成功的项目,政府将税后单价定为 0.5 元时,会发生什么情况? (2) 要使得定价为 0.80 元的产品有小厂开发大厂等待仿造或大厂开发小厂等待仿造都成为可能,政府应该发布多少单位工作量开发成功的项目?

解　我们有 $u_b=2, u_s=1, v_b=20, v_s=10, c=20$。

(1) 此时有

$$q = 0.5 \times 100 = 50$$

$$\lambda = \frac{u_b u_s (v_b + v_s) c}{v_b v_s (u_b - u_s)} = 6 < 8 = d < 50 = \frac{u_b u_s q}{(u_b - u_s) v_b} = \lambda_3$$

所以 $\mathrm{PNE}(\Gamma) = \{(踏, 等)\}$,即此时大厂独立开发小厂等待模仿。

(2) 要使得定价为 0.80 元的产品有小厂开发大厂等待仿造和大厂开发小厂等待仿造都成为可能,即 $\mathrm{PNE}(\Gamma) = \{(踏, 等), (等, 踏)\}$,需要 $d \leqslant 6 = \lambda$,即政府应该发布不超过 6 个工作量开发成功的项目。

遗产与分割

第 二 章

遗产分配

一个男人有三个老婆,她们的婚姻合同上写明了在他死后,她们将分别获得 100 元,200 元,300 元的遗产。法典给出了初看起来似乎明显矛盾的一些解决方法:假设男子死后留下了 100 元的遗产,建议平均分配;如果遗产有 300 元,建议分为(50,100,150);而在遗产为 200 元时,建议分为(50,75,75)。这完全是

难以解释的,你能否给出一个合理解释?

——姜启源 谢金星[1][2]

一、问题的提出

犹太教法典《塔木德》(*Talmud*)是关于基本的犹太教义、犯罪和民事方面的法典,大约在公元后头 5 个世纪内已经编纂完成。这一法典主要是以一个个案例的形式写成的,很少给出详细的具体条文。例如,在《塔木德·损害部·中门卷》第一章第一节,为财产冲突的双方提供了如下案例。

甲乙两人为争夺一件大衣发生争执。甲说:"大衣是我发现的,完全是我的;"乙也说:"大衣是我发现的,完全是我的。"在两人的说法均有效的情况下,建议这件有争执大衣甲乙各得一半。例如当大衣价值200 元时,甲乙各得 100 元。这种分法是容易理解的。如果甲说:"大衣完全是我的;"乙说:"大衣的一半是我的。"则建议这件有争执大衣甲拿四分之三,乙拿四分之一。例如当大衣价值 200 元时,甲得 150 元,乙得 50 元。这种分法有些不好理解了,因为通常按照比例分配原则,甲乙应该按 2∶1 的比例分配。

更难以理解的是所谓"婚姻合同"问题。这个问题出现在《塔木德·妇女部·婚书卷》第十章第四节中,讨论了以下案例。

一个男人有三个老婆(我们下面分别称为三太太、

---

① 姜启源,清华大学教授。谢金星,清华大学教授。

② 姜启源,谢金星,《数学建模案例选集》,高等教育出版社,北京,2006 年。

二太太、大太太），她们的婚姻合同上写明了在他死后，她们将分别获得 100 元,200 元,300 元的遗产。法典给出了初看起来似乎明显矛盾的一些解决方法：假设男子死后留下了 100 元的遗产,建议平均分配;如果遗产有 300 元,建议分为(50,100,150);而在遗产为 200 元时,建议分为(50,75,75)。这完全是难以解释的。按照通常的逻辑,以及现代很多国家的法律规定,这三个人应得遗产的比例为 1：2：3,而在这里的裁决中,只有在遗产为 300 元的情况下这样的比例才成立。

很多犹太经济学家很早就看出了以上案例中的矛盾,至于为什么会发生这种矛盾,长期以来无人能给出合理的解释,甚至有人怀疑《塔木德》中给出的解决方案本来就是没有道理的。

对于上面两个案例讨论的争议财产的分配问题,你能否给出一个合理解释？ 也就是说,能否设计一个与塔木德解决方案完全相容的争议财产解决方案？ 这个方案应该拥有一个贯穿始终的原则,一旦接受这一原则,则争执中的任意一方无论从哪个角度考虑都会发现塔木德解决方案是公正的,都不会产生不满,更不会出现矛盾。

按照你建立的原则,在"婚姻合同"问题中,如果遗产分别是 400 元,450 元,500 元,应该如何分给三个人？

进一步可以考虑,与按比例分配等其他可能的分配原则相比较,塔木德解决方案的原则有什么特点？ 这个争议财产的分配问题及其解决方法可以应用到哪些实际领域中？

二、问题的初步思考与分析

对于大衣争执案这样一个不同寻常的财产争执案例,有多种解释都能得到与《塔木德》相同的结果。例如一种常见的解释是:当大衣价值 200 元时,如果甲说自己拥有全部 200 元,而乙说自己拥有其中 100 元,这说明乙对其中 100 元属于甲没有争议,因此他首先失去 200 元中的这 100 元。自然地,甲首先得到这 100 元。甲乙争执的是剩下 100 元的归属,双方都认为这 100 元属于自己,只能平均分配。因此最后乙分得 50 元,而甲分得 100 + 50 = 150 元。可以看出,这里的关键在于将总财产分成"无争执"部分和"争执"部分,无争执部分归声称方所有,争执双方只分配争执部分,并对这部分平均分配。这样,宣称拥有一半大衣的乙首先失去了另一半大衣,只能跟宣称拥有全部大衣的甲平分剩余的那半件大衣。显然,在这种分配原则下,争执中提出更高要求的那一位的所得不会少于提出较低要求的。这一原则被称为"争执大衣原则"(contested garment principle,简记为 CG)。

对于争执财产分配问题,上述原则能否成功地从两人推广到三人,来解释前面的"婚姻合同"案例呢?合同规定三太太、二太太、大太太将分别获得 100 元,200 元,300 元的遗产。当遗产为 100 元时很好解释:按照合同三人都会声称这 100 元属于自己,100 元全是争执部分,平分是一个合理的选择。当遗产为 300 元时的一种解释是:按照合同大太太会声称这 300 元完全属于自己,而二太太与三太太会联合起来声称这 300 元完全属于她们俩,争执部分平分的结果是大太太分得 300/2 = 150 元,二太太与三太太共同得到

300/2＝150 元。在二太太与三太太再对她们得到的150 元进行分割时，二太太会声称 150 元全部属于自己，三太太会声称其中 100 元属于自己，因此无争执部分为 50 元，争执部分为 100 元。所以最后二太太分得 50＋100/2＝100 元，三太太分得 100/2＝50 元。结果与《塔木德》案例的分配一致。

当遗产为 200 元时。按照合同大太太和二太太都会声称这 200 元完全属于自己，三太太会声称其中 100 元属于自己，于是这 100 元是三人共同争执部分，而另外 100 元是大太太、二太太两人争执部分。因此大太太和二太太应该各自分得 100/3＋100/2＝250/3 元，三太太应分得 100/3 元。这与《塔木德》案例的分配是不一致的。

细心的读者会发现，上面对 300 元遗产进行了两次、每次两方的分配，而对 200 元遗产是三人一起分配。如果按 200 元遗产的分配方法，当遗产为 300 元时，其中 100 元是三人共同争执部分，随后的 100 元是大太太、二太太两人的争执部分，而最后 100 元应当归大太太所有。这样一来，三太太应分得 100/3 元，二太太应分得 100/3＋100/2＝250/3 元，大太太应分得 100/3＋100/2＋100＝550/3 元。这是与前面每次两方分配的结果完全不同，问题出在哪里？

由于《塔木德》中只给出了案例而没有给出具体的分配原则，人们又长期找不到合理的解释，于是有人怀疑塔木德解决方案是否出现了逻辑上的错误。那么，是否有一种原则能够给以很好地解释呢？ 直到1985 年，以色列经济学家罗伯特·奥曼（Robert Aumann）和另一位科学家发表了一篇题为"《塔木

德》中一个破产问题的对策论分析"的论文，这个千古之谜才算解开。罗伯特·奥曼本人于 2005 年获得了诺贝尔经济学奖（虽然不仅仅是因为这一篇论文）。

下面我们对这一争执财产的分配问题进行数学描述，并对各种可能的分配原则进行讨论和比较，分析各自的特点。

三、问题的数学描述

上面叙述的争执财产的分配问题可以一般地用数学语言描述如下：N 个争执方（个人或组织）对总量为 E 的财产发生争执（$\mathbf{R}_+$ 表示非负实数集合），每个人 i 声称其拥有的数量为 $c_i (i = 1, 2, \cdots, N)$，且 $\sum_{i=1}^{N} c_i \geqslant E$，这里 E 和 c_i 都是非负实数。应如何将财产 E 分配给每个人？这就形成所谓争执财产的分配问题 (c, E)，在英文文献中也称为 Bankruptcy Problem，即破产问题。

显然，不妨假设 c_i 是从小到大排序的，即 $0 \leqslant c_1 \leqslant c_2 \leqslant \cdots \leqslant c_N$，向量 $\boldsymbol{c} = (c_1, c_2, \cdots, c_N)$。记争执方 i 应分得的财产数量为 x_i，向量 $\boldsymbol{x} = (x_1, x_2, \cdots, x_N)$。存在一种分配规则使 $\boldsymbol{x} = \boldsymbol{x}(c, E)$，一般来说 $\boldsymbol{x}$ 应至少满足两个基本条件：

（1）每人分得的财产不超过其声称拥有的数量，即

$$0 \leqslant x_i \leqslant c_i, i = 1, 2, \cdots, N \tag{1}$$

（2）所有人分得的财产之和为 E，即

$$\sum_{i=1}^{N} x_i = E \tag{2}$$

当然，在实际中有可能存在上述两条不一定满足

的情形,例如当财产不一定要求全部分配出去时式(2)不一定满足,而当 $\sum\limits_{i=1}^{N} c_i < E$ 且财产要求全部分配出去时式(1)肯定不满足。我们这里只考虑 $\sum\limits_{i=1}^{N} c_i \geqslant E$ 且要求式(1),(2)同时满足的分配方案。

　　为了表达上的方便,我们也称分配规则为 x,与分得的财产向量 x 不加区分。但读者应该注意到这是两个不同的概念:分配规则是一个函数关系(映射),而分得的财产向量只是破产问题的一种分配结果(即一种分配方案,或称为一个解)。一般来说,一种分配规则确定一个解,但有可能几种不同的分配规则确定的是同一个解。另外,我们有时也用 N 表示争执方的集合。

　　满足式(1),(2)的函数 x 可能是很多的。对 x 增加其他限制条件,可以形成不同的分配规则,我们将在后面介绍人们考虑过的一些主要分配规则。

四、分配方案与分配规则

1. 两方争执的情形

　　现在用数学语言来描述前面介绍过的争执大衣原则(CG),有时称为让步均分规则(concede and divide,简记 CD)。在这个规则下,每个争执方先让出无争执部分给对方,然后平分争执部分。当 $N=2$ 时,这是很容易实现的:每个人 i 都同意 $\max\{E-c_i,0\}$ 是属于对方的($i=1,2$),因此 i 首先得到对方的无争执部分 $\max\{E-c_j,0\}$,$j=3-i$,然后双方平分剩余的争执部分。于是这一原则可以表述成(用 CG_i 记该原则下的 x_i)

208

$$CG_i(\boldsymbol{c},E) = \max(E - c_{3-i}, 0) + \frac{E - \displaystyle\sum_{k=1}^{2}\max\{E - c_k, 0\}}{2}$$

$$i = 1, 2 \tag{3}$$

可以看出，这个分配方案有一些明显的性质。

首先，这一原则满足单调性：$CG_i(i=1,2)$ 是 E 的增函数（非严格增），即双方的分配所得都不会随总财产的增加而减少；CG_i 是 $c_i(i=1,2)$ 的增函数（非严格增），即每个人的分配所得不会随其声称拥有量的增加而减少。

其次，让我们考察总财产 E 从小变大时的分配：若 $E \leqslant c_1, c_2$，则对于 $i=1,2$，式（3）中的第一项均为 0，所以是平均分配；若 $c_1 < E \leqslant c_2$，则对于 $i=1$，式（3）中的第一项为 0，所以他只能分得 $c_1/2$，其余的 $E - c_1/2$ 归 $i=2$；若 $E > c_2$，则对于 $i=1,2$，各自得到对方的无争执部分后，平分剩余的财产，可得 $CG_i = (E + c_i - c_{3-i})/2$。所以，式（3）是一个可以具体实现的构造性过程，也可看成争执大衣原则的一种准确描述（在下面关于多人争执问题定理的证明过程中，我们要利用这一点）。

2. 两方以上争执的情形

从前面关于"婚姻合同"案例的讨论中可以看出，上述原则如何推广到多于两个人的情况，不是一件简单的工作。但是，我们可以将争执中的多方两两进行考察：假设某种分配方案中 i 和 j 分配得到的财产分别为 x_i 和 x_j，且只考虑在双方之间分配总财产 $x_i + x_j$ 时，按照声称值 c_i 和 c_j，根据争执大衣原则得到的分配正好就是 x_i 和 x_j，则这种多方分配方案称为与争执大衣原则相容(CG-consistent)。仔细检查一下前面《塔木德》的"婚姻合同"案例中给出的遗产为 100 元,200元,300 元的分配方案,容易看出这些方案都是与争执大衣原则相容的。

到这里我们似乎已经解开了《塔木德》中的"婚姻合同"疑案,也就是说《塔木德》实际上给出的是一个与争执大衣原则相容的分配方案。但是,是否对于任意的实例,总存在这样的方案呢? 如果存在,这个方案唯一吗? 下面的定理给出了肯定的回答。

定理 对于任意一个财产争执问题的实例,一定存在唯一一个与争执大衣原则相容的解决方案。

证 唯一性是比较容易证明的,可以采用反证法。对实例(c, E),假设存在两个与争执大衣原则相容的分配方案 x 和 y,则至少可以找到一对争执方 i 和 j 满足 $y_i > x_i$,且 $y_j < x_j$。不妨假设 $y_i + y_j \geqslant x_i + x_j$。按照相容性,当按照争执大衣原则在双方之间分配财产 $x_i + x_j$ 时,争执方 j 应得到 x_j;当分配财产 $y_i + y_j$ 时,争执方 j 应得到 y_j。由于 $y_i + y_j \geqslant x_i + x_j$,根据争执大衣原则的单调性,应有 $y_j \geqslant x_j$,这与前面的假设 $y_j < x_j$ 矛盾,所以唯一性成立。

下面证明存在性,这是一个构造性证明。我们想象总财产 E 是逐渐增加的。当 E 很小时,将 E 平均分配给各方,直到各方都得到 $c_1/2$;随后,停止对争执方 1 分配财产,而将增加的财产平均分配给剩余的 $N-1$ 方,直到争执方 2 得到 $c_2/2$;此时停止对争执方 2 分配财产,而将增加的财产平均分配给剩余的 $N-2$ 方,依此类推,直到每一方 i 均得到 $x_i = c_i/2$,或者总财产全部分完。如果每一方均正好得到其声称财产的一半,

此时已分配的财产为 $C/2$，其中 $C = \sum_{i=1}^{N} c_i$。这样，对 $E \leqslant C/2$ 的情形分配过程是可以实现的。

如果 $E > C/2$，则可以考虑各方的损失 $c_i - x_i (i = 1, 2, \cdots, N)$，随着 E 的减少，增加的总损失可以按类似方式分摊给各方。也就是说，当 $E = C$ 时，自然各方所得均为 $x_i = c_i$；当总损失 $C - E$ 很小时（E 较大），大家平均分摊损失，所以争执方 i 得到 $c_i - (C - E)/N$，直到争执方 1 的所得低至 $c_1/2$ 为止；随后，停止让争执方 1 分摊损失，而将增加的损失平均分摊给剩余的 $N-1$ 方，直到争执方 2 的所得低至 $c_2/2$ 为止；此时停止让争执方 2 分摊损失，而将增加的损失平均分摊给剩余的 $N-2$ 方，依此类推，直到每一方 i 的所得均低至 $x_i = c_i/2$，或者总损失全部摊完。如果每一方均正好得到其声称财产的一半，此时已分配的财产也正好是 $C/2$。这样，对 $E \geqslant C/2$ 的情形分配过程也是可以实现的。

可以看出，上述两个分配过程在中点 $C/2$ 相遇，因此包含了所有可能的情形。事实上，$E > C/2$ 时分摊损失的过程也可以按照财产分配原则来统一描述：当 $E \leqslant C/2$ 但非常接近 $C/2$ 时，随着 E 的增加，财产只分配给争执方 N；当 E 刚刚超过 $C/2$ 一点点时，争执方 N 继续得到增加的财产，直到所得财产达到 $c_N - c_{N-1}/2$；此后争执方 $N-1$ 也开始参与对增加的财产的分配，即新增的财产平均分配给争执方 N 和 $N-1$，直到其所得财产达到 $c_N - c_{N-2}/2$ 和 $c_{N-1} - c_{N-2}/2$；依此类推。

上述的分配方案是与争执大衣原则相容的。对于

任意两方 i 和 j（不妨假设 $c_i \leqslant c_j$），当 E 很小时是平均分配，直到双方至少得到 $c_i/2$；此后，财产将分配给声称值较大的 j 方，直到 j 方得到 $c_j - c_i/2$。随着 E 进一步增加，增加的财产值将被平均分配给双方。所以，这是一个与争执大衣原则相容的分配方案。

3. 分配原则的自相容性

能够给出与争执大衣原则相容的解决方案的分配规则，称为与争执大衣原则相容的规则，简称为相容规则。显然，上述定理证明中给出的分配过程给出了一个相容规则。这一分配过程还具有更多的性质。

在分析一个分配规则时，对于部分争执者构成的集合，我们可能会关心其内部的分配结果。有争执财产的分配问题 (c, E)，对于任意的子集合 $S \subseteq N$，如果一个分配规则 r 满足

$$r(c, E) = x, \, r(c|_S, x(S)) = x|_S \tag{4}$$

则称分配规则 r 是自相容的（self-consistent），其中 $x(S) = \sum_{i \in S} x_i$ 表示集合 S 中的争执者在原问题 (c, E) 中按分配原则 r 分得的总财产，而 $c|_S$ 和 $x|_S$ 分别表示 c 和 x 限制在子集合 S 上时构成的子向量。式（4）表明，按照自相容的分配规则，子集合内部成员分配该子集合在原问题分配得到的总财产时，所得结果与在所有成员中分配全部财产的结果是一致的。这当然是人们在分配争执财产时所希望的情况。

显然，任何相容规则也必然是自相容的，这是争执大衣原则所必然具有的一个很好的性质。

4. 分配原则的自对偶性

从定理的证明中给出的分配过程可以看出，这一过程既可以从正面（分配财产的角度）进行，也可以从

212

反面(摊派损失的角度)进行,而且两者得到的结果是相同的。这是一种对偶性。

有争执财产的分配问题(c, E),$C = \sum_{i=1}^{N} c_i$,如果分配规则 r 满足

$$r(c, E) = c - r(c, C - E) \qquad (5)$$

则称 r 是自对偶的(self-dual)。也就是说,对于一个自对偶的分配规则来说,是以相同的方式来分配财产和摊派损失的。

定理证明中给出的分配过程是自对偶的。我们前面说过这一分配规则具有单调性,即随着总财产值 E 的增加,任何一方的分配所得不会减少。根据自对偶性,我们还可以知道这一规则得到的解是保序的(order-preserving),即当 $0 \leqslant c_1 \leqslant c_2 \leqslant \cdots \leqslant c_N$ 时

$$0 \leqslant x_1 \leqslant x_2 \leqslant \cdots \leqslant x_N$$

且

$$0 \leqslant c_1 - x_1 \leqslant c_2 - x_2 \leqslant \cdots \leqslant c_N - x_N \qquad (6)$$

即声称值较大的争执方得到的财产值较大,同时损失也较大。

5. 分配原则应用到"婚姻合同"案例

现在我们再回头看看"婚姻合同"案例,谜团就迎刃而解了。在遗产只有 100 元的情况下,三位太太都有同样的权利要求获得全部遗产,因此三人平分是符合争执大衣原则的。当遗产数为 200 元时,塔木德解决方案是唯一符合争执大衣原则的解决方案。三太太和二太太共获得 125 元(等于两个人争执 125 元),由于三太太最多只能得到 100 元,所以二太太首先获得 25 元。剩下的 100 元由于两人都有权获得全部,所以

按争执大衣原则平分,这样三太太获得 50 元,二太太获得 75 元。同样,如果你把大太太和二太太或者大太太和三太太放在一起,两人间的财产分配也都符合大衣争执原则。在遗产为 300 元的情况下,三太太和二太太争 150 元,出于同样的原则,二太太先获得 50 元,然后两人平分剩下的 100 元。这样三太太获得 50 元,二太太获得 100 元。

更奇妙的是,塔木德解决方案不仅保证财产分配中任意两人所得与争执大衣原则相一致,而且任意两人的所失也与该原则一致。以遗产为 200 元钱的情况为例。二太太应得 200 元,实得 75 元,损失 125 元,大太太损失 225 元,二太太和大太太共损失 350 元。按争执大衣原则,由于二太太的要求是 200 元,所以大太太先损失 150 元,与此同时由于大太太的要求是 300 元,所以二太太也要损失 50 元。这样只剩下 150 元的损失由两人平分,各损失 75 元,加起来正好是二太太损失 125 元,大太太损失 225 元。

如果遗产是 400 元,因为 $E = 400 > C/2 = 300$,则大太太、二太太和三太太首先分别获得 150 元,100 元和 50 元(各人声称值的一半)。剩余 100 元,大太太先得到 50 元(此时大太太总共得到 $200 = 300 - 200/2$ 元),剩余 50 元大太太与二太太两人平分(此时大太太总共得到 $225 < 300 - 100/2 = 250$ 元,二太太总共得到 $125 < 200 - 100/2 = 150$ 元),所以分配方案是(以三太太、二太太和大太太分别所得为序,下同):50 元,125 元,225 元。

如果遗产是 450 元,类似地可以得到分配方案是:50 元,150 元,250 元。

214

如果遗产是 500 元,因为 $E = 400 > C/2 = 300$,则大太太、二太太和三太太首先分别获得 150 元,100 元和 50 元(各人声称值的一半)。剩余 200 元,大太太先得到 50 元(此时大太太总共得到 $200 = 300 - 200/2$ 元),剩余 150 元中的头 100 元大太太与二太太两人平分(此时大太太总共得到 $250 = 300 - 100/2$ 元,二太太总共得到 $150 = 200 - 100/2$ 元);最后 50 元三人平分。所以分配方案是:$50 + 50/3$ 元,$150 + 50/3$ 元,$250 + 50/3$ 元。

事实上,不难给出当 E 为任意大小($0 \leqslant E \leqslant C$)时对应的分配方案。图 1 中三条实线(折线)分别对应于三个争执方的分配所得 x_1, x_2, x_3,实线旁边的数值表示该线段的斜率。按照自对偶性式(5),$0 \leqslant E \leqslant C/2 = 300$ 与 $C/2 \leqslant E \leqslant C = 600$ 这两段的图形是对称的,对称轴是 $E = 300, x = 150$。图形表示,当总财产 $0 \leqslant E \leqslant 150$ 时,三方平均分配;当 $150 \leqslant E \leqslant 250$ 时,增加的财产由声称值较大的两方平均分配;当 $250 \leqslant E \leqslant 350$ 时,增加的财产完全分配给声称值最大的一方;当 $350 \leqslant E \leqslant 450$ 时,增加的财产由声称值较大的两方平均分配;当 $450 \leqslant E \leqslant 600$ 时,增加的财产由三方平均分配。

对于一般的 N 和 (c, E),这一方法也是可行的,只是分配线(折线)的转折点会更多。读者不妨尝试画出一般情形下与图 1 类似的分配图形。

五、对策论分析

前面的讨论集中在财产争执问题本身的描述,以及分配规则及其性质的讨论,与对策论没有关系。只要争执方接受一种分配规则,这种分配规则就可以实

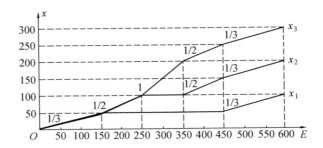

图 1　当 E 为任意大小（$0 \leqslant E \leqslant C$）时对应的分配方案

施,这相当于法官按照法律条文来判案,而无须顾及争执方的感受。而如果希望考虑争执方的感受,财产争执问题也可以建立对策论模型,具体来说是合作对策（cooperation game）,主要是联盟对策（coalitional game）。我们下面先介绍合作对策中的一些基本概念。

1. 联盟对策及解的概念

在联盟对策中,给定局中人的集合 N（为了方便我们也用 N 表示该集合的元素个数）,其任意的子集合 $S \subseteq N$ 称为一个联盟。如果给定了所有可能的联盟 S 不需要与联盟外的局中人合作就可以获得的权益 $v(S)$,如何为每个局中人（个体）确定权益? 这一联盟对策简记为（N,v）。这里的函数 v 通常称为特征函数,一般要求满足以下两条性质

$$v(\varnothing) = 0 \tag{7}$$

即空联盟的权益为 0

$$v(N) \geqslant \sum_{i \in N} v(\{i\}) \tag{8}$$

即全体局中人联盟的权益不小于个体权益之和。

有时候上述第 2 条性质用更强的超可加性

（supperadditivity）代替，即要求对于 N 的任意两个互不相交的子集 A 和 B，$v(A \bigcup B) \geqslant v(A) + v(B)$。

　　对策的目的是要为 N 中的每个局中人 i 指定从联盟的收入中分得的份额 x_i，由 x_i 构成的 N 维向量 $\boldsymbol{x}$ 称为支付向量，即问题的解。合作对策中解的概念很多，主要有核心（core）、稳定集（stable set）、Shapley 值、谈判集（bargaining set）、 内核（kernel）、 核仁（nucleolus）等。这些概念的简单介绍参见附录。

2. 财产争执问题的对策论模型和结论

　　对财产争执问题 $(\boldsymbol{c}, E)$，一个联盟 $S \subseteq N$ 的权益 $v(S)$ 可以这样给定：在完全承认联盟外的所有局中人的声称值以后（即不与联盟外的任何局中人合作），本联盟所能获得的财产，即

$$v(S) = \max\{E - c(N/S), 0\}, \text{其中 } c(N/S) = \sum_{i \notin S} c_i$$

$$\tag{9}$$

自然地，假设 $v(\varnothing) = 0$。我们需要据此确定每个个体 i 的权益 x_i。这一联盟对策问题就是财产争执问题 $(\boldsymbol{c}, E)$ 对应的对策问题。

　　可以证明，前面给出的与争执大衣原则相容的规则是上述对策问题唯一的内核，自然也是这一对策唯一的核仁。

　　从对策论的角度看，塔木德解决方案给破产争执提供了一个出色的解决方案，它的特点是拥有一个贯穿始终的原理，一旦接受这一原理，则争执中的任意两方无论从哪个角度考虑都会发现这一解决方案是公正的，都不会产生不满。在现代对策论所能提供的各种破产争执解决方案中，塔木德解决方案最接近对策论

中核仁的概念,因此也有人说塔木德解决方案是现代
对策论中核仁概念的鼻祖。

塔木德解决方案还具有一定的社会意义,例如这
种分配方案一定程度上体现了向弱势群体的倾斜。

六、其他问题

1. 类似的问题

很多其他实际问题与争执财产的分配问题类似,
或者说有相同或类似的模型。例如:

(1)破产企业的债务清偿问题:当一家企业破产
后,破产企业的遗留财产如何公平地分配给债权人?

(2)税收问题:如果某地方政府决定征收总量一定的
税收,如何根据纳税对象的收益分配相应的纳税额?

(3)项目费用的摊派问题:如果集资兴建某个项
目,从中受益的组织和个人很多,如何根据组织和个人
从中受益的大小摊派集资?

2. 一些常见的分配原则

这个案例主要介绍了争执财产分配问题的塔木德
解决方案。其他不一定同时满足相容性、自相容性和
自对偶性的分配原则可能还有很多,以下再介绍其中
几个非常简单的分配原则,读者可以尝试分析一下这
些分配原则的性质(如相容性、自相容性和自对偶性等
性质中哪些成立,哪些不成立)。

两种比例原则　　比例原则也许是最常见的,争执
各方按声称价值的比例进行分配。将这一原则记为
P(proportional rule),可以写成

$$P(\boldsymbol{c}, E) = \lambda \boldsymbol{c} \quad (\text{其中 } \lambda = E / \sum_i c_i) \qquad (10)$$

如果考虑大衣争执原则中的思想,每个人 i 至少

应该得到其他人均无争议的部分（这可以认为是争执方 i 的最小权益），记这部分财产为 $m_i(\boldsymbol{c}, E)$，则

$$m_i(\boldsymbol{c}, E) = \max\left\{E - \sum_{j \in \mathbf{N}/\{i\}} c_j, 0\right\} \qquad (11)$$

对剩余的财产 $E - \sum_i m_i(\boldsymbol{c}, E)$，再由各方按比例平分。但由于 i 已经得到了 $m_i(\boldsymbol{c}, E)$，因此对应的声称值应修改为 $c_i - m_i(\boldsymbol{c}, E)$，并且这个值不应该超过剩余的财产（超过后按零计）。 将这一原则记为 A(Adjusted Proportional Rule)，可以写成

$$A(\boldsymbol{c}, E) = m(\boldsymbol{c}E) + P\left(\bar{\boldsymbol{c}}, E - \sum_i m_i(\boldsymbol{c}, E)\right)$$

$$\bar{c}_i = \min\left\{c_i - m_i(\boldsymbol{c}, E), E - \sum_i m_i(\boldsymbol{c}, E)\right\} \quad (12)$$

有约束的平等报酬原则　对平等性的追求一直以来都是人们的美好愿望，据此可以将财产总量 E 平分给所有争执方，但每人分得的不应超过其声称值。这一原则称为有约束的平等报酬原则（constrained equal awards rule），简记为 CEA，可以表述为

$$CEA_i(\boldsymbol{c}, E) = \min\{c, \lambda\}, \sum_i \min\{c_i, \lambda\} = E \, (13)$$

对这一原则也有人提出了一些修改意见。 例如，Piniles 早在 1861 年就提出了以下方案：如果财产总量 E 不超过争执各方声称值总和的一半，则将各方的声称值减半后按 CEA 原则分配；否则，每一方至少得到其声称值的一半，然后对剩余部分按 CEA 原则分配。将这一原则记为 Pin(piniles' rule)，可以表述为

$$Pin_i(\boldsymbol{c}, E) = \begin{cases} CEA_i(\boldsymbol{c}/2, E), & E \leqslant C/2 \\ c_i/2 + CEA_i(\boldsymbol{c}/2, E - C/2), & E > C/2 \end{cases}$$

$$(14)$$

七、联盟对策中解的概念

分配和优超　先说明联盟对策研究中经常提到的两个概念,即分配(allocation)和优超(domination)。如果一个支付向量 x 满足个体合理性,即

$$x_i \geqslant v(\{i\}), i = 1, 2, \cdots, N \tag{15}$$

和集体合理性,即

$$\sum_{i \in N} x_i = v(N) \tag{16}$$

则称 x 为合作对策的一个分配,有时也称为一个转归(imputation)。

对于分配 x 和 y,如果存在非空联盟 S,有

$$x_i > y_i, \forall i \in S \tag{17}$$

$$x(S) \leqslant v(S), \text{其中 } x(S) = \sum_{i \in S} x_i \tag{18}$$

则称 x 优超 y,记为 $x > y$。式(17)表示联盟 S 中各局中人从分配 x 中得到的收益要大于从分配 y 中获得的收益,式(18)表示从分配 x 中得到的收益总和不超过联盟的特征函数值(也就是说是可行的)。一旦联盟 S 发现有 $x > y$,该联盟将放弃分配 y 而接受 x。所以,只有不被优超的分配对局中人来说才会令人满意。

核心　合作对策中不被任何分配优超的分配的全体称为核心(core),记为 $C(v)$。核心有一个简捷直观的表达式,即 $C(v)$ 可表示为对所有的子集 $S \subseteq N$ 均满足

$$x(S) \geqslant v(S) \tag{19}$$

的支付向量 x 的全体。

核心是联盟型对策中一种利益分配的集合。集合中的每一个利益分配方案,均使得没有任何一些局中人能够通过组成联盟而提高他们自己的总和收益。把核心中的分配作为对策的解是可行的,因为即使有某

220

联盟 S 喜欢另一分配 y，也会由于 $y(S) > v(S)$（超过了联盟 S 的特征函数值）而无法将 x 改变为 y，也就是说，核心中的分配使得任何联盟都没有能力推翻它。但是，核心概念存在一个致命的缺陷，它经常是空的，即通常找不到一种能够被所有联盟都接受的利益分配方案。

稳定集　设 V 是联盟对策 (N, v) 中的一些分配的集合：

（1）如果 V 中任何两个分配都没有优超关系，则称 V 为内部稳定的（internal stable）。

（2）如果对于 V 之外的任一分配 y，都有 $x \in V$ 使得 $x > y$，则称 V 为外部稳定的（external stable）。

既是内部稳定又是外部稳定的分配的集合称为稳定集。稳定集的存在性比核心要好一些，但也并不总是存在的。

Shapley 值　一个很自然的方法就是根据各局中人给联盟带来的增值（贡献）来分配。Shapley 值在直观上是所有边际贡献的加权平均值，这种边际贡献是一个局中人对他所能参与的各种联盟作出的贡献，也就是由于他的加入各种联盟总和收益的增长。计算公式为

$$x_i = \sum_{\substack{S \subseteq N \\ i \in S}} p(S)\big[v(S \cup \{i\}) - v(S)\big]$$

$$p(S) = \frac{|S|!\,(n - |S| - 1)!}{N!} \tag{20}$$

x_i 称为 Shapley 值，这里 $|S|$ 表示联盟 S 中所含局中人的个数。

Shapley 值考虑到了各个局中人对联盟收益的贡献，具有一定的科学性，计算方法简单，而且能得到合

作对策的唯一解,使用较为广泛。当然也存在反对意见,认为它没有体现出各局中人通过谈判达成协议结为联盟的过程。

谈判集　设 x 是一个分配。对于这个分配,可能有某两个局中人 i 和 j 尚有争议;i 觉得自己应不只得这么多,现在却让 j 占了便宜。这时,i 可以组织一个没有 j 参加的联盟 S(支付向量为 y),在这个联盟中,可以将其总收入分配得使各参加者所得比在分配 x 中的所得更多。这样一个二元偶 (S,y) 就称为局中人 i 对 y 关于分配 x 的异议(objection)。局中人 j 针对 i 的异议 (S,y) 可能有一定的办法来对付,或者说 j 可能组织一个没有 i 参加的联盟 D(支付向量为 z):D 中各人所得至少有他们参加联盟 S 时的所得那么多。这样一个二元偶 (D,z) 就称为局中人 j 对 i 关于异议 (S,y) 的反异议(counter-objection)。

一个分配 x 称为谈判点,如果对于每一对局中人 i 和 j,i 对 j 关于 x 的任何异议 (S,y) 都要遭到 j 对 i 关于 (S,y) 的反异议。对策的谈判点的全体称为谈判集。

核心是谈判集的子集,因为对核心中的分配,任何局中人都不可能提出异议。谈判集是根据局中人之间可能出现的相互谈判而提出的合作对策的解的概念,它与核心和稳定集相比,其存在性可以得到保证;与 Shapley 值相比,体现出了各局中人通过谈判达成协议结为联盟的过程。但其计算方法复杂,可操作性不强。

内核　用 T_{ij} 表示局中人 i 但不包含局中人 j 的一切联盟的集合,对于一个分配 x,定义局中人 i 超过局中人 j 的最大剩余(maximum surplus)为

222

$$s_{ij}(\boldsymbol{x}) = \max_{S \in T_{ij}} e(S, \boldsymbol{x}), \text{其中 } e(S, \boldsymbol{x}) = v(S) - x(S)$$

$$(21)$$

如果 $s_{ij}(\boldsymbol{x}) > s_{ji}(\boldsymbol{x})$，且 $x_j > v(j)$，则称局中人 i 胜过局中人 j。内核（也称为核）是所有满足下列性质的分配 $\boldsymbol{x}$ 的集合：不存在任一局中人 i 胜过任一别的局中人 j。

内核是谈判集的一个子集，比谈判集较为简单，但与核心、稳定集相比，仍是比较复杂的概念。

核仁　在定义内核时，我们引入了 $e(S, \boldsymbol{x})$。对于给定的 (N, v) 和 $\boldsymbol{x}$，这样的量总共有 2^N 个（对应于 N 的所有子集）。将这些量按照从小到大的顺序排列起来，记这个 2^N 维向量为 $\theta(\boldsymbol{x})$。所有分配中按 $\theta(\boldsymbol{x})$ 依字典序最小者称为核仁（也称为核子）。

核仁是内核的一个子集，而且对于任意一个联盟对策，核仁一定存在并且唯一。一般地，核仁的计算可通过求解一系列线性规划来完成，其理论上是可行的，但真正实现这一算法相当费时间，特别是 N 较大时。

对不可分割性的分割

几乎每样东西都能以这种或那种方式进行分割。当我们说某种东西不可分割时，我们通常是指分割非常困难或代价昂贵，而不是指它不能被分割。孩子是不可分割的，类似的还有房子、绘画作品、配偶和工作。不可分割性通常是家庭争端的中心，特别是在遗产和离婚案件中；它也是组织内频繁争执的原因。

不可分割性形成了谈判的严重障碍，因为它们通常会误导提出者用总和为零的方式思考，如果一个人得到了目标物，那么另一个人必然不能得到。参与者经常不能意识到表面似乎不可分割的东西的分割方法，这就使得每个人都能合理地得到馅饼的一部分。

——H. 培通・扬[①][②]

几乎每样东西都能以这种或那种方式进行分割。当我们说某种东西不可分割时，我们通常是指分割非常困难或代价昂贵，而不是指它不能被分割。孩子是不可分割的，类似的还有房子、绘画作品、配偶和工作。不可分割性通常是家庭争端的中心，特别是在遗产和离婚案件中；它也是组织内频繁争执的原因：危险的废物堆和新建立的医院应该坐落在哪里？哪些人必须服兵役？谁应该接受一个可获得的肾脏移植？如由于历史和文化原因而被看作不可分割的版图问题，例如柏林、维也纳或耶路撒冷。但是不可割性也可能是由于一些其他原因：技术性的（广播带宽）、象征性的（马其顿地区）或审美性的（蒙娜丽莎的微笑）。

不可分割性形成了谈判的严重障碍，因为它们通常会误导提出要求者用总和为零的方式思考：如果一个人得到了目标物，那么另一个人必然不能得到。参与者经常不能意识到表面上似乎不可分割的东西的分

①　H. 培通・扬（H. Peyton Young）美国经济学家。

②　理查德・J. 济科豪瑟（Richard J. Zeckhauser），拉尔夫・L. 基尼（Ralph L. Keeney），詹姆斯・K. 萨本缪斯（James K. Sebenius），《决策、博弈与谈判》，机械工业出版社，北京，2004 年。

割方法,这就使得每个人都能合理地得到馅饼的一部分。①

一、公正、效率和不可分割

在仔细考虑这些方法之前,我们首先观察到不可分割性和效率之间不存在根本性冲突。如果被争夺的物品恰恰给予了其中一个提出要求者,它一点也没有丧失内在价值。此外,如果提出申请者对同一物品有着不同的效用,以及在最初的分配之后允许进行交易,我们可以推测它最后将会被对其评估最高的人得到。不可分割产生的最重要的问题不是效率而是公正。人们很难对一个不可分割的物品进行交易,因为它没有给出一个公平对待每个人的机会,没有给出一个让人们可设计出一个被认为是公平的解决方法的范围,这使得交易更加困难。成功谈判的关键在于形成一项协议,该协议应该使参与者相信既公平又有效率。霍华德·雷法是首先指出这个问题的少数人之一。

我的意思是通过一个公平的分配,就是考虑到参与者不同请求的正确的和适合的途径。在这种含义下的公平很难被压制,尤其是当参与者有不同的请求时。它的定义依赖于分配问题的本质,以及影响提出请求者的期望的文化规则和先例。然而,经常是我们看见时才认识到公平(或缺乏公平)。因为不可分割性

---

① 这篇文章根据《美国行为科学家 38》(*American Behavioral Scientist* 38)(1995 年 5 月,904 ~ 920)同名论文改编而成。非常感谢 Cecilia Albin,Alan Kirman,Robert Mnookin,Kalypso Nicolaidis,Thomas Schelling,James Sebenius,David Victor 和 Amanda Wolf 在早期的文稿里提供的例子和贴切的评论。然而,我最感谢的还是霍华德·雷法,他率先对这篇文章里公平分割和谈判的许多想法进行了研究。

使得满足参与者对公平的要求非常困难，所以产生了一个问题。因而，在一个不可分割的物品上引入一个谈判的关键是找到一种方法，这种方法能使不可分割性转变成权利和权力的可分割形式。

在这篇论文里，我对这个问题的系统性思考提出了一个总体框架，然后把这个框架运用到关于孩子的监护权、遗产、医疗保健、环境，以及关于领土的国际性争端的谈判中。其中一个结论就是，没有一个适合所有情况的公平分割的通用处方。虽然有公平对待的哲学理论，但是我们对公平的直觉过于细微和变化多端，难以用一个公式进行归纳。公平是一种多元主义的概念，它假定了在不同环境中的不同形态。然而，这并不意味着，它只存在于旁观者的眼中。正如我们将会从这些案例中看到的一样，公平的概念追随可预见的形式，尽管它并不符合简单的、包含所有的规则。这些案例也显示出通过所有权的定义将不可分割性转变为可分割性的一整套技巧。当然，技巧的证明并没有排除对谈判的需求，人们仍旧必须作出选择，但是它的确提供了关于解决方法的创造性思考的一个系统性框架。

让我们从包括了不可分割物品的最近的两次国际谈判开始。我们来看耶路撒冷，它的确是中东和平协议的巨大的绊脚石之一。这里有三个宗教的一些圣地，衍生了千年文明，存在着难以置信的复杂性和多样性，然而也形成了一个有机的整体。不过，耶路撒冷是可以分割的。例如，我们可以在中间建造一道围墙并且在其顶端加以带刺铁丝线，看上去似乎与柏林的模型有些相似。但是，这将接近于亵渎神圣；它如同牺牲了居住空间。

再来看大气层。空气既是一种全球公用的物品，又是一个全球废气的倾倒地。每年上亿吨二氧化碳、微粒和有害的气体在全球范围内从工厂、汽车和营火地喷涌而出。研究大气层的科学家们相信，或迟或早，它们的积累会对全球气候造成严重影响。保持这不可分割资源健康状态的责任又应该如何分担呢？严格地说，当然，大气层是可分的。例如，可采用一种方法来分割它，即针对"温室"问题的一种"温室"解决方法。一些国家将属于它们自己的大气装在一个巨大的塑料气泡中，这样通过其私人恒温器的控制，他们就可享用自己私有的气候。但是这种方法实际上很难行得通。除了费用昂贵外，它将会以一种十分剧烈的方式改变气候——改变气流、降雨模式和温度。换句话说，它将破坏被分割物品的基本性质。

二、在不可分割的物品中建立可分割的所有权的方法

这些例子说明了如何通过建立新性质的所有权对不可分割的物品进行分割。然而，对于所有范围内的选择权的重视，将有助于进行回溯并询问我们是如何在社会中和家庭中分配不可分割的物品的。当婚姻破裂时谁能得到孩子？谁将继承避暑别墅，以及谁将得到钻石？按次序谁应该首先接收肾脏移植？谁将被幼儿园（或者疗养院）所接纳？危险的废料堆坐落于谁的后院？社会已经设计出具有创造性的方式来处理这些局部分配问题，而其解决方案也为如何达到全球分配提供了重要的线索。

假设一份财产留给两个继承人，譬如，一件珍贵的绘画作品。如果他们不能对如何分割达成一致意见，

这个问题将会诉诸于法庭和律师进行分配,因此,继承人非常有动机就解决方法进行磋商。哪种选择对他们来说是可以利用的?这里提出八种相当普遍的技巧在一个不可分割的物品中定义事前所有权。然后建议选择 —— 全部给予一个提出申请者 —— 在许多令人惊讶的情形中是被认为是公平的。

（1）物理的分割。把绘画作品一分为二。尽管这种方法几乎总是可能的,但它是一种典型的浪费。这种低效率就是我们说这个物品是不可分割的原因,虽然事实上它是可分的。

（2）博彩。使用一种机会设计(例如,用手指轻弹一枚硬币)来确定谁将得到它。决策理论学家经常推荐这种方法,但是在实践中由于各种各样的原因而被回避。其中一种原因是妒忌:你不愿冒着你兄弟将得到整个绘画作品唯一所有权的 50% 的危险。另一种原因是悔恨:如果你失去了,那么你希望你曾经选择的是另一种所有权形式;由于预期到这种反应,你将不会首先随机化。第三种原因是,当物品尤其珍贵时(如抢救生命的医疗手术),随机化可能会被看成是轻率的甚至是错误的,因为它为了进行艰难的选择而放弃责任。由于这些原因,我们一般都不使用博彩的方法,除了在相对不重要的整个谈判环境下。

（3）轮换。每年轮流将绘画作品挂在继承人的公寓中。

（4）共同所有。将绘画作品挂在通往每个继承人公寓的公用楼梯里。

（5）扣除。破坏绘画作品或者将其捐献出去,例如,捐给博物馆。

（6）出售。出售绘画作品并分配所得。或者用它交换两幅绘画作品,然后分给每个继承人。

（7）补偿。其中一个继承人必须为绘画作品的独占所有权而对另一个继承人有所补偿。补偿不一定是以金钱形式。例如,一个继承人可以向另一继承人提供一间房子或者一辆汽车作为独占绘画作品所有权的回报。十分重要的一点是,参与者必须有更多公开的选择,使其能够提供交易选择的更大范围。

（8）分类交易属性。一个继承人在他的一生中都可以独占该绘画作品,之后该作品转送到当地博物馆。当然,博物馆为了获得它,必须对第二个继承人进行补偿。换句话说,第一个继承人享用该绘画作品而第二继承人获得它的现金价值。这种方法十分普通,实际上是建立关于不可分割物品的不同属性的授权。这种方法有效创造了可供交易的更多种类的物品。授权的定义可能是复杂和精细微妙的。例如,在1978年《戴维营协议》中,埃及获得了西奈半岛的名义主权,附带条件就是永远保持它是一个非军事区。从而以色列获得了一个非常有价值的契约 —— 对于该物品使用的限制 —— 尽管是埃及获得了这个资格。当前的一个例子就是以色列和巴勒斯坦之间关于谁有权进入一些特殊的圣地的谈判,在什么时候,以及谁有责任维持和保护它们。

这八种方法并没有完全列出对不可分割的物品进行分割的所有方法。然而,在这里有另一种方法,就是坦率承认不可分割性:有人得到物品,而另一些人没有得到。这些得到或没有得到的方法实际上是分配不可分割物品最普通的方法中的一种,虽然它经常在关于公平分割的文学作品中被忽视。关于谁能得到物品的决策是基于需要或放弃的基础之上的。它的选择能为社会的标准或惯例所决定。前不久,长子继承权是遗产继承的一个可接受的标准。最初的发现还确定了关于领土的一个有力应用。然而,突出的优先权的一个标准依赖于不同的状况。例如,在医疗保健中,谁应该首先得到诊治取决于紧急性而非次序性。

三、分割孩子

对于建立所有权的不同方法的适宜性则极大地依赖于正在讨论的不可分割的物品本身。例如,在分割一件艺术作品时,通常的分割方法则是出售或者补偿,但是父母离婚时却不太可能按照相同的方式来分割他们的孩子。让我们来考虑运用于这个案例的八种方法。

（1）孩子能够被物理分割的。这正是在两个同时声称是一个孩子的母亲的圣经故事中,所罗门国王所威胁的行动(稍后我们再讨论这种情况)。

（2）父母用手指轻弹一枚硬币来决定谁将得到监护权。这已被建议作为冗长的法庭斗争的另一个选择,但这不仅是昂贵的,还可能伤害孩子的感情。

（3）轮流或者联合的监护。这是该问题最普通的解决方法之一。我们必须注意到,在这种方法下参与者无需同等地分享。例如,一方可能在周末拥有孩子,而另一方可能从星期一到星期五拥有监护权。

（4）共同拥有的孩子。事实上,在他们离婚之前,他们正是这样做的。

（5）放弃孩子,如送给祖父母。这种方法将使双方处于更加平等的位置中,从而避免了争论。在某些

情况下这也是孩子最喜欢的选择。

（6）出售孩子（例如出售给一个收养机构）并且将所得收入进行分割。实际上，这种解决方法所产生的各种各样的困境就是出售孩子的机会可能使一些人为了这个目的而想占有孩子。

（7）对不能得到孩子的人用其他价值形式进行补偿，例如避暑别墅。

（8）授予父母不同种类的监护权。例如，母亲有养育孩子的责任，而父亲有对孩子进行教育的责任。

然而，如果法院裁定了结果，最普通的解决方法可能就是把唯一的监护权判给最适合抚养孩子的一方。这是得到或没有得到的例子。

这些例子清楚地反映了在所有情况下，规定所有权的各种不同的方法并非具有同等的吸引力。然而，参与者意识到到底有多少种不同的方法也很重要。此外，可能会出现在某次谈判中的所有参与者都偏爱于一种所有权形式而不是另一种，即一种帕累托（Pareto）形式优于其他的形式。例如，如果正被谈论的某物是一个孩子，我们能够设想父母双方都更愿意采用一种轮流的计划而不是博彩。但是，如果讨论的是一个肾脏和两名等候移植的患者的话，他们毫无疑问地偏爱于一个公平的博彩机会。同时，如果讨论的是一幅绘画作品，那么在大多数情况中，提出要求者将更愿意出售它并且分配所得而不是同时分享或是在博彩中冒险。总而言之，对所有权应该采用的适当形式达成了令人惊奇的共识。不过，认识到这些可能会充分提高达成协议的机会。

231

四、关于不可分割的国际谈判

在国际舞台上,上述几种方法在思考如何就不可分割的物品进行分割时也是很有用的。第一种方法,物理性分割,是解决领土要求的显而易见的途径,但是它并非总是最有吸引力的:柏林围墙可证明。第二种方法,博彩,很少用于实践,但并非没有先例。在圣经中,上帝命令犹太人通过抽签分割他们的土地。正如我下面要叙述的那样,印度和巴基斯坦在 1947 年的分割中,一些共同财产的分配是通过抛硬币的方式决定的。

第三种方法,轮换,是分享决策制定权的一种普通方法。例如,联合国安理会(United Nations Security Council)中的临时成员资格的轮换在非永久性的成员中间进行。在第二次世界大战结束时,一种类似的方法也被运用于对维也纳的分割中。没有像柏林一样竖立的围墙;相反地,四个占领国家中的每一个 —— 英国、法国、美国和苏联 —— 对该城市的某一个部分享有唯一的管辖权。这个地区位于 Ringstrasse 内部,是该城市的中心,被四个权力委员会所管理,主席职位由成员轮流担任。

共同所有权是另一种处理领土争端的方法。我们来看南极洲,阿根廷、澳大利亚、比利时、智利、法国、日本、新西兰、挪威、波兰、南非、俄国、英国和美国都对其提出了要求权。但他们在 1959 年的谈判中一致同意仅仅为了科学目的而使用这片陆地,而不是将其变成殖民或是开发其经济资源。

在一些情况下,国家已放弃了其对争端领土的要求权,而不是为了捍卫它们(扣除的方法)参加论战。

奥地利再一次提供了一个例子：不是分割这个国家或是开战，四种权力机构 1956 年从奥地利撤退，其条件是永久不结盟。人们能够设想一种相似的解决方法，即目前在以色列和叙利亚之间的关于戈兰高地的谈判。双方可能宁愿放弃主权要求并且让领土被第三方所管理，而不是相互面对一个带刺铁丝线的围墙。

方法六——出售领土并将所得收入在提出申请者之间进行分配的方法——十分少见。然而，这些轮廓下的某些东西却被并入了《海洋条约法》中，这在 20世纪 70 年代联合国主持的谈判中已被讨论过了。最麻烦的问题之一是如何分割开采深层海底的权利，这里分布着富含镍、钴、锰以及其他珍贵矿物的矿瘤。当时和现在只有一些工业化的国家才拥有资本和技术诀窍并知道如何开采这些矿瘤。发展中国家害怕一种自由放任的方法将导致对最好的开采地点的争夺，这会使他们变得无情。此外，它将会削减曾被联合国的最高审议机构（UN General Assembly）所采纳的原则，即海底是人类共同遗产的一部分——是一个全球公用的财产，每个人都与其有利害关系。但是对每个人都予以资助将是毫无意义的，因为形势经济学暗示着只有那些大规模的企业才是可行的。（这反映了不可分割性如何由对规模增加的回报产生）在条约中被采用的解决方法是将发展中国家的权利转移到被称之为恩特普赖斯（Enterprise）的一个国际采矿公司中，由它从发展中国家那里收集特许开采权利并在其成员中间进行分配。实际上，采矿权作为现金收入的一部分的回报而被汇集和转移到第三方。

在某些情况下，一方当事人为得到其他物品（补偿

233

方法）的回报已放弃了领土的要求权。包括非金钱补偿的一个最近的例子是《戴维营协议》,作为给予了以色列的外交承认、购买石油的权利以及各种各样其他形式让步的回报,埃及赢得了关于西奈半岛的主权。这个协议也说明了分类定价的原则:埃及仅仅赢得了一种受限制形式的主权,它禁止西奈半岛的军事用途,这种安排满足了以色列的安全要求。

五、平等分配的三原则

这些例子说明了所有权的创造性定义如何克服在分割一个明显不可分割的对象时其价值的潜在损失。然而,定义所有权的形式在一个较复杂的过程中仅仅是第一步。至少有两个问题必须提出。一个是参与者关于对象要求的基础:是什么使得一个要求权比另一个要求权更有效或者更可信? 例如,在关于领土的争论中,建立一个要求权的突出因素包括了发现日期、解决日期、投资水平和当前的政治控制。决定参与者的要求权的基础是一个整体的和必要的谈判的一部分,不同于定义的将要采用的所有权形式。一旦这个问题被确定了,它会继续进行分配。例如,假定大气层的污染权在不同的国家间进行分配。假设参与者已决定所有权的相关形式是排放许可,以及一个国家对许可权的申请是基于其人口和经济产品的。这并不是说每个国家实际上将会收到多少许可,因为谈判代表仍然必须确定分配的相关原则。

三个分配原则在不同的环境中是适当的。势均力敌的国家提出的要求应该被平等地对待,而它们之间的差异应该被忽略。比例性承认在提出要求者中存在着显著的差别,以及坚持这种分派应该与这些差别保

持同样的比率。优先权说明了有着最大要求权的参与者应该得到该标的物。这些原则中的每一个可以与前面定义的所有或一些所有权的形式结合使用。

平等实际上与所有用于分割一个不可分割对象的所有权的方法是一致的。例如，我们能给予提出要求者得到该物品的相同数目的机会，或者让他们在轮换计划中持有相同的时间。当赠送发生时，共同所有权是平等策略的一种形式。如果物品被出售或者用以交换另一种可分割的物品，那么收入可以被公平地分配。

如果正被讨论的物品中有一些不可分割的物品时，或者物品是可分割的但是属性的质量却不相同时（诸如一片土地），平等地实行就是不明显的。然而，即使在目前也能达到平等的大致形式。我们来考虑如何切割蛋糕的问题。蛋糕是可分割的但却不是同质的：我们不可避免地发现两块蛋糕并不相同（或许一块有更多蛋糕糖衣，而另一块有一个樱桃）。然而，现在即使是我的孩子们也知道如何解决这个难题：一个人把蛋糕分成两块，而另一个得到首先选择权。尽管两部分之间可能是不相等的，但这种方法的优点在于分割者能对事情进行规划，这样既不会使其他人的蛋糕比自己的更好，也不会使解决方案取决于他们的利他主义动机。例如，由于了解他的小妹妹喜爱樱桃，哥哥将会毫无疑问地把有樱桃的那块切得小一些。尽管有这样的处理，其分割的结果都会使每个参与者宁愿选择自己的那块而不是别人的那块。这种平等的大致形式在经济学著作中被称做"没有妒忌"。

分割并且选择不仅仅是孩子的游戏，它也被运用

235

于国际舞台中。例如,《海洋条约法》包含了蛋糕切割过程中的一个具有创造性的变量,用以在发达国家和发展中国家之间分配权利。当一个采矿公司申请一个特定位置的采矿许可时,它必须根据恩特普赖斯的选择提出两个邻近的地点。这样的话,我们能够预期恩特普赖斯至少能从全部已提出的地点中得到一半的特许开采权。

第二个原则,比例性,是在法律和习惯中作为公平分割的一种标准方法。确实,亚里士多德认为它与分配的公正性实际上是同义的:"什么是公正 …… 什么是成比例的,以及什么是违反了比例性的不公平。"然而,尽管对它的要求较多,比例性原则却比平等原则的应用更加有限。例如,分发一件物品,尽管与比例性不一致,但它却与平等性一致。比例性也没有优先权原则那样通用,因为在比例性下的所有权必须是可分割的以及要求权必须是基本可比的,而在优先权下的物品既能是可分割的又能是不可分割的,要求权仅需要基本可比即可。

比例性能被运用到许多的所有权形式中,包括博彩、轮换、出售和用可分割物品进行的补偿。它的一种形式甚至能被用于异质的不可分割物品的收集中:如果有两个参与者,他们份额的比率被假定是 $m:n$。第一个人把物品分配成 $m+n$ 堆,而第二个人则选择 n 堆。然而,仅是因为要求权的定义是基于一个数字的比例并不意味着比例性总是"正确"的选择。例如,在第二次世界大战后,占领维也纳的四国权力机构可能对领土的要求与他们军队的规模成一定比例。但是,这似乎不是正确的解决方法,部分是因为它是麻烦的,

236

部分是因为它作出的区别看上去并不是那么有价值。

　　第三个原则是优先权。无论物品是可分割的或是不可分割的,它都能很好地被处理,尽管所有权被赠送或共同拥有时它并不适用。此外,与比例性不同的是,它在提出要求者中仅仅要求基本可比。这些比较的基础取决于环境,其中最普通的一种方法是取决于到达的秩序。我们理所当然地认为解决方案的优先权建立了对领土真实的要求权,正如我们相信较早到达售票窗口确定了我们买到票的优选权。到达的优先权是普遍掌握的标准,使我们得以进行这项操作;违反它的那些人遭到社会的反对。

　　在功利主义或伦理争论中也建立了优先权原则。例如,它可能被提出要求者关于正被讨论的物品的适宜性所决定,如同在对孩子监护权的回报中或是对一所公立大学中缺乏的职位的分配。适宜性有时候是通过一项竞赛决定的——譬如,谁会在马上枪术比赛中赢得女士们的掌声,谁会在入学考试中得到最高分。或者它可能被一种策略所确定,这就是所罗门国王如何决定在两个提出要求者之间分配孩子时我们所看到的。他威胁要进行物理的分割,但是当他举起剑时,其中一个妇女叫喊着她宁愿放弃孩子也不愿看到孩子被杀。因而,在放弃她的要求时,真正的母亲暴露了她自己。

　　人们也可能由于宣称使其失去了要求权。这种情况由 Elizabeth Baxter Hubbard,一位哈佛大学植物学教授的女儿,在 20 世纪早期,她关于马萨诸塞州剑桥市中成长纪录的回忆录里详细地描述过了。邻居男孩是未来的诗人肯明斯(Cummings)。在孩子们大约十岁的一个夏天,他们决定举行一次游行。在经过了许多关于他们的服装细节问题和事件次序的谈判之后,他们紧接着谈到了谁将携带美国国旗的问题。Elizabeth 勇敢地宣称由于她是一位女士,所以她应该携带它。肯明斯反驳说,如果她是一位女士的话她就不会这样说了。

优先权也可以由需求所建立。1982 年,国际捕鲸委员会(International Whaling Commission)出于对急剧下降的鲸鱼数量的担忧,在对所有的捕鲸业股票综合评估期间几乎禁止所有的捕鲸行为。然而,对于 Alaskan Inuits 来说,因为鲸鱼是他们主要的食物来源,所以获准继续他们的传统捕获行为。理论上,在所有的捕鲸国家之间已经按比例分配了相同的鲸鱼数,但是这毫无意义;因为少量的捕鲸数对于日本或俄罗斯来说几乎和没有差不多。相反,捕鲸数给予了有最大需要的申请者。

有时,优先权被一些综合因素所决定。我们来考虑如何在移植患者中分配一个肾的问题。它应该给那些等得最久的人吗(到达的次序)? 或者是给那些病情最危急的人(需求)? 或者是给那些很有可能活得更长的人(适宜性)? 在美国,通过衡量所有的这三个因素建立了优先权。

关于优先权原则的一个特别有趣的例子是在 Spitsbergen 群岛的谈判中。20 世纪与 21 世纪之交,它仍然是一个"无人地带",不在任何国家的管辖之下,尽管好几个国家都申请了对它的权利,包括挪威、瑞典、俄罗斯、德国、英国和美国。申请的依据各式各样:英国指出它是在 1596 年被 William Barents 发现的,

尽管冰岛人早在 1194 年就已经发现了它。(这阐述了一个一般的原则,哥伦布发现美洲就是一个很好的例子,最近的发现可能比最早的发现更好)美国被迫需要保护在那里进行采矿工作的一个美国公司的利益。由于临近,以及由于一些挪威的公司在那里进行采矿工作,挪威自然对该领土产生了一种兴趣。所有提出要求者为了钓鱼和捕鲸常常需要使用其海岸地区。他们的主要目标是保证能够获得矿物和海洋资源,以及在未来也许能够建立定居点。然而,由于缺乏任何政府的权威登记要求,增强所有权以及维持秩序逐渐被每个人看成是颇不能令人满意的。

在 1905 ～ 1920 年之间,为了商议出能为所有参与者所接受的管理体制,参与者做出了各种各样的努力。最初的焦点集中于权力共享的一些形式上,但是解决细节问题却被证明是非常的复杂的,以致不能得到任何结果。在第一次世界大战之后,通过建立由英国、法国、意大利和美国组成的委员会,这个问题最终得到了解决。时机已经成熟,既然德国战败以及俄罗斯的混乱形势使他们无暇兼顾,实质上就除去了两个重要的申请者,而其他人认识到了这一点,所以他们迅速地和果断地解决了这个问题。他们也承认先前那种试图通过一个权力部门来解决问题的方法是失败的。他们所提出的解决方案是把唯一的主权授予一个国家,挪威,但是有两个附带条件:第一,所有签约国都有开采矿产资源和在它的水域中钓鱼的相同权利;第二,它从不能被用于军事目的。这种解决方案的逻辑是:挪威有最强的自然要求权 —— 它最接近 Spitsbergen—— 以及它非常乐意在规定的限制下管理领土。此外,其他人更喜爱一个易懂的解决方案而不是一个复杂的、以后可能导致争端的权利共享的规则。因而,没有一个解决方案比一个彻底的分割更让申请者喜爱。

六、混合方法:划分印度和巴基斯坦

一个值得注意的分割是划分印度和巴基斯坦。它阐述了认识要求权的不同基础、所有权的不同形式以及分配的不同原则。在 1947 年 8 月 15 日的午夜钟声中,英国人结束了他们的统治并产生了两个新的国家,工作量是空前的 —— 大约四亿人口和与欧洲一般大小的土地被分成两个国家。所有的政府财产在印度和巴基斯坦之间根据他们共同谈判所确定的原则进行划分,包括银行里的金块、铁路引擎和汽车、书桌、椅子、书籍、扫帚、打字机、帽子插栓、纸夹子和便壶。负责的是两个律师 ——Chaudhuri Mohammed Ali 负责巴基斯坦,而 H。M。Patel 负责印度 —— 加上成百个政府官员,负责成堆的手写文件的管理,每个人都用红色的带子连接起来。

同样地,在大多数离婚案例中,争论最激烈的都是关于金钱的。Patel 和 Ali 不得不被锁在一间屋子,直到他们最终制定了条款。其结果是所有的银行现金和政府债务按照巴基斯坦 17。5%、印度 82。5% 的比例进行分配,这大致是根据两国的人口比例制定的。其他可分割的财产 —— 桌子、椅子、打字机、电话、军队制服,管乐队 —— 则是按巴基斯坦 20% 和印度 80% 的比例分割的。(这代表了一个简单的四舍五入的金钱标准)但是,一些财产并不是严格可分的。一个值得注意的情况是国家图书馆。一些书被简单地撕成两

半；一本词典巴基斯坦得到 A ～ K 而印度得到 L ～ Z。一套百科全书在两个主权国家内轮流使用。当一本书只有一个副本时，一群图书馆管理员负责决定哪一个国家对它有最大的自然兴趣，也就是说，谁有优先权。然而，人们实际上已经淡忘了是印度还是巴基斯坦对《爱丽丝仙境奇游》有较大的自然兴趣。

　　一个吸引人的插曲发生在 Lord Mountbatten，Viceroy 后院的马厩中。争论的问题是 12 辆总督车厢，6 辆以金做装饰，6 辆以银做装饰。它们代表着华丽、威严和神秘，吸引了也激怒了乘坐的对象。每一个来访的权贵和国家首脑都会乘坐它们中的一辆在街道上游行。Mountbatten 的副官，陆军中尉指挥官 Peter Howes 认为分割它们将是一种羞耻。相反地，他们更乐意用博彩来解决这个问题。Howes 把一枚硬币抛到空中。Major Singh，印度代表，叫着"头"。果然是头，那么印度代表乘坐黄金马车。陆军中尉继续分割所有的靴子、假发、制服，以及与每一套马车配套的其他随身用具。只有一个条目留了下来：马车夫礼仪上的驿号。显而易见的解决方案是再抛第二枚硬币，Howes 犹豫了：如果印度代表再一次获胜，那么巴基斯坦的代表可能就会气得冒烟了，甚至会气得暴跳如雷。作为代替，他调用了扣除方法，宣布不把它给任何人，把号揣在怀里就踱出了院子。

　　因而，我们应该根据不同的方法、不同的原则和不同的标准分配不同类型的财产。同质的财产应该根据比例原则进行物理分割，以人口份额作为标准。一些书籍被平等地加以分割，而其他物品则是基于适宜性的基础（全部得到或是没有得到的方法，优先原则）。

总督的马车通过抛投硬币的方法进行分配(博彩方法,平等原则)。拿走驿号则是基于平等原则(扣除方法,平等原则)。或许,最重要的不可分割 —— 印度 —— 保留了较大的一半,是基于较小的一半(巴基斯坦)已经分离出去的基础上的。这也是优先原则的一项应用。

七、从贸易中获益

　　印度和巴基斯坦的分割还能改进吗?我们的确可以比把书撕成两半做得更好。20 世纪 70 年代有一个类似的案例,当比利时的 Louvain 大学沿着语言学的界限被分成两所大学时就是这种情况。大学的老校区是专门的佛兰芒语,并且创立了独具一格的 Katholieke Universiteit van Leuven。新校区的建立则是为了说法语,它被称做 Universite Catholique de Louvain。同在印度－巴基斯坦的划分中一样,争端的主要焦点仍是如何分割图书馆。他们应该像印度人和巴基斯坦人那样把书撕成两半吗?一种较明智的解决方法是把佛兰芒语书分给说佛兰芒语的分校,而法语书分给说法语的分校,以及一个独立的分配原则用于分配其他语言的书籍。然而他们却没有采纳这种方法,也许因为两类书籍在数量上是不同的。相反地,他们来到每个书架下并为每个分校选择书籍 —— 一本给 Leuven,一本给 Louvain,如此等等。不必说,当分割成套的百科全书和装订期刊时,这是一种极端的浪费。然而,在此过程的第二个阶段,参与者可以交易。一套期刊的一半被用于交换另一半以形成两套完整的期刊。佛兰芒语书与法语书的交换,如此等等。虽然这种过程是耗时的,但是人们认为这是值得的,因为其

结果既是公平的又是有效的：公平性是由于参与者同是从或多或少的相同份额开始的；有效性是因为，在经过交易之后，双方再不能做得更好了。

八、在谈判中担任公平的角色

我们能从这些案例中得到什么教训？首先，不可分割性并非像我们提到的那样。我们能分割它们，但是当我们这样做时，它们将失去许多价值。我们面临的挑战是在不可分割的物品中设计出一种有效分割其所有权的方法，使我们在公平对待所有提出要求者时最大限度地保持它们的价值。

但是，在一个具体的案例中，我们如何了解结果事实上是公平的呢？一个回答是，参与者欣然认同了他们的条款，没有任何人是被强迫的。然而，这种解释并不是完全令人满意的，因为它不是可以被证伪的（falsifiable）。在这个公平的定义下，所有自愿的协议的结果都是公正的。类似地，我们可以说个体总是作出能使其效用函数达到最大化的选择。我们却没有说所有权函数到底有些什么，它不是一个有效的声明。

事实上，我们已分析过的协议的公正性在他们的条款中是显而易见的。这些条款不是武断的，而是遵循一定的模式，并且使用了我们在许多分配情形中所见到的已制定得很好的原则。在每个案例中，三个原则——平等性、比例性和优先性——在细节上的说明是不同的，但是它们无疑是可以被认知的。

最后，回想这些协议是如何起作用的是一件非常有价值的事情。它们已被证明是持久的，尽管没有很强大的公共机构来强制执行它们。这是有意义的；我怀疑如果他们的条款是专断的话，那么他们将会有同

样的自律制度（self-policing）所有权 —— 一个自制的
竞争的结果却没有支持他们的基本原理。纯粹建立在
讨价还价能力基础之上的协议是脆弱的。

第一，他们几乎不可能为其构成提供充分的理
由。Louvain 和 Leuven 的代表将毫不费力地解释以
50：50 的比例分割书籍的原因，但要为 19：23 的比例
提供充分的理由，却大费周折。把这样的结果看作由
于 Leuven 的议价能力较弱所导致的说法不是很好。
同样地，来自巴基斯坦的代表说，他同意 20：80 分割
是由于这是两个国家人口的近似比率，但是他不同意
这是因为巴基斯坦的讨价还价能力较弱。尽管这可能
是真的，但却不是一个可接受的理由。此外，印度的代
表知道这个原因。因此，双方都有兴趣构造一个结果，
这个结果是基于广泛接受的标准且能为其构成提供充
分理由，并严格包含了他们认同的结果。

第二，尽管谈判代表没有责任回答他们的构成理
由，但是把协议建立在分配规则的基础之上比建立在
权力斗争的平衡基础之上更具优势。我们不能精确地
了解权力，因为对它的理解是不断变化的。今天在权
力平衡的基础上达成的一个协议紧接着就是明天的重
新谈判，这不是一个有吸引力的前景。达成的协议条
款最好是基于不会随时变化的原则基础，因为当时协
议是一种自律制度：如果参与者不得不重新谈判，那么
他们能预期将会达成同他们以前一样的条款。这就是
为什么基于公平原则的谈判如此具有吸引力 —— 他
们打破了权力的平衡，当协议达成时，参与者发现它们
是令人满意的，在经过了一段时间之后，它们仍然令人
满意。

赛局与推理

第三章

赛　局

> 一只手里藏着 1 块小石子,双手握拳伸出,让你猜石子的位置:猜对了就赢 1 块钱,猜错了就输给你 1 块钱,你会猜哪只手?
>
> —— 路易斯①②

一只手里藏着 1 块小石子,双手握拳伸出,让你猜石子的位置:猜对了就赢 1 块钱,猜错了就输给你 1 块钱,你会猜哪只手?

---

① 路易斯(H. W. Lewis),美国加州大学圣塔巴巴拉校区荣誉退休的物理教授,曾荣获美国物理科学学院写作奖,多次担任美国国家科学顾问。

② 路易斯,《理性赌局》,汕头大学出版社,汕头,2003 年。

到目前为止所说的决策问题都没有出现对手,没有人和自己处于对立的状态。环境和几率本身是没有立场的,根本不在乎我们的输赢。幻想自己身处于一个完全中立的环境,可主宰个人的命运,其实相当不切实际。在人类的历史里,甚或地球形成并有生物产生以来,生命的本质就是物竞天择,优胜劣汰。对人类而言,生存竞争已有百万年的历史(当然还得看你对人类的定义),对其他生物来说就更长了。

人类之所以能拥有今日的主宰地位(将来还是可能改变),绝不是因为我们比对手跳得高、跑得快或齿尖爪利,而是因为我们更能适应环境的变迁。当然,因人类祖先出现得太晚,若躬逢其盛,能否幸存于 7 000 万年前那场让恐龙灭绝的大灾难就不得而知。但人类早在石器时代即能利用工具来解决环境与营养上的问题,至于高度技巧的发展就比较缓慢,不过,因生存演化驱力的推动,这种技巧还是慢慢出现。尽管创世论者喋喋不休,在竞争的环境里,演化不但无法避免,还相当有用。

不管你怎么想,最适者还是比较容易存活下来,更重要的是,他们也拥有较大的繁殖机会(繁殖对某些物种是会致命的,但无论如何他们还是得这么做),一旦将最适者的优势拿走,演化势必停止,或因热力学第二定律的作用而退化,不过那是另外的课题了。

长期性格的塑造使幸存者 —— 人类,成为具有竞争力的动物,竞赛提供了真实生活的样板,研究竞赛有助于了解与其他参赛者对立时该如何作决策。奇怪的是,这方面的研究,即使是最单纯的竞赛模式"思考对手",也迟至 20 世纪前半叶才出现。其中影响深远的

246

著作为 1944 年冯·诺伊曼(John Von Neumann)与摩根斯坦(Oskar Morgenstern)的《博弈论与经济行为》(Theory of Games and Economic Behavior),于 1947 年再版后,就有上百个相关研究陆续出笼。

该书作者冯·诺伊曼早在 20 世纪 20 年代就发表过数篇以此为题的文章,称得上是 20 世纪最杰出的数学家,另一位作者摩根斯坦则是著名的经济学家。从结合两个领域的书名可知赛局理论的应用层面极其重要(经济学家一直对赛局理论兴趣强烈)。这里重点将放在两参赛者的零和竞争这个最简单的例子,它不用累赘的细节即可清楚解释一般原则的应用;但当参与人数增加,待解决的问题变多时,决策会更加困难。

一、揣测对手的行动

在所有两人对抗的竞赛中,有个最简单的例子,一只手里藏着 1 块小石子,双手握拳,伸向两边,让人猜石子的位置:猜对了就赢 1 块钱,猜错就输给你 1 块钱。输赢的概率好像一半一半,这就是个零和游戏,不是我赢就是你输;反之亦然。看起来不用任何技巧,只要没有透视眼,也无法事先知道小石子藏在哪只手,那么不管丢铜板或求助算命仙,结果都一样。

但这只是头几次的状况,说得极端点,一旦对方留意到你习惯把石头藏在右手,或者每玩一次就换手,甚至其他显著的特征,就可以很快猜赢你。同样地,如果你注意到对手老猜左手,或每次都换手猜等等,那么你也可以把他痛宰一顿。如果他完全不露痕迹,那么你最好也小心点不要露出马脚,否则要赢你简直易如反掌。不管对哪一边来说,注意对方无意中显露的习惯动作,都会十分有利。

一段时间后,这样的竞赛对聪明人比较有利。游戏规则虽然简单,但却有相当的挑战性。大约 40 年前,贝尔电话公司实验室中一位天资过人的数学家,也是信息论创始人香农(Claude Shannon),发明了一个猜测机器来跟真人对决,这个机器成功击败真人,因为人们永远无法隐藏自己的思考模式。

这个游戏的最佳策略就是尽可能找出对手行为的规律,自己则随机出招。简单地说就是一面藏拙,一面利用对手的弱点。所有竞赛游戏都是这样:橄榄球员尽量混合不同的跑位和传球;机智的棒球投手会以快速球配合变化球来封锁对手攻势;桥牌能手也不会每次都唬人。但请注意,如果每次都在出其不意时使出绝招,这也是一种行为规律。假如双方在玩石子游戏时都很成功,不露破绽,那么最后就会打成平手。它的技巧就是尽量利用对手行为的可测性,并尽可能让对方猜不中你的模式。读者尽可试一试,这是个很好的思考游戏。香农的机器连续赢了好多回,最后才输给一位企业总裁,他的思考是相当随机的。从这里你是不是学到了什么?

二、杰克与吉儿的选择

现在来玩些真正的游戏!这里也需要一些真实的参与者,就杰克和吉儿吧。这也是零和游戏,只不过这次有比较多选择,但是他们要面对的不再是刑期长短,而是对手的行动。他们两人彼此竞争,不想让对方知道自己的策略,一样没有机会串谋。

内容大致如下,首先将杰克可能的行动以字母 A 到 D 来表示,吉儿的行动则为 E 到 H。吉儿由横排中挑出一排来,杰克也以相同方式选择一直列,再把各人

的选择放在弥封袋内交给裁判,由裁判公布结果,每局的胜负由两人挑出的两排交叉产生的数字来决定。

杰克

		A	B	C	D
吉儿	E	56	32	27	60
	F	63	2	19	15
	G	2	29	23	38
	H	26	10	21	49

　　每次挑选的数字若是吉儿的获利,就是杰克的损失。上表数字都是随机抽出来的(老实说,也非完全随机,因为作者总会保留操弄数字的权利来强调重点)。双方都看得到这张表,也清楚自己的筹码。这里特别用正数让整个游戏对吉儿有利,照目前看来吉儿决不会输。不过这并不影响结论,更省去处理负数的麻烦。只要将吉儿的获利极大化,杰克的损失极小化即可。为了让游戏更具真实感,不妨假设吉儿得先付费才能参加,所以她希望能用赢来的钱支付这笔费用。另外更设计了一个正方形表格,让每个人都有相同数目的选项,不过这点并非必要,因为在橄榄球赛中,防守与攻击队伍的选项就不尽相同(竞争性的足球运动也是零和竞赛,因为一队的得分就是另一队的失分,最后由得分最多的队伍获胜。不过,有些运动真的有负分,作为处罚之用)。

三、设想最坏状况的策略

　　吉儿虽然无法得知杰克的选择,她还是得设法想出最好的策略(杰克也是一样);此外,两人都无法作弊,因为他们必须同时公开选择。吉儿很可能为了多赢一点而选择 F,并祈祷杰克选 A,这样她就可以顺利拿到最高分 63 分。不过杰克也不是省油的灯,他也有相同的一张表,当然猜得到吉儿的答案,所以决定选 B,让吉儿白费力气只得到 2 分。吉儿考虑到杰克可能看穿自己的想法,也许会保守一点,不论杰克怎么做,她的每一步都是设法将自己的利益极大化。所以,她得先承认杰克是聪明的对手,并有所准备。

首先她可以观察每一横排,也就是自己可能的选择,比较每行最小的数字(代表杰克相对的最佳结果),选择最小数字中最大的一行;即"最小数极大化"策略(maximin strategy),吉儿将杰克给她的最小获利极大化。依此逻辑,吉儿会倾向于选择 E,因为该行最小的数字是 27,表示选这一行最差的情况仍高于选其他行,这时候不论杰克怎么选,都无法将吉儿的得分拉到 27 以下,但其他选择却可能因吉儿猜不透杰克的想法而损失惨重。

这显然和谈到概率时,强调要在给定的几率之下,取得最大期待利益截然不同。前面曾提过环境和几率定律是中立的,不轻易改变,不过在这里对手的加入扰乱了一切。吉儿要做的就是在杰克可能造成的伤害中,寻找冲击最小的,并尽量将冲击变成最有利的情况。这是很保守的策略,也称为"设想最坏状况"(worst-case planning),这种情况在现实生活中屡见不鲜,这种策略并非追求胜利,而是避免失败。如果吉儿的目标正是力求不输,则采用"最小数极大化"策略是明智的。

250

　　我们还没从杰克的角度来看这个游戏,他的目标当然是追求损失极小化,因此极可能采取"最大数极小化"策略(minimax strategy),也就是他应该找出每一行中可能得到的最大数字,再挑选其中最小的。所以,他的策略和吉儿刚好互补。杰克尽可能使自己最差的情况变得有利,并且了解吉儿也会选择对她自己有利的方案,不过他必须尽量让吉儿的努力落空。

　　对杰克来说,各行最大数字中最小的一个就是 C 栏的 27。所以,选 C 吉儿就无计可施,不论她怎么选都无法让杰克损失超过 27。因此为了自己的利益,杰克应保守点,选择 C,若吉儿也采取相同策略,则最佳选择为 E。最后吉儿费尽心思只拿到 27 分,这也是她估计最少的得分,而杰克却得到估算的最高分 27 分,这就称为稳定游戏,也就是说个别游戏者的最佳选择,刚好是最好的状况。即使完全公开对手的行动也是如此,其实根本不需隐瞒双方的选择,因为不论他们事前是否已经知道对手的行动,都不能改善所得结果。

　　但上面情况是个巧合:吉儿的"最小数极大化"和杰克的"最大数极小化"策略结果刚好一致,都是 27 分,而双方也无法肯定有其他更好的选择。重点为"确保",如果其中一人玩得很差,则双方的选择就有许多不同的组合,得到的分数可能更多或更少,毕竟表中最高和最低的数字 63 和 2,都代表可能的选择组合,以 27 分来说,是在两人都承认对方的聪明才智,能做的最好选择。在这样的游戏中,假设对手很弱,通常并非明智之举,但也有例外。因此,吉儿选择 E,杰克选择 C 是很谨慎的做法。毕竟,这是个稳定的游戏。

四、料机敌先，出奇制胜

这还是巧合，是作者精心设计的结果。假设 C 栏的 19 和 27 对调，得第二张表如下

杰克

		A	B	C	D
吉儿	E	56	32	19	60
	F	63	2	27	15
	G	2	29	23	38
	H	26	10	21	49

这时，杰克仍沿用先前将最大数极小化的想法，还是选 C，期待损失仍为 27 分；同理，吉儿将最小数极大化，仍选 E，但期待获利变成19。所以两人若用前述方式，这次吉儿的得分变成 19，而不是 27。这是真实的竞赛，但并未涉及任何自发性的推理程序，所以当吉儿站在杰克的立场思考，发现杰克很可能选择 C，则她就会改选 F；当然，杰克可能看穿吉儿的计谋改选 B，使吉儿落得只得 2 分的下场。回过头来看，如果杰克没看出她的心思，那么她很可能得到 27 分。

当然吉儿也可以假设杰克认为他可以猜透自己的想法，而决定选 B，那么在下一局里，吉儿可以改选回 E，使自己在策略思考上略胜杰克一筹。但杰克当然也会在随后比赛追上来，周而复始。在这样的竞赛游戏里，所有资讯都清楚呈现在表上或棋盘上，重点就在战术与对策的谋划，谋划力强、能事前推演多种可行方案的人，胜算就比较高。这个例子是一步定生死的游戏，所以不需要很好的记忆力。如果换成下棋和三国志等游戏，因其中涉及很多棋步，如果一次想到太多可

252

行的下法,自己反而负担不了,也就无法想出所有可能棋步,但在比赛中可以慢慢占棋王的上风,虽不是每战皆捷,也相去不远。

别急,讨论还没结束,当然有更好的方法可以赢得不稳定的竞赛,这也是冯·诺伊曼最大的贡献。

五、风险分散提高胜算

从猜石子的游戏中,我们知道采用随机策略,可使对手不能预知你的行动,并取得优势。杰克与吉儿的比赛也不例外,只是其中涉及的数学问题已超过本书范围,所以略过不谈。若稍微把规则改一下,马上可以得到一些概念。如果允许杰克和吉儿不只选一行,分开下注,譬如杰克可以把一半赌注放在 A,另外各押 $1/4$ 给 C 和 D,或随他高兴下注,当然吉儿也适用同样规则,想象他们两人面前有一大堆筹码,就好像轮盘游戏一样。

还是沿用第二张表,现在再来看看吉儿在这个不稳定游戏中的策略,她目前的情况是这样的,如果采用最小数极大化策略,就应该选 E,如果杰克也用最大数极小化策略,则会选 C,结果吉儿只能得到 19 分。其实,若吉儿很肯定杰克会选 C,她就应该挑 F,才能得到 27 分,那么,干脆两个可能性都下注不是更好吗?

如果她为了防止狡猾的杰克得逞,决定把 $2/3$ 的筹码放在 E,另外 $1/3$ 放在 F,这样即使杰克真的选了 C,吉儿还是有 $2/3$ 的赌注赢得 19 分,$1/3$ 得 27 分,总共赢得 21。7 分。这比原来只能拿到 $2/3$ 19 分更好得多。如果杰克想唬她而选 B,那么吉儿就有 $2/3$ 的赌注得到 32 分,$1/3$ 得 2 分,总和更高,为 22 分。但对纯粹学派统计学者来说,这并不是吉儿的最佳下注法,但也很接近。不过如果真的要找出所谓完美决策,还需要更多的数学技巧。

在整个过程中,杰克也在做白日梦,他当然知道吉儿可以分开下注,所以自己也用分散赌注的方式降低吉儿的获利。他可以采取保守但也是最好的策略,把部分赌注放在 C,同时也在 B 下注,以和吉儿最可能的策略对抗。其实,杰克如果把赌注都下在同一行应有更好的成绩,不过这留给读者自己计算! 因此,在这类游戏中,不论稳定与否,对每位游戏者都会有某种最佳策略,或是集中火力,或是分开下注,但两者都会导出最后的稳定状态。

六、混合策略随机选择

这就是两人零和竞赛的中心思想。不管对手如何下注,每位参赛者都有一个最佳的分散赌注策略使自己的获得最大化。把所有的鸡蛋放在一个篮子里孤注一掷,还能有好结果是极少见的。也许说明的不够清楚,但只能点到为止,唯一还要补充的是,放宽规则让参赛者得以分散下注并非绝对必要,如果同一个游戏玩很多次,也会有相同结果。譬如在全部下注时间,吉儿用 2/3 的次数赌 E,其他时间则赌 F,并小心地随机下注,长时间下来跟分散下注的结果完全一样。当然这种玩法每次都是一种赌注。而杰克最佳的对策也是随机下注,让吉儿摸不透他的习惯,这种随机选择就是赛局学者所谓的"混合策略"(mixed strategy)。

多人的零和竞赛则更复杂,这里暂且不提,因为我不想这么快就让读者们决定放弃。

254

共同知识的作用：
脏脸推理之谜

> 人们自己创造的事件,如博弈的规则和合同,也可能可以看作共同知识。关于人的本性的某些信念也可以看作共同知识。经济学家对假设"所有人都是追求最大利润的"是共同知识这样的假设及其后果特别感兴趣。
>
> —— 谢识予[1][2]

一、信息和理性基础的共同问题

这里将对在纳什均衡理论中具有关键作用的"共同知识"(common knowledge)概念和"共同知识假设"作一些讨论。"共同知识"与"理性"一样,也是长期以来博弈论和纳什均衡理论中用得很多,但却考虑得很少的概念。

事实上,理性主义的纳什均衡概念或纳什均衡的许多分析方法能够成立或有效,可以得出比较强的结论和预测的基础和前提,必须包含某些形式的共同知识假设。这些共同知识假设通常包括博弈方有关于博弈结构和规则、各博弈方的得益函数、各博弈方可能的类型及其分布概率(这相当于后面要介绍的贝叶斯理性中的"共同的事前概率"概念)、博弈方的理性等方

---

[1]   谢识予,江苏省锡山市人,复旦大学世界经济系教授。
[2]   谢识予,《纳什均衡论》,上海财经大学出版社,上海,1999 年。

面的共同知识,或者说有关上述各方面的某种作为纳什均衡分析的出发点或已知条件的状态,是在全体博弈方中间的共同知识。因此当我们对一个非合作博弈模型进行纳什均衡分析的时候,通常都公开或者隐含地作了某些方面的共同知识假设。

问题是当人们在各种共同知识假设的基础下进行纳什均衡分析的时候,常常并没有认真考虑过这些假设究竟意味着什么,这些假设意味着对博弈方,对所有博弈方的怎样的要求,以及这些要求是否现实等问题。许多读过博弈论著作的读者,甚至很可能并没有对这个称为共同知识的概念,或者其中的各种共同知识假设留下任何特别的印象或认识,也许可能认为"共同知识"就是"大家都知道的事情"或与"大家都知道的事情"差不多的东西,或者与通常人们用以表示一致的见解的"共识"混为一谈。

事实上,"共同知识"是在现代经济学中有极其重要的作用和地位的"交互知识"(interactive knowledge)概念中的一种,比"大家都知道的事情"有丰富得多的内涵和高得多的要求。说现实中的一件事情,或称一个"事件"(event),是在某个范围内(如一个博弈的所有博弈方中间)的共同知识,并不像我们分析理论模型时可以随意假设的那么容易。共同知识不仅涉及有关该事情的信息的传播和识别,而且还涉及该范围内所有个体对相互之间信息获得和识别的机会和能力的了解和信心。即使在所有人都绝对相信其他人的分析推理能力的前提下,共同知识也是一个"信息结构问题"而不仅仅只是一个"信息问题"。如果相互之间对上述能力的相互信任并不一定成立,那么共同知识本身就是一个理性能力问题。当

256

涉及有关理性的共同知识,即各博弈方的理性是在全体博弈方中间的共同知识的假设的时候,这时候的共同知识就更是纳什均衡理论理性基础的重要问题之一。因此共同知识假设,既与纳什均衡的信息基础有关,也与纳什均衡的理性基础有密切的关系,是分析和理解纳什均衡的理性基础,理解纳什均衡如何取决于博弈问题的信息结构和理性结构的一个极其重要的方面和值得研究的课题。

近年来共同知识概念也开始受到广泛的重视,原因与"理性"概念开始受到经济学家和博弈理论家的重视一样,也是因为对它的随便使用和滥用,开始给纳什均衡理论造成矛盾和困难。不对共同知识本身的内涵和意义,以及它与纳什均衡理论的基本概念和方法的逻辑关系作透彻地研究,不对它的适用范围和条件加以分析和明确界定,可能会危及纳什均衡理论和博弈论的作用和地位。由于博弈信息结构中的共同知识假设可以是关于许多方面的,包括得益函数和博弈的其他"外生"数据,博弈本身的结构和规则,或者其他博弈方的特征和类型等等。因此对共同知识与博弈均衡关系的研究可以有很多的方面,许多学者从不同的方面对这个问题的研究作出了贡献。Aumann(1987),Brandenberger 和 Dekel(1987),Tan(谭)和 Werlang(沃兰,1988)等对这方面的研究作了综述。

这里主要从共同知识概念本身的内涵和意义,共同知识在人们进行分析推断和决策的过程中的作用,这样两个角度出发进行分析,主要是通过对概念和经典例子的分析和介绍,阐明什么是共同知识,怎样的事

物容易成为共同知识,信息或事件怎样才会成为一定
范围内的共同知识,某些事物是共同知识究竟有什么
作用等问题。在这基础上再进一步讨论或说明,为什
么共同知识和各种共同知识假设,是纳什均衡理论的
理性和信息基础中非常重要的关键概念,以及以各种
共同知识假设为基本前提的纳什均衡分析方法的有效
性等等。

二、共同知识的作用:脏脸推理之谜

对共同知识有重要作用的推理问题例子进行介绍
和分析,是说明共同知识的作用和意义的最直观清楚
的方法。因此在给出关于共同知识的定义并进行解释
之前,我们先介绍一个能够充分演示共同知识的神奇
作用的著名例子,即常常称为"脏脸问题"的推理之
谜。该推理问题在许多不同的领域有不同的版本和应
用,"脏脸"只是其中流传最广的一种,比较流行的还
有"红帽子白帽子"等版本。最早正式发表该推理问
题的是 Littlewood(利特尔伍德,1953)。 但根据
Littlewood 自己的说法,在他发表这个问题之前很久,
它实际上就已经是一个广为流传的故事了。这里我们
还是用比较简明的"脏脸"版本来介绍这个有名的推
理问题。"脏脸"推理问题的基本内容是这样的:

一个简单的事实是,每个人都可以看到其他人的
脸是脏的还是干净的,但如果没有镜子,人们却无法看
到自己的脸是脏的还是干净的。 现在假设有三个人,
每个人的脸正好都是脏的。如果你问这三个人谁能够
肯定地告诉你,他知道自己的脸是干净的还是脏的,他
们显然都无法告诉你,因为他们都无法看到自己的
脸。但如果此时你提醒他们,他们之中至少有一个人

的脸是脏的,那么你的这句看似废话的话(即使你不说,他们三人也都知道这一点,因为可以通过看其他人的脸获得这种知识或信息),却会使结果发生很大的变化。因为这时虽然你问的第一个人,仍然不能说出他(或她)的脸是脏的还是干净的,第二个人也仍然不能说出,但第三个人却可以绝对肯定自己的脸是脏的,如果这个第三个人有足够的分析推理能力的话。

通过对第三个人的推理过程的下列模拟,我们不难明白第三个人判断出自己的脸是脏的,完全是有根据的。

首先,在听到你的提醒以后,第一个人不能说出自己的脸是否脏,这说明第二个人和第三个人的脸不可能都是干净的,因为如果他们的脸都是干净的,那么第一个人就可以肯定自己的脸是脏的,就不会无法判断和回答了。因此第二个人和第三个人中至少有一个人的脸是脏的这个事实,第二个人和第三个人都能够推理出来,只要他们有足够的分析推理能力。

然而,第二个人在这个前提下,仍然不能说出自己的脸是脏还是干净。这对于第三个人来说就是传递了十分明确的信息,那就是自己的脸肯定是脏的,因为如果自己的脸是干净的,那么第二个人就可以根据从第一个人无法判断这一点推论出来,第二个人和第三个人不可能脸都是干净的这个事实,得出自己的脸肯定是脏的结论。现在既然第二个人也无法判断,只能说明第三个人的脸一定是脏的。

最后,第三个人根据前两个人的回答所传递出来的信息进行推理的结果,是可以准确判断出自己的脸肯定是脏的。

259

　　这个推理问题的出人意料之处,在于仅仅因为你说了一句看似废话的话(上面已经说过,即使你不声明他们三人中至少有一个人的脸是脏的,他们三人也都知道这一点。并且实际上他们不仅都知道至少有一人的脸是脏的,而且都知道至少有两人的脸是脏的,因为他们都能够直接看到这个事实。更进一步,他们还都相互知道其他人能够知道至少一个人的脸是脏的),却使事情的结果发生了根本性的变化,使原来三人都肯定不可能说出自己的脸是脏的这个事实的情况,变为有一人可以肯定自己的脸是脏的。

　　为什么会发生这样的变化?根据整个事情的过程看,肯定是你的那句似乎是废话的话,使得三人进行推理判断的基础或条件发生了某种改变。那么你的这句话究竟使推理的基础发生了什么改变呢?答案是这句话改变了这个推理问题的信息结构,使得"三人之中至少有一个人的脸是脏的"这个事实,从你没有声明之前的"三个人都具有的知识",变为你声明之后的"三个人之间的共同知识"。

　　对于为什么你的那句"废话"会改变这个推理问题的信息结构,制造出"共同知识"来,会使一个事实从"都具有的知识"变为"共同知识"?"共同知识"和"知识","共同知识"和"都具有的知识"之间究竟有什么区别?为什么"共同知识"有这么大的作用,它是怎样使得推理的结果发生变化的?上面这个推理问题直接引出了这样一连串的问题。为了回答这些问题,我们必须对经济学中所使用的"知识""共同知识"概念的定义、意义或基本规定性,以及它们之间的区别和联系等加以说明和讨论。

三、知识和共同知识：概念和应用

1.定义和意义

为了解决脏脸推理之谜中一句"废话"改变了作为推理前提的信息结构和推理结果所带来的一连串疑问，以及深刻理解共同知识概念和假设的意义，我们先从比"共同知识"更基本的"知识"（knowledge）概念谈起。因为共同知识概念是建立在知识概念的基础上的，要准确把握"共同知识"概念的意义和性质，首先必须清楚"知识"的意义和内涵。实际上，人们对"知识"这个使用得极其普遍的概念的理解，并不很严格一致，因此要在"知识"的基础上定义"共同知识"概念和建立相关的理论，明确界定或定义"知识"概念，"加固"共同知识概念的基础是非常必要的。并且后面将讨论的贝叶斯理性问题，也与对知识概念的理解有关，知识概念既是共同知识概念的基础，又是贝叶斯理性的基础。

要给出"知识"概念的正式定义，必须先引进更基础的"世界的状态"概念。"世界的状态"概念是莱布尼兹（Leibnitz）首先提出的，其后克利泼克（Kripke，1963）、萨维奇（Savage，1954）、Harsanyi（1967，1968）和 Aumann（1976，1989）等又多次对它加以改进。

"世界的状态"是一个非常"精细"的概念，因为它必须设定物理世界的过去、现在和未来；必须设定每个人知道什么，每个人知道每个人知道什么 …… 它必须设定每个人做什么，和每个人认为每个人做什么，以及每个人认为每个人认为每个人做什么 …… 它必须设定每个行为对每个人的效用，不仅是针对那些在自然状态下已经采取的行为，而且要包括假设可能会被采取的行为,并且还要设定每个人认为每种可能的行为对其他每个人的效用;它不仅要设定每个人知道什么,而且还要设定每种事件对每个人的可能性,以及设定其他每个人对各种事件设定某种概率的概率……

我们用 Ω 表示所有可能的,上述包罗一切意义上的"世界"所组成的集合。如果把"知识"的有限性理解成,类似一个站在远处的观察者,无法把目标的不同特征完全区分、辨别出来(如一个观察者可能能够辨别出一个站在远处的人的性别,但却不能认出他是谁等等),那么"知识"实际上就是分辨或分划世界的能力。能够把世界分划得越细,能够分辨出各种事物的更多的特征和区别,能够把不同的事物准确地分别开来,就是"知识"越多。所以一个人的"知识",可以用他对可能的世界状态的一个"分划"(partition),加以正式地表示或描述。这个所谓的"分划",就是一些可以称为"单元"(cells)的,划分 Ω 的,可"相互分离"(mutually disjoint)且"可穷尽的"(exhaustive)世界状态"类"(classes)的"集合体"(collection)。如果自然的两种状态的某人分划世界 Ω 后的同一个单元中,那么意味着该人不能区分它们。对每个 $\omega \in \Omega$,我们定义所有第 i 人无法与 ω 相区别的状态为 $P_i(\omega) \subset \Omega$。在这种定义方式下,不同人之间知识的不同,就体现在他们对可能的世界状态 Ω 的分划的不同。

Ω 中的任何子集 E 称为一个"事件"。如果世界的真实状态是 ω,而 $\omega \in E$,则我们说 E"出现了"(occurs)或者 E 是"真实的"(true)。如果 i 在给定 ω 是真实的情况下,认为每种可能的状态都涵盖在 E(entails)中(我们记此为 $P_i(\omega) \subset E$),则我们说 i 知

262

道 E。注意在某些 ω,i 可能知道 E,而在其他的 ω,则可能不知道 E。如果不管 E 什么时候出现,i 都知道 E,即 $P_i(\omega) \subset E$ 对所有 ω 都成立,则我们说 E 对 i 来说是"自我确证的"(self-evident)。这样的事件除非 i 知道它,否则不可能发生。

到现在为止,我们已经通过在各种自然的状态下,他会认为什么是可能的,描述了第 i 人的"知识"。还有一种表示第 i 人在某种状态 ω 时"知识"的等价方法,就是简单地列举根据他的信息,在状态 ω 可以肯定会发生的事情。反映这种思想的最简明的方法是用"知识算子"(knowledge operator)K_i,它将任何事件 E 放进 i 可以肯定 E 已经出现的所有状态的集合:$K_i(E) = \{\omega \in \Omega \mid P_i(\omega) \subset E\}$。在状态 ω,当且仅当 $\omega \in K_i(E)$,第 i 人有足够的信息保证 E 已经出现。自我确证的事件现在能够被描述成满足 $K_i(E) = E$ 的任何 Ω 的子集 E,即自我确证的事件是 K_i 算子的不动点。知识算子满足关于知识的五个公理。

有了"知识"概念的正式定义,我们就可以引出比较正式或严密的"共同知识"概念的定义。"共同知识"这个术语是哲学家 D. Lewis(1969) 在描述"我知道你知道"的无限归纳过程的时候首次使用的。Lewis 把该概念的基本思想归功于 Schelling(施林,1960)。关于共同知识的正式定义,是 Robert Aumann(1976) 引入经济学文献的。当然,有关共同知识的思想的出现,比这些定义和正式讨论要早得多,因为至少 Littlewood(1953) 此前就已经发表了,包括上面已经介绍的"脏脸推理之谜"和下面将介绍的"信封中的困惑"在内的，一些有关共同知识的推理问题，Littlewood 指出在他发表之前这些例子早已广为流传。

用比较直观但并不很严格的说法，"共同知识"就是每个人都知道的事实，每个人都知道每个人都知道的事实，每个人都知道每个人都知道每个人都知道的事实…… 因而，"共同知识"是一个关于知识的无限推理链。这也是 Lewis(1969) 使用的描述方法。利用上面给出的关于知识的数学表达方法，我们可以给出 Aumann(1976) 给出的关于共同知识的较严格的定义。

定义 事件 $E \subset \Omega$ 是在状态 ω 时 $i = 1, \cdots, I$ 等人之间的"共同知识"，当且仅当对任意的 n 和任意序列 $(i_1, \cdots, i_n)$，$P_{i_n}(P_{i_{n-1}} \cdots (P_{i_1}(\omega))) \subset E$，或者等价地，$\omega \in K_{i_1}(K_{i_2} \cdots (K_{i_n}(E)))$。

根据上面给出的定义可以看出，经济学中所用的"共同知识"概念，确实是与"知识"或者"都具有的知识"有显著的，甚至本质性的区别的。通常来说，某些事实或事件，世界的某些状态要成为某些人的"知识"并不难，要成为某些人"都具有的知识"也不算很困难，因为只需要这些人都有获得这些事实或状态相关信息的，可以是各自独立和不相关的条件和机会，以及自身有识别这些信息的基本能力就可以了。但是，任何事实或事件，或者世界的某些状态要成为在特定范围内的"共同知识"，则要困难得多，因为这不仅要求所有人都能够获得相关信息，及对信息具有识别能力，而且还要求所有的这些信息渠道都是相互了解的，以及了解这些信息渠道的渠道也必须是大家都相互了解的…… 更进一步说，则还有所有人的识别能力都必须

264

是相互都了解的,以及相互之间有足够的信心等。

2. 共同知识的来源

在脏脸推理问题中,当你还没有声明"至少有一人的脸是脏的"这个事实的时候,虽然这个事实是三个人"都具有的知识",但却不是"共同知识"。因为虽然每个人都可以看到其他两人的脸是脏的,但因为每个人都不能看到自己的脸也是脏的,因此他们都不能排除"自己的脸正好是干净的,因此其他两人只能看到一个人的脸是脏的"这样的可能性。如果这种可能性正好是事实,那么其他两人因为只看到"一个人的脸脏,一个人的脸干净",因此他就觉得其他两人都不能排除"有两个人的脸干净,只有一个人的脸脏"的可能性。也就是说,他们两人就都会觉得对方有可能会不能排除"三人的脸都是干净的"的可能性。换句话说,虽然"至少一人的脸是脏的"这个事实三人都知道,三人也都知道其他人知道这个事实,但三人都无法肯定其他人都知道其他人都知道这个事实。因此,根据共同知识的定义,在你没有宣布之前,"至少有一个人的脸是脏的"这个事实,并不是"共同知识",虽然三人都知道它,甚至还知道其他人知道它(因为他们都不知道其他人都知道其他人都知道它)。

当你将"至少有一个人的脸是脏的"这个事实当众宣布的时候,这个事实显然立即成了共同知识。因为你的宣布是当着三个人共同的面作的,因此你宣布以后这个事实就不仅是"每个人都知道",而且"每个人都知道其他人知道",以及"每个人都知道其他人都知道其他人知道"了……这样,"三人中至少有一个人的

265

脸是脏的"这个事实是共同知识，就成为推理的基础和出发点。从这个基础出发，结果就是至少有一人可以根据其他人的反应，判断出自己的脸也是脏的，进而"实际上三个人的脸都是脏的"这样的事实。推理过程前面早就已经给出。

这个推理问题很好地说明了作为推理基础的信息结构，信息结构中包含的共同知识，对推理的结果，对人们对事物的分析判断是有很重要的作用。经济学中的"共同知识"并不仅仅是"大家都知道的事情"那么简单。

讨论脏脸问题中的共同知识可以得到的重要启示是，如果所有人都通过同一公开渠道了解到某一个事件，那么这个事件一般可以理解为这些人中间的共同知识。如脏脸推理问题你的公开宣布使"三个人中至少有一个人的脸是脏的"这个事实或称事件，成为这三人中间的共同知识，因为你的宣布就是这三人了解这个事实的统一的公开渠道。而在你宣布之前，虽然三人也都有了解这个事实的渠道（自己可以看到），但渠道并不统一，因此虽然在这个问题中上述事件是三人都知道的，即三人都有的知识，而且三人能够相互保证其他人都知道这个事实，但却不能相互保证其他人都知道其他人知道这个事实，以及任何更高层次的这种交互知识，因此这个事实那时不是一个共同知识。

可以进一步得到的推论是，公共事件是共同知识最明显的候选者。但我们也不能简单地认定所有的公共事件都是共同知识，因为公共事件本身只是提供了所有人获得该事件信息的公开的共同渠道，使该事件有成为共同知识的可能性，要使它成为真正的共同知识，还有人们获取这些信息的主观意识和能力的问

266

题。仍然以脏脸推理问题为例,如果三人中有一人没有正确理解信息的能力,或者没有任何"交互知识"方面的意识,甚至只是一人对另一人的能力有怀疑,那么你的公开宣布就不能保证上述事件成为共同知识,因为任何一人对信息的错误理解,或者缺乏对多层次交互理性的意识,或者怀疑其他人没有足够理解能力或意识,都会使得共同知识定义中的推理链或者知识算子在有限的层次,或者很低级的层次就中断,从而不符合共同知识的意义。这时候就无法保证第三人能够准确判断出自己的脸的状态了。①

人们自己创造的事件,如博弈的规则和合同,也可能可以看作共同知识。关于人的本性的某些信念也可以看作共同知识。经济学家对假设"所有人都是追求最大利润的"是共同知识这样的假设及其后果特别感兴趣。如果几个人进行长时间的对话或相互观察,那么它们各自将要做什么,经常会成为他们中间的共同知识,即使他们各自行为的理由可能仍然很难分辨。问题在于,要认定某种事件是共同知识,比仅仅假设它是共同知识要难得多。上面的讨论也告诉我们,共同知识有时是可以人为地"制造"出来的,因为我们可以创造某些公开的信息渠道。当然,在研究现实存在的问题时,"制造"共同知识的手段不会有很大的用处。

共同知识显然是一种很高的要求,事实上许多情

---

① 如果在你的公开宣布以后,第三个人仍然不能判断出自己的脸的状态,除了共同知识假设不成立的可能性以外,还有一种利用共同知识的能力不能保证的问题,因为我们不难明白,利用共同知识进行分析推断,是需要很高的分析推理能力的,并且还需要对其他人利用共同知识进行分析推理能力的信任。

况下这种假设很难成立。因此有时必须考虑更符合现实的、人们之间的知识或交互知识水平的概念。这就是"N 级知识"等概念。"N 级知识"实际上就是关于共同知识的无限推理链，只成立前面 N 级意义上的交互知识。值得注意的是，不管 N 有多大，在 N 级知识假设下的行为很可能与在共同知识假设下的行为相差很大，完全没有相似性。

3. 信封中的困惑

为了进一步讨论和理解共同知识的意义和作用，我们在这里再介绍一个与脏脸问题有异曲同工之妙的"信封中的困惑"推理问题。这个推理问题是这样的：

有一个喜欢恶作剧的父亲，给他的两个儿子每人各一个信封，并告诉他们这两个信封中分别装有 10^n 元和 10^{n+1} 元钱，n 可能是从 1 到 6 之间的任意整数，并且这 6 个整数出现的可能性相同。究竟谁得的信封中钱较多也是随机的，可能性各 1/2。结果第一个儿子打开信封，发现其中有 10 000 元，第二个儿子打开信封，发现其中有 1 000 元。此时父亲分别私下问两个儿子，愿不愿付一元钱手续费，与对方换一个信封。结果是两个儿子都说愿意。然后父亲将每个儿子的回答告诉他们的兄弟，再重复了一遍上面的问题。结果是两个儿子仍然都说愿意。父亲再把每个儿子的回答告诉他们的兄弟，并第三次问他们同样的问题，两个儿子的回答仍然是愿意。但当父亲再次公布两个儿子上一次的回答，并第四次问相同的问题时，虽然第二个儿子的回答仍然是愿意，但第一个儿子的回答却不再是愿意，而是不愿意！

上述故事中的主人公在整个过程中的全部选择究竟是不是都有根据的呢？如果是有根据的，那么根据究竟是什么？为什么第一个儿子非要等到父亲第四次重复同

样的问题的时候,才不愿换信封,而不是在第一次就不愿换呢? 上述介绍给我们留下了许多这样的问题。

实际上,如果仔细分析,我们不难明白两个儿子的所有选择,确实都是有根据的。首先,当父亲第一次问双方是否愿意换信封时,第一个儿子判断是:自己的信封中有 10 000 元,那么他兄弟的信封中可能有 1 000 元,也可能有 100 000 元,且这两种可能性是相同的。因此,如果交换信封,那么他的期望得益是 50 500 元,比他现有信封中的 10 000 元要高好几倍,因此这个险是值得冒的。① 同样的,第二个儿子的分析思路也是这样,因此他也愿意交换,因为交换的期望得益 5 050元高于他信封中的 1 000 元。②

按照上面的分析,两个儿子都愿意交换是有道理

---

① 这里实际上隐含假设了他是风险中性的。后面对他兄弟的分析中也一样。

② 注意这个推理问题中实际上还隐藏着一个潜在的悖论或推理陷阱。那就是如果你把两个儿子愿意交换信封的赌博心理,看作是在他们之间相互赌博的话,那么就很容易产生这样的疑问:对两个风险中性的人来说,为什么会在相互交换信封这个明显是零和博弈中双方都感到是合算的,两人的数学期望之和比两信封中的钱数之和要大出好几倍? 实际上,这个问题的关键在于这两个儿子虽然形式上是在相互赌博,但其实他们是在跟他们的父亲赌博,或者跟父亲设置的机会赌博,即他们都是在赌父亲随机选择的 n 是与自己的钱数相比的较大的一位,而不是较小的一位。由于 n 是较大一位的可能性与较小一位的可能性是相同的,因此两个儿子选择交换的数学期望可以是 5 倍。另外,这里我们实际上是假设两个儿子只单方面考虑自己是否愿意交换的问题,而忽视了或者还没有讨论另一种可能性,那就是这两个儿子在决定愿意交换之前,没有先再想一下"只有对方愿意交换才能交换成功,而对方愿意交换意味着在对方拥有的信息的条件下,他的判断是换取你的信封是合算的"这样的事实。如果两个儿子进一步有这样的思考,那么结果可能会有所不同。

的。但是,为什么第一个儿子会在前三次都表示愿意交换以后,第四次却表示不愿意交换了呢? 其中的奥妙在于:当两个儿子对父亲的第一次交换的提议都表示愿意,并且双方都了解到这一点的时候,"没有一个信封中有 10 000 000 元"变为他们中间的共同知识。因为如果有一个信封中有 10 000 000 元,那么至少会有一个儿子不愿交换。因此 $n=6$ 的可能性就可以排除了(注意在父亲没有作交换的提议并得到两个儿子的响应之前,没有一个信封中有 10 000 000 元这个事实,虽然是双方都知道的,因为每个儿子根据自己信封中的钱数很容易判断出这一点,但这个事实却并不是共同知识。因为有 10 000 元的第一个儿子不能排除他的兄弟有 100 000 元的可能性,这就意味着他不能排除他的兄弟以为自己有 1 000 000 元的可能性,进一步他就必须考虑到他的兄弟有以为自己有以为他的兄弟有 10 000 000 元的可能性。因此,根据共同知识的定义,没有一个信封中有 10 000 000 元这个事实,并不是两个儿子之间的共同知识)。正是由于父亲的提议和儿子的响应,才使得"没有一个信封中有 10 000 000 元"这个事实成为两兄弟之间的共同知识。

在双方有这样的共同知识的前提下,父亲的第二次试探的结果,仍然是两个儿子都愿意交换,这又进一步说明"有一个信封中有 1 000 000 元"是不可能的,因为当不可能有 10 000 000 元成为共同知识以后,任何一方拿到有 1 000 000 元的信封都不会愿意交换。并且这个事实也成了共同知识(这个事实在此之前不是共同知识的理由, 与上面没有一个信封中有 10 000 000 元的事实原来不是共同知识的理由是一样

的）。进一步,在双方有这个新的共同知识的前提下,第三次仍然都表示愿意交换,又进一步说明"没有一个信封中有 100 000 元"也是事实,并且这也随着父亲公布回答而成了共同知识。因此,在接下去的一轮选择中,第一个儿子当然不会再选择交换了,因为他现在已经很清楚,他所得到的信封中的 10 000 元,是两个信封中较大的一笔钱。

因此,该推理问题之所以会有这么奇妙的逻辑和结果,同样也是因为"共同知识"的作用,即父亲把两个儿子对于交换信封的态度不断公布出来的同时,不断地创造着有关两信封中钱数上限的"共同知识",这些共同知识的出现不断改变作为两个儿子推理基础的信息结构,最终导致第一个儿子可以首先判断出两个信封中实际的钱数。

这个问题给我们的一个很重要的启示是,在社会经济活动中,许多看似无意义或意义不大的交谈、谈判和讨价还价,或者有些看似相关性不强的信息发布等,事实上对经济活动的结果和方向有着非常重要的影响和作用。因为正是这些行为在不断改变着作为人们决策依据的信息环境的结构,从而使人们的决策和行为发生各种各样的,有时甚至是戏剧性的变化,就像脏脸问题中的第三人和信封中的困惑中的第一个儿子在某个时刻发生的判断和行为的变化。

4. 保持不一致和无投机定理

在上述"信封中的困惑"问题中两个儿子所进行的推理判断,在现实经济活动中具有相当的普遍性。实际上,不管人们是多么理性,通常都只能在不完全信息的基础上行为。而反过来,追求最大利益并相互作用的人之间的许多行为,也只能在信息不完全和不对称的基础上加以解释。这已经成为现代经济学的共识(这个"共识"是一致认识的意思,与主题"共同知识"不是同一个概念)。

如果人们是理性的,他们会认识到他们自己的无知,并且会在采取行动之前,仔细地考虑自己知道什么和不知道什么。更进一步,当理性的人们相互打交道时,采取行动之前还会考虑其他人知道什么和不知道什么,以及其他人对他们知道什么的了解程度。而当人们开始考虑其他人知道什么,开始将其他人的知识也作为决策的参考依据的时候,相关的事情是否是各相关人员的共同知识,就有了十分重要的意义。前面介绍的两个推理问题中,共同知识的存在或出现,都在帮助某些人从似乎没有信息的地方,发现信息和作出正确的判断方面起了很大的作用,它们都很好地说明了信息结构中存在的"共同知识"具有价值和作用。这些例子也很好地说明了"共同知识"与"知识",或者"都具有的知识"之间,存在的是信息结构方面本质性的差异,而不仅仅只是属于信息范围方面的微小差异。

由于现代社会经济活动,是以人们的推理、判断和决策为前提和基础的,因此,作为推理和决策的基础和出发点的"知识"和"交互知识",包括有特殊作用的"共同知识",是现代经济理论中的核心因素。我们可以通过下面关于共同知识的讨论,进一步说明共同知识在现实经济和经济理论中的作用。

关于共同知识及其重要作用的问题或例子很多。共同知识与人们的有限理性问题结合在一起,共同知

识与信息不对称和不完全性，信息分布的偏差等结合起来，可以说明和解释众多复杂的经济关系。这些问题是现代经济学的最前沿的问题，也是与人们的理性能力的有限性，以及信息不完全和信息结构相关的博弈理论最前沿的问题。这里我们讨论一下共同知识与信息不对称问题的结合，对解释证券市场的交易活动等有些什么作用。

　　拥有表明某种股票的价格将要上升的信息，从而想要购买这种股票的潜在购买者，可能会考虑这样的问题，那就是"卖方可能拥有表明该种股票的价格将要下降的信息，否则卖方为什么要卖掉这种股票？"如果买方再进一步考虑卖方在表示愿意卖出股票的时候，很可能也已经考虑到了愿意买进该种股票的人，拥有股票价格将要上升的信息的可能性，那么该潜在购买者还会觉得买进该股票是一个好主意吗?!

　　如果讨论的股票交易是投资性的，那么自然有能使交易成立的充分理由。因为投资性股票交易追求的是长期的投资回报，当一方需要回笼资金，一方有资金要找投资机会时，这种交易就可以是对双方都有利可图的或有益的，即使双方都明知道该种股票的未来价格会上升。或者说，如果考虑现金和股票对不同的人存在不同边际效用的可能性，那么在两个理性的投资者之间的股票交易可能是双方都得利的，并不是零和博弈，因此哪怕两个投资者有相同的信息，甚至相关的信息是他们之间的共同知识，股票交易完全可能在他们之间发生。

　　但是，如果我们讨论的股票交易是投机性质的，那么上述结论就不成立了。因为投机性股票交易成立的条件与投资性交易成立的条件不同,投机交易的唯一依据就是股票价格的未来走势,因此股票市场投机交易的买卖双方,必须对股票价格的未来走势持有很不一致的看法。如果双方对走势的看法一致,就不可能发生交易,因为都看涨就没有人卖,都看跌就没有人买。因此,对走势的看法不一致(各自有各自的依据)是投机性股票交易的先决条件。这时候刚才提出的问题,即"在两个看法不一致的投机者之间,如果双方都相信对方是理性的,并且也相信对方知道自己是理性的,或者进一步可设在两人之间有理性的共同知识,这时候买卖还会发生吗?"就成了一个真正的问题。这个股票市场投机交易提出的问题可以抽象为:理性的人之间能够保持不一致吗?(Can rational agents agree to disagree)进一步我们还可以问,人们的理性程度,以及他们交谈的时间长度等,将怎样影响这个问题的答案呢?共同知识概念在这样的问题的答案中起着关键的作用。

上述关于投机性股票交易的疑问,实际上在所有带有赌博性质的经济非经济活动中都会遇到。信封中的困惑推理问题也存在这样的疑问:当第一个儿子意识到只有当他的兄弟愿意交换,这种交换才能成立这一点时,他就会在自己作出选择之前分析他兄弟的思路和行为,或者就要冒只有自己肯定会损失时交换才会成立的危险。考虑到这一点,他还会愿意与他的兄弟交换信封吗?

用正式的共同知识定义获得的第一个也是最著名的结论,是 Aumann(1976)证明了理性的博弈方,不可能在关于一个给定事件的概率方面保持不一致,或

者说理性的博弈方对该事件的事后概率判断必须是相同的。当然,这个结论的前提是这些博弈方的行为是共同知识。在这个问题中的直觉考虑是,如果一个博弈方知道"对手"的判断与自己不同,就应该把"对手"的信息考虑进去,并修正他的判断。这种直觉在他认为对手是非理性的时候是无意义的。该直觉要求他相信"对手"能够准确处理信息(有理性的共同知识),因此双方的判断不同必定是反映了某种客观的信息差异。Aumann 定理的严格证明要求博弈方的判断,必须是由从一个"共同的事前概率分布"出发的贝叶斯更新导出的。

上述从对保持不一致问题的讨论得出的结论,与(在人们是风险规避的前提下)不可能在同一种纯粹的投机或赌博(有共同的事先概率)中,作相反方向投机,因而纯粹的投机不可能发生的"无投机定理"是密切相关的。直观地,如果博弈方 1 是风险规避的,并参加一赔一的赌博,赌硬币会出现正面,那么他必然给出现正面"分配"一个大于 1/2 的概率(即认为出现正面的机会大于 1/2),否则他肯定不会愿意参加这个赌博。同时如果博弈方 2 也是风险规避的并赌反面的机会,那么博弈方 2 必须给出现正面"分配"一个小于 1/2 的概率,否则他就不会参加该赌博。也就是说两个理性的人之间发生赌博的条件是他们对硬币出现正面这个事件的概率判断"保持不一致"。但根据上述 Aumann 的定理,理性的人之间不可能在给定事件的概率判断方面"保持不一致",因此这种纯粹的投机或赌博是不可能发生的。现实中这种纯粹的投机或赌博的存在,只能说明对人们的理性假设或者风险偏好方面的假设不符合得出这种结论的前提,即人们不是理性的,或者不是风险中性的。

"无投机定理"的证明可以根据"确定性事物原理"(sure-thing principle)给出,即"共同知识定理"(Milgrom and Stokey(斯托克伊),1982),也可以在"信息多没有坏处"原理的基础上作出,即"均衡定理"(Kreps,1977;Tirole,1982;Dukey(杜克伊),Geanakopols(吉那可普尔)and Shubik(苏必克),1987)。

实际上,当人们的理性和追求自身利益最大化的思路或原则是共同知识的时候,信息的不同本身不仅不能产生交易的理由,而且它们还会抑制在信息对称的情况下会发生的交易。在"信封之谜"推理问题中,双方可能在打开信封之前是愿意交换的(这两个儿子都是风险规避的),一旦他们打开各自的信封,交换就不可能再发生,因为这时候信息的不对称开始与关于理性和行为的共同知识一起起作用,原来使交换成立的理由现在不再成立。

上述关于"保持不一致"和"无投机定理"的结论,是看似简单的对不确定性的共同事前概率分布假设和关于理性和行为的共同知识假设,会排除所有投机性交易、赌博和保持判断的不一致的可能性。这说明信息或理性的某些不完善,是许多社会经济活动成立的必要条件。这也从一方面证明了关于人们行为和理性等方面的共同知识,确实是很高的要求,不是现实中的人们能够满足或达到的,因为否则社会经济中的许多活动或现象就不可能出现或存在,世界就不会这么丰富多彩了。

276

四、共同知识和纳什均衡理论

上面通过对两个共同知识有关键作用的推理问题，以及对知识和共同知识概念的定义、意义、相关理论和应用的介绍和讨论，对共同知识的内涵和作用，产生和存在的条件等方面的问题作了较多的阐述。根据上面的讨论可以知道，在作为推理问题出发点的信息结构，即对相关"世界的状态"的事前认识和判断的结构中，是否存在共同知识和有怎样的共同知识，对于推理的过程和结果有很强的影响，特别是关于理性和最优选择的共同知识，更是有着出乎意料的强结果，往往可以从根本上改变相关人员的预测能力和决策准确性，以及人们之间交互关系和行为的结果。此外，人们之间关于理性、行为和偏好的共同知识，常常意味着人们之间不可能对给定事件的判断保持不一致，意味着人们不会赌博或参与纯粹的投机等等。

我们早已知道纳什均衡理论中有许多共同知识假设，理性主义的纳什均衡概念和分析方法，常常是建立在各种共同知识假设基础上的。实际上，由于纳什均衡分析本身是一种推理分析，而且要比一般的推理分析要考虑更多的交互作用，因此它所研究的博弈问题的信息结构中，交互知识和共同知识必然有十分重要的地位和作用。根据对共同知识在一般推理问题中作用的分析和结论，不难理解博弈方之间是否存在关于博弈结构、博弈规则或各博弈方理性等的共同知识，对纳什均衡分析方法的有效性和结论有着举足轻重的影响。

为了进一步说明这种影响，我们将"脏脸"推理问题改造成如下的博弈问题：

我们让脏脸问题中的三人以选择是否"脸红",来表明他们对自己脸的情况的判断(或猜测)。假设在总共 $T+1$ 期的各期(即 $t=0,1,\cdots,T,T \geqslant 2$)中,三个人都同时决定自己是否"脸红",并且他们的行为都会在各期结束之时揭晓。因此这是一个相互都可以看到各方前面阶段行为的多阶段博弈。规定每人最多只能"脸红"一次,即只能在其中某一个阶段"脸红"。如果某人在第 t 阶段"脸红",而且这时候他的脸确实是脏的,那么他可以获得得益 δ^t。如果在脸是干净的情况下他没有"脸红",他可以得到得益 1。如果在脸是干净的情况下他"脸红",则得到得益 -100。如果在脸是脏的情况下他不"脸红",则他得到 -1。并且我们假设 $\delta < 1$。

在这样的假设下,如果一个人不是很肯定自己的脸是脏的,没有一个博弈方会选择"脸红",因为一旦"犯错误"损失很大,或者说在有不确定性的情况下选择"脸红"的期望得益是较大的负值。而一旦某人能够肯定自己的脸是脏的,则他会立即"脸红",因为当 $\delta < 1$ 时,拖延是不合算的。

按照上面的博弈规则,如果仍然是每个人都只能看到其他博弈方的脸,而不能看到自己脸的情况,那么该博弈的唯一的纳什均衡肯定是永远没有人选择"脸红",即使事实上所有的人的脸都是脏的。因为在第一阶段各人对自己的脸是脏是干净的判断是 1/2 对 1/2 的概率,这时候选择"脸红"的期望得益是很大的负值,因此不会有人选择"脸红";在后面的各个阶段,只要没有人首先偏离这种"均衡",首先选择"脸红",那么各人从其他人的选择中什么信息也不可能得到,各人

278

各个阶段关于自己脸情况的事后判断都仍然等于事前判断,即脸脏脸干净的可能性各占一半,因此选择"脸红"同样是不合算的,因此在任何一个阶段,不"脸红"都是所有人的最优选择和纳什均衡策略。

现在假设只要确实至少一个人的脸是脏的,那么在第一阶段就有人向这三人当众宣布,在他们之间"至少有一个人的脸是脏的"这个事实。在这个信息结构下,即使仍然是所有人的脸都是脏的,他们始终选择不"脸红"就不再是一个纳什均衡了。

我们可以用下面的分析来证明上述结论:当只有一个人的脸是脏的时候,因为脏脸的人可以看到其他两人的脸都是干净的,因此他很容易可以肯定自己的脸是脏的,因此在第一阶段他就会选择"脸红"。因为所有人都知道其他人也都知道博弈的结构(存在关于博弈结构的共同知识),因此如果在第一阶段没有人"脸红",那么每个人都会知道这说明不可能只有一张脏脸,至少有两张脏脸。这个事实就成了一个正式意义上的共同知识。这样,如果正好有两个人的脸是脏的,那么这两个脸脏的人,因为只能看到其他有一个人的脸脏,他们就能肯定自己的脸是脏的,就会在第二时期选择"脸红"。更进一步,如果在第二个时期仍然没有人"脸红",那么说明肯定三个人的脸都是脏的,因此每个人都会在第三阶段选择"脸红"。以此类推,如果有 n 个人,那么如果所有人的脸都是脏的,那么他们会在第 n 个时期同时选择"脸红"。

当然,如果在这个问题中只有一个人的脸是脏的,那么有人告诉他们至少有一个人的脸是脏的,脏脸的那个人会获利。如果有两个人的脸是脏的,则同样的宣布会使两个脏脸的人获利。如果是三个人的脸都是脏的,则该宣布将使三个人都获利。

上述这个"脏脸"推理问题改造成的博弈,只是再一次论证了"共同知识"对博弈、对纳什均衡有着根本性的影响,是否有相关的各种共同知识,对博弈方的选择和博弈结果的影响是很关键的,而纳什均衡分析是否以理性等的共同知识假设为前提,对分析的结论和预测也起着绝对重要的影响。如果没有理性的共同知识假设,那么纳什均衡分析的许多概念和方法,如逆推归纳法和子博弈完美纳什均衡等,都没有很强的基础或完全不能使用。Aumann(1996)甚至将蜈蚣博弈等博弈的逆推归纳法的实证悖论,唯一地归结为,根源在于"理性的共同知识是一个很强的假设,比单单的理性强得多,并且在有些情况下是很难满足的。仅仅只有这一点才是导致某些完美信息(PI)博弈,有令人意外的逆推归纳法结果的原因"。

但问题是,正是因为共同知识假设对博弈的结果和博弈分析有着举足轻重的影响,因此我们不能随便假设,一旦作了不符合现实的共同知识假设,那么即使很容易进行纳什均衡分析,得出很强的结论和预测,这种结论和预测也很难符合实际,常常是与现实的结果相矛盾的。因此我们在设定博弈模型和进行纳什均衡分析时,一定要考虑到其中的共同知识假设符不符合实际的问题,包括公开设定共同知识假设和特定分析方法隐含要求的共同知识假设,否则很可能会导致严重的偏差。纳什均衡分析有效性的前提之一,就是对博弈的信息结构和共同知识的假设必须要符合实际。

根据对共同知识问题的讨论,可以得到的一般结论是,共同知识,特别是理性的共同知识,是一种很强的假设。特定的事物要成为一种共同知识必须符合特定的条件。如在脏脸之谜问题中,如果没有局外人公

开发布某种信息,那么,"三个人中至少有一个人的脸是脏的"这个事实虽然是三个人都具有的知识,但却不是三个人的共同知识。在现实中共同知识是存在的,如所有人同时获得的公开信息,其内容就会成为这些人的共同知识。但共同知识假设不能成立的情况更多,特别是通常不是通过公开的宣布,或者通常不会公开宣布的信息和有关事件,如各个博弈方的理性等,实际上是很难符合严格的共同知识的标准或要求。

非合作博弈

一个简单的扑克博弈。规则如下:

(1)一副牌是大的,如果具有相同的点数,一手由一张牌组成。

(2)两个筹码用来下注,开牌或叫牌。

(3)参与人轮流出牌,如果所有人都过,或一个开牌而其他人有机会叫牌,则博弈结束。

(4)如果没有人下注,则重新开始。

(5)否则在下注的最高手之间平分赌注。

——哈罗德·W.库恩[1][2]

---

[1]　哈罗德·W.库恩(Harld W. Kuhn),普林斯顿大学数理经济学教授,他因为与艾伯特·W.塔克(Albert W. Tucker)合作开创了"非线性规划"理论而闻名世界。

[2]　哈罗德·W.库恩,《博弈论经典》,中国人民大学出版社,北京,2004 年。

一、引 言

冯·诺伊曼和摩根斯坦在《博弈论与经济行为》中已经给出了关于二人零和博弈的丰富的理论。书中也包括了 n 人博弈,我们称之为合作博弈。这个理论是基于各个联盟之间关系的分析,联盟由博弈的参与人组成。

相反,我们的理论基于联盟的缺失(absence of coalition),也就是假设每个参与人独立行动,不与其他任何人交流而结成联盟。

在我们的理论中,均衡点(equilibrium point)的概念是基本要素。这个概念是二人零和博弈解的概念的一般化。二人零和博弈均衡点的集合是所有成对的对立的"好策略"的集合。

在下面的各节中,我们要定义均衡点,并证明非合作博弈(noncooperative game)至少存在一个均衡点。我们也要介绍非合作博弈的可解(solvability)和强可解(strong solvability)的概念,并证明关于可解博弈均衡点集合的几何结构的定理。

作为该理论的一个应用,我们求出一个简单的三人扑克博弈(three-person poker game)的解。

二、正式的定义和术语

本节我们定义本文的基本概念,并建立标准的术语和记号。重要的定义之前都有一个简要说明所要定义的概念的小标题。非合作的思想是内在的,而不是外在的,下面我们一一进行介绍。

有限博弈(finite game) 这里,n 人博弈由下面

要素组成，n 个或 n 方（position）参与人，各自都具有纯策略（pure strategies）的有限集合；每一参与人 i 具有相应的支付函数（payoff function）p_i，它是从纯策略的所有 n 元组合到实数空间的映射。我们所说的 n 元组合，意味着 n 个策略的集合，每个策略对应不同的参与人。

混合策略（mixed strategy）s_i　参与人的混合策略是一个非负向量，其各分量的和为 1，且每个分量对应一个纯策略。

我们记 $s_i = \sum_{\alpha} c_{i\alpha} \pi_{i\alpha}$，其中 $c_{i\alpha} \geqslant 0$，$\sum_{\alpha} c_{i\alpha} = 1$，代表一个混合策略，这里 $\pi_{i\alpha}$ 是参与人 i 的纯策略。我们将 s_i 看作一个顶点是 $\pi_{i\alpha}$ 的单纯型（simplex）中的点。这个单纯型是实向量空间的凸子集，这告诉我们混合策略是一个线性组合的自然过程。

我们用下标 i, j, k 代表参与人，α, β, γ 代表一个参与人的不同纯策略。s_i, t_i, r_i 代表混合策略；$\pi_{i\alpha}$ 代表第 i 个参与人的第 α 个纯策略，等等。

支付函数 p_i　支付函数 p_i，在上面定义的有限博弈中使用，是混合策略 n 元组合的唯一扩充，它对每个参与人的混合策略都是线性的（n 元线性）。这个扩充，我们用 p_i 表示，记做 $p_i(s_1, s_2, \cdots, s_n)$。

我们用 ζ 或 τ 表示混合策略的 n 元组合，如果 $\zeta = (s_1, s_2, \cdots, s_n)$，那么 $P_i(\zeta)$ 代表 $P_i(s_1, s_2, \cdots, s_n)$。这样的 n 元组合 ζ，也可以看作是向量空间中的一点，即包含混合策略的向量空间的乘积空间。所有这样的 n 元组合构成的集合，是凸多面体，代表混合策略的简单乘积。

为了方便，我们用 $(\zeta; t_i)$ 代替 $(s_1, s_2, \cdots, s_{i-1}, t_i,$

$s_{i+1},\cdots,s_n)$，这里 $\zeta=(s_1,s_2,\cdots,s_n)$。同理用 $(\zeta;t_i;r_j)$ 代替 $((\zeta;t_i);r_j)$，等等。

均衡点 n 元组合 ζ 是均衡点，当且仅当对每个 i

$$p_i(\zeta)=\max_{\text{对于所有}r_i}(p_i(\zeta;r_i)) \tag{1}$$

因此，均衡点是一个 n 元组合 ζ，使得在其他参与人的策略给定的情况下，每个参与人的混合策略都最大化他的支付。所以，每个参与人的策略是对其他人的最优反应。有时，我们将均衡点简记为 eq. pt.。

我们称混合策略 s_i 使用了纯策略 $\pi_{i\alpha}$，如果 $s_i=\sum_{\beta}c_{i\beta}\pi_{i\beta}$，$c_{i\alpha}>0$。如果 $\zeta=(s_1,s_2,\cdots,s_n)$ 且 s_i 使用了 $\pi_{i\alpha}$，我们也称 ζ 使用了 $\pi_{i\alpha}$。

由 $p_i(s_1,s_2,\cdots,s_n)$ 关于 s_i 的线性性，有

$$\max_{\text{对于所有}r_i}(p_i(\zeta;r_i))=\max_{\alpha}(p_i(\zeta;\pi_{i\alpha})) \tag{2}$$

我们定义 $p_{i\alpha}(\zeta)=p_i(\zeta;\pi_{i\alpha})$。那么，我们得到下面 ζ 是均衡点的充分必要条件

$$p_i(\zeta)=\max_{\alpha}p_{i\alpha}(\zeta) \tag{3}$$

如果 $\zeta=(s_1,s_2,\cdots,s_n)$，$s_i=\sum_{\alpha}c_{i\alpha}\pi_{i\alpha}$，那么 $p_i(\zeta)=\sum_{\alpha}c_{i\alpha}p_{i\alpha}(\zeta)$，由式（3），只要 $p_{i\alpha}(\zeta)<\max_{\beta}p_{i\beta}(\zeta)$，一定有 $c_{i\alpha}=0$，也就是说，除非 $\pi_{i\alpha}$ 是参与人 i 的最优纯策略，否则 ζ 不会使用它。所以我们有：如果 ζ 使用了 $\pi_{i\alpha}$，那么

$$p_{i\alpha}(\zeta)=\max_{\beta}p_{i\beta}(\zeta) \tag{4}$$

作为均衡点的另一个充分必要条件。

根据判别准则式（3），均衡点可以被表示成均衡点的 n 元组合 ζ 空间上的 n 组连续函数的等式，显然这构成了这个空间的闭子集。实际上，这个子集由一些代

284

数变量构成,而由另外一些代数变量分割。

三、均衡点的存在性

这个存在性定理的证明基于角谷不动点定理,它发表在《美国自然科学》,(Proc. Nat. Acad. Sci. U. S. A.,36,pp.48 — 49)。这里给出的证明是对早期形式的一个改进,它直接基于布劳威尔定理(Brouwer theorem)。我们构造 n 元组合空间的一个连续变换 T,证明 T 的不动点是博弈的均衡点。

定理 1　每个有限博弈有一个均衡点。

证　令 ζ 是混合策略的 n 元组合,$p_i(\zeta)$ 是参与人 i 对应的支付,$p_{i\alpha}(\zeta)$ 代表,参与人 i 将他的策略改变为第 α 个纯策略 $\pi_{i\alpha}$ 而其他参与人保持 ζ 中的混合策略的情形下,参与人 i 的支付。我们现在定义 ζ 的连续函数的集合为

$$\varphi_{i\alpha}(\zeta) = \max(0, p_{i\alpha}(\zeta) - p_i(\zeta))$$

对 ζ 的每一个分量 s_i,我们定义一个修正的 s'_i 为

$$s'_i = \frac{s_i + \sum\limits_{\alpha} \varphi_{i\alpha}(\zeta)\pi_{i\alpha}}{1 + \sum\limits_{\alpha} \varphi_{i\alpha}(\zeta)}$$

记 ζ' 为 n 元组合 $(s'_1, s'_2, \cdots, s'_n)$。

现在我们证明映射 $T:\zeta \to \zeta'$ 的不动点是均衡点。

首先考虑任意的 n 元组合 ζ。在 ζ 中,第 i 个参与人的混合策略 s_i 使用他的确定纯策略。这些策略中的某一个,如 $\pi_{i\alpha}$,一定是"最少获益的",满足 $p_{i\alpha}(\zeta) \leqslant p_i(\zeta)$。这使得 $\varphi_{i\alpha}(\zeta) = 0$。

如果这个 n 元组合 ζ 在 T 下是不动点,那么 s_i 中使用 $\pi_{i\alpha}$ 的比例在 T 中是非减的。因此,对于所有的 β,

$\varphi_{i\beta}(\zeta)$ 一定是 0，以防止 s'_i 的分母超过 1。

因此，如果 ζ 在 T 下是不动点，那么对任意 i 和 β，$\varphi_{i\beta}(\zeta)=0$。这意味着没有参与人能够通过采用纯策略 $\pi_{i\beta}$ 而改善他的支付。而这正是均衡点的判别准则（见式（2））。

反之，如果 ζ 是均衡点，那么所有的 φ 都不存在，使得 ζ 是 T 下的不动点。

因为 n 元组合空间满足布劳威尔不动点定理，所以 T 至少存在一个不动点 ζ，它也是均衡点。

四、博弈的对称性

博弈的自同构（automorphism），或对称（symmetry），是它的纯策略的一个排列，它满足下面给出的条件。

如果两个策略属于一个参与人，那么它们一定是属于一个参与人的两个策略。因此，如果 φ 是纯策略的排列，那么会导出参与人的排列 ψ。

因此每个纯策略的 n 元组合会排列成纯策略的另一个 n 元组合。我们称 χ 为这些 n 元组合的引致排列。令 ξ 为纯策略的 n 元组合，$p_i(\xi)$ 为参与人 i 对应 n 元组合 ξ 的支付。我们要求，如果 $j=i^\psi$，那么

$$p_j(\xi^\chi) = p_i(\xi)$$

这就是对称的定义。

排列 φ 具有混合策略的唯一线性推广。如果 $s_i = \sum_\alpha c_{i\alpha}\pi_{i\alpha}$，我们定义

$$(s_i)^\phi = \sum_\alpha c_{i\alpha}(\pi_{i\alpha})^\phi$$

φ 对混合策略的推广显然得到 χ 对混合策略的 n 元组合的推广。我们也记做 χ。

若对任意的 χ，$\zeta^\chi=\zeta$，我们称之为博弈的对称 n 元

组合 ζ。

定理 2　任何有限博弈都存在对称的均衡点。

证　首先我们注意 $s_{i0} = \sum_{\alpha} \pi_{i\alpha} / \sum_{\alpha} 1$ 有性质 $(s_{i0})^{\phi} = s_{j0}, j = i^{\psi}$，所以 n 元组合 $\zeta_0 = (s_{10}, s_{20}, \cdots, s_{n0})$ 是任何 χ 下的不动点；因此任何博弈至少有一个对称的 n 元组合。

如果 $\zeta = (s_1, s_2, \cdots, s_n), \tau = (t_1, \cdots, t_n)$ 是对称的，那么

$$\frac{\zeta + \tau}{2} = (\frac{s_1 + t_1}{2}, \frac{s_2 + t_2}{2}, \cdots, \frac{s_n + t_n}{2})$$

也是对称的，因为 $\zeta^{\chi} = \zeta \leftrightarrow s_j = (s_i)^{\phi}$，其中 $j = i^{\psi}$，因此有

$$\frac{s_j + t_j}{2} = \frac{(s_i)^{\phi} + (t_i)^{\phi}}{2} = (\frac{s_i + t_i}{2})^{\phi}$$

从而有

$$(\frac{\zeta + \tau}{2})^{\chi} = \frac{\zeta + \tau}{2}$$

这证明对称的 n 元组合集合是 n 元组合空间的凸子集，因为它显然是闭的。

现在考察存在性定理证明中的映射 $T : \zeta \rightarrow \zeta'$。因此，如果 $\zeta_2 = T\zeta_1$，且 χ 是由博弈的自同构导出的，我们有 $\zeta_2^{\chi} = T\zeta_1^{\chi}$。如果 ζ_1 是对称的，则 $\zeta_1^{\chi} = \zeta_1$，因此 $\zeta_2^{\chi} = T\zeta_1 = \zeta_2$。因此，这个映射是对称的 n 元组合到它自己的映射。

因为这个集合满足不动点定理，所以一定存在对称的不动点 ζ，它也是对称的均衡点。

五、解

这里我们定义解，强解（strong solution）和次解

(sub-solution)。非合作博弈不一定总是有解,但是如果有解,一定唯一。强解是具有特殊性质的解。次解总是存在,并具有解的许多性质,但是没有唯一性。

记 S_i 为参与人 i 的混合策略的集合,$\mathcal{G}$ 是混合策略 n 元组合的集合。

可解性   一个博弈是可解的,如果它的均衡点的集合 $\mathcal{G}$ 满足条件

$$(\tau; r_i) \in \mathcal{G} \text{ 且 } \zeta \in \mathcal{G} \to (\zeta; r_i) \in \mathcal{G} \quad (\text{对于所有 } i)$$

(5)

这称作可交换(interchangeability)条件。可解博弈的解是均衡点 $\mathcal{G}$ 的集合。

强可解性   博弈是强可解的,如果有解 $\mathcal{G}$,使得对于所有的 i,都有

$$\zeta \in \mathcal{G} \text{ 且 } p_i(\zeta; r_i) = p_i(\zeta) \to (\zeta; r_i) \in \mathcal{G}$$

那么 $\mathcal{G}$ 称作强解。

均衡策略   在可解博弈中,令 S_i 是所有混合策略 s_i 的集合,满足对某些 τ,n 元组合 $(\tau; s_i)$ 是均衡点。(s_i 是某个均衡点的第 i 个分量)我们称 S_i 为参与人 i 的均衡策略集合。

次解   如果 $\mathcal{G}$ 是博弈均衡点集合的子集,且满足条件式(1);并且如果 $\mathcal{G}$ 是相对于这个性质最大化的,那么我们称 $\mathcal{G}$ 是次解。

对任意次解 $\mathcal{G}$,我们定义第 i 个要素集合(factor set) S_i,是满足对某些 τ,$\mathcal{G}$ 包含 $(\tau; s_i)$ 中的所有 s_i 的集合。

注意一个次解,如果唯一,一定是解;它的要素集合是均衡策略的集合。

定理 3   一个次解,$\mathcal{G}$ 是所有 n 元组合 $(s_1, s_2, \cdots,$

288

s_n)的集合,满足每个 $s_i \in S_i$,这里 S_i 是 $\mathcal{G}$ 的第 i 个要素集合。几何上,$\mathcal{G}$ 是它的要素集合的乘积。

证   考虑这样的 n 元组合 $(s_1, s_2, \cdots, s_n)$。由定义,$\exists \tau_1, \tau_2, \cdots, \tau_n$,使得对每个 i,$(\tau_i; s_i) \in \mathcal{G}$。利用 $(n-1)$ 次条件式(5),我们依次得

$(\tau_1; s_1) \in \mathcal{G}, (\tau_1; s_1; s_2) \in \mathcal{G}, \cdots, (\tau_1; s_1; s_2; \cdots; s_n) \in \mathcal{G}$

最终 $(s_1, s_2, \cdots, s_n) \in \mathcal{G}$,这就是我们要证明的。

定理 4   一个次解的要素集合 $S_1, S_2, \cdots, S_n$ 作为混合策略空间的子集,是闭凸集。

证   需要证明两点:① 如果 s_i 和 $s'_i \in S_i$,那么 $s_i^* = (s_i + s'_i)/2 \in S_i$;② 如果 $s_i^\sharp$ 是 S_i 的极限点,那么 $s_i^\sharp \in S_i$。

令 $\tau \in \mathcal{G}$。那么利用均衡点的判别准则式(1),对任意的 r_j 我们有 $p_j(\tau; s_i) \geq p_j(\tau; s_i; r_j)$ 和 $p_j(\tau; s'_i) \geq p_j(\tau; s'_i; r_j)$。这些不等式,再利用 $p_j(s_1, \cdots, s_n)$ 对 s_i 的线性性质,除以 2,我们得到 $p_j(\tau; s_i^*) \geq p_j(\tau; s_i^*; r_j)$,因为 $s_i^* = (s_i + s'_i)/2$。由此,我们们知 $(\tau; s_i)$ 对任意 $\tau \in \mathcal{G}$ 是均衡点。如果所有这些均衡点的集合 $(\tau; s_i)$ 加在 $\mathcal{G}$ 上,增加的集合显然满足条件式(5),又因为 $\mathcal{G}$ 是最大化的,所以 $s_i^* \in S_i$。

下面证明 ②。注意,n 元组合 $(\tau; s_i^\sharp)$ 是 n 元组合集合 $(\tau; s_i)$ 的极限点,这里 $\tau \in \mathcal{G}, s_i \in S_i$,因为 $s_i^\sharp$ 是 S_i 的极限点。而且这个集合是均衡点的集合,因此它闭集上的任何点也是均衡点。因为所有均衡点的集合是闭集,所以 $(\tau; s_i^\sharp)$ 是均衡点,与 s_i^* 相同的讨论,所以 $s_i^\sharp \in S_i$。

值   令 $\mathcal{G}$ 是博弈均衡点的集合。我们定义

$$v_i^+ = \max_{\zeta \in \mathcal{G}}(p_i(\zeta)), v_i^- = \min_{\zeta \in \mathcal{G}}(p_i(\zeta))$$

如果 $v_i^+ = v_i^-$，我们记 $v_i = v_i^+ = v_i^-$。v_i^+ 是博弈中参与人 i 的上值（upper value）；v_i^- 是下值（lower value）；v_i 是值（value），如果存在的话。

如果只存在一个均衡点，值显然存在。

对次解也可以定义相关的值（associated values），可通过限制 $\mathcal{G}$ 为次解中的均衡点，利用与上面定义相同的方程得到。

在上述意义下，二人零和博弈总是可解的。均衡策略集合 S_1 和 S_2 是"好"策略的集合。这样的博弈不总是有强解的；只有在纯策略中存在"鞍点"（saddle point）时，强解才存在。

六、简单的例子

这里举例说明文章中定义的概念，并显示这些博弈中的特殊情况。

第一个参与人具有罗马字母的策略和左侧的支付，即

Ex. 1	5	$a\alpha$	-3	解 $\left(\dfrac{9}{16}a + \dfrac{7}{16}b, \dfrac{7}{17}\alpha + \dfrac{10}{17}\beta\right)$
	-4	$a\beta$	4	
	-5	$b\alpha$	5	
	3	$b\beta$	-4	$v_1 = \dfrac{-5}{17}, v_2 = +\dfrac{1}{2}$
Ex. 2	1	$a\alpha$	1	强解 (b, β)
	-10	$a\beta$	10	
	10	$b\alpha$	-10	$v_1 = v_2 = -1$
	-1	$b\beta$	-1	

290

Ex.3	1	$a\alpha$	1	不可解;均衡点(a,α),$(b,$
	-10	$a\beta$	10	$\beta)$ 和
	-10	$b\alpha$	-10	$\left(\dfrac{a}{2}+\dfrac{b}{2},\dfrac{\alpha}{2}+\dfrac{\beta}{2}\right)$。后
	1	$b\beta$	1	一个策略具有最大－最小和最小－最大性质。
Ex.4	1	$a\alpha$	1	强解:混合策略的所有组合。
	0	$a\beta$	1	
	1	$b\alpha$	0	$v_1^+=v_2^+=1,v_1^-=v_2^-=0$
	0	$b\beta$	0	
Ex.5	1	$a\alpha$	2	不可解;均衡点(a,α),(b,α)和
	-1	$a\beta$	-4	
	-4	$b\alpha$	-1	$\left(\dfrac{1}{4}a+\dfrac{3}{4}b,\dfrac{3}{8}\alpha+\dfrac{5}{8}\beta\right)$。
	2	$b\beta$	1	但是,经验表明具有趋于(a,α)的趋势。
Ex.6	1	$a\alpha$	1	均衡点(a,α)和(b,β),(b,β)是不稳定的例子。
	0	$a\beta$	0	
	0	$b\alpha$	0	
	0	$b\beta$	0	

七、解的几何形式

在二人零和博弈的情况下,已经证明参与人的"好"策略集合是他的策略空间的凸多面体子集。对于任意可解博弈参与人的均衡策略集合,我们也会得到同样的结论。

定理5　可解博弈的均衡策略集合 $S_1,S_2,\cdots,S_n$,是各自混合策略空间的凸多面体子集。

证 n 元组合 ζ 是均衡点，当且仅当对每个 i

$$p_i(\zeta) = \max_\alpha p_{i\alpha}(\zeta) \qquad (6)$$

这就是条件式（3）。一个等价条件是，对每个 i 和 α

$$p_i(\zeta) - p_{i\alpha}(\zeta) \geqslant 0 \qquad (7)$$

我们现在考虑参与人 j 的均衡策略 s_j 的集合 S_j 的形式。令 τ 是任意均衡点，那么由定理 2，$(\tau;s_j)$ 是均衡点，当且仅当 $s_j \in S_j$。对 $(\tau;s_j)$ 应用条件式（2），得到

$$s_j \in S_j \leftrightarrow p_i(\tau;s_j) - p_{i\alpha}(\tau;s_j) \geqslant 0 \quad （对于所有 i,\alpha）$$
$$(8)$$

因为 p_i 是 n 元线性的，且 τ 是常量，所以这些是形如 $F_{i\alpha}(s_j) \geqslant 0$ 的线性不等式。每一个这样的不等式或者被所有的 s_j 满足，或被那些在经过策略单纯型的某些超平面的一侧的点满足。因此，条件的完全集（它是有限的）会同时在参与人的策略单纯型的某些凸多面体子集上满足。（半空间的交）

作为一个推论，我们可以得到 S_j 是混合策略（顶点）的有限闭集。

八、优势和对抗方法

如果对每个 τ 都有 $p_i(\tau;s'_i) > p_i(\tau;s_i)$，则我们称 s'_i 支配 s_i。

这就是说，s'_i 比 s_i 给参与人 i 更高的支付，无论其他参与人采取什么策略。要说明 s'_i 是否支配 s_i，只要考虑其他参与人的纯策略即可，因为 p_i 是 n 元线性的。

由定义，显然有均衡点不包括劣策略（dominated strategy）s_i。

混合策略对另一混合策略的支配一定包含另外的

支配。假设 s'_i 支配 s_i，且 t_i 使用所有在 s_i 中比 s'_i 有更大系数的纯策略。那么对足够小的 ρ

$$t'_i = t_i + \rho(s'_i - s_i)$$

是混合策略；由线性性知，t_i 支配 t'_i。

可以证明优势策略集合的几个性质。简单地，由与策略单纯型的某些面联合构成。

一个参与人通过支配而获得的信息，是相对于其他参与人的，排除了均衡点中可能分量的混合策略。如果 t 的分量都是不受支配的，需要考虑，排除一个参与人的某些策略可能会排除另一参与人的策略。

另一个找出均衡点的方法是对抗分析（contradiction-type analysis）。这里假设均衡点存在，某分量策略在策略空间的确定区域内，继续推导必须进一步满足的条件。如果假设是真的，推导可能会经过几个阶段，最终得到矛盾的条件，这说明不存在均衡点满足初始假设。

九、三人扑克博弈

作为我们的理论或多或少反映真实情况的一个应用例子，我们下面给出一个简单的扑克博弈。规则如下：

（1）一副牌是大的，如果具有相同的点数，一手由一张牌组成。

（2）两个筹码用来下注、开牌或叫牌。

（3）参与人轮流出牌，如果所有人都过，或一人开牌而其他人有机会叫牌，则博弈结束。

（4）如果没有人下注，则重新开始。

（5）否则在下注的最高手之间平分赌注。

我们发现用我们称之为"行为参数"（behavior

parameter) 的方法处理这个博弈,比《博弈论与经济行为》中的标准形式更令人满意。在标准形式中,代表一个参与人的两个混合策略是等价的,在某种意义上就是说,每个策略使得参与人的每个特定情况下,以相同的概率选择有效的行动。也就是,它们代表参与人相同的行为方式。

行为参数给出了在各种可能的情况下每个可能采取的行为概率。因此它们描述了行为方式。

考虑行为参数,参与人的策略可由下面的表格表示,假设没有过的情况发生,因为某人的最后机会拥有高的牌,他不会这么做。希腊字母代表各个行动的概率。

	第一步	第二步
I	α 高的时候开牌 β 低的时候开牌	κ 低的时候叫 III λ 低的时候叫 II μ 低的时候叫 II 和 III
II	γ 低的时候叫 I δ 高的时候开牌 ε 低的时候开牌	υ 低的时候叫 III ξ 低的时候叫 III 和 I
III	ζ 低的时候叫 I 和 II η 低的时候开牌 θ 低的时候叫 I ι 低的时候叫 II	参与人 III 不进行第二次行动

我们通过消去大多数希腊参数确定所有的均衡点。主要通过支配和少许对抗分析,消去 β,然后由支配消去 γ,ζ 和 θ。又由对抗,按顺序消去 $\mu,\zeta,\iota,\lambda,\kappa$ 和 υ。这只留下 $\alpha,\delta,\varepsilon$ 和 η。对抗分析表明,它们不能是 0 或 1,因此我们得到一组代数方程。方程有解且只有

一个解在$(0,1)$之间。我们得到

$$\alpha = \frac{21 - \sqrt{321}}{10}, \eta = \frac{5\alpha + 1}{4}, \delta = \frac{5 - 2\alpha}{5 + \alpha}, \varepsilon = \frac{4\alpha - 1}{\alpha + 5}$$

并得到 $\alpha = 0.308, \eta = 0.635, \delta = 0.826, \varepsilon = 0.044$。因为只有一个均衡点,所以博弈有值,即

$$v_1 = -0.147 = -\frac{(1 + 17\alpha)}{8(5 + \alpha)}$$

$$v_2 = -0.096 = -\frac{1 - 2\alpha}{4}$$

$$v_3 = 0.243 = -\frac{79}{40}\left(\frac{1 - \alpha}{5 + \alpha}\right)$$

对这个扑克博弈更全面的研究是发表在《数学研究年刊》(Annals of Mathematics Study No。24) 的"对博弈论的贡献"。其中,解被作为赌注对本钱变量的比率来研究,并研究了潜在的联盟。

十、应用

接受公平博弈思想的 n 人博弈的研究,意味着非合作博弈当然是这一理论的直接应用。扑克博弈也是最直接的目标。比我们的简单模型更符合实际的扑克博弈分析也是令人感兴趣的问题。

然而,随着博弈的复杂性增加,数学研究需要完备数学工具来完成复杂性的研究,而不只是加快其研究;所以博弈分析比这里给出的例子复杂得多,这里的例子只具有计算方法的可行性。

一个不太直接的应用是对合作博弈的研究。在合作博弈中,包括一般的参与人的集合,纯策略和支付;还假设参与人可以像冯·诺伊曼和摩根斯坦理论中那样结成联盟。这意味着参与人可以交流并结成联盟,通过仲裁人的仲裁。但是,不必严格地假设参与人之间，支付（应该以效用单位表示）可转换或甚至可比较。任何可转移效用是用于博弈本身的，而不大可能用于外部博弈联盟。

通过构造博弈前谈判模型，使得谈判成为一个大的非合作博弈的行动（这里有无限的纯策略），从而描述了整个的情况。

那么这个大的博弈可以利用本文的理论（推广到无限博弈的情形）来处理，如果得到值，就是合作博弈的值。因此，分析合作博弈的问题变成了分析合适的、令人信服的、关于谈判问题的非合作模型。

对统计判决的应用

统计学家所最常遇到的一类问题是：在检验样品的基础上对一大批物品作某种估计。例如有一批物品按其质量的高低分成不同的标号，现在希望用抽样的方法以估计各种标号物品所占的百分比。统计学家通常可以用增加抽样的办法来增大他的估计的可靠性，但是抽样愈多费用就愈大，因此统计学家就遇到他抽多少样品最好的问题。下面的例子给出一个高度简化了的这种问题的理想模型。

——J. 麦克金赛①②

---

① J. 麦克金赛，国际知名博弈论专家。
② J. 麦克金赛，《博弈论导引》，人民教育出版社，北京，1960 年。

当一个人要想把某一个量化为最大时,他可能面对两种很不同的情况:或者他只需与大自然作斗争;或者他必须考虑某些另外的理性动物的行动 —— 后者也许希望将前者打算化为最大的那个量化为最小。这两种情况都可以看作是博弈。前一种是一人博弈,而第二种是 n 人($n > 1$)博弈。我们要指出,不能当真认为大自然试图用机智战胜我们,并且与我们站在直接敌对的立场,正如同零和二人博弈中那样。因此非零和一人博弈(零和一人博弈是不足道的)在古典意义之下可以认为纯粹是一个化为最大的问题,这里没有还击另一个理性动物的行动问题。

尽管这两种情况有很大不同,但即使在针对大自然的(非零和)的博弈的情况下,可能局中人也要确定大自然对他最不利的情形是什么;就是说,他可能希望算出:当大自然对他完全不利的情况下,他能保证自己得到的最小值是什么。

这种情况特别是在统计问题中遇到,因此统计学家时常考虑如下的问题:使某些量的测量的精密程度达到最大,或者使测定某些物品达到已知精确度的费用最小;或者策划一个适当的产品检查的方法(这种统计上的应用叫作质量控制),使生产的利润最大。近年来,统计学与博弈论的关系实际上发展到如此密切,以至于统计学家对于博弈论给以很大的重视。然而我们不打算在这方面给出所建立的一般理论,而只限于论述将博弈论应用到统计问题的一些特例。

我们所讨论的例子可能看起来简单得很,这是由于我们试图避免统计学的任何准备知识,并且使(支付)矩阵小到可以不必用计算机来解。然而在这些简单的例子里包含着与实际问题同样的原理。

统计学家所最常遇到的一类问题是：在检验样品的基础上对一大批物品作某种估计。例如有一批物品按其质量的高低分成不同的标号，现在希望用抽样的方法以估计各种标号物品所占的百分比。统计学家通常可以用增加抽样的办法来增大他的估计的可靠性；但是抽样愈多费用就愈大，因此统计学家就遇到他抽多少样品最好的问题。下面的例子给出一个高度简化了的这种问题的理想模型。

例 1　已知某一瓮中装着两个球，它们每一个都可能是黑的或者是白的。一个统计学家 S 希望猜测其中有多少黑球（如果有黑球的话）。如果他猜得正确，他就可以收入 α；如果他猜错一个（比如，他猜一个而实际上是两个，或者他猜两个而实际上是一个等等），他就得到 β；如果他猜错两个（就是说他猜没有黑球而实际上是两个，或者他猜两个而实际上是没有），他就得到 γ。假定 $\alpha \geqslant \beta \geqslant \gamma$；而这三个量是正还是负我们不作具体规定。设 S 检查一个球的费用是 δ，当然，按照上面所说的情况看来，δ 好像很小可以忽略不计，但是我们不加这个限制。为了说得更像一些，读者可以认为不是黑球或白球，而是两种灰色的球；如果这两种颜色几乎相同，要想分辨一个球是第一种颜色或是第二种颜色需要精密的物理试验。

对 S 来说，有八种可能的方法（即八个纯策略）来猜测有多少黑球：

Ⅰ. 不作试验，就猜两个球都是黑的；

Ⅱ. 不作试验，而猜一个球是黑的，一个球是白的；

298

Ⅲ. 不作试验, 而猜两个球都是白的;

Ⅳ. 检查一个球, 猜另一个球与这一个颜色相同;

Ⅴ. 检查一个球, 不管出现什么颜色, 都猜另一个球是黑的;

Ⅵ. 检查一个球, 不管出现什么颜色, 都猜另一个球是白的;

Ⅶ. 检查一个球, 而猜另一个球是另外一种颜色;

Ⅷ. 两个球都检查, 而且说出黑球的确实数目。
(我们没有列出愚蠢的作法, 虽然这在逻辑上来说也是可能的 —— 例如, 我们不考虑这种可能性: S 检查一个球, 即使它是白的, S 也要猜有两个黑球)

再者, 实际上恰有三种可能性: 可能没有黑球, 只有一个黑球, 或者都是黑球; 我们用 0, 1, 2 来分别表示大自然的这三种策略。

针对这些策略的种种组合, 让我们来考查 S 的支付。

若 S 用策略 I, 而大自然用策略 0, 则 S 猜两个球都是黑的, 然而实际上没有黑球, 这样 S 就猜错两个, 因而他的支付是 γ。

用同样简单的验证可以使我们知道 S 用策略 Ⅰ、Ⅱ、Ⅲ 或者 Ⅳ, 而大自然用策略 0 或 2 的各种情形。

下面我们要考查在其他情况下, 例如 S 用策略 Ⅴ, 而大自然用策略 1 时, 如何支付。S 检查的那一个球有 $\frac{1}{2}$ 的概率是黑球, 也有 $\frac{1}{2}$ 的概率是白球; 如果它是黑的, 因为 S 用 Ⅴ, 所以他猜两个球都是黑的, 从而猜错了一个, 因此在这种情况下, 再考虑到检查的费用, S 的支付就是 $\beta - \delta$; 另一方面, 如果检查的那个球是白的,那么 S 就恰好猜一个黑球,一个白球,这是正确的,所以他得到 $\alpha - \delta$。因此 S 的期望是

$$\frac{1}{2}(\beta - \delta) + \frac{1}{2}(\alpha - \delta) = \frac{1}{2}(\alpha + \beta) - \delta$$

这样作下去,我们就得到支付矩阵 1。

如果 S 知道大自然应用各种(纯)策略的概率,那么他就面对一个简单的最大化的问题 —— 针对大自然取各列的固定概率,他只需选择使他的期望最大的那一行就行了。但是我们已经假定 S 不知道大自然怎么做,然而在这种情况下,他至少可以算出:当大自然用最不利于他的概率的条件下他的期望支付的最小值。这个问题就是把矩阵 1 当作二人零和博弈的支付矩阵来解。因为 S 对大自然的作法一无的知,他可能感到像面对大自然玩博弈一样地来选择他的策略是最聪明的(当然也是最保守的)办法。

矩阵 1

	0	1	2
I	γ	β	α
II	β	α	β
III	α	β	γ
IV	$\alpha - \delta$	$\beta - \delta$	$\alpha - \delta$
V	$\beta - \delta$	$\frac{1}{2}(\alpha + \beta) - \delta$	$\alpha - \delta$
VI	$\alpha - \delta$	$\frac{1}{2}(\alpha + \beta) - \delta$	$\beta - \delta$
VII	$\beta - \delta$	$\alpha - \delta$	$\beta - \delta$
VIII	$\alpha - 2\delta$	$\alpha - 2\delta$	$\alpha - 2\delta$

对 S 来说,这个博弈的值与他的最优策略,依赖于 α, β, γ 及 δ 的相对大小。

如果我们取 $\alpha = 100, \beta = 0, \gamma = -100$,与 $\delta = 1$,就

得到矩阵 2。

矩阵 2

	0	1	2
I	−100	0	100
II	0	100	0
III	100	0	−100
IV	99	−1	99
V	−1	49	99
VI	99	49	−1
VII	−1	99	−1
VIII	98	98	98

这个矩阵没有鞍点。易于验证,对 S 来说博弈的值是 98,S 的一个最优策略是 $(0,0,0,0,0,0,0,1)$,而大自然的一个最优策略是 $\left(\dfrac{1}{3},\dfrac{1}{3},\dfrac{1}{3}\right)$。因此在这种情况下,统计家最好的办法是两个球都检查。这个结论也是料想得到的,因为检查的费用与其他的量比较起来是非常小的。

另一方面,如果检查费用很高,那么统计家最好是完全不检查。比如假定 $\alpha=100,\beta=0,\gamma=-100$,而 $\delta=200$,则得矩阵 3。

矩阵 3

	0	1	2
I	−100	0	100
II	0	100	0
III	100	0	−100
IV	−100	−200	−100
V	−200	−150	−100
VI	−100	−150	−200
VII	−200	−100	−200
VIII	−300	−300	−300

易于验证,对 S 来说博弈的值为 0,他的一个最优策略(0,1,0,0,0,0,0,0),并且大自然的一个最优策略是 $\left(\frac{1}{2},0,\frac{1}{2}\right)$。因此统计家最好的办法就是不做检查,并且总是猜:一个球是黑的,另一个是白的。

最后,如果 δ 取一个适中的值,可能使 S 的最好办法是取一个混合策略。例如取 $\alpha=100,\beta=0,\gamma=-100$,而 $\delta=50$,我们得到矩阵 4。

易于验证,对 S 来说,这个博弈的值是 25,S 的一个最优策略是 $\left(0,\frac{1}{2},0,\frac{1}{2},0,0,0,0\right)$,而大自然的一个最优策略是 $\left(\frac{3}{8},\frac{1}{4},\frac{3}{8}\right)$。(因为每一行的最小值都小于 25,所以 S 没有最优纯策略)因此 S 的最好作法是:掷一个硬币;如果正面朝上,他就不做检查而猜一个球是黑的另一个是白的;如果反面朝上,他就检查一个球,并且猜另一个球与检查的那个球颜色相同。

矩阵 4

	0	1	2
Ⅰ	－100	0	100
Ⅱ	0	100	0
Ⅲ	100	0	－100
Ⅳ	50	－50	50
Ⅴ	－50	0	50
Ⅵ	50	0	－50
Ⅶ	－50	50	－50
Ⅷ	0	0	0

附注 1 上述问题的另一个解法(看来是一个较合理的检验法)可以称之为"无知的论点"。这就是说,由于我们完全不了解这两种球分布的概率,因此下

302

列几种情况是机会均等的:(1) 两个都是黑球;(2) 第一个是黑球,第二个是白球;(3) 第一个是白球,第二个是黑球;(4) 两个都是白球。因为(2),(3) 两种情况合在一起就是只有一个是黑球的情况,这就是说假定大自然应用混合策略 $\left(\dfrac{1}{4},\dfrac{1}{2},\dfrac{1}{4}\right)$。利用这个假定,由矩阵 1 可以看到,如果 S 用策略 Ⅰ,他的期望就是 $\dfrac{1}{4}\gamma+\dfrac{1}{2}\beta+\dfrac{1}{4}\alpha=\dfrac{1}{4}(\alpha+2\beta+\gamma)$;同样,对 S 的各种可用的(纯)策略来说,他的期望如下:

Ⅰ.　　　　　　$\dfrac{1}{4}(\alpha+2\beta+\gamma)$

Ⅱ.　　　　　　$\dfrac{1}{4}(2\alpha+2\beta)$

Ⅲ.　　　　　　$\dfrac{1}{4}(\alpha+2\beta+\gamma)$

Ⅳ.　　　　　　$\dfrac{1}{4}(2\alpha+2\beta-4\delta)$

Ⅴ.　　　　　　$\dfrac{1}{4}(2\alpha+2\beta-4\delta)$

Ⅵ.　　　　　　$\dfrac{1}{4}(2\alpha+2\beta-4\delta)$

Ⅶ.　　　　　　$\dfrac{1}{4}(2\alpha+2\beta-4\delta)$

Ⅷ.　　　　　　$\dfrac{1}{4}(4\alpha-8\delta)$

在 $\alpha>\beta>\gamma$ 与 $\delta>0$ 的假定之下,对应于 Ⅱ 的量是前七个量中的最大的,因此 S 只需考虑策略 Ⅱ 与 Ⅷ,即

$$\dfrac{1}{4}(2\alpha+2\beta)\ \text{与}\ \dfrac{1}{4}(4\alpha-8\delta)$$

因此如果 $2\alpha + 2\beta < 4\alpha - 8\delta$，即 $\delta < \dfrac{1}{4}(\alpha - \beta)$，那么 S 就检查两个球；如果 $\delta \geqslant \dfrac{1}{4}(\alpha - \beta)$，他就可以完全不检查，而猜一个球是黑的，另一个是白的。这个方法对于矩阵 2 与 3 来说其答案与用博弈论所得的结果相同，但在矩阵 4 的情况下就得到不同的答案。在后面的情况下，无知的论点将规定 S 总取策略 Ⅱ。在这种情况下，如果大自然确实用混合策略 $\left(\dfrac{1}{4}, \dfrac{1}{2}, \dfrac{1}{4}\right)$，那么 S 将得到 50，这比他应用混合策略 $\left(0, \dfrac{1}{2}, 0, \dfrac{1}{2}, 0, 0, 0, 0\right)$ 所能保证得到的 25 要大；但须注意 S 单独取策略 Ⅱ，就是 25 他也不能保证必定得到，因为若他这样做，而大自然用策略 $(1, 0, 0)$ 时，他只能期望得到 0。这样看来，在这种情况下，"无知的论点"所给出的策略不如由博弈理论的分析所给出的策略那么保险。

附注 2 虽然我们曾经按照通常二人零和博弈来处理例 1，但须记住实际上大自然并不是一个有意识的理性生物。如果 S 在这局博弈中用他的最优策略，他这样做实际上只相当于给他的期望定一个绝对下界；他可能感觉这种作法对他来说是合理的。

因此如果设 A_1 是适合于 S 的混合策略的集，而 A_2 是大自然的混合策略的集，则 S 就要计算下列的值

$$v_1 = \max_{\xi \in A_1} \min_{\eta \in A_2} E(\xi, \eta)$$

其中 E 是期望函数；如果他宁愿保守一些，他可能要这样做以保证他得到 v_1。他对于量

$$v_2 = \min_{\eta \in A_2} \max_{\xi \in A_1} E(\xi, \eta)$$

并不特别感兴趣，也不关心 $v_2 = v_1$ 这件事。

当 S 对于大自然所采用的混合策略不是完全无知时，以上的附注就有实际效用。例如可能发生下列情况：虽然 S 不确实地知道大自然用什么混合策略。他可能充分知道这些策略限于逻辑上可能的混合策略的某一子集；例如他可能知道大自然所用的任一混合策略 (η_1, η_2, η_3) 满足条件 $0 \leqslant \eta_1 \leqslant \dfrac{1}{10}$，并且 $\dfrac{1}{4} \leqslant \eta_2 \leqslant \dfrac{1}{3}$；或者满足 $\eta_1^2 + \eta_2^2 + \eta_3^2 = \dfrac{3}{4}$。在这种情况下，我们遇到一个有约束条件的博弈，此时最大最小定理可能不再成立（我们并没有对一般情形证明过这个定理成立，除非大自然的容许策略的集构成欧氏空间的一个凸子集）；然而统计学家并不考虑这些，他只对问题中的

$$\max_{\xi \in A_1} \min_{\eta \in A_2} E(\xi, \eta)$$

的存在性以及它取什么值感兴趣（当然，这里 A_2 表示 S 所知道的大自然的策略所限定的集合）。

现在我们来讲一个例子，用它来说明博弈论在质量检查中的应用。

例 2　要生产某种非常贵重的物品，它包括三个相似的而又连接着的部分，只有当这三个部分都合格时，整个物品才算是合格的。为了确定起见，例如我们把这个物品想象成是一个轮盘，有三根辐条，要想使轮盘合格，每一根辐条必须有一定的抗张强度（为了了解轮盘为什么很贵，我们可以设想它很大，并且是由一整块石英剖制的）。

这个轮盘的买主 A（政府，或者是天文台）自己并不生产轮盘，因此他与生产者 M 订了以下的合同：A 同意先付给 M 一定的费用，以按照某些大致的规定

305

（例如材料、尺寸等）来制造轮盘。轮盘按照规定作完以后，M 可能抛弃它（它的废品值取作 0）或者交给 A 来使用：如果它合格，A 就给 M 另一笔费用 a；如果不合格，M 就付给 A 一笔罚款 β（当然 α, β 都是正的）。

因为 A 已经付给 M 生产轮盘的费用，但是 A 不希望使 M 有可能仅仅为了预订金而生产轮盘，所以提出下列附加条件：除非经过一定的检验证明轮盘是有缺陷的，否则 M 就不能抛弃它（但 M 可以不作任何检验就把轮盘交给 A）。这种检验可以对三根辐条中的每一根来作，而检验每一根就需要 M 花费 γ。在下列意义下就算检验合格；进行检验的轮盘当且仅当每一根辐条都检验合格时 A 才认为合格。

在验收轮盘（即交给 A）之前是检验一部分辐条呢，还是全检验？这个问题需要 M 考虑。对 M 来说，有四种可能的办法（纯策略）：

Ⅰ. 不作任何检验，就验收轮盘。

Ⅱ. 随机地抽验一根辐条。如果它合格，就验收这个轮盘；如果它不合格，就丢弃这个轮盘。

Ⅲ. 随机地抽验一根辐条。如果它有缺陷，就丢弃这个轮盘；如果它合格，自其余两根辐条中随机地再抽验一根。如果这根有缺陷，丢弃这个轮盘，如果它合格，验收这个轮盘。

Ⅳ. 随机地抽验一根辐条。如果它有缺陷，就丢弃这个轮盘；如果它合格，自其余两根辐条中再随机地抽验一根。如果这根有缺陷，丢弃这个轮盘；如是它合格，就检验第三根辐条，按照它是否合格来决定验收或丢弃这个轮盘。

另一方面，大自然也恰好有四种可能性：可能有一

306

根、两根、三根或者没有辐条不合格。我们用 1,2,3 或者 0 来表示大自然的这些策略。

针对这些策略的各种组合,让我们来研究 M 的利润是怎样的。

如果 M 用策略 I,而大自然用策略 0,那么 M 不检验,而这些辐条没有不合格的,这样 A 见到轮盘合格,就付给 M 一笔费用 α。在这种情况下,M 的支付是 α。

如果 M 用策略 II,而大自然用策略 0,那么 M 只检验一根辐条,而 A 认为轮盘是合格的,因此 A 付给 M 的费用是 α,而 M 花费了检验费 γ,所以 M 的支付就是 $\alpha-\gamma$。

类似地,如果 M 用策略 III,而大自然用 0,则 M 的支付就是 $\alpha-2\gamma$;如果 M 用策略 IV,而大自然用 0,则 M 的支付就是 $\alpha-3\gamma$。

如果 M 用 I,而大自然也用 1,则 M 把轮盘交给 A,而 A 发现它有缺陷,因此 M 必须付给 A 罚款 β;所以支付是 $-\beta$(在这种情况下,因为 M 没有作检验,所以也没有检验费)。

如果 M 用 I,而大自然用 2 或 3,则 M 的支付仍然是 $-\beta$。

如果大自然用 3,则所有辐条都有缺陷,因此只要 M 检验,他第一次就会发现轮盘有缺陷因而丢弃它,所以 M 的支付只是检验一根辐条的费用,即 $-\gamma$。只要大自然用 3,M 无论用 II、III 或者 IV,这种结果总是成立。

若 M 用 II,而大自然用 1,则 M 发现有缺陷的辐条的概率是 $\frac{1}{3}$,不能发现的概率是 $\frac{2}{3}$。如果 M 发现这个有缺陷的辐条,他的支付是 $-\gamma$;如果他不能发现,那么他除了要付检验费以外,还要付出罚款 β,因此在这种情况下,他的支付是 $-\beta-\gamma$。所以 M 的期望是

$$\frac{1}{3}(-\gamma)+\frac{2}{3}(-\beta-\gamma)=-\frac{2}{3}\beta-\gamma$$

由类似的论证可见：当 M 用 Ⅱ 而大自然用 2 时，M 的期望支付是

$$\frac{2}{3}(-\gamma)+\frac{1}{3}(-\beta-\gamma)=-\frac{1}{3}\beta-\gamma$$

如果 M 用 Ⅲ，而大自然用 1，则 M 在第一次检验时发现有缺陷的辐条的概率是 $\frac{1}{3}$；因此他在第二次检验时发现它的概率是 $\frac{2}{3}\times\frac{1}{2}=\frac{1}{3}$；所以这根有缺陷的辐条没有被检查出来的概率是 $1-\left(\frac{1}{3}+\frac{1}{3}\right)=\frac{1}{3}$。如果在第一次检验时发现这根有缺陷的辐条，则 M 的支付是 $-\gamma$；如果在第二次检验时才发现它，则 M 的支付是 -2γ；如果两次检验都没有发现，则支付为 $-\beta-2\gamma$。因此 M 的期望支付是

$$\frac{1}{3}(-\gamma)+\frac{1}{3}(-2\gamma)+\frac{1}{3}(-\beta-2\gamma)=-\frac{1}{3}\beta-\frac{5}{3}\gamma$$

继续这样作下去，我们得到矩阵 5。

矩阵 5

	0	1	2	3
Ⅰ	α	$-\beta$	$-\beta$	$-\beta$
Ⅱ	$\alpha-\gamma$	$-\frac{2}{3}\beta-\gamma$	$-\frac{1}{3}\beta-\gamma$	$-\gamma$
Ⅲ	$\alpha-2\gamma$	$-\frac{1}{3}\beta-\frac{5}{3}\gamma$	$-\frac{4}{3}\gamma$	$-\gamma$
Ⅳ	$\alpha-3\gamma$	-2γ	$-\frac{4}{3}\gamma$	$-\gamma$

对 M 来说，博弈的值与他的最优策略依赖于 α,β 及 γ 的相对大小。

例如，设 $\alpha=100,\beta=300,\gamma=3$（这样，支付有缺陷

的轮盘的罚款要比检验费大得多),则我们得到矩阵
6。

矩阵 6

	0	1	2	3
I	100	−300	−300	−300
II	97	−203	−103	−3
III	94	−105	−4	−3
IV	91	−6*	−4	−3

　　矩阵中画星号的地方表示一个鞍点。因此对 M
来说最坏的情况是轮盘只有一根辐条有缺陷,而 M 的
最优策略是 IV(即检验轮盘的全部辐条)。M 应用策
略 IV 就能肯定他的损失不会超过 6(因此,在最初订合
同时,M 可以合理地主张 A 付给他的预订金比生产费
至少多 6 个单位)。

　　另一方面,设 $\alpha=100,\beta=300$,而 $\gamma=303$(这样,检
验费用是很贵的),则得矩阵 7。

矩阵 7

	0	1	2	3
I	100	−300*	−300*	−300*
II	−203	−503	−403	−303
III	−506	−605	−404	−303
IV	−809	−606	−404	−303

　　此处三个画星号的元素都表示鞍点,因此,对 M
来说最坏的情况是一根或多根(多少不拘)辐条有缺
陷;而 M 最好的办法是用策略 I(即不作任何检验)。
这样随着检验费的增加,他只能肯定他的损失可以降
到 300。

　　若采取适当的 α,β 及 γ,可能使支付矩阵不具鞍
点。设我们取 $\alpha=100,\beta=900$,而 $\gamma=300$,则得矩阵 8,

它没有鞍点。

矩阵 8

	0	1	2	3
I	100	－ 900	－ 900	－ 900
II	－ 200	－ 900	－ 600	－ 300
III	－ 500	－ 800	－ 400	－ 300
IV	－ 800	－ 600	－ 400	－ 300

易于验证,大自然的一个最优策略是 $\left(\frac{1}{4},\frac{3}{4},0,0\right)$,M 的一个最优策略是 $\left(\frac{1}{6},0,0,\frac{5}{6}\right)$,而博弈的值是 － 650。因此最糟的情况是大自然使轮盘完整无缺的概率是 $\frac{1}{4}$,而只有一根辐条有缺陷的概率是 $\frac{3}{4}$;M 最好的办法是掷一个骰子,然后作法如下:如果骰子出 6 点,不作检验就将轮盘交给 A;否则三根辐条就都作检验。因为博弈的值是 － 650,所以 M 可以至少要求 650 再加上他的生产费用作为预计金是适当的。

游戏中的博弈

这些古典的游戏博弈大致可分为两大类:一类是如象棋、围棋和尼姆等游戏,这类游戏的共同之处是具有完全且完美的信息,即在博弈的每一时刻局中人完全知道自己和对手在这一时刻以前所采取的行动,且行动不是同时进行的,也能确定这一时刻以后对

310

手的可选择对策有哪些；另一类是如扑克和麻将等具有不完全信息的博弈。前一种博弈的求解（寻找最优策略）是和概率无关的，因而，关于这类博弈的记载相对早一些，而后一种博弈的则是和概率密切相关的，这类博弈的相关记载要相对晚一些。

—— 尚宇红[1][2]

世界各国自古流传下来的著名数学游戏不但数量多，而且内容也非常丰富。例如，我国的尼姆博弈、纵横图（幻方）、九连环、迷宫、麻将牌、各种棋类特别是闻名世界的围棋和中国象棋等。国外著名的游戏如巴什博弈（一堆物博弈）、柳克博弈、汉弥尔顿博弈、蒙日洗牌、印度古老的索里杰尔、哥尼斯堡七桥问题、扑克、桥牌等。这些游戏都是古代劳动人民智慧的结晶，引人入胜，妙趣横生，不仅丰富了人们的文化娱乐活动，而且为许多古老和新兴的数学学科，如数论、概率论、博弈论、规划论、组合数学、图论、拓扑学、代数学等提供了研究素材，而且对这些游戏的数学研究还直接引发或促进了这些学科的诞生或发展。

这些古典的游戏博弈大致可分为两大类：一类是如象棋、围棋和尼姆等游戏，这类游戏的共同之处是具有完全且完美的信息，即在博弈的每一时刻局中人完全知道自己和对手在这一时刻以前所采取的行动，且

---

[1] 尚宇红，男，博士，上海对外贸易学院国际经济与贸易学院副教授。研究方向：应用经济学。

[2] 尚宇红，《博弈论前史研究》，上海财经大学出版社，上海，2011年。

行动不是同时进行的,也能确定这一时刻以后对手的可选择对策有哪些;另一类是如扑克和麻将等具有不完全信息的博弈。前一种博弈的求解(寻找最优策略)是和概率无关的,因而,关于这类博弈的记载相对早一些,而后一种博弈的则是和概率密切相关的,这类博弈的相关记载要相对晚一些。

如何进行博弈由博弈的规则给出,而应该如何进行博弈则是人们力求寻找的答案,可称之为博弈的解,或博弈的古典解(博弈的现代解并不一定诉求这个狭义原则,而更关注博弈中可能出现的稳定结果,即均衡),关于这些博弈的"解"大部分至今还没找到或找全,有详细历史记载的博弈"解"或部分解就更少了。这就为历史研究增加了许多困难,本人由于资料有限,只找出了一个有比较详细记载的例子,但这个例子对于博弈论史来讲有极其重要的意义,在这个例子中记载了双人零和博弈的第一个"极小极大值(混合策略)解"。当然,作者本人当时并不知道他为那个游戏(博弈)找到的"解"是一个极小极大值(混合策略)解,至少当时还没有极小极大值这个概念。

策略游戏研究中引出的第一个极小极大值(混合策略)解是 1968 年鲍莫尔(W. J. Baumol)和 S. Godfeld 在"数理经济学的先驱"一文中[①],翻译了一封法国数学家皮埃尔-雷蒙德·德·蒙莫尔(Pierre Rémond de Montmort,1678—1719)在 1713 年 11 月

---

① Precursors in Mathematical Economics:An Anthology,edited by W. J. Baumol and S. Godfeld,Reprints of Scarce Works in Political Economy No. 19 London,London School of Economics 1968:7-9.

13 日写给尼古劳斯 · 伯努利（Nicolas Bernoulli，1695—1726）的信，在这封信中蒙莫尔提到了一种叫"Le Her"的二人纸牌博弈的一个解，这个解是由詹姆 · 瓦德格锐（Jame Waldegrave，1684—1741），提出来的。在 Le Her 这个博弈中：

彼得拿了一副普通的纸牌，他从中任抽出一张后发给保罗，然后再随机给自己抽出一张，博弈的目的是看谁手中的牌值大，牌值的大小顺序为 A，2，3，…，11，12，13。

现在如果保罗对他第一次得到的牌不满意，他可以要求彼得和他交换牌，但如果这时彼得的牌是"13"则不能进行交换，如果彼得对自己手中第一次拿到的牌不满意或对被迫和保罗交换的牌不满意，则他可以再随机地抽取一张牌来换掉他手中的牌，但是如果抽到的是 13 则不可以交换，必须保留原来的那张牌，如果保罗、彼得最终的牌值一样大，则算保罗输。[①]

在这个博弈中，有一点是可以肯定的，即保罗应换掉比 7 小的牌而保留比 7 大的牌，而彼得则应换掉比 8 小的牌而保留比 8 大的牌。不确定的是，假如保罗总是换掉 7，那么，彼得采取总是换掉 8 的对策就能赢；反之，如果彼得总是换掉 8，那么保罗采取总是持有 7 而不是换掉 7 的对策就能赢。这就是说，对于不确定的情况（彼德为 8，保罗为 7），彼得总是希望采取和保罗一样的策略（总是持有或总是换掉），而保罗则总是希

---

① Todhuner. A History of the Mathematical Theory of Probability from the Time of Pascal to that of Laplace. Cambridge University Press，1865：106.

望采取和彼得相反的策略。

面对这一难题,伯努利认为,在不确定的情况下两个选手都应换牌,而蒙莫尔则认为找不出合适的策略。瓦德格锐考虑的是:是否能有一种策略可以使得局中人在无论对手采取何种策略时,他都能获得最大的赢得概率。当博弈开始前就把获胜时的赢得筹码固定下来,并在以后博弈的重复进行中不再改变时,追求最大的赢得概率就是追求最大化的赢得,因而也是每个选手最合理的目标。考虑到可以采用混合策略,彼得的赢得矩阵的计算结果使瓦德格锐确信:每个选手都可以选择到一个确保一定收入的策略,同时对手也能选择到一个防止他获得更大利益的策略。由此,瓦德格锐得出:彼得应以 5/8 的概率保留 8,以 3/8 的概率换掉 8;而保罗应以 3/8 的概率保留 7,而以 5/8 的概率换掉 7。①

事实上,瓦德格锐关于 Le Her 博弈的解正是一个混合策略的极小极大值解,遗憾的是,他认为混合策略不满足一般博弈的规则,因而未把这一结果推广到其他博弈之中,而且 1721 年他离开法国到英国从事外交工作之后,便不再做数学研究了。

同年,蒙莫尔将他与约翰·伯努利(Jean Bernoulli,1667—1748)和尼古劳斯·伯努利的通信作为一个附录发表在他的《对机会性赌博的分析》的第

---

① Harold Kuhn. Intrduction to de Montmort,In Precursors in Mathematical Economics:An Anthology,edited by W. J. Barmol and S. Godfeld. Reprints of Scarce Works in Politica Economy No. 19 London: London School of Economics,1968:4-6.

二版中,其中也包括关于 Le Her 博弈的信。这个附录包括了尼古劳斯·伯努利给蒙莫尔的一封信,在信中开始了著名的"圣彼得堡悖论"(Peterbury Paradox)的讨论,该附录因此变得很著名。尽管如此,同在附录中的瓦德格锐关于 Le Her 博弈的极小极大值混合策略解还是被人们忽视了。

丹尼尔·伯努利(Daniel Bernoulli,1770—1782)1738年在对"圣彼得堡悖论"的分析中,再次提出过由瓦德格锐首次得出的极小极大值解的概念,以及最大化的期望效用、边际效用递减和冒险厌恶的概念,但这些概念一直到 1944 年才被冯·诺伊曼和摩根斯坦结合到了一起,并在他们的博弈论名著的第二版(1947,629)的一个关于效用公理化理论的附录中,指出丹尼尔把效用视为财富对数的心理期望满足他们的理性条件。虽然在瓦德格税的分析中,博弈双方的目标是最大化他们的赢得概率,而不是各自期望赢得的钱数或赢得他们的"心理期望"(期望的效用),但在"Le Her"这个博弈中,所有这些概念的内涵都是一样的,因而对这个博弈的研究也不可能使瓦德格锐得出不同的函数和概念来。

此后,1865 年法国数学家伊萨克·吐德哈特(Isaac Todhunter)在他简明的《概率的数学理论史》中重新提到了瓦德格锐解。考虑到吐德哈特的这本书在近一个世纪内被认为是这个领域的权威,他对瓦德格锐解的讨论或对孔多塞(Condorcet)、博尔达(Borda)以及拉普拉斯等人关于选举的数学理论较长的介绍,本应对社会选举理论起到更早的促进作用。但遗憾的是,这本书太过于注重细节而无视这个学科的主流趋势,而且吐德哈特也不注意去渲染他所写的著作,因而这本书像其他概率论书一样让人感到乏味,结果是有很多人只是知道有这本书,而不是真正地读了这本书。文献的类型对一个学科的发展能起到不同的作用,假如吐德哈特是一位比较生动的作者,那么概率学家们也许早已考虑到了策略博弈的极小极大值解,以及 19 世纪后期才出现的选举理论。极小极大值解的思想一直到1921年才又一次被法国数学家 E·波莱尔发现。

因对博弈论有卓越贡献而获得 2005 年度诺贝尔经济学奖的美籍以色列经济学罗伯特·奥曼,认为极小极大值解是发展博弈理论的"关键基石"。[①]这是因为博弈论中最基本的概念 —— 扩展形式、纯策略、策略形式、随机化、效用函数等 —— 都是因极小极大值理论的研究而被引申出来的,而且现代博弈理论中的最基本概念 ——n 人非合作博弈理论中的"古诺 — 纳什均衡"的概念 —— 也是极小极大值理论的派生物。

尼姆(Nim)博弈。尼姆博弈是指:有 k 堆物体,两人轮流从中拿取,每人每次只能在其中的一堆中拿取,至少取一个,至多取一堆,最后谁取完谁胜(或负)。[②]据我国数学史家罗见今先生的考证,这个游戏起源于中国,而且不迟于 15 世纪。尼姆博弈与 Le Her 博弈的相同之处是二者均是双人零和博弈,本质不同之处

① Aumann. "Game theory", in J. Eatwell, M. Milgate and P. Newman(eds). The New Palgrave: Game Theory, New York: W. W. Noron, 1989: 1-53.

② 罗见今: Nim—— 从古代的游戏到现代的数学。自然杂志, 1986, 9(1): 63-67。

在于前者属于不包含机会的具有完美且完全信息的博弈，而后者则是包含了机会的不完全信息博弈。冯·诺伊曼在其 1928 年的论文中证明了具有完美且完全信息的双人零和博弈存在完全解，即两个对局者中必有一人有一个不败的策略。但是这个证明是存在性的证明，而非构造性证明，即虽然从理论上讲该类博弈存在完全解，但并不意味着能找到这个具体的解（事实表明一般博弈找不到），也就是说，这个证明对博弈参与者没有任何帮助。如能找到该类博弈的一个具体可操作的完全解，实际上也就意味着这个博弈（游戏）不会再有人玩了，因为其结果在博弈没进行时就知道了。

最先得到尼姆游戏完全解法的是美籍法国数学家布顿（C. L. Bouton），他于 1901 年成功地用一种精巧的分析方法，找到了一个任何人都能应用的非常简单的原则，用这个原则能使你知道哪些局是负局、哪些局是胜局，以及在后一种情况下如何行动，才能保证获得最后胜利。关于尼姆游戏此后又有了不少新的发展，这不属于本文讨论的范围，有兴趣者可参见相关参考文献。

317

加盟与协调

第四章

连锁店博弈

单一长期在位厂商面对一系列短期的潜在进入者,每个潜在进入者只能博弈一次,但可以观察到所有过去的博弈。在每一期,一个潜在进入者决定是否进入一个特定的市场。(每个进入者只能进入一个市场,并且不同的进入者可以进入的市场是不同的)如果进入者不进入,在位者就会在那个市场中享有垄断利

益;如果进入,在位者就必须选择斗争还是妥
协。

　　　　——朱·弗登博格　　让·梯若尔①②

　　我们的讨论从克瑞普斯和威尔逊(Kreps and
Wilson,1982)以及米尔格罗姆和罗伯茨(Milgrom
and Roberts,1982)关于声誉效应的工作开始,这些
工作是在泽尔滕(Selten,1978)连锁店博弈的基础上
进行的。为了能够分步骤的介绍他们的工作,我们首
先介绍一个与泽尔滕模型略有不同的模型。单一长期
在位厂商面对一系列短期的潜在进入者,每个潜在进
入者只能博弈一次,但可以观察到所有过去的博弈。
在每一期,一个潜在进入者决定是否进入一个特定的
市场。(每个进入者只能进入一个市场,并且不同的进
入者可以进入的市场是不同的)如果进入者不进入,
在位者就会在那个市场中享有垄断利益;如果进入,在
位者就必须选择是斗争还是妥协。在位者的收益是:
在没有人进入的时候为 $a > 0$;在进入者进入市场时,
如果妥协,收益为 0;如果斗争,收益为 -1。在位者的
目标是最大化各期收益加总的贴现值,δ 代表在位者
的贴现因子。每一个进入者都有两种可能的类型:强
硬和软弱。强硬的进入者总是选择进入市场。软弱的
进入者,如果不进入,他的收益为 0;如果进入并且遇

----

　　① 朱·弗登博格(Drew Fuden berg),让·梯若尔(Jean Tirole),世
界著名博弈论大师。
　　② 朱·弗登博格,让·梯若尔,《博弈论》,中国人民大学出版社,
北京,2002 年。

到了在位者的斗争,他的收益为－1;如果进入并且在位者选择妥协,他的收益为 $b>0$。每个进入者的类型都是私人信息,且强硬的概率为 q^0,这一概率是独立于其他人的。这样,在位者在短期有妥协的激励,而一个软弱的进入者只有在它预期遭遇斗争的概率小于 $b/(b+1)$ 时才会进入。

如果这个博弈是有限期的,只存在唯一的序贯均衡。正如泽尔滕(Selten,1978)所发现的:在位者会在最后一期妥协,所以最后一个进入者,无论他的类型以及博弈的历史都会选择进入;这样,在位者在倒数第二期也会妥协。利用后向归纳法,在位者总是会选择妥协,而每一个进入者都会选择进入。泽尔滕称之为“悖论”,是因为当存在许多进入者的时候,这样的均衡有悖于直觉:有人猜测,在位者会试图通过斗争来阻止进入。当然,无论在位者如何斗争,他都无法阻止“强硬”的进入者。因此,只有在每期 $a(1-q^0)-q^0$ 的期望收益超过总是妥协时的 0 收益时,在位者承诺总是斗争才是有价值的。并且当在位者的贴现因子足够接近于 1 时,该模型在无限期的情况下存在一个进入被阻止的均衡。

因为在无限期的情况下,还存在一个每个进入者都进入的均衡,所以这只是对阻止进入是合理结果这一直觉的部分支持。我们还是需要解释为什么阻止进入这一均衡是看起来最合理的。另外,我们也许还会相信,即使是在有限期的情况下,结果也将是阻止进入。正如我们要看到的,通过引入不完全信息从而考虑声誉效应将对这两点作出回应,并且这些回应在直觉上很吸引人:在位者通过斗争维持他的声誉 —— 他

是一个很可能斗争的"强硬"类型。毕竟，如果在位者在先前的 100 期内每期都斗争，下一个进入者预期它会遇到斗争是非常合理的。

为了把声誉效应引入模型，假设所有参与人的收益都是私人信息。在位者以概率 p^0 "强硬"。"强硬"的意思是：在位者的收益使他会在任何一条均衡路径上，在每一个市场中斗争。在位者是"软弱"（即有前面所描述的收益）的概率为 $1 - p^0$。每个进入者都以独立于其他人的概率 q^0 "强硬"；无论他们如何预期在位者的反应，强硬的进入者都将选择进入。

为了求解这个博弈在有限期时的序贯均衡，我们先解单期博弈的序贯均衡，再解两期博弈，然后根据归纳法求解 N 期问题。确定单期博弈的序贯均衡很简单：如果有进入，在位者选择妥协当且仅当他是软弱的，所以一个软弱进入者的净收益为 $(1 - p^0)b - p^0$。如果 $p^0 < b/(b+1) \equiv \bar{p}$，软弱进入者进入。若不等号反向，则不进入（我们忽略不稳定的取等号时的情形）。

现在考虑博弈中还剩下两期：在位者将在两个不同的市场，先后与两个不同的进入者博弈。首先面对进入者 2，进入者 1 在观察到市场 2 的结果之后，再作出是否进入的决定 6。均衡的性质取决于先验概率和收益函数的参数。

（1）如果 $1 > a\delta(1 - q^0)$ 或者 $q^0 > \bar{q} \equiv (a\delta - 1)/a\delta$，斗争的最大长期收益（$\delta a(1 - q^0)$）小于成本（其值为 1），因此软弱的在位者将不会在市场 2 斗争。因为强硬在位者会选择斗争，软弱的进入者 2 在 $p^0 < \bar{p}$ 时选择进入，而在 $p^0 > \bar{p}$ 时不进入。软弱的进入者 1

只有当在位者在市场 2 妥协时才会进入,反之则不进入。

(2)如果 $q^0 < \bar{q}$,因为妥协会暴露在位者的软弱从而导致进入发生,软弱的在位者愿意在市场 2 中斗争如果这样做能够阻止进入。在这种情况下,如果进入者 2 进入,在位者肯定会以正的概率斗争:软弱的在位者在市场 2 中以概率 1 妥协不可能是一个序贯均衡,因为如果在位者斗争了并且进入者相信他是强硬的,这样斗争就阻止了下一期的进入。

均衡的精确性质再一次取决于在位者强硬的先验概率 p^0。

① 如果 $p^0 > \bar{p}$,因为强硬的在位者总是斗争,若给定在位者在市场 2 中斗争,在位者强硬的后验概率至少是 p^0,这样在市场 2 中的斗争就可以阻止市场 1 的软弱进入者。因此,软弱的在位者在市场 2 中以概率 1 斗争,软弱的进入者不会进入市场 2,软弱在位者的期望收益为 $[(1-q^0)a - q^0] + \delta(1-q^0)a$。

② 如果 $p^0 < \bar{p}$,软弱的在位者以概率 1 斗争不是一个均衡,因为如果斗争后,强硬的后验概率不能阻止进入,软弱的在位者将宁愿不斗争。 软弱的在位者以概率 1 妥协也不是一个均衡,因为如果斗争可以阻止进入,软弱的在位者将愿意斗争。因此,在均衡时软弱的在位者必须随机化它的行为,要求是:当在位者在市场 2 中斗争时,软弱的进入者 1 随机化他的行为使得软弱的在位者在市场 2 中无差异。 这些反过来要求,斗争后在位者强硬的后验概率恰好是临界值 $\bar{p} = b/(b+1)$。如果我们令 β 是软弱在位者在市场 2 斗争的条件概率,回想起强硬的在位者斗争的概率为 1,由

贝叶斯法则得到

$$P(\text{tough} \mid \text{fight}) = \frac{p^0}{p^0 + \beta(1 - p^0)}$$

并且为了使上式等于 $\bar{p}$,必须有 $\beta = p^0/(1 - p^0)b$。

在市场 2 中,进入遭到斗争的总概率为

$$p^0 \cdot 1 + (1 - p^0) \cdot \frac{p^0}{(1 - p^0)b} = \frac{p^0(b+1)}{b}$$

所以,如果 $p^0 > [b/(b+1)]^2 = \bar{p}^2$,软弱进入者将不进入市场 2。在这种情形下,软弱在位者期望的平均收益为正,而在参数相同的只有一个进入者的博弈中,他的收益为 0。如果 $p^0 < [b/(b+1)]^2$,软弱的进入者进入市场 2,软弱在位者的收益为 0。

现在,我们可以看看博弈还剩下三期的情况。如果 $p^0 > [b/(b+1)]^2$,软弱的在位者必定会在市场 3 斗争,软弱的进入者将不会进入。如果 p^0 在 $[b/(b+1)]^3$ 和 $[b/(b+1)]^2$ 之间,软弱在位者的行为随机,软弱的进入者不进入;如果 $p^0 < [b/(b+1)]^3$,软弱在位者的行为随机,软弱的进入者进入。更一般的,对于一个固定的 p^0 和 N 个进入者,软弱的进入者将始终不进入,直到在 k 期第一次有 $p^0 < [b/(b+1)]^k$。所以,在最初的 $N - k$ 期,软弱的在位者每期的期望收益为 $a(1 - q^0) - q^0$。

古瑞普斯－威尔逊和米尔格罗姆－罗伯茨论文的主要观点是:能够阻止进入的先验概率 p^0 的大小(在 q^0 足够小时)随着博弈期数的增加而减小;事实上,它在以 $b/(b+1)$ 的几何速率递减。因此,在长期博弈中即使很少的不完全信息都会起很大的作用。当 $\delta = 1$ 时,唯一的均衡有下面的形式。

(1) 如果 $q^0 > a/(a+1)$,软弱的在位者在第一次有进入的时候就妥协,第一次进入(最迟)发生在第一次出现强硬进入者的时候。因此,当市场个数 N 趋向无穷,在位者的平均每期收益趋向 0。

(2) 如果 $q^0 < a/(a+1)$,对于每一个 p^0 都存在 $n(p^0)$ 使得:如果剩下的市场数超过 $n(p^0)$,软弱在位者的策略就是以概率 1 斗争。因此,在剩下的市场数超过 $n(p^0)$ 时,软弱的进入者不会进入。当 $N \to \infty$,在位者的平均收益趋于 $(1-q^0)a-q^0$。

表达式 $a(1-q^0)-q^0$ 起的作用很容易解释。设想在 0 时刻,在位者可以选择作出一个总是斗争或者总是妥协的承诺,且这个承诺可以被观察到并可实行。 如果在位者总是斗争,他的期望收益为 $a(1-q^0)-q^0$,因为它必须与强硬的进入者斗争来阻止软弱的进入者。均衡的渐进性质完全决定于总是斗争的承诺是否优于总是妥协的承诺,其中的总是妥协时收益为 0。这样,对于结果的一个解释就是:声誉效应允许在位者在两个承诺中可信的作出它更偏好的那个承诺。

然而需要注意的是,这两个承诺可以都不是在位者最喜欢的承诺之一。如果 $a(1-q^0) > q^0$,在位者愿意为了阻止软弱的进入者而和强硬的进入者斗争,但是如果它能使自己用最小的概率斗争,并且又可以阻止软弱的进入者,就可以变得更好。 这个概率是 $b/(b+1)$。这种情况下的平均收益为 $a(1-q^0) - q^0 b/(b+1)$,比用概率 1 进行斗争得到的收益 $a(1-q^0)-q^0$ 要大。当然,当关于在位者类型的先验分布仅对软弱类型和以概率 1 斗争的类型赋予正概率时,在位者不可能建立一个以小于 1 的正概率斗争的声誉。

因为在位者第一次妥协后,它就暴露了它的软弱,它的声誉也就被毁了。

　　尽管用承诺来解释声誉表明了声誉效应对在位者而言是"好事",但这取决于一个人心中确切的比较。显然,软弱的在位者不可能不知道进入者害怕它可能强硬这一事实。另一可供选择的比较是,保持固定的先验概率 p^0 和 q^0,将上述进入者观察到了所有先前市场中行为的博弈和每个阶段博弈都是在"信息隔绝"下进行的情况比较,后者意味着博弈的顺序和收益还是如上文所述,但是进入者无法观察到其他市场中的博弈。

　　在信息隔绝时,软弱的在位者没有机会建立声誉,他会在每个市场上都妥协。不过在信息隔绝时软弱在位者的均衡收益仍然可能高于进入者可以观察到所有过去博弈的"信息关联"(informational linkage)的情形,原因是"信息关联"增加了被弗登博格和克瑞普斯(Fudenberg and Kreps,1987)称之为"策略的灵活性"(strategic flexibility)损失的成本:在信息关联下,软弱的在位者不能在与强硬的进入者妥协的同时,阻止软弱的进入者。当这样做的成本太高时,软弱的在位者可能就会选择不建立一个强硬的声誉(因此得到的收益为0)。

　　甚至当软弱的在位者确实建立了一个强硬的声誉,他在信息关联下的收益也可能低于信息隔绝时。在简单的连锁店模型中,存在这样的情况:当 $p^0 > \bar{p}$,在信息隔绝下软弱的进入者不会进入,软弱的在位者从每个市场获得 $a(1 - q^0)$ 的收益。在信息关联下,软弱的在位者情况变差:他在每个市场上的平均收益为

$\max\{0, a(1-q^0)-q^0\}$。因此,尽管在位者可以在市场之间是信息关联时建立声誉,但在信息隔绝体系下,虽然无法建立声誉,他的状况可能会更好。更一般的,信息关联既有成本又有收益,对何时收益超过成本并不存在显然的先验判断。

实验性博弈

> 在实验性博弈中均衡的多样性意味着行为主体面临着对其他对局人的行动的不确定性。因此,在实验性协调博弈中,均衡的选择可以追溯到博弈的时间路径,因为可能所有的行为主体都在根据过去来预测其他对局人将来的行为。也就是说,在这些博弈中,过去的行为是起作用的,并且揭示过去对于均衡选择的影响也是重要的。
>
> —— 罗素·W.库珀[1][2]

对实验证据的讨论分为三个部分。首先将给出简单协调博弈的证据,我们给出这些实验中观察到的协调失败的频率,然后将进一步探讨对于协调博弈可

---

[1] 罗素·W.库珀,美国波士顿大学经济学教授,曾在耶鲁大学和艾奥瓦大学担纲教职。
[2] 罗素·W.库珀,《协调博弈——互补性与宏观经济学》,中国人民大学出版社,北京,2001 年。

能的补救办法,例如博弈前的沟通。

一、基础实验

作为起点,我们先考虑图 1 中的协调博弈。库珀、迪扬、福西斯以及罗斯(Cooper,Dejong,Frosythe 和 Ross,1992)进行实验性协调博弈的研究时,就是以这个博弈为核心。该博弈中,有两个纯策略纳什均衡{1,1}和{2,2},以及一个混合策略均衡。对局双方都选择策略 2 的均衡明显要比其他均衡更有帕累托优势。所以,如果论证以帕累托优势作为挑选原则,就意味着应该在本博弈中观察到{2,2}的结果。

对局人 B

		1	2
对局人 A	1	800,800	800,0
	2	0,800	1000,1000

CG-2×2

图 1

该博弈有趣的地方是,导致帕累托最优纳什均衡{2,2}的策略组合具有风险性。尤其是如果对局人 B 对对局人 A 是否会选择行动 2 抱有很大的疑问(在本例中指如果 B 认定概率小于 0.8),那么他的最佳行动就是选择 1。对称地,A 也是同样的情况。所以,如果对局双方对对方可能采取的行动抱有很大的疑问,他们就可能选择安全行事,也就会选择 1。

海萨尼和泽尔腾提出了风险占优的概念(定义将在后文给出)以概括两种策略的相对风险。虽然他们认为,在选择一个结果时,帕累托优势的论据要比风险占优的论据更有力,但实验使我们能够评价在进行协调博弈时,这两种力量哪一种更为重要尤其是本博弈中,具有风险占优的均衡是{1,1},而得益占优的均衡明显是{2,2}。

实际上,库珀等人提供的证据表明,结果是由风险占优决定的。在他们的实验中,实验对象和一系列对手进行 CG－2×2 博弈。由 11 个对局人组成一队,每人和其余 10 人博弈两次,但顺序无法观察也不能预测。在实验中,对局人自始至终都无法知道对手的身份及其已经完成的博弈。在这个意义上,结果代表了一系列一次性博弈。最后,矩阵中显示的得益指的是对局人在每个博弈阶段中所能获得的分数。当对局人同时选择了行动并且结果已经确定之后,进行了一次抽奖,当且仅当对局人获得的分数超过抽奖票数时,对局人才获得货币收益。这样,就消除了对局人对于风险的不同态度,因为他们都会使自己中奖的概率最大化。

库珀等人报告的结果表明,在实验环境中,自然会出现协调失败。换句话说,观察到的结果并不能说明帕累托占优的结果成为了核心点。在 CG 博弈的最后 11 个阶段中,库拍等人发现 97% 出现了{1,1}均衡,而没有观察到{2,2}均衡。因此风险占优在该博弈中的指导作用要好于帕累托占优。

范·海克、伯塔里奥和贝尔(Van Huyck, Battalio 和 Beil,1990)以及库珀等人(Cooper, et al, 1990)描述了其他的实验性协调博弈。范·海克等人检验了一个有限重复的协调博弈。根据布赖恩特(Bryant, 1983)的协调模型,即我们将在下面考虑的结构,每个对局人的得益为

$$\pi(e_i, e_{-i}) = a\big[\min(e_i, e_{-1})\big] - be_i \qquad (1)$$

在这些得益中，e_i 为行为主体的选择；e_{-i} 为其他对局人选择的向量。在范·海克等人的实验中，他们将每个行为主体的策略空间限制在 1 和 7 之间的一组整数。假定 $a > b > 0$，该协调博弈就有多个帕累托排列的纳什均衡。尤其是对所有 i 和 $e \in \{1,2,3,4,5,6,7\}$ 都有 $e_i = e$ 的策略组合，是该阶段博弈的一个均衡，在该阶段博弈中，如果某个均衡中 $e_i = 7$ 对所有 i 都成立，那么该均衡比其他均衡更具有帕累托优势。

注意，该博弈和我们目前为止考虑过的其他博弈不同，因为动态是通过阶段博弈的有限次重复表现的。这个有限次重复的协调博弈的均衡集合，包括一次性博弈的所有纳什均衡。实际上，重复这个协调博弈并不会增加均衡结果。然而，重复确实能使对局人了解其他人的行动，从而解决了策略的不确定性。

在范·海克等人的基本处理方法中，他们选择了 $a = \$0.2, b = \$0.1$ 将得益函数参数化。这些得益是通过一个得益表，而不是通过函数关系表示给实验对象。在这些处理方法中，涉及了 14 到 16 个实验对象，博弈重复了 10 次。在每个博弈阶段之后，实验对象被告知该阶段博弈中其他对局人的最小行动。此外没有关于其他对局人的任何其他信息，例如，没有揭示哪个对局人选择了最小行动。

范·海克等人的一个重要发现是，没有观察到帕累托最优的纳什均衡。虽然最初阶段有人选择行为 7，但当对局人在选择较低的行动时，这些选择很快就消失了。事实上，长时间博弈倾向收敛于努力水平最低的纳什均衡，$e_i = 1$ 对所有 i 都成立。有趣的是，这一结果和所有对局人都选择最大将出现的结果是一致的。也就是说,如果一个对局人相信其他人都会选择使该对局人得益最小的行动,那么他将选择行动 1 使其得益最大化。因此,$e_i = 1$ 对所有 i 都成立的结果被称做"安全结果"。

范·海克等人(Van Huyck,et al,1990)考虑了对这个基本处理方法的一些变化。首先,他们通过令 $b = 0$ 改变了博弈,从而努力不花成本。在这种情况下,将有一个最优策略,即对所有 i 都有 $e_i = 7$。经过 15 个阶段,博弈收敛于最优策略均衡,尽管在前面几个回合中出现了次优策略。

第二个变化是关于减少对局人的数量。也许有人会认为,减少对局人的数目会降低至少一个对局人选择最低行动的概率,从而使有保证的均衡出现的可能性减少。当两个对局人成对进行协调博弈时,$a = \$0.20, b = \$0.10,14$ 对对局人中有 12 对的博弈收敛于帕累托最优的纳什均衡。这和库珀等人(Cooper, et al,1992)报告的两对局人博弈的结果相反,当然得益矩阵是有重要差别的。

库珀等人(Cooper, et al, 1990)描述了协调失败的另外一种实验环境。在该实验中,有一系列一次性博弈,其设计和库珀等人(Cooper et al, 1992)的相同。但是,他们没有研究 2×2 协调博弈,而研究了对称的 3×3 博弈,其中策略 3 带来的联合得益最大,如图 2 中的 CG-3×3。

我们通过不同的处理方法改变变量 x 和 y 以理解这些参数变化如何影响均衡选择。尤其是考虑两种主要情况:情况 1 中,$(x, y) = (1\,000, 0)$。情况 2 中,$(x,$

y）＝（700,1 000）。注意在这两种参数化情况中,策略3具有劣势。在情况1中,策略1优于策略3,情况2中,策略1和2都优于策略3。然而,正如囚徒困境博弈那样,在两种情况下,策略3带来的联合得益最大。所以,该博弈将协调博弈和囚徒的困境结合起来了。

对局人 B

		1	2	3
	1	350,350	350,250	x,0
对局人 A	2	250,350	550,550	y,0
	3	0,x	0,y	600,600

CG－3×3

图 2

库珀等人发现,对所有的参数化情况,纯策略纳什均衡都具有优势。对情况1,观察到帕累托次优的纳什均衡,但情况2出现了帕累托最优的纳什均衡。有趣的是,一个给定的处理方法选择的均衡取决于采用策略3(即次优策略)的得益。换句话说,在情况1中,对策略3的最佳反应是1,情况2中,对策略3的最佳反应是2。这样,寻求对于采取合作但次优策略的最佳反应导致了均衡结果的选择。这被以下事实进一步证明:在该处理方法的早期阶段,合作策略被大量采用,这同实验性的囚徒困境博弈是一致的。但是,库珀等人的确发现,对于第3种情况,$(x,y)=(700,650)$,虽然对3的最佳反应是策略1,博弈却最终进行到了(2,2)结果。

虽然没有出现能够完全和这些观察结果一致的解释,但应该注意到该博弈相当复杂,因为它结合了合作

331

的愿望和前面提到的对策略不确定性的考虑。从这个角度来看,事实上博弈确实进行到纳什均衡之一,这是相当令人吃惊的;总体上,该实验对协调失败的可能性提供了进一步的证据,并指出一个事实:同对手采取次优策略相联系的得益差异能影响均衡结果。

这些实验性演习不仅提供了协调失败的例子,还对博弈变化有可能阻碍结果的条件提供了深入见解。有两种变化尤其相关:博弈前的沟通和外部选择的重要性。

二、博弈前的沟通

假定在协调博弈之前,行对局人向列对局人传递了信息。假定不允许任何形式的沟通,在这个沟通阶段把信息限定为行策略空间的一个元素。此外,假定这一信息并不约束行对局人在下一博弈阶段的选择。这类博弈通常被称为廉价商议(cheap talk)博弈,因为信息传递无成本并且没有约束力。

假定这是个两阶段博弈,那么会出现一些重要问题。行对局人应该传递什么信息? 列对局人对行对局人的信息应如何作出反应? 肯定会存在这样一些均衡:其选择的行动与一阶段协调博弈中的行动选择相对应,从而使对局人的声明对博弈没有影响。有趣的是,有可能存在廉价商议管用的其他均衡。

法雷尔(Farrell,1987)论证了存在着另外一种合理的均衡,该均衡中如果满足以下条件,声明将被认可:① 遵守承诺对传递消息者事实上是最优行动;② 他预期接受者会相信该信息。以这种方式,单向廉价商议使行对局人能选择自己的纳什均衡。对于前面称为 CG－2×2 的协调博弈,预期结果是(2,2),因为行

332

对局人有效选择了将在该博弈第二阶段达成的均衡。这样,所有的协调问题就解决了。

如果允许双向沟通,情况就稍微复杂一些。根据法雷尔(Farrell,1987)的论证,进行如下假定:

① 如果对局双方的声明构成对第二阶段博弈的一个纯策略纳什均衡,那么每个对局人将采取他声明的策略。

② 如果对局双方的声明不构成对第二阶段博弈的一个纯策略纳什均衡,每个对局人的行为就如同从未进行过沟通一样,并采取策略 1。

根据这些假定,博弈前的双向沟通至少在理论上将解决 CG－2×2 中的协调问题。假定给定对早先所作声明的反应,最优策略是声明 2。要说明这一点,请留意,如果一个对局人宣布 2,另一对局人也会相应采取相同的做法,以保证给对局双方带来最大得益的帕累托最优的结果。此外,如果一个对局人宣布 1,另一个对局人宣布 2 就是最坏的做法。

库珀等人(Cooper, et al,1992)发现,如果对局双方都发出声明,那么博弈前的沟通对于克服协调问题是十分有效的。在这种双沟通的方式下,博弈的最后 11 阶段中,90％ 的结果都是{2,2}。而且,最后 11 阶段中所有的声明都是策略 2。

对于单向沟通,廉价商议的效果则不那么明显。库珀等人发现53％ 的结果实现了帕累托最优均衡,但这远远小于双向沟通的结果。 在单向沟通方式中,87％ 的情况下行对局人宣布策略 2,但他们并不总是采纳这一建议,而列对局人也不采取 2。

对这些结果的解释之一是:风险占优是协调问题的

来源。也就是说,考虑到在协调博弈中采取策略 2 的风险性,对局人需要充分的证据表明另一个对局人也将采取同一策略。结果,一个对局人的声明就不足以克服策略 2 的风险性。看来要保证帕累托最优的结果,对局双方都必须宣布 2。

三、外部选择和向前递推

对基本协调博弈作出的第二个变化是,允许一个对局人选择接受一个肯定的结果,而不是进行协调博弈。这造成了另外一个两阶段博弈,科伯格和默顿斯(Kohlberg 和 Mertens,1986)描述了这个博弈中的向前递推能力,我们将对此进行探讨。

假定外部选择足够高以至于超过了协调博弈中一个策略的得益。在这种情况下,如果行对局人进行博弈,那么列对局人就应该相信行对局人不会选择劣于外部选择的策略。因此,如果 CG - 2 × 2 中的外部选择超过了 800,那么根据向前递推的逻辑,行对局人应该拒绝外部选择,而行、列对局双方在协调博弈中都应该选择策略 2。

库珀等人(Cooper,et al,1992)的报告指出,在进行 CG - 2 × 2 协调博弈时,如果前面有一个阶段使行对局人能选择相关的得益为 900 的外部选择,博弈就会有相当大的变化。如果行对局人拒绝外部选择而选择了子博弈,那么 77% 的结果是帕累托最优的均衡,而只有 2% 的结果是(1,1)。这和向前递推是一致的。但和向前递推的预计相反的是,在 40% 的情况下外部选择中选。

范·海克等人(Van Huyck,et al,1993)的报告结果是引入一个拍卖,该拍卖对进行协调博弈的权利

进行交易,从而通过向前递推型的论证,拍卖协调了结果。换句话说,他们考虑了一个多方博弈的协调博弈,该博弈中得益情况由下式给出

$$\pi(e_i, M) = aM - b(M - e_i)^2 \tag{2}$$

式中,M 为由 N（奇数）对局人采取的中间行动；$e_i \in \{1, 2, \cdots, E\}$,其中 E 可行的最大整数值。该协调博弈中存在多样的帕累托排列的均衡,因为只要 $b > 0$,每个对局人的最佳反应就是选择和中间行动相同的行动。

在进行该博弈之前,假定进行一次拍卖,由多于 N 个对局人参加,对进行协调博弈的权利进行投标。根据向前递推的逻辑,同拍卖相联系的均衡价值应该也会影响随后的协调博弈。打算选择"低水平努力"的对局人应该不愿为进行博弈出太高的价格。换句话说,高昂的进人费用意味着对局人不会选择使他们比不付费参加博弈的情况更糟的策略。

如果采用的参数为 $a = \$0.1, b = \$0.05$,范·海克等人(Van Huyck, et al, 1993)发现,如果由 9 个实验对象进行 10 阶段的协调博弈,并且没有第一个拍卖阶段,那么结果永远不会是得益最优的均衡。与范·海克等人(Van Huyck, et al, 1991)报告的类似博弈一样,观察到了协调失败。

该实验中最有趣的部分是在进行协调博弈之前加入一个拍卖阶段的效应。在拍卖阶段有 18 个实验对象投标,争取入围有 9 个对局人参加的协调博弈。范·海克等人采用了英国时钟式(english clock)拍卖,该拍卖最初设定一个较低价格,从而所有的实验对象都表示愿意买下该资产。经过一个固定的时间间隔,价格增加一个固定量。随着价格的增加,实验对象如果表示他们不愿意支付公布的价格来换取协调博弈中的一个席位,就"退出"拍卖。一旦拍卖中只剩下 9 个对局人,拍卖就停止,而这些对局人就入围参加协调博弈。

在他们的两阶段处理方式中,每个阶段的拍卖之后进行上述的协调博弈。对同一组实验对象,该两阶段博弈重复了 10 次或 15 次。范·海克等人的报告指出,拍卖的价格和协调博弈中采取的行动并不是独立的。最为显著的是,博弈收敛于得益最优的纳什均衡,博弈中一个席位的价格拍卖到了相当于协调博弈该均衡的得益。在这个意义上,拍卖起了协调活动的作用。

四、学习与动态

实验性博弈最奇妙的一方面是关于博弈的时间序列(time series)。在大多数情况下,对实验数据的分析强调了博弈最后几个阶段观察到的结果。然而,考虑到"收敛"过程中博弈的丰富内涵,这样做是不恰当的。

对于协调博弈,博弈的时间序列已经开始受到注意。正如我们已经留意到的,这些博弈中均衡的多样性意味着行为主体面临着对其他对局人的行动的不确定性(通常称为策略不确定性)。因此,在实验性协调博弈中,均衡的选择可以追溯到博弈的时间路径,因为可能所有的行为主体都在根据过去来预测其他对局人将来的行为。也就是说,在这些博弈中,过去的行为是起作用的,并且揭示过去对于均衡选择的影响也是重要的。

这一讨论的有效起点是克劳福德(Crawford, 1991,1995)对协调博弈进行的分析。该论文列出了对这些博弈中的行为的详细记载,并指出这些博弈行为与范·海克等人(Van Huyck, et al,1990,1991)提

336

出的证据间的明确联系。

在该动态博弈中,有 $i=1,\cdots,I$ 个对局人参加了重复博弈。基本的行为模型将对局人 i 在 $t(x_{it})$ 时期的行动描述为

$$x_{it}=\alpha_i+\beta_t y_{t-1}+(1-\beta_t)x_{it-1}+\varepsilon_{it} \qquad (3)$$

式中,y_{t-i} 为对 t 时期博弈的简要统计量。在这一详细说明中,描述行为主体的行动的参数(α_t,β_t)随着时间而演变,并通过过去行为的两个要素的权数变化反映出来。最后,该说明中允许单个冲击,从而"误差"也是模型的一部分。

克劳福德指出,不能通过行为最优化来使决策规则理性化。相反,将它看作一个决策规则的具体化倒是有用的,而该决策规则可能抓住了数据中的一些重要方面,原则上说就是对过去总量(y_{t-1})的反馈以及当前的个体决策(x_{it-1})。

克劳福德研究了该模型的一种情况,把行动作为一个离散集合以理解范·海克等人(Van Huyck, et al,1990,1991)获得的观察结果。在这项实证工作中,允许 α_t 和 β_t 随着时间变化,并假定随着时间的变化,"决策错误"ε_{it} 的变化以固定比率(λ)而降低。因此,随着冲击的变化,需要估计的关键参数就是 α,β 和 λ。

克劳福德在评估这一模型时采用了范·海克的许多实验中提供的面板数据。有兴趣的读者应查阅克劳福德(Crawford,1995)的著作以获取对这一实证方法的详细研究资料。

总体上,该模型对以下情况的实验性博弈是相当成功的:如同式(2),博弈倾向收敛于最初回合中观察到的中位博弈,收益也取决于其他对局人的平均努力。因此,在一些处理方式中,对 β 的估计相当接近于 1。此外,克劳福德发现的个体行为分布的证据,能够支撑"策略不确定性是这些博弈的一个重要方面"这一主题。在平均努力博弈如式(1)中,该模型则稍差一些。尤其和中位博弈相反的是,估计的冲击对行为的变化,并没有随着时间而降低。

结盟对策

对于一般的 n 人真正不结盟对策

$$\Gamma = \langle N, \{S_i\}_{i \in N}, \{H_i\}_{i \in N} \rangle$$

构造新的对策 $\overline{\Gamma}$,$\overline{\Gamma}$ 的局中人比 Γ 多一个,并使这增加的局中人的赢得恰好为 Γ 中所有局中人的赢得之和的反号,即

$$\overline{\Gamma} = \langle \{N + (n+1)\}, \{S_1, \cdots, S_n, S_{n+1}\}, \\ \{H_1, \cdots, H_n, H_{n+1}\} \rangle$$

其中

$$H_{n+1} = -\sum_{i \in N} H_i, S_{n+1} = \{S_{n+1}\}$$

则对策 $\overline{\Gamma}$ 为 $n+1$ 人真正不结盟的零和对策。

—— 张盛开[1][2]

---

[1] 张盛开,辽宁大连轻工运筹所所长。东北大学、东北财经大学等校兼职教授、博士生导师。

[2] 张盛开,《对策论及其应用》,华中工学院出版社,武昌,1985 年。

338

一、简单联盟

关于结盟对策的研究比较复杂。由于参加对策的各局中人的利益各不相同,相互之间的信息往来也不完全公开,因此,难以结盟。有的局中人虽参加了某个联盟,但是他的根本利益确与所参加的联盟不相一致,而他的信息确可以对其他的联盟公开,不对其参加的联盟公开。例如,某交战的双方其中一方有另一方的成员,形式上该成员在对方联盟里,但他的信息确对那个联盟保密,这类联盟研究起来相当复杂,其赢得值计算起来也相当困难。以下我们研究一些简单形式的联盟,即其联盟成员之间的利益与信息都同为一个联盟负责。

假定给了一个 N 人对策

$$\Gamma = \langle N, \{S_k\}_{k \in N}, \{H_k\}_{k \in N} \rangle$$

设其中一部分局中人的利益与其信息的交流在一定形式下不相矛盾,可把该部分局中人简单地看成一个联盟。这些局中人的全体记为 N_1,余下的局中人的全体人为地看成一个联盟,其全体记为 N_2,显然 $N_1 \cup N_2 = N$。如果 N_2 中的成员之间的利益完全对立,这种联盟的简单分法就得重新搭配。若某些局中人的利益与其他任何一个联盟的利益根本对立,这种对策可归结为完全不结盟或真正不结盟对策问题中去。我们把对策 Γ 写成如下形式

$$\overline{\Gamma} = \langle N_1, N_2, \overline{S}^1, \overline{S}^2, \overline{H}^1, \overline{H}^2 \rangle$$

其中

$$N_1 \cup N_2 = N, \overline{S}^1 = \prod_{k \in N_1} S_k, \overline{S}^2 = \prod_{k \in N_2} S_k$$

$$\overline{H}^1 = \sum_{k \in N_1} H_k, \overline{H}^2 = \sum_{k \in N_2} H_k$$

于是,可把对策 $\overline{\Gamma}$ 看成一个二人对策。若 $\sum_{k \in N} H_k = 0$ 可把对策 $\overline{\Gamma}$ 看成是一个二人零和对策。 显然 $\overline{H}^1 = -\overline{H}^2$。把对策 $\overline{\Gamma}$ 的值记为 $V_{\overline{\Gamma}} = V(N_1)$ 或 $-V(N_2)$,当 $N_1 = \varnothing$（空集）时,可以规定 $V(\varnothing) = 0$,由于 $V(N_1) = -V(N_2)$,故 $V(\varnothing) = V(N) = 0$。按这样规定,我们用 $\mathscr{N} = \{R \mid R \subset N\}$ 表示的子集类,在其上定义一个集函数 $V(R)$,称为对策 Γ 的特性函数,于是有如下显然的事实。

引理 如果有 R,T 均属于 $\mathscr{N}$,并且有 $R \subset T$,则有

$$\sup_R V(R) \leqslant \sup_T V(T) \tag{1}$$

$$\inf_R V(R) \geqslant \inf_T V(T) \tag{2}$$

定理 1 若 V 是定义在 $\mathscr{N} = \{R \mid R \in N\}$ 上对策 Γ 的特性函数,并且 $R_1, R_2, \cdots, R_p$ 是 $p(1 \leqslant p \leqslant m)$ 个 $\mathscr{N}$ 的元素。满足

（a） $$\bigcup_{i=1}^{R_p} R_i \subset N \tag{3}$$

（b） $$R_i \bigcap R_j = \varnothing, i \neq j \tag{4}$$

则有

$$V(\bigcup_{i=1}^{p} R_i) \geqslant \sum_{i=1}^{p} V(R_i) \tag{5}$$

证 由对策值及特性函数的定理证明定理的真实性,令

$$S_{k1} = \prod_{i \in R_1} S_i, S_{k2} = \prod_{i \in R_2} S_i, \cdots, S_{kp} = \prod_{i \in R_p} S_i$$

以 $S_{kj}(j = 1, 2, \cdots, p)$ 表示 S_{kj} 的元素,S_{kj}^* 表示 S_{kj} 上的概率测度族,将 $R_j(j = 1, 2, \cdots, p)$ 的纯策略集记为 S_{kj},混合策略集记为 S_{kj}^*,记

$$S_{k1}^* \times S_{k2}^* \times \cdots \times S_{kp}^* = \prod_{i=1}^{p} S_{ki}^* \qquad (6)$$

$$N_2 = N - \bigcup_{i=1}^{p} R_i \qquad (7)$$

N_2 的纯策略集记为 S_N,混合策略集记为 S_N^*,于是有

$$V(\bigcup_{i=1}^{p} R_i) = \sup_{\xi \in S_{U_{i=1}^p R_i}^*} \inf_{\eta = S_{N_1}^* j \in U_{i=1}^P R_i} \sum H(\xi, \eta) =$$

$$\sup_{\xi \in S_{L_{i=1}^P R_i}^*} \inf_{\eta \in S_{N_2}^*} (\sum_{j=1}^{p} \sum_{j=R_j}^{p} H_j(\xi, \eta)) \geqslant$$

$$\sup_{\xi \in S_{U_{i=1}^p R_i}^*} (\sum_{j=1}^{p} \inf_{\eta \in S_{N_2}^*} \sum_{j \in R_j} H_i(\xi, \eta)) \geqslant$$

$$\sup_{\xi \in S_{U_{i=1}^p R_i}^*} (\sum_{j=1}^{p} \inf_{\eta \in S_{N-R_j}^*} \sum_{j \in R_j} H_i(\xi, \eta)) \geqslant$$

$$\sum_{j=1}^{p} \sup_{\xi \in S_{R_j}^*} \inf_{\eta \in S_{N-R_2}^*} \sum_{j \in R_j} H_j(\xi, \eta) =$$

$$\sum_{j=1}^{p} V(R_j)$$

定理 1 证毕。

由于(5)的成立,我们立刻可得如下的事实。当 $\bigcup_{i=1}^{p} R_i = N$ 时,则有

$$\sum_{i=1}^{p} V(R_i) \leqslant V(N) = 0$$

即

$$\sum_{i=1}^{p} V(R_i) = 0, V(N) = V(\varnothing) = 0 \qquad (8)$$

以下我们要证明若一个集函数 V 满足条件(3),(4),(5),(8),则它是对策 Γ 的特性函数。为了方便,对于条件(8),我们仅就 $p=2$ 的情况给出证明。

定理 2 设 $V(R)$ 是定义在 $N = \{R \mid R \subset N\}$ 上的一个集函数,并且满足如下条件:

(a)$V(N_1) = -V(N_2)$,其中 $N_2 = N - N_1$; (9)

(b)$V(N) = V(\varnothing) = 0$; (10)

(c)$R_i \subset N, i = 1, 2$,当 $R_i \bigcap R_j = \varnothing$; (11)

$(i \neq j)$ 时有

$$V(U_{i=1}^2 R_i) \geqslant \sum_{i=1}^2 V(R_i) \qquad (12)$$

则 $V(R)$ 是某一个不结盟零和对策的特性函数。

证 我们构造对策 Γ。N 中每个局中人的纯策略是参加某个联盟,于是对于任何局中人 i 的策略集合 S_i 都可看成 N 中那些含有 i 的所有子集,一切 $S_i(i = 1, 2, \cdots, n)$ 的乘积用 S 表示。当 $S \in S$ 时,则有 $S = (S_1, S_2, \cdots, S_n)$ 其中 $S_i \in S_i, i = 1, 2, \cdots, n$。不失一般性,我们称 R_1 为局势 S 的闭子集,若 R_i 中每一个局中人 i 在局势 S 下的策略为 $S_i = R_1$,可用 $R_1^{(S)}$ 表示 R_1 在局势 S 下的策略为 $S_i = R_1$。同一局势下每个局中人不能同时参加两个以上的联盟,即同一局势下不同闭子集是不相交的。若是在局势 S 下,其局中人组成的联盟或叫闭子集是

$$R_1(S), R_2(S), \cdots, R_r(S)$$
$$i_{r+1} = R_{r+1}(S), \cdots, i_{p_s} = R_{p_s}(S) \qquad (13)$$

于是这些闭子集的并即是 N,即

$$\bigcup_{k=1}^{p_s} R_k(S) = N \qquad (14)$$

称(14)为 N 的一种类分,这里每一个局中人都必须仅属于一个类分 $R_k(S)$,以 n_k 记这个类分中局中人的个数。

显然,每个局中人可参加任一联盟 $R_k(S)$,但他将

不能参加另一联盟。于是我们定义类分（联盟）$R_k(S)$ 中局中人 i 在局势 S 下赢得为

$$H_i(S) = \frac{1}{n_k}V(R_k(S)) - \frac{1}{n}\sum_{k=1}^{p_s}V(R_k(S)) \quad (15)$$

这样我们就可构造一个 n 人零和对策 Γ

$$\Gamma = \langle N, \{S_i\}_{i\in N}, \{H_i\}_{i\in N}\rangle$$

由于（15）成立，关于 i 求和则有

$$\sum_{i\in N}H_i(S) = \sum_{k=1}^{p_s}\left(\sum_{i=1}^{n_k}\left(\frac{V(R_k(S))}{n_k} - \frac{1}{n}\sum_{k=1}^{p_s}V(R_k(S))\right)\right) =$$

$$\sum_{k=1}^{p_s}n_k\left(\frac{V(R_k(S))}{n_k} - \frac{1}{n}\sum_{k=1}^{p_s}V(R_k(S))\right) =$$

$$\sum_{k=1}^{p_s}V(R_k(S)) - \sum_{k=1}^{p_s}\frac{n_k}{n}\sum_{k=1}^{p_s}V(R_k(S)) =$$

$$\sum_{k=1}^{p_s}V(R_k(S)) - \sum_{k=1}^{p_s}V(R_k(S)) = 0 \quad (16)$$

所以对策 Γ 是零和的，这样定义其赢得函数，Γ 就成为一个真正的不结盟对策了，并且局中人的对策集是有限的，当然特性函数也就存在。为明显起见，我们用 $V_r(R)$ 表示这个特性函数，由于 V_r 是特性函数以及式（10）知有下式成立

$$V_r(\varnothing) = 0, V(\varnothing) = 0 \quad (17)$$

进一步，设 N 中任意一个 $R \neq \varnothing$，取一个任意 $S \in S$，使之 R 在 S 中为闭子集，不失一般性，令 $R = R_1(S)$，若余类分不变，由（5），（8），（16），知

$$\sum_{k=1}^{p_n}V(R_k(S)) \leqslant 0 \quad (18)$$

所以，$R_1(S)$ 中任何一个局中人 i 在局势 S 下的赢得由（15）有如下关系

$$H_i(S) = H_i(S_{R_1}, S_{N-R_1}) \geqslant \frac{1}{n_1} V(R_1(\sigma)) \quad (19)$$

因此对于任意的 S_{N-R} 对(19)取和则有

$$\sum_{i \in R_1} H_i(S_R, S_{N-R_1}) \geqslant \sum_{i \in R_1} \frac{1}{n_1} V(R_1(S)) = V(R_1)$$

$$(20)$$

根据混合策略的性质,对任意 $\eta \in S^*_{N-R_1}$ 都有

$$\sum_{i \in R_1} H_i(S_R, \eta) \geqslant V(R_1)$$

以及

$$\min_{\eta \in S^*_{N-R_1}} \sum_{i \in R_2} H_i(S_{R_1}, \eta) \geqslant V(R_1)$$

$$\max_{\xi \in S^*_{R_1}} \min_{\eta \in S^*_{N-R_1}} \sum_{i \in R_2} H_i(\xi, \eta) \geqslant V(R_1)$$

即对任何 $R_1 \in \mathcal{N}$ 都有

$$V_r(R_1) \geqslant V(R_1)$$

因此也可得到

$$V_r(N - R_1) \geqslant V(N - R_1)$$

或

$$V_r(R_1) = V(R_1)$$

由于 R_1 的任意性,故得 $V_r(R) = V(R)$, $R \in \mathcal{N}$, 即对策的值等于 $V(R)$, 定理 2 证毕。

以上的讨论是对零和对策而言,对于非零和的情况也适用。

对于一般的 n 人真正不结盟对策

$$\Gamma = \langle N, \{S_i\}_{i \in N}, \{H_i\}_{i \in N} \rangle$$

构造新的对策 $\overline{\Gamma}$,$\overline{\Gamma}$ 的局中人比 Γ 多一个,并使这增加的局中人的赢得恰好为 Γ 中所有局中人的赢得之和的反号,即

$$\overline{\Gamma}=\langle\{N+(n+1)\},\{S_1,\cdots,S_n,S_{n+1}\},$$
$$\{H_1,\cdots,H_n,H_{n+1}\}\rangle$$

其中

$$H_{n+1}=-\sum_{i\in N}H_i,S_{n+1}=\{S_{n+1}\}$$

则对策 $\overline{\Gamma}$ 为 $n+1$ 人真正不结盟的零和对策。

二、简约局势

结盟问题在前面已出现过,在那里虽没有确切定义,但是,已明确指出一个结盟是局中人集 N 的部分子集。进一步为研究问题方便起见,对于特征函数 $V(S),S\in N=\{S\mid S\subset N\}$,满足关系

$$V(S\bigcup T)\geqslant V(S)+V(T),S\bigcap T=\varnothing \quad (21)$$

时,称特征函数 V 具有超可加性。

研究结盟形式的对策时,常常把确定一个对策 Γ 的特征函数 V 作为对策 Γ 的代表。因此,在以后的讨论中,如不作特别声明时,说一个对策 V 的话,都是指以特征函数 V 所确定那个对策 Γ。

定义 1　一个对策 Γ(在特征函数形式下)说它是常和的,如果对于所有的 $S\subset N$,有下式成立

$$V(S)+V(N-S)=V(N) \quad (22)$$

定义 2　对于一个 n 人对策 V 来说,若有一个 n 维向量 $\boldsymbol{x}=(x_1,x_2,\cdots,x_n)$ 满足如下的两个条件:

(a) $\sum_{i\in N}x_i=V(N)$;

(b) $x_i\geqslant V(\{i\})$,对所有 $i\in N$,
则称向量 $\boldsymbol{x}$ 对是对策 V 的一个分配。

用 $E(V)$ 表示关于对策 V 的所有分配集。

定义 3　对于一个对策 V 说它是本质的,如果在 $E(V)$ 中仅有一点满足

$$V(N) > \sum_{i \in N} V(\{i\}) \qquad (23)$$

否则称对策 V 是非本质的。

定义 4　令 $\boldsymbol{x} = (x_1, \cdots, x_n)$ 与 $\boldsymbol{y} = (y_1, \cdots, y_n)$ 是对策 V 的两个分配，S 是 V 的一个结盟，如果有以下两个条件成立：

(a) $x_i > y_i$，对所有 $i \in S$；

(b) $\sum_{i \in S} x_i \leqslant V(S)$，

则称 x 通过 S 优超 y，记为 $x \succ_S y$。

研究多人对策比研究二人对策情况复杂，特别是常有某些对策很不易找到解。但是，若能找到一个对策研究起来很方便，而其他的对策的研究又可通过这个对策得到实现，这样，问题就会很方便了。

引理 1　令 N 是对策 V 的局中人集合，则：

(a) $V(\varnothing) = 0$；

(b) $T_i (i = 1, \cdots, r)$ 是 N 的子集，$T_i \cap T_j = \varnothing$，$i \neq j$，有

$$V(\bigcup_{i=1}^{r} T_j) \geqslant \sum_{i=1}^{r} V(T_i)$$

(c) 如果

$$N = \bigcup_{i=1}^{r} T_i$$

则

$$\sum_{i=1}^{r} V(T_i) \leqslant 0$$

证　(a)，(b) 可由定义 1 立即可得。(c) 可由超可加性得到。

定义 5　V 是一个 n 人对策，如果有

$$V(\{1\}) = V(\{2\}) = \cdots = V(\{n\}) = r$$

346

$r=0$ 或者 $r=-1$ 时则称 V 是简约型对策具有模 r。

定理 3　如果 V 是具有简约型模为 r 的对策,且 $T \subset N$ 具有 p 个局中人,则有

$$rp \leqslant V(T) \leqslant r(p-n) \qquad (24)$$

证　由引理 1 的(b)可看到

$$\sum_{i \in T} V(\{i\}) \leqslant V(T) \qquad (25)$$

故有

$$rp \leqslant V(T) \qquad (26)$$

上式对任何 $T \subset N$ 都成立,现在一 T 有 $n-p$ 个局中人代替 T 则有

$$r(n-p) \leqslant V(-T) \qquad (27)$$

再利用引理 1 的(b)可知下式成立

$$-V(T) \geqslant r(n-p) \qquad (28)$$

$$V(T) \leqslant r(p-n) \qquad (29)$$

综上各式可知定理 3 真。定理 3 证毕。

推论　V 是一个具有模为 0 的简约对策,则对于 N 的每一个子集 T,都有

$$V(T)=0 \qquad (30)$$

证　由定理 3 可知有

$$0 \cdot p \leqslant V(T) \leqslant 0 \cdot (p-n)$$

进而有

$$V(T)=0$$

定理 4　如果 V 与 V' 是满足

$$V'(T)=k \cdot V(T) + \sum_{i \in T} a_i, \qquad \sum_{i=1}^{n} a_i = 0, a>0$$

$$(31)$$

其中,$T \subset N, a_i, i \in T$ 是常数,则

$$V'(T)=V(T) \qquad (32)$$

证　令 r 与 r' 分别是 V 与 V' 的模，由 (31) 有

$$V'(T) = kV(T) + \sum_{i \in T} a_i, k > 0 \qquad (33)$$

特殊情况是

$$V'(\{i\}) = kV(\{i\}) + a_i, i = 1, \cdots, n \qquad (34)$$

对上式求和则有

$$\sum_{i=1}^{n} V'(\{i\}) = k \sum_{i=1}^{n} V(\{i\}) + \sum_{i=1}^{n} a_i =$$

$$k \sum_{i=1}^{n} V(\{i\}) + 0$$

由于 V 与 V' 都是简约型的，故有上式为

$$nr' = knr$$

或 $$r' = kr$$

当 $r' = r = 0$ 时，则由推论有

$$V'(T) = 0 = V(T)$$

当 $r' = r = -1$ 时，得 $k = 1$，故 (34) 为

$$(-1) = 1 \cdot (-1) + a_i$$

即 $a_i = 0 (i = 1, 2, \cdots, n)$，于是有

$$V'(T) = kV(T) + \sum_{i \in T} a_i$$

$$= 1 \cdot V(T) + 0 = V(T)$$

定理证毕。

合同与谈判

第
五
章

关贸总协定博弈

没有哪个国家可以通过单方的行动获益,但是两国都可以从同时的关税削减中获益。如果关税决策是在合作博弈的背景下做出的,那么对两国有利的任何关税变化都可以实现。

——约翰·麦克米伦[1][2]

---

[1] 约翰·麦克米伦,美国加州大学圣地亚哥分校国际关系与和平研究院任教授。他在新西兰坎特伯雷大学获得数学学士学位以及经济学硕士学位,又在澳大利亚新南威尔士大学获得经济学博士学位。

[2] 约翰·麦克米伦,《国际经济学中的博弈论》,北京大学出版社,北京,2004 年。

20世纪30年代,各国试图用他们的国际经济政策去解决国内的问题。这些"以邻为壑"政策包括汇率贬值、出口补贴、进口关税以及进口配额。

第二次世界大战以来,在关贸总协定的作用之下,各国已经多次就削减多边关税达成了协议。但事实却周期性地表明:世界正面临着陷入另一场贸易战的危险。比如,考虑吉米·卡特和杰拉尔德·福特的以下叙述:

> "二战之后建立的国际贸易体系使得各国之间空前的贸易扩张成为可能,并且刺激了全球大部分地区的经济增长;但是现在,威胁国际贸易体系的力量正在发生作用。世界上许多政府都面临着无处不在的经济问题:停滞的经济增长、高涨的通胀率以及高水平的失业率。在寻求解决的过程中,许多政府为了保护某些特殊利益集团的市场而被迫采取贸易保护主义措施:即进口限制、出口补贴,以及新式伪装之下的贸易壁垒。这些针对经济问题的错误补救措施使世界面临着陷入另一轮贸易战的威胁,正如我们在大萧条期间经历过的那次一样……阻止经济走向混乱的趋势既是国家责任,也是国际义务。要实现这个目标需要在有关各国立场上的良好判断。"(《纽约时报》,1982年11月21日)

"经济混乱"会对世界贸易产生什么影响?参与贸易战一定会使所有的国家都受到损害吗?国际协议怎样才能成功地阻止贸易战的发生?本文为我们看清类似这些问题提供了一种分析框架。

一、关税博弈

要对贸易战的结果进行模拟,自然会想到的一个概念就是非合作(纳什)均衡。考虑这样一个博弈,其中的参与者为各个国家,策略是对关税的选择。每个国家都寻求本国社会福利的最大化,为了简单起见,假设社会福利是消费总量的函数。(正如卡特与福特所指出的,将政府模拟为用国际贸易政策去扩大特殊集团的利益可能会更现实一些。这种观点的结果是,表示类似"劳动力收入"等的总和性较差的变量会进入到政府制定决策所暗中依赖的社会福利函数之中)

考虑世界上只有两个国家,标为 1 和 2;以及仅有的两种商品,标为 1 和 2。(二维的限制只是为了标记上的简单:其结论可以推广到有任意个数商品和国家的情况)假定各国的比较优势是这样的:对于所有的非负关税率,国家 1 出口商品 1,国家 2 出口商品 2,而且无论关税率怎样变化,这种贸易方式保持不变。用下标表示商品,上标表示国家。令 p_i^j 代表商品 i 在国家 j 的国内价格,而 P_i 表示商品 i 的世界价格。各个国家都可以对国际贸易征税。出口税与进口税均可采用。在只有两种商品的情况之下,只要有一种税就够了。因此,我们假设每个国家对进口征税,对出口不征税:国家 j 对其进口征收从价关税 t^j。

国家 j 寻求其间接效用函数 $u^j = V^j(p_1^j, p_2^j, m^j)$ 的最大化,其中 m^j 表示可支配收入。来自关税的收入一次性地分给国内消费者。均衡的世界价格依赖于每个国家的关税选择,因而国内价格也依赖于各国的关税选择。

可以证明,在这个博弈的纳什均衡点上,每个国家都会把关税定在其出口需求弹性的倒数水平上。

二、纳什均衡:图解分析

在求解关税博弈之前,先用图解的方式描述一下找到纳什均衡的过程是有好处的。

图 1 描绘了国家 1 的一些无差异曲线。无差异曲线向下移动代表效用的增加。国家 1 的效用部分地依赖于国家 2 的关税选择,但是这是国家 1 无法控制的。给定国家 2 的特定关税选择 t^2,国家 1 通过选择适当的关税 t^1 使得过点 (t^1, t^2) 的无差异曲线在该点呈水平,并借此来实现其效用最大化。对于给定的不同关税 t^2,有不同的最佳反应 t^1;国家 1 的最佳反应关税轨迹在图 1 中表示为 R^1。

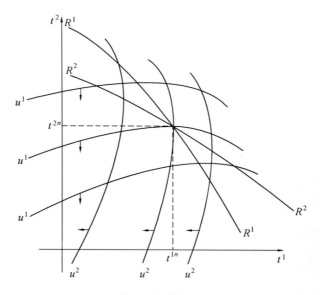

图 1 关税均衡

352

类似地,对于国家 1 的任何给定的关税水平;国家 2 的最佳反应集 R^2 是由国家 2 的无差异曲线上具有垂直斜率的点构成的。

纳什均衡体现了一种相互一致性要求:国家 1 的关税选择是在给定国家 2 关税的基础上使自己的效用最大化的,而国家 2 也在给定国家 1 关税的情况下选择最大化自身效用的关税水平。满足这种相互一致性的唯一点就是图 1 中两个最佳反应曲线的交点(但这种交点未必唯一)。在纳什关税均衡点 (t^{1N}, t^{2N}),国家 1 的无差异曲线具有水平斜率而国家 2 的无差异曲线具有垂直斜率。

注意在图 1 中,每个国家的纳什均衡关税均为正数。与自由贸易情况相比,在均衡状态下两国都遭到了损失。还要注意一下自由贸易为何不是纳什均衡。考虑在自由贸易情况下的配置方式(图 1 中的原点)。如果另一国家的关税选择已经给定,每个国家是否做出了最佳反应?由图 1,当国家 1 的关税设为 0 时,国家 2 可以通过将自己的关税增至大于 0 而移到一条更好的无差异曲线上。国家 1 也可以用类似的方式增加自己的福利。放弃自由贸易配置符合每个国家的单方利益;因此自由贸易不是纳什均衡。

三、纳什均衡关税

下面为纳什均衡情况下每个国家将其关税定为其出口需求弹性的倒数这一结论提供了证明。

国内价格与世界价格之间的关系为

$$p_1^1 = p_1$$
$$p_2^1 = p_2(1 + t^1)$$
$$p_1^2 = p_1(1 + t^2)$$
$$p_2^2 = p_2$$

(1)

已知国家 j 在有效生产情况下的国内价格，令 $q_i^j(p_1^j, p_2^j)$ 表示该国生产商品 i 的产量水平。令 $e_i^j(p_1, p_2, t^j)$ 表示在国家 j 内部对商品 i 的超额需求，将它写为价格与本国关税的函数；因此，e_i^j 是国家 j 进口或者出口商品 i 的数量。已知国家1（或2）进口商品2（或1），因此对于 $j \neq i$，e_i^j 为正数，国家 j 的关税收入为

$$r^i = p_i t^j e_i^j(p_1, p_2, t^i), j \neq i, i, j = 1, 2 \quad (2)$$

国家 j 消费者的收入是生产收入与关税收入之和

$$m^j = p_1^j q_1^j(p_1^j, p_2^j) + p_2^j q_2^j(p_1^j, p_2^j) + r^j \quad (3)$$

利用式（3），国家 j 的间接效用函数可以重写为 $u^j = H^j(p_1^j, p_2^j, r^j)$，函数 H^j 是间接贸易效用函数。给定效用函数的标准假定，则 H^j 连续；关于 p_1^j, p_2^j 拟凸；是关于 p_1^j, p_2^j, r^j 的零次齐次式；而且关于 r^j 弱递增。进而用 H 的下标表示偏导数

$$e_i^j(p_1, p_2, t^j) = \frac{-H_i^j}{H_3^j}, i \neq j, i, j = 1, 2 \quad (4)$$

也就是说，一国的净进口函数是由间接贸易效用函数 H^j 求微分得到的。由于 H^j 表示了效用与价格、关税之间的间接关系，它是模拟关税博弈的合适基础。

一般均衡要求世界贸易实现平衡，即一国的进口需求等于另一国的出口供给

$$e_i^j = -e_i^k, j \neq k, i, j, k = 1, 2 \quad (5)$$

利用世界价格与国内价格之间的关系（1），国家收

354

入的表达式(2)和(3),以及贸易平衡条件(5),可以将国家 1 的效用表示为世界价格、国家 1 的关税率以及国家 2 的超额需求的函数

$$u^1 = H^1(p_1, (1+t^1)p_2, -p_2 t^1 e_2^2(p_1, p_2, t^2))(6)$$

给定国家 2 的关税 t^2,要找到国家 1 的最佳关税,可以将此式对 t^1 求偏微分

$$\left(p_2 + (1+t^1)\frac{\partial p_2}{\partial t^1}\right)H_2^1 -$$

$$\left(\frac{\partial p_2}{\partial t^1}t^1 e_2^2 + p_2 e_2^2 + p_2 t^1 \frac{\partial e_2^2}{\partial p_2}\frac{\partial p_2}{\partial t_1}\right)H_3^1 = 0 \quad (7)$$

利用式(4)和式(5)化简式(7)(用上标"N"表示"纳什")

$$t^{1N} = \frac{1}{\xi_2^2} \qquad (8)$$

此处 ξ_2^2 为国家 2 的超额需求函数的弹性(即对国家 1 出口的需求弹性)

$$\xi_i^i = \frac{\partial e_i^i}{\partial p_i} \cdot \frac{p_i}{e_i^i}, i = 1, 2 \qquad (9)$$

给定国家 1 的关税选择,则国家 2 的最佳关税可以用类似的方法求得

$$t^{2N} = \frac{1}{\xi_1^1} \qquad (10)$$

(方程(8)定义了图 1 中的最佳反应曲线 R_1,(10)定义了 R_2)当方程(8)与(10)同时得到满足的时候即达到了关税的纳什均衡;也就是说对于给定的国家 2 的关税,国家 1 的关税为最优,并且对于给定的国家 1 的关税,国家 2 的关税同时也是最优的关税。

四、占优均衡

如果只有一个国家,而且不存在贸易伙伴的报复

可能性,这种情况下的经典最优关税式是与方程(8)和(10)相同的(参见 Kemp[75],第 269 ～ 230 页)。但是要注意,现在的问题与标准的最优关税问题之间存在着基本的区别:在最优关税情况下,弹性 ξ_i^j 为常数,但在此处它一般与另一个国家的关税选择有关。

当每个参与者的最佳行动都独立于任何其他参与者的行动时,就出现了占优均衡。在一个国家的超额需求弹性 ξ_i^j 独立于另一国关税 t^j 的特殊情况下,由方程(8)和(10)描述的均衡就是占优的。这正是 Johnson 和 Gorman 所分析的那种情况,尽管他们并未将它称为占优均衡。Johnson 和 Gorman 证明了在完全交换的世界里,只要国家 j 的效用函数具有下面这种特殊的形式,那么它的超额需求弹性就为常数

$$u^j = f^j(\alpha(e_i^j)^{\beta/\alpha} - \gamma^{\beta/\alpha}(e_j^j)^\beta), j \neq i, 1 \leq \beta \leq \alpha$$

(11)

其中,α, β 和 γ 为常数。

注意在另外一种特殊的情况下,有一个国家会有占优策略,而另一个国家没有。比如,假设国家 1 的出口只占国家 2 对商品 1 消费总量的很小部分,那么国家 1 就是世界贸易中的一个完全竞争者;国家 1 的出口需求具有完全的弹性。这样,无论国家 2 怎样行动,国家 1 的最佳关税率都是 0。这就是标准最优关税问题所分析的情况。

五、关税削减

两个国家同时削减双边关税会对这两个国家都有利吗?

假设两国可以通过某种方式在共同削减关税方案的问题上达成协议。这个方案可以用导数 $\partial t^1 / \partial t^2$ 来

加以总结。例如,$\partial t^1/\partial t^2 = t^1/t^2$ 表示等比例的关税削减。已知 $\partial t^1/\partial t^2 > 0$,对表达式(6)求微分

$$\frac{\partial H^1}{\partial t^1} = \left(p_2 + (1+t^1)\frac{\partial p_2}{\partial t^1} \right) H_2^1 -$$

$$\left(\frac{\partial p_2}{\partial t^1} t^1 e_2^2 + p_2 e_2^2 + p_2 t^1 \frac{\partial e_2^2}{\partial p_2}\frac{\partial p_2}{\partial t^1} + p_2 t^1 \frac{\partial e_2^2}{\partial t^2}\frac{\partial t^2}{\partial t^1} \right) H_3^1$$

$$(12)$$

假设系统最初处于纳什均衡状态,这样式(7)成立。那么式(12)化简为

$$\frac{\partial H^1}{\partial t^1} = - p_2 t^1 \frac{\partial e_2^2}{\partial t^2}\frac{\partial t^2}{\partial t^1} H_3^1 \qquad (13)$$

H_3^1 为收入的边际效用,因此是正的。由于是共同削减关税,故 $\partial t^2/\partial t^1 > 0$。若商品 2 为正常品,则偏导数 $\partial e_2^2/\partial t^2$ 为正数,(这是因为,增加国家 2 的关税有两种作用。首先它会降低出口商品 2 的相对价格:这将增加国家 2 对商品 2 的超额需求。不仅如此,增加关税倾向使收入增加,这也将增加对商品 2 的超额需求)因此 $\partial H^1/\partial t^1 < 0$。同理,$\partial H^2/\partial t^2 < 0$。这样,开始于纳什均衡的任何共同关税削减都将对双方有利。

因此,纳什均衡同时具有个体理性与集体非理性的性质。在纳什均衡状态,没有哪个国家可以仅仅通过自己的行动来得到改善。但是,如果可以通过某种方式实现一定程度的合作,两国都可从同时的关税削减中得到好处。

尽管低于纳什均衡关税值的小幅度共同关税削减可以使两国从中获益,这并不表示将关税一直减至零水平也会使两国得到改善。

现在考虑始于任何(未必是"纳什")正关税初始集的共同关税削减。利用式(4)和式(9),将式(12)重

写为

$$\frac{\partial H^1}{\partial t^1} = p_2 \frac{\partial e_2^2}{\partial p_2} \frac{\partial p_2}{\partial t^1} (t^{1N} - t^1) H_3^1 - p_2 t^1 \frac{\partial e_2^2}{\partial t^2} \frac{\partial t^2}{\partial t^1} H_3^1$$

（14）

$\partial e_2^2/\partial p_2 < 0$ 且 $\partial p_2/\partial t^1 < 0$。若两国同时削减关税（即 $\partial t^2/\partial t^1 > 0$），那么式（14）右端的第二项为正。当 $t^{1N} > t^1$（或 $t^{1N} < t^1$）时，右端的第一项为正（或负）。如果现行关税 t^1 超过了纳什均衡关税 t^{1N}，那么国家 1 必将从其关税削减中获益。只有现行关税 t^1 小于纳什均衡关税 t^{1N} 的时候，一个国家才有可能在双边关税削减中受到损害。

六、关贸总协定博弈

前文已经证明了纳什关税均衡具有这样的性质：没有哪个国家可以通过单方的行动获益，但是两国都可以从同时的关税削减中获益。如果关税决策是在合作博弈的背景下做出的，那么对两国有利的任何关税变化都可以实现。但是，并不存在一种国际法律体系能够保证国家之间的协议可以得到履行。这个博弈中不可能存在有约束力的协议：因此这是个非合作博弈。

自第二次世界大战以来，在关贸总协定保护之下的多边协议已经很大程度地降低了关税。Hamillon 和 Whalley 计算了一般均衡模型中的纳什均衡。他们为美国和欧盟估算得到的关税率超过了 50%。这大大高出了现行的实际关税率；但是自 20 世纪 30 年代的关税战之后，起决定作用的正是关税率的大小顺序。这表明第二次世界大战以来，关贸总协定已经成功地将关税降到了远远低于纳什均衡关税的水平。

在已知博弈为非合作性的前提下,关贸总协定是如何成功地促成多边关税削减的呢？Dam 第 79 页提供了答案：

> "关贸总协定系统的关键之处并不在于由关税让步而产生的抽象法律体系,而在于实施的机制。根据第 ⅩⅩⅢ 条,对于违反'约束(binding)'的增税行为,主要的制裁是:由'让步(concession)'的有关缔约方向违反约束的缔约方采取停止支付(suspension)的惩罚。关税'让步'中隐含着某种承诺,但是对于不履行这种承诺的行为却缺乏惩罚性的制裁。因而不履行的结果只是按有关一方的选择来重新建立原先存在的状态,这当然还要取决于缔约各方的赞同(尽管原先与违反约束的缔约方协商达成的条款之中可能并不包含报复性的停止支付制裁)。"

(在关贸总协定的古怪术语中,关税"让步"是指关税削减,而"约束"是指不提高关税的承诺) 例如,在 1984 年早期,美国对从欧洲进口的特种钢材征收关税并且施加了配额限制;为了报复美国的这种行为,欧盟对美国出口的包括塑料和钢在内的大量商品也施加了配额限制。

以上模拟的博弈是静态的:即只有现期的消费起作用。用来模拟制定关税博弈的另一种方法是动态形式的,即重复博弈。重复博弈的均衡之一是静态博弈均衡的简单重复。但是还存在其他的帕累托更优均衡。如果各个国家都不将未来的消费过度折扣,那么

359

它们就可以用提高自己关税的方式来惩罚其他国家的关税提高,通过采取这种策略,各国能够实现,相对于静态均衡而言,它们更加偏好的动态均衡状态。

根据来自 Dam 的引文,关贸总协定允许各国以提高本国关税作为违反行为的回应,并借此来保证协议的履行。这表明可以将关贸总协定的作用理解为重复博弈。重复博弈有许多的均衡状态。关贸总协定的功能可以理解为创造一个博弈过程,其中每个国家采取某种动态策略,这些策略的均衡结果是更优于静态均衡的帕累托更优。一旦达到了一种帕累托更优的均衡,由定义可知它一定是自我实现的。除了选择达到哪种帕累托更优均衡以及安排各国采取与均衡相一致的动态策略之外,关贸总协定的作用还在于要保证将违反协议的报复行为限制在规定的范围之内,以便不至于使系统总是回到静态均衡状态(对比 Dam[31],第 80 ～ 81 页)。

完全信息环境中的履约、
合同与再谈判

近年来,常常被关注的"大"问题,如:是否有可以选择的机制使价格体系能导致既有效率又公平的结果? 我们能够把我们周围看到的机构作为这些机制的例子进行解释吗? 这些机制能够在各种不同的经济环境中(特别地,在价格机制失效的环境中 —— 普通地

存在外部性,报酬递增或非凸性)良好运行吗?这些机制的运行成本是什么 —— 为减少对信息的要求能够把它们分散吗?也许中心问题是,我们如何设计策略上便于操作的,不那么脆弱的机制?

——John Moore[1][2]

一、导 读

为了使讨论的问题不那么神秘,本文第一部分写得比较浅显易懂(基于在"国际经济计量学会世界大会"上的演讲稿)。我们用圣经中所罗门判决的故事作为现时的例子以给出履约的不同概念。也许,本文的这一部分不可避免地将包含一些不太严谨的表述。尽管,这里为了便于阅读,省去了一些细节,但是这将由更为规范的第二部分给予补正,第二部分对一些结果和论题作了进一步阐述。

这里讨论假定代理人对其他人的偏好具有完全信息的情况。

二、第一部分

如下引文选自《旧约全书》(*the First Book of Kings*)第一章,第16～28句。这是所罗门判决的故书。两个妇女来到国王面前,就谁是小孩的母亲发生争执。引述《耶路撒冷圣经》经文如下:

---

[1] John Moore,伦敦经济学院教授。

[2] J－J. 拉丰,《经济理论的进展》(上)(国际经济计量学会第六届世界大会专集),中国社会科学出版社,北京,2001 年。

"尊敬的陛下",其中一个妇女说:"这个妇女和我住在同一幢房子里,而且当她在屋的时候,我生下一个婴儿。碰巧的是,在我分娩后的第三天,这个妇女也生下一个婴儿。我们单独在一起;房子里没有其他人 …… 一天夜里,这个妇女的儿子突然死去 …… 午夜,当我正在熟睡时,她起床并从我身边把我儿子抱走;她把他抱在怀里,并把她死去的儿子放到我身边。当我醒来给我的孩子喂奶时,他竟已死去。但是,早晨,我仔细观察他,发现他根本就不是我生的小孩。"随后,另一个妇女说:"这不是真的! 我儿子是活的,你儿子是死的。"第一个妇女反驳道:"这不是真的! 你儿子是死的,我儿子是活的。"这样,她们在国王面前争吵起来 ……"给我一把剑",国王说;接着一把剑送到国王面前。"把这活着的小孩一分为二",国王说,"一半给你们其中一个人,一半给另一个人。"此时,活婴的母亲由于怜悯她的儿子而恳求国工。"尊敬的陛下",她说:"就让他们把孩子给她吧;只要别杀他就行!"但另一个妇女说:"他既不属于你,也不属于我,就把他分开吧。"随后,国王作出判决:"把孩子给第一个妇女,她说不要杀他。她是他的母亲。"所有犹太人都来聆听国王宣布这一判决,并对他更加敬畏,认识到国王在公正执法方面具有超人的智慧。

这是履约理论中用到的早期的一个例子。

规范的履约理论至少可追溯到 20 世纪 30 年代和 40 年代 Hayek-Mises-Lange-Lerner 关于市场社会主义可行性的辩论。在 20 世纪 50 年代和 60 年代,Hurwicz 继承了这些思想,并把它们推广到其他的情况。正是他指出了,我们应该把机制看作是未知

的——即，对其经济活动进行协调的经济组织／机构；而且应该把经济环境（技术、偏好和禀赋）看作参数或系数。毫不夸张地说，Hurwicz是现代履约理论之父。然而，其他人在此之前也有一些非常重要的贡献。Hayek(1945)的经典论文集中讨论了机制设计对信息的要求。Samuelson（1954,1955）指出，在公共品的供给过程中个体将误述他们的偏好。J. Marschak(1954，1955）开始对排队论的研究，Marschak和Randner(1972)的著作中对此进行了系统阐述。Farquharson(1957,1969)关于投票的开拓性工作和Vikrey(1961)关于拍卖的工作都是履约理论最新文献的先导。

近年来，常常被关注的"大"问题，如：是否有可以选择的机制使价格体系能导致既有效率又公平的结果？我们能够把在我们周围看到的机构作为这些机制的例子进行解释吗？这些机制能够在各种不同的经济环境中（特别地，在价格机制失效的环境中——如普遍地存在外部性、报酬递增或非凸性）良好运行吗？这些机制的运行成本是什么——为减少对信息的要求能够把它们分散吗？也许中心问题是，我们如何设计策略上便于操作的、不那么脆弱的机制？

在过去的几年里，关注的中心问题已经发生了转移。现在，同样的理论工具正在被应用于研究一系列其他方面的经济问题。通常，这些问题规模较小，在此意义上这些问题只包含几个代理人——通常只有两个——这些问题可能符合实际。履约理论与许多领域的经济分析相联系：公共品的供给、税收、拍卖设计和垄断定价；一般地，投票理论、法规的制定和政治学；最后还有讨价还

363

价的整个领域、代理理论、合同理论和组织理论。

本文中,我将只直接论及这其中的一部分。但是,其更广泛的含义应该是清楚的:履约理论是经济理论的一个分支,具有潜在的重大实际应用价值。而且,该理论本身正在引起大家的兴趣。

(一)

那么,严格地说,什么是履约呢?让我们以国王所罗门和他的判决难题开始吧。带着一些惊恐,我想指出,国王超人的智慧存在一点小小的缺陷。他的办法直接出现一个隐伏的问题:他要做的事情不就是让两个妇女恳求他不把小孩分开吗?正是如此,因为死婴母亲那位妇女表现得不太聪明,使所罗门有办法利用这些信息,所以局面得到扭转。她的一个更好的战略是假装她是活婴真正的母亲。所罗门的办法对此无能为力 —— 他仍然不清楚她们谁在说实话。

让我们更规范地考虑这一问题。

两位妇女是代理人。圣经的评注家没能给出她们的名字,但我冒昧地叫她们安娜和贝斯。

有两种可能的特征状态,我们称之为 α 和 β。在状态 α 中,安娜是活婴的母亲;在状态 β 中,贝斯是活婴的母亲。

所罗门,作为计划者,只使用三种可能的结果

$a =$ 婴儿判给安娜

$b =$ 婴儿判给贝斯

$c =$ 婴儿一分为二

为便于后面参考,我想在其中包含第四个可能的结果

$d =$ 安娜、贝斯和婴儿被处死

364

这都是令人毛骨悚然的,但 c 表示把婴儿分开,d 表示三人全部死亡。

我们可以准确地推定两位妇女对这四种结果的偏好如下

安娜		贝斯	
状态 α	状态 β	状态 α	状态 β
a	a	b	b
b	c	c	a
c	b	a	c
d	d	d	d

通常的情况是,例如,如果在安娜状态 α 一栏中,结果 b 出现在结果 c 的上面,那么这意味着,当她是活婴的母亲时,她更愿意把婴儿判给贝斯而不是一分为二。注意,当贝斯是活婴的母亲时(状态 β),安娜对 b 和 c 的偏好正好相反。正是两位妇女这些相反的偏好把一个特征状态与另一个区别开来。

所罗门希望在状态 α 出现结果 a,在状态 β 出现结果 b。规范地表述这一情况就是,所罗门有一个从特征状态集合 $\{\alpha,\beta\}$ 到结果集合 $\{a,b,c,d\}$ 的选择函数 f

$$f(\alpha) = a$$
$$f(\beta) = b$$

关于信息的关键性假设是,两位妇女都知道她们的状态,即,她们知道谁是活婴的母亲。但所罗门不知道这一状态。国王的履约问题就是,设计一种机制或博弈形式 g,具有如下性质:

在状态 α 下履行 g,唯一的均衡结果是 a。

在状态 β 下履行 g,唯一的均衡结果是 b。

此刻,我有意让"均衡"的含义不那么明确。我们将会看到,均衡概念的选择是至关重要的。

问题的关键是,所罗门必须独立地设计这一机制 g—— 因为他不知道哪一个状态是真的。

注意,我们要求均衡结果是唯一的。即使在某一给定的特征状态下有多于一种的均衡策略,那也无关紧要,假设所有均衡都产生相同的预期结果;但不允许均衡产生非预期的结果。

唯一性问题是一个争论未决的问题。我们将看到,唯一性的要求会严重限制可以履行的选择函数集合。可以证明,均衡结果的唯一性并不重要,只要预期结果是一个均衡。(这一结果可能是一个局部均衡,特别地,如果这包含了真实地报告其偏好的代理人)然而,对于大多数情况,履约理论的文献不允许如此严重的不严格,尽管这可能使得机制的设计更容易。一个原因是,可能有一些不必要的均衡结果,从代理人的观点来看,这些结果帕累托占优于计划者希望履行的均衡结果。我们将仿效这一文献,并采用对均衡结果的唯一性更为严格的要求。

另一个观点是,我们不仅要有唯一的均衡结果,而且要有唯一的均衡 —— 即,对每一个特征状态都有唯一的一对均衡策略。这一更为严格的条件甚至在上述文献中一般也不强做要求(尽管最近的许多机制满足了这一条件),而且我们这里不做如此要求。

(二)

一般的履约理论框架是如下的形式。考虑有代理人 $1, \cdots, i, \cdots, I$ 的环境和可行结果或决策的一个集合 A。有一组可能的特征状态 Θ。在某给定状态下,代理人的偏好在 A 上的映象用 $\theta \in \Theta$ 表示。对 Θ 中的每一个 θ,选择函数 f 与结果 $f(\theta)$ 相对应。(更一般地,f

366

可以取多个值,但此处我们忽略选择的一致性。我们将在第二部分讨论这些问题)一种机制或博弈形式 g 赋予每一个代理人一个策略集,而且把代理人选择的策略向量对应到 A 中的一个结果。问题是:给定一个选择函数 f,是否存在一种机制 g,使得当代理人(其偏好的特征用 θ 表示)进行相应的博弈时,唯一的均衡结果是 $f(\theta)$? 注意,这一履约问题的一点儿缺陷是,机制 g 不能适应 θ 的需要;相同的 g 必须应付 Θ 中的所有 θ。

　　这一框架包含许多不同的情况。最直接的例子是这样一种情况:一个计划者在一种公共品供给的水平上就谁应该起什么作用作出决策。在这一情况下,θ 表示每一个家庭愿意支付的费用,$f(\theta)$ 表示公共品的供给规模和贡献大小。拍卖模型、垄断定价和许多最优税收问题都可以用类似的术语表述。通常,在这些例子中,代理人(或家庭)的个人偏好是不公开的,所以可以设计机制 g 使得 $f(\theta)$ 是在 θ 下的贝叶斯均衡结果。

　　然而,存在这样的情况,代理人相互了解对方的偏好,而计划者不了解。所罗门的问题就是这样的例子。另外,考虑一位管理者,对一组 I 个雇员,设计一种激励机制。θ 表示雇员们的集体工作环境。我们可以合理地假设所有雇员都知道 θ,而管理者不知道。

　　当没有计划者(拍卖商、垄断者、政府、所罗门或管理者)存在的时候,完全信息环境的例子更激发人们的兴趣。考虑有 I 个会员的俱乐部为进行决策制定其章程 —— 一种机制 g。这里如果用 θ 表示会员们的未来偏好,$f(\theta)$ 表示他们希望的集体决策。通常,g 将是一个投票程序。该机制由 I 个会员为事后使用而在事前设计 —— 即，θ 一次被确认。注意，我们并没有探究如何事先选取选择函数的问题；我们可以假设，整个函数 f 是所有俱乐部会员都事先接受的一个社会标准，或者是事前协商和妥协的结果。问题是：为什么不简单地签订一个合同指明 $f(\theta)$ 应该根据确认的 θ 来确定？我们假设这样的合同是不可行的，因为 θ 不为局外人获知 —— 特别地，θ 不为理事们获知。因此，俱乐部会员必须采取间接的方式执行 f，通过运用机制 q。关键的问题是，g 能够受到合同的制约（例如，对不投票的会员进行处罚），而 f 不受合同的制约。

当然，代理人不能指定某种机制，而是当 θ 已知时商定一个结果。不过，尽管这可能是事后生效，但一般来说事前是无效的。考虑垂直联系的两家企业。θ_1 表示上游企业的事后状况（包括这样的因素，如投入价格、生产率和技术），θ_2 表示下游企业的状况（例如，其生产率、技术、对最终产品的需求状况）。与俱乐部的例子一样，我们假设，尽管两家企业都知道 $\theta = (\theta_1, \theta_2)$。但这并不为局外人所知；因此合同不能根据 θ 制定。$f(\theta)$ 表示购买商品的期望价格和数量，以及它们的质量、交货时间等。最优的 $f(\theta)$ 不仅包括事后交易的高效率，而且重点考虑事前效率，如分散风险和引导企业在签订合同之后进行合适的（没有签约的）具体投资。企业可以在合同规定的时间内通过单方面支付结清全部剩余部分。一旦结清，最优 f 通常就完全明确下来。但关键问题是，企业必须以合同形式指明执行 f 的一种机制 g；事后讨价还价的决策一般不会导致期望的结果。

　　我把对这类合同的例子的比较完整的检验推迟到第一部分的第七小节。在此之前,我将把现行的、所罗门问题中履约问题的一些不同概念用由均衡概念区分的概念来表示。

　　理想的做法是,希望能够履行使用了所有概念中最弱的概念,占优策略均衡的选择函数 f。占优策略执行的最大优点是它适应范围广 —— 他对代理人的假设很少。一个代理人不能把责任归咎于其他代理人了解的特殊知识或其他代理人策略上如何表现的特殊理论。遗憾的是,使用占优策略没有考虑到在机制设计中的更多灵活性。

　　为了在执行合乎要求的选择函数中取得进展,需要使用代理人是根据策略采取行动这一论据(特别地,当(正如这里所说)假设他们在可行集 A 上拥有有关其他人偏好的完全信息时)。如何能够做到这一点将依赖于怎样假定(或了解)代理人策略上相互影响的方式。在这一点上,履约理论与博弈论有着不同的基础。履约理论讨论博弈的设计问题,而博弈论讨论的是对于给定对策如何进行博弈的问题。如果一种机制存在难以处理的概念问题,而且不能确定代理人将如何进行博弈,那么可以放弃这种机制,并试用另一种机制。机制的选择将受均衡概念选择的影响。可以理解,该论文只使用传统的均衡概念 —— 纳什均衡、子博弈完美均衡、非劣纳什均衡、重复非劣均衡等条件下的履约。不过,一个人的偏好可能受合作均衡概念或渐进稳定性或调整过程中的短视行为影响。不管怎样,仍可以检验使用代理人短视行为中的调整机制 g 时的履约问题。该问题最近已有所进展,主要因为研究人员选用了一组比过去更广泛的均衡概念。这是一个相当大的进展,特别地当关于如何进行博弈的意见不太一致时。我相信,履约理论的发展主要受到应用的推动;而且原则上,每一项应用都应该随之产生一些关于代理人在特定条件下如何似真的表现的假设。

(三)

我们通过考虑纳什执行问题开始我们的讨论。

关于纳什执行问题的开拓性工作是马斯金在1977 年做出的。如果所罗门从马斯金的建议受益,他可能被告知他的选择函数 f 不是纳什可执行的。让我们来看一下其原因(图 1)。

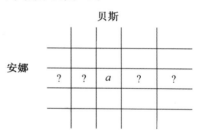

图 1

该矩阵表示一种潜在的机制。安娜按行进行博弈,贝斯按列进行博弈。矩阵中各项是该机制的结果(不是支付)。a 是状态 α 下的均衡结果。因此,a 一定出现在矩阵中的某个位置。这个 a 所在行的其他元素是什么呢?我们记得,在状态 α 下,相对于 a 来说,贝斯严格偏好于 b 或 c,所以我们不能把 b 或 c 放入这一行。这给我们留下 a 行或 d 行。但另一方面还要考虑在另一个状态 β 下该机制如何运行的问题。a 是安娜最大的偏好,而且相对于 d 贝斯偏好于 a。这意味着 a

370

也是状态 β 下的一个均衡结果。但该机制不能运行：a 不应该是状态 β 下的一个均衡结果。所罗门在纳什均衡条件下不能执行他的选择函数 f。

　　f 不是纳什可执行的原因是他不满足一个被称为单调性的条件。不太严格地说，单调性要求，如果（正如这里所说）在状态 α 转变为状态 β 时期望的结果 $f(\alpha)=a$ 提高了两位妇女的等级，那么 a 一定继续是状态 β 下的期望结果。但在所罗门的问题中 $f(\beta)=b\neq a$。推理很简单：如果在状态 β 下没有任何结果比结果 a 更好（在某代理人的等级更高的意义上，对同样的代理人，状态 β 下的结果不曾优于状态 α 下的结果），那么在状态 α 下产生结果 a 的均衡策略也将构成状态 β 下的一个纳什均衡。

　　Marskin 的卓越贡献是证明了，如果有三个或多于三个代理人，那么对纳什可执行的选择规则来说，单调性不仅是必要的，而且实际上也是充分的。

（四）

　　注意：如果所罗门使用这一单阶段机制，那么他将面对有多个均衡的问题。（一般来说，这是设计一个好的机制中的主要问题：去掉不必要的均衡）然而，在圣经中，所罗门没有使用单阶段机制，他使用了多阶段机制：

　　第一个妇女发表意见，

　　随后第二个妇女反驳，

　　随后所罗门要来一把剑，

　　随后第一个妇女恳求所罗门不要把婴儿一分为二，

　　随后第二个妇女发言，

最后所罗门作出判决。

这里多阶段机制的优点是，我们可以坚持要求代理人的策略必须可信；即，我们可以把注意力限定在子博弈完美的纳什均衡的子集上。由于单阶段机制的问题是它们有太多的纳什均衡，因而增加阶段可能有助于解决该问题。

为所罗门说句不太乐观的话，我们从最近的研究成果（Moore 和 Repullo，1988；Abreu 和 Sen，1990）了解到，即使增加阶段也解决不了他的问题。如果所罗门坚持只使用四个结果 a,b,c 和 d，那么他不能通过设计单阶段机制和应用子博弈完美来解决他的判决难题。

（五）

所罗门可能会从最近在纳什执行问题方面取得更大进展的 Palfrey 和 Srivastava 那里寻求其他方法（Palfrey and Srivastava，1991）。他们增加了额外的要求：代理人在均衡时从不使用弱劣策略 —— 这是一个很合理的限定，但对此可能仍有争论。下面非常灵巧的机制执行非劣纳什均衡条件下的所罗门选择函数：

每一位妇女都必须使用从 $\{1,2,3,\cdots\}$ 中选择一个整数数字的方式声明：

或者"是状态 α"（即，安娜是母亲）。

或者"是状态 β"（即，贝斯是母亲）。

如果她们对她们声明的状态意见不一致，则执行结果 d。

如果她们对她们声明的状态意见一致，则根据图 2 确定结果。机制的运行如下。想象把每一个妇女放

372

二人都声明是状态 α
贝斯的数值

	1	2	3	4	
安娜 1	a	a	a	a	·
的数值 2	c	a	a	a	·
3	c	c	a	a	·
4	c	c	c	a	·

二人都声明是状态 β
贝斯的数值

	1	2	3	4	
安娜 1	b	c	c	c	·
的数值 2	b	b	c	c	·
3	b	b	b	c	·
4	b	b	b	b	·

图 2

在隔开的小房间内 —— 互相听不见对方说话。每一个妇女都必须大声说出谁是真正的母亲。如果她们都说安娜是 —— 即,"是状态 α" —— 则由左边的矩阵给出结果。同样地,如果她们都说贝斯是,则由右边的矩阵给出结果。在这两个矩阵中,我们用数字 1,2,3,… 表示一个妇女说话声音响亮的程度 —— 或,等价地,表示说话时间的长短。如果她们都说安娜是孩子的母亲,则安娜得到孩子 —— 如果她说话声音没有贝斯的声音大或说话时间没有贝斯的时间长,在这种情况下则把孩子一分为二。类似地,如果她们都说贝斯是孩子的母亲,则贝斯得到孩子 —— 如果她说话声音没有安娜的声音大或说话时间没有安娜的时间长,在这种情况下也把孩子一分为二。记住所有这些的方法是:如果所罗门听到一个妇女不停地喊叫,他心里想:"据我看来,她说话太多",他会决定把小孩一分为二。如果她们对谁是小孩的亲生母亲意见不一致,则他们都被处死,结果不存在均衡(因为一个妇女无论声明的是哪一个数字,她的最好选择都是与另一个妇女的意见保持一致的)。

分析很简单。在状态 α 下,如果她们都说贝斯是孩子的母亲,则安娜没有非劣策略:她总要说话声音更大一些或时间更长一些。如果安娜是孩子的生母,那么唯一的非劣纳什均衡是左边矩阵的左上角的结果,这种情况下她得到孩子:在该均衡中她们都低声地说"安娜是孩子的生母"。所以得不到真相。类似地,在状态 β 下,她们都低声地说"贝斯是孩子的生母"。帕尔弗雷和斯里瓦斯塔瓦为他解决了所罗门难题。

所罗门将说什么呢? 一种可能的猜测是,他将发挥其非凡的智慧,但他也可能把帕尔弗雷和斯里瓦斯塔瓦的头砍下,因为他们不够聪明。所罗门是一位需要实际解决办法的务实的国王。(然而,并没有找到根据她们如何争辩来区别二人的机制 —— 正如洛杉矶时报煽情的新闻栏目一样)

(六)

此时,如果所罗门聘请一位经济学家当顾问,那么他或她将会采取给予一定的金钱和附带的报酬以减少争议 —— 因为每个人都有他们的标价。联系到两个婴儿的实际情况来看,这似乎是不道德的,但这是可行的。

幸运的是,我们可以完全避免所罗门机制的不足之处。事实上,我们可以完全放弃使用剑的想法而集中考虑只有结果 a 和 b 的情况。

简单地,我们假设一定程度的对称性。考虑活婴的亲生母亲。无论她是安娜或是贝斯,我们都假定她宁愿拿出一些金钱 v^m 以得到孩子而不愿另一位妇女得到孩子。而且不是孩子亲生母亲的那位妇女拿出金钱 v^n 以得到孩子。我们也将假定在利益方面不存在财富效应。

两位妇女都相互知道对方的标价(可以是一些物

374

品），但所罗门除了知道事实 $v^m > v^n$ 之外其他一无所知。不过，他可以利用这一事实。

记住，所罗门的目的是要把孩子判给他的亲生母亲。亲生母亲应支付一定的金钱不是所罗门的选择函数所要求的——即是，可以通过简单地使用拍卖的方式或让两位妇女进行讨价还价阻止他。下面的机制是可行的（图 3）。

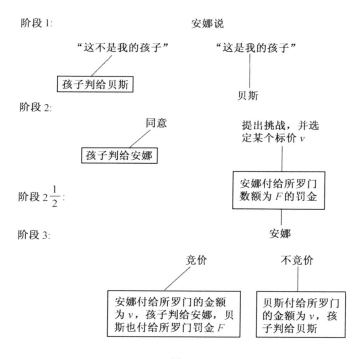

图 3

该机制以安娜声明孩子是否是她的作为开始。如果她说不是，则把孩子判给贝斯而且游戏结束。如果她说是她的孩子，则贝斯必须同意或提出挑战。如果贝斯同意,则把孩子判给安娜而且游戏结束。如果贝斯提出挑战,则她必须为孩子提出一个标价 —— 即她出价数额为 v。当安娜提出挑战时,安娜被罚交固定数额为 $F > 0$ 的罚金,此后她必须选择竞价并付给所罗门 v 以得到孩子,或者退出竞价,此时贝斯付给所罗门 v 并得到孩子。如果安娜对贝斯的出价提出挑战,则贝斯也被处罚金 F。

　　强调一下下面的情况是重要的:在两位妇女执行该机制之前,所罗门向她们详细解释该机制的各个阶段。这样,两位妇女就知道什么是危险的,而且不会落入圈套。就这一点而言,圣经故事似乎有点不同之处 —— 当所罗门决定不把小孩一分为二时,他似乎已经设计了一个骗局。

　　注意,如果安娜能够侥幸成功,那么她在阶段 1 中要一直声称她是小孩的生母,不管实际上小孩的生母是谁。

　　假设安娜是小孩的生母 —— 即,假设是状态 α。那么在阶段 2 时贝斯不会提出挑战。贝斯究竟会出价多少呢? 如果贝斯输掉这次拍卖 —— 在如下的意义上:在阶段 3 时她的出价被安娜超过 —— 那么以她被处罚金 F 而且不能得到孩子而结束;她最好在阶段 2 时就默认这一结果。贝斯得到小孩的唯一希望是出价超过安娜,使得安娜在阶段 3 时退出。但是,当贝斯不是孩子的亲生母亲而且她也不如安娜那样重视孩子时,为什么贝斯要出价那样高呢?

　　简言之,如果安娜是孩子的母亲,那么她可能在阶段 1 时就泰然自若地说出实情,而且在均衡时不用支付任何费用就能得到孩子。这正是所罗门想要的结果。

376

如果贝斯是孩子的母亲——即，是状态 β，则情况有所不同。假定安娜在阶段 1 时说谎，声称孩子是她的。这样贝斯可以在阶段 2 时有把握地提出一个标价。只要贝斯提出的标价稍高于安娜的出价，那么贝斯将以较少的代价得到孩子。安娜在阶段 $2\frac{1}{2}$ 时将以处罚金 F 而结束，而且不能得到孩子。认识到这一点，安娜在阶段 1 时将不再说谎；她将直接把孩子让给没有支付任何费用的贝斯。这也正是所罗门想要的结果。

总结一下：这里我们有一个解决所罗门难题的机制。该机制被事先向两位妇女进行了充分解释：没必要欺骗她们。而且她们将根据谁是小孩的亲生母亲而采取不同的对策。如果安娜是小孩的母亲，那么，在均衡时，安娜将首先说小孩是她的，随后贝斯也同意。但是，如果贝斯是小孩的母亲，那么在均衡时，安娜将从一开始就直接说小孩是贝斯的。

关于该机制的一些评论如下。

首先，注意该机制的后面的几个阶段仅仅给出适当的威胁以便确定需要的均衡结果。它们实际上不可能在均衡时达到。

其次，该机制运行良好的原因之一是因为它是分阶段进行的。注意，在状态 β 下，存在另一个纳什均衡；在该均衡中，安娜总是威胁如下：为了得到孩子在阶段 3 中可以提出任何竞价，无论竞价有多么高。这一威胁使贝斯不敢在阶段 2 中提出挑战，因为如果安娜提出超过她的竞价，她将被处以数额为 F 的罚金。但是，在状态 β 下该威胁是不可信的——当关键时刻到来时，安娜不会提出足够高的竞价——而且我们应该把这种情况排除在外。我们正在把我们的注意力限定在那些子博弈完美的纳什均衡。

第三,罚金数额 F 没必要很大。实际上,F 只要是任意小(但是正的)就足够了。这意味着我们基本上可以放弃不存在财富效应的假设。

第四,即使在两位妇女相互之间不是很准确地知道对方的竞价这一更一般的情况下,该机制也是能够运行的。(当然,在这种情况下,期望两位妇女在一个纳什均衡中进行博弈是不恰当的。我们也许应该去考虑完美贝叶斯均衡)重要的条件是,亲生母亲的竞价以 1 的概率大于另一位妇女的竞价。事实上,可以对该机制进行调整使得它能够处理一些非对称性问题(例如,v^m 和 v^n 的值在两位妇女之间可以是不同的)。

第五,子博弈完美执行不能解决原始的所罗门问题的原因是所罗门没有,或许不能,使用金钱;事实是,可以换取金钱和征收罚金使得问题更容易。更确切地说:金钱把可以考虑的结构引入到代理人对可行结果的偏好上。这附加的结构使得对更广泛的一类选择函数执行更容易。

在我继续讨论之前,我要指出,带有转移支付的机制(正如我已经分析过的那种机制)在实际中已经被使用过,尽管这是在很久以前。在公元前 5 世纪和 4 世纪的雅典,当他们过节日的时候,这个城市里最富有的男人(不能是女人)必须出资赞助一场被称为 choregia 的戏剧演出。问题是,尽管关于谁是最富有的男人每个人都有一个精明的想法,但是涉及的男人可能会行动迟缓。然而,他们有一种机制来解决这一问题。某人提名一位男人是最富有的。我们称他为斯普罗斯。则斯普罗斯一定绅士般地提供资助或者声称

"我不是最富有的,那边的蒂蒙比我富有。让他资助 choregia 吧!"(这就是著名的 antidosis 做法)。如果斯普罗斯对此提出挑战,那么蒂蒙面临一个选择。要么他为戏剧演出提供赞助,或者,这是使人感兴趣的选择,他坚持要求斯普罗斯把钱给他。即,蒂蒙可能坚决要求斯普罗斯把他的所有财富与他进行交换——此后斯普罗斯将必须资助戏剧演出。

这是一个需要证明的简单问题:交换财富的威胁足以保证最富有的男人实际上支付演出费用。

这种征税的方法就是著名的(富裕的雅典人奉行的)感恩礼拜仪式——意思是一个人进行的礼拜仪式。这也被用于为其他事情筹措资金:装备军舰(treirarchy)、军马的喂养(hippotrophia)、为运动员提供便利(gymnasiarchy)、为节日的宗族宴会支付费用(hestiasis)。

礼拜仪式制度与向富人征税一样变得很普遍。罗马人似乎没有延续这里的 antidosis 做法。他们却使用了一种更简便的机制来确保支付。一位指定官员委任某人主持礼拜仪式。如果这人拒绝——而且不能证明或者他具有豁免资格或者他是被蓄意委任代替另一个更具有资格的人——那么他必须把他的所有财产交给这位指定官员(这位官员再全部支付礼拜仪式税)。即,任命者对他的选择负责。不过,有时交出的财产(cessio bonorum)少于全部财产:允许被提名的那人可以最多留下其财产的三分之一。

(七)

重要的是要认识到,在上一小节中我们设法使用一种带有少量罚金的简单机制,只是因为两位妇女的偏好采用了如此特别的形式。一般来说,即使有一定的金钱而且偏好是拟线性,我们通常也不能按照我们的愿望履行,除非我们使用一种带有相当大罚金的、更复杂的机制。 然而,我们可以得到许多这样的方式 —— 正如我们将要看到的。

现在我们应该抛开古代的例子,来讨论一类更一般的经济模型。回想一下,一个合同模型与所罗门问题的主要区别之一是,后者有一个计划者(所罗门),而前者没有计划者。合同模型对于建立在纯合同理论上的许多经济学分支(例如,讨价还价、组织理论、投票和机制设计)来说是非常重要的。下面的三个小节将用于讨论有关合同的执行问题。

考虑非垂直联系的两个企业。上游企业 1(卖方)为下游企业 2(买方) 提供商品。用 q 表示提供的商品数量,p 表示支付价格。卖方的事后利润是

$$p - c(q, \theta_1)$$

这里 c 是成本函数,用变量 θ_1 作为参数。买方的书后利润是

$$v(q, \theta_2) - p$$

这里 v 是(货币形式的) 收益函数,用另一个变量 θ_2 作为参数。因此,我们所说的"特征状态"$\theta \in \Theta$ 是一对 (θ_1, θ_2)。当然,基本的特征状态 $\omega \in \Omega$ 要比 θ 更重要;ω 将包含所有的信息,如:需求状况、原料价格、该行业中的其他企业正在做什么、技术的变化等。Ω 通常比较复杂而且维数较高。Θ 是 Ω(只用来表示企业成本和收益(以及他们关于其他企业的成本和收益的知识))的一部分。

在制定合同时(事前),θ_1 和 θ_2 之间可能有一定程度的统计相关性,范围从相互独立到完全相关。

尽管我们将把 q 作为一个数量来考虑,但是没有

380

必要对它进行严格解释。我们基本上不考虑成本函数 c 和产值函数 v 的结构——因此 q 大体上包含质量、技术指标、交货时间等这些因素。

　　一般来说,企业希望商品数量和价格是状态 θ 的函数。 例如, 他们可能很希望执行带有转移支付 $p(\theta)$(即,为企业进行事前投资提供最有效的激励) 的双边有效的决策 $q(\theta)$(即,使得他们的总剩余 $v(q,\theta)-c(q,\theta)$ 最大)。在这种情况下,企业希望执行的选择函数是 $f=(q,p)$。

　　企业如何才能够执行该选择函数呢? 最简单的方式就是签订一个合同规定交易的条件——即,合同依照 θ 规定应该在价格 $p(\theta)$ 下进行数量为 $q(\theta)$ 的交易。然而,实际上,在许多情况下一个完全依照一定条件而确定的合同是被排除在外的。尽管企业事后可能观测到他们的成本函数和收益函数——即,观测到 θ ——但局外人可能观测不到;如果发生争执的话,法庭不能查证某些特定的 θ 已经发生。

　　可以想象法庭事后能够观测到,从而能够证实基本的 ω 的所有组成部分的情况。若如此,那么企业原则上会依照实际的 $\omega \in \Omega$ 规定商品数量和价格。但是,如果给定一个很复杂的 Ω,那么在最初签订合同时会使企业承担巨大的交易成本。简言之,规定 q,p 是 ω 的函数或规定 θ 是 ω 的函数是不现实的。

　　因而,尽管企业主观上希望签订一个完全依照一定条件而确定的合同,但是从好的方面来说,这可能因为其成本太高而无法执行,或从更糟的方面来说,这可能因为其没有价值而不能执行。他们将不可避免地以签订一个不完善的合同而告终。

　　他们能够摆脱这种处境吗? 即,企业能够签订一个不完善的有效合同吗？在这个时候，他们才能着手考虑履约问题。

企业所需要的是一种机制 —— 执行他们的选择函数 $f=(q,p)$ 的机制。机制的全部要点在于独立地确定他们所处的状态：如果他们找到一种运行机制，那么所有的企业必须做的事情就是在他们的合同中对此加以规定。即，他们事先签订如下形式的合同：

合　　同

我们（下面的签名者）同意明天执行机制 g（事后）。如果一方拒绝执行，那么该方将被处以对其造成严重损失的罚金给予另一方。

签名：企业 1（卖方）

企业 2（买方）

注意，这不是一个依照一定条件而确定的合同，因为企业自己已经作出保证在所有的状态下，都执行相同的机制。此外，该合同将是可执行的，因为法庭能够查明该机制是否被执行，而且能够查明，如果该机制没有被执行，谁是责任方。

小结如下：如果企业能够找到一种执行他们的选择函数 $f=(q,p)$ 的机制，那么他们就能够避开在他们的合同中必须写上依照 $\omega \in \Omega$ 而确定条文这一问题。

幸运的是，这样的机制是存在的。而且不论函数 q 和 p 实际上是什么形式都无关紧要。（例如，$q(\theta)$ 不需要是双边有效的水平）这种机制与前面我们用于解决所罗门问题的机制有一些相似。

广义地说，也存在三个阶段（前两个阶段有子阶段）：第一阶段推导出企业 1 的类型 θ_1。第二阶段推导出企业 2 的类型 θ_2。一旦知道了 $\theta=(\theta_1,\theta_2)$，那么在第三阶段执行选择函数 $f(\theta)=(q(\theta),p(\theta))$。由于前两

个阶段是对称的,因此我将集中讨论阶段1,如图4所示。

可以证明,如果罚金 F 足够大而且 $\varepsilon > 0$ 足够小,那么对有限的 Θ,在每一个状态 $\theta \in \Theta$ 下,该机制将执行希望的数量 $q(\theta)$ 和价格 $p(\theta)$。

证明如下。考虑在阶段1.1时的企业1,要决定是否真实地公布其自身的偏好。企业1担心在阶段1.2时被提出挑战,因为无论企业2选择什么样的组合 (q, p) 和 $(\hat{q}, \hat{p})$,机制都将在阶段1.3时以企业1必须支付罚金 F 来结束。对足够大的 F,这是一个企业1想要尽量避免的结果。问题是:企业2将提出挑战吗?

如果企业1公布实情,而且企业2提出挑战,那么无论企业2选择的组合 (q, p) 和 $(\hat{q}, \hat{p})$ 是什么,企业1都将在阶段1.3时选择 (q, p),因为符合要求的数量/价格组合必须满足

$$p - c(q, \theta_1) - F > \hat{p} - c(\hat{q}, \theta_1) - F$$

从而企业2——与企业1一起——将被处罚金 F。对足够大的 F,企业2更好的选择是不提出挑战。(重要的是要对 p 进行较低的限制,这样企业2(买方)就不能为了补偿罚金 F 从 (q, p) 中无限制地赚钱。这就是为什么任何符合要求的数量/价格组合都必须满足 $p \geqslant 0$)

如果企业1说谎,那么企业2将会提出导致获得赏金 F 的挑战。假设真实情况是 ϕ_1,那么,给定一个足够小的 $\varepsilon > 0$,企业2可以选择满足下面"偏好转换"的组合 (q, p) 和 $(\hat{q}, \hat{p})$

阶段 1：(推导出企业 1 的成本)

阶段 1.1：企业 1 报告其类型为 θ_1

阶段 1.2：企业 2 同意 ——————————————————— 阶段 2

或提出挑战，并选择特定的数量／价格组合 —————— (q,p) 和 $(\hat{q},\hat{p})$

—————满足不等式 $p > 0$ 和 $p - c(q,\theta_1) \geqslant \hat{p} - c(\hat{q},\hat{\theta}_1) + \varepsilon$

阶段 1.3：企业 1 必须在 (q,p) 和 $(\hat{q},\hat{p})$ 之间进行选择

或者选择 (q,p) —— 执行 (q,p) ——之后两个企业都必须支付罚金 F 给事先指定的第三方

或者选择 $(\hat{p},\hat{q})$ —— 执行 $(\hat{p},\hat{q})$ ——之后 企业 1 必须支付罚金 F 给企业 2

结束

阶段 2：(推导出 2 的收益)：除了把企业 1 和企业 2 的位置调换之外，与阶段 1 完全相同。现在数量／价格组合 (q,p) 和 $(\hat{q},\hat{p})$ 必须满足不等式

$$p \leqslant 0 \text{ 和 } v(q,\theta_2) - p \geqslant v(\hat{q},\theta_2) - \hat{p} + \varepsilon$$

如果企业 2 在阶段 1.2 时公布 θ_2。

阶段 3：给出双方一致同意公布的类型 $\theta = (\theta_1,\theta_2)$

执行 $f(\theta) = (q(\theta),p(\theta))$

图 4

$$p - c(q,\theta_1) \geqslant \hat{p} - c(\hat{q},\theta_1) + \varepsilon$$
$$p - c(q,\phi_1) < \hat{p} - c(\hat{q},\phi_1)$$

如果 θ_1 与真实情况 ϕ_1 不相同，则一定存在一个偏好转换。这里的第二个不等式意味着企业 1 在阶段 1.3 时选择 $(\hat{q},\hat{p})$：事实上企业 1 随后付出罚金 F 将不影响他的选择。企业 2 从企业 1 那里得到 F；从而，对足够大的 F 来说，这是企业 2 希望的结果。

简言之，当且仅当企业 1 说谎时，企业 2 提出挑战。如果知道这一点，企业 1 就会公布真实情况，企业

2同意,而且该机制进入阶段 2。通过同样的讨论可知,企业 2 在阶段 2.1 时公布真实情况,企业 1 在阶段 2.2 时同意,同时该机制进入阶段 3(此时执行所要求的数量和价格)。正如所声明的,该机制能够运行。

该机制的活力还在于其是分阶段进行的。看一看阶段 1.3;企业 1 希望能自己选择组合(q,p)——因为这时企业 2 将被处罚金 F,用于阻止企业 2 在此前的阶段 1.2 提出挑战。有了这样的威胁,企业 1 就能够在阶段 1 时公布他希望做的事情。但是,该威胁是不可信的。另外,我们通过子博弈完美仅仅找出许多纳什均衡中的一个。

罚金 F 必须足够大以阻止说谎和在出现说谎的情况时鼓励挑战。就这一点而言,该机制与我们前面用于解决所罗门问题的机制是不同的;回想一下,当时罚金可以任意小。

F 必须很大的要求使人对不存在财富效应的假设(即,我们假设序数(无风险)偏好对收入是拟线性的)产生怀疑。但是,对该机制进行检查会发现,我们实质上并没有使用这一线性性质。粗略地说,我们的所有要求就是,一个代理人能够从对另一位代理人的足够处罚中获得足够的奖赏。实际上,如果选择函数被认为在"支付箱"内,那么在这个箱子之外,更极端的分配一定是可行的。这是一个似乎可能的充分必要条件。

事实上,该机制是相当普遍的。它对 q 的维数、对 q 的偏好或者选择函数 f 几乎没有任何要求。像这样的机制原则上可以适用于许多情况,不仅仅在合同模型中。一个应用就是关于公共品 q 的供给。我们可以很容易地把该机制推广到有许多阶段的情况 —— 极端地,我们可以用一个阶段来依次推导出公民愿意支付的费用。则$(p_1, \cdots, p_1)$是支付费用组成的向量,等于供给q的成本(与上述关于合同的例子一样也不等于零;该机制的作用大小不依赖于使得转移支付之和为零)。事实上,当有多于两个代理人执行该机制时有一个小小的优点:例如,如果代理人1在阶段1.3时总是选择(q, p),那么全部罚金$2F$可以让代理人$3, \cdots, I$分享,而不是给局外的事先指定的第三方。即,该机制可以保持均衡路径和非均衡路径的平衡。

对于大多数公共品的应用来说,假设每一位公民都了解其他人的偏好是十分荒谬的。不过,我们没有必要像上述许多信息那样进行一些假设。回顾一下该机制的阶段1。为了进一步的证据我们可以借助于企业2来发现企业1的偏好。这是一个普遍的特点:该机制的所有要求是,对每一个人来说,都至少有一个其他人知道他或她的偏好(而且这个其他人的特性被事先告知)。

让我来总结一下为什么我认为这种机制广为传用。对于不存在财富效应的公共品或合同模型来说,几乎任何合同都能够被执行,只要对每一个代理人,都有另一个代理人知道其偏好。此外,偏好的拟线性性质并不都是那样至关重要 —— 通常财富效应无关紧要。

为防止误解应该进行一些解释。首先,这一结果忽略了,互相知道对方偏好的当事人通常保持着长久的联系,而且他们的长期利益妨碍短期利益 —— 为了得到奖励F,一方向另一方提出挑战。(尽管,实际上

我们假定了拟线性,但可以给出一个足够大的罚金 F 使得短期的收益／损失超过长期收益)

其次,存在这样的危险,代理人了解的信息在一定程度上少于关于其他人偏好的完全信息,这可能导致无效率的增加。然而,不是所有的情况都有损失:很可能是,在特定的应用中,关于偏好有更多值得考虑的结构可以利用。(上述例子的优点在于它对偏好的限制很少;但这也是它的弱点)还有,如果存在某种程度的不完全信息,那么我们就能够把我们的分析范围扩展到考虑贝叶斯执行问题。其他类似的机制(但缺陷较少而且更实用)是可以得到的。

(八)

关于对我们已经讨论的问题的第三个解释是更基本的,而且是关于这方面的子博弈完美的应用问题:在实践中,代理人实际是根据他们的子博弈完美均衡策略进行博弈吗? 正如可以提出证据加以证明的那样,这里正把更多的注意力放在博弈论上。我们不应该假定策略行为具有"理性的"形式,我们担心的是要讨论的问题太复杂或涉及面太广。 对于上述机制,这里是一个有着一系列实际情况的"非理性的"战略。

企业 1——在阶段 1。1 时说谎——完全被企业 2 在阶段 1.2 时的挑战所困扰,使之简单地要设法让企业 2 处于劣势。因此,他在阶段 1.3 时由于很不满意而选择 (q, p),为了二者都受到处罚,而不允许企业 2 领取奖赏。

如果代理人 2 认为这就是企业 1 将要采取的行动,那么企业 2 将不提出挑战。但这样企业 1 又可能不受惩罚地说谎。实际上,正是企业 1 在阶段 1.1 时要说谎的行为提醒企业2,企业1在阶段1.3时的行为可能会是这一"非理性的"方式。(应注意企业1的"非理性"行为是如何逐渐转变为他 的优势的)

这里的困难之一是,在该机制的阶段1中,可能两次结束博弈 —— 在阶段1.1和阶段1.3(这甚至把阶段2留在一边)。如果企业1在阶段1.1时进行"非理性"博弈,那么企业2对企业1在随后的阶段1.3中可能采取的行动推断的结果是什么呢?

回避这类问题,并使用代理人轮流博弈但每一个代理人只博弈一次的机制可能是有效的方法。不幸的是,按照这一方式不能执行同样的内容。但是,这可能有助于给出一个能够实现的例子。

考虑上述买方－卖方订立合同的例子中的一个特殊情况,在这一特殊情况下,交易的数量是0或1个单位。把买方(企业2)的这个单位的值固定为100。假设卖方(企业1)生产这个单位的成本 c 可以是区间 $[\underline{c}, \bar{c}]$(其中 $0 < \underline{c} < \bar{c} < 100$)中的任何值。所以,事后交易总是高效率的:对所有的 c,最优的 $q(c) = 1$。不过,两个企业都是风险规避的,而且他们希望分担风险。假设卖方比买方更不愿意承担风险,而且最优的风险分担方式使交易在下面的价格下进行

$$p(c) = K + 2c/3 \quad (\text{对某常数 } K)$$

(这里任何一个非减的价格函数 $p(c)$ 都适合:为了便于说明,这里只选择了这种特殊的形式)买方的事后剩余是 $100 - K - 2c/3$,卖方的剩余是 $K - c/3$。常数 K 是根据事先对剩余的分配来确定的。令 $\bar{c}/3 < K < 100 - 2\bar{c}/3$;从而,在期望价格 $p(c)$ 下的事后交易都是个体理性的。

和前面一样,我们假设状态(这种情况下是 c)只对企业是可观察的,因此依照一定条件而订立的合同可以不在考虑之列。什么种类的机制才能写入他们的合同以执行他们期望的选择函数 $f(c) = (q(c), p(c))$ 呢?

在图 5 中详细描述的机制可以很好地完成这一工作。

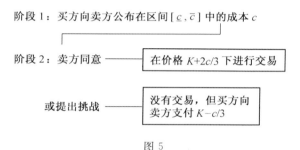

阶段 1:买方向卖方公布在区间 $[\underline{c}, \bar{c}]$ 中的成本 c

阶段 2:卖方同意 ——— 在价格 $K + 2c/3$ 下进行交易

或提出挑战 ——— 没有交易,但买方向卖方支付 $K - c/3$

图 5

为了明白其原因,应注意,对任何已知的声明 $c \in [\underline{c}, \bar{c}]$,如果卖方同意,则买方的营利是 $100 - K - 2c/3 > 0$;如果卖方提出挑战,则买方的营利是 $-K + c/3 < 0$。因此,买方将只公布与卖方同意相称的成本 c;即,如果真实成本是 c^t,则买方将只公布满足如下公式的 c

$$K + 2c/3 - c^t \geqslant K - c/3 \qquad (1)$$

此外,由于买方的营利 $100 - K - 2c/3$ 对于 c 是递减的,因此买方将公布满足不等式(1)的最低成本 c,即,$c = c^t$。也就是说,买方公布实际成本 c^t,而且正如所期望的,在价格 $K + 2c^t/3$ 下交易。所执行的风险分担方式是高效率的。

该机制相当简单:如果卖方对买方公布的成本提

出挑战,那么他可能拒绝交易,而且只要 c 是真实成本,他就坚持要求付给的数额等于他可能赚得的剩余 $K - c/3$。如果卖方提出挑战,那么实际上买方会招致社会剩余的损失(因为交易没有进行)。

这一机制的很大优点是,代理人轮流进行博弈,而且他们都只博弈一次。这里关于证明各当事人将对子博弈完美均衡进行博弈的争论较少。

我们可以看出,这种类型的机制很可能适用于一类范围很广的合同,如只有一个当事人面临不确定性或两个当事人的偏好完全相关的情况。

(九)

这一问题中明显的困难 —— 而且实际上在大多数关于机制设计的文献中,特别地当不存在计划者的时候 —— 是机制容易受到再谈判的影响。考虑如果卖方提出挑战将会发生的情况。买方付给卖方 $K - c/3$,而且随后 —— 表面上 —— 没有进行任何交易。至少这是旧合同中的机制所规定的内容。但是,就这一问题而言,将根据两个当事人的利益对新合同进行再谈判,解除旧合同中规定的不进行交易的结果,并同意在某新的价格下进行交易。(注意,在买方付清旧合同中规定的数额 $K - c/3$ 之后,卖方将只选择进行谈判)可以推知,卖方将从这一交易中获得剩余。所以,前面关键性的不等式(1)不再正确地确定卖方是否将根据旧合同的条款提出挑战:特别地,如果卖方预知随后进行再谈判的可能性,那么他将乐于更经常地提出挑战。容易验证,该机制不能执行高效率分担风险的交易价格 $p(.)$。

令人感兴趣的是考虑如下问题:再谈判使每一件

事情变得更糟,而且当事人也可能放弃事先订立合同的尝试,而简单地接受事后议定的现货价格。在目前的例子中,如果假定一些条件,对卖方有利,而且不同于事后谈判地位的二比一分配方式(这是不太可能的),那么这意味着将失去高效率的风险分担方式。

然而,事先订立合同是有帮助的。按照合同确定的机制使当事人倾向于事后的"现状",由此他们进行随后的谈判。该机制的均衡结果 —— 现状的位置 —— 通常对当事人的偏好是敏感的(即,对特征状态是敏感的)。一个设计良好的机制可能因此间接地执行某个选择函数(尽管,当然这个选择函数的结果一定在当事人事后的帕累托边界上)。当然,该机制将由再谈判的性质决定 —— 即,由谁在事后的状态下具有什么程度的谈判实力来决定。

这是在 Maskin 和 Moore(1987)中采用的方法:我们用一些特征说明在通常的框架下(存在某个独裁的、但是外生给定的再谈判过程)什么是可执行的。再谈判发生在该机制之外,即,发生在被执行之后。在设计(并在随后执行)该机制的时候,假定代理人关于谈判在事后将导致的结果具有理性预期。

通过对代理人所处的环境(特别地,他们是怎么和什么时间进行信息的交流和交易的)进行严密的考察,可以得到再谈判的过程 —— 并接着找出什么是能够执行的。在 Hart 和 Moore (1988) 的论文中,我们考察了一个在给定技术条件下的简单买方／卖方模型:特别地,只有一项内容的赚钱交易只能发生在某最后期限之前,而且交易必须是自愿的(即,$q = 1$ 不能由法庭强制执行)。假设当事人之间谈判的进行使用一

391

种耗费时间的信息交流方式。尽管我们发现只有一类范围有限的价格函数能够被执行,但是这类价格函数足以接受最优的风险分担方式。

我们的讨论还可沿着一个相关的、更不明确的方向进行:该机制能够用于自己控制 —— 即,内生化 —— 再谈判过程吗?Rubinstein 和 Wolinsky 论证了,因为模型中存在一些摩擦 —— 即,不能通过谈判避免的一些潜在的效率损失(在均衡路径之外)——而且这样的摩擦可以被利用,所以只有某些讨价还价过程能行得通。 特别地,失去的时间无法挽回。 与Hart-Moore(1988) 一样,他们讨论了一个只有一项交易内容的、简单的买方／卖方模型。 当事人是缺乏耐心的。 由于当事人缺乏耐心,我们假定非正式的再谈判所花费的较少时间不能再减少 —— 伴随少量的盈余损失。 根据把讨价还价的能力瞬间分配给买方或卖方(通过授予向另一位当事人按合同提出价格的权利),我们希望设计一个在实际确定的时间内执行完毕的序贯机制。 如果这些提议的时间选择被安排得足够频繁,那么,不严格地说,该机制确定的正式的再谈判过程将占优于任何非正式的再谈判过程,而且再谈判能够被控制。 Rubinstein 和 Wolinsky 证明了范围广泛的一类价格函数是可执行的。

我们担心这可能不是太清楚。 如果它们能被控制 —— 或被一个计划者控制(如果有的话),或被外部的当事人(法庭)控制,那么机制就可行。 可以证明,当他们在实际确定的时间内执行该机制时,让法庭与合同规定的当事人的意见一致是很不现实的。 此外,事先指定的代理人可能被贿赂。我们知道阶段很少的

392

简单机制的优点,通过当事人在该机制之外进行再谈判,他们到达现状的某个位置。

　　有一些更简单的针对再谈判过程的方法,对一个当事人或其他当事人有利。Aghion,Dewatripont 和 Rey(也可参看 Chung,1991)讨论了一个交易模型,而且引入了在意见一致之前由卖方持有金融抵押或大额保证金的思想。由于把该保证金返还给买方时没有利息,所以这使得买方非常没有耐心,而且实际上,卖方能够支配谈判条件。(该模型的一个变形考虑这样的合同:在意见一致之前,每天都对卖方进行处罚。那么这会使卖方没有耐心,而且买方能够支配谈判条件)

　　一个例子将有助于阐明他们的思想。(请注意,在这个例子中,尽管函数的形式和数目看起来不固定,但它们的选择要保证投资水平和交易数量取整数值。除这一点之外,该例子不是临时拼凑而成的;很容易把这个例子进行推广)

　　风险中性的买方和卖方在日期 T_1 订立合同,在此后的某个日期 T_3 或之后进行交易。在日期 T_1 时,关于他们在日期 T_3 时各自的收益和成本是不确定的。有两个特征状态,它们是等概率的。两位当事人知道日期 T_3 时的特征状态,但局外人对此无法核实,因此依照状态而订立的合同不在考虑之列。在某个日期 T_2 时,在合同签订之后,但在他们知道状态之前,买方和卖方每人都分别进行一项不可压缩的投资,记为 $\beta \geqslant 0$ 和 $\sigma \geqslant 0$,成本 $B(\beta)$ 和 $S(\sigma)$ 是非公开的。这些投资影响他们从 T_3 时进行的交易中获得的收益。

　　时间安排如下

　　随后将简短地对合同的特性进行讨论。

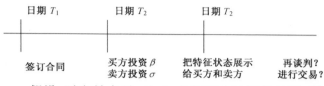

假设,对交易水平 $q \geqslant 0$,在每两个特征状态下,买方的(总)价值和卖方的(总)成本为

	好状态	坏状态
买方的价值	$35(1+\beta)q$	$28(1+\beta)q$
卖方的成本	$14(1+\frac{1}{\sigma})q^2$	$32(1+\frac{1}{\sigma})q^2$

注意,正如所期望的,买方的投资水平 β 越高,他在每一个状态下的价值就越大;而且卖方的投资水平 σ 越高,他的成本就越小。另外,对给定的一组投资 β 和 σ,各个状态下的有效交易水平如下

	好状态	坏状态
有效交易 水平 q	$\dfrac{5\sigma(1+\beta)}{4(1+\sigma)}$	$\dfrac{7\sigma(1+\beta)}{16(1+\sigma)}$

我们可以假定,就有效的事后再谈判来说,当事人将在两个状态下的这些有效水平上结束交易。然而,他们面对的困难是这些投资不能由合同规定,而且这些投资的选定是非合作性的。在没有合同的情况下,如果假设按 50∶50 的比例对盈余进行分配,那么将使投资不足。为了理解其原因,我们来考虑买方。买方在一个更高的水平上投资,由此增加了他的价值,那么在事后的谈判中他从他的边际收益中损失 50 美分给卖方。这一激励的弱化使他减少投资。对卖方也出现类似的投资不足问题。因而他们需要签订一个合同使投资是高效的。已知只有买卖双方都观测到特征状态

时,这样的合同能够签订吗?

是的。让我们考虑一个特殊的例子,该例子中,日期 T_2 时的投资成本 $B(\beta)$ 和 $S(\sigma)$ 分别是 $14\beta^2$ 和 $7\sigma^2/144$——用日期 T_3 时的美元度量。容易证明,最优的投资水平是 $\beta = \sigma = 144$。注意,已知 T_2 时的这些投资,T_3 时的有效交易水平是

	好状态	坏状态
有效交易 水平 q	180	63

买方和卖方可以在日期 T_1 时签订下面的合同;我们将看到,该合同间接地实现了最优投资水平($\beta = \sigma = 144$)和最优交易水平(好状态时为 180,坏状态时为 63)。

对 T_3 之后的保证金不支付利息,其作用在于使买方渴望完成交易。在 $T \geq T_3$ 时,他可能单方面坚决要求执行该合同 —— 即,他可能要求以总价 P 交易 128 个单位,并要求返还他的保证金(连同 $T_3 - T_1$ 期间的利息)。然而,合同允许的数量 128 在两个状态下都不是有效的 —— 因此,当事人将愿意进行再谈判。买方缺乏耐心意味着卖方从这一再谈判中获得所有的附加剩余。即,买方获得他的"预留"收益 —— 即,好状态时为 $(35(1+\beta)128 - P)$,坏状态时为 $(28(1+\beta)128 - P)$。如果考虑期望值,则买方在日期 T_2 时的期望收益是

$$\frac{1}{2} \times [35(1+\beta)128 - P] +$$

$$\frac{1}{2} \times [28(1+\beta)128 - P] - 14\beta^2$$

合　　同

1.对于一个固定的总价 P,我们中的一方有权(单方面的)要求另一方在 T_3 或之后的任何日期进行 128 个单位的交易。(P 与什么时间进行实际交易无关)

2.同时,卖方将持有买方今天(即,日期 T_1)支付的(大额)现金保证金。

3.一旦 128 个单位的交易完成,保证金连同利息(按市场利率)一起将立即返还给买方。然而,利息将根据保证金的保存期限 $T_3 - T_1$ 支付;即,如果交易在 T_3 之后的某个日期 T 进行,那么将不支付 $T - T_3$ 期间的利息。

签名:买方

卖方

日期:T_1

但是,应注意,这在 $\beta = 144$ 处达到最大。即,为了使买方的投资最优,合同允许的数量 128 是很明智的选择,即使他没有事后的谈判实力。

是什么激励卖方去投资呢? 由于他实际上是剩余的事后提出要求者,所以对他个人的激励是与社会目标联系在一起的。因此,他也将在最优水平 $\sigma = 144$ 处投资。

已知在 T_2 时的这些投资水平,当事人对 T_3 时交易 128 个单位的旧合同进行再谈判,以便在好状态时实际交易 128 个单位,在坏状态时实际交易 63 个单位。卖方事后获得所有的附加剩余是无关紧要的,因

396

为各当事人是风险中性的：任何事先要求的分配方式都可以通过选择适当的 P 来实现。（另外，当签订原始合同时，可以在 T_1 处规定一个转移支付）

总之，由于可以进行再谈判，我们得到了一个引人入胜的、行之有效的简单合同。我们对例子的选择并不是与众不同：Aghion，Dewatripont 和 Rey，还有 Chung(1991)证明了，对于两个风险中性的代理人，在通常的理性条件下，通过再谈判可以实现最优投资。

这里有一点需要说明。在上述例子的分析中隐含了两个重要的、但可能产生争议的假设：(1)法庭可以强制执行 128 的交易水平；(2)一旦强制执行，买方和卖方以后不再有机会商定去改变这一数量（增加或减少之）。假设(2)似乎特别强 —— 这似乎是与履约和再谈判的整体思想（即，代理人总是能够通过谈判消除低效率的结果）背道而驰的。Aghion，Dewatripont 和 Rey 以如下理由来为这一假设辩护：一旦法庭强制执行了 128 的交易水平，那么 $q=128$ 就成为事后的有效交易水平。例如，卖方或买方可能会单方面采取行动，不可逆转地使 $q=128$ 成为唯一有效的交易水平。

（十）

让我们以几个一般性的评论来结束第一部分。

履约理论的最新进展已经引起人们的关注。假如我们使用正确的均衡概念，我们似乎马上就能为任何问题提供解决方法。这一点与较早的文献形成一定的反差。

尽管在第一部分没有强调如下事实：这些一般性的结果是用现实主义的思想方法以一定的成本获得的。例如，考虑子博弈完美均衡中的履约问题。一般的原则是必须构建一个有着多个同时进行的阶段、庞大而复杂的机制。糟糕地是，该机制的设计方法（利用构成（或不构成）均衡的详细内容）要求是灵活但是棘手的。让我们列出一些方法，这些方法在机制设计中经常使用，以避免不必要的均衡：

（1）整数博弈；

（2）轮盘博弈，并事先排除混合均衡；

（3）有限环境中的无限机制；

（4）缺乏最优反应策略（开的选择集）；

（5）无限弱占优链；

（6）过大的非均衡处罚。

（关于这些方法也有一些变形）不幸的是，从实证的观点来看，这些方法似乎很深奥。按照我的意见，我们在建模时应该非常谨慎地使用这些方法 —— 否则，我们可能会被我们自己的"成功"所愚弄。对这一批评的标准回答是，他们被用于证明一般性的定理，而且希望在一个抽象的条件下，该机制也必须是抽象的。但是，这要求回答如下问题：在有些具体的应用中没有这些方法能行吗？我们很久以来依靠的是那些近乎荒诞的计谋，而且这已经给履约理论带来了不太好的名声。

脱离了更深奥的构造方法，甚至人们所熟悉的显示机制也与实际情况不符。例如，考虑一个不完全的合同。最近几年不完全合同理论方面已有重大进展，尽管正式的合同不完全性模型的实际数目不比完全合同（其中很少一部分能由法庭核实）多：一个通常的假设是"可观察但不能核实"。履约理论将提出，在一个"可观察但不能核实"的环境中，一个显示机制在使得签订合同的当事人展示其真相方面将是高效率的。然

而,我们仍然不知道同时向第三位当事人作出声明的企业 —— 每个企业都公布本企业和其他企业的偏好。为什么不知道呢?

这是一个深奥的问题。为什么一些机制与实际中通常不被使用的那些显示机制或上述(1)~(6)那样的设计方法是近似的 —— 特别地,是由于他们在理论上的作用很大吗?

可以证明,回答这一问题需要在他们缺乏应用潜力时进行一些工作。即,复杂的机制可能在现实的"不完美的"的环境中运行欠佳 —— 因为① 代理人的推理存在缺陷;或因为 ② 在说明代理人的偏好、知识或境遇时出现错误。(顺便地说,① 和 ② 之间的差别不太明显)我相信,这个方面最重要的未解决问题是要找到用于考虑具有应用潜力的机制的框架。开始,我们需要对"不完美性"构建模型。

为了把 ①—— 代理人的推理存在缺陷 —— 体现在我们的机制设计中,我们或许首先需要一个有限理性的模型。在这种情况下,我们可能会遇到长时间的等待。一个更好的研究战略是对 ② 构建模型。我们需要找到一个容易处理的方法(不包括贝叶斯推理的无限回归)来研究机制的特性,该机制有能力解决在说明代理人的偏好 / 知识 / 境遇时所出现的错误。

我希望在此意义上具有应用潜力的机制将是简单易懂的。这里的结果可能与 Holmstrom 和 Milgrom (1990,1991)在多任务代理方面的新成果有一些类似。他们的论据可以大致作如下解释:在能够被监控的履约行为方面的激励能力越强,则就有越多的代理人将采取行动以实现他们的执行目标,而不会采取其他不能被监控的但是非常重要的行动。如果委托人错误地确定代理人的行动，那么他可以不签订约束太强的合同。履约理论的类似观点是：如果机制不考虑错误地确定代理人的偏好、知识或境遇这些情况，而且用复杂的设计方法处理被预见的特征状态，那么这样的机制在没有被预见的状态下可能运行欠佳。

一个与之相关的问题是转移签约。了解如下问题将是很有兴趣的：准联盟之间的隐蔽转移签约的可能性是否使机制成为简单易懂的。这方面的一个最主要的例子是在非线性定价领域中。如果顾客能够转移签约，那么套利行为使价格表是线性的。

必须强调的是，并不是所有研究履约问题的论文都容易受到如下的批评：机制的设计使用的是像（1）～（6）那样的似乎不合情理的方法。恰恰相反：正是作为对这些方法的疑虑的反应，最近开辟了一些令人兴奋的新的研究方向。例如，Jackson（待发表）令人信服地论证了，机制应该是"有界的"——即，当一个策略是弱劣的时，它一定被其自身不是弱劣的其他某个策略弱占优 —— 结果是，特别地（1），（3）和（5）将被排除在外。Sjøstrøm（1991）中为经济环境引入的机制以及 Jackson，Palfrey 和 Srivastava（1991）中为所谓的"可分离环境"引入的机制都是简单的而且是有界的。此外，不论是否用了（非劣）纳什均衡的概念，或是否逐次剔除弱劣策略，他们都得到一些很好的结果。然而，他们的机制包含重罚或罚金。Abreu 和 Matsushima（1990）给出一个精巧的机制，它也是有界的，但只包含小额罚金；他们也用了重复剔除弱劣策略的方法。（但他们的机制不是简单的：需要重复的次

400

数随着罚金数额的变小而增加）

　　我相信,对履约问题的研究将会更多地面向于应用。看看一些具体问题,对环境有更多的限制,而且使我们要考虑特殊的机构。在通常的条件下,这些机制似乎是不现实的,而且我们对代理人实际上如何执行这些机制这一问题考虑较少。结合一个具体问题来看,我们可能会询问一些关于代理人的知识和处境的重要问题:他们互相之间都知道什么? 他们能够超出该机制的范围而进行交流吗? 在该机制运行完毕之后,他们在一起的时间还会有多久? 他们能共谋吗? 他们能影响对 θ 的认识吗?（对于事先交流信息能如何影响机制运行的解释, 参看 Matthews 和 Postlewaite(1989) 关于拍卖的讨论。关于共谋问题, 参看 Tirole(1992)) 值得问一问:他们认为如何? 例如,如果他们没有意识到把时间引入他们对策略的分析中,那么用向后推理的论证(通过对端点的详细分析来促成)意义不大。这是 Rubinstein(1991) 关于对博弈论的解释所进行的许多发人深省的评论之一,而且公平地应用于机制的设计。

　　这里所说的应用的性质应该有助于我们对可允许的机制进行分类。例如,如果在代理人关于互相之间的偏好的知识方面,其不确定性的程度较小,那么带有重罚的不稳定的机制或许应该排除在外 —— 特别地,如果我们不能明确地对这种不确定性建立模型(即,足以进行完全独立的贝叶斯分析)。

　　一个很有前途的进展是,再次出现对占优策略的执行和不受策略影响的机制的兴趣。有证据表明,在许多具体的应用中,实用的不受策略影响的机制是存在的。例如,可参看 Moulin 和 Shenker(1991) 在序列成本共担机制方面的成果,Moulin(1991) 在可排他的公共品方面的成果以及 Barberà, Sonnenshein 和 Zhou(1991) 在由委员会投票方面的成果。占优策略执行的策略性优点是很明显的;另外,这些机制通常是简单的和可以解释的。因此,需要描绘出那些在经济环境中是占优策略可执行的选择函数的全部特征 —— 为了区分出次优的选择函数。

也有一些论文在具体应用中使用多阶段机制。最为熟知的这种机制是经典的分而择之的过程(由 Crawford,1977 进行了分析);这种机制的几种变形也已取得进展。Bagnoli 和 Lipman(1989),Jackson 和 Moulin 以及 Varian(1990) 的论文对一些具体的公共品问题引入简单的多阶段机制。Howard 使用一个序贯机制执行一个具体的讨价还价规则。因此猜想,这样的应用将激增。我们的目标是,应该寻找人们能够使用的计算简单的机制。

在这一方面,我知道序贯机制的优点;即,代理人轮流采取行动的机制("树状机制")。这里除具有可传递性的效用的情况之外,我们缺乏很好地描述其特征的定理。对下面的问题了解更多的内容将是特别有用的:如果我们使用代理人只能采取一次行动的简单序贯机制,那么能执行什么类型的选择规则呢?这是古人使用的机制(Spyros 和 Timon 从不一起采取行动,而且每个人只采取一次行动);而且这基本上是我们在实际中看到的。

最后,履约理论对具体情况的应用(在代理人的数目较少的情况下)已有相当大的进展。有两个代理人

这种规模很小的情况是特别重要的：实际上，我们可以把它看作是应用于合同理论的最主要的情况。履约理论已经到达一个新的高度，而且在某种意义上说已经回到了现实问题中来。有许多研究工作的开展是——在抽象的层次上，而且特别地，也是在应用的层次上进行的。必须强调的是既要有应用潜力又简单易懂。所罗门和希腊人知其一二。

最优合同：百老汇博弈

有时代理人的报酬不应该随他生产的产出的提高而增加。投资人将资金投于百老汇演出的制作人，该演出可能成功也可能失败。制作人可以选择是否贪污投给他的资金，如果贪污他将得到 50 的直接收益。如果演出本身是一个成功的项目，在不贪污的情况下收益为 500，否则的话为 100。如果演出本身是一个失败的项目，由于对此追加投资于事无补，在两种情况下收益均为 —100。

——艾里克·拉斯缪森[1][2]

---

[1]　艾里克·拉斯缪森，1958 年出生于美国伊利诺伊州香槟市，1984 年获麻省工学院经济学博士学位，早年执教于加州大学洛杉矶分校，后转入印第安纳大学布努明顿分校，现任该校商学院经济学和公共政策教授。

[2]　艾里克·拉斯缪森，《博弈与信息——博弈论概论》，北京大学出版社，北京，2003 年。

下面的博弈是受 Mel Brook 的影片《制作人》启发而成的。该博弈说明了一种特别的最优合同:有时代理人的报酬不应该随他生产的产出的提高而增加。投资人将资金投于百老汇演出的制作人,该演出可能成功也可能失败。制作人可以选择是否贪污投给他的资金,如果贪污他将得到 50 的直接收益。如果演出本身是一个成功的项目,在不贪污的情况下收益为 500,否则的话为 100。 如果演出本身是一个失败的项目,由于对此追加投资于事无补,在两种情况下收益均为 −100。(表 1)

百老汇博弈 Ⅰ

参与人
制作人与投资人。

博弈顺序
(1) 投资人提供基于收益 q 的工资合同 $w(q)$。
(2) 制作人接受或拒绝合同。
(3) 制作人选择贪污或不贪污。
(4) 自然以相等的概率选择成功或失败。表1显示了最终收益 q。

支付
制作人为风险规避的,而投资人为风险中性的。 如果制作人拒绝合同,其所获支付(pay off)为 $U(100)$,其中 $U' > 0$ 并且 $U'' < 0$,同时投资人所获的支付为 0。否则

$$\pi_{制作人} = \begin{cases} U(w(q) + 50), & \text{如果他贪污} \\ U(w(q)), & \text{如果他不贪污} \end{cases}$$

$$\pi_{投资人} = q - w(q)$$

表1 百老汇博弈Ⅰ:利润

世界状态

	失败(0.5)	成功(0.5)
贪污	−100	+100
努力		
不贪污	−100	+500

另一种表达产出的方式是将结果出现的概率置于表格中,行和列分别代表努力和产出,如表2所示。

表2 百老汇博弈Ⅰ:利润的概率

利润

	−100	+100	+500	总和
贪污	0.5	0.5	0	1
努力				
不贪污	0.5	0	0.5	1

投资人会观察到 q 可以等于 $-100, +100, +500$,所以制作人的合同最多会设定三个不同的工资: $w(-100), w(+100)$,以及 $w(+500)$。制作人从两个可能行动中获得的预期支付为

$$\pi(\text{不贪污}) = 0.5U(w(-100)) + 0.5U(w(+500)) \tag{1}$$

以及

$$\pi(\text{贪污}) = 0.5U(w(-100) + 50) + 0.5U(w(+100) + 50) \tag{2}$$

激励相容约束为 $\pi(\text{不贪污}) \geqslant \pi(\text{贪污})$,所以

$$0.5U(w(-100)) + 0.5U(w(+500)) \geqslant$$
$$0.5U(w(-100) + 50) +$$
$$0.5U(w(+100) + 50) \tag{3}$$

同时参与约束为

$$\pi(\text{不贪污}) = 0.5U(w(-100)) + 0.5U(w(+500)) \geqslant U(100) \tag{4}$$

投资人想要以尽可能低的成本使参与约束(4)得到满足。这意味着他们想要强加给制作人尽可能少的风险,因为当风险提高时制作人将会要求更高的预期工资。理想状态为 $w(-100)=w(+500)$,此时合同提供完全保险。通常,代理问题中的替换关系出现在平滑代理人的工资与对其提供激励之间。这里不存在任何替换关系,其原因在于该问题的特殊性质:存在一个只有当制作人选择不良行为时才会出现的结果。该结果为 $q=+100$,这意味着下列油锅合同(boil-in-oil contract)同时提供了无风险工资与有效激励

$$w(+500)=100$$
$$w(-100)=100$$
$$w(+100)=-\infty$$

在该合同下,当制作人不贪污时他的工资为固定报酬 100,所以参与约束得到满足。由于该约束作为等式满足,所以它是紧的(binding),同时,如果该约束放松的话,制作人将会得到更高的支付。如果制作人确实贪污,他以 0.5 的概率面对 $-\infty$ 的支付,所以激励相容约束得到满足。由于该约束作为强不等式满足,又由于通过稍微提高制作人来自贪污的收益而使约束被稍微加紧时投资人的均衡支付并不会降低,因此它并不是紧的。注意在均衡时对投资人而言的合同成本为 100,所以他们的总预期支付为 $0.5(-100)+0.5(+500)-100=100$。该支付大于零,因此投资人得到足够的收益而愿意支持演出。

油锅合同是充分统计量条件(sufficient statistic condition)的一个应用。该条件指出:对激励目的而

406

言,如果努力和货币在代理人的效用函数中是可分离的,工资应该基于任何能最好地显示努力的证据之上,而选择产出水平可能仅仅是出于偶然。根据三步法,委托人想要诱使代理人选择适当的努力(不贪污),同时他关于代理人选择的指标是产出。在均衡中(尽管偏离均衡时并非如此),$q = +500$ 与 $q = -100$ 包含确切相同的信息。在两种情况下代理人的选择"不贪污"的后验概率相同,所以两种情况下的工资应该相同。由于为形成后验概率委托人需要对代理人的行为拥有某种信念,因此我们要强调"在均衡"时成立这一点,否则的话他将根本不能解释 $q = -100$。

　　比上述更温和的合同也将会是有效的。在均衡中两个工资水平将被使用:当 $q=100$ 时提供低工资 $\underline{w}$,对其余产出提供高工资 $\overline{w}$。参与约束与激励相容约束为这两个未知量提供了两个求解方程。为了找到尽可能温和的合同,建模者必须设定一个函数 $U(w)$。有趣的是,对找到前述的油锅合同而言,该函数并不必要。让我们将其设定为

$$U(w) = 100w - 0.1w^2 \qquad (5)$$

　　该类二次型效用函数仅当自变量数值不太大时才是递增的,但既然工资不会超过 $w = 1\,000$,对该模型而言该效用函数是合理的。将式(5)代入参与约束式(4)中,通过求解充分保险的高工资 $\overline{w} = w(-100) = w(+500)$ 得出 $\overline{w} = 100$,保留效用为 $9\,000$。将其代入激励相容约束式(3)得出

$$9\,000 \geqslant 0.5U(100 + 50) + 0.5U(\underline{w} + 50) \qquad (6)$$

　　使用二次型方程求解(6),结果为 $\underline{w} \leqslant 5.6$(可能

有进位误差）。 $-\infty$ 的低工资比所需要的最低要求严厉得多。

如果制作人与投资人均为风险规避的，风险分担将会改变均衡时的合同条款。为分担风险，最优合同将提供 $w(-100) < w(+500)$。当产出为 $+500$ 时，委托人财富的边际效用将会低于产出为 $+500$ 时的边际效用，所以他在产出为 -100 时更愿意支付额外的货币工资。

百老汇博弈 I 的一个与众不同之处是，产出为 -100 时的工资高于产出为 $+100$ 时的水平。这说明了一个观点：委托人的目的是酬劳投入而不是产出。如果委托人仅仅因为产出高而支付更多，他是在酬劳自然而非代理人。人们通常认为高产出高报酬是"公平的"，但"百老汇博弈 I"显示出该道德观念是过于简单了。高努力通常导致高产出，所以高报酬通常为正确的激励，但这并不总是对的。

报酬与结果的分离有着广泛的应用。Becker(1968) 在刑法(criminal law) 以及 Polinsky 和 Che(1991) 在侵权法方面的研究表明，如果社会的目标是将执行成本和有害行为保持在足够低的水平，不应该简单地使惩罚与危害相匹配。很少实施的高惩罚将会提供合适的激励而同时又保持低执行成本，尽管不幸的违反者将会受到与他们造成的危害远不成比例的惩罚。

油锅合同的另一个非修饰性的名称为移动支持计划(shifting support scheme)。之所以使用该名称，是由于该合同是基于努力为最优时和非最优时产出的分

408

布不同这一点的。更简单地讲，最优努力下可能结果的集合必须不同于在任何其他努力水平下的结果集合。作为结果，某些产出毫无疑问地表明生产者的贪污行为。仅对这些结果实施严厉惩罚可以取得最优效果，其原因是此时不贪污的制作人不需承担任何风险。

图 1 给出了一个在产出为连续变量（而不只是三个数值）模型中的移动支持。如果代理人偷懒而不是工作，某些低产出变得可能而某些高产出变得不可能。在该情况下（即当行为变化时产出支持也相应移动），油锅合同是有效的：对只在偷懒情况下可能的低产出提供 $-\infty$ 的工资。当对代理人惩罚数量有限制或者在所有行动下支持为相同时，下油锅的威胁未必会取得最优合同，但相似的合同仍旧能被使用。使这样的合同有效的条件为：

（1）代理人不是强烈的风险规避的；

（2）存在一些结果，该结果在偷懒情况下有高概率发生，而在最优努力下有低概率发生；

（3）代理人能被严厉处罚；

（4）委托人执行严厉处罚是可信的。

1. 全盘出售

另一个经常使用的最优合同为全盘出售（selling the store）。在该安排下，代理人支付给委托人固定费用而买下全部产出。由于他保留了额外努力所带来的额外产出，成为剩余索取者。由于委托人所获得的支付变得与代理人和自然的行动无关，该合同等价于对委托人充分保险。

409

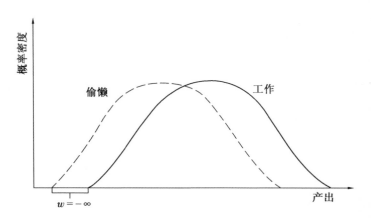

图 1　代理模型中的移动支持

在百老汇博弈 Ⅰ 中,全盘出售的表现形式为:制作人付给投资人$100 = 0.5(-100) + 0.5(+500) - 100$,同时保留所有利润。缺点是:(1) 制作人未必有承担支付投资人固定费用100 的能力;(2)制作人或许是风险规避的,因此在承受整个风险时招致巨大的效用成本。这两个缺陷恰恰是制作人当初为什么寻找投资人的原因。

2. 损害委托人与代理人的公共信息

通过修改"百老汇博弈",我们能够表明拥有更多的公共信息是如何能够损害参与双方的。这也将提供一个使用信息集的小练习。让我们将成功分为两个状态:小成功和大成功,概率分别为 0.3 与 0.2。表 3 显示了上述情况。

表 3　百老汇博弈 Ⅱ:利润

	世界状态		
	失败(0.5)	小成功(0.3)	大成功(0.2)
贪污	-100	-100	$+400$

410

努力

不贪污 -100 $+450$ $+575$

在最优合同下

$$w(-100) = w(+450) = w(+575) > w(+400) + 50$$

$$(7)$$

上式成立的原因是,制作人为风险规避的,并且只有 $q = +400$ 能证明制作人贪污。最优合同必须做到两件事:遏制贪污以及支付给制作人尽可能可预测的工资。为了可预测,如果 $q = +400$ 的话工资应保持不变。为了遏制贪污,当 $q = +400$ 时制作人必须受到惩罚。如同在百老汇博弈 Ⅰ 中一样,惩罚将不必是无限严厉的,并且最小有效惩罚能用与以上博弈相同的方法进行计算。在均衡时投资人将支付给制作人 100 的工资,此时投资人所得的期望支付为 100(= 0.5(-100) + 0.3(450) + 0.2(575) -100)。因此,对百老汇博弈 Ⅱ 我们能够找到一个使得代理人不贪污的合同。

但是考虑一下当我们对信息集精炼时将会发生的情况。此时在代理人采取行动前,他和委托人均了解到演出是否会是大获成功。我们不妨称该博弈为百老汇博弈 Ⅲ 。在精炼信息集下,每个参与人最初的信息集为

({失败,小成功},{大成功})

而不是最初的劣势信息集

({失败,小成功,大成功})

如果信息集被完全精炼为单结信息集,则新信息集对投资人带来帮助,原因在于他们此时能避免投资失败,同时他们能很容易发现制作人是否贪污。尽管

411

如此,精炼并不能帮助投资人决定何时投资于演出。如果他们仍旧能够雇用制作人并且以 100 的成本阻止他贪污,从投资于大成功的项目所得的支付为 475(= 575 − 100)。但在给定信息集{失败,小成功}的情况下,从投资于演出所得的支付大约为 6.25(= (0.5/0.5 + 0.3) × (−100) + (0.3/0.5 + 0.3) × 450 − 100),这仍为正数。所以信息的改进对何时投资的决策没有帮助。

尽管精炼对投资的效率没有直接影响,但它损害了制作人的激励。如果他观察到{失败,小成功},此时由于产出 + 400 不会出现,他将会随意贪污。如果他观察到{大成功},他仍旧不会贪污。但如果他观察到{失败,小成功}的话,没有任何一个不对不贪污的制作人施加风险的合同能够阻止他贪污。是否能够找到使投资人以低于 6.25 的成本阻止制作人贪污的风险合同取决于制作人的风险规避程度。如果他十分重视风险规避,激励成本将超过 6.25,从而投资人将会放弃投资于预计会取得小成功的演出。由于更好的信息提高了制作人选择不良行动的诱惑,因此它减少了福利。

背景与信息

第
六
章

在博弈中,老手是否比新手更具有优势

与缺乏共同文化背景和个性的博弈选手相比,具有共同文化背景和相似个性的选手是否更容易达成共识,实现合作呢? 假设博弈双方是经验丰富的老手,或是两个新手,或一个老手和一个新手,那么哪个组合更容易找到解决问题的方法?

—— 托马斯·谢林①②

---

① 托马斯·谢林(Thomas C. Schelling),2005 年诺贝尔经济学奖得主,美国经济学协会会长,马里兰大学经济系和公共政策学院的杰出大学教授。

② 托马斯·谢林,《冲突的战略》,华夏出版社,北京,2006 年。

关于博弈论的研究方法问题,我们得到了几个初步结论。结论之一,结果导向的数学结构分析方法不应成为博弈论的主导研究方法。结论之二,研究过程中,我们不应当将问题过于抽象化。如果我们改变博弈场景具体变量的数量,那么,我们有可能改变了博弈的特性。因为其中有些变量可能具有重要价值,如博弈双方对彼此价值观的无知等。在一般情况下,这些具体语境中的变量能够引导博弈双方实现明确结果,至少是双赢的结果。

在零和博弈中,研究人员往往只分析博弈双方中一方的理性因素和决策选择。事实上,博弈双方都能作出理性选择,但是最小最大策略将这一场景变为一个博弈双方必须单边决策的过程。双方之间不需要任何形式的共识、思想撞击、任何暗示、任何直觉或互谅。总之,在零和博弈中,博弈双方不需要任何社会性认知。然而,混合博弈不仅需要双方的互动,还需要多方的互动。双方必须就相关问题进行沟通,至少取得某种共识。通常情况下,双方之间需要某种行为活动,无论是潜意识的还是默认的。博弈双方能否取得满意结果取决于双方之间的社会认知和互动程度。甚至是两个完全隔离、无法进行言语沟通,甚至不知道彼此姓名和身份的选手也一定需要进行心理沟通。

结果,研究人员无法通过内省、自明再造整个决策过程;更无法建立一个双方或多方决策单位互动的决策模型。在这个模型中,决策单位的预期和行为完全来自于标准的逻辑推理,假设研究人员知道某个理性决策单位进行决策的标准,他们也能逻辑推理出其决策结果。然而,研究人员无法通过单纯的标准分析推

断出双方进行沟通的内容,因为这需要两个人的努力。(两个研究人员或许能做到这一点,但是前提是双方必须是实验客体)毕竟理解一个暗示与解读一个标准的沟通行为或解决一个数学问题有着本质的不同。前者涉及某个特定语境中的信息,一方决策单位希望将该信息传达给另一方决策单位,并使其产生某种印象或联想。如果没有相关经验的话,一个人很难推断出某些非零和博弈行为的真实含义;而一个丰富经验者则完全可以通过逻辑推理,理解某个特定语境中的信息,如一个笑话或幽默故事。

　　为了说明这一点,我们向大家举一个例子。假设两个人看到同一片墨迹,如果他们都试图知道对方对墨迹的理解,他们能否产生同样的印象或联想呢? 问题的答案只能通过实验才能知道。但是,如果他们做到了,双方就可以实现完全标准博弈理论所不能做到的事情;而且,他们做得要比后者想象中的更好。如果情况真是如此 —— 他们能够超越完全标准的博弈理论的范畴 —— 那么,甚至是标准的描述性战略论也无法建立在完全标准的逻辑分析之上。这样的话,我们就不能通过假设某种思维过程的存在来建立一个描述性理论或说明性理论。因为这一思维过程是理性选手所无法实现的,并且属于"理解暗示"类型的思维过程。博弈选手个体或集体在实际中的行为能否超越完全标准博弈理论的预期,从而否定理论战略原则的作

415

用,这是一个需要验证的问题。^①

在此,我们必须再次强调,在零和博弈中之所以没有出现这一现象,很大程度上是因为博弈双方没有同时有效利用社会性互动行为或至少一方故意破坏所有的社会沟通。而在非零和博弈中,由于博弈结果受到多种因素影响并要求双方必须合作互谅,所以,一个选手根本无法故步自封,完全脱离社会环境。当然,如果完全静音的收音机也无法促进双方进行有效合作,那他就不能随意地丢掉助听器以堵视听;假设信件已经寄出,那他就不能故意回避,因为对方期望他打开信件并采取相应的行为。

这时,我们不禁要问,难道博弈论的触角已经扩散

----

① M. M. 弗勒德(M. M. Flood)成功进行了一个有关博弈战略沟通认知问题的实验。实验中,弗勒德设计了一个 2×2 非零和博弈矩阵模型,双方选手拥有 100 轮连续的默式选择机会。矩阵的特别之处在于,选手双方每次只能选择某个特定的格才有可能获胜。但是,如果合理分配胜利机会,那么,双方必须合作处理某 2 个或更多的特定的格。双方实现合作的唯一方式是在游戏进程过程中,双方不断协调自己的选择。"沟通"阶段 —— 或者在以后的阶段中,犯规一方将受到报复模式的惩罚 —— 需要双方必须为此付出一定的代价,因为双方失去了收益的非协作机会。参见 M。M。Flood,"Some Experimental games",Management Science,5:5 ～ 26(October,1958)。

双方之间如何进行有效沟通或释义对方行动模式中暗示,很大程度上取决于双方之间对共同行为模式的共识 —— 共同建构某种模式的能力 —— 并非前面提到的完形心理学家所进行的实验过程。尽管完全标准的沟通理论可能推导出理性选手应该得到的最低的有效沟通标准,但是双方选手能否得到更好则是经验问题。双方如何理解暗示和什么样的暗示容易被理解完全是社会认知问题,或许必须经过实验研究。(假设拍卖会的两个竞拍人意识到相互竞价,双方都将受到损失,因而努力就某种模式达成共识,从而避免自相残杀,将得到的利益和机会均等瓜分)

到整个社会心理领域了吗？难道博弈论将我们引入到了一个更狭隘的博弈论领域？是否存在混合博弈需要实现合作的普遍规律，而且能够被实验观察所发现，并对谈判具有普遍的指导价值？尽管我们还不能肯定这一点，但是我们相信一定存在某个值得研究的领域。即使我们不能找到一些普遍规律，至少我们可以推动现有研究成果的发展。至今为止，实验领域的博弈论研究还是取得了巨大成果。

　　想想前面提到的地图游戏和象棋游戏，他们都属于非零和博弈。类似的还有"有限战争"案例。博弈双方取得成功的原因，很大程度上是因为他们都竭力避免自相残杀的战略。这里有一个案例再次证明，博弈双方能否避免两败俱伤取决于二者的心理默契。这个游戏包含的一些细节在游戏一开始就映入了参与者的脑海，如地图或版图分布、各种因素的名称、游戏本身具有的传统和先例以及精美寓意的背景。如此复杂的游戏要求双方必须寻求某种社会认知，并进行有效的沟通。假设我们已经克服了建构该游戏的技术问题，那么，我们将进一步思考游戏需要回答的问题和验证的假想。

　　或许有人会问，当出现下面的情况时，是否能够找到一个成功解决问题的方法，即双赢的结果？（1）双方能够进行完全有效的沟通。（2）双方只能进行行为沟通，不能进行言语沟通。（3）双方之间的沟通具有不对称性，一方发出的资讯量超过另一方的接受量。尽管我们不能保证一定存在一个放之四海而皆准的答案，但是我们还是有机会发现一些有关沟通作用的普遍规律。目前学术界对博弈双方的有效沟通、单方面声明、双方之间的默式沟通能否增加有限战争的可能性存在争论，这一切都充分说明了这一问题的重大意义。①

　　另一组有关有限战争或国际战争的问题是，双方在什么场景中更有可能实现明确、有效的结果，是双方将游戏中的各种隐含条件 —— 各种行为或因素的名称 —— 熟记于心时，还是当这些新奇、陌生的条件令双方无法达成共识时？理性对手能否在东南亚进行一场有限战争 —— 广义形式的博弈 —— 无论是常规武器还是核武器，或者在月球上与一个未知敌人进行有限的生化战争？这些都是非常重要的问题，因为他们都涉及博弈论的核心问题。没有充分的实证，谁也无法回答这些问题。当然，我们有理由相信，博弈双方具有足够的智慧来忽略这些博弈场景的细节。这些细节的意义在于其有助于博弈双方进行有效的沟通，实现互谅。

　　与缺乏共同文化背景和个性的博弈选手相比，具有共同文化背景和相似个性的选手是否更容易达成共识，实现合作呢？假设博弈双方是经验丰富的老手，或是两个新手，或一个老手和一个新手，那么哪个组合更容易找到解决问题的方法？换言之，在博弈中，老手是

---

　　①　为了避免任何可能的误解：作者并不认为实验可以完全模拟战争状态，或者有关有限战争的实验结果可以直接应用于现实世界。通常这类试验属于"基础研究"（basic research），主要涉及问题的认知和沟通方面，而非动机 —— 除非动机影响到了社会认知。实验结果可能具有实际意义，被直接应用于现实。而且，随着现在的理论研究通常在默式实验博弈基础上研究有限战争中的沟通作用和有限条件的类型，这一可能性日益增大。

418

否比新手更具有优势？

在类似的博弈场景中，开局重不重要？如果博弈双方在初期没有找到游戏规则，以后他们是否还能找到？假设博弈双方都受到规则或"有限"武器和资源的限制，除非情形需要可以适当放宽；或者双方为了避免以后出现规则愈演愈松的局面，在游戏开始就实施宽松的条件，那么他们在哪一种情况下更容易实现互赢？

调停人在这类博弈中将产生什么影响？什么调解方式更有效？博弈结果与调停人存在利害关系对双方而言，是利大于弊，还是弊大于利？如果调停人不公平，那么不公平到什么程度不会影响明确、有效的结果？

如果在这样的博弈场景中，选手双方能够在某些问题上为彼此记分，那一定非常有意思。例如，谁更加努力进取或具有合作精神？双方认为什么样的规则有效？谁是赢家（由于双方对彼此价值观缺乏了解，只能进行某种释义）？什么时候是博弈的转折点，或必须变化策略，或对方的某个行为将被释义为报复行为或新条件？

由于"报复规则"从本质上讲具有诡辩性；由于阻碍有限战争的因素主要来自双方的心理因素和诸如传统等社会因素；由于诡辩和传统的客体通常不能控制博弈场景，在美苏进行核报复的时候，欧洲已经实现了有限核战争；或在没有种族冲突的地区语言学校发生爆炸事件；或在特殊的行业引入非价格竞争机制。所以博弈论的经验部分需要穆扎夫·舍里弗（Muzafer Shelif）的实验研究。他发现，如果实验不存在判断标

419

准,那么,博弈双方会自己制定相关标准;如果存在这样的标准,那么,一方总是设法发展这一标准并影响对方。双方之间存在一个价值互动的过程。一方在形成自己价值判断标准的同时,也试图协调自己与对方的价值观。当博弈场景本身提供的"客观"标准无法形成一系列规则时,即博弈本身存在不确定状态时,双方必须自己制定有关的标准。只有这样,双方的行为互动才能"合法化"。[1]双方可以通过无意识的合作就某些条件、挑战性和肯定的行为或合作性姿态达成共识。他们还必须共同制定对违反规则的行为的惩罚标准。[2]

例如,某个博弈场景可能将双方中的一方定位为

---

[1] 实际上,有关博弈双方制定标准的经典案例是 1957 年的裁军谈判 —— 表明了这一过程的研究价值,有关最后各方一致同意核查地区必须是北极的某个饼形区域。

[2] 有人希望博弈理论家能够区分与博弈论相关的心理实验和其他社会心理学的差别;也希望存在一个战略论,而非全部是冲突行为。但是,谁也无法肯定二者之间一定存在界线。例如,非博弈论意义上的"敌意"或许仅是感情或性格特征。但是,如果是在博弈场景中,敌意可能会成为一方理解另一方的意图的障碍,那么敌意就成为"沟通结构"的一部分。杜切(Deutsch)作了一个相关实验。他让两名选手连续两次进行默式非零和博弈(以矩阵形式),双方可能进行合作选择或非合作选择。选择不合作的一方比选择合作的一方多一个机会,第二轮中可以选择是否合作。但是,"如果一方的预期判断没有被对方认同,他们可以认为双方的选择出现分歧,并就游戏的规则缺乏共识 …… 在这一组,一方对另一方选择的承认意味着加强了对方此前的消极意图。"参见 Morton Deutsch,Conditions Affecting Cooperation, Research Center for Human Relations,New York University,1957。 (The Journal of Conflict Resolution 刊登了一篇以本文为基础的题为 *Trust and Suspicion* 的文章, 并不包含这里引用的观点。2:265 ～ 279[December 1958])

420

侵犯者；或者为领土的重新划分提供某些背景资料；或者在版图的某个部分赋予其中一方某种道德权力。当然，这些背景资料不会影响博弈场景的逻辑和数理结构，因为它们只具有提示参考作用。我们也可以建立一个与前面游戏相同的版面，并验证如果双方知道前面的形势结果后，现在的结果是否会发生变化。如果选手希望以最初的游戏格局来制定标准，那么，一个背景故事的出现可以扭曲这些标准，因为前者促进双方从其他角度假设条件。

更有趣的是，一方能否发现对方正在考验他的意志，或对其实施激将策略呢？只有当博弈过程中存在某个具有提示意义的点时，我们或许可以发现这一过程，如双方都意识到各自在博弈过程中的某个点为自己建构了一个角色和尊严。

这一博弈场景的另一个值得研究的地方是，双方行为或价值观都涉及渐进主义（incrementalism）意义。象棋游戏和两军对峙等博弈场景也属于类似情况。以象棋为例，如果棋手双方轮番走子，每次只能走一步，那么整个游戏在渐进过程中完成。双方以小积大，经过不断地走子，最终改变整个棋局的走向。双方的每一次失误都会削弱自己的有利形势，最终导致棋局的失败。如果双方能够进行言语的沟通，那么二者一定会唇枪舌剑、争论不休，并避免两败俱伤的招数。现在，假设双方每次可以走数子，任意方向，任意距离，而且规则规定结果必须对双方或其中一方不利，那么，游戏不再是循序渐进的，而是激进式的，甚至会出现突袭。棋手双方也只能看到眼前的局势，而无法预测下一步或下两步。双方之间也几乎没有暂时妥协的机会,或互信传统,或一方主导另一方妥协的局面,因为游戏的进程远远超过了双方的预测和理解。但是,一个更加渐进的游戏是否更好地促进双方的合作,或增加了游戏的风险系数? 这是否取决于选手双方的自身特征和我们在游戏中设置的暗示条件? 选手双方的行为或价值观念的渐进主义是否发挥主导作用? 这两个因素能否相互补充,从而在一个游戏中引入渐进主义能够弥补另一个游戏缺乏带来的影响。有关的争议还很多,诸如核武器在有限战争中的作用、在威慑存在,双方不愿进行现代战争并希望战争地区化时,进行突袭将有什么意义,以及西欧大陆能否进行一场有限战争。一旦实验观察确立了实证的标准,我们就可以有效地分析渐进主义。[1]

这些博弈场景大多涉及两个选手,除了某些场景涉及调解人之外。两人以上的独立选手也可以进行类似的游戏,每人都为自己的收益负责。可以推测 —— 至少在成功选手之间 —— 多人参加更有利于经验结论的涌现。简而言之,像暴乱和联盟这样的现象都需要进行经验研究。与博弈论研究通常使用的对称性等方法不同的是,人为地将非对称性、先例、行为次序、非完全沟通结构以及各种隐含因素引入博弈论将有助于博弈理论的发展。各种非对称性因素和非完全沟通体系对联盟形成的影响将其引入系统的实验研究。

---

[1] "有限战争不仅必须有寻求阻止最极端的暴力行为的方式,而且必须寻求阻止延缓现代战争的爆发以促进政治目标与军事目标的联系。一旦这一关系消失,任何战争都有可能在不知不觉中演变为一场全面战争。"(参见 Henry A。Kissinger, Nuclear Weapons and Foreign Policy,New York,1957)

422

研究和发明

　　导致人们探求自然秘密活动有成本的主要原因，是发现的信息可以为研究者私有，相对于没有这些信息的人而言，研究者自身的环境条件可因此而改善。另一方面，正如我们会看到的昂贵信息可能泄漏出去，成为潜在模仿者的无代价的自发信息，尽管可能存在有意或无意的篡改。总之，发现有及时性也有高昂的成本，模仿或者第二手学习成本低，尽管可能存在歪曲和时滞。

　　——杰克·赫什莱佛　　约翰 G. 赖利[1][2]

　　这里讨论的是不能自动出现的信息，只有通过代价高昂的研究才能生产和发现。

　　可以把全社会中的新信息划分为两种。一种是纯粹的知识，通过自身的规律得以发展。另一种可以满足人们工具性的需要，作为中间产品使制帽、制鞋和理发等成本费用的减少成为可能。我们将要讨论的仅仅是第二种，更有实用性的知识。

　　导致人们探求自然秘密活动有成本的主要原因，

---

　　[1]　杰克·赫什莱佛和约翰 G. 赖利是加利弗尼亚大学洛杉矶分校经济系的教授。

　　[2]　杰克·赫什莱佛，约翰 G. 赖利，《不确定性与信息分析》，中国社会科学出版社，北京，2000 年。

是发现的信息可以为研究者私有，相对于没有这些信息的人而言，研究者自身的环境条件可因此而改善。另一方面，正如我们会看到的，一直存在一种将私有信息公开的进程。发现者努力得到的昂贵信息可能泄漏出去，成为潜在模仿者的无代价的自发信息，尽管可能存在有意或无意的篡改。总之，发现有及时性也有高昂的成本，模仿或者第二手学习成本低，尽管可能存在歪曲和时滞。

经济学研究的根本问题起源于两个相关进程的紧张和矛盾，即发明、发现得到信息和通过信息的扩散而获得信息的内在关系进程。本文从这里的第一个问题开始，然后转向扩散问题，以探讨信息的市场传播过程，这个过程既可妨害也可提高发明者从自身知识优势中获利的能力。从社会福利的观点来看，问题在于如何在引导足够的资源投入到信息的生产和提高现有信息的使用效率，这两个社会目标之间达到一种适度平衡。

按照传统的分析，已生产出来的信息是"公共产品"；任何和所有社会成员都可以同时使用。如果这样，就可以说，任何使用的障碍如专利、版权和基于商业秘密的财产权都是无效率的。另一方面，如果研究者不能得到其发现的财产权，投资于信息生产的动力就会不足。从原则上讲，这两个问题至少有一个有效率的解决方案。第一，如果发现者对于其发现能够被赋予一个完全强制的、永久的、排他性的权力，生产新想法的动机就会被激励到最大化。第二，如果财产权所有者能够建立一套利润最大化的完备的费用辩识方案，信息有效使用的障碍就不复存在，因为在最优点边

际费用是零。但是,在实际上财产权所有者或专利不可能保证像国王特许权那样的完备辨识的费用结构得以强制实施(或者就费用总额而言的等价物),因此这一方面的效率损失就注定要发生。问题的另一方面是,意识领域的财产权无法得到完备界定或实施。因此,专利和版权的法律保护的不完全也就不可避免。不包括在专利和版权中的商业秘密就更为严重。

实际上,这是一种比较权衡:对发现者较大力度的法律保护可以改善信息产出不足的问题,但也会加剧应用不足的问题。①所以,传统的分析家们认为,现在的法律安排 —— 专利、产权、商业机密的保护在理念上充其量是不完备的和部分有效的财产权 —— 可以在相互竞争的两个目标之间达成一种保护性的妥协。

最近的研究表明,这种观点并没有抓住该问题全部的重要因素。与降低人们对研究和发明进行投资的"公用产品效应"相反,在信息生产中,还有一种过度投资的压力。如表1所示,这里有两种力量。第一,未发现的知识是共有财产资源;只要平均产出是有利可图的(而不是效率要求的边际收益),加入这种公共财产的趋势就会持续,这可以称为一般效应。第二,即使信息本身没有或很少有社会生产性的价值,它也有可能作为财富由未知情者转向知情者的工具而具有私有价值。这可以被称作"投机效应"。

---

①　相对于一种情况也有例外。假设在更强有力的法律保护下,一些消费者从非法使用(拷贝)转向经授权的使用。这可能是一种效率的提高,因为非法拷贝信息的成本一般会高于许可推广使用的社会成本。注意在这种情况下可以看到信息的使用程度没有变化,但是在使用方式上用低成本的代替了高成本(见诺沃斯和沃尔德曼,1987)。

425

表1　影响发明活动的力量

引起投入不足的因素：

　　公用产品效应：搭便车者会受益

引起投入过度的因素：

　　一般效应：进入者可以获得发明的平均产品（＞边际产品）

　　投机效应：某种程度上，发明的私人收益只是重新分配

　　财产权是排除他人接触某物品或活动的法定的强制性权利。对我们现在的意图而言，区分两类财产权利十分关键：拥有产品的权利和从事该产品生产活动的权利。后一种权利可以等价地解释为排除他人占有能生产该产品的资源。

　　钓鱼的研究：就某些方面而言，探求一种新思想和钓鱼有类似的地方。一个渔夫通常拥有财产权——拿走他的鱼。虽然不具有很强的一般性但是也很常见的现象是，有些人对他们开发的钓鱼场具有专有权利。在第一种情况下，我们探讨的是对鱼的权利（作为一个名词），在第二种情况，我们说的是钓鱼的权力（作为一个动词）；应用到研究中，"公共产品效应"与对已有想法的所有权不完备的事实有关，隐含着投入不足的倾向（如果其他人可以没收你的一些鱼，钓鱼的吸引力就弱化了）。但在另一方面，对未知的想法来说，由于无法禁止其他人行使类似于钓鱼的研究权利，这就又存在导致投入过度的"一般效应"。

　　在图1中(a)表示"公共产品效应"，横轴是第 $i(i=1,\cdots,N)$ 人付出的研究（钓鱼）努力 x_i，纵轴代表单位

426

产出 h_i / x_i 的测度。每个人都会投入努力直到边际机会成本 MOC_i 等于产出想法的边际收益 MV_i。然而，既然想法是公共产品，那么社会最优条件就是每个人投资到使 MOC_i 与所有的边际收益总和相等的点

$$MOC_1 = MOC_2 = \cdots = MOC_N =$$
$$MV_1 + MV_2 + \cdots + MV_N \equiv \sum MV_i \quad (1)$$

所以，在图 1(a) 中，个人被激励到投入努力 $x_i{}^*$，小于社会效率下的 $x_i{}^{**}$。

图 1(b) 说明相反的"一般效应"。假设对知识产品具有完全的财产权，而（探求）知识的权利并非专有，则社会效率水平的投入是 x_i''，这是 MOC_i 和 MV_i 曲线的交叉点。但是，既然这是一种一般效应，为简单计假设每个人都是相同的，第 i 个人被激励投入努力水平 x_i'，使他可以得到与其努力的平均估价 AV_i 相对应的比例份额。AV_i 超过 MV_i，因为第 i 个人所得知识中的某些部分并不是社会净收益；它们可能被任何人得到。在极端情况下，MOC_i 线是一条水平直线，自由进入的一般效应将彻底损坏资源的社会价值——即平均收益和努力的平均机会成本相等。（这有时称为租金耗散）这种情况在边际机会成本提高的情况下，其结果就不那么极端了。如图 1(b) 所示，这里理想的生产者剩余（浅的阴影部分）被与 x_i' 与 x_i'' 之间过度努力相关联的负生产者剩余（深的阴影区域）部分抵消掉了。

下一个自然的问题是如何比较"公共产品效应"投入不足的倾向和与之相对的"一般效应"投入过度的作用。如下面的一个练习所说明的，没有明确的一个倾向超过另一个倾向的最终结果。

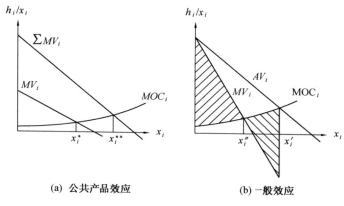

(a) 公共产品效应　　　　　　(b) 一般效应

图 1　研究中的投入不足和过度投入：钓鱼模式

　　我们还没有讨论投机效应，这将戏剧性地改变我们的看法。

　　例如，考虑大部分的努力要投入到财务研究领域，不论是"基础"类还是"技术"类。基础研究人员试图判定一个石油公司的钻井规划能否成功，药业公司能否提出一种对癌症的有效疗法，诸如此类。技术研究人员在股市数据中寻找他们的模式：一个上升后是否不大可能紧跟一个下降，大规模交易是一个好的指标还是一个不利的信号，等等。个体研究者在这些方向的任何成功都可能通过提高资本市场的有效性而带来某些社会利益。但是，巨大的投机利益的获得 —— 例如，某些人事先知道了德克萨斯海湾石油对加拿大的

428

冲击——明显表明是其他交易者的损失。[①]其过程接近零和博弈:知情者的所得几乎相等的未知情者的损失。[②]

在一定的意义上,投机效应与公共产品效应是相反的。公共产品效应表明信息对社会团体的价值是对个人的 N 倍;应用在投机效应中信息的社会价值只是其私人价值的一小部分。就图 1(a) 而言,在极端情况下,$\sum MV_i$ 线位于横轴之上,所有对信息的私人投入都是过度的。

因此,所有信息投入不足和过度的问题都因为信息的私人和社会价值的差异引起的外部性而变得十分敏感。在正效应(公共产品效应)较强的情况下,会出现社会投资不足;负效应(一般和投机效应)较强时,社会投资过度。

寻找圣杯的研究:在钓鱼模型的研究中,收益就是产出想法的数目(如同鱼的数量可多可少,想法也如此)。这一数量的比喻适用于对现有技术和产品产生根本性附加或增量式改进的研究思路:强大电子传导性的合金,高效燃料的机器,新的玫瑰品种,等等。但是,一些独一无二的伟大发明——电话、飞机——不属于这一范畴。当探求的结果在性质上不同于观测到的已有现象时,我们可能会有"圣杯"印象。这里,许多研究者为抓住独一无二的伟大想法而竞争。他们的

---

① 有时可通过非法的手段获得财务信息,例如通过向公司雇员行贿以获取保密的资料(如伊凡·伯斯金案例),但在合法获得的信息中,如公布的数据投机利润还是完全存在。

② 阻止和限制利用先知的知识投机的因素是存在的。

目标是成为第一个发明者。[①]

　　然而，此前的分析依然有效，只是简单地将收益的测度从产生想法的数量(h)改变为成为第一个发现者的概率(p)。图 2 的两个图类似于图 1 的两个，图 2(a)再一次刻画了公共产品效应。以前图示中的个人边际价值曲线 MV_i 对应于这里的边际价值期望曲线 $G\partial p_i/\partial x_i$，其中 G 是这一发现（圣杯）个人的价值，而 $\partial p_i/\partial x_i$，是成为成功发明者的概率。[②]既然假设圣杯是公共产品，前面图示的 $\sum MV_i$ 就变成 $\sum G\partial p_i/\partial x_i$。如前所述，公共产品效应表明，就社会效率而言，典型的个人在信息上投资不足。

　　图示(b)表明一般效应下的圣杯模式。令 $q_i(x_i)$ 表示第 i 个人的成功机会，是一个人努力的函数，如果他是唯一的研究者。令 $p_i(x_1,\cdots,x_n)$ 表示他赢得圣杯的概率（他是第一个发明者）。

　　那么，在 $N=2$ 的简单情况下

$$p_1 = q_1(1-q_2) + 0.5 q_1 q_2 = q_1 - 0.5 q_1 q_2 \qquad (2)$$

自然，一个类似的等式对 p_2 也成立。（这里的假设是两人在相互隔绝的情况下独立地得出同一发现的偶然事件发生了，每人都有同样的机会宣布这一发明）另一方面，记社会的成功概率是 P，我们显然有

$$P \equiv p_1 + p_2 = q_1 + q_2 - q_1 q_2 \qquad (3)$$

---

　　① 按美国法律，只有第一个拥有可申请有专利价值想法的发明者才被赋予专利权。其他国家与此不同。例如，在某些法典里，权利被赋予第一个申请者。许多国家对什么是可申请的专利也有不同标准。见伯利和德坎普(1959)。

　　② 这里假设风险中立，期望的收入与应用匹配。

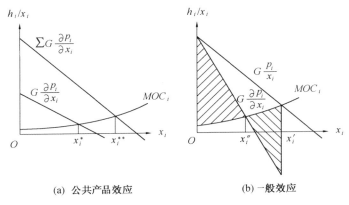

(a) 公共产品效应　　　　　(b) 一般效应

图 2　研究中的投入不足和过度投入:圣杯模式

当然如果 $q_1 = q_2$,那么 $P = 2p_1 = 2P_2$。

第一个人将投入他的努力直到边际机会成本等于边际平均产出的点上。

私人最优的一阶条件

$$MOC_1 = GP/x_1 = G(q_1 + q_2 - q_1 q_2)/x_1 \qquad (4)$$

但是,投资的效率水平和对社会成功概率 P 的边际效应有关。

社会最优的一阶条件

$$MOC_1 = G\partial p/\partial x_1 = G(1 - q_2)dq_1/dx_1 \qquad (5)$$

在努力对于发现概率的边际影响递减的假设下,$d^2 q_i/dx_i^2 < 0$,二次微分 $\partial^2 P/\partial^2 x_i$ 也是负值。所以,后一个等式暗含着一个投资的效率水平 x''_i,它小于私人的最优水平 x'_1,正如图 2(b) 所示。正如钓鱼模式一样,在圣杯模式中,也存在一般效应会造成信息生产上私人投入过度的倾向。

431

认知博弈

任何参与人没有理由沿用这样一个策略来对付其他任何人,因为所有的策略都具有相同的盈利。的确,举例来说,若你稍稍喜欢某人(比如你的朋友)甚于其他人(比如你的敌人),那么你就会救助前者而背叛后者。但是,如果这是普遍成立的,则每个参与人 Bob 都很清楚,他是否得到 Alice 的救助并不取决于 Bob 是否帮助作为穷困者的 Carole,于是 Bob 就没有动力来帮助 Carole。简而言之,若我们注盈利中加入少许"噪声",其形式是略微喜欢某些潜在的配对者甚于其他人,包含救助的纳什均衡就不再存在了。故带有私人信号的重复模型不能被纯化(Bhaskar,1998b)。

—— 赫伯特·金迪斯[1][2]

一、正直和腐败的声誉模型

考虑一个社会,其中不时有人穷困潦倒,也不时有人救助穷困者。在第一期,随机选择一对人,其中一个

---

[1]　赫伯特·金迪斯(Herbert Gintis),教授,著名博弈论学家,全球知名复杂性研究机构 Santa Fe Institute 经济学项目组核心成员。

[2]　赫伯特·金迪斯,《理性的边界 —— 博弈论与各门行为科学的统一》,格致出版社,上海三联书店,上海人民出版社,上海,2011 年。

被指定为"穷困者",另一个被指定为"施舍者",然后穷困者和施舍者进行阶段性博弈 $\mathscr{G}$。若施舍者救助,则穷困者得到利益 b 而施舍者要承担成本 c,其中 $0 < c < b$;或者,若施舍者背叛,则两者均获益为 0。在随后的每一个阶段,上一期限的穷困者将成为当期的施舍者,随机与穷困者重新配对,博弈 $\mathscr{G}$ 在新的一对参与人中进行。若我们假定救助行为是公共信息,给定贴现因子 δ 充分地接近 1,则存在如下形式的纳什均衡。在博弈开始时,每个参与人被贴上"声誉良好"的标签;在任何阶段,施舍者提供救助,当且仅当与他配对的穷困者乃声誉良好者;如果参与人不这样做,就会被贴上"声誉糟糕"的标签,并且这个标签在余下的博弈中永远伴随他。

　　这是一个纳什均衡,对于 δ 充分地接近 1,均衡中每个施舍者在每一期都会救助。要明白这一点,不妨令 v_c 为博弈带给施舍者的现值,并令 v_b 为博弈对于某个并非当前施舍者或穷困者的个体的现值。则我们有 $v_c = -c + \delta v_b$ 以及 $v_b = p(b + \delta v_c) + (1-p)\delta v_b$,其中 p 是博弈开始时被选定为穷困者的概率。第一个式子反映了这样的事实,施舍者必须在当前付出 c 并在下一期成为穷困者中的一员。第二个式子表达了这样的事实,一个人以概率 p 被选定为穷困者并获得 b,再加上下一期成为施舍者的情况,并且在下一期仍有 $(1-p)$ 的概率保持潦倒者候选人身份。若我们同时求解此两式,便会得到当 $\delta > c/(c + p(b-c))$ 时恰有 $v_c > 0$。由于此不等式右边严格小于 1,故存在一个贴现因子区间,使得对于施舍者来说救助并获得良好声誉是其最优反应。

　　然而,若设有关的假设信息是:每个新的施舍者仅知道其配对的穷困者在上一期是否救助其配对者。若Alice是施舍者而与其配对的穷困者为Bob,而Bob在作为施舍者时不曾救助其配对对象,这是有可能的,因为他作为一个施舍者时,其配对对象Carole在她作为施舍者时背叛了,或者尽管Carole在作为施舍者的上一期中救助了其配对对象Donald,但这一期Bob却没有救助Carole。由于Alice不能以Bob的上一期行为作为其行动条件,Bob的最佳反应就是背叛Carole,无论她做什么;进而,Carole将背叛Donald,无论他做什么。因此,这里并没有救助纯策略纳什均衡。

　　该论点可扩展到更丰富的信息结构,其中施舍者知道前 k 次的行动,k 是有限的。下面是 $k=2$ 时的情况,欢迎读者们继续推广。假定最后5个参与人依次是 Alice、Bob、Carole、Donald 和 Eloise。Alice 可以Bob、Carole、Donald 但不包括 Eloise 所采取的行动作为自己行动的条件。因而Bob对于Carole的最优反应不会以 Eloise 的行动为行动条件。进而,Carole 对于Donald 的反应也不会是以 Eloise 的行动为行动条件。最后,Donald 对Eloise的反应也就不会以后者的行动为条件,故当她为施舍者时,其最优反应是背叛。因此,不存在救助纳什均衡。

　　然而,设若回到 $k=1$ 的情况,面对配对的穷困者之不当背叛,施舍者并非无条件地背叛,而是以概率 $p=1-c/b$ 选择救助,以概率 $1-p$ 选择背叛。由于来自无条件救助的收益为 $b-c$,故采用这个新策略的收益就是 $p(b-c)+(1-p)pb$,其中第一项是帮助的概率 p 乘以下一期回报 b 减去当期救助代价 c,第二项是

434

用背叛的概率$(1-p)$乘以当你作为穷困者被救助的概率p,再乘以收益b。令此式与无条件救助收益$b-c$相等,我们有$p=1-c/b$,这是一个严格在0到1之间的数,因而是有效的概率。

考虑如下策略。在每一轮,若配对对象上一期选择救助,则施舍者本期予以救助,否则以概率p的概率选择救助而以概率$1-p$的概率选择背叛。每个使用该策略的施舍者i在救助和背叛之间的感觉无差异,因为作为施舍者救助使得i付出代价c,但却在他成为穷困者时得到b的好处,故净收益为$b-c$。但是,作为施舍者时背叛的代价为0,但成为穷困者时可获得$bp=b-c$。由于两个行动有相同的盈利,对于每个施舍者来说,在配对的贫困者曾救助时就予以救助,否则就以概率$1-p$背叛,这是激励兼容的。这一策略因而可导致每期皆有救助的纳什均衡之出现。

该均衡的古怪性质是很明显的,源于这样一个事实。任何参与人没有理由沿用这样一个策略来对付其他任何人,因为所有的策略都具有相同的盈利。的确,举例来说,若你稍稍喜欢某人(比如你的朋友)甚于其他人(比如你的敌人),那么你就会救助前者而背叛后者。但是,如果这是普遍成立的,则每个参与人Bob都很清楚,他是否得到Alice的救助并不取决于Bob是否帮助作为穷困者的Carole,于是Bob就没有动力来帮助Carole。简而言之,若我们往盈利中加入少许"噪声",其形式是略微喜欢某些潜在的配对者甚于其他人,包含救助的纳什均衡就不再存在了。故带有私人信号的重复模型不能被纯化(Bhaskar,1998b)。

但是,若参与人从遵循规则中得到的主观盈利超过从救助朋友或背叛敌人中得到的最大主观收益，即便有私人信号，完全的合作也是可以重建的。的确，可以构造出更为深奥的模型，其中 Alice 可以计算出她作为穷困者时与她配对的施舍者以她的行动作为他行动之条件的概率，该计算取决于其朋友和敌人的统计分布，以及倾向遵守社会规范的强度之统计分布。在这些变量的某些参数区间，Alice 将身正为范；而对其他区间，她将无原则地党同伐异。

二、正直和腐败的纯化

设想雇用警察逮捕罪犯，但只有目击犯罪的警官之证词可用于决定对被告的判罚 —— 审判过程中没有可辩护的证据，被指控者难以自辩。而且，完成犯罪卷宗将耗费警官一笔固定成本 f。那么社会要如何构建其激励以诱导警官的诚实正直呢？

我们不妨假设，社会中的元老们已设立刑事处罚使得犯罪毫无好处，给定警官是正直的。然而，警官是利己的，故没有动力去告发犯罪，因为这会花费他们 f 的代价。若元老们对警官每一次举报犯罪都予以奖励 w，当 $w < f$ 时，警官不会举报；当 $w > f$ 时，警官会尽可能多地举报。但如果元老们设置的是 $w = f$，警官就无所谓举报或不举报犯罪，可以存在这样一个纳什均衡，警官对所见到的犯罪都举报，对其他则不闻不问。

这个纳什均衡不能被纯化。如果准备卷宗的成本存在少许差异，或者警官从举报犯罪中获得的效用存在微小差异，这取决于他们同罪犯的关系，那么该纳什均衡就会消失。通过加入一些有效的监督机制，记录下不同警官的举报率等等，我们便可预见这个模型如何转换成有关警官正直和腐败的正式模型。我们也可

436

以加入惩恶扬善的警察文化,并探讨在控制犯罪的活动中道德和物质激励的相互作用。

三、认知博弈:作为推测的混合策略

令 $\mathcal{G}$ 为一个认知博弈,其中每个参与人 i 拥有主观先验信念 $p_i(\cdot;\omega)$。对于每个参与人 i 以及每个 $P \in P_i$,$p(P) > 0$ 且对于 $\omega \in P$,如果 i 的主观先验信念 $p_i(\cdot \mid P)$ 满足 $p_i(\omega \mid P) = p(\omega)/p(P)$,则我们称状态空间 Ω 上的概率分布 p 为 $\mathcal{G}$ 的共同先验。

"以推测来解决主体为何使用混合策略的难题,这一认识由如下定理给出,该定理归功于 Aumann 和 Brandenburger(1995)。

定理 令 $\mathcal{G}$ 为一个参与人 $n > 2$ 的认知博弈。假定参与人有共同的先验信念 p,ϕ^ω 是博弈 $\mathcal{G}$ 在 $\omega \in \Omega$ 上的推测集,此为人所共知。那么,对于每个 $j = 1, \cdots, n$,所有的 $i \neq j$ 将从 $\mathcal{G}$ 的纳什均衡中导出关于 j 所推测之混合策略的同样推测 $\sigma_j(\omega) = \phi_j^\omega$,以及 $\sigma(\omega) = (\sigma_1(\omega), \cdots, \sigma_n(\omega))$。

少数博弈理论家提出,该定理解决了混合策略纳什均衡问题。在他们看来,虽然每个参与人选择了纯策略,但纳什均衡存在于人们的推测中。但是,参与人的推测乃彼此最优反应,这一事实并不能让我们推导出关于参与人纯策略选择相对频率的任何结果,除了不在均衡混合策略支撑集中的纯策略将被赋予概率 0 之外。因而,假如人们感兴趣的是解释行为而不解释仅仅停留在脑海中的推测,那么这一关于混合问题的建议解就是不正确的。

有许多令人震惊的迹象表明,当代博弈论专家忽视了解释行为;但恐怕没有比围绕这一观念的接受而

沾沾自喜更令人震惊的了。这种沾沾自喜背后的方法论支持已由 Ariel Rubinstein 在就任计量经济学学会会长的发言中流利地表达出来(Rubinstein,2006)。他说:"就像寓言一样,模型在经济理论中 …… 并不意味着必须被检验 …… 一个好的模型可以对真实世界产生巨大影响,这种影响不是通过提供建议或者预测未来产生的,而是通过影响文化产生的。"Rubinstein化骨绵掌般的坦白,很难让人不产生共鸣,尽管他是大错特错:模型的价值在于它促进对现实的解释,而不在于为社会增加几条名言警句。

四、复活纯化的推测方法

Harsanyi 的纯化理论是由如下观念驱动的,即盈利可以有一个统计分布而不是经典博弈论所假定的确定值。然而,假如盈利确实是确定的,只不过单个参与人的推测在博弈的混合策略均衡值周围存在一个概率分布,这种情况下,混合问题的认知解应该很有说服力。的确,我们将发现,随机推测假设比 Harsanyi 的随机盈利假设更有优势。据我所知,尚无文献涉及这一研究路线,但它显然值得探索。

考虑性别战博弈,假设群体中的 Alfredo 们去听歌剧的平均概率为 α,但是 Violetta 们这个群体 α 的推测之分布为 $\alpha + \varepsilon\theta_v$;类似地,假设群体中的 Violetta 们选择去听歌剧的平均概率是 β,但是 Alfredo 们这个群体关于 β 的推测之分布为 $\beta + \varepsilon\theta_A$。

令 π_o^A 和 π_g^A 分别为群体中随机抽出一个 Alfredo 去听歌剧和去赌博所得到的期望盈利,令 π_o^V 和 π_g^V 分别为群体中随机抽出一个 Violetta 去听歌剧和去赌博所得到的期望盈利。简单计算表明

438

$$\pi_o^A - \pi_g^A = 3\beta - 2 + 3\varepsilon\theta_A$$
$$\pi_o^V - \pi_g^V = 3\alpha - 1 + 3\varepsilon\theta_V$$

因此

$$\alpha = P[\pi_o^A > \pi_g^A] = P\left[\theta_A > \frac{2 - 3\beta}{3\varepsilon}\right] = \frac{6\beta - 4 + 3\varepsilon}{6\varepsilon}$$

$$\beta = P[\pi_o^V > \pi_g^V] = P\left[\theta_V > \frac{1 - 3\alpha}{3\varepsilon}\right] = \frac{6\alpha - 2 + 3\varepsilon}{6\varepsilon}$$

若我们假设,主体的信念反映了两个群体现实的状态,我们可以同时求解两个方程,得到

$$\alpha^* = \frac{1}{3} + \frac{\varepsilon}{6(1 + \varepsilon)}, \beta^* = \frac{2}{3} - \frac{\varepsilon}{6(1 + \varepsilon)} \qquad (1)$$

显然,当 $\varepsilon \to 0$ 时,该纯策略均衡趋向于阶段博弈的混合策略均衡 $(2/3, 1/3)$,如纯化定理所指示的一样。

然而请注意,在得到式(1)的演算过程中,我们假定了 $\alpha, \beta \in (0, 1)$。这是对的,但仅当

$$\frac{1}{3} - \frac{\varepsilon}{2} < \alpha < \frac{1}{3} + \frac{\varepsilon}{2}, \frac{2}{3} - \frac{\varepsilon}{2} < \beta < \frac{2}{3} + \frac{\varepsilon}{2}$$

不过,假设 $\alpha < 1/3 - \varepsilon/2$,则所有的 Violetta 们都会选择赌博,对此 Alfredo 们的最优反应也是赌博。这种情况下,唯一的均衡是 $\alpha = \beta = 0$;类似地,若 $\alpha > 1/3 + \varepsilon/2$,则所有的 Violetta 们都选择歌剧,于是所有的 Alfredo 们也都选择歌剧,我们便有纯策略纳什均衡 $\alpha = \beta = 1$,这一解决混合问题的方法另外的吸引力在于,它不仅可以在信念的某些统计分布下逼近混合策略均衡,还可以在信念的其他分布下逼近两个纯策略均衡中的一个或另一个。

完美信息展开型博弈

当厂商采用他们的子博弈完美均衡策略时,每家厂商在每个周期的利润是非负的。然而,均衡依赖于厂商2的负债能力。在市场不能使两家厂商都有利可图的第一个周期中,如果厂商1违反自己的均衡策略,在这个周期不退出,厂商2的策略要求他自己留在这个市场。厂商2策略的这个特性对于均衡是重要的。如果由于厂商1这样的偏离导致厂商2退出,那么厂商1的退出策略可能不是最优的,均衡因此可能崩溃。

—— 马丁·J.奥斯本[1][2]

某行业目前由两家厂商组成,一家规模较大,另一家规模较小。对厂商产量的需求随时间的增长而稳定下降。什么时候这些厂商将离开这个行业呢?哪一家厂商先离开呢?厂商的财政资源影响结局吗?为回答这些问题而建立的模型的分析阐述了后退归纳法的使用。

---

[1]　马丁·J.奥斯本(Martin。J Osborne),加拿大人,加拿大汉密尔顿麦克马斯特大学经济学教授。合著有《博弈论教程》。

[2]　马丁·J.奥斯本,《博弈入门》,上海财经大学出版社,上海,2010年。

一、模型

将时间取为从周期 1 开始的离散变量。当厂商的总产量为 Q 时,在周期 t 的市场价格记为 $P_t(Q)$,并且假设这个价格随时间而减小:对于每一个 Q 值,我们有 $P_{t+1}(Q) < P_t(Q)$ 对所有的 $t \geqslant 1$ 成立。(图 1)我们感兴趣的是厂商的退出决策,而不是在他们所留在的市场中生产多少的决策,因此,我们假设厂商 i 唯有的决策是:生产某个固定的产量,记为 k_i,还是不生产任何产量。(你可以认为 k_i 是厂商 i 的规模)一旦厂商停止了生产,他不能重新崛起。假定 $k_2 < k_1$(厂商 2 的规模小于厂商 1),并且每家厂商生产 q 单位产量的成本为 cq。

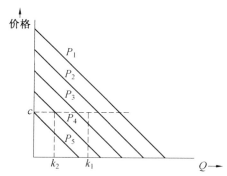

图 1　衰落行业的逆需求函数。在这个例子中,t_1
　　　(如果厂商 1 是市场中唯一的一家厂商,使
　　　他有利可图的最后一个周期)是 2,t_2 是 4。

下面的同时行动展开型博弈对这种情况建立了模型。

局中人　　两家厂商。

终端历史　　对于某些 $t \geqslant 1$,所有的序列为

$(X^1,\cdots,X^t)$，其中 $X^s=$（留下，留下）$(1\leqslant s\leqslant t-1)$ 和 $X^t=$（退出，退出）（两家厂商在周期 t 退出）；或者对于所有的 $s(1\leqslant s\leqslant r-1$，对于某个 $r)$，$X^s=$（留下，留下），$X^r=$（留下，退出）或（退出，留下），$X^s=$ 留下（对所有 s，有$(r+1\leqslant s\leqslant t-1)$）和 $X^t=$ 退出（一家厂商在周期 r 退出，而另一家厂商在周期 t 退出）；以及所有无限序列 $(X^1,X^2,\cdots)$，其中对于所有的 r，有 $X^r=$（留下，留下）（即，没有一家厂商在任何时候退出）。

局中人函数　在"没有一家厂商退出"的历史 h 之后，$P(h)=\{1,2\}$；在"只有厂商 2 退出"的历史 h 之后，$P(h)=1$；在"只有厂商 1 退出"的历史 h 之后，$P(h)=2$。

行动　每当厂商行动时，他的行动集是｛留下，退出｝。

偏好　每家厂商的偏好由与每个终端历史厂商的总利润相对应的盈利函数来描述，其中，如果另一家厂商已经退出，厂商 $i(i=1,2)$ 在周期 t 的利润为 $(P_t(k_i)-c)k_i$，如果另一个厂商还没有退出，则利润为 $(P_t(k_1+k_2)-c)k_i$。

二、子博弈完美均衡

在 $P_t(k_i)<c$ 的周期，如果厂商 i 是唯一留下的厂

商,他也仍蒙受损失(他的产品市场价格小于他的单位成本)。如果厂商 i 是市场中唯一的厂商,对他有利可图的最后一个周期记为 t_i。也就是说, t_i 是满足不等式 $P_t(k_i) \geqslant c$ 的最大 t 值。(图 1)因为 $k_1 > k_2$,我们有 $t_1 \leqslant t_2$:大厂商作为市场的唯一一员变得无利可图的时间,不会晚于小厂商作为市场唯一一员变得无利可图的时间。

这个博弈是无限范畴的,但是在周期 t_i 后,即使厂商 i 是留在市场中仅有的一家厂商,他的利润也是负的。于是,如果厂商 i 在 t_i 以后的任何一个周期内仍在市场,那么在每个子博弈完美均衡中他选择在那个周期退出。特别地,在 t_2 之后的每个周期,两家厂商都选择退出。我们可以使用从周期 t_2 的后退归纳法去求较早周期中厂商的子博弈完美均衡行动。

如果厂商 1(大厂商)在 t_1 以后的周期仍在市场,不管厂商 2 是否仍然运行他都应该退出。结果是,如果厂商 2 在 $t_1 + 1$ 到 t_2 之间的任何周期内仍然运行,那么厂商 2 就应该留在市场:厂商 1 在任何这样的周期都将退出,并且由于厂商 1 的缺席,厂商 2 的利润为正。

迄今为止,我们已经推断,在每一个子博弈完美均衡中,厂商 1 的策略是在从 $t_1 + 1$ 以后的每个周期内,假使他还没有退出就马上退出;厂商 2 的策略是在从 $t_2 + 1$ 以后的每个周期内,假使他还没有退出,就马上退出。

现在考虑周期 t_1,这是若厂商 2 缺席时厂商 1 的利润为正的最后一个周期。如果厂商 2 退出,她的利润从此一直为零。如果她留下且厂商 1 退出,那么他从

周期 t_1 到周期 t_2 之间挣得利润，t_2 之后离开。如果两家厂商都留下，厂商 2 在周期 t_1 承受损失，可是在随后的周期直至 t_2 之间他挣到利润，因为在每一个子博弈完美均衡中厂商 1 在周期 $t_1＋1$ 退出。于是，当厂商 1 在周期 t_1 留下，如果厂商 2 在周期 t_1 的一个周期的损失小于他从周期 $t_1＋1$ 开始以后利润的总和，那么不论厂商 1 在周期 t_1 是留下还是退出，在每个子博弈完美均衡中厂商 2 留下。在周期 $t_1＋1$，当厂商 1 从行业中引退时，价格相对较高，因此"厂商 2 的一周期损失少于他后来几个周期的利润"的假设对于相当范围内的参数是有效的。从现在开始，我们假定这个条件成立。

我们推断，在每个子博弈完美均衡中，厂商 2 在周期 t_1 留下，因此厂商 1 最好是退出。（他肯定会在下一周期退出，并且，如果他在周期 t_1 留下的话，就会蒙受损失，因为厂商 2 留在市场）

现在继续后退分析。如果厂商 2 在周期 $t_1－1$ 留在市场，那么他在周期 t_1 直到周期 t_2 都会盈利，因为在子博弈完美均衡中，厂商 1 在周期 t_1 退出。厂商 2 在周期 $t_1－1$ 可能有所损失（如果厂商 1 留在这个周期的话），可是这个损失小于在厂商 1 还"陪伴"在市场时他在周期 t_1 所蒙受的损失，我们已经假定这个损失可以由以后的利润弥补或超出。于是，不论厂商 1 在周期 $t_1－1$ 的行动如何，厂商 2 的最优行动是在那个周期留下。如果 $t_2 < t_1－1$，那么厂商 1 在厂商 2 的"陪伴"之下，在周期 $t_1－1$ 承担损失，从而应该退出。

同样的推理适用于在向第一个周期后推的过程中，所有"厂商在那个行业不能有利可图地共存"的周

444

期：在每一个这样的周期内，在每一个子博弈均衡中，如果厂商 1 还没有退出，就立即退出。记 t_0 为两家厂商在该行业中能够有利可图地共存的最后一个周期；也就是说，t_0 是满足 $P_t(k_1 + k_2) \geqslant c$ 的最大 t 值。

我们得出结论，如果厂商 2 在两家厂商都在运行的周期 t_1 中所蒙受的损失，小于他"孤独地"从周期 $t_1 + 1$ 到 t_2 运行所得的利润之和，那么博弈有唯一的子博弈完美均衡，其中大厂商在周期 $t_0 + 1$ 退出，这是两家厂商在那个行业中不能有利可图地共存的第一个周期，而小厂商继续运行直到周期 t_2，在 t_2 之后"孤独"的他也无利可图了。

习题 1　（退出衰落行业）　假设 $c = 10, k_1 = 40, k_2 = 20, P_t(Q) = 100 - t - Q$，对满足 $100 - t - Q > 0$ 的所有 t 与 Q 都成立，否则 $P_t(Q) = 0$。求 t_1 和 t_2 值，并且检验，是否厂商 2 在两家厂商都运行的周期 t_1 遭受的损失，小于从周期 $t_1 + 1$ 到 t_2 期间他单独运行可获得的利润之和。

三、厂商 2 债务约束的影响

当厂商采用他们的子博弈完美均衡策略时，每家厂商在每个周期的利润是非负的。然而，均衡依赖于厂商 2 的负债能力。在市场不能使两家厂商都有利可图的第一个周期中，如果厂商 1 违反自己的均衡策略，在这个周期不退出，厂商 2 的策略要求他自己留在这个市场。厂商 2 策略的这个特性对于均衡是重要的。如果由于厂商 1 这样的偏离导致厂商 2 退出，那么厂商 1 的退出策略可能不是最优的，均衡因此可能崩溃。

考虑一个极端情况，其中厂商 2 决不负债。我们可以通过如下手段把这个假设并入模型：对于在任何周期中厂商 2 的利润为负的终端历史，只要使他的盈利成为一个较大的负数就可以了。（厂商 2 利润的多少依赖于厂商 1 的同期行动，所以我们不能通过修改厂商 2 的可使用选择而轻易地合并假设）考虑一个历史，其中厂商 1 在市场可以让两家厂商都有利可图的最后一个周期之后留在市场。在这样的历史之后，厂商 2 的最优行动是不再留下：如果他留下，其利润是负的；而如果他退出，则为零利润。于是，厂商 1 偏离了"对厂商 2 没有借债约束情况"时的厂商 1 的均衡策略，而是留在假定他要退出的第一个周期，那么厂商 2 最适宜的办法是退出，从而厂商 1 作为市场中单独的厂商获得几个周期的正利润。结果，在这种情况下，厂商 2 最先退出；厂商 1 留在市场直到周期 t_1。

为了使博弈有"厂商 1 在周期 t_0 退出，厂商 2 留下直到周期 t_2"的子博弈完美均衡，厂商 2 必须能承担多少债务呢？在两家厂商都留在市场中的情况中，假设厂商 2 可以承担从周期 t_0+1 到周期 t_0+k 期间的损失，但是不可能再长久一些。对于厂商 1，最适宜在周期 t_0+1 时退出，他留在市场的后果必定是厂商 2 也留下。假设厂商 2 的策略是留下直到周期 t_0+k，但不会再长久一些，如果厂商 1 也这样做的话。在从周期 t_0+1 开始的子博弈中，什么策略对厂商 1 是最好的？如果他退出，他的盈利为零。如果他坚持到周期 t_0+k，那么他的盈利是负的（在每个周期都有损失）。如果他坚持下去并超过周期 t_0+k（此时厂商 2 退出）的话，那么他应该留下直到周期 t_1，到那时，他的盈利是从周期 t_0+1 到周期 t_0+k 的负利润与其后直到周期 t_1 的

446

正利润之和（图 2）。如果这个盈利是正的，他将一直坚持到周期 t_1，否则他应当立即退出。

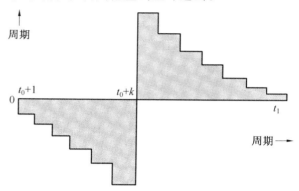

图 2　当厂商 2 从周期 t_0+1 直到 t_0+k 留在市场，并且厂商 1 留在市场直到周期 t_1 时，厂商 1 从周期 t_0+1 开始的利润

我们得出结论：我们将厂商 2 可以承受损失的截止周期记为 t_0+k，如果厂商 1 与厂商 2 共同分享市场直到周期 t_0+k，而后厂商 1 拥有自身的市场，t_0+k 必须足够大到使得厂商 1 在采用上述策略时让自己从周期 t_0+1 直到周期 t_1 期间所获总利润为非正，那么厂商 1 在周期 t_0+1 就退出。这个 k 决定了厂商 2 必须能够积累的债务：必须承担的债务等于当他从周期 t_0+1 直到周期 t_0+k 与厂商 1 一起留在市场期间的总损失。

习题 2　（厂商退出衰落行业决策的债务约束影响）　在习题 1 的假设下，为使没有债务约束的子博弈完美均衡的结局仍然是子博弈完美均衡结局，局中人 2 必须承担多少债务？

447

生存与进化

第七章

漏斗网蛛博弈

　　漏斗网蛛的雌蛛为捕虫而织造蛛网，但适于建网的地点并不多，所以经常会发生争夺建网地点的战斗。蜘蛛身体大小是影响战斗结果的一个决定因素。入侵者一出现，网的主人马上就会准备迎战，最初是两个蜘蛛互相寻找，调整各自的位置和准备战斗；接着是一方走近另一方，互相发送信号（靠振动蛛网），一

　　方对另一方作出威胁姿态,假意要发动攻击
但并不进行真正的接触;最后两个蜘蛛才进
行实际的较量,互相猛推对方并彼此叮咬。
这种战斗常常要进行几个回合才能分出胜
负,在每一个回合结束时都是其中一个或另
一个蜘蛛主动退出战斗,但最后总是有一方
(败者)永久撤离。

—— 尚玉昌①②

　　下面研究这样一个实例,即研究一种蜘蛛 —— 漏斗
网蛛(ayelenopsis aperia,蜘蛛目 araneida,漏斗蛛科
agelenidae)的攻击战斗行为。田纳西大学的 S. Riechert
曾在亚利桑那和新墨西哥对这种蜘蛛进行过多年研究。
漏斗网蛛的雌蛛为捕虫而织造蛛网,但适于建网的地点
并不多,所以经常会发生争夺建网地点的战斗。蜘蛛身
体大小是影响战斗结果的一个决定因素。入侵者一出
现,网的主人马上就会准备迎战,最初是两个蜘蛛互相寻
找,调整各自的位置和准备战斗;接着是一方走近另一
方,互相发送信号(靠振动蛛网),一方对另一方作出威胁
姿态,假意要发动攻击但并不进行真正的接触;最后两个
蜘蛛才进行实际的较量,互相猛推对方并彼此叮咬。这
种战斗常常要进行几个回合才能分出胜负,在每一个回
合结束时都是其中一个或另一个蜘蛛主动退出战斗,但
最后总是有一方(败者)永久撤离。

　　漏斗网蛛的战斗行为有三个特点引起了人们的注

---

①　尚玉昌,北京大学教授,《生态学》杂志常务编委。
②　尚玉昌,《行为生态学》,北京大学出版社,北京,1998 年。

449

意,这些特点是:(1)体重是决定战斗胜负的重要因素,如果人为地使入侵者的体重增加一倍(靠在其腹部粘贴铅块),那么入侵者通常就会赢得胜利。此外.当网的主人比入侵者大得多时,战斗很快就能结束,前者总是赢。(2)如果战斗双方身休大小相差无几,那么战斗就会持续很长时间,但通常是网的主人会赢得战斗胜利。(3)持续时间最长和最激烈的战斗往往是发生在网的主人所保卫的网位置极好,而入侵者的个体又比网的占有者稍大。漏斗网蛛的战斗具有一般动物战斗的很多特点,而且表现有全部三种类型的战斗不对称,即 RHP 不对称、报偿不对称和无关联不对称。下面介绍漏斗网蛛战斗的一个模型。该模型假设入侵者可以在两种战斗对策之间进行选择,这两种战斗对策是使战斗逐渐升级(鹰对策)和撤退(鸽对策)。更具体些讲,该模型包含以下几个前提条件:

(1)战斗双方的身体大小存在差异,使战斗升级的战斗概率为 x,网的主人将赢得胜利。网占有者的身体越大(相对于入侵者),x 值也就越大;

(2)在一场逐步升级的战斗中,胜者的报偿是 V 或 $v(V > v)$(依网位的质量而定),失败者所付出的代价是 C;

(3)网的占有者赢得胜利的概率(x)为自己和入侵者所知;

(4)V 值网占全部蛛网的比例为 p,v 值网占全部蛛网的比例为($1 - p$);

(5)网值(V 或 v)只为网的占有者所知。

最后一个先决条件(即(5))之所以被设立,是因为在实验中发现:当网的占有者被移走和同时把两个入侵者引入该网位时,其战斗的持续时间与网位的价

值不相关(见后)。

Maynard Smith 和 Riechert(1984) 曾假设,入侵者只能在鹰对策和鸽对策两种对策间进行选择,而网的占有者还可以有第三种选择,即:除了可以选择鹰对策(H)和鸽对策(D)外,还可以选择有条件的鹰对策(CH),即当网值是 V 时选择 H,当网值是 v 值选择D。在建立报偿矩阵之前,还应当知道入侵者对网位的期望值(E)。如果一个入侵者赢得胜利,它可以期望获得报偿 V 或报偿 v,它所期望的报偿将取决于每种网型的相对频率:在频率 p 的情况下,网位的值是V;在频率$(1-p)$的情况下,网位的值是 v。因此,入侵者对网位的期望值是

$$E = pV + (1-p)v$$

在此基础上,就可以得到一个像表1那样的报偿矩阵了。为了说明表中的各种报偿是如何得出来的,下面举一些例子。

表1　漏斗网蛛博弈的报偿值

		入侵者报偿	
		H	D
网占有者报偿	H	$E(1-x)-C_x$ $E_x - C(1-x)$	0 E
	有条件 H	$p[V(1-x)-C_x]+(1-p)v$ $p[V_x - C(1-x)]$	$(1-p)v/2$ $(E+pV)/2$
	D	E 0	$E/2$ $E/2$

注:网占有者可采取 H,D 和有条件 H 对策,而入侵者只能采取 H 或 D 对策。

(1)当网占有者以鹰对策(H)迎战时,入侵者若

也采取 H 对策,那么将会得到什么报偿呢? 因为网占有者获胜的概率是 x,所以入侵者获胜的概率就是 $(1-x)$。如前所述,入侵者的平均期望报偿是 E,但有 x 概率入侵者是败者,要付出代价 C,所以,采取 H 对策入侵者的平均报偿就是平均收益值$(E(1-x))$减去平均付出值(C_x),即

$$报偿 = E(1-x) - C_x$$

(2) 如果网占有者以 CH 对策反击入侵者的 H 对策,那报偿该如何计算呢? 因为 P 是网值 V 所占的比例,所以在网值只有 $v(1-p)$ 的概率下,网占有者将会采取 D 对策,因此入侵者将接管并占有蛛网。在这种情况下,入侵者获得的报偿将是 v。但是有 p 的概率网值将是 V,此时网占有者将会采取 H 对策,如果输掉这场战斗(有$(1-x)$ 的概率会输),入侵者就得到报偿 V,但如果赢了这场战斗(有 x 概率会赢),入侵者付出的代价将是 C。所以,入侵者有 p 概率获得的报偿是 $[V(1-x) - C_x]$,有$(1-p)$ 概率获得的报偿是 v。因此入侵者采取 H 对策所得到的平均报偿就是

$$报偿 = p[V(1-x) - C_x] + (1-p)v$$

(3) 当网占有者以 CH 对策迎战入侵者的 D 对策时,入侵者的报偿将如何计算呢? 如前所述,有 p 概率网值是 V,此时网占有者采取 H 对策,入侵者撤退,因此入侵者的报偿是 0;但是有$(1-p)$ 概率网值是 v,网占有者将以 D 对策迎战入侵者的 D 对策。在这种情况下,如果入侵者的胜率为 50%,那么它的报偿就是 $[(1-P)v/2]$,平均报偿是

$$报偿 = P(0) + [(1-p)v/2]$$

可以用同样的方法计算表 1 中网占有者的报偿。

452

　　现在,在上述计算的基础上,就可以利用表 1 来预测一下对入侵者所采取的各种对策,网占有者应当采取什么对策才是最好的对策呢? 所谓最好的对策,就是报偿值最高的对策。 例如,假如入侵者选择 H 对策,那么网占有者最好的迎战对策是 H,CH 还是 D,这就要看其中哪一个对策所获得的报偿最高了。如果 H 的报偿＞CH 的报偿和 H 的报偿＞D 的报偿,那么网占有者就应当采用 H 对策,也就是说,如果

$$E_x - C(1-x) > p[V_x - C(1-x)]$$

和
$$E_x - C(1-x) > 0$$

那么,网的主人就应当采取 H 对策。

　　下面要做的一件事就是计算蜘蛛博弈时的 ESS。换句话说,就是要知道在 x 的各种取值范围内(x 是网主人赢得胜利的概率),采用什么对策迎战对手最好。显然,如果入侵者选择 D 对策,那么网主人总是采用 H 对策最好,因为这种对策无受伤风险,而且总会赢;如果入侵者选择 H 对策,那么网主人在 x 的一定取值范围内采用 D 对策最好,例如,如果网主人身体很小,就应当采取 D 对策,以免在一场可能失败的逐步升级的战斗中浪费时间。

　　如果博弈双方所选择的对策对各自一方都是最好的,那么这一双对策就是 ESS。例如,如果网主人选择 H 对策迎战 H 最好,而且 H 也是入侵者对付 H 的最好对策,那么这一双对策(H,H)就是 ESS。但是,如果网主人迎战 H 的最好对策是 CH,而入侵者对付 CH 的最好对策是 D,那么(CH,H)这一双对策就不是 ESS。这里所讨论的 ESS 具有 3 个有趣的特点:(1)如果博弈双方身体大小差异不大($x \approx 0.5$),那么网主人

453

的对策选择就将取决于网值的大小；(2)如果博弈双方身体大小差异明显，那么身体较大的蜘蛛就会赢得胜利，且不会出现逐步升级的战斗；(3)x值在接近 0.5 的区限内，如果网位的价值很高(V) 时，常常会发生逐步升级的激烈战斗。但当网位的价值很低(v) 时，常常是入侵者赢。

黄蜂的筑巢行为

雌性黄蜂把他们的卵产在洞穴里，洞穴里储藏有树畜用来喂养孵化出来的幼蜂。每个黄蜂产卵时决定是否挖掘一个洞穴或入侵已有的洞穴。入侵洞穴的黄蜂要与占有者打斗。若入侵行为不如挖掘行为盛行，那么并不是所有挖掘者都会被入侵，所以尽管挖掘占用时间，但它却使得黄蜂可能不需要进行打斗便可产卵。入侵者的比例越高，黄蜂自己挖掘洞穴的可能性就越小，因为他们越有可能被入侵。

—— 盛昭瀚　蒋德鹏[1][2]

---

① 盛昭瀚，教授，博士生导师，南京大学管理科学与工程研究院院长。蒋德鹏，副教授，南京大学管理科学与工程研究院博士后。

② 盛昭瀚，蒋德鹏，《演化经济学》，上海三联书店，上海，2002年。

　　在一些情形中,参与者的交往是两两配对的。但是在很多情形下,参与者行动的结果是依赖于所有其他参与者的,而不仅仅依赖于这些参与者中的一个;配对间的相互作用不能被识别出来。这里我们考虑这样的一种情形。雌性黄蜂把他们的卵产在洞穴里,洞穴里储藏有树蠹用来喂养孵化出来的幼蜂。每个黄蜂产卵时决定是否挖掘一个洞穴或入侵已有的洞穴。入侵洞穴的黄蜂要与占有者打斗,失败的概率为 π。若入侵行为不如挖掘行为盛行,那么并不是所有挖掘者都会被入侵,所以尽管挖掘占用时间,但它却使得黄蜂可能不需要进行打斗便可产卵。入侵者的比例越高,黄蜂自己挖掘洞穴的可能性就越小,因为他们越有可能被入侵。

　　每个黄蜂的适应度是由它产卵的数目来衡量的。假设黄蜂生命的长短独立于它的行为,那么我们可能通过每单位时间产卵的数量来衡量支付。设 T_d 是一个黄蜂挖掘洞穴和储藏树蠹所花费的时间;设 T_i 是入侵者花费在一个洞穴上的时间(T_i 不为 0,因为打斗花时间)且假设 $T_i < T_d$。假设所有的黄蜂在一个巢穴里生产相同数量的卵,通过选择衡量单位我们不妨假设卵的数量为 1。

　　假设种群中挖掘洞穴的黄蜂比例为 p,入侵的比例为 $1-p$。为了得到挖掘者被入侵的概率,我们需要考虑到这样一个事实:因为入侵花费的时间比挖掘少,那么入侵者在挖掘者所花费的时间里可以入侵不止一个洞穴。例如,若入侵花费的时间仅是挖掘时间的一半,并且入侵者只有挖掘者数量的一半,那么所有的挖掘者都被入侵 —— 挖掘者被入侵的概率为 1。一般地,挖掘者在时间 T_d 里能入侵 T_d/T_i 个洞穴。每个挖掘者就有 $(1-p)/p$ 个入侵者对应,所以挖掘者被入侵的概率为 $q = [(1 - p)/p]T_d/T_i$,或 $q = (1 - p)T_d/pT_i$。

因此黄蜂挖掘自己的洞穴时就面临如下的情形:概率 $1-q$ 不被入侵,概率 $q\pi$ 被入侵而且打斗赢了,概率 $q(1-\pi)$ 被入侵但打斗输了(这种情形下,我们假设全部的时间 T_d 都被浪费了)。因此一只这样的黄蜂的支付 —— 每单位时间产卵的期望数量为

$$(1-q+q\pi)/T_d$$

同样地,入侵者每单位时间产卵的期望数量为

$$(1-\pi)/T_i$$

当 $q=0$ 时,若 $1/T_d \geqslant (1-\pi)/T_i$,那么存在一个均衡使得每个黄蜂挖掘它自己的洞穴。此时挖掘的期望支付大于或等于入侵的期望支付。显然不存在所有黄蜂都入侵的均衡 —— 因为那样的话,将没有巢穴可以入侵。剩下的可能性是存在一个均衡,挖掘者和入侵者并存。在这样一个均衡里,两种活动的期望支付一定相等,即 $(1-q+q\pi)/T_d = (1-\pi)/T_i$。

用 $q = (1 - p)T_d/pT_i$ 代入,可得 $p = (1 - \pi)T_d/T_i$。

再回头看 q 的定义,可得,如果参数 π, T_i, T_d 满足

$$\pi T_i \leqslant (1-\pi)T_d$$

则当 $p=(1-\pi)T_d/T_i$ 时,$q \leqslant 1$。因此确实存在一个均衡。

这些均衡是演化稳定的吗? 首先考虑每个黄蜂都挖掘自己的洞穴的这个均衡。若 $1/T_d > (1-\pi)/T_i$,也就是说,若均衡存在的条件严格被满足,那么入侵的

突变者获得的支付小于正常黄蜂挖掘所获得支付,因此突变者将灭绝。因而这种情形的均衡是稳定的(因为我们假设 $T_i < T_d$,故不可能出现情形 $1/T_d = (1-\pi)/T_i$)。

下面考虑挖掘者与入侵者并存的均衡。假设有很少的一部分突变者,故它们少量地增加了挖掘者在种群中的比例。也就是说,p 稍微增长了,那么 q(被入侵的概率)下降了,并且挖掘的期望支付增加了;入侵的期望支付不变。因此 p 的轻微增长导致挖掘的相对吸引力的增长;挖掘者相对入侵者更成功,这进一步增加了 p 的值。我们可以得出结论:均衡不是演化稳定的。

前面已经分析过的多态均衡也可以被解释成为一个混合战略均衡,其中每个单独的黄蜂可以任意的选择挖掘或入侵,选择挖掘的概率为 p。在 Brockmann 等人(1979)观察的种群中,挖掘和入侵的确并存,并且,事实上单个黄蜂都在使用混合战略 —— 它们有时挖掘有时入侵。这就引出了一个问题,怎样修改这个模型才能使得这个混合战略是演化稳定的?Brockman 等人提出了两个修改方案。其中一个方案为,假设挖掘洞穴的黄蜂被入侵但赢得打斗的情形要好于不被入侵的情形(在与挖掘者进行打斗之前,入侵者可能会帮助储存树蟊)。

进化稳定策略

> 行为学中的一个长期的主题即是常规战
> 争的普遍性。动物之间的战争（特别是具有
> 尖牙利齿的凶禽猛兽）总是通过炫耀而非竭
> 尽全力战斗而结束。全面的恐吓信号和无害
> 的力量显示将解决对食物，领地和配偶的争
> 夺，导致大量伤亡的逐步升级的战争是少见
> 的。
>
> 这种常规战争可与拳击比赛相比，这里
> 强调的是动物有限制的侵略本性，显然这对
> 于种群是有利的，但需要一个进化观点的解
> 释。
>
> ——J. Hofbauer　K. Sigmund[1][2]

受某些生物学实例的启发，我们引入对策论的
Nash 平衡以及进化稳定策略的概念。一个进化稳定
种群能够抵御少数种群的侵入。

一、鹰与鸽

行为学中的一个长期的主题即是常规战争的普遍
性。动物之间的战争（特别是具有尖牙利齿的凶禽猛
兽）总是通过炫耀而非竭尽全力战斗而结束。全面的

---

[1]　J. Hofbauer 和 K. Sigmund 为奥地利著名生物数学家。

[2]　J. Hofbauer，K. Sigmund，《进化对策与种群动力学》，四川科
学技术出版社，成都，2002 年。

恐吓信号和无害的力量显示将解决对食物、领地和配偶的争夺，导致大量伤亡的逐步升级的战争是少见的。例如，牡鹿进行吼叫的较量，开始很慢，然后提高速度。如果入侵者此时还不放弃，则会出现平行移动。这样将导致退却或直接的战争：牡鹿将头顶在一起，就像一条长蛇阵，彼此的角顶在一起而互相推挤。如果一只牡鹿较早转身用其致命的角对着对手的侧面，它会停止进攻重新开始平行移动。只有少数战争导致严重伤亡。

　　这种常规战争可与拳击比赛相比，这里强调的是动物有限制的侵略本性。显然这对于种群是有利的，但需要一个进化观点的解释。一个牡鹿如果无情地杀死其对手，就会接收其眷群而产生更多的后代。它的后代会继承其战争行为，而且比较保持常规炫耀的牡鹿繁殖更快。但是，为什么升级的战争仍然少见呢？

　　生物学家 Maynard Smith 曾用对策论去解释常规战争的高频率。这是一种思维实验，假如只有两种可能的行为：一种是将战争升级至受伤或敌人败退；另一种是当敌人将战争升级时停止炫耀并撤退。这两类行为通常称为"鹰"和"鸽"，虽然有时是不准确的。毕竟，战争是被假设发生在一个种群内而非两个种群之间。进一步，实际上鸽子确实会升级战争，我们马上会看到这一点。

　　战斗可能因为一小块食物，领土的边界线或是潜在的配偶而发生。胜者获得适合度 G，而伤者失去适合度 C。适合度表示繁殖成效。

　　如果两个鸽相遇，它们作出姿势，互相注视，情绪高涨，变色诸如此类：但最终一个会退却.胜者得到适

合度 G，负者不获得适合度，所以当一个鸽遇到另一个鸽时，适合度的平均增长为 $\frac{G}{2}$。鸽遇到鹰后逃去，其适合度不变，而鹰的适合度增长了 G。最后，如果是鹰遇到鹰，它们使战争升级直至其中之一败下阵来。胜者的适合度增加了 G，负者减少了 C，所以适合度的平均增长为 $\frac{G-C}{2}$，当战争的伤病超过其所得时（我们将总是如此假设），此值为负。这可简写成一决定矩阵

	如果遇到鹰	如果遇到鸽
鹰获得	$\dfrac{G-C}{2}$	G
鸽获得	0	$\dfrac{G}{2}$

$$(1)$$

一个种群中如果大多数是鸽，则鹰会散布开去。因为它们就可能只与鸽在每次对抗中得到适合度 G，而鸽只得到 $\frac{G}{2}$ 适合度。但在一多数为鹰的种群中，鸽最好与其他保持距离：鸽之间避免争斗而保持其适合度，而鹰之间则针锋相对从而平均失去适合度 $\frac{G-C}{2}$。每一种性态并不比其他更好：其结果依赖于种群的结构。如果鹰占 x，鸽占 $1-x$，则鹰的适合度的平均增长为 $x\frac{G-C}{2}+(1-x)G$，对应鸽的为 $(1-x)G/2$。等号当且仅当 $x=G/C$ 时成立。如果鹰的比例小于 G/C，它们的情形就比鸽的好。因此会散开，如果比例大于 G/C，鹰的情况就会变糟，而比例减少。进化将导致一个稳定的驻点 G/C，此即鹰占的比例。

特别地，如果伤痛的代价 C 非常大的话，鹰的比例

将会很少。观察证实了"怒目相对"型的战斗在凶禽猛兽种群中特别流行。另一方面,看上去无害的动物不会总表现出避免战争升级的特性。例如,真正的鸽在自然条件下不能忍受严重的伤痛,但当限制在一个笼子里后,它们将战斗到死。

练习1　如果炫耀会减少适合度 E(由于时间和能量的减少),计算其决定矩阵,稳定平衡态以及可以最大限度增加群体利益的鹰的比例。

练习2　通过考虑两种其他类型的行为推广如上的分析。(1)"报复者":当敌人开始使对抗升级时,它停止炫耀也使对抗升级。(2)"欺善怕恶者":它们假装升级,但当对手升级后,它们就逃走。

二、进化稳定性

一种性态被称为是进化稳定的,只要当种群的所有成员都具有该性态时,在自然选择的影响下,其他性态不能侵入该种群。为了公式化,用 $W(I,Q)$ 表示在混合有 Q 成分的种群中,类型 I 的个体的适合度。$xJ+(1-x)I$ 为混合种群,x 为 J 型比例,$1-x$ 为 I 型比例,I 型种群称为是进化稳定的,如果引入小量异常的 J 型,原来的 I 型情形比新加入的 J 型好。即对所有 $J \neq I$,有

$$W(J,\varepsilon J+(1-\varepsilon)I) < W(I,\varepsilon J+(1-\varepsilon)I) \quad (2)$$

关于充分小 $\varepsilon > 0$ 成立。

显然可假设 $W(I,Q)$ 关于第二个变元连续:种群成分的微小变化仅对 I 的适合度产生很小影响。令 $\varepsilon \to 0$,由式(2)可得

$$W(J,I) \leqslant W(I,I) \qquad (3)$$

关于所有 J 成立。这意味着 I 型种群比其他任何型的

生存得更好。（反之不成立：式（3）不蕴含式（2））在鹰鸽对策中，两种性态均不是进化稳定的：一种总可以被另一种侵入。但我们马上会看到，一种类型的性态在战争升级中保持概率 $P = G/C$，则不会被其他类型的侵入，从而为进化稳定的。

进一步的例子，我们考虑"性别比"对策：这里，不同的性态类型对应于不同的性别比（即后代的雄性比例）。达尔文也被为什么动物种群中性别比普遍为 $1/2$ 感到困惑。这并不是像人们首先想到的是由 X 和 Y 染色体所决定。事实上，开始比例可能完全不一样，但最终变得出生时比例为 $1/2$。关于这点，如何从进化上进行解释？毕竟，动物饲养者知道，雌性比例偏大，则会导致高增长率。为什么有如此多的雄性？

我们将会看到，虽然儿子辈的数量不会受到性别比的影响，但对孙子辈有影响。粗略地说，如果雌性较多，则雄性就有更多的选择。因为反之也成立，此即导致了性别比为 $1/2$。

为验证此结论，以 p 表一已知个体的性别比，m 为种群中的平均性别比。设 N_1 为儿子辈 F_1 的种群数（其中，mN_1 为雄性，$(1-m)N_1$ 为雌性），N_2 为下一代 F_2 的种群数。F_2 的每个成员有一父一母：F_1 中的一个雄性为其父的概率为 $\dfrac{1}{mN_1}$，则由 F_1 中一个雄性所产生的子女的期望数为 $\dfrac{N_2}{mN_1}$（假设随机配对）。同样，一个 F_1 代中的雌性贡献 $\dfrac{N_2}{(1-m)N_1}$ 个子女。一个具有性别比 p 的个体产生孙子辈的期望数正比于

462

$$p\,\frac{N_2}{mN_1} + (1-p)\,\frac{N_2}{(1-m)N_1}$$

即,其适合度正比于

$$w(p,m) = \frac{p}{m} + \frac{1-p}{1-m} \qquad (4)$$

(我们不考虑 $m=0$ 及 $m=1$ 情形,这将导致消亡)对给定的 $m \in (0,1)$ 情形,函数 $p \to w(P,m)$ 为仿射线性的,当 $m < \frac{1}{2}$ 时单增,$m > \frac{1}{2}$ 时单减而 $m = \frac{1}{2}$ 时为常数。

现在考虑性别比 q,我们要问:它是否是进化稳定的,即没有其他性别比 p 能够侵入? 假如以小比例 ε 引入偏差性别比,则平均性别比为 $r = \varepsilon p + (1-\varepsilon)q$。$q$ 比 p 占优当且仅当

$$w(p,r) < w(q,r) \qquad (5)$$

显然当 $q = \frac{1}{2}$ 时,式(5)对任意 p 成立(注意:p 和 r 同时大于或小于 $\frac{1}{2}$)。$q < \frac{1}{2}$ 时,性别比 $p > q$ 将会更好,而扩大;同样,$q > \frac{1}{2}$,则会被更小的 p 侵入。这样,$\frac{1}{2}$ 为式(2)意义下唯一的进化稳定的性别比。

三、正规型对策

现在引入一些对策论术语并且假设在我们的模型中,每个"参与者"的性态可以由纯策略有限集来描述。这可以是鹰和鸽的策略,也可以是性别比对策中"只生子"和"只生女"。一般,我们假设有 N 个纯策略 R_1 到 R_N。也允许参与者采用混合策略:即在纯策略 R_1 到 R_N 中带有预先给定的概率 p_1 到 p_N。(在鹰鸽对

策中,这意味着以某些概率升级战争;在性别比对策中,以某种给定的比混合雄和雌的后代)因为 $p_i \geqslant 0$ 且 $\sum p_i = 1$,一个策略对应于单形

$$S_n = \{ p = (p_1, \cdots, p_N) \in R_N \mid p_i \geqslant 0 \text{ 且 } \sum_{i=1}^{N} p_i = 1 \}$$

(6)

上一点 p。单形的角即为标准的单位向量 e_i(其中第 i 个分量为 1,其余分量为 0)而对应 N 个纯策略 R_i。内部 int S_N 由完全混合策略 p 构成,即对所有 i,$p_i > 0$,边界 bdS_N 由所有 $p \in S_N$ 且支集 sup $p(p_i) = \{ i \mid 1 \leqslant i \leqslant N, p_i > 0 \}$ 为 $\{1, \cdots, N\}$ 的真子集 J 的点所构成。反之,每一个这样的子集 J 定义了由对应的 e_i 所张成的边界面。

首先假设此对策仅有两个参与者,u_{ij} 表示一个采用纯策略 R_i 的参与者对一个采用纯策略 R_j 的参与者的支付。$N \times N$ 矩阵 $U = (u_{ij})$ 称为支讨矩阵。一个 R_i 策略家对一个 q 策略家得到(期望)支付 $(Uq)_i \sum u_{ij} q_j$(因为 q_j 为 R_i 策略家相遇策略 R_j 的概率)。p 策略家对 q 策略家的支付为

$$p \cdot Uq = \sum_{ij} u_{ij} p_i q_j$$

(7)

用 $\beta(q)$ 表示 q 的最佳响应集,即映射 $p \rightarrow p \cdot Uq$ 取最大值的策略集。显然,此集必含纯策略:更准确地说,此为 S_N 的非空边界面。

对策论中最重要的概念即 Nash 平衡态:这是一个关于自身最佳响应的策略。每一个正规型对策(由 $N \times N$ 支付矩阵 U 定义)至少有一个 Nash 平衡点。策略 q 称为严格 Nash 平衡点,如果它是自身唯一的最

佳响应,即

$$p \cdot Uq < q \cdot Uq \qquad (8)$$

对所有对策 $p \neq q$ 成立。易知,它必为纯策略。

练习 3 计算所有 2×2 矩阵的 Nash 平衡点何时为严格的?

四、进化稳定策略

现在考虑一个高密度的参与者群,它们与随机选取的对手遭遇。如果所有参与者都采用同样的严格 Nash 平衡 q,则每个偏离此平衡的个体就将处于严重不利的地位。从而,如此异端的性态就不会传播开。然而,在鹰鸽例子中,不存在严格的 Nash 平衡。我们不能假设每一个非严格的 Nash 平衡不被较小的异类侵入:因为入侵者可以采用很好的对策并传播,除非像我们将要看到的,它们正遭遇一个进化稳定种群。

让我们回忆由式(2)给出的进化稳定的定义。两种类型 I 和 J 对应于两种策略 $\hat{p}$ 和 p,而种群 $\varepsilon J + (1-\varepsilon)I$ 对应于混合策略 $\varepsilon p + (1-\varepsilon)\hat{p}$。这样,策略 $\hat{p} \in S_N$ 称为是进化稳定的,如果对所有 $p \in S_N$ 且 $p \neq \hat{p}$ 不等式

$$p \cdot U(\varepsilon p + (1-\varepsilon)\hat{p}) < \hat{p} \cdot U(\varepsilon p + (1-\varepsilon)\hat{p})$$

$$(9)$$

关于所有充分小 $\varepsilon > 0$ 成立,即小于某个合适的入侵障碍 $\bar{\varepsilon}(p) > 0$。

式(9)可以写成

$$(1-\varepsilon)(\hat{p} \cdot U\hat{p} - p \cdot U\hat{p}) + \varepsilon(\hat{p} \cdot Up - p \cdot Up) > 0$$

$$(10)$$

这意味着 $\hat{p}$ 为进化稳定策略(ESS)当且仅当下面两个条件被满足。

（1）平衡条件

$$p \cdot U\hat{p} \leqslant \hat{p} \cdot U\hat{p} \ \text{对所有} \ p \in S_N \qquad (11)$$

（2）稳定条件

$$p \neq \hat{p}, \text{且} \ p \cdot U\hat{p} = \hat{p} \cdot U\hat{p}, \text{则} \ p \cdot Up < \hat{p} \cdot Up$$
$$(12)$$

式（11）即 Nash 平衡的定义。对策 $\hat{p}$ 关于自身为最佳响应的。但是只有此性质不能保证非入侵性，因为可能存在另一个策略 p 也为最佳响应。此时，稳定性条件表明，$\hat{p}$ 对 p 比 p 对其自身更好。显然，严格 Nash 平衡蕴含 ESS 而 ESS 蕴含了 Nash 平衡。

取 $p = e_i$，由式（11）可得

$$(U\hat{p})i \leqslant \hat{p} \cdot U\hat{p} \qquad (13)$$

$i = 1, \cdots, N$。由假设可知，如果对所有 i 有 $p_i > 0$（对应于有效对局的纯策略），则等号必成立。Nash 平衡条件式（1）表明，存在常数 c 使得对所有 i 有 $(U\hat{p})_i \leqslant c$，等号当 $i \in \sup p(p)$ 时成立。特别地，$\hat{p} \in \text{int} \ S_N$ 为 Nash 平衡当且仅当其坐标满足线性方程

$$(Up)_1 = \cdots = (Up)_N \qquad (14)$$
$$p_1 + \cdots + p_N = 1 \qquad (15)$$

定理　策略 $\hat{p} \in S_N$ 为 ESS 当且仅当

$$\hat{p} \cdot Uq > q \cdot Uq \qquad (16)$$

在 $\hat{p} \in S_N$ 的某个领域中对于所有 $q \neq \hat{p}$ 成立。

证　假设 $\hat{p}$ 为进化稳定的。先证每个接近 $\hat{p}$ 的 q 都可以写成 $\varepsilon p + (1-\varepsilon)\hat{p}$，当 ε 很小。实际上，可在紧集 $C = \{x \in S_N \mid x_i = 0, \text{某些} \ i \in \sup p(\hat{p})\}$ 中取 p，而 C 为边界面而不含 $\hat{p}$。对每个 $p \in C$，式（9）对所有 $\varepsilon < \bar{\varepsilon}(p)$ 成立。易知，$\bar{\varepsilon}(p)$ 可选成连续的。则 $\bar{\varepsilon} = \min\{\bar{\varepsilon}(p) \mid p \in C\}$ 严格正且式（9）对所有 $\varepsilon \in (0, \bar{\varepsilon})$

成立。用 ε 乘式（9）两端再加上

$$(1-\varepsilon)\hat{p} \cdot U((1-\varepsilon)\hat{p}+\varepsilon p) \qquad (17)$$

取 $q=(1-\varepsilon)\hat{p}+\varepsilon p$，则得式（16）在某一邻域内关于所有 $q \neq \hat{p}$ 成立。反方向证明是类似的。

由此可得，如果 $\hat{p} \in \text{int } S_N$ 为进化稳定的，则不存在其他 ESS，而事实上无 Nash 平衡：确实，式（16）必关于所有 $q \in S_N$ 成立。这也就说明了一个 ESS 的支集一定不含于另一个的支集之中。存在对策无 ESS 或多个 ESS（则必在 bdS_N 上）。

在鹰鸽对策中，容易算出策略 $\hat{p}=(\dfrac{G}{C}, \dfrac{C-G}{C})$ 为 ESS。确实

$$\hat{p} \cdot Up - p \cdot Up = \frac{1}{2C}(G-Cp_1)^2 \qquad (18)$$

对于所有 $p_1 \neq G/C$ 为严格正，所以式（16）成立。因为 $\hat{p} \in \text{int } S_2$，所以 $\hat{p}$ 为唯一的 ESS。

练习 4　证明由下面确定的对策分别有三个及无 ESS。

$$(1) \begin{bmatrix} 1 & 0 & 0 \\ 0 & 1 & 0 \\ 0 & 0 & 1 \end{bmatrix} \qquad (2) \begin{bmatrix} 0 & 1 & -1 \\ -1 & 0 & 1 \\ 1 & -1 & 0 \end{bmatrix}$$

练习 5　设 $\hat{p} \in \text{int } S_N$ 为 Nash 平衡。证明 $\hat{p}$ 为 ESS 当且仅当 $\xi \cdot U\xi < 0$ 对所有满足 $\sum\limits_{i=1}^{N}\xi_i=0$ 的 $\xi \neq 0$ 成立。

练习 6　说明在定理的证明中可用如下的侵入障碍

$$\bar{\varepsilon}(p) \begin{cases} \dfrac{(\hat{p}-p) \cdot U\hat{p}}{(\hat{p}-p) \cdot U(\hat{p}-p)} & \text{如果 } p \cdot Up > \hat{p} \cdot Up \\ & \text{（从而 } 0<\bar{\varepsilon}(p)<1\text{）} \\ 1 & \text{其他} \end{cases}$$

博弈，基因与人类天性

无论如何，像布勒的异议 —— 不管它们是否有很好的依据 —— 都不应该被认为是支持一种极端的观点，即否认基因在行为中起的任何作用（让人惊讶的是，有时仍然被表达出来）—— 或者更精确的，人类行为之间的差异。当然，没有基因，就没有行为 —— 因为那样就将没有大脑，没有身体，无从开始。真正的问题是，个体基因组成的多样性是否导致人和文化中所显现的行为趋势的多样性。近年来，关于此问题最深入的研究者曾倾向于赞成基因在某些程度上起作用。任何说基因根本不起作用的人肯定不关心分子遗传学研究，尤其是在神经系统科学领域的研究。而且，正如进化心理学家所认为的那样，现代神经系统科学的确为许多大脑功能中的模块性提供了一些证据。但是，最近的神经系统科学也主要通过展示大脑的灵活性来举进化心理学的范例。事实上，为特定行为做准备的大脑的确是有特定系统的。但是，事实上，人类大脑在体验之后适应趋势的能力上展示了很强的灵活性（术语叫可塑性）。

—— 汤姆·齐格弗里德[1][2]

---

[1] 汤姆·齐格弗里德曾获得美国国家科学作家协会颁发的社会科学奖和美国地球物理学联合会颁发的终身成就奖。

[2] 汤姆·齐格弗里德，《纳什均衡与博弈论》，化学工业出版社，北京，2012年。

　　许多社会中体现的公正及行为的多样性,观点与人类心理通常是由过去进化所形成的观点很难达成一致。按照进化心理学的观点,不同文化条件下人类的行为不同。然而,博弈实验却得到了相反的结果。这给进化心理学家出了一道难题。

　　"我认为如果最终结果是,世界各地的人都是……冷酷自私的,进化心理学家们就会说,'看,我早告诉过你,'"博伊德说。"但若结果不是这样的话……对他们来说那就不是一个令人满意的事实。有相当的证据表明了博弈论的说服力。"但他指出,进化论对于人类心理学来说仍然重要。"受过教育的人都不应该怀疑心理学是进化论的产物——那是与生俱来的,"博伊德说。"问题是,它如何起作用?"

　　正如卡麦勒所说,进化心理学家总是可以退却到可靠的说法,即祖先的环境造就了人与人之间的不同。但在那种情况下,最初关于单一的"人类天性"的主张就显得相当的薄弱了。"我认为你可以拒绝接受有关文化多样性的强硬说法。"卡麦勒说。

　　我认为认识到这一点很重要,即对进化心理学与它智慧的先驱——生物社会学的敌对人士所提出的"基因决定论"的反对,并不是他们下意识的反应。关于进化心理学局限性的结论是有证可寻的。随着近十几年来进化心理学经常受益于有利的宣传潮涌,越来越多发人深思的批评(不是刻薄的论战)也渐渐地开始出现。

　　其中最有意思的一条批评来自于迪卡布北伊利诺斯大学的哲学家大卫·布勒(David Buller),他批判性地评价了一些进化心理学所主张的"成功"说明其严谨性,证明它们证据事实的模棱两可。在 2005 年出版的书以及同年发表在《认知科学的潮流》上的一篇论文中,布勒区分了纯粹的进化论研究和心理学的关系——进化心理学用一个小写字母 e 和 p 表示,从进化心理学来看,论文中的范例是基于"普遍人性学说"和"关于思想的适应性建筑是大量模块化"的假设。

"进化心理学家主张认为我们的心理适应能力是'模块'或者说有特殊用途的'小型计算机',它们在不断更新,都用来解决我们原始猎群祖先所面对的生存或繁衍的问题。"布勒写道。

他认为许多进化心理学家声称的"发现"都在评论分析下土崩瓦解。进化心理学家说他们的工作解释了嫉妒在性别上的差异,一种能发现"欺骗"的与生俱来的能力(例如,当一些人获取好处却没能履行义务),以及收养子女比其亲生子女更容易受到父母虐待的趋势。布勒说,无论进化心理学的解释看起来多么合理,其潜在的真实证据还是有缺陷。某些情况下,这些观点所依赖的数据可能偏执或不完善,而且有时研究方法并不够严密,不能够排除关于结果的其他可能性解释。例如,布勒坚持认为,旨在阐述大脑的"欺骗探测器"模块的卡片选择行务的结果,也能够通过没有模块但思考有逻辑性的大脑来解释。他写道:"虽然进化心理学的范式是一个大胆创新的说明性框架,它并没能从进化论的角度为人类心理学提供一个精确的理解。"

布勒的批判体现了一个长久以来备受争议问题的最新发展阶段,这是一个关于基因和进化在塑造人类文化和行为模式的作用的争论,一个被普遍认为是关

于先天和后天 —— 基因和环境之间的对决的问题。
进化心理学观点把巨大的力量归因于指导人类行为的
基因天赋。许多科学家、哲学家与其他流派的学者发
现关于基因力量独裁决定论的信仰让人尤为不悦。

　　无论如何,像布勒的异议 —— 不管它们是否有很
好的依据 —— 都不应该被认为是支持一种极端的观
点,即否认基因在行为中起的任何作用(让人惊讶的
是,有时仍然被表达出来)—— 或者更精确的,人类行
为之间的差异。当然,没有基因,就没有行为 —— 因
为那样就将没有大脑,没有身体,无从开始。真正的问
题是,个体基因组成的多样性是否导致人和文化中所
显现的行为趋势的多样性。近年来,关于此问题最深
入的研究者曾倾向于赞成基因在某些程度上起作用。
任何说基因根本不起作用的人肯定不关心分子遗传学
研究,尤其是在神经系统科学领域的研究。而且,正如
进化心理学家所认为的那样,现代神经系统科学的确
为许多大脑功能中的模块性提供了一些证据。但是,
最近的神经系统科学也主要通过展示大脑的灵活性来
举进化心理学的范例。事实上,为特定行为做准备的
大脑的确是有特定系统的。但是,事实上,人类大脑在
体验之后适应趋势的能力上展示了很强的灵活性(术
语叫可塑性)。

　　"近些年来的众多惊奇发现之一是我们发现大脑
有适应变化的系统,"位于新泽西的罗伯特伍德约翰
逊医学院的艾拉·布莱克(Ira Black)说,"我们发现环
境具有接近基因并在大脑内改变其活动的能力。"

　　可以肯定的是,遗传确实给大脑带来了一些影响,
但认为经验必定以某种方式否定了大脑的基因链却是

471

一个错误。事实上,正是大脑的基因链创造了这种依据经验而改变的能力。"基因是你灵活的原因,不能不考虑基因的因素,"神经系统科学家特伦斯·西里奥夫斯基(Terrence Sejnowski)和斯蒂文·库沃茨(Steven Quartz)在他们的书《说谎者,恋人和英雄》中写道。"你在这个世界上的经验常常深刻地改变着你大脑的构造、化学反应和基因表达,贯穿着你的一生。"

因此许多专家赞成基因是重要的,基因的多样性可以影响不同种行为的倾向性。另一方面,基因也并不是像一些基因－能量独断家所主张的那样全能。即使是动物,也经常被描绘成纯粹的"基因机器",通过应激反应程序响应刺激,实际上有大量的不能归因于基因多样化的行为。

多年以来,我偶遇一项关注的问题的研究,在老鼠身上进行一个尤为简单的行为反应。多年来,科学家已经惹恼了老鼠,通过把它们的尾巴浸入到一杯热水中(代表温度:约为 48.89 ℃),来测试老鼠对疼痛的反应。当然,老鼠不喜欢尾巴被浸到热水中,你一把尾巴放进去,老鼠就会把它猛拉出来。

但并非所有老鼠的反应都相同 —— 至少不是所有的老鼠都像其他一些老鼠一样迅速地拽出尾巴。实验发现,一些老鼠的平均反应为 1 秒或者更短,其他的可能要花上 3 秒或 4 秒。一些老鼠相对于其他老鼠来说,仅仅是对于疼痛更加敏感。显然环境的条件相同,实验试图推断出简单行为的差异反映老鼠基因的差异。验证这个问题很简单:既然实验是在具有不同应变基因的老鼠身上进行的,你所要做的全部就是比较做出不同应变反应的老鼠,观察其是否有一些基因轮

472

廓与其他拉尾巴较慢（或者较快）的反应相符合。

事实上,位于蒙特利尔的麦吉尔大学的杰佛瑞·莫格尔(Jeffrey Mogil)和他在伊利诺伊州大学的合作者们做这种把老鼠的尾巴浸在热水里的实验已超过10年了,积累了丰富的数据来进行分析。并且,分析的确证实了基因差异的相关性。保持环境条件不变(例如水温应该精确到49 ℃)一些具有平均基因应变能力的老鼠确实比其他老鼠拉尾巴快。

但是,通过进一步回顾,可以清楚看出,基因并不是唯一的影响因素,并且恒定的水温也不是唯一要考虑的环境因素。在回顾超过8 000个被激怒了的老鼠的反应后,莫格尔的研究队伍发现了所有影响老鼠反应速度的因素。被实验的老鼠是被关在拥挤的笼子里呢,还是它们有活动的空间? 它是第一只从笼子里跑出来的老鼠呢,还是第二只? 那是发生在早上、下午还是晚上? 有人记得测量湿度吗? 此刻谁抓着老鼠? "一个甚至比老鼠基因更重要的因素是进行测试的实验者,"莫格尔和他的合作者们在他们的论文中写道。换句话说,基因还不如哪个研究员正在控制老鼠重要。

事实上,经过计算机的反复核对所有因素,我们发现其中基因差异这个因素在尾巴测试反应速度的多样化中只占所有原因的27％。环境影响在表现差异的原因中占42％,19％归因于环境和基因的相互影响(那只意味着某些条件影响一些遗传品系,但不影响其他)。

莫格尔和他的合作者推断,实验室环境在老鼠的行为表现中起了很重要的作用,不是掩饰就是夸大了基因控制的影响。既然尾巴弹跳是一种如此简单的行为 —— 主要是脊髓反射 —— 说环境影响在那种情况下是侥幸成功是不太可能的。研究者们发现，更为复杂的行为甚至可能更易受到环境作用的影响。

类似这样的结果对我们的影响就像发现人们如何以不同方式进行经济博弈一样。基因、环境和文化的相互影响造就了老鼠和人类行为的多样性。人类种族为了在世界上生存，已经采用了一种具有变化的多样行为类型的混合战术。对于世界各地的文化不同，地球上布满了一种文化上的"混合战术"，而这种战术扎根于对行为如何进化的影响的混合，我们不应该感到惊讶。

拍卖与还价

第八章

拍　卖

> 博弈论最神奇的应用就在于无线电通信、短期国库券、石油勘探开采租约、木材和污染权等领域,这些物品通常以拍卖的形式出售,而这些拍卖是由博弈论学者设计的。
> ——罗杰·A.麦凯恩[①][②]

塞尔维亚·娜萨(Sylvia Nasar)在关于纳什的传记《美丽心灵》(Simon &.

[①]　罗杰·A.麦凯恩(Roger A. McCain),美国著名经济学家。

[②]　罗杰·A.麦凯恩,《博弈论战略分析入门》,机械工业出版社,北京,2006年。

Schuster,1998，p.375）中写道："博弈论最神奇的应用就在于无线电通信、短期国库券、石油勘探开采租约、木材和污染权等领域，这些物品通常以拍卖的形式出售，而这些拍卖是由博弈论学者设计的 ……"20 世纪，博弈论学者在拍卖的设计和运作方面确实起到了关键的作用。这里主要介绍博弈论在拍卖中的应用。

一、照相机拍卖

增价英国式拍卖是我们非常熟悉的拍卖类型（auction type），竞买者相继出价，且出价是逐步提高的。通常拍卖人会在每次出价之间根据一定数量提高价格，直到没有人愿意支付更高的价格为止。假设帕特和昆西在英国式拍卖中竞买一架照相机，他们买照相机给自己用，并不是想把它转手卖掉。昆西的出价为 100 元，竞价涨幅为 5 元，因此昆西下一次的出价就是 105 元。从博弈论的观点来看，帕特应该如何出价？他的最优反应是什么？

为了回答上述问题，我们需要了解帕特和昆西的收益。帕特的收益不仅取决于他是否能得到照相机，还取决于他以什么价格得到它。价格越高，收益越少。如果由于一些错误，我花 10 万元给自己买了一架照相机，我就会觉得自己受损失了。①因此，必须有一个价格上限，即买者愿意支付的最高价格，超过这个价格，买者就会觉得吃亏了。在经济学有关拍卖的术语

---

① 但是如果有人愿意支付 15 万元买这架照相机（也许认为它是一件古董），那情况就不一样了。这也就是为什么我们假设帕特和昆西购买照相机是要给自己用，而不是将它转手卖掉。

476

中,这一价格上限被称做竞买者的估价。[①]如果一个人以估价购买了某一拍卖品,那么这个人的收益既没有变好,也没有变差。但如果他以高于估价的价格得到该物品,那他的收益就变差了,如果以低于估价的价格得到该物品,那他的收益就变好了。

假设帕特的估价是114,他不知道昆西的估价,但猜可能是102或108。帕特有三种战略可供选择:出价105,110或弃拍。他是不是应该出价110以使昆西出局呢?尽管两人并不知道对方的估价,但他们都知道彼此的出价,因此这里不存在信息集。该拍卖博弈的扩展式如图1所示。图中,前面是帕特的收益,后面是昆西的收益。

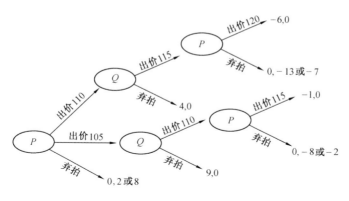

图1　照相机拍卖

①　保留价的概念在经济学中的应用非常广泛,它是指买者愿意支付的最高价格或卖者所能接受的最低价格。在一些拍卖中,卖者可以设定保留价,也就是他所能接受的最低价格。这也许是这个概念的最初用意。在关于拍卖的讨论中,估价这个概念的广泛应用避免了两个相关但不同的概念之间的混淆。

小练习:该博弈中有多少个适当子博弈？哪些是基本子博弈？该博弈的子博弈完美均衡是什么？[①]

通过后向归纳法可以发现,该博弈有两个基本适当子博弈,即帕特的再次出价(rebids),见图2和图3。在这两个子博弈中,帕特弃拍,则收益为0,但这比出价而收益为负要好。因此,在每个子博弈中,均衡收益组合都是下面的那一组。简化的照相机拍卖博弈见图4。

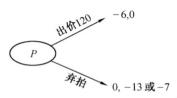

图2　一个基本适当子博弈

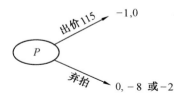

图3　另一个基本适当子博弈

这个简化的博弈依次有两个基本适当子博弈,见图5和图6。这些是昆西的战略,昆西的最优反应是弃拍,而收益为0,但这比出价而收益为负要好。在每个

---

① 答案:该博弈有三个适当子博弈,其中两个是基本子博弈,子博弈完美均衡是帕特出价105元,而昆西弃拍。

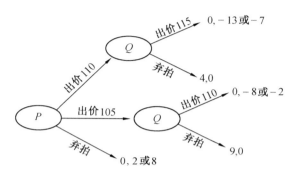

图 4　简化的照相机拍卖博弈

子博弈中,均衡收益组合是下面的那一组。进一步简化的拍卖博弈见图 7。显然,帕特的最优反应是出价 105 元。

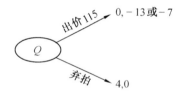

图 5　简化博弈的一个基本适当子博弈

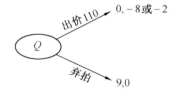

图 6　简化博弈的另一个基本适当子博弈

因此,该博弈的子博弈完美均衡是帕特出价 105

479

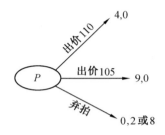

图 7　进一步简化的拍卖博弈

元而昆西弃拍。事实上,昆西的估价是多少并不重要。如果我们允许昆西的估价超过 110 元,那么,本例会变得更加复杂。但不管怎样,结论是只要照相机的价格没有超过帕特的估价,帕特就会提高出价。①这表明:在英国式拍卖中,只要出价小于你的估价,按照最小竞价涨幅提高出价就总能得到子博弈完美均衡。注意:帕特并不需要太多信息去考虑如何出价。他所需要考虑的只是他的估价和竞价涨幅。这是英国式拍卖最大的优点。

二、效率

如果两个竞买者理性地出价(即,他们的出价是子博弈完美均衡),那么,估价高的人总能得到拍卖品,这是有效率的。

回想一下,效率是指,如果不使其他人的收益变差就没法使某些人的收益变好,或者说没有办法改进某

---

　　① 如果昆西的估价是 115 元或更高,帕特就不会得到照相机。既然不存在这样一个价格使帕特可以以估价或低于估价得到照相机,那么他没得到照相机的收益会更好。在这种情况下,以高于昆西估价的价格得到照相机会使帕特的收益变差。

些人的收益但又不使其他人的收益变差。只有人们收益变好的可能性都得到实现，才可以说是有效率的。假设萨拉也有一架旧照相机，鲁思的估价是 100 元,萨拉的估价是 70 元。将这架照相机以高于 70 元低于 100 元的价格卖给鲁思,就能使两个人的收益都变好,或说没有人收益变差。如果估价低的人得到该物品,这个拍卖就是无效率的。以两种估价之间的价格卖给估价高的人可以消除这种无效率。

我们可以将拍卖类型的选择或设计当做是一种社会机制设计,效率通常是社会机制设计的一个标准,因此是否有效率对于拍卖来讲非常重要。英国式拍卖[①]是有效率的。

现在,再来看一种不同类型的拍卖,这种拍卖也非常重要。

三、易趣拍卖

易趣拍卖网产生于 20 世纪 90 年代的电子商务繁

---

① 英国式拍卖是有效率的,但由于拍卖规则要求每次出价都要以最小竞价涨幅高于前一次出价,这一规则是缺乏效率的。照相机拍卖的最小竞价涨幅是 5 元。假设昆西的估价是 102 元,帕特的估价是 104 元。如果昆西第一次出价 100 元,那么帕特的出价就不可能超过昆西,因为帕特下一步的出价必须达到 105 元,因而他的损失为 1 元。尽管帕特的估价比昆西高 2 元,但昆西会得到照相机,这就是缺乏效率的。但是这种低效率是有限度的。昆西的估价可以小于帕特,但两者之间的差额不会多于 5 元,即最小竞价涨幅。有经验的拍卖人会在拍卖过程中逐步降低最小竞价涨幅,这样低效率问题会有所缓解。但在实践中,通常只有一个最小竞价涨幅。在实践中英国式拍卖只能是近似有效率的。

在博弈论分析中,这些细节常常被忽略掉,也许在现实中我们所希望的就是近似有效率吧。

荣时期。它的出现可以说是该时期最成功、最具创新性的一项事业。 如果你访问易趣拍卖网（http：//www.ebay.com），浏览旧书等物品的拍卖网页，就会在网页的底端看到一个方框，见图 8，你可以参与任何一项拍卖。该网站对易趣拍卖运作过程的说明如下。

Dudley Pope – Ramage & the Saracens 1st UK HB
Item # 1528568008

Current bid:	US $15.00
Bid increment:	US $0.50
Your maximum bid:	☐

(Minimum bid : US $15.50)

Review bid

eBay will bid incrementally on your behalf up to your maximum bid, which is kept secret from other eBay users. The eBay term for this is <u>proxy bidding</u>.

Your bid is a contract - Place a bid only if you're serious about buying the item. If you are the winning bidder, you will enter into a legally binding contract to purchase the item from the seller.

图 8　易趣的拍卖窗口

　　如果你在易趣上发现了一件喜欢的物品，你愿意支付 25 元，但目前的出价是 2.25 元，那么，你需要坐在计算机前，耐心地一次次出价，直到达到 25 元。

　　幸运的是，参加易趣网的拍卖不用总这么麻烦，还有一种更方便的方法，具体操作过程如下：

　　（1）确定你的最高出价，在易趣拍卖窗口的指定位置输入这个数值。

　　（2）易趣根据你愿意支付的这个最高价格私下替你出价，你就不用一直关注拍卖的进行了。

　　（3）如果其他竞买者的出价高于你所愿意支付的

最高价格,你将无法得到这一物品。如果其他竞买者的最高出价低于你所愿意支付的最高价格,该物品就归你了。你最后实际支付的价格要比你愿意出的最高价钱低!

切记:易趣仅按你愿意支付的最高价格作为保持你最高出价者地位的依据。因此赢得投标并不容易。

易趣描述的这种拍卖类型叫做第二价格拍卖(second-price auction)。①每个竞买者给出一个价格,出价最高的人将得到这一物品;但其所支付的价格是第二最高出价。这样,竞买者就可以按照自己对拍卖品的估价进行出价,只要其他竞买者的估价比他的估价低,他就仍可以获得一定的收益。

第二价格拍卖经常以密封拍卖(sealed-bid auction)的方式进行,因为竞买者不必出席竞标,所以这种拍卖形式很方便。易趣拍卖是一种具有最低初始出价和竞价涨幅的第二价格拍卖。前面的出价胜过后面不按最小竞价涨幅提高价格的出价。因此,易趣拍卖不同于密封拍卖,它允许竞买者随着拍卖的进行逐步提高价格进行再次出价。然而,就像易趣的说明指出得那样,你也可以给出你所愿意支付的最高价格,如果其他竞买者愿意支付的最高价格低于你的最高价格,你将以第二最高

---

①　易趣拍卖仅仅是类似与第二价格拍卖,原因有两点:一是既然存在一个最小竞价涨幅,那么估价最高的人就不一定能够得到该物品。这将会导致低效率,同时这也就不是一个真正的第二价格拍卖。二是在英国式拍卖中,有的人可能推迟出价,以希望稍后所出的价格使得其他人无法进行出价。这种最后一分钟"剪断"的出价("sniping" with last-minute bids)发生在易趣上,但它并不是第二价格拍卖的特征。然而,易趣给我们的建议依据的是第二价格拍卖的优点。

出价获得拍卖品。

下面是鲁思和萨拉竞买一件物品的投标博弈。鲁思的估价是 100 元,萨拉的估价是 70 元。拍卖底价是 50 元。双方并不知道彼此的估价,即对鲁思来说,萨拉的估价是未知数 x。鲁思认为 $x < 100$ 的概率为 p,而 $x \geqslant 100$ 的概率为 $(1 - p)$。对萨拉来说,鲁思的估价也是未知的,设为 y,$y < 70$ 的概率为 q,而 $y \geqslant 70$ 的概率为 $(1 - q)$。

鲁思首先出价,她有三种战略可供选择:出价 50 元;出价 100 元;或等到第三阶段再出价。接下来,萨拉出价 70 元或弃拍。鲁思可以再次出价,但需要花一点力气,假定再次出价的成本为 3 元。(既然再次出价是自动的,努力成本就应该很小,但究竟有多小并不重要,只要它是正的)

收益见图 9。此处收益以期望值的形式表示。萨拉的出价被表示成未知数 x,不同战略的收益由选择该战略的概率来确定。节点 1 和 4 ~ 6 是鲁思的战略选择,而 2 和 3 是萨拉的战略选择。易趣并不显示鲁思愿意支付的最高价格,因此,萨拉不知道鲁思的战略。这就是为什么节点 2 是一个信息集。节点 4 和 6 是基本子博弈,可以进行简化。

在节点 4,鲁思出价 100 元,见图 10。她将以 70 元(即萨拉愿意支付的最高价格)得到该物品,收益为 $27p$,其中,再次出价的净努力成本是 3 元。

在节点 5,鲁思仍出价 100 元。在节点 6,鲁思并不在乎出价 50 元还是 100 元,但是会出价,并且在出价 50 元时得到的收益为 $47p$,再次出价的净努力成本仍为 3 元。根据图 11 和图 12 的信息,可以将节点 3 简

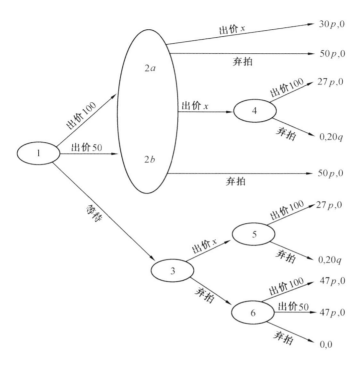

图 9 扩展式易趣博弈

化为图 13 所示。

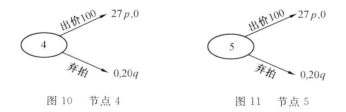

图 10 节点 4   图 11 节点 5

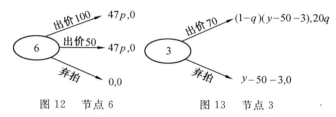

图 12 节点 6　　　　图 13 节点 3

鲁思在节点 3 的估价为 y。出价的收益取决于 $y \geqslant 70$ 的概率，是一种期望收益，这就意味着在节点 5 鲁思会出价并且胜出。只要 q 是正的，萨拉的最优反应就是出价。节点 6 可以被剔除，鲁思等待的收益至多是 $27p$。

这样，我们就可以得到一个扩展式博弈，如图 14。这仍是一个相当复杂的博弈。一方面，萨拉并不知道鲁思出价的上限（如果鲁思出价），因此节点 2 有一个信息集。另一方而，萨拉也有一些信息，即她知道鲁思在第一阶段是不是出价。简化的博弈的标谁式如表 1 所示。

表 1　简化的易趣博弈的收益矩阵

		萨　拉			
		如果鲁思出价，则出价 70 元；如果鲁思等待，也出价 70 元	如果鲁思出价，则弃拍；如果鲁思等待，则出价 70 元	如果鲁思出价，则出价 70 元；如果鲁思等待，则弃拍	如果鲁思出价，则弃拍；如果鲁思等待，也弃拍
鲁思	出价 100 元	$30p, 20q$	$50p, 0$	$30p, 20q$	$50, 0$
	出价 50 元	$27p, 20q$	$50p, 0$	$27p, 20q$	$50, 0$
	等待	$27p, 20q$	$27p, 20q$	$47, 0$	$47, 0$

在剔除劣战略之后，我们可以发现，纳什均衡在表 1 的左上方：即鲁思出价 100 元，萨拉出价 70 元。首

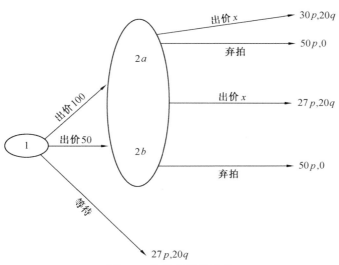

图 14　简化的易趣博弈

先，剔除鲁思等待而萨拉弃拍的战略，此时，萨拉的收益为 0 而不是 $20q$，所以萨拉不会选择该战略，此时均衡没有出现。鲁思等待而萨拉出价 70 元的战略中，鲁思的收益是 $27p$，而如果鲁思出价则至少可以得到 $30p$，多于 $27p$，因此鲁思不会等待。现在看四个非阴影方格，萨拉在第一轮不会弃拍，鲁思知道萨拉会出价，因此会出价 100 元，以得到 $30p$ 的收益，而不是出价 50 元得到 $27p$ 的收益。

　　这是易趣博弈中的子博弈完美均衡：每个竞买者尽可能以他们的估价进行出价。同样，在第二价格拍卖中，尽可能地以估价进行出价也是理性的。这也正是易趣建议其顾客所做的。

　　与英国式拍卖类似之处在于，易趣拍卖不需要竞买者了解太多的信息。但竞买者需要明确自己的估价

487

和竞价涨幅。但与英国式拍卖不同的是,易趣拍卖不需要竞买者观察拍卖的进行。这也就是易趣拍卖成功的原因。

四、拍卖的种类和框架

拍卖历史悠久,类型繁多。英国式拍卖是一种最普通的增价拍卖。还有很多拍卖是降价拍卖,比如荷兰式拍卖,拍卖人以高价起拍,然后价格逐步降低,直到有人接受该价格并以该价格获得拍卖品。17 世纪 30 年代,荷兰人热衷于投机炒作郁金香球茎,掀起了著名的"郁金香泡沫"(tulip bubble)。虽然泡沫最终破灭了,但当时用来销售郁金香的这种拍卖形式却流传了下来。

另一种拍卖类型是密封拍卖,即只有拍卖人知道出价。

密封拍卖具有如下特征:

(1)单轮第一价格(single round first price):出价最高的人获得拍卖品,并按其出价进行支付。

(2)单轮第二价格(single round second price):[1] 出价最高的人获得拍卖品,但其所支付的是第二最高出价。这就允许竞买者按照他们的估价进行出价,如果其他竞买者的估价低于最高估价,买受人(最后购买拍卖商品的人)就能获得一定的收益。易趣拍卖将增价拍卖的一些特征融入第二价格密封拍卖,第二价格拍卖的特征使得易趣拍卖的竞买者能够在拥有少量信

---

[1]　诺贝尔奖金获得者、经济学家威廉·维克瑞(William Vickrey, 1914—1996)发现了第二价格拍卖的特定优势,因此有时第二价格拍卖也被称为维克瑞拍卖。

息的前提下进行投标。

(3) 多轮(multiple round):密封拍卖也可以进行
多轮。

通过上面的分析可以看出,每一种交易都有很多
拍卖形式可供选择。简化的方法就是找出哪些拍卖类
型是等价的。威廉·萨缪尔森(William Samuelson)
写道:"证明(第一价格)密封拍卖和荷兰式拍卖是战
略等价的很容易;…… 与其等待价格的降临,不如每
个买者都把自己的出价写出来。"① 相同的战略和均
衡可以出现在不同类型的拍卖中。即使拍卖不是"战
略等价"的,如果拍卖形式可以给买者带来相同的收
益(期望收益),则是收益等价的。英国式拍卖和荷兰
式拍卖的均衡是不同的,因此二者不是战略等价的,但
在某些情况下,它们是收益等价的。

上述所有分析都依赖于有关竞买者和拍卖环境的
假定。我们假定,拍卖战略和结果不仅取决于拍卖类
型,还取决于拍卖环境,即拍卖的收益和拍卖者掌握的
信息。另一个假定就是竞买者是对称的,没有"强"和
"弱"之分。但事实并不总是这样,结果也就有可能不
同了。

到目前为止,我们所举的例子都是单一物品的拍
卖,并且买者购买物品的目的是自己用,而并不是转
卖。在这些例子中,我们假设每个竞买者的估价是给
定的,至于他想出多少钱买照相机或图书仅仅取决于

① William Samuelson, "Auctions in Theory and Practice," in
K. Chatterjee and W. Samuelson, Game Theory and Business
Applications (Boston: Kluwer, 2001).

他的偏好。设想,如果拍卖品是用于石油开采的土地,没有人知道这片土地是否蕴含着石油。如果有石油,每个开采商都能够发现并获得均等的利润。但是没有人知道石油开采能带来多少利润。在这种情况下,每个厂商的估价并不取决自己所知道的个人偏好,而是取决于大家都不知道的客观环境。我们已经假设照相机和易趣拍卖均是私人价值(independent private values)拍卖。下面再来看两个例子。

五、胜利者的灾祸

拍卖类型关系重大。下面是共同价值(common value)拍卖的例子。

三个石油开采商以密封拍卖的形式竞争一片未开垦土地的石油勘探权。我们称他们为红方、褐方和黑方。他们都是风险中立的,因此,他们会权衡可能的收益和损失,以期望值的大小来判断不同机会的价值。每一家都依据这片土地没有石油以及是一个新的富矿带的概率,估算出了将要开采的石油的期望市场价值。然而,任何估价都有误差,因此每一家的估价都由两部分组成:实际的市场价值 1 000 万美元和随机误差。他们的估价见表 2。

表 2   三个公司的期望市场价值

红方	700 万
褐方	1 100 万
黑方	1 200 万

假设该拍卖是第一价格拍卖。若黑方以其估价出价,他就将胜出,但会损失 200 万美元,因为这片土地实际的市场价值为 1 000 万美元,这就是胜利者的

灾祸。在共同价值拍卖中，如果竞买者按照其估价出价，赢家就是估价高出共同价值最多的人。

如果该拍卖是第二价格拍卖会怎样呢？[①]第二价格拍卖在私人价值拍卖中具有简洁和有效率的优点。本例为共同价值拍卖，所以我们不能像以前那样进行分析。但与私人价值的第二价格拍卖一样，简单地按照期望市场价值出价是不理性的。假设三家公司都按照他们相应的期望市场价值出价，结果是黑方胜利，但黑方需支付第二价格，也即是褐方的出价 1 100 万美元。既然实际的市场价值是 1 000 万美元，那么作为胜利者的黑方仍会损失 100 万美元。因此在第二价格拍卖中，胜利者的灾祸仍然发生了。但在第一价格密封拍卖中，黑方的损失更多。如果竞买者很多，第二最高出价者也可能高估其价值，那么赢家会遭受更大的损失。

当然，真正的投标者并不愚蠢。理性的投标者会"综合考虑各种因素"（put himself in the equation），并且出价会低于自己的估价。"对于石油租赁拍卖的估价统计模型，均衡战略一般产生于密封投标中 30％ ～40％（依据投标者的数量而定）的公司对土地价值的无偏估计。"[②]这种战略反应意味着最好的拍卖类型与共同价值拍卖的区别要比与私人价值拍卖的区别要

---

① 这种拍卖形式一般不会用在石油勘探开采权的拍卖中，但这里用来指出私人价值与共同价值拍卖的区别。

② William Samuelson，"Auctions in Theory and Practice，" in K. Chatterjee and W. Samuelson，（Boston：Kluwer，2001），citing R. Wilson，"Bidding，" in J. Eatwell，M. Milgate，and P. Newman（London：W. W. Norton，1995）.

大。

六、两件互补品的拍卖

单一物品的拍卖可能是复杂的,而同时拍卖多件物品的情况会更加复杂。在电磁波频段的拍卖中,拍卖品是电磁波频段的使用许可证。既然为相邻的地区提供无线电通信服务可以使投标者获得更多的利润,那么投标者为相邻地区提供服务的估价就可能高于单独对某个地区提供服务的估价。在这种情况下,两个地区就是互补的,两种估价是彼此依赖的。

下面这个例子描述的是两个地区的无线电通信服务的频段使用许可证的拍卖。先拍卖 X,其次是 Y。三个投标者分别为公司 A,B 和 C。A 对同时提供两个地区的服务感兴趣,而另外两家公司并不这么想。B 对把 X 纳入到他们已经在附近地区提供的服务中感兴趣,而 C 对提供对 Y 地区的服务感兴趣,但前提是它能够完成与 D 的合并,D 已经在对 Y 的相邻地区提供服务了。投标者对 X,Y 以及同时提供对两地的服务的估价见表 3。

表 3　电磁波频段拍卖中投标者的估价

投标者	X	Y	同时提供对两地的服务
A	2	3	12
B	5	1	8
C	1	4,8	5,9

表 3 中 C 对提供 Y 地区的服务的估价有两种,这依据合并是否发生。如果合并没有发生,C 对 Y 的估价是 4;如果合并发生,C 对 Y 的估价是 8。在投标的时

候,C 知道合并是否会发生,但其他投标者不知道。

为简化该拍卖,假设 A 在每次投标中都首先出价,并且 A 知道表格 3 中的所有信息,也即 A 知道自己、B 以及 C 的估价,但 A 并不知道 C 对 Y 的估价是 4 还是 8,也不知道 C 对同时提供对两地的服务的估价是 5 还是 9。假设 A 赋予 C 对 Y 的估价为 4 或 8 的概率均为 0.5,同样赋予 C 同时提供两地的服务的估价为 5 或 9 的概率也均为 0.5。这样我们就可以仅关注 A 的战略以及那些实际上决定合并是否会发生的"自然法则"。

该博弈的扩展式见图 15。在节点 $A1$,A 的出价至少为 5 才能得到 X,因为 B 的出价为 5。如果 A 选择"否",即出价不为 5,他仍然会出 2 以防止 B 犯错误,因此 B 的出价只要大于 2 就能得到 X;A 对 Y 的出价是 3,因此 C 的出价只要大于 3 就能得到 Y,A,B 和 C 的收益依次是 0,(小于 3),和(小于)1 或 5。C 的收益是 1 还是 5 取决于它的估价是 4 还是 8。[①]如果 A 选择出价(为 5),他就会考虑合并是不是会发生(从 C 的出价中可以了解这一信息)。合并是否会发生是由"自然法则"决定的,它赋予混合战略即(估价)$V=4$ 的概率为 0.5,$V=8$ 的概率也是 0.5。在上面的箭头处,C 的估价是 4,因此 A 出价为 4 就能得到对 Y 地区提供服务的许可证,那么 A 就能够从提供对两地的服务中赚取 $12-5-4=3$ 的利润,其他两家公司的利润为 0。在 $V=8$ 的箭头处,即节点 $A2$,A 必须作出选择,是否应

---

① 为了确保完整,扩展式博弈的图表应该包括这些决策,但是这里我们作这种非正式的处理会使图形看起来比较简洁。

该出价为 8 得到对 Y 地区提供服务的许可证。如果 A 不出价,它只能得到 X。他对 X 的估价为 2,但为此支付了 5,因此收益是 -3。而 C 只要出价为 3 就能得到 Y,且利润为 5(或者可能小于 5),B 什么都没有得到,收益为 0。如果 A 选择出价为 8,它就能得到对 X 和 Y 地区提供服务的许可证,总的出价为 $5+8=13$,损失为 1,因为它原本对同时提供两地的服务的估价是 12。其他投标者什么都没有得到,收益为 0。现在用后向归纳法来解决图 15 中的这个博弈。节点 $A2$ 上的子博弈是基本的。损失 1 胜过损失 3,所以 A 将出价 8 得到 X 和 Y。估计它在点 N 的收益,可以算出预期收益为 $0.5(3)+0.5(-1)=1$。因此该博弈可以被简化,如图 16。既然预期的收益是 1 胜过收益为 0,因此 A 会出价以得到 X 和 Y。

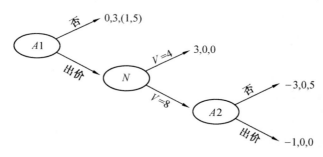

图 15　投标者 A 的战略的扩展式

这个例子揭示了一些重要的原理。

(1)A 在犹豫对 X 的出价要不要高于 2,因为如果合并发生,C 对 Y 估价就会比较高,A 若对 X 出高价就会亏本。确实,如果 A 认为合并会发生因而 C 对 Y 的估价为 8,那么 A 对 X 的出价就不会超过 2,因为若 A

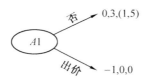

0,3,(1,5)

−1,0,0

图16 简化的投标博弈

的出价超过 2 他就会亏本。这种亏本的问题会降低互补品拍卖的效率，并使卖者的收益减少。

（2）既然 A 对同时提供对两地服务的估价是 12，那么 A 对 X 和 Y 的总出价为 13 就不能算是有效率的，如果合并发生，那么这个结果对 A 来说既不划算，又是缺乏效率的。

（3）通常，互补品的序贯拍卖的效率取决于拍卖的细节。尤其在本例中，拍卖的结果取决于出售 X 和 Y 的顺序。假设先出售 Y，那么，只要 C 出价，A 就知道合并是否发生了。这样，不管 C 的出价是 4 还是 8，拍卖的结果都是有效率的。

由于知道可能存在上述问题，博弈论学者在实际设计电磁波频段拍卖时采取了不同的方式。他们并不是依次出售许可证，而是同时对所有地区的电磁波频段使用许可证进行招标。如果本例中的拍卖是序贯拍卖，那么 A 决定对 X 出高价之前可以知道 C 对 Y 的出价。

但问题并不止这些。除了亏本的问题之外，还有反向的搭便车问题。假设先拍卖 Y，C 对 Y 的出价是 8。只要同时提供对两地服务的许可证的总价格至少是 12，A 就无法通过投标赚取利润，因此 B 和 C 将得到许可证。假定 B 在 X 上出价为 5，C 就可以将他对 Y 的出价限定在 7，也即总的出价为 12。C 就是 B 的搭便车者，尽管 Y 先被出售，但这无关紧要，B 除了按照自己的估价进行出价外没有其他选择。然而，如果两个地区的许可证被同时拍卖，A 和 B 就会犹豫是否按照他们的全部估价出价，每一家都希望自己是别人的搭便车者，这就使得 A 可以得到 X 和 Y。亏本和搭便车的问题越严重，就越能凸现同时拍卖的优点。

同时拍卖多件物品的情况比较复杂。如果拍卖的物品不是互补品，而是替代品，那么这就将导致一系列不同的问题。

七、拍卖形式的选择

正如我们所看到的，拍卖的结果取决于拍卖框架（auction frame）的细节。共同价值，具有互补性或替代性的多件物品以及拍卖框架的其他方面，都有可能改变每一种拍卖类型的结果，拍卖类型不同，改变的方式也不同。这种敏感性再加上拍卖框架、类型以及目标的多样性，就意味着某种特定的拍卖类型的选择或设计是一件很痛苦的工作。如果设计一种特定的拍卖（例如出售短期国库券或配置电磁波频段），我们就会想到依据不同的环境选择不同的拍卖类型。这就是结果等价（equivalence results）的重要之处。

我们设计的目标也许不止一个。一个显著的目标就是使卖者的收益最大化。当拍卖应用于电磁波频段等公共物品的配置时，效率和公平就成为设计的目标。在美国政府配置电磁波频段的拍卖中，其中一个目标就是鼓励小企业和女性创办的企业投标。既然每种成功的拍卖类型从框架上来说可能是不同的，那么我们就可以将拍卖的设计看作是匹配拍卖的类型、框

架和目标的过程。例如,英国式拍卖在单一物品的私人价值拍卖方面就很有效率。

博弈论还没有分析过多种拍卖形式结合的情况,这是一个有待解决的问题。我们能够解决的那些简单的例子(像互补品拍卖的例子)提醒我们,对于一些问题可以采用试探性的解决方法。总之,我们从实验以及博弈论分析的角度介绍了很多有关拍卖的类型的知识。接下来简要总结了一些实验结果,但不包括任何实验的细节。

八、一些实验结果

1　私人价值

拍卖的设计者关心的是拍卖的效率以及卖者的收益。在私人价值和最优反应战略下,英国式拍卖是有效率的。它可以使卖者的预期收益最大化。博弈论分析告诉我们,英国式拍卖、荷兰式拍卖和密封拍卖在效率以及收益最大化这两个标准上是等价的。然而在荷兰式拍卖和第一价格密封拍卖的均衡中,竞买者使用了混合战略,因此卖者的收益就存在风险。实验告诉我们,密封拍卖相对于其他拍卖类型来说,倾向于使卖者获取更多的收益,而英国式拍卖倾向于高效率。

2　共同价值

如果假设投标者是对称的和风险中立的,那么理论上,对于共同价值拍卖,所有的拍卖类型都是同等有效率的。然而英国式拍卖具有一些优点。竞买者可以通过观察其他参与者的出价来调整他们对共同价值的估计,因此他们没有必要过多地低于估价出价,以使自己免受胜利者的灾祸。最终,英国式拍卖能使卖者获得最高的收益。但实验表明,竞买者的出价往往高于

497

理性的出价。也就是说竞买者对自己的估价非常自信,认为不需要过多地考虑误差以及从其他竞买者的出价中得到信息。有时胜利者的灾祸在现实的市场中也会发生。例如,有证据表明,海外石油勘探开发租赁投资的收益比竞争性投资的收益少,这与海外石油勘探开发租赁拍卖中存在胜利者的灾祸是相符合的。实验表明,英国式拍卖比荷兰式拍卖的效率高,但卖者得到的收益要少。

九、小结

拍卖逐渐成为市场经济中配置稀缺资源的手段之一,它同时也成为博弈论研究的一个重要和新兴的领域。

通常,在拍卖中,参与者的收益取决于他的估价和他所支付的价格。如果他的估价不受其他参与者所拥有的信息和出价的影响,就是私人价值拍卖。然而,如果对于所有竞买者来说,拍卖品的价值都一样,但竞买者所拥有的信息不同,那么他们的估价就取决于其他竞买者所拥有的信息,这就是共同价值拍卖。不同的拍卖框架需要不同的拍卖类型。在私人价值拍卖中,第二价格密封拍卖在理论上非常完美,但在共同价值拍卖中可能会出现"胜利者的灾祸",在这种情况下第二价格密封拍卖可能是缺乏效率的,并且卖者得到的收益比英国式拍卖少。不幸的是,如同拍卖在其他领域中的实际应用一样,现实情况是非常复杂的,现在还没有成体系的理论,我们还有太多的东西要学习。

十、练习与讨论

1　易趣拍卖

浏览易趣网,找一个正在进行并且已经有人出价

的拍卖。古代艺术品的拍卖就是一个很好的例子。可以从此处查找:http://listings.ebay.com/aw/plistings/list/all/category20216/index.html。

每天观察这一拍卖,假设该拍卖是私人价值拍卖,分析这些出价是不是理性的? 如果是共同价值拍卖,分析哪些出价是不理性的? 为什么? 你如何解释?

2　集邮爱好者困境

洛克是一个集邮爱好者,他专门收集 the Republic of Lower Fogravia 的邮票。他愿意支付高达 50 万美元的价钱,以确保他的收集是完整的。洛克在这种邮票的收集上有一个竞争对手桑德,每一次提供这种邮票的拍卖会他通常都会参加。桑德和洛克一样,也决定要让自己的收集是完整的。两人同时出席一个拍卖会,这个拍卖会拍卖的是一张印倒的 36 芬尼的 Fogravia 邮票。洛克知道这种邮票只发行了很少一部分,并且目前只有两张在博物馆里。洛克不知道桑德是否也有一张。这是一个私人价值拍卖吗? 假设洛克观察到桑德并没有为这张邮票出价,洛克能从中推断出什么? 假设洛克观察到桑德正在为这张邮票出价,那洛克又能从中推断出什么?

3　拍卖框架

这里有一些拍卖的例子。指出将它们作为私人价值拍卖进行分析比较好,还是作为共同价值拍卖好? 并说明为什么。

(1)作为私人收藏的独一无二的古代艺术作品的拍卖;

(2)美国依阿华州(Iowa)迪比克(Dupuque)一些地区的电磁波频段的拍卖;

（3）一家以出售古籍为主的破产书店的存货的拍卖。

4 缺席出价

我曾花时间研究过旧家具的拍卖。一个拍卖人将缺席者的出价写下来，并且根据竞价涨幅替这个缺席者出价。但我还见过另一个拍卖人（可能缺乏经验），他以缺席者的出价起拍，因此缺席者的支付就不可能少于已经写出的出价。如果拍卖人采用第二种方法，对你的出价战略将产生怎样的影响？

5 另一个在线练习

比较电磁波频段拍卖(http：// www. spectrumauctions. com/spectrum-home. html) 和易趣的发动机拍卖 (http：// pages. ebay. com/ebaymotors/index. html)。你将选择哪种拍卖形式来购买一辆法拉利跑车呢？为什么？你将选择哪种拍卖形式出售一件你刚刚修理过的 20 世纪 50 年代的 TR3 呢？

美元拍卖

冯·诺伊曼可能低估了博弈论在表示"神经过敏者"的非理性行为方面的能力。"美元拍卖"博弈中就有这种不断升级的令人憎恶的行为，也许是我们遇到过的最稀奇古怪，最不切实际的博弈；然而从更深层次的意义上来说，美元拍卖博弈又是我们这个核时代的最真实的写照，它比我们此前介绍过的任何一个二难博弈更深刻地证明了博弈论在解决某些类型社会问题

中的重要性。

—— 威廉姆·庞德斯通①②

这是洛斯阿拉莫斯的一个晚宴。在为原子弹工作了一整天以后,科学家们可以放松一下了。谈话有时会偶尔转到在其他星球上的生活这个话题上去。恩里柯·费米提出了这样一个问题:在其他星球上是否存在具有智能的生命? 有的话他们在哪里? 为什么我们检测不到他们的任何信号? 当时没有任何人能回答他的问题。

冯·诺伊曼后来回答了这些问题。他的答案是刘易斯·施特劳斯在《人和决策》(*Men and Decisions*,1962)中报道出来的。 施特劳斯说,在广岛事件之后不久,"冯·诺伊曼半认真、半开玩笑地提出了一个观察报告,说天空中的超新星 —— 那些神秘的星球突然变得极亮极亮,然后很快变成天空中的灰烬 —— 由此可以证明其他星系中有感知能力的生物已经达到了他们所具有的科学知识的极限,由于没能解决如何共同存在下去这个问题,至少他们通过宇宙集体自杀而成功实现了一致。"

有一种说法,人类是地球上唯一一种生物,是自知必死的。原子弹的诞生第一次尖锐地让人们认识到,人类自身也是有可能灭亡的。冯·诺伊曼玩笑式的评

---

① 威廉姆·庞德斯通(William Poundstone)曾在麻省理工学院学习物理学,定居于洛杉矶。他为世界各地的报刊、杂志以及美国电视台撰稿。两本著作获普利策奖提名。

② 威廉姆·庞德斯通,《囚徒的困境 —— 冯·诺伊曼,博弈论和原子弹之谜》,北京理工大学出版社,北京,2005 年。

论的力量在于它充满了智慧,看出只消一个人就可以造成巨大的灾难。希特勒曾经说过他需要一种能毁灭整个世界的炸弹,这个故事被兰德的海曼·卡恩在分析热核战争时多次地引用过。在历史的长河中,偶尔出现一些坏的领袖和坏的决策是不可避免的。当前的热核战争不一定能彻底灭绝人类(它不见得能释放出一颗超新星的能量)这样一个事实当然与我们讨论的问题无关。冯·诺伊曼认识到武器的威力在以指数方式增长,在几代人的时间里(同地球的历史相比这只是一个瞬间),武器的能量可以与星球的能量相比是可能的。

正是人类的所有文明竭尽全力避免了全面战争,勉强地挡住了一次又一次的灾难,在裁军方面也取得了短暂的成功。然后最后一次危机降临了,在这次危机中,用先发制人的办法防止星球范围内的大屠杀的理性的集体呼声太弱了 —— 这就是我们为什么不能检测到从那儿的智慧生物发出的任何无线电信号的原因。

道格拉斯·霍夫斯塔特不那么太悲观,他认为宇宙中可能存在两种类型的智能化社会,类型 I 的社会成员以一次性囚徒困境博弈的方式合作,类型 II 的社会成员则实行背叛。霍夫斯塔特认为类型 II 的社会最后会自我爆炸。

即使是这样一种微弱的乐观主义也是大成问题的。自然选择法则大概在宇宙的任何地方都是按几乎相同的方式起作用的。我们在地球上看到的合作和背叛的反复无常的混合可能在别的世界上也在不断发生。如果自然选择法则偏爱以一次性囚徒困境博弈方

式实行背叛的那些生物的话,那么所有有智能的物种都将通过遗传"以编程方式"这么做。

恐怕霍夫斯塔特说的是一种更广泛的自然选择。可以相信自然选择只会产生类型 II 的社会,而且一旦这种社会达到全面技术危机的状态,它们必须找到一种方法把自己转变到类型 I 的社会上去,否则就会灭亡。问题在于这是否有任何成功的希望。

一、逐步升级

冯·诺伊曼有一次在谈到氢弹时曾对奥本海默说:"我不认为任何武器都可以做得太大。"战争的历史就是更加能置人于死地的武器不断升级的历史,但是没有哪一方说他想要这种武器。中世纪能刺透盔甲的弩就被认为是这样一种可怕的武器,因此中世纪的王国曾经请求教会宣布它为非法。阿尔弗雷德·诺贝尔(Alfred Nobel)发明比黑色火药的威力大得多的达那炸药(dynamite),是为了使战争恐怖得难以想象,并从而开创和平岁月。[①]原子弹和氢弹的制造者们,从奥本海默到特勒,虽然政治观点极为不同,但都以各自的方式认为这将导致世界政府和战争的终结。

然而实际情况却是:不但前所未有的可怕武器被使用着,而且它们还刺激着军备竞赛。"历史在不断重复着自己"这种说法在军事历史中也许是最真实不过的了。

19 世纪末,英法两国开始建造军舰以各自保卫自

----

① 这是指诺贝尔的初衷。诺贝尔在 1890 年的一封信中写道:"我希望我能够制造一种东西或是机器,具有极端可怕的破坏力,使一切战争因此而完全不可能发生。"—— 译者注

已防止对方侵犯。德国很快注意到了这一点,并发现自己落后了。到世纪交替之际,德国皇帝已经把德国战舰的数目翻了一番。德国坚称这是为了防御,而不是为了进攻。英国开始警惕德国的威胁,但他们不是简单地建造更多的军舰,而是启动了一个应急计划,生产更强大的军舰。1907 年,英国海军部为无畏战舰(Dreadnought)举行了揭幕仪式,这是一艘比以前的任何战舰都更快、装备更精良、有更多火力的战舰。海军上将菲希尔①(Admiral Fisher)夸口说,一艘无畏战舰可以击沉整个德国海军。

德国人别无选择,只能建造自己的无畏战舰。一旦双方都有了无畏战舰,力量的天平再一次向拥有数量上优势的一方倾斜。英国和德国开始竞赛以生产最多的无畏战舰。德国赢得了这场竞赛(直至第一次世界大战爆发),这样英国实际上处于不那么安全的地位。H. C. 拜沃特(H. C. Bywater)在《海军和国家》(Navies and Nations,1927)一书中抱怨说:"通过采用无畏战舰政策,我们只是丧失了我们对未来敌人的许多优势,却没有获得任何回报。…… 到 1914 年,英国海军的力量同德国海军的力量相比下降了百分之四十到五十,这是无畏战舰政策的直接后果。"

在许多方面,原子弹正是这个故事的最新一章。原子弹花费了大量金钱,但从长远来看,却没有使任何人更加安全。令人感到宽慰的思想,即历史在不断重

---

① 菲希尔(1841—1920):曾任英国海军大臣。任内他推动了英国海军的改革,为第一次世界大战中取得胜利奠定了基础。无畏战舰的设计和生产就是他主持的。—— 译者注

复着自己,被以下事实败坏了:历史并不能精确无误地重复。氢弹比无畏战舰或弩可怕得多。

1951 年 11 月 21 日,冯·诺伊曼给刘易斯·施特劳斯写了一封信,对 L.F. 理查森发表在权威的《自然》杂志上的一篇论述战争的原因的文章提出批评。[①]冯·诺伊曼写道:

"他所表达的一个量变的观点我是赞成的,那就是在战争的预备阶段,在一定程度上是一个相互刺激的过程,其中任何一方的行动都刺激了对方的行动。然后一方对另一方的反应又反馈回去,造成后者采取比'上一轮'更进一步的行动,如此等等。换句话说,这是 2 个组织之间的关系,其中每个组织都必须系统地对对方对自己的挑衅的反应作出解释,为自己进一步的挑衅提供理由,经过几轮放大以后,这就最终导致'全面'冲突。

由于这个原因,作为冲突'预演'的挑衅行为,也就是最初的挑衅行为及其动机,变得愈来愈模糊不清了。这同普通人生活中的某些感情关系或神经过敏行为非常相似;而同普通人生活中发生的具有更理性形式的对抗则不那么相像了。如你所知,我也相信,认为冲突同感情上的冲动或神经过敏症有某些相似之处,本身并不隐含着冲突是可以消解的 —— 而且我尤其认为,美苏冲突极有可能将导致武装的'全面'碰撞,

---

①　理查森(L. F. Richardson,1881—1953):英国著名科学家,是应用数学精确预报天气的第一人,冯·诺伊曼所批评的文章见《自然》1951 年 9 月 29 日,题为"Could an Arms-Race End without Fighting？"其内容是利用微分方程预测军备竞赛结果。——译者注

因此最大限度地备战是绝对必要的。"

　　冯·诺伊曼可能低估了博弈论在表示"神经过敏者"的非理性行为方面的能力。"美元拍卖"博弈中就有这种不断升级的令人憎恶的行为，也许是我们遇到过的最稀奇古怪、最不切实际的博弈；然而从更深层次的意义上来说，美元拍卖博弈又是我们这个核时代的最真实的写照，它比我们此前介绍过的任何一个二难博弈更深刻地证明了博弈论在解决某些类型社会问题中的重要性。

二、苏比克的美元拍卖

　　马丁·苏比克和他在兰德以及普林斯顿的同事在空闲时间喜欢设计新颖和不同寻常的博弈，用苏比克的话说就是"我们能不能找到某种病理学的现象，可以当做一种定义得很完善的博弈？"他们要的博弈是你真正可以去玩的那种游戏。苏比克告诉我："我不相信可以玩的博弈只有客厅中的游戏。"

　　1950 年，苏比克、约翰·纳什、劳埃德·夏普利（Lloyd Shapley）和梅尔文·豪斯纳发明了一种游戏叫"大傻瓜"（so long sucker）。这是一种很较真的游戏，用扑克牌来玩，游戏中一些游戏者必须同其他一些游戏者结成同盟，但为了取胜通常又必须背叛他们。在派对上试验玩这种游戏时，人们都挺把它当真（苏比克回忆说："曾经有夫妻 2 个在玩了这个游戏以后互相生气，竟分别打的回家。"）。

　　苏比克提出了这样一个问题：是否有可能联手沉溺于一个博弈？正是这个问题引出了美元拍卖博弈。苏比克不能肯定是谁首先发明了这个博弈，抑或这是几个人共同发明的。但无论如何，由于苏比克在 1971

年发表了它,因此一般把他当作这个博弈的发明人。

在他 1971 年的论文中,苏比克把美元拍卖描写成"一个极为简单,非常有娱乐性和启发性的客厅游戏"。游戏中一张 1 美元纸币被当众拍卖,规则有两条:

(1)(同任何拍卖一样)钞票归报价最高者。新的报价必须高于上一次报价,在规定时限内没有新的报价则拍卖结束。

(2)(不同于索斯比拍卖行的规则)报出第二最高价者也要付出他最后一次报价的款项,但什么也得不到。你当然不想成为这样的竞拍人。

苏比克写道:"这个游戏当然希望有许多人参加,此外经验表明,进行这个游戏的最佳时机是在派对上,因为那时大家都喝了许多酒,情绪高涨,兴高采烈;此外,至少在两次报价之前,谁也不会去认真计算结果会怎样。"

苏比克的两条规则很快让大家发疯了。拍卖师问道:"有人出 10 分? 5 分? "

是的,这是 1 张 1 美元的钞票,所有人都希望以 1 美分的代价得到它。所以许多人都喊 1 美分。拍卖师接受了这个报价。现在任何人可以以 2 美分的代价得到它,这仍然比曼哈顿银行的利率高许多,所以有人喊 2 美分,不喊才蠢呢。

第两次报价让第一个报价的人处于不舒服的地位,因为他成了次高报价者。如果拍卖这时结束,他将要白白付 1 美分。所以他特别有理由报出一个新的价 ——"3 美分! "如此等等……

这怎么收场呢? 你也许想这张 1 美元的钞票最终

恐怕要以全额即 1 美元的代价落到某个人手里了——多可怜,没有任何人赚到便宜。你如果这样想,那就太过乐观了。

假定最后有人真的喊出 1 美元的报价。这使另一个报 99 美分或略少的人成为次高报价者。如果拍卖以 1 美元结束,这个人将要白白付出 99 美分,所以这个人势必被迫出价 1.01 美元。如果他赢了,他只损失 1 美分(付出 1.01 美元得到一张 1 美元钞票),这比损失 99 美分强。

因此,在一轮竞拍中,出价 1 美元成为拍卖的高潮。苏比克写道:"当报价达到 1 美元这个关卡以后,出现了停顿,人们开始犹豫观望。然后速度又突然加快,进入决斗状态,直至紧张空气弥漫,竞拍又慢了下来,最后逐渐平息。"

不管在竞拍的哪个阶段,次高报价者都可以以比当前最高报价高出 1 美分的新报价压住对手使自己的地位暂时得到改善,但他的处境只会越来越坏,越来越坏! 这个别出心裁的博弈导致竞拍者懊恼不已,因为报价最高的人为了这张 1 美元钞票付出的远多于 1 美元,次高报价者则白白付出远多于 1 美元的代价。

计算机科学家马文·明斯基(Marvin Minsky)①知道这个博弈以后在 MIT 把它推广开来。苏比克的报告说:"这个博弈的试验证明可以以远远多于 1 美元的价格'卖出'一张 1 美元纸币,总的支付在 3～5 美元之间是极普通的事。"说得最好的也许是 W. C. 菲尔

---

① 马文·明斯基:美国科学院和美国工程院院士,因首创知识表示的框架理论而闻名的人工智能专家。——译者注

茨（W.C. Fields），他说："参加这个博弈的人个个都像疯了一样，如果第一次出价没有成功，没有取得那张美钞，他会一而再，再而三地往上出价，直到最后才放弃，明知道这很傻但没有用。"

苏比克的美元拍卖博弈说明，在一定形势下，很难应用冯·诺伊曼和摩根斯坦的博弈论。美元拍卖博弈的概念非常简单，并不包含任何令人惊奇的特点或隐蔽信息，它本应成为博弈论教科书中的"案例"。

它同样本应成为有利可图的博弈。它在竞买人面前以 1 美元相招揽，可不是虚幻的。此外，没有人强迫你竞拍。理性的参与者肯定不会损失什么。出价高出 1 美元许多倍的参与者显然是在"非理性"地行动。

更难的是你能说出他错在哪里吗？可能问题在于在理性的和非理性的竞拍者之间很难划出一条清楚的界线。苏比克写道，对美元的拍卖这个博弈，"单单用博弈论去分析它恐怕永远也无法确切地解释清这个过程。"

三、现实生活中的美元拍卖

也许你认为美元拍卖纯属胡闹，它同真正的拍卖如此不同。那么你不用去想拍卖好了。可以用以下方法让你了解现实生活中的美元拍卖：明知是无底洞，还要把大把大把的钱往里扔，无非是想捞回一点，免得先前扔进去的钱血本无归；或者仅仅是因为无路可退和"保住面子"。

你有没有给一个业务很繁忙的公司打过长途电话，很长时间没有人接听的经历？遇到这种情况时你怎么办？你可以挂掉，于是白费了昂贵的长话费。或者你可以耐心等着，每过 1 分钟多付 1 分钟的长话费，但最终是不是有人接电话是没有保证的。这也是一个很现实的二难命题,因为它没有任何非常简单但有意义的解决办法。如果你真有什么要紧事非得同该公司的什么人说,而又没有时间在不太繁忙的时候去打电话,那么在无人接听时你真下不了决心挂掉;而让你耐心等着,不管等多久也同样叫人为难。也许是交换机出了什么毛病呢,那电话就永远也不会接通了。然而让你等多久是很难决定的。

　　在人流如潮的迪斯尼乐园里,人们排成长队去坐过山车,一等就是一个小时甚至更多,但坐上过山车,几十秒钟就下来了。有时你甚至不相信你排队等了这么长时间就为玩这么一会儿,其原因在于经过"人机工程学"设计的蜿蜒曲折的队伍使游人看不出来队伍到底有多长,你耐心地随大流朝前走到一定地点,拐个弯,看见队伍的新的一条线。等到你能确切地估计出这个队伍有多长的时候,你已经等了很长时间,舍不得放弃了。

　　艾伦 I. 特格(Allan I. Teger)发现类似于美元拍卖的许多情况经常是为营利而制造出来的。 在他1980 年出版的《舍不得放弃太多的投资》(*Too Much Invested to Quit*)一书中,特格指出:"当我们在电视机前看一部电影,本来只是想看看它到底好看不好看的,到头来,即使很不好看,也舍不得把它关掉了,因为我们已经看了这么长时间,所以最好继续看下去,看它的结局是什么 …… 电视台很清楚,一旦我们开始看它,就舍不得把它关掉,所以他们经常增加片子的长度,还在片子中间插播商业广告。如果电影只剩 20 分钟,我们很少会把它关掉,即使每隔 5 分钟就要出现商

业广告。"

　　既威胁工人,也威胁资方的罢工同美元拍卖也有许多相同之处。双方都愿意再多拖一段时间;如果他们现在就让步,那么他们损失的工资或者损失的利润就白白丢掉了。美元拍卖同建筑设计竞争(若干建筑设计事务所同时投入大量时间和人力设计一个雄伟的新建筑,但只有一家赢者的设计图纸被采用)和专利竞赛(互相竞争的多家企业都投入大量研发资金于一个新产品,但只有首先获得专利的那一家可从中获利)也很相似。修理一部老旧汽车 —— 再多打几圈牌以挽回损失 —— 在等公共汽车时总想再等几分钟,最后才决定放弃而招呼一辆出租汽车 —— 在不满意的职业或不幸福的婚姻中虚度时光:所有这些都是美元拍卖。

　　就像我们已经看到的那样,在历史的一定时刻都出现过博弈论上的这种二难命题。对越南冲突最流行的看法 —— 尤其是在心理上,普遍归咎于约翰逊总统和尼克松总统 —— 实际上纯粹是一个美元拍卖博弈。"打赢"这场战争,以维护美国的利益,至少要证明死了那么多人、花了那么多钱是正当的,几乎是不可能的。于是,主要的议题成了显得更强硬一些,取得名义上的胜利 ——"体面的和平",使我们的阵亡将士不是白死的。苏比克认为越南战争是美元拍卖的一个极好的例子,但他认为这样的博弈是不值得提倡的。他相信美元博弈产生于他 1971 年论文之前一段时间,也许在越南战争最后阶段前不久,正是受越战启发而诞生的。

再近一点,海湾战争①与美元拍卖也有异曲同工之妙。伊拉克总统萨达姆·侯赛因在1991年1月向他的南方前线的部队发表演说时"宣布……伊拉克的物质损失已经如此巨大,因此他现在必须战斗到底"(见《洛杉矶时报》1991年1月28日的报道)。

苏比克说,萨达姆的立场是处于这种形势底下的一个领袖缺乏远见的一个特别令人感到费解的例子。在越南冲突中,双方都对坚持和取胜抱有一定的希望。而在伊拉克冲突中,双方的力量对比是非常不平衡的。伊拉克的军队技术装备极端落后,人数也只是联合国盟军的几分之一。伊拉克之所以被击溃是任何人都可以预见到的,只有萨达姆除外。把萨达姆当成疯子把他送回老家去是容易的;不幸的是,这样的疯子并不少见。人们并不总是善于预见到其他人对其行动将如何反应,这就很容易使他看不到后果。

类似于美元拍卖的冲突在动物世界中也不难看到。在同种动物之间发生的争夺领地的斗争很少导致死亡,有时候它们只是进行"消耗战"或"摩擦战",格斗者面面相觑并作出威胁的姿态,最后其中一方感到疲倦而离开,承认失败;愿意坚守阵地最长时间的动物就赢了。动物们付出的"代价"只是时间(时间本来可用于追逐食物或异性,或照料后代),双方付出的代价是相同的,只是愿意坚持得更长的一方赢得了声誉。

美元拍卖同重复囚徒困境博弈也有某些相似之处。报最高价是背叛,因为这虽然有利于报价者本人短期内的地位,却有害于共同的利益。每一次新的报

---

① 此指1991年的海湾战争。——译者注

价都使潜在的收益降低一分。双方反复背叛的结果导致两败俱伤。

对于通常用重复囚徒困境来处理的某些冲突,有时候美元拍卖是一种更好的模型。逐步升级以及双方都毁灭的可能性,是军备竞赛的特征。"胜者",是造出最大和最多原子弹的国家,安全程度提高了;然而"败者"则不但没有提高安全程度,它的那些"浪费了的"国防预算也得不到偿还了。结果是,次强的超级大国情愿花更多的钱以"缩小导弹差距"。

美元拍卖也揭示了为什么难于采用类似于一报还一报那样的策略。每个竞拍者都以背叛去回应别人的背叛!停止竞拍就是允许自己被欺诈。

你也许认为问题在于竞拍者不具有阿克塞尔罗德所定义的那种"高尚"。那么让我们谴责第一个背叛的人 —— 也就是第一个出价者吧!但是我们怎么能去批评他呢?要是没有一个人出价,99美分的收益就会白白浪费掉啊。

许多冲突就是以这种方式开始的,一个无可非议的行动,在一个逐步升级的二难命题中,回过头来看变成了第一次"背叛"。美国和苏联的核军备竞赛就是这样开始的,当初美国制造原子弹是为了打败阿道夫·希特勒,一个彻头彻尾的战争狂人,正在试制原子弹。很难说这有什么错。雅各布·勃洛诺夫斯基,参与过原子弹工作的一个科学家曾经这样指出(见《听众》杂志,1954年7月1日):

> (原子弹)对长崎的破坏程度当时(即1945年秋)就使我的心在流泪,即使是现在当我说起它时仍然如此。我驱车走了3英

里，周围一片废墟，这是人在 1 秒钟之内造成的。现在 9 年之后，氢弹要让当年的破坏程度相形见绌，把 1 英里的破坏变成 10 英里的破坏，而公民们和科学家们互相瞪着双眼问道："我们怎么会制造出这么恐怖的噩梦来呢？"

我想首先谈一谈历史问题，因为这方面的历史只有少数人知道。铀的裂变是在战争爆发前一年被两个德国科学家发现的。[①] 几个月以后，就有报道说，德国禁止从它刚侵占的捷克斯洛伐克输出铀矿。欧洲大陆、英国和美国的科学家都想知道德国人所说的秘密武器是否就是原子弹……希特勒如果垄断了这样的炸弹就会立刻使他取得胜利，从而统治欧洲和整个世界。科学家们非常清楚原子弹的破坏力，他们对此非常害怕；他们首先害怕原子弹把世界变成荒漠，其次害怕被奴役……爱因斯坦一生都是和平主义者，也不轻易把他的良心放在哪一方。但是他显然很清楚，没有人能在原子弹这个问题上置身事外……1939 年 8 月 2 日，在希特勒入侵波兰前一个月，他写信给罗斯福总统，告诉他，他认为应该制造原子弹，并且担心德国已经在

---

① 1938 年底，哈恩（Otto Hahn，1879—1968）和施特拉斯曼（Fritz Strassmann，1902—1980）首次在实验中发现铀的裂变，为此他们在 1966 年获费米奖。哈恩还是 1944 年诺贝尔化学奖的获得者。——译者注

试制原子弹。这就是为什么在战争的后期，英国、加拿大和美国的科学家通力合作制造原子弹的来龙去脉。[①]他们憎恶战争不亚于非专业人员，不亚于士兵……原子科学家们相信他们是在同德国人竞赛，其结果可能决定战争的胜负，即使是在最后几个星期。

一旦原子弹被造了出来，就没有办法不让造了。美国的原子弹迫使苏联和其他一些国家也去造他们自己的原子弹，这反过来又迫使美国去造氢弹，然后苏联也造氢弹，然后双方又大量造原子弹、氢弹。你该把界线画在哪里呢？

四、策略

在苏比克的试验中，竞拍者的行动完全是自发的，但是自那以后，他们的行动已经被好几十篇学术论文仔仔细细、彻底地研究过了。在美元拍卖中你应该怎么做？归根结底你应该去参加竞拍吗？

就像在许多实验中那样，并不是每个人都把美元拍卖当真而认真对待的。有些人让别的竞拍者遭受损失只是为了捣乱，或为了好玩。也有人倾向于显示出"绅士风度"，让某个人出价 1 美分，其他人都放弃出价，从而让那个人获得那张 1 美元纸币。为了实现苏比克的意图，我们必须假定每个竞拍者只对他个人获得最大利益感兴趣（或者在必要时使自己的损失最小），此外，金额数对所有竞拍者都是有意义的。

---

① 给罗斯福总统的这封信其实是里奥·西拉德（Leo Szilard）起草的，他和其他几个科学家说服了爱因斯坦在信上签名并以他的名义发出。——译者注

先看只有两个人出价的情况。假定最低出价为 1 美分，每次最少增加 1 美分，两人轮流出价，新的出价必须高于上一次的出价，否则就是放弃，对方赢得那 1 美元。现在假定你是第一个出价的，让我们依次看一下第一次出价的各种可能性。

出价 1 美分。这是最低出价。如果对方足够"高尚"，放弃出价，你将获得最大利润（99 美分）。这也是"最安全"的出价：如果对方超出你，你又不想继续出价，那么你只损失 1 美分。因此出价 1 美分意味着可能的最大收益和最小风险 —— 你还能有什么更高的要求呢？

不幸的是，对方有 100 个理由要压倒你 1 美分的报价，因此开局的这 1 美分报价最后会落到个什么结果是完全不清楚的。

出价 2 美分到 98 美分。在这个范围内的任何出价都还使你有利可图，但对方都会封住它以获取利益。因此很难说将发生些什么。

出价 99 美分。这是还可能获利的最高报价。因为不允许低于 1 美分的加码，所以对方可选的最低报价是 1 美元，或者选择放弃。对方要是报出 1 美元多的价，那才傻呢，因为这就亏定了（吃这个亏是不必要的，因为他可以选择放弃，因而不盈不亏）。但是没有什么因素鼓励他出价 1 美元，因为要是如果拍卖到此结束，他只落得个不盈不亏，而如果你随后出更高的价，他将冒损失 1 美元的风险。

因此如果对方比较保守，对你也没有恶意，那么你第一次就出价 99 美分可以有 1 美分的营利。

出价 1 美元。这个出价是虚无主义的，没有任何

意义的。它使所有竞拍者获利的希望立即化为乌有，这种故意出高价的做法排除了一切可能的不确定性，因为对方现在最低的出价是 1.01 美元，绝对要吃亏，因此对方如果感兴趣的是使他的收益最大的话，他只有放弃。

出价多于 1 美元。显然是愚蠢之举。

此外还有一个策略，那就是 —— 放弃（虽然还没有人出过价）。这样你既赢不到什么，也不担什么风险。

如果你竞拍这 1 美元，你会有一点风险，因为如果另一人非理性地出更高的价，你将得不到这 1 美元，所以放弃肯定比竞拍这 1 美元（不管它有多大价值）强。为什么要为不属于你的东西去冒险呢？

如果你放弃，把机会留给对方，他将出价 1 美分，获得那张美钞，营利 99 美分，至少你没有破坏他的好事。

在上述所有可能的开局出价中，只有 99 美分让你能获得保底的 1 美分的营利。而在对方非理性的情况下，甚至这 1 美分的营利也是不保险的，反而会有损失 99 美分的风险。

这个结论使大多数人大为惊讶，以为是错误的，可能有 99 美分的营利机会怎么会白白浪费掉呢？是的，可以赢 99 美分，但很遗憾，不是你赢，而是对方赢，条件是你放弃。

把所有可能都列出以后，让我们重新来考察一下第一个策略，即第一个出价者出 1 美分。第二个竞拍者为什么那么不明智，干脆放弃，让第一个人赢得 99 美分呢？请这么想吧：没有人能确保自己出一个新的报价就一定会获利。因此,一个理性的竞拍者会认识到这是一个愚弄人的游戏,因而拒绝比已有报价更高的报价。

如果新的报价在 2 美分到 99 美分这个范围之内(1 美分是第一次报价,不是新的、超过上一次报价的报价),那是可能营利的。但是如果对方再出新的报价超过你的报价,你的营利就不牢靠了。因为第一个报价的人已经至少投入了 1 美分,你的新报价至少让对方有 1 美分落入陷阱,因此这刺激他至少要打成平手,不盈不亏,从而报出新的价格,盖住你"有利可图"的报价。这一下就使你落入陷阱了,从而进入不断升级的疯狂循环。

五、理性的出价

综上所述,美元拍卖非常值得博弈论作深入分析,实际上,如果所有竞拍者都清楚自己拥有多少有限的资金的话,那么美元拍卖是有"理性"解的。在只有固定资金的情况下,你出价最多能出到这个数,因此就有可能列出所有可信的出价序列。一旦完成了所有这样的簿记性工作,就有可能从最后一次出价出发往前回溯。巴里·奥尼尔(Barry O′Neill) 和伏尔夫冈·莱宁格(Wolfgang Leininger) 分别在他们的论文中做了这样的工作。

莱宁格在他 1989 年的论文中考虑了可以连续出价(即允许有不足 1 美分的零头)的情况。当出价必须是 1 美分的整数倍时只需要作不大的调整即可。

让我们看一个具体情况。"赌注"同平常一样是 1 美元,每个竞拍者拥有的资金比如说都是 1.72 美元。按照莱宁格的研究结果,第一次出价正确的应该是资

金被赌注除的余数——1.72被1.00除得余数为72美分。[①]这就是第一个竞拍者应该出的价。

乍一看,这似乎有些傻。但请看:出价72美分使第二个竞拍者倾向于在72美分到1美元之间出价,这是他有利可图的出价范围。同时这也是让第一个竞拍者遭到打击的范围,因为只要在这个范围内报价,就压倒了他,不但使他拿不到1美元的赌注,还要倒赔72美分。但第二个竞拍者真的这样出价的话,第一个竞拍者情愿,而且能够把他的资金全拿出来,出价1.72美元(拍卖至此结束——第二个竞拍者没有足够的钱超过它),因为他如果不这样做,他将损失他最初的出价(白赔72美分);而他以全部资金去出价的话,他虽然付出1.72美元,但收回1美元是有保证的,也只损失72美分,并不更坏。

实际上,第一个竞拍者通过出价72美分是在威胁对方:"退出吧! 让我拿到28美分的营利。否则,我会拿全部资金出价,让你输定了——这可完全不是我的责任。"

第一个竞拍者的这种策略不但能使自己获利,而且是第二个竞拍者无法阻止的,因为新的报价必须高于已有报价,所以他不可能报低于72美分的价;而由于第一个竞拍者的威胁,他又不能做他想做的事,在有利可图的范围内去报价。 如果他有推理能力的话,他也不可能用他的全部资金1.72美元去报价以便打败他的对手——他虽然赢得了那1美元钞票,却付出了1.72美元血本,做了赔本买卖。因此第二个竞拍者的

---

① 原文此处有错,已改。——译者注

最好策略就是放弃。

不管竞拍者拥有的资金是 1.72 美元，还是 2.72 美元，甚至是 1 000 000.72 美元，"理性"的第一次报价都是 72 美分。竞拍者在每轮报价中都可以从资金中"砍去" 1 美元，所以决定该策略的始终是那个余数。假定资金是 1 000 000.72 美元，当第一个竞拍者报价 72 美分以后，第二个想在 72 美分到 1 美元之间报价，但被第一个竞拍者回报以 1.72 美元的威胁所阻止。如果第二个竞拍者不顾一切胆敢作出有利可图的报价（我们假定他永远不会因为"发脾气而做出有害自己的事"，作出无利可图的报价），那么第一个竞拍者就会以 1.72 美元的报价对他进行报复。

这样，第二个竞拍者第一次报价（从 72 美分到 1 美元）的金额就落入陷阱了，这促使他在 1.72 美元到 2.00 美元之间作出一个新的报价，使第一个竞拍者的 1.72 美元落入陷阱，这促使他报出 2.72 美元的高价以重新夺回主动权。

竞拍以这种方式进行下去，每个竞拍者的处境都愈来愈坏，但各自都有因素刺激他将报价进行到底 …… 直至第一个竞拍者达到报价的极限，于是他"赢"了，付出 1 000 000.72 美元换来一张一美元的纸币，代价虽然极大，但毕竟是胜利！就像古时的英雄皮洛士那样！①

现在我们可以看出第一个竞拍者为什么必须出价 72 美分了。他当然希望出价低一些，以便增加营利。

---

① 皮洛士(Pyrrhus)：古希腊国王，公元前 279 年以极大牺牲打败罗马军队，被称之为 Pyrrhic victory。——译者注

但如果他果真这样做的话,第二个竞拍者会马上出价72美分,然后他就可以按上述"第一竞拍人"的策略行事而取胜了。

如果两个竞拍人的资金数不等,其中一人可花的钱比另一人多,那么情况就完全不同了,但却更简单。钱多的那个人——即使多1美分——永远可以压住对方出价,如果他被迫这样做的话,因此,他可以(而且必须)以1美分起价,他的稍微穷一些但是有理性的对手肯定会认识到如果卷入一场拍卖战就太傻了。

六、在什么情况下博弈论不灵

就像海湾战争所表明的那样,博弈论并不总是起作用的。包括博弈论在内的数学,经常是远离现实生活的,就像那句开玩笑的话说的:"高中毕业以后,让代数学见鬼去吧!"

我认为苏比克所引出的教训就是,只要事关真正的美元拍卖,那么博弈论所推荐的策略是没有击中要害的。奇妙的、明明白白的逻辑推理从一开始就不会用到真正的拍卖或真正的地缘政治学危机中去。

即使所有相关的事实都清清楚楚,美元博弈也更像国际象棋比赛。下国际象棋有合理的和正确的方法,但如果你认为你的对手将以这样的方法同你下国际象棋就极其错误了。没有人能用博弈论的解决方案去下国际象棋而能预见到稍后几步。在美元拍卖中也很少有人能预见未来。

这还仅仅是问题的一部分。在真正的美元拍卖中,有多少人出价也是不确定的。在美元拍卖的实际试验中,竞拍者只能猜测他的对手有多少钱——至少是在最后阶段当某个人掏出钱包来看他到底有多少钱的时候。博弈论的逆向分析需要从一开始就知道喊价的极限。如果喊价的极限是不确定的，那就没法进行逆向分析。

为了将博弈论用于诸如军备竞赛那样的真正的美元拍卖，你必须确切地知道各个国家愿意和能够花在国防上的钱有多少。对此，没有人能够做到，只有靠猜。试图说出一个概数实在是太过简单化了。钱是分几年花的，公众的舆论也是变来变去的。现在决心要加强其国防的一个国家，几年以后由于无法忍受高额军事预算及沉重的赋税而可能改变决心。

可以肯定的是，对任何事情的估计和掂量都是不精确的。在许多科学分支中，准确的测量对于应用理论并不重要，比如地球和月亮的质量，其精确值到底是多少我们并不知道，但这不妨碍我们把火箭引导到月亮上去。对于天体质量的这种小小的不确定性只是成比例地引起火箭轨道的小小的不确定性，但无碍大局。

而博弈论的解决方案对于美元拍卖的作用就与此不同了。在参加竞拍的二人拥有资金额不能确切知道的情况下，哪个人的资金多你必须肯定；在参加竞拍的二人拥有资金额相等但确切数额不知道的情况下，它被赌注除所得的余数必须确定，拍卖中才能有理性的行动。给定关于资金的典型不确定性程度，理性出价的不确定性并不与之成比例，这种不确定性是全面的。它属于"废料进，废料出"的情况。

前面我们区别了冯·诺伊曼的通用策略和有限（或临时性）策略。美元拍卖的问题并不单单在于我们不知道博弈的限制因素。在重复囚徒困境博弈中也

有一些限制因素是未知的,但存在很好的有限策略。
"无知是福":一报还一报比纳什固定采用背叛的通用
策略好。然而,在美元拍卖中,不存在好的有限策略。

　　比如在美元拍卖中你同一个(或一些)不认识的
人竞拍,你自己以及别人有多少钱你都不知道。在这
种情况下,拍卖当然也可以进行,至少有若干次出价
(或放弃);甚至可能更长一些。但在这种"两眼一抹
黑"的情况下,你需要的是一种好的策略,让你获利,
说服其他人放弃,或者在做不到时使任何可能的损失
最小。

　　就像我们已经看到的那样,这显然是不可能的。
展望美元拍卖的前景比重复囚徒困境悲观得多。在现
实情况下,参与者由于无法期望能看到最前面的少数
几次报价,实际上除了拒绝参加竞拍以外,没有别的选
择。但是你很难说这是一个好办法,因为这里有奖金
等着你拿。

　　但是更大的不幸在于我们常常没有意识到我们是
在进行美元拍卖博弈,直到已经报过几次价以后才意
识到,但为时已晚。难题在于当你已成为次高报价者
以后,是否还作一次新的报价。如果不报,那就是承认
失败,接受损失,并结束升级循环。但是为什么你要成
为损失的一方呢? 为什么不是由刚才抬高了报价的那
家伙去承担损失呢? 如果说结束这种升级的参与者是
更加"理性"的话,为什么美元拍卖恰恰惩罚了理性
呢?

　　在实践中,特格主张,一个升级循环可以用某种借
口中断,让一方或双方保住面子。在一场拖拖沓沓进
行的美元拍卖中,双方也许都意识到他们处于没有赢

家的局面之中，但如果放弃又害怕别人把他们当傻瓜。在这种情况下，他们都愿意以任何理由结束僵局。于是其中一方也许突然宣布一个子虚乌有的什么事情 X，对方心领神会表示同意，于是拍卖就结束了。当然，这纯属个性、团体心理和侥幸，不是博弈论；同理性毫无关系。

七、最大数博弈

道格拉斯·霍夫斯塔特（Douglas Hofstadter）发明的一个博弈也描写了有讽刺意味的逐步升级，它被叫做"诱人的彩票"或"最大数博弈"。

许多比赛不限制名额。在这种情况下，我们大多数人都会做这样的白日梦，即占它许多名额以使胜出的机会增加。最大数博弈就是这样一种比赛，任何人都可以免费参加，而且一个人可以占数量不限的名额。[①]但每个参与者必须独立行动，规则严格禁止以团队方式参与，联手合作，进行交易，以及在参与者之

---

① 被误导的人们买大量彩票以图中奖发大财的故事层出不穷。数量最大的一次免费彩票发生在 1974 年，是大家最熟知的。那是麦当劳快餐店搞的一次抽奖活动，由加州理工学院的 3 个学生斯蒂夫·克莱因（Steve Klein），戴夫·诺维柯夫（Dave Novikoff）和巴里·梅格达尔（Barry Megdal）设计和实施。他们发出共约 110 万张 3×5 见方的彩票，其中约 1/5 发给了加州理工学院的学生，使他们赢得了一部旅行车，3 000 美元现金，以及约 1 500 美元的免费餐券，而其他参与抽奖的人获奖者寥寥。许多人写信给报社，认为他们肯定受到了愚弄，虽然规则明确规定每人拥有彩票的数量不限。加州奥兰其的一个人写信给麦当劳说："我们很失望地听到你们的尝试被一小撮'天才'破坏的消息！无疑，今后所有这样的活动都应该以一定方法严加保护，免得像这次那样被'小流氓们'用类似的诡计所破坏。"同这名男子有同感的人请不要参加最大数博弈！ —— 原注

间进行任何方式的联络、沟通。

　　每一个名额有同等机会胜出。在开奖那个晚上，比赛的主办者随机地抽出一个号码并宣布幸运的获奖人，按照比赛规则，他或她可以获得上百万美元的奖金。

　　当慷慨的主办人说名额不限时，他们是当真的，你可以占 100 万个名额、1 000 万个名额、1 亿个名额，随你便。当然这个数目是有限的，而且必须是整数。你可以这样去理解比赛怎样进行：假定有 100 万人参加比赛，他们全都是正人君子，每人只占 1 个名额。然后你一人就占了 100 万个名额，使得总名额数达到 200 万个。你中奖的概率是 100 万 /200 万，或 50％。但是如果有另外一个人参加进来，正好在截止时间前占了 800 万个名额，于是总名额数成了 1 000 万个，你中奖的概率将降为 100 万 /1 000 万，或 10％，占了 800 万个名额的那个人中奖的概率为 80％。

　　显然，你占的名额数愈多，就愈占便宜。你希望占的名额数比任何其他人都多，理想上，要多到比所有其他参与者占的名额数加在一起还多。当然，所有人都想这么做。但是你占多少名额有一个实际的限制，即你能填写多少名额并把它们寄出去。此外，邮资也是个问题……

　　没问题！规则说你必须做的全部事情就是把一张 3×5 寸见方的卡片填上你的名字和地址以及你希望占的名额数寄出去。比如说你想占 1 亿亿个名额，那就在卡片上写下"1 000 000 000 000 000 000"寄出去就行。事情就这么简单。你甚至可以不写这么多个 0，而用指数方式写成 10^{18}，或者用大数的名称（诸如"google"或"megiston"，

前者表示 10^{100}，后者表示 $10^{1\,000}$），甚至用克努特发明的奇异的箭头表示法。[①]够水平的数学家会阅读寄来的每一张卡片，保证在抽奖时给每一个人以适当的权重。你甚至还可以发明你自己的命名大数的系统，只要在 3×5 的卡片上有地方说明你的系统，然后用这个系统写明你想占的名额数。

这是一个陷阱。

在彩票的招贴广告上有一个不起眼的星号提醒你注意印得很漂亮的一个说明：奖金是 100 万美元除以收到的总名额数。还说，如果 1 个名额也没有收到，则不发奖。

想一想吧，如果有一千人参加，每人认 1 个名额，总名额数是 1 000，奖金是 100 万 /1 000，或 1 000 美元，这当然也够你高兴的，但不是 100 万了。

如果只有一个人无耻地认了 100 万个名额，最大可能的奖金数就暴跌到不足 1 美元了，因为至少会有 100 万个名额（也许多得多）。如果有人认了 1 亿个名额，奖金不足 1 美分；如果收到的名额数多于 2 亿个，"奖金"经过四舍五入，就全泡汤了！

最大数博弈的狡诈之处在于它巧妙地设置了一个圈套，让个人利益和集体利益处于对抗的地位。尽管如此，这个博弈并非骗局。其主办方确实把整整 100 万美元放在第三者的账户中等着获奖者兑现 —— 当然如果只收到 1 个名额的话。他们也准备着把 100 万

---

① 克努特（Donald Ervin Knuth）：因发明西文计算机排版系统 TEX 和 METAFONT，以及出版多卷本《计算机程序设计的艺术》而名闻天下的计算机科学家。其中文名为高德纳。—— 译者注

的一部分发给中奖者。因此如果没有任何人获得任何奖金真是一件丢脸的事。

你应该怎样参与这个博弈呢？你愿意参加吗？如果愿意，你愿意认多少个名额？

你也许同意这样一种看法，即使去想一下占 200 多万个名额都是没有任何意义的。是的，任何人的这种单方面的行动实际上都把奖金一扫而光了。好，把这个理由再扩展一下。你觉得 1 美元是值得操心的最小金额吗？或者你认为时间是更值得珍惜的东西吗？现在估计一下填一张 3×5 的卡片要花多长时间（包括花在琢磨怎么填上的时间），乘以最低工资，加上邮资，其结果是参加这一竞赛的代价。如果认许多名额本身把奖金降至低于获利的门槛值，那就没有意义了。

就极端情况而言，只认 1 个名额是最佳计划吗？是否每个人都这样做呢？如果真这样，那么每个人至少都有一个"公平的机会"——不管这个机会在最大数博弈中意味着什么。

也许你根本不应该参加这场比赛。在这种情况下，没有人会说你没有做你分内的事以保持奖金有较高的金额。然而问题是：最大数博弈同所有彩票一样，如果你不参加，你就不会赢；而更坏的是，如果每个人都决定不参加，那就没有一个人会赢。

在 1983 年的 6 月号《科学美国人》杂志上，道格拉斯·霍夫斯塔特宣布最大数博弈向所有人开放，只要他在 1983 年 6 月 30 日午夜前寄出一张明信片，[①]奖金

---

① 原文如此。但霍夫斯塔特宣布的是 1983 年 6 月 30 日下午 5：30 前收到的明信片有效。——译者注

是 100 万美元除以总名额数。《科学美国人》的主管同意提供所需的任意数额的奖金。

其结果同预计的一样。许多读者想赢的并非是最多的奖金。游戏实际上变成了这样一场竞赛：看谁能说出一个最大的整数从而把他的名字登在杂志上（作为"中奖者"赢得的奖金只是 1 美分的无穷小部分）。共有 9 个人认 google（10^{100}）个名额；14 个人认 googleplex（$10^{1\,000}$）个名额，把前面 9 个人的机会一扫而光。有些人用极小极小的字体在明信片上写满了 9，结果证明是一个比 google 大、但是比 googleplex 小得多的数。其他人有用指数的，有用阶乘的，有用自定义的运算符来说明更大得多的数的，还有在明信片上塞满了复杂的公式和定义的。霍夫斯塔特无法确定其中哪个是最大的数，因此没有人的名字能登在杂志上。[①]当然，谁赢得奖金是无关紧要的，因为奖金金额已舍入为 0；而《科学美国人》杂志如果真要开出有这样一个确切金额的支票的话，恐怕得雇一个数学家用中奖者所使用的那种难以理解的符号和公式去填写这张支票，但这张支票不会有一家银行接受的！

贪心是最大数博弈的重要部分，但贪心并不能刺激人聪明地去想出最大数的命名方法。在真正的最大数博弈中，参与者的动机仍然是使个人的获利最大。因此怎样玩这个游戏的问题仍然没有解决。

但不管怎样，只有一个人赢是肯定的。因此，这个

---

① 关于收到的明信片的详细情况及统计，发表于 Scientific American 1983 年 9 月号，或见其中译版《科学》1984 年 1 月号。——译者注

游戏的最好的可能结果就是把整整 100 万美元付给中奖者。这发生在只有 1 个名额的情况下。如果允许参与者制定出一个共享财富的计划并协调他们的行动 —— 这是不允许他们做的 —— 他们肯定会安排只让一个人认 1 个名额。

最大数博弈几乎是志愿者博弈的镜像。在志愿者博弈中,你希望大家都去当志愿者,只有你自己不当,在最大数博弈中,你希望大家都不参加,只有你参加,也就是只有你当志愿者。理想情况就是通过抽签只让一个人参加,但遗憾的是这是参与者之间公然的串通,是不允许的。

这个博弈似乎是纯属背叛的那一种,没有办法合作。实际上并非如此。确实有集体理性的方法进行最大数博弈(或志愿者博弈)。这个方法就是混合策略:基于一个随机事件诸如掷骰子确定一个人以及每一个人是否当志愿者。

每个人可以掷他自己的骰子,完全同其他人不相干,也不需要任何沟通。比如在有 36 个参与者的情况下,每个人掷 2 个骰子,谁掷出 2 点,谁就去参加,认 1 个名额,因为掷出 2 点的机会是 1/36 这就确保只有 1 人参加。①

---

① 实际上,这个方法最好稍加调整。给 n 个人中的每一个人以 $1/n$ 的机会会带来一些麻烦,即有相当大的机会无人胜出去参加。根据概率论的法则,在 n 为几十或略多一些的情况下,这种机会约为 37%。与此同时,有 37% 的机会,两个、三个或更多个人都胜出。

一个比较好的计划是让每个人有 $1.5/n$ 的机会胜出,从而减少无人胜出获得参赛资格的机会,其代价是略微增加一点有额外参赛者的机会。—— 原注这听上去很好。但人们在内心深处是不会接受这种"理性"安排的。在《科学美国人》杂志进行的彩票活动中没有出现这种情况,也很难想象任何有生命的群体、有呼吸的人类会像上面描写的那样去行动。对欺诈的诱惑是超人类的。你掷下 2 颗骰子,它出现了 2 点 —— 哦,不,其中一颗碰到了边缘,一翻身,成了 3 点! 你不能去参赛。谁能够知道是否幸运女神帮了你的忙,让骰子又翻了过去? 没有人知道! 每个人都是在自己家里私下掷骰子并且独自行动的,谁知道你掷骰子到底掷出几点? 没人知道!

因此这种理性的安排丝毫也没有使事情有所变化。如果每个人都企图蒙混过关,每个人都参赛,那么奖金仍然化为乌有了。它跟志愿者博弈一样,甚至更坏。在志愿者博弈中,每个人受到的惩罚是根据背叛者在参赛者中的比例定的,而在最大数博弈中,甚至只有一个背叛者就会毁了每一个人。

所以你该怎么办呢? 你还会去掷骰子和计算点数(明知其他大多数人都不会这样做,有人已经在卡片上写下了尽可能多的 9),或者你自己也干脆在卡片上填满 9? 唯一合理的结论就是:最大数博弈是毫无希望的。

八、真空中的羽毛

美元拍卖和最大数博弈有一些共同的重要特征。短视的理性强迫参与者破坏共同的利益。当富有智慧的参与者试图做出集体理性的事时,他们都太容易受到盘剥。这是在囚徒困境中面对的同样问题,在其他一些更复杂的问题中我们发现它们也是反复出现的主题。

530

马丁·苏比克(1970)写道:"囚徒困境这个难题是永远也解决不了的——或者说已经彻底解决了,因为它并不存在。"他的意思是,在一次性的这种二难博弈中,理性的参与者将背叛;这种博弈所要反映的就是个人利益可以毁灭共同利益。苏比克把对于这类社会难题的迷惑不解比做有中等智力的人在看到羽毛和重铅在真空中以同样速度下落时的惊奇。我们的直觉对这两种现象都难以接受,但"解释"很简单,那就是我们的常识错了。

一个博弈无非就是在矩阵中填上数字——完全任意的数字。因为博弈可以有任意制定的什么规则,所以就可能设计出这样的博弈,某种有固定含意的理性一方反而受到惩罚,这同你宣称可以设计出一台惩罚理性的机器一样没有什么值得大惊小怪的。比如说可以造一个钢铁做的活板门,如果有"牺牲品"掉下这个活板门,他就进入一个迷宫,用迷宫来测试他的理性。如果在规定时间内他顺利地通过迷宫,机器就拿走他的钱包。

二难博弈的悖论在于我们对理性的概念是不固定的。当一种"理性"行为失败时,我们期望真正理性的人把事情重新思考一遍,重新再来,从而出现一种新的行为。如果给理性下这样一个"开放式"的定义,那么理性就永远不会"搁浅"了。比如在一次性的囚徒困境中,博弈论所认可的理性就是相互背叛,用其他各种形式的理性去代替它的企图注定要失败。

现实世界中的二难命题是建立在财富对自己和对其他人的价值的主观衡量之上的。也就是说这种感觉是可以变化的。冷战宣传把"敌人"描绘成毫无心肝的自动杀人机器,这就是预谋好的把人民置于囚徒的困境之中。有能力把"对手"看作是同伴经常就会把名义上的囚徒困境转变为不那么烦人的博弈了。对囚徒困境的唯一令人满意的解决办法就是避免囚徒困境。

这就是我们为什么要借助于法律、道德,以及所有其他能促进合作的社会机制。冯·诺伊曼认为,人类是否能长期生存下去,取决于我们是否能提出更好的办法,以促进比现在已存在的合作更多的合作。这一点上,他大概是对的。钟表正在滴滴答答地走着。

维克里拍卖

当人们希望卖物品时,有时他们会选择某种规则集以确定如何出售其物品:这样的规则集是一种出售物品的机制。通常卖主(下面称为"他")希望以最高期望价格出售其物品:他要寻求一种最优机制。不过,在选择最优机制前,卖主必须考虑可行的规则是什么。广义而言,这些机制就是"拍卖"。

"维克里拍卖"是一种特别机制:出售的物品归报价最高者所有,但报价最高者同时也是输家。除非在第一价位出现平局,否则这相当于第二高的价格。每个潜在的买家(下面称为"她")在一张纸上秘密写下其报价,然后封入信封中。然后赢家被随机地从报价最高者中选出,但只按第二高的价格付钱。这个规则的特证中吸引人之处在于,将每个报价者的真实估价(或保留价格)封入信封是符合其利益的:说出真相对

532

每个买家来说是占优策略。这样,维克里拍卖是最优机制。

———— 克里斯汀·蒙特　丹尼尔·塞拉[1][2]

　　我们能凭直觉辨别出在一个约束性情境中可真实实施的社会选择规则的主要特征。首先描述"维克里拍卖"。

　　当人们希望卖物品时,有时他们会选择某种规则集以确定如何出售其物品:这样的规则集是一种出售物品的机制。通常卖主(下面称为"他")希望以最高期望价格出售其物品:他要寻求一种最优机制。不过,在选择最优机制前,卖主必须考虑可行的规则是什么。广义而言,这些机制就是"拍卖"。

　　"维克里拍卖"是一种特别机制:出售的物品归报价最高者所有,但报价最高者同时也是输家。除非在第一价位出现平局,否则这相当于第二高的价格。每个潜在的买家(下面称为"她")在一张纸上秘密写下其报价,然后封入信封中。然后赢家被随机地从报价最高者中选出,但只按第二高的价格付钱。这个规则的特征中吸引人之处在于,将每个报价者的真实估价(或保留价格)封入信封是符合其利益的:说出真相对每个买家来说是占优策略。这样,维克里拍卖是最优机制。

---

① 克里斯汀·蒙特,法国蒙彼利埃大学经济学教授。

丹尼尔·塞拉,法国蒙彼利埃大学经济学教授,同时兼法国里昂大学客座教授。

② 克里斯汀·蒙特,丹尼尔·塞拉,《博弈论与经济学》,经济管理出版社,北京,2005 年。

　　这个命题很容易证明。我们考虑一个有两个竞标者的拍卖。以竞标者 1 为例,有两种情况:她的真实估价 v_1 是最高价格,或者不是。

　　在第一种情况中(图 1(a)),她以第二高的价格 w_2 赢得了拍卖品。她绝无可能在报价低于真实估价时获益。如果她报价 $w_1 > w_2$,不会出现变化。如果她报价 $w_1 < w_2$,她将失去拍卖品,而不用付任何钱。不过如果她写了自己的真实估价,那么她失去了获利为 $v_1 - w_2$ 的机会:她准备付 v_1,但只需付 $w_2 < v_1$。

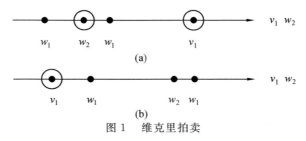

图 1　维克里拍卖

　　在第二种情况中(图 1(b)),她没有赢得拍卖品,不用花一分钱。她再一次绝无可能在报价高于真实估价时获益。如果她的不当估价低于最高报价,即 $w_1 < w_2$,不会出现变化:她未能赢得拍卖品。如果她报价 $w_1 > w_2$,那么她赢得了拍卖品,但损失为 $w_2 - v_1$,因为她本准备只付 v_1,但现在为得到拍卖品必须付 $w_2 > v_1$。所以,运用维克里拍卖保证了卖主以潜在买家所报第二高价格成交。只要卖主不知道所有买家的真实保留价格,他就找不到比这更好的方法(例如,进行第一价格秘密报价拍卖)。

　　实际上,维克里拍卖的这个特征,要求拍卖品的效用只是竞标者偏好函数("个人估价拍卖")。当效用既

534

依赖个人偏好又依赖拍卖品信息（"共同估价拍卖"），拍卖品由估价最高的竞标者获得（"赢家的诅咒"）。

应该强调，由于报价最高者赢得拍卖品，其价格相当于她强加于其他竞标者的损失，维克里拍卖是有效率的。现在讨论的机制表示这一特别有效观念的一般化。该规则由格罗夫斯于 1973 年和克拉克于 1971 年发现，他们证明了不可见公共产品的任何有效提供的 DSE 中会是可真实实施的。

注意，与这样的拍卖 —— 其中的问题（选择函数）是界定归属规则（谁赢了拍卖品）和赢家必须支付的价格相对照，在公共产品需求揭示问题中，我们必须界定生产规则（例如，应该修建一座桥吗）和成本分摊规则。

假定代理人有半线性偏好（就是说效用在公共决策和资金上是可加成分离的，在资金上还是线性的）。这样，我们用可转移效用函数来描述代理人 i 的偏好

$$u_i(x, v_i, t_i) = v_i x - t, i = 1, \cdots, n$$

其中，x 对应于公共决策（生产或不生产产品），v_i 是代理人 i 的估价或为公共产品埋单的意愿（$v_i \in IR$），t_i 代理 i 的资金转移（代理人 i 为实现公共产品的提供而支付的费用）。注意，在这些假设下，我们能界定偏好概述集为实际数量的 IR^n 集。我们这样规范 x 若方案执行了，$x = 1$；否则 $x = 0$。

考虑机制 $g = (x(w_i), t(w_i))$，其中 $t = (t_i)_{i=1}^n$，并且用 $c > 0$ 来表示提供公共产品的成本；这样有效生产规则为

$$x^*(w_1 \cdots w_i \cdots w_n) = \begin{cases} 1, \text{如果} \sum_{i=1}^n w_i \geqslant c \\ 0, \text{其他} \end{cases}$$

其中，w_i 代表 i 的信息。

该机制的目标是实施社会选择函数 $f: IR^n \to X$，X 检验这种要求。不是所有这样的社会选择函数在 DSE 中都是可实施的。

格罗夫斯 — 克拉克机制是唯一在 DSE 中真实实施 f 的。在这个特定问题中，格罗夫斯 — 克拉克机制表示为

$$t_i^*(w) = x(w)(c - \sum_{j \neq i} w_j) + h_i(w^{-i}), w_i \in R^n$$

其中，$h_i(.)$ 是独立于代理人 i 的信息的专制函数（克拉克机制相当于特别情况：$h_i(.) = 0$）。

这样，我们可以总结用来实施 f 的机制如下：当且仅当个人愿意支付的预计经费多余成本时，方案得以执行；代理人 i 的付费等于专制价格（独立于她（或他）的信息），并且当方案得以实行时，加上一个相当于其他代理人的方案成本与预计经费间差额的附加数额。总而言之，这个最优机制有两个一般特征：第一，它将集体决策与全体个人信息集连接起来；第二，每个代理人 i 在最终成本中所占份额独立于她（或他）的信息，除了 i 的信息改变集体决策（例如，当所有其他代理人的信息会导致某座桥梁的修建时，由于 i 的坚持，最终该桥没有修成），就是说，这时代理人 i 是"中枢"。

我们容易看出格罗夫斯 — 克拉克机制是维克里拍卖关于离散型公共产品提供问题的一般化。在维克里拍卖中，当竞标者获胜（即当她阻止了其他竞标者获得拍卖品时），她必须支付他们承担的成本（即第二高价格）。同样，在格罗夫斯 — 克拉克机制中，当代理人以她（或他的）信息改变集体决策时，那么她（或他）必须支付她（或他）强加于其他人的成本。

536

关于格罗夫斯－克拉克－维克里机制,有大量的文献。在额外的结果中,有两个非常重要的命题。

命题 1　若代理人的特征区域中不存在约束,这些机制是仅有的在可转移效用前占优策略可真实实施的机制。

命题 2　对实施占优策略而言,效率与预算平衡不一致,机制一定导致集体成本("说出真相"的成本);其结果,最好的帕累托最优与策略试验要求不一致。

我们如何解释这些占优策略可真实实施机制的相当负面的结果呢? 我们要捍卫几种观点:

一方面,我们可以尝试用比 DSE 更弱的均衡概念。以占优为基础的理性不需要任何关于代理人相互认知信息的假设。仅当代理人有何种偏好以及所有代理人是理性的是共同知识时,重复占优才是合理的。对这个约束性更大的情况,法克尔森(Farqharson,1969)和莫林(1979,1980)已证明非专制社会选择函数能被实施。不幸的是,博格斯(Borgers)的一篇论文(1995)表明若理性是以严格占优为基础的,则简单不可能结果既产生占优策略实施,又产生重复占有策略实施。由于以严格占优为基础的理性比以弱占优为基础的理性概念更少约束,这些不可能结果更加普适。

另一方面,摆脱占优策略可真实实施机制的负面效果的途径是,运用那些比基于占优概念的理性定义更多地假定代理人行为的协调的均衡概念。只要代理人的偏好对其他人都是先验不确定的,他们就会展开一场非完全信息博弈,于是我们可界定一种更弱的均衡概念,称之为"贝叶斯均衡"。如果假定代理人的偏好为其他人所知,我们甚至能宣称纳什均衡的弱约束概念也能用于实施理论。这些方法已在关于可实施机制的文献中得到广泛研究。

不过我们还可以从上面讨论的一般性不可能结果中得到伦理学意味更浓的启示。从伦理学观点来看，谎言可定义为有意误导的陈述。当集体决策可由特定分配机制表达时，一个错误表达其偏好的代理人有时也许会被法定为"说谎者"。这样，关于真实机制的不可能结果应该仅反映社会不可避免的非完美性。不论社会是何种制度，我们都无法阻止某些人说谎，因为说谎的意愿实际上内在于社会机制。"讲实话、不说谎的个人决定确实是一个伦理学决定，因为即使从原则上说，社会也不可能被设计成这样：诚实是自我实施的（self-enforcing）"，此言不假。

讨价还价博弈

为了得出这个最后通牒博弈的子博弈完美均衡，首先须观察到该博弈有无限数目的子博弈。具体来说，参与人 j 的每一个决策点都开启了一个子博弈（在他的决策作出之后，这个子博弈就随之结束）。这应该是很显然的，因为参与人 j 能观察到参与人 i 的出价。所有的信息集都由唯一的节点组成。考虑由参与人 i 开出某个特定的出价 m 后的子博弈，其中 $m > 0$。如果参与人 j 接受了出价，他将获得 m。如果他拒绝了出价，那么他将获得 0。因此，参与人 j 的最优行动是接受。只有当 $m = 0$ 的时候，拒绝才是参与人 j

538

的最优反应,而在这个时候,接受该提议同样也是最优的(因为参与人 j 对于这两种行动之间没有偏好差异)。因此这个分析意味着参与人 j 只有两个序贯理性策略:(s_j^*) 接受所有的出价,以及 $(\hat{s}_j)$ 接受所有 $m > 0$ 的出价并拒绝所有 $m = 0$ 的出价。只有它们能够为每一个严格子博弈定义纳什均衡。

———— 乔尔·沃森[1][2]

　　最后通牒博弈大概是最简单的讨价还价模型。在讨价还价博弈中,一个买者和一个卖者就一幅画的价格进行讨价还价。由于这幅画对买者来说值 100 美元,对卖者来说一文不值,因此交易可以产生 100 美元的剩余。价格确定了这个剩余是如何在买者和卖者之间进行分配的,也就是说,它描述了交易的条件。对于本章的分析来说,最好在一个稍微抽象一点的环境中研究最后通牒博弈,其中将剩余标准化为 1. 这个标准化有助于我们关注参与人所占的货币剩余份额。举个例子,如果参与人 1 获得 1/4,那么它意味着参与人得到剩余的 25%。我们假设效用可转移,因而价格以线性化对剩余进行分配;所以,如果一个参与人得到 m,那么另一个就得到 $1 - m$。将参与人分别定义为 i 和 j 也有助于我们把参与人 1 或者 2 定义为出价人。

　　标准的最后通牒博弈如图 1 中所示。[3]与这个博

---

　　①　乔尔·沃森,国际知名博弈论专家。

　　②　乔尔·沃森,《策略:博弈论导论》,格致出版社,上海三联书店,上海人民出版社,上海,2010 年。

　　③　注意,根据图中的扩展型,参与人 i 出价的范围达不到 $m > 1$ 或者 $m < 0$。事实上,如果你不约束 m 值,结果并不会发生变化。直观上说,对于参与人 i 来说,开出 $m > 1$ 是不理性的,而对于参与人 j 来说,接受 $m < 0$ 也是不理性的。为了简化起见,我就直接设定 $m \in [0, 1]$。

弈相对应的谈判集和不缔约点也在图中表示出来。不
缔约点是(0,0),当回应方拒绝出价方的出价时,会导
致这样的得益。

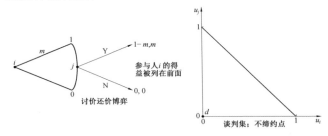

图 1　　最后通牒谈判

　　为了得出这个最后通牒博弈的子博弈完美均衡,
首先须观察到该博弈有无限数目的子博弈。具体来
说,参与人 j 的每一个决策点都开启了一个子博弈(在
他的决策做出之后,这个子博弈就随之结束)。这应该
是很显然的,因为参与人 j 能观察到参与人 i 的出价。
所有的信息集都由唯一的节点组成。考虑由参与人 i
开出某个特定的出价 m 后的子博弈,其中 $m > 0$。如
果参与人 j 接受了出价,他将获得 m。如果他拒绝了
出价,那么他将获得 0。因此,参与人 j 的最优行动是
接受。只有当 $m = 0$ 的时候,拒绝才是参与人 j 的最优
反应,而在这个时候,接受该提议同样也是最优的(因
为参与人 j 对于这两种行动之间没有偏好差异)。因
此这个分析意味着参与人 j 只有两个序贯理性策略:
(s_j^*) 接受所有的出价,以及 $(\hat{s}_j)$ 接受所有 $m > 0$ 的出
价并拒绝所有 $m = 0$ 的出价。只有它们能够为每一个
严格子博弈定义纳什均衡。

　　确定了参与人 j 的序贯理性策略以后,你很容易
确定最后通牒博弈的子博弈完美均衡。这个均衡必然
包括参与人 j 的 s_j^* 或 $\hat{s}_j$。让我们来估计这两个策略中

540

哪一个有可能是子博弈完美均衡的一部分。首先,应注意参与人 i 选择 $m=0$,参与人 j 采取 s_j^* 是这个博弈的纳什均衡。参与人 i 显然没有动机偏离 $m=0$,因为他在这个策略组合下可获得全部的剩余。其次,观察可知当参与人 j 采取 $\hat{s}_j$ 时,这个博弈将不存在纳什均衡。为了明白这一点,你需要注意的是参与人 i 对于 $\hat{s}_j$ 没有明确的最优反应策略。如果参与人 i 选择 $m>0$,那么他在给定参与人 j 的策略时会获得 $1-m$。因此,参与人 i 会尽可能地选择最小的 m。但是,$m=0$ 在策略 $\hat{s}_j$ 的情况下所导致的得益为 0。

这些事实意味着在最后通牒博弈中只有唯一的子博弈完美均衡:$m=0,\hat{s}_j$。参与人 i 的均衡得益为 1,而参与人 j 则为 0。这个均衡结果是有效率的,因为双方从交易中实现了获利;他们的共同价值得到了最大化。

最后通牒博弈证明了当一个人可以提出一个价格让对方要么接受要么放弃时,他所能运用的谈判力是很大的。根据标准的谈判解决方案,$\pi_i=1$。如果你能够使自己处于这个位置(也即是,在你的出价被考虑之后,双方能够以某种方式终止谈判),你就应当采取这种明智的做法。[①]

---

① 对于某些人来说,向参与人 j 出价为 0 会有一点极端,甚至有相当的风险。或许参与人 i 至少应该提出一个较小的正值,以使得参与人 j 值得去接受。从直觉上看,应该是这么回事。但是,使参与人 j 能够接受的条件已经植根于得益数字当中。也就是说,零表示了参与人 j 可以接受出价的底线。如果这仍然显得不太直观,你会很乐于知道,在具有最小货币单位的博弈中,存在这样的子博弈完美均衡,其中出价人以很小的正值向回应人出价。举个例子,如果参与人 i 不能以便士的一部分作为出价,那么一分币(cent)的出价与接受是一个子博弈完美均衡结果。

讨价还价问题①

我们可以通过以下假设使讨价还价问题理想化：两个个体高度理性；每一方都能精确地比较自己对不同事物的喜好；他们有同样的讨价还价的技巧，以及每一方完全了解另一方的口味和偏好。

———— 约翰·纳什②③

本文对一个经典的经济学问题提出了新的讨论，该经济学问题以多种形式出现，如讨价还价、双边垄断等；它也可以视为一个二人非零和博弈。在这个讨论中，我们对一个个体和由两个个体组成的小组在某一经济环境下的行为作了一些一般性的假设。由此，我们可以得到这一经典问题的解（就本文而言）。用博弈论的语言来说，我们找到了博弈的值。

在两人讨价还价的情况下，两个个体都有机会以多于一种的方式为共同利益而合作。本文考察的是更简单的情况，在这种情况下，任何一方在没有征得对方同意的条件下采取的行动，不影响对方的营利状况。

---

① 约翰·纳什希望在此感谢冯·诺依曼教授和摩根斯坦教授的帮助，他们阅读了本文的原稿并且对有关的表达提出了有益的建议。

② 约翰·纳什，美国普林斯顿大学教授。1994 年因其对"非合作博弈均衡分析，以及对博弈论的其他贡献"，荣获诺贝尔经济学奖。他曾长期受精神疾病的困扰。

③ 约翰·纳什，《纳什博弈论论文集》，首都经济贸易大学出版社，北京，2000 年。

　　垄断对买方垄断、两国间的国家贸易、雇主与工会间的谈判等经济情形,都可以视为讨价还价问题。本文旨在对这一问题进行理论上的讨论,并得到一个确定的"解"—— 当然,为此还得作一些理想化的处理。这里,"解"是指每一个体期望从这一情形中得到的满意程度的确定;或者更确切地说,是对每一个有讨价还价机会的个体来说,这个机会的价值的确定。

　　这就是古诺(Cournot)、鲍勒(Bowley)、丁特纳(Tintner)、费尔纳(Fellner)和其他一些人都曾讨论过的经典的交换问题,更具体地说是双边垄断问题。冯·诺依曼和摩根斯坦在《博弈论与经济行为》[①]一书中提出了一个不同的方法,它使得这种典型的交换情形可以等同于一个二人非零和博弈。

　　概言之,我们可以通过以下假设使讨价还价问题理想化:两个个体高度理性;每一方都能精确地比较自己对不同事物的喜好;他们有同样的讨价还价的技巧,以及每一方完全了解另一方的口味和偏好。

　　为了对讨价还价的情形进行理论上的讨论,我们将把它抽象化以形成一个数学模型,从而构建理论。

　　在对讨价还价的讨论中,我们采用数值效用来表示参与讨价还价的个体的偏好或口味,即《博弈论与经济行为》中采用的那种类型的效用。通过这种方式,我们将每个个体在讨价还价中最大化其营利的愿望引入到数学模型中。我们先采用本文中的术语对这一理

---

　　① John Von Neumann, Oskar Morgenstern. Theory of Games and Economic Behavior. Princeton: Princeton University Press, 1944(Second Edition, 1947),15 ~ 31.

论作一简单回顾。

二、个体效用理论

"预期"是这一理论中一个重要的概念。我们将用具体的例子对此概念给予部分解释。假设史密斯先生知道他明天将得到一辆别克车,我们就说他有一个别克车的预期。同样地,他也可以有一个卡迪拉克车的预期。如果他已经知道明天将通过投掷硬币来决定他究竟得到别克车还是卡迪拉克车,那么我们就说他有 $1/2$ 的别克车和 $1/2$ 的卡迪拉克车的预期。因此,一个人的预期就是期望的状况,它可以包括一些将要发生的事件的确定性和其他可能发生的事件的不同概率。再举一个例子,史密斯先生可能知道明天他将得到一辆别克车,并且认为他还有 $1/2$ 的机会得到一辆卡迪拉克车。上述 $1/2$ 别克车、$1/2$ 卡迪拉克车的预期表明了预期的下述重要性质:如果 $0 \leqslant p \leqslant 1$,并且 A 和 B 代表两个预期,那么存在一个预期,我们用 $pA + (1-p)B$ 来表示,它是两个预期的概率组合,即 A 的概率为 p,B 的概率为 $1 - p$。

通过下述假设,我们就可以构建个体的效用理论:

(1)有两个可能预期的个体总能决定哪个预期更优或者两者无差异。

(2)由此生成的序具有传递性:即若 A 比 B 好,并且 B 比 C 好,则 A 就比 C 好。

(3)两个无差异预期的任意概率组合与他们各自都无差异。

(4)若 A,B,C 满足假设(2),则存在 A 和 C 的概率组合使得它与 C 无差异。这就是连续性假设。

(5)若 $0 \leqslant p \leqslant 1$,且 A 和 B 无差异,则 $pA + (1-$

544

$p)C$ 与 $pB+(1-p)C$ 无差异。而且,若 A 和 B 无差异,则在任意 B 满足的序关系中,A 都可以代替 B。

所谓效用函数,就是赋予个体的每一预期一个实数。上述这些假设足以证明存在一个令人满意的效用函数。这一效用函数并不唯一,也就是说,如果 u 是这样一个函数,那么 $a>0$ 时,$au+b$ 也是这样一个函数。如果用大写字母表示预期,小写字母表示实数,这样的效用函数满足下列性质:

①$u(A)>u(B)$ 等价于 A 优于 B,以此类推。

② 若 $0 \leqslant p \leqslant 1$,则 $u(pA+(1-p)B)=pu(A)+(1-p)u(B)$。这是效用函数重要的线性性质。

三、两人博弈理论

《博弈论与经济行为》构建了 n 人博弈理论,并将两人讨价还价问题作为特例进行了讨论。但是,这本书构造的理论并不试图找到给定的 n 人博弈的值,即不是去确定有机会参加博弈对每个参与人的价值。它只找到了二人零和博弈情况下确定的解。

在我们看来,n 人博弈应该有值。也就是说,存在这样一个数集,它们连续地依赖于构成博弈的数学表述的数量的集合,并且表达了每个有机会参与博弈的参与人的效用。

我们可以将两人预期定义为两个单人预期的组合。因而,我们就有了这样两个个体,他们都有对自己将来环境的某种期望。我们可以认为单人效用函数适用于两人预期,并且所得到的结果与对应的作为两人预期坐标的单人预期一致。两个两人预期的概率组合,定义为它们对应的坐标分量的组合。因此,如果

$[A,B]$ 是一个两人预期,且 $0 \leqslant p \leqslant 1$,那么
$$p[A,B] + (1-p)[C,D]$$
就将定义为
$$[pA + (1-p)C, pB + (1-p)D]$$
显然,这里的单人效用函数具有与单人预期中相同的线性性质。以后,只要提到预期,就是指两人预期。

  在讨价还价情况下,有一种预期尤其需要注意,这就是两个讨价还价者之间没有合作的预期。因而,很自然地,我们可以选取某些效用函数,使得每个人都认为这种预期的效用为零。这样,每个人的效用函数的确定仍然仅限于乘以正实数。今后,我们所使用的效用函数都可以理解为是由这种方法选取的。

  在选取好效用函数,并在平面图上描绘出所有可能预期的效用之后,我们就可以对两个讨价还价者面临的情况在图上作一解释。

  对由此得到的点集的性质,我们有必要引入一些假设。从数学上讲,我们希望这一点集是紧致的和凸的。它应该具有凸性是因为:从图上看,点集中任两点所构成的线段上的任一点所代表的预期,都可以由这两点所代表的预期的某一概率组合得到。紧致性条件首先是指这一点集是有界的,也就是说,在平面上,它们总可以被包含在某一足够大的方形当中;它还意味着任意连续效用函数总能在该集合中的某一点取到最大值。

  如果对每个人的任一效用函数来说,两个预期的效用都相等,我们就说它们是等价的。这样,图形就已经完全描绘出情形的本质特征。当然,因为效用函数并非完全确定,所以图形的确定仅取决于尺度变换。

　　这样的话,因为我们的解应包含两个讨价还价者对营利的理性期望,所以这些期望应该可以通过两者之间适当的协议来加以实现。因而一定存在这么一个预期,它给每个人带来的满意程度与他的期望一致。我们完全可以假定两个理性的讨价还价者仅仅对这一预期或它的等价物才能达成一致意见。因而,我们可以将图上的某一点看作是解的代表,同时它代表所有两个讨价还价者都觉得公平的预期。我们将通过给出这一解点与点集两者关系应满足的条件来构建理论,并由此引出得到确定解点的一个简单条件。我们只考虑两个讨价还价者都有可能营利的情况。(这并不排除最终只有一方获利的情形,因为"公平交易"也许包含了用某种概率方法确定谁将获利的协议。任一可行预期的概率组合都是可行预期)

　　设 u_1,u_2 是两个人的效用函数。$c(S)$ 表示一个包含原点的紧致凸集 S 中的解点。我们假设:

　　(6)若 α 是 S 中的一个点,而 S 中存在另一个点 β,满足 $u_1(\beta) > u_1(\alpha)$ 和 $u_2(\beta) > u_2(\alpha)$,则 $\alpha \neq c(S)$。

　　(7)若集合 T 包含 S,且 $c(T)$ 在 S 中,则 $c(T) = c(S)$。

　　若存在效用算子 u_1,u_2 使得当 (a,b) 包含在 S 中,(b,a) 也一定在 S 中,即使得 S 的图象关于直线 $u_1 = u_2$ 对称,我们就称集合 S 是对称的。

　　(8)若 S 是对称的,且 u_1,u_2 使得 S 满足这一点,则 $c(S)$ 一定是形如 (a,a) 的点,也即直线 $u_1 = u_2$ 上的某一点。

　　上述第一个假设表达的意思是,每一个讨价还价者都想在最终的交易中最大化自己的效用。第三个假设则指两者讨价还价的技巧相同。第二个假设稍许复杂一些。以下的解释有助于理解这一假设的自然性：在 T 是可能的交易集的条件下，如果两理性人一致认为 $c(T)$ 是一个公平交易，那么他们应该愿意达成这样一个协议（不那么严格限制），而不是试图达成 S 以外的点所代表的任何交易，这里 S 包含 $c(T)$。若 S 包含在 T 中，则他们面临的情形就简化为可能交易集为 S 的情形。因而 $c(S)$ 一定等于 $c(T)$。

现在我们来证明，由这些条件可得出解一定在第一象限，此时，u_1, u_2 取得最大值。从紧致性我们知道，这样的点一定存在，而凸性使之唯一。

我们选取能使上述点转化为点 $(1,1)$ 的效用函数。因为这仅仅涉及对效用函数乘以某个常数，所以点 $(1,1)$ 现在就是 $u_1 u_2$ 的最大值的点。这样，集合中就不存在某些点使得 $u_1 + u_2 > 2$，因为如果集合中存在一个点满足 $u_1 + u_2 > 2$，那么在点 $(1,1)$ 与该点的连线段的某一点上，必然满足 $u_1 u_2$ 大于 1（图 1）。

我们现在就可以在 $u_1 + u_2 \leqslant 2$ 的区域内构造一个正方形，它关于直线 $u_1 = u_2$ 对称，一条边在直线 $u_1 + u_2 = 2$ 上，而且完全包含选择集。如果将正方形区域而不是原来的集合看作选择集，那么显然点 $(1,1)$ 是唯一满足假设 (6) 和 (8) 的点。加上假设 (7)，我们就可以断定，当原始（变换后的）集合是选择集时，点 $(1,1)$ 也一定是解点。这就证明了前面的断言。

我们现在给出应用这一理论的一些例子。

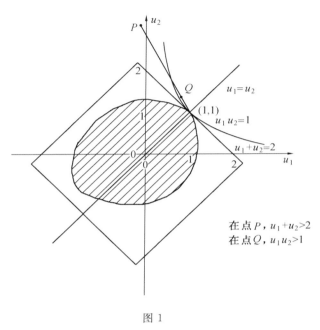

在点 P，$u_1+u_2>2$
在点 Q，$u_1u_2>1$

图 1

四、例子

我们假设两个聪明人，比尔和杰克，处于这样一种情况下：他们可以以物易物，但没有货币可用于交易。为简单起见，我们进一步假设，每一个人拥有的一定量商品，且这些商品给他带来的总效用等于各种商品给他带来的效用之和。在表 1 中，我们给出了每个人拥有的商品和每种商品给他带来的效用。当然，我们所用到的两参与人的效用函数都是任选的。

这一讨价还价情形可以用图像来说明（图 2）。图 2 中解点位于第一象限的等轴双曲线上，并且与备择集仅有一个切点。其结果是一个凸多边形，在这个凸多边形中效用积在顶点处达到最大值，并且只有一个

549

符合条件的预期。那就是：比尔给杰克书、搅拌器、球和球拍，杰克给比尔钢笔、玩具和小刀。

表 1

比尔的商品：	给比尔带来的效用	给杰克带来的效用
书	2	4
搅拌器	2	2
球	2	1
球拍	2	2
盒子	4	1
杰克的商品：		
钢笔	10	1
玩具	4	1
小刀	6	2
帽子	2	2

　　要是讨价还价者有共同的交易媒介，问题就更为简单了。许多情况下，一种商品的货币等价物都可以作为效用函数的一种很好的近似。（货币等价物就是指一定量的货币，它带给我们所讨论的个体的效用与该种商品相同）当在讨论的数量范围内，货币带来的效用与它的数量具有近似线性函数关系时，这种情况就可能发生。当我们可以为每个人的效用函数采用某种共同的交易媒介时，图象上的点就具有这样的形状，它在第一象限的部分形成了一个等腰直角三角形。因此在解点上，每个讨价还价者具有相同的货币利润（图3）。图 3 中内部阴影部分表示在不用货币时可能的交易。两平行线之间的区域表示允许使用货币时交易的可能性。对少量货币而言，在这里用货币度量的收益和效用是相等的。应用易货交易时解在使 $u_1 + u_2$ 取最大值时得到，应用货币交易也同样得到解。

550

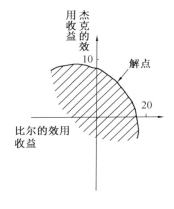

图 2

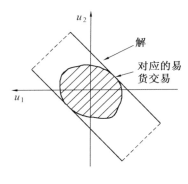

图 3

傀儡与势力

第九章

避免成为傀儡

作为策略家，我们自然要避免成为傀儡。为了避免成为傀儡，我们自然要弄清权力的衡量方法。
　　　　　　　　—— 潘天群[1][2]

一、权力的逻辑分析：夏普里－舒比克权力指数

人是追逐权力的动物。动物力图通过体力的强大控制群体中的同类，而人通过掌握"权力"控制他人。

---

① 潘天群，江苏盐城人，哲学博士，现任南京大学哲学系教授，博士生导师，南京大学现代逻辑与逻辑应用研究所研究员。

② 潘天群，《博弈思维》，北京大学出版社，北京，2005 年。

　　人们追求世俗的权力,因为权力能够带来比较多的物质利益,和较多的性资源。古语对成功男人的标准便是"醒握天下权,醉卧美人膝"。

　　我们每个人都对权力有直观的理解。我们常说"某人拥有权力",或者说"某人的权力大"。但是,博弈论专家不满足权力的直观理解,他们发明了计算权力的方法。在博弈论专家那里,权力是以某个数字来衡量的。

　　在博弈论专家看来,一个人的权力体现在他的决策影响上。在一个群体进行决策时每个人的票数往往不同,因而每个人对决策的影响程度往往不同。如果在一个决策群体中,某个人是独裁者,他拥有绝对的权力,其他人则没有权力。博弈论专家用权力指数表示投票者的权力,用数值 1 刻画独裁者的权力,0 刻画没有权力人的权力;介于独裁者与无权力的人的权力大小用 0 与 1 之间的一个实数来刻画。

　　让我们看一下著名的夏普里－舒比克权力指数。

　　考虑这样一个例子:有 A,B,C 三个人,A 有两票,B,C 各有一票,这三个人组成一个群体,对某项提案进行投票,假定此时的决策的规则是"大多数"规则,即若获得 3 票,则可得到通过。他们各自的权力有多大?

　　我们用(3;2,1,1)表示上述投票博弈。这种表示方法意为:有三个投票人,各自的票数为 2,1,1,一个议案需要的最少票数为 3 张。

　　根据夏普里－舒比克权力指数的计算方法,我们将 A,B,C 的可能排列写出来,并确定各种可能的排列下的关键加入者。（表 1）每个投票人作为关键加入者的个数与可能的排列数之比率，即得出了每个投票人的权力大小。

表 1　投票体 $(3;2,1,1)$ 的可能排列与关键加入者

可能的排列	ABC	ACB	BAC	BCA	CAB	CBA
关键加入者	B	C	A	A	A	A

从上表得出，$\Phi(A)=4/6$；$\Phi(B)=\Phi(C)=1/6$。即 A 的权力指数为 $4/6$；B 和 C 的权力指数相等，均为 $1/6$。

二、联合国安理会的权力分布

美国希望以武力进攻伊拉克，以解除伊拉克的武装，推翻与美国作对的萨达姆政权。然而美国希望师出有名，希望它的动武能够得到联合国安理会的授权。为了达到它的目的，美国官员四处游说。他们游说联合国安理会的各个理事国，尤其是常任理事国，希望这些理事国，在对用武力进攻伊拉克的决议的表决中，能够支持美国的行动。联合国安理会现有 15 个理事国，其中 5 个常任理事国：中国、美国、英国、俄罗斯、法国。美国若能够得到联合国的授权，那是最好的结果；但若美国对伊拉克的动武提案被联合国所否决，美国若想对伊拉克动武将困难重重。因此，当美国感觉到没有把握通过安理会授权动武时，它便联合英国，直接出兵，攻打伊拉克，推翻萨达姆政权。这是美国退而求其次的策略选择。

安理会常任理事国与非常任理事国的区别在于前者具有否决权。那么，在对国际事务的决策中，比如对伊拉克武器核查问题或美国的动武决议上，常任理事

554

国和非常任理事国的权力有多大？

让我们用夏普里－舒比克权力指数分析联合国安理会各个理事国的权力分配。

1965 年前联合国安理会有 5 个常任理事国和 6 个非常任理事国。常任理事国有否决权，非常任理事国无否决权。联合国安理会规定，一个提案通过的条件是：有 7 张赞成票且 5 个常任理事国无否决票。夏普里与舒比克用他们的方法计算出，5 个常任理事国的权力指数之和为 76/77（98.7％），6 个非常任理事国的权力指数之和为 1/77（1.3％）。[①]计算过程如下：

A 表示常任理事国的投票变量，B 表示非常任理事国的投票变量。首先计算"非常任理事国"的权力指数。

对于一个可能的排列
$$AAAAA\mathbf{B}BBBBB$$
黑体 **B** 为"关键投票者"。某一"非常任理事国"B 处于"关键投票者"的位置的可能排列为：$A_6^6 C_5^1 A_4^4$。总的可能排列为：A_{11}^{11}。因此一个非常任理事国的权力指数

$$\Phi(B) = \frac{C_5^1 A_6^6 A_4^4}{A_{11}^{11}} = \frac{1}{492}$$

6 个非常任理事国的权力指数和为 $6 \times \frac{1}{492} = \frac{1}{77}$。

5 个常任理事国的权力指数和为 $1 - \frac{1}{77} = \frac{76}{77}$。

1965 年后，联合国安理会增加了 4 个非常任理事

---

① L. S. Shapley and M. Shubik，A method for evaluating the distribution of power in a committee system，American Political Science Review 48(1954)787—92.

国,有 5 个常任理事国和 10 个非常任理事国,即现在的状态。现在各个理事国的权力为多少?让我们来计算一下。

一个提案获得通过的条件是,5 个常任理事国没有否决票,且 10 个非常任理事国有 4 张票"同意",一个可能的排列为 AAABAABB**B**BBBBBBB。一个非常任理事国的夏普里－舒比克权力指数为 $\dfrac{C_9^3 A_8^8 A_6^6}{A_{15}^{15}} =$ 0.001 86。10 个非常任理事国的夏普里－舒比克权力指数和为 1.86%;5 个常任理事国的夏普里－舒比克权力指数为 1－1.86%＝98.14%。

现在,联合国安理会面临着改革,日本、德国、印度、巴西四国盘算着进入安理会常任理事国。如果安理会成员数、投票规则等发生事实上的变化,我们同样可以用夏普里－舒比克权力指数来计算改革后的各个成员国的权力指数。读者可以一试。

夏普里－舒比克权力指数也可用于经济分析。夏普里与舒比克在《委员会体制中权力分布的一个评价方法》中说:一个有股份 40% 的股东,其权力为各拥有 0.1% 的 400 个股东的每个股东权力的 1 000 倍,尽管股份比为 400∶1。

由此可见,票数与权力不是一回事。

除了夏普里－舒比克权力指数,还有班扎夫权力指数,这里不做介绍,有兴趣者参考《博弈生存 —— 社会现象的博弈论解读》。

三、避免成为傀儡

当我们是一个决策群体中一员时,作为策略家,我们尽量获取最大的权力,当然我们要清楚我们的权力

到底有多大。我们上面给出了夏普里－舒比克权力
指数的计算方法。在实际中,人们确切地知道自己的
权力,并不很容易。我们看一个实际中的例子。

　　1958 的欧共体总共有 6 国,它们是法国、德国、意
大利、荷兰、比利时和卢森堡。法国、德国和意大利的
票数为 4 张,荷兰、比利时为 2 张票,卢森堡为 1 张票。
总票数为 17 张。投票规则为 2/3 多数,即一个议案获
得 17 张中的 12 张或以上就获得通过。让我们根据夏
普里－舒比克权力指数来分析欧共体各国的权力。

　　投票体可表示为 $(12;4,4,4,2,2,1)$。表 2 为各国
的票数与夏普里－舒比克权力指数。

表 2　1958 年欧共体各国的权力分析

国家	德国	法国	意大利	比利时	荷兰	卢森堡
票数	4	4	4	2	2	1
权力指数	14/60	14/60	14/60	9/60	9/60	0

　　由此可见,卢森堡尽管有 1 张票,但其权力为 0,
即尽管卢森堡的财政部长每次都在投票,但他在任何
情况下对议案均不会产生任何影响。卢森堡完全是一
个摆设! 它作为傀儡而存在!

　　作为策略家,我们自然要避免成为傀儡。为了避
免成为傀儡,我们自然要弄清权力的衡量方法。

四、联盟与离间

　　作为策略家,我们当然要尽量争取最大的权力,即
争取最大的影响力。

　　在一个决策群体中,我们已经表明,权力与票数是
两回事,傀儡的卢森堡就是一个例子。因此,我们要争
取的是可能的权力,而不是票数,尽管两者是相互关联

的。

上述的权力指数反映的只是投票者先验的权力。实际中由于投票者的相互关系,会出现"策略投票",而使各自投票者的权力分配并非如计算的那样。

什么是策略投票? 我们以刚才分析的投票体(3;2,1,1)为例。该投票体的夏普里与舒比克权力指数见表1。夏普里与舒比克权力指数计算方法假定,A,B,C 的 6 种排列是均等的。每一种排列反映的是议案进行表决的可能顺序,6 种排列的均等,反映的是,对某一个议案进行表决,每一个排列以等概率出现。但在实际中往往不是这样,假定 A 与 B 有"矛盾",一旦 A 发现 B 赞成某个议案,他将反对;B 也如此。即:投票人不是根据自己对议案的偏好来投票。这便是策略投票。

在这个例子中,一旦 A,B 不可能同时对议案投赞成票,也不可能同时投反对票,这样 ABC,BAC,BCA,CBA 四种可能性将不可能出现,比如 ABC 是 A 先同意议案的,当 B 发现 A 同意议案后,B 便不会同意。这样,可能出现的排列为,ACB 与 CAB,在这两个可能排列下,B 不起作用。一旦如此的时候,A 与 C 垄断了所有的权力,而 B 不再有权力。如果用联盟的形成来分析,A 与 B 在任何一个议案中不可能形成一个获胜的联盟。这便是权力的后验分析。

再举一个例子。我们用联盟的思想来分析权力。假定 A,B,C 民主地决定各项事物。假定每人一票,并且有 2 票某个议案即获通过,投票体为(3;1,1,1)。我们用表决函数表示为

$$F = AB + AC + BC^①$$

A,B,C 三者的先验权力相等。AB,AC,BC 联盟的形成具有同等的可能性,联盟 ABC 不是最小获胜联盟。

如果出现"策略"投票,假定 B 与 C 永远意见一致,那么,只有两个联盟可能出现,那就是 BC 与 ABC。而 ABC 不是最小获胜联盟,因而只有一个联盟 BC。这样,B 与 C 垄断了权力,而将 A 排除出去。

假如,B 与 C 之间有矛盾,BC 联盟不能形成,此时能够形成的只有 AB 和 AC 联盟。B,C 的权力降低了,A 的权力升高了。

再举一个例子。

9 个人组成的投票体,民主地决定各项议案,议案需要 5 票或者 5 票以上才能获得通过。此时,每个人的权力是相等的,即均为 1/9。

如果这个集体中的 9 个人分化成多个联盟,那么各个人的权力便不再相等。一旦其中出现 5 个或 5 个以上的人结成的大联盟,那么其余的人,尽管每次决策时均在投票,但实际上已经被排除出局,无任何决策影响力。

如果所分化而成的联盟中的最大的联盟,其人数不超过 5 个,那么,各个投票人均拥有权力,只不过权力存在着大小之分。假若 9 个人形成 3 个联盟,这 3 个联盟的人数分别为 4,3,2,这 3 个联盟所拥有的权力均等;而如果形成 4 个联盟,人数分别为 3,3,2,1,每个联

---

① 对表决函数分析感兴趣者,见笔者的专著:《社会决策的逻辑结构研究》,中国社会科学出版社 2003 年版。

盟的权力不再相等,根据夏普里－舒比克权力指数的计算,人数分别为 3,3,2 的联盟权力相等,而人数为 1 的联盟的权力为 0,即人数为 1 的联盟被排除出局。

当一个投票体分化成几个联盟时,不同联盟的权力往往不同,处于不同联盟中投票者的权力往往也不同。

联盟的形成使得各自的权力发生变化,这其中的道理很明显。投票人往往通过联盟达到增加投票者的权力。毛泽东在一篇有关反对宗派主义的文章,即是反对那些在党的领导决策中建立联盟以增加权力的做法。

上面的分析也可以说明实际中官场中的上下级的权力斗争。上级领导下级的一个方法是"掺沙子"。下属不和时,上级往往有更大的决策权,从而更好地控制下属。

在实际中,我们作为策略家,如果我们是某一个社会决策中的成员,我们争取更大权力或影响力的方法,无非有两个:或者与其他投票者保持良好的关系,以建立联盟;或者离间其他投票者之间的关系。

五、设计有利的选举规则

上面探讨了如何增大我们的权力。在《博弈生存》中我们举了一个例子,在该例子中人们通过设计一个投票规则使少数人支持的候选人获得通过。这里不再叙述。现在我们要分析的是,如果我们对某些议案存在偏袒,或者希望它获得通过,或者不希望它获得通过,在决策规则上我们有什么偏袒性的策略?

最简单的方法是,如果我们不希望某个议案获得通过,那么我们可以通过设计表决规则,增加该议案通

过的难度即可。比如,我们可以设计一个投票体,该投票体的投票规则为"全体一致",即所有人均同意议案才能获得通过。类似地,如果我们希望某个议案获得通过,我们可以通过降低该议案获得通过的难度。如,我们可以设计一个投票委员会,这个委员会的投票规则是,只要有半数以上的同意票数(乃至于更少的同意票数),提案即可以得到通过。

　　除了上述进行偏袒性的投票规则设计外,另外一个可采用的策略是,在既定规则下选择投票人。如果我们不希望某个议案获得通过,我们可以精心挑选对该议案有意见的人来表决,该议案获得通过的难度随即增大了;而如果我们希望某个议案获得通过,我们同样选择那些偏袒该议案的投票人来表决。在实际事务中,某个机构或组织要作出或否决某个重大决策,往往进行专家评估和论证,在挑选专家的过程中,就出现了偏袒性。

　　我国政府正加快社会主义民主建设的进程,各级干部的确定正逐步采取民主投票的方式来进行。比如,农民采取民主投票的方式选举村干部,已经实行了许多年。然而在实际中往往出现操纵投票的过程。笔者亲历这样一个"操纵选举"的全过程。某些职位空缺,进行竞争,组织部门给出竞争条件,符合条件者报名。组织该单位几千员工对候选人进行投票,同时组织中层领导进行投票,职位所在单位员工进行投票,最后单位领导及人事部门的人员进行投票。但所有投票结果都不公开! 张榜公布的结果宣称为民主选举的结果! 其实,所有被选上的人物均为上级领导看中的人选。选举过程是领导之间进行讨价还价的博弈过程,群众和中层领导等的投票,如果有作用的话,只是作为领导们之间讨价还价的筹码而已。

政治家往往玩这种花招,操纵投票,在民主的投票规则下达到自己的目的。这些政治家均是策略家。有人说,即便如此,这样的制度总比专制制度强,因为在这种制度下,操纵者不敢明目张胆地将自己的意志强加给他人。但如果从道德的角度来讲,这并不比专制制度直接安排人选要好,因为这种做法欺世盗名。

我们作为策略家,在某种情况下为了我们的某种目的,我们可以通过对投票规则的设计达到我们的目标。

作为有道德的策略家,我们当然不一定这样做。但我们要知道其中的道理,这样可以识破他人的诡计,而不至于被蒙骗。

六、采取策略投票

现在让我们看一下"策略投票"的例子:假定有 3 个投票人,他们要从 4 个备选方案中选出一个,假定他们的偏好顺序如表 3 所示[①]。

表 3　偏好排序

投票人 1	投票人 2	投票人 3
A	C	B
B	A	D
D	B	C
C	D	A

---

① 　P. D. Straffin：Topics in the Theory of Voting，pp. 19—21.

假定是两两进行对决。（图1）

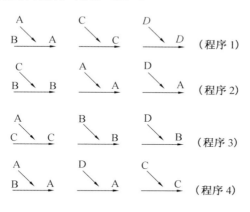

图1

由此可见，结果取决于所确定的选举程序。

在图1所示的4个程序下的4个结果是在投票人的投票是"诚实的"情况下得到的。当投票人预测到其结果是自己所最不希望的，那么他为了改变该局面而会考虑采取"欺骗的"投票。我们来看一下上面的程序2。

程序2选举出来的结果是A，而A是投票人3的偏好中最差的。当他预测到这个结果时，他将采取"欺骗的"投票。在第一次B和C对决的投票中，他支持C而不是B（这与他的偏好顺序相违背），一个可能的结果如图2所示。

图2

在投票人3"欺骗的"投票下或"策略投票"下他得

到他偏好中的第二个优选结果，比诚实投票的最差结果要好。

当然，这个结果对投票人 2 不利，他也会采取"策略投票"。一旦每个投票人均采取"策略投票"，结果将是不可预测的。

这只是策略投票的一个例子。

在这样的投票中，要使自己最喜欢的候选对象胜出，或者让最不喜欢的候选对象被淘汰，采取"策略投票"就是必须的。

读者想一想，在实际生活中，如果其他参与人采取策略投票，而你只是"老实地"进行投票，你将会处于不利的状态。最好的情形是，他人真实地进行投票，而你"策略投票"，那么投票进程及投票结果，将均会在你的掌握之中。但如果，每个参与人均采取"策略投票"，那就看谁更有预见力，或者看运气了。

策略投票似乎是不道德的，但政治行为中避免不了策略投票。如果你是个道德理想主义者，在实际的政治行为中，不想进行策略投票，那么了解策略投票过程对你没有坏处，你将知道被选出的人或方案是如何策略地胜出的；如果你是工具理性主义者，对行为的评判看是否达到既定的目的，那么，策略投票是必须的，它将有助于你的目的的达到。无论如何，了解策略投票是进行博弈思维的一个重要内容。

564

势力指标的应用

> 在一个群体中,其中一个人(当然,他要拥有一些能力,例如他持有多少股票等)到底有多大的"势力"? 或者说,我们应当怎样来衡量他手中握有的"权力"或他的势力?
>
> ——张盛开　张亚东[1][2]

一、引言

多人合作对策,它的解是一个热门的讨论课题。Von Neumann 与 Morgenstern 提出过稳定集作为一种解,然而,遗憾的是,这种解并未被普遍接受。1968年,W. F. Lucas 甚至举出一个 10 人对策的例子,它不存在稳定集,那么,我们能否提出一种新的"解"的概念呢? 这个问题从 20 世纪 50 年代初就吸引了大量的学者。这里将研究有关一些解的应用。

势力指标的产生,有其一定的背景,让我们来观察一些社会现象,我们常常从报纸上读到某次会议中某个提案被通过,某个方案被否决;又如在选举中,某人当选,某人落选,这类都是投票问题。还有,由于改革开放,引进合资企业,持股人究竟持有多少股票才能对

---

[1]　张盛开,大连轻工业学院教授。张亚东,经济学博士,普兰店市市长。

[2]　张盛开,张亚东,《现代对策(博弈)论与工程决策方法》,东北财经大学出版社,大连,2005 年。

企业有"发言权"呢？这些都涉及一个问题：在一个群体中，其中一个人（当然，他要拥有一些能力，例如他持有多少股票等）到底有多大的"势力"？或者说，我们应当怎样来衡量他手中握有的"权力"或他的势力？这个看起来是社会科学的课题，实际上却需要运用数学工具进行讨论。

为了说明问题，不妨举一个简单的例子。假设有加权多数对策

$$[q;w_1,w_2,\cdots,w_n]$$

这个对策的含义是，共有 n 个局中人，他们是持有选票的公民或投票者，这些人分别记作 $1,2,\cdots,n$，但他们持有的票并非具有同等价值，而是分别赋有"权数"，其中，w_i 表示局中人 i 的一票的权数；并设 $w_i \geqslant 0,i=1,2,\cdots,n$。局中人的集记为 $N=\{1,2,\cdots,n\}$，它的子集 $S \subset N$ 可以被认为是一个结盟。为了通过某个提案（或选举某个人），若结盟 S 中的成员都投赞成票，且使

$$\sum_{i \in S} w_i \geqslant q$$

则称结盟 S 获胜或提案通过，这里 q 称为此对策问题的限额（Quota），并且通常设

$$q > \frac{1}{2}\sum_{i \in N} w_i$$

这里 q 通常是正整数，w_i 是整数，且 $w_i < q$。

读者不必对于一个局中人持有的票与另一局中人持有的票的权重不同而感到奇怪。例如，在联合国安全理事会中，常任理事国的一票与非常任理事国的一票所起的作用差异就很大。

我们不妨注意股份公司中持股人的影响，假如某公司规定在确定公司的重大问题时，持有 51% 股票的

股东赞成便算通过,那么一个股东或一部分股东持有50％的股票实际上便是一个"独裁者",即说话算数的人。不过,我们有时无法根据某个股东持有的票数多寡便确定其强弱。例如,在对策$[51;26,24,24,24]$中,第一个局中人要比其他三个局中人具有更强的地位,因为他只要和另外一个局中人合作便能使公司的董事会通过一项决议,而其他任何两个局中人合作却做不到这一点,而必须三个人合作才行。然而,在对策$[51;26,26,26,22]$中,最后一个局中人虽然掌握22％的股票,却对公司的事务没有什么发言权,因为任何能够形成决议的赞成票中,有没有他都没有什么关系。例如,局中人1,2,4合作能通过决议,然而,只有局中人1,2合作也能通过这项决议。此外,像如下的两个对策$[51;40,30,20,10]$和$[51;30,25,25,20]$,表面上看两种情况下局中人所持股票不一样,然而对于作出决议来讲,这两个对策却是等价的。又例如,从作出决议来讲,$[3;2,2,1]$,$[8;7,5,3]$,$[51;49,48,3]$都和$[2;1,1,1]$等价。所以,这就提出怎样合理地估计各局中人的"势力"。

现在让我们先介绍几个概念。首先假设每个局中人每持一票(或每个股东每持一股)应有相同的效力,以下不再声明。

一个局中人所持的票如果对于作出决议没有任何影响,这样的局中人称为哑人(dummy)或沉默者。若把能使决议通过的集体称为获胜结盟,那么结盟中有没有哑人,决议照样能通过。例如,在$[51;26,26,26,22]$中第4个局中人就是一个哑人;又如$[16;12,6,6,4,3]$中只有3票的第5个局中人也是一个哑人;再

如在 $[10;5,5,5,2,1,1]$ 中最后三个局中人都是哑人。而一个局中人或集团如果在任何决议提案中没有他(或他们)的同意便不能通过,这样的局中人或集团就是具有"否决权"的。如果一个局中人通过他所控制的票(或股票)便能确定提案通过或不通过,也即他的权重 $w_i \geqslant q$,他便是一个"独裁者"。在一个对策中只能有一个独裁者(注意我们假设 $2q > \sum w_i$),而其他的一切局中人都是哑人。例如,$[51;50,49,1]$ 中第一个局中人便是个独裁者,而其他人都是哑人。同样,在 $[3;2,1,1]$ 中,第一个局中人也是个独裁者。

如果再进一步观察,还可发现一种最小获胜结盟。这种结盟中的成员所持的票数能使决议通过,但从中任意减少一个成员,剩下的局中人所持票数便不能使决议通过。这时被减少的那个局中人实际上是使这个决议能否通过的举足轻重的人物了,或者是处在关键位置的人物。

二、Banzhaf-Coleman 的势力指标应用

关于简单对策的 Shapley 值的解释,说明

$$\varphi_i[v] = \sum_T \frac{(n-t)!\ (t-1)!}{n!}$$

可看作是局中人 i 在其中居于举足轻重地位的那些结盟 T 上贡献的平均。从这种观点出发,Banzhaf 和 Coleman 提出了另一种关于势力的指标。

假设对策 v 是简单对策,如果对于局中人 i 来说,当 $i \in S, S \subset N$ 时,$v(S) = 1$,而 $v(S - \{i\}) = 0$,这说明局中人 i 使联盟 S 摆动于成功($v(S) = 1$)和失败($v(S - \{i\}) = 0$)之间,这时称局中人 i 有一个"摆盟"(swing)。联盟称为结盟,把局中人 i 的所有摆盟

568

都找出来，设他共有 θ_i 个摆动，这时 Banzhaf 和 Coleman 所提出的势力指标是

$$\beta_i[v]=\theta_i/\sum_{j=1}^{n}\theta_j \tag{1}$$

而

$$\beta[v]=(\beta_1[v],\beta_2[v],\cdots,\beta_n[v])$$

这个指标有时简称为 B－C 指标或 B－C 值。它的解释是：在由 N 个局中人组成的社会中，可能有许多人都能使某些团体（结盟）摆动于成败之间，把整个社会中所有的"摆盟"数搜集起来，那么局中人 i 在这些摆动数中占有多大的份额？也就是说，他的势力到底有多大？

让我们看一个例子，设对策为 $[51;40,25,20,15]$，此时，特征函数 v 为 $v(i)=0,i\in N$，以及
$v(1,2)=v(1,3)=v(1,4)=I$　（但其他 $v(i,j)=0$）
　　　　$v(i,j,k)=1$　（当然 i,j,k 互不相同）
　　　　　　　$v(N)=1$

其中，$N=\{1,2,3,4\}$。这时局中人1的"摆盟"数 θ_1 为多大？由于局中人 1 使结盟 $\{1,2\},\{1,3\},\{1,4\},\{1,2,3\},\{1,2,4\},\{1,3,4\}$ 摆动于成败之间，所以 $\theta_1=6$。类似地，$\theta_2=\theta_3=\theta_4=2$，于是

$$\beta[v]=(\frac{1}{2},\frac{1}{6},\frac{1}{6},\frac{1}{6})$$

比较一下 Shapley 值与 B－C 值也许是有趣的。这个例子的 Shapley 值也不难算出，它为

$$\varphi[v]=(\frac{1}{2},\frac{1}{6},\frac{1}{6},\frac{1}{6})$$

两者是一致的，但是否总是如此呢？再举一个例子，设简单对策 (N,v)，其中，$N=\{1,2,3\}$，而

$$v(i) = 0, i \in N$$
$$v(1,2) = v(1,3) = v(1,2,3) = 1$$

而 $v(2,3) = 0$，此时，不难算出 $\theta_1 = 3, \theta_2 = \theta_3 = 1$，因此

$$\beta[v] = (\frac{3}{5}, \frac{1}{5}, \frac{1}{5})$$

另一方面，不难算出

$$\varphi[v] = (\frac{2}{3}, \frac{1}{6}, \frac{1}{6})$$

然而，这里 $\beta[v] \neq \varphi[v]$。

为什么两者不一样呢？由于前面关于 $\theta_i[v]$ 的规定，显然有

$$\theta_i[v] = \sum_{\substack{S \subset N \\ i \in S}} [v(S) - v(S - \{i\})] \tag{2}$$

将它和 $\varphi_i[v]$ 的表达式比较，便知它们为什么不一致了。

另一种表示势力的指标为

$$\psi[v] = \frac{1}{2^{n-1}} \theta_i[v] \tag{3}$$

或

$$\phi[v] = \sum_{\substack{S \subset N \\ i \in S}} (\frac{1}{2})^{n-1} [v(S) - v(S - \{i\})] \tag{4}$$

这个 $\psi[v]$ 叫作绝对 Banzhaf-Coleman 势力指标，简记为 B − C 指标，并在不引起混淆的情况下，略去"绝对"二字而称它为 B − C 指标。与 Shapley 值比较，都是关于局中人的"边际"贡献的一种平均，只不过双方在平均时的权系数不一样。在 Shapley 值中，权系数与结盟 S 的大小有关，而在 B − C 指标中，所有权系数都等于 $(\frac{1}{2})^{n-1}$。

570

按上面式（4）的定义，推知 $\psi[v]$ 的一些简单性质：

（1）对简单对策 v，若局中人 i 是哑人，则 $\psi_i[v] = 0$。

（2）设 (N,v) 与 (N,w) 是两个对策，α, γ 是两个数，则

$$\psi[\alpha v + \gamma w] = \alpha\psi[v] + \gamma\psi[w]$$

（3）设 (M,v) 和 (N,w) 是两个对策，其中，$M \cap N = \varnothing$，又设 $v \oplus w$ 为 Von Neumann-Morgenstern 复合合成，则对任何 $i \in M$ 或 $j \in N$，有

$$\psi_i[v \oplus w] = \psi_i[v], \quad \psi_j[v \oplus w] = \psi_j[w]$$

它们都可直接证明，留给读者。

三、B－C 指标的进一步讨论

Shapley 值可用公理描述，B－C 指标是否也可用公理描述呢？现在我们把 $\psi[v]$ 看成是把每一个 n 人对策 v 映射成 n 维向量 $(\psi_1, \psi_2, \cdots, \psi_n)$ 的映射，那么这个 n 维向量 $\psi[v]$ 应满足如下的公理：

A1　若局中人 i 在对策 v 中为哑人，则

$$\psi_i[v] = 0$$

A2　设 (N,v) 为一个对策，v' 是由 v 中添加一个哑人而得的新对策，则对一切 $i \in N$，有

$$\psi_i[v'] = \psi_i[v]$$

A3　设 π 是集 N 的一个排列，且 $i \in N$，则

$$\psi_{\pi(i)}[\pi v] = \psi_i[v]$$

A4　若 (N,u) 和 (N,v) 为对策，α, γ 为正数，则

$$\psi[\alpha u + \gamma v] = \alpha\psi[u] + \gamma\psi[v]$$

A5　设 $u = v[w_1, \cdots, w_n]$，其中，(M_i, w_i)，$i = 1, \cdots, n$ 均为常和对策，且 $M_j \cap M_k = \varnothing, j \neq k$，则对任何 $i \in M_j$，有

$$\psi_i[u] = \psi_j[v]\psi_i[w_j]$$

当然，由式(4)确定的 $\psi[v]$ 满足 A1 ～ A5。这里，我们要抛开式(4)给出的定义，而直接由 A1 ～ A5 来确定 $\psi[v]$，这样是否充分呢？不难看出满足 A1 ～ A5 的并不止 $\psi[v]$，例如，由以下方式定义的零指标（null index）

$$\lambda[v] = 0 \tag{5}$$

对一切 v 显然也满足 A1 ～ A5。另外，如下的独行指标（dictatorial index）

$$\rho_i[v] = v(\{i\}) \tag{6}$$

也满足 A1 ～ A5。事实上，ρ 显然满足 A1 ～ A4 至于 A5，应注意对于任何对策

$$v(\{i\}) = f_i(0, \cdots, 0)$$

这里 f 是 v 的 MLE。如果 $u = v[w_1, \cdots, w_n]$，且 $i \in M_j$，则有

$$h_i(0, \cdots, 0) = f_i(y(0))g_{ji}(0, \cdots, 0)$$

但是，对一切 k，都有 $y_k(0) = 0$，于是

$$h_i(0, \cdots, 0) = f_j(0, \cdots, 0)g_{ji}(0, \cdots, 0)$$

即

$$p_i[u] = p_j[v]p_i[w_j]$$

这就说明这个 $p[v]$ 也满足 A1 ～ A5。

这样一来，我们发现满足 A1 ～ A5 的，除去 B－C 指标外，还有"零指标"和"独行指标"。事实上，若把常和 n 人对策的全体的集看作空间，那么，以下定理成立。

定理 1 在一切常和 n 人对策确定的空间上，存在三种指标满足公理 A1 ～ A5，它们是 B－C 指标、零指标和独行指标。

证 限于篇幅，证明从略。 读者可参阅 G.

Owen，Game Theory. Ch. X。

如果在一般的 n 人对策的全体的集构成的空间中，又有什么结果呢？

我们添加一条公理(6)。

A6　若 $u = v[w_1,\cdots,w_n]$，其中 u,v,w_j $(j=1,\cdots,n)$ 假设均同 A5，则存在向量 $\boldsymbol{r} = (r_1,\cdots, r_n)$，使对于 $i \in M_j$，有

$$\psi_i[u] = r_j\psi_i[w_j] \tag{7}$$

成立。

这一条公理，对于 B－C 指标是成立的，因为此时 $r_j = f_j(y(\frac{1}{2}))$。不难看出，零指标与独行指标均满足 A6。此外，还有一种"边际指标"

$$\mu_i[v] = v(N) - v(N - \{i\}) \tag{8}$$

也满足 A6。事实上，μ 满足 A1 ～ A6(读者可自行验证)，并且

$$\mu_i[v] = f_i(1,1,\cdots,1) \tag{9}$$

所以，对于 μ，此时 $r_j = \mu_j[v]$。

定理 2　在一切 n 人对策构成的空间中，恰恰存在四种指标满足公理 A1 ～ A6，它们是 B－C 指标、零指标、独行指标及边际指标。

证　请参阅 G. Owen，Game Theory，Ch. X。

我们写出这两个定理，是要读者注意用公理 A1 ～ A6 不能唯一确定 B－C 指标，这与 Shapley 值不同。

四、D－P 指标

由于 Shapley 值等的提出引起许多学者的兴趣，除 B－C 指标外，还提出一些其他的势力指标，例如，

Deegan 和 Packel(1978) 从最小获胜结盟（Minimal Winning Coalition,简记为 MWC）出发提出一种指标,我们称之为 D－P 指标;又如,Neyman,Debey 及 Weber 于 1978 年提出一种称为半值(semi value)的指标等。这里主要介绍 D－P 指标。

所谓 MWC 是这样一种结盟:一个提案,有这个结盟赞同便能通过,但它的任何真子集构成的结盟却不能使提案通过。换言之,这是使提案通过的最小的结盟。为什么要考虑最小获胜结盟？因为结盟只有取胜才能获得"势力",这种"势力"只是由结盟的成员分享,那么当然分享的成员越少越好。

现在设(N,v)为简单对策,$\mathcal{W}$ 是它的所有获胜结盟的集,这种集合 $\mathcal{W}$ 应具有以下的性质:

（1）$\varnothing \notin \mathcal{W}$,即空集不可能是获胜结盟。

（2）因此 $\mathcal{W}$ 不是空集,这意味着 N 的某些子集可能是一个获胜结盟。

（3）对一切 $S,T \in \mathcal{W}$,应有 $S \cap T \neq \varnothing$,即两获胜结盟的交集不是空集。

这样一来,$\mathcal{W}$ 中的 MWC 如记作 $\mathcal{M}$,它们便可定义为

$$\mathcal{M} = \{S \in \mathcal{W} \mid S \backslash \{i\} \notin \mathcal{W}, \forall i \in N\}$$

注意,在上面的叙述中,性质（3）并非所有对策都满足,但这里假设它们都具有性质（3）,称这样的对策为正常的简单对策。

例如,我们考虑如下的加权多数对策:$[5;4,2,1,1,1]$。这里的局中人集 $N=\{a,b,c,d,e\}$（这是为了与他们具有的权系数相区别而改用字母表示他们）。由于他们的权系数为 $4,2,1,1,1$,所以最小获胜结盟的

574

集

$$\mathscr{M} = [ab, ac, ad, ae, bcde]$$

为方便起见,我们用记号 $(N, \mathscr{M})$ 表示这样的简单对策,这时定义

$$\mathscr{M}(i) = \{S \in \mathscr{M} \mid i \in S\} \quad i \in N$$

它表示在 MWC 的集中,哪一些 MWC 恰巧含有局中人 i 的结盟。而 D－P 指标便是如下定义的指标

$$\rho(i) = \frac{1}{\mid \mathscr{M} \mid} \sum_{S \in (i)} \frac{1}{\mid S \mid} \tag{10}$$

读者不难从公式中解释 $\rho(i)$ 的实际含义。

例 1　计算加权多数对策 $[5; 4, 2, 1, 1, 1]$ 中各局中人的 D－P 指标。

事实上,此时 $N = \{a, b, c, d, e\}$,$\mathscr{M} = \{ab, ac, ad, ae, bcde\}$,因此,显然有

$$\rho(a, b, c, d, e) =$$

$$\frac{1}{5}(\frac{1}{2} + \frac{1}{2} + \frac{1}{2} + \frac{1}{2}, \frac{1}{2} + \frac{1}{4}, \frac{1}{2} + \frac{1}{4}, \frac{1}{2} + \frac{1}{4},$$

$$\frac{1}{2} + \frac{1}{4}) = (\frac{2}{5}, \frac{3}{20}, \frac{3}{20}, \frac{3}{20}, \frac{3}{20})$$

我们自然会问这样的问题:是否也可以像 Shapley 值、B－C 指标那样,用公理来描述 D－P 指标?

在进行这样的工作之前,先引进必要的记号:若 $(N_1, \mathscr{M}_1), (N_2, \mathscr{M}_2)$ 是简单对策,而 N_1 和 N_2 不必是不相交的,把这两个对策用以下方法"结合"起来,即设

$$\forall S_1 \in \mathscr{M}, \forall S_2 \in \mathscr{M}_2, S_1 \nsubseteq S_2, \text{同时 } S_2 \nsubseteq S_1 \tag{11}$$

这时规定两对策的"结合"(Merge,或称为合并)对策 $(N, \mathscr{M}) = (N_1, \mathscr{M}_1) \vee (N_2, \mathscr{M}_2)$ 为如下的对策:其

集中人集 $N = N_1 \bigcup N_2$,而 $\mathcal{M} = \mathcal{M}_1 \bigcup \mathcal{M}_2$ 。当然,我们这样做时,必须要求 $\mathcal{M}$ 中只包含 MWC,而新对策 $(N, \mathcal{M})$ 应是一个简单对策,这就是说,我们要求两对策结合时,必须满足可结合条件(2)。

回顾 Shapley 值与 B-C 指标的情形。我们对 D-P 指标所涉及的公理作如下的描述:设所有简单对策的类记作 $\mathcal{G}$,那么对每个 $(N, \mathcal{M}) \in \mathcal{G}$,在 $\mathcal{G}$ 上定义的指标是如下的函数 Ψ :它是由局中人集 N 到实数集上的映射。这个函数满足以下公理:

B1　 $\Psi(i)0 \Leftrightarrow \mathcal{M}(i) = \varnothing$

B2　对任何排列 $\pi : N \to N$ 使 $\pi(i) = j$,以及 $S \in \mathcal{M}(i) \Leftrightarrow \pi(S) \in \mathcal{M}(j)$,则

$$\Psi(i) = \Psi(j)$$

B3　$\displaystyle\sum_{i \in N} \Psi(i) = 1$

B4　对于给定的 $(N, \mathcal{M}) = (N_1, \mathcal{M}_1) \bigvee (N_2, \mathcal{M}_2)$,规定

$$\Psi(i) = \frac{1}{|\mathcal{M}|}[|\mathcal{M}_1| \Psi_1(i) + |\mathcal{M}_2| \Psi_2(i)] \quad i \in N$$

这四条公理的含义都不难明白。B1 说明哑人没有"势力"或哑人不属于任何 MWC;B2 是关于对称或公平性的规定;B3 只是一个规范化的规定,这样 $\Psi(i)$ 可以解释为概率或百分比;而 B4 说明每个局中人在结合对策中的"势力"是他所在各对策中"势力"的加权平均,而权系数是由各组成对策中与 i 有关的 MWC 的数目提供的。这些公理的规定看来是合理的。这时,我们希望证明如下的结果。

定理 1　对任何对策,由式(10)所定义的函数 ρ 满足指标公理 B1～B4,并且在 $\mathcal{G}$ 上任何满足 B1～B4

的必然是 ρ。

证 首先对任何简单 MWC 对策 $(N, \mathcal{M})$，ρ 必满足 B1 ～ B4。事实上，由 $\rho(i)$ 的表达式 (10) 立即推知 $\rho(i) = 0 \Leftrightarrow$ 和式中不含任何项，也即 $\mathcal{M}(i) = 0$，即 B1 成立。对于 B2，设 $\pi(i)$ 满足 B2，于是

$$\rho(i) = \frac{1}{|\mathcal{M}|} \sum_{S \in \mathcal{M}(i)} \frac{1}{|S|} = \frac{1}{|\mathcal{M}|} \sum_{\pi(S) \in \mathcal{M}(j)} \frac{1}{|\pi(S)|} =$$

$$\frac{1}{|\mathcal{M}|} \sum_{T \in \mathcal{M}(j)} \frac{1}{|T|} = \rho(j)$$

即 B2 成立。再验证 B3，考虑 $\mathcal{M}$ 中的任何结盟 S，以及含在 $\sum_{i \in N} \rho(i)$ 中而与 S 有关的项，它们的数目恰巧是 $|S|$，并且每一个都给出大小为 $(1/|M|)(1/S)$ 的贡献，所以结盟 S 对于该和的贡献为 $1/|\mathcal{M}|$，由于这里共有 $|\mathcal{M}|$ 个上述结盟（每个 $S \in \mathcal{M}$），因此 $\sum_{i \in N} \rho(i) = 1$。

至于 B4，由于

$$\rho(i) = \frac{1}{|\mathcal{M}|} \sum_{S \in (i)} \frac{1}{|S|} =$$

$$\frac{1}{|\mathcal{M}|} \left[\sum_{S \in \mathcal{M}(i)} \frac{1}{|S|} + \sum_{S \in \mathcal{M}_2(i)} \frac{1}{|S|} \right] =$$

$$\frac{1}{|\mathcal{M}|} \left[|\mathcal{M}_1| \rho_1(i) + |\mathcal{M}_2| \rho_2(i) \right]$$

由此可见 ρ 满足 B1 ～ B4。现在再证任何满足 B1 ～ B4 的指标 Ψ 必然是 ρ。任取一简单 MWC 对策 $(N, \mathcal{M})$，并且把 $\mathcal{M}$ 的成员 $S_1, S_2, \cdots, S_m$ 全部列出来（可见 $|\mathcal{M}| = m$）。现在考虑如下的最显见的简单对策：$(N, \mathcal{M}_1), (N, \mathcal{M}_2), (N, \mathcal{M}_m)$。这里 $\mathcal{M}_k$ 是单个的结盟的集 $\{S_k\}$，这样一来

$$(N, \mathcal{M}) = (N, \mathcal{M}_1) \bigvee (N, \mathcal{M}_2) \bigvee \cdots \bigvee (N, \mathcal{M}_m)$$

这是因为所有的 $\mathcal{M}_k$ 都是可结合的,因而任何 $i \in N$ 及任何上述之简单对策 $(N, \mathcal{M}_k)$,可得

$$\Psi_k(i) = \begin{cases} \dfrac{1}{\mid S_k \mid}, \text{若 } i \in S_k \\ 0, \text{其他情况} \end{cases} \tag{12}$$

事实上,零值是 B1 得到的,而 B2,B3 保证了其他的 $\mid S_k \mid$ 个对称的局中人每个都能得 $1/\mid S_k \mid$。最后,利用 B4,把上述对策结合起来,我们有

$$\Psi(i) = \frac{1}{\mid \mathcal{M} \mid}[\mid \mathcal{M}_1 \mid \Psi_1(i) + \mid \mathcal{M}_2 \mid \Psi_2(i) + \cdots +$$

$$\mid \mathcal{M}_m \mid \Psi_m(i)] =$$

$$\frac{1}{\mid \mathcal{M} \mid} \sum_{S \in (i)} \frac{1}{\mid S \mid} = \rho(i)$$

最后这一步是因为诸 $\mid \mathcal{M}_k \mid = 1$,以及式(11),(12) 的结果,于是证毕。

读者可以和 Shapley 值与 B—C 指标的情形相比,它们最本质的差异在于公理 B4。此外,我们也可从概率的观点来解释 $\rho(i)$,即可认为在简单对策中每个 MWC 形成的概率是相等的,但加入到一个已形成的结盟 $S \in \mathcal{M}$ 中,所得"势力"为 $1/\mid S \mid$,那么局中人在整个这样的对策中所得到的"势力"的期望值恰巧就是 $\rho(i)$。

例 2 有一加权多数对策 $[3;2,1,1]$,这里局中人 a 的权重是 2,局中人 b 和 c 的权重均为 1,因此,最小获胜结盟为 ab,ac,因此,不难算出 D—P 指标为

$$\rho = \left(\frac{1}{2}, \frac{1}{4}, \frac{1}{4}\right)$$

而 Shapley 值和 B—C 值分别为

$$\varphi = \left(\frac{2}{3}, \frac{1}{6}, \frac{1}{6}\right), \psi = \left(\frac{3}{4}, \frac{1}{4}, \frac{1}{4}\right)$$

可见这三者不一样。从这个例子看,似乎 D－P 指标"更合理",因为每个人的"势力"和他们的"权重"成比例,即"一人一票"。不过,实际上,D－P 指标也会遇到许多不合理的情形 —— 我们称之为"悖论"。

例 3　设有一加权多数对策为 [5;3,2,1,1,1],这里有 5 个局中人 a,b,c,d,e,诸 MWC 为 $ab,acd,ace,ade,bcde$,这时的 D－P 指标为

$$\rho = \left(\frac{18}{60},\frac{9}{60},\frac{11}{60},\frac{11}{60},\frac{11}{60}\right)$$

这里局中人 b 本来权重为"2",而局中人 c,d,e 权重原来为"1",但在 D－P 指标中,局中人 b 的"势力"反而比局中人 c,d,e 都小。这确实是一个"悖论",然而比例的 Shapley 值与 B－C 指标却是合理的。

Deegan 等人进一步讨论,认为反映局中人"势力"的大小,还应从他们能阻止多少提案通过的能力进行衡量,因此,他提出定义一个最小制止结盟(Minimal Blocking Coalition,简记为 MBC)。不难设想,若结盟 S 的补集 N/S 不含有 MWC,且 S 的真子集不具备此种性质,则称此 S 为一个 MBC。仍以 [5;3,2,1,1,1] 为例,此对策的诸 MBC 为

$$ab,ac,ad,ae,bcd,bce,bde$$

以上 MBC 的全体记作 $\mathscr{M}^B$。这时,我们定义一个新的对策 $(N,\mathscr{M}^B)$,它是一个简单对策,采用与式(1)相似的公式计算 ρ^B,可得

$$\rho^B = \left(\frac{12}{42},\frac{9}{42},\frac{7}{42},\frac{7}{42},\frac{7}{42}\right)$$

于是,对于对策 $(N,\mathscr{M})$ 可提出对应的 $(N,\mathscr{M}^B)$,并计算出指标 ρ 和 ρ^B,而作为局中人"势力"的指标,是这两种指标的加权平均,即设 t 满足 $0 < t < 1$,而定义

$$\rho^{t} = t\rho + (1-t)\rho^{B}$$

例如,取 $t=\dfrac{1}{2}$,可得出 $[5;3,2,1,1,1]$ 的 D－P 指标为

$$\rho^{1/2} = \left(\frac{236}{840}, \frac{153}{840}, \frac{147}{840}, \frac{147}{840}, \frac{147}{840}\right)$$

显然,对于 $\varnothing$ 和 β 或 ψ,也可考虑 $\varnothing^{B}$,β^{B} 或 ψ^{B}。

对于势力指标进一步的讨论,还可发现其他有趣的问题。例如,有时局中人之间"争吵"反而增加他们的势力;又如,对策 $(N, \mathcal{M})$ 中,若 $\mathcal{M} = \{abcde, af, bf\}$,按此计算,有

$$\rho = \left(\frac{7}{30}, \frac{7}{30}, \frac{2}{30}, \frac{2}{30}, \frac{2}{30}, \frac{10}{30}\right)$$

但是如果局中人 a, b 互相争吵,而使 $abcde$ 这一联盟不可能构成,这时只可能构成 af, bf 两个 MWC,此时的 D－P 指标反倒变成

$$\rho'_{a} = \frac{1}{4}, \rho'_{b} = \frac{1}{4}, \rho'_{f} = \frac{1}{2}$$

它们都大于 7/30,而这时局中人 c, d, e 被排除在外。不过,通常的情况可能是,局中人之间争吵可能导致他们"势力"的衰减。

势力指标描述了人类社会中许多引人关注的问题 —— 一个局中人的势力到底有多大? 这里主要介绍了 Shapley 值、B－C 值和 D－P 值,它们都可以用公理来描述。这些公理是十分相似的,因此引起人们(例如 E. M. Bolger, E. Kalai 及 D. Samet 等)对它们进行统一的研究。

这里所讲的对策,局中人的集合 N 都是有限集,Aumann 等人将它推广到局中人集是无限多人的情况,即所谓非原子对策(non-atomicgames)上去,我国

的刘德铬、张亚东、叶田祥、赵景柱、黄振高、宫兴隆、苏日红、乔彦巨等人也在这方面做了许多工作。

显然,势力指标在实际应用中有广泛的前景,例如讨论政治、经济中势力的划分,以及公共事业中经费的分配等,都有较好的应用实例。

然而,我们还可举出关于势力指标的许多"悖论"——不甚合理的例子,这说明这个领域中还有许多问题值得探讨。

威胁与承诺

第十章

难以置信的威胁和承诺

雕塑家制作了一个人像模子，他向顾客保证，只少量复制几座塑像；因而，这些塑像的价值将会逐渐上升。顾客相信他的保证，以高价购买他的作品。事后，这位雕塑家却复制了许多塑像，以较低价格出售。这类经验告诉人们，如果无法确保雕塑家恪守诺言，顾客不应相信他的诺言。不管最初的动机是什么，雕塑

家高价售出了最初的几座塑像后,就会打算
复制销售更多的塑像。

—— 戴维·M.克雷普斯[1][2]

一、难以置信的威胁和承诺

假定垄断者在竞争者(企图打破垄断的制造商)
决定是否进入市场以前已经确定产量,竞争者根据政
府法令推测,如果自己进入,垄断制造商的产量仍然保
持不变。图 1 的模型模拟了垄断者和竞争者的博弈过
程。如图所示,垄断者首先确定其产量。竞争者根据
垄断者的产量决定自己是否进入垄断市场;如果选择
进入,竞争者也需要确定自己的产量。请仔细看图,从
初始结点发出的三个箭头代表垄断制造商有三种可供
选择的方案,三个箭头分别指向三个结点,它们是竞争
者的信息点(a single-node information set)。这种信
息点表示竞争者在选择是否进入市场以及生产多少产
品时,已经知道垄断者确定的产量。事实上,垄断者和
竞争者可以选择的产量都不只三种,图 1 只是简略表
明这类博弈的基本结构。

需要对图 1 加以说明。图 1 的博弈过程只涉及一
个阶段(one period)。 因此,如果垄断制造商确定产
量为 x,竞争者决定不进入垄断市场,垄断者所得报酬
是他的纯利润:$(13-x)x-(x+6.25)$,竞争者所得

---

① 戴维·M.克雷普斯(David M. Kreps)是美国斯坦福大学商学
院的经济学教授。

② 戴维·M.克雷普斯,《博弈论与经济模型》,商务印书馆,北京,
2006 年。

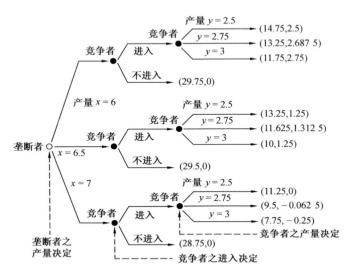

图 1　冯·斯塔克尔伯格描述的博弈过程

报酬为零。如果垄断制造商确定产量为 x,竞争者决定进入垄断市场,并确定产量为 y,垄断者所得报酬为 $(13-x-y)x-(x+6.25)$ 竞争者所得报酬为 $(13-x-y)y-(y+6.25)$。

　　下一步的工作是分析图 1 的模型。我们可以进行优势分析或者寻找纳什均衡。运用以上两种求解技术都需要把展开型模型转变为策略型模型。这项工作相当困难。尽管垄断制造商只在 3 种不同的产量之间进行选择,竞争者的选择范围也只包括 3 种不同的产量以及不进入垄断市场的决定,然而,从可供选择的策略来看,垄断制造商有 3 种策略,竞争者有 64 种。为什么竞争者有 64 种可能的策略? 因为垄断制造商有三种可供选择的生产量,与此对应,竞争者有三个信息点;在每个信息点竞争者有四种可供选择的行动;竞争

584

者可选择的策略种类是 $4 \times 4 \times 4 = 64$。

为了省却不必要的麻烦,我们可以直接从展开型模型求解。假定垄断制造商确定产量为 6.5,如果竞争者了解垄断者的策略,决定进入市场,他必须确定自己的产量。图 2 代表上述博弈过程,它是图 1 的一部分。如图 2,竞争者面临四种选择。根据所得报酬判断,确定产量为 2.75 是最优选择,因为竞争者可获纯利润 1.312 5。即使在图 1 中也不难看出,当垄断制造商确定产量为 6.5,竞争者的最佳回应是选择产量 2.75。以下简略说明相应计算方法。假定竞争者确定产量为 y,当 y 大于零时,竞争者的纯利润等于 $(13 - 6.5 - y)y - (y + 6.25)$;当 y 等于零时,竞争者的纯利润为零(如果 y 等于零,不可应用上述计算公式)。可知 y 等于 2.75 时,上述代表竞争者纯利润的二次函数为最大值。因此,如果竞争者期望最大限度地获取利润,他必然选择产量 y 等于 2.75。

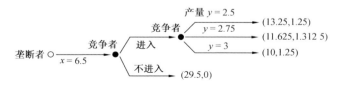

图 2　垄断者确定产量 $x = 6.5$ 时的博弈过程

一般说来,对于垄断制造商确定的每一种产量 x,竞争者都可以计算相应的最优产量。计算方法如下:假定垄断者的产量为 x,竞争者相应的最优产量为 y,y 可以使代表竞争者纯利润的二次函数 $(13 - x - y)y - (y + 6.25)$ 取得最大值。根据微积分原理,$y = (12 - x)/2$ 时,竞争者可获最高利润,他的纯利润为 $(12 - x)^2/4 -$

585

6.25。当然,竞争者面临的另一种选择是不进入垄断市场,在这种情况下,他的利润为零。如果竞争者进入市场后,所获纯利润小于或等于零,即 $(12-x)^2/4-6.25 \leqslant 0$,他将选择不进入垄断市场。当竞争者的利润小于或等于零,即 $(12-x)^2/4-6.25 \leqslant 0$,这个不等式的解是 x 大于或等于 7。由此可知,如果 x 小于 7,竞争者将进入市场,他的相应产量是 $(12-x)/2$;如果 x 大于或等于 7,竞争者将不进入垄断市场。

假设垄断制造商理解以上形势,他可以计算自己的利润函数表达式

$$\pi(x) = \begin{cases} (13-x-\dfrac{12-x}{2})x - (x+6.25), \text{如果 } x < 7 \\ (13-x)x - (x+6.25), \text{如果 } x \geqslant 7 \end{cases}$$

根据以上利润函数可知,如果 x 小于 7,竞争者将进入垄断市场。利润函数表达式第一行中的 $(12-x)/2$ 是竞争者确定的产量。如果 x 大于或等于 7,竞争者将放弃打破垄断的企图。上式第二行表示垄断者在这种形势下所得利润。图 3 是垄断制造商的利润函数。由图 3 可知,当 x 等于 7 时,函数曲线中线,垄断制造商取得最高利润 28.75。

1 难以置信的威胁

如图 1,假定在垄断制造商确定产量以前,竞争者声明:"如果你不选择产量 x 等于 2,我将进入市场,并使产量 y 等于 $13-x$,这将使产品价格被压低至零,你将不可避免地蒙受损失。如果你选择产量 x 等于 2,我将选择产量 y 等于 5。"垄断制造商应当怎样答复竞争者的威胁?

如果垄断制造商认为竞争者将把威胁付诸实行,

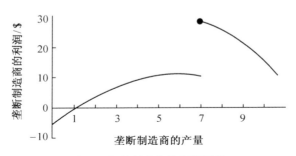

图 3　垄断制造商的利润函数

他只能选择 x 等于 2，否则他将承受严重损失。所以，他或者选择停止生产，或者选择 x 等于 2。如果他确定产量为 2，竞争者选择产量等于 5，产品价格为 $13-2-5=6$，垄断制造商的纯利润为 $6×2-2-6.25=3.75$。由于垄断者在此形势下获利大于零，所以，他对竞争者威胁的最佳回应是选择产量 x 等于 2。

　　竞争者对垄断制造商如上策略的最佳回应是确定产量 y 等于 5。竞争者选择最佳产量的方法如下：他首先确定自己的纯利润表达式 $(13-2-y)y-(y+6.25)$，然后确定纯利润达到最高水平时 y 的取值。由此可知，如果垄断制造商认为竞争者会把威胁付诸实行，并对其作出最佳回应，竞争者将乐于实现他的承诺（指竞争者确定产量为 5）。

　　问题在于竞争者所作威胁的可信性。不难设想以下博弈形势，垄断制造商选择产量 x 等于 7，并向竞争者挑战："你若所言不虚，应当确定产量 y 等于 $6(13-7=6)$。"如果竞争者真的确定产量为 6，垄断制造商将蒙受损失。但竞争者不可能确定产量为 6，因为如果垄断者的产量 x 等于 7，竞争者的上述选择将使他自身蒙受重大损失。由此可知，竞争者不可能把威胁付诸行动。

竞争者的威胁之所以不可相信,其原因十分简单。因为在冯·斯塔克尔伯格的故事里,全部分析都以下述假设为前提:一旦垄断制造商确定了策略,竞争者无论作出何种回应,其策略必然是最大限度地获取纯利润。竞争者之所以不可能将威胁付诸实行,是由于垄断者的选择是既成事实,而竞争者完全了解这一事实。

2　难以置信的承诺

以上例子表明,某些威胁不可信。另一种常见的情况是,有些人往往承诺在先,违约在后。

例 1　雕塑家制作了一个人像模子,他向顾客保证,只少量复制几座塑像;因而,这些塑像的价值将会逐渐上升。顾客相信他的保证,以高价购买他的作品。事后,这位雕塑家却复制了许多塑像,以较低价格出售。这类经验告诉人们,如果无法确保雕塑家恪守诺言(保证他遵守诺言的方法之一是购买之前,要求雕塑家将模子公开毁掉),顾客不应相信他的诺言。不管最初的动机是什么,雕塑家高价售出了最初的几座塑像后,就会打算复制销售更多的塑像。因此,除非有切实可行的措施保证他恪守诺言,顾客将认为雕塑家的承诺不可信,并且拒绝出高价购买其作品。

例 2　假定政府控制国家的货币供应量。出于政治原因,政府期望经济以最高速度发展。假定预期通货膨胀(anticipated inflation)于增长不利,非预期通货膨胀(unanticipated inflation)可以促进增长(非预期的货币数量增加可以刺激经济发展)为了避免预期通货膨胀,政府保证将通货膨胀率控制在特定指标之

下。其后,政府又希望大量投入资金,利用非预期通货膨胀的功能刺激经济发展。政府看上去好像处在进退两难的境地,实则不然。只要公众意识到滥发货币既符合政府的最大利益,又是其权力所及,政府事先所作的承诺便不可信。因此,公众可以预期高通货膨胀率以及经济增长滑坡的必然结果。

例3　为了鼓励开发油田,政府许诺将降低开发者的石油销售税。但是,一旦油田开发成功,政府便改变初衷。如果没有相应措施保证政府恪守诺言(政府更替,诺言可不遵守),政府事先所作承诺令人难以置信。因而,开发者应能预料日后会是高额税收。

例4　这个例子涉及公司之间的兼并。公司甲以公司乙的产品为生产原料,为了避免原料短缺或涨价,公司甲将公司乙买下,使原料由市场供应转变为内部供应。公司乙的管理人员专业技术水准很高,公司甲的管理人员担心他们因自己的公司被兼并而辞职,以致影响生产,便许诺不改变公司乙管理人员的职权范围和报酬。然而,兼并意味着公司甲可以透过各种合法方式取消上述承诺,特别是公司甲事后确有改变承诺的意图。因此,公司乙的管理人员认为公司甲的承诺难以置信。

在劳动经济学中,制定计件工资标准的管理人员保证,只有在技术条件改善的情况下才调整工资标准,计件定额的提高与工人熟练程度的增加无关。在国际贸易谈判中,甲国为了诱使乙国让步,向乙国承诺将尽快放宽对其各项限制措施。总之,在具有动态结构的博弈过程中,可以发现各种不可信的威胁和承诺;这是因为事前进行威胁和作出承诺的动机往往与事后决策

589

的动机不同。非合作博弈理论的成功之处,在于它不仅提供了展开型模型模拟上述形势,而且提供了技术手段分析上述威胁和承诺的可信程度(credibility)。

应当补充说明的是,介绍"阻截垄断理论"的例子 —— 垄断者在竞争者进入市场之前增加产量,以保持垄断地位 —— 出自冯·斯塔克尔伯格(1934),那时现代博弈论尚未出现。博弈论在此所作的贡献是说明"博弈规则"(图1)。

综上所述,非合作博弈理论对于分析可信程度作出了突出贡献。第一,展开型模型提供了研究可信程度的工具,并且使可信程度研究的重要性有所提高。第二,非合作博弈理论为经济学家研究可信程度提供了共同语言,使其可以对各种形势下的可信程度进行比较研究。第三,非合作博弈理论使经济学家具有化繁为简的能力。并非所有涉及可信程度的问题都像图1那样简单明了,但图1的基本博弈结构有助于理解较为复杂的形势。

3　具有完整和准确信息的博弈过程以及逆向引导

图1的博弈模型有一个显著特征,博弈树上每个结点都是信息点。图1(图4是图1的复制)和模拟国际象棋的博弈过程也都具备这一特征。它们被称为具有完整和准确信息的博弈过程。

在具有完整和准确信息的博弈过程中,直接根据常识选择策略,效果甚佳。策略的选择始于博弈树末端(end),始于末端结点(almost-terminal nodes)的所有箭头指向终局报酬(final payoffs)。位于末端结点的参与者选择哪种策略,在其他人看来一目了然。因为他必然选择对自己最有利的策略。一旦确定了位

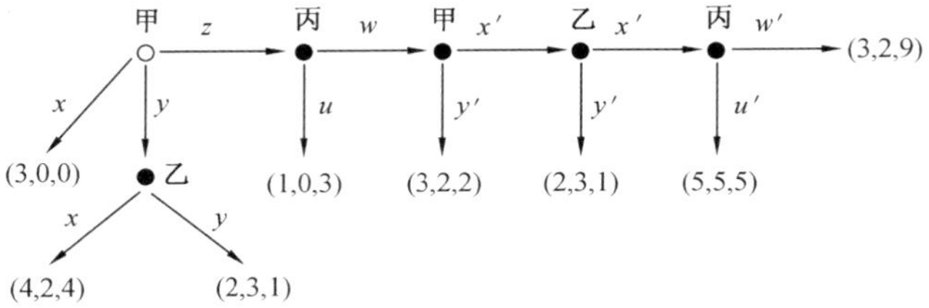

图 4　具有完整和准确信息的博弈过程

于末端结点参与者选择的策略,依照同样方法,可以确定位于倒数第二个结点(almost terminal nodes)的参与者将选择哪种策略,然后是倒数第三个结点 …… 这样依次逆向移动,最终便可以确定位于初始结点的参与者选择哪种策略。

　　这里以图 4 为例予以说明。图 4 的博弈模型有两个末端结点。第一个末端结点位于左下方,相应的参与者是乙;第二个位于右侧,相应的参与者是丙。乙在第一个末端结点一定选择 y(乙选择 x,报酬为 2;选择 y,报酬为 3)。丙在第二个末端结点,必然选择 w'。自第二个末端结点向左逆向移动至倒数第二个结点,相应的参与者是乙。可供乙选择的策略是 x' 和 y'。如果乙选择 y',可得报酬 3;如果乙选择 x',箭头指向丙;由于丙已经选择 w',乙在这种形势下可得报酬 2。因此,乙的最终选择是 y'。继续向左逆向移动,甲将选择 y'。然后,丙将选择 u。现在已到了博弈模型的初始结点。如果甲选择 x,报酬为 3。如果甲选择 y,箭头指向乙;由于乙已选择 y,甲可得报酬 2。如果甲选择 z,箭头指向丙;由于丙已选择 u,甲在这种形势下可得报酬 1。所以甲选择 x。

　　与图 1 相比,图 4 根据常识选择策略的过程比较

591

复杂；但是，图 1 和图 4 的两个博弈模型，其基本结构相同。可以在模拟国际象棋的博弈过程根据常识选择策略，因为下棋是具有完整和准确信息的博弈过程，可以画出模拟这一过程的博弈树。从博弈树末端开始选择，依次逆向移动，直至初始结点。应用这种方法不难确定对局双方的“最优策略”，除非某些过程不切实际或博弈树规模过大。

一般情况下，只要博弈树规模适当，便可根据常识选择策略。通常，称这种方法为逆向引导。在具有完整和准确信息的博弈过程中，逆向引导是一种极其有用的求解技术。

图 1 包含一种比较复杂的形势，它在图 4 未曾出现。如图 4 所示，根据逆向引导，在所有的结点上，参与者都有明确的选择；即参与者选择的不同策略从未使其所得报酬完全一样，以致参与者对于选择哪种策略并不介意。然而，图 1 的情况则有所不同。如图 1 所示，垄断制造商确定产量 x 等于 7，如果竞争者决定进入市场，他的最优策略是选择 y 等于 2.5，相应所得报酬为零。如果竞争者决定不进入市场，他的报酬也是零。因而，竞争者认为这两项策略没有差别。不过，在垄断者看来，这两项策略差别甚大。如果竞争者选择 y 等于 2.5，垄断者的报酬是 11.25；如果竞争者决定不进入市场，垄断者可得报酬 28.75。由此可知，应用逆向引导求解技术，如遇上述复杂形势，究竟作何抉择，事关重大。本书受篇幅所限，不能深入讨论；如遇此种形势，究竟选择哪种策略，将视方便而定。

4 比较复杂的改动

这里将上文说明“阻截垄断理论”的例子予以改

动。第一阶段,垄断制造商没有遇到任何竞争者的威胁。他确定产品价格为 p,产品的市场需求量 $x=13-p$,生产过程的固定成本是 6.25。第二阶段,竞争者进入博弈过程。如果竞争者决定不投入生产,垄断制造商将继续保持垄断地位,并根据需要调整产品价格(产量将同时变动)。如果竞争者选择进入市场,垄断者和竞争者将平等竞争。第二阶段的产品市场需求是 $x=13-p$,垄断者和竞争者的生产固定成本都是 6.25。

上述改动最重要之处是强调竞争者一旦进入市场,他将与垄断者处于平等地位。垄断者在第一阶段的生产状况完全不影响双方在第二阶段的生产能力和获利机会。

在这种形势下,应用博弈论必须借助双头垄断(市场由两家卖主垄断)竞争模型(a model of duopolistic competition)。这种模型是把博弈论和库尔诺(Cournot)平衡理论相结合。根据库尔诺均衡理论,双头垄断制造商同时而且相互独立地确定生产量,价格取决于市场,需求与总供给平衡。图 5 的模型模拟了上述形势。如图 5 所示,第一阶段,垄断者确定产品价格和产量。例如,他可选择的方案之一是价格为 7,产量为 6。在第二回合,竞争者的若干结点之间没有信息线,表明竞争者了解垄断者在第一阶段的策略,并据此决定自己是否进入市场。如果竞争者放弃打破垄断的企图,垄断制造商在第二阶段重新确定价格和产量。如果竞争者决定进入市场,接下去便是库尔诺博弈局。竞争者确定其产量,垄断者同时而且独立地确定他的产量。如前所述,图 5 中垄断者的信息线表示双方"同时而且独立地"选择策略。

593

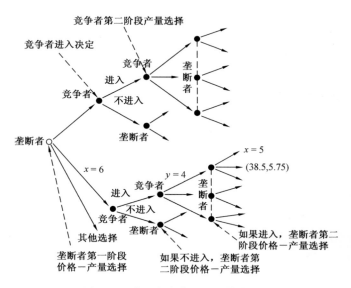

图 5　双头垄断竞争展开型博弈模型

怎样计算所得报酬？如图 5 博弈树的一个分枝所示，第一阶段，垄断者确定价格为 7，相应产量为 6。竞争者决定进入市场。第二阶段，竞争者确定产量为 4，与此同时，垄断者确定产量为 5。产品价格等于 4（4 ＝ 13 － 4 － 5）。由此可知，垄断者在第一阶段的利润是 7 × 6 －（6 ＋ 6.25）＝ 29.75；在第二阶段的利润是 4 × 5 －（5 ＋ 6.25）＝ 8.75。竞争者在第二阶段的利润是 4 × 4 －（4 ＋ 6.25）＝ 5.75。因此，在博弈树的这个分枝，垄断者所得报酬等于 29.75 ＋ 8.75 ＝ 38.5，竞争者的报酬为 5.75。

图 5 的信息线表明，这不是具有完整和准确信息的博弈过程，因此，不能应用逆向引导求解技术预测博弈结局。如果竞争者决定进入市场，图 6 表示他进入

市场后的博弈。依照博弈论术语,称图 6 表示的博弈
为库尔诺亚博弈(the Cournot subgame)。注意图中
垄断者所得报酬 y。在博弈树的一个分枝,竞争者确
定产量为 y,与此同时,垄断者同时确定产量为 x;垄断
者所得报酬等于 $\pi+(13-x-y)x-(x+6.25)$。计
算公式中的 π_1 表示垄断者在第一阶段所得报酬。尽
管垄断者在第一阶段的报酬随其选择的策略而改变,
π_1 可以代表垄断者在第一阶段与各种策略相对应的
所得报酬。

图 6   库尔诺亚博弈过程(如果竞争者进入市场)

库尔诺亚博弈本身就是一个展开型博弈模型,分
析这种形势的关键是如下假设:无论垄断者在第一阶
段情形如何,一旦竞争者进入市场,双方得寻求亚博弈
过程(subgame)的纳什均衡。

支持上述假设的是如下推理:难以置信的威胁和
承诺不能成立。竞争者可能威胁垄断者,如果后者在
第一阶段选择某种产量,竞争者将采取伤害垄断者利
益的行动。然而,如果竞争者把这种威胁付诸行动,也
将损及自身利益。因此,他不会采取伤害垄断者利益
的行动。同样道理,垄断者可能威胁竞争者,如果竞争
者进入市场,他将大规模提高产量,使竞争者无利可
图。然而,一旦竞争者进入市场,垄断者必须面对现
实。他只能选择于自身最有利的策略,损害竞争者利

益将退居其次。

由以上分析可知,尽管竞争者和垄断者事先相互威胁,事后却采取理智行动,即寻求纳什均衡。为什么如果双方采取理智行动,必然导致纳什均衡? 这里暗含的假设是,在任何可能出现的形势下,对局双方可选择的策略都是一望可知;因而,其结果必然是纳什均衡。

进一步分析将导致如下结论:无论垄断者在第一阶段采取何种行动,一旦竞争者进入市场,其博弈过程就有一个纳什均衡。透过实现纳什均衡,竞争者可以获利。垄断者在第二阶段所得利润与他在第一阶段的行动无关。(可参阅其他依照非合作博弈理论观点讨论库尔诺均衡的教科书)无论垄断者在第一阶段采取何种行动,竞争者都要进入市场。因此,垄断者在第一阶段的最优策略是最大可能获取利润。无论垄断者在第一阶段采取何种行动,都不能阻止竞争者进入市场,也不能增加他本人在第二阶段的利润。 在这种形势下,保持垄断地位的阻截手段已无法奏效。

由此可知,竞争者无须注意垄断者在第一阶段的策略。因为这种策略对第二阶段双方竞争的条件没有任何影响。如果竞争者进入市场,他与垄断者的地位完全平等。

可以运用阻截手段保持垄断地位的唯一可能是垄断者在第一阶段的行动以某种方式影响双方在第二阶段的竞争地位。可能的影响方式有如下几种:垄断者制造商可在第一阶段选取特定生产技术,用增加固定成本的方式降低边际成本。由于边际成本低,垄断者在第二阶段的竞争地位得到加强。因此,垄断者可以

596

采用适当增加固定成本的技术,阻止竞争者进入市场。如果垄断者的产品使用特征允许其与消费者建立固定关系,垄断者在第一阶段可用低价出售产品,以便在第二阶段凭借与消费者的特殊关系,阻止竞争者进入市场。垄断者在第一阶段可以采取各种方式与消费者建立特殊关系。如果垄断者的产品是耐用品,他将试图在第一阶段大量销售,以降低第二阶段的市场需求,从而阻止竞争者进入市场。如果垄断者的产品多种多样,生产特殊样式的成本逐渐降低(假定垄断者在第一阶段生产六种样式;第二阶段,他继续生产这六种样式的成本可以降低),垄断者可以尽量增加产品样式,直至竞争者在垄断者市场无利可图。

　　上述各种可能性仍可进一步阐述,并且应用非合作博弈理论加以分析。这些以及其他类似可能性的共有特征是,垄断者在第一阶段采取的行动,改变了竞争者进入市场后亚博弈过程的性质,这种改变足以阻止竞争者打破垄断。

　　这里不打算进一步阐述上述各种可能性,因为本书毕竟不是工业组织学的教科书。下面将对上文说明"阻截垄断理论"的例子作更为复杂的改动。

　　存在着另外一种可能性,即垄断者可以利用第一阶段的行动影响第二阶段的竞争。竞争者无从了解垄断者的策略特征,他往往把垄断者的前期行动视为其后期策略特征的标志。假定竞争者不了解垄断者的成本结构;如果垄断者的单位成本高,竞争者进入市场便能够获利;如果垄断者的单位成本低,竞争者进入市场便很难获利。由于企图打破垄断的竞争者必须支付生产成本,他往往在选择是否进入市场时猜测垄断者的成本结构。一般来说,价格高则预示其边际成本高;因此,竞争者习惯于把垄断者在第一阶段的低价格和高产量视作边际成本较低的标志,从而决定不进入市场。垄断者熟悉竞争者的思路,有意使第一阶段的价格低于最优价格水平,以便使竞争者确信,垄断者的边际成本较低。

　　进一步阐发这个例子需要更多的知识。但有一点可以确信,垄断者使用上述手段可以阻止竞争者进入市场,尽管采取的具体方式要复杂得多。虽然这里不能进一步阐发上例,但至少可以说明为什么这里要求更为复杂的博弈论知识。

　　设想一种简单的形势,垄断制造商的单位成本只有高低之分。垄断者知道自己的单位成本,但竞争者于此一无所知。图 7 的模型模拟了上述博弈过程。值得注意的是,博弈过程第一回合,自然力首先决定垄断者的单位成本。第二回合,垄断者根据自然力的选择,确定其第一阶段的价格和产量。竞争者了解垄断者的策略,但无从了解自然力的选择。竞争者必须决定是否进入市场;如果他选择进入,便需要确定产量。与此同时,垄断者也要独立确定生产规模。

　　图 7 的信息线表明,第三回合,当竞争者决定是否进入市场时,他不知道自然力的选择。第四回合,竞争者在选择产量时仍然不知道垄断者的单位成本。由于信息线的影响,自第二回合起,没有任何结点可以成为展开型博弈模型的起点。在这种形势下,需要借助某种方法,以便讨论博弈双方实行各种策略的可能性。例如,竞争者采取某种策略的可能性,取决于他对垄断者单位成本的预测。需要借助某种方法,以便确定竞

争者所作的预测。非合作博弈理论的最新发展,不仅解决了上述问题,而且提供了一种语言,使人们得以讨论竞争者对垄断者单位成本所做预测的准确性,怎样影响竞争者选择相应策略的可能性。

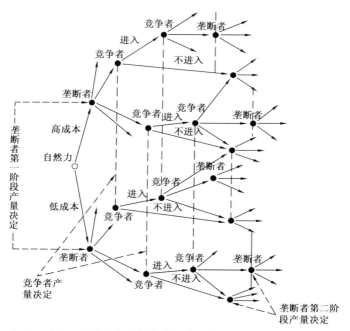

图7　竞争者无法确定垄断者成本时,垄断者阻止竞争者进入市场

进一步讨论图 7 需要更多的知识。但自上例可知:研究此种类似以阻截方式保持垄断地位的形势,必须研究对局双方的动态性互动(dynamic interactions)。其中最重要的是了解甲方如何预测乙方对甲方采取策略作何反应。因此,需要借助某种技术,以考察甲方对乙方的预测是否准确。这里以冯·斯塔克尔伯格的故事为例,表明博弈论怎样帮助我们

深入分析和理解各种经济形势。即使是比较复杂的形势,例如,竞争者无法确定垄断者的边际成本,博弈论尚未提供明确答案;我们也可以根据这一理论,确定进一步的研究方向。

二、不容怀疑的威胁和承诺:合作与名誉

运用前面的技术可以证明,某些威胁和承诺难以置信。然而,在许多情况下,承诺(以及威胁)是不可不信的。从运用阻截手段保持垄断地位的例子可知,这种情况之所以发生,是由于履行诺言可以使承诺者最大限度地获取个人利益。然而,博弈论的研究表明,承诺和威胁之所以不可不信,是由于承诺者把履行诺言视作维护个人名誉的手段。这是博弈论的第二个重要贡献。

西蒙(Simon)于 1951 年对雇佣关系的分析,是在对博弈论发展之前研究承诺和名誉的实例。西蒙假设 A 是雇主,B 是雇员,A 与 B 之间的雇佣合同是开口合同(open-ended contract):合同规定了 B 的工资,以及 B 同意服从 A 的指挥。制定开口合同的原因是 A 不能事先约定哪些任务应由 B 来完成,故此合同写明,遇有偶然情况,A 可以随时指挥 B。履行这种合同,B 往往担心 A 交待的任务过多或过于繁重。B 有辞职的权利;但是,改变工作势必将短期失业和进入一个生疏环境,甚至还要为学新技能或迁居而破费。总之,B 一旦成为 A 的雇员,他就丧失了向 A 讨价还价的有利地位。为什么 A 没有利用这个机会剥削 B? 为什么 B 没有把 A 的剥削视为一种威胁?

一种解释是 B 意识到 A 可能利用上述机会剥削他,但是 B 找不到更好的工作。另一种可能性是不仅

B要为辞职支付代价,而且 A 也得为 B 的辞职付出代价。因为 B 已熟悉工作,A 很难找到顶替他的人。如果 B 坚持辞职,A 不得不为培训新人支付额外费用。这种局面扭转了 B 向 A 讨价还价的不利地位,从而可以防止 A 剥削 B。

西蒙指出第三种可能性。在和 B 签订合同时,A 可能明确承诺或暗示 B 的工作不会过于繁重。这一承诺并非不可信。因为 A 如果违背诺言,他将成为不受信任的雇主。一旦 A 败坏了自己的名誉,B 辞职以后,A 将难于找到新雇员。在这种形势下,A 所担心的不是 B 辞职以后,自己要为培训新人支付额外费用,他所担心的是自己的名誉。一旦名声不佳,A 将难于雇用新人,唯一可能的补救办法是 A 以高薪征聘。

1　维护名誉:雇佣关系模型

由上例可知有关承诺与名誉的一般概念,非合作博弈理论对此一般性概念作了杰出的规范性说明。应用非合作博弈理论可以阐明这类问题的限定条件和基本特征。图 8 模拟了上述博弈过程。首先 B 选择是否受雇于 A,然后 A 选择是否剥削 B。B 只有在不受剥削的前提下愿意受雇于 A。但是,一旦 B 签署了雇佣合同,A 透过剥削 B 可以最大限度地实现个人利益。在图 8 应用逆向引导求解技术可知,如果 B 受雇于 A,A 的最优策略是剥削 B;B 的最优策略是拒绝受雇于 A。当然,如果 A 能够使 B 确信,他不剥削雇员,B 将签订雇佣合同;其结果,A 和 B 都可以获得较高报酬。

假定参与博弈的不仅是 A 和 B,而是 A 和许多雇员 B_1,B_2,…。A 与 B_1 首先博弈,然后与 B_2 博弈。每个雇员(B_1,B_2,…)只关心自己的工资收入。雇主 A

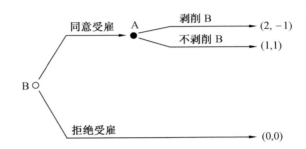

图 8　模拟雇佣关系的博弈模型

的报酬是所有博弈结果的一个无穷序列(an infinite sequence of results)——与 B_1 博弈的结果,与 B_2 博弈的结果,……。假定 A 与第 n 雇员 B_n 博弈,所得报酬为 U_n,A 评价相应博弈结果($U_1, U_2, U_3, \cdots$)的方法是先打折扣后求和(the discounted sum),即

$$U_1 + aU_2 + a^2U_3 + a^3U_4 + \cdots$$

其中 a 是折扣系数,a 大于 0,小于 1。在这一博弈过程中,最重要的一点是第 n 个雇员 B_n 在决定自己是否受雇于 A 时,了解 A 的历史,即了解 A 是否剥削过其他雇员。

　　不大可能用博弈树模拟整个博弈过程,图 9 只模拟了博弈过程的前两个阶段。在这个博弈过程中,参与者包括 A 和无数雇员(所有的 B_n);因而,完整博弈树的分枝不可计数。在这种情况下,不同于以往的是,以数字向量为代表的所得报酬不在博弈树顶端。因为这一博弈过程包括策略组合无穷序列,致使博弈树没有顶端;因此,只能依据特定函数计算每个参与者的报酬。如前所述,计算 A 所得报酬的方法是先打折扣后求和。实际上,这相当于计算复利(compound

interest)。假设 A 所得报酬以货币计,博弈过程的每一阶段相当于一个月,折扣系数 $a = \dfrac{1}{(1+i)}$,其中 i 是每个月的利息率。为计算方便,假设 a 等于 0.9。

　　如图 9 所示,B_2 有三个信息点,B_3 有九个信息点。B_2 不仅知道 B_1 是否受雇于 A,而且知道 A 是否剥削 B_1。同理,B_3 不仅知道 B_2 的策略,而且知道 A 对 B_2 采取的策略。

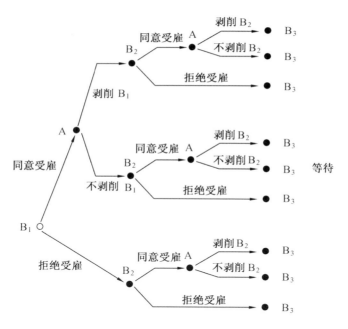

　　图 9　包括无数策略组合的雇佣关系模型:前两个阶段

　　在有无数人参与博弈的形势下,很难想象怎样把展开型模型转化为策略型模型。第 n 个 B 可以采取的策略共有 $2 \times 3^{n-1}$ 种,A 可能采取的博弈,其数量不可胜数。虽然这是具有完整和准确信息的博弈过程（图9中没有信息线），却无法应用逆向引导求解技术，因为博弈树有无数分枝，以致无法确定末端结点。

尽管如此，仍然可以描述这一博弈过程的各种纳什均衡。例如，其中一种纳什均衡是，雇主 A 的名誉取决于是否剥削雇员；只要他不剥削雇员，就可以保持名誉。如果他剥削雇员，便名声扫地，而且他再也不能恢复名誉。第 n 个雇员 B_n 知道 A 是否剥削 B_1，B_2，$\cdots$，$B_{(n-1)}$。B_n 同意受雇于 A 的前提是 A 从不剥削雇员，A 只有在自己名声已经败坏的情况下才剥削 B_n。

为什么上述策略组合是纳什均衡？在博弈过程的第 n 个阶段，如果 A 从未剥削过雇员，他的最优策略是不剥削 B_n。与此同时，B_n 对 A 的最佳回应是签订雇佣合同。如果 A 曾经剥削过一次，B_n 便有可能被 A 剥削；因此，B_n 的最优策略是拒绝受雇于 A。由此可知，A 只要曾经剥削过一次，他就没有机会剥削 B_n。不过也有例外，A 可能出于侥幸雇用了 B_n，在这种情况下，A 将剥削 B_n，因为他的名声已经败坏，无论他是否剥削 B_n，其他雇员都不再信任他。关键问题在于，如果 A 以前没有剥削过雇员，他为什么不剥削 B_n？这是因为 A 把保持名誉视作长远利益，把剥削个别雇员视作眼前利益；二者相权，他更看重长远利益。如果 A 能够始终保持名誉，他在博弈过程的每一阶段都可获得报酬 1。根据前述计算方法，在 A 等于 0.9 时，A 的报酬总计为 10，即 $10 = \sum_{k=1}^{\infty} a^{k-1} 1 = 1/(1-a) = 10$。如果 A 剥削某一雇员，他在相应阶段可获得报酬 2；但是，由于其他雇员都不再愿意受雇于他，A 的报酬总计仅

604

等于2。由于10大于2,A自然尽力保护自己的名誉。

与此对应的策略组合如下:B_1同意受雇于A,A不剥削B_1;B_2同意受雇于A,A不剥削B_2;依此类推,直至终局。

以上建构的模型存在一些问题,需作如下说明。

(1)如前所述,纳什均衡之所以存在,是由于A力图维护名誉,A透过保持名誉所获利益大于他剥削雇员以致名誉受损所获利益。A的长远利益之所以超过眼前利益,是由于博弈过程包括不计其数的策略组合。如果在某一回合开始时,参与博弈的两个人均意识到那是整个博弈过程的最后回合,A肯定利用这个机会剥削B;因为A已经没有机会雇用其他雇员,他不再担心败坏名誉。B意识到上述可能性,他便拒绝受雇于A。由此可知,在任何一个回合开始时,只要相应的参与者意识到那个回合或随后一个回合是整个博弈过程的最后回合,A必然剥削B。如果那是最后一个回合,A已没有必要维护名誉。如果那是倒数第二个回合,A则断定,无论自己名声怎样,B在最后一个回合都拒绝受雇。因此,A在倒数第二个回合也没有必要维护名誉。B意识到上述形势,他在倒数第二个回合便拒绝受雇于A。依此类推,直至第一回合。以上分析表明,只要博弈过程包括有限的策略组合,便可应用逆向引导方式求解。求解的结果是,A在第一回合剥削B,B在第一回合拒绝受雇于A;整个雇佣关系模型便不复存在。

(2)雇主力图维护名誉的策略组合是一种纳什均衡。另一种纳什均衡是A利用一切可能的机会剥削雇员,所有雇员都拒绝受雇于A。除此之外,还有其他形式的纳什均衡。在分析雇佣关系模型时,实现纳什均衡,即 A 维护名誉,B 受雇于 A,似乎是一目了然的策略组合。然而,我们没有说明为什么这种纳什均衡优于其他形式的纳什均衡。此外,即使我们可以证明这种纳什均衡优于其他,这个例子也过于简单。在比较复杂的形势下,例如,每人可选择的策略在两种以上,上述证明便难以奏效。

(3)雇佣关系模型的一个限定条件是每个雇员都清楚雇主 A 的历史。但是,实际形势并非如此简单。一种可能的形势是,雇员只大略了解雇主 A 的历史。另一种情况是某个雇员声称雇主剥削他,但并无其事,因为这个雇员过于情绪化。此外,雇主 A 本人可能并不清楚剥削和非剥削的界限何在。总之,雇佣关系模型似乎与现实中的各种复杂形势相距甚远。

(4)假定 A 剥削 B_1,根据雇佣关系模型中的纳什均衡,其他雇员都将拒绝受雇于 A。在这种形势下,A 可能向这些雇员承诺:"剥削 B_1 是我犯的严重错误。对此,我深感遗憾,恳求诸位见谅。如果你们允许我改正错误,咱们都将获益。因为你们拒绝受雇,不仅我无法获利,你们也无法获得报酬。"如果这些雇员原谅 A,B_2 将会成为第二个被剥削者。随后,雇主 A 又向 B_3 和 B_4 致以悔意并附上花束。依次类推,其他雇员也将成为被剥削者。在现实生活中,经常出现的情况是,违背诺言者承认错误后,其他人往往认为原谅违背诺言者符合所有人的最大利益。这种情况表明,许多参与博弈的人并不介意名誉问题。因此,雇佣关系模型变得无关紧要。

(5)实际雇佣关系远比上述模型模拟的雇佣关系

复杂。现实雇佣关系包括各种雇员、工头和雇主。模型所涉及的名誉指的是公司名誉？工厂名誉？还是某个工头的名誉？从模型可知,维护名誉的博弈过程包括策略组合的无穷序列。就组织结构而言,公司和工厂具有相对稳定性,它们的名誉符合模型的限定条件。问题在于工头的利益与公司和工厂的名誉有什么关系？怎样才能调动工头的积极性以维护公司的名誉？

（6）雇佣关系模型是重复博弈模型（repeated game model）。然而,现实生活中的雇佣关系并非只是一种简单的重复。工作内容以及雇员状况都在变化。怎样改进这一模型才能适应现实生活中的雇佣关系？

2　多边合作（multilateral co-operation）和通俗原理（folk theorem）

假设雇佣关系模型中的雇主经营有方,在相当长的时间内,他在劳动市场享有盛誉;因而,博弈过程可能包括策略组合的无穷序列。类似的模型也适用于另一种形势,即参与博弈的众多参与者重复互动（repeated interaction）。

与此相关的传统实例是控制市场的少数制造商（oligopoly）相互串通。为简单起见,这里只分析双头垄断（duopoly）。设想两家公司生产同类产品,每一阶段的市场需求曲线都是向下倾斜。两家公司应用的生产技术都十分简单,他们的固定成本为零,边际成本为常数 C。两家公司竞相招揽顾客,降价广告充斥晨报,消费者争相购买低价产品。假定两家公司所定价格相同,各自的生产量相当于市场需求的一半。然而,两家

607

都有富余的生产能力,即两家公司都有能力独自满足市场需求。

我不大清楚其他国家的情况,但我知道美国的照相机和家用电器公司,其价格竞争方式大致如上。当然,固定成本为零的假设可能与现实不符;不过,这个假设对最后结论影响不大,而它有利于简化分析。

假设上述两家公司进行一次性竞争,那么可能出现的唯一平衡状态就是双方均确定价格为 C(C 是边际成本),每个公司所获利润均为零。导致此种局面的原因无须赘述,根据直觉可知,如果公司甲的价格高于 C,即甲所得利润大于零,公司乙的价格只需稍低于甲的价格,公司乙便可抢走甲的全部生意。

如果上述两家公司长期竞争,每个公司计算所得报酬的方法如下:把每次竞争所得报酬乘以折扣系数,然后求各次竞争所得报酬之和。这种计算方法与雇佣关系模型中雇主 A 计算报酬的方法相同。以下分析试图说明,长期竞争与一次性竞争的结果完全不同。假定 P^* 是单一垄断制造商确定的产品价格,双头垄断商在博弈过程中分别采取如下策略:只要对方始终保持价格为 P^*,自己将保证价格为 P^*;一旦对方价格低于 P^*,自己将把价格降低至 C,而且永远不再提高价格。可以用另一种方式描述这种策略。如果保持价格为 P^*,公司便享有如下声誉:“有序竞争者”、“有限竞争者”或“文明竞争者”。如果把价格降至低于 P^*,公司将享有“残酷竞争者”的声誉。因此,双头垄断商可采取的策略是:如果对方是“文明竞争者”,采取“有限竞争”方式与之竞争;否则,就大幅度降价。

只要竞争双方均看重长远利益,上述策略组合就

608

是纳什均衡。就长期竞争的一个回合而言,任何一方压低价格,都可在短期内获得较高的利润。但其后果是竞争对手大幅度杀价,以致在以后的所有回合,双方利润为零。

通常所说的卡特尔即奉行这一原则。组织内部的每个公司都自觉服从卡特尔的规定,因为"残酷竞争"将使所有公司遭受损失。以下就几个有关问题加以说明:

(1) 这个例子的一个基本特征是垄断市场的两家公司均看重长远利益。如果形势改为一家公司面对一系列竞争对手(类似雇佣关系模型),这些竞争者将利用一切机会降低价格,与那一家公司抢生意;因此,这家公司在竞争的每一回合都把价格压低至 C。这里要说明的是,如果竞争双方均需保护声誉,便可能出现合作局面。如果只有一方需要保护名誉,就难以合作。

(2) 这个例子和雇佣关系模型一样,包括各种形式的纳什均衡。博弈模型的一个非常著名的解是通俗原理。根据通俗原理,只要竞争双方均看重长远利益,所有使双方营利,同时又使其利润总和小于独家垄断利润(指每一回合)的报酬都可能是纳什均衡的结果。如前所述,通俗原理提供了多种形式的纳什均衡。

为什么把博弈模型的一个解称为通俗原理?因为它符合人们的常识。对通俗原理作任何规范性的解释或证明都嫌复杂,而运用直觉观察却显而易见:竞争双方之所以合作,是因为他们受到对方威胁,一旦违背协议,就要遭受惩罚。只要目前选择的策略关系到长远利益,上述威胁就是保证合作的有效手段。由于通俗

609

原理尽人皆知,它是博弈论所包括的民间常识,任何人都不曾宣称自己是通俗原理的创造者。

(3) 在这个例子中,不仅有多种纳什均衡,而且有各种惩罚手段支持相应的纳什均衡。例如,竞争双方在博弈过程中分别采取如下策略:只要对方始终将价格确定为 P^*,自己将保证价格为 P^*,一旦对方价格低于 P^*,自己将在随后的五个或十个回合内,把价格降低至 C。在纳什均衡中,惩罚手段的应用促成了"价格战"。

(4) 这个例子与雇佣关系模型一样,如果博弈过程包括有限的策略组合,便可应用逆向引导方式求解,其结果,整个博弈过程不复存在。

(5) 另一个与雇佣关系模型的共同点是,如果参与竞争的一方无法了解对方的策略或竞争双方对违背协议的行为相互原谅,则难以根据上述博弈过程作出圆满解释。

(6) 现实经济竞争的特点往往是,今天的竞争结果是明天竞争的条件。根据我们讨论的博弈过程,如果公司甲在第一回合攫取了巨额利润,对其在第二回合与公司乙的竞争没有影响。此外,可能出现的其他复杂情况是,消费者对生产者的忠诚将影响博弈过程;竞争双方"边做边学"(learning-by-doing),经验的增多可能使他们改变策略。总之,基本模型的各种演变不断为理论研究提出新的课题。

(7) 在某些情况下,以降价出售的方式进入少数制造商垄断的市场,并不困难。这种形势与我们讨论的博弈过程有所不同。这里要说明的是,少数制造商相互串通之所以能够有效地控制市场,是由于存在着

阻止其他制造商进入市场的各种障碍。

综上所述，尽管以上讨论的少数制造商垄断市场的例子十分简单，模拟其博弈过程的模型在经济学的应用十分广泛。事实上，前面涉及的与不容怀疑的威胁或承诺有关的所有领域，都可应用上述模型对可信程度进行分析。

威胁、允诺及其可信性

我们知道，威胁意味着如果对手采取与你利益相违背的行动，他们将在博弈中遭受损失，而允诺则意味着如果对手采取对你有利的行动选择，那么投桃报李，你将采取对他们有利的行动。也就是说，威胁的目的在于防止其他局中人做出一些对你不利的事情，它具有威慑的功能；而允诺的目的则在于引导其他局中人做出一些对你有利的事情，它具有诱导的功能。

—— 王则柯　李杰[1][2]

在讨论策略性行动的分类时，我们就强调过，威胁

---

[1]　王则柯于 1965 年毕业于北京大学数学力学系数学专业，1978年开始在中山大学任教。

李杰，中山大学岭南学院经济系副教授。

[2]　王则柯，李杰，《博弈论教程》，中国人民大学出版社，北京，2004 年。

与允诺都是反应规则：你在未来所采取的行动，依赖于你的对手当前所采取的行动，但是你在未来选择行动的自由就会因而受到限制，你只能根据向对手公布的行动规则进行行动决策。当然，你这样做的目的在于改变其他对手的预期，从而诱使他们采取对你有利的行动。在对手采取行动之后你可能会觉得，如果不受这个规则约束会更好，你想变卦，这就涉及可信性的问题。这里，我们会说明使行动可信的一些基本原则，但需要指出的是，在实际生活中应用这些原则，在很大程度上是一门艺术。

我们知道，威胁意味着如果对手采取与你利益相违背的行动，他们将在博弈中遭受损失，而允诺则意味着如果对手采取对你有利的行动选择，那么投桃报李，你将采取对他们有利的行动。也就是说，威胁的目的在于防止其他局中人做出一些对你不利的事情，它具有威慑的功能；而允诺的目的则在于引导其他局中人做出一些对你有利的事情，它具有诱导的功能。正同我们通过两个具体的例子说明威胁和允诺各自所具有的特点。

威胁的例子：日美贸易关系[1]

众所周知，日美之间的贸易摩擦由来已久，它们之间的贸易争端一度成为国际贸易理论中一个非常重要的论题。简单来讲，每个国家都可以选择或者对另一个国家开放本国的市场，或者阻止另一个国家的产品进入本国市场，即关闭本国市场。问题是两个国家对

---

[1] 这个例子取自 Avinash Dixit and Susan Skeath,1999,*Games of Strategy*,W. W. Norton & Company. p. 298.

不同的博弈结果具有不同的偏好。

图 1 给出了这个贸易博弈的具体支付矩阵。对美国来讲,最好的博弈结果是两个市场都开放,这样它可以得到支付 4.大家知道,美国是一个承诺坚决执行市场机制和自由贸易的国家,而且与日本进行贸易可以给美国带来两方面的好处:一方面可以使美国的消费者购买到质量更高的汽车和电子产品,另一方面可以把美国的农产品和高科技产品出口到日本市场。对美国而言,最坏的博弈结果则是两个市场都关闭,此时美国只能得到支付 1。在只有一个市场开放的两种情形中,美国更偏爱于本国市场开放而日本市场关闭这种情形,这是因为与美国的市场相比日本的市场要小得多,不能进入日本市场给美国企业造成的损失,要远远小于美国消费者不能消费日本的汽车和电子产品所遭受的损失。

日本

		开放	关闭
美国	开放	3 / 4	4 / 3
	关闭	1 / 2	2 / 1

图 1 日美贸易博弈的支付矩阵

考虑到日本是一个崇尚保护本国企业的国家,我们在本例中设定,对日本而言,最好的博弈结果是美国的市场开放而本国的市场关闭,最差的结果是本国市场开放而美国市场关闭。对于其他两种博弈结果,日本更偏好于两个市场都开放的情形,因为这样一来它的企业可以进入到美国这个比日本大得多的市场。

显然,在这个博弈中,无论博弈是同时进行也好,序贯进行也罢,双方都有各自的优势策略,均衡的博弈结果都是(开放,关闭),相应的支付为(3,4)。这与现实中日美两国的贸易政策表现是一致的。

日本在这个均衡的博弈结果中得到了它最希望得到的支付,因此它没有必要采取任何策略性行动。然而,对美国而言,它在博弈中本可以得到支付 4 而不是支付 3.但是在这个例子中,通常的无条件的承诺并不起作用,因为对日本而言,无论美国做出何种承诺,它的最优反应都是关闭本国市场。在这种情况下,美国承诺保持本国市场开放是一个更好的选择,但这是一个无需借助任何策略性行动的均衡结果。

但是,假定美国可以选择如下有条件的反应规则:"如果你关闭本国市场的话,我也将关闭本国市场",则整个博弈会演变为图 2 所表示的两阶段博弈。如果美国不使用这个威胁,第二阶段的博弈与原来一样,均衡结果就是美国开放本国市场得到支付 3,日本关闭本国市场得到支付 4.如果美国使用这个威胁,则在第二阶段的博弈中,只有日本有选择的自由;给定日本的选择,美国会根据它事先公布的反应规则进行选择。因此,沿着这个博弈支,第二阶段博弈的实际决策人只有日本,日本的选择确定下来后,美国的选择也就按照反应规则随之确定了。博弈最终的支付情况如下:如果日本保持它的市场关闭,则美国也会关闭本国的市场,此时美国得到 1 而日本得到 2.如果日本保持它的市场开放,则美国的威胁起到了作用,它也会保持本国市场的开放,这样,美国得到 4 而日本得到 3.在上述两种可

能性中,后者可以使日本得到更大的好处。

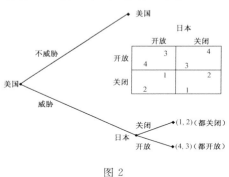

图 2

现在,我们可以使用读者都非常熟悉的倒推法分析这个两阶段博弈的均衡结果。显然,给定第一阶段美国提出威胁,日本在第二阶段肯定会选择保持本国市场开放,此时美国得到 4;而如果美国在第一阶段不提出威胁的话,则在第二阶段的同时行动博弈中,日本肯定会选择关闭本国市场,而美国最好的选择是开放本国市场,此时美国只能得到 3。两相比较,美国必定会在第一阶段提出威胁。这样,日本会开放本国的市场,而美国也能得到它最希望得到的支付 4。

在描述了这个威胁机制后,我们现在需要指出这个机制的一些重要特征。

第一,当美国所做出的威胁可信时,日本不会采取它的优势策略,即关闭本国市场。因此,优势的思想只有在同时行动博弈中或者日本先采取行动的条件下才有意义。在美国发出威胁后,日本知道如果自己选择关闭本国市场,美国将采取偏离自身优势策略的行动。在这种情况下,日本只需比较策略式矩阵表中左上方和右下方的相应支付,显然,它更偏好于左上方的结果。

第二,在这个例子中,威胁的可信性是值得怀疑的,因为如果日本为了测试美国的威胁是否可信而继续关闭本国市场的话,美国面临着不实施威胁的诱惑。事实上,如果实施威胁是美国在日本关闭本国市场条件下的最优反应,则美国事先根本没有必要提出威胁(不过美国可能会对日本发出警告,让它看清楚形势)。一般来讲,一个出于策略性考虑的威胁,通常需要实施威胁的一方局中人有承担巨大成本的思想准备。实施威胁的最终结果可能是两败俱伤。

第三,条件准则"如果你方关闭本国市场,则我方也会关闭我国市场"并没有完全概括美国的策略。要完整地描述美国的策略,我们还需要说明,如果日本开放本国市场,美国将如何作出回应。因此,我们还需要在条件准则的后边加上这么一句话:"如果你方保持本国市场开放,则我方也会保持本国市场开放。"这句话其实是一个隐含的允诺,同时也是威胁的一部分,但这句话没有必要明确地说出来,因为条件准则本身就隐含这个意思,只要条件准则可信,则它就是自动可信的。因为给定第二阶段的博弈支付,如果日本保持本国市场开放,是美国保持本国市场开放最符合自身的利益。

第四,只要日本认为美国所发出的威胁是可信的,则日本的行动选择会发生改变。比如说,如果日本市场原来是开放的,而它的政府现在正在考虑采取贸易保护政策,则美国发出的威胁能起到阻吓它采取贸易保护政策的作用;如果日本的市场原来是关闭的,则美

国的威胁会起到迫使日本开放本国市场的作用。

第五，美国可以采取一些方法使威胁变得可信。例如，美国政府可以通过立法的方式明确威胁行动，这样就可以避免出现在第二阶段如果日本关闭市场时采取不实施威胁的情况。当然，美国也可以通过世界贸易组织（WTO）与日本订立双边互惠条款，但程序上可能比较慢并且不确定性比较大。再比如，美国政府可以找一个代理机构，如美国商务部代理执行这项威胁。我们知道，美国商务部是由美国的企业控制的，他们当然希望关闭美国的市场从而减少外部的竞争压力。如果美国政府采取这种方式，则在第二阶段，美国政府的支付会发生改变，美国政府原来的支付会被商务部的支付所替代，这样，实施威胁行动就真的变成最优选择了。当然，美国政府这样做也面临一个危险，那就是即使日本政府开放本国市场，商务部仍然坚持关闭本国市场，这意味着在威胁变得可信的同时可能会使隐含的允诺变得不可信。

第六，与没有发出威胁的情形相比，日本在美国发出威胁的情形下获得了相对较差的支付，因此，它也会想方设法通过采取策略性的行动，挫败美国使用威胁的企图。例如，假定日本当前的市场是关闭的，而美国试图强迫日本开放市场，日本政府可能表面上同意，但在具体的实施过程中故意延迟。比如说，日本政府对美国政府来说，它需要一个从下到上的立法审批过程，这需要时间。或者，日本政府也可以宣称，国内商人的政治压力使得他们很难完全开放本国市场，美国政府能否同意日本只在一些行业实行开放？等等。由于美国并不想真的实施威胁，所以它很有可能会同意日本的这些要求。结果,日本就可以通过这种缓冲的方式,降低本国市场的开放程度,使美国的威胁不能完完全全起到作用。

允诺的例子:价格大战博弈

我们下面使用价格大战的囚徒困境博弈的例子,具体说明什么是允诺。价格大战的策略型表述具体如图 3 所示。我们知道,如果双方都没有采取策略性行动,则该博弈通常的纳什均衡是一个严格优势策略均衡:双方都实行低价策略。显然,此时双方得到的利润都要小于如果双方都实行高价策略时得到的利润。

企业乙

		低价	高价
企业甲	低价	3 3	1 6
	高价	6 1	5 5

图 3 价格大战的囚徒困境

如果任何一方作出如下的可信允诺:"如果你实行高价,那么我也会实行高价",那么双方就可以得到合作的结果。例如,如果乙作出这个允诺,则甲会知道他采取高价策略会产生互惠的效果,使自己得到支付 5,而采取低价策略只会使乙同样采取低价策略,从而只能得到支付 3. 显然,在这种情况下,甲会选择采取高价策略。如果我们画一个两阶段的博弈树,上述论证就更清晰了。作为练习,请读者把上述论证用博弈树的形式表述清楚。

乙作出的允诺是否可信呢?为了能对甲的选择作

出回应,乙必须在第二阶段选择在甲之后行动;相应地,甲必须在第二阶段首先采取行动。我们在前面一再强调,先行动的决策必须是不可逆转并且确实被对手观察到。因此,如果甲首先行动并采取高价策略,则很容易被乙钻空子,使自己处于不利的位置。因为乙可以采取欺诈策略,违背事先的允诺实行低价,使自己得到更大的利益。因此,乙必须通过某种方式让甲相信,当甲采取高价策略时,他不会违背自己的允诺而采取低价策略。

乙怎样才能做到这一点呢？一种可行的方法是,乙通过书面合同的形式把定价的决策权交给第三方,在合同中明确规定,如果甲采取高价策略,则我方也采取高价策略。乙可以邀请甲来一同监督这些合同指令的执行。通过这种方式,就可以防止乙在第二阶段采取机会主义的欺诈行动。

或者,乙也可以通过树立自己声誉(reputation)的形式来保证允诺的可信性,这在商界是非常普遍的事情。如果甲乙之间的博弈关系是重复博弈的关系,则允诺肯定会起作用,因为根据我们在前面讨论重复博弈时的论证分析,违背允诺一次可能会造成未来合作关系的完全崩溃。从本质上讲,一种长期持续的关系意味着双方的博弈可以细分为许多更小的博弈,在每一次博弈中,违背允诺所带来的收益太小,以至于不能抵偿受到惩罚所带来的损失。因此,对于建立了长期合作关系的博弈双方而言,出于声誉方面的考虑,双方往往不愿意违背自己作出的允诺。

从日美贸易关系的例子中我们知道,每个威胁都会与一个隐含的允诺相关联。类似地,每一个允诺也会与一个隐含的威胁相关联。在上述例子中,隐含的威胁就是"如果你采取低价策略,那么我也会采取低价策略"。这一点是显然的,因为在甲采取低价策略的条件下,采取低价策略是乙最佳的反应。

另外,威胁与允诺之间还有一个重要的区别。如果一个威胁是成功的,则提出威胁的一方无须实施威胁的内容,因而对提出威胁的一方而言,威胁是"无成本"的。正因为如此,威胁往往会被夸大。当然,夸大威胁的一个后果可能是使威胁变得不可信,所以这也是一个需要权衡的地方。允诺则不同。如果一个允诺按照允诺方的意愿,成功地改变了对手的行动选择,则允诺方必须履行允诺,因此,允诺是有成本的。在我们上述讨论的例子中,允诺的成本仅仅只是放弃采取欺诈行动和没有获得最高支付的代价。在其他情况下,允诺有可能是向对手提供金钱上或物质上的奖励或补贴,此时允诺的成本可能会更高。无论如何,作出允诺的一方总是希望在使允诺有效的同时尽可能降低允诺的成本。

啤酒与蛋奶火腿蛋糕

在"啤酒与蛋奶火腿蛋糕"信号博弈中,发送者有两个类型:t_w 表示懦弱(weak),t_s 表示粗暴(surly)。如果接收者相信发送者是懦弱的(其概率超过 $1/2$),那么他愿意跟懦弱的发送者斗,但是接收者不愿意与粗暴的发送者斗。接收者无法观察到发送者属于何

种类型,然而他可以在作出斗与不斗的决策之前观察到发送者以什么东西充作早餐。发送者的早餐只有两种选择:"啤酒"和"蛋奶火腿蛋糕"(不可兼而得之);粗暴类型的发送者喜欢啤酒,懦弱类型的发送者喜欢蛋奶火腿蛋糕。两种类型的发送者都不愿意与接收者发生争斗,因此他们关心是否争斗甚于关心自己所用早餐是什么,但他们所用早餐却成为接收者可观察的信号。

　　　　　　　　　　　—— 施锡铨[1][2]

一、剔除严劣策略

　　根据完美 Bayes 均衡的四个要求,任何一个局中人 i 在任何信息集的开头不可以取严劣策略,因此对于局中人 $j(\neq i)$ 来说,如果去相信局中人 i 将采取严劣策略显然是不合情理的。我们用一个简单的例子来使这种想法具体化。

　　考虑图 1 所示博弈。

　　在不考虑局中人 2 在自己行动的信息集上的信念时,图 1 可以写成如图 2 的策略型表示。

　　该正则型博弈有两个纯策略 Nash 均衡:(L, L') 与 (R, R')。图 1 展开型博弈除了本身外没有其他的子博弈。于是 (L, L') 与 (R, R') 当然是子博弈完美均衡。读者可以注意到,在均衡 (L, L') 中,局中人 2 的信息集位于均衡路径上,因此根据完美 Bayes 均衡要

---

[1]　施锡铨,上海财经大学教授。

[2]　施锡铨,《博弈论》,上海财经大学出版社,上海,2000 年。

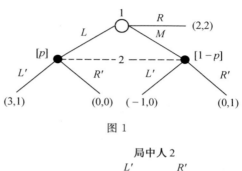

图 1

	局中人 2	
	L'	R'
L	3,1	0,0
M	1,0	0,1
R	2,2	2,2

（局中人1 对应 L, M, R 行）

图 2

求 R_3，$p=1$。于是（L，L'，$p=1$）构成了博弈的纯策略完美 Bayes 均衡。除此之外，事实上还存在另一个纯策略完美 Bayes 均衡：（R，R'，$p\leqslant 1/2$）。因为在均衡（R，R'）中，局中人 2 的信息集不在均衡路径上，R_4 对 p 没有什么限制。于是我们对于局中人 2 的信念 p 的要求，仅仅是使得 R' 成为最优行动，也就是说，$p\leqslant 1/2$（即，$1-p>1/2$）。这个例子的一个关键特点是，M 其实是局中人 1 的严劣策略。图 2 明确地告诉我们，M 严劣于 R。因此，"局中人 2 相信局中人 1 可能取行动 M" 显然是不合理的。用数学语言正式地叙述，信念 $1-p>0$ 是不合理的。于是，从纯策略完美 Bayes 均衡中剔除不合理的（R，R'，$p\leqslant 1/2$）。（L，L'，$p=1$）是唯一满足我们在这里所提出（精炼）要求的完美 Bayes 均衡。再一次叙述这个要求：局中人 j 不会认为局中人 i 会采取严劣策略。

　　现在我们考虑这样的情况,将局中人 1 在 (L,L') 之后结局的营利由 3 改为 $3/2$,由图 2,此时,非但 M,而且 L 都是局中人 1 的严劣策略。与前面一样地进行讨论,局中人 2 不会相信局中人 1 会取严劣策略 L。或者说,$p > 0$ 是不合理的,p 必须为 0。这样就与前面我们所得到的 $p=1$ 的结果矛盾。在这种情况下,这里所提出的要求对局中人 2 在非均衡路径上的信念将没有什么限制。因为局中人 2 相信,局中人 1 既不会取 L,也不会取 M。

　　在图 1 这个博弈中,我们发现 M 不仅仅是在(局中人 1 的)信息集的起始时为严劣的,而且它在整个博弈中是局中人 1 的严劣策略。注意在这里我们用了两种讲法:严劣和在信息集的起始为严劣。为了正确且直观地理解这两种讲法之间的区别,不妨假设在局中人 1 行动之前,局中人 2 具有行动。从初始结出发,局中人 2 要么结束博弈,要么让局中人 1 如图 1 那样去选择行动。我们将这个假想博弈的博弈树表示如图 3。

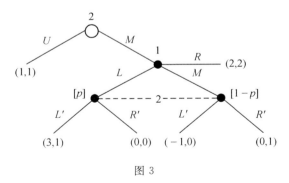

图 3

　　在图 3 的展开型博弈中,在局中人 1 的信息集的起始,M 仍然是局中人 1 的严劣策略,但就整个博弈来说，M 不是严劣的。因为一旦局中人 2 在初始结采取行动 U 从而结束博弈，此时，对局中人 1 来说，三个策略：L, M, R 全产生相同的营利。

局中人 i 的一个策略 s_1'，称为是严劣的，则一定存在另一个策略 s_i，使得两者对于与其他局中人的策略的每一种可能的组合，局中人 i 由取 s_i 所得的营利总是大于由取 s_i' 所得的营利。在图 1 中，M 是局中人 1 的严劣策略，因为无论局中人 2 取什么策略，局中人 1 取 M 的营利总是小于他取 R 时所得的营利。但在图 3 中，M 不是局中人 1 的严劣策略，因为 L, M, R 与局中人 2 的初始行动 U 的组合产生同样的营利。

那么在局中人 i 的信息集的起始（或开头）为严劣策略又是怎么回事呢？首先的前提是考虑 i 具有行动的信息集，一个策略 s_i' 称为在该信息集开始时为严劣的，如果存在另一个策略 s_i'，使得对于局中人 i 在给定的信息集所拥有的每一个信念（这一点很重要，因为它涉及在这个信念下局中人 i 的最优策略），以及对于与其他局中人的后续策略的每一种可能的组合，局中人 i 从在给定信息集上取 s_i 所确定的行动和由取 s_i 所确定的后续策略所得到的期望营利必定严格地大于他由取 s_i'，所确定的行动和相应的后续策略所得到的期望营利。请注意上述说法的一个基本事实，所谓在信息集起始时的严劣策略这个概念只考虑在该信息集以后发生的情况。一个符合实际且合理的想法是，我们将坚持这样的要求：局中人 j 不应当相信局中人 i 可能取一个在任何信息集起始时为严劣的策略。这个要求以 R_5 正式地表述如下：

R_5 如果可能，每一个局中人的非均衡路径信念在

624

那些仅当另一个局中人取前面一个信息集起始时为严劣的策略而达到的结上置零概率。

在要求 R_5 中,注意到限定条件"如果可能"的含义。举例说明,在图 1 的博弈中,倘若像前面所述,将 (L,L') 的后续终点结上局中人 1 的营利 3 改为 3/2,那么,在局中人 1 的纯策略空间中,R 优于 L 与 M。在这种情况下,根据原先完美 Bayes 均衡的 R_1,要求局中人 2 在自己的信息集上有一个信念,但是这个信念不可能在 M 与 L 的后续结上都置零概率。这时,其实 R_5 将不适用。也就是说,R_5 不限制局中人 2 在非均衡路径上的信念。

再考虑图 4 所示的博弈。

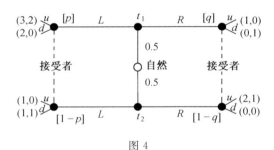

图 4

这是一个信号博弈,发送者的策略 (m',m'') 意指类型 t_1 选取信号 m',类型 t_2 选取信号 m''。接收者的策略 (a',a'') 意指接收者在收到信号 L 之后选取行动 a',收到信号 R 之后选取行动 a''。

首先验证 $[(L,L),(u,d),p=1/2,q]$ 对于任何 $q \geqslant 1/2$ 均构成一个共有完美 Bayes 均衡(当然是在要求 R_1—R_4 下)。假如存在一个均衡,其中发送者的策略是 (L,L),那么接收者对应于 L 的信息集当然在均衡路径上,注意到确定发送者类型的先验分布为:类型 t_1 具有概率 1/2,类型 t_2 具有概率 1/2。因此由 Bayes 法则,$p=1/2$。于是在获得信号 L 之后,局中人 2 取 u 的期望营利为 $1/2 \times 2 + 1/2 \times 0 = 1$,而取 d 的期望营利为 $1/2 \times 0 + 1/2 \times 1 = 1/2$,$u$ 是信号 L 之后的最优选择行动。此时,类型 t_1 将获利 3,类型 t_2 将获利 1。现在我们需要确定发送者的两个类型 t_1 与 t_2 是否都愿意选用"共有"信号 L。对于类型 t_1 来说,无论接收者的反应是 u 还是 d,他取 L 分别获营利 3 或 2,总是大于他取 R 时的分别获利 1 或 0。因此,类型 t_1 必定愿意取 L。再来看类型 t_2,如果他取 L,已知接收者的最优反应是 u,t_2 得 1。如果 t_2 取 R,接收者的反应若为 u 的话,t_2 得 2,若接收者反应为 d 的话,t_2 获利为 0。为使 t_2 也不偏离策略 L,那么接收者对于 R 的反应应当是 d。因此 (L, L) 若为均衡中发送者的策略,那么接收者的策略一定是 (u, d)。现在我们考虑接收者在对应于 R 信息集上的信念,以及在给定这个信念 $(q, 1-q)$ 下取 d 的最优性。显然当 $q \geqslant 1/2$ 时接收者对 R 的最优反应为 d,因此当 $q \geqslant 1/2$ 时,$[(L, L), (u, d), p = 0.5]$ 构成了该信号博弈的共有完美 Bayes 均衡。但是,我们已经分析到,在这个博弈中,t_1 取 R 是毫无意义的。发送者的策略 (R, L) 和 (R, R) —— 这表明,t_1 总取 R —— 在对应于 t_1 类型发送者的信息集起始时为严劣的。例如,策略 (L, R) 使得 t_1 获得的营利至少为 2,但是 (R, L) 或 (R, R) 使 t_1 获得营利至多为 1。所以,接收者在看到信号 R 之后的信息集可以在相应于 t_2 的那个结上通过发送者的策略 (L, R)(它至少优于 (R, L) 和 (R, R))而达到。但是在相应于 t_1 的那个结

626

上却不能达到。因此，R_5 就要求 $q=0$。尽管 $[(L,L)$，(u,d)，$p=0.5]$ 当 $q \geqslant 1/2$ 时为完美 Bayes 均衡，但是，它却不能满足 R_5 的要求。换句话说，完美 Bayes 均衡 $[(L,L)$，(u,d)，$p=0.5$，$q \geqslant 1/2]$ 由于不符合 R_5 而从均衡解中被精炼掉。

那么该信号博弈是否存在满足 R_5 要求的完美 Bayes 均衡呢？分离完美 Bayes 均衡 $[(L,R)$，(u,u)，$p=1$，$q=0]$ 就由于不存在非均衡路径的信息集而"平凡地"满足了双 R_5，从而免去了被 R_5 精炼掉的下场。我们顺便证明这个策略是分离完美 Bayes 均衡：如果发送者取分离策略 (L,R)，那么接收者在均衡路径上的信念必然分别为 $p=1$ 和 $q=0$，由图 4 可知，接收者的最优反应均是 u，并分别获得营利 2 与 1。如前面所分析的那样，类型 t_1 不会偏离 L。而类型 t_2 也不应当偏离 R，因为 t_2 若取 L，由于接收者的策略为 (u,u)，此时 t_2 只获营利 1，比起他取 R 时的营利 2 少了 1。

但是，从上述信号博弈的结果不要产生这样的误解：在信号博弈中，共有完美 Bayes 均衡由于在非均衡路径上的信念受到 R_5 的限制而必定成为被精炼的对象。事实并非如此。如果将图 4 信号博弈中当类型 t_2 发送者发送 R 之后，接收者关于行动 u 与 d 的相应营利颠倒一下，即，接收者此时取 u 获利 0 而取 d 获利 1。利用前面同样的讨论，易知 $((L,L)$，(u,d)，$p=0.5$，q 取 $[0,1]$ 中的任意数）构成了信号博弈的共有完美 Bayes 均衡。因为无论 q 取任何数，只要 $q \in [0,1]$，在接收到信号 R 之后，接收者的最优反应一定是 d。特别地，我们取 $q=0$，完美 Bayes 均衡 $[(L,L)$，(u,d)，$p=0.5$，$q=0]$ 满足 R_5 要求，这是一个非平凡

地满足 R_5 要求的共有完美 Bayes 均衡的例子。

这里提出 R_5 要求以对均衡进行进一步精炼,我们所举的例子是信号博弈。鉴于信号博弈本身的重要性和广泛的应用性,我们不妨叙述将 R_5 用于信号博弈中的完美 Bayes 均衡的等价形式。

首先叙述严劣信号概念。

定义 1 在信号博弈中,类型 t_i 的来自信号空间 M 的信号 m_j 称为劣的,如果存在 M 中的另一个信号 $m_{j'}$,使得 t_i 由取 $m_{j'}$,所得的最低可能营利大于 t_i 取 m_j 所得的最高可能营利

$$\max_{a_k \in A} U_s(t_i, m_{j'}, a_k) > \max_{a_k \in A} U_s(t_i, m_j, a_k) \quad (1)$$

在图 4 中,类型 t_1 的 R 是劣的,因为他取 R 将最高获得营利 1,而他取 L 的最低可能营利为 2。读者不难验证,对于类型 t_2 来说,L 和 R 都不是劣的。

二、"啤酒与蛋奶火腿蛋糕"信号博弈

R_5 对均衡的精炼作用似乎是无可非议的,然而紧接着会出现两个令人们关心的问题:

(1)是否存在这样的完美 Bayes 均衡,它看上去不怎么合理,但是它仍然满足 R_5?一个完美 Bayes 均衡在怎样的情况下会成为不合理的呢?

(2)对于均衡的定义,需要再加上些什么样的要求,才可以剔除那些不合理的完美 Bayes 均衡呢?

Cho 和 Kreps 于 1987 年构造了一个例子——"啤酒与蛋奶火腿蛋糕"(Beer and Quiche)信号博弈,从而阐述了不合理的完美 Bayes 均衡可以满足 R_5。

在"啤酒与蛋奶火腿蛋糕"信号博弈中,发送者有两个类型:t_w 表示懦弱(weak),t_s 表示粗暴(surly),"自然"

为发送者选取类型的先验分布是：发送者取 t_w 的概率为
0.1，发送者取 t_s 的概率为0.9。如果接收者相信发送者是
懦弱的（其概率超过 $1/2$），那么他愿意跟懦弱的发送者
斗，但是接收者不愿意与粗暴的发送者斗。接收者无法
观察到发送者属于何种类型，然而他可以在作出斗与不
斗的决策之前观察到发送者以什么东西充作早餐。发送
者的早餐只有两种选择："啤酒"和"蛋奶火腿蛋糕"（不可
兼而得之）；粗暴类型的发送者喜欢啤酒，懦弱类型的发
送者喜欢蛋奶火腿蛋糕。两种类型的发送者都不愿意与
接收者发生争斗，因此他们关心是否争斗甚于关心自己
所用早餐是什么，但他们所用早餐却成为接收者可观察
的信号。这个信号博弈的展开型表示及相应营利向量如
图 5 所示。

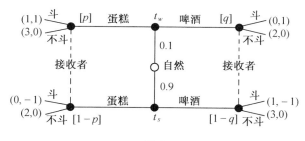

图 5

在"啤酒与蛋奶火腿蛋糕"信号博弈中，〔（蛋糕，
蛋糕），（不斗，斗），$p=0.1$，q〕对任意 $q \geqslant 1/2$ 构成共
有完美 Bayes 均衡。（注：发送者策略向量的第一个元
素相应于类型 t_w 的行动，第二个元素则表示类型 t_s 采
取的行动；策略剖面中的第二个向量表示接收者的策
略行动，其中第一个元素是接收者观察到信号"蛋糕"
之后采取的行动，第二个元素则表示接收者观察到信

号"啤酒"之后所采取的行动）先来验证这个事实：假如存在一个均衡，其中发送者的策略是（蛋糕，蛋糕），那么接收者对应于"蛋糕"的信息集必定在均衡路径上，利用 Bayes 法则与已知的先验分布，可知，$p=0.1$。对于类型 t_w 来说，"蛋糕"优于"啤酒"，因为如果他取"蛋糕"，他的营利为 1（若接收者"斗"）或者为 3（若接收者"不斗"），而如果他取"啤酒"，相应的营利分别为 0 或 2。因此类型 t_w 不会偏离该策略剖面。至于类型 t_s 会不会偏离呢？这就需要考虑接收者的反应。如果发送者的信号是"蛋糕"，由于 $p=0.1$，接收者取"斗"的期望营利为 $1 \times 0.1 + (-1) \times 0.9 = (-0.8)$，少于取"不斗"时的期望营利 0，因此"不斗"是接收者关于信号"蛋糕"的最优反应。也就是说，t_s 发出信号"蛋糕"的话，他可以指望获得营利 2。如果发送者在早餐时选择"啤酒"，倘若接收者的反应是"斗"，那么 t_s 将获得营利 1，比 2 少了 1。因此在给定接收者（不斗，斗）的策略时，类型 t_s 不会偏离。最后我们考虑接收者在非均衡路径上的信念，为使在这个信念下接收者的最优策略是"斗"，显然只要令 $q \geqslant 1/2$ 就足够了。

声明博弈

当有人说"人不犯我，我不犯人；人若犯我，我必犯人"时，这含有什么意思呢？如果"别人犯我，我不犯别人"的话，别人会不断

地犯我,我将不断地受到侵犯,这是我所不希
望的;如果"别人不犯我,我犯别人"的话,我
犯人的时候别人也会来犯我,这也不是我所
期望的。因此,"人不犯我,我不犯人;人若犯
我,我必犯人"的策略是我的占优策略。

　　　　　　　　——范如国　韩民春①②

　　声明博弈涉及真实的策略选择和声明的策略决
定。如当有人说"人不犯我,我不犯人;人若犯
我,我必犯人"时,这含有什么意思呢？如果"别人犯我,我不
犯别人"的话,别人会不断地犯我,我将不断地受到侵
犯,这是我所不希望的;如果"别人不犯我,我犯别人"
的话,我犯人的时候别人也会来犯我,这也不是我所期
望的。因此,"人不犯我,我不犯人;人若犯我,我必犯
人"的策略是我的占优策略。

　　同时,这个策略的说出本身有信息"传递"的功
能:你不要犯我,否则我肯定犯你;你不犯我,我也不会
犯你。这里声明者将行动的可能策略告诉对方,目的
是使双方避免出现不希望的结果,当然首先也是为了
自己得益的最大化目的。

　　比如,假设美国声称,如果中国武力攻打台湾省的
话,美国将介入。这是美国声明的策略。美国通过这
言语上的声明,目的是为了恐吓中国政府。中国政府
同样以声明回击:是否以武力收复我国台湾是中国的
内政,美国无权干预。如果中国政府真的武力攻打台

---

①　范如国,韩民春,武汉大学教授。
②　范如国,韩民春,《博弈论》,武汉大学出版社,武汉,2006 年。

湾省以实现国土统一,美国届时真的会介入吗？这是中国政府所要考虑的问题,即要弄清美国届时实际的策略是什么。美国也要考虑,一旦战争打起来,美国如果干预的话,中国会向美国开战吗？

可见在声明博弈中,最为重要的是要弄清声明者真实的策略决定与其声明的策略决定。真实的策略决定,我们称之为声明者真的策略规定,因为它是声明者从个人得益的最大化的角度来确定的,声明者没有理由作出对自己不利的策略决定,而声明的策略决定本身也是一种策略,声明者通过这个行动来达到某种目的,声明的策略可能是真实的策略,也可能是假的策略。

因此,"人不犯我,我不犯人;人若犯我,我必犯人"是一种声明的策略决定。"如果天下雨,我将带伞"则是真正的策略决定。如果假设在可能策略下的得益,我们可以得到图 1 的得益矩阵。

敌 方

		犯	不犯
我方	犯	− 1, − 1	0, − 3
	不犯	− 3,0	1,1

图 1

其实,声明的策略决定首先是一种语言行动,而真正的策略决定不是语言上的。声明的策略决定是声明者向其他博弈者通过言语说出去的一种行为,它是行动者的一种行动。真正的策略决定是不需要表达出来的,其他行动者有可能知道也有可能不知道,并且有时这种真正的策略决定是保密的。同时,声明的策略决

定与真实的策略决定可以相同也可以不同。例如在
"囚徒困境"中,被警察抓到的囚徒在警察设定了他们
的得益矩阵后,他们就会分析出自己的策略决定,即:
无论对方的策略选择是"坦白"还是"抗拒",他的最优
策略选择是"坦白"。

　　图 2 是一个声明能够被相信,能够有效传递信息
的另外一个声明博弈。在该声明博弈中发布声明的博
弈方为"声明方",接收声明的博弈方为"接收方",前者
是发布一个声明,后者是对该声明采取一个具体的行
为。

接收方行为

		a_1	a_2
声明方类型	t_1	2,1	1,0
	t_2	1,0	2,1

图 2

　　该博弈中的声明方有两种可能的类型 t_1,t_2,接收
方有两种可能的行为 a_1,a_2,对于声明方的两种不同类
型,接收方采取两种不同行为时双方的得益如图 2 所
示,得益数组中第一个数字为声明方的得益,第二个数
字为接收方的得益。假设此时声明的类型是完全真实
的。

　　在该博弈中,声明方的 t_1 类型和 t_2 类型分别偏好
于接收方的不同行为 a_1 和 a_2。因此两个博弈方的偏
好具有完全的一致性。由于这种偏好的一致性声明方
愿意让接收方了解自己的真实类型,接收方也完全相
信声明方的声明。在这种情况下,声明就能有效地传
递信息。

633

如果模型中的得益变成图 3 中的情况,声明的信息传递功能就会消失。

接收方行为

		a_1	a_2
声明方类型	t_1	2,1	1,0
	t_2	1,0	0,1

图 3

在图 3 的得益情况下,声明方的两种类型都希望接收方采用 a_1,而接收方只有在声明方的类型是 t_1 时才偏好 a_1,为了使接收方采取行为 a_1,声明方会声明自己的类型是 t_1,此时,接收方肯定不会相信声明方的声明。因此,当声明方的不同类型的偏好与接收方在声明方的类型的偏好不同时,声明是不可能有效传递信息的。

同样在图 4 所示的得益中声明的信息传递作用也不会存在。

接收方行为

		a_1	a_2
声明方类型	t_1	2,1	1,0
	t_2	1,1	2,0

图 4

在图 5 所示的得益矩阵中,声明方的类型与接收方相对应的行为正好相反。此时声明的信息传递机制作用也不会存在。

通过上面的分析,我们可以得到要使声明起作用(即使声明博弈中声明能有效传递信息)的几个必要

634

接收方行为

		a_1	a_2
声明方 类型	t_1	2,0	1,1
	t_2	1,1	2,0

图 5

条件:首先是不同类型的声明方必须对应于接收方的
不同行为。如果所有类型的声明方都偏好接收方同样
的行为,声明方就不可能作不同的声明,声明就不可能
有效传递信息,图 4 展示的就是这种情况。只有当不
同类型的声明方偏好不同的接收方行为时,声明方的
声明才可能有信息传递作用,如图 2 所示的情况。然
后是对应声明方的不同类型,接收方选择的最优行为
也不同,否则就意味着声明方的类型与接收方的行为
无关,接收方完全可以忽视声明方的声明,声明也就不
可能传递任何信息。第三个条件是接收方的偏好必须
与声明方的偏好具有一致性,或者说接受者所偏好的
行为至少不会完全遭到声明者的反对。否则,此时不
管声明方作了什么声明,接收方都会怀疑其真实性。

　　然而在现实的声明博弈中,声明方和接收方在偏
好和利益关系上并不是只有上述完全一致、完全相反
和无关这么简单,而是往往既有一定程度的一致性,又
有很大的差异。这样,一个声明的信息传递作用,信息
传递的程度和效率取决于双方偏好和利益一致程度的
高低,而声明博弈研究的关键问题就是声明方和接收
方偏好、利益的一致程度问题。

　　设声明博弈中的声明方有 I 种可能的类型,接收
方有 k 种可能的行为,此种博弈的时间顺序可以表述

为：

(1)"自然"从可行的类型集合 $T=\{t_1,\cdots,t_I\}$ 中以概率分布 $p(t_1),\cdots,p(t_I)$ 随机抽取声明方的类型 t_i，其中 $p(t_i)>0,\sum\limits_{i=1}^{I}p(t_i)=1$。

(2)声明方观察到 t_i 以后，从 T 中选择 t_j 作为自己声明的类型。当然 t_j 可以与 t_i 相同（即说真话），也可以与 t_i 不同（即说假话）。

(3)接收方在了解声明方的声明 t_j 后，在自己可行的行为集合 $A=\{a_1,\cdots,a_K\}$ 中选择行为 a_k。

(4)声明方的得益为 $u_s(t_i,a_k)$，接收方的得益为 $u_R(t_i,a_k)$。

此类声明博弈我们称为离散声明博弈。该类声明博弈与一般不完美信息动态博弈有很大的相似性，差别只是声明方的行为只是一种对双方得益无直接影响的口头声明，但分析方法与一般的不完美信息动态博弈基本上是相同的，就是进行精炼贝叶斯均衡分析。

如图 2 所示的声明博弈就是一个离散型声明博弈。在该博弈中，虽然接收方不能完全知道声明方的真实类型，但双方对声明方的不同类型和接收方不同行为下的双方得益都是清楚的。当博弈双方的偏好和利益完全一致时，具有两种类型的声明方愿意声明自己的真实类型 t_i，而接收方也会相信声明方的声明，并采取偏好一致下的真实行为 a_i。这时，(t_i,a_i) 就构成一个纯策略精炼贝叶斯均衡。

在图 3 和图 4 得益矩阵对应的博弈中，该模型都是精炼贝叶斯均衡，也就是不同类型的声明。这意味着在这两种情况下声明都是完全没有信息传递作用

的。

下面我们讨论声明博弈的类型空间和行为空间都是连续的情况。

假设声明方的类型标准分布于区间 $[0,1]$ 上，即 $T=[0,1]$ 接收方的空间也是 0 到 1 之间的区间 $A=[0,1]$。再设声明方的得益函数是 $U_S(t,a)=-[a-(t+b)]^2$，接收方的得益函数为 $U_R(t,a)=-(a-t)^2$。显然，当声明方的类型是 t 时，声明方最希望的接收方行为是 $a=t+b$，但对接收方来说此时最有利的行为是 $a=t$，此时接收方的最大得益为 0，显然，二者在得益函数上存在一个偏差 b，参数 b 正是反映双方偏好差距的参数。

由声明方和接收方的得益函数可以看出，不同类型的声明方应偏好接收方的不同行为，对声明方的不同类型，接收方自己也偏好不同行为。另外，双方的偏好既不是完全对立的，也不是完全一致的，双方偏好的差异为 b。具体分析就是如果 $b>0$，那么 b 越小双方的偏好越接近，b 越大双方的偏好的差距就越大。当 b 接近于 0 时双方的偏好趋向于一致，此时声明的信息传递作用最强，这可以说是一种最理想，也是最特殊的情况。对我们来说，主要是研究 $b \neq 0$ 时的情况，即研究双方的偏好存在一定差距的情况可能更具有一般性。

克劳复得（Crawford）和索贝尔（Sobel）曾证明，当 b 不等于 0 时，该模型所有的精炼贝叶斯均衡等价于以下类型的部分混同均衡。这种均衡的基本特征是：类型空间 $[0,1]$ 被分成 n 个区间 $[0,x_1),[x_1,x_2),\cdots,[x_{n-1},1]$ 属于同一区间类型的声明方都作同样的声明,而在不同区间类型的声明方则作不同的声明。声明方采用这种分组的混同均衡策略时,最后形成的精炼贝叶斯均衡称为"部分混同精炼贝叶斯均衡"。部分混同均衡中可以分成的区间数越大,也意味着声明方通过声明对自己真实类型位置的反映也越精确,即声明的信息传递作用越强,n 趋向于无穷大时信息越接近充分传递。

下面我们将说明,给定反映双方偏好一致性程度的偏好参数 b,存在一个取决于 b 的能够在部分混同均衡中出现的最大区间数量,记为 $n^*(b)$,对每一个 $n = 1, 2, \cdots, n^*(b)$,都可以按某种方式将类型空间 $[0,1]$ 分成 n 个区间,在这 n 个区间上构造部分混同精炼贝叶斯均衡。显然 b 越小,即一致性偏差程度越小,则 $n^*(b)$ 越大,信息传递越充分。当 b 趋向于 0 时,$n^*(b)$ 趋向于无穷大,信息接近充分传递。

为简单起见,我们先对 $n = 2$ 时的两段均衡进行分析。假设将整个类型空间 $T = [0,1]$ 分为 $[0, x_1]$ 和 $[x_1, 1]$ 两个区间,这样所有属于 $[0, x_1]$ 中类型的声明方的声明是相同的类型,而属于 $[x_1, 1]$ 中类型的声明方也是另外一个相同的类型,接收方在听到前一种声明时会判断声明方的类型均匀分布于 $[0, x_1]$ 上,在听到后一种声明时会判断声明方的类型均匀分布于 $[x_1, 1]$ 上。显然在前一种情况下,即接受到声明方发自区间 $[0, x_1]$ 的信息后,根据个人期望得益最大化的原理及分析方法,接收方此时符合自身利益最大化的最佳行为选择是 $x_1/2$,在后一种情况下,即接收到声明方发出区间 $[x_1, 1]$ 的信息后,接收方也可以确定自己的最佳行为选择是 $(x_1 + 1)/2$。

　　也就是说,声明方对接收方的上述判断和决策思路是完全清楚的,当声明方声明自己的类型分别属于$[0,x_1]$和$[x_1,1]$两个区间时,接收方的行为必然分别为$x_1/2$和$(x_1+1)/2$。为使类型属于$[0,x_1]$的声明方愿意真实地选择自己的信号,即表明自己的类型,必须使得声明方在接收方的两个行为$x_1/2$和$(x_1+1)/2$之间,偏好$x_1/2$而不是$(x_1+1)/2$,即前者给$[0,x_1]$区间类型的声明方带来的得益一定要大于后者带来的得益。与此类似地,要使类型属于$[x_1,1]$的声明方愿意真实地选择自己的信号,即表明自己的类型,必须使得声明方在接收方的两个行为$x_1/2$和$(x_1+1)/2$之间,偏好$x_1/2$而不是$(x_1+1)/2$,即前者给$[0,x_1]$区间类型的声明方带来的得益一定要大于后者带来的得益。与此类似地,要使类型属于$[x_1,1]$的声明方愿意真实地选择自己的信号,即声明自己的类型必须使得声明方在接收方的两个行为$x_1/2$和$(x_1+1)/2$之间偏好$(x_1+1)/2$而不是$x_1/2$,即后者给表明方带来的利益大于前者所带来的利益。根据假设的声明方的得益函数$U_s(t,a)=-[a-(t+b)]^2$,实现声明方最大得益的接收方的行为选择是$a=t+b$,也就是说接收方的行为离$t+b$越近,声明方的得益就越大,反之则越小,可见声明方的偏好是分布于点$t+b$两侧的。当t类型的声明方在$x_1/2$和$(x_1+1)/2$之间的中点大于$t+b$时,其会偏好前者,而该中点小于$t+b$时,则会偏好后者。可见,要上述两部分混合均衡存在,x_1必须满足,小于x_1的类型都偏好$x_1/2$,大于x_1的都偏好$(x_1+1)/2$,因此对x_1所表示的类型t_1,声明方最喜欢的接收方行为x_1+b必须正好等于$x_1/2$和$(x_1+1)/2$的中点,如

图 6 所示,即

$$x_1 + b = (\frac{x_1}{2} + \frac{x_1 + 1}{2})/2$$

即 $\qquad x_1 = 0.5 - 2b$

　　由于类型空间为$[0,1]$且x_1必须大于零,即$0.5 - 2b > 0$成立,于是有$b < 0.25$。也就是说,当$b < 0.25$时,两部分混合均衡才可能存在。如果$b \geqslant 0.25$,则因为双方的偏好相差太大,过于不一致,这种最低限度的信息传递也不可能存在,博弈只存在完全没有信息交流、声明完全无意义的混合精炼贝叶斯均衡。

　　在图 6 中,$x_1/2$和$(x_1 + 1)/2$的中点$x_1/2 + 0.25$等于x_1/b。此时,类型位于$[0,x_1]$中的声明方不会偏好$(x_1 + 1)/2$,因为他偏好的行为小于x_1/b,而$x_1/2$离偏好的行为较近;类型位于$[x_1,1]$中的声明方不会偏好$x_1/2$,因为他偏好的行为大于$x_1 + b$,而$(x_1 + 1)/2$离最偏好的行为较近。此时属于上述两个区间类型的声明方的最佳选择就是真实地声明自己的类型。

　　下面,我们再来分析不在均衡路径上的声明方的声明问题。为此,我们介绍克劳复得和索贝尔设计的策略方案。克劳复得和索贝尔通过指定声明方的混合策略,来完全排除可能存在于非均衡路径上的声明。这种策略设计是:所有的$t < x_1$的类型声明方在$[0,x_1]$上以均匀分布随机选择一个类型作为"声明类型"(不一定是他的真实类型),而$t > x_1$的类型声明方则在$[x_1,1]$中以均匀分布随机选择一个"声明类型"。这样均衡中就没有任何声明不在均衡路径上了。此时接收方的判断只需要满足精炼贝叶斯均衡的要求 3;当接收方在听到声明方的声明属于$[0,x_1]$时,

640

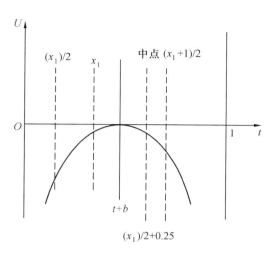

图 6

他判断声明方的真实类型均匀分布于$[0,x_1]$上；接收方听到声明方的声明是属于$[x_1,1]$时，判断声明方的类型均匀分布于$[x_1,1]$。显然，接收方的判断符合声明方的策略和贝叶斯法则，因此满足要求 3。

在策略设计时，除了上述混同策略以外，我们也可以指定声明方采用纯策略，这时候就可能存在不在均衡策略路径上的声明了。例如令声明方的纯策略为"所有 $t<x_1$ 的类型都声明 $0,t \geqslant x_1$ 的类型声明 x_1"，并令接收方在观测到落在$(0,x_1)$上的声明时，判断声明方的真实类型均匀分布于$[0,x_1)$上，观测到落在$(x_1,0]$上的声明时判断声明方的真实类型均匀分布于$[x_1,1]$上。这样除了这两种声明的类型以外，两区间上其他所有类型都不在均衡路径上。

在上述两部分混同均衡声明中，由于接收方只是

641

知道声明的真实类型属于两个区间中的哪一个,但具体在两个区间内的哪个位置仍然不清楚,因此,这种信息交流是比较有限的。现在我们设想,如果可以将声明方的类型空间分成更多个区间,并且能在这些区间的基础上构造更多的部分混同精炼贝叶斯均衡,这样声明方就能把自己真实类型的位置表达得更清楚,接收方对声明方的类型也就了解得更精确,信息传递得更充分。能否这样做的关键取决于 b 的大小,下面我们就来具体分析。

在两个区间的部分混合均衡中,区间 $[0, x_1)$ 比 $[x_1, 1]$ 要短 $4b$($x_1 = 0.5 - 2b$,前一个区间的长度是 $x_1 - 0 = 0.5 - 2b$, 后 一 个 区 间 的 长 度 为 $1 - x_1 = 0.5 + 2b$,前一个区间比后一个区间短 $4b$)。这一结果说明,给定声明的类型,对声明方而言,其最优行动($t + b$)比接收方的最优行动高出 b。如果相邻两区间的长度相等,两区间之间的临界类型就会严格偏好于选择与上面区间相对应的信号。使临界类型在两区间没有差别的办法就是恰当地使上面一个区间稍长于下面一个区间。该结论对分割为更多区间的部分合并均衡也是成立的。

下面我们来分析一个 n 段均衡。我们把区间划分为 n 个小区间,$[x_{k-1}, x_k)$ 是 n 个小区间之一,长度为 c,根据前面的分析,此时接收方与该区间相应的最优行为是 $(x_{k-1} + x_k)/2$。同上面的分析一样,要使临界处的 x_k 类型声明方偏好接收方的行为,必须使其行为在 $(x_{k-1} + x_k)/2$ 和 $(x_k + x_{k+1})/2$ 之间无差异,即

$$x_k + b = \frac{1}{2}\left(\frac{x_{k-1} + x_k}{2} + \frac{x_k + x_{k+1}}{2}\right)$$

因为$(x_{k-1}+x_k)/2=x_k-c/2$,代入上式,得

$$x_k+b=\frac{1}{2}(x_k-\frac{c}{2}+\frac{x_k+x_{k+1}}{2})$$

化简得$x_{k+1}-x_k=c+4b$。也就是说,后一个区间的长度正好比前一个区间长$4b$。

在把类型区间$[0,1]$分成的n个小区间中,如果第一个区间的长度为d,则第二个区间的长度必须为$d+4b$,第三个区间的长度为$d+8b$,依次类推。由于该n个小区间的总长度等于1。于是有

$$d+(d+4b)+\cdots+[d+(n-1)\cdot(4b)]=$$
$$nd+4d[1+2+\cdots+(n-1)]=$$
$$nd+n(n-1)\cdot(2b)=1$$

对于任何一个满足$n(n-1)\cdot(2b)<1$的n,都存在满足上述等式的d。也就是说,对于任何满足条件$n(n-1)\cdot(2b)<1$的n,都存在一个n个区间的部分混合均衡,并且其第一个区间的长度为满足上述等式的相应的d值。从该关于n的一元二次不等式中可解得,部分混同均衡可以分成的最大区间个数$n^*(b)$必须小于$[1+\sqrt{1+2/b}]/2$,该结果与前面两区间均衡中的结论是一致的,即当$b\geqslant 1/4$时,$n^*(b)=1$,表明声明方和接收方的偏好过于不一致时,双方之间的信息交流完全不可能发生;当b趋向于0时,$n^*(b)$趋向于无穷大,也即信息接受充分交流,声明方接近能声明自己的真实类型;只要当b等于0,即双方偏好完全一致时,信息才可能完全交流。

自由与权利

第十一章

博弈形式与自由悖论

在《查泰莱夫人的情人》一事上，也很难说通过缔约这一冲突就可以得到真正的"解决"，其中正经者为避免淫荡者阅读一本他讨厌的书而答应阅读该书，而淫荡者只是为了让正经者阅读这本他讨厌的书而决定放弃阅读他喜欢的书。

——阿马蒂亚·森[1][2]

---

[1]　阿马蒂亚·森（Amartya Sen）是 1998 年诺贝尔经济学奖获得者，曾执教于伦敦经济学院、牛津大学、哈佛大学等著名学府，现任剑桥大学三一学院院长。

[2]　阿马蒂亚·森，《理性与自由》，中国人民大学出版社，北京，2006 年。

一、权利表述、诺齐克的建议与博弈形式

我提出的"重新检验个人和群体权利的通常表述"的主张迅速获得了罗伯特·诺齐克(1973,1974)影响深远的回应,他所使用的推理路径在本期主题各篇论文中得到了很好的反映(尤其是 Fleurbaey/Gaertner,1996;Pattanaik,1996a;Suzumura,1996)。在此,我们有必要回忆一下诺齐克对自由悖论的回应那一节:

> 问题出在将在各种备选方案中选择的个人权利视为决定这些备选方案在社会排序中的相对地位的权利 …… 一个更为恰当的个人权利观如下:各种个人权利都是可能的;每个人都可以按其选择来行使他的权利。这些权利的行使确定了这个世界的某些特征。在这些固定下来的特征的约束下,个人可以根据基于社会排序而构建起来的社会选择机制来作出选择,如果还存在有待作出决定的选择的话! **权利并不决定一种社会排序,它通过排除特定的备选方案,固定另一些备选方案,如此等等,从而设定从中可以作出社会选择的各种约束** …… 如果任何模式化都是合法的,它必定落入社会选择的领域中,从而受到人们各种权利的约束。除此以外,我们对于森的结论还能有什么办法呢?(Nozick,1974,165～166;黑体部分为诺齐克所强调的内容,还可参见 Nozick,1973)

在此,有三个问题需要特别加以强调。第一,诺齐克在暗示,权利应当以不同于森(1970a)所概括的方式来加以表述,其表述尤其应该蕴含个人在特殊领域

中独立行动的权限与权力。 包括加顿弗斯
(Gärdenfors,1980),萨格登(Sugden, 1981,1985)以
及吉尔特纳等人(Gaertner,Pattanaik and
Suzumura,1992)的研究在内的许多作品都坚持这一
路径,它们将权利视为"个人行动或策略的可容许性",
将社会结果视为"各种 n 元可行策略的执行的(同时的
或序贯的)结果,其中 n 是拥有各种权利的个人的数
目"(Fleurbaey/ Gaertner,1996,55)。 正如帕特奈
克(Pattanaik,1996)所指出的,与森(1970a)对权利
的社会选择的表述相对立,"个人权利的博弈表述完全
不涉及个人对各种社会备选方案的偏好,它也不涉及
任何博弈的实际结果"。要恰当地检验权利的博弈形
式表述是否恰当,我们必须考虑它的偏好无关与结果
无关的特征。 由于这是弗勒拜尔和吉尔特纳
(Fleurbaey and Gaertner)的论文以及范希斯(van
Hees)的论文的特殊主题,我将讨论他们的推理过程
与结论。我把这一工作放在后面。

　　第二,诺齐克把自由悖论中反映出来的困境视为
一个严肃的问题,这促使他采用不同的表述,他认为如
此可以消除这一困境("除此以外,我们对于森的结论
还能有什么办法呢")。而这引发了第二个问题,在博
弈形式的解释中这一自由悖论是否就消失了呢?帕特
奈克(1996a)和铃村(1996)探讨了这个问题,宾莫尔
也顺便简短地涉及它。

　　第三,从诺齐克建议消除这一困境的主张中可以
看出,他并不认为,自由悖论足以证明个人权利与帕累
托原则的相容性。帕累托原则是诺齐克称之为"模式
化"的一个事例,跟权利的社会选择表述一样。与其

646

他的模式化的主张相同，如果它是"合法的"，这种模式可以导致一种局部的社会秩序，但它的用途必须受到个人行使各种权利的"约束"。在诺齐克的框架中，帕累托原则对这些权利并不存在任何优先性（正如它在"福利主义"框架之中，包括帕累托福利经济学），消除这一"困境"，并不需要满足帕累托原则。根据这一观点，它是否满足帕累托原则，这要取决于个人行使他们权利的方式，在这个问题上，不存在任何的规定。这种权利的概括符合许多不同的行为假设。根据诺齐克的看法，帕累托原则与公认的"社会排序"的其他模式和成分一起降级，对于个人权利不再具有优先性。这里需要提醒的是，由于自由悖论所具有的明显的反帕累托原则的含义，一些人将它视为寻求权利的不同表述的根据。这并不是诺齐克的关注所在。

二、博弈形式、结论与权利类型

弗勒拜尔和吉尔特纳（1996）为权利的博弈形式表述提出了一个合理的辩护，其中绝大部分理由我都同意。他们指出，吉尔特纳等人（1992）提出的权利观"主要集中在权利的形式方面"，但即使如此，"在博弈形式方法中，结果仍然在起作用，而个人通过他们的偏好排序仍然关心这些结果。"他们还进一步指出，"在某些情况下，结果是主要的焦点所在，而在另外一些情况下，社会所主要关注的是权利的适当且没有限制的行使，而不是特殊的结果"（Fleurbaey/Gaertner，1996，55）。两位作者接着根据结果或行动（或策略）是否为权利的重要特征而提出一种权利的划分。

权利的社会选择表述，包括森（1970）提出来的观点，相当关注权利的结果。这一特征在由诺齐克所发起的批评以及此后的文献中被视作一个"错误"。重申结果相关性 —— 至少在一类主要的权利上 —— 绝不可被看作是对权利的社会选择方法的辩护。由于为"个人权利的博弈表述完全不涉及个人对各种社会备选方案的偏好,它也不涉及任何博弈的实际结果"(参见 Pattanaik,1996a,42),显然有必要引入更多实质性的关怀来补充权利的博弈形式表述的形式规定。按照弗勒拜尔和吉尔特纳的分类,这尤其适合于那些"结果是主要的焦点所在"的权利。

我现在对这一分类作出评论,我完全同意:(1) 有几类权利,其中行动自由的行使属其中心问题,而博弈形式的表述可以充分地概括这些权利,(2) 对那些结果相当重要的权利来说,博弈形式的表述还需要实质性的补充,从而根据权利可能的后果在不同的权利分配上作出选择(因此在不同的博弈形式上作出选择)(关于这个问题也可参见 Hammond,1996; Suzumura,1996)。要理解这一双方都接受的立场的基本观点,我们可以将弗勒拜尔和吉尔特纳的实质方面的讨论与铃村(1996)所探讨的分类结合起来,区别三种不同的情况:

(1) 权利的形式结构。

(2) 所赋权利的实现。

(3) 权利的初始赋予(还可参见 Pattanaik/Suzumura, 1994,1996;Deb,1994)。

我在 Sen(1992) 中断言,"我们绝不可为'博弈形式'中的'形式'所吸引住",这一主张无疑过于轻率,但现在,超越无视结果的博弈形式表述并分析不同的"权利的初始赋予"的种种后果的必要性似乎已经获

得普遍的接受。如果这一认识是正确的，我没有任何抱怨的理由。这类社会选择表述所集中关注的问题（与结果中权利的实现相关）在博弈形式观中仍然很重要，正如铃村在本期专题中的论文所指出的，两者的关联可能相当紧密。我还要加上一句，结果敏感性在肯·宾莫尔（1996）对权利的透辟分析中也占据了重要地位，他主要"将权利和职责视为规则体系所嵌入的组成部分，我们通过这种体系彼此协调行动以实现生命博弈的均衡，后者构成我们的社会契约。"

我不同意的是，弗勒拜尔和吉尔特纳将"结果导向的"权利与"策略导向的"权利分别与范因伯格（Feinberg，1973）分成的"消极"权利和"积极"权利相对应。我并不反对"消极权利是结果导向的"这一判断，但我怀疑能否正确地假定，所有的积极权利都是"策略导向的，不考虑任何特殊的结果"。

这一主张是可疑的，因为弗勒拜尔和吉尔特纳没有在个人的策略与相应的"私人后果"之间作出区分。弗勒拜尔和吉尔特纳认为，（着黑装的）"私人后果与着黑装的策略几乎是不可分辨的"。但恰恰是（1）做某件事情的策略（如持某种宗教信仰、穿某件衣服）与（2）能够做这件事情的能力之间的差距，才使得约翰·斯图亚特·穆勒（1859）在《论自由》中提出种种分析。所有这些意味着，结果分析不同于许多狭隘的观点，它必须包括"所做的行动"（关于这一问题可参见Sen，1982b，1985）。当然，这可能并不是我们观点的实质差异所在，我相信，弗勒拜尔和吉尔特纳并无意否定这一点。

我以为，真正的差别在于其要求不限于免于他人干涉的积极权利上。即使当权利只是对某些自由的积极行使时,其结果也无法仅仅由相关人的策略选择来决定,而有可能实质性地取决他人的行动。森(1996)所举的一个事例可以说明这种情形。约翰·斯图亚特·穆勒(1859)讨论了不同信仰的人吃他们所喜欢的食物的自由(Mill,1859,152～154)。但如果一个人无法确知一碟菜中具体是什么内容时,问题仍然存在。为确保穆斯林和非穆斯林的权利都得到相应的实现,我们必须超越仅仅赋予各人行动自由权利的做法。在这里,正当结果的出现对于自由的实现来说相当重要,哪怕它并不能符合"积极"权利这一概念。在这类自由上,到处可见类似的事例。

宾莫尔(1996)正确地同意"吉尔特纳等人与萨格登认为森忽略了人们应当能够彼此独立地行使权力这一事实"的批评观点。我也同意这一批评。但不可否认的是,这一观点的适用范围取决于人们在彼此独立的情况下,事实上能否有效地行使他们的全部权利(关于这个问题可参见 Sen,1982b,1992)。在某些也属于范因伯格称之为"积极权利"这个一般概念范畴的事例中,这种彼此独立性完全是不可能的(更不用说"消极权利"的情形,在那里独立性完全是不现实的)。

除了这种相互依赖性之外,甚至对于"积极权利"来说,也可能会有森(1992)所称之为"选择禁忌"的问题出现。由于某些事情为那些富有权势的人所不以为然,即使博弈赋予人们做这种事情的权利,但仍然可能缺乏勇气去做。森(1992,148～150)所举的事例就是妇女缺乏不戴头巾出现在公共场合的勇气(在一个传统的社会中,这类行动被视作是非比寻常的),哪怕根

650

据博弈形式,事实上她已被赋予了这种行动权利。在铃村的富有启发意义的分类中,"权利的实现"与"权利的赋予"超越了博弈形式的"形式结构"。

虽然存在这些细节上的差别,我相信在一般原则上较少有异议。我们的共识就在于如下观点:

(1)结果导向的权利与策略导向的权利这一分类是非空的和实质性的(虽然在其边界上还有一些模糊之处);

(2)博弈形式表述可以应用于这两种情况;

(3)但是"结果导向"的权利还需要对博弈形式的表述进行实质性的补充,加入权利的实现和赋予中的结果分析。

因此,在理解权利方面,即使选择博弈形式的表述,社会选择方法也仍有发挥的空间。

在一篇相关的论文中,马丁·范希斯(Martin van Hees,1996)提出了一种不同类型的问题,在我看来,它极其重要(还可参见 van Hees,1994,1995)。博弈形式方法可以分开运用,而它的形式性也可以满足局部的考虑。范希斯考虑的问题包括"整个法律体系"的研究,其中一个特殊的法律规范只是其中的一个部分。根据各类权利的法律理论,范希斯不仅在博弈论框架中区分不同类型的权利,而且也检验了它们的"法律效力"问题(包括某种特定的权利是否"存在"的确定)。这要求研究彼此相关的各种博弈形式的复杂结构,而这又必须涉及相关个人的偏好。因此,范希斯提出的分析是对上面提出的着重偏好(及其实现)的论点的补充,并使博弈形式框架更加接近于与偏好紧密相关的社会选择的权力观。

三、博弈形式与自由悖论

另外一个备受关注的问题是权利的博弈形式表述是否消除了自由悖论。许多作者明确表示，这一悖论已被消除，其中包括加顿弗斯(1980)和萨格登(1981；1985a)。宾莫尔质疑了这种可能性，其简单而又基本的判断根据是，语言和形式的转换并不能消除一个既存的实质性问题："任何人 …… 也不能仅仅通过采用博弈论的语言就可以避免森的悖论"(Binmore,1996,73)。

帕特奈克(1996)和铃村(1996)则更深入地分析了这个问题。帕特奈克提出了两种不同的自由悖论的博弈形式的表述。虽然在这两种情况下，这一悖论都可以成立，帕特奈克注意到：

不管根据哪一种解释，这一悖论都不能视作帕累托主义与自由价值的直接冲突。这是因为，在这两种解释中，为获得这一冲突关系，使用了特殊的行为假设(Pattanaik,1996a,51；还可参见 Levi,1982，其中有对相关问题的论述)。

事实确实如此，但是对行为假设的需要并没什么可奇怪的，因为博弈论的形式结构中的权利蕴含了策略选择的权力，如果没有行为假设，这些权利本身并不会产生任何结果(不管符不符合帕累托最优)。两者处于不同的领域，而只有行为假设才能将它们联系起来。帕累托原则指出应当选择哪一种结果，而博弈形式的权利，正如前面讨论过的，并未就其形式结构正言 —— 说明任何与结果或偏好相关的内容(还可参见Sugden,1985，其中有对这一问题的论述)。这很难说是一种"解决"该问题的方法，而帕特奈克也并未主张它可以做到这一点。打个比方，如果你有权吃桃子

652

（即，如果由你选择你会选择桃子），这一权利本身并不
与桃子仍然没吃相冲突，只有事实上选择吃桃子时，这
一冲突才会发生。因此，很难认为，冲突就如此"消除"
了。

　　相形之下，铃村（1996）的结论和对这个问题的解释
则清晰得多。他关注更多的是权利的"实现"与"赋予"，
而不是"形式结构"。铃村证明，自由悖论"不仅存在于博
弈形式权利的实现中，也存在于博弈形式权利的赋予
中"。更重要的是，铃村进一步讨论了这一冲突的"经验
相关性"，并举了许多富有说服力的可能发生冲突的事
例，这些事例具有极大的实践意义。他认为，这一悖论体
现了"两种基本价值观的冲突 —— 一端为是福利主义的
社会效率，一端为非福利主义的个人价值"。

　　在这些证明过程中，铃村还讨论了哈里尔与尼茨
安（Harel and Nitzan，1987）提出的一个早期的观点，
即契约安排将消除自由悖论。这一主张经常可以见到
（比如说 Barry，1986；Hardin，1988）。铃村证明，这
个"解"对于"一个相信自由（就这个词语所包含的通
常含义上讲）的人来说毫无价值"。我曾在其他地方
讨论过这个问题（Sen，1992，144 ～ 146），并得出相似
的结论（但没有像铃村那样给出更为明确的证明）。即
使从最简单的常识层面上来说，在《查泰莱夫人的情
人》一事上，也很难说通过缔约这一冲突就可以得到
真正的"解决"，其中正经者为避免淫荡者阅读一本他
讨厌的书而答应阅读该书，而淫荡者只是为了让正经
者阅读这本他讨厌的书而决定放弃阅读他喜欢的书。
人们可能会从自由或自主的角度认为，这并不是一个
理想的结果。

规则功利主义、权利、
责任和理性行为理论

　　假设个人权利和义务的合理性在于它
们的社会效用，如果有这种权利和义务的话，
它们的存在会给社会带来什么好处。

　　一个好处是所谓的期望效应和激励效
应。这些权利和义务的存在使我们更容易形
成对其他人将来如何行动的合理的明确的预
期，因此让我们觉得更加安全，使我们易于计
划未来的行动。这就是期望效应。另一方
面，这些权利和义务的存在，极大地增加了我
们投入到社会偏好的行动中的动力。

　　另一个好处是，权利和义务的错综联系
会在作为整体的社会成员间，在每个专门的
社会机构的成员间，以产生大量互补的社会
角色及对这些角色的承担者制定专门的权利
和义务的方式产生某种社会分工。

　　　　　　　　　　　　——　约翰·海萨尼[1][2]

---

　　① 　约翰·海萨尼(John Harsanyi,1920—2000)，美国伯克利加州
大学商学院教授。1994 年因其对不完全信息博弈的研究，荣获诺贝尔
经济学奖。
　　② 　约翰·海萨尼,《海萨尼博弈论论文集》，首都经济贸易大学出
版社,北京,2003 年。

第二编　应用精粹

一、前言

在早些发表的文章中(海萨尼,1953,1955,1977a,b,1978a,b,c),我讨论过由经济学家(也包括决策论理论家和博弈论理论家)发展的现代理性行为理论能够帮助我们理解道德的本质。现在,我想把这个论点再深化一些,讨论一下理性承诺概念在规则功利主义理论中的重要作用。我也要表明规则功利主义理论反过来是如何帮助我们解决理性行为理论本身的某些问题,特别是如何帮助我们解决投票悖论的。

经济学家对道德哲学理论基础的兴趣秉承着悠久的传统,可以一直追溯到亚当·斯密(Adam Smith)。事实上,经济理论的一个重要的分支,即福利经济学,就是主要研究如何把某些道德原则(帕累托最优、公平分配、个人自由等)应用于经济活动中。另外,一些知名学者(詹姆斯·穆勒(James Mill)、约翰·斯图亚特·穆勒(John Stuart Mill)、西奇威克(Sidgwick)、埃奇沃思(Edgeworth)及其他人)把道德哲学和经济学结合在一起,创立了道德哲学思想的一个主要学派,也是功利主义的一个主要学派。事实上,功利主义可以被解释为这样一种尝试:将整个道德哲学建立在效用最大化的经济理论上,或者更精确地说,建立在社会效用最大化的要求上,后者可以定义为所有个人效用的总和或算术平均值。

功利主义因其对个人权利和义务极不敏感而受到了严厉批评。经济学家罗伊·哈罗德(Roy Harrod,1936)指出,如果在19世纪,功利主义者用规则功利主义方法代替行为功利主义理论的话,这些问题就很容易解决了。[①]行为功利主义作为一种理论,是指社会效用最大化的功利主义原则应该直接应用于每个人的行为(或行动):对于任何给定的情况,道德上正确的行为应该是使社会效用最大化的某种特定的行为。相反,规则功利主义的理论认为,功利主义的选择标准应首先应用于可供选择的可能的道德规则,而不是直接应用于可供选择的可能的行为:对于任何给定的情况,道德上正确的行为是与适用于该情况的"正确的道德规则"相符合的行为;而"正确的道德规则"在这种情况下,被定义为如果每个人都遵守的话,将使社会效用最大化的特定的行为规则。

正如我曾经论证过的(海萨尼,1977a),只要研究严格的道德行为的决策论模型,就可以确定功利主义理论任一类型的真实道德含义。这种研究可以表明,规则功利主义解决了令行为功利主义十分尴尬的问题,并且产生了一种非常吸引人的、真正理性的和极其人道的道德标准。

在这篇文章中,我将说明规则功利主义的概念框架不仅可以帮助我们阐明道德的本质,而且可以帮助我们解决理性行为理论中的重要问题:特别是它可以帮助我们解决投票悖论的问题。总之,它可以帮助我们领会到理性行为中理性承诺的重要作用。

---

① 哈罗德实际上并没有使用过"行为功利主义"和"规则功利主义"这些词。这些词是后来由布兰德(Brandt,1959,380 页和 396 页)提出的。由于在 19 世纪,功利主义者没有区分这两种类型的功利主义理论,所以他们的观点是更接近于行为功利主义还是规则功利主义尚存在着相当大的争论。

二、行为功利主义与规则功利主义

为了阐明两种功利主义理论的道德含义，我引入了下面的决策论模型（海萨尼，1977a）：社会由$(n+m)$个有道德的代理人（个人）组成，在这些个体中，代理人$1,2,\cdots,n$是功利主义者，而代理人$(n+1),\cdots,(n+m)$是非功利主义者。他们的行为由自身利益或一些非功利主义道德（传统的道德）所决定，或由两者共同决定。每个代理人有一个纯策略有限集S，这对所有代理人均相同。我所指的"策略"是通常的决策论和博弈论中的策略的概念，即一个策略是从所有可能"情形"的集合映射到所有可能"行动"的集合的数学函数。它特别指明了对于每一种情形，代理人将会采取的特定的行动（但是，如果代理人没有充分的信息来区分两种不同的情形，那么就要求任何策略在面临此情形时，均指派相同的行为）。给定的代理人k的策略记为S_k。

视m个非功利主义代理人k的策略$S_k$$(k=n+1,\cdots,n+m)$为给定，即视为由模型外生决定。相反，$n$个功利主义代理人$i$的策略$S_i(i=1,\cdots,n)$由模型内生决定，即由最大化社会效用（或社会福利）函数的要求决定。但是最大化问题的约束条件会因n个代理人是行为功利主义者还是规则功利主义者而异。

首先以行为功利主义者为例。在这种情况下，每个功利主义代理人i将不但把非功利主义代理人的策略视为给定，而且把其他$n-1$个功利主义代理人的策略也视为给定。因此，他将求解下面的最大化问题：

最大化 $W = W(s_1,\cdots,s_i,\cdots,s_n;s_{n+1},\cdots,s_{n+m})$，受

约束于

$$s_j = s_j^0 = 常数, j = 1, \cdots, i-1, i+1, \cdots, n \quad (1)$$

和

$$s_k = s_k^* = 常数, k = n+1, \cdots, n+m \quad (2)$$

而在规则功利主义的情况中,每个功利主义代理人在这样的假设条件下行动:所有其他$(n-1)$个功利主义代理人将遵守相同的道德规则,因此,他们将使用与自己同样的策略。所以,他会求解下面的最大化问题:

最大化 $W = W(s_1, \cdots, s_i, \cdots, s_n; s_{n+1}, \cdots, s_{n+m})$,受约束于

$$s_1 = \cdots = s_i = \cdots = s_n \quad (3)$$

和

$$s_k = s_k^* = 常数, k = n+1, \cdots, n+m \quad (4)$$

尽管在这两种情况下最大化的目标函数 W 是相同的,但是因为方程(1)和(3)是完全不同的约束条件,所以这是两个不同的最大化问题。相应地,正如我将在三个投票模型中说明的,在许多情况下这两个最大化问题有着截然不同的解。

从数学角度讲,可以把 n 个功利主义代理人在这两个模型中的行为看作 $n-$人博弈。(它是一个 $n-$人博弈,而不是 $(n+m)-$人博弈,因为只有 n 个功利主义代理人是真正的局中人)但这是一个非常特殊的博弈,因为所有 n 个局中人都尽量最大化相同的社会效用函数 W,这意味着我们处理的是一个 n 个局中人有着相同报酬函数 W 的博弈。

更特别的是,如果这 n 个局中人遵从行为功利主义的方法,那么这个博弈在形式上将是一个非协同博弈,因为每个局中人选择的策略都独立于所有其他代

658

理人最大化函数 W 的策略选择。与之相对的是,如果局中人遵从规则功利主义的方法,那么这个博弈将是一个协同博弈,因为根据方程(3)的要求,每个局中人将在其他所有人使用相同策略的假设前提下选择他的策略,所以不同局中人的策略将不相互独立。但是他们的策略在另一个意义上是独立的:一般来说,在选择前,局中人之间是没有任何协商的。①

　　我们可以这样表述这个事实:规则功利主义博弈是一种略有些不同寻常的协同博弈。它不像博弈论理论文献中所讨论的大多数合作博弈那样,经过协商使策略协调。它是一种自发的策略协调博弈,这种协调不是通过局中人之间实际的交流而达成的,而只是因为全体局中人在选择他们的策略时遵循相同的选择标准。

　　为了阐明行为功利主义方法和规则功利主义方法的区别,我将简要讨论三个投票的例子。

　　例1　1 000 个投票者决定一项社会偏好的政策方案 M 是否通过。所有的人都希望其通过,但是只有 1 000 个投票者都参与并且均投赞成票,这个方案才能通过。而投票会花时间并带来不便,这是投票的成本。投票者不能互相交流,也无法知道有多少其他投票者投了赞成票或将投赞成票。

　　在此假设下,如果这些投票者是行为功利主义者,

---

　　①　我们已经看到,每一个规则功利主义局中人在其他局中人将选择与自己相同策略的假设下选择自己的策略。但是这个假设并不是基于任何其他局中人的策略选择的直接信息,而仅仅基于这样的事实:其他人在选择他们的策略时,使用同样的规则功利主义决策理论,即在相同的约束条件(3)和(4)下,最大化相同的函数 W。

那么每个投票者只有当他确信所有其他 999 名投票者都将投赞成票时,他才会投赞成票。因此,如果即便只有一名投票者对所有其他投票者将投赞成票表示怀疑,那么他就会呆在家里,这项政策方案就不会通过。这样,结果很可能是方案不通过。

这次由行为功利主义者参与的投票作为一次非协同博弈,将会有两个博弈理论上的均衡点:如果所有的人都投票,将出现一个均衡点;如果没有人投票,会出现另外一个。第二个均衡点不是社会偏好的,却要比第一个社会偏好的均衡点稳定得多,因为即使只有一个局中人对所有人投赞成票表示怀疑,就会使第一个均衡点不稳定。

相反,如果投票者是规则功利主义者,那么所有的人都一定会投票,以保证这项方案通过。这是因为,对于规则功利主义者,他们的选择会简化为一种在所有人都投票和没有人投票之间的一种选择;因为前者会产生更高的社会效用,所以他们将总会选择前者。

例 2　除只需 800 张赞同票来通过这项方案外,其他条件同例 1。投票者只能使用纯策略。

在这种情况下,一个行为功利主义者只有当他确信恰有 799 人投赞成票时,他才会投票。(如果小于这个数目,他的投票将不足以使这项方案通过;但是,如果大于这个数目,他的投票就不是必要的)但是这意味着,他将很可能不去投票。

这样,行为功利主义者参与的投票可用非协同博弈表示,这个博弈的均衡点数目是一个天文数字,并分为两类:第一类包括唯一的一个均衡点,即无人投票。第二类包括恰有 800 人投票,200 人不投票的所有策略

组合。因此,它包含的均衡点的数目与从一个由 1 000 个元素组成的集合中选择 800 个元素的所有可能方法的数目相同,这当然是一个很大的数字。因为如果不允许交流,将很难保证恰有 800 名投票者投赞成票,第二类均衡点就很难出现。更有可能出现的是第一类中的那个均衡点,即所有的投票者都没有投票,这是一个社会非偏好的结果。

相反,如果所有的投票者都是规则功利主义者,那么所有的人都会投票。

因此,在这种情况下,不论是规则功利主义还是行为功利主义,都不能够保证产生有效率的结果,即恰好有 800 人投票。当然,这并不奇怪:在投票者之间没有交流的情况下,恰有 800 人投票只能是一种非常偶然的巧合。但是,在这种约束下,规则功利主义显然比行为功利主义有优势。它能够保证这项社会偏好方案的通过,虽然它会多少有些无效率 —— 因超出了法定要求的投票数。而如果投票者采用行为功利主义者的方法,那么结果将很可能是方案通不过。

例 3　条件同例 2,但是现在投票者可以使用混合策略。

同样,在这种情况下,如果行为功利主义者有理由确信恰有其他 799 人会投票,那么他将投票,但这种情况很难发生。

在这里,用来表示行为功利主义投票者投票的非协同博弈将比例 2 有更多的均衡点。描述例 2 的两类纯策略均衡点在这里依然是均衡点,但还要加上数目很大的混合策略均衡点。实际很可能出现的是所有投票者以 1 的概率来选择不投票的纯策略均衡点。

在这个博弈数目众多的混合策略均衡点中,有两个均衡点具有特别的理论价值,因为它们是对称的均衡点,即所有局中人使用相同的混合策略。我把它们记作均衡点 $\bar{\sigma}^*$ 和 $\bar{\sigma}^{**}$。

在 $\bar{\sigma}^*$,每个局中人使用混合策略 σ^*,它以略小于 $800/1\,000=4/5$ 的概率 p^* 选择投票,以$(1-p^*)$ 的概率选择不投票。另一方面,在 $\bar{\sigma}^{**}$ 每个局中人使用混合策略 σ^{**},它以略大于 $4/5$ 的概率 p^{**} 选择投票,以$(1-p^{**})$ 的概率选择不投票。(证明参见海萨尼,1977a,数学注释 Ⅱ)

最后,如果投票者是规则功利主义者,那么在这种情况下,他们一般使用的是混合策略。更特殊的是,可以证明(同上述引文)他们将使用与行为功利主义者在均衡点 $\bar{\sigma}^{**}$ 相同的混合策略 σ^{**}。且易于证明,如果局中人使用混合策略 $\bar{\sigma}^{**}$,方案 M 将会以接近于 1(但是小于 1)的概率通过。此外,用这种方法得到的结果代表了一种真正的社会最优:在局中人之间没有实际协商的情况下,达到了最高的社会效用。

这三个投票的例子表明,遵循行为功利主义或规则功利主义的选择标准会导致不同的结果。而且,在没有交流的情况下,使用规则功利主义的方法要比使用行为功利主义的方法在局中人之间形成更高程度的自发策略协调。我把这种现象称为协调效应。

然而,尽管协调效应具有理论上的重要性,但我认为,规则功利主义优于行为功利主义之处主要在其他方面,即规则功利主义可以比行为功利主义提出更加令人满意的关于个人权利和义务的理论。

662

三、规则功利主义和道德承诺

在一个给定的博弈中,任何一个局中人都可以遵循两种根本不同的方法。一种是对每一步特定的行动都单独决策,这可以称以扩展方式进行的博弈。另外一种是在博弈开始时,选择一个全面的策略,这种博弈有一个严格的承诺:即使在博弈的后来阶段有诱因使局中人偏离已选定的策略,他也必须始终坚持这个策略。这可以称为以规范方式进行的博弈。

全部局中人以扩展方式行动的博弈被称为扩展式博弈,而全部局中人以规范方式行动的博弈则被称为规范式博弈。但为了分析上的方便,对于所有局中人以扩展方式行动的博弈,我们也用规范式博弈来研究。当然,这是十分合理的,只要我们清楚地记得我们实际上是在处理一个用扩展方式进行的博弈,在这个博弈中局中人不受制于任何事先选择好的特定策略。[①]相应地,当一个博弈理论家研究一个规范式博弈时,他总是必须交待清楚,这个用规范式表示的博弈代表了局中人实际是以规范方式行动,还是以扩展方式行动。所以使用规范式博弈表示只是为了分析的方便而已。

在假定其他有道德的代理人的行为给定的情况下,行为功利主义有道德的代理人以社会效用最大化

---

①　例如,在分析非协同博弈时,如果我们处理的是以扩展方式进行的博弈,那么正如莱因哈德·泽尔滕(1965,1975)曾指出的,并不是所有规范式博弈的均衡点都符合理性标准,只有完美均衡点才符合标准。相反,如果博弈实际上是以规范方式进行的,那么所有的均衡点都将可能是理性的。

为目的，一步步地选择个人的行动。使用上面的术语，他们的这种道德行为可以用扩展方式进行的非协同博弈表示。相反，规则功利主义有道德的代理人的道德行为要用规范方式进行的协同博弈表示，因为他们的行为由一个严格的承诺决定，承诺要符合某些道德准则，因此也就是要符合某些与规则功利主义选择标准（即如果所有其他规则功利主义有道德的代理人遵循同样的策略，这个道德策略应使社会效用最大化）一致的事先选定的道德策略。①

第二部分的例 2 阐释了规则功利主义博弈合作的性质和规范方式决策结构。正如我们看到的，在这个例子中，如果所有的投票者都遵循规则功利主义方法，那么将确保被提议的方案通过。事实上，也就是确保 1 000 人都投赞成票（虽然只需 800 张即可通过）。这一点说明，即使投票超过所需的票数，规则功利主义理论并不能免去任何人投票的义务，因为如果它对任意一个人这样做，它就要对每个人都这样做，这样方案一定不会通过。

然而，每个投票者都投票并不是博弈理论中的均衡点，因此它不会是理性投票人进行的非协同博弈的结果。（在这种情况下，超过 800 人投票的结果都不是均衡点）之所以产生了全部投票者都投票的非均衡点，是因为规则功利主义投票人进行的是协同博弈。

此外，这个结果的出现只是因为博弈以规范方式

---

① 实际上，如果最终在局中人之间达成一项协议，那么所有的协同博弈就总会包含至少一些规范方式的行为。因为一项协议总会使局中人对某些协商好的策略作出承诺。

进行,并且每个投票者都对功利主义投票策略作出了严格的承诺。事实上,既然对一个给定的投票人来说不投票也会最大化社会效用,如果无此承诺,那么他显然不会投票。这是因为如果他知道其他999人无论如何都会投赞成票,即使他不投票,这项方案也会通过,而他可以节省亲自去投票的成本(花费时间和带来不便)。正如我们看到的,假定在没有交流的情况下,只有全体投票者采取相同行动的联合策略才是可行的,对于一个联合策略,所有人都投票才能最大化社会效用。然而,即使这样,也只有当每个投票者都觉得对这项联合策略负有义务,而不是认为只要其他投票者都投票,自己不投票也确实可以增加社会效用时,这个联合策略才会被实施。

我们会看到,每个人感觉到对依据规则功利主义选择标准选定的联合策略负有义务,并且他严格遵守这项联合策略(即使当单独考虑时,存在某些偏离这项策略的行动会带来更高的社会效用),一般来说,这两点对规则功利主义的社会福利是至关重要的。换句话说,就是规则功利主义方法要求个人放弃按照最大化社会效用逐步行动的行为功利主义标准选择个人行动的权利。

在理性行为的现代理论中,理性总是包含某种形式的效用最大化。对于一个功利主义的决策者,把社会的共同利益作为一个整体,理性行为就会涉及社会效用最大化。因此,可能会出现这样的情况,对于两种观点的功利主义理论,行为功利主义是更理性的方法,因为它要求每个人按照社会效用最大化的准则来选择个人的行动。而规则功利主义把社会效用最大化问题实质上局限在了一个选择全面的联合策略的决策问题上。但是这样一种观点可能会导致理性概念的误用。一种方法是否比另外一种更加理性并不取决于效用最大化概念的适用范围,而是取决于最大化效用时它的效率,即它是否可以达到更高的效用水平。

在这方面,规则功利主义方法比行为功利主义方法具有不可比拟的优越性。我们的三个投票的例子已经表明,在很多情况下,如果社会成员遵从规则功利主义方法而不是行为功利主义方法,那么社会福利会得到很大改善,即达到一个高得多的社会效用水平。同时我们也看到,规则功利主义方法将比行为功利主义方法产生更有利于社会的结果,这个结论一般来说是正确的,主要是因为规则功利主义方法能够更正确地评价个人的权利和义务在社会中的重要性。

规则功利主义方法确实限制了个人行动的自由,因为它要求每个人作出严格的承诺,遵守选定的与规则功利主义选择标准相一致的道德策略,即使这种策略常常与最大化社会效用的逐步行为不一致。然而,当一个人承诺采用规则功利主义道德策略时,他就会为达到更高的社会效用水平作出贡献,所以他相当于作出了理性承诺。

四、个人权利和义务

正是这种对独立于最大化社会效用逐步行动的全面道德策略的承诺,使规则功利主义能够认识到受道德保护的个人的权利和义务的存在。

依据道德常识,人们有很多的个人权利和对他人的许多特定的义务。仅从社会利益的角度考虑,除非在极特殊的情况下,这些权利和义务是不容侵犯的。

666

而在另一方面,行为功利主义从本质上讲是不能够认识到这些权利和义务的,因为它的立场一定是:违背这些权利和义务的行为,如果此时此地能够最大化社会效用,那么从道德上讲是允许的,而且是必须要这样做的。然而,这样一种观点剥夺了这些权利和义务的所有有效的道德力量。

例如,如果一个合法所有者的财产能给一个穷人带来更大的效用,那么行为功利主义一定认为,这个所有者应该放弃其对私有财产的要求权。同样,它也认为,假如承诺者违背承诺带来的效用要略高于履行承诺给承诺接受者带来的效用,那么承诺者没有一定要遵守承诺的道德义务,承诺的接受者也没有道德上的权利要求对方履行承诺。行为功利主义还会认为,如果有其他孩子(或是成年人)即便略微更需要扶持和帮助,任何父母都既没有权利也没有义务去花费时间和金钱来抚养和教育自己的孩子。

当然,行为功利主义从逻辑上必须采用这些观点,也就从根本上破坏了所有个人的权利和义务。对私人财产的权利,要求遵守诺言的权利,要求父母养育的权利,还有尊重他人私有财产的义务,履行诺言的义务,抚养子女的义务,如果在某些情况下违背这些权利和义务能带来略高于遵守这些权利和义务带来的总效用,这些权利和义务就全都是空话。

相反,规则功利主义在认为个人的权利和义务完全有效时没有任何逻辑困难,即使他们没有通过行为功利主义效用最大化的检验,只要通过了规则功利主义的检验,即只要保证了所有诚实的人们充分遵守这些权利和义务,并且在长期产生的社会效用高于那种忽视某些或全部权利和义务的道德策略所产生的效用即可。

因此,在某种程度上,这些权利和义务确实能够通过社会效用的检验。规则功利主义与行为功利主义形成了鲜明的对比,它能像道德常识那样,充分认识到这些权利和义务的道德有效性。但同时,规则功利主义在哲学上两个很重要的方面超过了道德常识。它不仅认识到这些道德上有约束的权利和义务的存在性,而且用社会效用为他们提供了合理的理由。此外,它还提供了对遵守权利和义务做出合理预期的理性标准,而这是道德常识无法做到的。更特别的是,假设我们想知道在某些情况下我们是否可以不考虑给定的个人权力或义务,那么,规则功利主义理论就会告诉我们,为了回答这个问题,我们必须要问,在长期内,是允许人们忽略特殊情况下的权利和义务的道德策略可以使社会受益,还是不允许在遵循权利和义务时有任何例外的道德策略可以使社会受益。

例如,任何合理的道德准则都必须允许在履行遵守诺言的义务时有一些例外,至少在特殊情况下是这样。另一方面,它又不能允许太多例外,因为这会大大减少实际遵守诺言的概率,从而极大地降低诺言的社会价值。尽管实际中可能很难判断在这两个截然相反的考虑之间,社会最优平衡应该在哪里,但是社会效用最大化原则至少在理论上确实为达到社会最优提供了一个概念清晰的准则。

认识到个人权利和义务的道德重要性,而并没有使这些认识严格地依赖于这些权利和义务的社会效用。规则功利主义在行为功利主义(它根本不能认识

668

到这些权利和义务）和其他道德理论（它们能够认识到这些权利和义务，但不能为其提供一个正当的理由），如道义论、契约论、以权力为基础的伦理理沦，（比较普里查德（Prichard），1965；罗斯（Ross），1963；罗尔斯（Rawls），1971；诺齐克，1974）之间采取了一条中间道路。既然这些理论抛弃了社会效用的功利主义检验，它们就使道德权利和道德义务的错综关系失去了理论基础。

道义理论家，如普里查德和罗斯，永远无法解释我们所宣称的道德责任实际上来自何处，以及为什么一个理性的人会感到必须履行道德责任。契约论者，如罗尔斯，处境更加不利：即使假定的"社会契约"是一个史实，也很难弄清为什么每一个理性个人都会觉得必须要履行他的老祖先在几千年前草草制定的一个契约。我们知道这种假定的"社会契约"完全是虚构的，这就使我们更难于理解为什么它确实有道德力量。实际上，更重要的是，即使这些契约是我们自己制定的，履行契约的原则也需要一些理性解释，而这些理性解释是不能用任何契约论语言来表述的。相反，这种解释却可以用功利主义者的语言表述，即关于社会效用的道德规则要求，除在一些非常特殊的情况外，应该履行契约。同样，权利理论家如诺齐克，也无法解释"权利"到底从何而来。是像权利理论家假定的那样，是神把这些不可思议的权利赋予我们的吗？如果是这样，我们到底怎样才能知道已经拥有了这些权利？并且，在这种情况下，为什么每个理性人都会关注这些权利？

假设个人权利和义务的合理性在于它们的社会效

用,那么我现在要考虑,如果有这种权利和义务的话,它们的存在会给社会带来什么好处。

　　一个好处是所谓的期望效应和激励效应。这些权利和义务的存在使我们更容易形成对其他人将来如何行动的合理的明确的预期,因此让我们觉得更加安全,使我们易于计划未来的行动。这就是期望效应。另一方面,这些权利和义务的存在,极大地增加了我们投入到社会偏好的行动中的动力。举例来说,私有财产权利的存在增加了人们努力工作、储蓄以及投资的动力。履行诺言责任的存在,增加了人们在某些联合行动上达成一致的动力,也增加了为他人服务以便在未来得到回报的动力。这就是激励效应。

　　另一个好处是,权利和义务的错综联系会在作为整体的社会成员间,在每个专门的社会机构的成员间,以产生大量互补的社会角色及对这些角色的承担者制定专门的权利和义务的方式产生某种社会分工。这种情况可以被称为劳动分工效应。社会劳动分工可以带来极大的社会效用。

　　例如,我们可以想象在一个社会中,所有的成年人都有抚养和教育所有孩子的共同责任。但实际情况是,在所有已知的社会中,任何一个孩子的福利总是与一个或一小群特定的成年人有关,不管这些人是孩子的亲生父母,还是其他一些亲属,或是一些专门指定的监护人,等等。成年人在照顾孩子上的劳动分工有信息和动机方面的好处。如果每个成年人必须对所有的孩子投入同等的精力,那么他或她不可能了解到每个孩子的特定需要,不可能和每个孩子建立起密切的感情关系。相反,如果每个成年人只负责几个孩子,那么

他或她就能够专心于他们,给他们感情上的扶持。

综上所述,由于个人权利和义务错综关系的存在具有预期效应、激励效应和劳动分工效应,因此它能给社会带来极大的利益。规则功利主义方法优于行为功利主义方法之处主要在于,它能够认识到这些权利和义务在道德上的重要性,而行为功利主义方法从逻辑上是无法做到的。①

五、规则功利主义和投票悖论

经济理论使用理性行为概念是有传统的。政治科学使用这个概念的时间虽然很短,但已经从使用中获益匪浅。然而,理性行为概念在政治活动中的应用却也产生了奇怪的悖论:似乎投票根本不能用理性行为概念来分析,在任何大型的选举中,投票似乎是非常不理性的行动。因为,一个人的投票能够决定选举结果的概率几乎为零。因此,即使选举与极端重要的事件相关,即使用时间和不便度量的投票成本十分小,任何成本 —— 收益的计算结果都会是明确的不去投票。但是仍然有很多人去投票,而且似乎根本没有感觉到他们的行为是非理性的。这个现象通常被描述为投票

---

①　正如我们已经看到的,行为功利主义者的行为将破坏个人权利和义务的道德力量,因此也将破坏取决于这些权利和义务的预期效应和激励效应。例如,如果很容易就可以不履行遵守诺言这项义务,那人们就不能对诺言会被遵守这样的假设形成稳定的预期;并且他们也就不会有动力去从事由这种预期决定收益的活动。行为功利主义同样会破坏劳动分工效应,因为它使一个人应有的对于特定人的特定义务变得无效。例如,正如我们已经看到的,行为功利主义会使每个父母在照顾自己的孩子、别人的孩子或其他人时,不能优先满足自己孩子的需要。

人的悖论。

在实际中,很多能言善辩的投票者会为他们的投票是理性的而进行辩护。他们会说:"应该承认,我自己个人的投票不会很重要。但是想象如果所有的人(或绝大多数人)像我一样不去投票,那在很多情况下一定会产生显著的差异!"

在理性行为的常规模型中,这一定被认为是一个无效的并且是一个糟透了的迷惑人的论点。一定会有人对持此论调的人说:"如果你有能力决定所有像你一样的人(或绝大多数人)是否投票,那么你的论点就是正确的。但实际上,你只能决定你自己是否投票,你的决定将不会对你所描述的像你一样的人产生任何影响。因此,你不能根据所有像你一样的人在不投票时所发生的情况,来合理地判断你自己是否应该投票。你能理性地提出的问题只能是:如果你个人不投票那将会有何不同。"

然而,我认为,这个投票者的论点是完全合理的。这个论点没有错,错误在于那个会拒绝这个论点的狭隘的理性行为模型。通常的理性行为模型没有考虑到对全面联合策略(比如规则功利主义联合策略)作出理性承诺的可能性,因而会出现这个错误。一旦认识到了作出理性承诺的可能性,这个论点无疑是很有意义的。

在第二部分讨论的三个投票的例子中,为简便起见,我没有考虑可能存在于投票者之间的所有可能的道德上的相关差异。因此,在例 2 中我得出结论:规则功利主义方法提出的道德策略要求每个人都投票。但更现实的是,如果投票者在年龄、健康、繁忙程度等方

面有相关差异,那么正确的规则功利主义策略实际上可以采取这种形式:"在某个年龄以上的人、生病的人、非常忙碌的人不必投票,因为即使他们不投票,方案也能通过。但是其他所有的人必须去投票。"(当然,现实社会不可能和我们投票例子中假设的一样,它一定会存在大量关于给定政策方案价值的异议。所以,这种个别的道德策略必须既要为给定方案的支持者设计,又要为其反对者设计)

因而,"如果像我一样的人们不投票,那将发生什么?"这样的问题是有意义的。而这个问题实际是说,(比如)70岁的老年投票者能合理地判断出,选举究竟是非常势均力敌以至于他不得不去投票,还是像他这样(或是年纪更大)的人在选举过程中能够放心地呆在家中。

因此,我们可以得出结论,大型选举根本不意味着非理性行为,而且对其理性的证明实际上就蕴涵于通常被否定的论据 —— 如果给定类型的所有人(以及有更好的理由不去投票的人)都不去投票会怎样之中。

总之,我们关于规则功利主义的讨论表明,以理性承诺为基础的行为一定可以归为真正的理性行为那一类,并且不同个人对特定策略的理性承诺可以合理地作为分析理性行为的一个解释变量。①

---

① 当然,在一个理性行为模型中,只有当一个人的承诺事实上是理性承诺时,这个对特定策略的承诺才能解释他的行为。在博弈论中,用规范式分析博弈时,常常过于轻易地假设局中人会对特定的策略作出承诺,即使条件并不允许他们作出这样的承诺,或者作出并遵守这样的承诺有悖于他们的策略利益。

六、结论

在这篇论文中,我论证了行为功利主义有道德的代理人的道德行为具有以扩展方式进行的、以社会效用最大化的逐步行为为基础的非协同博弈的性质。与之相对,规则功利主义有道德的代理人的道德行为具有以规范方式进行的、包括一个每个人根据功利主义选择标准选定的、对一个全面联合策略有严格承诺的协同博弈的性质。

我们已经看到,规则功利主义博弈的这种协同的性质和这种规范方式的决策结构,能够使规则功利主义方法在不同个人之间达到的策略协调比行为功利主义方法达到的更加有效。我把它称为协调效应。

我论证了规则功利主义方法优于行为功利主义方法之处,主要在于前者能够恰当地认识到个人权利和义务的社会重要性,并且产生了期望效应、激励效应和劳动分工效应,而后者却不能。正如我们所看到的,行为功利主义坚持社会效用最大化的逐步行动破坏了所有的个人权利和义务。相反,规则功利主义方法能充分认识到这些权利和义务的道德有效性,因为它要求每个人都要对恰当选择的全面策略作出严格的承诺,而这个全面策略使局中人的行为独立于最大化社会效用逐步行为。

最后,我论证了规则功利主义的概念框架能使我们解决投票者悖论的问题。它使我们看到,在大型选举中,投票完全可以是一个理性行为。这个规则功利主义理论的例子也表明理性承诺这个概念在分析理性行为时发挥着重要的作用。

表决与成本

多阶段董事会选举对策

考察 n 人对策的一个有趣的应用。设有 n 个独立的公司联合构成康采恩, 计划选举董事会。记 a_i 为公司 A_i 的选举人数, $i \in N = \{1, \cdots, n\}$, 称 a_i 为公司 A_i 在联合体中的权重。

每个公司推荐一名候选人参加竞选, 记他为 b_i, $b_i \in A_i$, $i = 1, \cdots, n$。这样, 有 n 个候选人 $(b_1, \cdots, b_i, \cdots, b_n)$。每个选举人对每个候选人要

决定"是"或者"不是"。选举的结果是一个 n 维向量,其第 i 个分量为"是"或"不是"之一。例如,选票在选举之后可能如(是,不是,……,是,……,不是)的样子。候选人 b_i 当选董事会成员,如果有超过半数的肯定票投给他 $\left(> \dfrac{1}{2} \displaystyle\sum_{i=1}^{n} a_i \text{ 个 "是"}\right)$。

——高红伟　［俄］彼得罗相[1][2]

考察 n 人对策的一个有趣的应用。设有 n 个独立的公司联合构成康采恩,计划选举董事会。记 a_i 为公司 A_i 的选举人数,$i \in N = \{1, \cdots, n\}$,彼得罗相教授是世界知名的博弈论学者,近年来所发表的一系列论文得到国际博弈论界的高度评价,在随机微分合作领域取得了一系列带有划时代意义的理论突破。称 a_i 为公司 A_i 在联合体中的权重。

每个公司推荐一名候选人参加竞选,记他为 b_i,$b_i \in A_i, i = 1, \cdots, n$。 这样,有 n 个候选人($b_1, \cdots, b_i, \cdots, b_n$)。

每个选举人对每个候选人要决定"是"或者"不是"。选举的结果是一个 n 维向量,其第 i 个分量为"是"或"不是"之一。例如,选票在选举之后可能如(是,不是,……,是,……,不是)的样子。候选人 b_i 当选董事会成员,如果有超过半数的肯定票投给他

---

① 高红伟,青岛大学数学科学学院应用数学教研室主任。

② 高红伟,(俄) 彼得罗相,《动态合作博弈》,科学出版社,北京,2009 年。

$$\left(> \frac{1}{2}\sum_{i=1}^{n}a_i \text{ 个 "是"}\right).$$

假设董事会已经选出,记为 $B = \{b_i \mid i \in S \subset N\}$。如果

$$\sum_{i \in S}a_i = a(S) > \frac{1}{2}\sum_{i \in N}a_i = \frac{a(N)}{2}$$

董事会 B 获得与其成员数量无关的支付 K,这里 $K > 0$;如果 $a(S) \leqslant a(N)/2$,则 $K = 0$。

根据董事会成员所代表的公司的权重在董事会成员之间分配这个支付,即局中人 b_i(或者同样的说公司 A_i)的支付为

$$\beta_i = \frac{a_i}{\displaystyle\sum_{i \in S}a_i}K \qquad (1)$$

如果记 $\displaystyle\sum_{i \in S}a_i = a(S)$,则上式又可写成

$$\beta_i = \frac{a_i}{a(S)}K \quad \beta_i = 0, i \notin S \qquad (2)$$

问题在于选举人应该如何投票、董事会最优规模及其成员的组成。上述问题的解决可通过建立对策模型并考察两种不同的方式,每种方式将导致特别建立的具完全信息的多阶段对策的纳什均衡。

考察满足下述条件的集合 $\hat{S}$(联盟),$\hat{S} \subset N$ 满足

$$a(\hat{S}) > \frac{a(N)}{2} \qquad (3)$$

这里 $a(\hat{S}) = \displaystyle\sum_{i \in \hat{S}}a_i, a(N) = \displaystyle\sum_{i \in N}a_i$。称这样的联盟 $\hat{S}$ 为可行联盟。记 $\overline{S}$ 为最小的可行联盟,即

$$a(\overline{S}) = \min_{\hat{S}} a(\hat{S}) \qquad (4)$$

这里 $\hat{S}$ 满足条件(3),集合 $\overline{B}=\{b_i \mid i \in \overline{S}\}$, $\hat{B}=\{b_i \mid i \in \hat{S}\}$ 分别称之为最小董事会和最优董事会。

联盟 $\overline{S}$ 包括了超过半数的选举人,同时是满足这个条件的所有联盟中最小的。当然,依据条件(3),(4) 所定义的联盟 $\overline{S}$ 不是唯一的。但是,某个给定联盟 $\overline{S}$ 的成员对于其他参加者的加入并不感兴趣,因为那样每个成员的支付将减少(见式(1)和(2))。

联盟 $\overline{S}$ 的成员为了保证由 $\overline{S}$ 的代表组成董事会应当如何行动?

假设每个公司 A_i 决定自己的每个选举人该如何投票。此时,如果 $\bigcup_{i \in \overline{S}} A_i$ 的所有选举人对 $A_i, i \in \overline{S}$ 的候选人投"是",而对其他候选人投"不是"的票,则所期望的董事会将形成。

考察同时表决对策 Γ。该对策中局中人的集合是所有选举人的集合,局中人的数量等于 $\overline{n}=a(N)$,每个局中人 l 有 2^n 个策略。选举人 l 的策略集合由所有可能的向量 $\boldsymbol{\alpha}^l=(\alpha_1^l,\cdots,\alpha_i^l,\cdots,\alpha_n^l)$ 构成,这里 α_i^l 为"是"或"不是"之一。在局势 $\boldsymbol{\alpha}=(\alpha^1,\cdots,\alpha^l,\cdots,\alpha^{\overline{n}})$ 之下,选举的结果按下述方式确定:如果在第 i 个位置上局中人的所有策略中"是"的数量大于 $a(N)/2$,则公司 A_i 的候选人被选中,否则候选人不能进入董事会。

假设局势 $\boldsymbol{\alpha}$ 之下董事会 $B=\{b_i \mid i \in S\}$ 被选出,联盟 S 是可行的。公司 $A_i, i \in S$ 的每个选举人 l 获得支付

$$k_l(\boldsymbol{\alpha}) = \frac{K}{\sum_{i \in S} a_i} = \frac{K}{a(S)} \quad l \in A_i, i \in S \quad (5)$$

其余局中人的支付为零。如果联盟 S 不是可行的,则

认为所有局中人的支付为零。

在对策 Γ 中建立纳什均衡。假设集合 $\overline{S}$ 依条件 (2),(3)确定。如果 $l \in A_j, j \in \overline{S}$,则在局中人(选举人)的策略 $\overline{\alpha}^l$ 中

$$\begin{cases} \overline{\alpha}_j^l = \text{"是"},如果 j \in \overline{S} \\ \overline{\alpha}_j^l = \text{"不是"},如果 j \notin \overline{S} \end{cases}$$

对于 $l \notin A_j, j \in \overline{S}$,策略 $\overline{\alpha}^l$ 是任意的。

定理 1 局势 $\overline{\boldsymbol{\alpha}} = (\overline{\alpha}^1, \cdots, \overline{\alpha}^n)$ 是对策 Γ 的纳什均衡。

证明 若局势 $\overline{\boldsymbol{\alpha}}$ 发生作用,支付 k_l 等于

$$k_l(\overline{\boldsymbol{\alpha}}) = \frac{K}{a(\overline{S})},对于 l \in A_i, i \in \overline{S} \qquad (6)$$

$$k_l(\overline{\boldsymbol{\alpha}}) = 0,对于 l \in A_j, j \notin \overline{S} \qquad (7)$$

下面证明

$$k_l(\overline{\boldsymbol{\alpha}} \parallel \alpha^l) \leqslant k_l(\overline{\boldsymbol{\alpha}}), \quad l = 1, \cdots, \overline{n} \qquad (8)$$

假设 $l \in A_k, k \in \overline{S}$。如果策略 $\overline{\alpha}^l$ 到 α^l 的变化改变了选举结果,则需要考察两种情形:

(1)设候选人 $b_k \in A_k$ 在选举中获胜,即 $b_k \in \hat{B}$,这里 $\hat{B}$ 是局势 $(\overline{\boldsymbol{\alpha}} \parallel \alpha^l)$ 之下选举产生的新董事会。如果 $a(\hat{S}) > a(N)/2$,这里 $\hat{S} = \{i \mid b_i \in \hat{B}\}$,则 $k_l(\overline{\boldsymbol{\alpha}} \parallel \alpha^l) = K/a(\hat{S})$。因为 $\hat{S}$ 不一定是最小可行联盟,所以 $a(\hat{S}) \geqslant a(\overline{S})$,并且根据式(6)得到不等式(8)。

(2)候选人 $b_k \in A_k$ 没有在选举中获胜,因而 $b_k \notin \hat{B}$,这里 $\hat{B}$ 是局势 $(\overline{\boldsymbol{\alpha}} \parallel \alpha^l)$ 之下选举产生的新董事会。由式(7)有 $k_l(\overline{\boldsymbol{\alpha}} \parallel \alpha^l) = 0$,这样不等式(8)成立。

现在假设 $l \notin A_k, k \in \overline{S}$,此时局中人 l 的策略的改

变没有使最小可行联盟以及董事会本身发生改变。这样,在局势($\overline{\boldsymbol{\alpha}} \parallel \alpha^l$)之下公司 A_k 将不在董事会中有席位,因而 $k_l(\overline{\boldsymbol{\alpha}} \parallel \alpha^l) = 0$。

这样就证明了任何局中人偏离策略的行为不会使得其支付增加,从而局势 $\overline{\boldsymbol{\alpha}}$ 是纳什均衡。定理证毕。

根据这个定理,对于不同的最小可行联盟 $\overline{S}$,将得到不同的纳什均衡。

下面考察具完全信息的 n 人多阶段对策 G。局中人的集合是所有公司 $A_1, \cdots, A_i, \cdots, A_n$ 的集合。设 $N = \{1, \cdots, i, \cdots, n\}$,称任意子集 $S \subset N$ 为对策 G 中的联盟。有时用 i 取代 A_i 表示起来更方便。本节所讨论的联盟形成的模型借助框图1描述(Д——是,Н——不是)。

对任意的表决对策 $\varGamma$,模型产生出一个具有完全信息的有限对策 $G(\varGamma)$。运用框图描述动态对策的思想来源于 Selten,联盟形成的过程以步骤序列给出,下面详述框图。

1. 开始。

2. M—— 积极的局中人的集合,即那些一次也没有行动过的局中人。对策开始时,$M = N, N$ 为局中人的集合;S 是打算形成联盟的局中人的集合。在对策开始时 $S = \varnothing, r$ 是当前步的序号。对策从第1步开始。

3. 集合 M 中的任意局中人 A_i 可能以同样的概率被选为采取行动的局中人。

4. 采取行动的局中人 i 离开积极局中人集合。

5. 采取行动的局中人 i 或者同意加入联盟 S,或者拒绝。

6. 局中人 i 采取行动加入联盟 S。

7. 采取行动的局中人可能是积极局中人集合中的

680

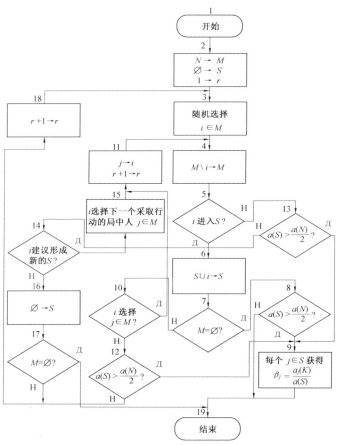

图 1

最后一个，或者不是最后一个。

8. 局中人 i 是最后一个积极局中人，检验所形成的联盟是否是可行的，即 $a(S) > a(N)/2$ 成立与否。

9. 联盟 S 是可行联盟，每个局中人获得支付

$$h_j = \frac{a_j}{a(S)} K, A_j \in S$$

$$h_j = 0, A_j \notin S$$

10. 局中人 i 不是最后一个积极局中人,他可以或者邀请下一个参与者加入联盟 S,或者拒绝这样做而结束联盟的形成过程。

11. 局中人 A_i 选择下一个采取行动的局中人 A_j。改变他的名称:第 j 个局中人变为第 i 个。开始新的步骤。

12. 局中人 i 拒绝选择下一个采取行动的局中人。联盟 S 形成。检验其是否为可行的 $a(S) > a(N)/2$?

13. 采取行动的局中人 i 不想进入联盟 S。检验 S 是否为可行的。

14. 可行性条件不满足,即 $a(S) \leqslant a(N)/2$。局中人 i 面临两种选择:他可以或者建议形成一个包括他自己在内的另一个联盟,或者离开对策。

15. 局中人 i 决定形成新的包括他自己以及某些剩余积极局中人的新联盟。他选择下一个采取行动的局中人 $j \in M$。

16. 局中人 i 离开对策。联盟 S 的成员从对策中被删除($S = \varnothing$)。

17. 如果局中人 i 是最后一个积极的局中人,对策结束。如果不是,对策以新的积极局中人集合 M 继续进行。

18. 开始新的步骤。

19. 结束。

图 1 包含了建立具有完全信息的联盟形成模型的多阶段对策 $G(\Gamma)$ 所有必需的要素。下面引入状态、

策略、历史、选择集合及支付的概念。

状态　初始状态 $u_0 = N$ 由对策 $G(\Gamma)$ 中全体局中人的集合构成。如果在上一步局中人 i 被偶然选中或被上一个采取行动的局中人邀请加入联盟,那么状态是三元组 $u = (M, S, i)$,这里 M 为积极局中人的集合,S 是形成的联盟,i 是正在采取行动的局中人。

如果在上一状态采取行动的局中人离开对策或者拒绝继续形成联盟,则称三元组 $u = (M, S, R_i)$ 为状态,这里 M 是积极局中人的集合,S 是已经形成的联盟,R_i 是在前一个状态局中人 i 的拒绝。

选择集合 $A(u)$　初始状态 u_0 处的选择集合与对策 $G(\Gamma)$ 中局中人的集合 N 一致并且采取行动的局中人的选择概率为 $1/|N|$。在状态 $u = (M, S, i)$ 处集合 $A(u)$ 由下列选择构成:

(1) $\{R\}$。离开对策。

(2) $\{RY_k, k \in M\}$。拒绝加入联盟 S,决定形成包括自己在内的新的联盟,并建议局中人 $k \in M$ 加入这个联盟,这是在选定其作为下一个采取行动的局中人之后进行的。

(3) $\{YR\}$。同意进入联盟 S,但是拒绝邀请其他局中人进入,即结束联盟 S 的形成。

(4) $\{YY_k, k \in M\}$。同意进入联盟 S,并且邀请局中人 $k \in M$ 进入,这是在选定他作为下一个采取行动的局中人之后进行的。

状态 $u = (M, S, R_i)$ 处的选择集合 $A(u) = M$,并且选择下一个行动者的概率为 $1/|M|$,如果 $S = \varnothing$ 或者 $a(S) \leqslant a(N)/2$。如果 $a(S) > a(N)/2$,则状态 $u = (M, S, R_i)$ 是终端的(最后的)并且 $A(u) = \varnothing$。这样

$$A(u) = \begin{cases} \{R\} \bigcup \{RY_k, k \in M\} \bigcup \{YR\} \bigcup \{YY_k, k \in M\}, \\ \qquad 如果 \ u = (M,S,i) \\ M, 如果 \ u = (M,S,R_i) \\ N, 如果 \ u = u_0 \end{cases}$$

历史　对策 $G(\Gamma)$ 的历史 q 是状态序列 $q = (u_0, \cdots, u_T)$，这里 $u_{t+1} \in D(u_t)$，对于 $t = 0, \cdots, T-1$。如果状态 u_T 是终端的，则称该历史为结束的历史。所有历史的集合记为 Q。

局　局 z 定义为结束的历史 $q = (u_0, \cdots, u_T)$ 与在它最后一个状态处的终端选择 $a_T \in A(u_T)$：$z = (u_0, \cdots, u_T; a_T)$，全体局的集合记为 Z。

支付　局中人 A_i 的支付 $h_i(z)$ 根据条件(2)在局的末尾定义。如果对策进程中在局 z 中没有形成可行联盟，则对每一个局中人 $i \in N$，有 $h_i(z)$ 等于 0。

策略　策略 α^i 是将局中人 i 采取行动的每个状态对应于唯一的选择的函数。

支付函数　在局势 $\boldsymbol{\alpha} = (\alpha^1, \cdots, \alpha^i, \cdots, \alpha^n)$ 下，支付函数定义为支付 $h_i(z)$ 的数学期望，如果局中人采用策略 $\alpha^1, \cdots, \alpha^i, \cdots, \alpha^n$。

表 1 显示了某个状态 u 之后什么样的状态可能得到延续依赖于选定的选择 $a \in A(u)$ 及这个选择和状态本身被赋予的条件。状态 u 依赖于选择 $A(u)$ 的所有后续状态的集合，记为 $D(u,a)$。如果 $D(u,a) = \varnothing$，则由给定的状态 u 进入到"终点"(图 1)，于是对策结束，即给定的状态 u 是终端的，而 $D(u)$ 是对所有可能 $a \in A(u)$ 的 $D(u,a)$ 的并。

给定 $\overline{S}$ 为任意的最小可行联盟。定义策略组合 $(\overline{\alpha}^1, \cdots, \overline{\alpha}^i, \cdots, \overline{\alpha}^n)$：若 $i \notin \overline{S}$，则 $\overline{\alpha}^i$ 为任意的策略。假

设 $i \in \bar{S}$，在状态 $u = (M, S, i)$（$i \in \bar{S}$ 是采取行动的局中人）局中人 i 决定形成新的联盟（如果 $S \cap \bar{S} = \varnothing$），新的联盟包括他自己，并邀请 $\bar{S}$ 中剩余的局中人加入，选择其中之一作为采取行动的局中人（即拒绝形成联盟 S）。如果 $S \cap \bar{S} \neq \varnothing$，则局中人 i 同意进入联盟 S，并且如果 $(M \backslash \{i\}) \cap \bar{S} \neq \varnothing$，则他邀请任一个局中人 $k \in (M \backslash \{i\}) \cap \bar{S}$ 进入联盟 S，并选择其作为下一个采取行动的局中人。如果 $(M \backslash \{i\}) \cap \bar{S} = \varnothing$，则局中人进入这个联盟 S 并且拒绝选择下一个采取行动的局中人，即结束联盟的形成。

表 1

状态条件	选择	选择条件	后续状态
初始状态	随机选择局中人 $i \in M$	—	(M, S, i)，其中 $i \in M$
采取行动的局中人 i	R	$M \neq \varnothing$	(M, S, R_i)，其中 $i \in M$
		$M = \varnothing$	结束
	$RY_k, k \in M$	—	(M, i, k)，其中 $k \in M$
被上一个局中人选中	YR	$a(S) > a(N)/2$	结束
		$a(S) \leqslant a(N)/2$	$(M, \varnothing, R_i)$，其中 $i \in M$
	$YY_k, k \in M$	—	(M, S, k)，其中 $k \in M$
上一个采取行动的局中人离开对策	随机选择局中人 $i \in M$	$M \neq \varnothing$	$(M, \varnothing, i)$，其中 $i \in M$
		$M = \varnothing$	结束
上一个采取行动的局中人拒绝继续形成联盟	随机选择局中人 $i \in M$	$a(S) > a(N)/2$	结束
		$a(S) \leqslant a(N)/2$	$(M, \varnothing, i)$，其中 $i \in M$

685

定理 2　局势 $(\bar{\alpha}^1,\cdots,\bar{\alpha}^i,\cdots,\bar{\alpha}^n)$ 是对策 G 中的纳什均衡。

证明　计算局势 $(\bar{\alpha}^1,\cdots,\bar{\alpha}^i,\cdots,\bar{\alpha}^n)$ 之下的支付。由策略 $\bar{\alpha}^i$ 的构造得出，在局势 $\bar{\boldsymbol{\alpha}}$ 下，$\bar{S}$ 一定会形成。此时，局中人的支付如下

$$k_i(\bar{\boldsymbol{\alpha}}) = \frac{Ka_i}{a(\bar{S})}, i \in \bar{S}$$

$$k_i(\bar{\boldsymbol{\alpha}}) = 0, i \notin \bar{S} \tag{9}$$

考察局势 $(\bar{\boldsymbol{\alpha}} \parallel \alpha^i)$，如果 $i \notin \bar{S}$，则局中人 i 不能影响局势 $(\bar{\boldsymbol{\alpha}} \parallel \alpha^i)$ 之下联盟 $\bar{S}$ 的形成。这样

$$k_i(\bar{\boldsymbol{\alpha}}) = k_i(\bar{\boldsymbol{\alpha}} \parallel \alpha^i) = 0$$

现在假设 $i \in \bar{S}$，此时完全有可能在局势 $(\bar{\boldsymbol{\alpha}} \parallel \alpha^i)$ 之下形成有别于 $\bar{S}$ 的联盟。但是它将给局中人 i 带来较 $\bar{S}$ 低的支付（由联盟 $\bar{S}$ 的构造，进入其中的局中人的支付最大）。这样

$$k_i(\bar{\boldsymbol{\alpha}} \parallel \alpha^i) \leqslant k_i(\bar{\boldsymbol{\alpha}}), i \in \bar{S}$$

定理证毕。

该均衡的绝对性（精练）可以通过对每个子对策进行类似的讨论证明。

下面考察董事会选举问题的另外一种形式。它建立在一个具有完全信息的多阶段对策 G 的结构基础上，该对策中局中人不仅形成联盟，而且如果联盟将形成局中人可以提出对他所希望获得的支付的要求。这个方式亦由 Selten 提出，但是可行要求的集合与这里所提出的有区别，此外，我们的模型中每一步仅有唯一的轮次。

下面将在对策 G 中找到绝对纳什均衡。

继续使用本节前面采用的符号体系。记 $\hat{S}$ 为满足

686

下列条件的任一联盟:$a(\hat{S}) > a(N)/2$;存在局中人 i_0,使得 $a(\hat{S}\backslash i_0) \leqslant a(N)/2$。

现在定义每个局中人可以提出什么样最大的可行要求。考察线性规划问题

$$\begin{cases} \max\limits_{\xi} \sum\limits_{i \in N\backslash \bar{S}} \xi_i \\ \sum\limits_{i \in \hat{S}\backslash \bar{S}} \xi_i \leqslant K - K\dfrac{a(\hat{S} \cap \bar{S})}{a(\bar{S})}, \ \forall \hat{S} \subset N, \xi_i \geqslant 0, \ i \in N\backslash \bar{S} \end{cases}$$

$$(10)$$

这里 $\bar{S}$ 是任一给定的最小可行联盟。

假设 $\{\bar{\xi}_i; i \in N\backslash \bar{S}\}$ 是(10)的解。可行要求 $\xi_i, i = 1, \cdots, n$ 的范围如下定义

$$0 \leqslant \xi_i \leqslant \bar{\xi}_i, i \in N\backslash \bar{S}; 0 \leqslant \xi_i \leqslant \dfrac{a_i K}{a(\bar{S})}, i \in \bar{S}$$

设 $\bar{\xi}_i = a_i K / a(\bar{S})$,对于 $i \in \bar{S}$。

特征函数　引入对策 G 的特征函数 v,它把每个联盟 $C \subset N$ 按下式对应于数 $v(C)$

$$v(C) = \begin{cases} K > 0, \text{如果 } C \text{ 为可行联盟}\left(a(C) > \dfrac{a(N)}{2}\right) \\ 0, \text{对于其他的联盟 } C \subset N \end{cases}$$

本模型范围内联盟的形成过程亦可以以步骤序列的形式给出,借助框图描述(图2)。

1.开始。

2.设 M 为尚未进入任何一个联盟中的积极的局中人的集合。在对策开始时 M 为全体局中人的集合 N,r 是当前步骤的序号。对策在第一步开始,S 是提出了自己的要求的局中人的集合,开始时 S 为空。

3. 在该步上将采取行动的局中人 $i \in M \backslash S$ 以 $1/|M \backslash S|$ 的概率被随机选中。

4. 局中人 i 可以或者组成包括自己在内的由集合 S 中的局中人组成的联盟 C，或者拒绝形成该联盟。

5. 采取行动的局中人 i 形成了包括自己和集合 S 中部分局中人构成的联盟。进行支付的分配：集合 $C \backslash \{i\}$ 中的局中人获得 $\xi_j , j \in C \backslash \{i\}$；形成联盟 C 的局中人 i 获得剩余的 $v(C) - \sum_{j \in C \backslash \{i\}} \xi_j$。

6. 检验已形成的联盟 C 是否是可行的，即 $a(C) > a(N)/2$ 与否。

7. 检验局中人 i 是否是最后一个积极局中人，即 $M \backslash \{i\} = \varnothing$ 与否。

8. 采取行动的局中人 i 不是最后一个积极局中人。他提出要求 ξ_i。

9. 已提出要求的局中人 i 加入集合 S。开始新的步骤。

10. 联盟 C 的可行性条件不满足，即 $a(C) \leqslant a(N)/2$。联盟 C 的局中人离开对策。剩余的局中人组成包括积极局中人和已提出要求的局中人在内的新的集合。联盟 C 中局中人的要求归零，而保持集合 $S \backslash C$ 中的局中人的要求。开始新的步骤。

11. 结束。

图 2 包含了为建立由本模型产生的扩展型对策 $G(\Gamma)$ 所有必要的信息。

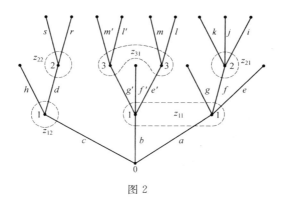

图 2

状态　是三元组 $u = (M, \xi_S, i)$，这里 M 是积极局中人的集合，ξ_S 是所提出要求的系统，而 i 是采取行动的局中人。集合 S 不独自进入状态的描述，但是它在分量 ξ_S 中存在。这样，三元组 $u = (M, \xi_S, i)$ 是对策 $G(\Gamma)$ 的状态，如果下述条件满足

$$i \in M \subset N, \xi_S = (\xi_k)_{k \in S}, S \subset M \backslash \{i\}$$

所有状态 u 的集合记为 U。

选择集合　在状态 $u = (M, \xi_S, i)$ 下的集合 $A(u)$ 描述在状态 u 下采取行动的局中人 i 所有可能选择的集合并按下述方式定义

$$A(u) = \begin{cases} (S \cup i) \cup [0, \bar{\xi}_i], \varnothing \neq M \backslash \{i\} \\ (M) \cup \{R\}, \varnothing = M \backslash \{i\} \end{cases}$$

这里 R 是对最后一个没有提出要求的局中人形成联盟的拒绝。

历史　对策 $G(\Gamma)$ 中历史 q 是状态序列 $q = (u_0, \cdots, u_T)$，这里 $u_0 = (N, \xi_\varnothing, i)$ 并且 $u_{t+1} \in D(u_t)$，$t = 1, \cdots, T-1$。所有历史 q 的集合记为 Q。

689

终端选择 在状态 u 下的选择 $a \in A(u)$ 称为终端的,如果 $D(u,a)$ 空。易见,状态 $u = (M, \xi_S, i)$ 之下的下述选择是终端的:形成可行联盟 C,或者在 $\varnothing = M\backslash\{i\}$ 时选择 R。不是每个状态 u 允许终端选择。当 $A(u)$ 包含至少一个终端选择时状态 u 称为结束状态。所有结束状态的集合记为 U_0,历史 $q = (u_0, \cdots, u_T)$ 称为结束的,如果它的最后一个状态是结束状态。所有结束历史的集合记为 Q_0。

表2显示,对应于选定的选择 $a \in A(u)$,什么样的状态能够跟随状态 u。所有运用 $a \in A(u)$ 可以跟随状态 u 的状态的集合记为 $D(u,a)$。如果 $D(u,a) = \varnothing$,则来到"终点"(图2)即对策结束。在所有 $a \in A(u)$ 之下集合 $D(u,a)$ 的并记为 $D(u)$。符号 $\xi_{S\cup i}$ 表示局中人 i 将自己的要求加入到要求系统 ξ_S,即进入集合 S。

表 2

状态条件	选择	选择条件	后续状态
—	联盟 $C = (S \cup i)$	$a(C) \leqslant \dfrac{a(N)}{2}$	$(M\backslash C, \xi_{S\backslash c}, j)$
		$a(C) > \dfrac{a(N)}{2}$	结束
$\varnothing \neq M\backslash\{i\}$	要求 $\xi_i \in [0, \overline{\xi}_i]$	—	$(M, \xi_{S\cup i}, j)$
$\varnothing = M\backslash\{i\}$	R:拒绝形成联盟	—	结束

局 结束的历史 $q = (u_0, \cdots, u_T)$ 连同其最后状态处的终端选择 $a_T \in A(u_T)$ 称为局:$z = (u_0, \cdots, u_T; a_T)$。所有局的集合记为 Z。

支付 在局 z 中局中人 i 的支付 $h_i(z)$ 在局的终点处定义。如果在局 z 中没有形成可行联盟,则 $h_i(z) \equiv 0$,对任意的 $i = 1, \cdots, n$。

策略 策略 α^i 为将每个状态 u 映为唯一的选择 $a \in A(u)$ 的函数,这里 i 是采取行动的局中人。

支付函数　在局势 $\boldsymbol{\alpha} = (\alpha^1, \cdots, \alpha^i, \cdots, \alpha^n)$ 下支付函数 $k_i(\boldsymbol{\alpha})$ 定义为支付 $h_i(z)$ 的数学期望,如果有局势 $(\alpha^1, \cdots, \alpha^i, \cdots, \alpha^n)$。

考察下述策略

$$\overline{\alpha}^i(u), i = 1, \cdots, n$$

$$\overline{\alpha}^i(u) = \begin{cases} \overline{\xi}_i & \text{如果在状态 } u = (M, \xi_s, i) \text{ 联盟 } S \bigcup i \\ & \text{不是可行的,即 } a(S \bigcup i) \leqslant \dfrac{a(N)}{2} \\ S \bigcup i & \text{如果在状态 } u = (M, \xi_s, i) \text{ 联盟 } S \bigcup i \\ & \text{是可行的,即 } a(S \bigcup i) > \dfrac{a(N)}{2} \\ R & \text{如果 } u = (M, \xi_s, i) \text{ 是终端状态并且} \\ & \text{联盟 } S \bigcup i \text{ 不是可行的} \\ M & \text{如果 } u = (M, \xi_s, i) \text{ 是终端状态并且} \\ & \text{联盟 } S \bigcup i \text{ 是可行的} \end{cases}$$

定理 3　局势 $\overline{\boldsymbol{\alpha}} = (\overline{\alpha}^1, \cdots, \overline{\alpha}^n)$ 是对策 G 中的纳什均衡。

证明　设给定某个最小可行联盟 $\overline{S}$。当形成局势 $\overline{\alpha}$ 的情况下,形如 $\hat{S}$ 的联盟将一定形成。此时局中人的支付为

$$k_l(\overline{\boldsymbol{\alpha}}) = \frac{a_l K}{a(\overline{S})}$$

如果 $l \in \overline{S}$ 并且 l 不是那个形成联盟的局中人

$$k_l(\overline{\boldsymbol{\alpha}}) = \overline{\xi}_l$$

如果 $l \in \hat{S} \backslash \overline{S}$ 并且 l 不是那个形成联盟的局中人

$$k_l(\overline{\boldsymbol{\alpha}}) = K - \sum_{k \in \hat{S} \cap \overline{S}} \frac{a_k K}{a(\overline{S})} - \sum_{k \in \hat{S} \backslash \overline{S}} \overline{\xi}_k$$

如果 l 是那个形成联盟的局中人

$$k_l(\overline{\boldsymbol{\alpha}})=0, l\notin \overline{S}$$

需要证明不等式,对局中人 l 的任意策略 α^l

$$k_l(\overline{\boldsymbol{\alpha}})\geqslant k_l(\overline{\boldsymbol{\alpha}}\parallel \alpha^l), l=1,\cdots,n$$

如果策略 $\alpha^l(u)$ 不同于策略 $\overline{\alpha^l}$,则在某些状态下局中人的选择亦不同。

考察状态 $u=(M,\xi_S,l)$,其中 $S\bigcup l$ 不是可行联盟。记这种类型的状态为 u_{I}。设 u_{I} 类型的状态下 $\alpha^l(u_{\text{I}})\neq \overline{\alpha}^l(u_{\text{I}})$。这意味着策略 $\alpha^l(u_{\text{I}})$ 让局中人 l 或者形成联盟,或者提出要求 $\xi_l<\overline{\xi}_l=\overline{\alpha}^l(u_{\text{I}})$。在第一种情况下形成的联盟不是可行的。因而局中人 l 的支付为 $k_l(\overline{\boldsymbol{\alpha}}\parallel \alpha^l)\leqslant 0$,因为不可行联盟的特征函数值为零。在第二种情形,如果局中人 l 被某个联盟 S 所接纳,则他获得 $\xi_l<\overline{\xi}_l$,这低于局势 $\overline{\boldsymbol{\alpha}}$ 之下所获得的。这样,如果在 u_{I} 类型状态处局中人 l 偏离策略 $\overline{\alpha}^l$,我们证明了不等式 $k_l(\overline{\boldsymbol{\alpha}})\leqslant k_l(\overline{\boldsymbol{\alpha}}\parallel \alpha^l)$。

现在考察状态 $u=(M,\xi_S,l)$,其中联盟 $S\bigcup l$ 是可行的,即 $a(S\bigcup l)>a(N)/2$,并且 u 不是终端状态。该类型的状态记为 u_{II}。

假设 $\alpha^l(u_{\text{II}})\neq \overline{\alpha}^l(u_{\text{II}})$,这意味着局中人 l 取代形成联盟 $S\bigcup l$ 而提出要求 $\xi_l\in[0,\overline{\xi}_l]$。由条件(10) 得

$$K-\sum_{i\in S\bigcup l}\overline{\xi}_i\geqslant 0, K-\sum_{i\in S}\overline{\xi}_i\geqslant \overline{\xi}_l\geqslant \xi_l$$

因而提出要求 $\xi_l\leqslant \overline{\xi}_l$ 时局中人 l 得到不超过形成联盟时所获得的 $K-\sum_{i\in S}\overline{\xi}_i$。这样,对于类型 u_{II} 的状态处不同于 $\overline{\alpha}^l$ 的策略 α^l 就证明了不等式 $k_l(\overline{\boldsymbol{\alpha}})\geqslant k_l(\overline{\boldsymbol{\alpha}}\parallel \alpha^l)$。

692

对终端状态处不同于策略 $\bar{\alpha}^l$ 的策略 α^l 的证明类似。定理证毕。

为什么选举不是公平的

> 理解不可递性的最好办法莫过于先弄懂它的反义词，可递性（transitivity）。如果比尔·盖茨的财富多于唐纳德·特朗普（Donald Trump），而特朗普又比你有钱，那么可以得出结论，比尔·盖茨比你富有。任何允许进行类似推导的关系，我们都认为它具有可递性。我们还可以找到其他许多符合可递性条件的关系——"比……重""比……高""是……的姐姐"。很多数学关系也具有可递性，例如"大于""小于"和"等于"。如果 A 在数量上等于 B，而 B 又等于 C，A 必定等于 C。
>
> ——威廉·庞德斯通[1][2]

如果智慧女神能给摩根斯坦更多的才智，让他不时涌出伟大的思想，他或许会无暇推广别人的成果。一个只关心自己成就的人不可能像摩根斯坦这样卖力

---

① 威廉·庞德斯通，美国著名作家、怀疑论者。

② 威廉·庞德斯通，《选举中的谋略与博弈：为什么选举不是公平的》，中央编译出版社，北京，2011 年。

地替别人做嫁衣。

最让人印象深刻的是摩根斯坦对博弈论（game theory）所做的推广工作。这一理论主要是出生在匈牙利的数学家约翰·冯·诺依曼（John von Neumann）的研究成果。尽管它的名字叫博弈论，实际上却和象棋、大富翁、极光（Halo）一类的游戏没有多大关系。[①] 更准确地说，它是一门与决策方法有关的精确科学。它研究的主要内容是在竞争环境中，有思考能力的个体在试图预测和欺骗对手时，如何做出决策。1928年，冯·诺依曼发表了证明博弈论基本理论的论文，从而宣告了博弈论的正式诞生。和冯·诺依曼的其他学术成果一样，人们公认这是一个了不起的发现。不过在那之后，冯·诺依曼的工作转向了其他方面。

摩根斯坦认为，博弈论一旦应用到经济学中，将会发挥重要作用。摩根斯坦来到美国后，之所以选择普林斯顿，而不是其他大学，就是因为冯·诺依曼在附近的高级研究院工作，在这里他有机会见到这位科学奇才。他们之前从未谋面，这样的迁移几乎有些类似跟踪狂的行动。

1939年2月，冯·诺依曼去听了一次摩根斯坦关于经济周期的报告。报告结束后，摩根斯坦追上冯·诺依曼，向他做了自我介绍，并告诉他自己正考虑撰写一篇关于博弈论应用于经济学的论文。冯·诺依曼表示他很高兴拜读这篇文章并提供自己的意见。

摩根斯坦让冯·诺依曼看了论文的部分草稿。数

---

① 博弈论的英文直译是"游戏理论"；极光是一款用在 Xbox360 上的射击游戏。——译者注

学家委婉地告诉摩根斯坦，文章还需要一些润色。冯·诺依曼提议他们进行合作。

在两人的共同努力下，这篇"论文"终于写完了。可它的篇幅实在太长，没法在任何一种期刊上发表。于是他俩找到普林斯顿大学出版社，希望论文能以专著的形式出版 —— 一本 100 页的小册子。出版社答应了。可是 1943 年初，这两位作者送到出版社的稿子已经变成了 1 200 页。

1944 年，《博弈论与经济行为》(*Theory of Games and Economic Behavior*) 一书问世了。冯·诺依曼大方地表示两位作者的名字可以按字母顺序排列。不过摩根斯坦坚持冯·诺依曼的名字应该列在第一位。

"摩根斯坦在博弈论的发展中所起的作用受到了许多人的质疑。"马丁·舒比克承认，他是摩根斯坦的学生，也是他的坚定支持者之一。大多数普林斯顿人都认为，摩根斯坦明显够不上冯·诺依曼、哥德尔、爱因斯坦的水平 —— 从他们平常的闲谈中就能够看出端倪。摩根斯坦在他有时参加的数学研讨会中的发言似乎也印证了人们的这种评价。

舒比克讲过这样一个故事，他曾去听过摩根斯坦的讲座，摩根斯坦花了 3 个小时来还原"自己的"博弈论著作中的某个结论，可他失败了。无论对他本人还是听众，整个过程都是一种折磨。舒比克的结论是："如果他当时不是试图完成整个证明，情况会好得多。"

有时人们会就摩根斯坦的问题向约翰·冯·诺依曼求证，他很清楚自己该怎么回答。

问："约翰尼（约翰的昵称），究竟哪部分成果是摩根斯坦完成的? 照实说吧,我们想知道。"

答:"没有奥斯卡的帮助,我永远写不出《博弈论与经济行为》。"

对于这样的问题,没有哪一位政治家能比诺依曼说得更好了。

那是个晴天的下午,我在斯坦福教员俱乐部(the Stanford Faculty Club)遇到了肯尼斯·阿罗。他已经84岁了,可精力还是那么充沛,依然保持着朴素的作风,自己骑自行车来吃午餐。他将头盔放在一旁,在我们前面坐下,开始吃饭。我向他做了自我介绍,开始依次问他事先准备好的问题。当我提到奥斯卡·摩根斯坦的名字时,他突然抖了一下,显然是有些吃惊。他轻声说:"我一直弄不清他对博弈论究竟了解多少。"阿罗和摩根斯坦相识已经是50多年前的事了。他听到摩根斯坦名字后的强烈反应似乎说明了什么。

阿罗因为一系列机缘巧合才遇到摩根斯坦。1921年8月23日,肯尼斯·约瑟夫·阿罗生于纽约,父母是哈里·阿罗(Harry Arrow)和莉莲·阿罗(Lillian Arrow),都是在城市下东区长大的犹太移民。老哈里开了一家银行,阿罗10岁以前一直过着优裕的生活。可在大萧条时期,银行倒闭了,一家人在贫困中度过了10年。

在家里有钱的时候,阿罗的父母花许多钱购买了大量的书籍,包括全套的世界文学名著和大百科全书。母亲发现,由于肯尼斯如此喜爱读书,她很难找到有效的办法惩罚他。每次因为淘气被母亲关进自己的房间时,小肯尼斯都会从书架上抽出一本百科全书,兴致勃勃地一直读下去。母亲发现,有时她甚至不得不

强迫儿子离开房间,到外面去玩。

阿罗的父母经常在餐桌上谈论政治,二人都是富兰克林·德兰诺·罗斯福(Franklin Delano Roosevelt)的忠诚支持者。由于家里没钱,父母只能让阿罗去读纽约城市大学(City College of New York),这所学校对纽约人是免费的。该校的许多教师都深受马克思主义思想的影响。在城市大学学习期间,肯尼斯对逻辑与统计学产生了强烈兴趣。

阿罗说:"当时教师中有一位著名的逻辑学家,阿尔弗雷德·塔斯基(Alfred Tarski)。1939 年 8 月底,他到纽约参加国际会议,由于战争爆发,被滞留在了美国。"让阿罗和他的同学们伤脑筋的是,塔斯基的带有独特外国口音的英语着实有些难懂。塔斯基教授的一个词"不可递性(intransitivity)"和他的发音一样令人费解。这一概念后来成为了阿罗的不可能性理论的基础。

理解不可递性的最好办法莫过于先弄懂它的反义词,可递性(transitivity)。如果比尔·盖茨的财富多于唐纳德·特朗普(Donald Trump),而特朗普又比你有钱,那么可以得出结论,比尔·盖茨比你富有。任何允许进行类似推导的关系,我们都认为它具有可递性。我们还可以找到其他许多符合可递性条件的关系——"比……重""比……高""是……的姐姐"。很多数学关系也具有可递性,例如"大于"、"小于"和"等于"。如果 A 在数量上等于 B,而 B 又等于 C,A 必定等于 C。

所有这种简单模式无法适用于其中的关系都是不可递性关系。不可递性关系在我们的生活中同样比比

697

皆是，只不过绝大多数都被我们所忽视了。例如，雷蒙德是约翰的儿子，凯斯是雷蒙德的儿子。很显然，不能由此做出推论，凯斯是约翰的儿子。卢卡斯爱玛格，玛格爱克里斯，也不能由此认为卢卡斯爱克里斯。这些都是不可递性关系。

　　尽管研究深奥的逻辑学给阿罗带来很大乐趣，但他承认，"我从未想过要靠它维生。那时还是大萧条时期，工作并不好找，我最大的奢望是当一个中学数学老师。如果这个愿望能够实现，我就很满足了。问题是，根本没有这样的机会。"

　　由于就业前景的黯淡，阿罗选择去哥伦比亚大学读研究生。他决定把主要的兴趣放在统计学上。经济学院的一位统计学专家哈罗德·霍特林（Harold Hotelling）愿意向阿罗提供奖学金，只要他把专业转成经济学。

　　霍特林的兴趣非常广泛。1929 年，他提出了一个著名的经济学假设，该假设在政治理论中具有同样重要的地位。霍特林的设想是这样的：在一条线上 —— 这条线可以是一个城市的主干道，也可以是横穿美国的铁路线，选择两个"做生意的地点"。或者换成今天的例子，在夏季拥挤的海滩上选择两个地方摆放卖冰激凌的摊点。把地点选在哪里，生意才会最好？

　　（假设）海滩从左至右总共长 1 000 码。两个摊点的唯一区别只是它们所处的位置。来海滩的人当然会选择自己最近的摊点。

　　一种方法是将海滩的两头看作线段的两个端点，两个摊点分别安置在离左边的端点（海滩的最左端）250 码和 750 码的位置上。这样，对于左边一半海滩（从左端起 0 到 500 码处）的每个人来说，250 码处的

698

摊点将是最近的。对右边一半海滩上的游客而言，750码处的摊点是最近的。假定游客均匀地分布于整条海滩上，两个摊点将各卖出 50% 的冰激凌，销量相当。

可是这并不能解答霍特林的问题。下面说明一下原因，假设你把摊点设在 250 码处，而另一个人的摊点设在 750 码处。你打算怎样阻止对手闯进你的地盘呢？他可以把他的摊点移到离左端只有 300 码处，这样一来，他依然可以保住整个右边海滩的生意（他的顾客将不得不走更长的距离，但他们没有别的选择）。移到新位置后，对于从左端起 275 码一直到 1 000 码顶头位置的每个人来说，他的摊点都将是最近的。他将抢走这笔生意的大部分份额。

对他的这种举动，你也无需示弱。你完全可以越过他的摊点，抢走他的大部分地盘。他可以再用相同的手段进行报复 …… 能不能找到一种理性的解决办法，让双方都感到满意，而无需再让两个摊点移来移去？

霍特林认为这是可能的。最好的办法是把两个摊位都挪到海滩的正中间，让它们靠在一起。一个摊点刚好在海滩中点的左边一点，可以照顾到左边一半的游客。另一个摊点恰好位于海滩中点的右边一点，整个右边的生意全是它的。

或许这个办法会让你感到吃惊。但霍特林并没有说他要找一个对顾客最方便的方案 —— 与最初的安排相比，海滩两头的顾客要走更多的路。霍特林强调这才是自由经济运作的模式。如果政府不强制规定两个摊点之间必须间隔一定的距离，经营者最后一定会移到海滩中间，因为争取最大利益的动机是客观存在的。

很多经济学家认为霍特林创建的模型——"外围企业集聚趋向"——解释了现实世界中某些容易被人忽视的"巧合"。为什么另一家高档咖啡店的街对面总会有许多星巴克店面？为什么所有的 SUV 看上去都大同小异？为什么电视台都在同一时间播放新闻？为什么最流行的两种软饮料都是嘶嘶冒泡的棕色甜液，喝到嘴里也是同样的味道？为什么各航空公司上座率最高的航班的起飞时间彼此之间只相差几分钟？这些看似不同的现象或许能找到同一种解释，商家正在争夺份额有限的同一块市场的"领土"。远离中心区域等于将大部分利益拱手让给对手。"任何地方的消费者都会遇到过于相似的问题"，霍特林认为，"卫理公会和长老会的教堂几乎看不出差别；苹果汁的味道也千篇一律"。

霍特林相信同样的原理可以应用在政治上。在美国，意识形态从左到右的所有选民都是两大政党的争取对象。选民通常会支持与自己的意识形态最为接近的候选人。因此，两党的候选人都会向中间靠拢，以迎合中间选民。"每位候选人都显得十分小心"，他写道，"因为害怕失去选票，他们回答问题时总是模棱两可，在任何辩论中都避免明确的表态。"

不过该模型并不能解释选举中的所有现象。民主党和共和党并不是一模一样，也不会毫无保留地选择"中间"立场。原因之一是选民可以不投票，赞助人也可以停止捐款。还有一点，如果你想要冰激凌，你会选择最近的摊点。可如果两位候选人的政见完全相同，你大概不会有兴趣关心谁赢谁输。

　　虽然是第一次接触经济学,阿罗吸收新知识的能力惊人,1942 年,他就完成了所有的博士必修课程。可此时他却惊讶地发现,自己还没想好博士论文要写些什么。阿罗过了相当一段时间"专职学生"的生活(奥斯卡·摩根斯坦大概会用"一个学生"[①]来形容)。

　　阿罗换了许多份工作。此时恰逢太平洋战争,阿罗在军队的天气预测部门干了一段时间。这段经历让他懂得了物理学不一定比社会学更精确。阿罗打算放弃自己的学术梦想,到保险公司谋一个精算师的职位。他听说这是份赚钱的工作。

　　霍特林在芝加哥著名的经济研究机构考利斯委员会(the Cowles Commission)为阿罗找到了一份工作。在那里,阿罗遇到了许多同时代伟大的经济学家。尽管没拿到博士学位,阿罗在芝加哥大学找到了他的第一份正式工作。他还获得了另一个终生职位,成为赛尔玛·施韦泽(Selma Schweitzer)的丈夫,赛尔玛是他在考利斯的同事。他们于 1947 年 8 月 31 日完婚。在此期间,阿罗仍在寻找合适的论文题目。

　　"1946 年,约翰·希克斯(John Hicks)在哥伦比亚做了一场讲演",阿罗回忆道。"他想要一个明确的定义:A 比 B 更幸福,这句话究竟该怎么理解?"[②] 对于经济学家来说,这是一个看似简单却又藏有陷阱的不易回答的问题。一名不得不长时间待在海上钻井平台、时薪 50 美元的石油工人和一名在休斯顿过着正常

---

　　①　原文是德文。——译者注
　　②　原文中的形容词"Better off",可以理解为更幸福,也可以理解为更有钱。——译者注

生活、时薪 25 美元的小职员相比，谁对自己的生活更满足？充满了艰难竞争的技术社会和更重视家庭的第三世界文明中的人们的总体幸福感，我们该如何比较？

希克斯提出了一个初步的判定方法：想要确认 A 和 B 之间究竟谁更幸福，有必要获得两人的一致赞同。事实上，希克斯想到的是一个投票做决定的办法，只有双方一致同意，得出的结论才具有决定性。

阿罗并不同意这种观点："我觉得说不通的是，如果的确有一个关于'更幸福'的明确定义，下面的推理应该可以成立：A 比 B 幸福，B 又比 C 幸福，因此 A 比 C 幸福。可事实上并非如此。我可以立刻找出反例！"阿罗指的是可递性，而希克斯并不清楚这一概念。

"一年以后，我还在写我的论文"，阿罗说道。"我很欣赏希克斯的《价值与资本》(Value and Capital，1939)。但我这个人一向注重经验，在他的书里发现了几处问题。我认为自己的论文有助于解决这些问题。"

其中有这样一个问题，公司的股东如何投票选出一位新董事长。阿罗意识到，假设候选人有三个或三个以上，投票的结果可能是不可递的。他提出一个现在被人们称作"投票悖论"(paradox of voting) 或"阿罗悖论"(Arrow paradox) 的简单设想。

假设参加竞选的三位候选人分别叫作剪刀、布、石头。投票者三派，每派掌握三分之一的票数。第一派首先支持剪刀，其次支持布，最后支持石头。第二派首先支持布，其次支持石头，最后支持剪刀。第三派首先支持石头，其次支持剪刀，最后支持布。

702

	第一选择	第二选择	第三选择
派系 A	剪刀	布	石头
派系 B	布	石头	剪刀
派系 C	石头	剪刀	布

　　这就会产生一种奇怪的悖论：每个候选人都可能赢得两派的选票，也有可能失去两派的选票。

　　我们可以看一下，如果竞争在剪刀与布之间展开，会发生什么情况。派别 A 和 C 都喜欢剪刀甚于布。因此，剪刀将以三分之二的多数票获胜。

　　如果竞争在布和石头之间进行，布则会获胜——同样是三分之二的多数。

　　现在，剪刀击败了布，而布击败了石头，按照常理推断剪刀应该会击败石头。但事实却并非如此。在剪刀与石头的竞争中，石头将得到三分之二的多数票。结果和小学生在操场上玩的游戏一样，剪刀击败了布，布击败了石头，而石头击败了剪刀。

　　就像 M. C. 埃舍尔（M. C. Escher）[①]所画的没有尽头的瀑布或楼梯一样，由这种假设导出的结果让几乎所有的人都觉得不合逻辑。投票选举制一向被视作自由社会的重要基石，它居然被证明缺乏逻辑依据，人们很难接受这一点。

　　阿罗写博士论文的这段时间，投票悖论一直困扰着他。他这样描述当时的心境："我并没有把这一新的理论的发现看作是一个机会，相反地，我认为它'十分讨厌'，给我的工作带来了麻烦。"由于突然出现这么

---

　　① 荷兰艺术家(1898—1972)擅长描绘让人产生幻觉的异次元空间，被称为错觉图形大师。——译者注

一个"悖论",创建任何一种合理的企业行为的模型都变得不可能了,它简直是一道无法逾越的障碍(他当时仍在研究股东投票)。同时,谈到这个"悖论",阿罗总有一种似曾相识的感觉。他说:"我总觉得自己以前在哪里见过它,不过直到今天,我仍然不能确定从前是不是见过类似的理论。"想到自己可能不是第一个发现该悖论的人,这在一定程度上影响了他深入研究这一问题的积极性(实际上,孔多塞侯爵(Marquis de Condorcet)在 18 世纪就对这一悖论进行了描述,只不过被人们遗忘了而已)。

"不过事情并没有就此结束,我开始思考,如果按政治立场对政党做一个从左至右的排列,会有什么结果?"阿罗把投票悖论用到了霍特林的政治模型中。他意识到,当持有不同政治观点的人们正好在从自由主义到保守主义的范围中呈线性分布时,投票悖论就不会发生。

假设三个候选人是拉尔夫·纳德尔、阿尔·戈尔和乔治·W.布什,就有六种可能的方式来评估这三位候选人,尽管这些方法不是都有政治意义。无论政治倾向如何,大概所有人都会赞同,纳德尔的立场是最左的,戈尔是中间稍微偏左,布什则在中间偏右更远一点的地方。

假设在这场选举中,阿罗悖论真的成立,必须有三分之一的选民喜欢纳德尔甚于戈尔,喜欢戈尔又甚于布什。另外三分之一的人喜欢戈尔甚于布什,喜欢布什甚于纳德尔。这种可能性是存在的。而最后三分之一的人必须喜欢布什甚于纳德尔,喜欢纳德尔甚于戈尔。但这实际上是说不通的。很难想象,布什的支持

704

者会更喜欢纳德尔,而不是戈尔。

阿罗得出的结论是,当人们的意识形态呈线性分布时,"剪刀 — 石头 — 布"那样违反逻辑的情况是不会发生的。他立刻意识到了这是一个值得发表的全新的发现。

阿罗回忆道:"我记得一次午餐时,我正在向某人介绍这一理论。 我随手拿起一本《政治经济学月刊》(*Journal of Political Economy*),看到了邓肯·布莱克(Duncan Black)的一篇文章,文章中讨论的恰好是我刚介绍给客人的问题! "

邓肯·布莱克是唯一可能与阿罗竞争现代选举理论创立者荣誉的人。布莱克在格拉斯哥大学行教,住在靠近悬崖边缘的一幢房子里,和学术圈内的重要人士基本没什么来往。即使是布莱克在格拉斯哥的同事也不清楚,是什么让他对选举理论产生兴趣的(布莱克说:"由于之前几年自己专注的工作没有什么明显的成果,投票理论开始引起我的注意")。

这篇抢走阿罗风头的文章源自于战争中的一次"意外"经历,当时布莱克正待在沃里克城堡(Warwick Castle) 华丽的绿色客厅里,密切关注着德军的空袭。"完全在不经意的情况下,我随手画了一张图,让我震惊的是,在这张图表上我看到了最优中值的特性。"

布莱克的中间选民定理(median voter theorem)就是由此而来的。顾名思义,"中间选民"是指政治上保持中立的选民,一半选民比他们保守,另一半选民比他们自由,他们刚好处于中间位置。

为了找出中间选民,有必要将每一位选民看作一个固定的点,依照政治观点将他们排列在一条从左至右整齐的直线上。当然，由此得出的结果不一定完全符合实际情况。只要存在中间选民，将候选人的得票进行两两相比，他们之间的关系是可递的，令人讨厌的阿罗悖论也不会出现。布莱克的定理表明，"中位选民"是最具代表性的人群。两位候选人无论谁得到了中间选民的支持，都将在这场由两个人竞争的比赛中获胜。

这一结论印证了人们关于政治的常识性看法。民意调查员查德·斯卡蒙（Richard Scammon）和政策分析家本·沃藤伯格（Ben Wattenberg）曾经半开玩笑地说，最有影响力的选民是"俄亥俄州代顿（Dayton）市的一名机械工的 47 岁妻子"。获得她选票的总统候选人能赢得整个大选。这其实没什么好奇怪的，中间选民和其他所有人一样，会支持与自己观点最接近的候选人。也就是说，在一场主要由两个人竞争的选举中，赢得中间选民支持的那个人将获得最终的胜利。

尽管只是一个研究生，阿罗在多所学校都干过兼职的工作，这样的生活持续了 6 年。[①]此后，他接受了一份不同寻常的工作。他来到了加利福尼亚，加入了曼哈顿计划。

值得一提的是，兰德公司（The RAND Corporation）对冯·诺依曼和摩根斯坦的博弈论的发展起到了无可估量的作用。兰德（RAND）这个名称是空军研究与开发项目（Air Force's Project Rand(for Research and Development)）的简称，它起初是与道格拉斯飞机公司签约的一家科学咨询机构。曼哈顿计

---

① 阿罗直到 1951 年才拿到博士学位。——译者注

划那时还被人们看作一个和平时期的项目,兰德公司在该项目的名义下集中了美国最优秀的一批科学家。正是有了这批人,美国才能对即将到来的核时代做好充分的准备。

阿罗是从他妻子的前雇主阿贝·基尔希克(Abe Girschick)那里听到有关兰德公司的信息的。阿罗说:"对科研人员而言,兰德公司当时是最自由、最不受限制的地方,它容纳所有大胆的想法。公司认为,由于战争,特别是原子弹具有和之前完全不同的新特点,所有旧的观点都是错误的 …… 这表明人们可以展开各种疯狂的想象了。"

兰德公司值得钦佩的一项举动是,它请来了不同领域的专家们,为他们搭建平台,使他们相互之间能进行充分交流。多年以来,在兰德公司工作过的学者和顾问包括了从著名经济学家约翰·纳什(John Nash)到美国国务卿康多莉扎·赖斯(Condoleeza Rice)在内的各种优秀人才。然而,在最初的 10 年里,公司的精神领袖无疑是约翰·冯·诺依曼。

"所有的人都敬畏他,当他讲话时,大家都坐得直直的,聚精会神地听他的发言",阿罗回忆道。从政治上看,诺依曼是一个保守主义的鹰派。他认为博弈论为核威慑与军备竞赛提供了有用的模型。兰德公司的科学家需要考虑这样一些问题,如果美国的反击能保证 2 000 万人的杀伤能力,苏联还会不会首先对美国发动攻击?制造氢弹会增强还是削弱美国的安全?

在兰德公司,阿罗的身份是统计学家和数学家。他的工作是研究战略核潜艇部署策略。美国的核潜艇永远都在移动,而且从不沿着固定的路线航行,这使得苏联人无法确定它们在某个特定时间点上的准确位置。在无法精确定位的情况下,苏联不可能在首轮攻击中摧毁美国所有的战略核潜艇。核威慑政策的基石就在于 —— 使苏联意识到即使他们先发动核打击,美国的战略核潜艇也能够发起有效的反击,同时要让他们知道,这恰恰是美国的战略意图。

现在回头想想,阿罗不知道他的研究成果最终有多少是能对美国的国防事业起到帮助的。"每个人都想贡献自己的力量",他说,"实际上,我们在交流中提出了一些新的军事课题。"兰德公司的许多具有广泛影响的研究成果已经远远超出了当初的科研人员投身于其中的某个国防项目的范畴。不可能性定理就是一个最典型的例子。

"这种宽松的环境的确有助人们考虑问题,有一天赫尔默(Helmer)在喝咖啡时 —— 公司的咖啡非常难喝 —— 突然说道,联邦政府不过是个抽象的概念。美国是由许许多多不同的个体构成的,每个人都有不同的利益和政治观点。即便你能找到一个适用于所有人的价值体系,可对整个美国而言,无论从哪种意义来看,都很难拥有一个统一的价值体系。"

奥拉夫·赫尔默(Olaf Helmer)是一个哲学家。兰德公司按照兼容并蓄的方针挑选人才,认为哲学家们对国防战略的制定是有助益的。赫尔默认为博弈论中的"参与者"都应具有非常明确的动机。哈里·杜鲁门(Harry Truman)总统或约瑟夫·斯大林(Joseph Stalin)总书记的一切言行都能代表本国人民的意志吗?

不错,杜鲁门是民主制度下选出的总统。可他能

代表那些没有投给他票或者仅仅认为托马斯·杜威
（Thomas Dewey）比他更糟而把票投给他的人吗？美
国既有希望尽快造出氢弹的鹰派，也有呼吁立即单方
面裁军的和平主义者。几乎任何一件一部分美国人赞
成的事，都有另一部分美国人表示反对。苏联的情况
也是一样，尽管那里的人民不能公开地表示异见。

阿罗立刻答道："哦！这不算什么，埃布拉姆·柏
格森（Abram Bergson）写过这方面的文章。"柏格森
当时在哥伦比亚大学任职，对苏联经济很有研究。他
的工作面临很大的挑战，因为苏联的计划体制与资本
主义经济完全不同，无法通过市场价值来计算苏联的
国民生产总值。柏格森提出了"社会福利函数"（social
welfare function）的概念，为测算一个社会的总体福
利提供了一种数学方法。然而，柏格森没有完全讲清
楚社会是如何做出选择的。赫尔默认为，阿罗可以把
投票理论作为研究课题。

"我开始只是抱着试试看的心态，"阿罗客气地
说，"我花了差不多两天的时间，才意识到自己的思路
错误了，我试图寻找某种解决方法。我当时并没有想
到，它是无法解决的。"

阿罗最终的结论是，不可能性定理表明投票选举
中的某些问题的确是无法解决的。1948 年秋天，该定
理首次发表在兰德公司的研究报告中，立刻在学术界
引起了轰动。1951 年，阿罗拖了好久的博士论文终于
以专著的形式出版了，书名是《社会选择与个人价
值》（*Social Choice and Individual Values*），书的主
题就是不可能性定理。

沃尔特·凯利（Walt Kelly）1948 年的一幅政治讽刺漫画，其中的隐喻给了肯尼斯·阿罗灵感：冷战就像哈里·杜鲁门与约瑟夫·斯大林之间的一盘棋。一个是民选的总统，一个是专制体制的独裁者，他们都掌握着数百万人的命运，谁会先移动棋子呢？

许多人初次接触阿罗的闻所未闻的新理论时，都感到困惑和无法理解。阿罗的论文被送到哥伦比亚大学经济学家阿尔·哈特（Al Hart）那里审阅。西奥多·安德森（Theodore Anderson）还记得当时发生的事，哈特走进他的办公室，大声说："特德（西奥多的昵称），看看这个。先别管它说的对不对，我想知道它重不重要？"

选择策略与策略选择

　　抛弃原来的职业重新选择职业的成本来自于多方面。主要有两方面:一方面,一旦你从事了某种职业,如果半途而废,重新择业,以前所花的时间等于白费。当然如果你所做的工作具有继承性,能够对新的选择有所帮助,抛弃旧的职业,并不是一个完全的浪费。但人们从事新的职业,毕竟有一个适应过程,尤其是分工高度专业化的今天,竞争异常激烈,任何时间上的浪费将使你处于不利的境况。

　　另外一方面,成本来自于他人对你的判断。你的经历构成了别人对你的判断,尤其是在中国更是如此。你从事过某种行业,"意味着"你可以做某种工作,同时也"意味着"你不适合从事其他工作。对于你要从事的新的行业,除非你花了时间和精力去学习证明了自己的资格,否则其他人对你在新的行业的能力不能认同。

—— 潘天群[1][2]

---

[1]　潘天群,江苏盐城人,哲学博士。现任南京大学哲学系教授、博士生导师,南京大学现代逻辑应用研究所研究员。

[2]　潘天群,《博弈思维 —— 逻辑使你决策致胜》,北京大学出版社,北京,2005 年。

男怕入错行，女怕嫁错郎

生活中不乏博弈思维的警语。"男怕入错行，女怕嫁错郎"便是这样的警语。它告诫人们在人生的关键点选择要慎之又慎，避免做出错误的决策。择业、婚姻便是人生的关键点。

对于男士来说，选择职业对于一生的发展是关键的。对于"男主外，女主内"的传统社会来说确实如此；而今天，女人与男人以同样的身份进入社会、选择职业，因此，无论是男人，还是女人，在步入社会、选择从事工作时，要谨慎选择行业。因为，抛弃原有职业的成本太高。

抛弃原来的职业重新选择职业的成本来自于多方面。主要有两方面：一方面，一旦你从事了某种职业，如果半途而废，重新择业，以前所花的时间等于白费。当然如果你所做的工作具有继承性，能够对新的选择有所帮助，抛弃旧的职业，并不是一个完全的浪费。但人们从事新的职业，毕竟有一个适应过程，尤其是分工高度专业化的今天，竞争异常激烈，任何时间上的浪费将使你处于不利的境况。

另外一方面，成本来自于他人对你的判断。你的经历构成了别人对你的判断，尤其是在中国更是如此。你从事过某种行业，"意味着"你可以做某种工作，同时也"意味着"你不适合从事其他工作。对于你要从事的新的行业，除非你花了时间和精力去学习证明了自己的资格，否则其他人对你在新的行业的能力不能认同。

这是人们的常规思维。我们不能责怪人们的这种常规思维。我们每个人也是这么思维的。

"女怕嫁错郎"反映了传统社会中的女人婚嫁对她一生的重要性。女人嫁给某个男人,她的命运就与他连在一起,所谓"夫贵妻荣"也说明了一点。尽管今天的社会开放了许多,但对女人仍然是不宽容的。离婚对于女人来说成本很高,再结婚的难度也较大。其实,离婚对于男人也一样,成本也很高。离婚无论对男人还是对女人,不仅要承受舆论的压力,同时要承受大量精力的耗费。人们常说,结婚前眼睛睁大些,结婚后则睁一只眼、闭一只眼,均说明婚嫁时选择的重要性。

我们这里对行业与婚姻的思考,不是说人们不应当换行业,也不是说人们不应当离婚。如果人们选择的某个行业没有出路,或者他不适合该行业,在某个新的行业里发展可能更有前途,那么他应当选择改行;如果某人感觉婚姻不幸福,离婚是比较好的出路,那就选择离婚。我们要表达的是,在人生的关键时刻 —— 择业、择偶,我们要谨慎为之,因为此时的选择,虽然不会构成"一失足成千足恨",但覆水难收 —— 如果所做的选择是错的,要消除这种选择的成本往往比较高。

简单多数表决与博弈论

对于简单多数规则很可能导致的资源损害的限制,将取决于群体的规模。在三人群体中,公共投资的总"生产率"肯定至少有私人部门所牺牲掉的生产率的三分之二那么大。而在一个五人群体中,该分数变成五分

713

之三。资源损耗的极限由分数 M/N 来界定，在这里 M 是为执行一项决定所要求的最低限度的投票人数，而 N 则是将要为之作出各种选择的整个群体的投票人数。这样，以此为限，一项公共投资计划的生产效率只需稍微大于被牺牲掉的私人投资计划的生产效率的一半，而每种情况下的生产率都是根据个人对收益的评估来衡量的。

——詹姆斯·M.布坎南　戈登·塔洛克[1][2]

　　我们现在要考察的是现代博弈论（game theory）对简单多数表决分析作出的可能贡献。正如对这个领域中的那些甚至是经验很一般的人也会逐渐明白的一样，我们的解释理当是初步的。然而，我们的目的并不是要对博弈论本身作出什么贡献，而毋宁是要把这个相关的理论应用于我们的具体问题。[3]

　　把博弈论应用于多数表决，这是相对直接而简单的，但是，博弈论对我们的目的能有所帮助的程度是有限的，这一点应当在一开始就予以承认。这个理论中的大多数精细改进都是在二人零和博弈分析中发展起

---

　　① 詹姆斯·M.布坎南，美国经济学家，1986 年诺贝尔经济奖得主。

　　② 詹姆斯·M.布坎南，戈登·塔洛克，《同意的计算——立宪民主的逻辑基础》，中国社会科学出版社，北京，2000 年。

　　③ 这种处理方法，直接以包含在鲁斯与赖发的有益概述中的那些解释为基础。参见 R·邓肯·鲁斯与霍华德·赖发：《博弈与决策》(R. Duncan Luce and Howard Raiffa, Games and Decisions. New York: John Wiley and Sons, 1957)。

来的。很显然,对这样的博弈的分析,不会使我们的预测简单多数表决在政治过程中的结局时走得很远。为了在这里有所裨益,我们必须展望一下 n — 人博弈理论中的发展,与二人博弈相比,n — 人博弈理论还相当不成熟,且有较多思辨性。零和或常和限制也令人讨厌,但是,这种障碍在某种程度上是可以克服的。[①]

一、一种三人常和博弈

就像前面提到的模型那样,将所考虑的这种制度"理想化",亦即建构一个体现这种制度的本质特征而又不带任何使问题复杂化的性质的模型,会是有用的。这里所要使用的这个模型,甚至必须给予比前面所使用的模型更多的限制。我们首先假定,整个群体由三个人组成,他们的定位相同。为了把这种分析与前面的分析关联起来,我们也可以假定,这些个人就是小镇上的对修路感兴趣的农场主。我们进而还要假定,一个人的道路的维修不对该群体的其他成员造成外部成本或产生溢出效应。

我们假定,已经作出一个决定,要花 1 美元(添上一些零不会改变我们的分析[②])来维修整个小镇的道路。为简单起见,还让我们假定,这笔钱不是从普遍税

负中提取的,而是以来自某个更高级别的政府单位的专项拨款形式得到的。这个假定向我们保证,我们所要考虑的博弈是一种 1 美元的常和博弈。我们继而又假定,所有分配修路金的决定,都要按简单多数票作出,并且这是唯一被公认的集体决策方法。在我们的第一个模型中,我们分析这种规则在一个孤立的单项行动中的动作:这就是说,这 1 美元的拨款一旦收到,就必须一次性地予以分配,而与可能出现的其他集体性问题全然不相干。

现在可将此种"博弈"标准化,把它表述为如下的特征函数形式

① $V(1) = V(2) = V(3) = 0$;

② $V(1,2) = V(1,3) = V(2,3) = 1$;

③ $V(1,2,3) = 1$,

这个特征函数显示了各种各样的可能形成的联盟的值。该函数清楚地表明,由该群体中少于两个人组成的任何"联盟"都没有值,而所有由两个以上成员的联盟都有一个为 1 的值。若一个获胜的两人联盟的成员愿意对称地分享其收益,则下面三种派算就成为可能"解"

$(1/2,1/2,0)$ $(1/2,0,1/2)$ $(0,1/2,1/2)$

这一组派算将被称做 F,或称做 F 集。该集,也只有该集,才满足冯·诺依曼－摩根斯坦的 n－人博弈"解"的要求,而且,在某种严格的意义上,也才可以称之为解。其中的第一个要求就是,在 F 中,任何单项的派算既不优于同一集中的任何其他派算,任何其他派算也不优于它。(优势是根据有效的决策子群体或联盟来定义的:在所分析的模型中,也就两个人)第二个

716

条件是,任何不在 F 中的派算,都至少要被 F 中的某一个派算超过。[①]

F 中的诸派算的这些优势方面,可以用假定的向不在 F 中的派算转换来加以说明。假定$(0,1/2,1/2)$这组派算是由一个多数联盟$(2,3)$提出的。个人 1 可以提出一个能为联盟$(1,2)$执行的替代派算$(1/4,3/4,0)$(这一派算优于第一个派算)。个人 2 则可能被诱使放弃与个人 3 结成的第一种联盟,而支持那个改变了的建议,因为他的状况将得到改进$(3/4 > 1/2)$。然而这第二种不在 F 中的派算反过来又将为$(1/2,0,1/2)$所超过,该派算属于对多数$(1,3)$有利的 F。个人 2 如果预见到最终采取行动之前的一步以上的前景,他就会提防对与个人 3 结成的那个联盟的任何初始背离。由于此一事实之故,F 中的诸派算据假定会比不在 F 中的那些派算更为稳定,尽管博弈理论家认识到了并且也承认,$n -$ 人博弈中的"解"与"稳定性"等概念还有种种限制。

F 这个派算集,包含有我们可以从多数表决在各种独立行动中的运作而预测到的派算。如果假定每一个人都抱着一种使其自己的预期效用最大化的希望去接近集体决定,并且假定个人效用函数都是独立的,那么一般会有两个人想得到全部的收益,而第三个人则什么也得不到。请注意,F 集包含着那些优于"公平"

---

① 参见 J. 冯·诺依曼与 O. 摩根斯坦:《博弈论与经济行为》(J. Von Neuman and O. Morgenstern, Theory of Games and Economic Behavior, 3d ed. ; Princeton; Princeton University Press, 1953),第 264 页。

派算$(1/3,1/3,1/3)$的派算。F的三个派算中的任何一个派算,就其要求有若干个个体投票者而言,都优于这个公平派算。因此,公平派算看起来是所有派算中最"不稳定的",因为任何多数都能够使之无效。请把这个公平派算与不在F中的另一个"弱"派算加以比较,比如说,与$(1/4,3/4,0)$比较。这个派算仅次于F中的派算$(1/2,0,1/2)$以及由其他非稳定派算组成的一个有限子集。因此,要从$(1/4,3/4,0)$改变成F中的某个解,那么就必须有一个特殊的多数$(1,3)$。而要从$(1/3,1/3,1/3)$转变成F中的一个解,则任何多数都是足够的。这样一来,只有许多个人都显著地背离效用最大化时,才能使"公平"解稳定下来。

二、五人常和博弈

现在让我们把这一分析扩展到一个五人群体,并假定初始条件完全相同。我们进而又假定简单多数规则有效,以便有三个人就足以作出决定。现在的特征函数有如下述

① $V(1)=V(2)=V(3)=V(4)=V(5)=0$;

② $V(1,2)=V(1,3)=\cdots=V(4,5)=0$;

③ $V(1,2,3)=V(1,2,4)=V(1,2,5)=V(1,3,4)=$
$\qquad V(1,3,5)=V(1,4,5)=V(2,3,4)=$
$\qquad V(2,4,5)=V(3,4,5)=V(2,3,5)=1$;

④ $V(1,2,3,4)=V(1,2,3,5)=V(1,2,4,5)=$
$\qquad V(1,3,4,5)=V(2,3,4,5)=1$;

⑤ $V(1,2,3,4,5)=1$,

对于其解,即F集,如前所展开的,我们有

$(1/3,1/3,1/3,0,0)$ $\qquad$ $(1/3,0,1/3,0,1/3)$

$(1/3,1/3,0,0,1/3)$ $\qquad$ $(1/3,0,0,1/3,1/3)$

$(1/3,1/3,0,1/3,0)$　　$(1/3,0,1/3,1/3,0)$

$(1/3,1/3,0,0,1/3)$　　$(0,1/3,1/3,1/3,0)$

$(0,1/3,1/3,0,1/3)$　　$(0,0,1/3,1/3,1/3)$

请注意,在 F 集的这些派算中,对于所要求的由 3 个人组成的决定性联盟而言,任何一种派算都优于我们所谓的公平解 $(1/5,1/5,1/5,1/5,1/5)$。因此,如果假定个人追求最大化,那么,这个公平解就永远不会被人们选取。

显然,可以把这种分析推广到一个任意规模的群体。在 F 集的各种派算或"解"中,总是只包含那些涉及最小有效联盟的成员对称地分享全部收获的派算。在简单多数规则的博弈中,最小有效集随着群体规模的增大而向投票人总数的 50% 逼近。人们总能发现,属于这个解集范围之内的各种派算,对于一个有效的联盟来说,将优于该集以外的任何派算。然而,随着群体规模的扩大,F 集中的各种派算的稳定特征看起来会逐渐变得不那么强。在前文中的三人博弈例子中,我们发现,F 集内的这个解往往比 F 集外的任何相似的派算集更为稳定,因为成功的个人也许有能力预见到一开始就背离在 F 范围内形成的某个联盟的后果,这个联盟规定,收益在联盟成员之间对称地分享。当然,这样的后果就是,一个表面有效的联盟的诸成员,可能还在最后采取行动前即为某个新形成的联盟中的外来者所取代。

论证优势联盟诸成员分享收获时的对称性的基础,与其在两人合作博弈或 $n-$ 人的要求所有参与者必须对某种分享安排达成协议的博弈场合所依据的基础稍有不同,注意到这一点也许是有益的。谢林最近在论证放弃对称性时,很大程度上把他的讨论囿于后面的这些 n 一 人博弈。[①]如果各种规则都像我们在这里所考虑的"多数 一 规则博弈"中这样规定,只需要群体中一定比例的人表示同意,那么,有利于有效联盟的对称性的理由就更强了。属于获胜联盟的个人往往会满足于对称地分享总收益,这并不是因为他预期,没有人会由于某种普遍的"公平"态度而让给他一个较大份额,而是因为他知道,如果他真的索要更多,其他个人就会准备取而代之,并愿意加入新的能够有效地全部拿走他的收益的联盟。

对个人行为的这些有效约束,随着总群体规模增加而被削弱。个人将以较低的值来计算他对一个联盟的贡献,并且更多地会受到诱惑而偏离该"解"范围内的各种派算。各种联盟都有可能形成,而任何单个的获胜联盟则都相对地不稳定不持久。另一方面,还应当强调的是,随着群体规模扩大,对于加给个人追求效用最大化的行为的种种道德或伦理限制的任何不言而喻的遵守,也都会变得更加难有保证。在一个由 3 人组成的社会群体中,任何两个人对第三个人的蓄意剥削,都可能是难以想象的,而个人对他的对手的兴趣,也随着群体规模扩大而十分显著地降低。因此,在这个意义上,这个博弈论模型的基本假设,就变得更多地与大群体而非小群体相关了。"解"这个概念在大群

---

① T. C. 谢林:"论放弃博弈论中的对称性"(T. C. Schelling, "For the Abandonment of Symmetry in Game theory", Review of Economics and Statistics, XLI, August 1959. Reprinted as Appendix B in The Strategy of Conflict. Cambridge: Harvard University Press, 1960)。

体场合也许要令人更为糊涂得多,但是可以预测到,将要出现的那种效果的走向,仍然是与对现实政治决策的任何研究都显著相关的。

三、限制额外支付

我们已经分析了多数表决规则在最简单的模型中的动作,我们假定,群体所面对的是一个单项的问题,对这个问题需要作出一次性的决定。在把这个模型应用于现实的种种制度时,我们必须认真地牢记它的种种限制。其中许多限制在上述分析中被掩盖了,而现在则必须提到其中的一些限制。首先,互投赞成票或选票交易过程往往发生在把不止一个问题提供给投票人的时候。然而,我们打算暂且把这个难题放在一边,并且假定,所有形式的选票交易都以某种形式而受到禁止。如果我们要在这里使用博弈论的术语,我们就可以说,所有的额外支付都被禁止。这种禁令有效地压制了个体投票者有能力表达他赞成或反对所提出的具体议案的偏好强度。隐含在对那些确实全面或部分地起到限制各种额外支付之作用的决策制度与规则的支持之中的,似乎便是下面这个心理学假定:个人的偏好本质上是对称的。①

让我们准确地看看,全面禁止所有额外支付,对于

---

① 赋予简单多数规则的这种属性,已被人们称做匿名性(anonymity)。也可以称之为对等性条件(equality condition)。这样的术语看起来是特别迷惑误导人的,因为所假定的这种心理平等,与由每一个人都有一张选票这一事实所保证的政治平等完全不是一回事。参见 K. O. 梅:"简单多数决策的一组独立的充分必要条件"(K. O. May, "A Set of Independent Necessary and Sufficient Conditions for Simple Majority Decisions", Econometrica, XX, October 1952)。

我们的作为"解"的各种派算而言,穷竟意味着什么。请考虑一下上面所讨论的同一种 3 人博弈,在该博弈中,有 1 美元的拨款要在 3 条路之间进行分配,而每一项修路计划都只使一个人受益。让我们假定,实际上,在这 3 条路中,只有对一条路的维修是高度生产性的,对第二条道路的维修具有中等程度的生产性,而第三条道路则不值得付出成本来加以维修。维修每一条道路所花费的总支出的一半(50%),分别产生 1 美元、50 美分和 25 美分的价值,或者用分数表示为:1,1/2 和 1/4(请注意,这些值不是派算)。虽然所有(公开的或隐秘的)额外支付都被禁止,但是简单多数表决将把所有这样的"政治博弈"转换成一种完全标准化的形式。各种派算所构成的解的集合,将与前述完全相同。如果用投入或成本值来量化或度量的话,这个集就是

$$(1/2,1/2,0) \qquad (1/2,0,1/2) \qquad (0,1/2,1/2)$$

然而,现在仍有必要的投入或成本值与产出或收益(效用)值之间作出区分。在同一个派算集中,后者变成

$$(1,1/2,0) \qquad (1,0,1/4) \qquad (0,1,1/4)$$

在此,重要的结论是显而易见的。用收益或生产率的术语来说,"博弈"不是常和的,并且,尽管所有额外支付都被禁止,但人们是否会以最具有生产性的方式来采取集体行动,这仍然是没有任何保证的。第一种派算获选的可能性并不比第二种或第三种派算获选的可能性更大。规则可能会选择最有"生产性"的派算,也

同样可能会选择最少有"生产性"的派算。①

对所有额外支付的禁止,也阻碍着任何直接使投票总体中少于简单多数的人受益的派算被选中,而不管公共投资的相对生产率如何。例如,让我们现在假设,那 1 美元的拨款,如果全花在第一条道路上,就会产生 10 美元的收益值,花在第二条道路上产生 5 美元的收益,而花在第三条道路上的收益则只值 1 美元。如果所有资金事实上都花在第一条道路上,其派算就是(10,0,0)。然而,请注意,任何像(0,5/2,1/2)这样的派算,都将优于更为集中更有生产效率的投资。在所概括的这些条件下有解的各种属性的派算集将是

(5,5/2,0)　　(5,0,1/2)　　(0,5/2,1/2)

如果不引入某种选票交易,那么,也就绝不会允许个人偏好强度有任何可能的变化。在上面这个模型中,我们以一种定量的方式对此作了相当醒目的说明。

四、允许额外支付

简单多数规则不带有任何额外支付的动作所可能产生的明显扭曲,这意味着要对那种带有额外支付的模型进行考察。额外支付可以"改进"这些结果。因此,我们打算更详细地考察这种可能前景。姑且让我们假定,个人完全有自由作出他们愿意作出的各种额外支付或补偿。对支付的方法也不加任何限制,但我们可以认为,它们是以一般化的购买能力或货币作出补偿的。个人的这样一种行为,被假定为既不受法律

---

① 当然要假定,所估算的客观值反映了对道路维修的相对价值的精确的主观估计。

约束,也不受道德约束。这种模型允许我们在其中引入某种与选票交易相似的东西,而又不偏离一个简单的单项问题的范围。

让我们假定存在上述最终的收益框架:亦即如果整个拨款都要用在每一条路上,那么,其"生产率"将分别为 10 美元、5 美元和 1 美元。现在,允许充分额外支付的简单多数表决,将产生如下一个派算"解"集

$$(5,5,0) \quad (5,0,5) \quad (0,5,5)$$

在第一种派算中,个人 1 将所有的拨款都用于维修他自己的道路,但他必须把他的净收益的货币值的一半支付给个人 2,以换取后者的政治支持。在第二种派算中,个人 2 和 3 简单地换了一个位置。本解集中的第三种派算最有意思。在这里,所有道路维修事宜仍在第一条路上进行,其投资的生产效率远大于对其他道路的投资,但个人 2 和 3 形成了政治多数,迫使个人 1 为他所获得的道路维修付出全额的补偿。尽管事实上只有他的道路得到了维修,但是,在集体行动被采取后,他的个人境况并不比他在此前的境况更好。

我们看到,在这个允许充分额外支付的模型中,简单多数表决的结果,在若干根本的方面,不同于该规则在不允许有这样的支付时的结果。首先,额外支付保证以最有效的方式投入资金。其次,决不要求所进行的计划给投票人中多于某个多数的人们提供有形的服务。一如在所有早先的模型中那样,这种解将体现出最小有效联盟的诸成员对总收益的对称分享,但是请注意,额外支付的引入所保证的,往往是对以收益或生产效率条件来度量的收获的对称分享。

与互投赞成票模型相对照,这种真的包含了公开

724

的选票买卖(亦即用货币进行的充分额外支付)的模型,似乎并不是现代民主制政府的独有特征。我们并不想在此时预先对该模型所引入的种种伦理问题进行判断,但是已经建立的各种法律制度以及普遍接受的行为态度和标准,会阻止向实际被执行的充分额外支付的任何接近。尽管如此,本模型仍然是一个极为有用的模型,因为它的确指明了那种在更复杂的允许做出间接额外支付的模型下得到的解。

五、简单互投赞成票与博弈论

简单互投赞成票模型介于不包含额外支付的模型与允许充分额外支付的模型之间。为了引入互投赞成票,我们必须抛开各种单项的问题,并假定群体面临着连续的不同议案系列。用博弈论的话说,互投赞成票只是进行额外支付的一种间接的方法。个人并不能够直接用货币购买投票人的支持,但他们能够在不同问题上交换选票。

让我们继续举修路的例子。有 1 美元的外来拨款机会可以现成地用于该社区,配置于若干连续的时间周期中的每一个周期。还让我们假定有与以前相同的报偿:此即,对道路 1 的 1 美元投资的生产率是 10 美元,对道路 2 的 1 美元投资的生产率是 5 美元,而对道路 3 的 1 美元投资的生产率是 1 美元。现在,我们还必须对本模型中的边际生产率函数给出某种假定。我们将假定,在任何协议中所考虑之决定的有效时间范围内,投资每一条道路的边际生产率一定:这就是说,对道路 1 的任何 1 美元的投资都产出 10 美元,而不管在以前各时期对该条道路的投资增量是多少。

请记住,在没有额外支付的简单多数表决情况下,

由诸派算组成的解集合,若用收益条件来度量,就是

$$(5, 5/2, 0) \qquad (5, 0, 1/2) \qquad (0, 5/2, 1/2)$$

而在有充分额外支付的模型中,此集合为

$$(5, 5, 0) \qquad (5, 0, 5) \qquad (0, 5, 5)$$

在第一种场合,将对三条道路中的任何两条体现于一个有效联盟中的道路进行维修,而不一定维修那些最需要维修的道路。在第二种情况中,往往会对其投资最有生产效率的道路进行维修,同时要给出一笔或几笔额外的支付,以确保在投资过程中得到足够的支持。

　　在我们的简单互投赞成票模型中,第一个人能够"购买"到对维修他的道路的支持的唯一方法是,投票赞成维修除他自己的道路以外的某条道路。他不能够以更"有效"的货币转移来替代这一方法。在此,很难根据某一个别的收益派算集合来描述各种结果,因为我们必须列入整个的问题系列,但是显而易见,这些结果必定比第二种替代模型的结果更紧密地接近于第一种替代模型的结果。既然必须拿出一些资金用于相对地没有生产效率的投资,那么在某些时期,第二个模型的更大"效率"就是不可能得到的。我们可以把简单的互投赞成票转换成一种政治博弈,其途径是考虑这么一个单项的修路计划,在此计划中,个别的受益人通过允诺对未来的提议给予互惠支持而获得多数支持,并且这些"允诺"应具有某种现期经济值。于是,可以把普遍互投赞成票模型设想为是由这样的博弈序列组成的。然而,在简单互投赞成票模型(或其博弈论的对应模型)与前文讨论的基本博弈之间,还是有一些差别的。即使那些议题相互密切有关,但简单的互投赞

726

成票也能够在"效率"上引发最低限度的改进。这个过程消除了为每一单项的立法保证给一个绝对多数以看得见的好处的必要。在任一周期内,道路维修(投资)都可以专用于一条道路。而且,如果对单期投资规模都有巨大回报,那么这就能够产生显著的效率。

最好是在下述假定的基础上来理解我们的普遍互投赞成票模型,此即政治过程蕴含有一系列的连续的问题;尤其就所举例证而言,它包括了种种具体的修路建议。然而,如果所有的修路计划都必须根据某项综合性提议来进行投票表决,那么,其结果就变得与前文讨论的初级博弈中所证明的结果相同了。既然如此,少数农场主的道路就不会得到维修,而在普遍的互投赞成票模型中,哪怕是按照多数规则行事,每一条道路也往往会由于给许多独立的联盟留有余地的议案具有多重性而得到维修。然而,这两种多数规则模型之间的差别,并不会影响个人对作为政治决策方法的多数表决所作的立宪评估。在一种情况下,由于普遍地进行过分的道路维修,可以预计会有外部成本;而在另一种情况下,则是由于个人可能偶尔发现下述事实,从而预期会有外部成本:在一个单一的、大规模的综合性议案上,他自己属于失败的联盟。

六、复合的互投赞成票

在我们所举的例子中,我们讨论了限于一些密切相关的议题的互投赞成票现象的博弈论层面。替代这种情况的是,互投赞成票可以通过在范围广泛的各种集体决策上交换选票而发生,交换双方既可能有看得见的相似之处,也可能没有这种相似之处。当"协议"扩张到包括更多的异质性议案时,看起来很清楚的是,其结果将开始逼近由允许有不受限制的额外支付的模型所产生的那些结果。如果投票人随时都面临着为数足够多的议案，并且如果个人对这些议案的偏好强度的变化范围与分布也足够地宽泛，那么复合的互投赞成票过程在结果上就可能近似于不受限制的额外支付。如果这一点是真的，那么，由公共经费产生的差额收益或普遍受益性立法的差额成本（亦即个人偏好的有差别的强度），便可得到全面的利用。对某些提案或是强烈反对或是强烈赞成的个体投票人，如果有必要的话，也许会"卖掉"他在别的数量足够多的议案上的选票，以便为他这一方在强烈地偏好的结局上赢得胜利。他的"购买力"决定于他给予其他投票人所考虑的全部议案的支持的价值。当然，这个投票人很少会想在任何单项提案上用尽他的全部购买力，就像个体消费者在市场上很少会为某件物品或某种服务而用光他的购买力一样。这种类型的复合互投赞成票仍然是一种"物物交换"体系，但是，随着集体地承担的议案范围被拓宽，它将融合于一种纯粹的"货币"体系（亦即一种附有充分的额外支出的体系）。隐蔽式互投赞成票，是这里所讨论的复合式互投赞成票的一种形式，在这种形式的互投赞成票现象中，一组复合的议案被同时摆在投票人面前。如果能够让投票人从数目足够大的各种可替代的议案集中进行选择，他的有效"购买力"将接近他在某种"货币"体系下所能够利用的极限。

七、"个体理性"条件

对于这一点，由于假定该群体所面临的那个或那些选择，仅仅涉及从外部来源得到的一笔或几笔专门

拨款的最终分享问题,所以我们的各个模型都已被简化了。现在我们打算通过放弃外来拨款这一属性而使这些模型变得多少更为现实些。且让我们假设,所有修路资金都要从统一向所有公民征收的常规税筹得。让我们回到最初所分析的那种最简单的三人博弈。这种"新的"博弈也可以用规范化的形式来加以讨论。为此,只要求我们一开始即把一笔固定金额给予各式各样的个人。在这种三人博弈中,让我们假设,每一个人在"博弈"一开始即持有 1/3 美元;因而开始时的派算是(1/3,1/3,1/3)。现在进而假定,在任何情况下,"博弈"都要涉及对这1美元的配置。特征函数的形式不变,即

① $V(1)=V(2)=V(3)=0$;

② $V(1,2)=V(1,3)=V(2,3)=1$;

③ $V(1,2,3)=1$,

与在前述博弈中的情况一样,例如,在全体一致的规则下,各个人作为一个群体而联合行动 $[V(1,2,3)=1]$,他们的所得不可能比在简单多数规则下的赢家从形成联盟而得到的更多。然而,在现在所考虑的这种博弈与前文中所讨论的那种更简单的博弈之间,有一个重大的差别。在以前的那种博弈中,个人可能拥有退出群体的完全自由。既然所要花费的资金在那里被假定来自于该群体之外,所以,某一个成员的撤出,也不会产生使要获得的总收入减少的影响。换句话说,早先的那种博弈满足一个条件,这个条件可以表述为对鲁斯和赖发所谓的个人理性这一条件的改

729

写。^①他们把这一条件定义为

$$对于 I_n 中的任何一个 i , V(\langle i \rangle) \leqslant X_i \qquad (1)$$

这个条件是说，在整个群体 I_n 中的任何个人参与博弈时的所获，不会比他在反对群体中的所有其他成员而"单独博弈"时的所获更少，不管他在"博弈"中是属于获胜的联盟还是属于失败的联盟。把这一条件应用于我们的特殊问题，则可以把"单独博弈"($\langle i \rangle$)解释为完全退出博弈。

如果目的是要分析"自愿的"博弈，且如果进一步认识到，个人会发现，他自己处身其中的大多数博弈情境，事实上都代表着这样的自愿博弈。那么，这一条件的相关性就是显而易见的了。把各种博弈论模型推广到对政治决策的任何分析，都要求对"强制性"博弈给予某种考虑。正如我们在上面所说，个人理性这一条件，根本无须予以满足。集体决策的个体参与者，在许多通过政治过程而作出的实际选择中，可能都宁愿退出"博弈"。这并不意味着，个人一定会想退出对由国家行动所代表的全部博弈的参与（尽管概念上他也能够想去这么做）。无论如何，个人通常既可以不选择他愿意参与的那些政治"博弈"，也可以不轻易地退出终极的社会契约。在群体所面临的每一个议题上，他必定仍然是一个参与者。

回头再来看看我们面前的这种简单的博弈。如果允许个人退出，那么，个人就能够始终保持他那 1/3 美元的原值。随之而来的结果就是，如果给他提供不博

---

① 鲁斯，赖发：《博弈与决策》，第 193 页。请注意，"个人理性"这一术语的这种用法，比我们在第一部分的用法有限得多。

弈的选择,他就不会自愿地在博弈中接受一个小于1/3美元的预期值。然而,在各种政治集团中,这样的行动通常是不可能的。个人不能够拒绝纳税,即使他们发觉他们是少数。

用成本值来衡量,由各种派算组成的解集,将等同于这个初始的三人博弈中的解集

(1/2,1/2,0)　(1/2,0,1/2)　(0,1/2,1/2)

在其中的每一组派算中,如果博弈开始,那么,三个人中总有一个人的境况会变得更糟。然而,作为正在为之作出各种决定的政治单位的一员,他不得不屈服于各种规则的动作所昭示的那些结果。

八、"社会"损耗的限度

这里所考虑的多数规则博弈,导致真实的收入从三人群体中的某个成员向另外两个成员的净转移。当然,这样的转移是能够直接发生的,并不需要在公共服务的供应上消耗税收。然而,在立宪民主制国家,几乎总是可以发现对于多数行动的一些限制。而且,既然假定我们的模型中的个人在财政能力上最初是平等的,那么,宪法条文和传统就有可能防止各种直接再分配性质的转移。如果这样的转移被禁止,那么,多数联盟便只有通过征收常规税来提供特殊好处,或通过征收特别税来获取普遍的好处,才能有效地剥削少数。记住了这一点,我们现在要考虑的就是,简单多数表决规则的运作所导致的"资源"社会性损耗的程度。

如果假定,上述由各种派算组成的解集合,代表了对于所估计的公共服务(修路)的个人评价集合,那么,要注意的是,对于资源,不存在任何全面的损耗。综合征税 — 开支的运作,并不会引发任何的"无效

率"。例如,派算(1/2,1/2,0)在这种意义上就意味着,花费在第一个人的道路上的 1/2 美元的开支,给他产生了 1/2 美元的估计价值,对于第二个人,情况与此相似。对 1 美元的开支创造的总效用增值的评价,总体上与必要的征税所导致的总效用减少相同(1/2 + 1/2 = 1/3 + 1/3 + 1/3)。这笔公共开支的"生产率"刚好等于资源的替代"生产率",如果把它们留下来供私人配置的话。这意味着,额外支付的引入并不能修改结果,这些结果与纯粹再分配性质的转移的结果完全相同。按照定义,在这里所考虑的意义上,这样的转移并不涉及任何"社会损耗",当然得假定,生产要素的供给不受影响。

然而,现在让我们假设,花费在第一个人的道路上的那 1/2 美元的开支,给他产生他估计有 5/12 美元的效用增值,对于第二和第三个人,情形与此相似。在此一修正过的有关修路的生产率假设下,我们得到如下一个可能解派算集合

(5/12,5/12,0)　(5/12,0,5/12)　(0,5/12,5/12)

请注意,对于玩这种博弈的获胜联盟而言,这仍然是有利可图的(5/12 > 1/3),但"收益"的总估计值少于"损失"(10/12 < 1),或者以净值来说,是(1/3 > 1/6)。如果这些个人估计可用某种方式加以比较,那么,显而易见的是,在执行这种多数决定时,必定涉及资源的"社会损耗"。当然,允许对个人效用进行某种比较的一种方法,就是允许额外支付。如果引入额外支付,那么上面的派算集合就不能说代表了什么解。相反,在每一种派算中,属于少数派的那个人,总是能向其他人中的至少一人提供补偿,以便使他不去参加博弈。例

如,处于上述集合之外的派算(11/24,11/24,2/24),就
不受制于该集合中的任何派算。因此,可能解派算集
合

$(5/12,5/12,0)$　$(5/12,0,5/12)$　$(0,5/12,5/12)$

便不满足冯·诺依曼－摩根斯坦要求。在这种情况
下,这种必定是负和的"博弈"看上去根本就不可能玩
起来。任何道路维修行动都不会进行。

　　然而,应当说,除非允许有额外支付,否则这种结
果便决不会发生。如果无论纯粹再分配性质的收入转
移还是额外支付都不可能,那么,也就没有任何阻止这
种社会过程进行下去的事情能够发生,用博弈论的概
念来说,即便这种博弈是负和的,也是如此。在与前面
相同的生产率假定下,下述派算集合

$(5/12,5/12,0)$　$(5/12,0,5/12)$　$(0,5/12,5/12)$

现在将获得冯·诺依曼－摩根斯坦"解"的全部特征。
处于少数地位的个人最多能提供 1/3 美元给另一个
人,以使他不参加博弈。

　　从这种分析看,理当清楚的是,对于简单多数规则很
可能导致的资源损害的限制,将取决于群体的规模。在
我们的三人群体中,公共投资的总"生产率"肯定至少有
私人部门所牺牲掉的生产率的三分之二那么大。而在一
个五人群体中,该分数变成五分之三。资源损耗的极限
由分数 M/N 来界定,在这里 M 是为执行一项决定所要求
的最低限度的投票人数,而 N 则是将要为之作出各种选
择的整个群体的投票人数。这样,以此为限,一项公共投
资计划的生产效率只需稍微大于被牺牲掉的私人投资计
划的生产效率的一半,而每种情况下的生产率都是根据

个人对收益的评估来衡量的。[①]

　　这一分析并不想暗示说,多数规则"博弈"往往会是常和或负和博弈。在许多场合,这种博弈当然是正和的博弈,在这里,通过改变我们的简单模型中的生产率假设,便可以轻而易举地得到正和博弈的结果。让我们假设,花在每一条道路上的 1/2 美元的投资,都将产生 1 美元的收益,正像个人自己所估计的那样。由各派算组成的"解"集合就变为

$$(1,1,0) \quad (1,0,1) \quad (0,1,1)$$

请注意,在这里,正如在常和情况中那样,引入额外支付也不会改变此解。在所概括的那些条件下,只有当博弈是负和的时候,引入额外支付才会改变这个解。

　　然而,如果我们在收益表中引入某种非对称性,亦即我们假定公共投资的生产率在我们的模型中可以随道路的不同而变化,那么这个限制就不存在了。我们当然能够想象各种非对称收益表的博弈,这些收益表有正和的、常和的或负和的。而且,在某个单一的"解"派算范围内,还可以把一次博弈从正和改变为负和。请考虑下述集合

$$(11/12,1/2,0) \quad (11/12,0,1/12) \quad (0,1/2,1/12)$$

让各派算值表示个人对给予每一条道路 1/2 美元的公共投资的粗略评估。这样一来,该集合就获得了一个解的属性,除非容许额外支付发生。此集合中的任一派算都不会比另一个派算更有可能获选。如果第一个

　　[①]　用某些普遍使用来确定公共资金在个别的计划之间的分配的标准来说,1/2 这个最低限度的收益－成本比率,对于一项要在体现着简单多数规则的集体决策过程中获得通过的计划而言,将是必须的。

派算被选上,对于被视为一个单位的整个群体而言,博弈是正和的($17/12 > 1$);如果是第二种派算获选,则该博弈是常和的($1 = 1$);而如果是第三种派算获选,则该博弈就是负和的($7/12 < 1$)。

九、普遍受益 —— 特殊征税模型

上面的各模型都包含有下述假设,即给个体公民提供差别收益的公共计划,是通过向所有公民平等地征收的常规税来筹措资金的。适用于这些模型的 n 一人博弈论的那些基本前提条件,使我们能够预计到,简单多数规则的动作能够导致严重的资源损耗。多数规则允许决定性联盟的成员向群体中的其他成员强加外部成本,而在各种有效的决策中,这些外部成本却没有得到适当的考虑。由公共投资产生的加总的边际成本,超过了加总的边际收益。投入于这种模型所分析的这类公共计划的资源,相对地说是太多了,亦即与各种可替代的对资源的私人利用及公共利用方案相比较而言,相对太多。

通过征收普通税而谋取特别收益的假设,与相反情况比较,显然更多地刻画了现实财政制度的特征。伦理上得到公认的被长期信奉并体现在现代税收制度之中的各种原则,都强调普遍性在社会集团诸成员当中分配税负方面的重要性。但任何这样的原则都不曾指导过公共开支在若干可能用途之间的配置。然而,为了完善我们的分析模型,修改我们的假设并考虑相反的情形将是有益的事。让我们尝试把上面所使用的基本的博弈论构想应用于这样一个模型,在这个模型中,给所有公民提供普遍的(平等的)收益的集体物品,是通过差别征税来筹措资金的。分析是相对简单

735

而直接的,但是,挺有意思的是,这种模型在所有方面都与前面所考虑的模型不对称,这就像我们将要证明的那样。

　　和以往一样,我们从一种初始派算(1/3,1/3,1/3)开始,该派算代表着个人所持有的财富值。现在我们引入一种普遍受益情况。假设群体面临着购买一种真实的集体物品的机会,由此集体物品所产生的收益是不可分的。如果一个个人获得了这些收益,那么群体中的每一个个人都必定以相似的量而得到它们。作为第一个例子,让我们假定,每个个人估计从该物品得到的收益是 1/12 美元。进而假定,该集体物品的总成本是 4/12 或 1/3 美元。如果该物品被购买了,该集体物品本身所产生的收益的最终派算必定是(1/12,1/12,1/12)。然而,在这种情况下,相关的是该集体物品的购买所产生的"净"派算以及初始财富的保持。[①]有效的联盟往往会向少数派强征各种特别税,同时产生如下的"解集合"

$$(5/12,5/12,1/12)$$
$$(5/12,1/12,5/12)$$
$$(1/12,5/12,5/12)$$

假定额外支付是不容许的。全面投资与其成本不相等($3/12 < 4/12$);但是,如果能够以一种差别对待的方式征税,那么,从那个有效联盟的成员的观点来看,就仍然是一种有利的计划($5/12 > 4/12$)。在我们所举

---

　　① 　这一调整在前面的模型中并不是必须的,因为我们始终都假定,总的初始财富是以普遍征税筹集的;亦即我们假定,每一情况下都配置 1 美元。

的说明性例子中,这种博弈是负和的。正和或常和博弈也可以在此框架中建构起来。在这个例子中,我们的目的是要证明玩成负和博弈的可能性,从而也证明资源损耗是可能的。在这里的这个说明性例子中,既然使用的资源如果留给私人经济部门会更富生产效率,那么公共投资也就不会进行了。

不难看出,在该模型的这种假设之下,对于资源损耗的可能范围,不存在任何有效的限度。任何产生普遍受益情况且完全与成本考虑不相干的计划,都将得到占优势的多数的支持,如果他们成功地把计划的全部税收筹资都强加在少数人的肩膀上的话。这个特征与普遍征税模型有着实质性的不同,在普遍征税模型这里,可以按照在多数规则下成为可能的资源损害程度来估计出某些定量的限制。这一含义必须谨慎地加以限制;只有当普遍征税假设得到保留时,它才仍然明显为真。如果允许进行区别对待的征税,那么似乎就没有任何先验的理由去期望,特殊受益计划会在多数规则的运作过程中起主导作用,但个人可能对特殊受益计划更感兴趣这个普遍性的预设除外。

还有一个重要的方面是,普遍受益模型与普遍征税模型并不是对称的。在普遍征税模型这里,我们已经能够证明,在简单多数规则生效的情况下,专门用于特殊目的的公共投资计划的资源,相对而言可能太多。要做到完全与此对称,普遍征税模型看来可能得有这么一个结论,即相对而言有太多的资源被投入于目标普遍化的公共计划。然而,这个结论是得不到支持的。能够证明的是,相对而言,在简单多数规则生效的情况下,将有太多的资源被投入于特殊受益与普遍

737

受益的公共计划。这是从我们把博弈论应用于该表决规则而产生的尤为显著的含义，值得予以仔细地证明。

我们将表明，每一种与其成本相值的普遍受益计划，往往会通过简单多数表决而被采用：也就是说，我们将努力证明，所有涉及比私人经济部门的替代投入更具"生产效率"的资源投入的可行计划，往往会通过多数规则而得到采纳。如果能够证明这是真的，我们的主要观点就会得到确立，因为，我们已经在最初使用的那个说明性模型中表明，有些无生产效率的计划（负和博弈）会被选中。

证据几乎是直觉性的。如果占优势的多数有能力把普遍受益计划的全部成本都强加给少数，那么必然的结果就是，所有给多数联盟成员带来任何收益且其所付出的成本不超过少数的最大纳税能力的计划，会被毫无疑问地采纳。这是因为，如果允许进行有差别的征税，就能够向群体的那个唯一的少数成员征集一笔达到这个量的税。因此，对于所有这样的计划，多数联盟的成员都可以获得某种净收益，而不会给自己造成什么成本。

随着集体物品的成本超过群体成员的最大可征税能力，在我们的例子中即超过 1/3 美元，多数中的个体成员将能够使其收支不平衡。[①] 既然他们是剩余纳税者（residual taxpayers），他们自己的计算就会保证他们实现一种喜出望外的不平衡。任何给该群体提供其价值比可替代的私人投资更高的普遍受益的计划，都

---

① 意即收大于支。——译者注

将被采纳。一方面,他们在作出最后决定时,真的不会把集体物品的全部边际收益都列入他们的计算之中,因为按定义这些集体物品给该群体的所有成员提供等额的收益;而另一方面,多数派的成员也并不把全部的边际成本都列进去。而且,这种计算所反映的边际收益估计,总是会比对边际成本(少数派成员将承担其中的大于一等份的份额)的估计更为精确(因为少数派成员将仅仅获得边际收益中的一等份的份额)。

在我们对普遍受益模型的分析中,我们没有引入额外支付。如果引入额外支付,其效果也与在普遍征税模型中所考察的结果相似。额外支付将会保证,负和博弈永远也玩不起来,也就是说,如果允许完全的额外支付,那么就决不可能进行"无生产效率"的公共投资。如果互投赞成票形成的非直接额外支付得到允许,那么就应预期到,多数规则决策的运作所涉及的资源损耗,会得到某种程度的减少。而这种减少的程度,则将取决于所发生的互投赞成票现象的程度与范围。

十、普遍征税 —— 普遍受益模型

现代的政治活动中有许多都可以归类为属于前面所讨论的两种模型中的一种,或可归入这两个模型的某种综合。然而,为完善起见,还需要考察一下由政府所从事的那些提供普遍收益并从普遍征税筹措资金的活动。让我们假定,一个由完全相同的个人组成的共同体,面临着提供一种真正集体性的物品的任务。从这种物品得到的收益,将在所有公民当中平等地分配。这种物品将要通过也是在所有公民当中平等分配的征税来筹措资金。

在这个模型中,立刻显得很清楚的是,这种集体选择过程并不具有博弈的各种属性,而不管可能为决策采纳怎样的规则。在这个模型中,政治过程没有给个体参与者提供任何以共同参与者为牺牲而获取差额收益的机会。当个人作出决策时,他在任何规则下都必须努力比较他将从这种集体物品的利用可能性获得的收益与他由于普遍税负的增加而要承受的成本。无论是在成本方面还是在收益方面,他的行为都不能给第三方带来任何外部效应。

共同体当然不是由完全相同的人组成的。而且,一旦容许个人之间在趣味、能力以及资质等方面有差异,这个有关普遍征税与普遍受益的模型就变得越发难以讨论。仍然有可能想象的是这么一种集体活动,在这种活动中,从所提供的公共服务产生的收益,是以这样一种方式在群体的全体成员中分配的:这种分配方式的结果恰好抵消了为服务的这种特殊扩展而承担的税负的分配。在这种公共支出单纯按某种普遍受益的征税原则来筹措资金的情况下,上面所得出的结论将会成立。个人不可能通过这种政治过程而以他的同伴为牺牲来获得好处。然而,很清楚,这个模型在现实世界中是看不到的。我们知道,由政府单位提供的公共服务,的确产生了差别收益,我们也知道,这种服务的资金,是通过在这种极端化的概念性模型所要求的意义上并非普遍的征税来筹措的。

这种模型的有用之处在于它的下述含义:就集体行动具有这样的普遍性特征(亦即非歧视特征)而言,这些博弈论结论的适用性被削弱了。正如我们已在别处强调过的那样,现代民主国家中的那种偏离普遍性立法而走向特殊性立法的趋势,使这些从博弈的类比

740

中引申出来的结论比它们在过去一百年更具可适用性。

十一、结论

作为把基本的博弈理论应用于简单多数表决的结果而能得出的这一概括结论,是显而易见的。如果按个人自己对各种可能的社会选择的评价来考虑,那么,在这一表决规则的运作过程中,就不存在什么内在的将产生"合意的"集体决定的东西。相反,在关于所设想的个人行为的各假定下,在投资计划提供差别收益或从差别征税筹措资金时,多数表决往往会导致对公共部门的过分投入。在多数规则的运作过程中,也无以保证公共投资比对这种投资的各种可替代的利用更具"生产效率",亦即不存在保证博弈是正和的东西。如果从人们所面临的一系列独立议案中凸显出来的选票交易过程,会产生某种与额外支付相似的东西,那么,多数表决的这一损害资源的层面往往就会被显著地削弱。

简单多数表决规则的运作与资源使用的"绩效"之间的关系的全部问题,在博弈论模型的框架之内,最好能根据现代福利经济学的理论建构来讨论。

理性行为需要成本高昂的
和复杂的操作

人们怀疑即使不存在计算成本,由于基本计算的不可能性,追求理性人范式能力的限度也同样存在。

——阿里尔·鲁宾斯坦[1][2]

一、介绍

这里致力于解决在理性建模方面的有限性问题。但是,正如我们所知道的,并不是每一个能够用文字描述的任务都能够通过我们认识到的计算机器来完成。因此,人们怀疑即使不存在计算成本,由于基本计算的不可能性,追求理性人范式能力的限度也同样存在。这里我们简要地谈谈这个问题。

为了使讨论集中,设想性别博弈:

	a	b
a	2,1	0,0
b	0,0	1,2

这一行动仅建立在被包括在策略博弈中信息的基础上,几乎没有哪个能称得上是局中人 1 的理性的行动。为了作出明智的选择,局中人 1 需要了解局中人 2 对博弈的分析。例如,如果局中人 1 知道局中人 2 是一个"要求高的"的局中人,总是"追求最高的支付",那么对局中人 1 来说执行 b 可能是最好的。但是,如果局中人 1 知道只有当与一个"弱的"局中人对局时局中人 2 才是一个"要求低的"人,那么局中人 1 采取的理性行为将依赖于局中人 1 的有关局中人 2 如何评价

---

① 阿里尔·鲁宾斯坦(Ariel Rubinstein)是美国著名博弈论大师。

② 阿里尔·鲁宾斯坦,《有限理性建模》,中国人民大学出版社,北京,2006 年。

自己性格的想法。一个局中人的理性选择需要有关所面对对手类型的知识（不仅仅是这个对手的偏好），这样的想法甚至对具有唯一均衡的博弈来说也是有用的。例如

	a	b
a	2,1	0,0
b	0,3	1,2

对得出结论应该执行 a 的局中人 1 来说，他必须知道局中人 2 是一个不会选择被占优策略的局中人。

　　人们能够检查可计算性约束的舞台，就是策略博弈的舞台，在这个舞台上，每个局中人都完全"了解"其对手。利用博弈理论的术语，我们将一个局中人的身份看作他的"类型"。通过这样做，我们在头脑中有了类似这样的行为模式，"对友好的局中人表示出友好，对不友好的局中人表示出好斗"。我们假设，当一个局中人计算选择时，对手的类型如宾莫尔（1987）所描述的"被写在前额上"。这并不意味着局中人在其考虑中必须使用有关对手的完全描述，但是他有权使用所有的详情。另一方面，我们不会假设局中人能获得对自己的描述。这个假设没有改变我们将要得出的观察结果的本质，但是对我来说，这样的假设看上去似乎较为不自然。

　　在我们的讨论中，什么才是对"一个局中人的完整描述"呢？当然，我们想要一种 t_x 类型的局中人，他对 x 的执行是独立于对其他局中人的类型的认识的。但是，我们也想要这种类型的局中人，当他无论何时看到一个 t_x 类型局中人时就执行 y，否则如果他碰到另一

种类型就执行 z。很快我们认识到,关于类型的简单定义产生了一个巨大的集合,而且也不可能将一种类型看作好像仅仅是一个给其针对的任意类型武断赋值的响应函数。如果这样的话,集合的基数性就是其自身基数性的力量,这当然是不可能的。相反,我们将把一种类型看作一种运算法则,这个运算法则收到了有关对手运算法则的有限描述,将其作为输入并产生一个行动作为输出。

有关一个局中人了解其他局中人类型的假设是非常错误的。注意这不是我们在均衡中拥有的"知识"的类型,在这个均衡中一个局中人也许在对稳态观察结果的基础上"知道"其他局中人的均衡行为。这里,假设一个局中人能够辨认其他局中人的运算法则。

那么这意味着计算什么呢?在 20 世纪的数学领域,这是一个重要的研究问题。得到公认的是,计算是根据某些有限命令集合得以执行的简单操作的一个序列,并且计算中还使用了某种"工作空间"(不管是在磁带上、纸上还是其他等等),在计算过程中记忆可以存储在该工作空间上。操作具有如下形式:读出写在工作空间某个位置上的符号,用另一个符号去替代,同时从工作空间的一个位置移动到另一个位置。命令指示计算设备在工作空间上做什么以及如何从一个位置移动到另一个位置。

下面是一个可能是最出名的"计算"形式:图灵(turing)机模型。设想有一盘磁带,包含具有左端的无限数量离散单元。在每一个单元中,都能记录下从符号 S 的集合中取出的一个符号。在机器运转的一开始,输入出现在磁带的左边。机器就像有限步自动机

744

器那样工作:有一个状态 Q 的有限集合(可数集合$\{q_0,$ $q_1,q_2,\cdots\}$ 的一个子集)。 状态 q_0 是初始状态,$F \subseteq Q$ 是机器终端状态的集合。机器的转换函数将一个三维向量(q',s',d) 赋给每一个$(q,s) \in Q \times S$,其中$q' \in Q$ 是机器的下一个状态,$s' \in S$ 是写在磁带上替代s 的符号,$d \in \{L,R\}$ 是磁头移动的方向。机器的运转从初始状态开始,此时机器头位于磁带的左端。一旦到达 F 中的某个状态,机器就立刻停止。给定一个机器不会停下的输入。当 m 是一个机器并且 x 是一个输入时,如果机器停下,我们就用 $m(x)$ 来表示 m 的输出。

　　注意机器的集合是可数的。实际上,我们可以定义一种可不重复列出所有可能机器的运算法则,在这个意义上,机器集合是"显著可数"的。

　　许多文献提出过多个备选的计算定义。关于不同定义的一个令人着迷的事实是,所有这些定义都被表明是等价的。这件事如此令人振奋,使得我们感到这种形式实际上就是正确的形式。丘奇(Church) 的论文论述了图灵机的正式模型实际上抓住了什么是计算的直觉。它使得许多研究者相信,每一种用日常语言表述的运算法则都能够被翻译成任意被提出的正式模型。这种诱导具有如此强大的影响,使得一些作者甚至发现了在这个领域中具有冗长和乏味特色并且显得多余的正式证据,并发现人们也可以凑合使用口头证据。我将遵守那样的惯例,虽然我通常相信模型必须得到计算以及证据必须得到证明,因此下面只作直觉讨论。关于合适的理解材料,读者可参考关于本主题的许多精彩论著。

二、计算中的非正式结果

针对博弈理论设置中可计算性约束的基本应用，下面是几个重要结果。

结论 1 存在认识自我的机器。

有机器能够认识自我吗？我们寻找这样一个机器 m^*，无论何时当输入是对其自身的描述时，它能随着一个输出，例如 C，停止；同样无论何时当输入不是 m^* 时，就随另一个不同的输出，例如 D，停止。注意问题的微妙之处。机器不能简单地与具有 m^* 的输入比较，因为对 m^* 的描述并没有作为输入部分给 m^*。机器 m^* 也不能简单地与写在其中的文字的输入相比较，因为对机器的完全描述包括了比这种文字更多的符号。因此，我们需要一个更加创新的结构。下面以朴素的语言描述的运算法则完成了这个任务。

如果下列事实为真，则打印 C 并停下，否则打印 D 并停下：如果下列事实为真，那么在单词"是"第三次出现前后的输入都为打印 C 并停下；否则输入为打印 D 并停下：单词"是"是第三次出现之前和之后的输入。

对程序的另一种描述是：

（1）将下面的东西记录在磁带上：

"（2）校验其他具有四个指令的机器，其最后三个指令在磁带中的文字是一样的。

（3）检查命令 1 是否以文字"在磁带上记下这些"开始，并被磁带上的文字跟随。

（4）如果命令 2 和命令 3 的回答都是肯定的，那么打印 C，否则打印 D。"

（2）校验其他具有四个指令的机器，其最后三个

指令在磁带中的文字是一样的。

（3）检查命令 1 是否以文字"在磁带上记下这些"开始，并被磁带上的文字跟随。

（4）如果命令 2 和命令 3 的回答都是肯定的，那么打印 C，否则打印 D。

因此，循环是可以被打破的，一个机器可以认识自我。

结论 2　存在可以模仿所有机器的机器。

无论何时收到作为输入的 (m,x)，都会有一个机器 m^* 在收到输入 x 时能产生与机器 m 产生的相同的输出吗？其中 m 是对机器的描述并且 x 是一个任意符号串。也就是说，我们正在寻找一台机器 m^*，其中当且仅当 $m(x)$ 停下时 $m^*(m,x)$ 停下，如果这样，有 $m^*(m,x)=m(x)$。注意，当 $m(x)$ 不停时我们不需要 m^* 以某个特殊符号停下。

这样的一台机器 m^* 实际上是存在的，并且被称为通用机器。注意，对机器运转的描述是具有规则系统的，并且可以通过一个接一个的有限指令集合来描述。通用机器的构建思想是，机器将读出对 m 的描述，并且将使用描述其运转的运算法则来计算输入是 x 时的输出。

结论 3　一个能够预测针对它的任意其他机器结果的机器。

对于结论 2 中描述的通用机器 m^*，如果它得到 m^* 作为输入，那么它对任意 m 都能够计算出结果 $m(m^*)$。现在我们将看到，这样的机器是存在的，这个机器能够计算出任意机器对其自身描绘的回应，无须将其自身描述作为输入获得。也就是说，我们感兴

趣的是机器 m^* 的构建,对每个机器 m,当且仅当 $m(m^*)$ 停止并给出相同的输出结果时,m^* 将停止。机器将 m 作为输入得到。然后运用结论 1 的思想,仔细检查机器列表(正如所提到的,机器集合存在有效的可数性)直到认出它自己 m^*。最后,结论 2 中描述的通用机器得以实现,制造出输入机器 m 以输入 m^* 产生的结果。

结论 4   没有机器能够预测当一个机器收到的输入是自己时是否会停止。

结论 3 中描述的通用机器 m,在输入是 m' 时如果 $m'(m)$ 不停是不会停下的。不存在这样的机器 m^*,对每个机器 m,m^* 都能决定当机器 m 收到输入 m^* 时是否会停下。为了说明这点,根据反证法假设这样的 m^* 存在。使用对角化(diagonalization)思想,构建一个机器 m',满足对任意输入 m 可以计算出 $m^*(m)$。如果输出是"停止",那么机器 $m'(m)$ 不停;如果输出 $m^*(m)$ 是"不停",那么机器 $m'(m)$ 不停。当 m' 得到输入 m^*,当且仅当 m^* 预测 m' 不停时 m' 停下。

结论 5   一个永远不能被正确预测的机器。

我们正在寻找机器 m',m' 具有这样的性质,无论何时 $m(m')$ 停止,$m(m')$ 将以不同的输出停止。机器将使用所有机器的某种可数性。机器 m' 将仔细检查机器直到认出自己,接着将使用通用机器 m^* 在输入 (m, m') 的基础上预测 $m'(m)$。如果 $m'(m)$ 的计算到达一个终端状态,那么停止,但是在输出变化之前则不会停止。

三、有"理性局中人"吗?

我们准备应用前面从具有可计算性的文献中得出

748

的结果,放入博弈论的理论讨论中去。为了能够概括地说明问题,我们的主要目标是确定从具有可计算性的约束条件中体现的理性的范围。我们将关注双人有限策略博弈 G,我们头脑中是这样一种情况,其中从一个机器收到的输入是对其他机器的描绘,并且局中人机器的输出决定了局中人的行动。

　　自然地,人们也许会说为了在一次博弈中表现出理性,局中人 1 首先必须计算局中人 2 机器的输出,接着对局中人 2 的行动采取最佳回应。但是,如果局中人 2 做了同样的事情,即试图计算局中人 1 的输出,那么计算就会进入一个无限循环。在局中人 1 的机器没有首先计算出局中人 2 的选择时,一次理性行动的实现可以是不同的。因为某个机器将得到的其他机器的描述作为输入,可能能够以另一种方式计算出最好的回应。

　　有一个局中人在博弈中使用一种机器来计算其行动,在这样的博弈中讨论理性问题需要清楚地说明不止一个至关重要的细节。回忆一下那种从不停止的机器,或者在输出不和任何备选方案匹配时可以停止的机器,这里产生了一个问题,因为博弈的定义需要每个局中人采取一次行动。但是,博弈的标准模型没有指定任何行动作为默认行动。因此万一机器不能停止的话,或者如果机器在输出结果不和任何可利用的行动相适合时停止的话,我们必须扩充模型的内容,并指定一个局中人采取的行动。

　　今后,我们采用这样的假设,每个局中人 i 都有一个行动 d_i 作为局中人 i 的默认行动。一旦机器不再产生一个“合理的”输出,局中人就执行 d_i。这是一个专横的假设,采取这样一个假设得需要再次证明,对于包含慎重考虑阶段的博弈模型来说,在分析中不包含实质性的细节。

前面描述的结论引导我们得出这样的结论,理性局中人的存在依赖要进行的博弈。当然,如果博弈有一个占优策略,实际上就存在一个理性局中人。在较不"明显"的博弈中,理性局中人的存在也会依赖默认行动。

在性别大战中,如果局中人的默认行动都是 b,那么结论 3 描述的机器 m^* 具有这样的性质,对任意机器 m,m^* 都会产生一个行动,这个行动是最佳回应。当且仅当其他机器以输出 a 停止时,m^* 也以输出 a 停止;如果 $m(m^*)$ 以输出 b 停止,那么 m^* 也以输出 b 停止。在所有 $m(m^*)$ 不停,或者产生一个"默认输出"(输出不是一个策略的名字)的地方,$m^*(m)$ 都采取相同的行动,都是 b。

这个讨论的普遍意义在于下面的观察结果:令 G 是一个双人策略博弈,具有默认行动 d_1 和 d_2,使得 (d_1, d_2) 是一个纳什均衡。于是,每个局中人 i 都有一个机器 m_i^*,使得对任意机器 m_j,来自 $m_i^*(m_j)$ 的行动结果是针对来自 $m_j(m_i^*)$ 行动的最佳回应。

仍然考虑对于所有 i,有 $d_i = b$ 成立的博弈

	a	b
a	3,3	1,2
b	1,1	0,0
c	0,2	2,0

对 m_1，为了成为一个总是产生最佳回应的机器，如果 $m_2(m_1)=a$ 那么我们需要 $m_1(m_2)=a$，同时无论何时 $m_2(m_1)$ 或者不停或者以一个不同于 a 的输出（这个输出可以是行动 b 或者默认行动）停止，我们需要 $m_2(m_1)=c$。但是，与结论 5 相似，我们可以构建一个使 m_1 迷惑的机器 m_2：无论何时 $m_1(m_2)=a$，m_2 将产生 $m_2(m_1)=b$，并且无论何时 $m_1(m_2)=c$，输出 $m_2(m_1)$ 将是 a。机器 m_1 将不能产生一个针对机器 m_2 的最佳回应。

因此，对一个局中人来说，对其对手的任意机器都能作出最佳回应的机器可能是不存在的。在具有不同默认行动的性别大战中，没有任何机器能够计算出针对对手所有可能机器的最佳回应，但是当两个默认行动一致时，这样的机器是存在的。

无论怎样，我怀疑，总是理性的机器的不存在是否证实了有限理性的看法。在时间、机器规模以及计算和观察能力方面的更简单的限制推出了耐人寻味的困难，当使用理性人范式时就会遇到这些耐人寻味的困难。

动机与同情

第十三章

无止境动机追求

动机追求无止境的假设,产生了理想化的不兼容性。在理想博弈中,行为人有预见性,完全了解博弈。他们知道所实现的组合、行为人的动机以及行为人的动机追求模式。然而在组路泾无穷无尽的理想博弈中,预见性和给定无止境动机追求时博弈的知识冲突。给定无止境性,不可能

有每个行为人知道所实现组合，知道其他行为人的动机，也知道其他行为人只要有机会就追求动机。这些假设是不兼容的。

——保罗·魏里希①②

一、无止境动机追求

如果博弈中的行为人组无止境地追求动机，则某种动机只要有机会就会得到追求。例如，在硬币配对理想版本中，给定任意组合，如果动机追求无止境则总有行为人追求改换策略的动机，因此动机追求如果无止境则会无穷无尽。当然，在博弈的任意理想化中，一个行为人没能追求一种动机。某种组合被实现，尽管存在给定该组合时行为人改换策略的动机。尽管无止境动机追求无穷无尽，但实际的动机追求总会在某种组合上停下来。

博弈的部分版本表述了给定动机追求无止境的假设下对于每次动机追求机会何种动机会得到追求。如果给定某种组合时所有行为人均有改换动机，则无止境性意味着某个行为人追求改换动机。博弈的部分版本因此而指出，在给定一种组合时的多重动机中在某种动机被追求的假设下实际被追求的动机。如果给定一种组合多个行为人具有改换动机，则部分版本确定了给定无止境性时追求动机的行为人。如果该行为人具有多种改换动机，它也挑选出了该行为人给定无止

①　保罗·魏里希，美国经济学家，哥伦比亚大学教授。
②　保罗·魏里希，《均衡与理性》，经济科学出版社，北京，2000年。

境性时所追求的单个动机。产生动机的每种组合在部分版本中产生正好一种动机。例如,硬币配对的部分版本确定了给定无止境性时行为人追求的所有动机,由于在每种组合处存在正好一种动机,所以没有动机被舍弃①

博弈的支付矩阵会常常产生离开一种组合的复杂组路径树。对于具有从该组合中他的部分改换的动机的每个行为人,以及对他具有改换动机的每种策略,均存在从该组合离开的一种路径。到达产生动机的组合的每条路径均会对每种动机发出一种分支,如此继续。博弈的部分版本简化这些组路径树。简化消去了给定无止境动机追求时除了被追求动机之外的所有其他动机。在这种简化之后,每种组合开始最多一条路径,而不是多重组路径的树。舍弃未追求动机将组合开始的分枝树缩减为单条路径。无止境性假设下被追求动机之后至多只有一条路径。组合开始的组路径因此而确定了博弈部分版本的动机结构。例如,硬币配对的部分版本具有在支付矩阵四角顺时针转动的组路径。在以下讨论中,当我们说到组路径时,我们指的是部分版本动机结构中的组路径。

支付矩阵没有包含关于对于一种组合存在多种动机时行为人追求何种动机的任何信息。这一信息对确定行为人动机路径从而确定行为人均衡是关键之所在,行为人的动机取决于他关于其他行为人所追求动

---

① 不要将博弈的部分版本和行为人部分缩减动机结构的结合混淆起来。行为人的部分缩减动机结构取决于其他行为人实际追求的动机,而不是给定无止境性时他们所追求的动机。

754

机的信息,而他的动机路径取决于他关于其他行为人对其策略变动的反应,也就是给定那些变动其他行为人所追求动机的信息。博弈的部分版本提供了关于动机追求的信息。它通过舍弃某些未追求动机从而某些未追求组路径而给出信息。

理想博弈的部分版本所省略的动机和组路径对行为人动机路径没有影响;当行为人计算其他行为人对其策略的反应时,他仅使用他们所追求的组路径。考察组合中一个行为人的策略。假设其他行为人追求和该组合有关的动机。他们的动机追求提供了该组合背景下他们对该行为人策略的反应。在理想博弈中,该行为人任意改换策略的动机对于他们的反应而言保持不变。理想博弈的部分版本提供了行为人关于其他行为人在多种动机存在的组合处动机追求的方向的信息,因此它有助于计算他的动机。

组路径具有树为最后一个元素当且仅当行为人的动机从该树的前列点到该树中的第一个节点而且该树不包含它的前列点。组路径终止于树当且仅当该树满足闭性和最小性条件。部分版本中,组路径的终止是针对动机追求模式的终止,而不是针对所有动机的终止。因此,树的闭性所针对的是部分版本中的动机。为使树在部分版本中为闭的,它必须包括部分版本中由它的元素所产生的所有动机。这样树满足针对部分版本的闭性条件当且仅当对于树中的任意组合 P,如果存在从 P 改换到部分版本中的 P' 的动机,则 P' 也是树。为了满足针对部分版本的最小性条件,树的任意元素必须在它直接先于的任意闭子树中出现,其中闭性同样是针对部分版本而言。在部分版本中,组树

755

是给定无止境性选中加以追求的单个组动机路径。由于在部分版本中,组合开始至多一个组路径,所以部分版本中的闭性导致一条路径而不是一个分枝树。因此组路径的终点树是一条子路径。

让我们考察部分版本中的闭组路径,它们可能形成组路径的终点。一种无穷路径,对于该路径中的任意组合 P,包含的下一个节点是该组合通过服从被选中离开 P 的动机而获得的。这导致路径的闭性。因此路径是闭的当且仅当它是无穷的或者具有一种终点组合作为最后一个元素。路径不是闭的当且仅当它最后一个元素不是终点组合。闭路径涉及无穷数目的组合(其中的组合在路径中可能会出现无穷多次),它终止于组合,或者本身是一种循环,因此不会终止于子路径(原因是闭子路径不会有不在子路径中的前列点)。组合路径中的假设在我们所处理的博弈中是无关的,这样组合的内嵌假设导致和组合的初始假设相同的结果。因此消除组路径的初始段不会产生路径剩余部分的任何变动。特别是,消去闭路径的初始段会得到一个闭路径。

博弈的部分版本提供了给定无止境性时行为人的动机追求模式。在标准型博弈中给定一种组合时选择一个动机去追求类似于在多阶段博弈中指示一个行为人下一步的行动。多阶段博弈中的动机追求涉及组合的实现,而单阶段博弈中它涉及给定虚拟的缩减组合集合时组合的实现。在两种情形中,动机追求解释了组合的未实现。不过,标准型博弈中的动机追求具有一种技术意义。相对于一种组合的动机追求必然导致,如果该组合或者存在动机改换到的某种组合被实

现,则被追求动机产生的组合会被实现。在硬币配对
中,在每种组合处存在正好一种改换动机,从 P 改换到
P' 的动机被追求当且仅当,给定 P 或 P' 时,选 P'。无
止境性必然导致产生无穷动机追求。在可能世界某些
接近性关系下,条件表述的动机追求可能具有不确定
的真值。不过,我们假设可能世界间的接近性使得这
些条件具有确定的真值。根据假设,如果组合的某种
选言被实现,对于其中之一,它被实现是真的。

无止境动机追求的后果存在问题。无止境动机的
追求顺着一种组路径到该路径的终点组合,如果有的
话。然而考察硬币配对一种理想版本中由改换动机连
接起来的组合循环,也就是,$(R1,C1)$,$(R1,C2)$,$(R2,$
$C2)$,$(R2,C1)$,$(R1,C1)$,… 不可能出现以下情况,对
于任意相邻组合的排序对,如果对中的一种组合被实
现,则被实现的就是对中的第二个。某种组合被实现,
而任意组合的实现必然导致在动机存在的背景中没有
一个被追求。例如,如果 $(R1,C1)$ 实现,则列没有追求
她改换到 $C2$ 的动机。 在这种情况下 $(R1,C1)$ 或者
$(R1,C2)$ 被实现是真,但 $(R1,C2)$ 仍没有实现。这样,
如果 $(R1,C1)$ 或者 $(R1,C2)$ 被实现则 $(R1,C2)$ 被实现
的判断就是错误的。因此,无止境动机追求的假设是
错误的。

假设的错误本身不是部分版本构成的问题。具有
错误的假设的模型可能具有有用的解释作用。然而也
可能出现无止境动机追求不可能的情况,如果这样的
话,则假设无止境性就不会产生唯一的动机追求模
式。具有不可能前提的条件判断,无论结论如何,均或
者是真或者是不确定的。我们不能从不可能假设中得

到有意义的动机追求模式。我们不能从不可能中得到关于均衡的有用结论。

为了解决这一问题，我们应用无止境追求假设的方式使得不会要求我们从不可能假设中得到结论。我们将无止境性假设作为对每种组合附加动机追求而不是对每种组合附加无止境动机追求。我们并不与表述动机追求的选言条件判断的前提伴有假设无止境动机追求，而是假设条件判断前提伴有动机追求。为了获得给定无止境性时的追求模式，我们仅假设只要有机会就追求动机。其结果是，即便全面的动机追求模式不可能，但模式的每种片断是可能的，来自于有可能的假设。

例如，在硬币配对中，我们并不考察对于每种组合如果动机无止境追求而且或者该组合或者动机达成的某种替代项实现，会发生何事。我们考察的是，对于每种组合如果动机在该组合处得到追求而且或者该组合或者动机达成的某种替代项实现，会发生何事。对于每种组合，我们仅在对于该组合的条件判断的前提上增加了动机追求假设。这样，对于每种组合该假设是可能的，即便对于所实现组合该假设是错误的也是如此。我们并没有从不可能假设中导出关于动机追求的结论。

让我们通过用另一种方式表述来澄清这一重要论点：根据我们无止境性假设的构造，对于每种组合，如果在该组合假设下任意行为人均有改换动机，则假设某个行为人追求改换动机。无止境性假设下，在表述动机追求的选言条件判断中，对于每种组合，动机追求的假设与或者该组合或者动机达成的某种替代项被实

758

现的假设相伴。在这种组合的假设下,假设了如果存
在任何改换动机,则有一个得到追求。对于每种组合,
我们因此而获得了有可能的一种假设。所实现组合的
假设和刻画该组合的条件判断实际上是错误的,但它
们是有可能的。

　　我们并没有为进行关于动机追求的任何推导而将
所有关于动机追求的此类假设结合起来的假设。我们
并没有假设对于所有组合,如果任意行为人具有改换
动机,则某个行为人追求改换动机。我们并没有使用
针对所有组合的动机追求的全局假设。该假设在如硬
币配对一般的博弈中是不可能的,其中在任意组合处
某个行为人具有改换到另一种组合的动机。在这种博
弈中不可能对所有组合以下均成立,如果任意行为人
具有改换动机,则其中某个行为人追求改换动机。某
种组合被实现,尽管存在着改换动机;动机追求在该组
合处被放弃。

　　将无止境动机追求假设分散对待的关键之处,在
于使用依赖于可能假定的假设进行推演。关于动机的
推导从该假设分散成分单个进行。我们并不会必须使
用不可能假设来进行关于动机追求方向的推导。即便
我们关于动机追求的结论不可能结合起来,关于动机
的每一单独结论也是可能的,发源于可能的假设。在
结论的聚合不可能的时候,结论之一是错误的,而无止
境性分散假设的相应部分是错误的,尽管并不是不可
能的。

　　关于部分版本中所涉及的理想化存在另一种相关
疑问。再次考察硬币配对的一种理想版本。给定一种
组合的实现,某个行为人没能追求一种动机。无止境

动机追求假设和它的明显后果,也就是每个行为人直到动手追求是徒劳无益的,均是错误的。如果每个行为人相信他无止境地追求动机,则一个行为人错了。如果每个行为人相信其他行为人无止境地追求动机,则同样有一个行为人错了。

动机追求无止境的假设,产生了理想化的不兼容性。在理想博弈中,行为人有预见性,完全了解博弈。他们知道所实现的组合、行为人的动机以及行为人的动机追求模式。然而在组路径无穷无尽的理想博弈中,预见性和给定无止境动机追求时博弈的知识冲突。给定无止境性,不可能有每个行为人知道所实现组合,知道其他行为人的动机,也知道其他行为人只要有机会就追求动机。这些假设是不兼容的。在硬币配对中,没有组合在给定它们时是可实现的。如果每个行为人知道所实现的组合和其他人的动机,则不会有每个行为人知道其他行为人追求动机的情况。如果每个行为人知道,例如,被实现的组合是(H, T)而且知道其他行为人的动机,则列知道行不会追求他改换到T的动机,她不可能知道行追求所有他的动机。

为了避免部分版本中理想化的不兼容性,我们对预见性赋予比动机追求知识更高的优先级。当理想化冲突的时候,我们暂停动机追求的知识,而不是所实现组合的知识。当我们假设部分版本中的一种组合时,我们暂停了每个行为人知道其他行为人动机追求模式的假设,保留了每个行为人知道所实现组合从而知道其他行为人选择的假设。动机追求的知识是预见性理想化、无止境动机追求假设和某种组合被实现假设的补充,我们让动机追求知识根据其他假设而调整。例

如,如果硬币配对中(H,H)被假设,则我们假设每个行为人知道其他行为人的策略。行给定该组合没有改换动机,原因是给定它的实现时他知道该组合。给定无止境性,行相信列追求她改换到T的动机,但给定该组合的实现,他的信念是错误的。同样,给定该组合,列相信行追求他的动机。她得到结论,她改换到T的动机追求是徒劳无益的,原因是行会对它作出反击。通常,我们不担心部分版本中行为人动机的细致性,这是因为实际追求动机模式的呈现也就是我们的搜索过程的输入,并不取决于针对部分版本的行为人动机路径,而仅取决于组路径。我们仅需要证实,在我们对用来导出理想博弈部分版本的假设的解释下,该假设不是不一致的。

二、最接近的替代组合

行为人的动机路径是他在虚拟形势中进行选择的结果。然而组并不进行选择,从而组路径不是虚拟形势中组选择的结果。和虚拟形势中个体选择不同,并没有集体心理现象构成组路径的基础,实际条件偏好构成行为人路径的基础。部分版本的组路径是人为的产物。不过,如果它们要产生寻找行为人均衡的一种方法的话,必须有某种真实的东西支持它们。

如果集体选择和偏好没有构成部分版本中组路径的基础的话,是什么支持着它们呢? 条件表述的行为人动机追求并不构成组路径的基础。首先那些条件判断构成了组路径。为了解释该路径,我们必须解释它们。其次,在某些博弈中并非所有条件判断都是真的。连日硬币配对中,所衰减组合的条件判断是错的。我们需要从博弈的实际特征中导出那些条件判断和组动机路径。我们不能简单地假定一种错误的动机追求模式,如果我们希望使用该模式寻找和解释博弈的真正均衡的话。因此我们必须从博弈更为基本的特征和无止境动机追求假设一起导出博弈的部分版本。

组确实实现组合,即便不选择它们,这样涉及虚拟形势中行为人组合实现的条件判断可以作为部分版本的基础。特定类型的条件判断构成组路径的基础,而选言条件判断表述了部分版本中的动机追求。基础性的条件判断指示着如果特定组合不实现则所实现的组合。这些否定条件判断是组路径的基础,从而是部分版本的基础。它们解释了给定无止境性时的动机追求。具体博弈的部分版本的导出所依赖的具体博弈更为基本的特征由这些否定条件判断表述。事实上,这些否定条件判断解释了实际动机追求的方向以及无止境动机追求的方向。

涉及组合实现的否定条件判断,构成了无止境动机追求在这种追求不可能结合起来的博弈中所蕴含的真实。在这种博弈中,我们必须从某种真实中导出无止境动机追求的模式。否定条件判断在和无止境动机追求的分散假设结合在一起时,必然导致特定动机追求模式。当该模式不可能时,无止境追求的分散假设具有一个错误的组成成分,但否定条件判断均是真的。

从组合 $P1$ 改换到组合 $P2$ 的动机追求表述为以下条件判断:如果 $P1$ 或者离开 $P1$ 的某种动机所达到的组合被实现,则得到 $P2$。由于从 $P1$ 改换到 $P2$ 的动机针对 $P1$ 而获得,所以更完整的动机追求表述在该 $P1$ 假设中包含前述条件判断。换言之,从 $P1$ 改换到 $P2$

762

的动机追求表述为以下条件判断：如果 $P1$ 被实现，则如果 $P1$ 或者给定 $P1$ 被实现时存在动机改换到的某种组合被实现，那么 $P2$ 被实现[①]。

这样的选言条件判断根据所述的否定条件判断而解释。那些否定条件判断和无止境动机追求假设一起，导致了描述无止境动机追求过程的选言条件判断。

博弈部分版本所依靠的否定条件判断具有以下形式，其中 $P1$ 和 $P2$ 是不同的组合：如果 $P1$ 被实现，则如果 $P1$ 不被实现，那么 $P2$ 被实现。

这些条件判断意图给出对一种组合最接近的替代。它们在某些方面与表述动机追求的选言条件判断相似。否定条件判断立足在一种组合上，也就是前提中的组合。选言条件判断也立足在一种组合上，也是前提中的组合，重复作为内嵌前提中选言的第一种组合；该组合导致了形成选言条件判断中剩下部分的动机可达到的替代项。然而否定条件判断和表述动机追求的选言条件判断也有很大不同。否定条件判断的内嵌假设，涉及针对除了一种之外的所有组合的组合实现，而选言条件判断的内嵌前提涉及针对一般而言更小一些的组合子集的组合实现。否定条件判断中所涉及的组合子集因此更接近稳定。也即，最接近的替代

---

① 　这种表述形式可能很难理解，但作者原文如此，以下也有这样的条件判断：如果 A 被实现，则如果 ……，B 会被实现。对此应该理解为，博弈最终会实现一种组合，而这些条件判断表述的是，在行为人进行思考的时候他们会得到各种条件判断，也就是如果不是这种组合实现则会实现的是什么，这些条件判断决定了行为人是否认为这种组合是否接受的，从而决定了博弈的结局。——译注

组合不是拒绝组合的理由。然而离开一种组合的动机追求表明了拒绝该组合的理由，尽管并不一定是决定性的理由。

我们必须对否定条件判断进行一种修订以便考虑反事实条件判断的特殊性质。根据可能世界中接近性进行解释的反事实条件判断并不服从矛盾律。为了表述所意图的最接近替代组合的单一性——如果任何替代被实现则它就是被实现的替代——我们必须增加内嵌条件判断的反项。这样完整来看，我们所感兴趣的否定条件判断具有以下形式：如果 $P1$ 被实现，则（如果 $P1$ 不被实现，$P2$ 就会实现——而且如果 $P2$ 不被实现，$P1$ 就会实现）。

附加的条件判断——如果 $P2$ 不被实现，$P1$ 就会实现——必然导致任意具有同样结论和导致附加条件判断前提的条件判断与它的结论兼容。例如，假设 $P3$ 和 $P2$ 不同，则附加的条件判断会导致——如果 $P1$ 或 $P3$ 被实现，则 $P1$ 被实现。$P1$ 或 $P3$ 世界在非 $P2$ 世界中，这样如果最接近的非 $P2$ 世界是一种 $P1$ 世界，则最接近的 $P1$ 或 $P3$ 世界也是一种 $P1$ 世界。

假设对于 $P1$，最接近的替代项是 $P2$。表述这一关系的否定条件判断的结论是，针对 $P1$，至多有一个行为人的至多一种动机被追求。例如，如果行为人 $A1$ 追求从 $P1$ 到 $P2$ 的动机，则行为人 $A2$ 不追求从 $P1$ 到 $P3$ 的动机。两个行为人的追求条件判断是：（1）给定 $P1$，如果有 $P1$ 或从 $P1$ 通过 $A1$ 的动机可到达的某种组合，则是 $P2$；（2）给定 $P1$，如果 $P1$ 或从 $P1$ 通过 $A2$ 的动机可到达的每种组合被实现，则是 $P3$。这些条件判断并不是不兼容的，原因在于它们具有不同的内嵌

前提,然而给定否定条件判断和它的反向元素,它们是不兼容的。

给定一种组合,如果多个行为人具有动机或者如果每个行为人具有多种动机,则并非所有行为人能追求他们的所有动机。在理想博弈中如果某种动机被追求,则被追求动机由最接近的替代组合表示。否定条件判断表明了,在一种组合的背景下如果一种动机被追求则被追求的动机。如果存在从 $P1$ 到 $P2$ 的动机,而且离开 $P1$ 的某种动机被追求,则从 $P1$ 到 $P2$ 的动机被追求当且仅当 $P2$ 是离 $P1$ 最接近的替代项。这是最接近替代组合与动机追求之间的联系,根据这里的动机追求最接近替代组合解释了部分版本。部分版本的解释从最接近替代组合转移到给定无止境性时的动机追求。

表述动机追求的选言条件判断和组路径,由表述最接近替代组合的否定条件判断解释。如果一种组合不被实现,则它最接近的替代项被实现。无止境动机追求的假设意味着,假定每个行为人具有离开该组合的动机,该组合不被实现。这样,如果该组合或者它的最接近替代项被实现,则给定无止境性时它的最接近替代项被实现。类似地,如果该组合或者存在改换动机的某种组合被实现,则给定无止境性时最接近的替代组合被实现 —— 它被包含在存在改换动机的组合之中。最接近替代组合是与无止境性假设结合以获得给定无止境性时动机追求模式的因子。给定无止境性,表述最接近替代组合的否定条件判断导致了表述动机追求的选言条件判断。然而否定条件判断并不是在动机追求无止境的假设下构造的。它们和该假设无关。因此,其实现和该假设矛盾的组合假设并不和那

765

些否定条件判断矛盾。

为慎重起见，否定条件判断表述的是最接近的替代组合。$P2$ 是 $P1$ 的最接近替代组合当且仅当给定 $P1$ 被实现，则（如果 $P1$ 不被实现，则 $P2$ 被实现——而且如果 $P2$ 不被实现，则 $P1$ 被实现）。选言条件判断表述的是动机追求。从 $P1$ 到 $P2$ 的动机被追求当且仅当给定 $P1$ 被实现，如果 $P1$ 或存在动机改换到的组合被实现，则 $P2$ 被实现。给定无止境性时的动机追求是一种假设下的动机追求。它的方向由选言条件判断表述，同时采用对于每种组合如果存在一种动机的话则被追求的假设。

表述最接近替代组合的否定条件判断序列，产生了表述给定无止境性时动机追求的选言条件判断，从而产生了一种组路径。考察以下条件判断序列：给定 $P1$，如果不是 $P1$，则 $P2$；给定 $P2$，如果不是 $P2$，则 $P3$；……给定 $Pn-1$，如果不是 $Pn-1$，则 Pn。内嵌序列的矛盾成分这里不加以说明。将条件判断序列和无止境性假设相结合，我们得到了条件判断序列：给定 $P1$，如果 $P1$ 或一种动机达到的组合，则 $P2$；给定 $P2$，如果 $P2$ 或一种动机达到的组合，则 $P3$；……给定 $Pn-1$，如果 $Pn-1$ 或一种动机达到的组合，则 Pn。隐藏明确的动机对组合的相关化，并采用相邻组合由动机联系的假设，我们得到组路径：$P1, P2, P3, \cdots, Pn-1, Pn$。博弈的否定条件判断在和无止境动机追求的假设结合在一起时导致选言条件判断和组路径。

组合可以安排为一种序列使得每种组合的后继者是它的最接近替代。我们称这样得到的结果是最接近替代组合序列。正如我们对组合之间接近性的解释，

766

最接近替代组合序列满足一种独立要求。序列中的一种组合的假设内嵌在前一个组合的假设之中。但那些假设并不影响组合的最接近替代。无论背景如何，组合的最接近替代保持不变。根据这一独立性假设，如果一种组合 $P1$ 开始了包含另一种组合 $P2$ 的序列 S，则由 $P2$ 开始的序列必然是开始于 $P2$ 在 S 中出现的 S 的子序列。由于组路径是最接近替代组合的序列，其中的每种组合跟随着同样组合序列，无论该组合在何处出现。这支持了前述关于组路径的独立性假设。一种组合在一种路径中的每次出现必然跟随着同样的组合，也就是它的最接近替代。

我们假设，任意理想博弈具有由表述最接近替代组合的否定条件判断给出的部分版本。换言之，在任意组合处，如果给定无止境性时任意某种组合被追求，则它导向具有所规定形式的否定条件判断所给出的替代组合。由于这些条件判断限制了一种组合处的动机追求，对至多一个行为人有至多一种动机，所以它们必然导致一类跨行为人动机追求的协同。标准型博弈中的行为人并不交流，但他们也不是隔离行动。他们由同在一个博弈中而达成一类协同。在一种组合处至多一个行为人可以追求一种动机，而在那里他最多能追求一种动机。在我们的技术意义上，动机追求涉及虚拟形势中组合的实现，而给定一种行为人选择时所实现的组合，取决于其他行为人的选择。不过，如果最接近替代组合系统中所涉及的协作没有在任意理想博弈中产生，我们可以避开这一问题。如我们所做的，作为对假设所有理想博弈具有给定动机追求时最接近替代组合系统的替代，我们可以将我们的搜索过程限制在具有这样一种系统的博弈上。

无止境动机追求可能是循环的,如硬币配对博弈中一般。这样的循环动机追求令人迷惑。动机追求涉及组合的实现,但追求循环中任意组合的实现与该循环冲突。最接近替代组合解决了涉及无止境性的这一难题。容易理解最接近替代组合如何可能构成一种循环。最接近替代组合循环中,组合的实现与该循环并无冲突。该循环只有在其中没有一种组合被追求时才能产生追求循环。在如硬币配对的博弈中,最接近替代组合循环确实发生。当假设动机追求无止境时,它产生了循环动机追求,但其他情况下则否。尽管循环动机追求是不可能的,但它是一种可能性的后果,也就是循环最接近替代组合和分散无止境性。不可能动机追求模式产生于分散无止境性的非实际成员。作为简单假设部分版本的不可能动机追求模式的替代,我们从博弈的实际特征 —— 最接近替代组合 —— 来导出动机追求模式。相关的否定条件判断和选言条件判断之间的关键差异在于:在无止境动机追求不可能的情况下,至少一种组合的选言条件判断是假的,然而该组合的否定条件判断是真的。因此否定条件判断可以详细解释选言条件判断。

我们对均衡的搜索过程使用了组路径,而为了使它能工作,我们将其限制在最接近替代组合满足特定条件的博弈上。博弈的理想化将最接近替代组合与理由结合起来,为动机的理由的优先性则将最接近替代组合和动机结合起来。只要存在一种组合,就存在一种最接近替代组合。然而仍然有可能出现没有动机但存在最接近替代组合的情况。最接近替代组合处理联

768

系的破裂，从而可以不受动机的引导。由于组路径由动机构成，所以我们要求在最接近替代组合在我们所处理的博弈中仅遵从动机。这样替代组合产生了组路径。由于我们将搜索过程限制在所有最接近组合跟踪动机的博弈上，所以所有最接近替代组合序列均是组路径。我们并不假设理性原则要求行为人除非他们有动机行动否则保持不动。然而我们将自己限制在行为人如此行为的博弈上。这一限制使得从组动机路径导出行为人动机路径是可能的。

由于部分版本是具体博弈的一种描述，部分版本的组路径必须满足一致性要求，而在理想博弈中，它们必须满足理性或者连贯性要求。组路径的一种连贯性要求由跨行为人选择规则提供。它在联合理性动机追求上施加了一种全局约束，应用于从支付矩阵到部分版本的转移。该约束如下：部分版本的动机结构没有节点具有以下性质，被选中动机没有开始终止组路径，但对支付矩阵的一种替代组合来说，如果用它替换被选中动机则会开始一种终止组路径。

这一约束考察的是动机上的一种变动，而将部分版本的其他部分保持不变。换一种略为不同的说法，它陈述的是，如果组路径中一个行为人的动机开始了非终止组路径，则不存在任意行为人与之竞争的未追求动机在替换该行为人的动机后会开始终止组路径。这一规则施加的约束对充分"组动机"赋予优先性。满足此条件必然导致在部分版本中如果离开一种组合的组路径不终止，则在该路径的每种组合处没有替换动机会开始终止的组路径。

跨行为人选择规则对理想博弈中的行为人是合理

769

的。该规则要求行为人联合承认具有更大权重的理由。如果在某种情形中选择规则被违反，充分动机被不充分动机挤占的行为人是非理性的。他非理性地拒绝了一种动机。他没有使用他的力量与其他行为人竞争以追求他的动机。我们观察到跨行为人选择规则总是能得到满足，尽管没有给出证明。

在注意跨行为人选择规则并不是由我们均衡的特性或者我们对均衡的搜索过程所假设的。它仅是为了说明的目的而提出的。它提供了用来丰富我们例子的工作假设。根据假设，动机追求在我们所处理的博弈中是联合理性的。跨行为人选择规则为这一假设提供了内容。也要注意到跨行为人选择规则不是控制部分版本中组路径的唯一规则。在理想博弈中，组路径服从所有理性规则，包括讨论策略性考察的规则。

带有同情的博弈

朋友或熟人（而非陌生人）之间的博弈将如何展开？陌生人需要多久才能消除彼此之间的陌生感？与在不同的建筑中相比，博弈双方在同一间屋子里会作出怎样的选择？如果博弈双方享有某种共同的社会地位或文化背景，均衡会如何变化？

亚当·斯密将同情看作社会中一个本质而普遍的存在。他将其定义为"我们任何的带有激情的同胞感"而不仅仅是一种对悲剧的共感

770

或为了实现自我满足的家长式作风。同情"更
多的起源于对情境的认可而非激情的作用"。

——David Sally[1][2]

一、引言

朋友或熟人（而非陌生人）之间的博弈将如何展
开？陌生人需要多久才能消除彼此之间的陌生感？与
在不同的建筑中相比，博弈双方在同一间屋子里会作
出怎样的选择？如果博弈双方享有某种共同的社会地
位或文化背景，均衡会如何变化？标准博弈论由于只
包含陌生人之间的博弈，从而无法解释熟人、密友之间
行为选择的变化。与此相反，Sally(1995)证明了博弈
双方之间的接触和交谈能够增加因徒困境实验中合作
发生的概率。同时，交易过程本身也可能改变交易双
方对彼此的态度。本文试图通过融入早期政治经济学
家，特别是亚当·斯密的洞见，以及当代社会心理学家
的诸多结论和博弈理论家如 Rabin、Rotermberg 在博
弈形式上的技术成果，来填补传统博弈论的空白。

对于这项融合工作，本文运用的基本工具是"同
情"(sympathy)，一个亚当·斯密思想中的核心概
念。在《道德情操论》这本斯密写于《国富论》之前并
在去世之前又重新着手加以修订的重要著作中，同情
囊括了我们所熟知的"看不见的手"、"劳动分工"、"市

---

[1]　David Sally，Johnson Graduate School of Management，
Cornell University.

[2]　汪丁丁，《新政治经济学评论》，上海人民出版社，上海，2006
年。

场范围"的定义。 事实上，同情，或称"同胞感"(fellow-feeling)，是斯密在个人行为理解上的里程碑。在本文中，笔者首先对斯密同情的公式表达进行讨论，继而在现代心理学的框架内对其进行标准化。在证明了所有有限次二人博弈都存在同情均衡之后，笔者分析了囚徒困境中非纳什均衡解出现的原因，并探究在不同社会交往背景下均衡的变化，从而考察了二人博弈的各种不同形式。最后，笔者比较了带有同情的博弈结局与传统博弈结局。

二、对同情的定义

1 斯密(Smith) 和米德(Mead) 的话

亚当·斯密(Smith，1790) 将同情看作社会中一个本质而普遍的存在。他将其定义为"我们任何的带有激情的同胞感"，而不仅仅是一种对悲剧的共感或为了实现自我满足的家长式作风。同情"更多的起源于对情境(situation) 的认可而非激情的作用"。我们感受到某人的愤怒，是因为我们对引起其愤怒的原因和情境的共感。当且仅当我们借助想象力将自己置于他人的情境时，我们才能对其所处的情境有完全的理解 —— 同情起源于我们"能够通过想象将自己置于他人情境的能力"。[①]

———————————

① 现在，在心理分析学的文献中存在着关于"同情"和"移情作用"的争论。用鞋子来比喻，前者相当于穿别人的鞋子，而后者则是将我们自己的鞋子放到别人的脚印上。Wispé (1986) 写道，"将自己想象为'如果我是他'将会怎样的是移情作用，而将自己置于他人情境'真正变成他人'时发生的则是同情。"(p. 318)虽然无法将这两种现象明确地区分开，但能够明确的是，人际之间的判断确实在很大程度上非常依赖于对方的秉性，即：同情在策略性的社会交往中起着更加重要的作用。

斯密对人们之间的关系有一个几何描述：在一个以自我为原点的数轴上，其他人距离自己的相对位置可识别，用与原点的距离来测量。我们能够借助想象将自己置于他人情境的能力随着彼此之间距离的增加而下降，从而同情成为距离的内生函数。斯密描述了同情如何在一个大家庭中从父母与孩子之间、亲兄妹之间的高水平下降到表兄弟、表姐妹之间的低水平，如此等等。

斯密定义的距离包含了心理距离和物理距离两个因素（Viner，1972）。在这里，我们不应低估后者的重要意义。斯密认为物理距离上的亲近是同情发生的关键：当我们与家人住在同一间屋子中时，我们对他们本已经非常强烈的同胞感将会更加增强；相反，宽敞的学校教育由于与天然的裨益无穷的家庭教育相抵触，而成为一个坏到无法形容的制度；同样，商业社会的代价之一便是家庭成员的分散、家庭关系的疏远，譬如英格兰家庭成员之间的关系就比苏格兰的要弱[①]。此外，我们能够与那些跟我们在特定的时间地点接触的人们，诸如办公室的同事和邻居，建立基于同情的联系——即使我们之间并没有任何血缘上的联系。当然，心理上的亲近感，如共同的国籍、相似的爱好、共同的祖先，都将缩短人们之间的距离。但在大多数情况下，心理上的联系必须要得到物理距离的支持。斯密对此深信不疑——"看不见则想不到"。

然而，在我看来，仅仅将同情作用定义在激情的范

[①]　见 Rosenberg（1990）关于商业社会以道德作为代价的成本 — 收益分析（根据斯密）。

773

围内,而排除对对方思想或行为原因的带有同胞感的理解是武断片面的。George Herbert Mead(1934) 曾将设身处地为他人着想的能力与精神、智慧的存在联系在一起。在心灵哲学(philosophy of mind)和模拟理论(simulation theory)的哲学框架内,Gordon (1986),Ripstein (1987) 和 Goldman (1989) 认为,人们能够在头脑中构建一个基于同情的模型去理解他人的意图并预测其行为。这种激励能力根植于人们头脑中进行伪装的能力:通常情况下,它发育于儿童时期,并且激励作用的缺失是伴随着伪装能力的病态丧失而出现的。①因此,我所谈论的同情是人类的本性之一,它对我们认识和预测他人情感和思想的作用非常显著。

现在,我们能够将同情与人们的行为策略密切联系起来了。最适反应的含义必然伴随着借助想象的换位思考。②一个理性的博弈参与人一定会在脑海中构筑一个关于对方的基于同情的模型,而这种建模过程也自然而然地缩短了双方之间的心理距离,并创造了同胞感。一个最好的例子是下象棋:

---

① 见 Wimmer and Perner(1983) 和 Wellman(1992)关于正常儿童心智发展的理论,和 Baron-Cohen 等人(1985)关于患有孤独症的儿童缺乏同情能力及其后果的分析。Sally (2001) 考察了孤独症影响同情功能和社会交往能力的机理。

② 从语言学上,我们也可看出"反应"(response)和"人际判断"(interpersonal identification)的联系。"反应"这个词和"激发"(sponsor)共用一个拉丁词根 ——sponsus,意思是能够得到应答的人(answerable person),因此,正如发起行动者在某种程度上说也是被激发者,有反应的人也在某种形式上激发了他人的反应。

　　一个很好的象棋选手一定会在其策略系统中构筑对方的反应函数。他能在脑海中预先布局好四到五步棋,而接下来所要做的就是,刺激对方按照自己的设想来走下一步棋。这能帮助他将自己的进攻策略根据对方不同的反应分解为不同的因子,然后重新修改构建自己的行动格局。

　　此外,如果共同知识将成为博弈的一部分,那么如此种种相互理解的产生必将影响博弈参与者之间的同胞感并可能改变他们的行动格局。

　　根据人际交往的逻辑,博弈参与者在脑海中构筑的有关对方的模型与对方的真实情况对自己所起的作用是不同的。简而言之,我们根本无法让对方按照我们的想象行动。正如斯密所强调的,脑海中的模型无法实现现实的呈现,因此,对与对手交往的回忆及由此而产生的预期与眼前实实在在的这位对手的表现,对我们来说是完全不同的。同样道理,赌博中构想的各种策略与现实状况的分裂(Sartre,引用于 Elster,1984),使自控和自我策略成为可能。因此,对未来遭遇的某种预期与真实情况的分裂,对对手行为的预测与实际发生状况之间的分裂使人际交往策略成为可行。[①]

2　同情的形式化表达

　　令 λ 表示同情作用,$i\lambda j$ 表示参与者 i 对参与者 j 的

　　[①]　见 Sally(2002a) 对于奥德赛与女海妖塞壬相遇过程中所表现出的下意识的反应与自控之间矛盾运动关系的全面发展。

同胞感,[1]定义 $i\lambda j \equiv \iota(\varphi ij, \psi ij)$,$\varphi$ 和 ψ 分别表示物理距离和心理距离。假设 $\varphi, \psi \in [0, \delta]$,其中 δ 是两个参与者之间的最大距离。[2]因此,$\varphi \to 0$ 表示参与者之间的距离拉近了些,从可以看见到可以辨认,再到可以肢体接触。必 $\psi \to \delta$ 表示参与者之间的关系发生了疏远或瓦解,从朋友或熟人渐渐地变成了彼此之间想法、偏好不可了解的陌生人。为了忠于斯密的定义,这里的同情函数 ι 必须满足下列性质:

① $\iota(0, 0) = 1$,任何人对自己都拥有百分百的同情;

② $(\partial\iota/\partial\varphi), (\partial\iota/\partial\psi) < 0$,距离增大,同情作用减小;[3]

③ $\iota(\delta, \delta) = 0$,距离远到超过了交往边界或外国人之间不会产生同胞感。

由这三个特征成立的条件是

$$i\lambda j \in L \equiv [0, 1] \tag{1}$$

具体定义为

$$i\lambda j = 1 - \frac{\omega\varphi ij + (1-\omega)\psi ij}{\delta} \tag{2}$$

其中,ω 表示同情发生时一方与另一方物理距离对同情作用的单位权重。

很显然,社会的和人际关系的背景将成为人们之

---

① 对于 $i\lambda j$,读作"$iel\ j$"。而短语"i 喜欢 j"则含有带有意图的意味。

② 可以很自然地假设,这里的每一个距离都有其自身的度量单位和终点,但我们依然能够将其标准化到统一的度量单位进行衡量,例如 φ',满足 $\varphi = \varphi'(\delta_\psi/\delta'_\varphi)$,$\varphi, \psi$ 享用共同的单位。

③ Marshall(1975)曾提出一个相似的命题(p. 318)。

间的可能距离及其相应的同情作用的一个约束条件（此分析工具是本文区别于其他"利他主义"行为模型，如 Rotemberg(1994) 的关键所在）。举例说明，如果我要对一个与我距离为交往边界（$\varphi=\delta$）的 1/2 的人作决策，那么我的同情心上限为 $1-\omega$，即他对我来说，最多也只是一个可怕的出现。如果我正在欣赏一出滑稽歌剧，那么我的同情心下限在 0 之上，即我无法将我与其他观众的共同的兴趣完全忽略。相似的道理，历史上的反复交往，无论是在友人之间还是在敌人之间，都将参与者之间的距离和相应的同胞感限制在一个可行集（区间）内。因此，任何人都不可能离他的朋友太远，也不可能与他的敌人离得太近。

3　距离方面的例子[①]

空间关系学是研究人与人之间相对位置和物理距离的社会心理学的一个分支。Argyle 和 Dean (1965) 提出，在任何一对相互作用的参与者之间都存在一个"亲密均衡"(intimacy equilibrium)，这个均衡基于一些物理的、可见的因素而存在：越拥有亲密友好关系的人们之间的物理距离越近。同时，他们证明了当一个外生因素变化时，人们会试图维持这种均衡。在实验室中，他们观察到当陌生人的位子被拉近后，其眼神交流就相应减少了。Mehrabian(1969) 发现人们之间相互喜欢的程度与物理距离、对眼神交流的逃避成反比。Burgess (1983) 分析了这样一种现象：一群走过购物商场的人，同伴之间的距离比陌生人之间的要小；当人群密度增大时，同伴之间的距离会变得更小，以维

---

① 社会心理学角度对同情的全面综述，见 Sally (2000b)。

持与陌生人之间的距离。

　　在本文中，φ 代表的意义远远超过二人之间用欧几里得空间定义的距离，它还包括了其他的物理因素：眼神的交流、肩膀的方向和姿态、面部表情等等。Argyle 和 Dean 论证的均衡在三个方面的意义显著：第一，对任意两个人 i 和 j，φij 不一定等于 φji；第二，均衡距离不可能轻易地被单方面行动（如单方的前进或后退）所改变；第三，总的来说，某人离自己的距离越近，自己越容易了解他，越容易对他发生同情，即同情随着距离的拉进而增强。

　　然而，对某个特定交往（博弈）的理解依赖于脑海中的预期，这种预期就是根源于共同社会背景或曾经交往经历的双方之间的常规距离。双方对常规距离预期的差异就要求引入一个理解过程：当对方可被观察的意图是操纵或利用自己时，同情就会减弱；如果他的意图是理解自己，那么他的同情心将得到回应。① 因此，$(\partial \lambda j / \partial \varphi ij) < 0$，但一个转身、一个蹙眉、抑或一次肢体

---

　　① 　Robert Benchley 写道："一切敌对情绪最通常的例子就是发生在火车上的一位先生或小姐坐了你身边的位子而给你带来的不适感。"当我注意到地铁、火车和公交车上座位之间的距离比美国人在日常交往中保持的距离要近得多时，我认为，敌对情绪的强弱与空座位的供给有密切的关系。如果火车上有大量空座位时，已经坐下的人并不将还在寻找座位的人的行为看作是个人空间的随机函数，因为每个已经坐下的人都有一个最小的不可被冒犯的个人空间。而恰恰是这个最小空间带来了冒犯和不愉快。空座位的选择越多，这种反对别人坐在自己身边的敌对情绪就越强。在车厢走道上徘徊比找个空座坐下来通常更遭人讨厌，而那个坐在最后一个空座上的人通常敌对情绪最小。当然，这个场景也会受到心理认同的影响，这可能会减少敌对情绪。正是通过地铁的这样一些小场景，种族的、社会阶层的、物理外观的不同点和相同点被巩固强化了。

接触的最终效应还要依赖于人们的交往意图和同胞感。

Priest 和 Sawyer(1967) 考察了芝加哥大学一个新宿舍中友谊的形成。他们发现,距离的远近与学生之间相互承认和喜欢的程度成正比:室友之间比同住一层楼的同学之间的友谊更深,如此等等。他们坚持认为这种不是被精心策划的亲近交往使得同情可以排除任何障碍:"室友之间的交流是非常容易的,根本不需要设定某一特定的场景或其他什么特殊的背景。"(p.635)因此,任何试图跨越远距离建立交往关系的尝试都可能是单方面而非互惠的,其他的情况也是如此。

社会心理学中的一支将目光集中在心理相似和喜欢的研究上。Aristotle(1991) 写道,"我们喜欢那些与我们相似并有共同偏好的人们。"Darwin(1936) 提出,"事实上,如果一些人在长相或行为习惯上与我们大不相同,那么经验将赶在我们将他们看作自己的同类之前,不幸地告诉我们他们离我们有多远。"(p.492)许多其他的作者也证实了同样的观点。例如,Byrne 和 Nelson(1965) 提出他人对自己的吸引力是我们之间共同意见的线性函数,Lydon 等(1988) 证明了相同的行为偏好,如购物、阅读、野营,也会增强相互之间的同情。心理学家已经在他们的领域中收集了大量的经验证据,证实了大学中室友之间的这种正向关系(Newcomb,1956;Byrne,1971),以及敌人之间的(Locke and Horowitz,1990)、夫妻(Rich-ardson,1939)和爱人(Hill et al.,1976)之间,的正向关系。

尽管如此,心理距离依然是无法测度的。与物理距离相比,它很难被观察到,也较容易被观察者的偏好所左右。两个经常被提到的观察偏见是基本的归因错误(或反应偏见)和错误的一致同意效应(Ross,1977)。第一个错误夸大了个性或信仰对个人行为的影响,忽视了情境的约束。例如,将共产主义者的观点归因于那个在实验室中被要求用如此观点来写文章的人(Jones and Harris,1967)。这种偏见使我们在观察到协调的行动时,会倾向于发现其中的共同点,而当我们看待不协调的行动时,则更容易找到不同点。错误的一致同意偏见则来源于个体对自己判断的信念,相信自己的意见、偏好在社会中更为普遍,更容易被接受。从而,正如 Ross 所述,博弈的双方都相信他们的意见更容易被接受。当然,这些错误的倾向并没有破坏我对同情的定义。首先,他们含蓄地支持了同胞感的存在及其重要意义:我们期望能与更多的陌生人建立关系,而且,我们尽量用可获得的证据(虽然可能很不准确)来确定我们之间的距离。第二,由于所有人都可能情不自禁地夸大归纳自己与对手之间的共同点,这样就限制了个人在策略上的弱点。最后,正如 Swann(1984) 所回答的,社会成员相互影响的过程包含了参与者寻求一致的协商过程。因此,一致性目标可能会为参与者矫正最初的错误认识提供帮助,也可能帮助一方修正其行为特征以适应另一方的需要。

我对 ψ 和 φ 的定义中还包含了一个暗示,那就是机会在同情的建立过程中扮演了非常关键的角色。极端地说,一个同上一节课的同桌就可能成为我们的朋友,同样,在我们成功地自我介绍后也可能结识新的朋友。一个民主党成员可能与他的共和党朋友保持友

谊,但却不可能在知道了对方的共和党信仰之后,再与其结交为朋友。用一句通俗的话来说,如果我们在认识对方的一瞬间就了解了对方的一切,我们便不可能结识任何朋友。

　　第二,ψ 和 φ 有深刻的进化论根源。达尔文将同情看作是人性的一个基本特征:"人类自远古以来就对他的同胞保有一种本能的爱和同情,而且我们也确实意识到了自己的这种本能 ……。"同情是人类作为社会动物经历自然选择的结果,但选择的结果只可能在同胞感被感知到的前提下才是稳定的 ——"对于所有的动物来说,同情只可能发生在同一群落的个体之间。"现代进化论学家都支持达尔文的这一观点。Thiessen 和 Gregg(1990) 提出基于亲近和相似表现型的择偶行为拥有基因的基础。Peck（1993）证明了重复多次囚徒困境足以让合作者和背叛者共生,其中,合作者之间建立起长期的友谊,而背叛者则在不断出现的陌生人群体中实施背叛。

　　第三,最为深刻的是,ψ 和 φ 在同情发生时所扮演的角色将带来语言与理性行为之间关系的进化。交流媒介以它们各异的物理特性相区别:从面对面的讨论到电话联系,再到写信、电子邮件,人们之间面对面的接触越来越少。此外,发出信号者与接受信号者之间的共同背景能缩短他们之间的心理距离。Newcomb 曾简洁地表达这一思想道,"交流的双方总是试图在交流开始的即刻,就从一个或更多的方面,比在交流开始之前,变得与对方更加相近。"

三、对同情作用的应用

Edgeworth(1881) 是第一位将同情引入效用函数

的经济学家:"在一个自然的交易过程中,主体 X(效用
为 P) 试图最大化的不是 P,而是 $P+\lambda\Pi$;其中,λ 是生
效的同情作用的系数。"(p.52n,引自 Collard,1975)
他所使用的线性形式已经被那些在跨期消费和博弈论
领域研究利他主义行为的社会科学家们所使用。在跨
期消费方面,采用线性组合效用函数的专家包括
Becker (1997),Bernheim 和 Stark(1988),Bruce 和
Waldman (1990), Montgomery (1994), Mulligan
(1997)。采用线性组合效用函数的博弈论专家有
Rescher(1975),Collard (1978),Rotermberg。[①]

　　一般的线性形式,如:$U_1=u_1+\lambda u_2$,都会碰到具有
利他主义行为模式的人会在多阶段博弈中面临的"撒
玛利亚人困境",即行善人的困境。这一点,Bruce 和
Waldman 已给出证明。将同情与利他主义行为区分
开来的一个途径就是,当对方的偏好与我们自己的不
一致,并且让我们感觉到很不舒服,从而显著降低了我
们的效用水平时,我们那受同情心驱使的同胞感就会
立即减弱。因此,我们那发挥作用的同情不仅仅是我
们自己的同胞感发挥作用的结果,而且还与那些交往
对象的互惠行为有关。

　　因此, 设 Λ 是发生效力的同情函数:$\Lambda \equiv$
$\Lambda(\lambda_j,\lambda_i)$。我将保留基本的线性形式,这样参与者 i
与对手 j 博弈时的总效用是 $V_i=v_i+\Lambda(\lambda_j,\lambda_i)v_j$,其
中 v 表示各个参与者的当即效用。这个形式支持了斯

---

　　① Geanakoplos 等(1988) 以及 Palfrey 和 Rosenthal(1988) 研究了在
给定的支付矩阵中进行同情因子转换,但两篇文章都假设个人的总效
用独立于对方的行动。

密的著名洞见 —— 个人的总效用与博弈中其他人的效用正相关:"自利的理性人的本性中显然存在着某些准则,激发起他们对其他人命运的兴趣,并且把其他人的快乐传递给自己,尽管他在整个过程中除了看到他人的快乐以外,什么都没得到。"

Λ 的第一个特征是它的最大化意义。斯密指出:"每个人对于自己的快乐和悲伤的感受比其他任何人都强烈。对自己的情感体验是最原始的感受,而对其他人快乐或悲伤的感受则来源于同情。前者可以说是实在的本体,而后者只是前者的影子。"因此,对其他人的感受一定不会重于对自己的真实情感。

条件 1

$$\Lambda(_i\lambda_j,{}_i\lambda_i) \leqslant 1 \quad (\text{对于所有的}_i\lambda_j,{}_i\lambda_i \in L)$$

他人对我们所表现出来的感情将会改变我们对他们的感觉。斯密坚信同情的互惠本质,米德也对此有过清晰的论述:

> 人们发现对有些人很难产生同情,因为同情的发生必须要求对方的回应。如果对方无法给予施动者期望得到的回应,那么同情自然不会产生。

因此,如果 i 对 j 认可,即 $_i\lambda_j > 0$,那么 i 对 j 的同情与 j 对他的回应正相关。

条件 2A　$\dfrac{\partial \Lambda(_i\lambda_j,{}_i\lambda_i)}{\partial_j\lambda_i} > 0$ （对于所有的 $_j\lambda_i \in L$,如果 $_i\lambda_j > 0$）

条件 2A 表明:对方对自己的同情很可能将自己的感受推向不同的方向。例如,如果某人离我们太远,那么我们将失去对他的同胞感,正如斯密所言:

　　　　那些曾经伤害或侮辱我们的人们真正
激怒我们的原因是他们几乎不能为我们设身
处地地考虑,是他们按自己的想法莫名强加
到我们头上的偏好和选择,以及他们粗鲁的
自爱,想象着其他人可能随时按自己的要求
为自己的方便或幽默作出牺牲。

条件 2B 表示他人对我们的同情即使再强,也不可
能使我们的感觉发生质变。

条件 2B　$\Lambda(_i\lambda_j,_j\lambda_i) \leqslant \max(_i\lambda_j,_j\lambda_i)$　(对于所
有的$_i\lambda_j,_j\lambda_i \in L$)

如前所述,同情是互惠的结果,那么假设,如果双方的
同胞感相同,这一水平就成为生效的同情函数值,因此

条件 2C　$\Lambda(\lambda,\lambda) = \lambda$　(对于所有的 $\lambda \in L$)

我们对某人持中立态度,这意味着我们对他的遭遇无
所谓,就像斯密曾写道的,"我们对那些离我们如此之
远,以至于既不能实施帮助又伤害不到的人,是没有兴
趣的 ⋯⋯。"因此

条件 3　$\Lambda(0,_j\lambda_i) \leqslant 0$　(对于所有的$_j\lambda_i \in L$)

最后一点,我们对他人的同情或他人对我们自己的同
情的点滴变化,都会引起同情函数值的改变

条件 4　$\Lambda(_i\lambda_j,_j\lambda_i)$　(对所有的$_i\lambda_j,_j\lambda_i \in L$连续)

满足这些条件的函数形式有很多(详见
Sally(1998))。为了能在具体的博弈赛局中考察社会
成员的相互作用,我将同情函数具体化为

$$\Lambda_1(_i\lambda_j,_j\lambda_i) = _i\lambda_j +_j\lambda_i(_j\lambda_i -_i\lambda_j) \qquad (3)$$

等式(3)的右边由两部分组成:第一个因式是本人的
效用,第二个因式表示理性人分享他人经历或情感所
得的效用,如果他的同胞感没有得到回应,那么他的总

效用将会遭到损失。正是这一点将我的模型与前人的区别开来,而且为社会交往引入了一个策略性因素。

四、带有同情的均衡

现在,我将同胞感的概念和同情函数引入二人博弈模型。设 A_1,A_2 为博弈参与者 1 和 2 的行动集,S_1,S_2 为每个博弈参与者的混合策略集。参与者 i 的支付函数定义为 $v_i: S_1 \times S_2 \rightarrow \mathcal{K}$。这样就有了一个定义明确的博弈赛局,$G = \{S_1, S_2; v_1, v_2\}$。然后将模型置于社会情境中。假设参与者的关系分别为匿名、友好、冷淡、健谈、相似、有差异、关系疏远、共同出现,或彼此存在某些联合。他们可能在不同的房间、大楼中,抑或不同的国家,也可能在同一间实验室、会议室、咖啡屋、卧室。抛开这些空间因素,他们还可能有机会与对方碰面或有意避开对方,与对方进行眼神交流或有意回避,说些中听温暖的话或反对对方的意见,肢体接触或回避这样做,等等。社会的情境和博弈者之间的交往先于博弈赛局而存在,是独立的。在这个扩展了的博弈中,参与者的偏好格局可以用函数 $V_i: L \times S_1 \times L \times S_2 \rightarrow \mathcal{K}$ 来表示

$$V_i = v_i(s_i, s_j) + \Lambda_1(,\lambda_j, ,\lambda_i) v_j(s_i, s_j) \qquad (4)$$

很显然,这个支付函数与上文中讨论的线性形式一样,非常简明。因此,我们可以把格局 G 转化为下面的形式,即

$$G_s = \{L \times S_1, L \times S_2; V_1, V_2\} \qquad (5)$$

这个转换与 Collard (1975)、Kelley 和 Thibaut(1978) 以及 Raub(1990) 曾作过的从支付矩阵到有效矩阵的转换有关。然而,以上这些作者都没有清晰地将人们的互惠行为纳入支付矩阵中,从而一个博弈者的效用的改变与

他所认为的其他博弈者对自己效用的影响之间是相互独立的。

这里用的博弈模型与 Rotemberg 那个允许博弈者首先选择利他主义参数、然后选择策略的模型最为相近。他假设博弈者对利他主义行为的选择是无限制的，但其最终目的依然是最大化自己的当前利益，即支付函数是 v_i，而非 V_i。Rotemberg 方法的一个重要缺陷是他错误描述了社会距离和社会交往相互影响的动态过程：发生作用的同情依赖于博弈双方的行动。从动态意义上说，本文的模型又很接近于 Rabin(1999) 依赖于博弈参与者关于对方信念的公平模型。Rotemberg 的模型也没有考虑到利他行为 —— 相当于本模型中的社会距离的选择是有限制的，而且可能决定于社会情境：事实上，它几乎不可能是一个无限集。

一个非常简单的博弈模型就能够帮助澄清以上说明的几点。一个坐在台阶上吃棒冰的小孩，另一个人走过来在他身边坐下。图 1 代表了他所采取的策略 A_i 和相应的支付 $(v_1(a_i), v_2(a_i)$，对所有的 $a_i \in A_1$)。基于当前效用最大化，小孩会自己吃掉整个棒冰。他也可能出于同情而与旁边的人分享，但这要求孩子对他感觉足够亲近以致相信对方能够对他的同情给予回应。[①]这个博弈结果中体现的基本想法也正是生活中骗子使蠢材落入圈套的思路。蠢材声称找到了一大笔钱，骗子就利用他同情

---

① 一个相关的关于共享的事情可以在《梨俱吠陀》的对联中找到，虽然支付发生了微小的变化："两只鸟、两个人，同攀一棵树；一个吃掉了所有的甜果，另一个只看着他吃。"

的互惠心理,要求他分给自己一部分钱。回到原例中,如果小孩独自一人,那么他不会考虑把棒冰分给任何人。对最终接受者身份的一无所知及在实现互惠时的无能为力,将棒冰小孩的同情限制在一个很低的水平。因此,缺少身份确认的行善行为,如有意把支票丢在大街上,被认为是非理性的。

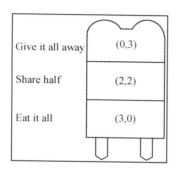

图 1 "棒冰博弈"

博弈赛局 G_S 的两个特征是:理性的参与者之间发生了非常自然的同情,博弈在一定的社会情境下展开。我将证明这个扩展了的博弈拥有均衡解。为了实现这个目标,我将模仿拥有连续支付函数的标准型博弈在混合策略集中出现纳什均衡的证明结构。

引理 V_i 在 $L \times S_1 \times L \times S_2$ 上连续。

很自然能够建立以下的类比。

定义 1 同情均衡是 G_S 的纳什均衡。

如果博弈者 i 认为其对手 j 会选择 $(,\lambda_i, s_j)$,那么他将选择 $(,\lambda_j, s_i)$ 以最大化其效用 V_i。

那么,同情的均衡存在吗?回答是肯定的。

命题 1 对任何有限次博弈 G, G_S 一定至少存在

787

着一个同情均衡。

证　由引理得，V_1，V_2 在 $S_1 \times L \times S_2 \times L$ 上连续，已知 $S_1 \times L \times S_2 \times L$ 是空间 $\mathcal{K}^{n_1+n_2+2}$ 上的一个非空紧子集，那么，一定存在一个混合策略纳什均衡（Glicksberg，1952，引自 Fudenberg and Tirole，1991）。

如果 L 被定义到 $\{0\}$，那么 $V_i(0,s_i,0,s_j) = v_i(s_i,s_j)$，即没有同情心，$Gs$ 就被还原到基本的博弈模型 G。以此为目标的尝试在我们的实验中是很明显的，实验者试图不让参与者看到未来的合伙人或被未来的合伙人看到，在从最初的集市贸易到当代不必见面的电子商务中也同样明显。

带有同情的混合策略均衡与我们对同情的定义有些矛盾，因为混合策略所包含的随机性应该是一种不包含任何同情预期的策略选择方式。从而有下面更加精细的定义。

定义 2　当同情均衡包含了确定的同情和空间 $S_1 \times S_2$ 上的一个纯策略或混合策略时，它是纯策略纳什均衡。[①]

在下文的带有同情的纯策略纳什均衡分析中，序贯博弈 Gs 将被描述为包含了社会互动和聚点博弈中的一步的一系列条件策略的标准形式。

五、囚徒困境中的同情均衡

Sally(1995) 已经证明囚徒困境实验中出现的合

[①]　当 $V_j(s_i,\lambda_j,s_j,\lambda_i)$ 在空间 (s_i,λ_j) 中是半凹的，那么带有同情的纯策略纳什均衡一定存在，详见 Sally(1998)。

作的程度并不能够用严格自利的理性人假设来解释。
囚徒困境的纳什均衡是相互背叛,体现了集体理性与
个人理性的冲突。这种在个人利益与公共利益冲突时
出现的合作解只能解释为博弈者没有最大化他们的个
人效用函数或是在同时进行着博弈之外的另一些看不
见的交易。这里,我将要证明——合作会出现在不同
社会情境下的大量同情均衡解中。

　　图 2 是 Rotemberg 使用的囚徒困境标准型表述。从
合作走向背叛的诱惑用 t 表示,被背叛遭受的损失用 $-s$
表示;假设合作为联合占优策略,则 t,s 都必须大于零,且
在 $t-s\leqslant 1$ 的范围内变化。如果博弈双方完全不认识并
且博弈马上发生,那么$(0,D,0,D)$是唯一的均衡,不管他
们的支付函数水平及其比值是如何。当然,这是标准囚
徒困境中唯一的纳什均衡。

<table>
<tr><td></td><td></td><td colspan="2" align="center">Player 2</td></tr>
<tr><td></td><td></td><td align="center">合作</td><td align="center">背叛</td></tr>
<tr><td rowspan="2">Player 1</td><td>C</td><td align="center">1,1</td><td align="center">$-s,1+t$</td></tr>
<tr><td>D</td><td align="center">$1+t,-s$</td><td align="center">0,0</td></tr>
</table>

图 2　标准"囚徒困境"

　　然而如果假设囚徒困境博弈将会在从现在起的一
年后持续进行,那么同情的发生就不再受限制了。博
弈者们可以依然形同陌路,也可以利用此段时间的交
往而成为亲密的朋友。此时,同情均衡的确立及其数
量多少都将依赖于博弈者的支付函数。图 3 展示了扩
展了的带有同情的囚徒困境的标准型表述。

　　存在三个包含合作策略的同情纯策略纳什均衡:
$(1,C,1,C)$,$(1/2,C,0,D)$,$(0,D,1/2,C)$。背叛所

789

	1, C	¾, C	½, C	0, D	1, D
1, C	2, 2	$\frac{7}{4}$, $\frac{31}{16}$	$\frac{3}{2}$, $\frac{7}{4}$	$-s$, $1+t$	$-s+1+t$, $1+t-s$
¾, C	$\frac{31}{16}$, $\frac{7}{4}$	$\frac{7}{4}$, $\frac{7}{4}$	$\frac{25}{16}$, $\frac{13}{8}$	$-s+\frac{3(1+t)}{16}$, $1+t$	$-s+\frac{15(1+t)}{16}$, $1+t-\frac{3s}{4}$
½, C	$\frac{7}{4}$, $\frac{3}{2}$	$\frac{13}{8}$, $\frac{25}{16}$	$\frac{3}{2}$, $\frac{3}{2}$	$-s+\frac{(1+t)}{4}$, $1+t$	$-s+\frac{3(1+t)}{4}$, $1+t-\frac{s}{2}$
0, D	$1+t$, $-s$	$1+t$, $-s+\frac{3(1+t)}{16}$	$1+t$, $-s+\frac{(1+t)}{4}$	0, 0	0, 0
1, D	$1+t-s$, $-s+1+t$	$1+t-\frac{3s}{4}$, $-s+\frac{15(1+t)}{16}$	$1+t-\frac{s}{2}$, $-s+\frac{3(1+t)}{4}$	0, 0	0, 0

图 3 带有同情的囚徒困境标准 0 型

得支付在这里标准化为 0,那么对任意 $\lambda \in [0,1]$ 都存在均衡 (λ,D,λ,D)。

图 4 表示了 t 和 s 的绝对值及比值与同情均衡的关系。从图中我们可以看到:第一,在由 $t-s \leqslant 1$ 决定的参量空间中,每一对参量组合都至少对应着一个同情纯策略纳什均衡。第二,背叛既不是唯一的同情均衡,也不是对一切参量组合都成立的均衡;当 $s/(1+t) < 1/4$ 时,任何同情均衡都不是唯一的纳什均衡。第三,如果背叛的诱惑有限,那么合作均衡就一定可能存在,且是帕累托占优的均衡解。事实上,如果 t 和 s 都稍大于 0,合作将是唯一的均衡解(区域 C)。另一方面,如果背叛所得比当前所得支付加倍还要多,且被背叛的损失也很大,那么合作解将会发生诱因偏离,$(0,D,0,D)$ 成为同情的均衡解(区域 D)。第四,仅当 $s > 1+t$ 时,背叛才成为同情的均衡解。这当然是一个很不令人满意的均衡 —— 每个博弈者都充满了对对方的恐惧。第五,当从合作走向背叛的诱惑大到足以补偿合作时分享到的同情并打消实施互惠的欲望时,存在"牺牲均衡"(区域 S)。

790

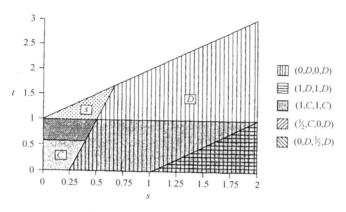

图 4 标准的囚徒困境的同情均衡

最后,图中的相当一部分区域存在着多重均衡,从而带来所谓的合作解问题。尽管多重均衡似乎还是要取决于实际交易中参与者所作的决策,而且只是反映了参与者的不确定性对博弈结果的影响,但区分这些不同的均衡依然是有意义的。通常情况下,帕累托占优应该是聚点均衡,在这里如果成立,那么$(1,C,1,C)$就是 $t \leqslant 1$ 条件下的聚点,区域 S 和 D 的聚点依然难以确定。但是,Cooper 等(1992)提供的实验证据证明风险占优而非帕累托占优应该是合作解问题中的聚点均衡。[①]图 5 呈现了参数空间的风险占优均衡。

$s > 1, t < 1$ 时,$(1,C,1,C)$、$(0,D,0,D)$ 以及所有形如 (λ,D,λ,D) 均为风险占优均衡。当 $s/(1+t) > 1/4$ 时,当且仅当潜在的损失和诱惑都很小,即 $s + t <$

① 尽管 Harsanyi 和 Selten(1988)在其解的概念中认为帕累托占优应优先于风险占优被考虑,但 Sally(2000c)对此文献的综述提到了风险占优的重要意义。

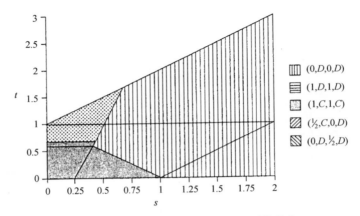

图 5　标准囚徒困境的风险占优的同情均衡

1,(1,C,1,C) 才是风险占优均衡。第三,在(1,C,1,C) 与牺牲均衡相覆盖的多重均衡区域里,当且仅当 $t<\sim 0.69$,(1,C,1,C) 才是风险占优均衡。因此,带有同情的博弈中合作解非常有限并不源于帕累托占优解的缺乏,而是源于策略上的高风险。当被背叛的损失相对太大,合作自然无法风险占优。

　　以上这些结果不同于 Rotemberg 关于两个不同区域均衡的发现:当 $t>s$ 时,双方采取没有任何利他主义的背叛策略;当 $s>t$ 时,双方实施带有适当水平利他主义的合作策略。然而,Sally(1995) 指出这个结果并不符合经验。根据 Rotemberg 的结论,扩展后的博弈模型的支付与标准的博弈模型的支付一样具有确定性,从而简化了植入社会情境的囚徒困境的复杂性。而本文的计算结果恰恰证明了博弈者之间对社会距离不受限制的选择极大地复杂了博弈者之间的交易,而正是这种复杂化才使博弈者得以冲破困境、达成

合作。

六、囚徒困境中的社会情境

在前一部分中,我们已经考察了无限可变的同情前提下囚徒困境的情况,现在,我将面临一个更加现实的状况:同情心、物理距离和心理距离都在给定的社会情境和社会交往背景下被限制了。这种状况更接近于前文社会距离机制部分对心理距离的分析。

首先定义同情的下限(sympathetic floor),即 $\lambda \in [\underline{\lambda}, 1]$, $\underline{\lambda} > 0$。这个下限可能来自博弈双方在同一个房间中交易,或他们曾经是朋友,或他们有过交谈,等等。图 6 展示了 $\underline{\lambda} = 1/2$ 时的均衡情况。

当下限的水平不断增加(即 $\underline{\lambda} \to 1$),将会出现以下变化:带有同情的合作解将更加普遍,以 $(0,1)$ 为轴心向上旋转的一个更加广阔的区域;仅当 s 和 t 都更大时,相互背叛才会发生,而仅当 s 和 t 都非常大时,它才成为唯一的同情均衡;牺牲均衡填补那些曾经因更大的诱惑而被背叛占领的空白区域,在 $t - s = 1$ 处到达边界,被合作代替。此外,在背叛均衡区域的大部分,$(1, C, 1, C)$ 都是风险占优均衡:从图 6 可以看出,除了最北面的一小块区域之外,其他部分均被合作均衡覆盖。

再设同情的上限 $\lambda \in [0, \overline{\lambda}]$, $\overline{\lambda} < 1$,这时合作解与背叛解的情况将会倒置。同胞感可能会遇到一个上限,如果博弈双方互不相识、关系较远,或从未交谈过的话。当背叛的诱惑小于上限(即 $t < \overline{\lambda}$)时,$(\overline{\lambda}, C, \overline{\lambda}, C)$ 成为同情均衡。只要 $\overline{\lambda} < 1/2$,不带同情的相互背叛就是均衡,从图 7 中可以看出其沿着 t 轴向上延伸。牺牲均衡出现在 $3/4 > \overline{\lambda} \geqslant 1/2$ 的时候,覆盖的区域很

793

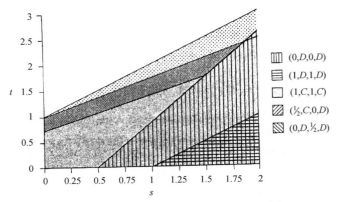

图 6　限定同情下限的均衡模式($\underline{\lambda} = 1/2$)

小。当上限小于 $1/2$，且被牺牲者的支付相对较小，$t > \bar{\lambda}$ 时，牺牲均衡才可能出现，且其区域将包括合作均衡($\bar{\lambda}, C$)。

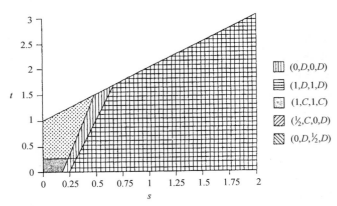

图 7　限定同情上限的均衡模式($\bar{\lambda} = 1/4$)

　　从第二部分的论述可知，同情作用依赖于博弈者之间的物理距离和心理距离。而这些距离恰恰被用来建构各式各样的社会情境。假设一人推门走进，与屋

794

内的人握手,双方还未决定是否合作。如果这个会面对
双方产生了一个对称的效应,即 $\varphi_{ij},\psi_{ij}\leqslant\varphi_m<\delta$,那么
由等式(2)可得 $\underline{\lambda}=\omega(1-\dfrac{\varphi_m}{\delta})$。再猜想两个来自同一
国家的旅行者被困在异乡,对国家背景的共同认知就会
在这样一个异乡环境中生发出一种心理上的亲近感,从
而 $_i\psi_j,_j\psi_i\leqslant\psi_\xi<\delta$,由式(2)得 $\underline{\lambda}=\omega(1-\dfrac{\varphi_\xi}{\delta})$。①

我们注意到实验中的被观察者通常会在实验室的
初次会面时握手,或者像大学高年级学生一样分享共
同的公民身份(co-citizenship),那么上面的分析足以
让我们期待实验室中出现合作解,尽管实验者在尽量
控制所有变量。

不同的交流方式导致了不同的同情下限,这样就
可以将它们区分开来。非语言交流必须要求双方相
见,从而导致了一个物理距离的上限,$\varphi_{nv}<\delta$。任何
语言的使用都要求有共同知识被创造和使用。②交流
的符号越复杂,合作所要求的共同背景就越强,而这些
共同知识大大限制了人们之间的心理距离,即 $\psi_{ck}<\delta$。最后,声音会引起一个当即的心理反应,这与脑海
中的记忆和期望都不同。③我们确信声音的这种当即

①　米德确认了这样一种现象:"当我们在异乡碰到一些同乡,可能
在家乡我们会讨厌与这类人交往,尽量避免与他们接触,但在异乡我们却
迫不及待地与他们相识,甚至不惜自己的拥抱。"(p.218)

②　详见 Lewis(1969),Schiffer(1972),Grice(1975),Sally(2001) 等。

③　斯密曾写道,"如果听到遥远处传来悲惨的哭泣声,那我们很
可能不会对是谁发出了这凄惨声表现出兴趣。但随其渐近以致刺激了
我们那脆弱的神经时,我们便再也无法对其无动于衷,相反,可能会试
图了解主人翁的命运,并主动伸出援助之手。"(p.36)

反应能够缩短社会距离,$\psi_v < \delta$。下面列举出非语言交流、文字交流、打电话及面对面讨论所产生的同情下限的计算结果(按升序排列)

$$\underline{\lambda}_{nv} = \omega(1 - \frac{\varphi_{nv}}{\delta}), \underline{\lambda}_w = (1 - \omega)(1 - \frac{\psi_{ck}}{\delta})$$

$$\underline{\lambda}_t = (1 - \omega)(1 - \frac{\psi_{ck} + \psi_v - \delta}{\delta})$$

$$\underline{\lambda}_{f-f} = 1 - \frac{\omega\varphi_{nv} + (1 - \omega)(\psi_{ck} + \psi_v - \delta)}{\delta}$$

从以上的分析我们可以推测,拥有较高同情下限的语言交流能够增进博弈者之间的合作,而这个推断正与 Sally(1995) 和 Wichman(1970) 中的经验事实相符。

最后一点,博弈者的文化背景显然也成为社会距离的一个制约因素。一个主张人人平等的社会可能会创造出一个社会距离的上限,而一个信奉个人主义的社会可能会创造出社会距离的下限。此外,一些特殊角色,如护士、教师、CEO 及各种执行官,他们的行为可能受到更加明确而强烈的同情约束。社会中不同阶层及社会角色的存在能够在这不对称的约束条件中反映出来。例如,主人与佣人之间接触较多,而通常情况下,佣人对主人在心理上的亲近感比主人对佣人的要多。 同样的现象也见于领导与其下属之间:Homans(1995) 描述了 Hawthorne 的银行电报室内领导与一般职员之间的这种关系。因此,社会阶层、地位及角色的非对称确实方便了研究者对囚徒困境中出现牺牲均衡的观察,也就是说,如果 t 足够大,我们就能够看到佣人的合作、主人的背叛。

796

获益欲与损人欲

第一：在一个一般博弈中，给对手制造损失也许不会给自己带来直接的好处，但这是给对手施加压力的办法。他也许受这样一种威胁的引导而支付一定的补偿，按照施压者的意愿调整他的策略等。因此，把这类可能的策略考虑进去不是没有道理的。

第二：在这个方向上，另一个理由是我们已经看到，在我们的理论中，所有的解都对应着全体玩家的总体实现我们最大集体收益。当这个最大值得到实现时，一组玩家的进一步获益必定大于或等于其他玩家的损失。

冯·诺依曼　摩根斯坦[1][2]

一、定义分析

我们已经得到了一般 n 人博弈理论的一个表述，而且我们发现，特征函数的概念像其在 n 人零和博弈理论中一样基本。因此，我们应该再次研究这一概念的含义，将其数学定义变成明确的形式并添加一些解

---

[1]　冯·诺依曼（John von Neumann, 1903—1957）是一位出生于匈牙利的美国数学家。奥斯卡·摩根斯坦（Oskar Morgenstern, 1902—1977）是著名经济学家。

[2]　冯·诺依曼，摩根斯坦，《博弈论与经济行为》（下册），生活·读书·新知三联书店，北京，2004 年。

797

释说明。

考虑一个一般 n 人博弈 Γ，它由函数 $H_k(T_1,\cdots,T_n)(k=1,\cdots,n)$ 描述。对于一个集合 $S \subseteq I=\{1,\cdots,n\}$，通过构造 $(n+1)$ 零和博弈 $\overline{\Gamma}$——Γ 的零和扩展的 $v(S)$ 来得到 Γ 的特征函数的取值 $v(S)$. [1] 因此，我们可将它表述为

$$v(S) = \max_{\xi}\min_{\eta} K(\xi,\eta) = \min_{\eta}\max_{\xi} K(\xi,\eta) \quad (1)$$

那里，我们有：

ξ 是一个向量，有分量 ζ_{τ^S}

$$\zeta_{\tau^S} \geqslant 0, \sum_{\tau^S}\zeta_{\tau^S} = 1$$

η 是一个向量，有分量 $\eta_{\tau^{-S}}$

$$\eta_{\tau^{-S}} \geqslant 0, \sum_{\tau^{-S}}\eta_{\tau^{-S}} = 1$$

τ^S 是变量 τ_k (k 属于 S) 的综合；τ^{-S} 是变量 τ_k (k 属于 $-S$) 的综合；[2] 最后

$$K(\xi,\eta) = \sum_{\tau^S,\tau^{-S}}\overline{H}(\tau^S,\tau^{-S})\zeta_{\tau^S}\eta_{\tau^{-S}} \quad (2)$$

其中

$$\overline{H}(\tau^S,\tau^{-S}) = \sum_{k\in S}H_k(\tau_1,\cdots,\tau_n) \quad (3)$$

二、获益欲与损人欲

显然， 如果 联盟 S 采用 混 合 策 略 ξ

---

① 我们把自己限于 $S\subseteq I=\{1,\cdots,n\}$，即有约束的特征函数。使用所有的 $S\subseteq\overline{I}=\{1,\cdots,n+1\}$，即扩展特征函数，与我们当前的立场矛盾。

② $-S$ 代表 $I-S$。由于我们正在研究的是 $\overline{\Gamma}$，我们应该已经构造了 $\perp S$，它是 $\overline{I}-S$。然而，这是无所谓的，因为不存在变量 τ_{n+1}。

而其敌对联盟 $-S$[1] 采用混合策略 $\boldsymbol{\eta}$, $K(\boldsymbol{\xi}, \boldsymbol{\eta})$ 是对于联盟 S 来说一局博弈 $\overline{\Gamma}$ 的期望值。因此,式(1)的定义 $v(S)$,即对于联盟 S 来说,在如下假设下该博弈的一局的值:联盟 S 想要最大化期望值 $K(\boldsymbol{\xi}, \boldsymbol{\eta})$,而其敌对联盟 $-S$ 要将其最小化,而且,它们选择各自的(混合)策略 $\boldsymbol{\xi}$, $\boldsymbol{\eta}$。

在 $(n+1)$ 人博弈 $\overline{\Gamma}$ 中[2],这一原理肯定也是正确的,不过,我们实际上正在面对的是 n 人博弈 Γ——$\overline{\Gamma}$ 只不过是一个"工作假说"! 而且,在 $\overline{\Gamma}$ 中,联盟 $-S$ 要伤害其敌对联盟 S 的欲望并不明显。事实上,联盟 $-S$ 的自然愿望并非减少联盟 S 的期望值 $K(\boldsymbol{\xi}, \boldsymbol{\eta})$,而是增加它自己的期望值 $K'(\boldsymbol{\xi}, \boldsymbol{\eta})$。如果 $K(\boldsymbol{\xi}, \boldsymbol{\eta})$ 的减少等价于 $K'(\boldsymbol{\xi}, \boldsymbol{\eta})$ 的增加,那么,这两个原则等同。当 Γ 是一个零和博弈时,情况当然是这样,但对于一般博弈 Γ 来说,事情未必如此。

也就是说,在一个一般博弈 Γ 中,一组玩家的优势未必是其他玩家的劣势。在这样一个博弈之中,也许存在着对两个组同时有利的动作 —— 或策略变动。换句话说,也许存在着使社会各部门的生产力同时增加的机会。

事实上,这决不仅仅是一种可能性 —— 其所指情形构成经济和社会理论必须应对的主题之一。因此,产生了如下问题:难道我们的方法完全无视这一方面吗? 难道因为我们极为强调社会关系的敌对性方面而丢弃其合作的一面吗?

---

[1]　上一页脚注 ① 的结果再次适用。
[2]　即如果我们视 $-S = I - S$ 好像真的代表着 $\perp S = \overline{I} - S$。

我们认为,事情并非如此。要给出一个完备例子的确困难,原因在于一种理论成立与否最终由其应用中的成功来证明,而且我们的讨论中尚且没有这样的应用。因此,我们将提出支持我们的方法的要点,然后谈一谈能够提供一些确凿证据的应用。

三、讨论

这里,如下分析尤其值得注意。

第一:在一个一般(即非零和)博弈中,给对手制造损失也许不会给自己带来直接的好处,但这是给对手施加压力的办法。他也许受这样一种威胁的引导而支付一定的补偿、按照施压者的意愿调整他的策略等。因此,把这类可能的策略考虑进去不是没有道理的;而且,如上面分析的那样,在特征函数的构造中,我们的方法也许是做到这一点的恰当方法。然而,我们必须承认,这并非我们的方法的一个正当理由 —— 它只不过为应用中的成功这一真正的理由提供了背景。

第二:在这个方向上,另一个理由是我们已经看到,在我们的理论中,所有的解都对应着全体玩家的总体实现最大集体收益。当这个最大值得到实现时,一组玩家的进一步获益必定大于或等于其他玩家的损失。的确,过度补偿是能够存在的,即一组玩家可以通过给其他玩家制造较大损失而获得某一收益。然而,我们假设了全体玩家都有完全信息、完全的相互威胁、他们中间的反威胁和补偿。[①]因此,我们可以假设,这样的可能性仅仅作为威胁而有效,相应的行动将总是

---

① 在零和博弈理论中,我们关于联盟和补偿的总体态度就以此为基础。

通过谈判和补偿来消除。这并不意味着,这些威胁是永远不会"摊牌"的"虚张声势"。由于对于所有的玩家来说,信息是完全的,永远不会存在怀疑。但是,当一个行动受到这样一个行动威胁时,其中一方遭受的损失大于另一方得到的收益,那么,通过对双方有利的方式进行补偿来避免采取行动的可能就存在。[①]而且,如果事情是这样的话,那么,一方所得再次等于另一方所失。

　　如果这一观点被一般地接受,那么,我们的困难就消失了。

　　第三:有人会说,前面两点说明过于粗糙,它并不表明具有我们建议使用的严格形式的理论的合理性。如果读者从前面两点说明的角度重新思考那些章节,那么,你将明白,理想的详细证明正是这些章节的主题。事实上,一个可能的反对意见是,为什么要避开显而易见的捷径呢?

　　第四:尽管如此,读者也许还会觉得,我们过于强调威胁、补偿等的作用,而且这也许是我们的方法的一个片面性,有可能有损应用中的结果。对此最好的回答,如我们一再指出的那样,是研究那些应用。

　　因此,我们将分析一些应用。这些应用对应着人们熟悉的经济问题。关于它们的研究将表明,我们的理论带来的结果,在一定程度上,令人满意地符合有关

---

　　① 这里,我们并不打算确定补偿的数额 —— 即妥协的本质。这是我们已经有的严格理论的任务。每一实例中,它都将是主题。这里,我们只想证明,给全体玩家整体带来损失的行动能够通过上述机制来避免。

这些问题的常识。只要如下两个条件得到满足,事情就会如此:第一,我们研究的结构要足够简单,以致允许纯粹文字分析,不使用任何数学工具;第二,一些无法从我们的理论中分离出去但又常常在普通的文字方法 —— 联盟和补偿中排除出去的因素并不起基本作用。

超过这一点,在第一个条件仍然得到满足、但第二个条件没有得到满足的地方,我们将恰恰在这个方向上发现差异,且其程度足以证明它。

最后,即便第一个条件也没有得到满足,由于该问题不再是基本问题,我们逐步到达了理论方法必然取代普通纯文字方法而成为主要方法的境地。

管理与价格

第十四章

耐用品垄断

在微观经济学里，"耐用品垄断"并非指持续很长时间的垄断，而是耐用品销售的垄断。这里就产生了一个很有意思的问题：当一个垄断者出售一台冰箱给消费者时，那么在这台冰箱损坏之前，这位消费者就退出了冰箱市场。因此，垄断者选择的不同价格决定了各个时期不同的需求曲线，这时模型就不能只考虑

当期而忽略将来各期。因为价格在 t_1 期的
上升会影响 t_2 期的需求数量,所以现在需求
不是时间无关(time separable)的。

—— 艾里克·拉斯穆森[1][2]

经济学原理课程常常对交易发生的时间段一带而
过。在用图表示某个小装饰品的需求和供给时,横轴
上标的是"某种装饰品",而不是"每一周的某种装饰
品"或"每一年的某种装饰品"。另外,这些图隐含地
假设当期的需求和供给与以后各期无关,因而把当期
与以后各期割裂开来。从需求方面来讲,这种做法的
一个问题是,如果一个物品能使用一期以上,那么尽管
价格是在当期一次付清,但从消费该物品中得到的效
用会持续到将来各个时期。如果史密斯买了一栋房
子,他购买的不仅是明天居住在这栋房子里的权利,而
且也包括在将来的许多年里居住在这栋房子里的权
利,他甚至还可以住几年后再把房子卖给其他人。他
从耐用品的消费中持续得到的效用称作服务流
(service flow)。即使史密斯不想把他的房子租出去,
由于购买房子是在当期的支出和未来的效用之间做一
个权衡,所以对他来说购买房子仍然是一个投资。因
为一件衬衫所产生的服务流也是分布在一个时间段内

---

[1] 艾里克·拉斯穆森,印第安纳大学布卢明顿分校商业经济与公共政策系教授。除了《博弈与信息》外,他还编著了《博弈与信息文献》(布莱克威尔出版公司,2001),合作编著了《度量司法的独立性:日本司法的政治经济学》(2003)。

[2] 艾里克·拉斯穆森,《博弈与信息:博弈论概论(第四版)》,中国人民大学出版社,北京,2009 年。

的,所以物品的耐用性就给国民收入核算带来了严重的问题。在国民收入核算里,住宅被算作国民投资的一部分(住宅提供的服务流被算作服务消费),汽车是耐用品消费,而衬衫是非耐用品消费。但在某种程度上,所有这些都是耐用品投资。

在微观经济学里,"耐用品垄断"并非指持续很长时间的垄断,而是耐用品销售的垄断。这里就产生了一个很有意思的问题:当一个垄断者出售一台冰箱给消费者时,那么在这台冰箱损坏之前,这位消费者就退出了冰箱市场。因此,垄断者选择的不同价格决定了各个时期不同的需求曲线,这时模型就不能只考虑当期而忽略将来各期。因为价格在 t_1 期的上升会影响 t_2 期的需求数量,所以现在需求不是时间无关(time separable)的。

因为从某种意义上来说,耐用品的垄断者确实有一个竞争者——将来各期垄断者自己,所以耐用品垄断者面临着很特殊的问题。如果他在第一期定一个很高的价格的话,那么需求比较强烈的一部分顾客就在第一期购买,然后退出这个市场。因此,为了让剩下的、需求较弱的那部分顾客在接下来的时期里也购买商品,耐用品垄断者就要在第一期以后的各期里制定一个较低的价格。但是,如果顾客都知道垄断者将会降低价格,那么需求比较强烈的那部分顾客就不会在第一期以高价格购买商品。因此,以后各期的低价格迫使垄断者也要降低当期的价格。

这解释了产品差异化的另一面:产品的耐用性。垄断者是否愿意生产一种不耐用的赝品?在我们早已分析过的垂直差异化中耐用性是不同的,因为耐用性具有时间含义。如果忽略产品质量的其他方面,购买低耐用产品的购买者会比购买高耐用产品的购买者以更快的速度从市场中重新购买。

为了模型化上面的情形,我们假设一个卖者垄断着某种能够保存两期的商品。它为两个时期分别制定价格,买者决定每个时期的商品购买数量。和委托 — 代理模型一样,因为这个买者代表了整个市场需求,所以我们就要安排好博弈顺序,以使这个买者没有市场力量。或者,我们也可以把这个买者看成一个连续的消费者(参见 Coase(1972) 和 Bulow(1982))。按照这个解释,不是一个顾客在第一期购买了 q_1 个单位的商品,而是所有的顾客中有 q_1 个顾客在第一期各购买了 1 个单位的商品。

耐用品垄断

参与人
一个买者和一个卖者。

博弈顺序
(1)卖者选择第一期的价格,p_1。

(2)买者购买 q_1 单位的商品,消费 q_1 单位的服务流。

(3)卖者选择第二期的价格,p_2。

(4)买者再购买 q_2 单位的商品,消费 $q_1 + q_2$ 单位的服务流。

支付
生产成本为零,没有折旧和贴现。卖者的支付就是他的收入,买者的支付就是各期消费的收益的总和减去购买商品的支出。买者在时期 t 从消费服务流中得到的边际收益,同时也是他所愿支付的价格是

806

$$B(q_t) = 60 - \frac{q_t}{2} \qquad (1)$$

因此,卖者的收益函数为

$$\pi_{卖者} = q_1 p_1 + q_2 p_2 \qquad (2)$$

因为消费者的总收益是一个三角形和一个长方形的面积之和,所以

$$\pi_{买者} = (第一期的消费者剩余) +$$
$$(第二期的消费者剩余) =$$
$$(第一期的总收益 - 第一期的支出) +$$
$$(第二期的总收益 - 第二期的支出) =$$
$$\left[\left(\frac{60 - B(q_1)}{2} q_1 + B(q_1) q_1 \right) - p_1 q_1 \right] +$$
$$\left[\left(\frac{60 - B(q_1 + q_2)}{2} (q_1 + q_2) + \right. \right.$$
$$\left. \left. B(q_1 + q_2)(q_1 + q_2) \right) - p_2 q_2 \right] \qquad (3)$$

在一期模型里,把价格和需求量联系起来的需求曲线和边际收益曲线是相同的,所以我们可能不太习惯在耐用品垄断下的需求曲线。在耐用品垄断的情况下,两个时期的需求曲线是不一样的。作为博弈规则的一部分,把消费和效用联系起来的边际收益曲线在每个时期都是一样的。但各个时期的需求曲线是不同的,需求曲线取决于均衡策略、将来还能消费商品的服务流的时期数、预期的以后各期的价格,以及已经拥有的商品数量。对买者来说,边际收益是给定的,他的策略就是需求数量。

买者在第一期的总收益等于购买 q_1 单位的商品所带来效用的美元价值,这一价值等于买者为了能在第一期租到 q_1 单位的商品所愿意付出的价格。如图

1(a) 所示，买者在第一期的总收益由两部分组成，上面的三角形区域为 $(1/2)(q_1+q_2)[60-B(q_1+q_2)]$，下面的长方形区域为 $(q_1+q_2)B(q_1+q_2)$。从总收益中减去第一期的支出 p_1q_1，就得到第一期的消费者剩余。除非在某些很偶然的情况下，p_1q_1 和下面的长方形一般不相等。因为商品是耐用品，第一期的支出在第二期仍然可以产生效用，所以第一期的消费者剩余很可能是负的。

在求解均衡的价格路径时，我们不能简单地将卖者的效用对 p_1 和 p_2 求导。这既不符合卖者的序贯理性，也和买者的最优反应不相符。这时我们要找到一个完美子博弈均衡，也就是说，我们应该从第二期开始考虑：给定第一期的购买数量 q_1，买者将在第二期购买多少；给定买者在第二期的需求函数，卖者将会索要多高的价格。

在第一期，消费者在边际上消费的商品是第 q_1 单位的商品。在第二期，消费者在边际上消费的商品是第 (q_1+q_2) 单位的商品。图 1(b) 画出了第一期购买结束以后的剩余需求曲线。这条剩余需求曲线和需求强度配给下有生产能力约束的伯特兰博弈导出的需求曲线很相像(图 1(a))。需求最强烈的 q_1 位顾客已经被满足了，剩余的需求从边际收益 $B(q_1)$ 处开始，且斜率和原来的边际收益曲线的斜率相同。由式(1)我们可以得到剩余需求曲线的表达式

$$p_2 = B(q_1) - \frac{q_2}{2} = 60 - \frac{1}{2}q_1 - \frac{1}{2}q_2 \qquad (4)$$

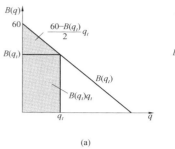
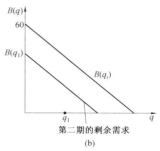

图 1　耐用品垄断博弈中买者在各期的边际收益

因为卖者最大化 $q_2 p_2$，所以我们可以解出垄断产量 q_2^*

$$\text{Maximize}_{q_2}\ q_2\left(60-\frac{1}{2}(q_1+q_2)\right) \qquad (5)$$

由此得出一阶条件为

$$60-q_2-\frac{1}{2}q_1=0 \qquad (6)$$

因此

$$q_2^*=60-\frac{1}{2}q_1 \qquad (7)$$

式（6）和（7），可得 $p_2^*=30-q_1/4$。

现在，我们开始求解第一期的垄断产量 q_1^*。在第一期，买者预期可以在第二期以较低的价格购买商品。在第一期购买商品有两方面的好处：买者在第一期消费商品获得服务流，同时，在第二期消费第一期所购买的商品而获得服务流。买者在第一期愿意支付的价格不会超过他在第一期消费商品获得服务流的边际收益和他预期的第二期商品价格 p_2 的和。由式（6）可知，p_2 的预期值为 $30-q_1/4$。如果卖者准备在第一期

销售 q_1 单位的耐用品,那么可以通过下式来确定价格

$$p_1(q_1) = B(q_1) + p_2 =$$

$$\left(60 - \frac{1}{2}q_1\right) + \left(30 - \frac{1}{4}q_1\right) =$$

$$90 - \frac{3}{4}q_1 \qquad (8)$$

因为卖者知道自己在第二期将会根据式(7)选择 q_2,所以可以用式(7)和(8)把卖者在两期的总收益写成 q_1 的函数

$$\pi_{卖者} = (p_1q_1 + p_2q_2) =$$

$$\left(90 - \frac{3}{4}q_1\right)q_1 + \left(30 - \frac{1}{4}q_1\right)\left(60 - \frac{1}{2}q_1\right) =$$

$$1\,800 + 60q_1 - \frac{5}{8}q_1^2 \qquad (9)$$

得出一阶条件

$$60 - \frac{5q_1}{4} = 0 \qquad (10)$$

因此

$$q_1^* = 48 \qquad (11)$$

由式(8)可得,$p_1^* = 54$。

由式(7)可得,$q_2^* = 36$ 和 $p_2 = 18$。因此,卖者在两期的总利润为:$\pi_s = 3\,240 (= 54 \times 48 + 18 \times 36)$。

进行上面这些计算的目的是把我们所讨论的情形与其他三种市场结构进行一些比较。这三种市场结构分别是竞争市场、垄断者只出租而不销售耐用品以及垄断者只在第一期出售耐用品。

在竞争市场中,价格最终会等于边际成本,也就是零。因此由式(1)得出 $p_1 = 0$ 和 $q_1 = 120$,因为购买者将会一直购买,直到购买的边际收益为零。利润也是

零。

　　如果垄断者出租耐用品而不是销售的话,那么垄断者就能有效地分别在各期向消费者出售耐用品的服务,因此式(1)和普通的需求函数是一样的。这时垄断者可以以 30 的租金每期出租 60 个单位的耐用品,垄断者的利润为 $\pi_s = 3\,600$,高于 3 240,因此出租耐用品所得的利润高于直接出售耐用品所得的利润。直接出售耐用品的问题在于第一期的价格不能很高,否则在第一期的购买结束以后,买者就知道垄断者将在第二期降低价格。出租耐用品就避免了这个问题。

　　如果垄断者承诺在第二期不生产耐用品的话,他就可以在第一期以 60 的价格出售 60 单位的耐用品,这时垄断者的利润和他在只出租耐用品时的两期利润总和是一样的。一个例子是艺术家在制作了一定数量的艺术品后,就会把模具或底版毁掉。在这里,我们要假设艺术家能够让市场相信他已经把模具或底版毁掉了。人们常常开玩笑说艺术家提高自己作品价值的最佳办法就是让自己死掉,这个玩笑是符合我们的模型的。

　　如果模型不考虑序贯理性的问题,直接对垄断者的收益函数中的 p_1 和 p_2 求导出寻找纳什均衡的话,我们得到的结果和垄断者在第二期不生产销售耐用品时的结果是一样的。例如,$p_1 = 60$,$p_2 = 200$,买者的需求函数为 $q_1 = 120 - p_1$,$q_2 = 0$。这是一个纳什均衡,因为给定对方的策略,没有人有激励偏离这个均衡。但是,如果垄断者在第二期偏离均衡,制定一个较低的价格的话,买者的反应也是偏离 $q_2 = 0$ 的均衡购买量,增加购买数量,所以这个均衡不是完美子博弈均衡。

　　如果时期超过两期,耐用品垄断者的问题会越来越明显。在没有折旧和贴现的无限期模型里,如果边际生产成本为零的话,那么出售而不是出租这种耐用品的均衡价格也恒为零。模型假设有很多个买者,较早时期的买者预期到垄断者有激励在他们的购买结束以后降低耐用品的价格,以便把耐用品卖给剩下的那些对之评价较低的消费者。实际上,随着消费者的需求强度越来越弱,垄断者也会持续地降低价格以把耐用品卖给越来越多的消费者,直至价格等于边际成本为止。在没有效用贴现的情况下,即使是对耐用品评价较高的消费者也拒绝接受较高的价格,相反,他们会等到价格降为零时才购买。而且,这并不是"无限期"的恶作剧:只要时期比较长,价格就会相当接近于零。

　　我们也可以用耐用品垄断模型来分析产品的耐用性问题。如果垄断者能生产一种很不牢固、只能使用一期的产品,这时垄断者就相当于在出租耐用品。就消费者而言,如果他知道某种产品只能使用一年的话,那么他愿意为租用一年而支付的租金和他愿意把它买下来而支付的价格是相等的。垄断者在生产低耐用性产品时的利润和产量与他在出租耐用品时的利润和产量是一样的,这就解释了为什么有市场力量的厂商总是喜欢生产折旧年限较短的产品。这并不是说垄断者利用他的市场力量把低质产品强加给消费者,那样的话他得到的价格也会随着质量的降低而减少。垄断者利用低耐用性产品告诉对商品评价较高的消费者:垄断者看好在未来各期的销量,因而不会在以后的时期里降低价格。

　　本书以耐用品垄断的情况做总结。本书也是耐用

品吗？现在我写的是它的第四版，我不能说它是非常耐用的，因为在每版中都会有改进，但是我可以诚恳地说，如果一个理性的消费者喜欢第一版，他就应该购买随后的每一版。如果你能从本书中受益，同时你的时间又非常珍贵，你必须用阅读代替独立思考，即使我的出版商和我收取的价格较贵。

当然我增加了一些新的材料，并且改进了旧材料的解释，但是基本思想仍然保持一致。中心思想是在现代经济学模型中，建模者首先考虑参与者、行动、信息和收益，剥掉表面现象，直达事情本质。这样做可以从假设中得到利润最大化均衡的行动。本书讲授了把假设与结论联系起来的各种各样的方法，正如一本关于国际象棋战略的书，讲授取得胜利或失败的多种多样的棋盘组合。当然与关于国际象棋的书一样，一般的技巧和简化方法是重要的事情，但更重要的是认识到事情的一般特征和采取何种策略去应对。

信息不对称管理博弈模型

企业利润低可能是企业管理者没有努力工作，也可能是由于不利的外部因素造成的。但如果其他处于类似环境的企业利润也很低，该企业利润低更可能是由于外部因素造成的；相反，如果其他处于类似环境的企业利润较高，该企业利润低更可能是管理者自己的原因。通过将其他企业的利润指标引入对该企

业管理者的奖惩措施,可能消除更多的外部不
确定性的影响,使该企业管理者的报酬与个人
努力的关系更为密切,调动其工作积极性。

—— 郭咸纲[1][2]

一、信息不对称管理博弈模型

我们假定管理者不能观测的被管理者的行动选择
a 和外在变量 θ,只能观测收益 π。因此被管理者的激
励相容约束是起作用的,因为不论管理者如何奖惩被
管理者,被管理者总是会选择最大化自己收益水平的
行为。换言之,管理者不能使用强制措施(权力)迫使
被管理者选择管理者希望的行为(这是我们给出的假
定,否则就成为纯粹的优化问题),管理者的问题是选
择满足被管理者参与约束和激励相容约束的激励措施
$s(\pi)$ 以最大化自己的期望收益函数。而我们的目的
在于分析满足这样要求的激励措施所应具有的基本特
征。

下面介绍一个简单模型。

假定 a 有两个可能的值,L 和 H,其中 L 代表"信赖",
H 代表"勤奋工作"。假定 π 的最小可能值是 $\underline{\pi}$,最大可能
值是 $\bar{\pi}$。如果被管理者勤奋工作,π 的分布函数和分布密
度分别为 $F_H(\pi)$ 和 $f_H(\pi)$;如果被管理者信赖,分布函数
和分布密度分别为 $F_L(\pi)$ 和 $f_L(\pi)$。我们假定分布函数
满足一阶占优条件,即所有的 $\pi \in [\underline{\pi}\,\overline{\pi}]$,$F_H(\pi) \leqslant F_L(\pi)$,

---

① 郭咸纲,中国著名理论管理学学者。
② 郭咸纲,《多维博弈人性假设》,广东经济出版社,广州,2003
年。

其中严格不等式至少对某些 π 成立。就是说,勤奋工作时高收益的概率大于信赖时高收益的概率。

假定 $c(H) > c(L)$,即勤奋工作的成本比信赖成本高。此时如果管理者只想选择 $a = L$,他可以通过简单地规定 $S(\cdot) \equiv \underline{S}$ 来达到此目的,因为当 $S(\cdot) \equiv \underline{S}$ 时,信赖是被管理者的最优选择。因此为使我们的讨论有意义,假定管理者希望被管理者选择 $a = H$。此时被管理者的激励相容约束意味着 $\partial s / \partial \pi \neq 0$。

管理者的问题是选择激励措施 $S(\pi)$ 解下列最优化问题

$$\max_{s(\pi)} \int v(\pi - s(\pi)) f_H(\pi) \mathrm{d}\pi$$

$$s.t.\,(\mathrm{IR}) \int u(s(\pi)) f_H(\pi) \mathrm{d}\pi - c(H) \geqslant \bar{u}$$

$$(\mathrm{IC}) \int u(s(\pi)) f_H(\pi) \mathrm{d}\pi - c(H) \geqslant$$

$$\int u(s(\pi)) f_L(\pi) \mathrm{d}\pi - c(L)$$

令 λ 和 μ 分别为参与约束 IR 和激励相容约束 IC 的拉格朗日乘数。那么,上述最优化问题的条件为

$$- v^1 f_H(\pi) + \lambda u^1 f_H(\pi) + \mu u^1 f_L(\mu) = 0$$

整理得到

$$\frac{v^1(\pi - s(\pi))}{u^1(s(\pi))} = \lambda + \mu(1 - \frac{f_L}{f_H}) \qquad (1)$$

这就是所谓的"曼里斯－姆斯特姆条件"。

需要指出的是被管理者的收益 $s(\pi)$ 随似然率 f_L / f_H 的变化而变化。似然率 f_L / f_H 给定了被管理者选择 $a = L$ 时 π 发生的"概率"与 f_L 给定被管理者选择 $a = H$ 时 π 发生的"概率" f_H 的比率,它告诉管理者和被管理者观测到的 π 在多大程度上来自分布 f_L 而

不是分布 f_H。较高的似然率意味着 π 有较大的可能性来自分布 f_L：当似然率等于 1 时，π 来自 f_L 和 f_H 的可能性相同，观测者不能得到任何的信息量。

当然，从概念上讲，管理者并不从观测到的 π 推断任何东西，因为在均衡情况下，管理者可以准确知道被管理者选择了什么，尽管他并不能观测到被管理者的选择。但是，最优激励措施 $s(\pi)$ 反映的正是统计推断的原则。管理者似乎是在根据观测到的产出量推断被管理者是选择了 L 还是 H，进而对被管理者实行奖惩。如果管理者推断被管理者选择 L 的可能性较大，就采取惩罚措施 $(s(\pi) < s\lambda(\pi))$；反之，如果管理者推断被管理者选择 H 的可能性更大，就奖励他 $(s(\pi) \leqslant s\lambda(\pi))$。

从另一个角度看，管理者似乎是在根据贝叶斯法则从观测到的 π 修正被管理者勤奋工作的后验概率。为说明这一点，令 $\gamma = P(H)$ 为管理者认为被管理者选择 H 的先验概率，$\bar{\gamma} = P(H/\pi)$ 为管理者在观测到时认为被管理者选择了 H 的后验概率。根据贝叶斯法则

$$\bar{\gamma} = \frac{f_H \gamma}{f_H \gamma + f_L (1 - \gamma)}$$

因此

$$\frac{f_L}{f_H} = \frac{\gamma - \bar{\gamma}(\pi)}{\gamma(\pi)(1 - \gamma)}$$

将上式代入到式(1)，得到

$$\frac{v_1(\pi - s(\pi))}{u^1(s(\pi))} = \lambda + \mu \left[\frac{\bar{\gamma}(\pi) - \gamma}{\gamma(\pi)(1 - \gamma)} \right]$$

那么，如果观测到的是管理者向下修正了被管理者选择的概率 $(\bar{\gamma}(\pi) < \gamma)$

$$\frac{v_1(\pi - s(\pi))}{u^1(s(\pi))} = \lambda + \mu[1 - \frac{f_L(\pi)}{f_H(\pi)}] > \lambda \Rightarrow s(\pi) > \dot{s}\lambda(\pi)$$

被管理者受到惩罚。另一方面,如果观测到的是委托人向上修正了被管理者选择 H 的概率($\bar{\gamma}(\pi) > \gamma$)

$$\frac{v_1(\pi - s(\pi))}{u^1(s(\pi))} = \lambda + \mu[1 - \frac{f_L(\pi)}{f_H(\pi)}] > \lambda \Rightarrow s(\pi) > \dot{s}\lambda(\pi)$$

被管理者受到奖励。

上述分析表明,收益是通过后验概率 $\bar{\gamma}(\pi)$(或者说似然率 f_L/f_H)影响被管理者的收入 $s(\pi)$ 的。S 应该依赖于 π,并不是因为 π 的物质价值,而是因为它的信息量价值。由于这个原因,条件(1)本身对最优奖励措施 $s(\pi)$ 的具体形式没有任何限制;就是说,任何形式的 $s(\pi)$ 都是可能的。

管理者－被管理者模型的重要结果是它可以预测什么样的观测变量应该进入激励措施。设想除产出 π 外,管理者还可以不费成本地观测到另一个变量 $A1$ 与 a 和 θ 有关,即 $A1 = A1(a, \theta)$。那么,我们关心的问题是,在什么条件下,管理者对被管理者的奖惩不仅应依赖于 π,而且应该依赖于 $A1$ 即最优激励措施应该为 $s(\pi, A1)$ 而不是 $s(\pi)$。

假定在不同努力水平下 π 和 $A1$ 的联合分布密度函数分别为 $\eta_2(\pi, A1)$ 和 $h_H(\pi, A1)$,如果 π 和 $A1$ 同时进入管理措施,管理者的问题是选择 $s(\pi, A1)$,解下列最优化问题

$$\max_{s(\pi)} \iint_{A1} v(\pi - s(\pi)) \eta_H(\pi, A1) \mathrm{d}A1 \mathrm{d}\pi$$

$$s.\,t.\,(\mathrm{IR}) \int \int_{A1} u(s(\pi)) \eta_H(\pi, A1) \mathrm{d}A1 \mathrm{d}\pi - c(H) \geqslant \bar{u}$$

$$(\mathrm{IC}) \iint_{\eta} u(s(\pi)) \eta_H(\pi, A1) \mathrm{d}A1 \mathrm{d}\pi - c(H) \geqslant$$

$$\iint_{A1} u(s(\pi)) \eta_L(\pi, A1) \mathrm{d}A1 \mathrm{d}\pi - c(\bar{L})$$

上述最优化问题与原最优化问题的唯一区别是现在期望值是对 π 和 $A1$ 的联合密度函数 $\eta_i(\pi, A1)$ 取的。最优化的一阶条件为

$$\frac{v^1(\pi - s(\pi, A1))}{u^1(s(\pi, A1))} = \lambda + \mu \left[1 - \frac{\eta_L(\pi, A1)}{\eta_H(\pi, A1)}\right] \quad (2)$$

比较条件(1)和(2)可以看出,如果下列条件成立

$$\frac{\eta_L(\pi, A1)}{\eta_H(\pi, A1)} = \frac{f_2(\pi)}{f_H(\pi)} = P(\pi) \quad (3)$$

则新的观测量 $A1$ 是没有信息量的,可以证明只有当条件(3)不成立时,$s(\pi, A1)$ 才 Pareto 优于 $s(\pi)$;就是说,只有当 $A1$ 影响似然率 η_L/η_H 时,$A1$ 才应纳入管理措施。

当条件(3)成立时,我们说 π 是相对于 a 和 θ 的有关 $(\pi, A1)$ 的"充分统计量",所有 $A1$ 能提供的有关 a 和 θ 的信息都已包含在 π 中,$A1$ 不提供任何额外的信息,因此,$A1$ 可以不考虑作为管理措施。条件(3)可改写成下列形式

$$\eta_i(\pi, A1) = A(\pi, A1) B_i(\pi) \quad i = L, H$$

即任何努力水平下的联合分布 $\eta_i(\pi, A1)$ 可以分解为与努力水平无关的联合分布 $A(\pi, A1)$ 和与努力水平有关的独立分布 $B_i(\pi)$ 的乘积。如果这个条件满足,π

就是充分统计量。

　　注意,当条件(3)不成立时,将 $A1$ 纳入管理措施 $s(\pi, A1)$ 之所以是有价值的,是因为通过使用包含 $A1$ 的信息量,管理者可以排除更多的外在因素对推断的干扰,使被管理者承担较小的风险。比如说,假定分布 $\eta_i(\pi, A1)$ 满足一阶随机占优条件和单调似然率要求,那么,给定被管理者选择了 $a = H$,较低的 π 和较低的 $A1$ 同时出现的可能性显然小于较低的 π 单独出现的可能性;类似地,给定被管理者选择了 $a = L$,较高 π 和较高 $A1$ 同时出现的可能性显然小于较高的 π 单独出现的可能性。因此,为使被管理者选择 $a = H$,当措施只依赖于 π 时,被管理者应该承担的风险肯定大于当措施依赖于 π 和 $A1$ 时被管理者应该承担的风险。我们假定被管理者是风险规避的,这种由被管理者承担较低风险带来的风险成本的节约就是 $A1$ 的净价值。进一步,因为在均衡情况下参与约束 IR 和激励约束 IC 的等式成立,这种成本节约全都归管理者所有;因此,如果 $A1$ 包含有新信息,管理者就有积极性把 $A1$ 纳入到措施中。

　　注意,上面的充分统计量结果对最优激励措施的设计有着重要的意义。首先,对被管理者实施监督是有意义的,因为监督可以提供更多的有关被管理者行为选择的信息,从而可以减少被管理者的风险成本。当然,监督成本不能太高,否则就是没有意义的,即它可以提供更多的信息。

　　更为重要的是,充分统计量结果意味着使用相对业绩比较是有意义的。企业自身的利润并不是充分统计量,其他企业的利润也包含着该企业管理者行为的有价值的信息。比如说,企业利润低可能是企业管理者没有努力工作,也可能是由于不利的外部因素造成的。但如果其他处于类似环境的企业利润也很低,该企业利润低更可能是由于外部因素造成的;相反,如果其他处于类似环境的企业利润较高,该企业利润低更可能是管理者自己的原因。通过将其他企业的利润指标引入对该企业管理者(此时的管理者可被看作被管理者)的奖惩措施,可以消除更多的外部不确定性的影响,使该企业管理者(处于被管理者地位)的报酬与个人努力的关系更为密切,调动其工作积极性。

二、信息不对称管理博弈的进一步讨论

以上我们假定被管理者只有两个行为可以选择。现在我们转向一般情况:a 是一个连续的表示努力程度的向量。其分布函数的一阶占优条件变为:$F_a(\pi, a) = \partial F/\partial a < 0$,即对于所有的 π,如果 $a > a^1$,$F^a(\pi, a) < F(\pi, a^1)$。我们关心的问题是如何处理被管理者的激励相容约束 IC。因为对于给定的激励措施 $s(\pi)$,被管理者总是选择最优的 a 最大化期望收益函数

$$\int u(s(\pi))f(\pi,a)\mathrm{d}\pi - c(a)$$

其激励相容约束可以用下列一阶条件代替

$$\int u(s(\pi))f_a(\pi,a)\mathrm{d}\pi - c^1(a) \tag{4}$$

这就是所谓的"一阶条件方法"。使用一阶条件(4),管理者问题可以表述如下

$$\max_{s(\pi)} \int v(\pi - s(\pi)) f_H(\pi) \mathrm{d}\pi$$

$$s.\,t.\,\mathrm{(IR)} \int u(s(\pi)) f_H(\pi) \mathrm{d}\pi - c(H) \geqslant \bar{u}$$

$$\mathrm{(IC)} \int u(s(\pi)) f_H(\pi) \mathrm{d}\pi - c(H) \geqslant$$

$$\int u(s(\pi)) f_L(\pi) \mathrm{d}\pi - c(L)$$

令 λ 和 μ 分别为参与约束 IR 和激励相容约束 IC 的拉格朗日乘数。上述最优化问题的一阶条件是

$$\frac{v^1(\pi - s(\pi))}{u^1(s(\pi))} = \lambda + \mu(1 - \frac{f_L}{f_H}) \qquad (5)$$

其中 $f_a(\pi, a)/f(\pi, a)$ 是似然率 $f_a(\pi - s(\pi))/f(\pi, a)$ 是似然率 $f_L(\pi)/f_H(\pi)$ 的对应,式(5)意味着,当管理者不能观测到被管理者的努力水平 a 时,风险分担的 Pareto 最优是不能实现的;因为 $\mu > 0$,为了使被管理者积极努力工作,被管理者必须承担更大风险。例如

$$s(\pi) < s_\lambda(\pi) \quad (\text{如果} \frac{f_a(\pi, a)}{f(\pi, a)} < 0)$$

$$s(\pi) < s_\lambda(\pi) \quad (\text{如果} \frac{f_a(\pi, a)}{f(\pi, a)} > 0)$$

超对策

在大多数对策问题中都不同程度地带有冲突的性质(如两人零和对策),这些问题研究的都很完备。但是这些模型注注具有这样那样的局限,使得现实生活中许多复杂的

冲突现象难以反映出来(比如,一些策略的后果优劣性不能明确表示出来,或局中一方对另一方可能采用的策略不完全了解或有误解),因此,对策论在管理上的应用就受到限制。所以就引进了所谓超对策理论。

——万伟勋[1][2]

在偏对策分析中,假定各局中人对它们的策略集以及它们对结局的喜好程度都是相互了解的。但实际生活中,人们往往不能做到这一点。一些局中人对其他局中人、其他局中人的策略集,以及其他局中人的喜好不一定很清楚。对于这类问题作更符合实际情况的研究,就导致一种所谓超对策。这里将对它作一简单的介绍。

在偏对策分析中,每个局中人 i 都有一个关于结局喜好顺序构成的向量 V_i。因此一个 n 人对策可以表示为

$$G = \{V_1, V_2, \cdots, V_n\} \qquad (1)$$

但当局中人对别人的策略喜好顺序有误解时,每个局中人 i 实际上是根据各自主观看法构成一个 n 人对策

$$G_i = \{V_{1i}, \cdots, V_{ni}\} \qquad (2)$$

V_{ki} 是局中人 i 主观上认为的 k 的喜好顺序向量。这时,各局中人都就自己的了解,提出对应的策略。所有

---

[1]　万伟勋,上海交通大学管理学院教授。

[2]　万伟勋,《管理对策分析》,上海交通大学出版社,上海,1983年。

822

这些对策 G_i 合起来就构成一个超对策,记为

$$H = \{G_1, \cdots, G_n\} \qquad (3)$$

把它写成矩阵形式可以得到表 1。

表 1

各局中人的对策	设想局中人			
	1	2	$\cdots$	n
G_1	$\boldsymbol{V}_{11}$	$\boldsymbol{V}_{21}$	$\cdots$	$\boldsymbol{V}_{n1}$
G_2	$\boldsymbol{V}_{12}$	$\boldsymbol{V}_{22}$	$\cdots$	$\boldsymbol{V}_{n2}$
$\vdots$	$\vdots$	$\vdots$		$\vdots$
G_n	$\boldsymbol{V}_{1n}$	$\boldsymbol{V}_{2n}$	$\cdots$	$\boldsymbol{V}_{nn}$

可以分析出每个对策 G_i 的均衡点。但实际上发生的是,各局中人 i 是按照自己的喜好向量 $\boldsymbol{V}_{ii}$ 的稳定结局而采取行动的。因此,一个超对策的均衡点,是由表 1 中主对角线上各喜好向量而确定的。

例 1 甲、乙两单位在经营过程中,乙方作了损害甲方利益的决策,甲方已经向乙方提出交涉。在这一情况发生后,甲、乙双方都有两种策略可取。甲方:谈判交涉,或报复。乙方:作无损甲的决策,或行动升级。用 A, B, C, D 依次表示这 4 种策略,各有取和不取两种可能,因此共有 $2^4 = 16$(种)组合。但双方对于另一方的喜好顺序并不完全清楚,他们各自根据自己的了解主观地排出对方的喜好顺序。于是形成一个超对策。

在进行稳定性分析之前,可把一些不可能发生的结果除去。一个不可能情形是乙方同时要采取上述两行动。因此可以除去 4 种情形,剩下 12 种情形列于表 2 中。

823

表 2

可取策略		可能的结局
甲方	A	0 1 0 1 0 1 0 1 0 1 0 1
	B	0 0 1 1 0 0 1 1 0 0 1 1
乙方	C	0 0 0 0 1 1 1 1 0 0 0 0
	D	0 0 0 0 0 0 0 0 1 1 1 1
数字表示		0 1 2 3 4 5 6 7 8 9 10 11

假定这个超对策为
$$H = \{G_1, G_2\}, G_1 = \{\boldsymbol{V}_{11}, \boldsymbol{V}_{21}\}$$
$$G_2 = \{\boldsymbol{V}_{12}, \boldsymbol{V}_{22}\}$$
假定这些喜好顺序向量为
$$\boldsymbol{V}_{11} = [4\ 6\ 5\ 7\ 2\ 1\ 3\ 0\ 11\ 9\ 10\ 8]$$
$$\boldsymbol{V}_{21} = [0\ 4\ 6\ 2\ 5\ 1\ 7\ 3\ 11\ 9\ 10\ 8]$$
$$\boldsymbol{V}_{12} = [4\ 0\ 6\ 2\ 5\ 1\ 7\ 3\ 11\ 9\ 10\ 8]$$
$$\boldsymbol{V}_{22} = [0\ 4\ 6\ 2\ 5\ 1\ 7\ 3\ 11\ 9\ 10\ 8]$$

逐一对 G_1, G_2 进行稳定性分析得到表 3。

假定有一些局中人知道对手并不明白真相,而有一些局中人并不知道自己有误解。这时定义超对策
$$H_i = \{G_{1i}, \cdots, G_{ni}\} \tag{4}$$
G_{ji} 是局中人 i 想象中的 j 面临的对策。所谓二级超对策就是
$$H^2 = \{H_1, \cdots, H_n\} \tag{5}$$
如果 H_i 用 G_{ji} 表示,则 H^2 就可用 G_{ji} 组成的矩阵给出,即
$$H^2 = \begin{pmatrix} G_{11} & G_{12} & \cdots & G_{1n} \\ G_{21} & G_{22} & \cdots & G_{2n} \\ \vdots & \vdots & & \vdots \\ G_{n1} & G_{n2} & \cdots & G_{nn} \end{pmatrix} \tag{6}$$

表 3

```
                    × E × × × × × × × × × × ×
                    E E × × × × × × × × × ×
            V11     r S u u r u u u u r u u
                    4 6 5 7 2 1 3 0 11 9 10 8
                      4 4 4   2 2 2     11 11 11
                        6 6     1 1       9 9
                          5       3         10
  G1
                    r S r u r u r u u u u u
            V21     0 4 6 2 5 1 7 3 11 9 10 8
                    0   6   5     7 7 5 6 0
                                  3 1 2 4

                    r r u u u u u u r u u u
            V12     4 0 6 2 5 1 7 3 11 9 10 8
                        4 0 4 0 4 0     11 11 11
                          6 2 6 2       9 9
                              5 1         10
  G2
                    E × × x × × × × × × ×
            V22     r u r u r u r u u u u u
                    0 4 6 2 5 1 7 3 11 9 10 8
                    0   6   5     7 7 5 6 0
                                  3 1 2 4
```

注：紧挨向量上面的字母表示该结局在 G_1 或 G_2 中的评价。V_{11} 与 V_{22} 上的 E 与 × 表示该结局是否为 G_1 或 G_2 的均衡局势。第一排是总的评价。

作为冲突问题解的均衡点，仍由主对角线上那些对策的稳定性所确定。

例 1（续）　这里假定甲方知道乙方对情况有误解，也就是甲方知道自己面临了一个超对策问题。然而乙方还不知道，这时构成的二级超对策 H^2 如表 4。

甲方的超对策包含对策 G_{11}, G_{21}。G_{21} 包含乙方对甲方错误的理解，而甲方则是知道乙方如何理解的。H_1 分析的结果实际上在表 3 中已经作过，即 6 为甲方认定的解。至于 G_{22}，是乙方认为的"实际情况"。经分析得到的可能解是结局 0。这实际上就是表 3 中关于对策 G_2 的分析结果，而真实结果应是 6。实际可能

表 4

	甲方超对策 H_1	
	甲方对策 G_{11}	乙方对策 G_{21}
甲方	4 6 5 7 2 1 3 0 11 9 10 8	4 0 6 2 5 1 7 3 11 9 10 8
乙方	0 4 6 2 5 1 7 3 11 9 10 8	0 4 6 2 5 1 7 3 11 9 10 8
	乙方超对策 H_2	
	甲方对策 G_{12}	乙方对策 G_{22}
甲方	4 0 6 2 5 1 7 3 11 9 10 8	4 0 6 2 5 1 7 3 11 9 10 8
乙方	0 4 6 2 5 1 7 3 11 9 10 8	0 4 6 2 5 1 7 3 11 9 10 8

发生的情况将是:乙方一意孤行(或行动升级)认为甲方对它无可奈何。但甲方掌握了事实真相,采取了行动,使结局 6 出现。这时乙方才有醒悟。但在有些问题(比如战争)中将造成无可挽回的损失。

为了把实际冲突问题描述得更确切,往往需要用到二级、三级或更高级的超对策。沿这一思路进行研究的理论工作可见 P. G. Bennet 等人的文章,这里就不再转述了。

劳动力的价格

两个完全相同的企业卖某个同质的价格固定的产品。这两个企业所竞争的是它们向可获得的唯一一个工人提供多少工资。

—— 费尔南多 维加 — 雷东多[1][2]

---

[1] 费尔南多,维加 — 雷东多(Fevnando Vega — Redondo)是西班牙阿里坎特大学和朋贝法布拉大学的经济学教授。

[2] 费尔南多,维加 — 雷东多,《经济学与博弈理论》,上海人民出版社,上海,2006 年。

　　这里,我们研究在劳动力市场中模式化的信号模型,该研究是基于斯宾塞(Spence,1973,1974)的重要工作。模型设定可以非正式地表述如下:两个完全相同的企业卖某个同质的价格固定的产品。这两个企业所竞争的是它们向可获得的唯一一个工人提供多少工资。该工人从事这个任务的能力(或者竞争力)只有她自己知道。不过,尽管企业不能观察到该工人的能力,但可以观察到她的教育水平。在这一方面的关键假设是,工人获得特定教育水平的成本依赖于她的能力。具体地,假定她的能力越高成本就越低。这种情形下自然的问题就是:工人依赖于她的能力来选择不同的教育水平这样一个状况(作为一个均衡)是否可能? 如果可能,能力和教育水平一定正相关,不同教育水平的工人也获得不同的均衡工资。那么教育水平可以看作起到一个支撑能力的(可信的)信号的作用,即使教育水平本身对生产力没有任何影响。

　　为了正式研究这个问题,我们正式化包括一个工人、两个企业以及自然的有如下四个阶段的一个博弈:

　　(1)自然选择工人的类型,根据她的能力 θ 进行识别。能力是高的($\theta = H$)或者低的($\theta = L$)概率分别是 p 和 $1 - p$。

　　(2)在收到自然选择的准确信息(即,知道她的类型)后,工人选择她的教育水平 $\eta \in \mathbf{R}_+$。

　　(3)在观察到工人选择的教育水平之后(尽管不知道她的能力),每个企业 $i = 1,2$ 同时提议一个相应的工资 $w_i \in \mathbf{R}_+$。

　　(4)鉴于每个企业提出的工资,工人选择她愿意为之工作的企业。

正如解释的那样,只有在教育是一种对能力越高的工人来说成本越小的行为时,这个问题才是有趣的。用 $c(\theta,\eta)$ 定义类型为 θ 的工人获得教育水平 η 所需要的成本。这样的一个成本与工资用同样的货币形式来衡量,所以当她收到工资 ω 和选择教育水平 η 时,类型为 θ 的工人净支付由

$$u(\theta,\eta,w)=w-c(\theta,\eta)$$

给出。对我们的分析来说,仅仅假定对所有的 $\eta>0$,$c(H,\eta)<c(L,\eta)$ —— 在获得任意(正的)教育水平时,高类型需要更低的成本 —— 是不够的。必须要求边际成本也有类似的情形,即

$$\forall\,\eta\geqslant 0,\frac{\partial c(H,\eta)}{\partial\eta}<\frac{\partial c(L,\eta)}{\partial\eta} \tag{1}$$

其中函数 $c(\theta,\cdot)$ 被假定为对每个 θ 二阶连续可微。为了技术上的便利,也假定函数 $c(\theta,\cdot)$ 严格凸,即

$$\forall\,\eta\geqslant 0,\frac{\partial^2 c(\theta,\eta)}{\partial\eta^2}>0$$

能力和工人的教育水平共同决定她在企业的生产力。生产力(同样以货币形式给出)通过一个既定的在 η 上凹的函数 $f(\theta,\eta)$ 给定。自然地,我们也假定

$$\forall\,\eta\geqslant 0,f(H,\eta)>f(L,\eta)$$

这简单地体现了一个想法。即给定两种类型都有同样的教育水平,更高能力的人显示了更大的生产力。不过,不必要求教育水平严格地改善了工人的生产力。因此,教育行为可以作为一个纯信号发送装置,这符合我们模型的动机。即使虑及(允许极端的)教育与生产完全无关(即 $f(\theta,\eta)$ 在 η 上是常数)的可能性,均衡

也能很好地存在,此时根据教育的信号作用,每个类型的工人选择一个不同的教育水平。因此,在那些极端的情形下,可以肯定的是经济在教育上的投资过多(教育花成本但是没有生产力),这仅仅是因为高能力的工人希望送出他们的信号。

在分析中,作为第一步以及有用的基准,我们开始研究两个企业知道工人确切能力的情形。接着,我们对那样的一种完全信息的设定与初始时假定企业完全不知道工人能力的不完全信息情形作比较。

因此,我们动手改变上述阶段(3),将假定改为企业在这时已经知道它们面临的工人是高能力的还是低能力的。换句话说,初始的博弈被转换成一个所有参与人都完美地(即,对称地)知道所有参与人的(尤其是,自然的)先验选择。在那样的环境下,一旦工人在博弈的第二阶段选择教育水平 η,两个企业在第三阶段都知道她的生产力 $f(\theta, \eta)$。因此,这产生一个急剧竞争的环境,其中企业必须提供(均衡时)相等的工资 $w_1 = w_2 = w = f(\theta, \eta)$。这样做的理由应该很明显。一旦工资被设定,工人当然决定到提供最高工资的企业中去工作。企业在第三阶段的相互影响与通过伯川德双寡头生产一个同质的产品所经历的类似。竞争对工资施加了极度向上的压力(与伯川德竞争中展示的对价格的向下压力形成两极),将企业可享受到的剩余份额缩减到零。即,所有剩余(在那一点,产品的价值)都被工人窃取。

预期到在第三阶段的结果会如上所述,工人在第二阶段一定会选择最大化如下问题的教育水平,即

$$\max_{\eta} f(\theta, \eta) - c(\theta, \eta) \qquad (2)$$

829

它的解（假定唯一）被定义为 $\eta^*(\theta)$，是 θ 的函数。这个函数确定了工人的最优策略，该策略被我们描述为这个完全信息版本博弈的唯一子博弈完美均衡。相应的工人收到的工资与她的生产力 $f(\theta, \eta^*(\theta))$ 相等，定义为 $w^*(\theta)$。总的来说，被诱致的资源分配显而易见是有效的，如图 1 阐明的那样。

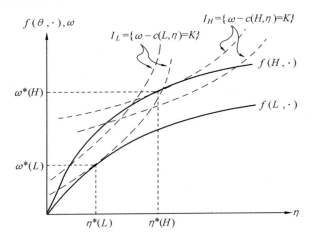

图 1　在完全信息下对类型的分离。类型 $\theta \in \{H, L\}$ 的工人的最优决定在图中被描述成与她类型相匹配的生产函数 $f(\theta, \cdot)$ 跟相应的无差异曲线 I_{θ} 的切点。后者是由产生常数的支付 K（确切地对每一条无差异曲线而言）的教育工资的轨迹组成的

让我们考虑从（1）～（4）描述的初始不完全信息博弈。我们的目标是找到它的信号均衡。有关事实的主要变化为，现在的博弈是两个不知情的主体（两个企业）一旦从知情一方那么观察到信号（教育水平）之后，同时行动。不过，通过对等地对待这两个企业（在

工资的提供以及信念上)，我们就能处理成只有一个不知情的企业，且这个企业的行为总是使工资等于工人预期的生产力。(这儿，我们依赖于在完全信息下已经用过的论证：由于企业之间在工资上是"类似于伯川德的竞争"，它们允许工人获得整个预期的剩余) 有了这些想法，目前情形中的一个信号均衡 SE 可以确定用 $[(\eta(\theta))_{\theta=H,L}, (w(\eta))_{\eta \geqslant 0}]$ 来表达，使得以下两个要求成立：

(1) 给定预期的工资计划 $(w(\eta))_{\eta \geqslant 0}$ 被企业当做工人教育水平的函数，工人的策略 $(\eta(\theta))_{\theta=H,L}$ 是最优的。

(2) 存在企业关于工人类型的某一信念模式 $(\mu(\eta))_{\eta \geqslant 0}$，这一模式与工人的类型在统计上一致，并且对所有的教育水平 $\eta \geqslant 0$，有

$$w(\eta) = \mu(\eta)(L) f(L, \eta) + \mu(\eta)(H) f(H, \eta)$$

即，企业提供的工资与工人的预期生产力一致。

一般地，不完全信息模型可以引出一个大范围的 SE。不过，我们也将证明，所谓的直观标准提供的精炼对处理均衡的多重性是十分有效的。我们仅以三个类的均衡即混同、分离以及杂交均衡为中心展开讨论。

(1) 在混同均衡中，因为两个类型"混同"在同一教育水平上，企业完全不能识别工人是高类型的还是低类型的。因此，在观察到那个共同的教育水平后，企业在工人是高的或低的类型上保留了最初的主观概率，p 和 $1-p$。

(2) 在分离均衡中，每个类型的工人选择一个不同的教育水平。因此，一旦企业观察到工人特定的教

831

育选择后,就能确切地推断出工人的能力,即,这些均衡"分离"了类型。

（3）最后,在杂交均衡中,其中的一个类型选择了某一教育水平,这个教育水平被另一类型以正（小于1）概率随机地进行选择。因此,事后,企业要么能够知道工人的类型,要么处于一个修改（不彻底地）先验类型概率的地位,即分离和混同两者都可能得到。

我们开始讨论那些混合的 SE。根据定义,这些均衡使两个类型都选择一个共同的教育水平,就是说

$$\eta_0 = \eta(H) = \eta(L) \tag{3}$$

那么,涉及与此相关的信念,我们有

$$\mu(\eta_0)(H) = p \tag{4}$$

因为,在观察到 η_0 后,后验概率要与先验概率一致（即,在那个观察中没有得到新的东西）。因此,均衡时两个企业提供的工资 w_0 根据由此诱致的"类似于伯川德的竞争"（回忆一下类似的在完全信息基准设置中的情形）必须满足

$$w_0 = pf(H, \eta_0) + (1 - p)f(L, \eta_0)$$

为了完成对均衡的说明,仍然必须指出离开均衡时 —— 在教育水平 $\eta \neq \eta_0$ 时 —— 企业会提供的工资。提供的这些工资必须满足两个要求:

（1）它们一定阻止工人对均衡的偏离,因此使得遵守当前的混同策略 $\eta(\theta) = \eta_0$ 对每个 $\theta = H, L$ 是最优的。

（2）它们一定被某种合适的企业关于工人类型的信念所支撑。

执行上面这两个要求的一个极端而直接的尝试是假定企业展示了以下离开均衡的信念

$$\mu(\eta)(H) = 0 \quad (如果\ \eta \neq \eta_0) \qquad (5)$$

因此,任何不同于 η_0 的教育水平(即使它更大)也被构想为:它是由类型 L 的工人选择的。无疑,这是一个某种程度上虚假的信念选择,但是 SE 概念中没有什么能将它们排除出去。在这些信念下,符合第二个要求的工资提供的相机模式是

$$w(\eta_0) = w_0 \qquad (6)$$

$$w(\eta) = f(L,\eta), \eta \neq \eta_0 \qquad (7)$$

并且,给定企业那样一个策略,对每个工人类型 $\theta \in \{H,L\}$,体现了以上第一个要求的均衡条件如下

$$\forall\, \eta \geqslant 0, w_0 - c(H,\eta_0) \geqslant f(L,\eta) - c(H,\eta)$$

$$\forall\, \eta \geqslant 0, w_0 - c(L,\eta_0) \geqslant f(L,\eta) - c(L,\eta)$$

第一个不等式表达了这样一个想法,即 H 类型的工人不应该发现偏离 η_0 是有利可图的。第二个式子体现了对类型为 L 的工人的类似条件。如果两个不等式都成立,式(3),式(6)和式(7)确定了一个混同 SE,由信念式(4)和式(5)支撑。作为图示,图 2 展示了一个关于这个问题的基本数据(即生产函数,工人的无差异曲线和先验概率)的特定(图解的)说明,图中满足以上列出的单个混同 SE 的条件。

图 2 表明,一般地,我们应该想到这个博弈允许不同混同均衡的一个富余范围(相应地具有不同的混同教育水平)。明显地,举例来说,给定图中具体的代表性场景,对高于或低于 η_0 的教育水平,人们可以构造不同的,混同均衡。不过,也值得指出,如果支撑的场景是不同的,那么人们会发现,不存在任何一个混同类的均衡。

接下来,我们转向分离均衡。首先,让我们集中环

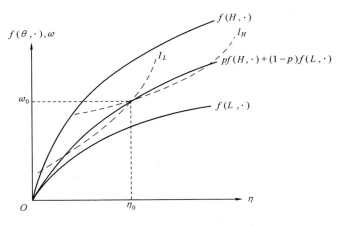

图 2   混同均衡

境的基本数据,使得条件

$$f(L, \eta^*(L)) - c(L, \eta^*(L)) \geqslant$$
$$f(H, \eta^*(H)) - c(L, \eta^*(H)) \qquad (8)$$

满足的情形,其中 $\eta^*(L)$ 和 $\eta^*(H)$ 确定了最优化式
(2)问题的(唯一)解。以上条件暗含了,如果一个低
类型的工人被给予两个备选的、在完全信息下实现的
教育 —— 工资 对, 即 $[\eta^*(H), f(H, \eta^*(H))]$ 和
$[\eta^*(L), f(L, \eta^*(L))]$,她将(弱)偏好后者。这个情
形通常被描述成:低能力的工人不嫉妒高类型工人获
得的结果。因此,即使低类型能够确定地在后一情形
下得到更高的工资,更高教育水平的要求也太高,以至
于不值得低类型这样做。在这样的环境一下,显然存
在一个分离均衡$[\eta(L), \eta(H), w(\cdot)]$,其中

$$\eta(\theta) = \eta^*(\theta) \quad (\theta = H, L)$$
$$w(\eta) = f(L, \eta) \quad (如果 \eta < \eta^*(H)) \qquad (9)$$
$$w(\eta) = f(H, \eta) \quad (如果 \eta \geqslant \eta^*(H))$$

834

这可以被以下的信念所支撑

$$\mu(\eta)(H) = 0 \quad (\text{如果 } \eta < \eta^*(H))$$
$$\mu(\eta)(H) = 1 \quad (\text{如果 } \eta \geq \eta^*(H))$$

在该均衡中，类型 θ 的工人收到工资 $w(\theta) \equiv f(\theta, \eta(\theta)) = w^*(\theta)$，因此导致的有效资源分配与在完全信息下获得的一模一样。图 3 展示了这种情况（对比图1）。

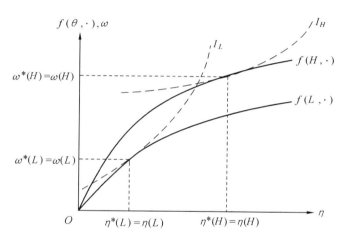

图 3　在"没有嫉妒"下的分离均衡

与均衡时类型间的分离有关，当条件式（8）不成立时，产生了最有趣的情形。这时，由式（9）表述的行为模式不能确定一个均衡：类型 L 的工人将偏好于选择一个被指定为类型 H 的教育水平。因此，为了获得一个更高的工资 $w(H) = f(H, \eta^*(H))$，其经受的成本增加了 $c(L, \eta^*(H)) - c(L, \eta^*(L))$。当然，企业那一方对这一低类型行为的预期将使它们在观察到 $\eta^*(H)$ 后不再提供工资 $w(H)$，而是提供 $w' = ((1 -$

$p)f(L,\eta^*(H))+pf(H,\eta^*(H)))$，因此导致我们所尝试的均衡构造瓦解。

因此，我们得出：如果在完全信息下低能力的工人会"嫉妒"高能力的工人，那么在不完全信息下，后一类型将不得不花费某种"分离成本"来保证企业能够可靠地挑选出。尤其是，如果高类型要确保低类型不模仿她，她必须使她的教育水平高于 $\eta^*(H)$。

为了得到这个情形，最小的教育 $\tilde{\eta}$ 满足以下等式

$$f(L,\eta^*(L))-c(L,\eta^*(L))=f(H,\tilde{\eta})-c(L,\tilde{\eta})$$
(10)

即，类型间分离要求类型 H 的工人选择的教育水平至少是 $\tilde{\eta}$，使得即使那时企业付最好的工资与它一致（即 $f(H,\tilde{\eta})$），低能力的工人也会认为这个高工资不足以严格弥补承受的高成本（当然，与高类型相比，对她来说成本更高）。

基于式（10）确定的值 $\tilde{\eta}$，人们可以对目前的"嫉妒"情形构造以下的分离均衡

$$\eta(L)=\eta^*(L)$$
$$\eta(H)=\tilde{\eta}$$
$$w(\eta)=f(L,\eta)\quad（如果\ \eta<\tilde{\eta}）$$
$$w(\eta)=f(H,\eta)\quad（如果\ \eta\geqslant\tilde{\eta}）\quad(11)$$

这可以被以下的信念所支撑

$$\mu(\eta)(H)=0\quad（如果\ \eta<\tilde{\eta}）$$
$$\mu(\eta)(H)=1\quad（如果\ \eta\geqslant\tilde{\eta}）\quad(12)$$

在这个分离均衡中，类型 L 的工人选择有效的教育 $\eta^*(L)$，但是为了阻止被类型 L 的人模仿，类型 H 的工人向上扭曲了她的决策（$\tilde{\eta}>\eta^*(H)$）。均衡时每个类型收到的工资 $w(L)$ 和 $w(H)$ 完全反映了她们各

836

自的生产力,但是导出的分配无疑是无效率的。 具体
地,作为唯一的方式,高类型接受过度教育来将她与低
类型分离开来。图 4 展示了这一情形的图解。 显然,
类似的考虑一般允许其他教育水平 $\eta(H) > \tilde{\eta}$ 也能支
撑类似的分离均衡。

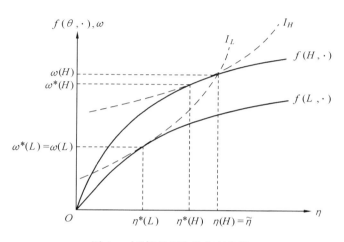

图 4   在"嫉妒下"的分离均衡

现在,我们进展到讨论前面两种的杂交情形。 尤
其是,我们对这样一种均衡感兴趣:工人中的一种类型
不采取确定性方式,而是在一种能将她与其他类型分
离出来的教育水平和另一种不能分离的教育水平之间
作适当随机化(即,采取一个混合行动)处理。我们简
单地阐明杂交均衡的重要性,并且将它们限制在一个
特定的种类中。在这类中,虽然类型 H 的工人总是选
择一个不变的教育水平,但是低类型在高类型选择的
教育水平和其他可选择的教育水平之间随机化。

因此,一方面,假定类型 L 以某个概率 $\alpha > 0$ 选择一个差别(明确类型的)教育水平 $\check{\eta}$,使它与类型 H 分离。既然如此,观察到 $\check{\eta}$ 后,企业确定工人具有低能力,那一定会提供一个低生产力的工资 $w(\check{\eta}) = f(L, \check{\eta})$。从而,在均衡时,我们一定有 $\check{\eta} = \eta^*(L)$。也就是,如果低类型分离出它自己,它一定是通过选择在完全信息下它的最优教育水平来达到的。

另一方面,类型 L 的工人以一个剩余概率 $(1-\alpha) > 0$ 与高类型混同。用 $\hat{\eta}$ 定义这种情形下的教育水平。因为在企业观察到 $\hat{\eta}$ 后,面临类型 H 的工人的主观概率 $\mu(\hat{\eta})(H)$ 一定低于 1,所以断定 $w(\hat{\eta}) < f(H, \hat{\eta})$。更确切地,贝叶斯法则规定

$$\mu(\hat{\eta})(H) = \frac{p}{p + (1-p)(1-\alpha)} \equiv q \qquad (13)$$

相应地,当工人展示一个教育水平 $\hat{\eta}$ 时,企业提供的均衡工资由

$$w(\hat{\eta}) = qf(H, \hat{\eta}) + (1-q)f(L, \hat{\eta}) \qquad (14)$$

给出,该工资确实低于 $f(H, \hat{\eta})$。

正如我们通常所知的那样,支付无差异条件一定被混合策略均衡执行。低类型工人选择 $\eta^*(L)$ 和 $\hat{\eta}$ 的预期支付必须一致,就是说

$$w(\hat{\eta}) - c(L, \hat{\eta}) = f(L, \eta^*(L)) - c(L, \eta^*(L))$$

$$(15)$$

那么,通过简单地引进式(14)和式(15),我们容易发现,$\hat{\eta}$ 的确切值(与 q 有关,q 本身又通过式(13)由 p 和 α 确定)与杂交均衡的当前种类一致。当然,这样一个教育水平 $\hat{\eta}$ 一定也满足如下进一步条件

$$\forall \eta \geq 0, w(\hat{\eta}) - c(L, \hat{\eta}) \geq w(\eta) - c(L, \eta) \quad (16)$$
$$\forall \eta \geq 0, w(\hat{\eta}) - c(H, \hat{\eta}) \geq w(\eta) - c(H, \eta)$$
$$(17)$$

838

其中 $w(\eta)$ 是由企业策略诱致的相机工资模式。

正如前一种情形，最直接的满足激励条件式(16)和式(17)的方式是假定，离开均衡（即，任意 $\eta \notin \{\eta^*(L), \hat{\eta}\}$），与此相联系的工资和低类型工人的生产力一致。这导致了以下形式的杂交均衡

$$\eta(H) = \hat{\eta}$$

$$\eta(H) = \begin{cases} \eta^*(L) & \text{（以概率 } \alpha \text{ 得到）} \\ \hat{\eta} & \text{（以概率 } 1-\alpha \text{ 得到）} \end{cases}$$

$$w(\eta) = qf(H,\eta) + (1-q)f(L,\eta) \quad \text{（如果 } \eta = \hat{\eta}\text{）}$$

$$w(\eta) = f(L,\eta) \quad \text{（如果 } \eta \neq \hat{\eta}\text{）}$$

比如说，这可以被以下的信念支撑

$$\mu(\eta)(H) = q \quad \text{（如果 } \eta = \hat{\eta}\text{）}$$

$$\mu(\eta)(H) = 0 \quad \text{（如果 } \eta \neq \hat{\eta}\text{）}$$

因此，我们简单地假定，企业将任何不同于 $\hat{\eta}$ 的教育水平都解释为：它是由低能力的工人选择的一种极端的信念模式。图 5 表明在这样一种杂交均衡存在时的条件。

我们通过证明以下命题来结束对这个模型的讨论。当直观标准用于选择以上这些嫉妒情形下的、丰富变化的 SE 时，它们中只有一个满足直观标准。被选择的这个是由式(11)给出的分离均衡，它涉及最小的信号扭曲。因此，我们证明，一个"直观"信念精炼对处理均衡的多重性问题严格有效，不然在模型中会引起均衡的多重性问题。

为了获得这个结论，我们依次讨论每个不同于上面提到的均衡的备选均衡。首先，让我们集中讨论与高类型教育水平 $\eta(H)$，满足 $\eta(H) > \bar{\eta}$ 有关的任一分离均衡，其中 $\bar{\eta}$ 由式(10)给出。这个均衡一定体现了

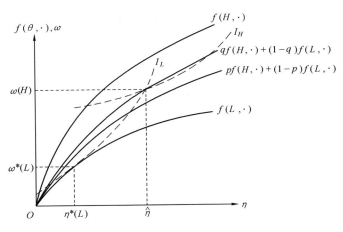

图 5   杂交均衡

一个满足下式的相机(离开均衡)工资提供的模式

$$\tilde{\eta} < \eta < \eta(H) \Rightarrow w(\eta) < f(H, \eta) \qquad (18)$$

因为,如果是

$$\exists \tilde{\eta} \in \{ (\tilde{\eta}, \eta(H)) \mid w(\tilde{\eta}) = f(H, \tilde{\eta}) \}$$

的话,那么,高能力的工人将发现通过选择教育水平 $\tilde{\eta}$,偏离均衡是有利可图的。

然而,在式(18)中表述的工资与直观标准不一致。尽管可以想象企业能支付随之发生的工资,但是对类型 L 来说任何教育水平 $\eta > \tilde{\eta}$ 都被 $\eta^*(L)$ 占优。换句话说,在类型 H 的工人能够向低类型补偿一个高于 $\tilde{\eta}$ 的教育水平的假定下,企业提供最大的工资也无济于事。因此,对 $\eta \in (\tilde{\eta}, \eta(H))$ 来说,离开均衡的信念应该满足

$$\mu(\eta)(H) = 1$$

并且,因此,相应的工资提供应该为

$$w(\eta) = f(H, \eta)$$

840

这与式(18)矛盾,并且因此驳斥了这一类均衡能与直观均衡一致这个命题。

我们现在证明,类似刚刚解释的那个均衡的论证表明,如果 $\pi(H)$ 代表均衡时高能力的工人所获得的支付,与直观标准的一致性要求

$$\pi(H) \geqslant f(H, \tilde{\eta}) - c(H, \tilde{\eta}) \qquad (19)$$

因为,如果上述不等式不成立,类型 H 可以向满足

$$f(H, \eta') - c(H, \eta') > \pi(H) \qquad (20)$$

$$f(H, \eta') - c(L, \eta') < f(L, \eta^*(L)) - c(L, \eta^*(L)) \qquad (21)$$

的 $\eta' > \tilde{\eta}$ 偏离。但是此时,如果将 $\pi(L)$ 定义为低类型在均衡时获得的支付,我们应该还有

$$\pi(L) \geqslant f(L, \eta^*(L)) - c(L, \eta^*(L))$$

根据式(21),这意味着

$$\pi(L) > f(H, \eta') - c(L, \eta') \qquad (22)$$

因此,如果直观均衡被满足,企业在观察到 η' 后提供的工资一定为

$$w(\eta') = f(H, \eta')$$

因为,根据式(22),相应的信念必须满足

$$\mu(\eta')(L) = 0$$

或者,等价地

$$\mu(\eta')(H) = 1$$

不过,对 η' 提供这样一个工资与均衡是矛盾的,因为,从式(20)我们有

$$w(\eta') - c(H, \eta') > \pi(H)$$

并且因此,高类型工人将通过偏向 η' 而获益。

有了之前的考虑,我们接下来论证:通过应用直观标准,任何混同或者杂交的 SE 也能被排除。首先,假

定 p 相对低,以至于类型 H 通过点 $(\tilde{\eta}, f(H, \tilde{\eta}))$ 的无差异曲线在点

$$\{(\eta, w) \mid w = pf(H, \eta) + (1-p)f(L, \eta)\}$$

轨迹的上方;其中,与教育水平相联系的工资等于基于先验类型概率的预期生产力(参考图 6 对这一情形的图解)。

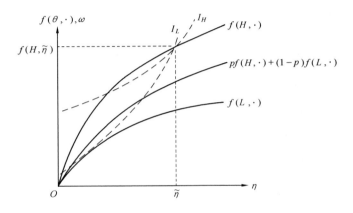

图 6 　一个直观混同均衡的不可能性,低 p

在这一情形下,因为在混同可以发生时,教育—— 工资对 (η_0, w_0) 必须执行

$$pf(H, \eta_0) + (1-p)f(L, \eta_0) = w_0$$

所以不可能存在直观的混同均衡。因为 I_H 的无差异曲线与由函数 $pf(H, \cdot) + (1-p)f(L, \cdot)$ 给出的预期生产力轨迹不相交,所以条件式(19)必须被违反。显然,同样的分析适用于高能力工人对她的教育水平进行混合选择的那些杂交均衡。因为,在这种情形下,对某 $q < p$,与两个类型都以正概率选择的共同教育水平相联系的均衡工资,一定由函数 $qf(H, \eta) + (1-$

842

$q)f(L,\eta)$ 给出。并且,当然地,由于

$$qf(H,\eta)+(1-q)f(L,\eta)<pf(H,\eta)+(1-p)f(L,\eta)$$

对所有 η 都成立,条件式(19)更加不容置疑地被违背。

现在考虑类型 L 的工人在 $\eta^*(L)$ 和某个备选的 $\tilde{\eta}$(这个教育水平被类型 H 的工人确定地选择)之间随机化的备选杂交均衡。那么,根据在均衡混合策略下的无差异支付条件,我们一定有

$$f(L,\eta^*(L))-c(L,\eta^*(L))=\hat{w}-c(L,\hat{\eta})$$

其中,对某个合适的后验概率 $r<1$

$$\hat{w}=rf(H,\hat{\eta})+(1-r)f(L,\hat{\eta})$$

从 $\tilde{\eta}$ 的定义,断定

$$f(L,\eta^*(L))-c(L,\eta^*(L))=f(H,\tilde{\eta})-c(L,\tilde{\eta})$$

所以根据式(1)体现的单交叉(single-cross)假定[①],这意味着

$$\hat{w}-c(H,\hat{\eta})=\pi(H)<f(H,\tilde{\eta})-c(H,\tilde{\eta})$$

该式又一次违反了式(19)。

最后,让我们排除当 p 相当高时,要么混同要么杂交的均衡满足直观标准的情形。考虑一种在图 7 中表示的情形,其中由 $pf(H,\cdot)+(1-p)f(L,\cdot)$ 给出的曲线与类型 H 通过 $(\tilde{\eta},f(H,\tilde{\eta}))$ 的无差异曲线相交。

在这种版本下,直观标准与混同均衡不一致。为了看清这一点,考虑任何一个那样的均衡,并且令 η_0 为两个类型均衡时选择的教育水平。那么,总存在一

[①]　高类型的边际成本一致地低于低类型的边际成本的要求经常被认为是"单交叉条件",因为这意味着任何对应于不同类型的两条无差异曲线只相交一次。

个教育水平的区间（即图 7 中在 η' 和 η'' 之间）使得：如果类型 H 的工人在这个区间中选择某个 $\hat{\eta}$（也就是说，$\eta' < \hat{\eta} < \eta''$），她可以通过隐含在直观标准下的论据，"可信地分离"她自己和类型 L。确切地，这个论据建立在以下三个考虑上。

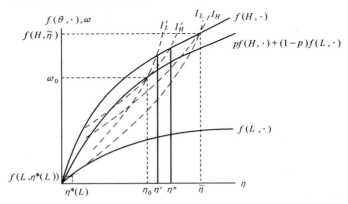

图 7   一个直观混同均衡的不可能性，低 p

（1）如果类型 L 的工人选择一个教育水平 $\hat{\eta} \in (\eta', \eta'')$，即使企业将她以概率 1 视为高类型（即，可能环境中的最好情形），她也将总是获得一个低于均衡的支付。

（2）鉴于上述观点，企业在观察到 $\hat{\eta}$ 后的信念应该是 $\mu(\hat{\eta})(H) = 1$，并且提供的相应工资为 $\hat{w} = f(H, \hat{\eta})$。

（3）对应于 $\hat{\eta}$，如果企业给出的工资 $\hat{w} = f(H, \hat{\eta})$，高类型的工人可以通过选择 $\hat{\eta}$ 来获得支付 $\hat{w} - c(H, \hat{\eta})$，高于均衡支付 $w_0 - c(H, \eta_0)$。

上述考虑证明了直观均衡目前排除了任何版本的（p 高时）混同均衡。另一方面，关于杂交均衡中两种

形式的任一种(即,或者高类型或者低类型混合)。因此,将考虑过的不同场景的讨论总结一下,我们得出结论,通过依靠直观标准来精炼离开均衡的信念,只有由式(11)给出的这个分离均衡能被保留。在某种意义上,这个均衡在直观和理论上看起来是最吸引人的均衡。在它这里,工人利用了模型结构允许的全部信号(即,分离的)势,以最有效的成本方式将这个势揭示出来。

政府与战略

第十五章

基础设施建设：中央政府和地方政府之间的博弈

　　20 世纪 80 年代，中国经济建设中的一个引人注目的现象是地方政府热衷于投资加工业而忽视基础设施的投资，这种现象引起许多经济学家的关注，被批评为地方政府行为不合理的表现。但进入 20 世纪 90 年代以后，出乎许多经济学家的预料，地方政府又开始大量投资于基础设施建设。

这一现象可以用博弈模型来解释。

　　　　　　　　　　　　　　—— 张维迎[1][2]

　　20 世纪 80 年代,中国经济建设中的一个引人注目的现象是地方政府热衷于投资加工业而忽视基础设施的投资,这种现象引起许多经济学家的关注,被批评为地方政府投资行为不合理的表现。但进入 90 年代以后,出乎许多经济学家的预料,地方政府又开始大量投资于基础设施建设。这一现象可以用博弈模型来解释。

　　我们用 C 和 L 分别代表中央政府和地方政府,E 和 I 分别代表基础设施投资和加工业投资水平。这样,E_C 为中央政府投资于基础设施的资金,E_L 为地方政府投资于基础设施的资金,I_C 为中央政府投资于加工业的资金,I_L 为地方政府投资于加工业的资金。假定中央政府和地方政府投资的收益函数分别取如下柯布－道格拉斯形式

中央政府:$R_C = (E_C + E_L)^\gamma (I_C + I_L)^\beta$

地方政府:$R_L = (E_C + E_L)^a (I_C + I_L)^\beta$

这里,$0 < a, \beta, \gamma < 1; a + \beta \leqslant 1; \gamma + \beta \leqslant 1$。因为基础设施投资有外部效应,中央政府考虑这种效应而地方政府不考虑,因此我们假定 $a < \gamma$。这是本模型的一个重要假设。

―――――――――

　　① 张维迎,牛津大学博士,北京大学光华管理学院常务副院长、教授。

　　② 张维迎,《博弈论与信息经济学》,上海人民出版社,上海,1996年。

在这个博弈里,中央政府和地方政府的战略是选择各自的投资分配,假定对方的投资分配给定。我们用 B_C 和 B_L 分别代表中央政府和地方政府可用于投资的总预算资金。假定中央政府和地方政府的目标都是在满足预算约束的前提下最大化各自的收益函数。那么,中央政府的问题是

$$\max_{\{E_C, I_C\}} R_C = (E_C + E_L)^{\gamma}(I_C + I_L)^{\beta}$$

s. t. $E_C + I_C \leqslant B_C \quad E_C \geqslant 0, I_C \geqslant 0$

地方政府的问题是

$$\max_{\{E_L, I_L\}} R_L = (E_C + E_L)^{a}(I_C + I_L)^{\beta}$$

s. t. $E_L + I_L \leqslant B_L \quad E_L \geqslant 0, I_L \geqslant 0$

假定预算约束条件的等式成立(即全部可投资资金用于投资)。解上述最优化问题的一阶条件,我们得到中央政府和地方政府的反应函数分别为

$$\text{中央政府}: E_C^* = \max\{\frac{\gamma}{\gamma + \beta}(B_C + B_L) - E_c, 0\}$$

$$\text{地方政府}: E_L^* = \max\{\frac{a}{a + \beta}(B_C + B_L) - E_c, 0\}$$

这里,我们使用预算约束条件消掉了 I_c 和 I_L。上述反应函数意味着,地方政府在基础设施上的投资每增加一个单位,中央政府的最优投资就减少一个单位;地方政府的反应函数可以作类似的解释。重要的是,中央政府理想的基础设施的最优投资总规模大于地方政府理想的基础设施的最优投资总规模

$$E_C^* + E_L = \frac{\gamma}{\gamma + \beta}(B_C + B_L) > \frac{a}{a + \beta}(B_C + B_L) =$$

$$E_L^* + E_C$$

上述不等式意味着,在均衡点,至少有一方的最优

848

解是角点解。让我们借助几何图形来说明这一点并找出纳什均衡。

在图 1 中,我们划出两条反应曲线,其中 CC' 代表中央政府的反应曲线,LL' 代表地方政府的反应曲线;

$$OC = OC' = \frac{\gamma}{\gamma + \beta}(B_c + B_L), OL = OL' = \frac{a}{a + \beta}(B_c + B_L)$$

。首先假定 $B_c \geqslant \frac{\gamma}{\gamma + \beta}(B_c + B_L)$,即中央政府可用于投资的总预算大于中央政府理想的基础设施的最优投资规模。使用重复剔除严格劣战略的方法,我们得到 C 是唯一的纳什均衡点。比如说,给定地方政府不会选择 $E_L > OL'$,对中央政府来说,$[0, a)$ 严格劣于 $[a, C]$,因此,第一轮剔除得到 $(OL', [a, C])$。其次,给定地方政府知道中央政府不会选择 $E_c < a$,对地方政府来说,$(b, L']$ 严格劣于 $[0, b]$,因此,第二轮剔除得到 $([0, b], [a, C])$。如此不断重复剔除,$(0, OL)$ 是唯一剩下的战略组合。

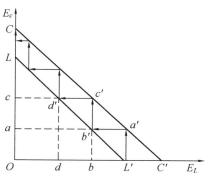

图 1 基础设施投资的博弈

命题 1 如果 $B_c \geqslant \dfrac{\gamma}{\gamma+\beta}(B_c+B_L)$,纳什均衡是

$$E_L^* = 0, I_L^* = B_L$$

$$E_C^* = \frac{\gamma}{\gamma+\beta}(B_c+B_L), I_C^* = B_c - \frac{\gamma}{\gamma+\beta}(B_c+B_L)$$

即地方政府将全部资金投资于加工业,中央政府满足所有基础设施投资的需求,然后将剩余资金投资于加工业。

现在考虑 $\dfrac{\alpha}{\alpha+\beta}(B_c+B_L) \leqslant B_c < \dfrac{\gamma}{\gamma+\beta}(B_c+B_L)$ 的情况,即中央政府的预算资金小于中央政府理想的基础设施最优投资规模但大于地方政府理想的基础设施最优投资规模。使用图1,容易证明下列命题。

命题 2 如果 $\dfrac{\alpha}{\alpha+\beta}(B_c+B_L) \leqslant B_c < \dfrac{\gamma}{\gamma+\beta}(B_c+B_L)$,纳什均衡为

$$E_L^* = 0, I_L^* = B_L; E_C^* = B_c, I_C^* = 0$$

即地方政府将全部资金投资于加工业,中央政府将全部资金投资于基础设施。

再考虑 $B_c < \dfrac{\alpha}{\alpha+\beta}(B_c+B_L)$ 的情况,即中央政府的总预算资金甚至小于地方政府理想的基础设施最优投资规模。在图1中,比如说,假定 $B_c = a$,那么,给定地方政府知道中央政府投资于基础设施的资金不会大于 a,地方政府的最优选择是 $E_L^* = b$;给定地方政府选择 $E_L = b$,中央政府有无兴趣选择 $E_c < a$ 呢?没有!因此,我们有命题 3。

命题 3 如果 $B_c < \dfrac{\alpha}{\alpha+\beta}(B_c+B_L)$,纳什均衡为

$$E_L^* = \frac{\alpha}{\alpha + \beta}(B_C + B_L) - B_C = \frac{\alpha}{\alpha + \beta}B_L - \frac{\beta}{\alpha + \beta}B_C > 0$$

$$I_L^* = B_L - E_L^* = \frac{\beta}{\alpha + \beta}(B_C + B_L) > 0$$

$$E_C^* = B_C, I_C^* = 0$$

就是说,中央政府将全部资金投资于基础设施建设,地方政府"弥补"中央投资的不足直到地方政府的理想状态,然后将剩余资金投资于加工业。而且,地方政府投资于基础设施的资金随中央政府预算资金的减少而增加,比如说,给定地方政府的预算资金 B_L,中央政府的预算资金每减少 1 元,地方政府投资于基础设施的资金就增加 $\dfrac{\beta}{\alpha + \beta}$ 元;给定中央政府和地方政府的总预算,中央政府预算每减少 1 元,地方政府的预算就增加 1 元,地方政府投资于基础设施的预算就增加 1 元($\dfrac{\alpha}{\alpha + \beta} + \dfrac{\beta}{\alpha + \beta} = 1$)。

综合上述三种情况,我们看到,在第一种情况下,投资资金的分配格局满足了中央政府的偏好,即

$$E^* = E_L^* + E_C^* = \frac{\gamma}{\gamma + \beta}(B_C + B_L)$$

$$I^* = I_L^* + I_C^* = \frac{\beta}{\gamma + \beta}(B_C + B_L)$$

在第二种情况下,投资资金的分配格局介于中央政府的偏好和地方政府的偏好之间,即

$$\frac{\alpha}{\alpha + \beta}(B_C + B_L) \leqslant E_L^* + E_C^* = B_C < \frac{\gamma}{\gamma + \beta}(B_C + B_L)$$

$$\frac{\beta}{\alpha + \beta}(B_C + B_L) \geqslant I_L^* + I_C^* = B_L > \frac{\beta}{\gamma + \beta}(B_C + B_L)$$

在第三种情况下,投资资金的分配格局满足了地方政

府的偏好，即

$$E^* = E_L^* + E_C^* = \frac{\alpha}{\alpha + \beta}(B_C + B_L)$$

$$I^* = I_L^* + I_C^* = \frac{\beta}{\alpha + \beta}(B_C + B_L)$$

上述模型尽管非常简单，但大致上可以解释改革开放以来中国基础设施投资格局的变化过程。在改革的早期阶段，中央政府可用于投资的预算资金相对较多，大概处于上述第一、第二种情况，地方政府当然没有兴趣投资于基础设施建设，尽管从中央的角度看，基础设施的投资是不足的。随着中央预算资金的减少，我们进入第三种情况，即使中央投资预算全部用于基础设施建设，也难以满足地方政府的偏好，地方政府就不得不自己动手搞基础设施建设。进入 20 世纪 90 年代后，中央政府几乎拿不出什么钱投资于地方政府所关心的基础设施建设，地方政府投资于基础设施建设的资金就大幅度增加。

应该指出的是，上述模型并不能为提高中央预算的比例提供理论依据，因为我们忽略了激励机制这个问题。由于激励机制的原因，总预算资金（$B_C + B_L$）并不独立于预算资金的分配格局。比如说，如果全部预算收归中央所有，地方政府就没有发展经济的积极性，总预算资金就会减少，其结果是，即使从中央角度看投资比例合理了，投资于基础设施建设的总资金可能小于现在的水平。我们可以使用上述模型来说明这一点。假定 $\alpha = 0.4$，$\gamma = 0.5$，$\beta = 0.5$；再假定当 B_c：$CB_L = 1 : 2$（即中央预算占总预算的三分之一）时，总预算资金 $B_C + B_L = 3m$（其中 $B_C = m$，$B_L = 2m$），因为

此时 $\dfrac{\gamma}{\gamma+\beta}(B_C+B_L)=1.5m>B_C=m$，中央政府将全部预算投资于基础设施，地方政府将选择 $E_L^*=0.332m$，投资于基础设施的总资金为 $E^*=m+0.332m=1.332m$，等于地方政府偏好的投资水平，但小于中央政府偏好的投资水平 $1.5m$。现在假定当预算的分配提高到 $B_C：B_L=1：1$ 时（即中央预算占总预算的二分之一），总预算资金为 $B_C+B_L=2.4m$（其中 $B_C=1.2m，B_L=1.2m$；总预算资金下降了 20%，因为地方政府的积极性下降了，但注意，中央的预算上升了）。此时，$\dfrac{\gamma}{\gamma+\beta}(B_C+B_L)=1.2m=B_C$，中央政府将全部预算投资于基础设施建设，地方政府将全部预算投资于加工业，投资于基础设施建设的总资金为 $E^*=B_C=1.2m$。尽管这样的投资分配格局满足了中央政府的偏好（因此是"合理的"），但与前一种情况相比，基础设施投资的总资金由 $1.332m$ 下降到 $1.2m$，下降了 10%，更不用说对其他方面的影响了。

　　还应该指出的是，在上述模型中，我们没有考虑基础设施的地方特性。在像中国这样大的国家，许多基础设施的地方性很强，其外部效应很难溢出到其他地区。对于这类基础设施，只要中央不投资，地方就会投资，并且，地方的最优水平也就是全国的最优水平。这可能是近几年来各地大力建设高速公路的重要原因。对于那些地方性大于全国性的基础设施来说，出现"过度"投资的情况是可能的。

战略产业保护关税抑制
与反抑制博弈分析

走私逃税不仅造成了经济效益损失，国家财政收入损失，而且严重扭曲了关税政策的作用。一方面，国家因高关税受到国际自由贸易的抨击；另一方面，国家内部的产业也未受到高关税的庇护。走私扰乱了正常的国际经济交注，影响国家的宏观调控，破坏了企业和商业竞争的公平准则。因此，各国的反走私斗争是非常激烈的。为了消除走私对产业保护关税的抑制效应，就必须反走私。走私包含着较为复杂的机制因素，因而不同于一般的逃税。走私逃税和海关纳税之间的关系可考虑为两个参与人的博弈问题。

侯云先　　王锡岩[1][2]

走私逃税不仅造成了经济效益损失、国家财政收入损失，而且严重扭曲了关税政策的作用。一方面，国家因高关税受到国际自由贸易的抨击；另一方面，国家内部的产业也未受到高关税的庇护。走私扰乱了正常

---

[1]　侯云先，博士，副教授，中国农业大学经济管理学院。王锡岩，博士，教授，中国机械装备集团公司战略研究室主任。

[2]　侯云先，王锡岩，《战略产业博弈分析》，机械工业出版社，北京，2004 年。

的国际经济交往,影响国家的宏观经济调控,破坏了企业和商业竞争的公平准则。因此,各国的反走私斗争是非常激烈的。为了消除走私对产业保护关税的抑制效应,就必须反走私。海关反走私斗争硕果累累,有目共睹。但是走私形势依然严峻,不容乐观。虽然这个问题已经引起国内经济学家、社会学家和法学家的关注,但对走私逃税的经济因素与关税管理机制分析却很少。笔者认为走私包含着较为复杂的机制因素,因而不同于一般的逃税。这里对走私逃税现象给出分析,把走私逃税和海关纳税之间的关系考虑为两个参与人的博弈问题。

这里在分析刺激走私的因素及走私对产业保护关税的抑制作用的基础上,建立了抑制与反抑制——海关与走私商的博弈,并对博弈均衡进行了分析。

一、抑制与反抑制博弈

1　问题背景

假定走私商预期从某国走私价值 X 的物品,该物品的从价关税率为 δ;海关以 θ 的概率进行严格检查,以 $1-\theta$ 的概率进行非严格检查。严格检查时,能以 q 的概率查出走私,以 $1-q$ 的概率查不出走私;不严格检查时,以 γ 的概率查不出走私,以 $1-\gamma$ 的概率查出走私。如果查出走私商走私逃税后,没收全部走私物品 X,检查出的走私物品价值 βX,此时不考虑扭曲效应;并给以效用为 $F(X)$ 的惩罚,走私商以 p 的概率选择走私逃税,以 $1-p$ 的概率选择不走私逃税。假定海关进行一次严格检查,需增加费用成本 C;如果走私不被发现,假设对国内的、与走私物品相关产业的扭曲负效应(走私物品相关产业扭曲负效应的理解是:走私品对国内相关产业生产的产品价格有影响，会造成对相关产业的冲击）为 $-B(X)$，国家损失财政收入 δX。

2 建立博弈模型

分析海关与走私商在时间上和信息上的一致性，这是完全信息静态博弈。考虑混合战略解。

首先考虑战略。海关的纯战略集合为{严格检查，非严格检查}＝{严检，非严检}；走私商的纯战略集合为{走私逃税，不走私逃税}＝{走私，不走私}。然后，计算支付函数。

（1）海关选择"严检"，走私商选择走私情况下，参与人的支付。

如果走私商进行走私，当海关严格检查时，海关查出走私后，走私商收益 $-X-F(X)$；海关获得 $\beta X-C+F(X)$。查不出走私，走私商获得 δX，海关损失 $-B(X)-\delta X-C$。此时，海关的期望收益是 $q[\beta X-C+F(X)]+(1-q)[-B(X)-\delta X-C]$；即 $q[\beta X+F(X)]+(1-q)[-B(X)-\delta X]-C$；走私商的期望收益是 $q[-X-F(X)]+(1-q)\delta X$。

（2）海关选择"不严检"，走私商选择"走私"情况下，参与人的支付。

如果走私商进行走私，当海关不严格检查时，海关查出走私后，走私商收益 $-X-F(X)$；海关获得 $\beta X+F(X)$。查不出走私，走私商获得 δX，海关损失 $-B(X)-\delta X$。此时，海关的期望收益是 $\gamma[-B(X)-\delta X]+(1-\gamma)[\beta X+F(X)]$；走私商的期望收益是 $\gamma \delta X+(1-\gamma)[-X-F(X)]$。

（3）海关选择"不严检"，走私商选择"不走私"情况下，海关与走私商的期望收益为 0。

（4）海关选择"不严检"，走私商选择"不走私"情况下，海关收益为$-C$，走私商收益为O。

由以上分析得出博弈的战略式描述，如表 1 所示。

表 1　博弈战略式描述

		走私商	
		走私	不走私
		p	$1-p$
海关	不严检 $1-\theta$	$\gamma[-B(X)-\delta X]+(1-\gamma)[\beta X+F(X)],$ $\gamma\delta X+(1-\gamma)[-X-F(X)]$	$0,0$
	严检 θ	$q[\beta X+F(X)]+(1-q)[-B(X)-\delta X]-C,$ $q[-X-F(X)]+(1-q)\delta X$	$-C,0$

二、博弈分析

根据支付求反应函数。

1　海关的反应函数

对于海关"不严检"的期望收入为$\{\gamma[-B(X)-\delta X]+(1-\gamma)[\beta X+F(X)]\}p$。

海关"严检"的期望收入为$\{q[\beta X+F(X)]+(1-q)[-B(X)-\delta X]-C\}p+(1-p)(-C)$。因此，当$\{q[\beta X+F(X)]+(1-q)[-B(X)-\delta X]-C\}p+(1-p)(-C)>\{\gamma[-B(X)-\delta X]+(1-\gamma)[\beta X+F(X)]\}p$时，海关选择"严检"。即：若$q+\gamma-1>0$，则海关在$p_0<p<1$时，选择严检；$p<p_0$时，海关选择"不严检"；在$p=p_0$时，随机选择严检概率$\theta\in(0,1)$。这里

$$p_0=\frac{C}{[\beta X+F(X)+\delta X+B(X)](q+\gamma-1)}$$

若$q+\gamma-1<0$，则海关恒选择"不严检"，如图 1

所示。

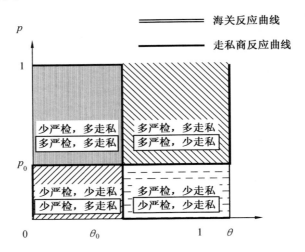

图 1　当 $\gamma \delta X - (1 - \gamma)[X + F(X)] > 0, q + \gamma - 1 > 0$ 时，
纳什均衡解

2　走私商的反应函数

走私商的选择"走私"的期望收入为

$$\theta\{q[-X - F(X)] + (1 - q)\delta X\} +$$
$$(1 - \theta)\{\gamma\delta X + (1 - \gamma)[-X - F(X)]\}$$

走私商的选择"不走私"的期望收入为 0。于是，
只要

$$\theta\{q[-X - F(X)] + (1 - q)\delta X\} + (1 - \theta)\{\gamma\delta X +$$
$$(1 - \gamma)[-X - F(X)]\} > 0$$

走私商就选择走私。即若

$$q + \gamma - 1 > 0, \gamma\delta X - (1 - \gamma)[X + F(X)] > 0$$

则走私商在 $\theta < \theta_0$ 时选择走私；在 $\theta > \theta_0$ 时选择不走
私；在 $\theta = \theta_0$ 时随机选择走私概率 $p \in (0, 1)$。这里

858

$$\theta_0 = \frac{\gamma \delta X - (1-\gamma)[X+F(X)]}{(q+\gamma-1)[\delta X+X+F(X)]}$$

若 $q+\gamma-1>0$，$\gamma\delta X-(1-\gamma)[X+F(X)]<0$，则走私商选择不走私。

若 $q+\gamma-1<0$，$\gamma\delta X-(1-\gamma)[X+F(X)]<0$，则走私商在 $\theta>\theta_0$ 时选择走私；在 $\theta<\theta_0$ 时选择不走私；在 $\theta=\theta_0$ 时随机选择走私概率 $p\in(0,1)$。

若 $q+\gamma-1<0$，$\gamma\delta X-(1-\gamma)[X+F(X)]>0$，则走私商恒选择走私。

综上所述，当海关严检概率 $\theta\in(\theta_0,1)$，走私商选择不走私（$p=0$）；当海关严检概率 $\theta\in[0,\theta_0]$ 时，走私商选择走私；当海关严检概率 $\theta=\theta_0$，走私商任意选择走私和不走私战略 $p\in(0,1)$。即走私商反应函数

$$p=\begin{cases}0, & \theta\in(\theta_0,1]\\(0,1), & \theta=\theta_0\\1, & \theta\in[0,\theta_0)\end{cases}$$

当走私商走私概率 $p\in(p_0,1)$，海关选择严检（$\theta=1$）；当走私商走私概率 $p\in[0,p_0]$，海关选择不严检（$\theta=0$）；当走私商走私概率 $p=p_0$ 时，海关任意选择严检与不严检 $\theta\in(0,1)$。即海关反应函数

$$\theta=\begin{cases}1, & p\in(p_0,1]\\(0,1), & p=p_0\\0, & p\in[0,p_0)\end{cases}$$

3　纳什均衡解

综合可得 4 种情况下的纳什均衡解。

若 $q+\gamma-1>0$，$\gamma\delta X-(1-\gamma)[X+F(X)]>0$，纳什均衡解为 (θ_0,p_0)。如图 1 所示。在图 1 中，有 4 个区域（图 1 中，各区中，未框线的文字表示参与人的

状态;框线的文字表示参与人的反应)。

左下区域$\{p < p_0, \theta < \theta_0\}$处于少严检、少走私的状态,由此可称为"秩序"区。按照双方的反应曲线,走私商的反应是多走私,海关反应是少严检,转入下一个区域——左上区域。

左上区域$\{p_0 < p < 1, \theta < \theta_0\}$处于少严检、多走私状态,也可称为"走私热"区。按照双方的反应曲线,走私商的反应是多走私,海关反应是多严检,转入下一个区域——右上区域。

右上区域$\{p_0 < p < 1, 1 > \theta > \theta_0\}$处于多严检、多走私状态,也可称为"斗争激烈"区。按照双方的反应曲线,走私商的反应是少走私,海关反应是多严检,转入下一个区域——右下区域。

右下区域$\{p < p_0, 1 > \theta > \theta_0\}$处于多严检、少走私状态,也可称为"治理"区。按照双方的反应曲线,走私商的反应是少走私,海关反应是多严检,转入下一个区域——左下区域——"秩序"区。从秩序区开始,双方将开始下一轮较量。

从历史发展和实际情况来看,双方由初始的"秩序"区,首先由走私商选择多走私战略,双方进入"走私热"区;在"走私热"区,海关选择多严检战略打击走私,双方进入"斗争激烈"区;在"斗争激烈"区,走私商选择少走私战略,双方进入由于海关多严检维持的"治理"区;在"治理"区,走私商少走私,海关选择了少严检战略,双方回到原来的"秩序"区。

如图2所示,若$q + \gamma - 1 > 0$,$X - (1 - \gamma)[X + F(X)] < 0$,则得纳什均衡解为$(0,0)$。

图2中有两个区域。上面区域处于多严检、多走

私的状态,是"斗争激烈"区,按照双方的反应曲线,走私商选择少走私战略,海关选择多严检战略,进入下面区域。下面区域处于多严检、少走私状态,是"治理"区,按照双方的反应曲线,走私商选择少走私,海关选择少严检,进入"秩序"区,此时"秩序"区为一个均衡点 $E_N = (0,0)$。

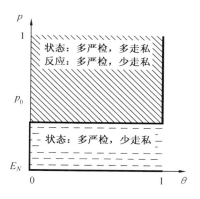

图 2   当 $q + \gamma - 1 > 0, \gamma \delta X - (1 - \gamma)$
$[X + F(X)] < 0$ 时,纳什均衡解

如图 3 所示。若 $q + \gamma - 1 < 0, \gamma \delta X - (1 - \gamma)$ $[X + F(X)] > 0$,则得纳什均衡解为 $(0,1)$。图 3 的区域可能处于两种状态:

(1)区域处于多严检、走私状态,是"斗争激烈"区,按照双方的反应曲线,海关选择恒不严检,走私商选择恒走私,进入均衡状态 $E_N = (0,1)$。

(2)区域处于少严检、少走私状态,是"秩序"区,按照双方反应曲线,海关恒选择不严检,走私商恒选择走私,进入均衡状态 $E_N = (0,1)$。

如图 4 所示。若 $q + \gamma - 1 < 0, \gamma \delta X - (1 - \gamma)$

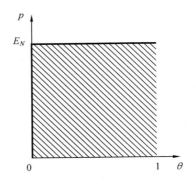

图 3　当 $q+\gamma-1<0,\gamma\delta X-(1-\gamma)$
$[X+F(X)]<0$ 时,纳什均衡解

$[X+F(X)]<0$,则得纳什均衡解为$(0,0)$。图 4 有两
个区域。

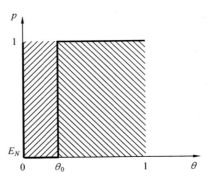

图 4　当 $q+\gamma-1<0,\gamma\delta X-(1-\gamma)$
$[X+F(X)]<0$ 时,纳什均衡解

　　右区域处于多严检、多走私状态,是"斗争激烈"
区。按照反应曲线,走私商选择多走私,海关选择少严
检,进入左区域。左区域处于少严检、多走私状态,按

862

照反应曲线,走私商选择少走私,海关选择少严检,进入均衡状态 $E_N = (0,0)$。这种情况在实际问题中是存在的,比如,降低关税,走私商无利可图,即使海关少严检,走私商也会选择少走私。

对于情形(1)(图 1),以下讨论均衡结果如何随着一些参数变量的变化而变化。

三、灵敏度分析

由于 $\dfrac{\partial \theta_0}{\partial \delta} = \dfrac{X^2 + XF(X)}{(q + \gamma - 1)[\delta X + X + F(X)]^2} \geq 0$,

所以 θ_0 是 δ 的增函数,即随着关税率 δ 的增大,θ_0 向横轴右边方向移动变大,海关反应的"走私热"区变大;"治理"区变小,这恰好为高关税诱发走私、难以治理等问题提供了一种解释。

由于 $\dfrac{\partial \theta_0}{\partial F} \leq 0$,所以 θ_0 是 $F(X)$ 的减函数,即随着海关惩罚力度的增大,θ_0 向横轴左边方向移动变小,海关反应的"走私热"区变小;"治理"区变大。这说明了走私商面对更大的风险成本时,会减少走私。"走私热"区变小;"治理"区变大是惩罚力度的威慑作用,也是加大惩罚力度必然减少走私的一种解释。

由于 $\dfrac{\partial \theta_0}{\partial q} \leq 0$,当 $\dfrac{\partial \theta_0}{\partial \gamma} \geq 0$ 时,说明海关严检查私率越高或非严检查私率$(1 - \gamma)$ 高时,海关不会轻易选择严格检查;反之,当 $\dfrac{\partial \theta_0}{\partial \gamma} < 0$ 时,海关严检查私率不高或非严检查私率$(1 - \gamma)$ 低时,海关为减少损失,不得不提高选择严格检查的概率。判断 $\dfrac{\partial \theta_0}{\partial X}$ 正负要依赖于 γ,$\delta, X, F(X)$ 和 $F'(X)$ 的大小,故 X 对 θ_0 的影响不确

定。

由于 $\frac{\partial p_0}{\partial C} \geqslant 0$，所以 p_0 是 C 的增函数，即随着海关严格检查成本费用 C 的增大，p_0 向纵轴上边方向移动（变大），走私商反应的"斗争激烈"区变小；"秩序"区变大。这说明了严检成本变大必然给海关严打走私带来困难，说明海关更倾向于由"治理"区进入"秩序"区，等于给走私商间接的让步。

由于 $\frac{\partial p_0}{\partial B} \leqslant 0$，所以 p_0 是 $B(X)$ 的减函数，即随着走私的扭曲效应的增大，p_0 向纵轴下边方向移动（变小），走私商反应的"斗争激烈"区变大；"秩序"区变小，由于走私扭曲效应增大，海关更倾向于与走私作斗争，不轻易从"治理"区到"秩序"区。

由于 $\frac{\partial p_0}{\partial X}$ 的正负判断要依赖于 β,δ 和 X 等的大小，故 X 对 p_0 的影响不确定。

由于 $\frac{\partial p_0}{\partial \beta} \leqslant 0$，所以 p_0 是 β 的减函数，即随着海关处理走私品效益的增大，p_0 向纵轴下边方向移动（变小），走私商反应的"斗争激烈"区变大；"秩序"区相对变小。这说明随着海关查私物品的价值的上升，海关更倾向于严格检查的战略，不轻易从"治理"区到"秩序"区。

由 $\frac{\partial p_0}{\partial q} \leqslant 0$ 和 $\frac{\partial p_0}{\partial \gamma} \leqslant 0$，说明海关严检的查私率越高或者非严检的查私率$(1-\gamma)$越低，走私商选择走私的概率都会变小。前者的解释是海关严检的查私率越高，走私商选择走私的风险越大；后者的解释是非严检

的查私率$(1-\gamma)$越低,海关为减少损失,会增大严检的概率θ,走私商也要冒较大风险。

四、结论与建议

前面分析了刺激走私的因素以及走私的抑制效应,建立了在完全信息下的海关与走私商的静态博弈,给出了4种情况下的纳什均衡解,讨论了$q+\gamma-1>0,\gamma\delta X-(1-\gamma)[X+F(X)]>0$时,混合纳什均衡解随不同参数变量的变化。对于海关,有如下结论:①若关税税率增大,则海关选择严检概率增大;②若海关对走私商的惩罚力度增大,或严检时查私率增大,则海关选择严检概率会变小;③海关非严检查私率的高低,对海关选择严检概率的影响须分情况讨论。对于走私商,也有结论如下:①若海关的严检成本增大,则走私商选择走私的概率增大;②若海关处理走私物品的效益增大,则走私商选择走私的概率减小;③若走私扭曲效应增大,则走私商选择走私的概率减小;④若海关严检时查私率增大或非严检时查私率减小,则走私商选择走私的概率减小。

为减少走私,提出以下建议:①建立关税征管信息系统,以计算机网络为工具,提高海关信息占有度,对征管信息收集、整理、分析、反馈、交换的实现,必须有先进的技术做保证。在用网络技术逐步替代手工作业的同时,为开展情报交流、完善税制、加强征管提供技术支持,实现科学化、透明化和量化管理;②加强反走私专门立法。结合实际情况,并借鉴国外的先进经验制定、完善反走私的专门条款。为规范和促进反走私提供法律依据;③强化征管和缉私效率。制度框架硬约束最终由征管部门的工作效率和工作能力来实现。反走私工作的关键之处在于执法的效率。执法效率由海关人员的素质、征管的手段、法律部门的效率等因素决定,加强征管和缉私效率,将对反走私工作的开展具有深远的意义;④ 在社会经济发展允许的条件下,逐步降低关税,是减少走私最根本的方法。

这里研究的模型同样适用于在进口环节中,如企业的低瞒报价格、串换套买免税指标等其他违法行为。

经典策略博弈

1914 ~ 1918 年间的欧洲血战,是损失最为惨重的一场战争,因此将这场战争的灾难程度计为 b,没有战争时的灾难程度计为 0。由于灾难程度是一种负收益,因此矩阵中的数字均为负数。如果两国都调拨大炮,双方收益均为 $-b$。如果双方都不调拨大炮,则仍然可以维持和平,双方的收益都为 0。若一方调拨大炮,而另一方按兵不动,那么调拨的国家损失就小,收益为 $-a$,而按兵不动的国家损失就多,收益为 $-c$。这里 $0 < a < b < c$。则博弈表示为

866

德国

$$\begin{array}{ccc} & \text{调拨} & \text{不调拨} \\ \text{法国} \begin{array}{c} \text{调拨} \\ \text{不调拨} \end{array} & \left[\begin{array}{cc} (-b,-b) & (-a,-c) \\ (-c,-a) & (0,0) \end{array}\right] \end{array}$$

纯 Nash 均衡为(调拨,调拨)和(不调拨,不调拨)。

—— 姜殿玉 [1][2]

这里介绍经典 n 人策略博弈。由于这种博弈是考虑"多赢"情况,所以自从1950年 Nash 证明了这种"多赢"解的存在性以来,它受到经济学界的高度重视,因而是自从那时以后博弈论研究的一个主流。

例1(囚徒困境(prisoner's dilemma))　两个犯罪嫌疑人合伙作案后被警察抓住,分别被关在不同的屋子里审讯。警察告诉他们:如果两人都招供,将各判刑 8 年;如果两个人都抵赖,因证据不足每人将被判刑 1 年;如果其中一人抵赖,另一人招供,那么抵赖的被判刑 10 年,招供的被释放。试分析两个犯罪嫌疑人最好应该怎么办。

这个博弈的两个局中人即两个犯罪嫌疑人各有两个纯策略:招供和抵赖。局中人 1 和局中人 2 的赢得表示为

① 姜殿玉,教授,中国运筹学会对策论专业委员会副主任委员。主攻对策论,兼攻代数、图论、可拓概率论等。
② 姜殿玉,《带熵博弈的局势分析学与计策理论(上册)》,科学出版社,北京,2012 年。

u_1(招供, 招供) $=-8, u_1$(抵赖, 招供) $=0$

u_1(招供, 抵赖) $=-10, u_1$(抵赖, 抵赖) $=-1$

u_2(招供, 招供) $=-8, u_2$(抵赖, 招供) $=-10$

u_2(招供, 抵赖) $=0, u_2$(抵赖, 抵赖) $=-1$

例如 u_1(抵赖, 招供) $=0$ 表示当局中人 1 招供, 局中人 2 抵赖时, 局中人 1 的赢得是 0. 于是这个博弈也可用 2×2 向量矩阵或称双矩阵来表示

$$\begin{array}{c} \quad\quad 招供 \quad\quad\quad 抵赖 \\ \begin{array}{c} 招供 \\ 抵赖 \end{array} \left[\begin{array}{cc} (-8,-8) & (0,-10) \\ (-10,0) & (-1,-1) \end{array}\right] \end{array}$$

又可以表示为

(招供, 招供)$(-8,-8)$, (招供, 抵赖)$(0,-10)$

(抵赖, 招供)$(-10,0)$, (抵赖, 抵赖)$(-1,-1)$

这个博弈中两个局中人的共同知识为: (1) 局中人集 $N=\{1,2\}$; (2) 局中人 p 的纯策略 (或行动) 集 $A_p=\{a_p^1, a_p^2\}=\{$招供, 抵赖$\}$; (3) 对于每个纯局势 $(a_2^i, a_1^j), i, j=1, 2$, 局中人的赢得是 $u_p(a_2^i, a_1^i), p=1, 2$。

因徒困境最初由 Merrill Flood 和 Melvin Drescher 提出。1950 年, Princeton 大学的经济学家 Tucher 教授给心理学家们做博弈论讲座时, 提出 2 人囚徒困境的上述有趣说明。

一般地, 我们有

定义 1 n 人策略博弈记作 $\Gamma \equiv \langle N, (A_p), (u_p) \rangle$, 其中:

(1)$N=\{1, 2, \cdots, n\}$ 指局中人有限集, 其中的元素 $p=1, 2, \cdots, n (n \geqslant 2)$ 指局中人。

(2) 对任意 $p \in N, A_p(|A_p| \geqslant 2)$ 指局中人 p 的

非空纯策略（或行动）集，它的元素称为局中人 p 的纯策略（或行动）。

（3）对任意 $p \in N, u_p : A = \prod\limits_{p \in N} A_p \to R$ 称为局中人 p 的赢得函数。

笛卡儿积 $A = A_N = \prod\limits_{p \in N} A_p$ 的元素 $a = (a_n, a_{n-1}, \cdots, a_1)$ 称为博弈 $\Gamma \equiv \langle N, (A_p), (u_p) \rangle$ 的纯局势。对任意 $p \in N$，记 $a_{-p} = (a_n, \cdots, a_{p+1}, a_{p-1}, \cdots, a_1) \in A_{-p}$，则 $a = (a_{-p}, a_p) \in A_N = A$。

特别当

$$n = 2, A_1 = \{0, 1, \cdots, m-1\}, A_2 = \{0, 1, \cdots, n-1\}$$

$$u_1(j, i) = a_i, u_2(j, i) = b_j, \forall (j, i) \in A_2 \times A_1$$

时，博弈可表示为 $(j, i)(b_{ji}, a_{ji}), \forall (j, i) \in A_2 \times A_1 = A$ 或双矩阵形式

$$\Gamma \equiv \begin{bmatrix} (a_{00}, b_{00}) & \cdots & (a_{0, n-1}, b_{0, n-1}) \\ \vdots & & \vdots \\ (a_{m-1, 0}, b_{m-1, 0}) & \cdots & (a_{m-1, n-1}, b_{m-1, n-1}) \end{bmatrix}$$

称为双矩阵博弈。如果 $a_{ji} + b_{ji} \equiv 0$，则博弈是零和的，此时 $b_{ji} \equiv -a_{ji}$，可表为矩阵博弈

$$\Gamma \equiv \begin{bmatrix} a_{00} & \cdots & a_{0, n-1} \\ \vdots & & \vdots \\ a_{m-1, 0} & \cdots & a_{m-1, n-1} \end{bmatrix}$$

在例 1 中，若局中人 1 选择行动 0（招供），则因 $-8 > -10$，故局中人 2 最好也选择行动 0（招供）。若局中人 1 选择行动 1（抵赖），则因 $0 > -1$，故局中人 2 最好也选择行动 0（招供）。这就是说，无论局中人 1 选用何行动，局中人 2 的最优行动都是 0（招供）。同理，无论局中人 2 选用何行动，局中人 1 的最优行动也都

是 0(招供)。因此(招供,招供)是此博弈的一个稳定局势。一般地,有

定义 2 若 n 人策略博弈 $\Gamma \equiv \langle N,(A_p),(u_p)\rangle$ 有一个纯局势 $a^* \in A = \prod_{p \in N} A_p$ 满足 $u_p(a^*_{-p},a^*_p) \geqslant u_p(a^*_{-p},a_p), \forall a_p \in A_p, \forall p \in N$,则 a^* 称为此博弈的纯 Nash 均衡。

纯 Nash 均衡是这样一种纯局势:每个局中人都没有积极性换掉构成这个纯局势的行动,因此这种局势是稳定的。

根据定义 2,(j^*,i^*) 是双矩阵博弈的纯 Nash 均衡当且仅当

$$a_{j^*i} \leqslant a_{j^*i^*}, b_{ji^*} \leqslant b_{j^*i^*} \qquad \forall (j,i) \in A_2 \times A_1$$

因此可以得到双矩阵博弈的纯 Nash 均衡的求法。

(1)在每一行 i 中找到最大的元素 b_{ij},在其下面打上横线。

(2)在每一列 j 中找到最大的元素 a_{ij},在其下面打上横线。

(3)下面都打横线的 (a_{ji},b_{ji}) 所在的行标和列标所构成的序对 (j,i) 就是纯 Nash 均衡。

在例 1 中,有

$$\begin{array}{cc} & \begin{matrix} 招供 & \quad 抵赖 \end{matrix} \\ \begin{matrix} 招供 \\ 抵赖 \end{matrix} & \begin{bmatrix} (\underline{-8},\underline{-8}) & (\underline{0},-10) \\ (-10,\underline{0}) & (-1,-1) \end{bmatrix} \end{array}$$

所以(招供,招供)是纯 Nash 均衡。

例 2(性别战) 一对热恋中的青年男女要选择约会地点:但是小伙子喜欢足球赛,而姑娘喜欢芭蕾舞剧。但两人都不愿离开。设小伙子和姑娘分别是局中人 1 和 2。赢得矩阵为

$$
\begin{array}{cc}
& \text{足球} \qquad \text{芭蕾} \\
\begin{array}{c} \text{足球} \\ \text{芭蕾} \end{array} &
\begin{bmatrix} (2,1) & (0,0) \\ (0,0) & (1,2) \end{bmatrix}
\end{array}
$$

则纯 Nash 均衡为（足球，足球）和（芭蕾，芭蕾）。

例 3（鹰－鸽博弈） 两只动物争夺某一食物。它们各有两个策略:鹰式（进攻）和鸽式（退避）。按照偏好,博弈的赢得矩阵设为

$$
\begin{array}{cc}
& \text{鸽} \qquad \text{鹰} \\
\begin{array}{c} \text{鸽} \\ \text{鹰} \end{array} &
\begin{bmatrix} (3,3) & (1,4) \\ (4,1) & (0,0) \end{bmatrix}
\end{array}
$$

博弈有两个纯 Nash 均衡:(鹰,鸽)和(鸽,鹰)。

例 4（小偷－守卫博弈） 一个小偷欲偷窃由一个守卫看守的仓库。若小偷偷窃时守卫在睡觉,则小偷就能得手,偷得价值为 v 的赃物,守卫的效用为 $-d$;若小偷偷窃时守卫未睡觉,则小偷被抓,其负效用为 $-p$。守卫睡觉而未遭偷窃有正效用 s。其中 d,p,s 和 v 都是正数。则赢得矩阵为

$$
\begin{array}{cc}
& \text{守卫} \\
& \text{睡觉} \qquad\quad \text{不睡} \\
\begin{array}{c} \text{偷} \\ \text{不偷} \end{array} &
\begin{bmatrix} (v,-d) & (-p,0) \\ (0,s) & (0,0) \end{bmatrix}
\end{array}
$$

（左侧标注：小偷）

这个例子起源于 Selten R 教授于 1996 年 3 月在上海的一次演讲。显然,这个博弈没有纯 Nash 均衡。

例 5（穷人－富人巡逻博弈） 在一个小区里,住着一富一穷两户。组织夜间巡逻能够有效防止偷盗,但夜间巡逻的成本为 c。假设富人的财产为 r,穷人的财产为 p,设 $0 < 3c < 3p < 2r$。如果两人都巡逻,那么巡逻成本由两人均摊;如果只有一个人巡逻,那么成

本由巡逻者承担。如果富人和穷人都巡逻,富人的收益为 $r-c/2$,穷人收益为 $p-c/2$。如果穷人巡逻,富人"搭便车"不巡逻,那么富人收益为 $r-0=r$;穷人收益为 $p-c>0.$ 如果富人巡逻,而穷人不巡逻,那么富人的收益为 $r-c$。穷人"搭便车"财产得保,受益为 $p-0=p$。如果两人都不巡逻,则两人财产都被偷光,收益都是零。于是得到赢得矩阵为

穷人

$$
\begin{array}{cc}
 & \text{巡逻} \qquad\qquad \text{不巡逻} \\
\text{富人} \begin{array}{c}\text{巡逻}\\ \text{不巡逻}\end{array} & \begin{bmatrix} (r-c/2,p-c/2) & (r-c,p) \\ (r,p-c) & (0,0) \end{bmatrix}
\end{array}
$$

纯 Nash 均衡为(不巡逻,巡逻)和(巡逻,不巡逻)。

例 6(查税－逃税博弈) 设税收机关与纳税人进行博弈。税收机关有检查和不检查两种行动;纳税人有纳税和逃税两种行动。其中 a 为应缴税款,c 为检查成本,f 为罚款数。则博弈表示为

纳税人

$$
\begin{array}{cc}
 & \text{逃税} \qquad\qquad \text{纳税} \\
\text{税收机关} \begin{array}{c}\text{检查}\\ \text{不检查}\end{array} & \begin{bmatrix} (a-c+f,-a-f) & (a-c,-a) \\ (0,0) & (a,-a) \end{bmatrix}
\end{array}
$$

试讨论其纯 Nash 均衡。

解 当 $a+f\leqslant c$ 时,有 $a-c+f\leqslant 0$。故

纳税人

$$
\begin{array}{cc}
 & \text{逃税} \qquad\qquad \text{纳税} \\
\text{税收机关} \begin{array}{c}\text{检查}\\ \text{不检查}\end{array} & \begin{bmatrix} (a-c+f,-a-f) & (a-c,-a) \\ (0,0) & (a,-a) \end{bmatrix}
\end{array}
$$

或者

$$
\begin{array}{c}
\text{纳税人} \\
\begin{array}{cc}
\text{逃税} & \text{纳税}
\end{array}
\end{array}
$$

税收机关
$$
\begin{array}{c}
\text{检查} \\
\text{不检查}
\end{array}
\left[
\begin{array}{cc}
(a-c+f,-a-f) & (a-c,\underline{-a}) \\
(0,\underline{0}) & (\underline{a},-a)
\end{array}
\right]
$$

纯 Nash 均衡为(不检查,逃税)。

当 $a+f>c$ 时,有 $a-c+f>0$。故

$$
\begin{array}{c}
\text{纳税人} \\
\begin{array}{cc}
\text{逃税} & \text{纳税}
\end{array}
\end{array}
$$

税收机关
$$
\begin{array}{c}
\text{检查} \\
\text{不检查}
\end{array}
\left[
\begin{array}{cc}
(\underline{a-c+f},-a-f) & (a-c,\underline{-a}) \\
(0,\underline{0}) & (\underline{a},-a)
\end{array}
\right]
$$

这时没有纯 Nash 均衡。

这说明下面的事实是双方的共同知识:即使是对于税收机关最乐观的情况 —— 税收机关查出来纳税人逃税,但是应缴税款数与罚款数的总和不多于检查成本。所以税收机关必不查,纳税人必逃税。因此要使得税收机关有利,必须使得罚款数额足够高,使得应缴税款数与罚款数的总和大于检查成本,但是这时却没有纯 Nash 均衡。

例 7(军力调拨博弈) 在 20 世纪初的欧洲战场上,远程中型大炮是战争的决定因素,而运输大炮的唯一方式就是铁路,有时使用专用铁路。在战争的关键时刻,第一时间将大炮运至战场是取胜的关键。如果某个国家能够先将大炮运至战场,就可以摧毁敌人的铁路,阻止敌人调运大炮,从而在接下来的战争中获得明显的优势。

大炮的威力与有限的运输能力结合在一起,导致了第一次世界大战初期全面战争的突然爆发。南斯拉夫民族主义者 Gavrilo Pricip 刺杀奥匈帝国国王 Franz

Ferdinand 事件点燃了战争的导火索。奥地利、德国、法国及他们的同盟国都清楚，一场战争的爆发不可避免，于是，他们抓紧时间调运大炮，以免落后于敌人而使本国处于不利地位。

下面研究这个博弈，局中人是法国和德国，收益用战争导致的灾难程度来衡量。1914 ～ 1918 年间的欧洲血战，是损失最为惨重的一场战争，因此将这场战争的灾难程度计为 b，没有战争时的灾难程度计为 0。由于灾难程度是一种负收益，因此矩阵中的数字均为负数。如果两国都调拨大炮，双方收益均为 $-b$。如果双方都不调拨大炮，则仍然可以维持和平，双方的收益都为 0。若一方调拨大炮，而另一方按兵不动，那么调拨的国家损失就小，收益为 $-a$，而按兵不动的国家损失就多，收益为 $-c$。这里 $0 < a < b < c$。则博弈表示为

$$\begin{array}{cc} & \text{德国} \\ & \begin{array}{cc} \text{调拨} & \text{不调拨} \end{array} \\ \text{法国} \begin{array}{c} \text{调拨} \\ \text{不调拨} \end{array} & \begin{bmatrix} (-b,-b) & (-a,-c) \\ (-c,-a) & (0,0) \end{bmatrix} \end{array}$$

纯 Nash 均衡为(调拨，调拨) 和(不调拨，不调拨)。

最后讨论矩阵博弈纯解的双矩阵博弈纯 Nash 均衡表示。

定理 1 (i^*, j^*) 是矩阵博弈 $[a_{ij}]_{m \times n}$ 的一个纯解的充要条件是 (i^*, j^*) 是双矩阵博弈 $[(a_{ij}, -a_{ij})]_{m \times n}$ 的一个纯 Nash 均衡。

证 设 (i^*, j^*) 是矩阵博弈 $[a_{ij}]_{m \times n}$ 的纯解。则有

$$a_{ij^*} \leqslant a_{i^* j^*} \leqslant a_{i^* j}, i = 0, 1, \cdots, m-1; j = 0, 1, \cdots, n-1$$

由 $a_{i^* j^*} \leqslant a_{i^* j}$ 得到 $-a_{i^* j^*} \geqslant -a_{i^* j}$。因此

874

$$a_{ij^*} \leqslant a_{i^*j^*} , -a_{i^*j} \leqslant -a_{i^*j^*}$$

$$i = 0,1,\cdots,m-1; j = 0,1,\cdots,n-1$$

所以(i^*,j^*)是双矩阵博弈$[(a_{ij},-a_{ij})]_{m\times n}$的纯 Nash 均衡。反之同理可证。证毕。

货币与金融

第十六章

过度自信

认知心理学研究表明，人们有着对自己不切实际的正面评价。大多数人都认为自己优于普通人，大多数人对自己的评价要高于别人对他的评价。人们注注认为自己的能力要强于同伴，自己的前途要好于同伴。

由于过度自信是由于成功后的自我归因偏差造

成的,因此,成功的交易者(不一定是最成功的交易者),其自信程度最高。过度自信并不能给交易者带来财富,但是交易者在变得越来越富有的过程中而变得越来越自信。随着交易者年龄的增长,交易能力开始下降,他们会逐渐失去财富和信心,有些交易者甚至终止了交易。然而,在老的交易者退出的同时,不断有新的缺乏经验的交易者进入市场,因此,过度自信的交易者在金融市场中仍起着长期的重要作用。

—— 江晓东[1][2]

过度自信或许是判断心理学中最经得起考验的发现。

—— 德邦特(De Bondt)和塞勒(Thaler)[3]

一、过度自信理论与实证研究回顾

"过度自信"一词源于认知心理学的研究成果,它是指人们过高估计了自身的能力和私人信息的准确性。而目前,"过度自信"被广泛用来解释各种行为及金融现象。

1　过度自信

认知心理学研究表明,人们有着对自己不切实际的正面评价。大多数人都认为自己优于普通人,大多

---

[1]　江晓东,上海财经大学国际工商管理学院博士。

[2]　江晓东,《非理性与有限理性》,上海财经大学出版社,上海,2006 年。

[3]　Daniel,Kent,David Hirshleifer,and Avanidar Subrahmanyam,1998,"Investor Psychology and Security Market under-and Overreactions",Journal of Finance,53,p.1844.

数人对自己的评价要高于别人对他的评价。人们往往认为自己的能力要强于同伴,自己的前途要好于同伴。除了少数几个领域(如天气预报),Oskamp(1965)发现在许多领域都存在人类过度自信的例子,如心理医生、医护人员、工程师、律师、企业经理人、投资银行家及证券分析师经常会表现出过度自信的特征。例如,在美国,当一组平均年龄为 22 岁的学生被问及其驾驶安全性如何时,有 82% 的学生认为自己的驾驶安全性位于组内前 30% 的水平。Cooper,Woo 和 Dunkelberg(1988) 提到的另一个例子也说明了这一点,对 2 994 位新成立企业的企业主调查表明,有 81% 的企业主认为他们成功的机会是 70% 甚至更高;与此同时,只有 39% 的企业主认为其他类似的企业会取得成功。

在股市,过度自信的例子随处可见,在 1987 年 10 月 19 日股市狂跌之后的一周内,Robert Shiller 曾向 2 000 位个人投资者和 1 000 位机构投资者发出了调查表,让他们回忆那天的想法和采取行动的理由。有 605 位个人投资者和 284 位机构投资者给出了答复。当被问道:"您认为在 1987 年 10 月 19 日那天知道什么时候会发生反弹吗?"结果在所有个人投资者中(那天大部分人根本就没有交易)有 29.2% 的人回答说是,在机构投资者中有 28.0% 回答说是。这些比例似乎高得惊人。在那天的买入者中,这个数字甚至更高,分别为 47.1% 和 47.9%。为什么人们相信自己在这样一个不寻常的情况下能够预知反弹何时发生?在调查表中下一个问题是:"如果回答是的话,那么是什么让你认为知道什么时候会发生反弹呢?"出人意料的是他们的答案往往是缺乏根据的"直觉"、"内心想法"、

"经验和常识"以及"股市心理学"。人们很少提到具体的事实或明确的理论。在股市崩盘那天交易量很大,由此推断当日崩盘的发生、持续和反转是由直觉造成的过度自信导致的。

2 过度自信投资者

在行为金融学研究领域,一个过度自信投资者被定义如下:

第一,该投资者高估了私人信息信号的准确性,即错误地认为私人信号比公共信号更准确。

第二,该投资者高估了自身对证券价值的估价能力,低估了估价过程中预测误差的方差。

人们通过观察自身行动的后果来了解自己的能力,在这个过程中存在着一个自我归因偏差(self-attribution bias);即人们在回顾过去的成功时会高估自己的贡献,比起那些与失败有关的信息,他们更容易回忆起与成功有关的信息。从认知心理学角度来说,由于归因偏差,人们高估了某些信息,低估了另一些信息,这种偏差加重了人们的过度自信心理。

国外有大量的理论研究表明股市投资者的心理也倾向于过度自信,这种过度自信心理会在投资者的行为中表现出来。综合归纳国外有关过度自信的理论模型,过度自信的投资者有如下一些表现。

第一,过度自信使投资者低估了风险,从而持有较高风险的投资组合。

第二,过度自信使投资者对基础信息作出错误定价,从而造成股票市价远离其基础价值。

第三,过度自信使投资者对自身的能力确信无疑,因此,他们的交易相当频繁。

第四,过度自信使投资者对某些与股价变化更为相关的信息反应不足,因此,他们倾向于买入(卖出)过去的赢者组合(输者组合)。

Odean(1998)认为,过度自信对金融市场的影响取决于过度自信交易者的类型以及信息的分布形式(即信息是如何传播的)。第一,过度自信导致平均交易量上升和市场深度的加深,同时导致过度自信交易者的期望效用下降。第二,过度自信对价格波动程度和价格质量的影响取决于交易者的类型。第三,过度自信导致市场对理性交易者的信息反应不足。对于不同的交易者类型,过度自信的影响有所不同,具体见表1。

表1　不同类型的过度自信交易者对市场的影响

	价格接受者	内幕人	做市商
交易量	增加	增加	增加
价格波动	增加	增加	下降
价格质量	下降	增加	—
期望效用	下降	下降	下降
市场深度	增加	增加	增加

3　过度自信现象的成因

为什么金融市场的交易者倾向于过度自信?

第一,Griffin 和 Tversky(1992)发现,当人们面临的问题难度越大,越倾向于过度自信。[①]在金融市场中,交易的目的是选出能带来收益的资产,长期以来,

---

　　① 在 Griffin 和 Tversky(1992)的论文中,将这种现象称为"难度效应"(difficulty effect)。

这一直是一个难题,因此,投资者会呈现过度自信的特征。

第二,当人们的行动得到快速而清晰的反馈时,人们的信心会得到合适的调整;但是在证券市场上,反馈常常很慢而且带有噪音,因此,人们的自信心得不到合适的调整。

第三,Zakay 和 Tuvia(1998) 的研究表明,人们作出某种决定的时间越短,对该决定准确性的自信心就越大。

第四,DSSW(1990) 的模型证明了过度自信交易者由于承受了更多风险而比理性投资者获得了更高的收益,因此,过度自信交易者并不会像我们直觉认为的那样被市场淘汰,这一现象被称为幸存者偏差(survivorship bias),这正是金融市场中一直存在过度自信交易者的原因。

过度自信程度是否会因一个人的专业知识的提高而消除? 答案是否定的,一个人的专业知识并不会减轻其过度自信程度。当一件事情的可预测性很低时,专家比普通人更趋于过度自信。例如,某个国家的经济走势和某只股票的价格走势都很难用现在的数据去预测,能够运用模型并对经济或股价波动有系统了解的专家比一个普通人更容易呈现过度自信的特征。

尽管过度自信现象不是普遍存在的,但它确实随处可见,而且很难消除。Taylor 和 Brown (1988) 认为过度自信就像乐观主义一样,有其正面作用,它使人们自我感觉良好,促使人们去做本来不会做的事情,但同时它会带来巨大的危害。当医生诊断病人、律师辩护、企业家测算收益率时,过度自信会造成不适当的诊断、不利的辩护建议和不利的投资决策。总体而言,过度自信可能是弊大于利。

4 国外有关投资者过度自信的实证研究

在理论研究的同时,国外也出现了许多有关个人投资者投资行为的实证研究,这些实证研究的结果为过度自信理论模型提供了正面支持。下面按这些实证研究的数据来源不同分别介绍。

Odean(1999)利用美国某折扣经纪公司 1987 ～ 1993 年间共 10 000 个账户的 162 948 条交易记录研究投资者的交易是否过于频繁。

作者首先提出如下假设:由于过度自信而导致投资者过于频繁交易,即当投资者通过交易所获得的期望收益不足以补偿交易成本时,投资者仍会交易。实证检验结果表明,即使忽略交易成本,投资者的频繁交易仍导致其收益降低。

Barber 和 Odean (2000)以一家大型折扣经纪商 1991 年 1 月 ～ 1996 年 12 月间 78 000 个家庭账户为研究对象,从中选出有普通股投资的 66 465 个家庭账户,按账户的月平均换手率高低分成 5 组,并分别计算每组账户的月度总收益率和月度净收益率(两者差异在于是否考虑交易成本),结果如表 2 所示。

表 2　换手率不同的 5 组账户的平均月度收益率

	1 换手率最低组	2	3	4	5 换手率最高组
总收益率	1.483	1.472	1.489	1.511	1.548
净收益率	1.470	1.411	1.361	1.267	1.009

由表 2 中可知,换手率最高的一组账户的平均年收益率是 11.4%,换手率最低的一组账户的平均年收

益率是 18.5％。①此外,所有账户的平均年收益率是 16.4％,而同期的市场年收益率是 17.9％。经检验,交易活跃的投资者(第 5 组)的收益明显低于交易较不活跃的投资者(第 1 组),为了探究这种过度交易造成的收益下降,作者比较了 Grossman 和 Stiglitz(1980) 提出的理性预期模型②和 Odean(1998) 提出的过度自信模型,结果表明过度自信模型更接近现实情形。

Barber 和 Odean(2002) 分析了 1992～1995 年间 607 个从电话委托转向网上委托的投资者的行为特征及其投资表现。他们发现,这些转向网上委托的投资者在转向网上交易之前都有较好的投资表现,且偏好市场风险高的小盘成长股。这些投资者开始在网上交易之后,买卖更为活跃,交易更富投机性,但投资表现更差。理性投资者不会如此,只有过度自信投资者才会倾向于过度交易。他们认为几种认知偏差增强了网上交易者的过度自信。首先,这些网上交易者将此之前的良好投资表现归因于自己的投资能力(而不是运气),因而会过度自信;其次,一旦这些投资者可以接触到大量的投资数据,这些数据便会引致知识幻觉,从而增强了过度自信;最后,网上投资者通常自己掌握股票投资组合,且可通过鼠标轻松下单,这会导致控制幻觉,从而更加增强过度自信。

Bange(2000) 对 1978～1994 年间个人投资者的

---

① 笔者根据表中数据推算得出换手率最低组的平均年收益率是 19.1％,最高组的平均年收益率是 12.8％,这两个数字来自原文,估计是原文有误。

② 理性预期模型认为只有当边际利润大于等于边际成本时投资者才会交易。

883

投资组合配置变化的研究发现,个人投资者倾向于买入(卖出)过去的赢者组合(输者组合),这与过度自信的理论模型是一致的。

Kenneth A. Kim 和 John R. Nofsinger(2002)为了研究日本股市个人投资者的投资行为特征和投资绩效,分析了 1975 ~ 1997 年上市公司的个人投资者持股比例变化与股票月度收益、股票风险(分别用月收益标准差、Beta 系数衡量)、股票的账面市值比、股票换手率的互相关系,发现如下特征:

日本的个人投资者倾向于持有高风险和高账面市值比的股票,但投资收益较低;日本个人投资者交易频繁,换手率高。对整个样本期的考察表明个人投资者的选股能力差,即其卖出股票的表现较好,买入股票的表现较差,这一发现与过度自信模型的结果是一致的。

二、过度自信:一个多时期市场模型

1 基本假设

假定市场中只有一个风险资产,市场中有三类参与者:知情交易者[①](informed trader)、流动性交易者

---

① 又称为内幕人(Insider),主要是指公司内部人和市场内部人。公司内部人如公司的董事、监事、经理以及持股达法定比例的大股东等;市场内部人如证券承销商,参与证券发行的会计师、律师,证券监管机构的有关人员等。我国 1999 年实施的《证券法》中对内幕信息的知情人员做了详细规定。

(liquidity trader)和做市商①（market maker）。在第 t 期期末，该风险资产支付的红利是 $\hat{v}_t$，$\hat{v}_t$ 在 t 期期初对所有交易者都是未知的。

在 t 期期初，内幕人观察到一个有关 $\hat{v}_t$ 大小的信号 $\hat{\theta}_t$。令 $\hat{\theta}_t = \hat{\delta}_t \hat{v}_t + (1-\hat{\delta}_t)\hat{\varepsilon}_t$，其中 $\hat{\varepsilon}_t$ 与 $\hat{v}_t$ 独立同分布，$\hat{\delta}_t$ 取值介于 0 和 1 之间。由于 $\hat{\varepsilon}_t$ 与 $\hat{v}_t$ 独立，只有当 $\hat{\delta}_t = 1$ 时，内幕人得到的信号才有作用。假设 $\hat{\delta}_t = 1$ 发生的概率为 $\hat{a}$，$\hat{a}$ 即是内幕人的预测能力。假设开始时没有交易者（包括内幕人自己）知道内幕人预测能力 $\hat{a}$ 的大小。但假设内幕人能力较强（$\hat{a} = H$）的先验概率是 ϕ_0，能力较弱（$\hat{a} = L$）的先验概率是 $1-\phi_0$，其中 $0 < L < H < 1, 0 < \phi_0 < 1$。由于风险资产的红利 $\hat{v}_t$ 会在 t 期期末公告，内幕人在 t 期期末便知道他得到的信号是真实的（$\hat{\delta}_t = 1$）还是纯粹的噪音（$\hat{\delta}_t = 0$）。为了便于分析，还假设做市商在 t 期期末得知内幕人得到的信号为 $\hat{\theta}_t$，因此，在每个交易期期末，做市商拥有的信息与内幕人是相同的。这些信息对内幕人和做市商评价内幕人的能力是有用的。在把交易者的认知偏差纳入模型之前，先看一下一个理性的（无认知偏差的）内幕人对来自过去几个交易时期的信息的反应。令 $\hat{s}_t$ 为前 t 个时期内幕人获得的信号为真的次数，当 $\hat{\delta}_t = 1$ 时信号为真，当 $\hat{\delta}_t = 0$ 时信号为假，因此，$\hat{s}_t = \sum_{u=1}^{t} \hat{\delta}_u$。根据贝

---

① 做市商是指在证券市场上，由具备一定实力和信誉的证券经营法人作为特许交易商，不断地向公众投资者报出某些特定证券的买卖价格，双向报价并在该价位上接受公众投资者的买卖要求，以其自有资金和证券与投资者进行证券交易。做市商制度是一种"报价驱动"的交易机制，它不同于目前沪深股市实行的"指令驱动"机制，纳斯达克（NASDAQ）是世界最为著名和完善的做市商制度。

叶斯准则,在 t 期期末,一个理性内幕人对自身能力的信念更新为如下的 $\phi_t(s)$,即

$$\phi_t(s) = Pr\{\hat{a} = H \mid \hat{s}_t = s\} =$$

$$\frac{H^s(1-H)^{t-s}\phi_0}{H^s(1-H)^{t-s}\phi_0 + L^s(1-L)^{t-s}(1-\phi_0)}$$

$$(1)$$

同时可得理性内幕人的期望能力为

$$\mu_t(s) = E[\hat{a} \mid \hat{s}_t = s] = H\phi_t(s) + L[1 - \phi_t(s)] \quad (2)$$

在模型中我们假设做市商没有任何的非理性行为,在每个交易期期末,做市商的信息集与内幕人是相同的,因此,$\phi_t(s)$ 和 $\mu_t(s)$ 也是 t 期期末做市商对内幕人能力的信念。

心理学家们发现,当人们成功时,人们倾向于将成功归因于自己的能力而不是机会或外部因素;当人们失败时,人们倾向于将失败归因于机会或外部因素而不是自身缺乏能力。这种现象被称为自我归因偏差(以下又称认知偏差)。为了将这种现象纳入模型,我们假设一个交易者运用贝叶斯准则调整对自身能力的信念时,他会高估其成功的概率而低估失败的几率。如果我们进一步简化假设,假定交易者会在成功时高估自身的能力,而在失败时对自身能力的评价是正确的,这时模型会大大简化,而且不会改变模型的性质。

我们进一步假定,当内幕人评价自身能力时,高估了其对证券红利的预测能力,这种高估程度用一个认知偏差因子 $\gamma \gtrsim 1$ 衡量,$\gamma = 1$ 代表的是一个理性的内幕人。例如,在第 1 期期末,如果内幕人发现 $\hat{\theta}_1 = \hat{v}_1$,也就是有关红利的预测信号是正确的,那么,内幕人会调整对自身能力的信念。 此时有偏差的信念记为

$\bar{\phi}_1(1)$，即

$$\bar{\phi}_1(1) = Pr_b\{\hat{a} = H \mid \hat{s}_1 = 1\} = \frac{\gamma H \phi_0}{\gamma H \phi_0 + L(1 - \phi_0)}$$

（3）

Pr 的下标 b 代表这一概率是基于存在认知偏差的内幕人计算的。这个经过调整的概率要大于理性内幕人的概率，即 $\bar{\phi}_1(1) \gtrsim \phi_1(1)$。从式（3）可知，$\bar{\phi}_1(1)$ 是 γ 的增函数，当 $\gamma \to \infty$ 时，$\bar{\phi}_1(1) \to 1$，当 $\gamma \to 1$ 时，$\bar{\phi}_1(1) \to \phi_1(1)$；也就是说，内幕人的认知偏差取决于其对自身能力的信念的调整程度。

由式（3）容易得知

$$\bar{\phi}_t(s) = Pr_b\{\hat{a} = H \mid \hat{s}_t = s\} = $$

$$\frac{(\gamma H)^s (1 - H)^{t-s} \phi_0}{(\gamma H)^s (1 - H)^{t-s} \phi_0 + L^s (1 - L)^{t-s} (1 - \phi_0)}$$

（4）

所以，有认知偏差的内幕人的期望能力为

$$\bar{\mu}_t(s) = E_b[\hat{a} \mid \hat{s}_t = s] = H\bar{\phi}_t(s) + L[1 - \bar{\phi}_t(s)]$$

（5）

记内幕人在 t 期的利润为 $\hat{\pi}_t$。在 t 期期初，风险中性的内幕人观察到他的信号 $\hat{\theta}_t$；在信号 $\hat{\theta}_t$ 和对自身能力的信念 $\bar{\mu}_{t-1}(\hat{s}_{t-1})$ 的基础上，内幕人对风险资产的需求由期望利润最大化决定，我们记需求为 $\hat{x}_t = X_t(\hat{\theta}_t, \hat{s}_{t-1})$。

在市场中另一些交易者的交易目的是为了获得流动性，我们称这部分交易者为流动性交易者。流动性交易者对风险资产的需求由外生随机变量 $\hat{z}_t$ 给定。

2　一个线性均衡

这里我们论述的是当 $\hat{v}_t$，$\hat{\varepsilon}_t$ 和 $\hat{z}_t$ 单独和联合均是

887

正态分布时,在市场中存在一个线性均衡。假设

$$\begin{bmatrix} \hat{v}_t \\ \hat{\varepsilon}_t \\ \hat{z}_t \end{bmatrix} \sim N \left(\begin{bmatrix} 0 \\ 0 \\ 0 \end{bmatrix}, \begin{bmatrix} \Sigma & 0 & 0 \\ 0 & \Sigma & 0 \\ 0 & 0 & \Omega \end{bmatrix} \right), t=1,2,\cdots \quad (6)$$

这个假设中有一点很关键,即 $\hat{v}_t$ 的方差与 $\hat{\varepsilon}_t$ 的方差相等,因为在 $\hat{v}_t$ 没有公布之前,我们不希望 $\hat{\theta}_t$ 的大小反映出 $\hat{\delta}_t = 1$ 的可能性。换句话说,只有在 $\hat{\theta}_t$ 和 $\hat{v}_t$ 都能被观察到时,交易者才知道自己的预测能力。

我们先推测在均衡中,$X_t(\theta,s)$ 是 θ 的线性函数,$P_t(\omega,s)$ 是 ω 的线性函数

$$X_t(\theta,s) = \beta_t(s)\theta \quad (7A)$$

$$P_t(\omega,s) = \lambda_t(s)\omega \quad (7B)$$

我们的目标是找出与我们的推测一致的 $\beta_t(s)$ 和 $\lambda_t(s)$ 的形式,我们先从如下的引理开始论述。

引理 1 假定在 t 期存在一个线性均衡,即假定式 (7A) 和式 (7B) 成立,那么,在 t 期内幕人对风险资产的需求如下

$$\hat{x}_t = \frac{\overline{\mu}_{t-1}(\hat{s}_{t-1})\hat{\theta}_t}{2\lambda_t(\hat{s}_{t-1})} \quad (8)$$

而做市商的价格如下

$$\hat{p}_t = \frac{\mu_{t-1}(\hat{s}_{t-1})\beta_t(\hat{s}_{t-1})\Sigma\hat{\omega}_t}{\beta_t^2(\hat{s}_{t-1})\Sigma + \Omega} \quad (9)$$

当引理 1 成立时,令

$$\beta_t(s) = \frac{\overline{\mu}_{t-1}(s)}{2\lambda_t(s)} \quad (10)$$

及

$$\lambda_t(s) = \frac{\mu_{t-1}(s)\beta_t(s)\Sigma}{\beta_t^2(s)\Sigma + \Omega} \quad (11)$$

则 $\hat{x}_t = \beta_t(\hat{s}_{t-1})\hat{\theta}_t, \hat{p}_t = \lambda_t(\hat{s}_{t-1})\hat{\omega}_t$。

当然,这一结果依赖于线性均衡假设的存在。可以证明,若内幕人有认知偏差,线性均衡并不总是存在。下面的引理 2 给出了在 t 期存在线性均衡的确切条件。

引理 2　在任何一个时期 t,当且仅当 $\bar{\mu}_{t-1}(\hat{s}_{t-1}) \leqslant 2\mu_{t-1}(\hat{s}_{t-1})$ 时,线性均衡存在。

该引理说明:要使得线性均衡存在,有认知偏差的内幕人对自身能力的信念不能超过理性的做市商的信念太多。这一条件也有效地保证了内幕人平均而言有利可图。如果这一条件不能满足,内幕人的交易会导致负的利润,相应地,做市商的利润为正值,这样的话,前述的做市商零利润的条件无法满足,市场会走向崩溃。引理 3 说明了避免出现这种结果的充分必要条件。

引理 3　对任何时期 t 和任意 $\gamma > 1$,要使 $\bar{\mu}_{t-1}(\hat{s}_{t-1}) \leqslant 2\mu_{t-1} \cdot (\hat{s}_{t-1})$ 存在的充要条件是 $H \leqslant 2L$。

命题 1　如果 $H \leqslant 2L$,那么市场中总会存在一个唯一的线性均衡,在这个均衡中,内幕人的需求和做市商的价格由式(7A)和式(7B)给出,其中

$$\beta_t(s) = \sqrt{\frac{\Omega}{\Sigma} \frac{\bar{\mu}_{t-1}(s)}{2\mu_{t-1}(s) - \bar{\mu}_{t-1}(s)}} \qquad (12A)$$

$$\lambda_t(s) = \frac{1}{2}\sqrt{\frac{\Sigma}{\Omega}\bar{\mu}_{t-1}(s)[2\mu_{t-1}(s) - \bar{\mu}_{t-1}(s)]} \qquad (12B)$$

3　模型的特征

(1)收敛性

如果交易期不断持续下去直至无穷,我们可以预期内幕人和做市商会最终得知内幕人的真实能力 $\hat{a}$。

这一预期对理性交易者（$\gamma=1$）来说是正确的,但对于一个有认知偏差的内幕人来说却不一定,这可从下面的命题 2 得知上述预期不一定正确。

命题 2　若 $\hat{a}=H$,当 $t\rightarrow\infty$ 时,内幕人对自身能力的信念 $\bar{\phi}_t(\hat{s}_t)$ 收敛于 1。若 $\hat{a}=L$,$\bar{\phi}_t(\hat{s}_t)$ 的收敛情况如下

$$\bar{\phi}_t(\hat{s}_t)\rightarrow\begin{cases}0,\gamma<\gamma^*\\\phi_0,\gamma=\gamma^*\\1,\gamma>\gamma^*\end{cases}$$

式中,$\gamma^*=\dfrac{L}{H}(\dfrac{1-L}{1-H})^{(1-L)/L}$。

所以说,当内幕人的能力 $\hat{a}=H$ 时,内幕人和做市商都会最终了解内幕人的真实能力;当 $\hat{a}=L$ 时,做市商总是能知道内幕人的能力,但内幕人自己只有在认知偏差不是太大时才能认识到自己的真实能力。如果能力较差的内幕人的认知偏差太大,无论他经历多少交易期,他都无法正确认识自己的能力。

（2）过度自信的特征

前述的收敛性说明了只要内幕人的认知偏差不是太大（$\gamma<\gamma^*$）,内幕人最终会认识到他的能力,但在这个认知过程中,内幕人对自身能力的认知存在偏差。为了衡量这种偏差,我们引入如下的随机变量

$$\hat{\kappa}_t=K_t(\hat{s}_t)=\frac{\bar{\mu}_t(\hat{s}_t)}{\mu_t(\hat{s}_t)}\tag{13}$$

当内幕人是理性（不存在认知偏差）时（$\gamma=1$）,上式的分子分母相等,对任何时期 t,$\hat{\kappa}_t=1$。当内幕人的认知有偏差时（$\gamma>1$）,对任意时期 t,$\hat{\kappa}_t\gtrsim1$。我们用上述的随机变量 $\hat{\kappa}_t$ 衡量内幕人的过度自信程度。下面的命题 3 指出,内幕人的认知偏差越大,其过度自信

程度越高,即内幕人的过度自信程度由其认知偏差决定。

　　命题 3　式(13)中的函数 $K_t(s)$ 是 γ 的增函数。

　　由于内幕人的过度自信是由其预测成功后带来的认知偏差造成的,我们凭直觉可以推测,内幕人的成功次数越多,其过度自信程度越高,但这种直觉是错误的。

　　首先,内幕人只有在预测成功后才会不恰当地调整其对自身能力的信念,因此, $\bar{\mu}_t(0)$ 总是等于 $\mu_t(0)$,也即 $K_t(0)=1$ 。然而,当内幕人成功地预测到一次风险资产的红利时,其认知偏差导致他出现过度自信,即 $\bar{\mu}_t(1)>\mu_t(1)$,因此 $K_t(1)>1$ 。因此,内幕人第一次成功的预测总是会导致其过度自信。然而,随后的成功预测并不一定会使内幕人的过度自信程度增加。

　　为了说明这一点,假设在第 2 期期末,此时内幕人预测成功的次数可能是 0,1 或 2 次。已知对任意的认知偏差因子 γ , $K_2(1)>K_2(0)=1$ 。现在假设 γ 的值很大,当一个有认知偏差的内幕人在第 1 期预测成功时,他会迅速得出结论,认为自己的预测能力很强,此时, $\bar{\mu}_1(1)$ 接近于 H 。由于第 1 期成功的预测已经使内幕人确信自己的能力很强,第 2 期的预测结果对他有关自身能力的信念已无多大影响,不管预测对错, $\bar{\mu}_2(2)$ 不会与 $\bar{\mu}_1(1)$ 偏离太大。在另一种情况下,如果内幕人是理性的($\gamma=1$),则他对有关自身能力的信念调整是渐进的。当他在第 1 期预测成功时,他不会就此断定自己的能力很强,而是将其信念适当地向上(朝着 H)调整。等第 2 期的预测结果出来后,他又进一步调整这种信念:如果预测成功便朝着 H 调整,否则便

朝着 L 调整。所以，$\mu_2(2) > \mu_2(1)$，而 $\overline{\mu_2}(2) \approx \overline{\mu_2}(1)$，于是得到

$$K_2(2) = \frac{\overline{\mu_2}(2)}{\mu_2(2)} < \frac{\overline{\mu_2}(1)}{\mu_2(1)} = K_2(1)$$

从上式可知，当 s 从 1 增加为 2 时，$K_2(s)$ 反而下降了，命题 4 将对这一现象作更详细地阐述。

命题 4   对于 $s_t^* \in \{1, 2, \cdots, t\}$，当 $s \in \{0, \cdots, s_t^*\}$ 时，函数 $K_t(s)$ 是 s 的增函数，当 $s \in \{s_t^*, \cdots, t\}$ 时，函数 $K_t(s)$ 是 s 的减函数。

下面我们将探讨内幕人的过度自信程度随着交易时期数增加的变化情况。为了阐述两者的关系，我们以交易时期数 t 为横轴，内幕人的过度自信程度的期望值为纵轴，并根据事先设定的参数值和 γ 值将两者的变动关系画在图 1 中，图中不同的曲线对应不同的 γ 值。如图 1 所示，当 γ 值较小时($\gamma < \gamma^*$)，总体而言，内幕人在初始的交易时期呈现过度自信特征，随着交易期数的增加，过度自信程度逐渐下降，并最终收敛于理性行为。在起初较少的交易时期内，一个交易者成功的次数或许会大大超过他预期的次数，那些成功次数较多的交易者便将成功归因于自己的能力而不是运气。但是当交易时期增加到一定程度后，交易者成功的次数便会接近于他预期的次数。这时，只有那些存在极端的认知偏差的交易者还对自己的能力缺乏清晰的认识。当 γ 值增加时，内幕人的过度自信特征持续的时间会更长，当 γ 值超过 γ^* 时，内幕人会一直呈现过度自信特征，他将永远无法认清自身的真实能力。由此，我们得到如下推论：缺乏经验的交易者比经验丰富的交易者更加过度自信。

892

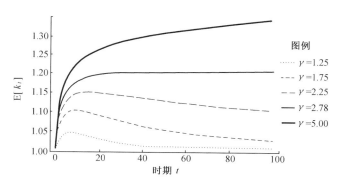

图 1　过度自信程度的演变过程

看到图 1，人们自然会问是什么因素决定了一个交易者过度自信的顶点？若保持其他参数不变，交易者的认知偏差因子 γ 越大，其达到过度自信顶点的时间越长。图 2(a) 显示了这一效应。

除了 γ 的大小，交易者达到过度自信顶点的速度依赖于他得到的反馈的频率、速度和清晰度。如果交易者得到的反馈是经常的、迅速的和清晰的，平均而言，则其达到过度自信顶点和认识到自身真实能力的速度会更快；反之，如果交易者得到的反馈是不经常的、延缓的和模糊的，则其达到过度自信顶点和认识到自身能力的速度会更慢。在金融市场中，反馈经常是模糊的，这种环境对认知是不利的。在模型中，我们假设交易者在每个时期能迅速得到反馈。由于 H 与 L 的差距越大，反馈就越清晰。图 2(b) 描述了内幕人达到过度自信顶点的时间与 $(H-L)$ 的关系。

（3）内幕人认知偏差的影响

下面将讨论内幕人的认知偏差对交易量、交易利润和价格波动的影响。记 $\hat{\varphi}_t$ 为 t 期的交易量，由于交

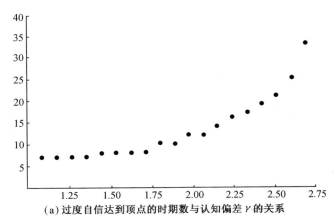

(a) 过度自信达到顶点的时期数与认知偏差 γ 的关系

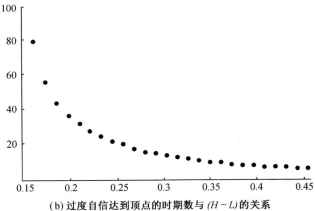

(b) 过度自信达到顶点的时期数与 *(H − L)* 的关系

图 2　过度自信达到顶点的时期数

易量由内幕人和流动性交易者共同产生,所以 $\hat{\varphi}_t = 0.5(|\hat{x}_t| + |\hat{z}_t|)$。

　　引理 4　如果内幕人在前 t 期成功的次数是 s 次(即 $\hat{s}_t = s$),那么,其 $t + 1$ 期的期望交易量、期望利润和价格波动率由下式给出,即

$$E[\hat{\psi}_{t+1} \mid \hat{s}_t = s] = \frac{1}{\sqrt{2\pi}}[\sqrt{\Sigma}\beta_{t+1}(s) + \sqrt{\Omega}] \quad (14)$$

$$E[\hat{\pi}_{t+1} \mid \hat{s}_t = s] = \frac{1}{2}\sqrt{\Sigma\Omega}\sqrt{\mu_t(s)[2\mu_t(s) - \overline{\mu}_t(s)]}$$

$$(15)$$

$$\mathrm{Var}[\hat{p}_{t+1} \mid \hat{s}_t = s] = \frac{\Sigma}{2}\overline{\mu}_t(s)\mu_t(s) \quad (16)$$

前述的式(7A)表明内幕人在 $t+1$ 期对风险资产的需求量为 $\hat{\theta}_{t=1}$ 和 $\beta_{t+1}(s)$ 的乘积。$\beta_{t+1}(s)$ 代表内幕人在前 t 期成功 s 次后对交易量的需求强度。正如式(14)所示的，$\beta_{t+1}(s)$ 越大，交易量越大。

命题 5　给定 $\hat{s}_t = s$，内幕人在 $t+1$ 期的期望交易量随着其认知偏差因子 γ 的增加而增加。

将式(12A)中的表达式转换如下

$$\beta_{t+1}(s) = \sqrt{\frac{\Omega}{\Sigma}[\frac{2}{K_t(s)} - 1]^{-1}} \quad (17)$$

这表明在 $t+1$ 期内幕人对交易量的需求强度 $\beta_{t+1}(s)$ 是其过度自信程度 $K_t(s)$ 的单调递增函数。由命题 3 可知，内幕人的过度自信程度随着 γ 的增加而增加，因此，期望交易量也随着 γ 的增加而增加。

命题 6　给定 $\hat{s}_t = s$ 内幕人在 $t+1$ 期的期望利润随着其认知偏差因子 γ 的增加而减少。

由命题 5 可知，存在认知偏差的内幕人存在交易过度现象，这使得其行为不是最优选择。因此，内幕人的期望利润会因 γ 的增加而减少。

命题 7　给定 $\hat{s}_t = s$，内幕人在 $t+1$ 期的期望价格波动(用价格的方差衡量)随着其认知偏差因子 γ 的增加而增加。

内幕人的过度自信程度越高，就越容易对各种信号产生反应,从而增加了价格波动。

命题 8   如果内幕人在前 t 期成功的次数是 s 次(即 $\hat{s}_t = s$),则存在 $s_t^0 \in \{1, 2, \cdots, t\}$,当 $s \in \{0, \cdots, s_t^0\}$ 时,内幕人在 $t+1$ 期的期望交易量随着 s 的增加而增加;当 $s \in \{s_t^0, \cdots, t\}$ 时,内幕人在 $t+1$ 期的期望交易量随着 s 的增加而减少。

由式(17)可知,$\beta_{t+1}(s)$ 是 $K_t(s)$ 的单调递增函数,因此,内幕人在 $t+1$ 期的期望交易量与 s 的关系同命题 4 给出的 $K_t(s)$ 与 s 关系相同。

命题 9   给定 $\hat{s}_t = s$,存在 $(s'_t, s''_t) \in \{1, 2, \cdots, t\}$,其中 $s'_t \leqslant s''_t$,当 $s \in \{0, \cdots, s'_t\}$ 和 $s \in \{s''_t, \cdots, t\}$ 时,内幕人在 $t+1$ 期的期望利润随着 s 的增加而增加;但是当 $s \in \{s'_t, \cdots, s''_t\}$ 时,内幕人在 $t+1$ 期的期望利润随着 s 的增加而减少。

内幕人未来的期望利润受两个因素影响:他的过度自信程度和他的期望能力。由命题 4 可知,当 $s \in \{0, \cdots, s_t^*\}$ 时,内幕人的过度自信程度随着 s 的增加而增加。内幕人过度自信程度的增加会减少其在 $t+1$ 期的期望利润,虽然 s 的增加也意味着其实际期望能力的增加,但是当前者大于后者时,内幕人的期望利润便会减少。当 $s > s_t^*$ 时,内幕人的过度自信程度随 s 的增加而降低,同时 s 的增加意味着能力的增加,因此,内幕人的期望利润会增加。

命题 10   在 t 期期末,$t+1$ 期的期望价格波动是前 t 期成功次数的增函数。

虽然内幕人在 $t+1$ 期的期望交易量和期望利润不是前 t 期成功次数 s 的单调函数,但 $t+1$ 期的期望价格波动却总是会随着 s 的增加而增加。

4　结论

在模型中,过度自信是一个动态概念,过度自信的程度随着成功(失败)次数的变动而改变。对于那些初出茅庐的交易者而言,其平均的过度自信程度是最高的,随着经验的积累,人们对自身能力会有一个更清楚的认识。

由于过度自信是由于成功后的自我归因偏差造成的,因此,成功的交易者(不一定是最成功的交易者),其过度自信程度最高。过度自信并不能给交易者带来财富,但是交易者在变得越来越富有的过程中而变得越来越自信。随着交易者年龄的增长,交易能力开始下降,他们会逐渐失去财富和信心,有些交易者甚至终止了交易。然而,在老的交易者退出的同时,不断有新的缺乏经验的交易者进入市场,因此,过度自信的交易者在金融市场中仍起着长期的重要作用。

从模型可知,交易者的认知偏差越大,其过度自信程度越高,其预期的交易量和价格波动率也越高,但是其预期的交易利润越低。

信贷市场的演化与调控

企业经常出于这样或那样的原因,向商业银行申请借贷,那么,商业银行是否答应企业的申请而发放贷款?它们必须考虑贷款发放出去后能否按期收回,即企业是否会按期履约还款。如果企业不能按期履约还款,其

897

至由于各种原因而形成不良贷款,则对银行构成损失。我国国有商业银行贷款方式基本上为信用贷款,即使是抵押贷款,也注注存在抵押物不足以补偿贷款本息的情况。所以,总有一些企业利用这一机会,滥用信用来获取贷款而不还贷,给银行的运作带来不便,甚至使得银行蒙受不应有的损失。此外,在信息不完备的信贷市场,银行无法准确地选择令自己满意的企业,只能在每一次贷款后,通过"学习"猜测市场的总体情况,并不断修正自己行为策略,从而不断提高贷款效用。而有些企业则利用信息不对称的条件,通过骗取贷款来获取额外收益。这样,信息的不完备就可能影响银行和企业对行为策略的选择,导致市场最终演化并锁定到一种不良的市场状态。

——肖条军 [1][2]

企业经常出于这样或那样的原因,同商业银行申请借贷,那么,商业银行是否答应企业的申请而发放贷款?它们必须考虑贷款发放出去后能否按期收回,即企业是否会按期履约还款。如果企业不能按期履约还款,甚至由于各种原因而形成不良贷款,则对银行构成损失。我国国有商业银行贷款方式基本上为信用贷款,即使是抵押贷款,也往往存在抵押物不足以补偿贷

---

① 肖条军,南京大学工程管理学院副教授,博士后。

② 肖条军,《博弈论及其应用》,上海三联书店,上海,2004 年。

款本息的情况。所以,总有一些企业利用这一机会,滥用信用来获取贷款而不还贷,给银行的运作带来不便,甚至使得银行蒙受不应有的损失。此外,在信息不完备的信贷市场,银行无法准确地选择令自己满意的企业,只能在每一次贷款后,通过"学习"猜测市场的总体情况,并不断修正自己的行为策略,从而不断提高贷款效用。而有此企业则利用信息不对称的条件,通过骗取贷款来获取额外收益。这样,信息的不完备就可能影响银行和企业对行为策略的选择,导致市场最终演化并锁定到一种不良的市场状态。这里主要研究信贷市场的演化、调控及监督。

一、信贷市场的演化

假定在一个"自然"(即不考虑其他约束)的市场中,商业银行群体和企业群体进行策略交往。假定银行出于利益的考虑首先会尝试"担保贷款",但在与企业的谈判中却会表现出两种行为方式:(1)坚持实行担保贷款(B_1);(2)不坚持实行担保贷款(B_2)。同样,假定企业会首先尝试"信用贷款",在实际与银行谈判中也会有两种行为方式:(1)坚持信用贷款(E_1);(2)不坚持信用贷款(E_2)。

假定企业信用贷款后违约不还贷。企业违约这个假设是合理的,在不考虑其他约束的情况下,企业是有积极性违约的,因为企业从自身的利益出发,借钱后逃避、赖账或根本不还对它来说总归是好事。假定 E_1 和 B_1 相遇无法达成协议,并且双方都蒙受一定的损失;E_1 遇到 B_2 时,E_1 的谈判实力较强因而会达成信用贷款;B_1 遇到 E_2 时将达成担保贷款,双方各取所得利益;E_2 和 B_2 的谈判实力相当,因此按信用贷款或按实

行担保贷款的可能性各半选择。于是,可以得到商业
银行与企业博弈的支付矩阵(表 1)。

表 1　银企博弈的支付矩阵

银　行 ＼ 企　业	E_1	E_2
B_1	$-C_2 , -C_1$	G_B , G_E
B_2	G_B-E , G_E+E	$G_B-E/2 , G_E+E/2$

其中,$C_1>0$ 表示企业达不成协议的损失,$C_2>0$ 表示
商业银行由于没有贷款而造成的损失,$G_E>0$ 表示企
业由于贷款而获得的收入(投资于生产获得的利润减
去借贷利息),$G_B>0$ 表示商业银行的贷款收益,$E>$
0 表示企业不还贷而获得额外收入。

　　假设商业银行群体中采取策略 B_1 的银行所占有
的比例为 p,企业群体中采取策略 E_1 的企业所占有的
比例为 q。这样,它们的复制者动态方程组(即策略的
增长率等于它的相对适应度)为

$$\dot{p}=p(1-p)(1,-1) \cdot \boldsymbol{A}(q,1-q)$$
$$\dot{q}=q(1-q)(1,-1) \cdot \boldsymbol{B}(p,1-p)$$

其中 $\boldsymbol{A}=\begin{bmatrix} -C_2 & G_B \\ G_B-E & G_B-E/2 \end{bmatrix}$ 和 $\boldsymbol{B}=\begin{bmatrix} -C_1 & G_E+E \\ G_E & G_E+E/2 \end{bmatrix}$

分别为商业银行和企业的支付矩阵。由此,可以得出
信贷市场的复制者动态方程分别为

$$\dot{p}=p(1-p)[E/2-(G_B-E/2+C_2)q] \quad (1)$$
$$\dot{q}=q(1-q)[E/2-(G_E+E/2+C_1)p] \quad (2)$$

　　易余胤和肖条军(2003)根据上面的描述,得出下
面的命题。

　　命题 1　若 $G_B+C_2>E$,则系统(1)～(2)表明,在

平面 $M = \{(p,q) \mid 0 \leqslant p, q \leqslant 1\}$ 上,有 5 个平衡点,分别为不稳定点 $(0,0)$ 和 $(1,1)$、稳定点 $(0,1)$ 和 $(1,0)$ 以及鞍点

$$F = (\frac{E/2}{G_E + E/2 + C_1}, \frac{E/2}{G_B - E/2 + C_2})$$

证 我们仅考虑 $G_B + C_2 > E$ 的情形。若 $G_B + C_2 \leqslant E$,则

$$\dot{p} = p(1-p)[E/2 - (G_B - E/2 + C_2)q] =$$

$$p(1-p)[(1-q)E/2 + (E - G_B - C_2)q] \geqslant 0$$

那么,在 M 中 p 将由 0 单调递增到 1,这时银行都将采取策略 B_1。显然,银行由贷款所得的收益和不贷款所造成的损失之和不大于因企业不还贷而造成的损失时,银行都将坚持担保贷款,否则银行将退出市场。这种市场状态难以维持,本模型不考虑这种情形。

当 $G_B + C_2 - E > 0$ 时,显然,系统 $(1) \sim (2)$ 有 5 个平衡点,分别为点 $(0,0)$,$(1,1)$,$(0,1)$,$(1,0)$ 和点 F。再分别对它们进行局部稳定分析(这里从略,可参见廖小昕,2000),我们可得,$(0,0)$ 和 $(1,1)$ 为不稳定源出点,$(0,1)$ 和 $(1,0)$ 为稳定的汇入点,F 为鞍点。

由命题 1,我们可得系统 $(1) \sim (2)$ 的相图 1。注意,在相图 1 中,点 F 与任意顶点的连线一般不为直线,由于无法准确知道"经过"两点的轨线(trajectory),因此,这里以直线代替。对相图 1 分析可知,初始状态在 G 区域(点 $(0,0)$,$(1,1)$ 及 F 的连线左上方的区域)内时,系统都将收敛到点 $(0,1)$,即所有商业银行都不坚持担保贷款,而企业都坚持信用贷款;初始状态在 H 区域(点 $(0,0)$,$(1,1)$ 及 F 的连线右下方的区域)内时,系统都将收敛到点 $(1,0)$,即所有商业银行都坚持担保贷款,而企业都不坚持信用贷款。

由此可见,在"自然"条件下,信贷市场长期演化的结果会截然不同,一种是行为较为规范合理的市场(即商业银行实行担保贷款,而企业还贷),而另一种是行为不规范的市场(即商业银行信贷,而企业不还贷)。事实上,市场行为规范给银行和企业带来的规模收益决定了信贷市场演化的方向。当收益递增普遍发生时,市场演化的方向不仅得到巩固和支持,而且能在此基础上一环紧扣一环,沿着良性循环轨迹发展;当收益递增不能普遍发生时,市场就朝着非绩效方向发展,而且愈陷愈深,最终"闭锁"在无效率状态。然而,这两种状态都是演化稳定状态(Friedman,1998),并且,在其中任何一种状态下,采用另一种行为策略的参与人都将在市场的选择下消失。

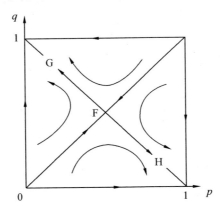

图 1　无约束条件下信贷市场的演化

合理规范的市场是我们所期待的,但是要让市场朝着良性循环的方向发展并不是一件容易的事情。下

面,我们对模型的参数进行分析,试图找出它们对市场
演化的影响并施加以可能的调控,使信贷市场朝着良
性的方向演化。

二、信贷市场的演化与调控

假定系统的初始条件是随机的,并且均匀分布在
平面 $M = \{(p,q) \mid 0 \leqslant p, q \leqslant 1\}$ 内,对参数进行分析
目的就是看看是否参数的变化可以使图1中的区域 G
面积减小,而 H 的面积扩大,即使得点 F 向左上方移
动,使系统达到演化稳定状态$(1,0)$。下面分别讨论几
个参量变化对信贷市场行为演化的影响以及可能的调
控方法。

首先,我们来看银行的贷款收入 G_B。目前,国内
的贷款利息率主要由国家统一规定,但不同的利息率
对市场行为有不同的影响。当 G_B 提高时(利息率提
高),那么,点 F 的坐标 p_F 不变,而 q_F 将变小,即点 F 将
向 M 的下方移动,H 的面积将减小,而 G 的面积将扩
大;反之,当 G_B 减小时(利息率降低),那么,H 的面积
将扩大,而 G 的面积将减小。这说明,若贷款利息率在
适当范围内降低,就可以使企业获得更高的正常收益,
那么,企业不还贷的可能性下降,市场行为趋于合理的
可能性增加;若贷款利息率提高,则企业在正常收益较
低的情况下,不还贷的动机就会增强。

接着,我们来看额外收益 E。当 E 增加时,p_F 和
q_F 都将增加,但 q_F 增加的比例更大,即点 F 将向 M 的
右上角移动,H 的面积将扩大,而 G 面积将减小;反
之,当 E 减小时,H 的面积将减小,而 G 的面积将扩
大。从表面上看,不还贷可以获得更多的额外收益时,
企业应该会更加倾向于信用贷款,但实际上,银行坚持

担保贷款的可能性增加了,这说明市场的自组织起到了强有力的作用,使得企业的谈判动机受到了遏制。

然后,我们讨论企业达不成协议遭受的损失 C_1。当 C_1 增加时,p_F 将变小,而 q_F 不变,即点 F 将向 M 的下方移动,H 的面积将扩大,而 G 的面积将减小;反之,当 C_1 减小时,H 的面积将减小,而 G 的面积将扩大。可见,企业达不成协议所遭受的损失 C_1 的增加,对降低其坚持信用贷款但不还贷的动机是十分有效的。实际上,企业达不成协议遭受的损失与信贷市场的规模和可替代的贷款方式有关:如果可提供贷款的商业银行较少,那么,银行就具有一定的垄断性,企业由于不容易找到其他的可贷款银行或其他贷款方式,达不成协议遭受的损失就会提高;如果除了银行外,企业还可选择其他贷款方式,那么,企业达不成协议遭受的损失会降低。

最后,我们来分析银行拒贷的损失 C_2。当 C_2 增加时,p_F 不变,而 q_F 将变小,即点 F 将向 M 的下方移动,H 的面积将减小,而 G 的向积将扩大;反之,当 C_2 减小时,H 的面积将扩大,而 G 的面积将减小。这说明,当银行不贷的损失增大时,他要求担保贷款的谈判实力将下降,从而使企业信用贷款的可能性增加。同上,银行拒贷的损失与信贷市场的规模和可替代的借贷方式有关:如果信贷市场规模较小,寻求贷款的企业的数量较少,那么,在银行不容易找到其他寻求贷款的企业时,其坚持担保贷款的动机会减小;或者在面临着比较大的竞争压力时,银行坚持担保贷款的动机也会减小。

总之,信贷市场运行有着自身的规律,该模型基本

上能够反映一些主要的市场规律,我们可以根据这些规律对市场加以有效的调控,使得市场尽量朝着我们期望的方向发展。

三、监督与信贷市场的演化

上述模型中未考虑法律的管制和监督,所以,信贷企业可以逃避还贷而获得额外收益。若在上述模型中加上法律监督的因素:对逃避还贷的企业予以处罚。当贷款到期时企业不还贷,银行就诉诸法律,经查实后执法机关责令企业立即还贷并处以一定的罚款。在这种情况下,假设企业遭受损失 R,银行追回贷款花的成本为 $K > 0$,则企业与银行的支付矩阵(表2)变为

表2　带监督的银企博弈的支付矩阵

企　业 银　行	E_1	E_2
B_1	$-C_2, -C_1$	G_B, G_E
B_2	$G_B - K, G_E - R$	$G_B - K/2, G_E - R/2$

信贷市场的动力学方程变为

$$\dot{p} = p(1-p)[K/2 - (G_B - K/2 + C_2)q] \quad (3)$$

$$\dot{q} = q(1-q)[-R/2 - (G_E - R/2 + C_1)p] \quad (4)$$

对于有监督的模型,易余胤和肖条军(2003)推出下面的命题。

命题2　若 $K < G_B + C_2$,则系统(3)~(4)表明,在平面 $M = \{(p,q) \mid 0 \leqslant p, q \leqslant 1\}$ 上,有4个平衡点,它们分别为鞍点(0,0)和(0,1)、汇入点(1,0)以及源出点(1,1)。

证　我们只考虑 $K < G_B + C_2$ 的情形。若 $K \geqslant G_B + C_2$,则 $\dot{p} \geqslant 0$,P 将由0单调递增到1,此时银

行都将采取策略 B_1。显然,如果银行追回贷款花的成本比它贷款收入和不贷的损失之和还高时,法律将失去效率。本模型不考虑这种情形。

当 $K < G_B + C_2$ 时,显然,系统(3)~(4)在平面 $M = \{(p,q) \mid 0 \leqslant p, q \leqslant 1\}$ 上的平衡点只有 4 个,分别是 $(0,0)$,$(0,1)$,$(1,0)$ 和 $(1,1)$,并且据动力学分析(参见廖小昕,2000),我们知道 $(0,0)$ 和 $(0,1)$ 是鞍点,$(1,0)$ 是稳定的汇入点,而 $(1,1)$ 是不稳定的源出点。

由命题 2,我们可得系统(3)~(4)的相图 2。在相图 2 中,从 M 中任何初始状态出发,系统都将收敛到 $(1,0)$,即所有商业银行都坚持担保贷款或信用放贷但坚持使用法律手段保护自己的利益,而企业都将还贷。因此,企业在面临法律管制和监督、面临逃贷处罚威胁时,将趋于更为合理合法的行为,并且,信贷市场将最终演化到更为规范的市场。不过,逃贷处罚与银行的诉讼率、执法机关的执法力度有很大的关系。银行的过度容忍、执法机关的执法不严都有可能造成信贷市场不规范行为的泛滥。

从相图 1 我们看到,当初始状态在 G 区域内时,信贷市场将演化为一个不规范的市场,初始状态在 H 区域内时,信贷市场将演化为较为合理完善的市场。显然,信贷市场的演化路径敏感地决定于市场的初始状态,信贷市场的演化具有路径依赖性。因此,如果一旦某个偶然因素使市场状态处于 G 区域内时,市场就会朝着非绩效方向发展,而且越陷越深,最终"闭锁"在某种无效率状态。因此,银行应加强自身管理,在发放贷款的时候,严格把关,坚决要求借款的企业提供充足的、确定的、手续完备的担保或者在企业信贷而不还贷

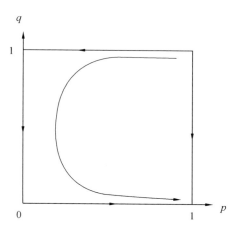

图 2　　监督情形下信贷市场的演化

时坚决使用法律手段。这样,市场就会进入一种良性循环当中,最终演化为合理的、完善的市场。如果系统进入某种,次优或无效率状态,那么,要退出这种次优或无效率的路径依赖的变迁路径,其条件取决于形成自我强化机制的各种因素的性质,即该路径产生的递增收益是否具有可逆性和可转移性。在信贷市场中,收益递增的强化机制可以来源于市场本身的各种效应,如协同效应等,只要商业银行和企业之间加强信息交流,形成一致行动,路径替代就可能发生。因此,在退出锁定的过程中,执法机关的干预和行为主体的一致行动十分重要。相图 2 表明,在加入法律监督的因素下,系统最终会向点(1,0)演化。也就是说,信贷市场在法律的监督下沿着良性循环的轨迹发展,最终可以演化为更为合理规范的市场。即使信贷市场开始沿着无效率的路径演化,只要执行机关执法有力和行为

907

主体一致行动,也能使市场退出"闭锁"的无效率路径,实现路径替代。

非对称信息下的
预期通货膨胀

> 货币政策制定者实行单一货币规则,为了极小化其政策成本,中央银行将履行其承诺,否则将为其"失信"而付出代价,代价越高,承诺越可信,因而这种承诺是可信的。
> ——徐玖平 胡知能[①②]

货币政策行为及效应是政策的制定者与调节对象在主客观条件下博弈、理性决策的结果,是市场经济各种宏观金融问题的核心。在完全信息环境下建立如下模型

$$\begin{cases} y_t = y^* + \theta_1 (m_t - m_t^e) \\ \pi_t = \theta_0 + \theta_2 m_t \end{cases}$$

其中,y_t 为 GNP 的增长率;y^* 为 GNP 的自然增长率;m_t 为货币发行增长率;m_t^e 为预期的货币发行增长率;π_t 为通货膨胀率;θ_0 为常数;θ_1,θ_2 为调整系数。

这个模型认为在信息完全、对称假设下,预期到的

---

① 徐玖平,胡知能,中国经济管理著名学者。

② 徐玖平,胡知能,《经济管理的动态理论》,科学出版社,北京,2004 年。

货币政策是无效的。而现实情形主要是信息非对称的,因此,这里在非对称信息环境下,采用具有独立性的通货膨胀成本函数与货币发行增长率收益函数,以公众预期通货膨胀率 π^e、货币发行增长率 m 和债务存量 b 作为参考变量,建立了如下的宏观动态经济系统的非线性动力学模型

$$\begin{cases} \dot{\pi}^e = -a_1\pi^e + a_2 m + \phi(\pi^e, m) \\ \dot{m} = \tau[\pi^e + v]m \\ \dot{b} = c\alpha\pi^e + (r + \pi^e)b + am - \gamma(\pi^e, b, m) \end{cases}$$

其中,$a, a_1, a_2, b, c, \alpha$ 为系数;v, r 为常数;ϕ, γ 是可微函数。

并在此基础之上,运用系统动力学理论与方法对该模型进行动态分析,在经济上得到一些基本的解释,得到一些有意义的结论。

一、动力学模型

下面针对考虑博弈双方 —— 中央银行与公众在博弈中拥有的信息是不完全的,中央银行相对于公众具有信息优势,信息是非对称的情形。公众的通货膨胀预期将随实际通货膨胀率 π 调整,也根据货币供应等信息来预测通货膨胀的变化。货币发行量超过自然增长率的货币需要量,公众认为中央银行实行扩张政策,通货膨胀预期将增加;反之认为实行紧缩政策,通货膨胀预期将相应减少。可知公众通货膨胀预期变化为

$$\dot{\pi}^e = a_1(\pi - \pi^e) + a_2 m$$

其中,a_1, a_2 为调整系数,且 $a_1 > 0, a_2 > 0$;m 是超额的货币发行增长率。

政府通过增加货币发行直接弥补财政赤字,以及

909

通过货币扩张对政府名义债务贬值间接为财政预算融资,是造成通货膨胀的重要原因。设 B 为政府名义债务存量,R 是政府能借债的名义利率,r 是实际利率为常数。则名义利率是实际利率与公众通货膨胀预期之和,即

$$R = r + \pi^e$$

政府消费的商品为 G,得到的税收为 T,因此,政府的动态预算约束为

$$\frac{\mathrm{d}B}{\mathrm{d}t} = RB + G - T \tag{1}$$

人均的政府赤字对当年 GDP 的比率 $\delta = \frac{G}{NY} - \frac{T}{NY}$,通过借债填补赤字的比例为 k,即新借债 $k\delta$。政府通过发行货币 vm 填补赤字 $(1 - k)\delta$,设 $a = \frac{kv}{1-k}$,则

$$k\delta = \frac{kvm}{1-k} = am$$

设 b 是人均政府债务 B 对 GNP 的比率,y 为 GDP 的增长率。则由式(1)有人均债务动态预算约束为

$$b = (r + \pi^e)b + am - cy \tag{2}$$

货币的财政性发行会带来通货膨胀,而通货膨胀往往有社会成本,治理通货膨胀也要付出代价。函数 $W(\pi)$ 表示通货膨胀带来的社会成本,$V(m)$ 表示超额发行货币获得收益。由于一国经济通常都会受到国内外社会、经济等因素的影响,用 ρ 表示中央银行对经济增长和稳定价格两个目标相对关心程度的参数,ρ 值越大表明中央银行对实现其期望的经济增长目标相对

关注越强烈。因此,在时刻 s 社会总成本 H_s 为

$$H_s = W(\pi(s)) - \rho V(m(s))$$

中央银行视公众通货膨胀预期为给定,从发行货币中获得更多的收益与承担由此带来的损失之间进行选择,由此可将随时间的社会成本和收益以积分来表示。作为理性政策制定者,中央银行的决策目标函数为受决策影响的整个未来时期总成本贴现值最小,即

$$\min H = \int_s^\infty (W(\pi(s)) - \rho V(m(s))) \exp(-\theta(t-s)) \mathrm{d}t$$

其中, $\theta > 0$; $V_m > 0$, $V_{mm} < 0$, $W_\pi > 0$, $W_{\pi\pi} > 0$ 表示 W 对 m , π 的各阶偏导数。

根据最优控制理论,引入与最小化问题相关的 Hamilton 函数

$$H = ((W(\pi) - \rho V(m)) + \lambda((r+\pi^e)b + am - cy)) \exp(-\theta t) \tag{3}$$

则其最小化必要条件为

$$\begin{cases} \dfrac{\partial H}{\partial m} = 0 \\[2mm] \dfrac{\mathrm{d}\lambda}{\mathrm{d}t} - \theta\lambda = -\dfrac{\partial H}{\partial b} \\[2mm] \dfrac{\partial H}{\partial \pi} = 0 \end{cases} \tag{4}$$

代入式(3),得

$$\begin{cases} \dfrac{\mathrm{d}V}{\mathrm{d}m} = a\rho\lambda \\[2mm] \dfrac{\mathrm{d}\lambda}{\mathrm{d}t} - \theta\lambda = -\lambda(r+\pi^e) \end{cases} \tag{5}$$

设 $v = r - \theta$,由式(5)有

$$\dot{m} = \tau(v + \pi^e)m \tag{6}$$

其中,$\tau = -\dfrac{V'(m)}{mV''(m)} > 0$ 表示货币边际效益关于货币增长率的弹性的负倒数。可见,最优的货币发行增长率的变化与 ρ 值无关。

通过求解式(4)和(5)可得到最优通货膨胀方程,把实际通货膨胀 π 表示为 π^e 与 m 的函数 $\pi = \pi(\pi^e, m)$。因此,公众通货膨胀预期微分方程可以描述为

$$\dot{\pi}^e = -a_1\pi^e + a_2 m + \phi(\pi^e, m) \tag{7}$$

其中,$\phi(\pi^e, m) = a_2\overline{m} + a_1\pi$;$\phi_e = a_1\pi_e$;$\phi_m = a_1\pi_m$。

公众的决策目标是在博弈活动中获得最大效益,其追求利润最大化行为可以表示为

$$y_i = y_i^n + \alpha_i(p_i - p_i^e), \alpha_i > 0$$

其中,y_i 是 i 企业的产出,y_i^n 是 i 企业潜在的产出;p_i 为 i 企业的产品价格,p_i^e 为 i 企业一般价格水平的预期;α_i 是 i 企业产品价格的供给弹性。

将所有的企业供给曲线进行加总,就得到整个社会经济的总供给方程

$$y = y^n + \alpha(\pi - \pi^e), \alpha > 0 \tag{8}$$

其中,y^n 是整个经济的潜在的产出;α 是非预期通货膨胀影响经济增长的系数。

将式(8)代入式(2)得债务存量的微分方程描述为

$$\dot{b} = c\alpha\pi^e + (r + \pi^e)b + am - \gamma(\pi^e, m, b) \tag{9}$$

其中,$\gamma(\pi^e, m, b) = c\alpha(y^n + \pi)$,$\gamma_e = c\alpha\pi_e$,$\gamma_m = c\alpha\pi_m$。

由式(6),(7)和(9)联立得描述宏观经济货币动力学模型为

$$\begin{cases} \dot{\pi}^e = -a_1\pi^e + a_2 m + \phi(\pi^e, m) \\ \dot{m} = \tau[\pi^e + v]m \\ \dot{b} = c\alpha\pi^e + (r + \pi^e)b + am - \gamma(\pi^e, m, b) \end{cases} \tag{10}$$

二、动力学分析

对于模型 (10)，令 $(\pi^e + v)m = 0$，解得 $m_0 = 0$ 或 $\pi_0^e = -v$。把 $m_0 = 0$ 代入 (10) 得模型的均衡态为

$$x_0^1 = (\frac{\pi_0}{a_1}, 0, b_0^1)^{\mathrm{T}} \qquad (11)$$

其中，b_0^1 由 $c\alpha\pi_0^e + (r - v)b_0^1 = \gamma(\pi_0^e, 0, b_0^1)$ 确定。

把 $\pi_0^e = -v$ 代入 (10) 得模型的均衡态为

$$x_0^2 = (-v, \frac{\pi_0}{a_2}, b_0^2)^{\mathrm{T}} \qquad (12)$$

其中，b_0^2 由 $-c\alpha v + (r - v)b_0^2 + am_0 = \gamma(-v, m, b_0^2)$ 确定。

下面将非线性系统 (10) 线性化，系统在均衡态 $\boldsymbol{X}_0 = (\pi_0^e, m_0, b_0)^{\mathrm{T}}$ 的线性化矩阵为

$$\boldsymbol{A} = \begin{bmatrix} -a_1 + a_1\pi_{e0} & a_2 + a_1\pi_{m0} & 0 \\ \tau m_0 & \tau(\pi_0^e + v) & 0 \\ c\alpha + b_0 + c\alpha\pi_{e0} & a + c\alpha\pi_{m0} & r + \pi_0^e - \gamma_{b0} \end{bmatrix}$$

设 $l_1 = -\mathrm{tr}(\boldsymbol{A})$，$l_3 = -\det(\boldsymbol{A})$，则线性化矩阵 $\boldsymbol{A}$ 的特征多项式为

$$\lambda^3 + l_1\lambda^2 + l_2\lambda + l_3 = 0 \qquad (13)$$

其中

$$l_1 = -a_1 + a_1\pi_{e0} + \tau(\pi_0^e + v) + r + \pi_0^e$$

$$l_2 = (r + \pi_0^e)(-a_1 + a_1\pi_{e0} + \tau\pi_{e0} + \tau v) - \tau(a_1 - a_1\pi_{e0}) - \tau m_0 \cdot (a_2 + a_1\pi_{m0})$$

$$l_3 = (r + \pi_0^e)[\tau(-a_1 + a_1\pi_{e0})(\pi_{e0} + v) - \tau m_0(a_2 + a_1\pi_{m0})]$$

定理 1　非线性系统 (10) 的均衡态是稳定点的充要条件是系统中的参数满足如下条件：

$(1)\, a_1 + a_1\pi_{e0} + \tau(\pi_0^e + v) + r + \pi_0^e < 0$；

$(2)\, (r + \pi_0^e)[\tau(-a_1 + a_1\pi_{e0})(\pi_{e0} + v) - \tau m_0(a_2 +$

$a_1 \pi_{m0})] < 0;$

(3)$(r + \pi_0^e)(-a_1 + a_1 \pi_{e0} + \tau \pi_{e0} + \tau v) - \tau(a_1 - a_1 \pi_{e0}) - \tau m_0 (a_2 + a_1 \pi_{m0}) > 0;$

(4)$[a_1 + a_1 \pi_{e0} + \tau(\pi_0^e + v) + r + \pi_0^e] \times (r + \pi_0^e)[\tau(-a_1 + a_1 \pi_{e0})(\pi_{e0} + v) - \tau m_0 (a_2 + a_1 \pi_{m0})] - (r + \pi_0^e)(-a_1 + a_1 \pi_{e0} + \tau \pi_{e0} + \tau v) - \tau(a_1 - a_1 \pi_{e0}) - \tau m_0 (a_2 + a_1 \pi_{m0}) > 0。$

证 由 Routh-Hurwiz 判别法则知满足均衡态是稳定点的充要条件为：

(1)$l_i > 0 (i = 1, 2, 3);$

(2)$l_1 l_2 - l_3 > 0。$

把 $l_i (i = 1, 2, 3)$ 代入可知，条件(1) ～ (4)满足 Routh-Hurwiz 判别法则。证毕。

进一步地，由特征方程 $| \lambda I - A | = 0$ 可得特征值 $\lambda_3 = r + \pi_0^e - \gamma_{b0}$，而 λ_1 和 λ_2 取决于方程

$$\lambda^2 + (a_1 - a_1 \pi_{e0} - \tau v - \tau \pi_{e0})\lambda - [\tau(a_1 - a_1 \pi_{e0})(\pi_{e0} + v) + \tau m_0 (a_2 - a_1 \pi_{m0})] = 0$$

令

$$\Delta = (a_1 - a_1 \pi_{e0} - \tau v - \tau \pi_{e0})^2 + 4[\tau(a_1 - a_1 \pi_{e0})(\pi_{e0} + v) + \tau m_0 (a_2 - a_1 \pi_{m0})]$$

那么

(1) 当 $\Delta > 0$ 时，$\lambda_{1,2} = \dfrac{1}{2}[(a_1 - a_1 \pi_{e0} - \tau v - \tau \pi_{e0}) \pm \sqrt{\Delta}];$

(2) 当 $\Delta = 0$ 时，$\lambda_1 = \lambda_2 = \dfrac{1}{2}(a_1 - a_1 \pi_{e0} - \tau v - \tau \pi_{e0});$

(3) 当 $\Delta < 0$ 时，$\lambda_{1,2} = \dfrac{1}{2}[(a_1 - a_1 \pi_{e0} - \tau v - \tau \pi_{e0})$

$\pm\,\mathrm{i}\sqrt{-\Delta}\,]\,$。

则有以下结论。

(1) 如果 $r+\pi_0^e-\gamma_{b0}>0$,且 $\Delta\geqslant 0$ 时,则:

当 $a_1-a_1\pi_{e0}-\tau v-\tau\pi_{e0}>0$ 时,系统(9)线性化矩阵 $\boldsymbol{A}$ 的特征值是实数且都大于 0,得平衡态是系统(9)不稳定的结点。

当 $a_1-a_1\pi_{e0}-\tau v-\tau\pi_{e0}<0$ 时,系统(9)线性化矩阵 $\boldsymbol{A}$ 的特征值是实数且都小于 0,则平衡态(9)是系统稳定的结点。

(2) 如果 $r+\pi_0^e-\gamma_{b0}>0$,$\Delta\geqslant 0$,$a_1-a_1\pi_{e0}-\tau v-\tau\pi_{e0}<0$ 或 $r+\pi_0^e-\gamma_{b0}<0$,$\Delta\geqslant 0$,$a_1-a_1\pi_{e0}-\tau\pi_{e0}>0$ 时,即系统(9)线性化矩阵 $\boldsymbol{A}$ 的特征值是实数且至少有一个正和一个负的特征值,知平衡态是系统(9)的鞍点。

(3) 如果 $r+\pi_0^e-\gamma_{b0}>0$,$\Delta<0$,则:

当 $a_1-a_1\pi_{e0}-\tau v-\tau\pi_{e0}>0$ 时,系统(9)线性化矩阵 $\boldsymbol{A}$ 的特征值是虚数且实部大于 0,知平衡态是系统(9)不稳定的焦点;

当 $a_1-a_1\pi_{e0}-\tau v-\tau\pi_{e0}<0$ 时,系统(9)线性化矩阵 $\boldsymbol{A}$ 的特征值是虚数且实部小于 0,则平衡态是系统(9)稳定的焦点。

(4) 如果系统(9)线性化矩阵 $\boldsymbol{A}$ 有为 0 的特征值,则平衡态是非双曲平衡态。

三、行为的效应

在模型(10)中,如果中央银行采用单一货币规则,即 $m=0$,由式(11)有

$$\begin{cases} \pi_0^e=\dfrac{\phi(\pi_0^e,0)}{a_1} \\ m_0=0 \end{cases}$$

货币政策制定者实行单一货币规则,为了极小化其政策成本,中央银行将履行其承诺,否则将为其"失信"而付出代价,代价越高,承诺越可信,因而这种承诺是可信的。可信的承诺消除了公众的通货膨胀预期,从而消除了货币政策的通货膨胀倾向。公众的通货膨胀预期主要受实际的通货膨胀影响,由于失去货币的支持,通货膨胀将不能持久,因此趋于稳定,公众的通货膨胀预期将处于低水平。这时,货币政策规定者不能制造非预期通货膨胀,社会经济将处于潜在增长状况,对经济增长无刺激作用。所以,有如下结论。

命题 1 在非对称信息环境下,实行单一货币规则尽管对经济增长无刺激作用,但通过承诺行动消除了政策不可置信因素,从而消除了货币政策的通货膨胀倾向,公众的通货膨胀预期波动幅度较小。

在非对称信息环境下,如果中央银行采用相机选择的货币操作方式,由式(12) 有

$$
\begin{cases}
\pi_0^e = \theta - r \\
m_0 = \dfrac{1}{a_2}\left[a - 1\pi_0^e - \phi(\pi_0^e, m_0)\right]
\end{cases}
\tag{14}
$$

这时,公众的预期通货膨胀率均衡态是 $\theta - r$,由货币政策制定者时间的偏好率决定。中央银行越重视目前的利益,人们的预期通货膨胀率将越高,因为货币发行增长率将提高。

均衡的货币发行率由实际与预期的通货膨胀率决定,当 $\pi_0^e > \pi_0$ 时,最佳的货币发行增长率要大于 0。当 $\pi_0^e < \pi_0$ 时,最佳的货币发行增长率要小于 0。所以,相机选择要求政策制定者逆经济波动随时调整其货币发行率。公众通货膨胀预期调整系数也决定货币

发行率。a_2越大，a_1越小，表明实际的货币发行率对公众通货膨胀预期的形成影响较大，这时将抵消货币政策的效果，均衡的货币发行率较小。

所以，相机选择要求政策制定者根据拉平经济波动的需要，逆经济波动周期而随时调整其货币发行率。在预期形成以前，中央银行的最优选择是零通货膨胀率；但在预期形成以后，中央银行的最优选择却是正通货膨胀率，这就形成了决策的动态不一致。

命题 2 在非对称信息条件下，实行相机选择的货币操作方式对经济有刺激作用，有通货膨胀倾向，通货膨胀的波动性比实行单一货币规则的波动性更高；公众的预期通货膨胀率将抵消一部分货币政策的效应。较高的预期通货膨胀率使货币政策运行更加困难。

在均衡时，如果政策成本以通货膨胀率贴现，政府能发行债务的名义利率等于实际利率加通货膨胀率，即 $\theta = \pi + r$。由式（14）可知在均衡时的预期通货膨胀率 $\pi^e - r = \pi - r$，或 $\pi^e = \pi$。所以，在均衡时公众的预期通货膨胀率等于实际的通货膨胀率，这称为定态。同时，增加 r 也可降低公众的预期通货膨胀率。例如，1998 年中国香港特别行政区阻截国际游资时，提高隔夜利率来降低公众的预期通货膨胀率，从而稳定了金融形势。

在模型（10）中，有

$$\begin{cases} \dfrac{\mathrm{d}\dot{\pi}^e}{\mathrm{d}m} > 0, m > \bar{m} \\[2mm] \dfrac{\mathrm{d}\dot{\pi}^e}{\mathrm{d}m} \leqslant 0, m \leqslant \bar{m} \end{cases} \qquad (15)$$

公众的预期通货膨胀增长率与超额货币发行增长

率正相关,较高的货币发行增长率引起公众提高预期
通货膨胀率。如果货币发行增长率低于潜在经济增长
率时货币需要量 $\overline{m}$,即不满足货币交易的需要功能,银
根紧缩,公众了解国家将治理通货膨胀,因此预期通货
膨胀率下降,公众部分地适应国家的政策,从而有利于
国家货币政策发挥其效应,降低实际的通货膨胀率而
避免经济急剧衰退。又因为 $\dfrac{\mathrm{d}\overline{m}}{\mathrm{d}\pi^{e}}>0$,这说明一个国家
的货币政策要部分地适应公众预期通货膨胀率,当公
众预期通货膨胀率增加时,货币发行增长率也要相应
地增加,从而避免经济急剧衰退。如果进一步提高货
币发行增长率,从而引起高通货膨胀,甚至引起恶性通
货膨胀,最后又不得不治理通货膨胀,因而形成经济的
周期性波动。

　　如果一个政策制定者固定一个较高的超过潜在的
经济增长速度,那么他必然将超额发行货币,这将提高
公众的预期通货膨胀率;这样他只有进一步提高超额
发行货币的力度,这又进一步提高公众的预期通货膨
胀率。因此,有如下结论。

　　命题 3　当政策制定者固定一个较高的经济增长
速度,货币发行增长率将加速增长,可能引起严重的通
货膨胀。

　　对于完全信息博弈指博弈双方 —— 货币政策制
定者与公众在博弈中对其对手的特征、战略空间、支付
函数及经济实际运行状况都有准确的认识,作出能最
优地实现其决策目标的理性决策。公众知道货币发行
增长率,能准确地调整其预期通货膨胀,政策制定者就
不能期望利用非预期通货膨胀来刺激经济增长。实行

相机选择的货币操作方式有通货膨胀倾向,但对经济无实质的刺激作用;实行单一货币规则尽管对经济增长无刺激作用,但通过承诺行动消除了政策不可置信因素,从而消除了货币政策的通货膨胀倾向。在完全信息环境下,不管采取相机选择还是单一货币规则,对经济增长都无刺激作用。但相机选择政策使通货膨胀上升,单一货币规则却消除或降低了实际的通货膨胀。这就是货币学派代表人物 Friedman 提出的单一货币操作规则的依据。

在通货膨胀初期,公众的通货膨胀预期处于较低水平上,较多的货币投入,由于货币政策具有时滞性,没有立即在物价上反映出来,并在一段时间内刺激产出增加,因此,政府不急于治理通货膨胀。当通货膨胀发展到一定阶段后,公众的通货膨胀预期处于较高水平上,通货膨胀增长幅度甚至快于货币增长幅度,如图1 所示。如果政策制定者忽略公众的通货膨胀预期与经济不确定性的作用,认为要降低通货膨胀必须同比例拉下货币供应,从而采取过紧的货币政策,经济增长大幅度下降,通货膨胀未必一定下降,导致较大的副作用。

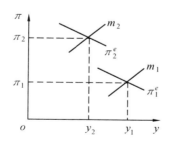

图 1　货币增长与通货膨胀的关系

命题 4   较低的公众通货膨胀预期有利于货币政策制定和实施;反之,较高的公众通货膨胀预期不利于货币政策制定和实施。货币政策应分步出台,逐步调整,政策力度的均匀和稳定有利于降低不确定性对通货膨胀预期的刺激作用,从而有利于治理通货膨胀。

另外,公众通货膨胀预期形成与信息有重要的关系。信息是经济人利用资源中的一种无形但有价值的资源,它参与资源的最佳配置。当政府实行货币扩张政策时,如果政策制定者能隐瞒其意图,使公众通货膨胀预期将相对滞后,可以获得非通货膨胀率对刺激经济发展的好处。当政府实行货币紧缩政策时,一定要把其意图、通货膨胀目标公布于众,取得公众的信任,降低公众通货膨胀预期率,才能达到治理通货膨胀的目的。

由于通货膨胀具有持续性,治理通货膨胀大多会付出高昂的代价。例如,中国在 1988 年货币发行增长率 M_0 为 46.8%,当年 GDP 增长率为 11.3%,但通货膨胀率也达 18.5%。在 1989 年,中国政府采取了严厉的紧缩需求政策,名义总需求减少 10.8% 来治理通货膨胀问题,使得通货膨胀率在当年下降了 2.9%,这种反通货膨胀政策并未得到公众的充分认识,公众的预期通货膨胀率不但没有下降,反而上升 1.1%,形成非预期负通货膨胀 4%。结果,当年通货膨胀率下降 2.9%,经济却衰退达 7%。通货膨胀治理成本高达 1:2.41,政策预期没有达到。

在经历了 20 世纪 80 年代末 90 年代初的经济衰退后,中国宏观经济再次进入迅速发展时期,但同时又出现比较严重的通货膨胀。为了避免 1989 年那种状况

的再一次出现,政府采取适度紧缩的政策,部分地适应当时较高的预期通货膨胀率,从而避免经济急剧衰退。但 1994 年通货膨胀不可避免地进一步加剧,以后几年连续实行适度紧缩的政策,终于在经济没有大衰退的情况下,实现"软着陆",完成抑制通货膨胀的任务。虽然通货膨胀也持续了较长时间,但避免了经济的大起大落。

要注意的是,这里考察的是非对称信息环境下债务融资的公众预期通货膨胀率与货币发行增长率的动态经济关系,实行相机货币政策有助于宏观经济调控,以及现阶段中国实行相机政策的必然性。而对于经济波动的内在性、周期性现象等动力学性质没有予以讨论。

博弈论与国际货币政策协调

> 东南亚金融危机的冲击将引发一个货币政策博弈与协调的问题。简而言之,即双方货币政策究竟如何协调,才对缓解本国(东南亚金融危机国家)通货紧缩以及抑制外国(欧美发达国家)经济过热最为有利?
>
> ——王文举[1][2]

---

[1]　王文举,首都经济贸易大学教授,博士生导师。

[2]　王文举,《博弈论应用与经济学发展》,首都经济贸易大学出版社,北京,2003。

　　这里以东南亚金融危机为例,阐述博弈论与国际货币政策协调问题。分析结果表明,货币政策缺乏协调时的纳什均衡固然不是帕累托最优,但是货币政策的斯坦克尔伯格协调以及固定汇率协调也都存在重要缺陷,有失公平,而只有用帕累托效率均衡承诺来协调双方的货币政策才是最好的选择。

　　近年来,随着区域经济及全球经济一体化进程的加快,国际经济的相互依赖性日益增强,国际金融与国际资本流动的规模和频率都达到了前所未有的程度。一个国家的货币政策,可能对周边国家甚至整个世界产生巨大影响。这种影响有时表现为正的外部效应,也有时表现为负的外部效应。因此,加强国际货币政策协调,对于促进世界经济的持续、稳定、健康增长具有重要意义。值得欣慰的是,博弈论可为研究国际货币政策协调问题提供有力的分析工具。

　　假设世界经济仅由两个国家组成:“本国”与“外国”。由于现实世界是由多个国家组成的,该假设意味着在某些场合可以把“世界其他国家和地区”简单地归为“外国”。

　　当存在外部冲击时,将产生两国货币政策的博弈及协调问题。经济系统的外部冲击可分为两大类:对称型冲击与非对称型冲击。对称型冲击对两国的影响程度相同,且方向一致;非对称型冲击对两国的影响虽然程度相同,但方向相反。通常,世界生产率冲击是一种对称型冲击,它给各国带来程度相同、方向一致的影响;而需求冲击是一种非对称型冲击,它给各国带来程度相同、方向相反的影响。所谓需求冲击是指,当人们对两国商品需求的偏好发生变化时,对一国商品的需

求将增加,而对另一国商品的需求将降低。

针对不同的冲击,两国货币政策的博弈与协调存在多种可能。至于具体结局如何,则取决于货币政策协调的方式。本文以东南亚金融危机为例,阐述博弈论与国际货币政策协调问题。

1997～1998 年的东南亚金融危机是从泰国开始的。1997 年 7 月 2 日,泰国政府和金融当局宣布放弃实行长达 13 年之久的泰铢与美元挂钩的汇率制,随后泰铢急剧贬值。泰国的危机随后波及菲律宾、马来西亚、印尼、新加坡、韩国、等国家和中国香港地区的金融市场,造成了一场席卷整个东南亚的金融风暴。

市场经济条件下的金融危机可分为两大类:一类是周期性经济危机中所包含的金融危机;另一类是由于经济泡沫化、国际投机资本和少数经济发达国家加速推行金融自由化及金融全球化等因素所引起的金融危机。

近 20 年来,国际金融危机日益频繁,仅在 20 世纪 90 年代就发生了多次国际金融危机。世界范围的金融危机如此频繁,在历史上并不多见。近年来的这些金融危机,包括最近一次 1997～1998 年的东南亚金融危机在内,其本质都属于上述第二种类型的金融危机。

泡沫经济是引发这次东南亚金融危机的内部根源。东南亚各国在经济高速增长过程中,对出现泡沫经济的危险性缺乏警惕。因而证券泡沫,尤其是房地产泡沫大肆泛滥,银行业投入这些泡沫的贷款所占比重越来越大。即使是发达国家,泡沫经济的危害也很严重,其中以日本最为典型。无论是外汇泡沫、股市泡沫还是房地产泡沫,在日本都膨胀到顶峰。银行贷款支持泡沫经济,并由此导致空前严重的银行危机。

少数发达国家对发展中国家加速推行金融自由化、金融全球化以及国际投机资本的冲击,是引发这次东南亚金融危机的外因以及使之加重的深层原因。由于发达国家与发展中国家金融自由化、全球化的基础不同,经济基础相距甚远,少数发达国家可以从加快金融自由化及全球化的进程中获益;而发展中国家的经济实力较弱,经济规模不大,竞争力较差,因此必须加强法律规范,并采取渐进式的金融开放政策,否则将很容易遭到国际游资的冲击,并引发金融危机。

为便于分析,我们作如下的简化假设:

(1)世界经济仅由两类国家组成:"东南亚金融危机国家"与"欧美发达国家"。

(2)东南亚金融危机冲击可视为一个非对称型的需求冲击 u,在东南亚金融危机冲击下,危机国家的货币纷纷贬值,通货紧缩,使得本国(东南亚金融危机国家)经济萧条,需要大力刺激国内需求并努力扩大国外需求;而外国(欧美发达国家)则经济繁荣,有经济过热及通货膨胀的可能。

如果没有东南亚金融危机的冲击,只要双方货币供应量保持不变,则双方的就业、物价、汇率等都将保持不变。可是,当存在东南亚金融危机的冲击时,即使双方货币供应量保持不变,双方的物价、汇率也将发生改变。

东南亚金融危机的冲击将导致本国股市大跌,消费价格指数降低,出现通货紧缩;导致外国消费价格指数升高,出现经济过热及通货膨胀的可能,此时双方面

924

临着截然不同的经济问题。

为了解决各自面临的经济问题,本国为控制通货紧缩需实行扩张性货币政策并扩大货币供应量;外国为防止经济过热及通货膨胀则需实行紧缩性货币政策并减少货币供应量。

当存在东南亚金融危机冲击,也就是存在非对称型的需求冲击时,双方的货币政策之间具有正的外部效应。当本国扩大货币供应量,实施扩张性货币政策及财政政策时,不仅可以抑制自身的通货紧缩,刺激国内需求,而且有助于抑制外国可能出现的经济过热及通货膨胀。

于是,东南亚金融危机的冲击将引发一个货币政策博弈与协调的问题。简而言之,即双方货币政策究竟如何协调,才对缓解本国通货紧缩以及抑制外国经济过热最为有利? 才能有助于克服东南亚金融危机的消极影响?

当存在东南亚金融危机冲击时,双方货币政策博弈的结局也有多种可能,至于最终能实现哪种,则取决于双方货币政策协调的方式与协调的程度。结果将表明,货币政策缺乏协调时的纳什均衡固然不是帕累托最优,但是货币政策的斯坦克尔伯格协调以及固定汇率协调也都存在重要缺陷,有失公平,而只有用帕累托效率均衡承诺来协调双方的货币政策才是最好的选择。

一、纳什均衡

当欧美发达国家与东南亚金融危机国家缺乏货币政策的有效协调与合作时,双方货币政策博弈的结果将导致非合作型的纳什均衡。

图 1 给出了纳什均衡(东南亚金融危机冲击情况)的示意图。其中,点 B 为本国的极乐点,在该点,本国的货币供应量保持不变,即 m 等于 0,而希望外国的货币供应量 m^* 减少,直到它对本国货币的实际贬值作用足以抵消因东南亚金融危机冲击给本国带来的通货紧缩的影响。点 B^* 为外国的极乐点,在该点,外国的货币供应量保持不变,即 m^* 等于 0,而希望本国的货币供应量 m 增加,直到它对外国货币的实际升值作用足以抵消因东南亚金融危机冲击给外国可能带来的经济过热的影响。当存在东南亚金融危机冲击时,双方的货币当局都希望对方与己方的货币政策能保持相反方向的变化。

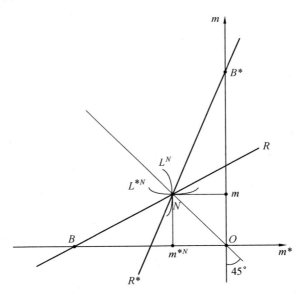

图 1　纳什均衡(东南亚金融危机冲击情况)

在纳什均衡点 N，本国的反应函数 R 与外国的反应函数 R^* 相交。

图中，双方反应函数的交点位于通过原点、斜率为 -1 的直线上，纳什均衡时双方将选择大小相等、符号相反的货币供应量。

在纳什均衡点 N，双方的损失函数，即椭圆曲线的斜率分别为无穷大和 0，也就是双方损失函数的曲线 L^N 及 L^{*N} 分别与垂直方向及水平方向相切。

从纳什均衡点 N 开始，如果本国继续扩大货币供应量，刺激需求，则外国损失可减小；如果外国继续减少货币供应量，则本国损失可减小；如果本国继续扩大货币供应量，外国继续减少货币供应量，则双方损失都可减小。也就是说，在点 N 的左上侧必然存在一个能使双方绩效都得到改善的区域。可是，由于双方之间缺乏货币政策协调的制度性安排，双方各行其是，最终只能实现非合作型纳什均衡，而不可能达到更好的结局。因此，为取得更优的均衡结果，就须加强双方货币政策的协调与合作。

二、斯坦克尔伯格协调

斯坦克尔伯格博弈是一种含有双方货币政策协调制度性安排的博弈，它要求一方作出斯坦克尔伯格承诺，作出承诺的一方为斯坦克尔伯格领头国，不作承诺的一方为斯坦克尔伯格尾随。领头国按照其承诺的货币供应量行事，尾随国在进行博弈之前已经知道领头国的承诺和选择，它只需作出相应的最优选择。

假设经济实力处于优势地位的外国为领头国，经济实力处于劣势地位的本国为尾随国。由于领头国能够预测到，不管它如何选择或承诺，尾随国肯定从其反应函数上选择相应的最优点,因此领头国的最好承诺就是,在尾随国的反应函数上寻找能使领头国损失最小的那一点作为领头国的选择。

图 2 给出了斯坦克尔伯格均衡(东南亚金融危机冲击情况)的示意图。在斯坦克尔伯格均衡点 S,领头国的损失函数的椭圆线 L^{*S} 与尾随国的反应函数 R 恰好相切。

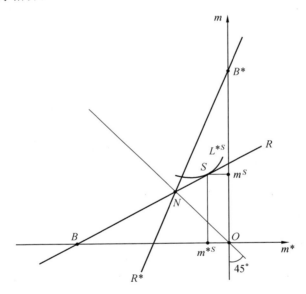

图 2　斯坦克尔伯格均衡(东南亚金融危机冲击情况)

当存在东南亚金融危机冲击时,比较斯坦克尔伯格均衡与纳什均衡,前者的主要特点表现在:

(1)斯坦克尔伯格均衡时,领头国货币供应量减少得更少,而尾随国货币供应量却增加得更多。

(2)斯坦克尔伯格均衡时,领头国的绩效更好,而尾随国的绩效却更差。从图 2 可以看出,L^{*S} 比 L^{*N}

更接近于领头国的极乐点 B^*，可是与此相反，L^S 将比 L^N（图中未标出）更远离了尾随国的极乐点 B。

由此可见，当存在东南亚金融危机冲击时，用斯坦克尔伯格承诺规则来协调双方的货币政策不仅存在一般的"先行优势"问题，而且领头国在增加收益的同时，尾随国无论如何都会变得更糟糕，因此这种货币政策协调方式很不公正，存在着严重的缺陷。

三、固定汇率协调

固定汇率博弈要求双方货币当局都作出承诺，领头国承诺货币供应量，尾随国承诺保持实际汇率或名义汇率不变。假设经济实力处于优势地位的外国为领头国，经济实力处于劣势地位的本国为尾随国。此时领头国最小化其损失的条件是，保持尾随国的实际汇率或名义汇率不变。

图 3 给出了固定汇率博弈均衡（东南亚金融危机冲击情况）的示意图。直线束 R_{XZ} 表示固定汇率时尾随国的反应函数束，它们是一组位于 $m-m^*$ 坐标平面上的斜率为 1 的平行线。如果没有东南亚金融危机冲击，尾随国的固定汇率反应函数是图中的直线 $R_{XZ,0}$，它通过原点；当存在东南亚金融危机冲击时，尾随国的固定汇率反应函数将变为图中的直线 $R_{XZ,1}$，它通过两点 B 及 B^*。之所以通过尾随国的极乐点 B，是因为只有如此，尾随国才能阻止东南亚金融危机冲击对实际汇率的影响，从而抑制东南亚金融危机冲击对本国的通货紧缩影响。同样的道理，它也必然通过领头国的极乐点 B^*。

当存在东南亚金融危机冲击时，领头国将在尾随国的反应函数 $R_{XZ,1}$ 上作出最优选择，显然，它会毫不

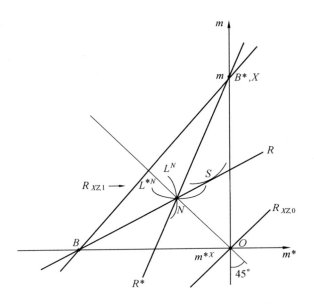

图 3　固定汇率博弈均衡（东南亚金融危机冲击情况）

犹豫地选择其极乐点 B^*。于是固定汇率博弈的均衡点 X 将与领头国的极乐点 B^* 重合。

当存在东南亚金融危机冲击时，领头国清醒地认识到，即使无动于衷，也可以达到极乐点。可是，尾随国为信守承诺，维持实际汇率不变，不得不付出极其沉重的代价。固定汇率博弈均衡时，领头国的绩效要优于斯坦克尔伯格均衡，更优于纳什均衡；而尾随国则很惨，其绩效既劣于斯坦克尔伯格均衡，更劣于纳什均衡。

具体说来，在斯坦克尔伯格博弈中，领头国毕竟还减少了一些货币供应量，在抑制自己经济过热的同时，在一定程度上有助于缓解尾随国的通货紧缩及经济萧条。可是，在固定汇率博弈中，领头国却保持货币供应

量不变,无所作为,不能给尾随国任何帮助;而尾随国为信守固定汇率承诺,不得不在领头国的极乐点上选择,对自己只能是雪上加霜。此时尾随国须大幅增加货币供应量,大力刺激经济,扩大需求,才有可能使经济走出萧条。

由此可见,当存在东南亚金融危机冲击时,用固定汇率承诺来协调双方的货币政策同样不公正,存在着严重缺陷,领头国在实现极乐的同时,尾随国的情况却很惨。

四、帕累托效率协调

当存在东南亚金融危机冲击时,非合作型的纳什均衡固然不是最优,但合作型的斯坦克尔伯格均衡及固定汇率博弈均衡也都存在重要缺陷,看来只有帕累托最优的对称效率均衡才是最好的选择。

图 4 给出了效率均衡(东南亚金融危机冲击情况)的示意图。合同曲线 BEB^* 是双方损失函数椭圆所有切点的轨迹,合同曲线上的每一点都实现了效率均衡,其中点 E 为对称效率均衡点。

对称效率均衡时,双方货币供应量大小相等、符号相反,即 $m = -m^*$。

比较对称效率均衡与纳什均衡,前者的主要特点是:

(1)对称效率均衡时,本国货币供应量的增加量更多,外国货币供应量的减少量也更多。

(2)对称效率均衡时,双方的损失都更小,双方损失的加权之和达到了最小。由于双方损失权数相同,从而双方损失都达到了最小。

由此可见,当存在东南亚金融危机冲击时,对称效

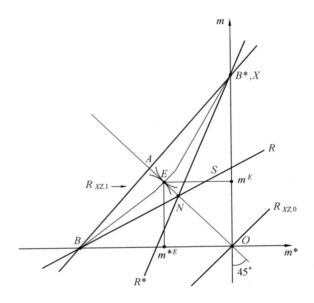

图 4　效率均衡（东南亚金融危机冲击情况）

率均衡的货币政策协调方式可实现帕累托最优，是一种克服危机的最佳政策组合，这种方案为东南亚金融危机国家克服危机冲击，促进经济复苏指明了前进的方向。可是，由于这种协调方式需要欧美发达国家与东南亚金融危机国家之间货币政策的密切合作与高度协调，而发达国家在危机发生时往往不会愿意同新兴市场国家同舟共济，因此协调的难度较大。

综上所述，这里以东南亚金融危机为例，分析了欧美发达国家与东南亚金融危机国家之间货币政策博弈与货币政策协调的几种方式。

结果表明，当存在东南亚金融危机冲击时，由于"先行优势"的存在，领头国受益的同时，往往使尾随

国雪上加霜,经济更加萧条。此时,非合作型的纳什均衡固然不能带来帕累托最优的结局,可是,即使引入合作型的斯坦克尔伯格承诺规则或者固定汇率承诺规则,也都存在着重要缺陷,不利于经济实力处于劣势的尾随国。而只有合作型的对称效率承诺规则才能给各国带来最满意的结局,但实际中这种合作的实施难度较大。

保险博弈

> 大学生在学习过程中面临失败的风险。发生不及格的可能性大小,大部分取决于学习的用功程度。而要监测大学生的学习努力程度,即使不是彻底不可能的,那也将是代价非常昂贵的。

全贤唐 张 健[1][2]

一、保险市场中的基本问题

大多数家庭都面临风险,比如住房失火或自然灾害毁坏;未来的工资收入由于身体健康或伤残的原因而丧失等。

保险市场由买者和卖者的风险共同构成。一个保

---

[1] 全贤唐,张健,北京理工大学教师。

[2] 全贤唐,张健,《经济博弈分析》,机械工业出版社,北京,2005年。

险就是一个合同,它联系一个用户或厂商"出卖"它们面临的风险的全部或一部分。人寿保险就是一个交换,在这个交换中,保险的买主支付一定数量的金钱作为交给保险公司的承诺,而人寿保险公司将在客户发生相应的意外时补偿一部分损失。保险会使一个家庭减少未来的收入的不确定性。类似地,一个未来的合同可使农户减少获得收成时价格的不确定性。合同的买主同意自己以一个预期的价格去购买农户未来的收成。这个合约转移了价格风险,从农户转移到合同的投资者手中。

一个用户的唯一收入来源,可能是他愿意支付的较高价格来获得的。较高的价格与收入风险有关,在收入突然损失时需要保护自己。相反,保险公司愿意以一个相对较低的价格去买断更多的保险。结果,双方就能达成协议,这些协议中有共同可接受的条款。大保险公司有能力买下用户的全部风险。

然而,许多种类的保险没有向所有私人承保人提供。即使有人愿意支付更多些,但还是没有这种保险。例如,工人不能购买保险以回避将被解雇的风险;大学生不能为课程不及格和被开除的风险而为自己购买保险。

甚至,有的为私人提供保险的措施也是不完善的。例如,对几乎所有的汽车碰撞风险,所提供的保险是通过可以推断的原因或费用的限定来限制范围的。

完善的保险措施欠缺的原因正是道德问题的存在:保险购买者采取的对保险公司的不可观察的行为(它是保险公司需要预防的),以改变他们转移给保险公司的风险总量。考察前面提到的例子:大学生在学

习过程中面临失败的风险。发生不及格的可能性大小,大部分取决于学习的用功程度。而要监测大学生的学习努力程度,即使不是彻底不可能的,那也将是代价非常昂贵的。结果,任何在大学生考试失败时,同意赔偿的保险公司将不得不提供同样的赔偿费,而不管这位大学生努力学习的程度是多还是少。因为这种合约保护了失败,保险也就减少了努力学习者的边际利益,所以导致的结果之一是:我们能够预期到,随着保险措施购买的增加,大学生们将减少努力学习程度。

保险公司必须对它面临的道德风险进行考虑,进而决定是否提供保险条款、收费的价格以及是否限制大学生能够购买的这个保险条目。

二、缺乏道德风险的保险

假设小西是一个食品杂货店的工人,只要她不被解雇,每周赚 400 元。假设每周周一的早晨,店里决定本周雇用多少人,哪些工人将被解雇。假设小西每周都有 25% 的可能被解雇。解雇期只持续一周,假设店主有一项下周召回解雇工人的政策。在对小西被解雇的非自愿性失业的讨论中,我们知道存在她不能立即找到另一工作的可能性。在这段时间里,我们假设不存在其他工作机会。

由于解雇工人的人数是随机变化的,所以小西每周的收入是不确定的,即有 75% 的可能获得 400 元;有 25% 的可能获得 0 元。此时,我们假设是否被解雇的概率是一个与小西无关、与任何人无关的固定数。还假设没有政府提供的失业保险金。因为我们的目的是理解这种由政府提供的保险好于私人承保人提供的保险。

935

小西有一个冯·诺依曼和摩根斯坦效用函数 U。函数 U 取决于她每周的收入 Y。假设 U 是以递减的速度递增的。这意味着她每周收入越高,她就越幸福,而且风险也越小。不考虑保险,她期望的效用等于 $0.25\,U(0) + 0.75\,U(400)$,定义它为 U_0。把这个期望效用作为他的保留效用。U_0 是她能获得的、没有交易掉任何收入不确定性的期望效用。假设将期望效用最大化,她将不作任何交易以避免期望效用低于 U_0。

假设在每周五,小西能从某保险公司购买一项"失业保险"。如果在下周失业,保险公司将偿还她一周收入的一部分,偿还数定义为 I,作为小西失业时保险公司支付给她的数量 I 的回报,保险公司需要小西支付给它一份不可偿还的佣金,定义为 P。所以一项保险完全由两个数值决定:佣金 P 和补偿 I。定义这两个数值为有序数对 (P,I)。例如,保险 $(50,400)$ 表明小西和此保险公司之间需要小西支付佣金 50 元,作为回报,如果小西下周失业了,保险公司将支付给小西 400 元。如果小西购买了保险 (P,I),那么在下周她期望的效用,记为 $EU(P,I)$,等于

$$EU(P,I) = 0.25U(I-P) + 0.75U(400-P) \quad (1)$$

只有当 $EU(P,I) \geqslant U_0$ 时,小西才会购买 (P,I)。任何在下周她被解雇而得到全周工资的许诺政策(在本例中 $I=400$)称为用全额保险提供给小西,以补偿她失业的风险。这种保险保证小西的下周的收入等于 $400 - P$,而不管她失业与否。如果 $I < 400$,那么这项保险低于给小西失业的风险补偿;如果 $I > 400$,那么这项保险高于她的失业风险的补偿。

如果小西从保险公司购买了保险 (P,I),假设没

936

有管理成本,那么公司将从这项保险中期望得到的利益,记为 $R(P,I)$,等于

$$R(P,I) = P - 0.25I \qquad (2)$$

如果 $R(P,I) = 0$,这项保险称为由保险精算师计算出来的公平。如果 $R(P,I) > 0$,则称为由保险精算师计算出来的超公平。显然,一项政策称为公平的,当 $P = 0.25I$ 时,常数 0.25 可作为公平的保险的"价格",补偿额可以认为是保险购买的"数量"。例如,如果小西想购买一份 10 元的补偿额的保险,这个保险的公平佣金为 2.5 元,存在着无数个公平保险。在本例中,它们位于一条 I,P 轴斜率为 0.25 的直线上。

保险公司之间的价格竞争,以及它们分散所有风险的能力,将使得它们只能提供公平政策。

小西在购买公平政策 $(0.25I,I)$ 后的期望效用为

$$EU(I) = 0.25U(0.75I) + 0.75U(400 - 0.25I)$$

$$(3)$$

$EU(I)$ 在图 1 中,当 $U(Y) = \sqrt{Y}$ 时,如果小西被提供公平保险政策的全集,她的最优决策是用 $0.25 \times 400 = 100$ 元的佣金去购买一项保险,也就是小西选择了保证自己能完全对抗失业风险。小西的决策是保证自己完全不依赖于 VNMV 所假设的函数形式,它只依赖于公平保险和对抗风险的事实。

定理 1　假定对抗风险的决策制定者以一个固定的概率 π 损失一个固定数量的财富 X。假定这位决策制定者能够购买一项保险,其补偿额为 I(对于保险精算师计算出来的公平佣金,$P(I) = \pi I$),那么决策制定者的最好决策是全部保险,而且选择补偿额为 X。

在这个模型中,作为风险的规避者,假设小西愿意

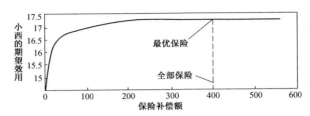

图 1　获得公平保险后小西的期望效用

的支付比公平佣金更多,以购买全部保险。对于保险公司来说,由于收取了公平佣金,也愿意以公平的比率卖给小西保险。对小西有利而且也不损害保险公司的交易就发生了,而且这里没有市场失效。

三、存在道德风险的保险

如果存在两个条件,道德风险就会在失业保险市场中出现。第一,在购买一项保险后,保险的购买者必须能够采取行动以确定损失的概率或损失的大小;第二,观察这些行为是要很高成本的,以至于监测购买者的行为在经济上是不一可行的。由于高监测成本,保险公司不能决定购买者的后续行为。

失业保险市场中存在两个条件:首先,当小西知道她已经被解雇时,她不必消极等待,直到被杂货店重新召回,而会代之以寻求新的工作机会。她越努力去找工作,她找到新工作的可能性也就越大;其次,虽然保险公司能够毫无成本地证实小西的雇佣情况,但公司根本不能监测她寻找新工作的努力程度。当然,小西自己知道这些信息,但保险公司不能只相信她的报告。结果是,如果她失业了,不管她找新工作的努力程度如何,保险公司的失业保险都必须给她补偿。

设她寻找工作的努力程度为 E,在她被解雇后没

938

能找到新工作的概率为 $\pi(E)$，当 E 递增时，概率 $\pi(E)$ 递减，而且如果她根本不找工作，这意味着 $\pi(0)=1$。

为了简化，我们假设所有的商店都在周一早晨确定它们的雇佣决策。如果周一早晨小西被解雇，她不能找到新工作，那么在这一周的余日中她就是一个失业者。这个假设允许我们忽视小西失业一次的时间长度。她在下周或被雇佣或全周失业。

因为找工作的成本很高，所以小西必须将附加的寻找工作边际成本与边际期望净利润相比较，即她的冯·诺依曼和摩根斯坦效用函数不再唯一取决于她的收入 Y，还取决于她寻找新工作的努力程度 E。为简化后面的计算，我们假设这个效用函数的形式为 $U(Y)-E$，其中 U 是 Y 以递减速度递增的。找到新工作的净利润等于她找到另一个类似的工作（400 元 / 周）时的收入和赔偿额（由于购买了失业保险）I 两值之差。赔偿额越高，找到新工作的净收益就越小。因此，小西在能得到较高赔偿额时，可能减少寻找新工作的努力程度。

全额的失业保险将找到另一工作的净收益减少至零，即保险公司不管她将失业还是将找到新工作，都提供给小西相同的收入。

如果小西有全额失业保险，那么当她被解雇时将不再去找工作。结果，在整个一周她失业的概率为 25%。另一方面，如果小西的保险只是为她收入的损失带来部分赔偿额，那么她将发现急于寻找工作是合算的。这将减少失业的概率到每周 $25\% \cdot \pi(E)$。因为失业的概率影响保险公司的所有政策的期望益损，保险公司在知道怎样去为它定价之前必须预测小西在购买了保险之后的行为。

　　小西和保险公司在进行着委托人－代理人的博弈。其中公司是委托人,小西是代理人,博弈树见图2。

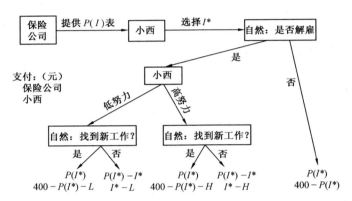

图 2　保险公司和小西之间的委托人－代理人的博弈树

　　在这个博弈中有 5 个步骤:保险公司采取第一步,宣告支付赔偿额水平的佣金,记这个佣金表为函数 $P(I)$;小西采取第二步,决定购买多少保险;"自然"采取第三步,选择小西是否被解雇,如果她没有解雇,博弈结束;否则小西采取第四步,选择找新工作的努力程度;"自然"采取最后一步,决定她是否找到了新工作。

　　保险公司的策略由佣金表 $P(I)$ 组成。为了回避对价格竞争的模拟,假设保险公司遵守由保险统计人员计算出来的公平政策规则,这个假设模仿了价格竞争的结果。因为厂商的利益取决于一个在厂商控制之外的变量,即寻找工作的努力程度 E。我们就必须确定由保险统计人员计算出来的公平的定义。小西的策

略由对给定的所有佣金表的赔偿额水平的选择和对每项保险的寻找工作努力程度 $E(P,I)$ 的选择所共同组成。

如果小西购买了保险 (P,I)，但她没有被解雇，那么她的支付是 $U(400-P)$；如果她被解雇了，寻找新工作的努力程度为 E，而且找到了新工作，她的支付为 $U(400-P)-E$。如果在解雇后没能找到工作，那么她的保险就起了作用，她的支付为 $U(I-P)-E$。如果她购买了保险 (P,I)，而且被解雇了，那么以努力程度 E 寻找另一工作的期望效用为

$$EU(P,I,E)=\pi(E)[U(1-P)-E]+$$
$$[1-\pi(E)][U(400-P)-E]=$$
$$U(400-P)-\pi(E)[N(P,I)+E]$$

（4）

其中，$N(P,I)=U(400-P)-U(I-P)$。

如果小西被解雇时拥有保险 (P,I)，函数 $N(P,I)$ 就是小西找到新工作的净收益。不管是 P 还是 I 增加，N 值都将减少。小西选择她的寻找工作的努力以最大化 $EU(P,I,E)$。最优寻找努力水平记为 $E^*(P,I)$。注意：如果保险 (P,I) 提供全部保险以抵偿收入的损失（$I=400$ 元），那么 $N(P,I)=0$，而且如果被解雇，即 $E^*(P,I)=0$，小西将不会去找工作。

因为小西的期望效用函数 $EU(P,I,E)$ 是公共知识，保险公司将期望小西去选择她的最优寻找策略 $E^*(P,I)$。结果，如果保险公司卖了保险 (P,I) 给小西，公司的期望收益为

$$R(P,I)=P-0.25\pi[E^*(P,I)]I \quad (5)$$

以公平佣金去支付赔偿额水平 I 的交易，定义为

$P^*(I)$，它满足方程

$$P^*(I) = 0.25\pi\{E^*[P^*(I),I]\}I \qquad (6)$$

根据给定的预测，当她被解雇时，以强度 $E^*(P,I)$ 去寻找新工作，购买保险 (P,I) 的期望效用为

$$EU(P,I) = 0.75U(400-P) +$$
$$0.25\pi[E^*(P,I)][U(I-P) - E^*(P,I)] +$$
$$0.25\{1 - \pi[E^*(P,I)]\}$$
$$[U(400-P) - E^*(P,I)] =$$
$$U(400-P) - 0.25\{\pi[E^*(P,I)]N(P,I) +$$
$$E^*(P,E)\} \qquad (7)$$

假设 $U(Y) = \sqrt{Y}$，$\pi(E) = E^{-E/4}$，$EU(P,I,E)$ 是下式的最大化

$$E^*(P,I) = \begin{cases} 4 \cdot \ln[N(P,I)/4], & N(P,I) > 4 \\ 0, & N(P,I) \leqslant 4 \end{cases} \qquad (8)$$

读者可以验证式(6)和(8)，它们表明公平佣金表满足方程

$$P^*(I) = \begin{cases} I/N[P^*(I),I], & I < 270 \\ 0.25I, & I \geqslant 270 \end{cases} \qquad (9)$$

其中常数 270 是下列方程的解

$$N(0.25I,I) = 4 \qquad (10)$$

$P^*(I)/I$ 是以赔偿额水平保险的公平"价格"，价格函数 $P^*(I)$ 的图形见图 3。当赔偿额近于零时，价格是每 1 元赔偿额为 0.05 元。价格低的原因是，当小西基本上没有保险时，不管什么时候她被解雇而失业的机会仅为 5%，小西将努力寻找新工作。考虑到由于减少小西寻找新工作的努力程度，当赔偿额水平递增时，价格也递增。所以当赔偿额水平上升到 270 元以上，小西被解雇而且保险价格达到每 1 元赔偿额的

最大值 0.25 元时,小西不再去寻找新工作。价格高是由于失业和要用保险的概率高的缘故。

$$EU^*(I)=\sqrt{400-P^*(I)}-1-\ln[N(P^*(I),I)/4]$$
$$(I<270)$$

$$EU^*(I)=\sqrt{400-P^*(I)}-N[P^*(I),I]/4,I\geqslant270$$

$$(11)$$

函数 $EU^*(I)$ 见图 4,图中有两个"土堆",大土堆达到顶峰时的赔偿额水平为 134 元(非竞争保险);小土堆达到顶峰时赔偿额水平为 400 元(完全竞争时的保险)。

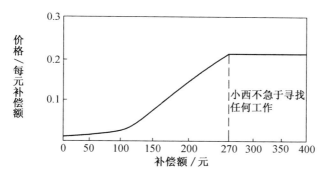

图 3　小西寻找新工作的努力程度所导致的
道德风险时获得保险的公平价格

虽然小西接受的是公平保险,小西仍将以每 1 元赔偿额 0.11 元或总 15 元(134×0.11)的价格购买 134 元的保险。如果能以这个价格买到更多的保险,她肯定会购买。在这个价格水平上,她不能获得更多的保险的原因是:根据常识,如果小西买更多的保险,她的行为将会有所改变。而且,她将不再努力找新工作。

由于只有 134 元的失业保险,不管什么时候,当她

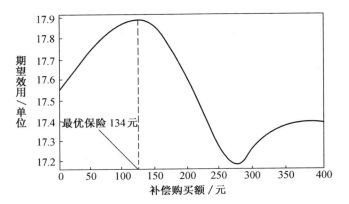

图 4　小西不能确保失业风险时失业保险市场的一个均衡

被解雇时,她将尽力去寻找新工作,以至于找到新工作的概率为 55%。然而 11% 的时间里她是失业的,而且蒙受每周没有收入的损失。

四、道德风险的福利影响

我们看到,由于道德风险使得小西选择不完全的保险,但是她这样做只是得到低价格的利益。结果,小西是否受到道德风险与否的损害是不能立即明了的。我们将表明:一般来说,她受到了损害。

假设保险公司能以无成本的代价观测小西的寻找工作努力程度。在这种情况下,保险公司能确定它的佣金 P。P 依赖于 E 和 I。如果保险公司只受约束于公平保险合约,那么佣金 $P(I,E)$ 必须满足以下方程

$$P(I,E) = 0.25\pi(E)I \qquad (12)$$

这个公平合同的集合,包括当 E 不可观察时,保险公司支付给小西的全部合同。这是很明显的,比较式(12)和式(6)可知,只要保险公司总是能约束公平保

险合同中的支付,小西在不发生道德风险时比发生道德风险有一个更大的合同集合可选择。因为小西走最后一步,减少她能选择的合同集合不会使她变得更坏,常常是能使得她变得更好。一般来说,保险公司无力监测小西找工作努力程度将损害她。

更进一步地说,如果保险公司支付了公平保险合同的全部,那么小西将以选择赔偿额 I 和找工作的努力程度 E 的水平来最大化她的期望效用。她的效用函数可由下式给出

$$EU[P(I,E),I,E] = 0.75U[400 - P(E,I)] +$$
$$0.25\pi(E)[U,(I,E) - E] +$$
$$0.25[(1 - \pi(E)]U[400 - $$
$$P(I,E)] - E = $$
$$U[400 - 0.25\pi(E)I]$$
$$[1 - 0.25\pi(E)] + $$
$$0.25\pi(E)U[1 - 0.25\pi(E)] - 0.25E$$

$$(13)$$

我们保留它,让读者去确定小西的最好策略是全部为自己保险和选择努力程度,使得下式最大化

$$EU^*(E) = U\{400[1 - 0.25\pi(E)]\} - 0.25E$$

$$(14)$$

不论小西寻找新工作的努力,在不可观察的情况下比在可以观察的情况下购买更少的保险和更努力地寻找新工作,还是在这两种情况下自己全部保险(而不包括她寻找的努力是不可观察的、根本没有寻找新工作,以及她的努力是可以观察的情况下她确实寻找了工作)。

道德风险在一个很大的风险范围内都存在。例

如,人寿和医疗保险的承保方就不能容易地观察到持保人减少如中风、心脏病、癌症等这类花费昂贵的疾病的努力程度。结果,他们不能报答持保人去改变他们的饮食习惯,增加他们应该锻炼的数量,或中止他们的吸烟习惯等。

五、失业保险市场中市场失效时的政府反应

现在来确定市场失效的定义。即在市场均衡时存在资源配置的无效率。资源是寻找工作的努力程度和收入的风险。但有一个错误:市场配置是无效率的,除非一些可行的重新配置能够产生帕累托最优的结果。除非政府能比私人保险公司以更低的成本去观察小西寻找工作的努力程度,否则政府不能摆脱道德风险的博弈。

这里没有表明在由政府代理的失业保险中提供的任何有效率的收益,好于在通过一个竞争的保险市场中私人厂商提供的同样情况下的效率的收益。

六、小结

在保险博弈中,委托人(保险公司)对代理人(消费者)提供了一项政策,这项政策完全取决于佣金和赔偿额的数量。消费者可能接受或拒绝这项政策,但是消费者也能以某种方式进行表现,以影响保险公司必须支付的赔偿金数量的概率大小。自然也会采取步骤来影响概率的大小。因为保险公司的成本太高而不能区分代理人的行为和自然的行为,保险公司处于一个棘手的位置:如果提供全部保险,某些消费者希望的事情而厂商肯定会拒绝的事情激励着消费者去采取,使得保险公司有遭受损失的可能。

这两个博弈都是合约问题的性质。在失业博弈中,工人不能可靠地约定工作努力水平。这样,投保一个相对较高的努力水平,厂商支付相对较高的工资,称为效率工资,而且雇佣较少的工人。在保险博弈中,消费者不能可靠地约定一个可靠方式的行为。因此,为了保持选择相对较高、相对可靠的行为激励,保险公司仅提供不多的保险政策。

散户跟风行为的博弈分析

> 假设不允许卖空时,知情者得到利好或利空的私人信息。若是利好消息,他会大量增加自己的证券持有量,以获得实际的高收益;如果收到的是利空消息,他也有动力增加自己的证券持有量使价格上扬产生泡沫,诱发不知情者跟风追买,他在高价位再卖出持有的证券以期获得投机收益,但他面临能否引起不知情者羊群行为的不确定性。
>
> 石善冲　齐安甜[1][2]

假设不允许卖空时,知情者得到利好或利空的私人信息。若是利好消息,他会大量增加自己的证券持

---

① 石善冲,管理学博士。齐安甜,管理学博士,应用经济学博士后,国家开发银行广东省分行评审处副处长。

② 石善冲,齐安甜,《行为金融学与证券投资博弈》,清华大学出版社,北京,2006 年。

有量,以获得实际的高收益;如果收到的是利空消息,他也有动力增加自己的证券持有量使价格上扬产生泡沫,诱发不知情者跟风追买,他在高价位再卖出持有的证券以期获得投机收益,但他面临能否引起不知情者羊群行为的不确定性。对不知清者来说,面临两个不确定性:一是不知情者得到的是哪种信息;二是不知情者收到利空消息后在多大程度上倾向于引发反馈效应。交易者的这些信念之间满足什么条件才能使得反馈效应和投机泡沫发生呢? 张圣平在其《偏好、信念、信息与证券价格》一书中,对禁止卖空条件下证券的序贯交易进行了分析,给出了一个不完全信息动态博弈的模型。

假定有一个知情大户和一群不知情的散户,另外还有一些投资者或噪声交易者,他们的作用是保证交易的顺利进行而引起反馈效应。η_H 和 η_L 分别表示利好和利空信息(η_H 和 η_L 实际上反映的是利好和利空信息下证券收益)。"自然"首先行动,选择 η_H 或 η_L,大户知道自己获得的信息(η_H 或 η_L),散户知道有 η_H 和 η_L 两类信息,但不知道具体结果,只拥有一个先验信念:大户获得利好和利空信息的概率分别为 θ_H 和 θ_L($\theta_H + \theta_L = 1$)。其次,大户采取行动,选择买入证券的数量(假定大户行动前没有或只拥有少量的此交易证券)。如果大户收到的是利好消息,则他表现出一个高需求(假定固定为 X_{IH},以期获得实际收入,这个 X_{IH} 是大户按最优投资决策作出的需求量。如果收到的是利空消息,大户面临两种选择,一是仍然表现出高需求 X_{IH},从而拉动价格上扬,以引诱散户形成反馈效应,自己在价格正泡沫期间再卖出证券,谋取资本所得;二是表现出低需求(固定

为 X_{IL}），诚实地获得分红收益，X_{IL} 也是大户以获取基本价值收入得到的投资最优决策，不会引起价格的明显上扬。假定大户在收到利空信息后，有高需求表现的概率为 $\alpha = P(X_{IH} \mid \eta_L)$，称之为大户的策略信念。不知情的散户最后行动。他们知道大户的存在，知道有两种信息 η_H 和 η_L，从交易者和价格变化上能猜知大户的行动，但却不知道大户具体拥有的私人信息。假定当大户需求表现为 X_{IL} 时，散户总是按最优决策选择一个低需求 X_{UL}；当观察到交易量很大且价格上涨较大时，散户面临着不确定性：不知道这一现象是因大户收到利好消息而真实作出的，还是为诱发他们产生反馈效应而故意作出的骗局。假定散户在观察到大户的高需求 X_{IH} 后，也表现出高需求 X_{UH} 的策略信念为 β，$\beta = P(X_{UL} \mid X_{IH})$。散户作为一个整体是由偏好和行为相近的一些交易个体组成，他们的高需求 X_{UH} 将进一步拉升证券的价格。该不完全信息动态博弈的博弈树如图 1 所示。

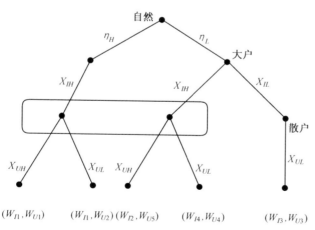

图 1　不完全信息动态博弈

949

　　为使博弈顺利进行,需要如下的假定:

　　(1)$W_{Ii} > 0, i = 1,2,3,4; W_{Uj} > 0, j = 1,2,3,4,$5。即交易者最终都拥有正财富,这是促使交易者参与博弈的重要条件。

　　(2)$W_{I1} > W_{I2} > W_{I3} > W_{I4}$。即收到利空信息的大户,如果成功地引发了散户的反馈效应,则他的收益W_{I2}要大于诚实地反映利空信息而作出低需求 X_{IL} 时的收益 W_{I3}。但是,若诱发反馈效应失败后,其收益W_{I4} 最少。W_{I2} 的获得,是因为散户的高需求使价格进一步上升,而在这一过程中,大户会逐渐把 X_{IH} 卖给了这批追涨的散户,是资本所得。需要说明的是,第三类交易者的引进是必要的,大户想引发反馈效应时,需要他们的介入以完成交易使价格上升,诱发散户的高需求。从博弈树中看出,大户收到利好信息时,他的最终收益都是 W_{I1},这设定了此类情景下没有引发泡沫,因此需要第三类交易者适当参与交易,使价格上涨不至于高出基本价值,否则大户可以在泡沫状态下出售证券,最终收益就不是 W_{I1} 了。第三类交易者的引入,是为了简化模型,反馈效应仅在大户收到利空信息时才可能发生,以便简洁地分析交易者在不同方面的信念在其中所起的关键作用。

　　(3)$W_{U1} > W_{U2} > W_{U3} > W_{U4} > W_{U5}$。当大户收到利好消息时,散户获得他们的最好收益 W_{U1} 和 W_{U2},也正是由于大户收到利好消息而表现出高需求时,散户有可能获得高收益,才使得散户在观察到大交易量时有投机的动机,参与反馈效应。当信息为利空且需求低时,散户得到他的第三个高收益 W_{U3};如果大户成功地引发了散户的反馈效应,则散户得到最差的收益

W_{U5}，若引发失败，散户获得收益 W_{U4}。

（4）不知情的散户是贝叶斯理性的，即他们利用贝叶斯法则计算后验信念 $P(\eta_L \mid X_{IH})$ 和 $P(\eta_H \mid X_{IH})$。

根据以上假定条件可以分析在什么条件下，大户收到利空消息后乐于表现出高需求来诱发散户的跟风获取资本收益。针对寻求什么条件下大户可以成功地诱发散户的反馈效应，定义知情大户与不知情散户的纯策略分别为 α,β，策略空间分别为 $S_I = S_U = [0,1]$，$\alpha \in S_I, \beta \in S_U$。当收到利空消息时，大户的期望收益为

$$V_I(\alpha,\beta) = \alpha[\beta W_{I2} + (1-\beta)W_{I4}] + (1-\alpha)W_{I3}$$

散户观察到大交易量、价格上涨而猜测大户收到利空信息时，可获得的期望收益为

$$V_U(\alpha,\beta,X_{IH}) = \beta[P(\eta_L \mid X_{IH})W_{U5} + P(\eta_H \mid X_{IH})W_{U1}] + (1-\beta)[P(\eta_L \mid X_{IH})W_{U4} + P(\eta_H \mid X_{IH})W_{U2}]$$

大户和散户的行动空间原本为高需求和低需求。但是，为了突出交易双方的策略信念 α,β 在博弈中的应用，交易双方采用的是混合策略，固定需求的数额，以混合策略的概率 α,β 为纯策略。这也正是海萨尼所说，完全信息博弈的混合策略等价于不完全信息的纯策略。散户无法观察到 α，只能观察到大户的交易量 X_{IH} 及由此引起的价格上扬现象。大户的潜在类型有两个（拥有利好信息 η_H 或利空信息 η_L），散户只有一个类型，故只有散户在观察到价格交易量变化后修正自己的信念。

由于散户是贝叶斯理性的，则其后验信念为

$$P(\eta_L \mid X_{IH}) = \frac{P(X_{IH} \mid \eta_L)P(\eta_L)}{P(X_{IH})} = \frac{\alpha\theta_L}{\alpha\theta_L + \theta_H}$$

$$P(\eta_H \mid X_{IH}) = 1 - P(\eta_L \mid X_{IH}) = \frac{\theta_H}{\alpha\theta_L + \theta_H}$$

博弈模型的完美贝叶斯均衡是大户和散户的一对策略信念(α^*,β^*)和散户的后验信念($P(\eta_L \mid X_{IH})$,$P(\eta_H \mid X_{IH})$),满足:

(1)$\alpha^* \in \mathrm{argmax}_\alpha V_1(\alpha,\beta^*)$

(2)$\beta^* \in \mathrm{argmax}_\beta V_U(\alpha^*,\beta,X_{IH})$

即 α^*,β^* 是大户和散户的最优反应,使他们的期望收益最优化。

对大户来讲,其策略选择有:(1)总是低需求,$\alpha^* = 0$,等价于

$$\beta W_{I2} + (1-\beta)W_{I4} - W_{I3} < 0$$

(2)总是高需求,$\alpha^* = 1$,则等价于

$$\beta W_{I2} + (1-\beta) \cdot W_{I4} - W_{I3} > 0$$

(3)混合策略,$\alpha^* \in [0,1]$,等价于

$$\beta W_{I2} + (1-\beta)W_{I4} - W_{I3} = 0$$

对散户来讲,其策略选择有:

(1)总是选择高需求,$\beta^* = 1$,等价于

$$P(\eta_L \mid X_{IH})(W_{U5} - W_{U4}) + P(\eta_L \mid X_{IH})(W_{U1} - W_{U2}) < 0$$

(2)总是选择低需求,$\beta^* = 0$,等价于

$$P(\eta_L \mid X_{IH})(W_{U5} - W_{U4}) + P(\eta_L \mid X_{IH})(W_{U1} - W_{U2}) > 0$$

(3)混合策略,$\beta^* \in [0,1]$,等价于

$$P(\eta_L \mid X_{IH})(W_{U5} - W_{U4}) + P(\eta_L \mid X_{IH})(W_{U1} - W_{U2}) = 0$$

在假定(1)~(3)下,博弈模型存在如下的完美贝叶斯均衡,即

$$(\alpha^*,\beta^*) = \left[\frac{W_{U1} - W_{U2}}{W_{U4} - W_{U5}} \cdot \frac{\theta_H}{\theta_L}, \frac{W_{I3} - W_{I4}}{W_{I2} - W_{I4}}\right]$$

$$P(\eta_L \mid X_{IH}) = \frac{\alpha^* \theta_L}{\alpha^* \theta_L - \theta_H}$$

β^* 是大户收到利空信息后对是否引发反馈效应持无所谓态度时,散户应拥有的策略信念,它由大户的收益决定。α^* 是散户在观察到高交易量后对自己是否选择高需求持无所谓态度时,大户应拥有的策略信念,它由散户的先验信念(θ_L, θ_H)和最终收益所得决定。交易一方的策略信念由交易对方的收益格局和信念决定。这说明了交易博弈过程中交易者各种信念之间的相互推测、相互影响,反映了信念关系在证券交易过程中的重要作用。尽管均衡时交易双方对选择高需求还是低需求持无所谓的态度,但最优均衡却要求他们以特定的策略信念选择策略。实际上,这是二阶信念(关于对方信念的信念)在支持着双方对高、低需求持无所谓的态度:当大户认为散户的策略信念为 β^* 时,大户对是否选择高需求以引起反馈效应持无所谓态度,否则大户就偏向于某一选择;反过来,只有散户认为大户的策略信念为 α^* 时,他们才对高、低需求的选择持无所谓态度,α^* 决定了散户的后验信念且又被散户关于大户类型的先验信念(θ_L, θ_H)决定着。"一个参与人选择混合策略的目的是给其他的参与人造成不确定性,这样,尽管其他参与人知道他选择某个特定纯策略的概率是多少,但他们并不能猜透他实际上会选择哪个纯策略。"正是这种信念上相互的不确定性维持了理论上的博弈均衡,可以以此为参照系分析信念变化对交易双方实际选择倾向的影响。

当大户认为散户的策略信念 $\beta > \beta^*$ 时,他总想以高需求引诱散户产生反馈效应,$\alpha = 1$。如果认为$\beta < \beta^*$,则大户知道不能指望以高需求欺骗散户,引发反馈效应,$\alpha = 0$。若$\beta = \beta^*$,大户持无所谓态度$\alpha \in [0,1]$。可见,

大户在行动之前必须揣度散户的策略信念。

如果散户认为大户的策略信念 $\alpha < \alpha^*$，他总是选择高需求 $\beta = 1$。其解释如下：α 小于大户持无所谓态度时的临界值 α^*，说明大户收到利空信息后表现出高需求的可能性很小，既然现在是高需求，那么大户极有可能收到了利好的信息，故散户在观察到大交易量时应该采取高需求策略。当 $\alpha = \alpha^*$ 时，$\beta \in [0,1]$，散户对高、低需求选择持无所谓态度。当 $\alpha > \alpha^*$ 时，散户不会选择高需求，因为此时大户极有可能在收到利空信息时表现出高需求，$\beta = 0$。

β^* 的取值总是小于 1，但 α^* 有可能大于 1。这取决于散户关于大户信息类型的先验信念 (θ_L, θ_H) 和他们的博弈收益结构。为了分析散户的先验信念对博弈均衡的影响，令 $\bar{\theta}$ 为使 $\alpha^* = 1$ 的取值，则

$$\bar{\theta} = \frac{W_{U1} - W_{U2}}{W_{U1} - W_{U2} + W_{U4} - W_{U5}} < 1$$

这就是说，如果散户关于大户收到利空信息后的先验信念 $\theta_L = \bar{\theta}$，则要使得散户观察到交易量后对自己是采取高需求还是低需求持无所谓态度，那么大户的策略信念 α 必等于 1，即散户认为大户收到利空信息后几乎可以肯定要表现出高需求来引发散户的羊群行为。

如果 $\theta_L = 1$，则博弈均衡为 $(\alpha, \beta) = (0, 0)$ 散户相应的后验信念为 $P(\eta_L \mid X_{IH}) = 1$。

$\theta_L = 1$ 说明散户认为收到的是利空信息，所以看到大户表现出高需求，散户能推断出是个骗局，因此不会跟风，反应函数为 $\beta = 0$，对 $\alpha \in [0,1]$ 恒成立，大户的反应函数并不改变，因为 β^* 与 θ_L 无关，只是由于 $\alpha^* =$

0,使得为一均衡状态。

如果 $\bar{\theta} < \theta_L < 1$,则博弈均衡为 (α^*,β^*)。

如果 $\theta_L < \bar{\theta}$,则博弈均衡为 $\alpha=1,\beta \in [\beta^*,1]$。散户对应的后验信念为 $P(\eta_L \mid X_{IH})=\bar{\theta}$。$\theta_L=\bar{\theta}$ 时的博弈均衡有无穷多个。稳定的贝叶斯均衡是大户猜测了散户的先验信念与其收益结构的关系,在收到利空信息时作出了诱发反馈效应的决定。由于 $\alpha^*=1$ 说明大户收到利空信息后作出高需求选择的可能性非常大,那么如何解释散户见到大交易量后表现出的高需求呢? 可能的解释只能是 $\bar{\theta}$ 的值太小,即在散户的先验信息中,大户收到利空信息的可能性很小,故见到大户的高需求后仍表现出较大的高需求欲望 $(\beta > \beta^*)$。

如果 $0 \leqslant \theta_L < \bar{\theta}$,则博弈均衡为 $(\alpha,\beta)=(1,1)$。散户对应的后验信念为 $P(\eta_L \mid X_{IH})=\dfrac{\alpha\theta}{\alpha\theta_L+\theta_H}$。

由以上的分析可以看出,只有在散户的先验信念中有 $\theta_L=1$,即散户认为大户一定收到利空信息时,才不会引发投机泡沫,其他情况下都可能引发反馈效应,产生价格泡沫。同样,交易双方策略信念的参照值 (α^*,β^*) 由对方的信念和收益结构所决定。虽然现实中未来收益是不能事先知道的,但人们在信念形成过程中确实会考虑将来的收益状况。

交易双方策略信念的参照值 (α^*,β^*) 对收益差异的导数有如下的关系:

(1) $\dfrac{\partial\alpha^*}{\partial(W_{U1}-W_{U2})} > 0$;

(2) $\dfrac{\partial\alpha^*}{\partial(W_{U4}-W_{U5})} > 0$;

（3） $\dfrac{\partial \alpha^{*}}{\partial (W_{I2} - W_{I4})} > 0$；

（4） $\dfrac{\partial \alpha^{*}}{\partial (W_{I3} - W_{I4})} > 0$。

956

国家与历史

第十七章

宗族博弈

　　一个稍有不同的方法：每个非宗族成员的边际贡献，实际上随着联盟的增大是递减的。考虑到这一因素，在一个较大的联盟中，给每个非宗族成员实际上分配一个较少部分。此外，（在完全宗族博弈中）为了保持（子博弈分配的）稳定性，这样的分配仍然应该给出在子博弈中的核心分配。满足这些性质的分配机制称为双单调分配机制。

Rodica Branzei　Dinko Dimitrov　Stef Tijs[1][2]

宗族博弈是用以对"有权"参与者（宗族成员）和"无权"参与者（非宗族成员）之间的社会冲突建模的。在一个宗族博弈中，有权参与者有否决权利，无权参与者在组织中获得的利益比他们自己单独获得的利益更多。

一、解概念的基本特征和性质

定义 1　博弈 $v \in G^N$ 是一个具有宗族 $C \in 2^N \backslash \{\varnothing, N\}$ 的宗族博弈，如果它满足下列四个条件：

（a）非负性。对所有 $S \subset N$ 都有 $v(S) \geqslant 0$。

（b）对大联盟的非负边际贡献。对每个参与者 $i \in N$ 都有 $M_i(N, v) \geqslant 0$。

（c）宗族性。每个参与者 $i \in C$ 是否决参与者，也就是说，对每个不含 C 的联盟 S 都有 $v(S) = 0$。

（d）联盟性质。如果 $C \subset S$，则 $v(N) - v(S) \geqslant \sum_{i \in N \backslash S} M_i(N, v)$。

如果宗族只包含一个成员，则对应的博弈称为大老板博弈（big boss game）。

下个命题表明，宗族博弈的核心有一个有趣的形状。

---

① Rodica Branzei, Dinko Dimitrov, Stef Tijs, 为国际知名博弈论专家。

② Rodica Branzei, Dinko Dimitrov, Stef Tijs,《合作博弈理论模型》，科学出版社，北京，2011 年。

命题 1　令博弈 $v \in G^N$ 是一个宗族博弈,那么
$$C(v) = \{x \in I(v) \mid \text{对所有的 } i \in N \backslash C, \text{有 } x_i \leqslant M_i(N,v)\}$$

证明　假定 $x \in C(v)$,那么对所有的 $i \in N \backslash C$, 都有 $\sum_{j \in N \backslash \{i\}} x_j \geqslant v(N \backslash \{i\})$。 因为 $v(N) = \sum_{i \in N} x_i = \sum_{j \in N \backslash \{i\}} x_j + x_i$,则
$$x_i = v(N) - \sum_{j \in N \backslash \{i\}} x_j \leqslant v(N) - v(N \backslash \{i\}) =$$
$$M_i(N,v), \quad \text{对所有 } i \in N \backslash C$$

反过来,若 $x \in I(v)$,并且对所有 $i \in N \backslash C$,有 $x_i \leqslant M_i(N,v)$, 那 么 对 不 含 C 的 联 盟 S, 有 $\sum_{i \in S} x_i \geqslant 0 = v(S)$。那么由定义 1 的条件(d),得
$$v(N) - v(S) \geqslant \sum_{i \in N \backslash S} M_i(N,v) \geqslant \sum_{i \in N \backslash S} x_i$$
因为 $v(N) = \sum_{i \in N} x_i$,所以 $\sum_{i \in S} x_i \geqslant v(S)$,即 $x \in C(v)$。

事实上,下列命题表明,宗族博弈可以完全被它的核心的形状来描述。

命题 2[89]　令 $v \in G^N$ 且 $v \geqslant 0$,则 v 是宗族博弈当且仅当

（ⅰ）对所有的 $j \in C$,有 $v(N)e^j \in C(v)$;

（ⅱ）至少存在一个元素 $x \in C(v)$,使得对所有 $i \in N \backslash C$,有 $x_i = M_i(N,v)$。

证明　只需证明充分性。假定 $S \in 2^N \backslash \{\varnothing\}$ 不含 C,取 $j \in C \backslash S$。因为 $x := v(N)e^j \in C(v)$,有 $\sum_{i \in S} x_i = 0 \geqslant v(S)$,并由 $v \geqslant 0$,可以得到在定义 1 中的宗族性。

如果 $C \subset S, x \in C(v)$,并且对所有 $i \in N \backslash C$,有

$x_i = M_i(N, v)$,则

$$v(S) \leqslant \sum_{i \in S} x_i = \sum_{i \in N} x_i - \sum_{i \in N \setminus S} x_i = v(N) - \sum_{i \in N \setminus S} M_i(N, v)$$

这就证明了定义 1 中的联盟性质。

进一步,对所有 $i \in N \setminus C, M_i(N, v) = x_i \geqslant v(i) = 0$。

现在,集中讨论大老板博弈的 AL 值。注意,按照命题 1,以 n 作为大老板的大老板博弈 v 的核心的极点具有形式 P^T,其中,$T \subseteq N \setminus \{n\}$,并且如果 $i \in T$,$P_i^T = M_i(v)$;如果 $i \in N \setminus (T \cup \{n\}), P_i^T = 0; P_n^T = v(N) - \sum_{i \in T} M_i(v)$。对每个 $\sigma \in \pi(N)$,则字典序最大 $L^{\sigma}(v)$ 等于 $P^{T(\sigma)}$,其中,$T(\sigma) = \{i \in N \setminus \{n\} \mid \sigma(i) < \sigma(n)\}$。

定理 1 令 $v \in G^N$ 是以 n 作为大老板的大老板博弈,则 $\mathrm{AL}(v) = \tau(v)$。

证明 对每个 $i \in N \setminus \{n\}$,有 $\mathrm{AL}_i(v) = \dfrac{1}{n!}$ ·

$$\sum_{\sigma \in \pi(N)} (L^{\sigma}(v))_i = \frac{1}{n!} \sum_{\sigma \in \pi(N)} (P^{T(\sigma)})_i = \frac{1}{n!} M_i(v) \mid \{\sigma \in$$

$\pi(N) \mid \sigma(i) < \sigma(n)\} \mid = \dfrac{1}{2} M_i(v) = \tau_i(v)$。

最后,由于 τ -值和 AL -值是有效的,因此也得到 $\mathrm{AL}_n(v) = \tau_n(v)$。

下面考察以 n 作为大老板的大老板博弈 v 的精确化 v^E。对于 $S \subseteq N \setminus \{n\}$,有

$$v^E(S) = \min_{T \subseteq N \setminus \{n\}} \sum_{i \in S} P_i^T = \sum_{i \in S} P_i^{\Phi} = 0$$

同时,对于 $S \subseteq N$,以及 $n \in S$,有

$$v^E(S) = \min_{T \subseteq N \setminus \{n\}} \sum_{i \in S} P_i^T = \min_{T \subseteq N \setminus \{n\}} (v(N) - \sum_{i \in T \setminus S} M_i(v)) =$$

$$\sum_{i \in S} P_i^{N \setminus \{n\}} = \left(v(N) - \sum_{i=1}^{n-1} M_i(v)\right) + \sum_{i \in S} M_i(v)$$

这蕴含着 v^E 是一个凸无异议博弈的非负组合

$$v^E(S) = \left(v(N) - \sum_{i=1}^{n-1} M_i(v)\right) u_{\{n\}} + \sum_{i \in N \setminus \{n\}} M_i(v) u_{\{i,n\}}$$

因此,v^E 是一个凸博弈(也是一个大老板博弈),并且,$C(v)$ 和 $C(v^E)$ 的极点是一致的。因此得到,$\tau(v) = \mathrm{AL}(v) = \mathrm{AL}(v^E) = \Phi(v^E)$。

定理 2 令 $v \in G^N$ 是以 n 作为大老板的大老板博弈,则 $\mathrm{AL}(v) = \Phi(v^E)$。

二、完全宗族博弈和单调分配机制

完全宗族博弈的子博弈跟原(宗族)博弈具有相同结构,由此得下面内容。

定义 2 博弈 $v \in G^N$ 是一个具有宗族 $C \in 2^N \setminus \{\varnothing, N\}$ 的完全宗族博弈。

如果对每个联盟 $S \supset C, v_S$ 是一个(具有宗族 C 的)宗族博弈。

注意,在定义 2 中,我们的注意力只放在包含 C 的联盟上,这是因为由 v 的宗族性可知其他(联盟不包含 C 的)子博弈的特征函数为 0 函数。

下一个定理介绍了完全宗族博弈的一个特征。

定理 3 令 $v \in G^N, C \in 2^N \setminus \{\varnothing, N\}$,下列断言是等价的:

(ⅰ)v 是一个具有宗族 C 的完全宗族博弈;

(ⅱ)v 是单调的,每个 $i \in C$ 是否决参与者,并且对所有满足 $S \supset C$ 和 $T \supset C$ 的联盟 S 和 T,有

$$S \subset T \quad 蕴含 \quad v(T) - v(S) \geqslant \sum_{i \in T \setminus S} M_i(T, v) \tag{1}$$

（ⅲ）v 是单调的,每个 $i \in C$ 是否决参与者,并且对所有满足 $S \supset C$ 和 $T \supset C$ 的联盟 S 和 T,有

$$S \subset T \text{ 和 } i \in S \backslash C \quad \text{蕴含} \quad M_i(S,v) \geqslant M_i(T,v)$$
$$(2)$$

可研究这样的问题:完全宗族博弈是否有 pmas。

定理 4 令博弈 $v \in G^N$ 是一个具有宗族 $C \in 2^N \backslash \{\varnothing, N\}$ 的完全宗族博弈,令 $b \in C(v)$,那么 b 是 pmas 扩展。

证明 按照命题 1 有

$$C(v) = \{x \in I(v) \mid \text{对所有的 } i \in N \backslash C, x_i \leqslant M_i(N,v)\}$$

因此,对每个参与者 $i \in N$,存在一个数 $\alpha_i \in [0,1]$ 满足 $\sum_{i \in C} \alpha_i = 1$,以及

$$b_i = \begin{cases} \alpha_i M_i(N,v), i \in N \backslash C \\ \alpha_i \left[v(N) - \sum_{j \in N \backslash C} \alpha_j M_j(N,v) \right], i \in C \end{cases}$$

换句话说,每个非宗族成员收获他对大联盟的边际贡献的一小部分,而宗族成员分配剩下的部分。

对每个 $S \supset C$ 和 $i \in S$,定义

$$a_{iS} = \begin{cases} \alpha_i M_i(N,v), i \in S \backslash C \\ \alpha_i \left[v(S) - \sum_{j \in S \backslash C} \alpha_j M_j(N,v) \right], i \in C \end{cases}$$

显然,对每个 $i \in N$,有 $a_{iN} = b_i$。下面继续证明向量 $(a_{iS})_{i \in S, S \supset C}$ 是一个 pmas。由于 $\sum_{i \in C} \alpha_i = 1$,那么 $\sum_{i \in S} a_{iS} = v(S)$。现在令 $S \supset C, T \supset C$ 和 $i \in S \subset T$。

① 如果 $i \notin C$,那么 $a_{iS} = a_{iT} = \alpha_i M_i(N,v)$;

② 如果 $i \in C$,那么

$$a_{iT} - a_{iS} = \alpha_i \Big[v(T) - \sum_{j \in T \backslash C} \alpha_j M_j(N, v) \Big] -$$

$$\alpha_i \Big[v(S) - \sum_{j \in S \backslash C} \alpha_j M_j(N, v) \Big] =$$

$$\alpha_i \Big[v(T) - v(S) - \sum_{j \in T \backslash S} \alpha_j M_j(N, v) \Big] \geqslant$$

$$\alpha_i \Big[v(T) - v(S) - \sum_{j \in T \backslash S} M_j(N, v) \Big] \geqslant$$

$$\alpha_i \Big[v(T) - v(S) - \sum_{j \in T \backslash S} M_j(T, v) \Big] \geqslant 0$$

这里第一个不等式来源于边际贡献的非负性，以及对每个 $j \in N \backslash C$ 有 $\alpha_j \leqslant 1$ 这个事实，第二个不等式来源于式(2)，最后一个不等式来源于式(1)，以及对每个 $i \in C$ 有 α_i 非负这个事实。所以，$(a_{iS})_{i \in S, S \supset C}$ 是一个 pmas。

反之，当联盟变大的时候，pmas 分配给每个参与者一个更大的支付，在完全宗族博弈中，式(2)给出一个稍有不同的方法：每个非宗族成员的边际贡献，实际上随着联盟的增大是递减的。考虑到这一因素，在一个较大的联盟中，给每个非宗族成员实际上分配一个较少部分。此外，(在完全宗族博弈中)为了保持(子博弈分配的)稳定性，这样的分配仍然应该给出在子博弈中的核心分配。满足这些性质的分配机制称为双单调分配机制。

定义 3　令 $v \in G^N$ 是一个具有宗族 $C \in 2^N \backslash \{\varnothing, N\}$ 的完全宗族博弈，博弈 v 的一个双单调分配机制 (bi-monotonic allocation scheme, bi-mas) 是实数向量 $\boldsymbol{a} = (a_{iS})_{i \in S, S \supset C}$ 满足：

（ⅰ）对所有的 $S \in 2^C \backslash \{\varnothing\}$，有 $\sum_{i \in S} a_{iS} = v(S)$；

（ii）对满足 $S \subset T$ 和 $i \in S \cap C$ 的所有 $S \supset C$，$T \supset C$，有 $a_{iS} \leqslant a_{iT}$；

（iii）对满足 $S \subset T$ 和 $i \in S \backslash C$ 的所有 $S \supset C$，$T \supset C$，有 $a_{iS} \geqslant a_{iT}$；

（iv）对每个联盟 $S \supset C$，$(a_{iS})_{i \in S}$ 是子博弈 v_S 的一个核心元素。

定义 4　令 $v \in G^N$ 是一个具有宗族 $C \in 2^N \backslash \{\varnothing, N\}$ 的完全宗族博弈，一个转归 $b \in I(v)$ 是 bi-mas 扩展，如果存在一个 bi-mas $\boldsymbol{a} = (a_{iS})_{i \in S, S \supset C}$ 满足，对每个参与者 $i \in N$，$a_{iN} = b_i$。

定理 5　令 $v \in G^N$ 是一个具有宗族 $C \in 2^N \backslash \{\varnothing, N\}$ 的完全宗族博弈，$b \in C(v)$，那么 b 是 bi-mas 扩展。

证明　正如在定理 4 中证明的那样，取 $(\alpha_i)_{i \in N} \in [0,1]^N$，对每个 $S \supset C$ 及 $i \in S$ 定义

$$a_{iS} = \begin{cases} \alpha_i M_i(S,v), & i \in S \backslash C \\ \alpha_i \left[v(S) - \sum_{j \in S \backslash C} \alpha_j M_j(S,v) \right], & i \in C \end{cases}$$

我们证明 $\boldsymbol{a} = (a_{iS})_{i \in S, S \supset C}$ 是一个 bi-mas。由于 $\sum_{i \in C} \alpha_i = 1$，有 $\sum_{i \in S} a_{iS} = v(S)$。现在令 $S \supset C$，$T \supset C$ 和 $i \in S \subset T$。

① 如果 $i \in N \backslash C$，那么由式（2），$a_{iS} = \alpha_i M_i(S,v) \geqslant \alpha_i M_i(T,v) = a_{iT}$；

② 如果 $i \in C$，那么

$$a_{iT} - a_{iS} = \alpha_i \left[v(T) - \sum_{j \in T \backslash C} \alpha_j M_j(T,v) \right] -$$
$$\alpha_i \left[v(S) - \sum_{j \in S \backslash C} \alpha_j M_j(S,v) \right] =$$

$$\alpha_i \left[v(T) - v(S) - \sum_{j \in T \setminus S} \alpha_j M_j(T, v) \right] +$$

$$\alpha_i \left[\sum_{j \in S \setminus C} \alpha_j (M_j(S, v) - M_j(T, v)) \right] \geqslant$$

$$\alpha_i \left[v(T) - v(S) - \sum_{j \in T \setminus S} \alpha_j M_j(T, v) \right] \geqslant 0$$

其中,第一个不等式来源于式(2)和 $(\alpha_j)_{j \in T \setminus S}$ 的非负性,第二个不等式来源于式(1)和对每个 $i \in C$ 有 α_i 非负。

最后,对每个联盟 $S \supset C$,已经证明向量 $\boldsymbol{a} = (a_{iS})_{i \in S, S \supset C}$ 是宗族博弈 v_S 的核心分配。令 $S \supset C$,按照命题 1 有

$$C(v) = \{x \in I(v) \mid \text{对所有的 } i \in N \setminus C, x_i \leqslant M_i(N, v)\}$$

令 $i \in S \setminus C$,那么 $a_{iS} = \alpha_i M_i(S, v) \leqslant M_i(S, v)$,同样,$\sum_{i \in S} a_{iS} = v(S)$,因此,$(\alpha_{iS})_{i \in S}$ 满足有效性。

为了证明个体合理性,考虑下面三种情况:

① 令 $i \in S \setminus C$,那么,$a_{iS} = \alpha_i M_i(S, v) \geqslant 0 = v(i)$;

② 令 $i \in S \cap C$,$|C| = 1$,那么 $C = \{i\}$ 和由构造 $\alpha_i = \sum_{j \in C} \alpha_j = 1$,因此,$a_{iS} \geqslant a_{iC} = \alpha_i v(C) = v(i)$;

③ 令 $i \in S \cap C$,$|C| > 1$,由于 C 中的每个参与者都是否决参与者,那么 $a_{iS} \geqslant a_{iC} = \alpha_i v(C) \geqslant 0 = v(i)$。

因此,$(a_{iS})_{i \in S, S \supset C}$ 是一个 bi-mas。

作为稳定博弈结果的
国家元类型

让我们考虑一种简单的博弈情形，只有政府和个人两类参与人。为了便于从事经济活动，个人需要对其私有产权进行保护。政府因为垄断了暴力手段，可以在一定成本条件下提供这种产权保护。保护成本将以个人纳税的方式支付。而且，除非受到有效制约，政府潜在地具有侵犯某些人或所有人的产权的能力（和动机），如征收高额税收，剥夺财产，过度发行货币等等。那么，在什么条件下以及怎样才能使政府愿意用受限的权力保护私人产权这种想法成为自我实施的呢？

—— 青木昌彦①②

随着市场交换的不断扩张，民族国家将逐渐成为首要的保护产权和实施合同的第三方实施机制。虽然人们以拒绝购买未来服务的方式可以约束私人第三方实施者如不法商人的欺骗行为，但统一的中央政府拥有疆域内排他性和强制性管辖权，除非移民，否则居民无法退出管辖，即便逃离本国，别国政府也没有义务接受。而且，私人第三方实施者缺乏司法效力。相比之

---

① 青木昌彦，日本著名经济学家。
② 青木昌彦，《比较制度分析》，上海远东出版社，上海，2001 年。

下,中央政府则垄断了对暴力的合法使用权,实施司法裁决,并向私人征税。

经济学家一直倾向于认为,政府界定和实施产权的作用外生于市场机制,其实,政府的力量是否总是用于促进市场,我们并不能简单地视为当然。这正是巴里·温加斯特所提出的"经济制度的基本性政治悖论":

> "强大到足以保护产权和实施合同的政府也同样强大到足以剥夺公民的财产。市场繁荣不仅需要适当的产权制度和合同法,而且还需要一种能够限制国家剥夺公民财富的能力的政治基础。但导致政治制度发挥某种作用而不是另一些作用的条件还远没弄清。"

在这里,我们先界定政治域中的三种政府的元类型,其中有些能够解决上述政治悖论,有些则不能。然后,我们接着引申出这些元类型具有现实意义的演化形态,并考察它们对保护产权和发展市场的影响。

在考察国家元类型及其演化形态时,对两种国家形态将作出明确的区分:一种是作为政治域组织的政府,另一种是作为政府组织与私人互动关系的稳定秩序的国家。国家一词来自拉丁文 stare(站立),更确切地说来自 status(地位或条件)。status 用来指某种已经确立的,被认为是固定在特定位置的东西,就像它衍生的英文 static(静态)和 stable(稳定)所指称的意思一样。①国家本身适用于"均衡"分析,可产生不同的结果。因此,我们将国家概括为政治域中一般政治交换博弈的多重稳定均衡,其中政府和私人之间将达成某种秩序。这样,国家就不仅仅是一种政府组织或它所制定的规则系统(可以被破坏或漠视),而且还是约束政府本身的秩序。它涉及私人和政府关于偏离均衡行为可能招致的后果的稳定的集体信念,这种信念使得他们之间能够维系一种可预期的行为模式。在这个意义上,国家可认为是内生性规范秩序的一个方面。后面将清楚地表明,把国家视为一种均衡现象有助于我们从比较的角度理解经济域国家和各种制度之间关系的性质以及政治经济现象的特征。

本文第一部分讨论了三种国家类型,它们作为类似于温加斯特(1993,1995,1997)②所建构的政治博弈的稳定结果而出现。这三种国家类型是民主型、剥夺型和勾结型国家。我们将看到,最一般的民主型国家,如果存在的话,对产权的自发秩序侵犯最少。但这种民主型国家的出现不是自动的,不能视为理所当然的事情。勾结型国家是指政府(总统办公室、司法机关、永久性官僚部门、独裁者、统治集团等等,视具体情况而定)与特定私人集团(利益集团)为了自身利益相互

---

① 威廉姆森(1976/1983)认为,英语的"institution"可以追溯到拉丁语"stature"(结构)一词,有建立的意思。

② 温加斯特的原始模型的目的在于理解民主型国家和法制的性质。但它也提供了比较分析作为均衡结果出现的各种国家形态的一个理论框架。塞尼德提出了一个类似的分析政府职能的博弈模型。但我不同意他的政治中心主义和博弈规则制度观,即政治中心主义的前提是"我们基本的财产权和人权是政治过程的产物"。

968

勾结的状态,这种状态有时可能是稳态的,有时可能是周期性振荡的。即使在 20 世纪,勾结型国家的某些方面依旧在许多经济中得以存续,干扰和阻碍着市场和经济的长期发展。但也有不少形式各异的国家演化出一些制度安排,克服和防止了勾结型国家的非对称性和剥夺性。在第二部分中,我们将讨论以下的一些国家形态:市场维护型联邦主义国家、自由民主型国家、社会民主社团主义国家、包容乡村的发展型国家和官僚多元主义国家。这些国家形态的活力可能与政治域之外的制度安排相互依赖。由于我们明确认为政府是一个追求自身目标但又受到私人策略行为制约的策略性参与人,我们的观点既区别于新古典经济学的国家观,即视政府为仁慈的社会福利最大化者或潜在的万能的社会工程师;同时又区别于超自由主义者(ultra-libertarian)的国家观,他们认为政府在本性上是侵犯个人权利的。①

一、作为稳定博弈结果的三种国家元类型

让我们考虑一种简单的博弈情形,只有政府和个人两类参与人。为了便于从事经济活动,个人需要对其私有产权进行保护。政府因为垄断了暴力手段,可以在一定成本条件下提供这种产权保护。保护成本将以个人纳税的方式支付。而且,除非受到有效制约,政府潜在地具有侵犯某些人或所有人的产权的能力(和动机),如征收高额税收、剥夺财产、过度发行货币等等。可是,任何个人都无法凭借自身的力量有效地应

---

① Bhagwati 等(1984),Basu(1997a),与 Calvert(1995)及其他人将政府视为博弈的一方。

付政府对权力的滥用。那么,在什么条件下以及怎样才能使政府愿意用受限的权力保护私人产权这种想法成为自我实施的呢?因为规则可以被政府和私人更改或忽视,颁布的法律条文肯定不可能是问题的答案,尊重和保护产权必须符合政府和私人的自我利益。

为研究这个问题,让我们考虑以下由温加斯特(1993,1997)建立的一个简单的政治交换博弈,它有两类参与人:政府(主权国家的类别表示,即包括立法、行政、司法、永久性官僚部门、统治集团等在内的组织)和两个参与人 A 和 B(用来代表公民、选民、利益集团等的类别表示)。[①]在第二部分中,我们将赋予政府和个人更多的特征,以区分具有现实意义的几种国家形态。现在暂时假定,如果政府能够将其作用限制在保护私人产权神圣不可侵犯,它可花费一定的成本做到这一点,而这笔成本必须以税收的方式向个人筹集。这样,每人可享受效用,但必须承担税收成本。当这种状态实现时,用诺齐克(Nozick,1974)的术语,可称它为"最小国家",也可称为"守夜人国家"(亚当·斯密)。现假定,政府能够从僭越最小国家的限度而增进自身利益(如加固统治地位、积累和消费财富、设置官僚冗员等等)。假定政府为获取一定单位的额外收益,试图向某参与人比如说 A 增税,从而移转了 A 的一部分财富。A 和 B 两人为抵抗政府的这种侵权行为,可

---

①　将政府视为一个组织进行比较制度分析,见 Medina(2000)。他分析了以下三个领域组织差异对博弈理论的含义:立法(封闭体系与开放体系)、政党(机会主义主导与行动主义者主导),以及其制度上的互补性。

选择抵制或默认。

　　每人抵制政府的侵权行为是有成本的,而且这一成本不依赖另一个人在抵制过程中是否合作。如果 B 与 A 合作,政府侵犯 A 的产权的企图注定要失败,政府因此将承担巨额成本(如被赶下台)。但如果 B 不合作,A 单独抵制不能奏效,政府从 A 攫取额外收益的企图得逞。我们暂时假定政府的侵权行为对产权的安全构成威胁,因而造成私人部门的效率损失,这一损失由 A 和 B 平均分摊。如果 A 不抵制,他就能节省冲突成本,但每人仍然承受由政府侵权引起的效率损失。

　　假设博弈只进行一次,而且个人之间不可能在事前安排任何有效的私下支付(side payment)。如果对 B 来说,和 A 合作共同抵制政府侵权的成本大于侵权本身导致的效率损失,这时,B 的最优策略是不合作,以确保自己的收益。A 预期到这一点,其最优策略是默认政府侵权,以避免冲突成本。因个人无法协调他们的抵制活动,策略组合〈侵权,默认,默认〉将成为一次性博弈的纳什均衡结果。现假定博弈重复进行。由于静态纳什均衡同时也是重复博弈的一个解,因此,掠夺型国家(predatory state)可能成为自我实施的,即 A 或 B 总被政府选为侵权对象,两人慑于冲突成本均采取默认态度,结果每期导致的社会成本是 A 和 B 两人的效率损失之和。

　　假定对 B 来说,政府侵权导致的效率损失大于和 A 合作抵制的成本。在这种情况下,与 A 合作符合 B 的自身利益。但是,如果政府攫取的额外收益大于 B 选择抵制而不是默认的收益,政府愿意向 B 支付(贿赂),当贿赂大于或等于 B 选择抵制的收益,但又小于政府攫取的额外收益时,政府和 B 的福利状态可得到改进。这样一来,B 不愿和 A 合作,A 也不值得进行抵制。于是,政府、A 和 B 将分别选择⟨侵权和贿赂,默认,接受贿赂并默认⟩的策略组合,这一策略组合构成一次性博弈的纳什均衡结果,其中政府的收益为税收加上从 A 处攫取的额外收益再减去给 B 的贿赂;A 的收益为他从政府提供的保护中得到的效用减去被政府攫取的额外收益和由此导致的效率损失;B 的收益为他从政府提供的保护中得到的效用加上因不与 A 合作而得到的政府贿赂再减去因政府侵权行为导致的效率损失分担。 如果该结果在重复博弈中不断持续的话,那么我们就称这种状态为勾结型国家(collusive state)。在勾结型国家,政府和 B 互相勾结,出于双方的共同利益对 A 的产权进行剥夺,其导致的社会成本仍然是 A 和 B 的效率损失之和,不同的是,现在发生了收益的再分配,即 B 从政府手中得到了一笔贿赂。

在上述两种情况中,A 和 B 未能就共同抵制政府的侵权行为达成一致,遭受了剥夺产权和损失社会效率的不利后果。那么,什么东西能够促成个人协同抵制侵权的行动自我实施呢? 设想一下这种情形,在任何阶段博弈,政府都无法分辨 A 和 B,只能以同等概率随机选择一人作为侵犯对象。下面我们会陈述支持该假设的条件。目前我们暂时将注意力限于政府和个人的关系是匿名的这种情况。假定政府侵犯 B 产权的阶段博弈的报酬结构和政府侵犯 A 时的报酬结构是对称的。考虑以下策略组合:(1) 政府总是随机侵犯某一个人,当且仅当 A 和(或)B 在过去从未抵制过政府的侵权行为;否则,它将尊重两人的私有产权。(2) 当

972

政府侵权时,个人采取默认态度,当且仅当两人中有一人以前这么做过;否则,他们总是共同抵制政府的侵权行为。我们进一步假定,所有参与人除非观察到偏离上述策略的例外情形,否则均相信其他参与人一直并将继续采取上述策略。在这种策略组合下,很显然,政府在任何阶段博弈都没有不尊重私人产权的动机,当且仅当共同抵制的威胁是可信的。所以,我们需要核实,任何个人在别人的产权受到侵犯时参与抵制活动是符合自身利益的。

考虑一下当政府侵犯另一人的权利时某人决定偏离抵制策略。由于政府在未来时期以 $1/2$ 的概率持续侵犯其中的一个人,不抵制的未来损失之和可以以一个贴现率折算成现值,而抵制的现期成本为冲突成本减去政府侵权导致的效率损失。如果个人担心未来政府随机侵权的成本相对来说会大于共同抵制的现期成本,那么共同抵制的威胁就是可信的。在此条件下,政府将自己限于保护和尊重私人产权符合其自身利益。我们将这种结果称为民主型国家。在民主型国家,政府对有限权力的承诺是可信的,因为流行的信念认为,政府的任何侵权行为都将受到人们一致反对的惩罚,这里包括直接受害者和非受害者在内的所有人,而不论他们在其他方面的政治偏好有何不同。所以,如果政府攫取的额外收益大于个人抵制政府侵权行为的收益,将存在多重子博弈精炼均衡,民主型国家、掠夺型国家或勾结型国家一旦确立,就成为自我实施的。但这些不同均衡对于产权安全和市场发展的影响却大不一样。我们还将看到,市场发展的模式和程度对不同国家类型的均衡选择也会产生作用。

973

在上述理论寓言中,为了使对政府的民主控制满足激励相容条件,所有人同等面临政府侵犯的高度不确定性这个假设非常重要。如果谁都知道,政府总是将侵权目标对准某些特定个人(或利益集团),其他人就会袖手旁观,或与政府勾结。正是由于害怕政府可能侵犯到自己头上,人们才有激励参与抵制活动。然而,在什么情况下,政府无法分辨出谁是侵犯目标,谁是勾结对象,以及谁是袖手旁观者呢?

确保上述情形出现的一种可能性是政治域的私人参与人对于政府来说是对称的。例如,我们可以设想一种假想性的情况,市场参与人虽然偏好和初始禀赋构成各不相同,但财富持有量却相对一致,以至于政府无法分清谁是谁。我们可以笼统地将这种情况概括为市场参与人对于政府来说是匿名的。但由于经济学家在特定的意义上才使用"匿名市场"这一概念。[①]我们

---

① 理论上说,市场"匿名性"的概念在经济学中可用不同的方式表述。根据盖尔(Gale 1986)的理论,我们考虑这样一种情形,即产品的数目有限,但交易者人数非常多,以至于没有人能够影响交易条件。交易者的类型根据初始禀赋和偏好划分有无数种,但与我们的定义相反,每个交易的类型是常识。盖尔分析了一种假设不存在瓦尔拉斯拍卖人定价的情况下的市场交易博弈。在此博弈中,一种类型的交易人和另一种类型的交易伙伴在某时点随机配对,就交易条件讨价还价,直到达成协议。如果他们达不成协议,就必须分开,而且一旦分开,尽管两人还留在市场上,两人再碰面的概率仍为零。这就是盖尔对"匿名市场"的表述。盖尔证明这种博弈存在一种类似子博弈精炼性的市场均衡,只要参与人遇上另一种类型的交易伙伴,他们就会建议并达成一种瓦尔拉斯配置,即埃奇沃斯盒状图合约曲线上的一点,在这一点上,交易双方的无差异曲线的公共切线经过初始禀赋分配点。交易双方对均衡策略的选择最终会导致博弈结果收敛于帕累托最优的瓦尔拉斯配置,收敛概率为 1。

974

还是回避这个表述,把上述情形描述为政治域的私人
参与人是对称的交易者。当然这只是一种理论抽象,
不存在直接的经验对应物。但通过考察该假设的逻辑
后果,我们能更好地理解在诸如商人阶级是政治唯一
允许的参与者(如威尼斯共和国)的地方,或者中产阶
级在代议制中建立了政治支配权的地方(如 19 世纪的
英国),国家演化的性质。

假如政府事前不知道谁是最有利可图和最有效的
侵犯对象,这样,政府只能随机地而不是系统地选择侵
犯目标。人们可能注意到,在市场匿名性假设和政府
作为产权实施者的假设之间存在一定的逻辑张力。一
个不知情的政府怎么能够分辨和惩罚那些破坏产权和
合同的人呢? 让我们假定,虽然交易者不能区别交易
谈判过程中对手的身份,但能够在初始合同达成之后
鉴别那些犯有偷窃、欺骗、压榨和拒付款项等不轨行为
的交易者,并将他们诉诸法庭。如果政府被怀疑接受
了违规者的贿赂或者裁决不公,那些事前处于匿名状
态的诚实交易者事实上已经面临着被与违规者相勾结
的政府随机侵犯的危险。为了防止政府裁决不公,规
定政府必须严格依法判案符合所有交易者的一致利
益。政府违反法律规则,哪怕只有一次,也将警醒所有
交易者,同样不幸的命运有朝一日可能会降临到自己
的头上。这促使交易者愿意协同一致,共同抵制政府
的肆意侵犯,并通过一致反对罢免该任政府。所以,在
民主型国家,政府对暴力的使用仅仅限于侵权行为事
后可证实并能依据事前规则进行惩罚的情形。

需要注意,是关于政府的违规行为将受到人们一
致抵制的普遍信念,而不是法律的制定和颁布,使法律

规则发生了作用。这种信念因为市场交易者的对称性和政府对交易者特征不知情而成为可信的。政府控制只限于以法治为基础的事后干预恰恰是政府事前无知的结果,这听起来像是一个悖论。换言之,政府缺乏对市场交易者特征的信息可以成为一种政府承诺不进行随机剥夺的可信机制。反过来,民主型国家以法治实施为基础的第三方治理机制促使市场交换域得以不断扩大。也就是说,由于对政府保护产权和实施合同的意愿和能力的信念是可靠的,更多的交易者将加入到市场交换中来。因此,我们有下述命题。

命题 1 在民主型国家,政府遵循法律规则的一个源泉是交易者不具备垄断权力的竞争性市场。反过来,以法治为基础的第三方治理机制可以扩大市场交换的域。

法治不仅仅如"司法中心主义"(Ellickson,1991)所隐含的那样是竞争性市场正常运行的外生性前提。从市场到法治之间也存在一种反馈机制。

政府侵犯的目标不确定还存在另外一种情形,即整个国家人口被分成两大(利益)集团,每个集团在界定和保卫产权方面形成自身的共同利益,其规模大致相当,但集团界限不甚分明。一小部分成员会随机地从一个集团转向另一个集团,或者利益边界相对模糊的新生代持续加入进来,使两个集团谁究竟占多数变得非常不确定。我们进一步假定,政府以定期选举的方式产生,两党分别与某一个集团结成松散联盟,竞相争取多数选民的支持。假定每次选举都存在一些随机因素影响小部分选民的投票意向,进而对选举结果发生决定性作用。因此,当前的执政党很可能在下届选

976

举中失去权力。在这种情况下,会出现两种稳定结
果。

　　一种结果是,每届新当选的代议制政府都通过转
移支付和其他手段更改现行产权规则,为支持者谋取
利益,从而导致产权安排的周期性变动。但是,如果选
民足够有耐心,风险规避倾向足够高,而且,如果产权
重新安排因不利于双方提供资源的积极性而导致成本
太高,那么,另一种均衡结果则有可能出现。选民都希
望产权安排是持续稳定的,一致同意对政府侵权或更
改现行产权安排的能力进行限制。于是,他们同意对
任何当选政府干预现行产权安排施加限制,政府一旦
越权,大家则以一致放弃政治支持作为对政府的惩
罚。但这种安排唯有在大多数选民不计短期得失,恪
守凡政府侵权必齐力反对的市民社会道德的情况下才
是可持续的。这样,代议制可以成为一种对政府侵权
能力进行适当限制的承诺机制。但究竟何种均衡能够
出现 —— 是周期性勾结型国家还是民主型国家 ——
我们无法在理论上加以预测,这取决于具体的历史条
件。

　　还有另外一种限制政府剥夺行为的情形。迄今为
止,我们一直假定在私人参与者之间不能签订自我实
施的私下合同,其中被侵犯的一方答应私下支付补偿,
条件是另一位参与人愿意和他一起联合抵制政府。如
果参与者数目众多,未能组织成特定利益集团,这一类
合同将很难事前达成。即使事前签成了任何合同,也
无法保证受侵犯一方不会在事成之后反悔。比如,A
和 B 的联合抵制推翻了侵权政府,但受侵犯的一方 A
也许会和新政府一起勾结,共同对付未受侵犯的 B。

977

　　让我们放弃参与人对称性身份的假定,设想一下两个参与人能够事前达成私下合同的情形,而暂时不管合同是如何达成的。假设他们采取如下策略:如果政府侵权,采取默认态度,当且仅当两人当中有一人过去曾经默认过,或者有一方违反了私下合同的承诺;否则,就永远联合抵制政府,并在事成之后由受侵犯方私下支付一定量的收益给另一方,使得这一私下支付小于或等于政府从被侵权方获得的额外收益,但又大于或等于被侵权方的效率损失,也就是说使 A,B 两个当事人都能从私下合同中获益,这也是 A 和 B 达成私下合同的激励相容条件。给定这个策略,除非两个参与人有一方放弃过抵制行为,否则,尊重私人产权符合政府自身的利益。不过,问题在于,如此的私人合同如何能够达成,并自我可实施。显然不可能由政府出面安排和实施该合同。它必须是由私人部门自组织和自我实施。假定 A 和 B 是两大利益集团如资本家和工人集团的代表性组织,而不是市场上对称的参与者。就与政府勾结的潜力而言,这两个组织的政治力量假设是旗鼓相当的。在参与人身份对称或代议制的条件下导致民主型国家的逻辑同样适用于这里的情形。两个组织都不想处于周期性的勾结型国家状态,而宁愿签订一个私下合同,避免在勾结型国家状态下成为牺牲品和因此遭受的损失。这一类合同是自我实施的,因为违背它意味着另一方在未来退出合作关系。其均衡结果和民主型国家下的结果是一样的,但两者有着不一样的作用机制。这里给政府侵权行为施加的限制是私人(隐含)合同,而不是政府方面信息的缺乏,因此我们把这种类型的民主型国家称为社会契约的民主型国家。

二、民主型国家和勾结型国家的各种形态

前面我们在政治域政治交换博弈的简单框架下得出了三种国家的一般形态，并探讨了民主型国家出现的条件。但我们的讨论尚停留在极端抽象的层次上。政府侵犯私人产权的具体方式也未做说明。对称性市场条件在任何历史条件下都不太可能完全满足。两党制度下模糊的人口分界所产生的后果可以是多种多样的，这在很大程度上要视具体情况而定。在开始的时候，勾结型国家的各种形式不断演化，以各自特定的方式影响着产权的分配模式。某种勾结型国家，或政府侵权的特定方式都可能最终导致政治的不稳定和经济的非效率。作为应对，政府通过个人和政府的策略互动随后不得不分权化，或在结构上进行显著的改革。

这里我们将放弃关于参与人身份的对称性假定，明确考虑个人的不同特征，并研究其可能的含义。个人可以根据特定利益集团或代表共同利益的阶级来区分，如要素或产品市场的供应方（如工人、资本家、中产阶级、地主），特定产品市场上的组织（企业、产业协会）等等。我们将这些特征视为既定的参数。参数值事实上是由经济交换域来决定的。至于政治交换域和经济交换域之间如何相互作用，这方面更明确的分析要留待以后进行。虽然以下的讨论仍然停留在非常抽象的水平上，但引申出的国家模型在不改变其原型基本结构特征的情况下比第一部分的模型具有更重大的现实意义。

1　自由民主型国家和社会契约的社团主义国家

诺斯和温加斯特（1989）对英国革命（1688 ～ 1689）的分析揭示了君主立宪制在特定历史背景下作

为一种稳定均衡结果出现的性质，其中政治域仅限于国王和代表不同贵族阶级利益的党派。16 世纪以前在斯图尔特王朝，英国有两大政党：一是辉格党，其成员主要从事商业活动，主张低且稳定的商业税；另一个是托利党，主张低且稳定的土地税。开始的时候国王和较保守的托利党结盟，对辉格党的政治和经济利益进行压制。然而，在掠夺完辉格党的利益之后，詹姆斯二世——斯图尔特王朝最后的一个国王又将矛头指向托利党。这次，辉格党和托利党携手起来共同抵制，迫使国王逃亡国外。在迎来新国王之际，两党在人权宣言中明确表示，未来对任何一个政党利益的剥夺都是不能忍受的。在这种新制度安排下，两党的政治主张不必强求一致。事实上，它们在政治上仍然存在分歧。它们只需要同意如下约定，即如果国王违背了一定的行为准则，它们将一齐反对。有效限制王权不要求诉诸另外的组织权威。双方只要在国王行为异常时就各方应采取的行动达成一致，就可以确保其政治和经济权利不受侵犯。当这种宪制变革被触发并取得成功的时候，国王管制经济的能力被大大地限制住了。

如前所述，稳定结果是在国王和有产阶级之间有限的政治域中出现的。亚当·斯密在 1776 年曾经指出："就保护产权的功能而言，市民政府的设置在现实中就是为了保护富人防范穷人，或者说保护有产者防范无产者。"然而，工业发展和城市化导致了各种类型的中产阶级的兴起，中产阶级逐渐获得投票权，其政治支配地位在 19 世纪中叶终于确立起来了。他们显然非常关心自身的产权保护。但是，由于中产阶级财产所有权类型多样，数目众多，他们在日益扩大的市场

中虽然十分活跃,但相对来说仍然属于"对称"的参与者。另一方面,中产阶级内部不存在严重的分歧和内讧,从而未给传统的贵族阶级任何机会,以类似分而治之的办法垄断政治权力。因此,中产阶级为代议制政府的民主控制提供了一个更广泛且更稳定的基础。①对政府的民主约束与越来越不受管制的市场是一前一后发展起来的。

英国 1867 年通过的第二次改革法案赋予了大多数城市工人阶级投票权。随着 19 世纪至 20 世纪欧洲市场经济的发展,一个至关重要的问题是如何满足处于上升时期的工人阶级对于经济和政治权利的要求,对这个问题的处理决定了国家类型的性质。英国在 19 世纪后期演化的解决方法是将其政治要求诉诸于代表制度。在中产阶级已经确立其政治支配地位的情况下,该选择不失为一种让工人阶级在政治领域表达其权利要求的有效方法。中产阶级既不用惧怕,也不会因此失去什么。所以,英国逐渐演化出中产阶级自由翼与工人阶级之间的政治联盟(勾结)——这被政治学家鲁贝特戏称为"自由－劳动主义"(Lib-Labism)。但这样一来,工人捍卫自身的经济权利是通过分散化的与雇主的谈判实现的,劳动工会基本上受制于市场约束。我们将这种在政治域和自由劳动力市场协同演化而来的民主结果称为自由民主型国家(liberal democratic state)。在这种国家,政府被主要由中产阶级操纵的代表制所控制,而经济权利的界定则交给市场交换域调节。这种国家类型偶尔会

---

① 鲁贝特(Luebbert, 1991)。

爆发严重的劳资纠纷,如英国 1924 年煤矿工人大罢工,但国家能够继续让劳动工会受制于市场约束。英国中产阶级与工人阶级的联盟在 20 世纪 30 年代终于走向破裂。中产阶级自身慢慢地形成了一个牢固的联盟,以对抗工会通过政治过程不断提升其经济利益的行动(如工业国有化)。国有化方案直到战后当绝大多数工人投票支持工党时才开始实施。

德国中产阶级与英国相比内部分歧更为严重,这主要源于前工业化时期的地区分割,城市与乡村的隔绝,清教徒与天主教徒的宗教冲突等等因素。[1]普鲁士专制政体通过玩弄手腕与各种政治力量勾结,以此维护其统治地位。统一的中产阶级直到工人在政治领域作为一个阶级崛起为一股重要的政治力量时才得以确立其支配地位。因此,自由－劳动主义不可能在德国行得通。工人阶级选择了另外一条道路,与自己的政党——社会民主党结成一体。稗斯麦——社会主义最顽固的敌人,为了拉拢工人,引入了一种义务公共健康保险计划。可是,这项计划由工人和资本家双方代表负责的分散化的自我管理方式却带来了意想不到的后果,即工人自此以后开始介入政治经济的决策过程。[2]

工人介入过程在第一次世界大战期间进一步得到

---

① 鲁伯特(Luebbert,1991),斯特里克(Streeck,1995)。

② 赖布鲁赫(Lehmbruch,1999)。斯特里克(1995)也指出:"控制权从国家转移到协会,给予后者自我治理的自主权,换取后者认真负责的行为,这在德国有着长期的历史,根植于德国特色各异的思想和意识传统,如强调'附属性'的社会天主教,强调'公司'作为国家'道德根基'的黑格尔有机论,以及强调协会民主的民主社会主义。"

促进,那时德国政府强行限制工人的流动性,以命令的方式把工人安排在军工厂,作为交换,工人在工厂建立了自己的委员会。魏玛共和国使工人委员会合法化。但由于各阶级(资产阶级、工人、农民和城市中产阶级)之间分歧严重,无法形成有效的政治联盟,且任何一个政党都缺乏承诺和控制政府的能力,魏玛宪法所界定的政治域未能导致一个稳定结果的出现。纳粹的兴起填补了这个政治真空,对工人的民主介入过程构成了严重打击。然而,"当纳粹政权的经济政策以备战为重点时,它试图汲取 1914～1918 年战时经济的教训,在某种意义上,纳粹时期的遗产之一是出乎意料地巩固了在第一次世界大战业已成形的某些路径依赖的模式。"在纳粹统治下,所有自治性劳工组织一律被取缔。劳动力被组织到一个完全受纳粹控制的全国性群众机构。工商协会则被转化为由国家控制的强制性和垄断性的产业协会。

　　第二次世界大战的结束使德国迅速摆脱了纳粹政权的主要特征,但包容工商和劳工组织的遗产却仍然保留了下来。德国劳动工会联盟战后被重组,包括了传统上一直分歧很深的社会主义、基督教和自由主义组织,但仍然延续以产业为基础的组织方式。在政治域,政府强力限制或者反过来一味讨好工人阶级显然不是一种行得通的办法。赖布鲁赫对战后德国国家形态的性质作了如下简明的概括:

　　　　"劳工组织的政治地位因受到占领机构(尤其在英国占领区)的同情而大大加强了,这反过来促使工商组织的领导人为了抵制工厂拆散和保护自身产权而寻求工会的支持。

983

> 这在鲁尔区的重工业尤其明显,鲁尔区在魏
> 玛共和国时期一直是最反对工人组织的地
> 区,这一转变反映了整个政治环境的变化。
> 工会领导人正像 1918 年所做的那样选择和
> 工商组织合作,而且这一次双方在反对国家
> 干预产业关系方面形成强有力的联盟。"

上述概括恰好表明了我们所讨论的社会契约的民主型国家的性质,即工商和劳工组织在限制政府干预方面达成社会契约的承诺。

战后德国以及第二次世界大战结束前的北欧国家所出现的国家形态可以称为社团主义国家(corporatist state)。①在这种国家形态下,工业企业的经理人员被组织在代表利润获得者利益的产业协会中,而工人则以产业工会的形式组织起来。它们各自的最高组织没有选择直接和政府相勾结,而是通过谈判自主地为它们所代表的生产要素(劳动力和资本)所有者争取利益,保护产权。这些组织对内限制同一市场的内部竞争,对外通过协商争取更好的集体交换条件和其他就业条件。双方都愿意达成协议,谈判结果是自我可实施的,这是因为谈判双方都预期到,如果达不成协议,或违反协议,其结果或是推迟享受收益,或是遭到对方可信的报复,这都将导致他们产权价值的贬值。

另一方面,在工商和劳工组织的谈判过程中,政府退而成为一个中立方,保证谈判结果对所有相关市场

---

① 关于社团主义的经典论述,参见 Schmitter 和 Lehmbruch(1979)。

984

的竞争者都具有法律效力,维护产业协会和交易工会准国家机构的地位。斯特里克将这种国家分权类型称为"扩充能力型国家"(enabling state)。各产权所有者包括工人(人力资产的所有者)依靠代表制选举程序对政府进行民主控制,限制政府对自治谈判过程的越权干预。但这种民主国家与自由民主型国家的一个区别是,前者的劳动工会并不受制于分散化的市场约束,而是被确保以一个准公共机构的方式行事。政府除了提供这种扩充能力的框架,而且还将自己的功能限于那些相对中立,不适合于集体谈判的政策领域,如外交、货币政策和反垄断规制。另外,我们还可以看到,社团主义国家同时还扮演一个与特定的公司治理结构——共同决定制(co-determination)互补的角色。

2 市场维护型的联邦主义(market-preserving federalism)

政府通过工业关系法、公司执照发放、农产品补贴、社会福利保障等各种规制可以影响经济的整体产权安排。政府有可能偏向某些特定利益集团,如雇主或工人,大企业或小企业,农场主或消费者,养老金领取者或年轻工薪阶层。政府改变财富分配的另外一种更隐蔽的方法是增发大量货币,让通货贬值。各种类型的利益集团如何能够防止政府或政府和其他利益集团勾结侵犯自身利益呢?如何才能使政府过度发行货币的"软预算约束"得到遏止?即使某些利益集团反对不利于自己的政府管制,也不能保证它们不与未来的政府勾结,推行有利于自己的管制措施。而且,政府过度发行货币可能是出于取悦所有利益集团的目的,在这种情况下,对过度货币发行的抵制就很难协调一致。

985

有一种组织设置能够控制政府的软预算约束倾向和勾结型国家的不利后果,那就是联邦主义的政府结构。如果政府的组织结构是单一集中制,个人将无法摆脱政府行动的后果。而且,政府控制了货币发行权,以满足其预算需要。但政府这种潜在易受滥用的权力可通过分权化来限制。联邦制国家是政治分权化的一种形式。它是一种政府层级制的形式,其中各地方政府对其管辖范围内一系列规制决策拥有自主权,联邦政府则专门提供全国性公共产品,如国防、外交,以及州际交易和环境规制。

以蒂伯特(Tiebout,1956)和奥茨(Oates,1972)为代表的所谓"第一代联邦主义理论"(钱颖一和Weingast,1997)主张,如果个人能够在不同地方政府的管辖地自由流动,他们将选择一个政府规制决策对其有利的管辖地居住。假若政府的政策歧视某一利益集团,该集团的人可以退出该政府的管辖地,迁到另外一个对他们有利的政府管辖地。据认为,在联邦制下所有的地方政府采取类似的歧视政策是不太可能的。但问题是,流动性对于所有利益集团来说并不是均一的(例如,工人的流动性就比资本的流动性要差得多)。因此,我们不能排除这样的可能性,即所有地方政府实行类似的勾结模式,它作为地方政府竞相吸引更具流动性的要素的一个稳定结果而出现。

"第二代联邦主义理论"(钱颖一和 Weingast,1997)则强调联邦主义结构作为政府预算约束硬化的承诺机制。这方面特别具有现实意义的联邦制是"市场维护型联邦制"(McKinnon, 1991;Montinola,钱颖一和 Weingast, 1995)。市场维护型联邦制必须满

足以下三个条件。首先,为避免各地方政府规制政策的均一性,地方政府对其管辖范围内的经济拥有主要规制权。其次,管辖地之间货物和生产要素允许自由流动。最后,地方政府必须面临硬预算约束:也就是说,它们虽然具备财政自主权,但既不能发行货币,也不能享受无限制的贷款。如果联邦政府在地方政府面临财政困难时出面救助,那么,第三个条件就不满足。在市场维护型联邦制下,地方政府在有关税收、公共产品以及影响各集团利益的规制等公共政策方面相互竞争。在竞争过程中,地方政府无法寄希望于联邦政府会在危机时刻出面救助,而必须受到硬预算约束。当地方政府出现财政赤字时,它们不得不到市场上筹集资金,与私人竞争。

市场维护型联邦制演化为稳定结果的一个核心条件是,地方政府和当地居民都相信联邦政府不会在他们面临财政困难时出面救助。在什么情况下联邦政府不出面救助的承诺是可信的,不会受到事后重新协商的影响呢?其中一个可信的条件是,联邦政府无力通过税收或货币发行控制足够数量的财政收入。如果在设计联邦制的初始阶段,征税的权力大部分下放给了地方政府,联邦政府想要扩大税基的企图就会遭到地方政府的一致反对。或者,如果中央政府开始失去对税收的有效控制,并被迫大幅度下放征税权限给地方政府,事实上的联邦制也可能作为中央权力自发削弱的结果演化而成。但中央政府对不随意增发货币的承诺则更难以实施。

联邦制最著名的例子毫无疑问是十三个州摆脱英

国殖民统治获得独立之后的北美。① 在美国独立之初,关于货币控制的问题争议很大,并一直持续了很长的时间。开始美国不准备将货币控制权交给一个统一的中央政府机构。"担心集权控制是美国迟迟不设立中央银行的一个原因"(Mishkin,1995,第 437 页)。②的确,美国第一银行(1791—1811)和美国第二银行(1816—1836)均具有中央银行的特征,与州政府分享货币控制权。1832 年,杰克逊总统以违宪为由否决了关于延续第二银行的提案,在此之后,州银行成了纸币发行的唯一合法机构, 纸币因而被称为"野钞"(wildcat currency)。 然而,内战的巨额财政支出迫使联邦政府另辟蹊径。1863 年银行法被通过,一种全国性银行系统得以建立,发行国家货币。 自此美国银行制度出现了双轨并存的局面。③

---

① 温加斯特(1995)认为,英国革命出现的国家形态可以理解为事实上的联邦制。

② 美国第一银行的主要反对者詹姆斯·麦迪逊(James Madison)对"这种银行的宪法地位"表示质疑(Timberlake,1978,第 7 页)。他认为,"一个在全国范围内发行货币的国家银行将直接干扰各州建立和撤消银行的权力,而且,它还将妨碍州银行货币的流通"(同上)。亚历山大·汉密尔顿(Alexander Hamilton)则依据亚当·斯密的古典经济学极力主张成立国家银行,以促进国家经济的发展。

③ 美国联邦政府向野钞征收 10% 的税收,试图进一步使银行产业集中化。由于州银行的资金来源是铸币收益,这项税收使它们的运营无利可图:"联邦政府寄希望州银行会因此清偿资产,接受全国性管理。事实上,在国会通过这项银行券征税法案时明确表明,其目的在于建立唯一的全国性银行和一个统一的银行系统(Clark,1935,第 6 页)"。确实,征税迫使许多州银行关闭。然而,在 1880 年,当储蓄银行流行起来的时候,州银行又重获生机,致使银行业出现双轨制。每个州政府有权管制州注册银行,而联邦政府有权控制国家注册银行。

但是双轨制运行并不顺利。1893年和1907年出现了两次金融恐慌。由于银行系统存在两套规制机构,双方在银行监管政策方面竞争激烈,虽然这对银行家有好处,但对整个经济的稳定却极为不利。银行危机的出现触发了新一轮关于中央银行的争论。到1913年,国会批准建立由12个地区性联邦储备银行组成的联邦储备系统。艾肯格林(Eichengreen)在研究了一些案例之后得出如下结论:"在联邦储备系统的早期岁月,它比许多记述美国中央银行历史的书所声称的要更权力分散和富有争议。权力分散导致了联邦储备法起草人所未能预期到的许多问题"(1992,第21页)。事实上,他把联邦储备系统的头20年概括为"最终导致权力有效集中的试错期"。在大萧条时期,国会通过法案,对联邦储备系统进行了最后一次主要的改革,加强了该系统中央部分的权力,使联邦储备委员会成为货币政策的最高权力机构。

3 发展型国家(the developmental state)

在欧洲和拉丁美洲国家,社会民主社团主义国家形态作为政治域的一个稳定结果逐渐演化而成,并作为应付工人阶级利益要求的一种机制出现。[①]可是,在东亚和东南亚,工人从未和占有土地的农民区分开来,成为一个居支配地位的阶级,于是,随着相对自主的政府发展意识的不断增强,为了在特定的国际环境

---

① 关于拉丁美洲社团主义的比较研究,参见 Berins Collier 和 Collier 1991。

中捍卫和促进国家主权,另一种国家类型逐渐形成。①下面我们将概括发展型国家的一些基本特征,并试图从形式化的角度澄清国家形态作为特定政治域博弈的一种稳定结果的特征。

政府通过从农业部门抽取资源,然后以相机选择的方式转移给某些工业部门,从而引发了经济的高速增长,我们称这种均衡为(市场促进型)发展型国家。在通常的用法中,"发展型国家"一词指的是以直接"驾驭市场"的方式致力于实现最大化经济增长的国家(Wade,1990)。但我们这里的着眼点主要放在政府通过未来每期提供给受选企业相机租金(contingent rent)的方式改变工业部门企业的激励。这些租金既不是任意地也不是按固定计划发放给企业。它们完全取决于企业的绩效。这有些类似于专利制度的特点,专利制度本身并不自动保证发明家的创新租金,创新租金只取决于一项发明实现商业化的程度。

我们已经指出过,发展型国家的形成需要具备两个条件,这里有必要再次强调一下。首先,工业家需要普遍意识到推行相机补贴政策的政府能够长期执政。其次,工业部门的企业存在充分竞争,它们之间合谋偷懒的可能性能够被有效制止。发展型国家的上述特征可以说反映了"亚洲奇迹"时期政府在东亚经济发展中所起的一些重要作用(青木昌彦等,1997)。这些国家的政府不论是民选政府还是独裁政府,都被认为是能够长期执政,或者由不受政治领导人更替影响的职

---

① 日本 1867 年明治维新形成的国家形态可以看作是下面要讨论的发展型国家的一个经典例子。但它逐渐演化成后面将要分析的官僚多元主义国家。

业官僚管理。以我之见,正是工商部门普遍持有的关于政策连续性的信念,而不是政治领导的专制性质本身,或者政府与工业家的勾结,使得相机补贴观点真正变为行之有效。在相机补贴政策成功的地方,我们都会发现政府鼓励工业家之间的竞争(如朴正熙总统执政的韩国)。

发展型国家可以看作是勾结型国家的衍生物,原因在于,政府政策从农业部门抽取资源旨在偏向工商业部门的发展。虽然某些特定的工业部门被选为补贴和优待对象,但发展型国家只有在按竞争性绩效标准挑选重点部门的条件下才能引致工业增长。若是因为工业家之间目光狭隘的勾结,或是因为政府部门无能以及裙带主义导致该标准不被遵守,工业家们的道德风险行为将无法遏止,上述定义的发展型国家也注定要退化成一种非效率的勾结型国家形态。另外,当补贴企业规模变得太大以至于不容易被政府替换时,上述标准也将难以实施和推行。在这个意义上说,发展主义的遗产有可能为自己埋下自我毁灭的种子。

任何欠发达国家都必须依靠从传统农业部门抽取资源,启动其工业积累,除非是该国投资完全靠国外融资这种不太可能的情况(即使是这种情况,外债也必须动用未来储蓄偿还,使净流入在长期为零)。部门间资源转移将一直持续到工业部门能够自己融通投资资金实现增长为止。据寺西重郎(Teranishi,1997)近来的一项研究,在1960年至1984年这个时期,拉丁美洲和非洲撒哈拉地区,以及拉丁美洲和东南亚国家之间,在通过直接和间接税或低估本国货币的形式从乡村部门大规模转移资源方面没有什么明显的区别。[①]但政府为维持这种大规模资源转移面临着与农民发生政治冲突的危险。为了减缓冲突,政府可能会将发展收益的一部分返还给乡村部门,以作为对资源转移的事后补偿。在补偿性返还的方式上,两类经济有着显著的区别。[②]在拉丁美洲和非洲,(以城市为基础的)政府以供应私人产品(如机械、化肥补贴)的方式对乡村部门的某些特定集团进行补偿,这些特定集团在拉丁美洲是地主精英集团,在非洲是政治上具有影响力的种族集团。

与上述相对照,东亚政府大都以兴建集体公共设施如灌溉和交通的方式返还资源给乡村部门。东亚乡村地区密集地居住着无数相对独立的小农。政府提供公共产品可以增进他们的利益。随着新一代人逐渐转移到工业部门,虽然乡村收入增长仍滞后于工业发展,但政府兴建公共产品的政策带来了小农收入水平稳定而普遍的提高。乡村部门收入的增长扩充了对工业品的市场需求。通过在国内市场销售产品,得到用户对产品质量的反馈意见,工业部门反过来可以积累工业生产的技能(边干边学),培养在国际市场上的竞争

---

① 从农业抽取资源支持工业化被普遍认为是发展中国家和社会主义计划经济的一致策略。参见 Anderson 和速水(1986),Krueger 等(1991)。

② Ranis 和 Orrock(1985),大岛(Oshima,1987),Bates(1981) 及速水和 Ruttan(1985,第 13 章)。

力。这正是包容乡村的发展主义的良性循环。[①]

　　但如果从农业部门抽取资源在政治上和经济上变得越来越困难，这种良性循环便不可能永远维持下去。除非工业能够自身积累足够的发展资金，否则政府和工业界的勾结不得不更多地依赖外部资金（资本流入）维持发展。政府与工业界的勾结试图以人为高估本国货币，抑制通货膨胀的方式安抚城市新兴中产阶级不断上升的利益要求。但这样一来，发展型国家就变得非常脆弱，完全受制于影响资本供给的外部冲击和汇率控制的可持续性。这些冲击有时部分地是由人为高估本国汇率的政策内生地导致的。当政府管制的可信度受到人们普遍怀疑时，发展资金的外部供应来源将被抽走，迫使本国汇率下降。这确实是在 20 世纪 90 年代后期某些发展型国家所发生的情况。

4　微观社团主义（micro-corporatism）和官僚多元主义国家

　　上面我们已经表明，政治域交易者身份的对称性有助于强化（自由）民主型国家的可能性。作为另外一种可能性，工人要求保护他们作为生产要素供给方的经济权利也许会促使他们形成自己的组织（产业工会），在社团主义国家的框架内满足自身的要求。有一种可以替代流动性人力资产市场的发展方式，那就是以信息同化为基础的水平层级制这种组织惯例的演化。适应水平层级制的（背景取向型）人力资产并不能像那些具有专业化的个人型技能那样富有流动性。

---

　　① 关于包容乡村的发展主义概念，参见青木昌彦等（1997）。也请参见速水（1998）和收录在同一本书的论东亚"农本主义"的其他相关论文。

背景取向型人力资产持有人与其将自己按照专业技能组成产业工会，还不如寻求雇佣他们的企业保护其经济利益，这样可能会更有成效。从提供公司资产的法律"所有者"的角度看，和这些专用性人力资产的持有人分享组织收益符合双方利益。

于是，水平层级制便有可能发展出一种公司所有者与企业专用性人力资产可持续的企业内部联盟。[①]这些组织的管理人员最主要的期望是在管理政策和内部收入分配方面寻求联盟两方的利益平衡。这相当于寻找和确定一个自我实施的谈判均衡，使之成为组织的聚焦点。与社团主义国家相对照，我们称这种组织结果为微观社团主义（青木昌彦，1984，1988）。在微观社团主义结构下，工人真正成为企业的成员（利益相关者）。相比之下，工人在社团主义国家结构中只是"产业公民"（Streeck，1996）。

微观社团主义管理人员的另外一个重要功能是在政府和其他利益集团面前代表和争取利益相关者的产权利益（如就业安全和公司资产的增值）。但是，同一产品市场上的企业彼此可替代，如果他们单独行事，他们和其他利益集团的谈判能力将非常弱小。因此，这些企业有激励组织并依赖一个产业协会代表本产业的公共利益，该产业协会产生于包括所有成员在内的政治域。需要指出的是，这里的产业协会与社团主义国家下的产业协会不同，它们的组建不是为了代表本产业雇主的利益与本产业工会谈判。它们是在成员企业层次上实施的超微观社团主义结构，其主要功能之一

---

① 市石（Ichiishi 1993）建立和分析了这一模型。

就是保障本产业雇员的就业,在必要时甚至向政府求助。因此,如果在政府组织中存在永久官僚制——由终生职业官僚管理的官僚制的传统,那么,每个产业协会和它对应的官僚部门就有在政治域形成联盟的共同激励。官僚部门将所辖产业不断出现的利益作为重要的公共政策议题纳入到行政过程,以此稳固自身存在的理由和相应的政治收益。不同官僚部门之间通常相互竞争和讨价还价。政治家们不单独控制代表和促进产业利益的官僚,而是依靠行政过程,在可能的时候对之施加影响。

产业利益、政治家和官僚部门的合谋在20世纪50年代的日本确实出现过:这个结果通常被描述为保守政党、官僚和产业经理人员的"铁三角"。这本身可以看作是发展型国家的一种变种。但是,在政府的民主代表制的宪法规则下,该结果不可能是稳定的。一些弱势集团和那些由生产率低的产业生产者组成的组织(如农民合作社、地方小业主商会、地方承包商组织、养老金领取者组织)也希望在政治领域有人代表和争取他们的利益。政治家们为了拓宽政治支持面,急于想扩大其影响范围,以此表达和促进其选民利益。相关的官僚部门于是成了将广泛的产业利益传导为行政过程的入海港。①

我们将这种通过行政官僚(省部),所辖利益集团和政治家多元均衡联盟代表和协调产业或部门集团利

---

① 这里所使用的"官僚部门"是一个类别词,它指具有独立管辖领域的任何官僚单元。它可以指省部或代表处,如农业部、中小企业代表处或社会福利部等等。

益的状态称之为"官僚多元主义"。官僚多元主义不是由颁布的宪法规则定义和设置的一种状态，而是政治域每时每刻通过等级结构不断谈判而延续和再生的状态。在下层的每个分领域中，以官僚部门为一方，以产业协会或部门利益集团组织为另一方的沟通和协商一直持续着。[①]而在上层，通常以某协调部门为中介（授权分配政府预算资金的协调部门尤其重要），各官僚部门进行多边谈判和协商。按官僚路线划分的政治家集团也试图在中介过程中增进他们所代表的部门利益。执政党在设定主要利益协调的议事日程和处理跨部门纠纷方面发挥着日益积极的作用，但它们似乎更依赖业已建立的多元官僚制度施加和增强其影响力。例如，法案主要是由官僚部门而非政治家起草和送交议会讨论。因此，官僚部门处于层级结构型社会谈判的关节点。这种结构赋予官僚部门两副面孔的特征（青木昌彦，1988）。在上层跨部门谈判中，官僚受他们管辖范围内所代表利益的约束；在下层与各个所辖组织的谈判中，他们又受到在跨部门竞争中他们所能动员的预算和其他公共资金的制约。

日本官僚多元主义国家形态中的永久性官僚部门实际上是嵌入在政府的代议制（立法机构和内阁）之中的。虽然永久性官僚部门内的职业成员不可能被选民立即替换下来，但政治家受代议制控制，官僚部门因而也最终置于它的间接控制之下。官僚部门同时还受到公众舆论的影响，一旦职业官僚的行为或部门政策

---

① 关于官僚多元主义的下层谈判，参见奥野藤原（1997），关于上层谈判，参见青木昌彦（1988，第 7 章）。

被认为违反了公共利益,其合法性乃至生存都将受到威胁。①尽管如此,只要以行政过程为中介的利益协调持续成为稳定的社会结果,代议制所起的制衡作用就只能是第二位的(日本长期一党统治就是很好的说明)。当官僚内部的冲突已不可能通过常规的行政过程解决的时候,权力平衡可能被打破,公众不满情绪通过代议制的渠道不断表达出来,这时,以官僚为中介的利益协调机制可能会被迫作出重要调整(甚至连官僚多元主义国家性质都要随之改变)。②如果这种局面真的发生了,究竟会如何解决,将取决于许多环境因素。

　　官僚多元主义可以看作是在政治域中以谈判和寻求一致的方式重新安排产权的一种机制。在这方面,它和社团主义国家以及代表制的自由民主型国家有不少相似之处。在代表制的自由民主型国家,产权安排基本上是由市场决定的,虽然市场决定的结果受到税收和补贴的纠正,而且市场运行通常依利益集团的压力而受到管制。在社团主义国家结构下,政府把寻求谈判解决的任务下放给代表不同要素市场利益集团的全国性最高组织。例如,在德国,关于工资和产业工作证书的集体协议对于产业里的每个企业都具有法律效力,而不管该产业是否已经工会化。这就大大地限制了市场竞争机制在劳动力市场的作用。在官僚多元主义下,社会谈判通过行政过程这个中介进行。该机制

---

　　①　户谷(Toya,2000)在考察日本官僚系统于20世纪90年代中期引入所谓金融"爆炸"的作用时提出了这一观点。
　　②　青木昌彦(1988),第7章。

的核心要素是根据全覆盖成员制和协商性集体行动的原则组织起来的产业协会和部门利益集团。以这些组织为基础的部门利益的整合倾向于公平,甚至是最大－最小化导向的,即最大化最不利集团的报酬原则。①更进一步地,在官僚部门一级的谈判中,达不成一致协议表明现状或既得利益被很好地保护了。当政治家干预利益协商的行政过程时,会更关注那些生产效率低因而更团结一致地实施用选票换政治支持策略的利益集团(如农民协会、承包商协会及各种金融性产业协会)。因此,在官僚多元化国家下的社会谈判的结果将既是市场限制型又是"公平"的。

表1对本文的内容作了一个总结。沿水平方向代表私人参与者在政治过程的介入程度和模式,最右边是只有财产所有者参与政治域,最左边的情况是他们完全被排除在外,在中间他们和工人的利益一同被代表。中间的域进一步划分为两种情况,即工人的利益受制于市场约束的情况和通过产业工会、全国性劳工组织或雇佣企业表达的情况。

表 1　国家形态的类型

域 机制	私有财产所有者被排除	劳工为组织所代表	劳工受市场支配	私有财产所有者专有
法治		自由民主主义		
				革命
工团主义的规则制定		两党制民主主义		
		社会契约的工团主义		
勾结型(代议制)		官僚制多元主义		
		循环勾结型	市场增进的发展主义	

---

① 护送制度(convoy system)就是一个很好的例子。

　　表1的纵向维度区分了几种涉及的机制:法治、在国家协助下的私人规则制定过程以及勾结型国家。勾结型国家又根据是否有代议制和勾结范围进一步作了区分。从信息的角度看,从上到下的次序大致对应着政府和私人参与者沟通手段的普适性和正式性程度。自由民主型国家所依赖的法治平等适用于所有的私人参与者,故列在最上端。在代议制民主型国家,政府政策会受到某些和执政党形成联盟的利益集团的影响,它比法治下的政府政策要少一些普适性。在社团主义国家体制下,各市场要素的最高代表性机构之间达成正式协议,对经济域的法律规则是一个补充。官僚多元主义体制通过非正式的谈判协调多方利益,因而依赖更多利益集团专用性的沟通方式(如所谓的官僚部门的"非正式行政指导")。[①]但随着这种制度日趋成熟,官僚多元主义体制将更多地依赖于适用于每一个利益集团的正式规则,减少黑箱操作。周期性勾结型国家的一个例子是国家摇摆于以工会为基础的社团主义国家和以财产所有者为联盟的军事独裁统治之间,一些拉美国家一直到 20 世纪 70 年代都属于这种情况。国家统治具有很大的任意性。

　　在理论上,以法治为基础的自由民主型国家是最适合于全球市场一体化的发展。例如,从另一国进入到本国市场的参与人应该受到政府的同等对待,所以它的域是对外开放的。而对于那些非自由民主型的国家来说,向外界开放经济域将带来各种各样的困难。

---

　　① 有些学者将官僚多元主义称为"网络国家"。参见冲本(Okimoto,1989)。

即使代议制民主国家也会倾向于歧视外人，保护本国特定商业集团、工会及其联盟的利益。我们曾经指出，包容乡村的发展主义战略的良性循环在国家日益依靠外部资源（如进口资本品）的条件下可能会埋下危机的种子。社团主义利益协商在很大程度上会限制国内要素市场的竞争。但随着金融、人力和组织资源变得越来越具有国际流动性，一国的谈判结果在超国家的市场维护型联邦制下将越来越容易被资源外流所改变。有人因此论证说，社团主义国家结构很可能被资源日益增强的国际流动性侵蚀掉。但另一方面，在官僚多元主义框架下由分割的勾结所造成的既得利益可能会阻碍那些能够利用市场全球一体化的新机会但必须牺牲一些既得利益的制度创新。生产率较高的产业企业不再需要官僚多元主义的保护，可又不得不承担相当一部分的官僚多元主义通过税收和低效率部门的管制价格实现公平化带来的行政成本。这些高效率部门对官僚多元主义表现出一种日益矛盾的心态，但低效率部门却希望得到它的更多保护。

我们需要在新的国际环境下透视这些国家形态的内在困境，并考察它们是否需要沿着自由民主型国家的方向经历一次巨大变革。这个问题非常有趣，关于它的答案并不像人们一般想象的那样简单。研究这个问题需要准备更多的分析工具，尤其是分析制度变迁机制和政府与私人部门各种制度安排的相互依存性的工具。

经济史和博弈论

1912 年到 1914 年英国和德国海军军备竞赛就像一场重复的囚徒困境博弈。在 1912 年双方取得了一定的非正式合作，当时的英国海军大臣邱吉尔公开宣布了一个以牙还牙的策略，如果在已批准的在德国和英国建造的战舰数目之上德国再多造一艘，英国将多造两艘。在验证了英国的宣言的可信度以后，德国采取了它所能采取的最好反应措施，即不再多造战舰。这样军队竞赛和军费被转移到另外的方向上，例如建造驱逐舰，加强地面军队以及改进战船的性能。

阿夫纳·格雷夫[①]

一、导言

在 20 世纪 60 年代中期的计量历史学革命期间，经济历史的性质发生了很大的变化。在新古典经济学提供的理论框架内进行定量分析成为经济历史的支

[①]　阿夫纳·格雷夫（Avner Greif），1956 年出生于以色列，美国斯坦福大学经济系教授。

柱。[①]在经济历史领域内计量历史学上升的同时，博弈论确立了它作为经济理论的一个内在组成部分的地位。应当在经济历史和博弈论发展变化的背景下理解二者的内在联系。

博弈论通过给经济历史提供方法和工具，有望极大地丰富经济历史的领域，使它能突破新古典理论的局限，避免仅仅依靠计量经济学分析来验证假说。它提供了一个适合分析策略环境的理论框架，这个分析框架目前仍然适用于现代经济，也许它在前现代化的经济中更为适用。更一般的，博弈论显示了它在经济制度历史中的作用，例如，它指出结果对管制的潜在敏感性以及由此产生的机构的作用问题；指出多重均衡的概率以及由此产生的制度和经济变化的可能的明确的轨迹问题；指出预期和信念的重要作用以及由此产生的历史参与者的潜在重要性问题；指出演进过程的可能作用和平衡集合的变动问题。同时，博弈论的特点，尤其是其经验预测的可能的不够有力性和不确定性，使得它在经验和历史研究的应用上显得很有挑战性。

博弈论和经济历史的结合能够潜在地丰富博弈论。经济历史包括独一无二和无时无刻的关于战略环境的行为的细节信息。因此，历史提供了检验博弈论与实证经济分析相关性的另一个实验室。在博弈论指导下的历史分析可能指向理论课题，这些课题如果得

---

① 计量历史学革命，参见威廉姆森（Williamson 1994）、哈特韦尔（Hartwell 1973）关于在经济历史中方法论发展的研究。更多的贡献是新古典经济学派对经济历史的研究文献，参见麦克洛斯基（McCloskey 1976）。

到重视,将对博弈论的发展和一般意义上的经济分析能力的提高有所贡献。

本文概览了利用博弈论进行经济历史分析的文献,这类文献不多,不过数量正在增长。第一部分,我简要的分析了结合博弈论理论分析和经济历史分析的前景和挑战,同时,介绍了进行这种结合的各种方法。不过,本文的大部分篇幅着重介绍利用博弈论作为主要分析框架对经济历史进行的研究。因此,本文将不会介绍许多为解决一些不可避免的问题①而利用一般博弈论观点对经济史进行的研究,比如,合作失败的概率或可信的承诺行动的重要性等。因为利用博弈论表达经济历史问题的恰当性似乎没有什么异议,这样的研究将不在本文中加以考察。

本文的第二部分考察了利用博弈论作为它们主要分析框架,或者检查博弈论观点的经验相关性。这里将按照它们所研究的经济历史事件逐一介绍。很显然,不可能在这样一篇短文中广泛深入地考察为数众多的文章。因此,本文只对每篇论文进行一下简短描述,仅对其中少数几篇论文进行详细地介绍。论文的(主观的)选择主要依据其相对复杂程度、在研究方法上的贡献,或者论文的代表性。最后,既然本文仅对利用博弈论理论分析经济历史,也就不试图系统性地评价这些论文的重要性。本文仅对结合博弈论分析和经济历史分析进行评价。

---

　　① 参见诺思(North 1981),第三章以及坎特(Kantor 1991)"博弈论的力量 —— 我使用的方式 —— 它使你的文章结构和观点正规、精确"(North,1993,p.27)。

二、博弈论和经济历史：二者的结合

博弈论对于经济历史的潜在贡献是十分巨大的。更准确地说，对策略环境进行经验分析可以使经济历史成为可能的理论中获益，因为经济历史的核心问题是内在的策略性的问题。例如，经济历史自出现以来的一个显著特点是它和经济、社会、政治与法律组织的起源、影响以及路径依赖有关。然而，组织分析经常需要策略行为理论来支撑。例如，考察商人行会，需要了解统治者和商人之间以及商人自身之间的策略的互相作用的情况。更广泛地，经济历史学家，从亚当·斯密处得到灵感，经常将现代经济体制的出现和市场体制的扩展看作一回事。然而，这个观点暗含着需要在用非市场环境下的分析来理解以往的经济制度，它们的作用和它们向市场经济的转型。因此，推进策略环境经验分析的理论框架可以拓展我们对于经济历史中核心问题的理解。

在已有的理论框架下，博弈论的能力应当经验地加以判断。这些理论框架用于分析策略环境以推进经验和历史研究。然而，博弈论理论分析的这种结论使它在经济历史的应用显得既特别有挑战性又很有前景。博弈论意味着策略环境的结果（outcome）可能对特定性（specification）非常敏感，这样，不同均衡的概念都是合理的（对于给定的一个均衡概念），有可能存在多重均衡。这些结论意味着将博弈论应用于经济历史可能非常困难，因为经济历史首先而且最重要的是一个经验的领域，经济学家寻求理解的是确实已经发生的历史事件，历史事件发生的原因及其后果。有人可能会争辩说，对于结果的博弈论理论分析的结论是

不够说服力的和经验上不确定性的(在某种意义上说许多结果都与理论一致),这种理论不能为经验分析提供恰当的基础。

有意思的是,博弈论理论关于不够说服力和不确定性的相关结论与经济历史分析的概念基础一致,也就是说,结果依赖于历史背景的细节,"经济演员"具有潜在的重要性,历史背景中的非经济因素 —— 例如宗教的先例乃至偶然性 —— 都可能影响经济的结果。博弈论为经济历史提供了一个明确的理论框架,该理论框架并不能得到一个历史的结论:同样的偏好、技术和禀赋,在所有的历史时期中都将导致一个独一无二的经济结果。博弈论理论分析的结论已经对它的经验实用性提出了挑战,使它成为对于历史分析来说特别有前途的一个理论,因为它能以一种和策略环境的历史尺度非常敏感的方式来分析策略环境。

对于博弈论理论分析潜在的不够说服力和不确定性所带来的挑战和光明前景,已将博弈论应用于经济历史的学者的反应有所不同。他们首先对此后将考察的相关课题进行系统地说明,在此基础上进行结合博弈论和经济历史的研究。在确定此后将考察的相关课题之后,一些研究在面临不够说服力和不确定性问题时,采用普通的和有力的博弈论理论观点来指导他们的经验研究。他们的经验研究指出了一些历史环境的重要策略性的特征,例如在信息不对称条件下进行谈判的需要,但并没有为这种历史环境提供建立明确的模型的基础。于是,在适用于具有这些特征的历史环境的普通观点, 将指导经验调查(empirical investigation)的进行。 这种普通观点的例子是信息不对称的存在可能导致谈判失败。对于普通观点的依赖使对假说进行经验证明的能力受到很大限制。没有一个明确的模型,很难利用理论论证和它的含义等细节说明历史时期,因此,很难增加论证的可信度。特别地,没有明确指出各个参与者采用的策略,很难对这些分析进行具体的经验证明。不过,对普通观点依赖的潜在好处是可以对重要的历史环境进行讨论,而不必一定要建立一个明确的模型。

其他研究发现,利用特定背景模型在解决不够说服力和不确定性问题时很有用。他们对所考察的历史时期进行了细致的经验研究,这种研究为理论和历史验证的交互过程提供了基础,该过程目的在于建立能反映相关策略环境本质的特定模型,交互的历史和理论分析是为充分界定模型的特定性,所建立模型的特点是:假设模型的可信度可以从它们的预测能力中独立获得,保证分析没有将研究者对环境的看法加到历史演员上。这种特定背景模型为对环境进行博弈论理论分析奠定了基础,同时增强了验证的范围。假设从历史上看它的恰当性值得怀疑,但它的主要结论是有力的。

为解决从多重均衡概念中产生的问题,大部分应用博弈论进行经济历史分析的论文使用了两个基础的均衡概念:纳什均衡和子博弈精炼均衡。这些均衡概念的优势在于它们包含了绝大多数的其他均衡概念,并且有直觉的、能达成共识的解释。然而,利用这些概括性的均衡概念意味着多重均衡更有可能存在。当多重均衡存在时,它们意味着经验历史分析的两个问题:确认和选择。一些研究仅仅指出了一个均衡的存在,

该均衡的特点与分析者理解的行为相关。在其他研究中，通过集中分析均衡系列，避免了确定一个特殊策略的需要。特别地，研究者在检验游戏规则变化对结果的影响研究中，较多地采用了这一方法。为评价规则变化的影响，这些研究检验了它对均衡系列的影响。另外，研究者通过采用直接和间接的证据来验证使用一个特定策略（或一些有特定性质的可能均衡策略的子集），以此来解决确认问题。

　　直接证据是反映决策者采用或试图采用的策略的文献记载。研究者从多种历史途径发现了这些记载，例如商业备忘录、私人信件、法律程序、行会规章、企业章程和公开演说的记录等等。显然，有关试图采取行动的说明可能能够反映"廉价交谈"（cheap talk）。不过，对于策略的经验相关性的可信度能通过间接的证据得以加强。间接证据是假定采用某一项特定策略之后，对由此得到的预测的经验性确认。利用博弈论，经济学家通过经济历史研究得到了许多的预测，例如价格变动、合同形式、财富分配的动态过程、退出、进入、价格和其他对外生变量所作出反应的变量。在一些研究中，用经济计量的方法检验这些预测是可能的，但在其他研究中，因为它们预测的性质，这种检验不能够进行。能够利用经济计量方法检验预测的优势在于它能够对其显著程度进行检验，但它同时带来一个问题：它只能针对那些能够进行经济计量检验的预测。无论如何，原则上，两种预测方式在某种假设下产生的结果是可以比较的。可信的预测，检测有力性的能力，以及对所研究课题的更深的理解，都是一个特定背景模型的优势（相对于"普通观点"分析而言）。不过，这种优势

1007

是有代价的：分析局限于能够构造这种模型的情形。

　　迄今为止的处理选择问题的方式，更大程度上受到历史分析的概念基础的影响，而受博弈论中有关博弈论完善或进化的理论文献的影响相对少一些。大部分作者发现，通过引入历史背景，来选择特定的均衡是很有用的。有一篇论文引用温斯顿·丘吉尔对一个特殊战略的公共承诺，作为选择一个均衡的例子。其他论文指出博弈本身之外的因素影响了均衡的选择。在这些因素中，有提供信息网络的移民活动，有决定最初参与者名单的政治变化，以及宗教和社会态度的焦点。一些作者，尤其是那些对比较两个历史时期有兴趣的作者，在理论上确认了参数或变量的范围，这些参数或变量用于确定采纳一个特定均衡，而不是另外一个。这种理论预测面临着经验的证明，在所考察的历史时期中考虑这些变量。

　　下面介绍利用博弈论进行经济历史研究的情况。根据上述所讨论的研究方法，它们被分为采用"普通观点"组和"特定背景模型"组。下面的介绍是根据历史事件进行的，但它内在地意味着采用博弈论进行的经济历史研究的潜在优点：提高了经验评价和扩展了理论自身的范围。限于篇幅，因此所涉及的论文就不能详细介绍，也不能列出在下面涉及论文在方法上的差异。也许，最好能够对一个特定研究进行更深入地介绍（Greif，1989，1993，1994a），在这些文章中，详细地介绍了特定背景模型。

三、经济历史中的博弈论理论分析

1　早期：利用普通博弈论理论观点

最早应用博弈论理论观点进行经济历史研究的文

章在 20 世纪 80 年代初期发表。这些论文在经验调查的旗帜下,检查了管制、市场结构和产权保护。关于博弈论,它们指出考察一系列博弈(nested games)实际上是非常有利的,换句话说,一系列博弈是指一个博弈的规则是另外一个博弈的均衡结果,在一个阶段中已经确定的规则可能提供下一阶段博弈规则的初始条件。进一步地,它们提供了不完全信息下讨价还价所遇到的问题的经验证据,它还表明偏离游戏路径(off-the-path-of-play)的预期行为可能在事实上影响经济结果,因此为子博弈精炼均衡的概念提供了经验支持。

管制:在很长一段时间内,经济历史学家极为关注美国监管机构和管制的历史发展的重要性。例如,戴维斯(Davis)和诺思(North)在 1971 年认为,在经济管制带来的潜在的利润驱动下,机构变动是一个福利增加的过程。正好相反,赖特(Reiter)和休斯(Hughes)在 1981 年运用一个内生管制的博弈理论分析,认为这个过程未必是一个福利增加的过程。在他们博弈的构成中,经济代理人和管理者是一个信息不对称下的非合作动态博弈,在这种情况下,处于信息弱势的管理者追逐他们自己的进程。为提高他们的进程,他们与政治代理人组成了一个合作博弈,由此试图影响政治过程,并决定下一期非合作博弈的法律和预算框架。赖特和休斯并不打算明确地解决这个模型,但是它却给他们提供了一个范例,用于讨论“现代管制经济”的出现。“现代管制经济”反映了再分配因素、效率提高的动机和政治原因。

市场结构:市场结构是决定一个产业的表现及其

产出的基本因素。传统上，经济历史学家并不认为策略的相互作用能够影响一个市场结构。但是，卡洛斯（Carlos）和霍夫曼（Hoffman）在 1986 年认为，在 19 世纪早期，策略考虑决定了北美皮毛产业的市场结构。1804 年到 1821 年，经营皮毛产业的两家公司（西北公司和赫德森海湾公司）如果采取共谋或合并的方式就能获利，而且当时没有反托拉斯法阻止任何一种方案。然而，两家公司却发生了激烈的竞争，导致动物库存的枯竭。

卡洛斯和霍夫曼认为，这个市场结构的持续存在反映了信息不充分下讨价还价的难度。非充分信息下讨价还价模型的一般观点表明：达不到一个事后的有效一致是有可能的，原因是每一方都试图掩盖真相，博弈者有可能在分配机制上进行讨价还价，而不是分配本身。而且，不一致也可能来源于一个博弈者的承诺行动：一个"强硬"的战略。实际上，尽管公司间的通信表明两个公司都认识到合作的好处，但每一方都试图误导对方。进一步而言，两个公司并没有讨论联合利润的分配问题，却试图达成一个合并。合并失败后，他们就领域的分配问题进行讨价，这个领域就是每一方作为一个垄断者所能获得的利润。同样，1821 年之前的协商都失败了，部分是由于赫德森海湾公司（Hudson's Bay Company）的承诺行动：一个特别的、要求很高的战略。最后合并的直接动力来自于政府的干涉，政府是在一段时期的激烈竞争后采取行动的。因此，卡洛斯和霍夫曼的分析表明战略考虑影响了市场结构，而且提供了"非充分信息下讨价还价所遇到的困难的经验证明"。

产权保护:通过发行公共债券为政府融资是前现代化的欧洲经济的一大特色。有理由认为,这种形式的融资方式促进了证券市场的发展(如:Neal,1990),并且为现代的福利国家提供了基础。然而,对一个前现代化国家的统治者来说,为得到信用他必须承诺偿还,尽管某种程度上说他凌驾于法律之上。统治者如何承诺偿还债务呢? 为什么在有些时期统治者背信弃义,而在另一些时期却实现承诺呢? 很明显,在一个统治者(要求贷款,并且有可能违约)和一个潜在的贷款者(决定是否贷款)之间的一个一次性的博弈中,唯一的子博弈精练纳什均衡必然是不给贷款。

维奇(Veitch,1986)认为(以 Telser 1980 年提出的自我实施协议为基础)重复和来自贷款者的潜在的团体报复扩大了平衡的集合,并使统治者承诺偿还他们的债务,从而他们能够借到钱。他指出,中世纪欧洲统治者经常从一个特殊的群体成员中借款,例如,犹太人、圣殿骑士(templars)或意大利人,但同时,债务拒付总是针对群体的整体,而不是针对特殊的成员。维奇认为这表明拒付行为由于群体报复的威胁而减少了。由于贷款者之间种族的、道义的或政治的关系,这种威胁是可信的。只要统治者不能向任何其他的群体借款,这种威胁是有效的。这意味着另一个群体的出现会导致统治者向前一个群体拒付。事实上,这种情况经常发生。相同地,鲁特(Root,1989)认为,团体实体,例如,山民、省内房地产业和行业协会使法国在 17 世纪和 18 世纪期间承诺偿债。他们增加了违约的机会成本,因此,限制了国王违约的可能,而使得国王可以不断借款。实际上,18 世纪随着贷款给国王的团体实体的增加,他们收取比 17 世纪更低的利息,同时破产率也下降了。

诺思和温加斯特(Weingast)在 1989 年,温加斯特在 1995 年进一步拓展了可信承诺行动、产权保护和政治力量之间关系的研究。假如实际上产权保护是经济增长的一个关键因素(North 和 Thomas 1973 年推测),那么在过去,这种保护在由那些有军权的、地位高于其臣民的国王所统治的社会里是如何实现的呢? 诺思和温加斯特认为,1688 年英国的革命使得国王承诺的产权保护提供了经济发展的制度基础。

英国革命期间,以及革命之前的几年内战,议会树立了自己的权威和意愿,以抵制一个滥用产权的国王。这使得国王要承诺其臣民的产权。进一步而言,为提高这种威胁的可信度,并以此限制国王违约的能力,议会采取了各种措施。国王的权力被明确地界定,即在议员中进行协调,这些议员关注着国王的行动可能导致的后果。议会控制了税收和收入的再分配,建立了一个独立的法官体系,国王的特权被削减了。为支持革命提高了产权保护这个观点,诺思和温加斯特指出:18 世纪期间,主权债务增加了,英格兰私人和公共资本市场上交易的证券的数量和价值都增加了,同时,利率大为下降。

2 逐渐成熟:明确的模型

(1)在缺乏法律体系的情况下进行交易与合同的执行

尽管在过去和现在的经济中,在缺乏法律体系的情况下进行交易和履行合同的现象非常普遍,但由于缺乏一个合适的理论框架,在先前的经济史中它们从

来没有被研究过。在最初运用明确模型的经济史论文中,有过利用对称信息和非对称信息的重复博弈模型来研究在不同的历史时期控制非正式合同执行的机构。尽管通常在这种博弈中存在着多种平衡,这有利于简化经验检验。这种情况是在当历史信息充分地限制模型;当分析集中于平衡解;当历史数据足以辨别流行的均衡等式时发生的。除了指明重复博弈(具备完善抑或不完善的监管)的经验相关,这些研究也在某种程度上证明博弈论分析可以用于一个社会的诸多方面,比如,经济制度和社会结构之间的内在联系。他们表明甚至在不完全信息的情况下,如何使第三者的执行变得可信,或者一个用于惩罚某个人的战略,当他没能惩罚一个偏离者时。最后,他们指出以正式组织和以作为替代品的重复的相互作用为基础来看待合同的执行是不对的,因为正式组织也许需要长期维持合作。

"欺骗"和非正式合同的执行:从11世纪到14世纪大部分欧洲辉煌的增长归因于商业革命,如地中海和欧洲远程贸易的出现。这种行动和当时人们清楚的描述都表明,在这个海外贸易扩张过程中,海外代理人在管理商人们在国外的资金方面起到了重要作用。然而,通过代理人运作资金,需要克服一个承诺行动问题,因为控制了他人资金的代理人可能采取投机活动。为建立有效的代理关系,一个代理人必须承诺事前、事后的诚实,并承诺不挪用商人的资金(货币、商品和贵重的包装物)。正如1989年本森(Benson)认为的一样,信誉保证了这样的一个承诺行动。然而,这样的一个结论是不够的,因为它只表明了一种不充分的

1013

理论分析,而且,更重要的是,它隐约认为理解一个历史现象只要研究它的理论可能性就足够了,而不用任何的经验证明。要理解如何在一个特殊的时间和地方减轻商人－代理人问题(实际上减轻了)需要详细的经验研究和一个具体的理论分析。

一个令人满意的经验和理论分析应该传达什么,相关的争论如下。如果重复博弈导致了合作,那么模型的边界是有限的还是无限的呢?如果一个无限重复的博弈是合适的,那么"撕毁协议问题"(unraveling problem)是如何得到减轻的(即为什么一个代理人不会在年老时欺骗对方)?模型应该是一个非对称信息模型吗?它是否应该包括一个法律体系?信息是如何获得和传播的?交易者和代理人的集合是否应该作为一个外生变量?一个代理人在开始运作时能否作为一个他所挪用的商品的商人的身份?如果一个代理人挪用商品,谁将报复他?为什么报复的威胁是可信的?在商人－代理人承诺问题减轻的情况下,到底用了什么有效的特殊方式?为什么这种特殊方式会出现?

格雷夫(1989,1993,1994a)检验了这些问题——活跃在 11 世纪"地中海穆斯林"(Muslim Mediterranean) 和"马格里布犹太人"(Jewish Maghribi) 商人相关的问题。历史的和理论的证明表明,代理人关系并非由法律体系所主导,而且相关的模型是完全信息的无限次重复博弈。格雷夫(1993)讨论了为什么要排除一个不完全信息模型。接下来我将讨论"撕毁协议问题"是如何减轻的。具体来讲,它指出了效率工资模型与两个特别重要的特征的相关性。匹配并不完全是随机的,而是根据商人所能获得信息

决定的。有时一个商人不得不中止通过一个诚实的代理人进行的运作。这个模型的结论中包括：存在一个（子博弈精练）的均衡使得每个商人都从全部代理人的一个特定子集中选择自己的代理人，同时商人们都会中止通过任何曾经有过欺诈行为的代理人进行的运作。

由于与所有的商人未来的关系所具有的价值使得代理人保持诚实，这种集体惩罚具有自我实施的能力。过去曾有过欺诈行为的代理人，由于其无望被任何商人所雇佣，因此并不会由于再次被发现欺诈而失去此价值。因此，如果一个商人依然雇佣这样的一个代理人，他必须支付一个更高的（效率）工资以保持代理人的诚实（与该曾经有欺诈行为的代理人有关）。因而将促使每个商人只雇佣那些可能会被其他商人雇佣的代理人。

在中世纪后期，获取和传递信息的成本很高，因此，该模型应该把一个商人的决定与怎样获得昂贵的信息结合起来。由于商人们通过成为一个非正式的信息共享网络的一部分来收集信息，假定在博弈开始前，商人们可以决定是"投资"或"不投资"以加入到该网络中来，并且他们的决定为人所共知。在每一时期，投资花费了成本，作为回报，商人们相互了解了其他同样投资的所有商人的过去。而不投资的商人仅仅了解的是自己的历史。在集体的均衡中，历史具有价值。因为即使均衡路径中不存在欺诈，商人们也愿意进行投资。

仅仅当一个曾经有过欺诈行为的代理人被限制住，不能用资本来获得与被他欺骗的商人相同的利润时，集体惩罚才是有效的。无论如何，并不存在历史原因，用于外在地强加这样的一个限制。但是这种限制会在集体惩罚下从内部产生。尤其当一个代理人同时也是一个商人的时候（从而通过代理人进行投资），他会由于集体惩罚的存在而限制了挪用行为的产生。当代理人同时也是商人的时候，一种新的策略将不仅具有自动实施能力，而且进一步减少了代理人欺诈的获益。这种策略对那些欺骗了曾经作为代理人欺骗过别人的商人的代理人不作惩罚。这种策略潜在地使雇佣代理人的时候，不考虑他们挪用贸易中资本的能力。

当代理关系表现为"联盟"（一个商人集团利用上述策略与一个特定的代理人集团交易）时，集体惩罚使得代理人雇佣成为可能，即使特定的商人与代理人之间的关系不会重复。在联盟内的合作所产生的收益（相对于其余双边惩罚而雇佣代理人）以及对未来的联盟成员中的雇佣行为保证了这个联盟是封闭的。联盟的成员雇佣其他成员或被其他成员雇佣，而非成员则无法雇佣联盟的成员。类似地，由于联盟的成员资格具有价值，一个代际交迭重复模型可以指出如何避免"撕毁协议问题"的危险，该模型中"儿子"继承"父亲"的成员资格，并在他们年老的时候支持他们。

以上的理论讨论给出了通过联盟解决支配代理关系的一些条件和结论，这些结论与双边效率工资模型（夏平和斯蒂格利茨，Shapin & Stiglitz, 1981）中关于代理人类型的不完全信息模型所产生的结论有所区别。例如，在联盟中代理关系将是可变的。商人们可能在代理人之间转换，并且在需要的时候短期雇佣代理人。商人们还宁愿雇佣其他的商人充当自己的代理

人,可能通过需要代理人资本投入的业务合作方式。进一步说,联盟的成员倾向于同其他商人分开,并且不会在联盟外建立委托代理关系,即使(在不考虑代理成本时)这种关系更有利可图。同样的,联盟成员的儿子们将会加入该联盟。

事实上,反映了马格里布人运作的犹太教堂藏书揭示了上述通过联盟支配代理关系的条件和结论。它反映了基于社会和商业信息网络上的富有弹性的但并不是双边的代理关系的互惠互利。在马格里布人中并不存在商人或代理人"等级",因为商人雇佣其他的商人作为他们的代理人,并且使用需要代理人投资的业务合作形式。更进一步地,马格里布人并未与其他(犹太的或非犹太人的)商人建立代理关系,即使这种关系在他们看来非常有利可图。在一个新的贸易中心开始业务时,马格里布人并不雇佣他们以外的人。而是有一些族人移民到这些贸易中心,并提供代理服务,最后,贸易商的儿子们事实上在他们的父亲年老的时候支持他们并且继承联盟的成员资格。家庭成员之间相互承担道义上的责任(尽管法律上不必如此)。

值得注意的是,在马格里布人中观察到这些特征,在意大利贸易商中并不盛行,他们(尤其是从 12 世纪开始)与马格里布人在相同的区域里,经营着相同的货物,并使用着相仿的航海技术,看起来在他们中间,双边的而不是集体的惩罚比较流行。

除了上述关于在马格里布人中通过联盟支配代理关系的间接证据以外,"犹太教堂藏书"还包含了关于联盟的各个方面的直接证据。对于多边惩罚的期望,预期惩罚的经济特征,过去行为与未来雇佣之间的关

1017

系,在一个特定代理商和商人之间关系中所有联盟成员获得的利益,等等。这些内容都有明确的陈述。进一步而言,犹太教堂藏书反映了一套行为文化准则的存在,这样的准则减轻了对复杂的代理合同以及对通过说明什么是"欺骗"来协调的行为要求。

那些导致选择这个特定策略的因素也同样反映在历史的记录中,在马格里布人中盛行多边惩罚是由于社会进程及社会文化状况,马格里布人是 10 世纪移民到北非的犹太商人的后代,当时这些犹太人越来越感到巴格达政治环境的不安全。可以证明的是,正如他们强调集体责任的文化背景一样,移民的过程为他们提供了一个信息传递的最初社会网络,并使得集体惩罚策略成为一个焦点。特殊的社会进程与文化背景使得他们用联盟来监管代理关系,同时联盟所产生的经济激励加强了马格里布人独特的社会身份。实际上,马格里布人在犹太人中一直保持着独特身份,直到后来因政治原因被迫停止交易。这种社会身份与监管代理关系的经济制度之间的内在关系意味着马格里布犹太人之间的联盟并不一定导致有效规模。原因是对于将来雇佣和集体惩罚的预期是以一个特殊社会身份为条件的。所以这种联盟并不具有回复到经济上最优规模的调节机制。

克莱(Clay, 1994)也作了一个同样的研究,是关于在遥远的墨西哥加利福尼亚的美洲商人如何执行合同的研究。与马格里布人情况不同,她的证据表明,即使一个代理商欺骗了他们之中的任何一个,他们并不会终止同他的所有关系。为了解释这种不同,克莱指出了一个代理人拥有同一个墨西哥团体中成员进行信用交易的垄断权。因为同这些团体的合同执行是根基

于非正式的社会许可,所以为了能够进行信用交易,交易商就必须定居于团体中,同当地人结婚,培养子女为天主教徒,在家中说西班牙语。此外,墨西哥团体的小规模特点也意味着只有一个商人以此方式进行整合才会有利可图。

克莱把这种特点总结为一个不完善监管下无限次的重复博弈。而且发现,一旦一个交易商在代理关系中进行欺骗,就对其实施永久、彻底惩罚的策略是帕累托次优的。这样的策略将所有的交易商排除在由骗过他们、但却拥有合同执行垄断权的代理人所控制的社团之外。在第一次欺骗之后的一段有限期间内所实施的部分抵制策略优于完全的抵制策略。说抵制是局部的,意味着它并不排除要求动用骗子在当地执行合同的能力的交易。一个完全的抵制只能是在该抵制期间的第二次欺骗之后。直接或间接的证据表明,这样的策略为交易者所采用。因此,同马格里布人不同的环境导致了这样的不同结果,帕累托最优策略适用于多方面的交易者关系之中。

在匿名者之间合同的执行。有两个研究探讨了彼此避免相见的匿名者之间跨越时空的合同执行。特别在香槟博览会上需要这种合同的随时执行。香槟博览会是 12,13 世纪发生在南北欧之间的大量交易的场所。米尔格罗姆(Mirgrom)、诺思和温加斯特(1990)认为,在一个大型的商人团体中,博览会交易频繁,使声誉机制并不能够让交易者履行他们的义务,因为大的团体之中缺少一个社会网络系统,让他们过去的行为为人所共识。另外,一旦交易者离开博览会,博览会法庭又无法对他们直接执行决定。米尔格罗姆、诺思和温加斯特建议一个法商体系,以强化多边的声誉机制,这样的法商体系确保了这些案例中的合同的可执行性。假设,每一对的交易商只遇到一次,并且每一个交易者只了解他自己的经历。进一步假设,法庭只能够证实过去的行为,并且保存了曾有欺骗行为的交易者的记录。获取信息和向法庭提出控诉,对每一个商人来说成本高昂。但是在无限次重复的完全信息博弈中存在一个对称序列的平衡,欺骗不会再发生,商人们会向法庭提供所需的信息来支持合作。法庭有能力通过掌握能提供适当激励的信息来激励多边的声誉机制。另外,还存在一个均衡,交易商可能退出未来交易的威胁足以防止法庭滥用信息来向交易商勒索金钱。然而,为了证实这些分析的历史相关性,文章只指出了博览会当局能够控制那些允许进入市场的人们。

法庭以及可溯及的 12 世纪中叶的西欧、南欧的历史记录表明了另一个机制的运作,使得跨越时空的匿名交易成为可能。交易者运用一个团体责任的原则,这个原则连接了任何交易者的执行和每一个团体成员的责任。举一个例子,假如一个团体之中的一个债务人到期未能履行他的职责,债权人可以要求当地法庭没收债务人团体之中任何一个成员在当地的财产。那些财产被没收的人们向最初的这个债务人索取赔偿。交易者用这种团体内部的执行机制来保护支持团体之间的交易。

历史学家们认为这样的合同执行制度有点"野蛮"。因为有时候它会导致"报复状态",两个团体在控告欺骗之后一段时间内停止交易。另外,该制度的一些特征,如旨在提高对贷款人违约成本的监管措施,让

大团体之中有钱的商人从该制度中豁免的努力以及它在 13 世纪的灭亡至今无法解释。格雷夫（Greif，1996a）利用一个能说明情况本质的重复不完全监管的博弈，来理解这些特征，包括评价对这一制度的赞成和反对意见。

格雷夫的分析表明了代价昂贵的"报复状态"背后的合理性，即为保持合作所需的游戏行为的均衡路径。它们反映出两个当地法庭之间的不对称信息，他们针对合同义务执行还是不执行，作出不同的判决。提高对贷款人违约成本，让大团体之中的有钱商人从制度得以豁免的监管措施，体现了制度所有的逆向选择问题。为保持效率，贷款人必须证实借款人的资信，但这个制度意味着他也考虑到将来从借款者团体获得补偿的可能性。增加贷款人的违约成本减轻了这个问题，同时富有团体中的经营良好的成员特别希望他们能够从制度中得到豁免，因为他们团体的财富和规模容易形成逆向选择。这些富有的、经营良好的成员即使没有团体的责任，也能凭借个人的信誉筹到借款。但他们的财富使该团体之中的信誉差的成员也能借钱。实际上，他们承担了让团体中其他成员也能借到钱的成本。他们倾向于他们个人能够得到豁免的一个社团责任制度。模型与历史证据表明，制度的衰败是在它的成本增加之后（如报复行为和逆向选择问题）。成本的增加是因为交易团体数目的增加，一些团体的财富的增加以及社会政治的融合，让伪造团体身份变得容易。

（2）国家：出现、实质与功能

分析欧洲国家有助于我们理解欧洲经济史。欧洲国家是十分重要的经济决策者,他们间的竞争常被用以解释西方战争的起因。一些研究利用重复完全信息博弈和动态不完全信息博弈,来考察经济因素与欧洲国家起源、实质之间的相互关系。研究指出,把一个国家看作一个自我增强制度的重要性,也指出了国家内的组织在一国内不同层次之间提高合作中的重要作用,并且对议会制度提出了先进的新的解释。最后,研究指出为什么在对称信息和可转换效用的情况下,战争发生的原因。

国家的出现和起源:在中世纪国家形成的过程中,意大利城邦的出现是最引人注目的。这些城邦是通过订立合同(自愿)形成的,而且有许多城邦在 11 世纪到 14 世纪经历了非常快速的经济增长。就这一点来讲,热那亚就是一个范例,它的建立(1096)明显带有促进各成员间利益的目标。的确,它逐渐成为跨黑海到北欧的商业帝国。

促进热那亚的经济繁荣需要两个主要贵族家族(以及它们的政治派别)的合作。这两个家族可以在侵略其他国家或获取商业权利(例如低关税或是部分可以定期收取租金的港口)时进行军事上的合作。取得商业权利是城市长期繁荣的关键。可是除了能够在事后增强对抗对方的军事实力外,每个家族还希望从这种合作中有所收获。在 1096 年到 1164 年间这两个家族都未作出尝试,甚至在 1164 年到 1194 年它们之间还爆发了频繁的战争。在 1164 年以前家族间获取权利的合作是否会由于确保关于利益分配的合同关系的自卫能力而受到限制? 为什么家族间的战争在 1169 年以后才爆发? 是否在 1164 年之后家族为了提

高合作程度而试图调整它们的游戏规则？这些问题是由历史学家提出的,但是如果没有适当的博弈理论还是无法回答。

为了说明这些问题,格雷夫(1994a,1995)使用重复博弈来分析这种情形。在这个博弈中具备关于各个家族军事实力的充分信息,但是对于军事冲突的结果却具有不确定性。这个分析表明加强防卫能力可能会限制家族间获取权利的合作。如果各个家族处于共同阻碍均衡中且有少于充分数量的权利,那么获取额外的权利就不符合家族的利益。在少于充分数量权利的共同阻碍均衡中,没有一个家族愿意挑起战争,因为战争的预期成本和可能被打败的成本要大于从战胜对方中所取得的收益。如果一个家族的成本中由于增加被击败可能性,那么增加额外的权利会提高它的预期收益,这会导致双方敌对或者迫使一个家族加大对军事力量的投资。获取权利的政治成本表明对于每个家族来讲最优的合作是获取少于充分数量权利。

以上的分析是不完全的,因为如果考虑当时的历史条件,那么就不能将家族获取利益作为外生变量。每个家族是否一定要克服由于重新分配份额的政治成本所带来的经济上的不效益？假定保持利益份额和军事力量不变,每个家族认为向另一个家族进行挑战有利可图。尽管博弈具有充分信息,但是仍然存在家族间不进行战争却出现帕累托改进的情况。由于军事冲突和家族使用利益份额外负担来增强军事实力的不确定性使得这种改进无法存在。挑起战争的一方所增加的投入会减少胜利所带来的收益,但是却会增加胜利的机会。而另一个家族却会由于保持原有的分配从而增加了战争的福利。这样热那亚家族进行合作的能力就被限制在家族关系是增强自卫能力的范围内。

但是历史上是否会因为要保持家族关系中的自卫能力从而限制了家族间经济合作的可能性呢？在假定条件下确实如此，该模型会产生许多种可能，例如，在侵略和获取权利的合作中的时间路径，对军事力量的投入和对各种外生变化所作出的回应（包括家族间的军事敌对）。这些可能性被历史所证明。仅在 1194 年学习的过程和对热那亚严重的外部威胁就促使家族建立了自卫组织——这就是"帕蒂塔"（英文含义是"权力"）。"帕蒂塔"改变了热那亚政治博弈的规则并且增加了参数设置（包括权利的数量）。在这种情况下，家族间合作能够达到共同阻碍均衡的结果，并且还包括在这种均衡中的权力合作。更为重要的是"帕蒂塔"并不是由热那亚所雇佣的，而是由它自己的军队支持并且实际统治了热那亚一年。"帕蒂塔"的自卫规则是"帕蒂塔"承担了使用军事实力来防止一个家族对另一个家族进行攻击。在"帕蒂塔"存在时，热那亚繁荣了 150 年并且达到政治和商业发展的顶峰。理解热那亚的商业崛起需要理解它的整个政治基础。

格林（1993）认为在 13 世纪英格兰出现的议会政府促进了其随后的增长。这个分析支持如下猜想：议会政府的变化反应了昂贵的私人信息交流的利益。现存的权力均衡理论认为政府体系的变化是获取或保卫财产技术变化的标志，但是它却无法解释 1215 年"大宪章"中的核心原则。英国贵族并不要求减税但是却坚持国王征税要征求他们的意见。格林认为这种要求反映了党派间交流和交换的利益。

1024

在 1215 年前不久,法国属地的丧失以及欧洲政治上所增加的困难阻碍了英格兰进行外部扩张,英王对于此有深入的了解。为了探明为什么外部威胁和私人信息会使一个基于交流的政治体制产生帕累托最优,格林分析了以下模型。考虑一个单方时期博弈,在这里一个统治者常常能够(最多)剥夺臣民一半粮食。对于整个粮食的外部威胁而言,统治者可能采取以下几种方式:(1)发动一场代价高昂的行动,(2)面对威胁(不增加任何附加成本)。如果没有威胁,统治者宁愿选择一半的粮食而不是采取代价高昂的行动。如果存在威胁,统治者就会采取行动,如果统治者获取粮食的三分之二就不会采取行动并且不会谋求任何份额。臣民在(1)和(2)之间会向统治者交纳粮食的三分之二。外部威胁的物质化与否将取决于统治的私人信息。在这个模型中存在一个贝叶斯－纳什均衡,在这一均衡中统治者认为外部威胁由于采取了代价高昂的行动,且臣民交纳给他粮食的三分之二被物质化了。除了昂贵的交流以外,帕累托均衡比没有交流的均衡占优。这样,转向议会政府可能正是反映了高昂交流的利益。

承诺尊重产权:在西班牙经济和政治统治达到高峰时期,西班牙王国的五次破产(1557,1575,1596,1607,1627)常常被用来说明前现代公共财政系统的局限性(Cameron,1993)。统治者不承认债权人的产权从而阻碍了自己的借款能力。在详细的史实和博弈理论分析中,康克林(Conklin,1995,1996)提出了对破产的另一种解释,那就是它反映了国王财政的再结盟。换言之,破产并没有反映该体系的失败而反映了该体系运作的失败。历史上，这些破产并非是因未偿还债权人债务，而是因吉诺伊斯（Genoese，国王的外国债权人）停止向国王贷款而开始。作为回应，国王暂停对吉诺伊斯还债并对部分应偿还债务进行谈判，同时附加了一条权利——债权人可以将债权售予西班牙的债主，也就是国王的国内债权人。在这次重新结盟之后，吉诺伊斯退出了借贷。

为了理解这点，考克林应用了状态变量的重复博弈，其中一个重要组成部分就是国王"关注"他的西班牙债权人的福利。这个设定的理由是国王在征税、管理和军事运作上都要依赖这些西班牙富商。利用计算机运算规则解决帕累托最优的子博弈精练均衡表明当国王达到他对热那亚人承诺的极限时，将会出现财务的再结盟。国王将把一部分的债务转给他的精英们，这是国王继续获得贷款的先决条件。这种解释获得了额外的支持，例如，征税制度的特点以及国王在继续偿还其国内债务的同时想要剥夺特殊西班牙人财富的意愿。

（3）关于国家内部的问题

利用博弈论已经促进了对于历史上市场结构（顾名思义，就是一个行业内的企业数量和相对规模）、金融体系、法律体系及其发展的分析研究工作。同时这些分析研究利用了能够对博弈论产业组织模型进行检验的历史数据，肯定了博弈论关于市场规则和市场行为之间关系的推断，也指出了银行以及租金的分配在市场由一个均衡点向另一个均衡点运动中所起的作用，由此促进了新的关于金融和市场结构的博弈论模型的产生。

市场结构和市场行为：谢尔曼法（Sherman act）之前和之后的商业记录为对于策略行为和市场结构之间的关系进行经验检验提供了独特的数据集。对于它们的分析肯定了掠夺和声誉在影响市场结构方面的重要性，使得对默契共谋模型（tacit collusion's models）的经验检验成为可能，指出了仅用间接（计量）证据来检验企业间相互作用的局限性，同时也指出了现行的市场结构模型由于忽略了企业间相互影响的多重性因而是有缺陷的。

伯恩斯（Burns 1986）研究了掠夺性定价中声誉对于 1891 年到 1906 年烟草托拉斯（美国烟草公司）的出现所起的作用。一份对于原美国烟草公司收购 43 家对手公司的计量经济研究显示，如果一公司被指控对其他公司进行掠夺性收购，这将大大降低对于所谓的受害者的成本，并通过声誉效应降低对于那些和平出售的竞争对手的成本。同样，戈顿（Gorton，1996）检验了在"自由银行时期"（1838—1860）声誉的形成和意义，在这一时期新银行可以进入市场并发行银行账号。经济历史学家们注意到，在这一时期"野猫"银行（"wildcat"一夜之间就化为乌有的银行）并不是一个很普遍的问题，但他们发现这一现象很难解释。戴蒙德（Diamond，1989）不完全信息模型指出，如果有些银行是野猫，有些不是，而另外有些银行可以选择是或不是，那么声誉形成的过程可能会阻止银行选择成为"野猫银行"。由于信息不对称，开始时所有银行都将面对高贴现率，但随着"野猫银行"的拖欠，那些生存下来的银行由于获得了声誉将面对不断降低的贴现率。贴现率的降低反过来又激励了那些可以选择不做野猫的银行。戈顿对这些推断的不同方面进行了一项计量经济分析（特别是新银行的银行券贴现率是否更高以及是否这个贴现率依赖于制度环境），从而肯定了声誉对于阻止野猫行为的重要性。

韦曼和莱文（Weiman 和 Levin，1994）将直接证据和间接（计量）证据结合起来，对于 1894 年到 1912 年南方贝尔电话公司获取垄断地位所采取的策略发展和意义进行了检验。和通常的产业组织理论中的假设不同，使南方贝尔成为一个垄断公司的策略变量不仅是价格，还有超前于需求的线路投资。这样就把那些竞争对手孤立在较小的地区里，并通过增加对于用户的竞争成本来影响电信管理。与此类似，加贝尔（Gabel，1994）证明在 1894 年到 1910 年间 AT&T 通过掠夺性定价控制了电话产业。尽管降价增加了短期内的成本，但它使得 AT&T 阻止了竞争者的进入并且很便宜地买到了竞争对手的资产。这种战略的成功还得益于费率管制（rate regulations）和资本市场的不完善，从而阻止了对手大规模的市场进入。

在一个经典的研究中，波特（Porter，1983）研究了一个于 1789 年成立的铁路卡特尔"联合执行委员会"是如何共谋制订芝加哥和东海岸之间的运输价格的。利用从 1880 年到 1886 年的数据，该研究检验了格林和波特（Green 和 Porter，1984）的关于不完全监督和需求不确定条件下的共谋理论，并且不能否定该理论的相关性（而另外的理论认为价格的变动反映了外界的需求和成本方程的变动）。根据格林和波特的理论，价格战的发生是由于企业在走向均衡的过程中不能区分需求的变动和企业的缺陷。一个足够低的价格能够

引起一定时期的价格战,虽然所有的企业都意识到没有发生偏差,但也需要惩罚来保持共谋。 埃尔森(Ellison,1994)也得到了相似的结果,他将格林和波特的模型和罗腾伯格和萨洛纳(Rotemberg 和 Saloner,1986)的模型对立起来,在后者中价格战从来不会发生,并且在走向均衡的过程中价格呈现出反向循环的特征。

格林和波特的模型也为莱文斯坦(Levenstein,1994,1996a,1966b)研究了在第一次世界大战前的美国溴工业中的共谋提供了理论框架。计量经济分析不能推翻格林和波特的模型,这说明价格战可以稳定共谋。然而莱文斯坦(1996a)宣称这个结论是错误的。利用大量的直接证据,莱文斯坦证明只有少数价格战能够在格林和波特的意义上稳定共谋,并且这些价格战是短暂的、温和的。长期的剧烈的价格战或者是用来影响共谋的分配的工具,或者是由于技术变化的非对称性引起的对于共谋行为的一种有利可图的背离。最后,和上面讨论的研究相似,莱文斯坦的论文对于假设价格仅仅是策略变量的关于共谋的策略模型的经验相关性提出了质疑。她认为在溴工业中,改变该行业的信息结构和市场营销体系有助于加强企业间的共谋。

金融体系及其发展 在银行和证券市场兴起之前的金融中介的本质和作用很少被人们研究,这样就限制了我们对于现代之前的金融市场的理解。另外虽然经济历史学家研究了不同金融体系的关系和发展(这些金融体系是以银行和证券市场的本质以及相对重要性来区分的),然而至今对于不同金融体系的起源和含义的理解还是模糊的(Mokyr, 1985)。只有最近博弈论和历史研究的结合才促进了对于金融中介的分析,使得研究不同金融体系的起源和含义成为可能,同时揭示了银行在协同发展中一个至今未被研究过的作用。

霍夫曼、波斯特尔·维内和罗森塔尔(Hoffman, Postel-Vinay 和 Rosenthal,1994)利用一个重复博弈模型和来自巴黎的独特的数据集(1751),从理论上和经济计量学上研究了信贷体系作为银行和证券市场替代物的运作情况。在古法兰西帝国,公证人对通过他们所登记的交易记录享有所有权,这样他们就对发现和匹配潜在借款人和贷款人所需的信息享有垄断权。然而,他们所提供信贷市场中介功能的能力却被一种"锁定"效应("lock-in" effect)所阻碍,除非他们能够保证不利用他们的垄断力量,否则信贷信息的潜在参与者将不会用到中介功能。关于这个问题的一个博弈论推论揭示如果公证人共享信息以减少每个公证人对于各自客户的垄断力量,那么这个问题就会减轻。确实,这些数据也肯定了这种推论。

在经济历史学家中存在着一种共识,即在欧洲第一个和第二个最早实现工业化的主要国家,即英国和德国内存在着不同的金融和产业体系。英国的企业规模较小并且倾向于通过可交易债券和短期借款来融资。而德国企业规模较大并且倾向于通过对它们进行密切监督的特定银行借款来进行融资。基于这种差异,巴莱卡和伯拉克(Baliga 和 Polak,1995)试图利用一个考虑到道德风险问题的动态博弈来研究这种差异的原理和起源,而道德风险问题是工业贷款的一个内

　　在问题。企业家们在缺乏监督时仅能提供次优的努力水平,而有成本的监督可以提高他们的努力水平。监督体现的是内部规模经济,而可交易贷款市场体现的是外部规模经济。

　　这个研究为将来的有益的经验研究提供了基础,它使得静态推断有关外部因素(如基准利率、企业规模、贷款人谈判能力)和企业家对融资协议的选择之间关系的比较成为可能。进一步说,它说明了企业家财富和政府证券市场对于金融协议的效率和选择的可能影响。当这种分析涉及企业家选择企业规模以及银行选择是否获得监督能力时,将存在一种多元均衡,这种多元均衡证明了不同金融和产业体系出现并存在的可能性。

　　"大推进"(big-push)经济发展理论(Murphy 等,1989)提示了银行在协同发展中的作用。当外部性使得投资仅仅在足够多的企业同时投资才有利可图时,不能够协同投资将导致一个"欠发展陷阱"(underdevelopment trap)。基于这个模型以及快速经济发展和拥有市场力量的大银行,或对于工业企业的大量持股之间的历史正相关关系,达林和赫尔曼(Da Rin 和 Hellmann,1996)建立了一个关于在市场走向均衡(在均衡时,企业要进行投资)过程中银行所起作用的模型。利用一个完全信息的动态博弈,他们指出这种正相关关系反映了大银行在促使市场由一个均衡向另一个均衡运动过程中所起的作用。银行能够促进工业化的一个必须条件是:至少有一家银行(或是一些相互合作的银行)大到足以通过补贴很多企业的投资从而促进它们投资来提供这种促进作用。然而,这需要一家银行具有垄断力量或资本投资，从而通过使它从它所促进的工业化中受益来激励它协同发展。

法律、发展以及劳动关系　　博弈论模型被用来评价在不同历史时期法律条例和程序对于发展和劳动关系的影响。罗森塔尔（1992）发现在 1700 年至 1860 年的法国，虽然一些排水和灌溉工程会带来效率，但这些工程并没有进行。与此截然相反，在同时期的英国以及大革命后的法国有效率的工程却被开发了。在法国该时期有效率的工程不能被开发，是因为对于土地拥有 de facto 或 de jura 权利的村庄和想开发这个项目的人，在关于收益的分配问题上不能达成共识。罗森塔尔推测是古代法兰西帝国的法律体系导致了这些工程未被开发。

为了证明古代法兰西帝国的法律体系阻碍了协议的达成，罗森塔尔利用了一个动态的非完全信息博弈模型。该模型的核心是关于村庄对于土地所有权法律有效性的非对称信息，以及"举证责任"原理（burden of proof），也就是说如果想开发的人和村庄都不能对土地拥有 de jura 权利，那么财产所有权应该归谁。这个研究指出，由于法律禁止庭外和解，对村庄有利的举证责任原理以及使用法律体系的高成本增加了开发人认为无利可图的项目。所有这些法律现象在古代法兰西帝国存在，而在英国和大革命后的法国却不存在。

特雷堡（Treble，1990）研究了 1893 ～ 1914 年英国采煤业中法律规定对于工资谈判的影响。这些谈判在调解委员会进行，并且如果不能达成共识的话将使用仲裁人员。在不同的煤田，仲裁人所接到的申诉数量有很大差别，从最低的 11% 到最高的 56%（申诉占

谈判的比例)。经济历史学家对于这些差异的传统解释是它们反映了谈判者品性的差异。然而 Treble 把这个谈判过程作为一个博弈模型(不同于许多别的谈判模型,如 Farber,1980),这个模型能够预测申诉对仲裁的频率。特雷堡的研究认为,由于推迟达成协议具有策略意义,因此一个特定调解委员会的章程越允许推迟达成协议而不进行仲裁,仲裁被使用得越少。当这个假设(另外的假设是申诉是受品性影响的并且反映了关于仲裁人倾向的信息不对称,Cranoford,1982b)被置于经济计量分析之下时,我们并不能否定它。

(4) 关于国家之间的问题

利用重复的和静态的博弈研究(这些研究结合了博弈论分析和历史分析)已经证明了非市场化的组织在影响远程贸易发展所经历的过程中的重要性以及关于 renegotiation-proof equilibrium 的理论的经验相关性。这些研究也支持了新国际贸易理论,指出了企业内部激励结构对于企业间策略关系的意义,以及国际战略关系如何影响国内经济政策,协同作用如何演进以及均衡选择和公共交流之间的关系。

国际贸易　　格雷夫、米尔格罗姆和温加斯特(1994)研究了使中世纪后期的统治者致力于保护外来贸易商财产安全的组织的运作和意义。中世纪的统治者由于具有当地的垄断强权,因此他要面对去侵犯来往于其领地的商人财产的诱惑。如果没有一个组织来使统治者致力于保护商人的权利,外来商户将不会前来进行贸易。

由于贸易关系是重复发生的,也许有人会推断一个"双边声誉机制"(在这一机制下权利受到侵犯的商人将停止贸易)或一个非协同的"多边声誉机制"(在这种机制下权利受到侵犯的一群商人将停止贸易)可以解决这个道德问题。然而这种推断是错误的。虽然这两种机制都能支持一定水平的贸易,但它们都不能支持"有效的贸易水平"(和对于从贸易以及统治者贴现因素中产生的收益的分配无关)。"双边声誉机制"失效是因为在"有效贸易水平"上,对于统治者来说边际贸易商所进行的贸易的价值为零,因此统治者就有侵犯贸易商权利的诱惑。在一个充满了信息不对称、交流不畅、对事实解释不尽相同的世界中,"多边声誉机制"也会由于相似的原因而失效。因此从理论上讲,只有商人们有了一个组织来协调他们的行动时,这种"多边声誉机制"才可能克服这个道德问题。这种协调组织证明了马科夫完全均衡的存在,在这种均衡下,只要贸易禁运还没有宣布,贸易商们就会进行贸易(在有效贸易水平上);但是宣布贸易禁运后,他们都将停止贸易。而统治者在禁运宣布前会尊重商人的权利,而一旦宣布禁运就会侵犯他们的权利。在协调组织存在的情况下,贸易将合情合理地扩大到它的有效水平。

虽然刚才描述的策略促进了完全均衡的产生,但在考虑到 renegotiation proof equilibrium 中所包含的意义后,这种理论将不具说明力。根据上面的均衡策略,当协调组织宣布禁运后,商人们将不得不重视它,因为他们预期统治者将侵犯违反者的财产权。但是这种预期合理吗?为什么统治者不鼓励禁运违反者而惩罚他们呢?鼓励违反禁运显得更加合理,因为在贸易

1034

禁运时期贸易量萎缩因而边际贸易商的价值增加,这样"双边声誉机制"将会起作用。这种可能性就削弱了贸易禁运的严重性以及协调机构支持有效贸易的能力。在这种情况下,如果一个"多边声誉机制"辅以一个具有协调各方反应并保证贸易商服从禁运决议能力的机构,就能达到有效贸易水平。

直接的和间接的历史证据表明,在商业革命时期,一个具有上述性质的组织商人行会出现了,并且它支持了贸易的扩大和市场的完整。商人行会采取了不同的管理组织方式,从城市管理的分支到意大利城市国家的管理方式,再到城市间的组织方式如德国的汉莎。然而它们的功能却是一致的:即保证协调和内部执行能力使得集体行动更具威信。这些商人行会的本质和它们出现的时期反映了历史的以及环境的因素。例如在意大利,每个城市都足够大以至于它的贸易商不是"边际"的并且它们的法律权威保证了它们的贸易商服从行会的决议。与此相对比,众多较小的德国城市只能通过冗长的程序来把自己组成一个行会以实施有效的贸易禁运。

欧文(Irwin,1991)利用一个博弈论模型研究了在17世纪早期英国东印度公司和荷兰联合东印度公司之间的竞争。荷兰人能够在从印度尼西亚胡椒岛(Spice Islands)购买的胡椒贸易中取得绝对优势,虽然两个公司具有相似的成本并且在欧洲市场以同样的价格出售胡椒。为了理解荷兰人占优势的原因,欧文认为胡椒市场的竞争和布兰德与斯潘塞(Brander和Spencer,1985)的双寡头竞争模型相似,在后者中两个出口同一种商品的公司同时进行竞争。英国和荷兰

1035

的这两个公司主要在胡椒市场上竞争,并且它们都是国家垄断组织,它们的章程随时都可以被援引。如果确实是这样的话,布兰德和斯潘塞的研究显示,任何使一个公司的反应方程外移的贸易政策都将增加它的纳什均衡利润而降低另外一个公司的纳什均衡利润。这个似乎改变了荷兰公司的反应方程的政策存在于它的章程中,荷兰公司的章程规定经理人的工资是公司利润以及贸易量的函数,因此就使得公司反应方程外移(如在 Fershman 和 Judd 的文章中,1987)。企业内部的激励结构影响了企业间的竞争。

国际关系问题 莫勒(Maurer,1992)研究了1912 年到1914 年英国和德国海军军备竞赛的案例,从而提供了一个均衡选择和"合作发展"的有趣实例(Axelrod,1984)。

在这一时期,这场军备竞赛就像一场重复的囚徒困境博弈,因为双方都明白军备竞赛的高成本。在1912 年双方取得了一定的非正式合作,当时的英国海军大臣邱吉尔公开宣布了一个以牙还牙的策略,如果在已经批准的在德国和英国建造的战舰数目之上德国再多造一艘,英国将多造两艘。在验证了英国的宣言的可信度以后,德国采取了它所能采取的最好反应措施,即不再多造战舰。这样军队竞赛和军费被转移到另外的方向上,例如建造驱逐舰、加强地面军队以及改进战船的性能。然而一个关于正式的更加广泛的军备控制协议的谈判失败了,重要的原因在余双方担心这些讨论将通过引起更具争议性的问题而损害双方的关系,这些更具争议性的安全问题反映在海军竞赛以及和更广泛的欧洲军力平衡问题的联系方面。

（5）文化、制度以及社会组织

经济史的一个长期的传统是认为文化和制度（顾名思义是由非技术因素所决定的行为约束）影响经济表现和成长。然而由于缺乏合适的理论框架阻碍了对于制度和文化之间关系的研究。这就限制了人们解决那些似乎是造成发展失败的核心问题的能力：为什么社会沿不同的制度轨迹发展？为什么社会不能采取经济成功社会所采取的制度结构？

格雷夫（1994a,1996b）将博弈论和社会学的概念相结合，进行了一个关于文化和制度之间关系的比较历史研究。该研究考察了引起两种古代贸易商组织，即穆斯林世界的马格里布人和来自拉丁世界的热那亚人，沿不同制度轨迹发展的文化因素。它建立在对于预期和组织这两个制度因素的区别的基础上，而这种区别由于博弈论而成为可能。一个游戏者对于其他游戏者的预期是游戏者所面对的由非技术因素决定的约束的一部分，而组织（例如信用机构、法院、或企业）能够通过改变游戏者可以获得的信息、改变一定行为所涉及的收益、或引入其他的游戏者（组织本身）来约束行为。显然，组织对于该研究可以是外生的也可以是内生的。当它们是内生的时，它们的引入意味着将它们由游戏之外（意识到或未意识到）的可能性变为游戏中的现实。文化可以影响制度因为由文化决定的预期影响均衡选择，因此也就影响现有的组织并产生新的特定的组织。

确实就像上面提到的一样，马格里布人和热那亚人之间不同的文化传统和社会程序似乎导致了它们在商人 —— 代理博弈中不同均衡的选择。马格里布人

1037

达到了一种包括可以采取集体惩罚的"集体均衡",而热那亚人达到了一种包括可以采取双边惩罚的"个体均衡"。然而更加令人惊奇的是一项博弈论经验研究显示:一旦这些战略中有关代理关系的不同的预期形成以后,它们就变为"文化信念",并且超越了它们所得以产生的博弈。他们超越了原来的博弈在于它们可以影响对于游戏规则和组织发展过程的外部变化的反应,换句话说,它们成为和游戏相关的一个文化因素。

经典的博弈论没有对这种博弈间的联系解释过多:对于游戏规则的一个预期变化所采取的行动是(开始的)均衡策略的一部分,而在游戏规则的预期变化后所达到的均衡和变化之前所存在的均衡是没有关系的。然而通过比较双方对于外部变化的反应可以发现,在游戏规则发生不可预期的变化以后所达到的均衡和在这些变化之前所存在的均衡之间存在着一种可以预测的关系。文化信念为达到新均衡所要经历的动态调整过程提供了先决条件,而起始均衡和随后的历史组织创新之间的关系是可以预测的。双方之间在组织创新上的差异(如对于像行会、法院、家庭企业、货运单位这样的组织)可以被解释为原有的文化信念依然存在,而组织变化以后的期望所产生的激励造成了这种差异(然而,这种理论不能解释这些组织变化的时机。尽管存在着激励动机和先前已经引入组织的可能性,引入一个新组织还是需要很长时间的)。

如果文化信念和博弈联系起来,它们反映了组织路径依赖性并限制了组织在社会间的转移,因为引入一个特定组织的意义依赖于现有的文化信念。这种组织路径依赖和文化信念对于外部变化所产生的反应的影响揭示

1038

了不同社会组织出现的原理，如不同的经济、社会、法律和道德机构以及与此相联系的社会构架，信息传递和协调机制。有趣的是，研究所发现的中世纪晚期马格里布人和热那亚人之间的不同的社会组织很像社会心理学家发现的用来区别当代发展中国家和发达国家经济的不同的社会组织。这揭示了不同文化的历史重要性以及它们对于社会组织和经济发展的影响。

四、结论

虽然所有上面的研究都有将博弈论分析和经济史分析结合起来，但它们在各自的目标、方法论、对于理论和历史的重视程度、当然也包括研究质量方面，都是有差异的。然而，这些研究都有力地证明了这种结合对于经济史、博弈论和经济学的可能贡献。博弈论已经延伸到经济史领域，它使研究那些如果利用一种非策略的框架就不能很好解释的重要问题成为可能。它有助于研究各种问题，例如中世纪贸易中的合同执行问题、古代法兰西帝国的法律程序的经济含义问题、荷兰共和国和英国的贸易战问题、英国煤矿的工资谈判问题以及美国的产业结构出现的过程问题等。它还提出了对于商人行会的本质和经济含义、银行在发展中的作用、产业结构以及自银行时代的新的解释。

更一般地讲，这些研究揭示了将博弈论和经济史相结合对于帮助我们理解那些需要策略分析的多种问题的前景。这些问题包括市场制度基础的本质与含义、法律体系、文化和制度之间的相互关系、使用暴力及其经济后果之间的联系、策略因素对于市场结构的影响、协同和信息传递组织的经济含义。另外，虽然上面的研究都使用了均衡分析，它们也揭示了变迁以及路径依赖的起源和含义。在均衡路径上和在均衡路径之外的激励和期望揭示了是否发生变迁的原理,而制度路径依赖被发现是由于例如获取的知识和信息、和现有的组织或技术相联系的规模经济和范围经济、协同失败、分配问题、资本市场缺陷以及文化等因素造成的。

将历史分析和博弈论分析相结合对于博弈论最重要的贡献在于这种结合更加说明了研究策略问题的重要性以及博弈论的经验有用性。确实,历史为研究博弈论的经验相关性提供了一个不同寻常的实验室,这个实验室中包含了关于策略问题以及规则与结果之间联系的独特的数据集。有趣的是,无限重复博弈由于通常会形成多元均衡因而被许多人认为揭示了博弈论的经验无关性,但却被发现对于经验分析是特别有用的。另外,上面的研究也证明了理论的局限性并指出了将来发展的方向。例如它们揭示出(根据 Schelling 1960 和 Lewis 1969 的精神)要理解均衡选择就需要更好地理解选择与博弈外部的因素如文化之间的关系。类似的,研究组织和组织路径依赖揭示了考虑游戏规则制定所需的程序以及组织对于均衡集合和均衡选择的意义的重要性。

最后,但决非不重要的是:利用博弈论进行经济史研究使我们对于经济学核心问题如制度的本质与起源、产业结构和贸易发展的战略决定因素、共谋、产权、政治制度的经济含义、劳动关系以及资本市场运作等问题有了更好的理解。因此它对于经济史和经济学的长期富有成效的合作又提供了一个空间。进一步说,这些研究揭示了将理论研究与经验研究结合的必要性

和有利性,这种结合超越了历史学、经济学、政治学和社会学之间的界限。

将历史分析与博弈论分析相结合还处于尝试阶段。 然而, 它似乎已经肯定了麦克洛斯基(McCloskey,1976)所宣称的将经济史和经济学相结合的好处。 它为评价现有理论提供了一组改进的事实,揭示了理论的进步,并增加了我们的经济学知识。

霍特林模型

> 西方一些大国,都有相似的两党政治。在竞选的时候,人们可以发现,两党互相攻击越来越厉害,紧要关头,人身攻击都上来了,可是实际政治纲领,却越来越靠近。 等到一个政党因为攻击另一个政党得手取代对手上台以后,选民又发现,新政府比较老政府并没有多少实质的改变。
>
> 王则柯　李　杰[1][2]

设想在一个一字形排开的旅游地,有两家冷饮售卖机在兜揽生意。 假设两家冷饮售卖机卖一样的冷

---

[1]　王则柯,经济学家,中山大学岭南学院教授。李杰,中山大学岭南学院经济学博士。

[2]　王则柯,李杰,《博弈论教程》,中国人民大学出版社,北京,2005 年。

饮,价格也完全一样,但是相互竞争。因为商品一样,价格也一样,游客到哪个冷饮售卖机买冷饮,就看哪个冷饮售卖机离自己比较近。所以,每个冷饮售卖机都希望靠自己比较近的游客多一些,生意会好一些。问题是,他们设在什么地方好呢?

不懂博弈论的人会说,像图 1 那样把这条路从 0 到 1 四等分,冷饮售卖机 A 设在 1/4 的位置,冷饮售卖机 B 设在 3/4 的位置,不就解决了吗?的确,这是一种很好的配置。按照这种配置,每个冷饮售卖机的"势力范围"都是 1/2。

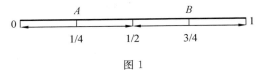

图 1

可是,如果冷饮售卖机都以自己营利为目的,是不会安于这样的位置的。道理是这样:在图 2 中,如果 A 向右移动一点儿到达 A′ 的位置,那么 A 的地盘,就扩张到 A′ 和 B 的中点(图中较长的竖立直线的位置),A 的地盘就会比 B 的地盘大。所以,原来位于左边的冷饮售卖机 A,有向右边移动来扩大自己地盘的激励。在冷饮售卖机定位的博弈中,地盘就是市场份额,地盘就是经济利益。同样,原来位于右边的冷饮售卖机 B,也有向左边移动以扩大自己地盘的激励。可见,原来 A 在 1/4 处 B 在 3/4 处的配置,不是稳定的配置。

那么,哪些位置才是稳定的位置呢?在两个冷饮售卖机定位的市场竞争博弈中,位于左边的要向右靠,位于右边的要向左挤,最后的结局,是两家冷饮售卖机紧挨着位于中点 1/2 的位置。这是纳什均衡的位置。

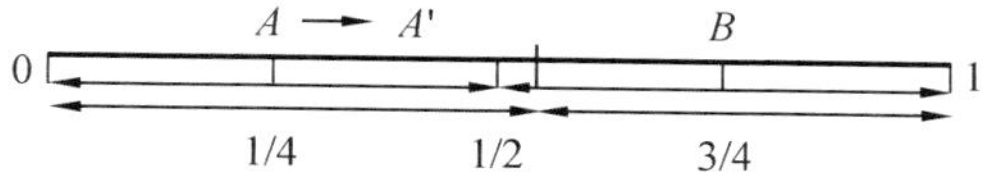

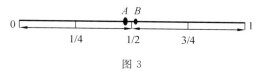

图 2

因为在这个位置，谁要是单独移开"一点"，他就会丧失"半点"市场份额。所以谁都不想偏离中点的位置，虽然这时候，每个冷饮售卖机的"势力范围"，仍然还是原来的 $1/2$，仍然还是原来的势力范围（图 3）。

0 —— 1/4 —— A B 1/2 —— 3/4 —— 1

图 3

同学们可能会想，实际生活中情况似乎不是这样。的确可能不是这样，但那一定有其他因素在起作用。比方说，一种可能是两家冷饮售卖机都尊重一个协调机构，这个协调机构从方便游客的角度考虑，希望两家冷饮售卖机互相礼让，分别设置在 $1/4$ 和 $3/4$ 的位置。还有一种可能，就是两家冷饮售卖机实际上是同一个企业的两家分销点，那么他们当然选在 $1/4$ 和 $3/4$ 的位置。问题是在这两种情况下，冷饮售卖机都已经不是独立的经济人。

有趣的是，如果是三家独立的冷饮售卖机在这里争生意，他们就会转来转去转个不停，不会出现稳定的对局。事实上，如果三家不在一起，一定有一家处于最右边或者最左边，处于最右的话他要往左挤，处于最左边的话他要往右挤，都不稳定；如果三家挤在一起，总有一边的"空间"不小于 $1/2$，那么任何一家单独往这一边移动一点点，他就要占便宜。所以，三家竞争没有稳定的对局,更遑论纳什均衡。

这个冷饮售卖机定位问题,改编自大半个世纪以前美国经济学家霍特林(Harold Hotelling)提出来的杂货铺定位问题。霍特林提出这个模型的时候,纳什均衡的概念还没有出现。上面我们这样讨论,是博弈论学者在论证方式方面改造的结果。美国经济学家和政治学家,还运用霍特林模型,说明西方两党政治的若干现象。

西方一些大国,都有相似的两党政治。在竞选的时候,人们可以发现,两党互相攻击越来越厉害,紧要关头,人身攻击都上来了,可是实际政治纲领,却越来越靠近。等到一个政党因为攻击另一个政党得手取代对手上台以后,选民又发现,新政府比较老政府并没有多少实质的改变。

如果我们把选民的政治态度从"左"的 0 到"右"的 1 排列起来,可以假定英国的工党站在左边 A 的位置,保守党站在右边 B 的位置,而在美国,民主党在左边共和党在右边。一个政党想要取得执政党的位置,原则上就要争取多数选民投自己的票。选民的选票,将投向和自己的政治态度最接近的政党。这样,哪个政党"接近"的选民多,哪个政党获胜的机会就大。既然我们已经把政治态度排列成一条直线,那么接近不接近,就看距离近不近。如果与政党 A 距离比较近的选民多,政党 A 就获胜上台执政。如果两个政党处于同一位置,他们就"平分"共同地盘里面的选民。那么,这些政党和他们的政治家怎样争取选民呢?

情况实际上就和冷饮售卖机定位博弈一样。工党一定要打出劳工代言人的旗帜,所以他是站在左边的,

左边是他的地盘。但是只有左边一半的选民,还不足以保证胜出。为了在竞选中获胜,他要想办法把中间的在两党之间摇摆的选民争取过来。最好的办法,就是使自己的竞选纲领向"右"的方向靠过去一点,就是在竞选中宣布也要照顾中产阶级的利益,甚至兼顾企业主发财。移过去一点,地盘就可能大一点。同样,原来立党之本是在"右"边的保守党,在竞选的过程中,也要往左边靠,争取更多的选民。这样斗法的结果,在漫长的竞选过程中,虽然两党的攻击和谩骂不断升级,但是实际纲领却不断靠近,直到两个政党在中点紧挨在一起,才是稳定的纳什均衡。

对于上述分析的信服力,大家可以见仁见智。过去我们的政治教育说,不论帝国主义国家哪个政党上台,它的帝国主义本性不会改变。在我看来,上述霍特林模型分析,倒是对我们过去的政治教育提供了最好的支持。

霍特林模型还用以说明为什么西方大国第三个政党难成气候。和三家冷饮售卖机博弈的情况一样,三个政党的位置不在一起不稳定,三个政党全在中点也不稳定,三个政党全在别的另外一点更不稳定,总结起来一句话,就是三党政治不会稳定。或者换一个角度理解:纲领变化无常的政党不会有较强的生命力。

张五常先生一直批评博弈论没有用,是"数学游戏"。他在《博弈理论的争议》(《21世纪经济报道》,2001－05－28,第21页)中,还具体批评霍特林模型。张五常这样描述霍特林模型:"一条很长的路,住宅在两旁平均分布。……要是开两家(超级市场),为了节省顾客的交通费用,理应一家开在路一方的1/3处,另一家开在另一方的 1/3 处。但是为了抢生意,一家往中移,另一家也往中移,结果是两家都开在长路的中间,增加了顾客的交通费用。"张先生接着写道:"这个两家在长路中间的结论有问题姑且不谈,但若是有三家,同样推理,他们会转来转去,转个不停,搬呀搬的,生意不做也罢。这是博弈游戏了。但我们就是没有见过永远不停地搬迁的行为。"

除了 1/3 应该是 1/4 的笔误以外,张五常概括的推理,至为精确。张五常先生意欲为博弈论归谬的话,乍一看来似乎也有道理:"我们就是没有见过永远不停地搬迁的行为。"

这里关键可能在于区分动机和实现。讲经济动机,他们要转个不停,看具体实现,没有一直转下去。首先,超级市场不是冷饮售卖机,超级市场一旦建成就难以搬迁,选址的博弈,只发生在规划的阶段。即使在规划阶段,也有规划局管着,超级市场并不能随心所欲地选址。还有文化的约束,锱铢必较表现得太穷凶极恶,会给企业形象带来损失。这些,都是动机未必能够实现的原因。

二十年以前,广州市肉菜市场的管理还比较差,许多市场每天都准确无误地上演着同样的故事:傍晚市场管理人员一下班,原来有固定位置的水果蔬菜摊贩马上相争向前,把市场进口拥挤得通行困难,甚至挤到街上。其实,他们一直有相争向前的动机,但是被市场管着;一旦管理撤销,动机马上变成行动。作为对比,卖肉的不会这样挪动位置,但这不等于他们没有抢占位置的动机,而是因为卖肉的不容易挪动。卖肉的移动动机都难以实现,更何况杂货铺,更何况超级市场?

1046

问题在于,动机实现不了因而观察不到,不等于没有动机。

　　早上上班的高峰时刻,在中山大学校门口等出租车出外办事,偶尔会非常困难。这时候你可以观察到,焦急地等待出租车的乘客,会争相向"上游"方向走去。甲超过了乙,乙又要超过甲,在叫到出租车以前,他们实实在在会这样你超我我超你地"转个不停"。这样不停地超来超去,与社会祥和不大协调,而且造成效率损失,所以机场和大宾馆门外会设置"出租车等候处"的牌子,引导客人排队轮候,勿相竞争。这时候,在设定的出租车轮候处等候出租车的文化制度设置,约束着人们私利争先的动机。

　　足球比赛在开出角球以前,双方球员在门前的推搡,是制度允许并且代价也不大的时候"博弈参与人"会"转来转去,转个不停"的又一例子。攻守双方的球员都想占据有利位置,比赛规则又允许他们合理冲撞,所以动机得以实施。篮球比赛罚球的时候双方队员也有抢占有利位置的动机,但是因为规则和裁判已经规定了双方队员的站位,他们占据有利位置的动机也就无法实施。问题在于,动机实现不了因而观察不到,但不等于没有动机。

　　我们详细引述对于霍特林模型的具体批评,还告诉大家有人全面否定博弈论的意义。孰是孰非,留给读者自己判断。

零和与演化

第十八章

演化动力学与演化博弈论

当一个种群的规模达到其环境容量上限时,种群的增长将处于停滞状态,但这并不意味着种群的发展也停滞了。事实上,当种群的外部扩张受到限制时,其内部的竞争将更加激烈。这就是所谓的"马尔萨斯效应"。达尔文当年正是受到这一效应的启发,才萌发出"物竞天择"的进化思想。如果种群内部有两种不同

类型的个体,演化动力学关心的问题是,这两种不同的个体将以什么规律决定各自在种群中的频率。所谓种群的发展,其基本含义就是该种群内部结构的变化,而这种变化首先就是种群中个体的频率结构变化。

—— 叶航　　陈叶烽　　贾拥民[1][2]

　　哈迪－温伯格定律只是从遗传学的角度揭示了进化过程的微观机制,但它并没有告诉我们自然选择是如何对生物基因发生作用的。到目前为止,我们只知道选择压力可以改变生物基因的频率,但还不知道这一改变的具体过程是怎样发生的,以及决定这一过程的因素又是什么。而演化动力学和演化博弈论则可以为我们揭示自然选择如何作用于生物个体,以及这些作用最终以什么方式影响生物个体乃至生物种群的演化方向和演化趋势。

一、演化动力学

　　如果不考虑有性繁殖,比如某种细菌以及它的所有后代平均每 20 分钟分裂(即繁殖)一次[3],那么,t 世

---

　　[1]　叶航,浙江大学经济学院教授。从事偏好与效用理论研究,在《经济研究》、《管理世界》、《学术月刊》、《经济学家》等学术期刊发表相关论文 100 余篇;出版和主编《经济学三人谈》、《理性的追问》、《宏观经济学》、《走向统一的社会科学》等著作、译作和教材 10 部。陈叶烽,浙江大学经济学院经济学系副教授。

　　[2]　叶航,陈叶烽,贾拥民,《超越经济人:人类的亲社会行为与社会偏好》,高等教育出版社,北京,2013 年。

　　[3]　这是在实验室条件下,我们所能观察到的细菌繁殖速度的最高纪录。

代后,一个细菌将产生 2^t 个后代。3 天后,这些细菌将经历 $3 \times 24 \times 3 = 216$ 个世代。因此,这一细菌的总量将达到 $2^{216} = 10^{65}$。即使每个细菌的重量微不足道,它们的总质量也将远远超过地球的质量(6×10^{24} 千克)。这一无限扩张的自我复制过程可以通过如下递归方程来描述

$$x_{t+1} = 2x_t \tag{1}$$

上式表明,$t + 1$ 时刻的细菌数量是 t 时刻细菌数量的 2 倍(其中时间 t 为繁殖的世代数)。如果定义 0 时刻的细菌数量为 x_0,则方程(1)的解为

$$x_t = x_0 2^t \tag{2}$$

如果把细菌繁殖看作一个连续过程,我们可以建立一个微分方程来描述这一自我复制。令 $x(t)$ 为 t 时刻的细菌数量,假定细菌分裂的速率为 r,则有

$$x' = \frac{\mathrm{d}x}{\mathrm{d}t} = rx \tag{3}$$

如果时间 0 的细菌数量为 x_0,则方程(3)的解为

$$x(t) = x_0 \mathrm{e}^{rt} \tag{4}$$

事实上,细菌的生长过程有繁殖也有死亡。如果我们在这一过程中同时考虑细菌的死亡率,并假定它为 d,则式(3)将变成

$$x' = \frac{\mathrm{d}x}{\mathrm{d}t} = (r - d)x \tag{5}$$

式中 $(r - d)$ 为有效繁殖率。如果 $r > d$,则意味着该种群将无限扩张下去;如果 $r < d$,则意味着该种群的规模将趋于零,以致最终走向灭绝;如果 $r = d$,则意味着该种群的规模将维持不变。上式包含着 r/d 这一在演化动力学中极为重要的概念,被称为"基本繁殖率"(basic reproductive ratio)。这一比值可用于表示

任何一个个体的期望后代数量,其中 r 表示生命体的生长速率,$1/d$ 表示生命体的平均寿命。如果 $r/d >$ 1,则每个生命体的平均后代数大于 1,该生命体的数量将呈指数扩张走势;反之,该生命体将趋于灭绝。因此,基本繁殖率 $r/d > 1$,是任何一个生物种群扩张的必要条件。

现在我们考虑环境因素对种群规模的影响。如果种群增长没有任何制约,即便存在着自然死亡率,其指数增长的结果也是不可思议的。对任意一个规模不断扩大的生物种群来说,包括空间、养分等增长所必需的资源,在超过一个阈值时,必定是稀缺的。资源稀缺将成为限制种群规模无限扩大或膨胀的绝对条件。我们可以用一个逻辑斯蒂方程(logistic equation)来描述包含着环境制约的种群增长

$$x^* = rx\,\frac{1-x}{K} \tag{6}$$

上式中参数 r 表示当种群规模远小于环境容量 K 时,无密度调节的繁殖速率。随着 x 的增长,受环境制约的种群繁殖率将会下降。当 x 达到环境容量的上限 K 时,种群将停止增长。对于初始条件 x_0,方程(6)的解为

$$x(t) = \frac{Kx_0\mathrm{e}^{rt}}{K + x_0(\mathrm{e}^{rt}-1)} \tag{7}$$

上式表明,如果种群增长受到环境因素制约,当时间趋于无穷即 $t \rightarrow \infty$ 时,种群规模将趋于平衡态 $x^* = K$,如图 1 所示。

当一个种群的规模达到其环境容量上限时,种群的增长将处于停滞状态,但这并不意味着种群的发展也停滞了。事实上,当种群的外部扩张受到限制时,其

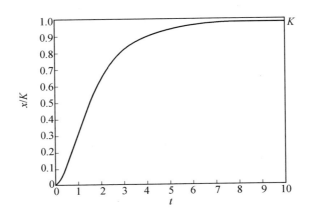

图 1　受到环境制约的种群规模增长

内部的竞争将更加激烈。这就是所谓的"马尔萨斯效应"。达尔文当年正是受到这一效应的启发，才萌发出"物竞天择"的进化思想。如果种群内部有两种不同类型的个体，演化动力学关心的问题是，这两种不同的个体将以什么规律决定各自在种群中的频率。所谓种群的发展，其基本含义就是该种群内部结构的变化，而这种变化首先就是种群中个体的频率结构变化。

　　一般地，我们假设种群中有两种不同类型的个体 A 和 B，个体 A 的繁殖速率为 a，个体 B 的繁殖速率为 b。二者的适应度，可以分别用它们的繁殖率来描述。$x(t)$ 表示时刻 t 时个体 A 的数量，$y(t)$ 表示时刻 t 时个体 B 的数量。在 $t=0$ 时，个体 A 和 B 的数量分别记为 x_0 和 y_0，由此可以得到描述个体 A 和 B 增长规律的微分方程

$$x' = \frac{\mathrm{d}x}{\mathrm{d}t} = ax$$

$$y' = \frac{\mathrm{d}y}{\mathrm{d}t} = by \tag{8}$$

方程（8）的解为

$$x(t) = x_0 \mathrm{e}^{at}$$
$$y(t) = y_0 \mathrm{e}^{bt} \tag{9}$$

因此，个体 A 和 B 分别以速率 a 和 b 呈指数式增长。如果 $a > b$，那么 A 的繁殖速率比 B 更快，经过一段时间，个体 A 的数量将超过个体 B。若记 $\rho(t) = x(t)/y(t)$ 为时刻 t 时 A 与 B 的数量比值，则有

$$\rho = \frac{x'y - xy'}{y^2} = (a-b)\rho \tag{10}$$

若初始状态为 $\rho = x_0/y_0$，则方程（10）的解为

$$\rho(t) = \rho \mathrm{e}^{(a-b)t} \tag{11}$$

如果 $a > b$，那么 ρ 将趋于无穷大，此时 A 将战胜 B，这意味着自然选择青睐 A，反之，如果 $a < b$，那么 ρ 将趋 0，此时 B 将战胜 A，这意味着自然选择青睐 B。如果考虑整个种群规模保持恒定的情形（这种情形将出现在受到环境容量制约的生态系统中），我们记 $x(t)$ 为 t 时刻个体 A 在种群中的频率，$y(t)$ 为 t 时刻个体 B 在种群中的频率；由于种群只包含个体 A 和 B，因此 $x + y = 1$。如前所述，个体 A 的繁殖速率为 a，个体 B 的繁殖速率为 b；如此，则有

$$x' = \frac{\mathrm{d}x}{\mathrm{d}t} = x(a - \phi)$$
$$y' = \frac{\mathrm{d}y}{\mathrm{d}t} = y(b - \phi) \tag{12}$$

上式中当 $\phi = ax + by$ 时，才能保证 $x + y = 1$。这时，ϕ 为种群的平均适应度。由于 $y = 1 - x$，于是我们有

$$x' = \frac{\mathrm{d}x}{\mathrm{d}t} = x(1-x)(a-b) \qquad (13)$$

上述微分方程有两个均衡点，$x=0$ 和 $x=1$。如果 $x=0$，则系统中只包含个体 B，如果 $x=1$，则系统中只包含个体 A。但如果 $a>b$，那么对于严格大于 0 且严格小于 1 的所有 x 值来说，都有 $x'>0$。这表明对于任意一个混合系统（既包含个体 A，也包含个体 B 的系统），如果 A 的适应度大于 B，则 A 在一个规模恒定的种群中所占的比例将持续增大，而 B 的比例将持续减少并最终趋于零。这就意味着，适应度小于 A 的个体 B，最终将被适应度更高的 A 所淘汰。这正是达尔文意义上的"适者生存"。

二、演化博弈论

通过以上演化动力学的讨论，我们在哈迪－温伯格定律的基础上，进一步揭示了自然选择如何作用于生物个体，以及这些作用最终以什么方式影响生物个体乃至生物种群的演化方向和演化趋势。但是，在上面的讨论中，我们都是在给定生物个体繁殖率或适应度（即把繁殖率或适应率作为外生变量）的前提下，考察生物个体在种群中的演化趋势。但问题是：生物个体的繁殖率或适应度是如何被决定的？如果个体的繁殖率或适应度是内生的，那么决定它们的因素又是什么？进而，这种内生的繁殖率或适应度将如何影响生物个体乃至生物种群的演化方向和演化趋势？而这些问题，只有在演化博弈的框架下才能得到进一步解答。

演化博弈论的创始人梅纳德·史密斯(1982)[①] 和著名演化动力学家马丁·诺瓦克(2006)[②] 都认为,演化博弈无需依赖传统经济学的理性假设,它所针对的是一个由众多个体组成的群体,群体中的每一个个体在博弈中采取某种固定的行为,他们之间的相遇是随机的;在他们相遇的过程中,博弈支付可以累加,博弈支付可以表现为适应度;在博弈过程中,获胜者将具有更高的适应度,而适应度更高的个体将具有更快的繁殖率,从而在种群中的频率也更高。

在一个只包含个体 A 和个体 B 的种群中,假定 A 所占的频率为 x_A,B 所占的频率为 x_B;定义 f_A 为 A 的适应度,f_B 为 B 的适应度。则我们可以构建如下种群演化的动力学微分方程

$$x'_A = \frac{\mathrm{d}x_A}{\mathrm{d}t} = x_A(f_A - \phi)$$

$$x'_B = \frac{\mathrm{d}x_B}{\mathrm{d}t} = x_B(f_B - \phi) \tag{14}$$

上式中 ϕ 为种群的平均适应度,$\phi = x_A f_A + x_B f_B$。由于 $x_A + x_B = 1$ 始终存在,若令 $x_A = x$,则 $x_B = 1 - x$。这时适应度函数可写为 $f_A(x)$ 和 $f_B(x)$,如此则有

$$x' = \frac{\mathrm{d}x}{\mathrm{d}t} = x(1-x)[f_A(x) - f_B(x)] \tag{15}$$

现在让我们考虑一个具有如下一般支付矩阵的

---

① SMITH M. Evolution and the Theory of Games[M]. Cambridge:Cambridge University Press,1982:1-12.

② NOWAK M. Evolutionary Dynamics:Exploring the Equations of Life[M]. Cambridge:Harvard University Press,2006:46.

2×2 博弈

$$
\begin{array}{cc}
 & A \quad B \\
\begin{array}{c} A \\ B \end{array} & \begin{pmatrix} a & b \\ c & d \end{pmatrix}
\end{array}
\tag{16}
$$

如上所述，x_A 表示 A 类型个体在种群中所占的频率，x_B 表示 B 类型个体在种群中所占的频率. 那么，在这一 2×2 中个体 A 和 B 的期望博弈回报（即可表示为它们的适应度）f_A 和 f_B 分别为

$$
f_A = ax_A + bx_B
$$
$$
f_B = cx_A + dx_B
\tag{17}
$$

现在，我们在方程（15）中引入上述适应度函数方程（17），再令 $x_A = x$，$x_B = 1 - x$，便可得到如下方程

$$
x' = \frac{dx}{dt} = x(1-x)\big[(a-b-c+d)x + b - d\big]
$$
$$
\tag{18}
$$

根据支付矩阵中各元素的关系，对这个非线性微分方程的动力学行为进行分类，可以得到以下五种情况：

第一，如果 $a > c$，$b > d$ 成立，则 A 相对 B 占优。支付矩阵的这种关系意味着个体 A 的平均适应度总是高于个体 B。因此，无论种群的初始结构如何，自然选择都更加青睐 A。选择动态使得种群最终将全部由 A 类型的个体所组成。

第二，如果 $a < c$，$b < d$ 成立，则 B 相对 A 占优，支付矩阵的这种关系意味着个体 B 的平均适应度总是高于个体 A。因此，无论种群的初始结构如何，自然选择都更加青睐 B。选择动态使得种群最终将全部由 B 类型个体所组成。

第三，如果 $a > c, b < d$ 成立，则 A 和 B 是双稳态。支付矩阵的这种关系意味着种群的选择动态取决于种群的初始结构。在区间 $[0,1]$ 之间，存在一个不稳定的内平衡点 $x^* = (d-b)/(a-b-c+d)$。如果初始状态 $x(0) < x^*$，则选择动态将使系统最终收敛至全部为 B 的状态；如果初始状态 $x(0) > x^*$，则选择动态将使系统最终收敛至全部为 A 的状态。

第四，如果 $a < c, b > d$ 成立，则 A 和 B 是共存态。支付矩阵的这种关系意味着种群的选择动态最终将收敛于内平衡点 x^*

$$x^* = \frac{d-b}{a-b-c+d} \tag{19}$$

第五，如果 $a = c, b = d$ 成立，A 和 B 互为中性变异。支付矩阵的这种关系意味着种群的选择动态将取决于种群的初始状态。如果不考虑遗传漂变，种群的初始状态将始终维持不变。如果考虑遗传漂变，种群中任何一种 A 与 B 混合状态都是选择动力系统的平衡态。A 与 B 的频率仅与遗传漂变的方向有关，而与种群的初始状态无关。

以上我们在演化动力学和演化博弈论的基础上，结合博弈支付一般地讨论了种群中个体的演化趋势问题。但由于博弈支付在上述讨论中是外生给定的，因此我们仍然不知道对种群中的每一个个体来说，决定博弈支付的内生机制究竟是什么。现在我们引入一个具体的博弈案例，以便更好地讨论这个问题。假设一个 2×2 的博弈有如下支付矩阵

$$\begin{array}{cc} & A \quad B \\ \begin{array}{c} A \\ B \end{array} & \begin{pmatrix} 3 & 0 \\ 5 & 1 \end{pmatrix} \end{array} \tag{20}$$

　　显然,这是一个著名的囚徒困境。囚徒困境博弈的支付要符合条件:$c > a > d > b$,且 $a > (b + c)/2$(参考式(16)2×2 博弈支付矩阵的一般式)。在矩阵(20)中,A 为合作者,B 为背叛者。A 与 A 相遇,各自得 3 分(式(16)中的支付 a);A 与 B 相遇,A 得 0 分(式(16)中的支付 b);B 与 A 相遇,B 得 5 分(式(16)中的支付 c);B 与 B 相遇,各自得 1 分(式(16)中的支付 d)。由于 $5 > 3 > 1 > 0$,且 $3 > 5/2$,因此,该支付矩阵完全符合囚徒困境博弈的条件。

　　那么,在这个博弈中,个体 A 与个体 B 在种群中的演化趋势是什么呢? 对照前述 2×2 博弈非线性微分方程(式(18))动力学分类的五种情况,我们可以发现囚徒困境博弈的支付矩阵符合第二种情况,即 $a < c$,$b < d$。根据这一条件,在一个包含 A(合作者)和 B(背叛者)的种群中,意味着个体 B(背叛者)的平均适应度总是高于个体 A(合作者)。因此,无论种群的初始结构如何,自然选择都更加青睐 B(背叛者)。选择动态使该种群最终将全部由 B 类型个体,即背叛者所组成。而 A 类型个体,即合作者将在适者生存的自然选择中被淘汰出局。

　　从演化博弈和演化均衡视角看,上述动态过程有两个内生机制:第一,行为学意义上的"学习"或"模仿",即博弈者根据博弈结果调整自己的行为,也就是他们倾向于学习或模仿那些具有更高博弈支付的行动(Izquierdo et al. 2012;Fawcett et al. ,2013);第二,生物学意义上的遗传复制,即博弈支付更高的博弈者具有更高的适应度,从而具有更大的繁殖率(Knudsen and Miyamoto,2005)。 事实上,这两种机制是等价

的,其结果都是增加了这一行为在群体中分布的频率
(Traulsen et al.,2009,2010)。

以上演化博弈论的分析结果告诉我们,在生存竞争中,自私的背叛者将战胜他的合作者。因此,自然选择必将青睐前者而淘汰后者。正因为这一进化论的内在逻辑,道金斯(1976)才会斩钉截铁地告诉我们:"如果你认真地研究了自然选择的方式,你就会得出结论,凡是经过自然选择进化而产生的任何东西,都应该是自私的。"①而且,这一结论也完全符合传统经济学与经典博弈论的推断,一个理性人必定是自私的。在囚徒困境博弈中,背叛是唯一的纳什均衡解。人类的亲社会行为与社会偏好为什么会成为一个难解之谜,就在于这些行为与偏好背后所具有的利他主义倾向和特征。

演化博弈

蟪蟝选择 25% 的概率停留一分钟的策略是演化稳定策略,因为这样在与采取 p 策略的参与者博弈时,采取 p 策略浔到的适应值大于采取突变策略浔到的适应值;当与采取突变策略的参与者博弈时,采取 p 策略浔到的适应值严格大于采取突变策略浔到的适

---

① DAWKINS R. The Selfish Gene[M]. New York:Oxford University Press,1976:5.

应值。当采取突变策略的参与者比采取 $p = \frac{1}{4}$ 策略的参与者更没有耐心时，p 策略更优，因为它持续的时间比突变体持续的时间长；当采取突变策略的参与者比采取 $p = \frac{1}{4}$ 策略的参与者更有耐心时，p 策略还是最优策略，因为它选择避免一场消耗战。

小约瑟夫·哈林顿[1][2]

在一个星期五的晚上，几个家伙去迪斯科舞厅跳舞。跳了几曲之后，他们发现这里的女的都太瘦。每个人都喝着饮料，思考着是继续待在这里还是重新找个地方。为了引起生物学家的兴趣，我们需要将那些20多岁的现代人替换为蜣螂，将迪斯科这个场所替换为牛粪。因为雌蜣螂喜欢在热牛粪上产卵，而雄蜣螂喜欢在牛粪上飞来飞去等待着雌蜣螂的到来。于是，雄蜣螂就必须决定哪片牛粪是它已经夺取的，然后飞到更新鲜的牛粪上。（这种情况类似于找到一个时髦的迪斯科舞厅）雄蜣螂其次需要考虑的是在什么时候会有一大群雄蜣螂在牛粪上出没。没多久，如果雌蜣

① 小约瑟夫·哈林顿，约翰霍普金斯大学经济学教授，备受美国各大名校推崇的经济学教材《反垄断与管制经济学》的作者之一。本书是小约瑟夫·哈林顿教授从事博 弈论教学15年的研究结晶。他曾任职于包括《兰德经济学期刊》(*RAND Journal of Economics*)、《微观经济学基础和趋势》(*Foundations and Trends in Microeconomics*) 以及《南方经济学报》(*Southern Economic Journal*) 等期刊的编辑部。

② 小约瑟夫·哈林顿，《哈林顿博弈论》，中国人民大学出版社，北京，2012 年。

螂出现,雄蜣螂必须和其他雄性蜣螂竞争来使卵受精。如果其他雄蜣螂固执地待在原地竞争,那么最好的办法是找另一个没有那么多雄蜣螂出没的牛粪。然而,如果其他雄蜣螂表现出不耐烦的样子,那么它就在原地等待,因为不久那儿就只有它一只蜣螂了。

牛粪上的这几只雄蜣螂在这种策略下的争斗就属于消耗战。每只都在决定是等待(寄希望其他雄蜣螂离开)还是离开。简单来说,假设在一片牛粪上只有两只雄蜣螂,每只都可以等待一分钟或两分钟。(蜣螂就像两岁的小孩子一样没有耐心)图 1 列出了这种情况下的适应值矩阵。

		蜣螂 2	
		一分钟	两分钟
蜣螂 1	一分钟	2,2	2,5
	两分钟	5,2	1,1

图 1　蜣螂在牛粪上等待的时间

如果另一只蜣螂待一分钟,那么这只蜣螂就宁愿多待一会获得 5 个适应值。通过打败对手,它成为这片牛粪上的唯一一只雄蜣螂,当雌蜣螂一出现,它就是获胜者。相反,如果另一只蜣螂也待两分钟,那么这只雄蜣螂待两分钟获得的适应值为 1,这样,它待一分钟得到的适应值为 2 就成为比较好的选择。

思考一下备用策略 p,在和同样也采取备用策略的参与者博弈时它获得的适应值为

$$F(p,p) = p \times 2 + (1-p) \times [p \times 5 + (1-p) \times 1]$$

在概率为 p 的时候,雄蜣螂停留一分钟获得 2 个适应值(姑且不论其他雄蜣螂停留多长时间)。雄蜣螂停留两分钟的概率为 $1-p$。在这种情况下,如果其他的雄

蜣螂停留一分钟,概率为 p,第一只雄蜣螂获得的适应值就为 5;如果其他的雄蜣螂也停留两分钟,概率为 $1-p$,第一只雄蜣螂获得的适应值就只有 1。

　　要求解一个强演化稳定策略,当都与采取 p 策略的参与者博弈时,采取 p 策略得到的适应值就应该大于采取替代策略 q 得到的适应值

$$F(p,p) > F(q,p), p \neq q$$

替换适应值的显示表达式,得到

$$p \times (1-4p) > q \times (1-4p), q \neq p \qquad (1)$$

　　很明显,当 p 等于 $\frac{1}{4}$ 时,条件式不成立,因为表达式(1)的两边都等于 0。现在思考 p 的值小于 $\frac{1}{4}$ 的情况,那样的话,$1-4p > 0$,表达式(1)两边都除以 $1-4p$,不等式变为 $p > q$。突变体停留一分钟概率大于 p 时,实际上获得更高的适应值。所以,如果 $p < \frac{1}{4}$,它就不是强演化稳定策略,因为它可以被一些不是很有耐心的突变体成功侵入。接下来,思考 p 值大于 $\frac{1}{4}$ 的情况,因为 $1-4p < 0$,不等式(1)的两边除以 $1-4p$,不等式就变为 $p < q$。(记住 被除数为负数的时候,不等式的方向要改变)因此,如果 $p > q$,那么突变体获得更高的适应值。如果 $p > \frac{1}{4}$,它就不是强演化稳定策略,因为它可以被更有耐心的突变体成功侵入。对这个分析做总结,我们注意到蜣螂博弈中不存在强演化稳定策略。

　　下一步我们转而思考蜣螂博弈中存不存在弱演化

稳定策略,满足弱演化稳定策略的第一个条件是当都与采取 p 策略的参与者博弈时,采取 p 策略得到的适应值和采取 q 策略得到的适应值相同

$$F(p,p)=F(q,p),q\neq p$$

继续分析,等式就变为

$$p(1-4p)=q(1-4p),q\neq p$$

当且仅当 $p=\dfrac{1}{4}$ 时,条件式成立。满足弱演化稳定策略的第二个条件是,当都与采取突变策略的参与者博弈时,采取 p 策略得到的适应值大于采取突变策略得到的适应值

$$F(p,q)>F(q,q),q\neq p$$

利用显式表达式,我们得到

$$p\times 2+(1-p)\times[q\times 5+(1-q)\times 1]>$$
$$q\times 2+(1-q)\times[q\times 5+(1-q)\times 1],q\neq p$$

$$(2)$$

简化表达式,用 $\dfrac{1}{4}$ 代替 p,我们发现(2)就等同于

$$\left(\dfrac{1}{4}\right)\times(1-4q)^2>0,q\neq\dfrac{1}{4}$$ $$(3)$$

因为(3)一定是真的,所以 $p=\dfrac{1}{4}$ 是弱稳定演化策略。

蜣螂选择 25% 的概率停留一分钟的策略是演化稳定策略,因为这样在与采取 p 策略的参与者博弈时,采取 p 策略得到的适应值大于采取突变策略得到的适应值;当与采取突变策略的参与者博弈时,采取 p 策略得到的适应值严格大于采取突变策略得到的适应值。

当采取突变策略的参与者比采取 $p=\dfrac{1}{4}$ 策略的参与者

更没有耐心时，p 策略更优，因为它持续的时间比突变体持续的时间长；当采取突变策略的参与者比采取 $p = \dfrac{1}{4}$ 策略的参与者更有耐心时，p 策略还是最优策略，因为它选择避免一场消耗战。

在这里我想强调一下这个演化稳定策略的特征。蜣螂停留一分钟获得的适应值一定是 2。假定其他蜣螂使用 $p = \dfrac{1}{4}$ 策略，停留两分钟获得的适应值还是 2，因为

$$\left(\frac{1}{4}\right) \times 5 + \left(\frac{3}{4}\right) \times 1 = 2$$

假定其他雌蜣螂停留一分钟的概率为 25%，对其他任何蜣螂来说，不管停留一分钟还是两分钟获得的适应值都一样。此刻，我们需要确定不管在迪斯科舞厅（我的意思是牛粪上）停留多久，获得的适应值都是一样的吗？

如果雄蜣螂采取演化稳定策略，那么不管它停留多长时间，得到的期望适应值都是一样的。一项研究估算了交配成功和在牛粪上停留时间长短的关系。结果如图 2 所示，横坐标轴表示在牛粪上停留时间的长短，纵坐标轴表示交配成功的情况。结果是很令人惊奇的：不管停留的时间多长，获得的平均适应值都相当稳定，和通过演化稳定策略预测的几乎一致！

这项研究的下一步就是戴上一块秒表去迪斯科舞厅，或者干脆我去开一个名为"新鲜牛粪"的迪斯科舞厅。那我简直要发大财了！

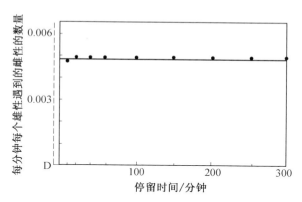

图 2　雄螳螂停留时间长短和交配成功的关系

夫妻露宿

一对夫妻到一旅游地准备搭帐篷露宿，但在选择露宿地点时却发生了分歧。男的希望住在最高的地方，女的希望住在最低的地方，双方互不相让。

张照贵[1][2]

一对夫妻到一旅游地准备搭帐篷露宿，但在选择露宿地点时却发生了分歧。男的希望住在最高的地方，女的希望住在最低的地方，双方互不相让。正好该

---

[1]　张照贵，西南财经大学统计学院教师。

[2]　张照贵，《经济博弈与应用》，西南财经大学出版社，成都，2006年。

地东西向与南北向各有 4 条道路,他们于是约定,男的在东西向的 4 条道路中选一条道路,女的在南北向的 4 条道路上选一条道路,然后在道路的交叉处住宿。假定他们都是理性的,他们各自会选中哪一条路呢? 下表给出了 4 条道路交叉处的海拔高度(表 1)。

表 1 8 条道路交叉处的海拔高度

单位:千米

男		女			
		Y_1	Y_2	Y_3	Y_4
	X_1	6	1	5	1
	X_2	1	2	3	4
	X_3	4	3	5	5
	X_4	4	2	1	6

两人完全信息静态零和博弈的特点是:有且只有两个参与人;一方的收益必为另一方的损失;非合作博弈;双方具有完全信息;双方同时行动。零和博弈主要存在于许多游戏中,在经济现象中则较为少见,且两人零和博弈均衡的寻找也较为简单,故一般的博弈论书籍已很少讨论这种博弈类型。本书将在这一节讨论零和博弈的原因在于其均衡寻找的思路引起了我们极大的兴趣。

(1)纯战略的寻找

在夫妻露宿博弈中,在露宿地点的高、低的选择上夫妻发生了冲突且互不相让(理性的经济人)。那么男方使自己利益最大化的道路是哪一条呢? 男方是这样思考:如果选 X_1,女方会选 Y_2 或 Y_4,交叉点的高度是1 千米;如果选 X_2,女方会选 Y_1,交叉点的高度是 1

千米；如果选 X_3，女方会选 Y_2，交叉点的高度是 3 千米；如果选 X_4，女方会选 Y_3，交叉点的高度是1 千尺。男方本来是希望住得越高越好，但在寻找他自己的最优道路时，却站在女方的角度进行思考，即男方先找出东西向 4 条道路与南北向 4 条道路交叉点最低的高度。同理，女方本来是希望住得越低越好，但在寻找她自己的最优道路时，却站在男方的角度进行思考，即女方先找出南北向 4 条道路与东西向 4 条道路交叉点最高的高度。（表 2）

表 2　　纯战略的寻找　　单位：千米

		女				
		Y_1	Y_2	Y_3	Y_4	行最小值
	X_1	6	1	5	1	1
	X_2	1	2	3	4	1
男	X_3	4	3	5	5	3
	X_4	4	2	1	6	1
	列最大值	6	3	5	6	

在得益矩阵中，若存在每行的最小值中的最大值等于每列最大值中的最小值，该值对应的战略称为纯战略。由于对零和博弈的研究远早于纳什提出纳什均衡的概念之前，故零和博弈的纯战略的解不称为纳什均衡，而用一个非常形象的名称"鞍点"来表示。

定义　　如果对于某个 i^* 和 j^*，使得

$$a_{i^* j^*} + \max_i \min_j a_{ij} = \min_j \max_i a_{ij}$$

那么我们称 i^* 行 j^* 列的那一点为矩阵的鞍点（saddle point）。

定理　　如果矩阵博弈中存在鞍点，则该点就是该

博弈的纯战略点,对应的参与人的支付被称为双人零和博弈的值(value)。

而所谓纯战略,是在一个博弈中,参与人均有唯一的最优战略,在重复博弈中,参与人的最优行动就是连续不变地使用他的最优战略,这样的战略称为纯战略。在零和博弈中,当行最小值的最大值等于列最大值的最小值时,可判断该博弈存在纯战略,又称为博弈的极小极大解(鞍点)。极小极大解表明各参与人安全水准的最大限度,即他们应在 X_3,Y_2 的交叉点上露宿,没有其他的战略能提供这种程度的安全水准。

可见,在存在纯战略的两人零和博弈中,纯战略的寻找是简单的。但令我们感兴趣的是:首先,是什么原因迫使男方在寻找自己最优道路时站到了女方的角度去思考问题,而女方在寻找自己最优道路时站到了男方的角度去思考问题。设想如果男方是一个大男子主义者,他剥夺了女方的选择权,只允许女方选择 Y_1,男方自然会选择 X_1,从而在 6 千米的地方住宿;如果女方是一个"妻管严",她剥夺了男方的选择权,只允许男方选择 X_1,女方自然会选择 Y_3,从而在 1 千米的地方住宿。正是由于双方都是地位平等的"理性人",才出现了双方在选择自己的最优道路时,不得不考虑对方的利益。有人讲,博弈论的本质是悖论的,这里,自利的理性人顾及到了他人的利益,我们将此现象称为"理性人的悖论"。而综观现实经济中的许多现象,却出现了许多剥夺他人选择权的事实,许多垄断企业或处于强势地位的企业制定的一些规章制度和条例,都是剥夺了或部分剥夺了消费者的选择权来达到自身利益的最大化。问题在于,你凭什么剥夺他人的选择权。这

是中国在进行法制化建设中,立法者需要认真思考的问题。现实中,由于参与者的地位往往是不平等的,故法律倾向于保护弱者就不难理解了。至于本例中,男女双方哪一方自愿放弃自己的选择权而迁就另一方,那就是他们夫妻间的事了。其次,假定这对夫妻每个周末都要到这个地方露宿,他们是否会永远选择在 X_3, Y_2 的交叉点上露宿呢?回答是肯定的,我们说极小极大解表明各参与人安全水准的最大限度的意思是,任何参与人单独改变自己的选择,吃亏的都是他自己。若男方不选 X_3,而选 X_4,则女方会选 Y_3,交叉点的高度是 1 千米而不是 3 千米,男方吃亏了;若女方不选 Y_2,而选 Y_1,则男方会选 X_1,交叉点的高度是 6 千米而不是 3 千米,女方吃亏了;如此等等。因此,他们会在没有任何外在压力的情况下自觉自愿地遵守他们的最优选择。

二人零和博弈

在局中人的数目 n 超过 2 的一般 n 人博弈中,有局中人相互间完全不许可合作的情况和局中人为了获得共同利益许可相互合作的情况。

宫泽光一[1][2]

---

[1]　宫泽光一,日本著名应用数学家。
[2]　宫泽光一,《博弈论》,上海科学技术出版社,上海,1963 年。

一、二人零和博弈

在局中人的数目 n 超过 2 的一般 n 人博弈中,有局中人相互间完全不许可合作的情况(非合作博弈)和局中人为了获得共同利益许可相互合作的情况(合作博弈)。对于前者,可以用二人博弈中的平衡概念,使其一般化。后者可以将 n 个局中人分为两群,由于每群局中人的相互结合,问题就归结为二人博弈的对抗状态。因此,为了研究一般的 n 人博弈,必须首先研究二人博弈。同时在实际问题中,两个主体间相互对抗的情况也非常多,所以二人博弈就其本身来说,也有重要的研究价值。这里是以二人博弈为研究对象。

兹讨论二人博弈的正规型。局中人 1 有 m 个策略,记为 $\alpha_1,\cdots,\alpha_m$,局中人 2 有 n 个策略,记为 $\beta_1,\cdots,\beta_n$,它们的集合分别用 $F_1 \equiv A = \{\alpha_1,\cdots,\alpha_m\}$,$F_2 \equiv B = \{\beta_1,\cdots,\beta_n\}$ 表示。局中人 1,2 分别取策略 α_i,β_i 时,局的成果 ω 的集合 Ω 上的概率分布记为 π_{ij}。这种各局中人策略的数目是有限的二人博弈,可用表 1 的矩阵表示。

表 1

	β_1	β_2	$\cdots$	β_n
α_1	π_{11}	π_{12}	$\cdots$	π_{1n}
α_2	π_{21}	π_{22}	$\cdots$	π_{2n}
$\vdots$	$\vdots$	$\vdots$		$\vdots$
α_m	π_{m1}	π_{m2}	$\cdots$	π_{mn}

对各概率分布 π_{ij},局中人 1,2 分别有它的优序。如果两局中人的优序一样,问题就没有研究的必要。因为这时 π_{ij} 中对局中人 1 与局中人 2 来说最有利的(或者最优的)是同一东西,记为 $\pi_{i_0 j_0}$。从而这时局中

人 1,2 分别取策略 α_{i_0} , β_{j_0} 是最优的,这时他们之间没有对抗。另外一种情况是两个局中人的优序完全相反,也就是若局中人 μ 选取 π_{ij} 比选取 π_{hk} 好时,局中人 υ 选取 π_{hk} 比选取 π_{ij} 好,若对于局中人 μ 来说 π_{ij} 和 π_{hk} 没有差别,则对于局中人 υ 来说也是一样,这里 $\mu,\upsilon=$ 1,2。这种情况的博弈称为严格的对抗(strictly competitive)。这里就是研究严格对抗的二人博弈。

在严格对抗的二人博弈中,若 $M_1(\alpha_i,\beta_j)>M_1(\alpha_h,\beta_k)$,则 $M_2(\alpha_i,\beta_j)<M_2(\alpha_h,\beta_k)$,反之也成立。从而在这样的博弈中,局中人 1 希望的局势是得到大的 $M_1(\alpha_i,\beta_j)$,也就是小的 $M_2(\alpha_i,\beta_j)$,局中人 2 希望的是大的 $M_2(\alpha_i,\beta_j)$,也就是小的 $M_1(\alpha_i,\beta_j)$ 。局中人根据上述的愿望来考虑决定他的策略。从而,在研究局中人 1, 2 取什么样的策略为最优的问题时,首先假定

$$M_2(\alpha_i,\beta_j)=-M_1(\alpha_i,\beta_j),i=1,\cdots,m;j=1,\cdots,n$$

$$(1)$$

而且局中人 1 努力使 $M_1(\alpha_i,\beta_j)$ 大,局中人 2 努力使 $M_1(\alpha_i,\beta_j)$ 小来进行讨论。由于式(1)成立,也就是

$$M_1(\alpha_i,\beta_j)+M_2(\alpha_i,\beta_j)=0,i=1,\cdots,m;j=1,\cdots,n$$

$$(2)$$

成立,因此,称这种博弈为二人零和博弈(zero-sum two-person game)。很明显,二人零和博弈是严格对抗的二人博弈。以后我们将严格的对抗博弈和零和博弈看作同义词使用。这里仅考察二人零和博弈。

在二人零和博弈中,局中人 2 的赢得函数 M_2 ,由式(1),可用局中人 1 的赢得函数 M_1 (可写为 M)完全确定。因此,二人零和博弈的正规型,可由指定的 A , B 及 M 完全规定下来。这样,博弈可以表示成 $G=(A,$

$B,M)$。或者设
$$M_1(\alpha_i,\beta_j) = a_{ij}, M_2(\alpha_i,\beta_j) = b_{ij}, i = 1,\cdots,m; j = 1,\cdots,n$$
$$(3)$$

在二人零和博弈中
$$a_{ij} + b_{ij} = 0, i = 1,\cdots,m; j = 1,\cdots,n \qquad (4)$$

博弈也可以用以局中人 1 的赢得 a_{ij} 为元素的矩阵
$$(a_{ij}), i = 1,\cdots,m; j = 1,\cdots,n \qquad (5)$$

完全规定下来。这个矩阵 (a_{ij}) 称为二人零和博弈的赢得矩阵。在这个意义下,各局中人的策略数是有限的二人零和博弈(称为有限二人零和博弈),也称为矩阵博弈(rectangular game)。

二、矩阵博弈的解

在矩阵博弈 (a_{ij}) 中,指导局中人 1 的行动方针是尽量得到大的 a_{ij},而指导局中人 2 的行动方针是尽量得到小的 a_{ij}。但是局中人的行动(策略的选定)所产生的成果必依赖于其他局中人的行动,而且各局中人是在不知道其他局中人的策略的情况下选定自己的策略的。在这种博弈中,各局中人的最优策略就是下面所要研究的课题。

现在考察由表 2 的赢得矩阵所给定的矩阵博弈。

表 2

	β_1	β_2	β_3
α_1	10	0	-3
α_2	-2	1	2
α_3	3	2	4
α_4	5	-3	6

例 1 (1)局中人 1 的观点:若局中人 1 知道局中人 2 的策略时,他的最优策略由赢得矩阵,可以按表 3

直接得出。

表 3

若局中人 2 的招是：	β_1	β_2	β_3
对此,局中人 1 的最优策略为：	α_1	α_3	α_4
局中人 1 的赢得为：	10	2	6

上面局中人 1 的最好的招是依局中人 2 的招而确定的。但在实际中,局中人 1 并不知道局中人 2 的策略。若局中人 1 对局中人 2 进行分析,根据某种理由能够推出局中人 2 的某个特定策略,这时局中人 1 可以根据分析的结果采取最优策略。和表 3 一样可以作出表 4。

表 4

若局中人 1 的招是：	α_1	α_2	α_3	α_4
对此,局中人 2 的最优策略为：	β_3	β_1	β_2	β_2
此时局中人 1 的赢得为：	-3	-2	2	-3

对于这样的分析,可以看出,局中人 2 的最优策略,反过来也依赖于局中人 1 的招,当然局中人 2 是不能知道这些依赖关系的。从而局中人 1(至少是这个分析方法)不能猜出局中人 2 所要取的策略。反之,从局中人 2 的观点来进行讨论,结果也同样,即局中人 2 不能猜出局中人 1 所要取的策略。现在改变考察的方法,引出下面的量。

定义 1　在矩阵博弈 (a_{ij}) 上,称 $\min_{j} a_{ij}$ 为局中人 1 取策略 $\alpha_i (i = 1, \cdots, m)$ 时的安全水准 (security level),称

$$\min_{i}(-a_{ij}) = -\max_{i} a_{ij}$$

为局中人 2 取策略 $\beta_j (j = 1, \cdots, n)$ 时的安全水准。

据此,表 4 表示局中人 1 取策略 $\alpha_1, \alpha_2, \alpha_3$ 或 α_4 时的

安全水准分别为-3，-2，2或-3。从而由表4，可知策略α_3使局中人1的安全水准最大，这时的安全水准是2。也就是局中人1取策略α_3，至少能保证赢得2，其他策略不能保证2以上的赢得。

（2）局中人2的观点：表3表示局中人2取策略β_1，β_2或β_3时的安全水准分别是-10，-2或-6。其中策略β_2使局中人2的完全水准最大。即局中人2取策略β_2，能使局中人1的赢得降到2以下，而其他的策略将不可能使局中人1的赢得降到2以下。

由以上的考察，得出下面的结论：

①α_3使局中人1的完全水准最大。

②β_2使局中人2的完全水准最大。

③ 若局中人2取β_2，对局中人1来说α_3是最优策略。

④ 若局中人1取α_3，对局中人2来说β_2是最优策略。

在此，我们可以认为，这个博弈中局中人1取策略α_3，同时局中人2取策略β_2是两个局中人的最优招。

再看一下局中人1,2的策略组(α_3, β_2)的性质③，④，它具有下面的意义：即当局中人2保持β_2时，局中人1没有改变策略α_3的理由，同时，当局中人1保持α_3时，局中人2也没有改变策略β_2的任何理由。从这个意义来说，策略组(α_3, β_2)是稳定的。这种策略组称为博弈的平衡点。

定义2 在博弈$G = (A, B, M)$中，局中人1,2的策略组$(\alpha_{i_0}, \beta_{j_0})$，满足下列条件（1）和（2）时，即：

（1）$M(\alpha_{i_0}, \beta_{j_0}) = \max_{\alpha_i} M(\alpha_i, \beta_{j_0})$；

（2）$M(\alpha_{i_0}, \beta_{j_0}) = \min_{\beta_j} M(\alpha_{i_0}, \beta_j)$，

称为博弈 G 的平衡点。易见条件(1),(2) 和下面的条件(3)等价

(3) $M(\alpha_i,\beta_{j_0}) \leqslant M(\alpha_{i_0},\beta_{j_0}) \leqslant M(\alpha_{i_0},\beta_j)(i = 1,\cdots,m;j=1,\cdots,n)$。

博弈 $G=(A,B,M)$ 的平衡点$(\alpha_{i_0},\beta_{j_0})$,在博弈的赢得矩阵$(a_{ij})$中对应的元素 $a_{i_0 j_0}$ 是第 i_0 行的最小值,同时是第 j_0 列的最大值,即 $a_{i_0 j_0}$ 是赢得矩阵(a_{ij})的鞍点。

由以上的说明可知,用平衡点来定义博弈的解是妥当的。

定义 3 若博弈 $G=(A,B,M)$ 的平衡点为$(\alpha_{i_0},\beta_{j_0})$,则

(1) 局中人 1,2 的策略组$(\alpha_{i_0},\beta_{j_0})$ 称为博弈的解(solution)。

(2) α_{i_0} 称为局中人 1 的最优策略(optimal strategy),β_{j_0} 称为局中人 2 的最优策略。

(3) 值 $M(\alpha_{i_0},\beta_{j_0})$ 称为博弈 G 的值(value)。

其次要研究是否对任意的矩阵博弈都存在平衡点(即解),若存在几个平衡点,那么它们之间的关系又如何。

现在讨论关于博弈 $G=(A,B,M)$ 的平衡点的性质。

(1) 矩阵博弈的平衡点未必存在。

例 2 赢得矩阵(表 5)给定的博弈,很明显没有平衡点。因此,这个博弈不存在我们定义的解,也就是说不存在各局中人的最优策略。

表 5

$$\begin{array}{cc} & \beta_1 \quad \beta_2 \\ \alpha_1 & \begin{bmatrix} 5 & 2 \\ 3 & 6 \end{bmatrix} \\ \alpha_2 & \end{array}$$

关于不具有平衡点的矩阵博弈,是否在任何意义下都没有称为解的策略组呢?现在对这个问题略加说明。在例 2 的博弈中,局中人 1 取 α_2 可以确保最大的完全水准 3。局中人 2 取 β_1 可确保最大的安全水准 $-$5。局中人 2 对于局中人 1 的策略 α_2 来说,取 β_1 是比取 β_2 好。因而局中人 1 有充分的理由可以认为局中人 2 取 β_1。经过这样分析,局中人 1 就要考虑取 α_1 而不取 α_2 了。另一方面,局中人 2 从自己角度出发,推得局中人 1 应该有上述的想法,这时,针对局中人 1 的策略 α_1,他就要取 β_2 而不取 β_1。假若局中人 1 也能猜出局中人 2 的这种想法的话,这时他就又要取 α_2 了。这样两人互相推测,只能是循环不已,两个局中人的稳定策略组是不存在的。这种情况在不存在平衡点的博弈中是常有的。从而我们可认为不存在平衡点的博弈(至少在目前阶段)不存在解,各局中人的最优策略也不存在。

(2) 存在具有两个以上平衡点的矩阵博弈。

例 3 在由表 6 给定的博弈中,策略组 (α_1, β_1) 和 (α_1, β_3) 都是平衡点。

表 6

$$\begin{array}{cccc} & \beta_1 \quad \beta_2 \quad \beta_3 \\ \alpha_1 & \begin{bmatrix} 6 & 7 & 6 \\ 5 & 2 & 3 \end{bmatrix} \\ \alpha_2 & \end{array}$$

(3) 矩阵博弈 $G = (A, B, M)$ 的策略组 $(\alpha_{i_0}, \beta_{j_0})$ 和 $(\alpha_{i_1}, \beta_{j_1})$ 都是平衡点的,下列关系成立:

①$(\alpha_{i_0},\beta_{j_1})$和$(\alpha_{i_1},\beta_{j_0})$也都是平衡点。这个性质称为平衡点的可换性。

②在所有的平衡点上,局中人1的赢得相等(这个定值即博弈的值)

$$M(\alpha_{i_0},\beta_{j_0})=M(\alpha_{i_1},\beta_{j_1})=M(\alpha_{i_0},\beta_{j_1})=M(\alpha_{i_1},\beta_{j_0})$$

$$(6)$$

证　$(\alpha_{i_0},\beta_{j_0})$是平衡点,所以

$$a_{ij_0}\leqslant a_{i_0 j_0}\leqslant a_{i_0 j},\text{对所有的 }i,j\qquad(7)$$

在此,$M(\alpha_i,\beta_j)=a_{ij}$。同样,$(\alpha_{i_1},\beta_{j_1})$是平衡点,所以

$$a_{ij_1}\leqslant a_{i_1 j_1}\leqslant a_{i_1 j},\text{对所有的 }i,j\qquad(8)$$

由式(7),(8)得

$$a_{i_0 j_0}\leqslant a_{i_0 j_1}\leqslant a_{i_1 j_1}\leqslant a_{i_1 j_0}\leqslant a_{i_0 j_0}$$

所以式(6)成立,即 ② 得证。

再由式(6)和不等式

$$a_{ij_1}\leqslant a_{i_1 j_1}=a_{i_0 j_1}=a_{i_0 j_0}\leqslant a_{i_0 j},\text{对所有的 }i,j$$

立刻能看出$(\alpha_{i_0},\beta_{j_1})$是平衡点,所以 ① 得证。

(4)构成平衡点的各策略,使各自的局中人的安全水准为最大。

证明　$(\alpha_{i_0},\beta_{j_0})$为任意的平衡点,由定义

$$\alpha_{i_0}\text{ 的安全水准}=\min_j a_{i_0 j}=a_{i_0 j_0}=\max_i a_{ij_0}\geqslant$$

$$a_{ij_0}\geqslant\min_j a_{ij}=\alpha_i\text{ 的安全水准}$$

$$(9)$$

$$\beta_{j_0}\text{ 的安全水准}=-\max_i a_{ij_0}=-a_{i_0 j_0}=-\min_j a_{i_0 j}\geqslant$$

$$-a_{i_0 j}\geqslant-\max_i a_{ij}=\beta_j\text{ 的安全水准}$$

$$(10)$$

所以得证。

(5)矩阵博弈$G=(A,B,M)$存在平衡点的充要条

件是下面等式成立

$$\max_i \min_j M(\alpha_i,\beta_j) = \min_j \max_i M(\alpha_i,\beta_j) \quad (11)$$

若另有 $(\alpha_{i_0},\beta_{j_0})$ 也为任意的平衡点,则式(11)的共同值等于 $M(\alpha_{i_0},\beta_{j_0})$。

证 先证必要性。设 $(\alpha_{i_0},\beta_{j_0})$ 为博弈 G 的任意平衡点,由式(9),(10),知

$$a_{i_0 j_0} = \max_i \min_j a_{ij} \quad (12)$$

$$-a_{i_0 j_0} = \max_j(-\max_i a_{ij}) = -\min_j \max_i a_{ij} \quad (13)$$

成立。因而由式(12),(13)可知式(11)成立,同时它的共同值等于 $M(\alpha_{i_0},\beta_{j_0}) = a_{i_0 j_0}$。

再证充分性。设 i_0 和 j_0 使

$$\max_i \min_j a_{ij} = \min_j a_{i_0 j}, \quad \min_j \max_i a_{ij} = \max_i a_{ij_0}$$
$$(14)$$

这样的 i_0,j_0 确实存在,所以若式(11)成立,则

$$\min_j a_{i_0 j} = \max_i a_{ij_0} \quad (15)$$

另一方面,很明显

$$\min_j a_{i_0 j} \leqslant a_{i_0 j_0} \leqslant \max_i a_{ij_0} \quad (16)$$

由式(15),所以式(16)中等式成立,即 $(\alpha_{i_0},\beta_{j_0})$ 是博弈的平衡点。

使式(14)成立的策略 α_{i_0} 和 β_{j_0},分别称为 maximin 策略和 minimax 策略。根据(5)的证明,直接可得出下面结果。

(6)若博弈 $G=(A,B,M)$ 存在平衡点,则由局中人 1 的 maximin 策略和局中人 2 的 minimax 策略组成的策略组是平衡点。

由上面我们可以看到,有的矩阵博弈有解,有的矩阵博弈没有解。同时也证明了矩阵博弈有解(有平衡

点）的充要条件。但是条件(11)是就博弈的正规型的赢得矩阵来说的。从博弈的展开型的特征来看，还不能知道解的存在与否，但可以知道，至少当博弈是完全信息博弈时，解总是存在的，下面就来证明这个事实。

三、完全信息博弈

完全信息博弈就是博弈树的各信息集合都只有一个支点的博弈。这也就意味着将任意支点的各分支连起来，就分别成为某个完全信息博弈。从这个事实能使用归纳法来定义这种博弈。根据下面的定义，完全信息博弈的次数是指含在博弈中步法的最大数。

定义4　在博弈 $G=(A,B,M)$ 中，若 $M(\alpha,\beta)$ 对所有的 $\alpha\in A,\beta\in B$ 都是常数，此博弈称为次数0的完全信息博弈，简记为 P.I.G.。再有，在博弈 $G=(A,B,M)$ 中，存在集合 Z（有限），对各个 $z\in Z$，对应着次数 n 的 P.I.G.，$G_z=(A_z,B_z,M_z)$，记其全体为 $\mathcal{G}$。当 $\mathcal{G}$ 满足下列三个条件时，称博弈 G 为次数 $n+1$ 的 P.I.G.。

情况1：博弈 G 的第一步法对应于局中人1的步法。A 是所有由 $z\in Z,a\in A_z$ 组成的组 (z,a) 的全体，B 的各元素 β 是定义在 Z 上的函数，对所有的 $z\in Z$，有 $\beta(z)\in B_z$；反之，对任意的 $b_z\in B_z,z\in Z$，存在着 B 的某个元素 β，对所有的 $z\in Z$

$$\beta(z)=b_z$$

且

$$M((z,a),\beta)=M_z(a,\beta(z)) \qquad (17)$$

情况2：博弈 G 的第一步法对应于局中人2的步法。B 是所有由 $z\in Z,b\in B_z$ 组成的组 (z,b) 的全体，A 的各元素 α 是定义在 Z 上的函数，对所有的 $z\in Z$，

有 $\alpha(z) \in A_z$;反之,对任意的 $a_z \in A_z, z \in Z$,存在着 A 的某个元素 α,对所有的 $z \in Z$,有

$$a(z) = a_z$$

且

$$M(a,(z,b)) = M_z(a(z),b) \tag{18}$$

情况 3:博弈 G 的第一步法对应于概率分布 p 中的机遇步法。A 与 B 的各元素 α, β 都是定义在 Z 上的函数,对所有的 $z \in Z$,分别有 $a(z) \in A_z, \beta(z) \in B_z$;反之,对于 A_z 与 B_z 的任意元素 $a_z, b_z, z \in Z$,有 A 与 B 的各元素 α, β,使

$$\alpha(z) = a_z, \beta(z) = b_z \quad (对所有的 z \in Z)$$

且

$$M(\alpha, \beta) = \sum_z p(z) M_z(\alpha(z), \beta(z)) \tag{19}$$

此处 p 是 Z 上的某概率分布。

这样,当博弈 G 对某个 n 是次数 n 的 P.I.G. 时,称 G 为完全信息博弈。

定理 1   完全信息博弈 $G = (A, B, M)$,总存在平衡点(即解)。当博弈 G 为次数 $n+1$ 的完全信息博弈时,相应于定义 4 中博弈组 $\mathscr{G}$ 的三个情况,博弈 G 的值 v_G 分别由下式给出

情况 1

$$v_G = \max_z v_G(z) \tag{20}$$

情况 2

$$v_G = \min_z v_G(z) \tag{21}$$

情况 3

$$v_G = \sum_z p(z) v_G(z) \tag{22}$$

此处 $v_G(z)$ 是完全信息博弈 G_z 的值。

证明 $n=0$ 时定理显然成立。设问题中的博弈为 $(n+1)$ 次 P. I. G.，假定对次数比 $(n+1)$ 低的 P. I. G.，定理成立。因而存在 $v_G(z), z \in Z$。

情况 1 的证明：现在设 $z^* \in Z$ 是使

$$v \equiv \max_z v_G(z) = v_G(z^*) \tag{23}$$

的元素。由假定，博弈 G_{z^*} 存在平衡点，设为 $(a_{z^*}^*, b_{z^*}^*)$，则

$$v_G(z^*) = M_{z^*}(a_{z^*}^*, b_{z^*}^*) \tag{24}$$

现在取 A 的元素 $\alpha^* = (z^*, a_{z^*}^*)$，再对任意的 $z \in Z$，设博弈的平衡点为 (a_z^*, b_z^*)，则对 B 的元素 β^*，有

$$\beta^*(z) = b_z^* \quad （对所有的 z \in Z）$$

由上述假定可知是存在的。但

$$v_G(z^*) = M(\alpha^*, \beta^*) \tag{25}$$

因而对任意的 $\beta \in B$，有

$$M(\alpha^*, \beta) = M_{z^*}(a_{z^*}^*, \beta(z^*)) \geqslant v_G(z^*) = M(\alpha^*, \beta^*) \tag{26}$$

此外，对任意的 $\alpha = (z, a) \in A$，有

$$M(\alpha, \beta^*) = M_z(a, \beta^*(z)) = M_z(a, b_z^*) \leqslant$$
$$v_G(z) \leqslant \max_z v_G(z) = v = v_G(z^*) = M(\alpha^*, \beta^*) \tag{27}$$

所以由式 (26)，(27) 知，对任意的 $\alpha \in A$ 与 $\beta \in B$ 有

$$M(\alpha, \beta^*) \leqslant M(\alpha^*, \beta^*) \leqslant M(\alpha^*, \beta) \tag{28}$$

也就是 (α^*, β^*) 是博弈 G 的平衡点。同时博弈 G 的值 $v_G = M(\alpha^*, \beta^*)$，由式 (27) 可知等于 v，所以在情况 1 时定理成立。在情况 2 时同样可得到证明。

情况 3 的证明：此时设

$$v = \sum_z p(z) v_G(z) \tag{29}$$

再设对应于任意 $z \in Z$ 的博弈 G_z 的平衡点为 $(a_z^*,$ $b_z^*), a_z^* \in A_z, b_z^* \in B_z$。则将 z 固定时，对任意的 $a_z \in A_z$ 和 $b_z \in B_z$，下面不等式成立

$$M_z(a_z, b_z^*) \leqslant M_z(a_z^*, b_z^*) = v_G(z) \leqslant M_z(a_z^*, b_z)$$
$$(30)$$

并且，$\alpha^* \in A$ 和 $\beta^* \in B$ 使

$$\alpha^*(z) = a_z^*, \beta^*(z) = b_z^* \quad （对所有的 z \in Z）$$

由上述假定可知是存在的。因而对任意的 $\alpha \in A$，有

$$M(\alpha, \beta^*) = \sum p(z) M_z(\alpha(z), \beta^*(z)) \leqslant$$
$$\sum p(z) M_z(\alpha^*(z), \beta^*(z)) =$$
$$\sum p(z) M_z(a_z^*, b_z^*) = \sum p(z) v_G(z) = v$$
$$(31)$$

另一方面

$$\sum p(z) M_z(\alpha^*(z), \beta^*(z)) = M(\alpha^*, \beta^*) \quad (32)$$

所以由式(31),(32)有

$$M(\alpha, \beta^*) \leqslant M(\alpha^*, \beta^*) = v \quad （对所有的 \alpha \in A）$$
$$(33)$$

同样可证明下面不等式是成立的,即

$$M(\alpha^*, \beta^*) \leqslant M(\alpha^*, \beta) \quad （对所有 \beta \in B） (34)$$

由式(33),(34)可知 (α^*, β^*) 是博弈 G 的平衡点,博弈的值 v_G 等于式(29)定义的值 v。

代理分析方法模型化联盟过程的三人演化合作博弈

我们的模型对于参与者之间合作的理

解是：其中任一参与者可以独自选择另一参与者作为他／她的代理来做决策的权力。按照此种方式，随着某一参与者接受作为另一参与者的代理，参与者们将形成一个代理。

当一个代表所有参与者的代理出现，并且此代理可以达成由于所有参与者的合作而实现的行为时，那么此代理能够促使所有参与者的"帕累托有效性"得以实现。

约翰·纳什[1][2]

我现在所从事的研究的最初想法，实际上是我在参加一个高中毕业生科学夏令营的时候提出来的。当时我谈到合作是自然演化的框架，以及这个问题如何在博弈论中研究，而博弈论现在被广泛应用于经济学研究。

那时，我的构想是可以通过了解不同参与者的接受行为的概率，来对博弈论中的合作进行建模。参与者的接受行为有两种情况：能否接受由另一位参与者作为他／她的代理；或能否接受由已形成的参与者联盟作为他／她的代理。这种接受代理的行为是合作性的，不是竞争性的。另一方面，就是在反复博弈的情形下，当其他参与者的行为不利于自身利益的时候，参与者本身也会采取一些非合作性的做法。那么，此种博弈就与已经在理论生物学中研究过，并多次重复的"囚徒困境"博弈类似。

---

[1]　约翰·纳什，1994 年诺贝尔经济学奖获得者。
[2]　《诺奖大师纵论中国经济》，经济日报出版社，北京，2006 年。

　　这些"囚徒困境"的博弈研究已经揭示出，如果交互的生物体或人类被假定为仅有自私、非合作的动机时，合作行为的自然演化是完全不可能的。此处为了避免可能的误解，我详细说明一下，真实的人类行为显然是由一些复杂的本能来引导，并且促进彼此之间的合作；此外，还有一些文化方面的因素影响到个人对其行为的纠正，并且经常是达到更高的合作效率。

　　我们的研究具有实验方法的特性，但它是一种计算实验，通过计算揭示三个程序"机器人"参与者在反复博弈的环境下的均衡行为。

　　如果"博弈实验"的实验对象是真实的人，那么复杂的内心及文化因素会影响到实验者本身的行为。比如男性实验者在与女性实验者博弈时会比较缺乏竞争性，而与其他男性实验者博弈时会更具竞争性；而且总体来看，实验中少数民族的实验者之间的行为比较缺乏竞争性。另外，一般来说受过训练的实验者在给定实验指导的情况下的参与博弈的行为方式与未经过训练的实验者比较也有较大不同，这一点与信誉良好的商人的行为类似。

　　我个人认为实验博弈研究是发现事实的正确方法。那就是说，尽管理论框架具有完美的数学形式，但是这些理论如何与博弈中实际观测到的参与者的行为相联系？两者对比结果如何？而这才是发展真正的科学理论的关键。

　　但我还想说明的是，由于我们要研究的不仅仅是人类行为和心理的问题，而且参与者可以是公司或者国家。因此从实际出发，研究问题不应只限于关注人类行为的分析。

1084

一、博弈行为的模型开发

我们从两人讨价还价博弈开始此研究项目。我们并不仅仅希望是更好地理解简单的讨价还价博弈,而是研究基于合作演化的博弈模型方法的应用。博弈的解,真实意义是对于各方冲突的仲裁,我们知道寻找合理的解的现有的公理化方法和其他途径。

二人博弈的结果能够通过新的模型方法获得,并且与现有的公理化方法相同。但是,我们至少学到的一个是关于平滑方法的技术本质,此方法能使得博弈问题可通过解方程组来获取均衡解,其中方程组是通过对于函数的偏微分计算得来的。模型开发了平滑过程,它需要公平、不偏倚的,以使得参与者的反应行为不会与其他参与者的比较起来过于平滑。并且,此种公平的平滑过程也自然需要被证明是合理的。

我们会更多的讨论与三人博弈模型中的选择规则有关的其他问题。

二、代理的概念

我们的模型对于参与者之间合作的理解是:其中任一参与者可以独自选择另一参与者作为他/她的代理来做决策的权力。按照此种方式,随着某一参与者接受作为另一参与者的代理,参与者们将形成一个代理。

当一个代表所有参与者的代理出现,并且此代理可以达成由于所有参与者的合作而实现的行为时,那么此代理能够促使所有参与者的"帕累托有效性"得以实现。

同时,某一参与者通过简单地接受或者选择另一参与者作为其代理，那么至少从近期看来，此参与者的行动是利他主义，而非自私、非合作的方式。然而，在我们所构建的关于参与者合作的重复博弈模型能够做到当参与者发现其所选择或接受的代理对由于所有参与者的协调行动所形成的共同利益处置不公，参与者便可以采取报复措施时，这一反应过程便与参与者在理论生物学所研究的重复"囚徒困境"博弈中可能采取的行为序列相类似，那里简单的"以牙还牙"的惩罚性策略就可以达到稳定的合作均衡。

三、需求及接受比率

我们所使用的模型利用参与者可能采取行动的概率来描述参与者的行为，这一点可以先简单地利用下面的例子来解释，此例描述了行动的概率以及它与参与者策略选择之间的关系。

假如参与者 1 已经被参与者 2 选择成为代表两者的代理，那么他们的联盟在所谓的"代理选择的第二阶段"就可以投票选择接受参与者 3 作为他们的代理，或等待参与者 3 选择他们做代理。无论他们做出哪种选择，在代理选择的第二阶段中，最终代理者或者叫做"一般代理"都能够有效地利用所有参与者的资源。

在代理选择的第二阶段中，模型允许参与者 1（已经作为参与者 2 的代理）可以做出策略选择，即他/她提出一个与选择参与者 3（将成为最终代理）相关的需求。模型中使用"d_{12}"代表，此处 d 表示需求，数字序列"12"则表明参与者 1 已经作为其与参与者 2 联盟的代理。

另外，d_{12} 还与参与者 3 的行为相关：如果参与者 3 的行为满足参与者 1 的需求标准 d_{12}，那么参与者 1 将

会比较满意,也不会降低其投票选择参与者 3 作为一般代理的概率。另一方面,如果参与者 3 的行为并未满足参与者 1 的需求标准 d_{12},那么参与者 1 将会降低其投票选择参与者 3 作为一般代理的概率,反而期望参与者 3 选择他 / 她作为一般代理。

如果当参与者 3 成为最终代理,需求 d_{12} 还与参与者 3 的效用分配的行为有关。我们模型的理念是无论最终代理何时产生,他 / 她将被赋予分配由于整体联盟所形成的资源给三位参与者的权力。在我们的计算模型研究中,此种整体资源将简单地定为 ＋1。这将会导致 24 个变量出现,它们代表当某个参与者成为一般代理时,参与者分配效用的策略选择。并且,它们与这样的事实对应:(1)模型中有 12 种可能的选择序列情况将决定最终代理的产生;(2)最终代理必须确定两个效用分配数量,代表其分配给其他两位参与者的效用。这 24 个描述效用分配的变量被作为参与者的策略选择而不是行为结果。

例如,如果参与者 3 被参与者 2(假定参与者 2 已是参与者 1 的代理)选择并成为最终代理,他 / 她就可以分割所有三位参与者的博弈资源中的＋1 个单位的效用。当然对于他 / 她自己而言,只要决定分配给参与者 1,2 的数量,剩余的自然就是他 / 她自己的。

在我们的模型中,与参与者 1 的策略选择 d_{12} 相关的是考虑分配的效用数量:$u_1 b_3 r_{12}$。$u_1 b_3 r_{12}$ 的含义是:首先参与者 1 成为代表参与者 1,2 联盟的代理,并且选择参与者 3 作为最终代理,之后由参与者 3 分配给参与者 1 的效用。同时另一个由参与者 3 做的选择是:$u_1 b_{31} r_2$,它的意思是:首先参与者 3 成为参与者 3,1

1087

联盟的代理,并且被参与者 2 接受成为最终代理,之后由参与者 3 分配给参与者 1 的效用。d_{12} 与 $u_1 b_3 r_{12}$ 交互作用是通过控制 a_{12} 实现,a_{12} 作为描述当参与者 1 已成为参与者 2 的代理时,参与者 1 接受参与者 3 作为最终代理的概率。

四、d_{ij} 如何控制 a_{ij}

参与者 1 的策略选择,需求 d_{12} 控制他/她对参与者 3 选择 $u_1 b_3 r_{12}$ 的可观测行为的反应。在模型中,我们考虑参与者 1 可以观测在重复博弈中的整个历史记录。由于我们是为了得到重复博弈的均衡解,因此要求每一参与者行为选择的概率最终对于所有参与者都是可观测的。

参与者 1 及参与者 3 分别所做的策略选择 d_{12},$u_1 b_3 r_{12}$ 对于 a_{12} 的确定是由内建于模型之中特定数学表达式决定的。具体而言,我们首先定义 A_{12} 依赖于 d_{12} 及 $u_1 b_3 r_{12}$,然后再定义 a_{12} 以使它可成为一个概率,其值属于 $[0,1]$ 区间。因此,我们首先定义 $A_{12} = \text{Exp}[(u_1 b_3 r_{12} - d_{12})/\varepsilon_3]$,然后定义 $a_{12} = A_{12}/(1 + A_{12})$,这就使得 a_{12} 限定在 $[0,1]$ 区间。此处 ε 代表希腊字母 epsilon,表明 ε_3 是较小的实数。我们将 Mathematica 软件既用于建立和控制需要求解的方程组,也用于计算求解,所以此处 ε_3 仅是为了在 Mathematica 软件中使用。

此处需要作些解释,A_{12} 的形式蕴含着参与者 1 期望的效用分配与需求 d_{12} 之间的比较。假如 $u_1 b_3 r_{12} > d_{12}$,或者更具体地说,如果 $u_1 b_3 r_{12}$ 与 d_{12} 之差与 ε_3 相比足够大,亦即 A_{12} 值较大,那么也就是参与者 1 比较满意于当前情形。并且,如果 A_{12} 足够大,那么 a_{12} 的

值就接近于 1。也就是说,在此特定的适当情形下,由于参与者 1 认为参与者 3 很好地满足了他／她的需求 d_{12},那么参与者 1 将几乎肯定会投票接受参与者 3 作为最终代理。

五、df_{ij} 如何控制 af_{ij}

代理选择的第二阶段,这里会有两方面的选择情形。刚才,我们讨论了参与者 1 通过需求 d_{12} 来控制投票选择参与者 3 作为最终代理的概率。另一方面,现在我们将讨论参与者 3 的相应角色,即投票接受参与者 1(已经成为参与者 2 的代理)作为最终代理。同样,与 d_{12} 类似,参与者 3 的策略选择,即他／她的需求 df_{12}。并且对应 a_{12},我们还引入 af_{12},即 a_3f_{12} 的缩写,它表示参与者 3 投票接受由参与者 $1,2$ 联盟的代理参与者 1 作为最终代理的概率。而 a_{12},即 $a_{12}f_3$ 的缩写,它表示参与者 1 接受参与者 3 作为最终代理的概率。

因此,对应于 d_{12} 及 a_{12},我们定义

$$Af_{12} = \text{Exp}\big[(u_3b_{12}r_3 - df_{12})/\varepsilon_3\big]$$

$$af_{12} = Af_{12}/(1 + Af_{12})$$

这里,参与者 3 策略上控制着 df_{12},同时参与者 1 则策略上控制着参与者 3 的效用分配 $u_3b_{12}r_3$。注意 Af_{12} 是 A_3f_{12} 的缩写,af_{12} 是 a_3f_{12} 的缩写,df_{12} 是 d_3f_{12} 的缩写。

通过观察代理选择的第二阶段,我们可以得到与之联系的 $6+6=12$ 个不同参与者所提出的需求选择,这些需求是控制类似于 a_{12} 和 af_{12} 的概率的策略选择。并且,与这些需求相联系的是由最终代理进行效用分配的 12 个策略选择。

除此之外，这里还有其余 12 个效用分配选择，它们并不与第二阶段的代理选择直接相关。但是，这 12 个效用分配，比如 $u_2 b_{12} r_3$ 却与我们模型中代理选择的第一阶段相关。例如，因为 $u_2 b_{12} r_3$ 意思是：首先参与者 1 作为参与者 1，2 联盟的代理，并且由参与者 3 选择成为最终代理后，由他／她分配给参与者 2 的效用数量。因此，$u_2 b_{12} r_3$ 将会影响参与者 2 在第一阶段选择参与者 1 作为代理的可能性。

六、代理选择第一阶段中的行动和需求

我们刚刚讨论了一些整体效用分配选择如何影响参与者在第一阶段的反应行为。现在，我们该描述在第一阶段中控制需求与行动概率之间关系的一些简单的公式。

我们的模型实际上使用下述简单规则：无论何时，当同时有两个或更多的投票接受代理时，也不论在哪些参与者之间或在哪个选择阶段，模型将随机选择并使此投票接受生效。这一规则被证明在简化导出收益公式方面是非常有益的。同时，我们还发现这是公平的而非专断的，因为我们在构建模型时考虑到当代理选择不成功时，参与者几乎都可以再进行第二次投票选择。模型的此项设计特性导致参与者投票接受另一参与者行使代理功能的概率在均衡状态下会比较小，那么两个同时出现的投票接受的概率会变得更小。

在均衡状态下，概率的这些问题与模型中三个参数有关，即 $\varepsilon_3, \varepsilon_4, \varepsilon_5$。模型设计的理念是为了模型结果得到期望的渐进性改善，它们都趋近于零。并且，当 $\varepsilon_4, \varepsilon_5$ 趋近于零时，选择变得易于重复，并且投票接受的概率也趋近于零。另一方面，当 ε_3 趋近于零时，模

型均衡状态下的帕累托有效性趋近于＋1。

　　我们关于代理选择第一阶段的模型设计与以前三人合作博弈的模型相同。在以前的设计尝试中,模型容易产生不稳定性,并且由于为了在代理选择的第二阶段中简化过程和减少策略的复杂性,从而模型并未完全依据代理选择的概念进行设计。

　　在代理选择的第一阶段,我们的模型给每位参与者仅一个需求选择,这是他的策略变量。同时,以需求选择为基础,某一参与者接受其他参与者作为代理的接受概率可以确定。对于投票接受的参与者而言,他／她会了解其他两位参与者的期望行动以及这些期望如何在他／她给定的需求策略状况下来影响他／她的期望收益。模型中的概率均已被结构化,因此投票的参与者会根据上述信息作出理性反应。

　　因此,我们考虑参考者1,那么他／她的策略选择,即需求d_1,与他／她在第一阶段代理选择的接受行为相关。对于三位参与者而言,分别有d_1,d_2,d_3,以及基于它们的6个接受概率:$a_1f_2,a_1f_3,a_2f_1,a_2f_3,a_3f_1,a_3f_2$。

　　举例来说,$A_1f_2＝\mathrm{Exp}[(q_{12}-d_1)/\varepsilon_3]$,此处$q_{12}$为假定参与者2作为参与者1的代理并进入博弈的第二阶段情况下,参与者1所计算的期望收益。当然,我们还必须确定q_{12}的数值如何准确地计算。类似于A_1f_2,这里有6个A_if_j数,它们用以形成6个概率数值:a_if_j。a_1f_2的表达式为$A_1f_2/(1+A_1f_2+A_1f_3)$,对应地定义a_1f_3为$A_1f_3/(1+A_1f_3+A_1f_2)$,并且我们还要引入不太常用的$n_1＝1-a_1f_2-a_1f_3$。这三个数:a_1f_2,a_1f_3,n_1均为概率。它们分别代表代理选择的第一阶段的行动概率:参与者1投票选择参与者2

作其代理、参与者 1 投票选择参与者 3 作其代理,以及参与者 1 不选择任何人作其代理。$a_1 f_2, a_1 f_3, n_1$ 的表达式使其限定在 $[0,1]$ 区间。

现在,我们来定义 q_{12} 及 q_{13} 的表达式,之后通过 $A_1 f_2, A_1 f_3$ 进而决定 $a_1 f_2, a_1 f_3$。(尽管这对于我们整个模型来说有些不太成熟)

这些表达式如下

$$q_{12} = ((1 - a_{21})(1 - af_{21})b_3 \varepsilon_5 + 2a_{21}u_1 b_3 r_{21} + af_{21}((2 - a_{21}) \cdot u_1 b_{21} r_3 - a_{21}u_1 b_3 r_{21}))/$$
$$(2(1 - (1 - a_{21})(1 - af_{21})(1 - \varepsilon_5)))$$

$$q_{13} = ((1 - a_{31})(1 - af_{31})b_2 \varepsilon_5 + 2a_{31}u_1 b_2 r_{31} + af_{31}((2 - a_{31}) \cdot u_1 b_{31} r_2 - a_{31}u_1 b_2 r_{31}))/$$
$$(2(1 - (1 - a_{31})(1 - af_{31})(1 - \varepsilon_5)))$$

其中,数值 b_2 及 b_3 分别代表二人联盟 $(1,3),(1,2)$ 的强度。简而言之,b_1 代表 $(2,3)$ 联盟的强度,更确切地即为参与者 $2,3$ 在未形成整体 $(1,2,3)$ 联盟(此联盟赋予强度 +1)情况下的可支配的效用数量。这些都是与冯·诺依曼和摩根斯坦的书中所介绍的特征函数相关的经典概念。

q_{12}, q_{13} 表达式中另一组分是 ε_5,它与概率的计算相关。简单来说,ε_5 实际上是在代理选择的第二阶段中双方均不接受对方时,选择机会不可重复的概率。这样,ε_5 在 $[0,1]$ 之间,我们的理念是在 $\varepsilon_3, \varepsilon_4$ 和 ε_5 都趋近于零时,偏向于研究模型均衡的渐进结果。

如果第二阶段选择失败并不可重复,那么与 q_{12} 和 q_{13} 相关,在此种情形下会存在一方是两位参与者的联盟,另一方是一位参与者。此时,或者是 $(1,2)$ 与 (3),这与 q_{12} 相关;或者是 $(1,3)$ 与 (2),这与 q_{13} 相关。在此

种情形下,我们模型的规则是两位参与者的联盟获得 b_3 或 b_2,之后平均分配;而未结盟的那位参与者则一无所获。

因此,q_{12} 简单言之就是:假设参与者 1 已经投票选择参与者 2 作代理并且此选择生效的情况下,他／她的期望收益即为 q_{12}。(此处需要说明,这里体现了我们简化的规则:每次仅有一个选择生效)

七、详细的选择规则及收益函数

关于博弈收益函数的知识使得导出代表均衡条件的方程组成为可能。实际上,这里存在 15 个需求选择的策略变量,以及 24 个效用分配的策略变量,它们的符号为 $u_x b_x r_{xx}$ 或 $u_x b_{xx} r_x$。(其中 x 可以是 1,2,3,代表三位参与者的序号)我们希望在纯策略集中发现均衡解,为此,对应于 39 个策略变量的每一变量均需要一个均衡条件。这些均衡条件是由偏微分计算导出的。对应于某一变量的偏微分计算,它是以控制此策略变量的参与者的期望收益函数为基础进行的。这样,我们最终得到描述一般均衡条件的 39 个方程。

然而,为了简化数值解的计算,我们将方程组中类似于 d_{13}, df_{12} 的需求变量转换为类似于 $a_2 f_1, a_2 f_3$,a_{13},及 af_{12} 的相应接受概率。方程组中的 d_1, d_2, d_3 分别被 $a_1 f_2, a_1 f_3, a_2 f_1, a_2 f_3, a_3 f_1, a_3 f_2$ 所替代,这导致 39 个方程变为 42 个方程。然而,多出的 3 个方程并非真正的均衡条件,它们仅仅是由于在数值计算中变量转换所造成的。

收益函数实际上是一个三维向量,其中每一成员对应一位参与者。个人收益被认为是反映了期望水平,并且收益向量所依赖的 18 个变量就是描述参与者在代理选择的第一或第二阶段的特定选择行为的概率。在这些变量中 $a_1 f_2, a_1 f_3, a_2 f_1, a_2 f_3, a_3 f_1, a_3 f_2$ 为第一阶段出现的概率,而 $a_{12}, a_{13}, a_{21}, a_{23}, a_{31}, a_{32}$ 以及 $af_{12}, af_{13}, af_{21}, af_{23}, af_{31}, af_{32}$ 则都为第二阶段出现的概率。收益向量所依赖的其他 24 个变量(比如 $u_3 b_{12} r_3$)是由参与者进行效用分配的策略选择,它们代表参与者在特定情况下所做的效用分配。

收益函数还依赖于 b_1, b_2, b_3 以及 $\varepsilon_3, \varepsilon_4, \varepsilon_5$。这里,$b_i$ 只是特征函数的组成部分。回顾一下,b_1 是 $v(2,3)$ 的缩写,b_2 是 $v(1,3)$ 的缩写,b_3 是 $v(1,2)$ 的缩写,或者说 b_3 是当参与者 1 与参与者 2 合作而未与参与者 3 达成合作时,博弈本身所实现的收益。

三个"epsilon"参数,$\varepsilon_3, \varepsilon_4, \varepsilon_5$ 的设计理念是随着我们研究模型结果时,它们渐进地趋于零。ε_3 是用来平滑需求与期望收益、及参与者接受行为的交互,这样的话,ε_3 就使得从收益函数计算偏微分成为可能。另一方面,当出现代理选择失败时,ε_3 及 ε_5 则与重复选择相关。ε_4 和 ε_5 分别在代理选择的第一阶段、第二阶段起作用,$1-\varepsilon_4$ 及 $1-\varepsilon_5$ 为在相应阶段重复一个失败选择的概率。此模型中,参与者接受其他参与者作为认可的代理时,他 / 她的选择是非常谨慎的。我们发现这一点是比较合意的,并且轻易地重复选择也会影响计算均衡。

此模型与我们在处理投票冲突时的简单选择规则也是相一致的。例如,如果参与者 1 接受参与者 2,参与者 2 同时又接受参与者 3,我们就可以在第一阶段直接得出参与者 3 作为最终代理。然而,这与我们的模型是不一致的。相反,我们的规则是,如果在代理选择

的某一特定阶段同时有多于一个的接受选择出现，那么模型将随机抉择其中一个是有效的。

八、帕累托有效性

首先，我们从二人合作的重复博弈的建模开始，比如像讨价还价博弈。并且，当前模型中 ε_3 的数值模拟的意图在于将它作为控制参与者的需求与收益期望之间交互平滑程度的参数。与当前模型类似，参与者的需求与他／她的期望将共同确定参与者接受其他参与者作为最终代理（亦即效用分配者）的概率。

帕累托边界描述效用分配（给两位参与者）限制可能来自博弈本身固有的资源。二人博弈中最为基本的发现是：平滑程度是通过 ε_3 渐进地趋于零来实现的，此时讨价还价过程的计算表明它的帕累托有效性将愈加完美。那就是说，描述博弈的计算结果的均衡点将渐进地趋于帕累托边界的一个界限。（如果重复博弈的例子是具有非转换效用的类别，那么此边界将会是曲线）

但是，在二人博弈的研究个案中，一个复杂因素也被发现。首先，每位参与者有自己独立的平滑参数，比如像 $\varepsilon_3 P_1$，$\varepsilon_3 P_2$，这看起来最为自然。然而，我们发现 $\varepsilon_3 P_1$ 和 $\varepsilon_3 P_2$ 之间的相对大小将有效控制讨价还价的尖锐程度，并且行为（或反应行为）比较尖锐的参与者会得到比较好的收益。那样的话，当理论上要求利润应该平分时，实际情况却并不是这样。

基于帕累托边界准确位置的不确定性的假设，平滑的另一个基础可能对于引入 $\varepsilon_3 P_1 = \varepsilon_3 P_2$ 有着间接的影响（如果这里是可转换效用，比如货币），并且之后其他难以相处的霸道行为会被避免。

　　我们运用两个图形描述模型,得出的均衡解展示帕累托有效性如何随着 ε_3 趋于零而接近于完美。其中一个显示,任何两位参与者之间的联盟价值为 $1/5$,同时 ε_3,ε_5 比较大的情况。另外一个显示,其中两位参与者之间的联盟价值为 $2/3$,其他两者之间为零,同时 ε_4,ε_5 均为 $1/100$。在两个图形中,随着 ε_3 的变小,帕累托有效性得到增强。

九、解的存在性及唯一性

　　一般而言,当我们有一个数学模型及此模型解的搜索,并且在模型的参数设定之后,解的存在及唯一性是合理的。在此研究中,我们却并不要求这一点。此类型的解不仅仅是最为一般类型的博弈均衡,而且是由纯策略所描述,代表了在重复博弈中参与者的稳定行为。因此,此类型均衡的存在是不易证明的。并且,就唯一性而言,我们能举出非唯一均衡的例子,这也使得寻找合理的或非唯一的均衡是合意的,同时这些均衡应该能够被解释。

　　如果用设计良好的模型表达演化过程或合作形式的稳定性,那么它一定可以导出在合作博弈框架下能够解释的均衡。一个相当简单的模型或许导出较容易得到的均衡并且是唯一的,但是此均衡是否与合作的本质有很强的关联尚未可知。

　　我们在此论文中对比沙普利值及核仁来研究此模型。这两个已经存在,比较关注合作的概念,都存在一个数学上定义的解向量,并且是唯一的。但是,这两者的思路却截然不同。因此,这样对于从合作博弈中导出的任何收益向量就存在这样一些问题:它是否符合自然的合作;博弈双方是否获得令人确信的证据使得

他们接受此仲裁框架。

我们在图形中所展示的是一组解，这组解是从完全对称的博弈的解开始，并通过连续、微小的结构参数的扰动得到的。其中，一种完全对称的情况是 $b_1 = b_2 = b_3$，亦即任何两位参与者之间的联盟价值是相同的。那么，我们自然能够求得所有参与者行为完全一致的均衡。

一个完全对称的博弈由 7 个方程（参数）描述，而不是 42 个。如果博弈仅是在一对参与者之间对称，那么参数的数量便从 42 减为 21。我们在重复博弈中寻求均衡的大量计算工作是针对参与者 1,2 对称情况下展开的。对于无对称情形的博弈，我们把 42 个参数转换为下述符号列表：$x_1, x_2, \cdots, x_{42}$；而对于两位参与者地位对称的博弈，我们使用符号列表：$y_1, y_2, \cdots, y_{21}$ 来表示 21 个参数。这样，收益函数就依赖于这些符号，并且均衡条件方程也依赖于这些符号。最终，利用 Mathematica 求解的计算工作就基于这些更为简洁的符号。

十、导出真正的均衡方程

我们在此类模型中搜索的实际上是纯策略集中的一个解，并且它是由 15 个需求参数及 24 个效用分配参数描述的。每位参与者允许查看重复博弈中所有历史记录，因此每位参与者也就具有下述知识：首先是所有其他参与者所做的效用分配；其次，从描述其他参与者接受行为的可观测的概率进行推测，参与者可以了解其他参与者的需求状况。

基本的均衡条件可以从收益向量其中成员的函数的偏微分得出。但是，由于其他参与者反应行为的复杂性,这些方程的计算求解并不容易。此处,以推导 $u_2b_1r_{23}$ 的均衡条件为例,$u_2b_1r_{23}$ 是由参与者 1 所控制的行为参数。因此,我们希望考虑 PP_1(收益向量 (PP_1,PP_2,PP_3) 的成员)随着 $u_2b_1r_{23}$ 的变化是如何变动的。PP_1 的部分变动来自于这样的事实:如果参与者 1 成为最终代理(此处参与者 2 已经被选择成为参与者 3 的代理),那么他 / 她自己所得为 $1(=u_2b_1r_{23})=u_3b_1r_{23}$。这样,从整体图景的此部分来看,$u_2b_1r_{23}$ 的提高必然会对 PP_1 产生负面影响。

但是,整体图景的另一方面是随着 $u_2b_1r_{23}$ 的变化,与参与者 $2,3$ 有关的行为概率将会由于他们的需求地位而改变。如果他们完全没有需求,那么参与者 1 就仅有激励去最小化 $u_2b_1r_{23}$ 和 $u_3b_1r_{23}$,从而最大化 $u_1b_1r_{23}$。然而,真实情况是 a_{23}(即 $a_{23}f_1$)是由 d_{23} 控制,通过此种方式,参与者 2 具有需求策略,$u_2b_1r_{23}$ 也就不能够太小。因此,参与者 2 的需求是有效的,并且抑制参与者 1 过多降低 $u_2b_1r_{23}$。更进一步,由于与需求 d_1,d_2,d_3 相关的表达式调节参与者第一阶段选择的反应行为,因此参与者 $2,3$ 会随着参与者 1 变动 $u_2b_1r_{23}$ 而进行额外的反应。

当收益函数 PP_2 由相应需求策略正确表示,那么 PP_2 对于 $u_2b_1r_{23}$ 的偏微分就成为此策略变量的均衡方程的来源。此处,从已建立的表达式来划分因素是可能的;因此,所有包含策略变量的均衡方程均等于零。

对类似于 d_{12},df_{12} 的需求变量,由于 a_{12} 是 d_{12} 的函数,因此我们不利用 PP_1 对 d_{12} 微分,而是通过 PP_1 对 a_{12} 微分,这样处理更为简单。a_{12} 仅依赖 d_{12} 和

$u_1b_3r_{12}$，而 $u_1b_3r_{12}$ 是由参与者 3 所控制的策略，因此我们研究在参与者 1 达到均衡条件时将 $u_1b_3r_{12}$ 视为常量（即无反应行为）。另外，最终我们完成建立所有方程时，我们可以剔除 d_{12}，而仅仅含有 a_{12}。这样，均衡条件的方程数将会增加，但是增加的仅仅是些类似于联接 d_{12} 和 a_{12} 的简单方程。

当我们考虑策略变量 d_1, d_2 和 d_3 的均衡条件时，事情会变得更加简单。d_1 控制 a_1f_2 和 a_1f_3，它们描述在代理选择的第一阶段中参与者 1 接受行为的概率。通过视其他策略参数为常量来计算 PP_1 对 d_1 的偏微分，我们可以得到 d_1 的均衡条件。并且在此计算中，a_1f_2 和 a_1f_3 是 d_1 的函数，随着 a_1f_2 和 a_1f_3 的变化，参与者 2,3 的接受代理的行为也随之变化。因此，d_1 均衡条件的计算在细节上并不那么简单，但是它实际上也并不困难。（研究项目的助理通过 C 语言编程大大帮助了我们，他以不同于 Mathematica 的计算方法得出这些均衡方程。然后，作者与助理的结果之间可以相互比较，也需要协调一致。例如，剔除 d_{12} 的时机在两种计算方式中是不同的）

当 d_1, d_2, d_3 的三个均衡方程建立之后，我们成功地简化并剔除了 d_1, d_2, d_3。但是，这里涉及 a_if_j 六个接受概率，因此需要三个新的方程成对地联接它们。类似于 a_1f_2 联接 a_1f_3，等等。然而，三个新的方程含有对数形式，而其他所有方程均为多项式形式。正是由于这三个方程，此模型中三位参与者便有 39 个策略变量，而我们却需要处理 42 个方程。

十一、收益结果的图形化

我们通过图形描述随着二人联盟的强度变化,模型是怎样展示参与者收益的变动分布情况。这里是否存在任何有意义的解的概念(亦即理论上可以合理解释它),这是博弈论的合作博弈领域尚未解决的重大问题。但是,如果能有这样一个概念,它至少对其中一些博弈适用,那么理论概念将给出一些与博弈相关的有用信息。并且,这些信息将会对于仲裁规则,例如,如果两个政党均被告知他们在国会的势力与班茨哈夫指数成正比,那么在此信息的帮助下可以有效地达成实际的工作联盟。

此处,我们将研究模型的收益结果与沙普利值或核仁的预测结果利用图形进行对比。这些对比仅仅涉及参与者 1,2 对称情形的博弈的研究。从数学上来看,参与者 1,2 对称亦即联盟的强度相等:$b_1 = b_2$ 或 $v(2,3) = v(1,3)$。

我们初步发现,对于两位参与者联盟强度相对较弱时,沙普利值看来过高估计了它的影响。然而,我们显然也没有发现在合作博弈中建立参与者真正潜能的模型的最佳水平。例如,如果考虑到参与者如何产生需求,他/她们可能会有更多的选择。并且,如果合作模式可以演化并逐渐稳定,在此情形下博弈结构模型会变得更加完美。那么,我们可以证明:即使二人联盟的强度相对较弱,它也会对结果有较大影响。

十二、与博弈实验类比

我们在此项目中使用的谈判及讨价还价过程的建模框架将过多的复杂因素引入均衡条件方程。这些对

基于数值逼近计算来求解是有用的,但是这对于理解模型结果而言却没有实际意义。

这一点就是与在实验者的观察下,由受到激励的人类主体进行真实实验的不同之处。另一描述方式是将三位参与者简化为三个在博弈环境下具有行为选择限制的计算"机器人",那么所观测到的机器人的均衡行为即唯一计算结果。

相对而言,由戈麦斯(Gomes)教授开发的模型得到了比较漂亮并很有启发性的结果。但是,因对于参与者之间交互的建模相对简单,他确实能够运用理论演绎的方法发现均衡结果,而不必利用数值逼近计算。(此结果与沙普利值和核仁方法具有联系)但是,正如冯·诺伊曼和摩根斯坦所说,我们认为合作博弈中的交互过程是与生俱来、本质上较为复杂的,我们或许不应该期望运用理论演绎的方法去发现过于简单的均衡。

我们模型中研究合作的方法是:联盟、协作是通过代理关系的形成而出现的。当博弈中参与者数量增加时,此方法可能会导致极为快速增加的复杂性。(这类似于纯数学中三次或四次代数方程,那是难以求出解析解的。直到文艺复兴晚期,此问题才得以解决并且促使了复数的发现。而高次方程的数值逼近解法就是此处寻求均衡解所采用的方法)

十三、秘密联盟及模型修改的一些想法

当我们完成此研究中的大部分计算工作后,我们很自然地会得出下述想法:参与者1最初选择参与者2作为其代理,此时参与者3仅仅知道参与者1,2联盟已经形成,而不知道谁是联盟的领导者。由于参与者

1,2为各自利益考虑而进行联盟,那么参与者3在此博弈阶段自然也不会获得额外的信息。

信息隐藏概念的影响是减少描述博弈所需的策略和行为参数。我们知道,如果参与者3在第二阶段充当投票选择的角色,那么他/她会有 af_{12} 及 af_{21} 的接受选项,分别代理参与者1或2作为(1,2)联盟领导者的两种情况。但是,如果参与者3并不知道谁来领导(1,2)联盟,那么我们仅需要允许他/她有接受(1,2)联盟或等待(1,2)接受他/她的选择。因此,类似于 af_{12} 的6个概率 af_{ij} 便减少为3个。另外,在效用分配时,如果参与者3不知道他/她被(1,2)联盟投票接受的全部历史,那么两种情况(即参与者1或2作为(1,2)联盟领导者)减少为一种,并且4种效用分配也减少为2种。那么对于三位参与者而言,12个效用分配策略减为6,加上减少的3个概率,总共9个策略维数被消去。当然,在第一阶段被选择成为代理,并且在第二阶段又成为最终代理的参与者当然拥有两位参与者最初联盟形成的信息。

另一个关于合作的复杂过程建模的有趣改变,是引入额外参与者作为"律师代理",他代表最初的参与者群体的利益。此方法已在类似二人讨价还价博弈中得到较好的应用。并且,律师代理可以视为机器人,并且由于仅仅为了最大化他们被使用的频率,可以无成本地与其他代理操作。起初我们还认为引入额外参与者会增加模型的复杂度,但是如果"律师代理"不关心他是如何被选择来服务的,那么他将有利于减少策略维数。

在对参与者的代理选择、效用分配行动不做改变的情况下,我们可以基于参与者所做的需求选择来改

变博弈模型。

我们的研究遵循了以前较为简单模型的处理方式：在代理选择的第一阶段，每位参与者只能选择一个需求数量。这样，第一阶段就有三个策略参数：d_1，d_2，d_3；而第二阶段，就有 12 个需求参数供参与者选择。但是，比较合理的情形是每位参与者应该可以有两个特定的针对其他二位参与者的需求，他 / 她从中可以自由选择。这样，博弈结构中需求策略的数量将会提高。可以预见，这将会有助于提高二人联盟的强度对博弈的影响。（我们已经发现，在此模型中二人联盟的强度对于博弈的影响比沙普利值所预计的要低得多）

十四、观测博弈均衡中的防御行为

我们研究参与者 1，2 的对称的博弈，并且他们由于（1，2）联盟获得收益，而其他参与者之间的联盟却是无收益的，亦即：$b_3 > 0$，$b_1 = b_2 = 0$。我们观察、解释参与者在此种类型博弈中的行为。我们通过图形来展示随着 b_3 的提高，参与者收益的不平衡是如何变化的。

只要所有行为的概率为正，那么我们仍能利用 21 个均衡条件方程（由于参与者 1，2 对称）作为寻求博弈均衡的基础。然而，当沿着解的变化曲线，并且随着 b_3 增加并且超过 0.75（这是粗略的数值，还依赖于 ε_3，ε_4，ε_5），我们发现 y_7 所描述的策略行为将变为负值。但是，y_7 实际上对应概率，因此它不能为负。事实上，对于参与者 1，2 对称的博弈，y_7 即为 $af_{12} = af_{21}$。y_7 的含义是：假设在代理选择的第一阶段联盟（1，2）已经形成，并且由其中任何一位领导，那么参与者 3 接受联盟作为其代理的概率。

　　简单描述就是,当 b_3 变得足够大,那么参与者 3 的反应会是降低接受联盟(1,2)的领导的概率,直至为零,并且他／她也认为这是有利的。因此,在数值求解过程中,随着 y_7 变为负值,那么与 y_7 相关的均衡条件方程失效。那么,此方程(由需求 df_{12} 和 df_{21} 的初始均衡方程导出的)将会从整个均衡条件方程组中消失,代之以 $y_7 = 0$。

　　当 y_7 设置为零,我们发现计算难以长久地继续下去。随着 b_3 的进一步快速增加,其他参数很快就达到极限值。直到我们利用计算求解关注之前,这始终是一个未充分讨论的领域。

　　并且,随着 b_3 或 bz(由于参与者 1,2 对称,$b_1 = b_2 = bz$)变动,收益的不平衡对应于 b_3 或 bz 的散点图会在它们达到 0.7 左右时中断,这是我们计算过程中遇到的困难。当方程组和变量在边界条件变化时,我们在继续计算时陷入过多的困难之中。如果 b_3 及 bz 都比较大,那么博弈的核将不会存在;并且由于其他原因,任何可能的收益分布在理论上将必然是受控博弈。

　　对于 y_7,亦即 $a_3 f_{12}$ 或 $a_3 f_{21}$,我们考虑参与者 3 拒绝接受的行为在博弈中的影响是有意义的。由于参与者 1,2 在第一阶段形成联盟,他／她看来努力避免令人不快的行为。尽管参与者 3 在第二阶段拒绝接受(1,2)联盟作为代理,并且这对于他／她而言代价不小,但是他／她在第一阶段相对而言比较容易接受。我们看它如何影响(1,2)联盟,当第一阶段参与者 3 接受 1 或 2,或者参与者 1,2 接受 3,那么(1,2)联盟的价值(b_3)对于此重复博弈的余下的联盟过程是无关的。

　　我们的数值解表明参与者由于 $b_3 > 0$ 所获收益与沙普利值预计的相比还是比较小的。我们认为模型的精练或许会导致与沙普利值所指出的收益分配更加类似。如果需求策略数组考虑到参与者可以扩大选择范围，那么模型中的这一变化或许会相对地提高预测的收益对于二人联盟强度值 b_1, b_2, b_3 的依赖。

十五、观测到市场出清现象

　　在数值解计算工作的后期，我们在数据中发现均衡状态下某些参数相等的情况。最初我们在求解参与者完全对称情形下的博弈（即 $b_1 = b_2 = b_3$）时注意到了这一点，但是并不理解它。根据 Mathematica 在多个数值精度条件下的计算，我们发现在 4 个不同的描述参与者（最终代理）关于效用分配的参数中，其中两个几乎相等。

　　数值计算表明，如果博弈是一般的非对称情况（比如 $b_1 = 1/7, b_2 = 1/6, b_3 = 1/5$），那么 42 个描述均衡的数值没有任何两者相等。然而，另一方面，如果参与者 1,2 处于对称地位，那么我们一般总会发现至少两个相等的参数：$y_{10} = y_{14}$。依据这些符号的定义，y_{10} 代表 $u_1 b_2 r_{13}$ 或 $u_2 b_1 r_{23}$，y_{14} 代表 $u_1 b_{23} r_1$ 或 $u_2 b_{13} r_2$。此处注意，参与者 1,2 处于对称地位 $b_1 = b_2$，即 1,2 可以互换。

　　$y_{10} = y_{14}$ 的其中一种情形就是 $u_2 b_1 r_{23} = u_2 b_{13} r_2$，因此参与者 1 对参与者 2 的效用分配在下述两种联盟形成过程是相同的：(1) 参与者 1 在 2 被 3 选择后，再被 2 选择；(2) 参与者 1 先被 3 选择，再被 2 选择。因此，如果参与者 1 成为最终代理，并且是由参与者 2 作最终投票选择 1 的话，参与者 1 将会在此类情况下给予参与者 2 相同的收益。

这里蕴含了市场价格的经济学概念，并且与市场出清的概念相关。

进一步关于参数相等的发现是参与者 1,2 对即 $b_1 = b_2 > 0$，并且 $(1,2)$ 联盟的强度 $b_3 = 0$ 的情况。我们发现 y_5 对应 a_{13} 或 a_{23}，与 y_8 对应 af_{13} 或 af_{23}，两者相等，这是接受概率而非效用分配之间的相等。同时，我们还发现 $y_{17} = y_{19}$，特定地即 $u_3 b_{13} r_2 = u_3 b_2 r_{13}$，这说明如果参与者 1,3 在第一阶段形成联盟，并由参与者 1 领导，那么无论在第二阶段参与者 1 或 2 作最终代理，参与者 3 所获收益是相同的。

但是，此处需要注意的是：$y_5 = y_8$，$y_{17} = y_{19}$ 都是在 $b_1 = b_2$，$b_3 = 0$ 而非 $b_3 > 0$ 情况下发现的。

十六、一个模型构建中潜在的技术缺陷

随着参数 ε_3，ε_4，ε_5 均趋近于零，我们发现数值解的渐进行为看起来并不像我们期望的那么简单。特别是，ε_4 与 ε_5 趋近于零的相对速度是比较重要的。如果 ε_3，ε_4，ε_5 均趋近于零，那么收益的平衡将在一定程度上依赖于 ε_3 与 ε_5 趋于零的相对速度比率。

此现象出现后，类似于代理方法应用于二人讨价还价博弈时出现的相应现象，它是可以被理解的。最初，非转移效用的博弈被考虑，并且每位参与者设定独立的 epsilon（类似于 ε_3），用来平滑表达基于需求策略的反应行为的函数。并且，参与者具有比较小的 epsilon 平滑参数，也就具有比较尖锐的由其需求所决定的反应行为，这对于在讨价还价博弈中的参与者是有利的。

在二人博弈之中，我发现公平的平滑规则的基本

1106

原理。

　　因此我们希望发现一个适当精练的三人博弈模型,模型中的 epsilon 仅仅由于数学目的而存在:或者使反应函数平滑,或者为了避免处理多个同时投票时的武断效应。

　　一般而言,ε_4 趋于零的速度超过 ε_5 的约定是适当的,也是合理的。如果 ε_4 比 ε_5 小很多,我们用于图形展示的计算收益也几乎没有什么变化。长期来看,问题在于此种约定看来并不适合应用于三人以上的博弈。

　　我们此处展示图形的计算是 ε_3,ε_5 处于合理的值,即两者比率不大也不小的情况下进行的。

十七、Mathematica 辅助下的计算方法

　　我们利用 Mathematica 准备均衡条件方程组,以及它们的求解过程。另外一个可能比较重要的类似软件是 Maple,它也具有类似的功能。我们不是特别关心 Mathematica 中处理超大数组的功能,然而我们确实需要它最新版本的求解方程组数值解的程序 FindRoot,此程序以一个近似的解作为搜索的起点。我们也自行开发了一些非专业的程序用于搜索解的任务。我们开发的程序十分成功地将一个粗糙的近似解提高精度,从而可以作为 FindRoot 程序搜索的起点,并最终得到十分精确的数值解。最终,我们发现此方法的一个变化:方程组中变量的改变方向只能与博弈在理论上的考虑一致,而这与最初在二人零和博弈中所引入的经典的虚拟博弈概念的演化精练框架类似。

　　我们在 PNAS 网站提供了这篇文章的附录,它将提供关于方程组及求解程序的详细内容。

十八、合作之前的博弈

合作博弈是依赖联盟的相对强度，而这又增加了博弈中的部分参与者之间形成独自联盟的可能性。此研究项目通过建模参与者的真实的联盟过程以期望理解合作类型的博弈，而且此项目还使得我们认识到各类合作博弈之间的差别。

我们的理念来自合作是作为博弈行为中自然的均衡模式的演化结果，此处指的是重复博弈，并且重复行为的合作模式通常对所有参与者都是有利的。

然而，演化着的均衡的不稳定性及非唯一性如何理解？首先，我们期望能够发现某些均衡选择的方法，它能够选择一些能够合理解释博弈结果的均衡。一般而言，尽管均衡的稳定性及其他一些优良特性难以满足，但是我们是有办法把一个均衡选择出来的。因此，当我们遇到非唯一性问题时，我们期望发现一个自然的选择结果。

但是，当我们进入具体计算时，当 b_3 大于 0.8 时，我们发现解看来会变得既不稳定也不唯一。并且，如果 b_1, b_2, b_3 均大于 0.8 而小于 0.85，那么根据基于沙普利值或核仁的均衡结果是可以计算出来的，但是如果允许"外部性"的存在，并且它会影响在一次或重复博弈中参与者所作的理性选择，那么此解确实是不稳定的。

任何一对参与者处于"初步联盟"状态时，那么对于他们而言，放弃联盟并且由此造成从原本处于"初步联盟"状态时所预计的大约每人 0.4 的收益降到每人 1/3，绝对是非理性的。上述情况可以视为博弈中"外部性"。

当然，"初步联盟"中一个适当的收益分配的占优

安排需要很好地平衡双方利益,这样以防止双方易于受到诱惑而退出该联盟。

在重复博弈情形下,具有稳定性的均衡的概念与在一次博弈中情形略有不同。这实际上也是博弈论中的老话题了,在一次博弈中,尽管联盟对于其中的成员具有优势,然而当联盟中的有些"局外人"受到极高的出价时将会变得完全不稳定。

当我听到 Maskin 教授展示他是如何根据各种可能会影响联盟形成概率的外部性来变换价值概念的计算时,我受到启发,并且想到合作之前博弈的概念。这可以理解为在两人以上的博弈中,其中两位参与者之间的初始联盟,它作为一种外部性,在反复博弈中趋向于不稳定。并且,与之对应的另一种是此种初步联盟作为一种外部性,自然会相当稳定,这与博弈收益的基本结构有关。

此研究项目中主要是为了较好地理解博弈及其估值,我们通过将合作的行为限定为受激励的参与者的个体行为,这样就可以利用经典的均衡概念予以研究,我们当然希望理解此研究方法何时最为有效。另一方面,博弈最为自然的结果是可能存在多个潜在的稳定行为。因此,我们可以看到一些三人及三人以上的博弈的类型,从道理上很容易理解某些外部性实际将会决定博弈的有效性的估值。并且,对于这些不能很好地描述合作之前的博弈的情形,我们理应满足于无法找到此类博弈合适的仲裁框架。

在我们特定描述的三人博弈中,如果 b_1, b_2, b_3 相对较小(此处难以准确定量描述),那么我们会将博弈视为合作之前博弈类型,并且三位参与者形成的整体联盟的价值与由二位参与者形成的联盟的价值相比会比较大。

这也是三人讨价还价博弈之中的经典悖论,此博弈中的交易需要所有参与者一致同意,并且参与者独自行动似乎比成为联合更加有利。美国参议院的规则是个很好的类比,因为一位议员经常可以赋予特权,可以行使否决权。此种类型的博弈在我们的研究中可以大致描述为 b_1,b_2,b_3 相当小,以至于它近似于意见完全一致的博弈类型。

十九、文章的辅助材料

PNAS 的出版惯例是:如果文章的打印版面会由于直接包含附加材料显得过长,但这些内容却对文章论述提供重要支持的话,那么这些附加材料可以在线的方式与文章共同访问。因此,我们将方程、公式等以此形式提供,这样读者可以在线浏览完整的均衡条件列表。

二十、研究项目的动机

研究的基本想法是发现了一种方法,它可以缩小博弈中合作的研究范围,集中到重复博弈中作为演化的、稳定均衡的合作概念的研究。利用代理作为合作行为的具体实现方式的基本理念可以立即被理解,并能运用于具有任意数量参与者的博弈之中。当然,并不让人吃惊的是,这种研究多人博弈的方法将会在具体的模型实现时变得极为复杂。我们认为此项研究三人博弈的演化合作是首次采用此种模型方法,并且它给三人博弈模型带来了源自交互概率计算的天生的复杂性,然而此类合作的研究对于尝试开辟此研究领域

是有价值的。

我们可能会将其与天气预报类比。现在,我们知道天气预报工作相当适合于利用大型计算机的运算能力。以前,天气预报很难达到了解某地区第二天降雨量的粗略数字,然而现在我们或多或少地可以做到。

在商业领域,兼并和收购中的预测与天气预报在博弈理论上也是类似的。然而,我们不能简单地断言此种类型的预测问题会变得易于用数学演绎或计算机来处理。

我们的工作阐述了研究三人合作博弈的一种研究方法,它显然导致了复杂的计算,因而十分适于利用计算机求解,并且也不可能没有计算机的辅助。因此,我们感觉研究工作是沿着正确道路进行的,博弈问题本质的特性就是复杂性,正是博弈各方之间的交互过程产生了人类社会的规则及其行为。复杂的模式可以从能够简单描述的个体组成部分之间的交互作用涌现出来。

拓扑与网络

第十九章

纳什定理的特例证明

最近几十年，拓扑学方法在理论经济学方面的应用，发展浪快，成果丰富。例如，在经济均衡理论的框架内，使市场供求关系达到平衡的所谓均衡价格，被归结为数学上的"不动点"。理论经济学方面的阿罗—德布鲁（Arrow-Debreu）模型，就是把理想条件下的市场经济表现为一个不动点问题，然后运

用拓扑学的不动点定理,论证经济将达到均衡。这是理论经济学对市场经济信念的论证,是经济学家对经济学的推动。另一方面,在数理经济学家参与以前,即使可以根据不动点定理确定问题有解,数学家往往也不知道怎样才能把肯定存在的解求出来。这方面的突破,最终由普林斯顿大学数学博士出身的耶鲁大学经济学家斯卡夫(H. Scarf)教授做出。斯卡夫开创的不动点计算方法,是当代数学发展的大事,是经济学家的研究推动和贡献于数学发展的范例。博弈论方面有类似的情况。纳什定理断定,每个有限博弈都存在至少一个纳什均衡。这是博弈论的基石。

王则柯[1][2]

一、Nash 定理的特例证明

博弈论在数学各分支中有这样一个特点,它的思想其实是比较浅显的,但是有关的符号却是十分繁杂,往往是上标上面有上标,下标下面有下标。为了减少不必要的麻烦,同时又不失一般性,我们先讨论一种特殊情况,假设一个博弈由甲、乙、丙三个人参与。甲的策略空间中的所有甲能够采用的纯策略用字母 i 表示,$i=1,2,\cdots,I$。乙的策略空间中的所有乙能够采用

---

[1] 王则柯,中山大学岭南学院教授。

[2] 王则柯,左再思,李志强,《经济学拓补方法》,北京大学出版社,北京,2002 年。

的纯策略用字母 j 表示,$j=1,2,\cdots,J$。丙的策略空间中的所有丙能够采用的纯策略用字母 k 表示,$k=1,2,\cdots,K$。

如果甲采用策略 i,乙采用策略 j,丙采用策略 k,那么甲得到的支付是 a_{ijk},乙得到的支付是 b_{ijk},丙得到的支付是 c_{ijk}。

甲的混合策略是甲的策略空间上的一个概率分布 $\boldsymbol{p}=(p_1,\cdots,p_I)$,即

$$\text{甲以概率 } p_i \text{ 采用策略 } i$$

同样,$\boldsymbol{q}=(q_1,\cdots,q_J)$ 和 $\boldsymbol{r}=(r_1,\cdots,r_K)$ 表示

$$\text{乙以概率 } q_j \text{ 采用策略 } j$$
$$\text{丙以概率 } r_k \text{ 采用策略 } k$$

这里,$p_i \geqslant 0, q_j \geqslant 0, r_k \geqslant 0$,并且

$$\sum_{i=1}^{I} p_i = \sum_{j=1}^{J} q_j = \sum_{k=1}^{K} r_k = 1$$

总之,甲、乙、丙三人除了以前所说采用他们的纯策略 i,j,k 之外,还可以采用上面所说的混合策略 $\boldsymbol{p}$,$\boldsymbol{q}$,$\boldsymbol{r}$,其中 $\boldsymbol{p}=(p_1,p_2,\cdots,p_I),\boldsymbol{q}=(q_1,q_2,\cdots,q_J),\boldsymbol{r}=(r_1,r_2,\cdots,r_K)$。纯策略是混合策略的只有一个相应分量非 0(为 1)的特款。

当甲、乙、丙分别采用混合策略 $\boldsymbol{p},\boldsymbol{q},\boldsymbol{r}$ 时,他们三个人的支付(数学期望)分别用 $a(\boldsymbol{p},\boldsymbol{q},\boldsymbol{r}),b(\boldsymbol{p},\boldsymbol{q},\boldsymbol{r}),c(\boldsymbol{p},\boldsymbol{q},\boldsymbol{r})$ 表示

$$a(\boldsymbol{p},\boldsymbol{q},\boldsymbol{r}) = \sum_{i,j,k} a_{ijk} p_i q_j r_k$$

$$b(\boldsymbol{p},\boldsymbol{q},\boldsymbol{r}) = \sum_{i,j,k} b_{ijk} p_i q_j r_k$$

$$c(\boldsymbol{p},\boldsymbol{q},\boldsymbol{r}) = \sum_{i,j,k} c_{ijk} p_i q_j r_k$$

现在我们从甲的角度去考虑问题,甲并不知道乙

和丙将要采用什么策略,但是我们假设甲知道乙和丙的混合策略向量 q 和 r,即甲尽管不知道乙将采用什么策略,但是甲知道乙采用策略 j 的概率为 q_j;同样,甲也不知道丙采用什么策略,但他知道丙采用策略 k 的概率为 r_k。

在以上的假设条件之下,甲将选择自己的混合策略向量 p 来最大化自己的支付 $a(p,q,r)$。即选择 p 使得

$$a(p,q,r) \geqslant a(p',q,r)$$

这里 p' 为甲的任意混合策略。

设甲的所有使得他自己的期望支付最大化的混合策略的集合为 $P(q,r)$,它是甲的所有混合策略集合的子集,甲只要选择一个混合策略 $p \in P(q,r)$ 即可达到自己的期望支付的最大化。

我们来研究一下集合 $P(q,r)$。当甲采用混合策略 $\{p'\}$ 时,甲的支付为

$$a(p',q,r) = \sum_{i,j,k} a_{ijk} p'_i q_j r_k = \sum_i a_i p'_i$$

这里

$$a_i = \sum_{j,k} a_{ijk} q_j r_k$$

如果 q 和 r 是给定的,那么 a_i 就是常数。

现在考虑如何选取 p' 来最大化

$$a(p',q,r) = \sum_i a_i p'_i$$

一般地,为了最大化 $a(p',q,r) = \sum_i a_i p'_i$,只需要

$$p' \in P = \{ p \mid p_i \geqslant 0, \sum_i p_i = 1,\ \text{若}\ a_i < \max_\mu a_\mu,$$
$$\text{则}\ p_i = 0 \}$$

因为确定 P 的主要不等式是 $p_i \geqslant 0$,易知,P 是一

1115

个闭的有界凸集。由于 $a_1, a_2, \cdots, a_I$ 可以看成是 q 和 $\{r\}$ 的函数，因此 P 也可以看成是 q 和 r 的函数，所以我们可以记 $P = P(q, r)$，即 $P(q, r)$ 是甲的最优化的混合策略的集合。

同样地，从乙及丙的角度着想，我们可以和 $P = P(q, r)$ 一样分别定义乙和丙的最优化的混合策略的集合 $Q = Q(p, r)$ 和 $R = R(p, q)$。如果有
$$p \in P(q, r), q \in Q(p, r), r \in R(p, q)$$
则任何一方在其他两方不改变混合策略的情况下都不会单独改变自己的混合策略，因为每一方在其他两方不改变策略的情况下都已经达到了最大支付。这种状况就是混合策略下的 Nash 均衡。

下面我们证明上述混合策略的存在性。

记
$$x = \begin{bmatrix} p \\ q \\ r \end{bmatrix}$$

x 为一 N 维的列向量，$N = I + J + K$。对于任意 x，定义
$$F(x) = \begin{bmatrix} P(q, r) \\ Q(p, r) \\ R(p, q) \end{bmatrix}$$

混合策略的 Nash 均衡就是使得 $x^* \in F(x^*)$ 的 x^*，即存在 $p^* \in P(q^*, r^*), q^* \in P(p^*, r^*), r^* \in P(p^*, q^*)$，这里
$$x^* = \begin{bmatrix} p^* \\ q^* \\ r^* \end{bmatrix}$$

显然，x^* 就是 F 的 Kakutani 不动点。为了证明 Kakutani 不动点 x^* 的存在，我们只需验证上述集值映射 $F: X \to P(X), x \to F(x)$ 满足 Kakutani 不动点定理的条件。 这里 $x = \{(p_1, \cdots, p_I, q_1, \cdots, q_J, r_1, \cdots, r_K)^{\mathrm{T}} \in \mathbf{R}^N \mid p_i \geqslant 0, q_j \geqslant 0, r_k \geqslant 0, \sum_i p_i = \sum_j q_j = \sum_k r_k = 1\}$，其中 $N = I + J + K$。

X 的紧凸性是比较容易验证的，请读者自己完成。下面我们来验证集值映射 $F: X \to P(X)$ 是上半连续的，而这只需验证 F 的图象表现 $\{(x, y) \in X \times X \mid x \in X, y \in F(x)\}$ 是闭集即可。

设有一系列的 x 和 y 满足
$$x \in X, y \in F(x)$$
并且两个点列在 X 中收敛，即
$$x \to x^0, y \to y^0$$
我们只需验证
$$y^0 \in F(x^0)$$
由于
$$x = \begin{bmatrix} p \\ q \\ r \end{bmatrix}$$
则相应地，y 也可相应地表达为
$$y = \begin{bmatrix} u \\ v \\ w \end{bmatrix}$$
因为
$$F(x) = \begin{bmatrix} P(q, r) \\ Q(p, r) \\ R(p, q) \end{bmatrix}$$

所以我们有
$$u \in P(q,r), v \in Q(p,r), w \in R(p,q)$$
这就意味着对于任意的概率分布 p', q', r',有
$$a(u,q,r) \geqslant a(p',q,r)$$
$$b(p,v,r) \geqslant b(p,q',r)$$
$$c(p,q,w) \geqslant c(p,q,r')$$
因为 $x \rightarrow x^0, y \rightarrow y^0$,而 x^0, y^0 也可相应地记作
$$x^0 = \begin{bmatrix} p^0 \\ q^0 \\ r^0 \end{bmatrix}, y^0 = \begin{bmatrix} u^0 \\ v^0 \\ w^0 \end{bmatrix}$$

这样就有 $u \rightarrow u^0, v \rightarrow v^0, w \rightarrow w^0$。

再由于 a, b, c 是连续的,所以对于 u^0, v^0, w^0,也成立
$$a(u^0, q^0, r^0) \geqslant a(p', q^0, r^0)$$
$$b(p^0, v^0, r^0) \geqslant b(p^0, q', r^0)$$
$$c(p^0, q^0, w^0) \geqslant c(p^0, q^0, r')$$
即有
$$u^0 \in P(q^0, r^0), v^0 \in Q(p^0, r^0), w^0 \in R(p^0, q^0)$$
也即
$$y^0 = \begin{bmatrix} u^0 \\ v^0 \\ w^0 \end{bmatrix} \in \begin{bmatrix} P(q^0, r^0) \\ Q(p^0, r^0) \\ R(p^0, q^0) \end{bmatrix} = F(x^0)$$

这样我们就验证了 Kakutani 不动点定理的条件,从而集值映射 $F: X \rightarrow P(X), x \mapsto F(x)$ 存在不动点 $x^* \in F(x^*)$。

以上就是 $n=3$ 时 Nash 定理的证明。对于一般的 n,证明并没有本质的变化。这就是下面要做的事情。

1118

二、Nash 定理的一般证明

我们首先在博弈的一般表示 $G = \{S_1, \cdots, S_n; u_1, \cdots, u_n\}$ 之下将 Nash 均衡的概念加以推广,使之包含混合策略的情形。

设 $G = \{S_1, \cdots, S_n; u_1, \cdots, u_n\}$ 为一个有 n 个参与人的博弈, $S_i = \{s_{i1}, \cdots, s_{iK_i}\}$,每个 $s_{ik} \in S_i$ 为第 i 个参与人的一个纯策略。S_i 上的一个概率分布 $p_i = (p_{i1}, \cdots, p_{iK_i})$ 为第 i 个参与人的一个混合策略,这里, $0 \leqslant p_{ik} \leqslant 1, k = 1, \cdots, K_i$,并且 $p_{i1} + \cdots + p_{iK_i} = 1$。这时

$$v_i(p_1, \cdots, p_n) = \sum_{k_1=1}^{K_1} \cdots \sum_{k_n=1}^{K_n} p_{1k_1} \cdots p_{nk_n} u(s_{1k_1}, \cdots, s_{nk_n})$$

为这 n 个博弈的参与人分别采用混合策略 $p_1, \cdots, p_n$ 时,第 i 个参与人所得到的期望支付。

为符号方便,我们如前记

$$p_{-i} = (p_1, \cdots, p_{i-1}, p_{i+1}, \cdots, p_n)$$
$$(p'_i, p_{-i}) = (p_1, \cdots, p_{i-1}, p'_i, p_{i+1}, \cdots, p_n)$$

定义 1　设博弈 $G = \{S_1, \cdots, S_n; u_1, \cdots, u_n\}$, $S_i = \{s_{i1}, \cdots, s_{iK_i}\}$,第 i 个参与人的混合策略为 $p_i = (p_{i1}, \cdots, p_{iK_i})$, $v_i(p_1, \cdots, p_n)$ 为第 i 个参与人的期望支付。n 个参与人的一组混合策略 $p^* = (p_1^*, \cdots, p_n^*)$ 称为博弈 G 的一个 Nash 均衡,如果对任意的参与人 i 及参与人 i 的任意混合策略 p'_i,有

$$v_i(p_i^*, p_{-i}^*) \geqslant v_i(p'_i, p_{-i}^*)$$

下面我们就证明 Nash 定理。

定理 1　设博弈 $G = \{S_1, \cdots, S_n; u_1, \cdots, u_n\}$,这里 n 为有限正整数,每个 S_i 为有限集,则博弈 G 至少存在一个 Nash 均衡。

注意，这个均衡既可能是纯策略均衡，也可能是混合策略均衡。

证明 （1）对于任意的 $S_i = \{s_{i1}, \cdots, s_{iK_i}\}$，记其概率空间为

$$\Delta_i = \Delta^{K_i-1} = \{p_i \in \mathbf{R}^{K_i} \mid p_{i1}, \cdots, p_{iK_i} \geqslant 0,$$
$$p_{i1} + \cdots + p_{iK_i} = 1\}$$

每个 $p_i \in \Delta_i$ 为第 i 个参与人的一个混合策略。显然 Δ_i 是一个前面讲过的 $K_i - 1$ 维标准单纯形。

对以下单纯形的笛卡儿积，如前引进简便记法

$$\Delta = \Delta_1 \times \cdots \times \Delta_n$$

$$\Delta_{-i} = \Delta_1 \times \cdots \times \Delta_{i-1} \times \Delta_{i+1} \times \cdots \times \Delta_n$$

（2）记第 i 个参与人的最佳反应对应为 $f_i : \Delta_{-i} \rightarrow P(\Delta_i)$，这里 $P(\Delta_i)$ 表示 Δ_i 的所有非空紧致凸子集的集合。对任意 $p_{-i} \in \Delta_{-i}$，$f_i(p_{-i})$ 显然是 Δ_i 的非空闭子集，所以是 Δ_i 的非空紧致子集。因为期望支付是纯策略支付函数的线性组合（事实上还是凸组合），所以 $f_i(p_{-i})$ 是 Δ_i 的凸子集。可见，对任意 $p_{-i} \in \Delta_{-i}$，$f_i(p_{-i})$ 是 Δ_i 的非空紧致凸子集。这时，$q_i \in f_i(p_{-i})$ 表示除第 i 个参与人之外的其余 $n-1$ 个参与人采用策略 p_{-i} 时，第 i 个参与人的一个最佳混合策略。

定义总的反应对应映射为 $F : \Delta \rightarrow 2^\Delta$，$F(p) = (f_1(p_{-1}), \cdots, f_n(p_{-n}))$，这里 2^Δ 表示 Δ 的所有子集的集合。

（3）如果 $F : \Delta \rightarrow 2^\Delta$ 有 Kakutani 不动点 $p^* \in F(p^*)$，即有 $p_1^* \in f_1(p_{-1}^*), \cdots, p_n^* \in f_n(p_{-n}^*)$，则 p^* 显然就是该博弈的一个 Nash 均衡。

（4）利用 Kakutani 不动点定理证明 $F : \Delta \rightarrow 2^\Delta$ 确实存在 Kakutani 不动点 $p^* \in F(p^*)$。

我们来验证 $F:\Delta \to 2^{\Delta}$ 确实满足 Kakutani 不动点定理的条件即:Δ 为非空紧致凸集,对任一 $p \in \Delta$,$F(p)$ 为 Δ 的非空紧致凸子集,并且 F 为上半连续的集值映射。

首先由于 Δ_i 都是 $K_i - 1$ 维标准单纯形,因而是非空紧致凸的,这样 $\Delta = \Delta_1 \times \cdots \times \Delta_n$ 很显然就是非空紧致凸集。

对于任意 $p \in \Delta$,因为各 Δ_i 是非空紧致集,所以各 $f_i(p_{-i})$ 非空紧致,所以 $F(p) = (f_1(p_{-1}), \cdots, f_n(p_{-n}))$ 也是非空紧致集。

如果 $p', p'' \in F(p)$,那么对每个 i,$v_i(p'_i, p'_{-i}) = v_i(p''_i, p''_{-i}) = \max$ 已经达到最大。设 $\lambda p' + (1-\lambda) p''$ 是 p' 和 p'' 的任意凸组合,那么 $v_i(\lambda p' + (1-\lambda) p'') = \lambda v_i(p'_i, p'_{-i}) + (1-\lambda) v_i(p''_i, p''_{-i}) = \max$ 也达到这个最大,可见 $\lambda p' + (1-\lambda) p'' \in F(p)$。由此可见,$F(p)$ 是凸集。

这样 $F:\Delta \to 2^{\Delta}$ 可以写作 $F:\Delta \to P(\Delta)$,这里 $P(\Delta)$ 同样表示 Δ 的所有非空紧致凸子集的集合。

剩下只需验证 $F:\Delta \to P(\Delta)$ 的上半连续性。而这只需验证 $F:\Delta \to P(\Delta)$ 的图象表现 $\{(p,q) \in \Delta \times \Delta \mid p \in \Delta, q \in F(p)\}$ 是闭集即可。

设 $p^m \to p^0$,$q^m \in F(p^m)$ 且 $q^m \to q^0$,我们来证明 $q^0 \in F(p^0)$。

由于 $q^m \in F(p^m)$,也就是 $q_i^m \in f_i(p_{-i}^m)$,$i = 1, 2, \cdots, n$,即对所有 $p'_i \in \Delta_i$,$i = 1, 2, \cdots, n$,有 $v_i(q_i^m, p_{-i}^m) \geqslant v_i(p'_i, p_{-i}^m)$。由于 v_i 是线性的因而是连续的,当 $m \to \infty$ 时,上述不等关系保持不变,即有对所有 $p'_i \in \Delta_i$,$i = 1, 2, \cdots, n$,有

1121

$$v_i(q_i^0, p_{-i}^0) \geqslant v_i(p'_i, p_{-i}^0)$$

也即

$$q_i^0 \in f_i(p_{-i}^0) \quad i=1,2,\cdots,n$$

这就说明

$$q^0 \in F(p^0)$$

小世界中的合作

如果一个合作者被引入到一个初始背叛者群体中,那么该合作者将会被其所有邻居彻底打败,且在下一回合中采取背叛的行为。与此同时,他的所有邻居将热衷于继续采取背叛,因为该行为在同化单独的合作者时效果很好。

邓肯·J. 瓦茨[1][2]

在讨论了元胞自动机之后,考察动态系统以及它们作为耦合拓扑结构的函数的行为的下一步自然就是讨论博弈论了。因为多人重复博弈在时间和空间上都是离散的,并且它存在于一个有限状态空间中,所以它具有许多与元胞自动机相同的特征。但是我们特别关

---

① 邓肯·J. 瓦茨,1997 年于康奈尔大学(Cornel University) 获得理论与应用力学博士学位,现为圣·菲研究所(Santa Fe Institute) 博士后研究员。

② 邓肯·J. 瓦茨,《小小世界 —— 有序与无序之间的网络动力学》,中国人民大学出版社,北京,2006 年。

注的博弈的控制规则包含了元胞自动机整套规则的一个特例,即博弈规则都能被解释为与其他参与人合作或者背叛。在这个意义上,博弈可能比更为一般的元胞自动机简单一些。然而,它也更为复杂,因为它通常会违背同质性的条件 —— 参与人不一定全部遵循相同的规则进行博弈 —— 这与"在一群会发生许多交互(interacting)的参与人中,何种规则将会盛行"一样,引起了社会学家和生物学家极大的兴趣。博弈论从强调系统(其中所有的元素都为着一个共同的目标)的内在计算能力转变为强调成员间的竞争(competition),而他们的竞争由成员个体(individual)行为的外部度量来定义。这些附加的复杂性自然造成了与元胞自动机不同的一系列问题:(1)对于其中每个成员都同时具有合作和背叛的能力的同质群体,系统的耦合拓扑结构如何影响合作的涌现(emergence)?(2)对于经过几代进化且成功的规则优先传递到下一代的异质群体,耦合拓扑结构又如何影响合作的演化(evolution)?首先,让我们来看一下相关的背景资料。

一、背景介绍

约翰·冯·诺依曼是一个了不起的人物。美国科学霸权形成之初,在第二次世界大战的积极影响中,冯·诺依曼是个关键人物,他几乎独自开创了研究的整个领域。几乎在他设计第一台数字计算机并开创了关于元胞自动机的全新理论的同时,他也进行了对博弈论的开创性研究。在《博弈论与经济行为》一书中,冯·诺依曼强调了博弈论的经济应用,重点讨论了零和博弈(通常其中只包括少数参与人)中理性参与人的效用函数(utility function)最优化问题。这是经济学家看待事物的传统观点:如果某些人获胜,那么一定有另一些人失败,而且在完全信息的世界中,最优策略总是能形成(或者是确定性地或者是随机地)于纯理性行为的基础之上。约翰·纳什(John Nash)进一步发展了冯·诺依曼的研究,他证明了在具有任意多个参与人的零和博弈中均衡点(最优策略)的存在性(Nash,1951)以及在二人非零和博弈中,通过协作,两个参与人可以都获利(Nash, 1950,1953)。由于这些贡献,纳什获得了 1994 年的诺贝尔经济学奖,并且这些研究成果成为分析的基础,在此之上得以建立博弈论的经济应用。

然而,心理学家可能对另一种形式的博弈更感兴趣,其中,参与人既有相互竞争又有共同利益,但并不允许讨价还价。这个限制产生了令人惊奇的结果:即使在完美信息的假设条件下,表面上使得参与人期望效用最大化的行为也不再预期产生最优结果。据观察,这种矛盾情形可以通过合作或者接受小的惩罚解决,而且与基于纯粹冲突的态度做出理性选择相比,所有参与人都获得了更高的收益。然而,只意识到这一点并不能把这个问题归结为规范的零和博弈概念。因此,合作的具体代价是多少以及这如何依赖于博弈的参数,大都仍未解决。尽管为了抓住这个难题的本质已经提出了许多不同的模型,但直到 20 世纪 60 年代中期出现的一个模型,被称为"囚徒困境"(prisoner's dilemma),才被认为是这类非零和博弈的原型。

1 囚徒困境

囚徒困境是以下情形的数学抽象。两个被指控犯

有相同罪行的因犯,分别被关在单独的牢房中隔离审讯,警方给他们提供了相同的待遇:出卖同伴将受到较轻的惩罚。如果一个人出卖同伴,而另一个人对同伴保持忠诚,那么出卖者将得到缓刑,而他忠实的朋友将受到重罚。如果他们都背叛同伴,那么他们都会受到惩罚,但不如一个人承担所有罪责的情况那么严重。最后,如果他们都保持沉默,那么他们每人都会受到更轻的惩罚,因为法官不能真正定他们的罪,但仍会因为一些小罪而处罚他们。这就产生了一种两难的困境,因为从每个因犯的角度来看,最佳的选择总是背叛。如果一个人背叛,那么另一个人选择背叛将更为有利。而且,如果一个人选择沉默,那么与合作相比(会得到较轻的惩罚),背叛仍然是另一个人较优的选择(可以得到缓刑)。所以无论哪种情况,背叛始终都是更有利的选择。而所有参与人都是理性的,并且处于相同的环境,具有相同的信息,所以二者都会选择背叛。相互背叛的收益(是所有可能的结果中倒数第二坏的)对于任一个参与人来说都不是最优的。特别地,对于两个参与人来说,相互合作(不理智的选择)最终会得到比相互背叛更高的收益。但是如果一个参与人知道另一个人会选择合作,那么他的最佳选择仍然是背叛;如果他知道他的搭档选择背叛也是一样。从这点来看,两难的境况是很清楚的:考虑到他们之间不能协商,这里没有理性的方法能够脱离这个次最优的解决方案,并且增加附加信息也不能改变这一点。

对该问题的一个自然的推广即为:让相同的参与人在相同的条件下多次交锋。假如参与人知道他们将一次又一次地相遇,似乎很明显的是,一定会出现某种形式的合作。然而令人惊奇的是,产生单次博弈的相互背叛结果的推理同样可以在任何已知有限次数的博弈中推导出相互背叛的结论。如果每个参与人都知道博弈将要进行多少轮(可表示为 t),那么无论他们可能采用的决策序列怎样,最后一步都是背叛。这是因为事实上另一个参与人将不能对最后一步的行动采取任何报复,所以最优的理性决定就是充分利用这一点,即选择背叛。当然,两个参与人都是理性的,他们都会做出相同的决定。所以无论 t 是多少,在第 t 轮两个参与人都会选择背叛。这有效地从决策中排除了第 t 轮,而无论它之前的行为如何,都将它看作是完全确定的,这使得第 $t-1$ 轮实际上成为博弈的最后一轮。我们发现博弈终点的情况不断自我重复,博弈参与人不得不再次根据他们的理性判断和效用最大化的愿望形成次最优的选择。这个"损人不利己"的过程将一直回溯到第一轮,这样一来,两个利己主义的理性参与人将由于在每一轮中的背叛最终损害他们自己以及相互之间的利益。

可以用数学术语将这个两难的情况表达为以下的支付矩阵

$$
\begin{array}{ccc}
 & C_2 & D_2 \\
C_1 & (R,R) & (S,T) \\
D_1 & (T,S) & (P,P)
\end{array}
$$

其中,$T=$ 对背叛的诱惑(temptation to defect),$S=$ 给笨蛋的报酬(sucker's payoff),$R=$ 对合作的奖励(reward for cooperation),$P=$ 对背叛的惩罚(punishment for defection)。产生困境的关键条件是:(1)$T>R>P>S$,以及,(2)$(T+S)/2<R$。

第一个条件保证了一个理性参与人看到 $T > R$ 以及 $P > S$，将总会选择第二行第二列，这不可避免地产生次最优选择 (P, P)。第二个条件等效于表述囚犯不能通过轮流背叛摆脱困境。也就是说，交替地背叛对方和被对方背叛的收益没有双方合作好。而且，还预先规定了一些其他条件以防止在重复囚徒困境中产生任何形式的"作弊"：

（1）参与人不能交流或者协商；

（2）参与人不能实施威胁或做出许诺；

（3）参与人不知对方当前或将来的行为；

（4）参与人不能消灭对方或者放弃交锋；

（5）参与人不能改变彼此的收益值。

因此，每个参与人必须只依靠他们过去的行为情况制定一个策略，以最优化他们自己的长期支付。正如前面所指出的，在任何固定重复次数的博弈中，理性参与人将一直选择背叛。当然，现实中的人并不是这样，正如拉波波特（Rapoport）（因随机有偏网络而闻名，1965）根据他对重复囚徒困境的实验研究所证明的：

面对这个矛盾，博弈理论家没有答案。然而，一般人在连续多次进行囚徒困境博弈时，几乎不可能百分之百地进行 DD 的选择。的确会出现一长串 DD 的选择，但同时也有一长串 CC 的选择。显然，普通参与人并不能对策略足够熟悉到推断出策略是 DD 唯一理性可防范的策略，而这个智力上的欠缺减轻了他们的损失。

阿克塞尔罗德（Axelrod，1984）发现了一个摆脱困境的理性方法，就是博弈需要重复多次，并且特别强调将来的轮次,但是并不知道轮次的具体数目。这样,每个参与人只是以一定的概率知道会与他们的对手再次交锋。在这种情况下,即目前为止所出现的最接近现实的假设下,合作确实起到了非常重要的作用,并且最终理性与合理性达成一致。事实上,认为既采取合作又采取背叛的可能策略的整个范围是理性策略。而不幸的是,在这些条件下,在不知道另一个参与人所采取的策略的情况下,没有可以采用的最大化参与人效用的最佳策略。阿克塞尔罗德用他所提出的目前非常著名的计算机联赛(computer tournament)全面地展示了这些情况。他邀请最重要的博弈论领域的专家们提出各种策略,接下来让这些策略在循环联赛中进行角逐。 胜出的是由拉波波特提出的"针锋相对"(tit-for-tat)策略,事实上,几乎早在20年前的真人实验中,拉波波特已经发现了这种策略。也许最为吸引人的是该策略的简单性:在"针锋相对"策略的第一轮中总是选择合作,然后在接下来的轮次中,参与人将模仿他的对手在上一轮中的行为。因此,这体现了阿克塞尔罗德后来得出的、在宽泛环境下都是通往成功的关键的原则,其中,将来的行为是十分重要的:

(1)它是友善的(nice)(绝不会首先背叛);

(2)它是报复的(retaliatory)(一旦对方背叛,立即以牙还牙);

(3)它是宽容的(forgiving)(只要对方停止背版,自己也会一样);

(4)它是透明的(transparent)(对于对手来说,预测针锋相对的行为很简单)。

甚至在第一次联赛结果公布以后组织的第二次更

大规模的联赛中，没有一种策略能够始终优于针锋相对，因为它比其他策略更易于促成合作（尽管偶尔会产生背叛），从而几乎总是得分情况最好的。

　　阿克塞尔罗德的研究是博弈论发展当中的关键一步，它使得人们对"在一群不存在霍布斯哲学（Hobbesian）中心权威理论，甚至缺少传统进化生物学机制（如亲缘选择（kin selection））的竞争主体中合作如何发展"有了更深的理解；这就是，通过互惠（reciprocity）。阿克塞尔罗德不仅设法证明，通过互惠（以针锋相对策略的形式）产生合作是一种在许多条件下都合理的最优化策略，而且得出，互惠产生的合作能够满足进化稳定（evolutionary stability）这个更强的条件，这要求一个策略能够在一个异质环境中兴盛，且一旦完全建立，就能够抵抗其他单独策略的侵犯，而且能够在一个更大规模的非合作群体中，从相对低的起点建立其本身。

　　这些研究是非常惊人的，所以此后针锋相对主宰了博弈论的文献。然而，在这项研究中还有非常重要的一个方面：它在很大程度上忽视了人群的结构。阿克塞尔罗德的确考虑到了偏好杂糅的影响（即合作者更可能与其他的合作者交锋而不是与背叛者交锋），但是在现实的人群中，人们通常根据他们所属的网络做出选择。此外，该困境只考虑了两个参与人之间的博弈，而实际系统通常涉及小群体中的成员之间的合作，甚或是某个人与作为一个整体的整个社会其他成员之间的合作。需要提及的最后一点是，这些研究假设参与人只能选取在博弈之初指定的那些策略。此后已经进行了许多研究用以认真地消除这些初始简化。

1129

2　空间囚徒困境

诺瓦克(Nowak)和梅(May)发表了一系列论文(参见 Nowak and May，1992，1993；主要结果见 Nowak et al.，1994)，探讨了当重复囚徒困境博弈在二维网格中进行时所遇到的更多的复杂情况，其中，每一个参与人都采用相同的策略且只与他的直接邻接邻居发生交互。博弈以初始合作者和背叛者的某种特定的空间分布开始，每个参与人与他邻域中的每一个邻居进行博弈，然后复制其中得分最高的邻居的行为作为他接下来的行动。这个策略比针锋相对更简单而且强调了该博弈的空间因素。诺瓦克和梅主要通过计算机模拟发现了使得一小部分初始合作者能够破坏一大群初始背叛者的条件，而且他们还考察了结果群集的统计特性。他们还观察了一些复杂且美妙的模式，这些模式的时空演化对初始条件和其单一参数的依赖十分敏感，该参数可以解释为选择相互合作所得收益超过选择相互背叛所得收益的程度。最后，他们对其结论进行了普适化，结合了随机误差、格中的随机空缺、三维格以及(为了回应 Huberman and Glance，1993 所提出的批评)参与人行为的异步更新：即参与人根据随机的时间分布更新他们的行为，而不是所有人仿佛由钟表控制而同时行动。

对于空间扩展的重复囚徒困境博弈的另一个修正是由赫茨(Herz，1994)做出的，他分析了空间重复博弈的动态特性，但是他在该空间重复博弈中所采用的策略有所不同，他在博弈中设定的是：所有的参与人都选用了诺瓦克和西格蒙德的"去输存赢"(win-stay, lose-shift)策略(Nowak and Sigmund，1993)。"去输

存赢"应用了巴甫洛夫心理学说,即保持他当前的状态(合作或背叛)直到其收益小于某个基准收益,并在这时转变为相反的状态。赫茨概述了几类博弈,它们随着去输存赢策略的参数值不同而出现,他还考虑了不同耦合结构的可能性。然而,这些结构主要的区别在于邻居的个数而不是邻域的拓扑结构,而且在每种结构下,基准收益都包含了明确的全局信息,该基准收益取为整个群体的预期收益。

最后,波洛克(Pollock,1989)继博伊德和洛伯鲍姆的研究(Boyd and Lorberbaum,1987)之后,研究了一维及二维格中,在处于支配地位的针锋相对策略和几组侵略性的竞争策略之间进行的重复囚徒困境博弈。波洛克指出,人群的空间结构保证了针锋相对策略的进化稳定性,而博伊德和洛伯鲍姆(没有考虑空间结构)得出的结论是,针锋相对策略总是会被一种适当的混合战略破坏。

那么很明显的是,引入群体结构对于重复囚徒困境博弈的结果具有重大影响。然而,前面所谈到的所有研究都仅局限于参与人在一维和二维格中的交互,因此并不符合实际中的绝大多数情况,而事实上,在实际中会涌现合作(例如社会系统和生态系统)。并且,这些研究中没有任何一项在比较具有不同网络拓扑结构但其他条件相同的博弈时,强调耦合拓扑结构。最近,科恩、廖洛和阿克塞尔罗德(Cohen,Riolo and Axelrod,1999)恰恰做了这方面的工作,研究了二维格和正规随机图(其中 $k=4$)上的囚徒困境问题。他们发现,与正规格相比,随机连接的网络不容易促成合作。

3 N 人囚徒困境

到目前为止,所提及的研究处理的或者是严格的双人囚徒困境,或者是由多个协同的双人博弈所组成的多人博弈。在群体中个体的交锋通常属于多重、平行、双人情形,在许多方面,这是一个不错的近似。博伊德和里切尔森(Boyd and Richerson,1988)考虑了一种更为一般的情况,即将人群分为相互之间分离但内部完全连通的组,并且组内每个成员的收益都与合作者的数量成线性比例关系。他们研究了合作策略(即针锋相对策略)相对于完全背叛策略的稳定性,结果表明,随着组规模的扩大,互惠合作变得越来越难于维持。他们在后来的研究中(Boyd and Richerson,1989)还指出,间接互惠(A 帮助 B,B 帮助 C,C 帮助 …… 帮助 A)在链变得太长时同样难以维持。后来的研究在本质上是基于他们在 1988 年的论文中所使用的拓扑结构的另一种极端情形来进行的,因为它描绘了孤立的、交互的参与人形成的一维环(rings),并与完全连通的聚类形成对比。在这两篇论文中都非常重要的一点是:他们认为群体中参与人所构成的组是孤立的,从而只能有效地考虑局部动态特性。

在另一种极端情形中,格兰斯和休伯曼考虑了一个与重复囚徒困境密切相关的问题:就餐者困境(Diner's Dilemma)。这个问题是这样的,一组人外出用餐并且知道他们将平分账单。那么两难的问题在于:是应该点便宜一些的菜(以降低整体的消费)还是应该点些昂贵的食物(冒着其余每个人都会这样做的风险)。这些前提可能有些古怪,但是它表征了更为一般的情况,当需要个人为了"共同利益"贡献他们的时

间、金钱或者服务时,就会出现这种情况。对于个体来说合作带来损失,而群体合作有益于所有人,从这种意义上看,就餐者困境非常像囚徒困境的平均场形式(即每个参与人与群体的平均行动进行博弈),其中,代价和收益可以在预计的时间范围内进行预期。这是一个有力而精妙的方法。然而,纯粹从全局角度来看,它遗漏了社会的结构特性以及随之而来的网络中合作的动态特性。正如我们下面将要看到的,这个要素是非常重要的。

4　策略的演化

演化(evolution)是一个应用于很多环境的词,通常具有不同的意义和内涵。例如,动态系统的时间演化不同于在遗传算法作用下的元胞自动机规则的演化,而后者也不同于像阿克塞尔罗德(Axelrod,1980;Axelrod and Hamilton,1981;Axelrod and Dion,1988)研究的多人重复囚徒困境中的成功策略的优先复制。

这里先要对一种特殊行为的涌现与一种特殊策略的演化进行区分。涌现可能出现在同质群体中,其中所有参与人都采用相同的策略,并且始于特定的初始状态。比方说,如果很少一部分初始合作者成功地使一大群初始背叛者变为合作(其中所有参与人都采用针锋相对策略),那么就认为合作在群体中涌现。与此相对,演化只能在异质群体中发生,其中既存在不同的策略也存在不同的状态。同样,群体开始于某种初始的状态分布,并且运行一轮或者多轮;然后用结果所得的收益确定哪些策略表现最好,而允许这些策略优先复制。这个过程重复许多代(generation)以后,如果

1133

最终的状态为合作占优,那么可以说"已经演化出合作"。

这些定义是有益的指引,但并不严格。例如,演化可能通过许多方式产生。林格伦(Lindgren,1991;Lindgren and Nordahl,1994)采用了一种用于元胞自动机的米切尔－克拉奇菲尔德的借鉴方法,他将策略表示为字符串并允许成功的策略得到复制,通过基因的交叉和突变产生新的策略。可能这才是真正的演化,但是它可能遇到"如何用我们能够理解的高级语言来解释所得策略"的困难。一种折中的办法是接受一种限制更为严格的演化,即群体中不同的策略进行对优势地位的竞争,而策略本身在过程的始终都保持不变。虽然这可能不是生物进化的实际表现,但它在性质上与涌现不同,因为选择力根据参与人的行为(actions)起作用(表现型),而其策略分布(distribution of strategies)会在代与代之间改变(基因型)。

二、同质群体中合作的涌现

首要任务是要理解耦合拓扑结构的变化是如何影响哪种行为(behaviour)(或者合作或者背叛)将在每位参与人都采用相同策略的重复囚徒困境博弈中占优的。特别要考虑以下两条改进规则(update rules)。

(1)推广的针锋相对(generalised tit-for-tat)。每位参与人 v 都对应一个强硬度(hardness)$h(0 \leqslant h \leqslant 1)$ 且所有参与人的都相同,博弈从合作者与背叛者的某个初始状态开始。在 $t=0$ 以后的每一个时间步长,每位参与人(v)都计算上一个时间步长内其邻居合作的比例;如果该比例大于 h,v 会在下一步中选择合作,否则他将选择背叛。因此,粗略地讲,$h=0$ 等价于总

1134

是合作,$h=1$ 等价于总是背叛,而 $h=0.5$ 则等价于双人的针锋相对策略,只不过被推广到 k 个参与人。

（2）去输存赢。每位参与人 v 都与其直接邻居进行博弈（博弈仍然从某个特定的初始状态开始）并且计算其支付。如果 v 的得分与其邻居（包括其本身）的平均支付相等或者高于其平均支付,则他"获胜"并保持当前的行为,否则他"失败"并转变为与当前相反的行为。

这两个规则都是局部规则（local rules）,其中每个参与人都仅利用其局部环境（local environment）中的可用信息。相比而言,整个系统中合作的比例就是全局（global）的动态特性。如前所述,局部动态特性将稳定不变,从而全局动态特性的任何变化都一定是由耦合拓扑结构的相应变化所引起的。

1　推广的针锋相对

从任何数学的角度来考虑竞争性个体群中合作的产生和维持时,针锋相对都是明显的出发点。然而正如传统定义,只有在双人博弈中针锋相对才有意义。也许对这个规则最明显的拓展是推广到超过两个参与人的博弈,其中每位参与人与所有其他参与人（或其子集）在同时发生但却相互分离的双人博弈中进行博弈。然而,当每个参与人都能够代之以只与其邻域平均行为进行博弈（推广的针锋相对）时,这会产生许多计算代价昂贵却没有显著收益的博弈。然而,推广的针锋相对也表现出了优势,即如果将一些额外的灵活性引入原始的针锋相对策略中,那么参与人能够自然地进行不同程度的合作。

但是,过分的简化是错误的。牢记格兰斯和休伯曼的结果（Glance and Huberman，1993）：采用一种异步更新（asynchronous updating）的模式，在这个模式中所有参与人在每个时间步长都按随机顺序更新一次，每个参与人都可以利用其邻域中依次先更新的参与人生成的信息。这看起来可能与原始的囚徒困境博弈不一致，在原始的囚徒困境博弈中，两位参与人都仅仅根据彼此过去的行为同时决定自己所要采取的行动。但是，同步更新在任何一种分散的、多人环境中都是相当退化的，事实上，所有参与人每次都在同一时刻决定下一个行动是不可思议的。

按照这种模式，图 1 和图 2 总结了当 $n = 1\,000$，$k = 10$ 时，包括 20 个连通的初始合作者的推广的针锋相对博弈的结果。当 ϕ 不同时，合作的稳态比例（C_{steady}）表现出对强硬度的不同的函数依赖。实际上，如果将 h 视为反向感染力（参与人态度越强硬，合作就越不可能传播），将 C_{steady} 看作参与人"（被传染为）合作"的比例。在疾病传播模型中，每个个体都以某种概率 ρ 传染其每一个邻居。所以规则是：只要我们知道了一个被传染的个体，我们就有可能有效地捕获这种疾病。但是在这个模型中，规则是：只有我的许多朋友先做（或捕获）一些事，我才能这么做。因此，这更像对等压力而非疾病，而强硬度 h 就是活跃者如何对待压力的度量（即他们转变行为的难度）。这种差别的一个重要结果是，疾病传播对网络的特征路径长度高度敏感，合作则对聚类系数高度敏感。原因显而易见：在一个聚类的世界中，如果一小群人决定相互合作，那么在该聚类的边界之内，每个参与人都只能与其他合作者进行博弈。因此，所有的行动都被限制在聚类的

边界内,而这个边界扩大还是缩小都依赖于 h。这就是阿克塞尔罗德的优化混合策略,他指出,一小部分初始的有条件合作者(conditional cooperators)可能会使得无条件背叛者(unconditional defectors)群体改变角色(Axelrod,1980)。但是在一个随机世界中,初始的合作者聚类不再以相同的方式与背叛者群体相隔离,而在该初始聚类中,每个参与人或多或少地都要各自为战。其结果就是,合作迅速崩溃,除非合作者的初始比例非常高(这使得即使在群体的一个随机样本中都可能找到足够的合作者)或者 h 非常小(例如 $k=10$ 时,要求 $h \leqslant 0.1$),这时合作就像一种传染性很高的疾病,并迅速扩散。

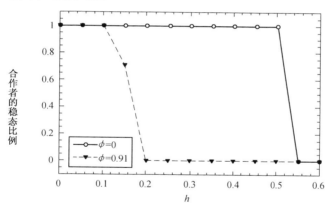

图 1　$\beta-$图中,在推广的针锋相对策略下,合作者的稳态比例与 h 的对应关系,其中所有参与人都具有相同的强硬度 h。图中给出了 $\beta-$图的两种极端情形(1－格和随机极限)下的曲线

　　而对于小世界图来说,情况更为复杂。图 2 表明,当 h 不同时,没有明显存在的 C_{steady} 对 ϕ 的一致依赖。

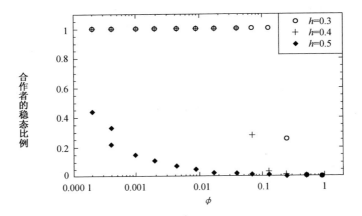

图 2　β－图中,在推广的针锋相对策略下,合作者的稳态比例

　　　　与 ϕ 的对应关系。图中给出了三个不同 h 值的曲线,以突出对 ϕ 不同的依赖

群体相对比较"软弱"时($h = 0.3$),小世界图能够支持合作的增长(尽管完全随机图仍然不能),但当 h 增大时,ϕ 值迅速减小,这时合作将会崩溃。这些结果所传递的所有信息就是,合作在小世界图中的涌现需要这样一个人群:他们首先倾向于合作(那么合作将会迅速传播),而当群体仅仅是边际(marginally)倾向于合作时,合作将在 1－格中盛行(缓慢地)。

　　得到这个结论的另一种方式是回顾博伊德和里切尔森的发现(Boyd and Richerson,1988),即在一个多人囚徒困境博弈中,随着 n 的增加合作越来越难维持。图 2 以新颖的方式支持了这一结论:随着 ϕ 的增大,局部邻域变得越来越能够代表整个群体,因此即使连接的平均数量保持不变,其中的每位参与人都相互

1138

影响的群体的有效范围也会增加。这时,我们又一次遇到了小世界拓扑中局部和全局尺度发生冲突的现象。

合作的传播与传染病扩散的另一个不同是他们达到稳定状态所需的时间(t_{steady})明显不同。

与前面所研究的动态系统一样,一个自然的问题就是:相对于图模型中的变化,重复囚徒困境的动态特性是否保持不变。而真正所要研究的是,统计量 L,γ 和 ϕ 是否足以捕获所有能够产生像 $C(t)$ 那样的全局统计量的动态相互作用的复杂特征。在这一点上,$\alpha-$模型和 $\beta-$模型的动态特性达成一致确实是一个惊喜,它也表明长度和聚类统计量至少是我们所要考虑问题的一部分。不幸的是(也可以说幸运的是,这取决于如何看待此类问题),这个系统的确变得更为复杂。下述结果证明,即使将讨论限制在十分简单的动态系统上,系统也不仅仅只对 $L(\phi)$ 和 $\gamma(\phi)$ 敏感。

图 3 比较了 $\alpha-$图和 $\beta-$图中 $C_{steady}(h)$ 的两个极端情形:ϕ 值为 0 和 ϕ 很大。当 ϕ 值很大时,两个模型之间应该没有差别,因为这是随机极限,并且在随机极限下,所有随机图大约都是相同的。图 3 进一步证实了这种不变性,但需要注意的是,在 $\phi=0$ 这个极限处,$C_{steady}(h)$ 是不同的。看来这一差异又是由阈值 h 的粗糙产生的。当 $\phi=0$ 时,$\alpha-$图的 k 值发生了很大的变化(与 $\phi\approx1$ 时差不多),而 $\phi=0$ 的 $\beta-$图必定是 $k-$正规的。因此,在 $\alpha-$图中,相同的 h 能够依赖于个体邻域的大小而产生不同数量的合作者。但相同情形的 $\beta-$图却不是这样,因为其中所有邻域的大小都相同($\phi=0$ 时)。这又一次说明,局部动态特性的细微差别

1139

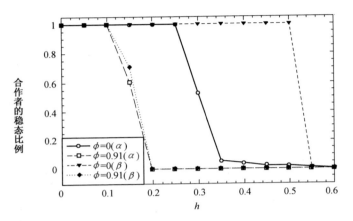

图 3　比较 $\alpha-$图和 $\beta-$图中推广式针锋相对策略的结果。
在随机极限处,$C(h)$ 具有近似相同的函数形式,但
在 $\phi=0$ 的极限处却大相径庭

通过与图结构的相互作用,能够对全局动态特性产生
重大影响。甚至到目前为止,所强调的那些统计量看
来并不足以捕获这些相互作用 —— 任何人都不会对
这一发现感到惊讶。

　　在结束对推广的针锋相对博弈的讨论之前,一些
空间图的结果已有头序。这些结果看起来更为熟悉。
图 4 表明,在两种极端情况下(1 − 格和随机极限),
$C_{\text{steady}}(h)$ 在空间图和 $\beta-$图中的表现相似。图 5 巩固
了这一点,尽管它很难从量上与图 2 进行比较(因为 ξ
和 β 不能用单一的参数来表示)。但是图 6 表明,与 $\beta-$
图的上述结果截然不同(至少对于 h 的一个值)t_{steady} 以
一种直观的方式由 $L(\xi)$ 决定。

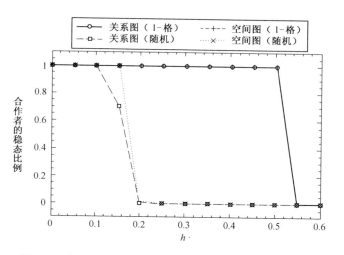

图 4 比较 $\beta-$图和均匀空间图中推广的针锋相对策略的结果，在随机极限和1－格极限处，$C(h)$ 都具有近似相同的函数形式

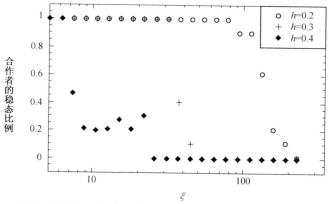

图 5 均匀空间图中，在推广的针锋相对策略下，合作者的稳态比例与 ξ 的对应关系，图中给出了三个不同 h 值的曲线，以突出对 ξ 不同的依赖

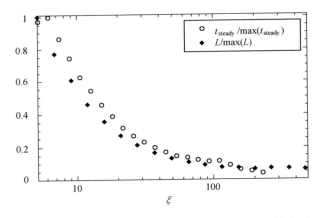

图6 均匀空间图($h = 0.2$)中,在推广式针锋相对策略下,达到稳定状态所需时间与 ξ 的对应关系,它与 $L(\xi)$ 的函数形式相似。这里,t_{steady} 和 L 都用其最大值进行了比例化

2 去输存赢

事实上,将合作看作是以与疾病基本相同的方式,从初始的一小部分开始,在社会中传播开来是合理的,而传播的有效性由成员首先倾向于合作的程度来决定。去输存赢策略表现了一种截然不同的心理状态。按照这种策略进行博弈的参与人并不倾向于任何特别的行为,而仅仅是为了获得奖励并避免惩罚而采取行动。因此,去输存赢策略,也称巴甫洛夫(Pavlov)策略(以其先驱试验命名),产生了并非仅仅化简为传播的动态特性。实际上,它能够发生一些更为复杂的情况。例如,如果一个合作者被引入到一个初始背叛者群体中(其中所有参与人都采用去输存赢策略),那么该合作者将会被其所有的邻居彻底打败,且在下一回

合中采取背叛的行为。与此同时,他的所有邻居将乐衷于继续采取背叛,因为该行为在同化单独的合作者时效果很好。但是,也许其邻居中的一些参与人(也就是 $\Gamma^2(v)$ 中的元素)并没有试图同化 v,因此得分比同化了 v 的参与人低。从而,由于他们的效用比平均支付低,便决定将其行为改变为合作,而并未认识到是最初的合作使得 v 陷入困境。

结果产生的动态特性非常复杂,它决不会(在任何模拟中都会发现)固定于一个稳定状态或者一个周期循环。但是该系统的统计量(即合作者的比例 $C(t)$)确实稳定在渐近稳定值。最奇怪的是,对所有的 n 以及所有的初始状态,甚至对大多数的 ϕ 值,该系统都稳定在相同的 C 值。图 7 表明,当 ϕ 很大时,与前面的结果(ϕ 很大时,合作很难维持)相比,合作略微变得更加盛行(但是 —— 注意到纵坐标 —— 事实上并不非常

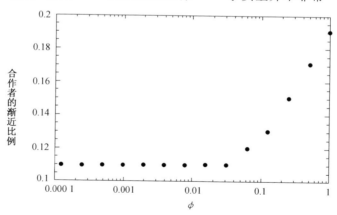

图 7　β-图($n = 1\,000, k = 10$)中,在去输存赢策略下,合作者的渐近比例与 ϕ 的对应关系

1143

盛行,只是相比较而言,盛行的程度高了一些)。但是,
拓扑结构仍然起作用。图 8 表明,达到渐近状态所需

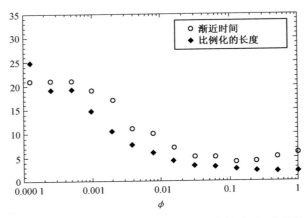

图 8 β—图($n = 1\,000, k = 10$)中,在去输存赢策略下,达到渐
　　　近稳定状态所需时间与 ϕ 的对应关系,并与比例化的
　　　$L(\phi)$ 相比较

的时间随 ϕ 的变化起伏很大,而变化的方式与我们之
前所看到的大致相同。此外,当 $\phi = 0$ 时,t_{asymp} 随 n 线
性增长(图 9),而当 $\phi \gtrsim 0.002$ 时,t_{asymp} 随 n 呈对数增长
(图 10)。毫无疑问,$\phi \approx 0.002$ 是可以观察到对数长
度尺度的最小 ϕ 值:$0.002 = 1/500$ 且 $n = 500$ 是能够搜
集到尺度结果的最小的图,因此当 $\phi = 0.002$ 时,最小
的图预期包含一条捷径。 因此,人们可能会期望,当
$n \to \infty$ 时,任意 $\phi > 0$ 都会产生 t_{steady} 的对数尺度 ——
与关系图的长度尺度条件相同。 这里再次强调,基本
图的长度特征在确定产生(至少一些)全局动态特性
的时间尺度时显得非常重要。

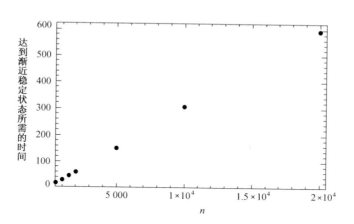

图 9 $\phi = 0$ 时, β – 图($k = 10$) 中, 在去输存赢策略下, t_{asymp} 明显与 n 成线性比例关系

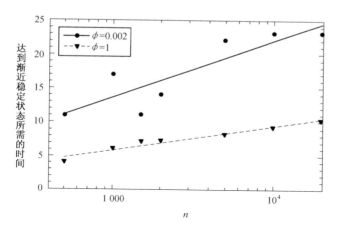

图 10 $\phi = 0.002$ 以及 $\phi = 1$ 时, β – 图($k = 10$) 中, 在去输存赢策略下, t_{asymp} 与 n 成对数比例关系。为清楚起见, 这里给出了对数曲线拟合(logarithmic curve fits)

1145

三、异质人群中合作的演化

研究了合作的涌现之后,下一步自然要研究合作的演化:即在多种策略共存的群体中,群体结构如何决定成功策略的演化? 每位参与人可以进行一系列多人囚徒困境博弈(若干代),而非仅仅进行单独一次这样的博弈,在每一代博弈中,参与人采用的策略都可能根据一些选择标准改变。这是一个比先前的例子更加复杂的动态系统,因为它包括了两种动态特性:一种是行为动态特性(behavioural dynamics),描述在给定代中参与人的状态所发生的变化,另一种则是策略动态特性(strategy dynamics),用来说明改进规则如何在一代一代之间变化。

如前所述,因为这些策略不能自我改变,所以这里考虑的策略动态特性是非常有限的。更确切地说,是以某种方式指定一个策略的初始集合,之后个体参与人可以根据一个选择标准(可以看作元策略(meta-strategy))而将当前策略改变为另一个可用的策略,所以有效演化的就是群体中的混合策略。特别地,策略的初始范围由具有不同 h 值的推广的针锋相对策略以及被称为盲目模仿(copycat)的元策略组成:在每一代结束时,每位参与人都统计自己的得分(总计整个博弈的所有回合)及其邻居的得分,然后每位参与人都会采用其邻域中得分最高的参与人(也可能是他们自己)的策略以备下次博弈使用。因此,成功的策略得以优先复制,而不成功的策略逐步被淘汰并可能最终从整个群体中消失。

考虑两种情况,允许每种情况分别演化 100 次:(1) 嵌入无条件背叛者(unconditional defectors)($h =$

1146

1) 群体的一小部分（人群总数的 0.1）无条件合作者（unconditional cooperators）($h = 0$）。（2）嵌入无条件背叛者群体的一小部分（同样是人群总数的 0.1）有条件合作者（conditional cooperators）($h = 0.5$）。

　　图 11 和 12 再次表明，α － 模型与 β － 模型中的全局动态特性并不一致。ϕ 较小的 α － 图中，度的相对较大的变化对合作传播的影响很弱。但是，一个与先前结论的有趣背离是，当 ϕ 更大时，合作的表现并不一定更差，至少在 α － 图中如此（注意到图 12 中曲线的波峰），其中，至少一些小世界图中的无条件和有条件合作者比在卡夫曼或随机图中发展得更好。

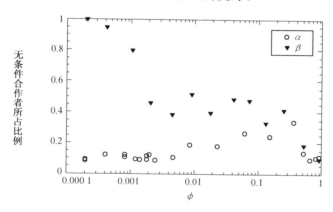

图 11　在一个无条件背叛者群体中（$h = 1$），从一个初始起点演化而来的无条件合作者（$h = 0$）所占的比例。图中给出了对 α － 图和 β － 图中的该比例与 ϕ 的对应关系的比较

　　相反，在均匀空间模型中，合作迅速消亡，并且当 ξ 增加时几乎没有任何缓解。图 13 和图 14 表明，当 $\xi > k$ 时，无条件背叛在两种不同策略中都占优。有趣

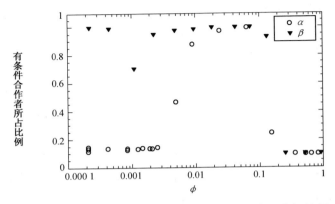

图 12   在一个无条件背叛者群体中($h=1$)，从一个初始起点演化而来的有条件合作者($h=0.5$)所占的比例。图中给出了对 α−图和 β−图中的该比例与 ϕ 的对应关系的比较

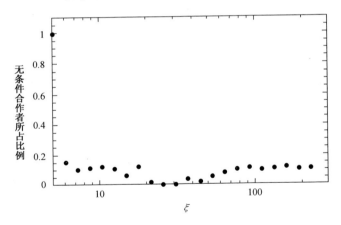

图 13   在均匀空间图上，一个无条件背叛者群体($h=1$)中，无条件合作者($h=0$)所占的比例与 ξ 的对应关系。无条件合作者的初始数量 = 人群总体数量的 0.1

1148

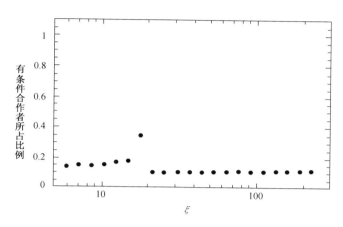

图 14　在均匀空间图上，一个无条件背叛者群体($h = 1$)中，演
　　　化而来的有条件合作者($h = 0.5$)所占的比例与 ξ 的对
　　　应关系。有条件合作者的初始数量 ＝ 人群总体数量的
　　　0.1

的是，如果上述情形成立的环境的异质程度越高，那么
能够进行竞争的策略的范围就越广。

四、要点回顾

　　总之，将第一部分中的拓扑结构引入合作的博弈
看起来对同质人群中合作行为的涌现和异质人群中合
作策略的演化（或者更准确地说，应该是优先复制）都
具有重要影响。不幸的是，通过一般的可用方法而得
出一些结论有些困难，除了推广的针锋相对策略，合作
在低聚类图（例如随机图）中往往表现很差。这看起
来是因为，如果像在囚徒困境中所定义的那样的合作
与类似于针锋相对的策略要得到成功，那么就要依赖
于一组合作者团结起来抵抗一个不合作的世界并通过
相互合作而得分。一旦几个背叛者通过捷径渗入，那

1149

么无经验的合作将从内核向外腐蚀而消亡。但是在策略演化的背景下,看起来也不总是这样,因为(回想起图12)合作有时在小世界图(当然不是随机图)中优先演化。

　　然而,这个问题有更为积极的一面:至少在 h 的一定范围内,合作在小世界中确实表现得很好(尽管不是在一个随机世界中)。这也许对组织设计有一定的意义,因为高效的信息传递以及一般的合作行为对一个组织的绩效都很有利。通过改变网络的连通性来解决类似的最优化问题还未引起人们太多的关注,但是在整个应用领域这可能会是一个有用的方法。

微分与阵地

第二十章

阵地对策

  所谓正规型对策是指这样的一种对策模型：参加这个对策的是一些叫做"局中人"的队，他们各自拥有一定的"（纯）策略"，他们同时地及彼此隔绝地选取某一个策略，并比较这些策略以后，则每一个局中人都从某一来源处取得（对策规则中预先规定好了的）一定的"赢得"。

中国科学院数学研究所[①][②]

一、阵地对策的定义

1 引方

前面我们所介绍过的对策模型,都是作为"正规型"来考虑的。让我们回忆一下,所谓正规型对策是指这样的一种对策模型:参加这个对策的是一些叫做"局中人"的队,他们各自拥有一定的"(纯)策略",他们同时地及彼此隔绝地选取某一个策略,并比较这些策略以后,则每一个局中人都从某一来源处取得(对策规则中预先规定好了的)一定的"赢得"。

必须指出,这里所说的局中人的一个策略只是作为抽象集合中的一个元素;而丝毫没有涉及或者赋予一个策略的具体内容和特点。这样,策略之间的差别,仅仅表现在对于赢得的影响不同。因此,在一个对策中,如果某一局中人采取了两个策略 α, β 时,所能获得的赢得完全相同。例如在某矩阵对策中,赢得矩阵有两行(列)相同。那么,这两个策略对于这个局中人来说可以认为是没有差别的,而看作是一个策略。

在实际的问题中,往往遇到这样一种现象的模型

---

① 本书是前苏联数学家尼·尼·沃罗比约夫(H. H. Bopoóбeв)教授来华讲学期间由学员集体编写的,而在讲学结束后又由吴文俊、景淑良、唐述剑、王厦生、郑汉鼎、李为政、盛维廷、江嘉乐、江福湘等9人组成编审小组共同完成。

② 中国科学院数学研究所第二室,《对策论(博弈论)讲义》,人民教育出版社,北京,1960 年。

（它的确能够成为对策）：一方面，其策略常常具有一系列独特的特性。这种特性不同的两个策略应该认为是不同的，这种不同是与赢得函数毫不相关的。例如，在象棋对策中，即使对于一切情况下，用走"卒"开局与用飞"象"开局，其后果完全一样。但是，这两种开局应该看作有着本质的不同。

在前面提到过的策略 α, β。虽然，对于局中人的赢得而言是没有差别的；但是，策略 α 所包含的实际内容与策略 β 所包含的实际内容本身都可以完全不相同。

另一方面，每一个局中人的策略往往是由一系列的行动所组成。通常，局中人最初选择的只是他的一个策略中的某一具体行动，并且给自己留下继续采取行动的自由。在得到其他局中人的某些类似的行动之后，这个局中人缩小了策略的组成部分，采取了新的行动，并且等待新的信息，……。这样一步一步地缩小局中人的剩余的活动的可能性，而达到一定的结局。这样一来，就逐渐达到了选定自己的某个策略。而在那个结局之下，每个局中人取得一定数目的赢得。象棋对策就是这种现象中的最典型的一个例子；又譬如，一大夫要为一个病人诊断和治疗某种疾病。采取这样一种治疗方案：首先，在进行了必要的观察和了解之后，采取了第一步行动，让病人服下某种药品。在获得了病人的进一步反应情况之后，再采取第二步行动，又让病人服下某种药品并等待病人的反映，……，一直到得出某种结果为止。在这个例子中从开始到结局，大夫所采取的一系列行动应当看作是一个策略。

必须指出，这里所说的局中人的"策略"是指对于他可能遇到的一切情况,都能够告诉他如何行动。因此,和我们平常所谓策略的理解有所不同。例如,在象棋对策中,黑方走了一步好棋,也叫做他选择了一个好策略。而按照我们这里的理解,则不能算是一个策略,只能说是某个策略的一个组成部分。更精确地说法应当是:他在某一策略中的某一步上采取了一个很好的选择(行动)。

虽然,上述的第二个特征,在引进了策略这个概念之后,可以把对策模型化成正规型对策,而失掉在正规型对策的条件下,局中人选择其策略的过程被看作是某个一步的动作,这种行动是在完全没有关于他的对手的行动和意图的某种信息的条件下作出的。

然而,要想在对策论中反映出被模型化的现象的上述两方面的意图,就引导出建立这样一种对策理论:它是建立在把局中人的策略具体化以及在对策过程中逐步实现它的观点,来研究对策的基础上的。

研究这类对策的理论就称为"阵地对策论"。对策论的第一篇著作,即前面已经提到过的策墨洛(Zermelo)的文章[1],所写的正是阵地对策——象棋。冯·诺伊曼也研究过阵地对策[2],而这

---

[1] E. Zermelo, über eine Anwendung der Mengenlehre auf die Theorie des Schachspiels, Proceedings of the Fifth International Congress of Mathematicians, Cambridge 2 (1912), 501-550.

[2] J. von Neumann and Morgenstern, Theory of Games and Economic Behavior (1944).

种类型的对策的精确定义则由库恩（Kuhn）所给出[①]。

应当指出，阵地对策的英文名称——The game in extensive form（广义型对策）——不完全恰当。因为实际上，我们所谈到的不是把正规模型的概念进行某种推广而更加广泛；正相反，是它们的某种精确化和具体化。

2　术语和记号

上面我们只是非常粗糙地叙述了阵地对策的特点。下面将明确地给出阵地对策的定义。为此先介绍几个简单的对策的例子，并且用图来表示它们。

例 1　设对策 Γ，有两个局中人参加，对策规则规定：第一步让局中人 1 选择 1 或 2，并且把他选择的结果告诉局中人 2，让他选择 1 或 2，当局中人 2 选择完毕之后，对策过程就算结束。如果，两个局中人的选择相同，则局中人 1 赢得为 1，否则为 −1。

我们可以用下面的图 1 来表示这个对策。

图 1 中，"圆圈"中的"顶点"上所标的文字代表由那个局中人来选择，由这个顶点所引伸出去的"择路"上所标明的数目代表他在这一步上的某种选择，而末端标明的数目代表局中人 1 的赢得。

例 2　如果在例 1 中的第二步，不把局中人 1 在第一步中选择了什么告诉他，就让他选择，而其他则完全与例 1 相同。如图 2 所示，当第二步输到局中人 2 选择时，他只知道他的确处在"椭圆圈"的内部的某个顶点，

---

① H. W. Kuhn, Extensive games, Proc. Nat. Acad. Sci. 36(1950). H. W. Kuhn, Extensive games and problem of information, Contribution to the theory of games, Ⅱ Princeton (1953),192-216.

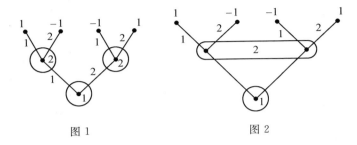

图 1 图 2

但不能确切地知道他到底是在哪一个顶点上。我们再举一个稍稍复杂一些的例子。

例 3   在对策 Γ 中,有两个局中人参加。局中人 1 是一个队,其队员记为 1_A 与 1_B;局中人 2 就是一个人。这些参加者都被隔离在彼此不通信息的房子里,对策的过程如下:第一步由中间人在标有号码 1,2 及 3 的三张卡片中,任意地抽出一张来,如果他抽到的卡片写的是号码 1 或 2,由中间人到 1_A 的房子里,不告诉他卡片上的号码而让他从 1 或 2 中选一个数字,当他选的是 1,那么对策就算结束。这时局中人赢得 1。当他选的是 2 而卡片上写的是 1,则下一步中间人让 1_B 选择,当他选的是 2 而卡片上写的是 2,则让 2 选择,1 或者 2,而对策告终。最后,如果抽到的卡片写的是 3,那么中间人依次让 2,及 1_B 选 1 或 2,而对策告终。在对策终止时,局中人 1 取得的赢得如图 3 所示。

图 3 就是这个对策的图象,其中,"最低顶点"写的是 0,这代表由随机选择并注明是以怎样的概率来选择这些择路的。

现在,我们就要引进若干术语和记号,今后我们将经常用到它们。

图 3

（1）有限集合 K 的树状有序化

在有限集合 K 上定义了半序关系"$<$"，即在有限集合 K 的一部分元素间规定一种前后次序关系"$<$"并且满足条件：(1) $a \not< a$，(2) 从 $a < b, b < c$ 可推出 $a < c$ 并且满足下面条件：

① 存在这样的元素 $o \in K$，使得对于任意的 $x \in K$，有 $o \leqslant x$。

② 对于任意一对 $x, y \in K$，如果存在这样的 $z \in K$，使得 $x < z$ 及 $y < z$，就能推出或者 $x \leqslant y$ 或者 $y \leqslant x$。

则集合 K 称为被半序关系"$<$"树状有序化。从直观上看，一个树状有序化的集合 K 可用下面树枝状的图来表示，如图 4 所示。

今后称 K 的元素为阵地。阵地 o 称为"原点"。任何阵地 w，若不存在阵地 $y > w$，则 w 称为终结阵地。K 中终结阵地的全体记为 K^*。由 K 的有限性知 K^* 不空，即 $K^* \neq \Lambda$。

用 $D(x)$ 表示 x 以后的全部阵地的集合，即

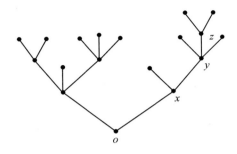

图 4

$$D(x) = \{y \mid y > x\}$$

对于 K 的子集 U,规定 $D(U) = \bigcup_{x \in U} D(x)$。

设 $U, V \subset K$,如果存在 $x \in U$ 及 $y \in V$,使得 $x < y$ 时,则记为 $U < V$。必须注意,对于阵地集合 U 与 V,可能同时有 $U < V$ 及 $V < U$。

由 K 的有限性推出,对于任何阵地 $x \neq 0$,都存在唯一的阵地 $y < x$,使 B 对于任何 $z \in K$,关系 $y < z < x$ 不成立。阵地 y 称为直接发生在 x 之前,记为 $f(x)$。

用 $B(x)$ 来表示一切发生在 x 之前的阵地连同阵地 x 一起所组成的阵地集。即

$$B(x) = \{y \mid y \leqslant x\}$$

而用 $B^*(x)$ 表示 $B(x)$ 中除去阵地 x 之后的集合。即

$$B^*(x) = B(x)/x$$

若 $w \in K^*$,则 $B(w)$ 称为通向 w 的一局;若 $x \notin K^*$,则 $B(x)$ 称为通过的某一局的片断,或简称一局的片断。

命 $f^{-1}(x) = \{y \mid f(y) = x\}$,则阵地 $f^{-1}(x)$ 的元素称为直接发生在 x 之后的阵地。或称为阵地 x 的一

1158

条"择路"（这时，我们把直接后延的阵地与由 x 到这个阵地的通路等同起来）。用 K_i 表示 K 中恰好具有 i 个择路的阵地的全体。显然，$K_0 = K^*$。以后我们就知道，阵地 x 上的择路将代表在 x 处的可能的选择。而对于只有一条择路的阵地，它在对策的过程中是多余的。因此，无损一般性，不妨假设 $K_1 = \Lambda$。

如果，对于每一个 $x \in K_i (i \geqslant 2)$，把 $f^{-1}(x)$ 的元素都用 1 到 i 的自然数来编号，则树状有序集 K 就称为是定向的。通常总是从左到右顺次编号。

今后将把阵地的择路与它的择路的号码等同起来。

如果 $x \in K_i$，及 $1 \leqslant v \leqslant i$，则用 $D(x,v)$ 表示由 x 的第 v 个择路的阵地及它后面的全体阵地所组成的阵地集。显然

$$D(x) = \bigcup_{v=1}^{i} D(x,v)$$

表示阵地 x 之后的全体阵地集。

如果 $U \subset K_i$，则用 $D(U,v)$ 表示和集

$$D(U,v) = \bigcup_{x \in U} D(x,v)$$

如果 $x < z$，则用 v_x^z 表示由 x 通向 z 的那条择路的号码，即 $z \in D(x,v_x^z)$。

（2）阵地集的次序划分

设 R 是一种划分法，把集合 K/K^* 分成两两不相交的阵地集 $I_0, I_1, I_2, \cdots, I_n$，则称 R 为 K 的一个次序划分（或局中人划分）。如果 $x \in I_0$，则称在阵地 x 处发生随机走法或在阵地 x 是由随机装置来进行选择的。如果 $x \in I_i (i \neq 0)$，则称在阵地 x 处轮到第 i 个局中人走的。集合 $I_0, \cdots, I_n$ 称为次序集合。今后总假设：每一个阵地 $x \in I_0$，都赋予一个在 $f^{-1}(x)$ 上的某

一概率分布,并且所有择路的概率都是正的。择路 v_x 的概率记为 $p(x,v_x)$。

（3）信息集划分

设 R_i 是集合 $I_i(i=1,\cdots,n)$ 的一种划分法,把 I_i 分成两两不相交的阵地集 $U_{i1},\cdots,U_{il_i}$,并且满足

①$U_{il} \nsubseteq U_{jl}$;

② 由 $U_{il} \bigcap K_j \neq \Lambda$,则得 $U_{il} \subset K_j$;

则 R_i 称为第 i 个局中人的一个信息集划分,而 $U_{i1},\cdots,U_{il_i}$ 称为他的信息集。用 $\mathcal{U}_i$ 表示局中人 i 的所有信息集的族,即

$$\mathcal{U}_i = \{U_{i1},\cdots,U_{il_i}\}$$

在图 2 中,每一个局中人都只有一个信息集。在图 3 中,局中人 1 有两个信息集,而局中人 2 则只有一个信息集。

我们引进信息集的概念,目的在于表达在对策过程中的这样一种情况:当轮到局中人 i 选择走的时候,他只能知道他是处在这个信息集内的某个阵地,但是,不能准确地知道到底在那个阵地上。因此关于信息集的 ①,可以这样来解释:因为很难设想在某一局中,当轮到局中人 i 走时,他会分不清他所处的阵地的前后次序。而条件 ② 则可这样来解释:因为局中人 i 处在某一阵地上时就一定知道该阵地的择路数,如果同一信息集内各阵地的择路数不相等,则局中人当然就可以把具有不同择路的阵地区分出来,这时他就会知道他是在这个信息集的这一部分而不是在另一部分,这与信息集的要求矛盾。

因此,我们可以把一个信息集中所有阵地的同号码的择路叫做这个信息集的择路,信息集的择路也可

以与它们的编号等同起来。对于 I_0，我们总假设它的每一个阵地就构成一个信息集。

3　阵地对策的定义

设 K 是定向树状有序集合。设 $h_1, \cdots, h_n$ 是定义在 K 上的终结阵地集 K^* 上的 n 个实值函数。值 $h_i(w)$ 称为第 i 个局中人在终结阵地 w 上的"赢得"。

如果给定了

① 局中人集合 $I = \{1, 2, \cdots, n\}$；

② 定向的树状有序集 K；

③ 把集合 K 分成次序集合的一个划分 R；

④ 把集合 $I_1, I_2, \cdots, I_n$ 分成信息集的 n 个划分 $R_1, \cdots, R_n$；

⑤I_0 中每一个阵地 x 的择路集合上的概率分布为 p_x；

⑥ 每一个终结阵地 w 上定义了赢得 $h_r(w), \cdots, h_n(w)$。

则称（有限）阵地对策 Γ 已完全给定。简单地说，（有限）阵地对策 Γ 就是下列六元体

$$\Gamma = \langle I, K, R, \{R_i\}_{i \in I}, \{p_x\}_{x \in I_0}, \{h_i\}_{i \in I} \rangle$$

其中记号已如上述。

阵地对策的过程可以这样描述：

对策是由原点 o 开始的，如果 $o \in I_0$，则以概率 $p(0, v_0^x)$ 到达 o 的直接后延阵地 x（即 $x \in f^{-1}(0)$）；如果 $o \in I_i (i \neq 0)$，则称这一步轮到局中人 i 来走。设对策 Γ 中的第 k 步已经走过了，由此到达阵地 x。如果 $x \in K^*$，则对策就算结束了。如果 $x \notin K_i^*$，而 $x \in I_0$，则第 $k+1$ 步是按照概率分布 p_x 随机地选择择路，而转到 x 的直接后延阵地。如果 $x \in I_i (i \neq 0)$，则第

$k+1$ 步由第 i 个局中人在 x 的所有择路上任意选择一个择路,而后转到它的某一个直接后延阵地。由于 K 的有限性,经过有限步骤之后必然进入某一终结阵地,这时对策宣布结束,而每个局中人取得相应的赢得。

与序贯分析相关联着的所有统计判决手续也属于阵地对策。这种类型的,通常是把"统计学家"看作第二局中人,把"大自然"当做第一局中人的二人零和对策来处理。

二、阵地对策的正规化

前面所引进的阵地对策的定义与正规对策的定义在形式上是不相同的。但是,对于每个阵地对策,都可以用引进局中人的"策略"及"赢得函数"的概念,来把阵地对策表为正规对策;反过来说,一个(有限)正规对策也可以通过引进"阵地"及"信息集"而表为阵地对策。这里就来建立这两种对策之间的转化关系。

对于阵地对策,由于还没有自己的一套完善的解决局中人的"理智"的行为 —— 最优策略或者平衡策略的问题的方法。既然,任何一个阵地对策都可以化为正规对策。那么上述问题的解决就可归结为正规对策中的同样的问题来解决。因此,正规化在阵地对策中起着重要的作用。另一方面,由于阵地对策本身具有独特的特性,这些特性在正规化之后就会失掉,因此,就阵地对策本身来考虑和处理上述问题,是很值得研究的问题。

1 阵地对策的正规化

将阵地对策化成正规对策的过程称为正规化。

首先,我们来定义局中人 i 的(纯)策略。

定义 1 所谓局中人 i 的一个纯策略 π_i 是指,定义

在信息集族 $\mathcal{u}_i$ 上的一个函数 π_i,对于 $U \in \mathcal{u}_i$ 函数值 $\pi_i(U)$ 是信息集 U 的一个择路。

换句话说,纯策略 π_i 是局中人 i 的一个行动方案,它告诉局中人 i 在自己的每个信息集上选择哪一个择路。

由于纯策略是作为定义信息族上的一个函数,那么变元是信息集。由于函数值是某一个择路而择路则和它的编号是等同的,如果信息集上的择路总是 j,那么函数值就是不超过 j 的正整数。由于两个函数称为相等的是指在它们的定义域上函数值相等,但是信息集的族是有限的,因此,也可以把纯策略理解为一个向量 $(\pi_i(U_{i1}),\cdots,\pi_i(U_{u_i}))$,其中 t_i 是局中人 i 的信息集的总数。

我们用 Π_i 表示局中人 i 的所有纯策略的集合。

定义 2　一切局中人的纯策略的 n 元组 $(\pi_1,\cdots,\pi_n)$ 称为对策 Γ 的一个纯局势,其中 $\pi_i \in \Pi_i$。

显然每一个纯局势唯一地确定一局(即一终结阵地),一切纯局势的集合记为 Π。显然

$$\Pi = \Pi_1 \times \Pi_2 \times \cdots \times \Pi_n$$

设 $\pi = (\pi_1,\cdots,\pi_n)$ 是 Γ 的一个纯局势。在此局势下,在阵地 $x \in K/K^*$ 处取择路 v 的概率为

$$\pi(x,v) = \begin{cases} p_x(v), x \in I_0 \\ 1, x \in U \in \mathcal{u}_i(i \neq 0),\text{且 } \pi_i(U) = v \\ 0,\text{其他情形} \end{cases}$$

于是在局势 π 下,阵地 $x \in K$ 出现的概率为

$$\pi[x] = \prod_{y \in B^*(x)} \pi(y, v_y^x)$$

特别地,在局势 π 之下,终结阵地 w 的概率为

$\pi[w]$。这样一来，局中人 i 在终结阵地 w 的赢得 $h_i(w)$ 就成了随机变量，其数学期望是

$$H_i(\pi) = \sum_{w \in K^*} h_i(w)\pi[w]$$

定义 3   所谓局中人 i 的局势 π 之下总的赢得函数是指数学期望

$$H_i(\pi) = \sum_{w \in K^*} h_i(w)\pi[w]$$

定义 4   对于阵地对策 Γ，如上所述，可以构造一个正规对策 Γ_N，即

$$\Gamma_N = \langle I, \{\Pi_i\}_{i \in I}, \{H_i\}_{i \in I} \rangle$$

则 Γ_N 称为 Γ 的正规形式。

例如，我们来把前面的例 3 正规化，那里局中人 1 有两个信息集 U_1 与 U_2，局中人 2 只有一个信息集 V（图 5）。

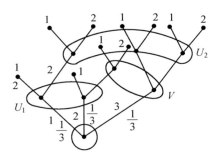

图 5

局中人 1 的纯策略有：$\pi_{11} = (\pi_{11}(U_1) = 1, \pi_{11}(U_2) = 1)$，即在信息集 U_1 和 U_2 上都取第一号择路，$\pi_{12} = (\pi_{12}(U_1) = 1, \pi_{12}(U_2) = 2)$，$\pi_{13} = (\pi_{13}(U_1) = 2, \pi_{13}(U_2) = 1)$，$\pi_{14} = (\pi_{14}(U_1) = 2, \pi_{14}(U_2) = 2)$，局中人 2 的纯策略有：$\pi_{21} = (\pi_{21}(V) = 1, \pi_{21} = \pi_{22}(V) = 2)$。

1164

在纯局势 $\pi = (\pi_{11}, \pi_{21})$ 下局中人 1 的赢得为

$$H_1(\pi) = \sum_{w \in K^*} h_1(w)\pi[w] = \frac{1}{3} \times 1 + \frac{1}{3} \times 1 + \frac{1}{3} \times 1 = 1$$

对于其他局势下,局中人 1 的赢得不难一一算出,我们把它们列在表 1 中。

表 1

局中人2 局中人1	π_{21}	π_{22}
π_{11}	1	1
π_{12}	$\frac{4}{3}$	$\frac{4}{3}$
π_{13}	1	$\frac{4}{3}$
π_{14}	$\frac{5}{3}$	2

对于这个矩阵对策,显然 π_{14} 是局中人 1 的唯一的最优策略;而 π_{21} 是局中人 2 的唯一的最优策略;对策的值是 $\frac{5}{3}$。用原来的形式表达就是:局中人 1 在信息集 U_1 选择路 2 并且在信息集 U_2 选择路 2。局中人 2 在 V 则应选 1。而局中人 2 应付给局中人 1 $\frac{5}{3}$ 个单位赢得。

2　正规对策化为阵地对策

反过来,我们也可以将一个正规对策化成阵地对策 Γ_P。这一点几乎是很显然。只要看一看图 6 就可以一目了然。

图 6 表示第一步让局中人 1 从他的 m_1 个策略集中选一个,第二步局中人 2 在完全不知道局中人 1 在第

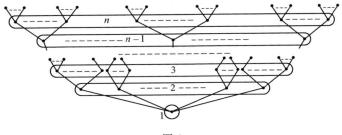

图 6

一步中所选取的策略,而在他的 m_2 个策略中选一个择路 …… 等,一直到全部局中人都选择完毕,比较这些策略,则每个局中人就取得在这个局势的赢得,其数值就是原正规对策中的数值。

我们也不难形式地给出 Γ_p,为此把

$$(s_1, s_2, \cdots, s_k), s_i \in S_i, k \geqslant 0$$

的序列集合作为阵地集合(当 $k=0$ 时看作原点),并且假设

$$(s_1, s_2, \cdots, s_k) < (s_1, s_2, \cdots, s_l)$$

其中 $k < l$。把所有 k 元组合 $\{(s_1, \cdots, s_k)\}$ 列为次序集合 I_k,并且整个 I_k 标作一个信息集。

因为这里 $I_0 = \Lambda$,所以就不必指出概率分布 p 的问题。终结阵地就是形如

$$s = (s_1, s_2, \cdots, s_n)$$

的序列。最后令

$$h_i(s) = H_i(s)$$

作为局赢得函数。

最后值得注意的是,找出所有这样一些阵地对策来,其中每一个阵地对策的正规形式与某一个预先给出的正规对策组合。

1166

三、具有完全信息的对策

前面我们只是一般地给出了关于阵地对策的定义及讨论了它的正规化问题。下面我们将对具有某些特殊性质的阵地对策作进一步的研究。

这里所讨论的阵地对策是如此的特殊和简单,以至于关于它的平衡局势只需在其纯局势中去寻找就行了。

定义　阵地对策 Γ 称为具有完全信息的对策,如果在 Γ 中的每一个信息集都是由一个阵地所构成。

对于具有完全信息的对策,每一个局中人到达他的某一阵地时,他就会完全知道在这之前曾经到达过哪些阵地(包括其他局中人的阵地及随机走法)以及在哪些阵地上取的是哪一择路。例如象棋就是具有完全信息的对策。相反的大多数纸牌游戏则不属于此类。

定理　任何具有完全信息的对策 Γ 在其纯策略中有平衡局势。

证　我们称形如 $B(w)(w \in K^*)$ 的序列所包含的阵地个数之最大者为对策 Γ 的"长度"。

定理之证明将按对策 Γ 的长度 r 用归纳法来证明。

（1）如果 $r = 1$,则树 K 只由一个原点阵地构成。这时,每个局中人的策略集合是空集,因此每一局势(实际上,并不存在任何局势)都可以认为是平衡局势。

（2）假设对于长度小于 r 的对策,定理的结论正确。我们来研究原点阵地 o 的一切择路 $j = 1, 2, \cdots, l$。

命

$$K^{(j)} = D(0, j)$$
$$I_i^{(j)} = I_i \bigcap K^{(j)}, i = 0, 1, 2, \cdots, n$$
$$p_x^{(j)}(v) = p_x(v), x \in I_0^{(j)}$$
$$h_i^{(j)}(w) = h_i(w), w \in K^{(j)*}, i = 1, \cdots, n$$

1167

并且规定 $K^{(j)}$ 中的每一个信息集都是由一个阵地构成。

容易验证

$$\Gamma^{(j)} = \langle I, K^{(j)}, R^{(j)}, \{R_i^{(j)}\}_{i \in I}, \{p_x^{(j)}\}_{x \in I_0^{(j)}}, \{h_i^{(j)}\}_{i \in I} \rangle$$
$$j = 1, \cdots, l$$

构成一个具有完全信息的对策,称为对应于择路 j 的对策 Γ 的子对策。图 7 即为对策 Γ。

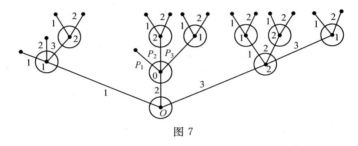

图 7

微分对策

20 世纪 50 年代初以来,由于制导系统拦截飞行器的引入,人造卫星的发射,航天技术中有关机动追击等军事问题的需要,美国著名的兰德(Rand)公司在空军赞助下,以美国数学家依萨柯(R. Isaacs)博士为领导开展了对抗双方都能自由决策行动的追逃问题研究。

李登峰[1][2]

①　李登峰,广西博白县人,1965 年 11 月出生,现为大连舰艇学院副教授,军事运筹学硕士生导师。

②　李登峰,《微分对策及其应用》,国防工业出版社,北京,2000 年。

一、微分对策

1　什么是微分对策

什么是微分对策？简单地说，在局中人之间进行对策活动时，要用到微分方程（组）来描述对策现象或规律的一种对策。

我们先看两个实例。

例 1（消耗与攻击战问题）　设在时刻 t，红、蓝两军的武器数量为 $x_2(t), x_1(t)$。红军把其武器的一部分 $u(t)x_2(t)$ 用于消耗蓝军的武器，其中 $0 \leqslant u(t) \leqslant 1$。同时，红军把剩下的武器 $(1-u(t))x_2(t)$ 用于支援地面战场的攻击。蓝军采用类似方案分配其武器。在整个战斗过程中，红、蓝两军分别得到速率为 m_2, m_1 的武器补充。在初始时刻 $t_0 = 0$，红、蓝两军拥有武器数量为 ξ_2, ξ_1。

不难把两军武器数量变化情况描述为下列微分方程组

$$\begin{cases} \dot{x}_1 = m_1 - c_1 u x_2 \\ \dot{x}_2 = m_2 - c_2 v x_1 \\ x_1(0) = \xi_1, x_2(0) = \xi_2 \end{cases}$$

其中，$0 \leqslant u(t) \leqslant 1, 0 \leqslant v(t) \leqslant 1; c_1, c_2, m_1, m_2$ 都是正常数。$\dot{x}_1 = \dfrac{\mathrm{d}x_1}{\mathrm{d}t}$ 是蓝军的武器数量变化率，由速率为 m_1 的武器补充与红军消耗战造成的损耗 $-c_1 u x_2$ 两部分所组成，c_1 为红军对蓝军的武器损耗系数。类似地，可解释 $\dot{x}_2$ 与 c_2。

红、蓝两军都希望在整个战斗过程（$0 \leqslant t \leqslant T_0$）中，各自累计用于支援地面攻击的武器数量最大，即争

取获得最大的"制空权",所以把衡量战斗效果的标准选取为支付泛函

$$J(u,v) = \int_0^{T_0} [(1-u)x_2 - (1-v)x_1] dt$$

这样,红军选择 u 力图使 $J(u,v)$ 最大,而蓝军则相反。

当然,在整个战斗过程中,应当假设

$$x_1 \geqslant 0, x_2 \geqslant 0$$

事实上,只要假定初始武器数量 ξ_1, ξ_2 足够大,就能保证 x_1 与 x_2 的非负性,从而可不考虑这一约束条件。

例 2(平面拦截对策) 飞机 P 与 E 在一平面上做拦截对策,分别以前向常速度 v_p, v_e 做相向飞行。P, E 的横向位置记做 x_p, x_e,将由它们的横向速度 $v(t)$ 与 $u(t)$ 分别调节,如图 1 所示。于是,飞机 P 与 E 的运动状态微分方程组为

$$\begin{cases} \dot{x}_p = v \\ \dot{x}_e = u \\ x_p(0) = x_p^0, x_e(0) = x_e^0 \end{cases}$$

记 $x(t) = x_e(t) - x_p(t)$,则上述方程组可写成

$$\begin{cases} \dot{x} = u - v \\ x(0) = x_0 \end{cases}$$

其中 $x_0 = x_e^0 - x_p^0$。衡量拦截效果的指标选取为支付

$$J(u,v) = \frac{1}{2} x^2(T_0) + \frac{1}{2} \int_0^{T_0} (\gamma_2 u^2 - \gamma_1 v^2) dt$$

其中 T_0 是截击时间,$T_0 = \dfrac{L}{v_e + v_p}$;$\gamma_2, \gamma_1$ 是飞机 P, E 控制能量或努力程度的权重,$\gamma_1 \geqslant 0, \gamma_2 \geqslant 0$。权重的确定可由军事专家系统打分评估,亦可用有序二元比较法等。$J(u,v)$ 是终端距离(平方)与控制能量加权

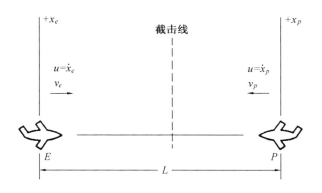

图 1　飞机的相对运动位置图

之和。飞机 E 力图控制 $u(t)$ 使支付 $J(u,v)$ 获得最大值,而飞机 P 则相反。

上述两例中,对抗双方的利益是根本对立的,即一个局中人的赢得是另一个局中人的损失。类似于对策论,我们称这样的对策为二人零和微分对策。当然,还有二人非零和与常和微分对策、多人微分对策等。而二人零和微分对策是最基本的形式,是研究其他微分对策的基础。因此,下面将详细地描述其一般形式及其一些基本假定。

记 m 维欧氏空间为 $\mathbf{R}^m (m \geqslant 0)$,其中一点记做 $\boldsymbol{x} = (x_1, x_2, \cdots, x_m)^\top$,这里 T 是转置符号,其距离记做 $|\boldsymbol{x}| = \sqrt{\sum_{i=1}^{m} x_i^2}$。$U \subseteq \mathbf{R}^p, V \subseteq \mathbf{R}^q$ 是有界闭子集,其中 $p \geqslant 0, q \geqslant 0$。$\boldsymbol{u} = \boldsymbol{u}(t) : [t_0, T_0] \to U$ 是可测函数,叫做局中人甲的控制函数。类似地,$\boldsymbol{v} = \boldsymbol{v}(t) : [t_0, T_0] \to V$ 是可测函数,称为局中人乙的控制函数。而 U, V 称为甲、乙的控制集或控制空间。于是,二人零和微分对策

一般形式可描述为

$$\begin{cases} \dot{\boldsymbol{x}} = \boldsymbol{f}(t,\boldsymbol{x},\boldsymbol{u},\boldsymbol{v}) \\ \boldsymbol{x}(t_0) = \boldsymbol{x}_0 \end{cases} \tag{1}$$

$$J(\boldsymbol{u},\boldsymbol{v}) = g(t(\boldsymbol{u},\boldsymbol{v}),\boldsymbol{x}(t(\boldsymbol{u},\boldsymbol{v}))) +$$
$$\int_{t_0}^{t(\boldsymbol{u},\boldsymbol{v})} h(t,\boldsymbol{x},\boldsymbol{u},\boldsymbol{v}) \mathrm{d}t \tag{2}$$

局中人甲希望选择控制函数 $\boldsymbol{u} \in U$ 使得 $J(\boldsymbol{u},\boldsymbol{v})$ 最大，而乙则相反。

$f_i(t,\boldsymbol{x},\boldsymbol{u},\boldsymbol{v})(i=1,2,\cdots,m)$ 是$[t_0,T_0] \times \mathbf{R}^m \times U \times V$ 上的实值函数,记$\boldsymbol{f} = (f_1,f_2,\cdots,f_m)^{\mathrm{T}}$,并满足以下假设条件。

(1) 函数 $\boldsymbol{f}(t,\boldsymbol{x},\boldsymbol{u},\boldsymbol{v})$ 在$[t_0,T_0] \times \mathbf{R}^m \times U \times V$ 中连续。

(2) 对任意点$(t,\boldsymbol{x},\boldsymbol{u},\boldsymbol{v}) \in [t_0,T_0] \times \mathbf{R}^m \times U \times V$, 存在非负函数 $k(t)$ 满足$\int_{t_0}^{T_0} k(t)\mathrm{d}t < +\infty$,使得

$$|\boldsymbol{f}(t,\boldsymbol{x},\boldsymbol{u},\boldsymbol{v})| \leqslant k(t)(1+|\boldsymbol{x}|)$$

(3) 对任意给定 $r > 0$,存在非负函数 $k_r(t)$ 满足 $\int_{t_0}^{T_0} k_r(t)\mathrm{d}t < +\infty$,使当 $t \in [t_0,T_0]$,$\boldsymbol{u} \in U$,$\boldsymbol{v} \in V$, $|\boldsymbol{x}| \leqslant r$,$|\bar{\boldsymbol{x}}| \leqslant r$ 时,有

$$|\boldsymbol{f}(t,\boldsymbol{x},\boldsymbol{u},\boldsymbol{v}) - \boldsymbol{f}(t,\bar{\boldsymbol{x}},\boldsymbol{u},\boldsymbol{v})| \leqslant k_r(t)|\boldsymbol{x}-\bar{\boldsymbol{x}}|$$

在满足假设条件(1)~(3)下,由微分方程组解理论可知,对任意给定$\boldsymbol{u}=\boldsymbol{u}(t)$,$\boldsymbol{v}=\boldsymbol{v}(t)(t \in [t_0,T_0])$,微分方程组(1)必有唯一解

$$\boldsymbol{x}(t) = \boldsymbol{x}_0 + \int_{t_0}^{t} \boldsymbol{f}(\tau,\boldsymbol{x}(\tau),\boldsymbol{u}(\tau),\boldsymbol{v}(\tau))\mathrm{d}\tau \tag{3}$$

这样的 $\boldsymbol{x}(t)$ 称为相应于控制函数 $\boldsymbol{u}(t)$ 与 $\boldsymbol{v}(t)$ 的轨迹。

$g(t,\boldsymbol{x})$ 是定义在 $[t_0,T_0]\times\mathbf{R}^m$ 中的实值函数,且在有界子集中为有界函数。$h(t,\boldsymbol{x},\boldsymbol{u},\boldsymbol{v})$ 是任意给定实值函数,并满足假设条件。

(4) 函数 $h(t,\boldsymbol{x},\boldsymbol{u},\boldsymbol{v})$ 在 $[t_0,T_0]\times\mathbf{R}^m\times U\times V$ 中连续。

我们约定,以后如不特别说明,所讨论的微分对策都满足假设条件(1)～(4)。

设 F 是 $[t_0,T_0]\times\mathbf{R}^m$ 空间中的闭子集,称为终端集或目标集。假定其一般形式为

$$F\supseteq[T_1,+\infty)\times\mathbf{R}^m \quad t_0<T_1\leqslant T_0 \quad (4)$$

对于给定控制函数 $\boldsymbol{u}(t)$ 与 $\boldsymbol{v}(t)$,其相应轨迹记做 $\boldsymbol{x}(t)$。由式(3),存在时刻 $\bar{t}$ 使得 $(\bar{t},\boldsymbol{x}(\bar{t}))\in F$。因为 F 是闭集,故存在最小的 $\bar{t}=\min\{\bar{t}\mid(\bar{t},\boldsymbol{x}(\bar{t}))\in F\}$,记这样的 $\bar{t}$ 为 $t(\boldsymbol{x})$ 或 $t(\boldsymbol{u},\boldsymbol{v})$,并称为轨迹 $\boldsymbol{x}(t)$ 的辅获时间或相应于控制 $\boldsymbol{u}=\boldsymbol{u}(t)$ 与 $\boldsymbol{v}=\boldsymbol{v}(t)$ 的捕获时间。有时我们也说在时刻 $t(\boldsymbol{u},\boldsymbol{v})$ 捕获了目标。

当局中人甲、乙具体选定控制函数 $\boldsymbol{u}(t)$ 与 $\boldsymbol{v}(t)$ 后,相应的轨迹 $\boldsymbol{x}(t)$ 与捕获时间 $t(\boldsymbol{u},\boldsymbol{v})$ 就确定了,从而支付 $J(\boldsymbol{u},\boldsymbol{v})$ 也相应确定了。在实际问题中,支付 $J(\boldsymbol{u},\boldsymbol{v})$ 如何选择则要根据具体问题而定。

例 3　设方程组为

$$\begin{cases}\dot{x}_1=u\\\dot{x}_2=v\\x_1(0)=0,x_2(0)=1\end{cases} \quad (5)$$

其中 $0\leqslant t\leqslant 4;u,v\in\mathbf{R}$。终端集 $F=\{(t,x_1,x_2)\mid 0\leqslant t<3,x_1=x_2\}\bigcup\{(t,x_1,x_2)\mid 3\leqslant t<+\infty,(x_1,x_2)\in\mathbf{R}^2\}$。局中人甲、乙选取控制函数 $u=4t^3,v=2t$,试计算相应支付值

$$J(u,v) = \int_0^{t(u,v)} (x_1(\tau) - x_2(\tau))^2 \mathrm{d}\tau \qquad (6)$$

解 把 $u=4t^3, v=2t$ 代入方程组（5），并简单积分可得

$$x_1(t) = \int_0^t 4\tau^3 \mathrm{d}\tau = t^4$$

$$x_2(t) = \int_0^t 2\tau \mathrm{d}\tau + 1 = t^2 + 1$$

令 $x_1(t) = x_2(t)$，解之得

$$\tilde{t} = \sqrt{\frac{1+\sqrt{5}}{2}}$$

即

$$t(u,v) = \sqrt{\frac{1+\sqrt{5}}{2}} \approx 1.27$$

因此，相应于 $u=4t^3, v=2t$ 的支付值为

$$J(u,v) = \int_0^{\sqrt{\frac{1+\sqrt{5}}{2}}} (t^4 - t^2 - 1)^2 \mathrm{d}t = \frac{1}{9}\sqrt{(\frac{1+\sqrt{5}}{2})^9} -$$

$$\frac{2}{7}\sqrt{(\frac{1+\sqrt{5}}{2})^7} - \frac{1}{5}\sqrt{(\frac{1+\sqrt{5}}{2})^5} +$$

$$\frac{2}{3}\sqrt{(\frac{1+\sqrt{5}}{2})^3} + \sqrt{\frac{1+\sqrt{5}}{2}} \approx 1.41$$

若终端集由 $t=T_0$ 确定，即

$$F = \{(T_0, \boldsymbol{x}) \mid x \in \mathbf{R}^m\}$$

则对一切控制 $\boldsymbol{u} \in U$ 与 $\boldsymbol{v} \in V$，都有 $t(u,v) = T_0$，并把相应轨迹的全体记做集合 $X_{[t_0,T_0]}$。假定 $g(\boldsymbol{x})$ 是有界泛函，即存在常数 $M_0 \geqslant 0$，使对一切 $\boldsymbol{x} \in X_{[t_0,T_0]}$，有

$$|g(\boldsymbol{x})| \leqslant M_0$$

此时，相应支付泛函记为

$$J(\boldsymbol{u},\boldsymbol{v}) = g(\boldsymbol{x}(T_0)) + \int_{t_0}^{T_0} h(t,\boldsymbol{x}(t),\boldsymbol{u}(t),\boldsymbol{v}(t))\mathrm{d}t$$

(7)

2 微分对策解的概念

对于定量微分对策,其"信息模式"可能是这样:每个局中人在时刻 t 可以完全了解到 t 时刻以前对方已经采取过的所有控制函数,但并不了解其对手在下一时刻采取的控制函数。这样,对策就相当复杂了。

类似于对策论,若存在控制 $\boldsymbol{u}^*(t) \in U, \boldsymbol{v}^*(t) \in V$,使对一切控制 $\boldsymbol{u} \in U, \boldsymbol{v} \in V$,都有

$$J(\boldsymbol{u},\boldsymbol{v}^*) \leqslant J(\boldsymbol{u}^*,\boldsymbol{v}^*) \leqslant J(\boldsymbol{u}^*,\boldsymbol{v}) \qquad (8)$$

并记 $\nu = J(\boldsymbol{u}^*,\boldsymbol{v}^*)$,则一旦局中人乙选取控制 $\boldsymbol{v}^*$,不论甲采取何种控制 $\boldsymbol{u} \in U$,乙所受的损失总不大于 ν。类似地,当局中人甲选取控制 $\boldsymbol{u}^*$ 时,则不论局中人乙采用何种控制 $\boldsymbol{v} \in V$,甲所得支付总不小于 ν。因此,如果两个局中人都是有理智的,则他们的最优策略便是局中人甲选取 $\boldsymbol{u}^*$、乙选取 $\boldsymbol{v}^*$,而 ν 便是甲的最优支付值。于是,我们称局势 $(\boldsymbol{u}^*,\boldsymbol{v}^*)$ 为微分对策的鞍点,ν 为微分对策的值,简称为值。但遗憾的是,一般情况下,这样的鞍点并不存在。

在历史上,依萨柯最先研究了追逃微分对策问题。在其开创性工作中,引入了局中人甲、乙的纯策略 $\boldsymbol{u}(t,\boldsymbol{x}), \boldsymbol{v}(t,\boldsymbol{x})$,其中 $\boldsymbol{u}(t,\boldsymbol{x}), \boldsymbol{v}(t,\boldsymbol{x})$ 是取值于 U 与 V 的可测函数,且关于 $\boldsymbol{x} \in \mathbf{R}^m$ 逐段李普希茨(Lipschitz)连续。如果对一切纯策略 $\boldsymbol{u} = \boldsymbol{u}(t,\boldsymbol{x}), \boldsymbol{v} = \boldsymbol{v}(t,\boldsymbol{x})$,纯策略对 $(\boldsymbol{u}^*(t,\boldsymbol{x}), \boldsymbol{v}^*(t,\boldsymbol{x}))$ 满足式(8),则称 $(\boldsymbol{u}^*(t,\boldsymbol{x}), \boldsymbol{v}^*(t,\boldsymbol{x}))$ 为纯策略鞍点。但是,一般情况下,这样的纯策略鞍点也是不存在的。

1175

这里我们将要推广鞍点的概念,引入两个 δ — 近似对策序列模型 $\{G^\delta\}$ 与 $\{G_\delta\}$,这里 $\{\delta\}$ 是收敛于零的正数序列。在对策 G^δ 中,局中人甲在信息方面具有 δ — 优势,而在对策 G_δ 中,乙在信息方面具有 δ — 优势。在对策 G^δ 与 G_δ 中,由于局中人甲、乙并不是同时采取行动,而是一步一步地进行对策活动,所以分别存在对策值 ν^δ 与 ν_δ。一般地,可以证明

$$\nu^\delta \geqslant \nu_\delta \qquad (9)$$

如果 $\lim\limits_{\delta \to 0} \nu^\delta$ 与 $\lim\limits_{\delta \to 0} \nu_\delta$ 都存在,且

$$\lim_{\delta \to 0} \nu^\delta = \lim_{\delta \to 0} \nu_\delta = \nu \qquad (10)$$

则称微分对策有值 ν。当然,上式成立需要适当的条件,我们后面将逐步讨论。

类似地,可相应地引入甲、乙的 δ — 策略序列 $\{\varGamma_\delta\}$,$\{\varDelta_\delta\}$ 等。由此,我们很自然地想到采用极限方法进行讨论。这种离散序列法正是要着重介绍的方法。对多人微分对策可类似进行讨论。

对于定性微分对策,对抗双方关心的不是支付的极大或极小值,而是某种结局能否实现。比如,在二人追逃定性微分对策中,追逃双方都各有优势与劣势,我们要确定出对策空间的划分,定出两个可能的区域(如果存在的话),一个叫作捕获区,另一个叫作躲避区。在捕获区内,不论躲避者 E 采用何种策略,追求者 P 选取“适当”的策略总能捕获 E。同样地,在躲避区内,不论追击者 P 采取什么策略,只要躲避者 E 选取“适当”的策略就不被捕获。如果捕获区与躲避区都存在,则它们的分界面称为界栅(barrier)。在界栅上,对策双方展开了最激烈的争夺、对抗,采用了最优策略,容不得半点疏忽,否则可能使平局转为败局。因此,定性微

分对策的解是确定界栅形状及其在界栅上的最优策略。界栅是分析此类对策的关键。

3　微分对策的分类与解法概述

对于微分对策的分类,依不同的标准有不同的分类。根据有无支付泛函,可分为定量与定性微分对策两大类。每类中按照对策的信息结构又可划分为完全信息、不完全信息与无信息微分对策或确定型与随机型微分对策。按照参与对策的局中人多寡,又可分为一人、二人与多人微分对策。由于一人微分对策恰好是单方最优控制问题,因此可以说,从最优控制演变到微分对策,又可看作是从单方控制问题发展到双方或多方控制问题。但是,微分对策比控制理论具有更强、更多的对抗性与竞争性,从而控制论的简单套用到微分对策上,更不能把微分对策看作是控制论的简单推广。按照各个局中人是否有合作的动机,又可划分为合作与非合作微分对策。对于定量微分对策而言,按其支付之和是否为零,又可分为零和与非零和微分对策。按局中人中是否有影响较大或起领导作用划分,又有主从与非主从微分对策。微分对策简单分类框图如图 2 所示。

微分对策的解法较多。前面提到过的离散序列法,在理论上比较成熟,但不大容易构造对策鞍点。另一种常用方法,就是把微分对策看作变分问题,进而求解所谓的哈密顿－雅可比(Hamilton-Jacobi)方程。虽然这种方法可以解决许多问题,但是往往涉及求解两点边值问题(TPBVP),而两点边值问题的求解是相当困难的。

对于一般微分对策,即使像空战这样有趣的问题,

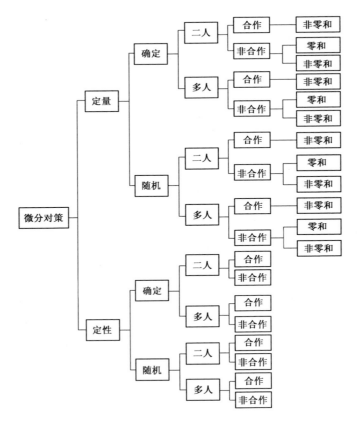

图 2　分类框图

都很难求其解析解。因此，大多数情况下，我们只能求其数值解。目前已出现了不少数值解法，例如，梯度法、梯度恢复法、次优法、摄动法、多项式法、参数法、泛函分析法、公理化法、线性反馈解、逻辑扩张法等。然而，每种方法都只能对特定的微分对策问题有效，对其他微分对策问题就力不从心了。

　　微分对策的求解之所以如此困难，究其原因，不外

乎两个方面。一方面,微分对策是在连续变量的空间中而不是离散的空间,自然要比对策论所处理的问题复杂得多。另一方面,由于时间变量 t 的引入,对策现象或规律按照微分方程呈现动态结构,局中人之间的相互作用,使得微分对策比最优控制的求解更加繁杂,而且往往需要求解非线性(偏)微分方程(组)两点边值问题。因此,人们希望通过对对策问题的适当描述与动态建模、支付函数、信息结构等的合理简化,减少微分对策求解上的复杂性。但是,过分的简化与抽象又可能导致得到的结果无法合理地解释实际问题。因此,寻求快速有效的数值解法就是微分对策的最大困难之一。

鞍点是二人零和微分对策的重要概念,但并非像矩阵对策一样,二人零和微分对策总存在鞍点。在这种情况下,其解是什么呢? 这是二人零和微分对策理论与应用研究中都必须解决的问题。同样,多人非合作微分对策均衡点的存在性与求解方法仍困扰着对策论专家与应用工作者。对多人合作微分对策而言,局中人采取何种合作方式,比如,是否结盟、事前是否有协议等,将对对策局势产生很大的影响。因此,需要研究探讨多人合作微分对策解的概念及其存在性、求解方法等。

与最优控制问题的求解一样,微分对策的求解过程中也常常遇到各种各样的奇异曲面。常见的奇异曲面有开关曲面、传出曲面、传入曲面、半泛曲面、等值策略曲面等。但由于微分对策结构的复杂性,建立一种统一的理论与方法来解决奇异曲面的问题是很难的,甚至是不可能的,因此,需要具体问题具体分析。

随着科学技术与社会的不断发展,除了确定型与

1179

随机型定量微分对策、定性微分对策、主从微分对策、多人微分对策等不断发展完善外,微分对策正不断地拓展其理论研究与应用范围。由于现实中的社会、经济、军事、生态环境等系统都是复杂大系统,具有多目标、多层次、递阶结构、模糊不确定性等显著特点。微分对策要能有效地解决这些系统中的问题,就需研究下列相应的微分对策。

(1) 多目标微分对策

在多目标微分对策中,每个局中人都有多个相互冲突、不可公度的支付目标函数。因此,需要结合多目标决策理论进行研究。

(2) 模糊多目标微分对策

模糊性可能出现在支付函数、状态方程(组)、终端集 F 或约束条件等上,也可能出现在策略集、联盟等上,因此需要利用模糊系统理论中的相关方法进行模糊性的量化转换工作,并研究相应的理论与方法。

(3) 多层次递阶结构微分对策

这是一类非常重要的微分对策,亦是目前运筹学、管理科学、系统工程、控制理论等学科的研究热点。在这种对策中,同一层次的多个局中人可以采取合作、非合作、协商谈判等方式参与对策;不同层次的局中人可以采取主从策略、激励策略、协调策略等参与对策。

激励策略或诱导策略在实际中应用得比较多,比如,政府对物价的激励调控、对一些关系到国计民生的产品的激励调控等。诱导策略的关键在于诱导策略的合理设计。班组(team)微分对策也是递阶微分对策中的重要类型。他们在分散控制或集中控制问题中发挥着重要作用,目前已取得了一些有价值的研究成

果。

（4）多目标定性微分对策

两架均有攻击能力的飞机格斗问题就是一个两目标定性微分对策。只有一架有攻击能力、另一架无攻击能力的对抗问题，才能视为单目标定性微分对策。因此，多目标定性微分对策的研究更符合许多实际问题的分析需要，但其界栅却更难于构造。

研究具有实时、在线计算能力的数值算法是微分对策求解中的重要方向。微分动态规划（DDP）方法已成功地应用于最优控制理论中，因此人们认为，DDP方法将是微分对策求解中很有发展前途的方法之一。奇异摄动法（SPT）与可达集法都可对微分对策模型进行适当简化计算，进而可得近似解析形式的反馈控制策略，从而亦是很有潜力的方法。梯度方法与并行算法相结合，可提高计算精度，满足在线计算的实际要求，亦是一种有效的计算方法。

尽管微分对策发展到今天，已经成为一个内容十分丰富的应用数学分支，但由于篇幅所限，这里的重点是给出微分对策的数学理论基础，阐述其基本概念、模型、原理与求解方法。具体介绍确定性定量与定性微分对策，包括二人零和固定逗留期微分对策、追逃微分对策、生存型微分对策、多人合作与非合作微分对策、主从微分对策和定性微分对策等的基本理论、模型及其在军事、经济等领域中的实际应用。其他方面的内容尚未涉及，有兴趣的读者可进一步阅读有关文献。

二、微分对策的基本概念和性质

这里将利用离散序列方法给出微分对策、策略、值等基本概念的数学定义、探讨有关基本性质。这些既

1181

是微分对策的基本内容,亦是以后的基础。

1 $\delta-$ 对策与上、下 $\delta-$ 策略

我们假定,当时对策环境允许局中人可以观察到自己及其对手在过去所采取的行动,即每个局中人都有过去的完全信息,但不知道其在未来的行为。这样,局中人在下一步将采取何种行动呢? 先讨论二人零和微分对策。

假设局中人甲到目前为止在信息方面比乙略占优势。准确地说,甲知道自己与乙在过去所采取过的全部选择,即对一切 $\tau \leqslant t$,甲了解控制 $\boldsymbol{u}(\tau) \in U$ 与 $\boldsymbol{v}(\tau) \in V$,而乙仅了解 $\tau \leqslant t - \delta$ 时双方的选择 $\boldsymbol{u}(\tau) \in U$ 与 $\boldsymbol{v}(\tau) \in V$,这里 $\delta > 0$ 是一个很小的数。显然,局中人甲所处的地位要比乙优越。为此,我们引进一个对策。

设 n 是任意正整数,令

$$\delta = \frac{T_0 - t_0}{n}$$

这样,便把区间 $[t_0, T_0]$ 划分为 n 个等长度 δ 的小区间 $I_j = (t_{j-1}, t_j)$,其中 $t_j = t_0 + \delta j (j = 1, 2, \cdots, n)$。

把定义在区间 $I_j (j = 1, 2, \cdots, n)$ 上的所有可测函数 $\boldsymbol{u}(t), \boldsymbol{v}(t)$ 记做集合 U_j, V_j。显然,它们是 U, V 的子集。我们规定,U_j (或 V_j) 中的两个可测函数,如果在 I_j 中几乎处处相等,则认为它们是相等的。

现在,我们考虑"策略"。显然,局中人甲要考虑自己与乙在过去所采取过的所有行动,然后再决定他目前应采取的行动。因此,他在区间 $I_j (j = 1, 2, \cdots, n)$ 上采取的行动,即他的策略 $\boldsymbol{T}^{\delta j}$ 便是映射(向量)
$$\boldsymbol{T}^{\delta j} : V_1 \times U_1 \times V_2 \times U_2 \times \cdots \times V_{j-1} \times U_{j-1} \times V_j \to U_j$$

甲在每个时间间隔都要采取行动（即策略），从而便构成一个序列，用向量形式简记为

$$\boldsymbol{T}^{\delta} = (\boldsymbol{T}^{\delta 1}, \boldsymbol{T}^{\delta 2}, \cdots, \boldsymbol{T}^{\delta n})$$

我们称 $\boldsymbol{T}^{\delta}$ 为甲的上 δ — 策略。

类似地，可定义局中人乙在 $I_j (j = 1, 2, \cdots, n)$ 上的策略 $\boldsymbol{\Delta}^{\delta j}$ 为映射（向量）

$$\boldsymbol{\Delta}^{\delta j}: U_1 \times V_1 \times U_2 \times V_2 \times \cdots \times U_{j-1} \times V_{j-1} \times U_j \to V_j$$

同样，称

$$\boldsymbol{\Delta}^{\delta} = (\boldsymbol{\Delta}^{\delta 1}, \boldsymbol{\Delta}^{\delta 2}, \cdots, \boldsymbol{\Delta}^{\delta n})$$

为局中人乙的上 δ — 策略。

当然，可定义映射 $\boldsymbol{\Gamma}_{\delta j} (j = 2, 3, \cdots, n)$ 为

$$\boldsymbol{\Gamma}_{\delta j}: U_1 \times V_1 \times U_2 \times V_2 \times \cdots \times U_{j-1} \times V_{j-1} \to U_j$$

而 $\boldsymbol{\Gamma}_{\delta 1}$ 取为 U_1 中任意函数。把向量

$$\boldsymbol{\Gamma}_{\delta} = (\boldsymbol{\Gamma}_{\delta 1}, \boldsymbol{\Gamma}_{\delta 2}, \cdots, \boldsymbol{\Gamma}_{\delta n})$$

称为甲的下 δ — 策略。类似地，可定义局中人乙的下 δ — 策略为

$$\boldsymbol{\Delta}_{\delta} = (\boldsymbol{\Delta}_{\delta 1}, \boldsymbol{\Delta}_{\delta 2}, \cdots, \boldsymbol{\Delta}_{\delta n})$$

其中 $\boldsymbol{\Delta}_{\delta 1}$ 取为 V_1 中任一函数，而 $\boldsymbol{\Delta}_{\delta j} (j = 2, 3, \cdots, n)$ 为如下映射

$$\boldsymbol{\Delta}_{\delta j}: V_1 \times U_1 \times V_2 \times U_2 \times \cdots \times V_{j-1} \times U_{j-1} \to V_j$$

任意给定 $(\boldsymbol{\Delta}_{\delta}, \boldsymbol{\Gamma}^{\delta})$，可以唯一地构造出局中人甲、乙的控制函数 $\boldsymbol{u}^{\delta}(t), \boldsymbol{v}_{\delta}(t)$，其中 $\boldsymbol{u}^{\delta}(t), \boldsymbol{v}_{\delta}(t)$ 在 $I_j (j = 1, 2, \cdots, n)$ 上的限制为 $\boldsymbol{u}_j, \boldsymbol{v}_j$

$$\begin{cases} \boldsymbol{v}_1 = \boldsymbol{\Delta}_{\delta 1} \\ \boldsymbol{v}_j = \boldsymbol{\Delta}_{\delta j}(\boldsymbol{v}_1, \boldsymbol{u}_1, \boldsymbol{v}_2, \boldsymbol{u}_2, \cdots, \boldsymbol{v}_{j-1}, \boldsymbol{u}_{j-1}), j = 2, 3, \cdots, n \end{cases}$$

$$(11)$$

$$\boldsymbol{u}_j = \boldsymbol{\Gamma}^{\delta j}(\boldsymbol{v}_1, \boldsymbol{u}_1, \boldsymbol{v}_2, \boldsymbol{u}_2, \cdots, \boldsymbol{v}_{j-1}, \boldsymbol{u}_{j-1}, \boldsymbol{v}_j), j = 1, 2, \cdots, n$$

$$(12)$$

称$(\boldsymbol{u}^{\delta},\boldsymbol{v}_{\delta})$为$(\boldsymbol{\Delta}_{\delta},\boldsymbol{\Gamma}^{\delta})$的局势（outcome），支付相应地记做

$$J(\boldsymbol{u}^{\delta},\boldsymbol{v}_{\delta})=J[\boldsymbol{\Delta}_{\delta},\boldsymbol{\Gamma}^{\delta}]=J[\boldsymbol{\Delta}_{\delta1},\boldsymbol{\Gamma}^{\delta1},\boldsymbol{\Delta}_{\delta2},\boldsymbol{\Gamma}^{\delta2},\cdots,\boldsymbol{\Delta}_{\delta n},\boldsymbol{\Gamma}^{\delta n}]$$
$$(13)$$

由式(11)与式(12)可见，局中人乙仅凭他在I_1，I_2，$\cdots$，I_{j-1}上所得的$\boldsymbol{u}(t)$与$\boldsymbol{v}(t)$信息来决定I_j上的行动，而甲则可根据I_1，I_2，$\cdots$，I_{j-1}上$\boldsymbol{u}(t)$，$\boldsymbol{v}(t)$信息以及I_j上$\boldsymbol{v}(t)$的额外信息来做其I_j上的行动选择。这当然对甲有利。

我们定义一个对策G^{δ}，称为上$\delta-$对策。在此对策中，局中人甲选取上$\delta-$策略$\boldsymbol{\Gamma}^{\delta}$，乙选取下$\delta-$策略$\boldsymbol{\Delta}_{\delta}$，然后按照式(11)与式(12)进行对局，对局的支付由式(13)确定。借用棋类的术语，把局中人的区间I_j（$j=1,2,\cdots,n$）上的选择称为一"着"（move）。最后一着是由局中人甲在I_n上选择，故他将选取$\widetilde{\boldsymbol{\Gamma}}^{\delta n}$使得

$$J[\boldsymbol{\Delta}_{\delta1},\boldsymbol{\Gamma}^{\delta1},\cdots,\boldsymbol{\Delta}_{\delta,n-1},\boldsymbol{\Gamma}^{\delta,n-1},\boldsymbol{\Delta}_{\delta n},\widetilde{\boldsymbol{\Gamma}}^{\delta n}]=$$
$$\max_{\boldsymbol{\Gamma}^{\delta n}}J[\boldsymbol{\Delta}_{\delta1},\boldsymbol{\Gamma}^{\delta1},\cdots,\boldsymbol{\Delta}_{\delta,n-1},\boldsymbol{\Gamma}^{\delta,n-1},\boldsymbol{\Delta}_{\delta n},\boldsymbol{\Gamma}^{\delta n}]$$

由于不一定总能取得极大值，故常常把取极大值换为取上确界（sup），从而上式右边为

$$\sup_{\boldsymbol{\Gamma}^{\delta n}}J[\boldsymbol{\Delta}_{\delta1},\boldsymbol{\Gamma}^{\delta1},\cdots,\boldsymbol{\Delta}_{\delta,n-1},\boldsymbol{\Gamma}^{\delta,n-1},\boldsymbol{\Delta}_{\delta n},\boldsymbol{\Gamma}^{\delta n}]$$

针对甲在I_n上的对策行为，乙在I_n中的行动应选取一着$\widetilde{\boldsymbol{\Delta}}_{\delta n}$使得上式取极小值，即等于下确界

$$\inf_{\boldsymbol{\Delta}_{\delta n}}\sup_{\boldsymbol{\Gamma}^{\delta n}}J[\boldsymbol{\Delta}_{\delta1},\boldsymbol{\Gamma}^{\delta1},\cdots,\boldsymbol{\Delta}_{\delta,n-1},\boldsymbol{\Gamma}^{\delta,n-1},\boldsymbol{\Delta}_{\delta n},\boldsymbol{\Gamma}^{\delta n}]$$

依次在区间I_{n-1}，I_{n-2}，$\cdots$，I_1上做类似分析，不难看出，由于每个局中人都想取得最好结果，故最后获得的支付近似等于

$$\nu^{\delta} = \inf_{\pmb{\Delta}_{\delta 1}} \sup_{\pmb{\varGamma}^{\delta 1}} \cdots \inf_{\pmb{\Delta}_{\delta n}} \sup_{\pmb{\varGamma}^{\delta n}} J\left[\pmb{\Delta}_{\delta 1}, \pmb{\varGamma}^{\delta 1}, \pmb{\Delta}_{\delta 2}, \pmb{\varGamma}^{\delta 2}, \cdots, \pmb{\Delta}_{\delta n}, \pmb{\varGamma}^{\delta n}\right]$$

（14）

称 ν^{δ} 为对策 G^{δ} 的上 δ 一值。

类似地，可以定义下 δ 一对策 G_{δ}。在此对策中，局中人甲选取下 δ 一策略 $\pmb{\varGamma}_{\delta}$，乙选取上 δ 一策略 $\pmb{\Delta}^{\delta}$，相应的控制函数 $\pmb{u}_{\delta}(t), \pmb{v}^{\delta}(t)$ 可按下列方式唯一地构造出来。

$$\begin{cases} \pmb{u}_1 = \pmb{\varGamma}_{\delta 1} \\ \pmb{u}_1 = \pmb{\varGamma}_{\delta j}(\pmb{u}_1, \pmb{v}_1, \pmb{u}_2, \pmb{v}_2, \cdots, \pmb{u}_{j-1}, \pmb{v}_{j-1}), j = 2, 3, \cdots, n \end{cases}$$

（15）

$$\pmb{v}_j = \pmb{\Delta}^{\delta j}(\pmb{u}_1, \pmb{v}_1, \pmb{u}_2, \pmb{v}_2, \cdots, \pmb{u}_{j-1}, \pmb{v}_{j-1}, \pmb{u}_j), j = 1, 2, \cdots, n$$

（16）

其中 $\pmb{u}_j, \pmb{v}_j (j = 1, 2, \cdots, n)$ 是 $\pmb{u}_{\delta}, \pmb{v}^{\delta}$ 在 I_j 上的限制。于是，$(\pmb{u}_{\delta}, \pmb{v}^{\delta})$ 便构成了 $(\pmb{\varGamma}_{\delta}, \pmb{\Delta}^{\delta})$ 的局势。相应地，支付记做

$$J(\pmb{u}_{\delta}, \pmb{v}^{\delta}) = J\left[\pmb{\varGamma}_{\delta}, \pmb{\Delta}^{\delta}\right] = J\left[\pmb{\varGamma}_{\delta 1}, \pmb{\Delta}^{\delta 1}, \pmb{\varGamma}_{\delta 2}, \pmb{\Delta}^{\delta 2}, \cdots, \pmb{\varGamma}_{\delta n}, \pmb{\Delta}^{\delta n}\right]$$

（17）

类似地，定义下 δ 一值 ν_{δ} 为

$$\nu_{\delta} = \sup_{\pmb{\varGamma}_{\delta 1}} \inf_{\pmb{\Delta}^{\delta 1}} \cdots \sup_{\pmb{\varGamma}_{\delta n}} \inf_{\pmb{\Delta}^{\delta n}} J\left[\pmb{\varGamma}_{\delta 1}, \pmb{\Delta}^{\delta 1}, \pmb{\varGamma}_{\delta 2}, \pmb{\Delta}^{\delta 2}, \cdots, \pmb{\varGamma}_{\delta n}, \pmb{\Delta}^{\delta n}\right]$$

（18）

在前面定义上 δ 一策略 $\pmb{\varGamma}^{\delta} = (\pmb{\varGamma}^{\delta 1}, \pmb{\varGamma}^{\delta 2}, \cdots, \pmb{\varGamma}^{\delta n})$ 时，我们要求每个 $\pmb{\varGamma}^{\delta j} (j = 1, 2, \cdots, n)$ 都是由

$$A_j = V_1 \times U_1 \times V_2 \times U_2 \times \cdots \times V_{j-1} \times U_{j-1} \times V_j$$

到 U_j 的映射。实际上，在确定 $(\pmb{\Delta}_{\delta}, \pmb{\varGamma}^{\delta})$ 的局势时，只需知道 $\pmb{\varGamma}^{\delta j}$ 在子空间

$$\hat{A}_j = V_1 \times \hat{U}_1 \times V_2 \times \hat{U}_2 \times \cdots \times V_{j-1} \times \hat{U}_{j-1} \times V_j$$

上的值，其中 $\pmb{\Delta}_{\delta}$ 是任意下 δ 一策略，$\hat{U}_i$ 是映射 $\pmb{\varGamma}^{\delta i}$（$i =$

$1,2,\cdots,j-1$) 的值域。因此,在具体构造 $\boldsymbol{\Gamma}^{\delta j}$ 时,总可把 $\boldsymbol{\Gamma}^{\delta j}$ 定义在子空间 $\hat{A}_j$ 上,而不必扩充到 A_j 中。类似地,可讨论上 δ − 策略 $\boldsymbol{\Delta}^{\delta}$ 与下 δ − 策略 $\boldsymbol{\Gamma}_{\delta}$, $\boldsymbol{\Delta}_{\delta}$。对多人微分对策,类似可定义。

例 4 计算微分对策

$$\begin{cases} \dot{x}_1 = u \\ \dot{x}_2 = v \\ x_1(0) = 0, x_2(0) = 1 \end{cases}$$

$$J(u,v) = \int_0^3 (x_2(t) - x_1(t)) \mathrm{d}t$$

的上、下 δ − 值,其中 $u \in U = \{u \mid 0 \leqslant u \leqslant 1\}$, $v \in V = \{v \mid 0 \leqslant v \leqslant 2\}$。

解 由微分方程组可得

$$x_1(t) = \int_0^t u(\tau) \mathrm{d}\tau$$

$$x_2(t) = 1 + \int_0^t v(\tau) \mathrm{d}\tau$$

故支付为

$$J(u,v) = \int_0^3 (1 + \int_0^t v(\tau) \mathrm{d}\tau - \int_0^t u(\tau) \mathrm{d}\tau) \mathrm{d}t$$

剖分区间 $[0,3]$ 为 n 等份

$$I_j = (t_{j-1}, t_j] \quad (j = 1, 2, \cdots, n)$$

其中, $t_j = \delta j$, $\delta = 3/n (n = 1, 2, \cdots)$。相应地,支付记做

$$J[\boldsymbol{\Delta}_{\delta 1}, \boldsymbol{\Gamma}^{\delta 1}, \cdots, \boldsymbol{\Delta}_{\delta n}, \boldsymbol{\Gamma}^{\delta n}] =$$

$$\sum_{j=1}^{n} \int_{(j-1)\delta}^{j\delta} (1 + \int_0^t v_j(\tau) \mathrm{d}\tau - \int_0^t u_j(\tau) \mathrm{d}\tau) \mathrm{d}t$$

$$(19)$$

局中人甲在 I_n 上选取一着 $\widetilde{\boldsymbol{\Gamma}}^{\delta n}(\boldsymbol{v}_1, \boldsymbol{u}_1, \boldsymbol{v}_2, \boldsymbol{u}_2, \cdots, \boldsymbol{v}_{n-1}, \boldsymbol{u}_{n-1}, \boldsymbol{v}_n) = \widetilde{u}_n = 0$,使得

$$J\left[\pmb{\Delta}_{\delta 1},\pmb{\Gamma}^{\delta 1},\cdots,\pmb{\Delta}_{\delta,n-1},\pmb{\Gamma}^{\delta,n-1},\pmb{\Delta}_{\delta n},\widetilde{\pmb{\Gamma}}^{\delta n}\right]=$$
$$\max_{\pmb{\Gamma}^{\delta n}}J\left[\pmb{\Delta}_{\delta 1},\pmb{\Gamma}^{\delta 1},\cdots,\pmb{\Delta}_{\delta n},\pmb{\Gamma}^{\delta n}\right]$$

面对甲的选择 $\widetilde{\pmb{\Gamma}}^{\delta n}$，乙在 I_n 上选取 $\widetilde{\pmb{\Delta}}_{\delta n}(v_1,u_1,v_2,u_2,\cdots,v_{n-1},u_{n-1})=\widetilde{v}_n=0$，使得上式左边取得最小值，即

$$J\left[\pmb{\Delta}_{\delta 1},\pmb{\Gamma}^{\delta 1},\cdots,\pmb{\Delta}_{\delta,n-1},\pmb{\Gamma}^{\delta,n-1},\widetilde{\pmb{\Delta}}_{\delta n},\widetilde{\pmb{\Gamma}}^{\delta n}\right]=$$
$$\min_{\pmb{\Delta}_{\delta n}}J\left[\pmb{\Delta}_{\delta 1},\pmb{\Gamma}^{\delta 1},\cdots,\pmb{\Delta}_{\delta,n-1},\pmb{\Gamma}^{\delta,n-1},\pmb{\Delta}_{\delta n},\widetilde{\pmb{\Gamma}}^{\delta n}\right]$$

易知

$$J\left[\pmb{\Delta}_{\delta 1},\pmb{\Gamma}^{\delta 1},\cdots,\pmb{\Delta}_{\delta,n-1},\pmb{\Gamma}^{\delta,n-1},\widetilde{\pmb{\Delta}}_{\delta n},\widetilde{\pmb{\Gamma}}^{\delta n}\right]=$$
$$\sum_{j=1}^{n-1}\int_{(j-1)\delta}^{j\delta}\left(1+\int_0^t v_j(\tau)\mathrm{d}\tau-\int_0^t u_j(\tau)\mathrm{d}\tau\right)\mathrm{d}t+\delta$$

依次在区间 $I_{n-1}, I_{n-2}, \cdots, I_1$ 上做类似考虑，可知局中人甲、乙分别做下列选择

$$\widetilde{\pmb{\Gamma}}^{\delta j}(v_1,u_1,v_2,u_2,\cdots,v_{j-1},u_{j-1},v_j)=\widetilde{u}_j=0$$
$$j=n-1,n-2,\cdots,2,1$$
$$\begin{cases}\widetilde{\pmb{\Delta}}_{\delta j}(v_1,u_1,v_2,u_2,\cdots,v_{j-1},u_{j-1})=\widetilde{v}_j=0,\\ \qquad\qquad\qquad\qquad j=n-1,n-2,\cdots,2\\ \widetilde{\pmb{\Delta}}_{\delta 1}=\widetilde{v}_1=0\end{cases}$$

使得

$$J\left[\widetilde{\pmb{\Delta}}_{\delta 1},\widetilde{\pmb{\Gamma}}^{\delta 1},\cdots\widetilde{\pmb{\Delta}}_{\delta n},\widetilde{\pmb{\Gamma}}^{\delta n}\right]=\min_{\pmb{\Delta}_{\delta 1}}\max_{\pmb{\Gamma}^{\delta 1}}\cdots\min_{\pmb{\Delta}_{\delta n}}\max_{\pmb{\Gamma}^{\delta n}}J\left[\pmb{\Delta}_{\delta 1},\pmb{\Gamma}^{\delta 1},\cdots,\pmb{\Delta}_{\delta n},\pmb{\Gamma}^{\delta n}\right]$$

简单计算可得

$$J\left[\widetilde{\pmb{\Delta}}_{\delta 1},\widetilde{\pmb{\Gamma}}^{\delta 1},\cdots,\widetilde{\pmb{\Delta}}_{\delta n},\widetilde{\pmb{\Gamma}}^{\delta n}\right]=n\delta=3$$

故上 δ－值为

$$\nu^{\delta}=3$$

类似地，可得

$$\nu_{\delta}=3$$

例 5　把例 4 微分对策的支付泛函换成

$$J(u,v) = \int_0^3 (x_2(t) - x_1(t) - av(t)) \, dt$$

其中 α 是常数且 $\alpha > 3$。试计算此对策的上、下 $\delta -$
值。

解 由例 4 可得

$$J(u,v) = \int_0^3 (1 + \int_0^t v(\tau) d\tau - \int_0^t u(\tau) d\tau - av(t)) dt =$$

$$\int_0^3 ((1 - \int_0^t u(\tau) d\tau) + (\int_0^t v(\tau) d\tau - av(t))) dt$$

类似于例 4，支付可写成

$$J[\boldsymbol{\Delta}_{\delta 1}, \boldsymbol{\Gamma}^{\delta 1}, \cdots, \boldsymbol{\Delta}_{\delta n}, \boldsymbol{\Gamma}^{\delta n}] = \sum_{j=1}^n \int_{(j-1)\delta}^{j\delta} ((1 - \int_0^t \boldsymbol{u}_j(\tau) d\tau) +$$

$$(\int_0^t \boldsymbol{v}_j(\tau) d\tau - a\boldsymbol{v}_j(t))) dt$$

局中人甲在 I_n 中取一着 $\widetilde{\boldsymbol{\Gamma}}^{\delta n}(v_1, \boldsymbol{u}_1, v_2, \boldsymbol{u}_2, \cdots, v_{n-1}, \boldsymbol{u}_{n-1}, v_n) = \widetilde{u}_n = 0$，使得

$$J[\boldsymbol{\Delta}_{\delta 1}, \boldsymbol{\Gamma}^{\delta 1}, \cdots, \boldsymbol{\Delta}_{\delta, n-1}, \boldsymbol{\Gamma}^{\delta, n-1}, \boldsymbol{\Delta}_{\delta n}, \widetilde{\boldsymbol{\Gamma}}^{\delta n}] =$$

$$\max_{\boldsymbol{\Gamma}^{\delta n}} J[\boldsymbol{\Delta}_{\delta 1}, \boldsymbol{\Gamma}^{\delta 1}, \cdots, \boldsymbol{\Delta}_{\delta, n-1}, \boldsymbol{\Gamma}^{\delta, n-1}, \boldsymbol{\Delta}_{\delta n}, \boldsymbol{\Gamma}^{\delta n}]$$

然后，乙在 I_n 上选择 $\widetilde{\boldsymbol{\Delta}}_{\delta n}(v_1, \boldsymbol{u}_1, v_2, \boldsymbol{u}_2, \cdots, v_{n-1}, \boldsymbol{u}_{n-1}) = \widetilde{v}_n = 2$，使得

$$J[\boldsymbol{\Delta}_{\delta 1}, \boldsymbol{\Gamma}^{\delta 1}, \cdots, \boldsymbol{\Delta}_{\delta, n-1}, \boldsymbol{\Gamma}^{\delta, n-1}, \widetilde{\boldsymbol{\Delta}}_{\delta n}, \widetilde{\boldsymbol{\Gamma}}^{\delta n}] =$$

$$\min_{\boldsymbol{\Delta}_{\delta n}} J[\boldsymbol{\Delta}_{\delta 1}, \boldsymbol{\Gamma}^{\delta 1}, \cdots, \boldsymbol{\Delta}_{\delta, n-1}, \boldsymbol{\Gamma}^{\delta, n-1}, \boldsymbol{\Delta}_{\delta n}, \widetilde{\boldsymbol{\Gamma}}^{\delta n}]$$

不难得到

$$J[\boldsymbol{\Delta}_{\delta 1}, \boldsymbol{\Gamma}^{\delta 1}, \cdots, \boldsymbol{\Delta}_{\delta, n-1}, \boldsymbol{\Gamma}^{\delta, n-1}, \widetilde{\boldsymbol{\Delta}}_{\delta n}, \widetilde{\boldsymbol{\Gamma}}^{\delta n}] =$$

$$\sum_{j=1}^{n-1} \int_{(j-1)\delta}^{j\delta} ((1 - \int_0^t \boldsymbol{u}_j(\tau) d\tau) + (\int_0^t \boldsymbol{v}_j(\tau) d\tau -$$

$$a\boldsymbol{v}_j(t))) dt + (1 - 2\alpha)\delta + \int_{3-\delta}^3 2t \, dt$$

依次在区间 $I_j (j = n-1, n-2, \cdots, 1)$ 上做类似考

1188

虑，局中人甲、乙应做下列选择

$$\widetilde{\pmb{\Gamma}}^{\delta j}(\pmb{v}_1,\pmb{u}_1,\pmb{v}_2,\pmb{u}_2,\cdots,\pmb{v}_{j-1},\pmb{u}_{j-1},\pmb{v}_j)=\tilde{\pmb{u}}_j=0$$

$$j=n-1,n-2,\cdots,1$$

$$\begin{cases}\widetilde{\pmb{\Delta}}_{\delta j}(\pmb{v}_1,\pmb{u}_1,\pmb{v}_2,\pmb{u}_2,\cdots,\pmb{v}_{j-1},\pmb{u}_{j-1})=\tilde{v}_j=2,j=n-1,n-2,\cdots,2\\ \widetilde{\pmb{\Delta}}_{\delta 1}=\tilde{v}_1=2\end{cases}$$

使得

$$J\big[\widetilde{\pmb{\Delta}}_{\delta 1},\widetilde{\pmb{\Gamma}}^{\delta 1},\cdots\widetilde{\pmb{\Delta}}_{\delta n},\widetilde{\pmb{\Gamma}}^{\delta n}\big]=\min_{\pmb{\Delta}_{\delta 1}}\max_{\pmb{\Gamma}^{\delta 1}}\cdots\min_{\pmb{\Delta}_{\delta n}}\max_{\pmb{\Gamma}^{\delta n}}J\big[\pmb{\Delta}_{\delta 1},\pmb{\Gamma}^{\delta 1},\cdots,$$

$$\pmb{\Delta}_{\delta n},\pmb{\Gamma}^{\delta n}\big]$$

而且

$$J\big[\widetilde{\pmb{\Delta}}_{\delta 1},\widetilde{\pmb{\Gamma}}^{\delta 1},\cdots,\widetilde{\pmb{\Delta}}_{\delta n},\widetilde{\pmb{\Gamma}}^{\delta n}\big]=(1-2\alpha)n\delta+\int_0^3 2t\mathrm{d}t=6(2-\alpha)$$

故

$$\nu^{\delta}=6(2-\alpha)$$

类似地，可得

$$\nu_{\delta}=6(2-\alpha)$$

司机与博弈

第二十一章

多人多选择量子博弈研究

  假设有 N 个卡车司机同时出发从 A 城到 B 城。他们共有 N 条路可供选择。这 N 条路两两之间是完全等同的,不存在什么优越性。因为在卡车司机之间不存在信息的交流,所以他们不知道其他司机的策略选择,即不知道别的司机选哪一条路。那么他们只能随机地选取策略。根据

他们的策略，司机们所能获得的收益依赖于有多少人选择了同一条路。

杜江峰　　李卉　　许晓栋[1][2]

　　这里我们将讨论一个多人多选择的博弈。在前面量子博弈工作的讨论中，我们主要着重在两点上：（1）博弈者所关心的他们所能获得的平均收益。这一个收益是当博弈重复很多次以后博弈者得到的一个统计平均的收益值。（2）表示每个博弈者的态是属于希尔博特空间的两态系统，基矢表示为 $|0\rangle$ 和 $|1\rangle$。这表明，在经典博弈中，博弈者只有两种经典的策略选择。然而，我们可以注意到，在实际情况中，这两点并不一定是博弈者所关心的重点。并且，不包含这两点的博弈是大量存在的。例如，有一些博弈只能进行一次，不再重复。因而，博弈者所关心的就不再是平均收益了（在这里，也不存在平均收益），他们所关心的重点转移到这一次博弈中至少能获得多少的收益。所以，在博弈中他们采用能够避免最坏情况发生的策略，以保证他们至少所能获得的收益。另外，在一些博弈中，存在博弈者的策略不再只有两个，可能存在多种策略的选择。假设存在 K 种策略，从而，博弈的态可以表示为 $|0\rangle,|1\rangle,\cdots,|k-1\rangle K$ 个量子态的叠加，而不再是 $|0\rangle$ 和 $|1\rangle$ 两个态的叠加了。同时博弈者的策略为 K 维酉阵。因此，我们有必要对其他情况的博弈作一

　　① 杜江峰，李卉，许晓栋，中国科学技术大学教授。

　　② 曾谨言，龙桂鲁，裴寿镛，《量子力学新进展（第三辑）》，清华大学出版社，北京，2003 年。

个讨论。下面,我们将对一个多人多选择的博弈 ——
卡车司机博弈,作详细的讨论。在这一个博弈中,博弈
者最关心的不是平均收益,而是一次博弈后至少能获
得的收益。同时,博弈者还可以采用多种策略。我们
首先以两人的情况为例,介绍这一个博弈的具体情
况。然后,我们把它推广到 N 个博弈者的情况。我们
发现,当博弈者采用量子策略的时候,他们可以完全避
免最坏情况的发生,这在经典博弈中是不可能实现
的。并且,博弈者可以改变博弈初态中的某个参数,从
而可以使他们获得最大收益的概率远大于经典中的情
况。

假设有 N 个卡车司机同时出发从 A 城到 B 城,他
们共有 N 条路可供选择。这 N 条路两两之间是完全
等同的,不存在什么优越性。因为在卡车司机之间不
存在信息的交流,所以他们不知道其他司机的策略选
择,即不知道别的司机选哪一条路。那么他们只能随
机地选取策略。根据他们的策略,司机们所能获得的
收益依赖于有多少人选择了同一条路。很显然,同一
条路上的卡车越多,路就越拥挤,出现道路堵塞或者车
祸的可能性就越大。从而,博弈者 —— 卡车司机们的
收益就越低。如果 N 个司机都在同一条路上,那么这
是博弈的最坏的情况。根据经典概率论,我们可以得
到最坏情况发生的概率为

$$P_{\text{worst}}^{C} = N/N^{N}$$

公式中的上标 C 表示的是经典情况。如果恰好所有的卡
车司机都在不同的路上,那么这是博弈的最好的情况,我
们可以算得最好情况发生的概率为

$$P_{\text{best}}^{C} = N! \ /N^{N}$$

很明显,所有的卡车司机都想获得最好的收益,那么他们想尽可能地避免在同一条路上。但是卡车司机之间是没有信息交流的,所以他们获得最差收益的概率为 $P_{\text{worst}}^{\text{C}} = N/N^N$。但是,当我们把这一博弈量子化后,我们发现博弈的性质起了很大的变化。首先来看看当 $N = 2$ 时的二人卡车司机博弈。

图 1 是二人卡车司机博弈的量子化模型。博弈的输入态为 $|0\rangle \otimes |0\rangle$。$R = \dfrac{1}{\sqrt{2}}\begin{pmatrix} 1 & 1 \\ -1 & 1 \end{pmatrix}$ 是旋转门。U_1, U_2 是两个博弈者选择的策略。

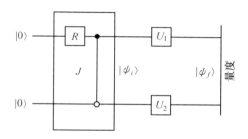

图 1　二人卡车司机博弈模型

当 $|0\rangle \otimes |0\rangle$ 经过门 J 后,博弈的初态为 $|\psi_i\rangle = \dfrac{1}{\sqrt{2}}(|00\rangle - |11\rangle)$。当博弈者的策略选择 $U_1 = U_2 = H$ 时,这里 $H = \dfrac{1}{\sqrt{2}}\begin{pmatrix} 1 & 1 \\ 1 & -1 \end{pmatrix}$ 为 Hadamard 门,博弈的终态为 $|\psi_f\rangle = \dfrac{1}{\sqrt{2}}(|01\rangle + |10\rangle)$。从终态的表达式我们可以得出,两个博弈者是确定性在不同的路上。所以最好收益情况出现的概率为 1,最坏的情况是不可能发生的。这一情况正是卡车司机们想要的。而在经典

情况下,最好与最坏情况发生的概率各为$\frac{1}{2}$。

在我们讨论了较为简单的二人情况后,下面我们对 N 人 N 种选择的卡车司机博弈作一个详细的研究。我们用 0 到 1 的数来标记 N 个卡车司机和 N 条路。如果卡车司机 0 选择的路为 j_0,如果卡车司机 1 选择的路为 j_1,……,卡车司机 N 选择的路为 j_N,那么博弈的态可以表示成$|j_0j_1\cdots j_N\rangle$。 假设博弈从态 $|00\cdots 0\rangle$ 开始,当这个态经过量子变换门的作用后,得到初态

$$|\psi_i\rangle = \frac{1}{\sqrt{N}}\sum_{k=0}^{N-1}\omega_N^{k;p}\,|kk\cdots k\rangle$$

其中 $\omega_N = \mathrm{e}^{2\pi i/N}$,$p$ 是决定初态中每一项的相对相位的参数。很明显,初态对于所有的卡车司机是交换对称的。然后,所有的卡车司机将对这一初态作一个操作。我们假设所有博弈者采用的策略是相同的。理由如下:事实上,对称的博弈除了对称的策略解外,可以有不对称的策略解存在。由于不对称的策略解对于每一个博弈者来说,他们各自的策略是不相同的。而在博弈者之间是没有信息交流的,所以,博弈者面临着如何选择策略的问题。在这种情况下,就会发生所谓的策略错配的问题。而对称的博弈解就可以避免策略错配问题的发生。因此,对称的策略解是优于非对称的策略解,是博弈者的首选策略。

因为卡车司机采用的是对称的策略,所以我们用 U 来表示,U 是 N 维的酉算符

$$U = (u_{i,j})_{N\times N} \qquad u_{i,j} = \frac{1}{\sqrt{N}}(\omega_N)^{i\cdot j}$$

其中 $i,j=0,1,\cdots,N-1$。$\omega_N=\mathrm{e}^{2\pi\mathrm{i}/N}$。因为

$$\sum_{k=0}^{N-1} u_{ki}^* u_{ki} = \frac{1}{N}\sum_{k=0}^{N-1}\omega_N^{k(j-i)} = \delta_{i,j}$$

$$U^+ U = UU^+ = I$$

所以,U 满足酉矩阵的条件,是酉算符。

当博弈者分别对自己所对应的量子态操作后,博弈的终态为

$$|\psi_f\rangle = U^{\otimes N}|\psi_i\rangle =$$

$$(\frac{1}{\sqrt{N}})^{N+1}\sum_{k=0}^{N-1}\sum_{j_0=0}^{N-1}\cdots\sum_{j_{N-1}=0}^{N-1}(\omega_N^{k\cdot p}\cdots|j_0\cdots j_{N-1}\rangle)$$

从终态的表达式我们可以得到 $|j_0\cdots j_{N-1}\rangle$ 的系数为

$$C_{j_0\cdots j_{N-1}} = (\frac{1}{\sqrt{N}})^{N+1}\sum_{k=0}^{N-1}\omega_N^{k\cdot p} u_{kj_0}\cdots u_{kj_{N-1}} =$$

$$(\frac{1}{\sqrt{N}})^{N+1}\sum_{k=0}^{N-1}\omega_N^{k\cdot m}$$

其中 $m=j_0+\cdots+j_{N-1}+p$。下面我们对这一结果进行分析:

(1) 如果卡车司机们最关心的是他们在一次博弈中至少能获得的收益大于最差情况时他们所得的,那么可以令参数 $p=1$。这时,$|\psi_i\rangle=\dfrac{1}{\sqrt{N}}\sum_{k=0}^{N-1}\omega_N^{k\cdot1}|kk\cdots k\rangle$。$|j_0\cdots j_{N-1}\rangle$ 的系数为

$$C_{j_0\cdots j_{N-1}} = (\frac{1}{\sqrt{N}})^{N+1}\sum_{k=0}^{N-1}\omega_N^{k\cdot1} u_{kj_0}\cdots u_{kj_{N-1}} =$$

$$(\frac{1}{\sqrt{N}})^{N+1}\sum_{k=0}^{N-1}\omega_N^{k\cdot m}$$

其中 $m=j_0+\cdots+j_{N-1}+1$。当最差情况出现时 $j_0=$

$j_1 = \cdots = j_{N-1} = j$，$|\ jj\cdots j\rangle$ 的 系 数 为 $C_{jj\cdots j} = (\frac{1}{\sqrt{N}})^{N+1} \cdot \sum_{k=0}^{N-1} \omega_N^{k \cdot (jN+1)} = 0$。

从上式我们可以得到,所有卡车司机都在同一条路上的最差情况发生的概率为 0,也就是说是不可能发生的。所以,当 $p=1$ 时,卡车司机至少能获得的收益肯定优于最差情况的所得。

(2) 如果卡车司机们想增大最好情况发生的概率,即每个司机都在不同的路上,那么可以令参数 $p = N(N-1)/2$。这时,$|\ \psi_i\rangle = \frac{1}{\sqrt{N}} \sum_{k=0}^{N-1} \omega_N^{k \cdot N(N-1)/2} |\ kk\cdots k\rangle$。

当 $j_0 \neq j_1 \neq \cdots \neq j_{N-1}$ 时,每一个卡车司机都在不同的道路上,这是最好的情况。这一最好情况发生的概率为 $P_{\text{best}}^Q = N! \times |\ C_{01\cdots N-1}|^2 = N \cdot N! / N^N$。同经典情况中的概率相比,$P_{\text{best}}^Q = N \cdot P_{\text{best}}^C$。

所以,量子博弈中最好情况发生的概率是经典情况下的 N 倍。随着博弈者的数目的增加,量子博弈更加体现出相对于经典的优越性。

从上面的论述我们得到,博弈的结果同初态中的相位参数 p 是紧密相连的。通过改变 p 的取值,可以满足卡车司机的不同需求。如果卡车司机关心的是最大收益概率的增加,那么可以令 $p = N(N-1)/2$。如果卡车司机想保证至少能够获得的收益大于最差情况的所得,那么可以令 $p=1$。

这里我们提出了除了平均收益以外,博弈者在一个不能重复的博弈中至少所能获得的收益也是重要并且值得研究的问题。由于 N 人 N 选择的博弈的复杂性,我们只是考虑了最差和最好两种特殊的情况,并得

出了优于经典的结果。改变初态中相位因子的参数p,卡车司机可以满足对博弈结果的不同的需求。对于其他介于最好与最差之间的情形,或者是 N 个人 M 条路的博弈的探讨,也是有意义的。在这里,我们就不再进行讨论。

剥削与利益

第二十二章

剥削理论的一般化

一个联盟 S 受到封建剥削是指：如果联盟成员携带个人现有财产退出，就可以改善自身的状况。而一个联盟 S 受到资本主义剥削则是指：如果联盟成员携带按人平均的社会可转让财产退出，就可以改善自身的状况。

崔之元[1][2]

---

[1] 崔之元，清华大学公共管理学院教授，博士生导师。
[2] 崔之元《博弈论与社会科学》，浙江人民出版社，杭州，1988年。

一、剥削概念的定义

在现实中,任何一个社会或任何一种经济机制都存在着不平等。但是,并非所有不平等均被视为剥削。什么形式的不平等被一个特定的社会或个人视为是剥削的? 当我们说一个人或一群人在一定情况下受剥削时,意味着什么?

著名的"分析的马克思主义"(analytical Marxism)学派的经济学家约翰·罗梅尔于1982年提出了关于剥削的一般理论[①]。他运用博弈论的语言,给出了剥削概念的一般性定义:

"在一个较大的社会 N 中,联盟 S 是受剥削的,当且仅当

(1)存在一个在设想上可行的其他选择,在其中联盟 S 将比目前的处境好;

(2)在这一其他选择中,S 的余集,即联盟 $N-S=S'$,将变得比目前状态差;

(3)S' 处于对 S 的支配关系中。"

不难看出,条件(1)的含义十分明显。条件(2)之所以必需,是因为被剥削联盟 S 是被其他人、而不是被自然或技术所剥削的。条件(3)是社会学意义上的,它的提出旨在排除那些满足条件(1)~(2)但无社会意义的关系。

从形式化的角度来说,我们能够通过定义和详细说明博弈规则来为条件(1)和(2)建模。对于联盟 S,与参与目前经济活动不同的其他选择是携带着它的支

[①] John Roemer, A General Theory of Exploitation and Class, Harvard Univ. Press, 1982.

付退出去。如果联盟 S 能使它的成员在退出后境况更好，同时 S' 在退出后境况较差，那么我们就说 S 在特定的退出规则下是受剥削的。因此，剥削概念的要点在于有更好的其他选择的可能性。例如，封建剥削和资本主义剥削就是通过两种不同的退出规则来定义的。

下面我们来证明一个重要定理：非剥削性的分配恰是博弈的核心。

定理 令 V 是一超可加博弈，并令分配 $\{Z^1, \cdots, Z^N\}$ 是帕累托最优的，即有 $V(N) \leqslant \sum_N Z^V$。于是，联盟 S 是受剥削的，当且仅当 $V(S) > \sum_S Z^V$。类似地，联盟 T 是剥削的，当且仅当 $V(T') > \sum_{T'} Z^V$。从而 V 的核心恰是非剥削性分配的集合。

证明 必要性由剥削的定义使然。为了证明充分性，假定 S 不是受剥削的。于是有

$$V(S') \geqslant \sum_{S'} Z^V$$

将上式与 $V(S) > \sum_S Z^V$ 相加，得

$$V(S) + V(S') > \sum_N Z^V \geqslant V(N)$$

但由超可加性，$V(S) + V(S') \leqslant V(N)$ 对任何联盟 S 成立。因此，若 $V(S) > \sum_S Z^V$ 成立，S 必定是受剥削的。（证毕）

由以上叙述和定理可知，剥削概念是由其他选择的可能性来定义的。而其他选择（alternative）又是用特征函数来详细说明的。不同的特征函数反映了不同博弈中的不同的退出规则。

二、封建剥削和资本主义剥削

罗梅尔的关于剥削的一般理论中"一般"一词的含义是:用博弈论加以定义的剥削概念可以包容各种人们通常认为的剥削。

例如,一个联盟 S 受到封建剥削是指:如果联盟成员携带个人现有财产退出,就可以改善自身的状况。而一个联盟 S 受到资本主义剥削则是指:如果联盟成员携带按人平均的社会可转让财产退出,就可以改善自身的状况。

许多资产阶级经济学家认为,在竞争性均衡下不存在剥削,因为每个人都从自愿的交易中得到了尽可能多的东西,没有一个联盟能够从交易中得到更多的收益了。[①]罗梅尔指出,这些资产阶级经济学家实际上证明的是"在竞争性均衡下不存在封建剥削",即联盟成员携带个人现有财产退出交易并不能改善自身状况。至于资本主义剥削,在竞争性均衡下仍然是存在的。从而,罗梅尔就运用博弈论这门现代科学,在与资产阶级经济学同样缜密的逻辑结构中,论证和捍卫了马克思主义剥削理论的现代生命力。对于罗梅尔的剥削理论的详细介绍超出了本书预备知识的范围,请有兴趣的读者参看罗梅尔本人的专著。[②]

[①]　竞争性均衡的存在依赖于私有制博弈的核心。这是著名的福利经济学基本定理。

[②]　John Roemer, A General Theory of Exploitation and Class, Harvard, 1982.

附录 Ⅰ　进化对策论
与经济应用

附
录

王忠玉　　冯英浚[1]

对于经济学家而言,非合作对策论又称非合作博弈论,是用来分析和研究经济问题的极有价值的工具,因为它提供了建立经济行为人策略相互作用的分析语言,而且它还能导致人们直观的洞察力由简单内容转向更复杂的内容上来。当然,相当多的观点是凭借纳什均衡概念的运用而

---

[1]　王忠玉,哈尔滨工业大学副教授,博士。冯英浚,哈尔滨工业大学教授,博士生导师。

1202

得到的。这种深受人们喜欢的博弈理论思想日益增长促使人们对另一种事实不断增长的认识和思索,均衡分析在什么时候以及为什么是合适的? 对这个问题的解答不是一个简单而容易回答的。可惜的是,博弈论的理论和分析方法还没有提出对纳什均衡概念之外的可供选择的内容。

然而,直到最近 10 多年来,在均衡选择方面才取得一些进展,这些进展提出当存在多个均衡时,应该怎样去做。

一、纳什均衡

纳什,在 1950 年就已经对纳什均衡给出两种解释。第一种是群体作用的解释。此种解释假设,在博弈中存在对每个参与者又称局中人(player)起作用的参与者群体。参与者不断地积累各种纯策略中的令人注意的经验信息,如果此博弈稳定下来,那么这种均衡必是纳什均衡。然而。Shapley 在 1964 年证明,如果博弈没有稳定下来,那么必然存在一种策略选择的有限循环。第二种解释的观点是把均衡看成一个"自动实施协议"或者是理性的预测。如果基于理性的预测是唯一的,那么博弈均衡确实得以存在,这时倘若均衡是众所周知的,它必是纳什均衡。纳什本人对此做了阐述,这是"一种十分强的理性化和理想化的解释"。这对阐述均衡而言是有效的,解决均衡选择问题是一个基本的问题。因此,对于经济学家的研究目的而言,与均衡选择相关的问题是必须加以分析和深入探讨。

对纳什均衡的第三种解释,是由 Maynard Smith 和 Price 在 1973 年首次提出的,它源于生物学领域的研究。在这种解释中完全不存在有意识的选择:参与者预先选取某一种策略,而且更为成功的策略生存下来;如果种群(population 在生物学上称为种群,在经济学中我们将其称为群体更好)达到一种稳定状态,那么所有策略必是等价的,因此,这种状态必是纳什均衡。这种生物学上的方法,其优点是它不仅具体指出稳定的结果,而且它还靠可能达成的一些结果来给出一种显示性的过程。

当然,经济学家清楚地意识到将涉及的生物学领域中的思想和方法应用到经济学领域中的疑问和困难,比如,像生物学中的"复制方程"扩展到经济学领域中的内容和意义是什么,至今还在探索中。

二、进化思想在经济学中应用的回顾

对经济学给出进化的解释不是一种新的手法。实际上,进化解释在社会科学中是先于达尔文(Darwin)而出现。例如,亚当·斯密(Adam Smith)曾说:"带来许多利益的劳动分工,原本不是人类智能的结果,虽然人类智能预见到劳动分工产生普遍富裕,并想利用它来实现普遍富裕。尽管在人类本能里没有意识到这样广泛效用中的一种互通有无、物物交换,以及相互之间交易的倾向,此倾向很缓慢并且渐进产生结果,但是劳动分工是必须的。"

进化思想也能够在马尔萨斯(Malthus)、马歇尔(Marshall),熊彼特(Schumpeter)和哈耶克(Hayek)所写的著作中找到。关于进化经济学,这是一个单独的学科领域,经常与熊彼特的工作相联系。Robson 在 2001 年系统地给出了经济行为的生物学方面的基本解释。

进化经济学与进化对策论至今是完全相互独立地

1204

发展起来的。在经济学的理论研究中,理性人的偏好通常是固定的。然而,对于理性人的偏好变化或者进化选择,经济学家对此也进行了研究,特别是利化主义的生存价值以及风险态度等。然而,我们这里的进化对策论是将偏好作为固定的和已知的。

关于市场生存进化方面的研究和探讨,开始于 Winter 在 1964 年的文章《经济的"自然选择"与厂商理论》,接下来 Winter 在 1971 年发表了"满足、选择与改革残余物",Nelson 和 Winter 在 1982 年出版的著作《经济变迁的演化理论》(有中文版),是这一领域中出现的最为重要的文献。最近由 Blume 和 Easley(1992,1995,1996),Dutta(1992)Dutt 和 Radner(1993),Radner(1995),Bega-redondo 以及 Boldeke 和 Samuelson(1997) 等学者在此领域进行探索和研究。虽然这个论题与进化对策论紧密相联系,但是,目前这两种文献在方法论上相距甚远。

三、进化对策论的基本原理与结论

最近 10 多年里,不像对策论的传统分析方法那样 —— 考虑有限理性的经济行为人以及在严格的认知局限之下必须学习执行策略,这样的对策论理论及其应用有了迅速的发展。这方面的大量研究工作是在称为进化对策论所提供的框架下进行的。正如此学科标题所表示的,这一新学科的原理借用生物学中的进化模型所具有的与众不同的一些特征。然而,此学科本身也发展了一些新的方法和技术,特别地适合于有限理性基本假设下对社会和经济体制方面的分析。进化对策论在 10 多年里以快速的步伐取得长足的发展。

1205

　　进化对策论为人们提供一种具有广泛适用性的工具。其潜在的应用领域从进化生物学延伸到一般的社会科学,特别是经济学中。进化理论在经济学中有着悠久的历史传统。直到最近,这种方法在非合作对策论框架中才得到应用。

　　进化对策论是研究策略行为的稳健性,它是针对有限理性行为人所组成的大群体中多次博弈背景下的进化力量而言的。这种新的组成部分在经济理论里导致一种新的预测方法,并且为其他社会科学开辟一条崭新的研究途径。

　　进化对策论的基本内容如下。

(一) 进化稳定策略概念

　　进化对策论理论中,一个关键概念是进化稳定策略(ESS),这一概念的提出归功于 Maynard Smith 和 Price 在 1973 年的"动物冲突的逻辑"一文。此种策略在特定的意义上对进化压力而言是稳健的:群体执行该种策略对执行任何其他策略而言是非入侵的。假定一对个体是重复随机地来自于大的群体,去参与一个对称并有限的两人博弈,还假定所有的个体在博弈中起初都执行某一个纯的或混合的策略 x,x 是进化稳定的,那么对于每一个变异策略 y,都存在一个正的"入侵障碍",使得执行变异策略 y 的个体群体所获得的支付低于此障碍,从而 x 赢得的预期支付比执行 y 的所得要高。下面的不等式对于充分小的 $\varepsilon > 0$ 成立,即

$$u[x,(1-\varepsilon)x + \varepsilon y] > u[y,(1-\varepsilon)x + \varepsilon y] \quad (1)$$

其中左边的表达式记为对于策略 x 而言,当执行相对应策略的个体进入之后,混合群体情况的混合策略 $(1-\varepsilon)x + \varepsilon y$ 时的预期支付,而右边的表达式记为对

于策略 y 而言,其所对应的情况的预期支付。

实际上,由上述定义知道,进化稳定性十分有用的特性是一个策略 x 是进化稳定的当且仅当:(1)它是对自身的最佳反应;(2)它是对所有其他最佳反应的反应,当这些策略对其自身的反应比较时。为了弄清楚(1)是必要的,只需充分观察即知,否则会存在一个对 x 而言的最佳反应 y。在一个充分小的种群中,表现出的这个"变异"策略几乎总会遇到策略 x,从而会赢得比 x 水平高的收益。同样,(2)是必需的,因为否则的话一定会存在一个对 x 而言的可供选择的最佳反应 y,它会赢得与 x 遇到 x 的时候或者至少 x 遇到 y 时候的收益相同,从而 y 的平均水平会赢得比混合种群要高一些的收益。

注意到,进化稳定性准则没有解释种群是如何达到这种策略的。然而,一旦达到这种策略,则这样的策略对进化压力来说是稳健的。同时,人们发现,进化稳定性没有处理种群中具有两个或更多"变异"同时出现的情况。因而,它隐含地把变异当成稀少事件,以至于种群有时间在另一个变异出现之前响应这种状况。

虽然,进化稳定性准则是一个生物学上的概念,但是它为各种各样的人类行为提供一种有关的稳健性准则。这样,进化稳定性要求人类群体中企图采用可选择的策略的任何一个小团体不比已经采用"固有"策略的那些个体所构成的团体收益好。相反,采用固有策略的那些个体所构成的团体缺乏激励来改变他们的策略。但是,那些采用可选策略的小团体却受激励而具有转变固有策略的行为。在这种社会背景下,进化稳定策略被人们看成是传统习惯或者已经确立起来的行为规则。比如,社会风气、企业管理模式等都可以看为是某种人类群体的规则,而极个别的人群社会行为、习气的变化就会被认为是"变异"。当然,在这种背景下,如果那些极少数的人群或企业的收益比不变异的人群或企业高时,那么这些变异分子会生存得更好!反之,则被淘汰掉。

可惜的是,许多博弈没有进化稳定策略。于是,研究人员探讨各种比进化稳定性稍弱一些的形式,以及集值形式的进化稳定性概念等。此外,ESS 概念不能推广到 n 人对策略的情况上。在本质上,ESS 要求强的纳什均衡来实施,也就是每一个策略对于策略组而言应是唯一的最佳反应。

(二) 复制动力学

复制动力学是选择过程的显性模型,它说明种群是如何分配博弈中有联系的不同纯策略随时间而演化的。复制动力学的数学公式是由 Taylor 和 Jonker 于 1978 年在"进化稳定策略和对策动力学"一文中提出的。他们认为由随机配对的个体所构成的一个大种群执行有限对策的两人博弈,犹如进化稳定性的设置一样。然而,此处的个体仅仅采用纯策略。种群状态是指在纯策略上的一个分布 x。这种状态在数学上与博弈中的混合策略是等价的。

如果博弈中的收益表示成生物学上的适合性,也就是后代的数目,同时每一个后代继续其父母的策略,因此,采用纯策略 i 的个体数目(在大的种群中)将以某一比率指数增长,而此等于对纯策略 i 的预期收益 $u(e^i, x)$,当执行着表示种群中当前策略分布的混合策略 x 时,采用任何纯策略 i 的种群分布的增长率等于此

策略的收益与种群中平均收益的差。后者,等同于混合策略 x 当与其自身博弈时的预期收益 $u(x,x)$。这是一个单种群的对称两人博弈的复制动力学

$$x_i = [u(e^i, x) - u(x, x)]x_i \qquad (2)$$

注意到,对当前种群状态 x 的最佳反应具有最高的增长率。第二最佳反应具有第二高的增长率,如此等等。然而,虽然更成功的纯策略比欠成功的纯策略增长得快,但是种群中的平均收益不必随时间而增长。产生这一原因的可能性是,如果一个个体由采用最佳策略的个体所代替,那么遇见这个新个体的成员会得到比较低的收益。例如,这正是因徒困境博弈的情况。如果最初几乎所有个体采用"合作",那么个体中将逐渐地转向"抵赖",从而平均收益将下降。然而,如果博弈在两个人总是获得相等的收益意义上是一个双对称的,那么自然选择的基本规律将成立:种群中收益随时间而增长,即使没有必要成为全局最大的。例如,这就是合作博弈的情况,其中所有个体逐渐地转向到执行同一个纯策略上。复制动力学能够推广到 n 人博弈的情况上,这可以看成是来自于 n 种群中的个体随机地以 n 类型配对,其中每一个参与者的地位状况正如纳什所给出的群体行为解释的那样。目前,存在两种形式的 n 种群复制动力学,其中一个是由 Taylor 在 1979 年提出的,另一个是由 Maynard Smith 在 1982 年给出的。

(三)学习模型与选择动力学

人们把学习模型分成三种类型,即基于信念的学习、强化学习以及模仿学习。最近的一些研究表明,复制动力学是由后面两类的某种模型所促成的。

1. 强化学习模型

心理学上的有关个体学习文献的中心模型是所谓的强化模型,这是由 Bush 和 Mosteller 在 1951 年提出的。然而,它的思想可以追溯到 Thorndikede 的"导致过去好的选择在将来最有可能重复"。当然,人们注意到这里的选择隐含地作为概率上的一种说法。

Bush 和 Mosteller 的强化学习模型及其他的推广形式,已经在一系列的人类主观执行博弈中得到运用。可惜,这些模型的通常数学性质,人们还知道得很少。然而,Børgers 和 Sarin 在 1997 年发表的《通过强化和复制动力学的学习》文章把 Cross 的 Bush-Mosteller 学习模型的形式与 Taylor 的两种群复制动力学进行了理论上的对比研究。虽然这种学习过程在离散时间背景中是随机的、演化的,而复制动力学在连续时间背景中是确定的、演化的。他们证明,在适当地构造连续时间的界限下,他们的学习过程在有限时间区间内可通过复制动力学来逼近。

更确切地讲,他们研究在多次博弈回合中($n=1$, $2,\cdots$),在一个固定的两人参与者采用混合策略对中有限两人博弈的情况。每一个参与者凭借由其所运用的纯策略来记录概率如下。如果参与者 1(同样的考察参与者 2)在博弈的 n 次回合中运用纯策略 k,并且获得一个正的收益 $V_k(n)$,这里 $V_k(n)$ 作为随机变量,它依赖于参与者 2 所作出的随机选择,那么参与者 1 对于运用这个策略的未来概率将越增加,其收益也就越高。一旦在 n 次回合中执行 k 的条件成立,那么其在 $n+1$ 次回合中的概率记为如下

$$\begin{cases} X_k(n+1) = X_k(n) + \delta V_k(n)\big[1 - X_k(n)\big] \\ X_h(n) = X_h(n) - \delta V_k(n)X_h(n), \ \forall\, h \neq k \end{cases} \quad (3)$$

参与者 2 以同样的方法记录其选择概率向量 Y。所有收益均假设处于单位开区间上,不过,这里的收益不能解释成 N－M(冯·诺依曼和摩根斯坦)效用。因此,一旦所用策略的概率是递增的,那么所有选择均是强化的。

从任何一个初始概率向量 $X(0) = x^0$ 和 $Y(0) = y^0$ 开始,方程(3)定义出博弈的混合策略空间中的一个马尔可夫链 $\{X(n), Y(n)\}_{n=1}^{\infty}$。其中参数 $\delta > 0$ 表示博弈的两次回合之间的时间:$t = n\delta$ 是 n 次博弈回合中的"真实"时间。Börgers 和 Sarin 得到这一过程的连续时间界限,通过设 $n \to \infty$ 和 $\delta \to 0$ 以便有 $\delta n = t$,在任何有限的"真实"时间上来估计价值。因此,博弈在越来越短的时间区间上执行,同时概率以相称的较小数值得以适应。他们证明,在这个界限内,此过程以状态 $(x(t), y(t))$ 的形式出现在单位区间概率上,其中如果复制动力学的初始状态在时间 0 处以 (x^0, y^0) 开始,那么复制动力学会在时间 t 达到。在这个意义上,复制动力学在有限时间区间上近似于强化动力学。

然而,这两类模型的渐进性质却十分不同。例如,为了在直观上理解这点,假设参与者 1 的收益既是恒定独立于他的策略选择又独立于参与者 2 的策略选择。设参与者 1 在强化动力学中的初始状态指派概率等于参与者 1 的所有可获得纯策略的概率。同样的,设复制动力学的初始状态指派种群的各部分采用策略的概率等于所有可获得纯策略的概率。显然,复制动力学的解是一个常量:所有种群的各部分分得的收益

1211

永远相等。然而,强化动力学的实现会容易随时间而收敛到参与者 1 可获得的任何一个纯策略上。由于在博弈的第一个回合中选用策略的概率将高于在下一次博弈回合中所选用的策略概率,所以强化动力学的性质更有可能把参与者 1"锁定"到他的任何一个纯策略上。Børgers 和 Sarin 证明,任何有限两人博弈的强化动力学以概率 1 收敛到一个纯策略组合上,而不像复制动力学那样。

2. 模仿学习模型

博弈论学者 Gale, Binmore 和 Samuelon 在 1995 年提出一个所有个体参与者都采用纯策略的大群体,但是有限博弈的社会学习的简单模型。每一个参与者在博弈中都赢得一个渴望水平的收益。在离散时间 $0, \delta, 2\delta, \cdots$ 上,任意从群体中抽取个体 δ 部分,把其当前收益与他们的渴望水平收益相比较,其中 $\delta > 0$ 是很小的数。如果个体实现的收益低于其生存水平收益,那么该个体就会随机地模仿已抽取的个体,在相同的参与者群体中,所有其他个体都具有相同的概率被抽取。由此可见,如果渴望水平收益具有均匀分布(某一个区间上包含所有可能的收益值),那么模仿的概率对于个体的当前策略而言,在预期收益上是线性递减的。对于很小的 δ,他们证明这个过程可以由有限时间区间上的复制动力学来逼近。

人们把个体策略的适应过程作为连续时间中的一个随机过程。假设在有限群体中每一个个体时常得到一个冲动,使其改变纯策略。如果这些冲动是依照 i. i. d. 的 Poisson 分布,那么同时发生的概率是零,而且总的过程也是一个 Poisson 过程。此外,总过程的密

1212

度刚好是各个过程密度的和。如果群体是很大的,那么人们利用预期值给出的确定流来近似这个总过程。

Bjørnestedt 和 Weibull 在 1996 年研究了一系列这种模型,其中改变的个体在其博弈的群体中模仿其他的个体,并证明许多正收益的选择动力学可以被人们推导出来,包括复制动力学的三种形式。特别,如果个体改变比率对其策略而言预期收益是线性递减的,那么每一个纯策略 Poisson 过程的密度是与其个体总数大小成比例,同时比例因素将是其预期收益递减的。如果每一个改变的个体选择其未来的策略是通过在其博弈中随机地模仿抽取的个体,那么其作为结果的流逼近也是一个复制动力学。

Schlag 在 1997 年分析当个体经常以参与者的同样地位去模仿其他参与者个体时,个体应该选择什么样的模仿规则的问题,然而参与者的同样地位却受制于信息和记忆的约束。他发现,如果个体想要学习规则是在所有平稳环境中收益递增,那么此个体应该满足:(1)当改变策略时,总是通过模仿来进行;(2)永远不向收益实现比其所拥有收益低的那些个体模仿;(3)向收益实现比其拥有收益高的那些个体模仿。

这种模型被各种各样不同的环境所发展。在有限两人博弈中,Schlag 假设在随机地来自于两个相等大小的有限群体的个体之间两两配对,每一个有其自己的地位。个体总是执行纯策略。在每一个收益实现之后,每一个个体都要随机地与其他个体所处的群体进行抽样调查,并且比较两种收益的实现。行为规则是一种函数关系,即把收益实现和所用策略对应到博弈中个体地位上可获得的纯策略集合上的分布,为的是

1213

采用新的策略。换句话说,允许使用个体的唯一资料是这种收益实现和纯策略对。特别,从较早的博弈回合中实现收益被忽略。此外,假设个体在所有博弈中运用相同的行为规则,具有相同数目的纯策略可选择;也就是,个体不需要知晓他们执行什么样的博弈,他们知道所使用的纯策略数目就足够了。

在任何这样的博弈中,导致预期收益弱递增的以及在对手种群中对于任何固定策略分布的行为规则,称为改进。本文中的重要结果是对于所有这样规则的刻画。改进规则的一个特征是他们是模仿的:个体坚持其初始的策略或者采用抽样的个体策略;但是不会转向第三个的策略。

行为规则称为是占优的改进规则,如果在某一个博弈中不存在改进规则产生比较高的预期收益改进比例,而且在对手种群中的某一个策略分布上。Schlag证明,某一个行为规则为占优的改进规则,其具有上面给出的性质(1)(2)(3)。这个比例模仿规则是其自己的一个改进规则,而且可以证明它确有一些其他吸引人的性质。Schlag证明,Taylor两种群复制动力学的离散时间形式可以逼近在任何给定有限时间范围内导出的一个随机过程,只要种群充分的大就行。

(四) 进化对策论中的一些结论

本文集中探讨关于有限 n 人博弈的显性动力学种群模型方面的介绍,其中个体执行纯策略。首先探讨确定性选择动力学,然后介绍随机进化模型,其中把随机变异过程与确定性选择过程或者随机选择过程结合起来。

研究确定性动力学项目性质的一种直接方法是选

取一个初始的种群状态,并且稍后可以计算。然后,人们应该记住让初始的所有纯策略在种群中出现,由于初始的已亡策略将在选择过程中仍保持已亡的状态。这种解的轨迹称为内部的。解的轨迹随时间流逝而安定下来,就称为收敛的。反之,则称为发散的。

如果种群状态是收敛的,那么什么是长时期限制状态的本质呢? 可以证明,在任何一种弱的正收益选择动力学中,沿着任何收敛的内部轨迹,限制状态必将构建纳什均衡,研究人员发现,种群执行某种纳什均衡或者在渐进意义上的纳什均衡。Nachbar 在 1990 年第一个证明出单种群复制动力学的这个结果。事实上,如果选择过程遇见弱的正收益的相对温和的条件,且如果汇总的行为随时间而安定下来,那么在长时期种群状态中的个体就好像他们预期一个特殊的纳什均衡对此执行着一个最佳反应,这点颇像是纳什所声称的"群体解释"。

如果对于弱的正收益选择动力学的内部解随时间而收敛,那么我们看到幸存下来的策略在作为结果的混合策略组合的最佳反应的意义上是理性的。此处的问题是,如果解的轨迹不收敛,那么会发生什么情况吗? 当长时期没有均衡达成时,我们产生的问题是,执行是否为理性的。

非合作博弈论中基本的理性假设是参与者不采用作为严格的劣(strictly dominated)纯策略。这个假设要求不知道其他参与者的偏好或者行为。一个更严格的理性 —— 附有知识的 —— 假设是参与者不采用作为迭代的严格的劣策略。除了回避严格的劣的策略之外,这个假定要求所有参与者相互知道彼此的收益,而这些就是他们知道的全部,一直到共同知识的某一个有限水平上使得迭代剔除严格劣的纯策略的过程停止。

因此,进化对策论中的基本问题是进化选择过程是否剔除掉所有的严格劣策略或者所有的迭代的严格劣纯策略。如果所有迭代的严格策略消失,那么这提供了在策略上相互作用的参与者行为假设的一种进化证明,就好像此假设是参与者他们作为理性人的共同知识。

Akin 在 1980 年证明,在任何有限对称两人博弈中所有严格劣的纯策略沿着关于单种群复制动力学的任何一个内部解的轨迹都能消失。Samuelson 和 Zhang 在 1992 年把这一结论推广到某一个两种群选择动力学的正收益子集合中的迭代的严格劣纯策略上。他们将这种情况称为聚集单调的(aggregate monotonic)。

对长时期进化状态分析的辅助方法是研究种群状态的稳定性,也就是考察种群对于很小的扰动是如何反应的。Bomze 教授在 1986 年曾证明,如果种群状态在单种群复制动力学中是弱的动态稳定的,那么此状态就是对自己的最佳反应,这里的状态被认为是采用混合策略的。经常运用的稳定性准则是李雅普诺夫稳定性,即状态 x 是李雅普诺夫稳定的,如果 x 的邻域 B 包含 x 的邻域 A,使得在 A 中开始的解将永远保留在 B 中。不是李雅普诺夫稳定的状态称为不稳定的。因此,不仅进化稳定性的静态稳定性准则,而且复制动力学中的动态稳定性都蕴涵着纳什均衡的实施。这个结果能够推广到任何有限 n 人博弈中的任何弱的正收益

选择动力学上。总之,对进化压力而言,以各种不同方式系统阐述的稳定性都需要纳什均衡来实施。然而,不是所有的纳什均衡在这个方面都是稳定的,因此,这些进化稳定性准则是纳什均衡概念的精炼。

另外,研究者在考察动力学进化稳定性时,把随机因素并入到进化过程的建模当中。特别,变异过程被认为是内在随机的一种情况。随机振动可以凭借稳定性分析方法来解释确定性选择动力学:一个稳定的种群状态对于种群的孤立的很小扰动而言是稳健的。然而,这种稳定分析几乎说不出一系列的小振动或者同时发生的小振动累计之后促成的大振动的稳健性。这样的一系列或者同时发生的连续不断的振动会使种群状态离开选择过程的吸引域。虽然这种大量涌现的小振动不可能是统计意义上的独立而稀少变异的事件,但这一可能性在基本方法上却改变了动力学进化过程的性质。代替历史依赖性(依赖于初始种群状态),此过程会成为遍历的(ergodic),也就是具有一种渐近分布,其中渐近分布是历史独立的(对于所有的初始种群状态都是相同的)。从而,导致人们现今研究的一个专题 —— 随机动力学稳定性。这种研究路线的先驱者是 Foster 和 Young(1990),随后是 Fuden berg 和 Harris(1992),Young(1993) 等等。

四、进化对策论在经济学中的应用

进化对策论的产生、发展在本质上就是起因于对策论中关于理性行为人的假设与经济应用中行为人"试验－失误"(即试错法)学习过程相偏离的事实而引发的。从上述的阐述中,我们可以看到,进化对策论在经济学里的应用前景是十分广阔的和吸引人的。

最近，Routledge 探讨了金融市场上个体行为人是如何通过适应性或者进化学习来发现内生变化并运用这种内生关系的一种学习模型。他通过对来自于模仿过程和经验过程来对个体的投资行为建模，而不是运用传统上的显性最优化方法放松关于知识和理性的假设。Routledge 运用 Grossman 和 Stiglitz 的 1980 年发表的经济模型的形式。Grossman 和 Stiglitz(GS) 模型提供了考察适应学习过程的一种良好的框架，因为它是获得内生信息的标准模型，这点已经被后来的其他许多关于学习方面的模型都是基于 GS 而提出的事实所证明。

如果假设交易者能够观察到他们自己的适应度和其他行为人的行为，那么模仿是如何发生的许多特殊细节就显得不重要了。Routledge 的研究结果表明：首先，作为单调选择动力学的适应学习会促成 GS 均衡；其次，由单调适应学习驱使的模仿的稳健性可从随机实验中来获得噪声(noise)来研究。他发现，适应学习是缺少稳健性的。 特别，他运用 Binmore 和 Samuelson(1999) 的技术来对模仿和经验建模。为了使带有漂移(drift)的适应学习产生 GS 理性预期均衡，必要的条件是在风险资产供给中的噪声与学习过程中的经验水平有很大的关系。

五、问题与前景

我们注意到，进化过程并不总是导致最优性、均衡或者社会有效性。通过目前已取得的一些成果，我们认为下面的一些方向或许是值得学者进一步探讨与研究的：

（1）引进机构，分析市场选择机制。

（2）探讨博弈中学习规则的进化稳定性。结果，这就会导致拥有适度认知能力的个体的模型。

（3）进一步探讨扩展形式博弈中的进化过程。

（4）对逼近理论方面的进一步探讨。我们需要更多地了解确定性模型和随机性模型之间的联系与关系。

（5）探索、研究结构化的稳健预测。显然，某种博弈的子结构，诸如在最佳反应和弱最佳反应的条件下所促成的纯策略集合，是进化过程的稳健吸引子（robust attractor）等。

本文概括地阐述了进化对策论中的理论内容和一些模型，特别是博弈中有关学习模型的新近发展。通过上面的分析，我们发现，进化对策论的发展动力来自于与其他社会学科的交叉融合，吸引其他社会科学中的有益知识。为了把有关的选择过程、学习过程以及变异过程的类别变窄，我们需要更多地知晓个体、团体、组织、厂商以及整个社会是如何随时间而适应和学习的。这里的部分内容正是实验对策论中所要探讨的，同时这也是我们应向其他社会科学学习的领域。

附录 II　金融市场演化博弈理论

王忠玉

经济学中的演化思想有着悠久的历史，许多演化思想的起源在时间上先于生物学中的应用。达尔文认为,在形成其自然选择理论中,他自己曾受到马尔萨斯(T. R. Malthus)以及古典经济学家的影响。阿尔奇安(A. Alchian)和弗里德曼(M. Friedman)为了激发好像(as if)最优化方法而推广了演化隐喻(evolutionary metaphor)。当今,经济理论通常被人们解释成"行为人不是严酷的最大化者,而是某种选择过程促使我们所观察到行为人的活动好像在以寻求最大化方式实施一样"。这种观点促使人们认识到,最优化行为或许是所有可能人类行为作为元素构成的集合中一个微小的子集。然而,所观察到的优化行为很有可能就是来自于这个微小的子集。

一、对策论及其新发展

对策论(game theory,又称博弈论)是一种研究参与者决策相互作用的模型方法,由于参与者的一举一动会影响到其他参与者的决策行为,所以参与者必须在策略层面上考虑如何行事。

对策论中的对策均衡概念是由冯·诺依曼(J. Von Neumann)和摩根斯坦(O. Morgenstern)在 1944 年出版的《对策论与经济行为》中引入的,该书主要研究了非合作对策部分一类特殊的对策 —— 二人零和对策。他们认为这类博弈的解一般要求双方采用混合策略,也就是为了不使对方猜中自己究竟采取何种策略,各参与者随机地选择自己的纯策略。他们指出,不管对方采取何种策略,它应该选择混合策略以保证期望支付不少于他的保障支付水平。而在计算参与者的保障水平时,首先计算他运用每一个混合策略所得到的最小支付,所有这些最小支付的最大值即为保障支付

水平。如果双方都找到了此种混合策略,那么就达到了对策均衡。这种分析方法因而称为"最大最小准则"。

纳什(J. F. Nash)在1950年对此概念加以精细与拓广,从而提出了纳什均衡。20世纪60年代,泽尔藤(R. Selten)提出了动态博弈精练均衡,进一步完善了纳什均衡,与此同时,豪尔沙尼(J. C. Harsanyi)发展了关于不完全信息方面的均衡。经过这几位学者的研究与发展,非合作对策论的理论根基得以确立。

20世纪80年代,非合作对策论在经济学中迅速得到普及,引发了一场经济学的"对策论革命"。目前,非合作对策论已经成为经济学中一种标准的研究工具。

在对策论的发展过程中,有两个基础问题成为人们讨论的中心:第一,我们指望纳什均衡起作用吗? 换句话讲,我们期望每一位参与者对其他参与者采取的策略选择而言,所做的选择是最佳反应吗? 第二,如果是这样的话,那么在许多博弈论中产生的多个纳什均衡中,哪一个会成为我们所指望的纳什均衡呢?

20世纪80年代,许多经济对策论专家探讨了假设参与者是完全理性的以及拥有这种理性的共同知识的非合作对策模型。然而,在20世纪90年代,讨论的重点开始从基于参与者理性的模型转向演化模型(evolutionary model,又称进化模型)。促成这种转向的原因有两个。首先,基于参与者理性的模型本身固有的局限性使研究受到挫折。这些模型很容易激发出对纳什均衡的第一个要求,即参与者基于自己关于其他参与者行为方面去选择最佳反应策略,但是却很难满足第二个要求。在许多纳什均衡中,基于理性的选

1221

择准则引起了可选的"均衡精炼",均衡精炼概念是为了排除不似真实的纳什均衡而设计的一种强化均衡。其次,关于"博弈论所要讨论与研究的内容"的基本观点产生了变化。典型的做法是把"博弈"依照字面含义解释成一种理想化的相互作用,出现完全理性假设是十分自然的。现今经常把博弈解释成对真实相互作用的近似,在这种解释中,完全理性假设看起来缺乏正当理由,比如许多经济博弈模型。

进化对策论所揭示的一些进化思想与研究观点可以脱离具体问题的背景。最初,这种进化稳定性分析方法在拒绝某些看似不真实的纳什均衡方面得到了推广。

借鉴生物学家研究进化博弈的基本思想,可能有助于探索人类经济行为,经济学家有目的地探讨以一个大的参与者群体(population,在生物学中含义为种群,而在经济学中理解成群体更好)重复地随机地两两匹配参与一个博弈为背景的经济动态模型,每一位参与者都配备了博弈中选择策略的行为规则,鉴于参与者的经历或知识结构不同,行为规则可以典型地解释成以学习方式或者模仿从众过程建模。尽管把"有限理性"(bounded rationality)某种程度地并入到模型是一种通常建模的有效方法,但是人们仍然对许多这类行为进行研究,包括从简单的被认为无认知活动的刺激 —— 反应规则到对行为人进行预期并做出最佳反应的模型。

二、进化对策论

进化对策论,顾名思义,是由生物学中关于进化思想与对策论交叉而形成的一个新分支领域,首先出现

在生物学中。进化对策论中最为核心的概念是进化稳定策略(evolutionarily stable strategy,ESS),在经济学应用中经常称为演化稳定策略,它是由史密斯(J. M. Smith)和普赖斯(G. R. Price)在 1973 年引进的,后来被史密斯在其著作《进化与对策理论》中进一步发展。进化论领域专家道金斯(R. Dawkins)认为"进化稳定性(evolutionary stability)是自达尔文以来最重要的进展之一"。

进化对策论作为一个新兴的交叉性学科,涵盖了相当广泛的模型,它关注的核心问题是,对不断重复执行的博弈,参与者通过调整自己的策略或行为来达到适应的目的,动态过程如何刻画这一过程。这种动态过程潜在地提供了一种分析工具,使参与者信念与行为相互协调,同时又解决了纳什均衡的第二个要求。另外,动态过程提供了对博弈中多个均衡情况进行评价的有效工具。

对进化稳定策略做一种通俗阐述,一种性态称为是进化稳定的,只要当种群的所有成员都具有该性态时,在自然选择的影响下,拥有其他性态的个体不能侵入该种群。这种基本博弈被假定成在下述意义是对称的:即参与者选择一种特定的策略来对抗其对手选择备择策略的支付,不论参与者的特征与个性如何,均是相同的;参与者不能在附有任何特殊的条件下做出自己的策略选择,这些特殊条件包括参与者体型大小或者年岁长幼等,在自然选择过程喜欢那些赢得较高支付意义下博弈中的支付被假设成"适应度"(fitness,又称适合度)。

现在,假设种群中除了极少数执行可选策略中的

"变异"策略外,每一个参与者都执行一种"共同"策
略。如果执行共同策略获得一个比执行变异策略高的
期望支付,那么可以指望自然选择过程会剔除变异
者。如果这一结果对任何可能的变异策略都成立,那
么此共同策略称为进化稳定的。因而,进化稳定策略
是种群中十分流行的策略,它能够抵御任何充分小的
变异进攻。

一旦把这种比任何变异策略赢得较高期望支付的
条件转变成支付形式,任何相对于自己而言成为严格
最佳策略的(也就是,相对于自身策略而言,比如对于
任何可选策略所获得的支付严格高)将是进化稳定
的。因为这样的策略与任何变异策略相比,前者所获
得的支付较高,所以在变异立足点充分小的情况下,种
群里进化稳定策略比变异策略会获得较高的平均期望
支付。

史密斯用鹰鸽(Hawk－Dove)博弈所开辟的"进
化与对策理论"业已成为生物学中关于进化稳定性讨
论与研究的标准设置。这一博弈有两个参与者,竞争
一个价值为 V 的资源,比如食物。如果一个参与者采
取进攻性的鹰式策略,简记为 H,而另一个则采取温和
保守的鸽式策略,简记为 D,那么前者获得该资源而后
者则什么也没有。如果两个参与者均是鹰式的或者均
是鸽式的,那么两者拥有相同的机会获得等量的资源,
而且在鹰式策略情况下则会导致每一个参与者以概率
1/2 招致损伤的成本 $C > V$。鹰鸽博弈具有唯一的进
化稳定策略,该策略是由混合策略形式给出的,即以概
率 V/C^2 去采取鹰式策略,而以概率 $(1-V/C^2)$ 采取鸽
式策略。

　　一旦知晓某一策略是进化稳定的,就会提供给每一个参与者选择该策略的某种种群信息。为了探讨这个问题,生物学家研究了处于进化稳定性概念之中以显式形式存在的一个种群动态学(population dynamics,或称种群动力学)。为了与作为适应度的支付解释相协调,设支付等于繁殖率,于是,种群构成可以借助于复制动态特性(replicator dynamic)来阐述,即采取给定策略的参与者份额的增长是以等于采取该策略所获得的平均支付与种群的平均支付之间差的比率来进行的。

　　进化稳定策略在复制动态特性下是渐进稳定的,这意味着假如存在进化稳定性概念的动态刺激,动态学就会从几乎所有的种群结构出发收敛到进化稳定策略上。例如,在鹰鸽博弈中,复制动态学将收敛到种群中 V/C 部分参与者采取鹰式策略的状态上。这再造了进化稳定策略,但是却以种群中 V/C 部分参与者采取鹰式策略,而$(1-V/C)$部分参与者采取鸽式策略的形式出现,而不是下面的情形:每一个参与者选择一个以概率 V/C 采取鹰式策略,以概率$(1-V/C)$采取鸽式策略的混合策略。

　　鹰鸽博弈的进化稳定策略也是此博弈唯一的对称纳什均衡。在许多生物学应用中,均衡条件仅仅满足于产生人们所期望的结果。因此,生物学中的进化稳定性概念的基本意义或许推广了非合作博弈与纳什均衡的思想。

　　对于单一种群博弈而言,进化稳定策略的核心思想是,以任意小入侵的变异具有较低的适应度,从而没有一个入侵可以找到微小优势去代替当前状态。换句话讲,这种策略一旦在种群中得以建立,就拒绝一切可能在进化中少量引入的其他策略介入。标准的博弈论把 ESS 称为对称博弈的真纳什均衡。

作为一个均衡概念,ESS 具有两个弱点。其一,找出带有多重 ESS 或者不带 ESS 的博弈很困难。其二,尽管其思想是动态的(变异入侵失败),然而定义却是静态的。人们喜欢以任意初始状态来预测行为,同时关注什么时候拥有收敛于特定均衡点的收敛。当然,这样的预测依赖于动态学。

由泰勒(P. D. Taylor)和琼克(L. Jonker)在 1978 年引入的复制动态学是进化对策动态学的第一个事例,也是十分著名的事例。在生物学中,相关的适应度收益被定义为增长率。在生物学中,从遗传学的意义上提取一些思想,很自然地假定相对于可选择的任何行为(或特性)的增长率是相对于可选择收益而言的一种收益。

一个微妙的结果是,复制动态学的动态稳定均衡(也就是局部渐进稳定稳态)包括所有 ESS,还有一些其他点,比如顶点。复制动态学在多种群情况中的一般推广可直接推导出来。至于离散时间形式的复制动态学在概念上亦可直接推导出来。

三、金融市场演化博弈方法的应用

利用进化对策论来探讨金融市场问题的最早两个应用,一个是肯利什(J. Conlish)的《高成本最优化者与廉价模仿者》(1980);另一个是康奈尔(B. Cornell)和罗尔(R. Roll)的《市场与组织中成对竞争策略》(1981)。肯利什的研究工作与生物学中的类似研究相平行,他发现了以某一成本来进行最优化的行为

人在动态均衡中能够与廉价模仿者协同共存的条件。而康奈尔和罗尔利用生物学家 2×2 鹰鸽博弈矩阵的变形讨论金融市场中相同的论题,即什么时候昂贵的基本价值分析与廉价的根据实际经验所得作法来选择股票买卖会协同共存呢? 他们找出高代价的知情交易者与非知情交易者的内在 ESS,这就是由边际信息成本等于边际利润的条件以及带有敏感比较静态学的内在市场份额条件来刻画的。

如同最初其他进化博弈模型一样,康奈尔和罗尔的模型假定成对的随机相互作用由收益矩阵来描述,从而收益函数是其状态变量的线性函数。该假设很难与由资产价格和资产收益之间的相互作用促成的更为复杂的形式相一致。

此外,布卢姆(L. E. Blume)和伊斯利(D. Easley)在论文《演化与市场行为》中,发展了金融市场的一种演化模型,确定了行为人的生存条件。在传统资本市场模型中,当投资者不适应市场时,他们阐述了投资准则的"群体动力学",并且研究了它与财富积累的动态学是如何联系的。他们证明了在风险环境下最适合的行为可以由对数效用函数来规定,也就是,对数效用最大化者无论什么时候进入市场,所有其他交易者被迫趋向于消亡,除非他们行动看起来好像是对数效用最大化者一样。

人们试图把进化对策论中有关种群动态学的理论应用到金融市场研究中,其隐含的假设为,种群动态学是在大种群参与者中策略的学习过程或适应过程的一种简化形式。这一方法运用到市场中会带来两个问题:首先,适应度准则应该是效用、财富或者其他别的什么呢？其次，在源自资本积累过程的资本市场中存在一种自然的"种群动态学"，而这一过程不依赖于个体适应。相反，财富积累率的不同在决定市场结果中会增加一些个体的相对重要性。

金融市场所特有的属性要求金融演化模型要从头做起，并且建立模型，而不是简单地从生物学或其他领域应用中借用已有模型。动态学是一个具有特别意义的内容。从一开始就必须认识到，不存在一种万能的、可作各种用途又适合于所有市场与所有时间标度的适应过程。相反，却存在以下几种十分特殊的过程。

进入与退出　破产倒闭生产者的退出与具有新技术生产者的进入大概是经济学上最重要的事例。另外一个事例，对于生物学家而言处于中核心地位，但是在经济学家所研究的时间标度中通常显得不重要的内容就是生与死，而生与死会导致行为人群体经由自然选择带来的遗传进化。在金融市场，一些新证券和新投资者会偶尔进入，而市场已有的一些证券或投资者则会退出。

内生市场份额　当交易者群体是恒定不变的、同时个体交易者不改变其行为方式的时候，能够达到同论文《演化与市场行为》中一样的市场水平调整，即具有使利润越来越少的行动方式的交易者会损失财富，而市场份额趋向于那些具有使利润越来越多的行动方式的交易者手中。

适应学习　可以跨越最适宜时间标度的最重要的过程大概是交易者自身有计划有步骤地通过改变其行为方式来响应环境的变化，丰富自身的个人经验。学习变异的方式包括：响应其他交易者经历的观察学

1228

习;直接模仿更为成功交易者的行为方式;通过探索和尝试比直接关注利润更为重要的以增多自身知识,从而改善利润的积极学习。

制度演化 多种市场制度和规则的建立过程就是为了回应经济环境的变化与竞争压力而导致的变化,进而不断地进行一些修改。例如,中国金融市场制度与交易规则在近十多年里得到了不断改进和完善,正是适应国家经济发展环境的日益变化而协调发展博弈的结果。

总之,进化对策论把均衡看成一个不断调整的动态过程的结果,而不是简单突然涌现的结果,促使了对策论的理论分析更加贴近经济学。进化对策论的研究模式与模型正式渗透并且深远地影响经济学家对经济博弈模型的思考方式的历史,才仅仅十多年。目前,存在许多尚未解决的问题,需要人们进一步探索。

附录 Ⅲ 攀登博弈论前沿的阶梯

—— 简介《博弈论手册 —— 经济学应用》

王忠玉

2005 年度诺贝尔经济学奖得主之一的奥曼(Robert J. Aumann) 教授,在他和哈特教授主编的三卷本《博弈论手册》(*Handbook of Game Theory with Economic Applications*,1992 年第一卷,1994 年第二

1229

卷,2002 年第三卷)第一卷的序中强调:博弈论研究交互作用的决策者行为,是从经济学理性出发的,不是从心理学或者社会学观点出发的。

奥曼认为,博弈论首先是处理在交互作用的情况下"最优理性决策"概念的基本问题;其次,它既在一般设置背景下又在特殊模型下分析这些"解概念"。博弈论总是努力发展一般性与普适性方法,而不是使用把每一个特定问题分开独立处理的特别分析(ad-hoc analysis)。

《博弈论手册》第一卷的序,把博弈论理论大致分成"非合作博弈"、"合作博弈"、"一般性博弈理论"三大类,其中第 1 章至 11 章属于非合作博弈的内容,而第 12 章至 18 章属于合作博弈的内容,第 19 章属于一般性博弈理论内容;第二卷第 20 章至 21 章属于非合作博弈的内容,而第 32 章至 37 章属于合作博弈的内容,第 38 章至 40 章属于一般性博弈理论内容;第三卷第 41 章至 52 章属于非合作博弈的内容,而第 53 章至 58 章属于合作博弈的内容,第 59 章至 62 章属于一般性博弈理论内容。

《博弈论手册》已由荷兰爱思唯尔公司(Elsevier)出版发行。

手册主编者简介

罗伯特·约翰·奥曼教授

罗伯特·约翰·奥曼教授,1930 年 6 月 8 日出生,目前具有美国和以色列双重国籍,经济学家,是以色列耶路撒冷希伯来大学理性研究中心(Center for Study

of Rationality)教授,犹太人。因为通过博弈论分析改进了我们对冲突和合作的理解,他与托马斯·克罗姆比·谢林(Thomas Crombie Schelling)共同获得2005年诺贝尔经济学奖。他是美国科学院院士,美国艺术与科学学院外籍院士,以色列科学与社科院院士,英国社科院通讯院士,国际计量经济学会会士。曾担任以色列数学学会主席,国际博弈论学会首任主席。

主要成就有:

博弈论 第一个定义了博弈论中的相关均衡概念,这是一种非合作型博弈中的均衡,比经典纳什均衡更加灵活。

交易者连续统市场经济模型。

重复博弈的连续交互模型。

宗教 使用博弈论分析犹太法典中的塔木德难题,解决了长期悬而未决的遗产分配问题。

交互环境中代理人之间通识的数学公式表示。

瑟吉厄·哈特教授

瑟吉厄·哈特(Sergiu Hart)教授,1949年出生,出生在罗马尼亚的布加勒斯特。他的大学本科及硕士、博士都在特拉维夫大学(Tel Aviv University)就读,硕士和博士师从罗伯特·约翰·奥曼教授。目前,哈特是以色列耶路撒冷希伯来大学理性研究中心教授。

他曾与其他教授合作出版了(1)《博弈论手册》(和奥曼教授共同主编);(2)《博弈论和经济理论》(和Abraham Neyman教授共同主编,1995年);(3)《合作:博弈理论方法》(和Andreu Mas-Colell教授共同主编,1997年)

手册内容目录简介

附录 Ⅳ 1994 年度诺贝尔 经济学奖与对策论

王忠玉

摘要：本文以历史时间框架来阐述了对策论的发展，并指出了豪尔绍尼、纳什和泽尔滕对对策论理论及其应用的卓越贡献，初步探讨了对策论对经济学理论的深远影响，论述了当今世界经济发展主流仍是以数学化、定量化的实证性研究方法为主要手段。

关键词：诺贝尔经济学奖，实证性研究方法，对策论。

一、诺贝尔经济学奖与实证性研究方法

1994 年 10 月 11 日,瑞典皇家科学院宣布将此年度的诺贝尔经济学奖颁给约翰·豪尔绍尼(John C. Harsanyi)、约翰·纳什(John F. Nash) 和赖因哈德·泽尔滕(Reinhard Selten),以表彰他们对对策论(Game Theory,亦称博弈论)理论研究方面和将对策论策略应用于经济分析方面所做出的卓越贡献。对策论是一门当今运用广泛的应用数学,由此看出,当前定量分析方法在经济学研究分析中的运用仍是世界经济发展的主流,无疑这又一次强调了经济学研究方法的科学性,充分说明了现代西方经济学重视数学化、定量化的实证性研究方法的作用与地位。

诺贝尔奖金原来既没有数学的,也没有经济学的份。可是从 1969 年起,瑞典开始颁发诺贝尔经济学奖,这项奖只是借了诺贝尔的名,而真正掏钱的是瑞典中央银行。为了纪念该行创办 300 周年特设立诺贝尔经济学奖,旨在奖励"以科学研究发展静态的和动态的经济理论,以及对提高经济学分析水平有积极贡献的人士"。从首届诺贝尔经济学奖奖给挪威的经济学家和统计学家弗瑞希(Raynar Frisch,1895—1973) 和荷兰的经济学家丁伯根(Jan Tinbergen,1903—1994) 至 1994 年度的豪尔绍尼、纳什和泽尔滕,共计 37 位获奖者。由于诺贝尔经济学奖强调科学性和分析水平,自然使得经济学中的数学家大大沾光。事实上,这个奖的一半以上都发给了这样的人,例如 1970 年的得主萨缪尔森(Paul Anthony Samrelson,1915—),1972 年的得主希克斯(John Richard Hicks,1904—1989)

和阿罗(Kenneth J. Arrow,1921—　)。1973 年的得主列昂节夫(Wassily Leontief,1906—　),1975 年的得主康托罗维奇(Leonid Vitalievitch Kantorovich, 1912—1986),而他完全是一个数学家⋯⋯,这里就不详尽地一一说明了。

二、对策论的发展获奖者的贡献

现在,我们以历史时间框架来介绍对策论的发展,并且阐述豪尔绍尼、纳什和泽尔滕对对策论理论及其应用的贡献。对策论这门学科,是研究那些决策会相互影响的决策者(也叫局中人)们的行为问题的理论。对策论的发展,若以历史时间框架来划分的话,大致可以分为以下 3 个时间段。

1. 早期的对策论:1910 年 —1944 年前

在这些最早的年代里,对策论专注于严格竞争对策,通常的称谓是二人零和对策。在这些对策中,不存在任何类型的合作或联合行动,一个局中人认为某一结局比另一结局好,则另一局中人的偏好必然是相反的。冯·诺依曼的最小最大定理(1928)断言每个二人零和对策中,如果各局中人具有有限多个纯策略,则该对策就是确定的。 在这以前,波莱尔(Emile Borel, 1871—1956,法国数学家)已在几种特殊情形下证明了这条定理,但未能得到一个普通的证明,他这时还引入了"最优策略"的概念。许多年来,最小最大定理被认为是对策论的精华。尽管它不是对策论的核心,但却依然是极为重要的基石。

2. 作为一门独立学科的对策论:1944 年 —1960 年

这一时期最突出的事件是 1944 年冯·诺依曼与

摩根斯坦所著的《对策论与经济行为》一书的出版。
在经济学家中,摩根斯坦首先清楚地全面地确认,经济
行为者在作决策时必须考虑到经济学上的互斗性质。
20 世纪 30 年代末,他在普林斯顿大学结识了数学家
冯·诺依曼,并开始合作研究,他们的合作在《对策论
与经济行为》中达到了顶峰。随着此书的出版,对策
论作为一门学科获得了应有的地位。从数学形式上
看,诺依曼和摩根斯坦的著作对经济推理奠定了逻辑
严谨性的新水平,通过最小最大定理的初等证明,它首
次把凸分析引入经济理论中,该书除了详尽论述前面
提到的严格竞争理论外,还开辟了好几个全新的研究
方向:合作对策观念,它的联盟形式以及它的冯·诺依
曼－摩根斯坦稳定集。最重要的是该书把对策论作
了空前广泛的应用,其中许多是应用于经济学的。

　　20 世纪 50 年代是对策论的一个令人振奋的时期,
这学科已破茧而出,并屡试其翅。普林斯顿的理论巨
人下凡了,他就是约翰·纳什。纳什,1928 年出生于美
国西弗吉尼亚州,曾就学于匹茨堡卡内基理工学院,后
来慕名转到普林斯顿大学,1950 年获得该校数学博士
学位。1950 年,年仅 22 岁的数学博士纳什,连续发表
了两篇划时代的论文:《N－人对策的均衡点》、《讨价
还价问题》。次年,他又发表了《非合作对策》。这一切
为非合作对策理论以及合作对策理论的讨价还价理论
奠定了坚实的基础,同时为对策论在 50 年代形成一门
成熟的学科作出了创始性的贡献。

　　在非合作对策理论中起一种核心作用的概念是纳
什均衡。纳什均衡的现在形式,是由纳什在 1950 年、
1951 年研究中给出的,在合作对策的论题中,纳什

1950 年提出了一个是有基本重要性的模型 —— 纳什的谈判问题。豪尔绍尼曾在 1956 年给出了这个模型解的一个令人信服的经济学解释。这一时期,沙普利(L. S. Shapley) 定义了联盟对策的值的概念,开创了随机对策理论,并与吉利斯(D. B. Gillies) 合作创立了核心概念,又与约翰·米尔诺(John Milnor)一起发展了局中人组成连续统的第一批对策论模型。除此还有,哈罗德·库恩(H. W. Kuhn) 研究了行为策略和完全再现,阿尔·塔尔(Al Tucker) 发现了囚徒的困境。在冯·诺依曼与摩根斯坦的积极参与下,在普林斯顿大学举行了三次对策论会议。普林斯顿大学出版社出版了四卷经典的《对策论论文集》。卢斯(R. D. Luce)与雷法(H. Raiffa) 在 1957 年出版了巨大影响的《对策与决策》一书。在 50 年代末尾出现了重复对策的第一批研究论文。核心观念,在冯·诺依曼和摩根斯坦的著作《对策论与经济行为》中表露得并不明确,但它隐现于稳定集的某些讨论之中。核心按其自身的性质而作为一般解的概念,则是由沙普利和吉利斯在 50 年代初期发展起来的。

这一时期原有概念与结论的深入研究,促成了一些极为重要的新概念的产生与发展。比如解的概念控制、核心、分配、稳定集、可转移效用、一次性对策、预期效用等,还有纳什均衡、随机的和其他的动态对策、重复对策、沙普利值等概念的产生与深入研究。其中有些概念,比如纳什均衡等,对对策论的蓬勃发展与应用产生了奠基性的推动作用。

3. 蓬勃发展的对策论:1960 年后 — 现今

首先 60 年代是发展的 10 年,像不完全信息对策

和非转移效用联盟那样的扩充,使理论变得更具有广泛应用性。"完全信息"就像下棋一样,每下一步对方都可以清楚地看见。可是经济运作或其他日常生活中,要获得完全信息可能性很低。而纳什均衡,恰恰就是必须假定局中人都了解其他对手要选择的策略,即假定具有"完全信息"。把纳什均衡运用在经济研究分析中,若局中人指的是厂商,这种不确定性可能反映为这个厂商起初对其他竞争者的金融或人力资本等信息的不确定性。这就足以显示,纳什均衡的条件苛刻与不切实际。豪尔绍尼经过悉心研究,证明了不完全信息下如何谋求对策的问题。这一重要的概念性突破为不久即将酝酿产生的信息经济学打下了理论基础。信息经济学现今已成为现代经济学和对策论的主题。

豪尔绍尼,1920 年出生于布达佩斯,第二次世界大战之后,离开匈牙利来到美国,并在斯坦福大学获得博士学位,1964 年以来一直在加利福尼亚大学伯克莱分校任教。豪尔绍尼从 50 年代中期开始,就致力于对策理论的研究。1956 年,他发表了《论对策论前后关于讨价还价问题的研究方法;对 Zhuthern、希克斯与纳什等理论的一个评注》,1959 年给出了一个《N — 人合作对策的讨价还价模型》,1963 年,他又进一步将上述模型进行简化,于 1966 年系统地提出了《对策情形中合理行为的一般理论》,随后,他根据以前的研究成果,证明了如何分析在不完全信息下局中人的策略问题。至此,豪尔绍尼创立了不完全信息对策的学问。豪尔绍尼关于不完全信息对策的系统表述是采用程序方式进行的,并使用策略形式的概念。有了上述的探讨后,豪尔绍尼开始进一步研究合作对策。他认为,如

果在一对策中义务 —— 协议、承诺、威胁 —— 具有完全的约束力且强制执行，则称之为合作对策；若义务不可强制执行，即使局中人之间在进行对策前可以交往，则此对策称为非合作对策。建立一个合作对策的非合作模型，最早是由纳什于 1951 年提出的，豪尔绍尼通过 1972 年与泽尔滕合作，以及他在 80 年代的一些研究，已经取得了某些成功。在 70 年代与 80 年代期间，豪尔绍尼曾两度与泽尔滕进行合作，提出了《关于不完全信息情况下两人讨价还价对策的一般纳什均衡解》（论文）与《关于对策中均衡选择的一般理论》（专著，1988），为不完全信息对策的理论研究作出了卓越的贡献。

纳什均衡必须假定具有"完全信息"及一个特定环境。豪尔绍尼对"完全信息"进行了研究，最终创立了在不完全信息下如何寻求对策的理论。除此之外，纳什均衡基于"一个时期模式"，即在一个不变的环境，双方不改变策略的情况下进行的。然而，现实都是难免有改变或经常有重复的。从 1965 年起，泽尔滕对纳什均衡的概念进行了细致全面地研究，他发现了纳什均衡于"一个时期模式"，为了消除这一缺陷，泽尔滕于 1965 年提出了关于"子对策完全性纳什均衡"的概念，以完善纳什均衡得到形式自我强制协议的其他必要条件。泽尔滕，追求时间连贯性，也就是在动态转变状况下，寻找能符合每个人不同时期的对策。其基本思想是在扩展型对策（即对策的局中人一步一步地往下推演）中的任一点，先行者利用其先行地位及后行者必然理性地反应的事实，来达到对其最有利的纳什均衡。相应的办法是"倒退演绎法"，所谓倒退演绎法，就

是先找出其子对策的纳什均衡。当所有局中人对已泄露的信息达成一致的看法时,那么剩下来的对策就是子对策,我们可能需要知道,在这种情况下,局中人预期就这个子对策者达成的协议,不仅是该子对策的一个纳什均衡,而且也是整个对局的一个纳什均衡。

泽尔滕,1930 年出生于现今德国的布勒斯芬(原来是波兰西南部一城市),1961 年在法兰克福大学获得博士学位,1968 年又在同一所大学获得高级博士学位。随后,他在柏林自由大学和比勒费尔德大学工作,1984 年泽尔滕成为波恩大学教授。泽尔滕的子对策完全性纳什均衡的思想十分简明、直观、非常适合应用于许多实际情况。泽尔滕尝试性地将上述思想方法用到商品供应的垄断现象分析之中。在寡头垄断市场上,一个企业的战略选择势必引起一系列不同层次的连锁反应,对此用子对策来分析十分有价值。后来,泽尔滕详细地分析了连锁商店问题,发表了《连锁商悖论》(1978) 的论文。目前在市场行为学领域正盛行所谓的"斯塔克尔伯格均衡点",事实就包含有上述思想,只不过这种均衡是一个简单的二人两层次的对策。

20 世纪 70 年代,泽尔滕仍就致力于纳什均衡的完善工作。他于 1975 年发表一篇题为《关于扩展性对策中均衡完善概念的再检验》论文,提出了被后人称为"颤 抖 手 完 美 纳 什 均 衡"(Trembling-Hand Perfection) 的概念以改进纳什均衡。颤抖手完美纳什均衡的基本思想是这样的:每个对策的局中人,在按照纳什均衡的战略行事时,偶然地也会犯错误,形象地说法,手可能会颤抖,以致失手而选错战略。但是,一个完美的颤抖手,必须具有这样的稳定性质,即假定某个局中人极偶然地犯了错误（犯错误的概率被假定大于零，但无穷小），其他局中人即使按最佳应变策略的原则行事，会发现他们仍然选择的是原来那个纳什均衡的策略选择。

在泽尔滕提出"颤抖手完美纳什均衡"不久，其他研究者就开始注意到颤抖手完美性的假设出了问题。1978 年，罗杰·迈尔逊（Roger Meyerson）在题为《对纳什均衡概念的精确化》论文中，指出泽尔滕认为颤抖的概率在各个方向是一致的，这与实际情况不符合。因为局中人总是避免在大的决策上犯错误，为此迈尔逊提出了合理性来修正。1982 年，克雷普斯（D. Kreps）和威尔逊（Wilson）将信息和不确定性引入动态对策问题之中，提出带信息的动态对策均衡解，一般称为序贯均衡。序贯均衡，实际上是子对策完备均衡与贝叶斯均衡（不确定性的对策结局称为贝叶斯均衡）的结合，其特征是信息和对策的动态交互作用。

泽尔滕对纳什均衡进行修正的思想方法无疑是开创性的，尤其对不确定性的对策，即贝叶斯对策具有极大的启发性，由此构成了 20 世纪 80 年代以来对策论理论的前沿课题，克雷普斯已经在此领域获得丰硕的研究成果，他因此而获得了美国克拉克奖，该奖是美国颁发的奖给 40 岁以下美国最杰出的经济家。

用对策论来探索市场经济的均衡问题，现今已成为经济学研究的主流之一。一般经济均衡理论是现代经济学的基石，用对策论来表述一般经济均衡现论是经济学对策论的最富有挑战性的研究领域，也是 20 世纪 80 年代末和 90 年代初国际经济理论界最活跃、最

热门的研究课题。泽尔滕也投身于此领域的研究,并取得了一些研究成果,最近,泽尔滕及其合作者编著了《对策均衡模型》(*Game Equilibrium Models*,I—IV,1991,Springer),此丛书是这方面的最新研究成果。用对策论方法去重构经济均衡理论必将使这一理论更加宏伟壮观。无疑,这已扩大了经济理论研究的疆界,丰富了经济理论的思想。

三、问题与前景

对策论,无论是对经济理论研究方面,还是对经济学的实际应用领域,其作用是重大而深远的。对策论,以往的应用是产业组织或市场结构的研究,投票和公共物品的供给等方面。到了 20 世纪 80 年代以后,对策论开始了重写经济学的战役。现代经济生活的特征一是信息,二是不确定性。从传统经济学的主流来看,微观经济学主要分析了不完全竞争条件下的均衡行为,虽然张伯仑(Edward Hastings Chamberlin,1899—1967,美国经济学家)与罗宾逊夫人(Joanrobinson,1903—1983,英国经济学家)于 20 世纪 30 年代提出了不完全竞争,但是分析非常有限,泽尔滕把对策论引入垄断经济分析与豪尔绍尼提出不完全信息对策之后,克雷普斯与威尔逊将信息和不确定性引入动态对策问题中,导出了带信息的动态对策均衡解,称为序贯均衡,其特征是信息和对策的对态交互作用。传统微观经济学中一般均衡的概念是价格和交易量交互作用的结果,而序贯均衡却是信息和对策交互作用的结果。这二者的区别是十分明显的。显然,后者更接近于现代经济生活,但是解序贯均衡要困难得多。目前,对策论专家也只能解决非常简单的序贯均衡。另一方面,从当前宏观经济理论的最新发展看,不完全信息对策理论以及序贯均衡对策理论将会使理性预期宏观经济学更成熟,更接近于实际情况。这正是对策论蓬勃发展、运用广泛的现实基础。

这是一本关于博弈论的书。

"弈"在中文中有两个含义：一是专指围棋，二是指下棋。孟子说"弈，小术也。"是说围棋是小东西。（但对围棋来说，你能穷尽它的奥秘吗？差得远。围棋界顶级的高手吴清源以及其后的一些日本高手反省围棋时都说："可能我们全体棋手只发掘了围棋奥妙的 20% 或者 30%，不会再多了。"）

"博弈"在古代指下围棋，中文博弈一词最早在孔子的《论语》中出现。孔子曰："饱食终日，无所用心，难矣哉！不有博弈者乎？"后来产生了比喻为谋取利益而竞争的用法。

英语中称博弈论为"Game Theory"。Game 亦有两解，一是游戏，玩耍，娱乐，消遣；另一个是赌博（古）。

所以我国著名社会科学家于光远先生曾建议将"Game Theory"译为"竞赛论"或"聪明学"。法国经济学家克里斯汀·蒙特(Christian Montet)和丹尼尔·塞拉(Daniel Serra)说:"'博弈'这个词应理解为明智的、理性的个人或群体间冲突与合作的情形。"(克里斯汀·蒙特,丹尼尔·塞拉著,张琦译,杨冠琼审《博弈论与经济学》,经济管理出版社,北京,2005,P1)

要定义一个学科是什么往往是困难的。博弈论也不例外,也是多种定义并存。

美国著名制度经济学家萨缪·鲍尔斯(Samuel Bowles)给出的定义是:博弈是策略交往的一种建模方式,后者是指如下情形:个人的行动后果依赖于其他人的行动,并且所涉各方会意识到这种相互依赖。一个博弈是一套完整的识别系统,包括参与人,每个参与人的所有可行的行动方式的列表(包括视其他人行动而定的行动或基于偶然事件的行动)——被称为策略集,每个策略组合对应的支付,以及博弈的顺序和每人拥有的信息。参与人可以是个人,也可以是组织,比如企业、贸易联盟、政党或国家。在生物学的应用中,次个人的实体,比如细胞或基因,也是参与人。(萨缪·鲍尔斯著,江艇,洪福海,周业安等译,周业安校,《微观经济学:行为,制度和演化》,中国人民大学出版社,2006 年,P23~24)

在此定义之下,博弈的结果是参与人所采取的行动的集合(及其相关支付)。博弈结果不能单纯从博弈结构中推导出来,而另外需要一种可行的解的概念,即关于所涉及各方将会如何行动的详细说明。博弈及其结果的关系远未被理清,各种有尖锐差异的方法都试图处理这一问题。古典博弈论看重于要求参与人做出前瞻性的认知

评价,这种要求有时是过分严苛的。相反,演化博弈论则强调经验法则行为,这种行为通过后向的学习过程,即根据本人或他人的近期经验来更新。所以也有人将博弈论定义为:一门专门研究互动局势下人们的策略行为的学问。

不难理解,博弈论中的"博弈"不应只按字面理解为日常生活中的游戏,更不应理解为赌博,而应看作是概括了相当广泛的某一类现象的数学模型。在这一类现象中有某些"博弈者"参加,他们所关心的对象(或称之为"利益")不全相同,他们能够用某种方法获得自己的"利益"。这里的博弈者既可以是个人,也可以是集体,既可以是某一类生物,也可以是自然界。博弈论主要就是研究在这种现象中博弈者应该如何来选择自己的策略。很明显,这样的数学模型是概括了相当广泛的一类现象的。机器的自动调节,自动控制就是要机器学会一种"博弈"的本领。苏联的学者还指出博弈论对经济问题的分析是有帮助的(参看《莫斯科大学学报》1959 年第一期:А. Я. Боярский: О Теории игр как Теории Зкономического Поведния),博弈论在军事方面也是有用的。现行的博弈论定义有些是内涵式的但也有外延式的,如:博弈论是关于策略性决策制定的科学。在理解竞争与合作之间关系的问题上,博弈论是一种非常有力的工具,但它并非治疗由糟糕管理而产生的缺陷的万能药。对于经理或管理者而言,它仅提供了解决问题的一种新的观点。与其他工具一样,博弈论仅仅是一种工具,它能使那些在实践中不断反思自己行为的人有效地提高自己。(安东尼·凯利,《决策中的博弈论》,英国南安普顿大学教授)

在对博弈论的种种定义的选择中人们往往也不免落

入人贵言重的俗套,对名人特别是业界名人的定义尤其重视。

　　诺贝尔经济学奖得主,美国著名经济学家托马斯·谢林有一段对博弈论全面的评论。他指出:博弈论是一门对某类问题进行理性决策的正统研究科学。两个或两个以上的个人可以有多种选择,与结果相关的不同偏好以及形成每个人选择和偏好的知识。最终的结果取决于两者的选择,如果是两人以上,则取决于每个人的选择。没有一个人能做出独立的"最优"选择,这要取决于其他人的选择。

　　博弈论的目的是对各种情景进行区分,一般区分为实践重要性情景和智力挑战情景中的一种,然后提出一个应该由理性参与者联合做出的满意的解决方案。每个人应该在他的期望基础上做出决策,除非我们假定一个或一个以上的参与者预期错误——此时,我们必须列出将出现这种错误的个人偏好者——否则,他们的期望选择和每个参与者相互间的期望都会具有某些一致性。

　　博弈论是抽象的和推论性的,而不是一门研究人们如何决策的经验主义科学,但它是一种附有以下相关条件的演绎原理,即参与者的决策必须是"理性的""一致的"或"非矛盾的"。当然,对非独立决策中"理性的""一致的"或"非矛盾的"等限定词的定义本身也是博弈论研究内容的一部分。

　　严格地说,博弈论是不可预知的,与可预知性或解释性原理相反,这正是博弈论有时被称为"标准化"理论的原因。而且令人怀疑的是,如果人们并不能从理论家的推论中找到对实际行动分析的基准,理论家是否能发出这么多能量和获得高度的注意,这种可以被称为代理解

决的方法在经济学中是一种传统的方法;对于公司利润最大化甚至是对公司是否达到公司利润最大化的研究中,如果公司确实是在努力达到目标并已经实现了利润最大化,这种方法对于了解他们如何实现利润最大化很有帮助。(托马斯·谢林著,熊昆,刘永谋译,《选择与结果》,华夏出版社,2007年,P267～268)

由一个数学工作室来策划一本经济学著作,何故?原因是:经济学大师弗里德曼说:"经济学正日益变成数学的神秘分支,而不是处理现实经济问题的学科。"科斯说:"现存经济学是一种飘浮在空气中的理论的(即数学的)体系,它与真实世界中所发生的事情很少有关系。"而博弈论恰恰是数学方法在经济学上应用的典范。正如凯利所说:"最复杂的应用激发了最复杂的数学方法,而对那些有能力和知识去运用这些数学方法的人而言,这些数学方法成为了他们的捷径。随之产生的对博弈论的威胁是除了最有能力和信心的理论家外,对大多数人而言它失去了最基本的东西。这可能是个不必要的牺牲,因为博弈论虽然并不拒绝数学,但它基本上应该能够让那些只具备中学数学水平的人所理解和应用。用一种非常谦虚的说法是,应该试图做到这一点:提供了一个对数学仙境惊鸿一瞥的同时,并不准备为那些沉湎其中的人去钻研它。"(安东尼·凯利著,李志斌,殷献民译,《决策中的博弈论》,北京大学出版社,2007,P14)

博弈论中最经典的内容是数学家贡献的,以至于Ken Binmore在撰写博弈论史时说:"有一些名字不能不提。看字母简略词NASH或许有助于我们记住他们的名字:纳什(Nash)本人是字母N,A代表Aumann,S表示Shapely和泽尔腾(Selten),H指的是海萨尼(Harsanyi)。"

（这几位均因在博弈论中的巨大贡献而获得诺贝尔经济学奖）在此意义上说博弈论也是一种应用数学。对于纯数学与应用数学的这种作用，《美国数学月刊》前主编哈尔莫斯说：就纯粹数学与应用数学之间的相互作用而言，似乎在两个方向上都有道理。但是，在一个方向上的道理比另一个要有力得多。对纯粹数学来说，应用是这个学科的一个重要源泉，而且仍然是灵感的经常的来源——但是，那不是绝对必需的。对应用数学来说，纯粹数学的概念和演绎法是一种工具，一种布局的计划，而且常常是对客观世界的真理的一种强有力的启示，因此是应用数学的有机整体一个不可或缺的部分。又要再来说蚂蚁与食蚁兽的例子：或许，尚可争议的是，食蚁兽对蚂蚁具有某种生态学的意义，但是，肯定不容置疑的是，蚂蚁对食蚁兽的继续生存和繁殖是必不可少的。（P. R · 哈尔莫斯，《应用数学是坏数学》）

经济学家与数学家在很多时候会在一个人身上得到统一，所以关注某些经济学家就等于关注数学家。

1983 年，法裔美国数学家德布鲁出人意料地荣获当年诺贝尔经济学奖，其获奖的原因是他运用现代数学方法，创立了关于"商品的经济与社会均衡的存在定理"。德布鲁所运用的数学方法并非他自己的创造发明，而是他作为一个数学家，系统地掌握了现代"非线性泛函分析"特别是运用了华裔数学大师樊畿先生所创造的"不动点理论"，以及那些令人拍案叫绝的"极小极大定理"，然后把它们巧妙地应用到经济学中。在德布鲁获得诺贝尔经济学奖后的一次招待会上，一位数学家看到他与樊畿在一起相谈甚欢便插进来开玩笑说："你是否可以拿出三分之一的奖金，分给樊博士？"德布鲁一本正经地回答："我刚

向樊博士提议分他一半,可他拒绝了。"

其实可以干脆地说博弈论就是数学家催生的:

关于博弈论的产生,吴文俊先生说:"正像 17 世纪时概率论的产生与一些赌博问题有关那样,在 20 世纪发展起来的博弈论也与一些赌博以及下棋中的数学问题有关。1921 年法国的 E. Borel 为了用数学方法处理一类赌博问题,提出了"策略"这样一个概念,赌徒智力的高下就体现在是否能善于选择"策略"这一点上,这可以说是博弈论的萌芽。

关于博弈论的发展,早在 20 世纪 50 年代吴文俊先生就指出:自然我们只能考虑简之又简的情况,要说真正能对实际问题发挥效果,而起指导作用,很可能还遥远得很,甚至还渺茫得很,只能寄希望于未来。但如果我们想到 17,18 世纪时代的概率论是怎样一个面目,而现代的概率论又怎样广泛地被应用于自然科学、工程技术、国民经济甚至日常生活之中。又如果我们想到博弈论所从事的对立现象正与概率论所从事的随机现象同样普遍地存在于现实世界,那么博弈论在将来的获得广泛应用,就不是一种想入非非的猜测了。事实上,博弈论的历史只有三十来年(从冯·诺依曼 1928 年的工作算起到 1959 年),可是已经出现了不少应用。冯·诺依曼本人还曾将之应用于工作的分配问题,生产系统按比例发展问题,与工厂选址问题,还以博弈论为基础发展了描述经济现象与社会现象的一个数学理论。虽然这些应用的深度与广度值得讨论,有的应用(特别在经济学上的应用)在观点上是根本有问题的,但已有的成果已足以鼓舞人们去做进一步的开拓。如果与概率做比较,在 17,18 世纪的概率论仅能考虑一些类似排列组合的简单问题,直到 19 世纪下半叶才证明了大数定律并被成功地应用于气体分子理论与热力学,至于概率论基础的奠定,与随机过程理论的发展,还是近 30 年来的事,中间经历的路程是漫长而曲折的,因此才有 30 年历史的博弈论,内容不多就不足怪了。但是大风起于微末,谁又能武断目前还是微末的博弈论,不在将来蔚为大风呢?(吴文俊,《吴文俊论数学机械化》,山东教育出版社,1995,济南,P356~357)

在博弈论的发展进程中,1940 年到 1943 年是一段关键时期,在这期间冯·诺依曼和奥斯卡·摩根斯坦合著了《博弈论与经济行为》,这部著作是数学家与经济学家合作的典范。冯·诺依曼是世界著名的大数学家,摩根斯坦是经济学家,他从 1931 年起,继哈耶克之后担任维也纳的经济周期研究所所长职务。1938 年到普林斯顿大学任教。在研究预测和不确定性的过程中,他提出了福尔摩斯一莫里亚蒂问题。英国作家柯南道尔(Sir Authur Conan Doyla)小说里的夏洛克·福尔摩斯和莫里亚蒂教授总是在互相猜测。如果福尔摩斯相信莫里亚蒂会跟踪他到多佛,他就在阿什福德下火车,甩掉莫里亚蒂。可是莫里亚蒂也算到福尔摩斯会这么做,于是他也在那里下车,这时,福尔摩斯会前往多佛,而莫里亚蒂知道这一点……如此下去,了无终局。冯·诺依曼分析的是两个人采用两种对策的博弈问题,只是他用了另一种语言阐述。

摩根斯坦在维也纳结识了小卡尔·门格尔,慢慢地,他同意经济问题必须用公式求证才能得到精确的解。他和很多奥地利经济学家不一样,他相信,数学可以在经济学研究中占据重要一席(他曾受教于瓦尔德),他一直在关注数学可以从中起作用的观点。但他又和冯·诺依曼

1252

有所不同,他批评一般均衡理论,不相信这个理论可以为这门学科提供一个恰如其分的框架。博弈论提供了另一个框架。他一边和冯·诺依曼合作,一边总是向冯·诺依曼提出尖锐的问题,就均衡问题和个人之间的相互依赖性问题提出自己的观点,从而给冯·诺依曼施加压力,使他发展自己的观点,最终结果是促成了这部名著的出版。摩根斯坦和冯·诺依曼发展其理论的时候,他们面临的知识环境和一般均衡理论发展过程背后的环境一样,都是崇尚公式的数学家们。事实上,两种理论采用了一些相同的关键性数学定理。

《博弈论与经济行为》赢得了喝彩,但只限于一小群精通数学的经济学家。其中一个主要原因是,迟至 1950 年,还有很多经济学家对把数学应用到经济学上怀有抵触情绪。另一个原因是,冯·诺依曼和摩根斯坦对现行的经济学著作嗤之以鼻(冯·诺依曼私下里十分鄙夷萨缪尔森的数学水平,摩根斯坦也曾发表过对《价值与资本》进行猛烈攻击的文章)。结果,多年来一直是数学家,特别是普林斯顿大学的数学家,兰德公司的战略分析家,以及美国海军研究处在应用博弈论,经济学家们反倒没有注意到它。接受过数学教育的经济学家主要出自考尔斯委员会,其中有几位写过有关这本书的大量评论,但就连他们也没有接受博弈论。

图书出版最佳方式是应运而生,次佳也应是顺势而生。我们认为现在正是博弈论方面图书出版的黄金时段。

李公明在"消费时代的后犯罪观与社会博弈"一文中指出:中国社会的运行已经明显进入了利益博弈时代。

2006 年 10 月 10 日,瑞典皇家科学院将 2005 年度诺贝尔经济学奖授予托马斯·谢林和罗伯特·奥曼,以表彰"他们通过博弈论的分析加深了我们对冲突与合作的理解"。从 20 世纪 90 年代中期至今,与博弈论领域相交的基础研究,已经是第八次获诺贝尔奖。1988 年,被誉为当代"天才经济学家"的法国经济学家梯若尔的代表作之一《产业组织理论》出版,标志着一个新理论框架的形成。学术界把这种用博弈论分析阐释的产业组织理论体系称为新产业组织理论,而梯若尔和弗登博格合著的《博弈论》更是从 1991 年出版之日便成为最具权威的博弈论教程。北京时间 2014 年 10 月 13 日晚 7 点,2014 年诺贝尔经济学奖众望所归地被授予了 Jean Tirole。这反映出世界经济决策方式的演变——注重实验和互动。这是对目前中国社会的改革最好的思维启示。复旦大学经济学院副教授王永钦曾在《南方周末》上撰文介绍了让·梯若尔。

1953 年出生的梯若尔教授是一位具有传奇色彩的经济学家,他 1976 年以班级第一名的成绩毕业于拿破仑亲手创办的培养理工界精英的巴黎理工大学,法国著名经济学家、1998 年诺贝尔经济学奖得主阿莱也毕业于此。随即又先后获得了巴黎大学决策数学博士和麻省理工学院的经济学博士学位,在麻省的导师则是机制设计理论大家马斯金教授。

1981 年麻省博士毕业后短短几年内,梯若尔就成为产业组织和博弈论方面的领军人物,并且使产业组织领域发生了一场革命。这场革命使得原先松散的、以经验研究为主的产业研究成为了有着精妙逻辑结构、建立在博弈论基础上的产业组织理论。这场革命的结晶之一便是梯若尔教授 1988 年著的《产业组织理论》。时至今日,

产业组织理论已成为微观经济学的最重要的组成部分之一。

在梯若尔之前,产业组织领域基本上是实证为主,很多实证发现之间也没有紧密的联系,产业组织学基本上是一门很松散的经济学分支,在经济学中也没有占据重要的位置。20世纪80年代,恰逢经济学中分析范式的革命性变化,博弈论和信息经济学越来越成为经济分析的利器,使经济学家更好地理解经济主体(个人、企业、组织和国家,等等)之间的互动以及和信息不对称在这种互动中的作用,并在此基础上可以研究各种公共政策。

在这种背景下,当时的产业组织领域正在发生革命性的分析范式转型,梯若尔敏感地捕捉到这种变化,与其他的经济学家一起,为产业组织的研究奠定了深厚的微观基础,用博弈论的方法将产业组织统一起来。

很少有经济学家像梯若尔这样,跨越很多不同领域,而且每研究一个领域,不仅带来很多新的洞见,还能用一个统一的理论框架将该领域统一起来。除了在产业组织,梯若尔在规制经济学、公司金融等领域的贡献莫不如是。

比如,主要关注公司的资本结构、公司治理结构的公司金融学在梯若尔之前,研究主题和方法非常分散。梯若尔2006年出版《公司金融理论》,通过信息经济学和机制设计的方法,将庞杂的文献整合了起来,提供了统一的分析框架,并且在很多方面进行了拓展。

的确,博弈论与信息经济学深刻地改变了经济学的分析方法和范围。2007年的诺奖得主迈尔森(Myerson)——一位博弈论和机制设计的大师,认为经济学实际上是用来分析"各种社会制度的"。梯若尔的成功之处在于充分地掌握了博弈论和信息经济学的工具,并将其用于他理解真实世界的各种问题。"工欲善其事,必先利其器",博弈论和信息经济学就是梯若尔所向披靡的利器。

凯恩斯曾说过,"经济学是用模型思考的科学,也是选择适合当今世界的模型的艺术"。所以,仅仅掌握了工具还不够,还必须对真实的世界及其适用的模型有深刻的理解才能成就一位杰出的经济学家。梯若尔在这两方面都有其过人之处,诺贝尔奖委员会对梯若尔的贡献进行了非常精当的总结:"让·梯若尔的研究有个特点:对不同市场细节的理解和对经济学中新的分析方法的娴熟把握。他在不完全竞争的本质和不对称信息下的合约方面发展了深刻的分析结果。梯若尔还将他自己和其他人的结果统一起来,促进了教学、研究和政策建议。他的贡献是经济理论产生重大社会价值的光辉典范。"

博弈论就是一种在相互依存的状况中进行选择的策略及其决策。你的选择将会得到什么结果,取决于另一个或者另一群有目的的行动者的选择。社会的经济、政治等问题由于涉及社会各种利益群体的相互关系,因此又称作社会博弈论。

不少有识之士都认识到,中国早已进入一个"利益的时代",利益博弈已经成为中国社会发展的行为模式。(《读书》2007 年 6 期,P141—142)

难怪著名经济学家萨缪尔森说:"要在现代社会做一个有文化的人,你必须对博弈论有一个大致的了解。"

霍金的《时间简史》第一次被引进中国时并没有引起任何波澜,盖因时机不成熟,其实博弈论的引入也是如此,开始是被当作批判对象引入的。

从 1960 年开始中国数学界开始关注到了博弈论,当时在两个译名"对策论"和"博弈论"间还拿不定主意。不仅如此在《对策论(博弈论)讲义》(中国科学院数学研究所第二室编,人民教育出版社,1960 年)中还进行了所谓对资产阶级学者荒谬观点的批判:

"首先,资产阶级政治经济学家把对策论看成是摆脱其困难处境的出路,所以当对策论刚一出现他们就马上抓住它,想把对策论作为他们了解和认识整个经济生活的钥匙,从而把对策论变成反动的所谓"经济测量学"的有机组成部分。为此,他们竭力吹嘘对策论的作用,把它说成是研究政治经济学的主要的方法论的基础,他们甚至叫嚷"我们的生活是什么? 就是博弈。"对策论原名"博弈论",这个名称也就反映了资本主义社会中一些学者对这个数学分支的看法。他们也就从这种反动的观点出发,来对资本主义社会中的自由竞争,社会上贫富两极分化等现象进行"解释",因而,也充分暴露了他们竭力对资本主义社会辩护的反动嘴脸。不仅如此,他们还企图用对策论为资本主义社会中两极分化现象进行"辩护"。他们说,社会上的每个人都是在参加一场"博弈",都有可能赢或输。最终的结果是一部分人赢了——发财致富,另一部分人就只好输了——贫困。因此,贫富不均在这班人看来是社会的"正常现象",似乎资本主义制度对每个人都是一律平等的,贫富只是"博弈"的自然结果,而与社会制度无关。他们把工人与资本家间的阶级斗争轻描淡写地看成是一场"博弈",而把资本家对工人的残酷剥削完全掩盖住了。他们这种粉饰资本主义制度,迷惑或欺骗劳动人民的反动目的是非常明显的。就其辩护的伎俩来说也是拙劣的。因为,在资本主义社会里只有掌握着生产资料对无产阶级进行残酷剥削、掠夺的资本家才能发财致富。掌握大量生产资料的资本家和除了劳动力以外一无所有的无产阶级之间是根本谈不上进行什么"平等"的"博弈"的。脱离了阶级观点，就根本不能正确地了解阶级社会中任何现象的本质。

在这里，我们再一次看出，资产阶级伪科学，通常总是企图寻找一种不要揭露社会经济中的内在的实质——阶级矛盾，而来了解经济学的钥匙。这种意图是极其反动的，是为资本主义辩护的。

同时，我们还可以看出，即使他们自以为抓住对策论就可以大做其文章，成为他们的救生草，但实际上，对策论在这方面也不会对他们的反动企图有所帮助。因为，社会经济中的自由竞争，人们关系中的尔虞我诈，勾心斗角只有在资本主义社会中才有。因而由此构成的"博弈"模型也就描绘出资本主义社会人吃人的一幅图画。而在社会主义社会中，这样的模型根本就不可能构成。这一显著差别的原因正是由于资本主义社会制度是以私有制和剥削为基础的。

上述一切已足够看出，把对策论看作是经济行为的理论用以作为了解社会生活的钥匙的反动性和诡辩性。当然，这种反动的作用并不是对策论本身所引起的，而是由于资产阶级辩士们阴谋替资本主义社会辩护而滥用对策论的结果。"

在 1960 年由人民教育出版社出版的麦克金赛所著的《博弈论导引》(J. C. C. Mckinsey, *Introduction to the Theory of Games*)一书的序言中，我国著名数理统计专家张尧庭先生点评说：

　　著者在书中就多处污蔑过工人阶级的形象，宣传阶级调和的反动论点。比如他说，在资本主义社会中工人罢工和怠工对工人阶级和资产阶级是两败俱伤的事。这当然是极端荒谬和有害的，它的目的和效果只能是麻痹工人阶级的革命意志。在资本主义社会里，罢工和怠工是工人阶级进行经济斗争、政治斗争的有力手段，而对资本家却毫无好处。译者删去了这类东西是完全应该的。不过这种观点在个别地方还是不免一再出现，请读者随时注意。正因为博弈论是以具有竞争性的活动作为研究对象，所以资本主义社会中的商业竞争就成为博弈论应用的阵地。例如本书第二编第七章就举例说明一个肥皂商人应该如何来和同行进行竞争，使自己能获得更多的利润；书末几章也谈到了如何用贿赂、诱骗来进行活动；它还讨论了如何建立集团之间的联合，以便大鱼吃小鱼，如何进行分赃等这一类问题。正因为如此，资产阶级的学者对博弈论的作用就大肆吹嘘，达到了荒谬不堪的地步，比如本书第二编第一章就提到了博弈论在婚姻问题上也可应用，等等。由此可见，任何一门有用的学科在资本主义社会中会"发展"成什么样子！

　　我们正确地认识了博弈论的研究对象和它的作用之后，那么学习博弈论就在于掌握它，使它成为对社会主义建设有用的工具。我们对它的了解越深入，它的作用也就越显著，我们要把博弈论变成无产阶级在与自然和敌人斗争中的有力的助手。

而现在形势发生了逆转,经济学成了主流,而博弈论成了时尚,并再三受到诺奖的垂青。

2007 年度诺贝尔经济学奖再次颁给博弈论方面的三位著名专家及教授,即美国经济学家赫维茨(Leonid Hurwicz),马斯金(Eric S. Maskin),罗杰·迈尔森(Roger B. Myerson),以表彰他们为机制设计理论奠定基础。他们三人将分享 1 000 万瑞典克朗(约合 154 万美元)的奖金。

三位经济学家的获奖,源于他们对机制设计理论——经济学理论中一个分支——的重大贡献。该理论由赫维茨创立,并由马斯金和迈尔森进一步发展。

机制设计理论研究的是,如何以定量分析手段,充分发挥市场对资源配置的有效性。瑞典皇家科学院将其评价为"同时代的经济学和政治科学的核心所在",认为"这一理论通过个人动机和私人信息,很大程度地扩展了我们对于最佳配置机制的理解","使我们得以辨别令市场运转良好或相反的各种情况,帮助经济学家、政府以及企业确定有效的交易机制,管理方案和投票程序,从而超越了亚当·斯密的市场理论。"

如果从诺贝尔经济学奖颁发给博弈论研究者的情况看,可以发现:1994 年度诺贝尔经济学奖颁发给三位数学家——约翰·福布斯·纳什,约翰·海萨尼,莱茵哈德·泽尔藤,表彰他们在非合作博弈的均衡分析理论方面做出了开创性贡献,对博弈论和经济学产生了重大影响。

2005 年度诺贝尔经济学奖颁发给两位博弈论研究专家——罗伯特·奥曼和托马斯·谢林,表彰他们通过博弈论分析促进了对冲突与合作的理解。

实际上还有几次是与博弈论相关的,比如 2001 年度诺贝尔经济学奖颁发给三位信息经济学领域的研究学者——乔治·阿克尔洛夫,迈克尔·斯宾塞,约瑟夫·斯蒂格利茨,表彰他们为不对称信息市场的一般理论奠定了基石。他们的理论迅速得到了应用,从传统的农业市场到现代的金融市场。他们的贡献来自于现代信息经济学的核心部分。但是,信息经济学与博弈论联系密切,也可以看成是博弈论的一个后续应用及发展。当然,信息经济学仍然有其自己的研究方法及目标。

经济学家马克·布劳格指出:今天已经没有人再为一般均衡和完全竞争而烦恼。唯一剩下的就是游戏理论——博弈论。

博弈论几乎是为现代经济学家们量身定做的:它假设理性的参与人寻求个人收益的最大化,也当然地以为对手的动机同出于此。而且,对经济学家而言,博弈论所展示的技术要求,较之一般均衡理论更为诱人,这进一步鼓励了现代经济学家们偏离真实世界的趋势,使他们转而从事安坐于扶手椅中的理论演绎。博弈论在处理一次性合作博弈时最富效力,在这种博弈结构中,参与者的收入可以用货币或其他一维变量来表示。但是经济行为是一种典型的复杂信息结构下的非合作重复博弈,这里的产出解通常不能以一维变量来度量。众所周知,重复博弈尤以出现无穷多个均衡解著称,而博弈论本身不能说明为何参与者偏好这一均衡解而非其他的均衡解。结果,博弈论也就无法提供多重博弈状态下行为的有限预测解,这种状态即经济学传统上所关心的,譬如高度竞争市场中的买卖行为等。

在相当程度上,博弈论是说明性的,关心的是理性参

1261

与者应当如何制定决策；从特征上充分显示出了，在策略
互动形式下，博弈论几乎没有做出什么经验性的工作以
发展一个关于人们事实上如何做出决策的真实描述。和
传统的经济理论一样，博弈论也只涉及赫伯特·西蒙
（Herbert Simons, 1976）所谓的"实体"理性，很少涉及"程
序"理性。就是说，它只处理参与者在充分意识到所有变
量的选择空间，拥有完全的计算能力，无须从经验中学习
任何东西时如何行为，而不关心他们在面对不完全信息
与针对计算的有限认知能力时如何决策。正如一般均衡
理论解决均衡稳定性问题而排除非均衡贸易一样，博弈
论同样采取了静态的方法以解决博弈的均衡解问题，即
简单地忽略到达均衡的调试过程；甚至在允许参与者可
以习得过往的博弈中，其他参与者行动信息的序贯决策
也经常被忽略，以凸显同时性的决策。如果说二者有什
么区别的话，近年来博弈论见证了概念生成的扩张，这也
进一步使得博弈论偏离互动决策的实证描述。其实，由
于其不容置疑的抽象智力追求倾向，博弈论使得经济学
家们沉溺于模型化，而无视这些模型的实践含义。在经
济学的各分支中，产业组织领域的博弈论色彩最为浓厚，
而博弈论在该领域的基本效果也无非是新瓶装旧酒：从
博弈论发展出一套与研究商业行为的"旧"产业组织理论
有相当不同的"新"产业组织理论，看来不仅是困难的，甚
至可以说难以实现。

　　博弈论的主要贡献的确与众不同，它教给我们更好
地体味所谓"理性"的无穷微妙之处，提醒我们，在清楚说
明暗含的信息结构和市场均衡结果实际所赖以达到的学
习过程这些方面，标准的经济学家对于理性行为的认识，
是如何令人遗憾地不够。这是理论的进步，但它不是能

够帮我们预知价格体系实际如何运行的经验上的进步。（乌斯卡里·迈凯编，《经济学中的事实与虚构》，世纪出版集团，上海，P46～47）

以上是从理论界和学术界进行的分析，而大众层面并不乐观。据社会学家分析：大萧条给美国带来了巨大的文化进步。那时人们没钱，生活相对紧迫，有时间，有大块的时间没事干。于是美国的公共图书馆兴旺了，人们没事干，读书。大萧条造就了美国人的读书习惯。（《博览群书》2005 年第 3 期）中国目前面临的是类似的情形，前几十年经济起飞，时间成了最稀缺的资源，选择过多，读书便隐退，即使有人在读也是实用多于追求。近一年来，经济下行，各行各业都压力巨大，所以这个时候推出这么个砖头式的大部头前景并不令人担忧。

什么人想读有关博弈的书？首先应该是人数庞大的企业管理人员。安东尼·凯利博士在其新著《决策中的博弈论》的序言中指出：博弈论从根本上提供了一种理性的观点，并且在一个已经对博弈论产生反感的社会中，对一些批评博弈论的人也给出了充分的解释。这些批评博弈论的观点是缺乏远见的。研究人员建议优秀的管理者在解决问题时应该具有完备的信息，多种技能和灵活性。组织自身正在成为一个日益复杂的场所，这个场所无法在脱离雇员和其他组织期望下孤立地存在。与以往不同的是，它们正在成为管理者必须不断平衡多种相反力量的工作场所。由此导致的紧张不断地发生变化，缺乏专有技艺，数学知识或任何其他方面的知识，正在把一个失败的管理者从成功者中区分出来。

其次是那些想了解历史权力更迭和社会制度变迁的文人要读，否则有些细节他们永远也想不明白，如武装起义是怎样成功的。

完全协作博弈——寻找伙伴和实现协作的默契过程——本身是一个重要的现象。不约而同或一呼百应的反叛行为充分说明了这一点。

出现不约而同地反叛起义的前提条件是,希望参加反叛起义的潜在成员不仅一定要知道集合的地点和时间,而且还要知道统一行动的具体时间。当然,这个问题只有起义领袖能解决。但是起义领袖往往是当局为了镇压起义而仇视和消灭的首要对象。为了解决这个问题,在领袖不在的情况下,反叛人员往往寻找一致行为的共同标志或暗示,从而使每个参加起义的人相信如果自己这么做就不会孤立。某个偶然事件往往成为协调起义行为的标志,并充当领袖的化身,发挥着沟通中介的作用。假设没有偶然事件,起义人员往往很难实现步调一致的统一行动,因为起义的敏感性迫使每个人必须知道共同行动的时间。同样的道理,在一个缺乏"醒目"中心地点和标志性建筑的城市,起义很难在短时间内聚集起来。因为没有一个地点如此"醒目",从而使每个起义人员都知道别人也会到这里。(托马斯·谢林著,《冲突的战略》,华夏出版社,2006 年,P79)

许多研究中国革命史的学者在研究众多的革命历史事件如"八·一南昌起义""秋收起义"时,千篇一律,切入角度完全相同,没有体现多学科交叉,多样性的视角及研究手段,这与我国多年来文理分置,术业专攻的培养体系有关。在当前交叉学科倍受追捧,文理交融渐成风气之时,文科的学生读点博弈论有百益而无一害。

另外从事国资管理的公务员们也值得一读。近年来,随着博弈理论在经济学领域中的广泛应用,经济学在

激励机制方面的研究也取得了突破性的进展,其中一个令人关注的结果就是,Kreps 和 Wilson(1982),Milgrom 和 Roberts(1982)等人关于声誉对个体行为者的激励效应分析,一般被称为声誉理论。Kreps 等人都采用了严格的博弈模型对相应的结论给出了证明。Kreps(1990)后来在讨论企业问题时也用到了声誉的概念,并指证了企业的权威特征的含义,他认为,企业是"一个声誉的载体",权威源于声誉,因而,可以用声誉概念来确定内在的权威。(李军林,声誉,控制权和博弈均衡——一个关于国有企业经营绩效的博弈分析框架,《产业经济评论》,经济科学出版社,2002.5)

还有民俗学、社会学的研究者与学生读之也会有所帮助。如现在送礼之风日盛,要想理解人为什么非要送礼就必须了解博弈论。因为人类社会人之间的交往始于交换。交换一经开始,就必然会走向其最典型的,最赤裸裸的形式——礼物。有学者说:"礼物是带钩的,这是礼物问题的全部意义。"它要钩回什么呢?不仅是回报的实物,而且是一种互惠的关系,它企图将对方置于一种义务关系中。还有人说:"一个真正利他的人是不送礼物的,因为送礼物的动机要么是图虚荣要么是图回报。"这话看似深刻,实则陷入了一种悖论。一个真正利他的人该怎么实施他的利他行动呢?他不给予别人任何东西,无论是实物还是服务,就无法实现利他,而一旦他给予了对方,别人就往往会自觉地进入了互惠的链条。这与其说是真正利他的人的稀少,毋宁说是交换与互惠逻辑在社会中无所不在……

博弈双方的交换就是这样演化的。从什么也不想付出,到不得不付出,到主动赠送。几乎可以说,它是一个自生长系统,它能从无到有,从少到多,从小到大。它造就的合作已经远远超过了血缘关系。(郑也夫著,《阅读生物学札记》,中国青年出版社,2004,北京,P93～95)

中国社会正面临深刻变革。从几千年来的以血缘关系为主导的熟人社会(已故社会学家费孝通先生的《江村经济》便是其考察报告)向现代的以利益关系为主导的陌生人社会过渡。如果说书信,手机短信,电子邮件还是在熟人中传播和沟通的话;网聊这一形式的流行,则让人有些难以理解。在以前,"不要和陌生人说话"并不需要家长去叮嘱,因为那时没有需要,聊天仅限熟人之间,而现在聊天多半发生在陌生人之间。

陌生人之间的聊天也是可以用博弈论解释的。社会学家认为:将没有血缘纽带的人际关系称为"博弈"是最恰当的,因为他们之间没有天然地关照对方的原因和根据。博弈分为"零和博弈"和"非零和博弈"。零和博弈指双方的得失之和为零,就是你得即我失。非零和博弈往往指双方在博弈中都有所增益。毫无疑问非零和博弈是具有巨大刺激和诱惑的。社会学家要研究的是:博弈是如何开始的,因为既然是博弈,参与者的警惕性都是很高的,是不肯轻易拿出自己的实际利益来"投资"的。

因此交换很可能是从"智力股"而非"财产股"开始的。这就是非血缘群体成员间的聊天。聊天也是交换,但交换的不是物质和劳动,而是信息。

由于大中学生人数庞大,所以为了争取这部分读者,我们在本书中增加了关于博弈论方面的奥数试题。这类试题很多,每年世界各国都会出许多。比如:

1.在 $a \times b$(a,b 均为正偶数)的方格表中,安雅和贝恩德按照如下规则玩游戏:每一步对一个正方形染色,而该

正方形是由一个或多个未染色的格组成。两人轮流染色,由安雅先开始。第一个不能继续染色的玩家输掉游戏。求所有的数对(a,b),使得安雅有必胜策略。

这是 2015 年德国数学竞赛第二轮的试题。解法如下:

1. 对每组数对(a,b),当a,b均为正偶数时,安雅有必胜策略。

假设$a \leqslant b$(若$a > b$,则在下述证明中交换a,b)。

如图 1,建立直角坐标系,使得x轴是边长为a的两条边的中垂线,y轴是边长为b的两条边的中垂线,则方格表关于两坐标轴对称,方格表的顶点坐标为$\left(\pm \dfrac{b}{2}, \pm \dfrac{a}{2}\right)$。由于$a,b$均为偶数,故顶点坐标为整数。

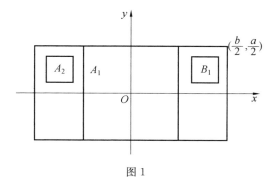

图 1

安雅的必胜策略是:第一步将顶点坐标为$\left(\pm \dfrac{a}{2}, \pm \dfrac{a}{2}\right)$的正方形染色,而对于每个由贝恩德染色的正方形,安雅将其关于y轴对称的正方形染色。

接下来证明:按照此策略染色一定是可行的,并且最终安雅会获胜。

因为 $a \leqslant b$，$\dfrac{b}{2}$ 为整数，所以，顶点坐标为 $\left(\pm \dfrac{a}{2}, \pm \dfrac{a}{2}\right)$ 的正方形完全位于矩形内部。由于这是第一步染色，故所有的格均未被染色。因此，第一步是一定可行的。

若 $a = b$，则第一步就会结束游戏，安雅获胜。

若 $a < b$，安雅留给贝恩德的图形是关于 y 轴对称的两个分开的区域。对称性不仅依赖于形状，而且也依赖于染色。此时，贝恩德只能在其中一个区域的内部对正方形染色。而对于任何一个由贝恩德染色的格，均在对称轴的另一侧存在未被染色的格。因此，按照此策略，安雅总能继续染色，并再次按照上述过程进行。

由于每步至少有一个格被染色，故未被染色的格的数目在减少，该游戏最终会结束，贝恩德将成为第一个不能继续染色的玩家。

注 对于数对 (a, b)，当 a, b 为奇偶性相同的正整数时，安雅有必胜策略：第一步安雅将一个关于矩形中心对称的正方形染色。若 a, b 奇偶性相同，这一步一定是可行的。事实上，若安雅选择最大的正方形染色，按照上述策略，安雅获胜；若安雅选择较小的正方形染色，在上述步骤中用"关于矩形中心对称"来代替"关于 y 轴对称"即可。如图 2。

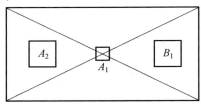

图 2

1268

若 $a=1$，当且仅当 b 为奇数时，安雅获胜（安雅一定不会输）；b 为偶数时，贝恩德一定不会输。

对于数对 (a,b)，当 $1<a<b,a$ 为奇数且 b 为偶数时，图 3 所示为安雅的获胜策略。

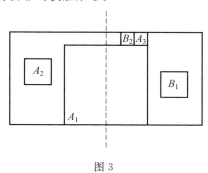

图 3

"对于数对 (a,b)，当 $a<b,a$ 为偶数且 b 为奇数时，谁有必胜策略？"留给读者思考。

2. Alice 和 Bob 在一个有 n 的顶点的完全图上玩游戏。他们轮流去除该图的一条边，由 Alice 先行。判最先使得该图变为不连接的人输。求使得 Alice 有获胜策略且满足 $2 \leqslant n \leqslant 100$ 的所有 n 之和。（这里，完全图为每两个顶点之间都恰有一条边相连的图）

（2018 年 Berkeley 数学竞赛试题（组合卷））

3. Gigel 与 Costel 有一堆形状都相同的空瓶子 J，并且有很多相同硬币任由他们处理，他们决定玩以下游戏：已知每个空瓶能装 100 个硬币，他们依次从一堆硬币中取出 k 个硬币，其中 $1 \leqslant k \leqslant 10$，然后（在同一次中）选出一个空瓶，把选出的硬币放进这个瓶中，装满最后一个空瓶的人是获胜者，设 Gigel 首先放硬币进空瓶，二人都很灵巧，谁获胜？（美国 Princeton 大学 Cosmin Pohoata 提供）

随着中国的崛起，大国博弈在中美之间不可避免的发生了。要想有深度的理解这个问题，博弈论的知识背景必不可少。

经济史作者詹姆斯·麦克唐纳在《全球化失败时》一书中说，在竞争激烈的多极化世界里，各国都面临究竟该合作还是竞争的"囚徒困境"。第一次世界大战之前，小国也许可以依靠英国海军保护它的国际贸易，但对于德国那种足以对英国构成经济和地缘政治威胁的大国来说，去抢夺殖民地以及打造海军舰队才是比较合理的做法。但是一国努力追求安全时，可能威胁到其他国家，反而促成了预言的自我应验。

而在英国这一端，其数百年来的欧洲外交政策则是避免单一主导力量崛起，以免危及英国的安全。而且在1914年，这一政策比以往更加重要，因为英国日益依赖海上贸易——以粮食为例，英国国民消费的大部分小麦当时都靠进口。所以，即便德国参战后如何宣称尊重比利时的领土完整，但德国控制比利时港口、威胁英国对英吉利海峡控制权是可想而知的事情。故而，英国最终仍以"保证比利时中立"为由参战。

历史学家还在不停地争论第一次世界大战爆发的原因，尽管不停有人从历史档案中挖掘细节和试图修正，一个比较正统主流的解释是德国造孽。德国的崛起客观上打破了欧洲的力量平衡，主观上也产生了称霸欧洲的野心。

德国历史学家费舍（Fritz Fischer）20 世纪 50 年代阅读了德意志帝国时期所有与第一次世界大战有关的档案，他 1961 年发表的研究，引发了史学界和公众的激烈争论，"费舍论文"逐渐成为关于第一次世界大战起源的"正

统"。基本上可以说第一次世界大战是德国想成为世界强国而推行的一系列政策的结果。自1900年，德国统治精英内部一直企图占领法国、比利时、俄罗斯的领土，并且在非洲和海外挑战英国的殖民统治。费舍也提出了国内政治压力导致德国对外发动战争。德国以容克集团为代表的统治精英，面对国内社会民主党势力日益强大，可能赢得议会选举把帝国推向民主和共和，萨拉热窝暗杀正好为德国宣战找到了借口。

第一次世界大战也是欧洲民族国家体系演变的结果。从拿破仑战争到第一次世界大战，欧洲的历史可以分为两个50年。维也纳和会上欧洲建立了大国协调和实力均衡，实现了50年的和平。德国通过战争实现统一，崛起为欧洲心脏地带的强国，动摇了欧洲的均势。接下来的50年，德国的崛起，加上奥斯曼帝国的衰落，打破了欧洲大陆势力均衡，引发了一系列的重建均势的连锁反应，大国之间纷纷结盟，大国与其周边邻国或势力范围内的小国形成保护关系，从而构成欧洲民族国家体系的系统性风险，通过海外殖民地扩展成为全球系统性风险。如果我们回顾一下通向第一次世界大战之路，从大国结盟到军备竞赛，从奥匈王储斐迪南大公被刺的七月危机，到各大国之间军事动员的不断升级，直到正式宣战的八月枪炮，大国之间迅速的军事动员升级的过程，我们看到的是这些国家单个政府在战与和之间表现出了足够的算计，但整个欧洲的民族国家体系则集体陷入一场"囚徒困境"当中。

这种囚徒困境，有时候也被称为修昔底德陷阱。英国著名的外交文献《克劳备忘录》，入木三分地分析了德国的崛起，将不可避免地挑战英国的霸权，一种陆权与海权的冲突,一种欧洲心脏地带大国对于发展空间的争夺,以及双方核心利益的迎头相撞令战争不可避免。

从 100 年前的高空俯瞰当下,这种大国关系的困境依然存在。

其实更广泛的,在人际交往的许多方面都可用博弈论进行分析。据社会学家郑也夫分析:谦虚是什么?其实就是在欺骗与识别的博弈中产生的一个副产品。当吹嘘越来越流行时,大家对吹嘘的警惕性就会增高。在这种情况下,猛然冒出一个谦虚的人,其实是很容易成功的。所以从这个意义上说,谦虚之人也许是功利心极强,极其渴望成功之人,与我们想象中的淡泊名利,清静无为,抱朴自守恰恰相反。

尽管学习博弈论有以上诸多的好处和功效,但由于它是西方智慧的产物,所以在中国要想生根还是颇有难度的。搞不好就被混淆为计谋、谋略、招数等国人习惯的东西。因为科学要讲求规则,而计谋完全不顾忌任何规则只要能取胜就行。中国古人在社会生活方面不讲规则而在私人生活领域则讲究规则,与西方正好相反。

杨振宁教授指出:中国人之所以喜欢赌博而不喜欢酗酒,是因为赌博有固定的一组规则,你遵守这一组规则,也许会赢很多的钱。赌博的人在一定规则内,希望求到某些满足。相反地酗酒的人是求个人在约束以外的解放。赌博是求制度里面的个人满足,酗酒是求制度以外的个人解放。(杨振宁,我对一些社会问题的感想,原载《纽约香港学生月报》,1970 年第 12 期)

杨先生在中国和西方都生活过,所以分析起来颇为深刻。所以博弈论的某些规则在市井生活层面易于被接受并流行,但在社会生活层面则极难流行,所谓知易行

难。

其实我们更喜欢看到这样的读者出现。他们没有强烈的功利目的,单单是喜欢读书,并且相信今天所读之书会潜移默化地影响他今后的生活。一位香港的青年哲人回忆说:二十多年过去,忆起这些年少旧事,我渐渐意识到,后来我所走的路和所过的生活,都和这些读书经验密不可分。中学课本上读到的东西,大部分我已忘记,但这些完全不为什么而读的课外书,却早已融入我的生命,丰盈了我的思想和情感,并在无数困顿寂寞的日子给我力量和希望。我很庆幸,自己曾经有过这样一段纯粹的读书时光。

在举世闻名的维苏威火山爆发中丧生的自然学家普利尼曾经说过:"鞋匠的目光不应离开鞋楦头"。这位心神不安的牧师同当时的许多学者一样,发现研究面过广会使人力不从心,从而得出了这样的结论。本书涉猎甚广且深,所以我们也有某种担忧。本数学工作室一直效仿的对象是中国人民大学的梁晶经济学工作室。自成立以来顶住诱惑,专心致志只出数学类图书,甚至连物理学都是近几年才涉足,只怕目光散乱,失去专注,忘记初衷。这次斗胆涉足博弈论,首先因为它也是数学的一个分支有众多著名数学家都深陷其中,所以爱屋及乌。其次编者们一直怀有学贯中西,文理兼通的虚妄之心,早知无望,不忍放弃。至于篇幅之长是因皆为名家名言,无法取舍。

进化心理学家史迪芬·平克在其著作《语言本能》中指出:"有一些智力很低,但语言能力极佳的白痴,可以滔滔不绝地讲述流畅且符合语法的幼稚的废话。"但愿本书不要变成那些印刷精美但空洞无物的出版垃圾。

王寅先生在访问中国连环画大师贺友直(他创作过《山乡巨变》《朝阳沟》《十五贯》等编者小时候爱看的连环画)时,贺友直说:"我觉得对生活看得开,要有三个明白:明白自己,明白客观,明白事理。"(王寅著《艺术不是惟一的方式》,上海书店出版社,2007,P51)。我们一直在思考,有时自己以为想明白了那就是:如果说数学还算上是专业,那么这次纯粹是一次客串,玩票,但细想似乎又不是。

在一本曾被一代电脑人奉为圭臬的叫作《全球目录》的杂志即将倒闭时所出版的最后一期的封底有一行字,作为它的告别留言。这句话是这样的:Stay Hungry, Stay Foolish。翻译成中文即是:物有所不足,智有所不明。

我们愿以此自警。

刘培杰
2018 年 11 月 1 日